100 Barragens Brasileiras

Preenche uma lacuna no cenário brasileiro de barragens porque reúne e analisa as várias fases de projeto e construção de um grande número dessas obras, distribuídas em todo o território nacional.

As inúmeras publicações existentes sobre materiais de construção, critérios de projeto, medidas de vazões e deformações, sistemas de drenagem interna e sistemas de vedação, problemas geológicos de fundações, acidentes, construção e avaliação do desempenho de barragens são apresentadas, discutidas e enriquecidas com a experiência de quase 40 anos do autor, nos 19 capítulos que compõem as 680 páginas do livro.

As três partes em que se divide o livro são dedicadas, a primeira, à revisão de casos históricos; a segunda, à mecânica dos solos residuais, saprolíticos e coluviais, compactados, que constituem o corpo dos maciços, e às argilas moles, areias, colúvios porosos, solos residuais e saprolíticos, que ocorrem em suas fundações; além de enrocamentos e maciços rochosos.

A 3ª parte é voltada a uma "filosofia de projeto" confrontada, no capítulo 9, com projetos de barragens de outros países, em condições climáticas e geológico-geotécnicas diferentes das brasileiras. Essa postura é ilustrada por casos reais que versam sobre critérios de projeto, cálculos de estabilidade, sistemas de vedação e drenagem, e instrumentação. Ensecadeiras, aterros hidráulicos e barragens com face de concreto complementam a última parte.

PAULO TEIXEIRA DA CRUZ é engenheiro civil formado pela Escola de Engenharia Mackenzie em 1957, com Mestrado no Massachusetts Institute of Technology em 1961, e Doutorado na Escola Politécnica da Universidade de São Paulo em 1964.

Desde 1961 é professor da EPUSP, onde hoje ministra as disciplinas de Barragens e Obras e Terra e Enrocamento, Fluxo em Meios Contínuos e Descontínuos e Fundamentos de Mecânica das Rochas. Sua atuação junto a projetos e construção de barragens deu-se principalmente como consultor, o que lhe permitiu acesso a um expressivo número de projetos e obras (mais de 100) e a publicar um grande número de artigos técnicos em revistas, seminários e congressos, no Brasil e no Exterior.

100 Barragens
Brasileiras

PAULO TEIXEIRA DA CRUZ

100 Barragens Brasileiras

Casos Históricos
Materiais de Construção
Projeto

2ª edição

© Copyright 1996 Paulo Teixeira da Cruz

1ª edição 1996
2ª edição 2004
    1ª reimpressão 2009 | 2ª reimpressão 2014 | 3ª reimpressão 2017
    4ª reimpressão 2019 | 5ª reimpressão 2024

COORDENAÇÃO GRÁFICA Fernando Luis Aguiar
REVISÃO Aída Maria Andreazza
CAPA Antônio José Afonso; arte final sobre foto da construção da Usina de Tucuruí
DESENHOS André Luis Fernandes e Shigueru Miyamoto
COMPOSIÇÃO Ivanir Moreira Reis
DIAGRAMAÇÃO André Luis Fernandes e Antônio José Afonso

DADOS INTERNACIONAIS DE CATALOGAÇÃO NA PUBLICAÇÃO (CIP)
(CÂMARA BRASILEIRA DO LIVRO, SP, BRASIL)

Cruz, Paulo Teixeira da
100 barragens brasileiras : casos históricos, materiais de construção,
projeto / Paulo Teixeira da Cruz. -- São Paulo : Oficina de Textos, 1996.

Bibliografia.
ISBN 978-85-86238-02-4

1. Barragens - Brasil - História 2. Barragens - Projeto e construção
3. Mecânica dos solos I. Título.

96-3674   CDD-627.80981

Índices para Catálogo Sistemático:
1. Brasil : Barragens : Engenharia hidráulica   627.80981

Todos os direitos reservados à Oficina de Textos
Rua Cubatão, 798
CEP 04013-003 São Paulo-SP – Brasil
tel. (11) 3085 7933
www.ofitexto.com.br
atendimento@ofitexto.com.br

PREFÁCIO

Quando num dos ocasionais encontros com o Prof. Paulo Cruz - foi em Setembro de 1993, em Atenas - ele me pediu para fazer um prefácio para o seu livro sobre barragens de aterro, fui de imediato tomado pelo desejo e curiosidade de o ler.

Sabia que o Prof. Paulo Cruz vinha trabalhando com o objectivo de passar a escrito a sua vasta experiência nesta matéria. Lembro-me de que passou algum tempo conosco no LNEC, em Lisboa, a trabalhar no livro, e de nos ter apresentado matérias em que tinha opinião formada e de ter estimulado a discussão em pontos que considerava ainda em aberto.

Foi pois também com grande satisfação que soube que a árdua tarefa a que se propusera tinha chegado ao fim.

A leitura do livro confirmou a capacidade do autor em transmitir-nos os mais vastos conhecimentos. Poucos têm tido a oportunidade de viver tão intensamente, quer em extensão, quer em profundidade, a grande aventura brasileira no domínio da engenharia das barragens. É essa experiência que, página a página, nos vai surgindo. Duma forma que combina bem com a personalidade e vivências do autor.

Diria que a par de uma exposição muito actual da aplicação da Mecânica dos Solos e das Rochas às barragens, marcada pelas concepções do próprio autor, nos é apresentada uma história sobre o projecto e construção das barragens no Brasil. Mas sempre acompanhada com referências à experiência mundial relevante num contraste que se revela extremamente interessante.

É ainda de salientar que são abordadas algumas matérias que raramente se podem consultar em tratados sobre barragens de aterro. E que, sem descuidar os aspectos mais teóricos, esta obra contém informação prática relevante.

Julgo assim que todos os que se interessam pelas barragens de aterro deviam ler este livro. Os mais experimentados aproveitarão de toda a experiência vertida na obra e terão razões acrescidas para meditar nos temas mais controversos que ela aborda. Os que pretendem iniciar-se neste campo, além de poderem incorporar importantes conhecimentos, ganharão novos motivos para prosseguir.

Lisboa, Abril de 1995.

E. Maranha das Neves

DEDICATÓRIA

Dedico este livro a três gerações de "barrageiros". A primeira parte é dedicada àqueles que projetaram as barragens e as construíram. É quase uma memória que espero colabore em novos projetos e obras. A terceira parte é dedicada àqueles que as calcularam e se preocuparam em medi-las e observá-las. E a segunda parte é dedicada àqueles que estudam as propriedades e o comportamento dos materiais de construção e das fundações das barragens. É um resumo, espero que atual. É importante lembrar, no entanto, que a maioria das barragens brasileiras e do resto do mundo foi projetada e construída sem que se soubessem muitos dos conceitos aí resumidos. O outro lado da medalha é que, mesmo conhecendo-se ainda mais e melhor as propriedades dos materiais, isto ainda não é suficiente para se projetar e construir barragens.

Esta edição contou com a colaboração das seguintes instituições:

- Associação Brasileira de Geologia de Engenharia - **ABGE**;
- Centrais Energéticas de São Paulo - **CESP**;
- Comitê Brasileiro de Grandes Barragens - **CBGB**;
- Construções e Comércio **CAMARGO CORRÊA** S.A.;
- Corpo de Engenheiros Consultores S.C. Ltda. - **ENGECORPS**;
- Fundação de Amparo à Pesquisa do Estado de São Paulo - **FAPESP**;
- Secretaria de Recursos Hídricos do Estado do Ceará - **SRH/CE**.

AGRADECIMENTOS

Este livro só pôde ser publicado devido à colaboração de um grande números de pessoas e instituições. É, no entanto, impossível mencioná-las todas, porque a memória é falha e seria desagradável excluir o nome de alguém que, mesmo em um único dia, e numa única ocasião, me apontou um problema grave de uma obra, de um projeto, de um desenho, de um ensaio.

Os meus alunos, em especial os pós-graduados, irão encontrar ao longo dos capítulos referências às suas Dissertações de Mestrado e Teses de Doutorado. A colaboração deles foi muito importante.

Os meus professores da Escola e da vida prática estão presentes do primeiro ao último capítulo.

As instituições que foram muitas, e não só do Brasil como do exterior, surgem também naquilo em que se destacaram e estão em todo o livro. Muitas delas se criaram em pouquíssimos anos, cresceram, e foram capazes de projetar, estudar, construir, instrumentar e observar obras de dimensões fantásticas e de padrão internacional.

Mas é necessário mencionar explicitamente algumas pessoas e instituições que nestes cinco anos participaram diretamente na elaboração deste livro. Em primeiro lugar, os colaboradores de três capítulos: Maria Regina Moretti, autora principal do Capítulo 17 sobre barragens hidráulicas, colaborou também no levantamento de dados para os casos históricos do Capítulo 2 e em especial para o Capítulo 10 sobre sistemas de drenagem interna. Lélio Nahor Lindquist, principal autor do Capítulo 19 sobre instrumentação de barragens, e Décio Medeiros Bezerra, co-autor do Capítulo 15 sobre critérios de projeto. Além destes, tive a ocasião de discutir conceitos e questões de projeto com D.J. Naylor, Peter Vaughan, Arthur Penman, E. Maranha das Neves, Veiga Pinto e Pedro Sêco Pinto, em minhas estadias em Londres e Lisboa.

A Fundação de Amparo à Pesquisa do Estado de São Paulo - FAPESP - teve uma participação fundamental na elaboração deste livro. Foi a FAPESP que financiou parte das despesas de viagem para estudos e levantamento de dados, em 1990 e 1994, a Londres, Lisboa e Barcelona. Financiou também os primeiros trabalhos de digitação e confecção de desenhos. E foi ainda quem viabilizou a impressão desta edição do livro, tendo contribuído com uma parcela significativa dos custos.

Mas a grande colaboração que viabilizou a edição do livro veio da Construções e Comércio Camargo Corrêa S.A. que, sem nenhum interesse particular e nenhuma interferência na forma e no conteúdo do livro, colocou à minha disposição os seus desenhistas, editores de texto, digitadores e técnicos em publicação, num trabalho que se estendeu por mais de dois anos. A Camargo Corrêa nasceu e cresceu com as barragens brasileiras e a história das barragens e a história da Camargo Corrêa são uma só. Agradeço, em particular, a dedicação de Fernando Luis Aguiar e sua equipe na coordenação dos serviços de editoração.

Finalmente, é preciso mencionar o trabalho terrível, paciente, sistemático e fundamental de Aída Maria Andreazza, que fez as inúmeras revisões do texto.

Mas sempre é bom lembrar que este livro, como todos os livros, jamais seria publicado se não fosse escrito. E aí entra o autor.

São Paulo, setembro de 1995.

Paulo Teixeira da Cruz

SUMÁRIO

1ª PARTE

CAPÍTULO 1

O CICLO DAS BARRAGENS BRASILEIRAS, UMA VISÃO PESSOAL 1

CAPÍTULO 2

2.	CASOS HISTÓRICOS	5
2.1.	Introdução	6
2.2.	Descrição das Obras	6

    A - Estudos de Viabilidade 6
        Estudos da CANAMBRA 6
        Barragem de Praia Grande 16
        O complexo do Xingu ou complexo de Altamira 16

    B - Projeto Básico 22
        Barragem do Riacho Carangueja 22
        Barragens de Juquiá e Eldorado 22
        Barragens Santo Antonio, São Félix, Tucuruí 23
        Barragens de Salto da Divisa e Itapebi 26
        Barragem de Santa Maria da Serra 27
        Barragem do Igarapé da Raposa 29
        Barragem Serra do Facão 29
        Barragem Paulistas 29
        Barragem de Santa Isabel 30
        Barragem de Cachoeira Porteira 31
        Barragem de Balbina 32
        Barragem de Descalvado 34
        Polders de Taquaruçu 34
        Barragem de Jiparaná 34
        Barragens sobre Solos Moles 35
        Barragens sobre aluviões arenosos 36
        Barragens de rejeitos 39

    C - Projeto Executivo e Construção 42
        Barragem de Americana 42
        Barragem CPFL - São Carlos 42
        Barragem de Capivara 42
        Barragem de Itaúba 45
        Barragem de Samuel 46
        Barragem de Dona Francisca 47
        Barragens do Bonito, Leão e São Bento 48
        Barragens de Balsas Mineiro 50
        Dique de Porto Murtinho 51
        Barragem de Pitinga 51
        Barragem de Rosana 52
        Barragem do Atalho 53
        Barragem do Rio Pericumã 54
        Barragem de Palmar 54
        Diques para a criação de Pitu 55
        Barragem de Serra da Mesa - Ensecadeira 55
        Barragem de Juturnaíba 55
        Estrutura Vertente da Barragem de Caconde 57
        Barragem de Tucuruí 57

    D - Detalhamento do Projeto Executivo 64
        Barragem de Ibitinga 64

Barragem de Passaúna 65
Barragem de Itacarambi 67
Barragem de Aguas Claras 67
Barragem de Boacica 67
Dique 1 - Projeto Ouro Bahia 68
Barragem do Zabumbão 69
Barragem Mina de Carajás 71
E - **Participação no projeto e na construção** 72
Barragem de Jupiá 72
Barragem de Xavantes 73
Barragem de Jaguari 74
Barragem de Ilha Solteira 74
Barragem de Promissão 76
Barragens de Paraibuna e Paraitinga 76
F - **Reconstrução, recuperação, alteamento** 77
Ponte Coberta 77
Sumit Controll 78
Barragem Saturnino de Brito 79
Barragem de Val de Serra 79
Ilha dos Pombos 80
Barragem do Caldeirão 80
Barragem do Germano 81
G - **Fiscalização - Supervisão** 82
Barragem de Santa Branca 82
Barragem de Três Marias 83
Barragem de Açu 84
H - **Investigações, Laboratório e Campo** 85
Barragem do Rio Pium-I 85
Barragem de Ponte Nova 85
Barragens de Furnas e Xavantes 86
Barragem de Três Irmãos 86
Barragem de Taquaruçu 86
Referências Bibliográficas 89
Relação de Empresas citadas no texto 92

CAPÍTULO 3

3. LIÇÕES APRENDIDAS 93
3.1. Introdução 94
3.2. Fases de um Projeto 95
3.2.1. Viabilidade 95
3.2.2. Projeto Básico 95
3.2.3. Projeto Executivo 96
3.3. Lições Aprendidas 97
3.3.1. Drenagem 97
3.3.2. Critérios de Filtragem 97
3.3.3. Materiais de Empréstimo 98
3.3.4. Recalques 99
3.3.5. Fundações 99
3.3.6. Análises de Estabilidade 100
3.3.7. Controle de Compactação 100
3.3.8. Instrumentação 101
3.3.9. Escolha da Seção Transversal 101
3.3.10. A Atuação do Consultor 102
Referências Bibliográficas 103

2ª PARTE

CAPÍTULO 4

4. BARRAGENS E MECÂNICA DOS SOLOS 105
4.1. Introdução 106
4.2. Modelos Estruturais e Modelos Mentais 109
4.3. Sucção 111
4.4. Arqueamento e Fraturamento Hidráulico 111
4.5. Visões Otimistas e Pessimistas na Engenharia de Barragens 114
4.6. A Água 116
4.7. Algumas Conclusões 116
   Referências Bibliográficas 116

CAPÍTULO 5

5. PRESSÕES EFETIVAS E SUCÇÃO MATRICIAL 117
5.1. Introdução 118
5.2. Pressões Atuantes na Fase Sólida 119
5.3. Extensão da Equação de Terzaghi a Outros Materiais 119
5.4. Pressões Intergranulares e Pressões Efetivas 121
5.5. Pressões Atuantes no Ar e na Água 122
5.5.1. Pressões no Ar 122
5.5.2. Pressões na Água 124
5.6. O Caso Particular de Solos não Saturados com Ar Ocluso 127
5.7. Solos Compactados 127
5.8. Pressão Efetiva em Solos Estruturados e Cimentados 127
5.9. Medida de Sucção 132
5.9.1. Pressão no Ar e Pressão na Água 132
5.9.2. Medida de Sucção Matricial 134
5.10. Resumo e Conclusões 138
   Referências Bibliográficas 139

CAPÍTULO 6

6. REVISÃO CONCEITUAL SOBRE O COMPORTAMENTO DE SOLOS
   NATURAIS E MATERIAIS DE EMPRÉSTIMO 141
6.1. Introdução 142
6.2. Solos Reconstituídos e Solos Naturais 142
6.3. Solos Estruturados e Rochas Brandas 147
6.4. Exemplo de Aplicação dos Conceitos de Burland (1990) para um Solo Saprolítico .. 153
6.5. Extensão dos Conceitos para Solos Porosos Colapsíveis 156
6.6. Solos não Saturados 160
6.6.1. Considerações Preliminares 160
6.6.2. Superfície de Estado e Compressibilidade 161
6.6.3. Leis de Variação de e e h com as Variáveis $(\sigma - P_a)$ e $(P_a - v_w)$ 163
6.6.4. Resistência ao Cisalhamento 163
6.7. Teoria de Ruptura de Materiais Granulares 167
6.8. Resistência Residual de Folhelhos 171
   Referências Bibliográficas 173

CAPÍTULO 7

7. COMPORTAMENTOS PARTICULARES OU ESPECÍFICOS DE ALGUNS SOLOS E ENROCAMENTOS 175

7.1. Introdução 176

7.2. Argilas Moles 176

7.2.1. Considerações Iniciais 176

7.2.2. Resistência ao Cisalhamento 176

7.2.3. Procedimento Sugerido para Obtenção de S_u em Projetos de Barragens 180

7.2.4. Recalques e Deslocamentos 180

7.2.5. Instrumentação de Observação e Controle 181

7.3. Resistência ao Cisalhamento de Solos Colapsíveis e Liquefação de Areias 181

7.3.1. Solos Porosos - Colapso 181

7.3.2. Areias Finas - Liquefação 186

7.3.3. Avaliação do Potencial de Liquefação das Areias de Fundação da Barragem de Pedra Redonda 188

7.4. Solos Lateríticos e Solos Saprolíticos 191

7.4.1. Generalidades 191

7.4.2. Heterogeneidade 191

7.4.3. O Coeficiente de Empuxo em Repouso K_o 198

7.4.4. Resistência e Compressibilidade - Valores Médios Gerais 198

7.5. Ângulo de Atrito Residual 203

7.6. Tipologia de Solos Compactados 206

        - Grupo I - Solos lateríticos argilosos

        - Grupo II - Solos saprolíticos

        - Grupo IV - Solos lateríticos arenosos

        - Grupo V - Solos transportados

7.7. Enrocamentos 235

7.7.1. Conceitos Básicos 235

7.7.2. Ângulo de Atrito e Envoltória de Resistência 241

7.7.3. Ensaios de Cisalhamento Direto em Amostras de Enrocamento 245

7.7.4. Efeito da Desagregação das Partículas 247

7.7.5. Enrocamentos com "Finos" 248

7.7.6. Compressibilidade 249

Referências Bibliográficas 253

CAPÍTULO 8

8. PERMEABILIDADE E CONDUTIVIDADE 257

8.1. Introdução 258

8.2. Permeabilidade e Condutividade de Solos e Rochas 258

8.3. Principais Leis de Fluxo 261

8.4. Permeabilidades e Condutividades de Solos e Rochas de Interesse a Projetos de Barragens 262

8.4.1. Solos 262

8.4.2. Maciços Rochosos 264

8.5. O Ensaio Tridimensional 268

8.6. Fluxo em Meios não Saturados 272

8.7. Vazões Medidas em Barragem 274

Referências Bibliográficas 278

3ª PARTE

CAPÍTULO 9

9.	PRINCÍPIOS GERAIS DE PROJETO	279
9.1.	Introdução	280
9.2.	Condicionantes de Projeto	281
9.3.	Escolas de Projeto	281
9.4.	O Projetista	292
	Referências Bibliográficas	296

CAPÍTULO 10

10.	SISTEMAS DE DRENAGEM INTERNA	297
10.1.	Introdução	298
10.2.	Evolução do Conceito de Drenagem Interna	301
10.2.1.	O Dreno Vertical	301
10.2.2.	O Dreno Horizontal	305
10.2.3.	O Dreno Inclinado e o Tapete Drenante Suspenso no Trecho Central	315
10.3.	O Controle do Fluxo pela Fundação	316
10.4.	Casos Particulares	317
10.4.1.	Barragens com Fundação em Solos Moles	317
10.4.2.	Barragens Sobre Solos Contendo Canalículos	319
10.4.3.	Barragens Sobre Areia	320
10.5.	Barragens de Aterro Hidráulico	324
10.6.	Barragens de Enrocamento com Núcleo de Aterro e de Face de Concreto	325
10.6.1.	Barragens de Enrocamento com Núcleo de Aterro	325
10.6.2.	Barragens de Enrocamento com Face de Concreto	329
10.7.	Critérios de Filtro e de Drenagem	330
10.7.1.	Filtragem	330
10.7.2.	Dimensão de Partículas em Solos	333
10.7.3.	Ensaios de Filtragem	341
10.7.4.	Requisitos de Drenagem	349
	Referências Bibliográficas	353

CAPÍTULO 11

11.	SISTEMAS DE VEDAÇÃO	357
11.1	Introdução	358
11.2.	Vedação do Corpo da Barragem	358
11.3.	Vedação da Fundação	361
11.4.	Eficiência de Cortinas de Injeção em Fund. de Barragens de Concreto-Gravidade	371
	Referências Bobliográficas	376

CAPÍTULO 12

12.	ESTUDO E MEDIDAS DE TENSÕES E DEFORMAÇÕES EM BARRAGENS DE TERRA E ENROCAMENTO E EM SUAS FUNDAÇÕES	377
12.1.	Introdução	378
12.2.	Deformabilidade e Deslocamentos	380

12.2.1. Particularidades 380
12.2.2. Módulos de Deformabilidade 380
12.2.3. Ensaios de Laboratório 384
12.2.4. Deslocamentos Verticais Medidos 386
12.2.5. Deformabilidade de Enrocamentos 389
12.2.6. Efeito de Histeresis 394
12.2.7. Deslocamentos Horizontais 395
12.3. Pressões Neutras 401
12.3.1. Observações Preliminares 401
12.3.2. Pressões Neutras Medidas e Previstas 405
12.3.3. Pressões Neutras de Materiais de Fundação 412
12.3.4. Subpressões e Pressões Piezométricas de Regime Permanente de Operação 412
12.4. Métodos Numéricos de Previsão de Tensões e Deformações 419
12.4.1. O Cálculo Estrutural 419
12.4.2. Leis Constitutivas 421
12.4.3. Obtenção dos Parâmetros Necessários à Análise por Métodos Numéricos 426
12.4.4. Metodologia para Análise pelo Método dos Elementos Finitos 432
12.4.5. Previsões 436
12.4.6. Procedimento Sugerido 438
         Referências Bibliográficas 440

CAPÍTULO 13

13. INTERFACES SOLO/CONCRETO E ENROCAMENTO/CONCRETO 443
13.1. Introdução 444
13.2. Interfaces Solo/Concreto e Enrocamento/Concreto 444
13.2.1. Muros de Ligação 444
13.2.2. Estruturas Enterradas 460
         Referências Biobliográficas 468

CAPÍTULO 14

14. CÁLCULOS DE ESTABILIDADE 469
14.1. Introdução 470
14.2. Considerações Gerais sobre o Equilíbrio de Massas de Solos 470
14.3. Métodos de Cálculo - Ábacos 473
14.3.1. Método do Círculo de Atrito 473
14.3.2. Método de Bishop para Envoltórias Lineares - Ábacos 476
14.3.3. Método de Spencer - Ábacos 488
14.3.4. Método de Bishop para Envoltórias Exponenciais - Ábacos 490
14.3.5. Método de Sarma 498
14.3.6. Análise de Estabilidade de Blocos Deslizantes 500
14.4. Regime Permanente de Operação 502
14.5. Pressões Neutras de Rebaixamento em Taludes de Barragens de Terra 506
14.5.1. Conceituação do Problema 506
14.5.2. Estudos das Tensões 506
14.5.3. Trajetória de Pressões 508
14.5.4. Técnica de Ensaio 509
14.5.5. Solos Ensaiados 510

14.5.6. Pressões Neutras Registradas nos Ensaios e Pressões Neutras de "Redes de Fluxo" 511
14.5.7. Estimativa dos Coeficientes de Segurança para Condição de Rebaixamento 516
Referências Bibliográficas 516

CAPÍTULO 15

15. CRITÉRIOS DE PROJETO 519
15.1. Introdução 520
15.2. Critérios para Escolha de Seções Típicas de Barragens 520
15.2.1. Aspectos Gerais 520
15.2.2. Tipos de Barragens 520
15.3. Condicionantes da Fundação 520
15.3.1. Generalidades 520
15.3.2. Fundações em Rocha 521
15.3.3. Fundações em Areia Pura 521
15.3.4. Fundações em Aluviões 521
15.3.5. Fundações em Solo Coluvionar 521
15.3.6. Fundações em Solos Residuais 522
15.3.7. Fundações em Solo Saprolítico 522
15.3.8. Fundações em Saprólitos 522
15.4. Considerações sobre Materiais de Construção 522
15.4.1. Condições Gerais 522
15.4.2. Identificação dos Materiais 522
15.4.3. Escolha dos Materiais Aproveitáveis 523
15.4.4. Investigações Convencionais de Laboratório 523
15.4.5. Classificação dos Materiais 523
15.5. Definição da Seção Típica 524
15.5.1. Critérios Gerais 524
15.5.2. Critérios Geométricos 525
15.5.3. Taludes Preliminares 525
15.5.4. Condições do N.A. de Montante e Jusante 526
15.6. Definição do Sistema de Vedação 526
15.6.1. Generalidades 526
15.6.2. Critérios Geométricos 526
15.7. Definição do Sistema Interno de Drenagem 527
15.7.1. Generalidades 527
15.7.2. Critérios Geométricos 528
15.8. Definição das Transições 530
15.8.1. Generalidades 530
15.8.2. Critérios Geométricos 530
15.9. Parâmetros Geomecânicos 530
15.9.1. Generalidades 530
15.9.2. Escolha das Amostras Típicas 530
15.9.3. Tipos de Ensaios Especiais 530
15.9.4. Interpretação dos Ensaios e Critérios de Ruptura 531
15.10. Dimensionamento e Verificação do Projeto 534
15.10.1. Estabilidade de Taludes 534
15.10.2. Análise de Deformações 535
15.10.3. Estudos de Percolação, Vazões e Pressões Piezométricas 535

15.10.4. Dimensionamento do Sistema Interno de Drenagem 536
15.10.5. Dimensionamento de Transições Internas 536
15.10.6. Dimensionamento da Proteção de Taludes de Jusante com Material Granular 537
15.10.7. Dimensionamento do Rip-Rap 537
15.11. Proteção de Taludes sem Utilização de Materiais Granulares 539
15.11.1. Talude de Materiais com Solo-Cimento 539
15.11.2. Talude de Jusante com Grama 541
15.12. Borda Livre 541
15.13. Instrumentação 541
Referências Bibliográficas 542

CAPÍTULO 16

16. BARRAGENS DE ENROCAMENTO COM FACE DE CONCRETO 543
16.1. Introdução 544
16.2. Principais Aspectos a serem Considerados 546
16.2.1. O Enrocamento 546
16.2.2. O Plinto e a Junta Perimetral 548
16.2.3. A Laje de Concreto 551
16.2.4. Tratamento das Fundações na Área do Plinto 552
16.3. Aspectos Complementares do Projeto 552
16.3.1. "Tapete" a Montante do Plinto 552
16.3.2. Instrumentação 553
16.3.3. Vantagens e Desvantagens 553
Referências Bibliográficas 553

CAPÍTULO 17

17. ATERROS HIDRÁULICOS E SUA APLICAÇÃO NA CONSTRUÇÃO DE
BARRAGENS 555
17.1. Introdução 556
17.2. Evolução da Técnica de Hidromecanização para Construção de Barragens 556
17.3. Aspectos de Projeto 559
17.3.1. Principais Tipos de Seção Transversal 559
17.3.2. Áreas de Empréstimo 559
17.3.3. Aspectos a Serem Considerados na Escolha da Seção Transversal e Tratamento de
Fundação 561
17.3.4. Cálculos Básicos de Barragens de Aterro Hidráulico 570
17.3.5. Parâmetros Geotécnicos de Solos Lançados Hidraulicamente 571
17.4. Aspectos Construtivos de Barragens Construídas Hidraulicamente 577
17.4.1. Elementos de Construção de um Aterro Hidráulico 577
17.4.2. Preparo da Fundação e Diques de Construção 578
17.4.3. Sistema de Drenagem 580
17.4.4. Métodos de Lançamento 580
17.4.5. Esquemas de Lançamento 582
17.5. Controle de Qualidade 585
17.6. Da Aplicabilidade da Hidromecanização na Construção de Barragens no Brasil 587
Referências Bibliográficas 590

CAPÍTULO 18

18.	ENSECADEIRAS	593
18.1.	Introdução	594
18.2.	Tipos de Ensecadeiras	596
18.2.1.	Ensecadeiras Fundadas em Rocha	596
18.2.2.	Ensecadeiras com Fundação em Aluviões	599
18.3.	Algumas Ensecadeiras Especiais	600
	Referências Bibliográficas	604

CAPÍTULO 19

19.	INSTRUMENTAÇÃO	605
19.1.	Introdução	606
19.2.	Objetivos da Instrumentação	606
19.3.	Limitações da Instrumentação	608
19.4.	Conceitos Importantes Relativos à Instrumentação	608
19.5.	Causas de Comportamento Insatisfatório e Sistemas Usuais de Observação	609
19.6.	Classificação dos Instrumentos	610
19.7.	Descrição dos Instrumentos mais Utilizados	610
19.7.1.	Medidor de Nível d'Água	610
19.7.2.	Piezômetros	611
19.7.3.	Célula de Tensão Total	615
19.7.4.	Medidores de Deslocamentos	615
19.7.5.	Medidores de Vazão	621
19.7.6.	Instrumentos para Auscultação Sismológica	621
19.8.	Informações Adicionais e Recomendações	621
19.8.1.	Projetos de Instrumentação	621
19.8.2.	Níveis dos Instrumentos	622
19.8.3.	Escolha dos Tipos de Instrumentos	622
19.8.4.	Eficiência da Qualidade e Quantidade	622
19.8.5.	Realização de Leituras	622
19.8.6.	Reinstrumentação de Barragens Antigas	624
19.8.7.	Assuntos para Pesquisa de Campo através de Instrumentação	624
19.9.	Conclusões e Recomendações	624
	Referências Bibliográficas	628

BIBLIOGRAFIA GERAL 629

ÍNDICE DAS BARRAGENS

BARRAGEM	FIGURA Nº	REFERÊNCIA
Açu	2.92	Seção reconstruída em cascalho
Açu (Armando R. Gonçalves)	11.9	Seção original modificada
Água Vermelha	2.3	Seção transversal - estudos CANAMBRA
Água Vermelha	10.15	Níveis piezométricos
Água Vermelha	11.5	Níveis piezométricos na fundação
Água Vermelha	12.18	Deslocamentos horizontais
Água Vermelha	13.3	Estrutura de contato terra e enrocamento / concreto
Águas Claras	2.72	Seção típica
Akosombo	7.69	Compressibilidade de enrocamentos
Alegre	2.31	Seções transversais
Altamira	2.14	Seção típica - enrocamento com face de argila
Altamira	2.15	Seção típica - enrocamento com face de concreto
Altamira	2.16	Seção típica - enrocamento com núcleo
Altamira	2.17	Seção típica - barragem de terra
Alto Anchicaya	16.6	Rel. da altura com a deflexão máxima na face de oncreto
Alto Anchicaya	16.7	Movimentos da junta perimetral em função da altura
Alto Anchicaya	16.11	Rel. entre módulo construtivo E_v e módulo tranversal E_t
Arroio Duro	10.9	Drenagem interna
Atalho	2.57	Seção do trecho central
Balbina	2.29	Disposição das injeções - planta
Balbina	10.25	Linhas piezométricas - fundação
Balbina	11.17	Seção longitudinal
Balbina	11.18	Seção na margem direita
Balbina	11.19	Seção na margem esquerda
Balderhead	5.13	Pressões piezométricas
Balderhead	9.7	Seção típica
Balderhead	10.34	Pressões neutras no núcleo da barragem
Balsas Mineiro	2.54	Seção típica
Bariri	12.31	Níveis piezométricos - fundação
Bastyan	16.6	Rel. da altura com a deflexão máxima na face de concreto
Bastyan	16.7	Movimentos da junta perimetral em função da altura
Bastyan	16.11	Rel. entre módulo construtivo E_v e módulo transversal E_t
Batang	16.6	Rel. da altura com a deflexão máxima na face de concreto
Beliche	12.40	Malha de Elementos Finitos
Belimo I	10.31	Tensões verticais previstas
Boacica	2.73	Seção típica

Bonito	2.51	Seção típica
Bratskaya	17.11	Seção típica (hidráulica homogênea)
Cachoeira Porteira	2.28	Seção principal
Caconde	12.32	Níveis piezométricos - barragem e fundação
Caldeirão	2.87	Seção típica
Canoas	2.4	Seção transversal - estudos CANAMBRA
Canoas	2.8	Detalhamento das seções - Cruz
Canoas	10.61	Granulometria - solos e drenos
Canoas	10.62	Ensaios de filtragem
Canoas I	10.40	Curvas granulométricas
Canoas II	10.41	Curvas granulométricas
Capivara	2.3	Seção transversal - estudos CANAMBRA
Capivara	2.43	Vertedor - planta e seção
Capivara	2.44	Barragem de terra
Capivara	2.45	Barragem de enrocamento com núcleo
Capivara	2.46	Foto-gravi-granulometria
Capivara	7.63	Ciclagem - basaltos
Capivara	12.11	Deformações medidas nos enrocamentos
Capivara (CP)	14.37	Envoltórias de ensaios especiais de rebaixamento
Capivara (CP)	14.39	Ensaios especiais de rebaixamento - u vs. ε
Capivari-Cachoeira	9.17	Seção típica
Capivari-Cachoeira	10.3	Leituras piezométricas
Cerrito	2.1	Ensaios de laboratório - empréstimos
Cerrito	2.7	Seção transversal - estudos CANAMBRA
Cethana	16.6	Rel. da altura com a deflexão máxima na face de concreto
Cethana	16.7	Movimentos da junta perimetral em função da altura
Cethana	16.11	Rel. entre módulo construtivo E_v e módulo transversal E_t
Chalmarsh	5.2.a	Pressões de poros - p_a e p_w
Chiba	9.9	Seção típica
Cocorobó	11.6	Seção típica reconstruída
Complexo Altamira	2.11	Arranjo geral
Córrego Santarém	2.42	Seção típica - etapas do alteamento
Cougar	9.5	Seção típica
Cow Green	10.52	Projeto do filtro efetivo
Descalvado	2.30	Seção típica
Dique 1 - Projeto Ouro Bahia	2.74	Seção típica
Dona Francisca	2.6	Seção transversal - estudos CANAMBRA
Dona Francisca	2.49	Seção transversal - projeto básico
Dona Francisca	2.50	Ensecadeira - barragem
Dona Francisca	11.16	Seção na ombreira direita

Dona Francisca	18.13	Ensecadeira (sobre cascalho)
Dubossarskaya	17.20	Seção típica (hidráulica heterogênea com zona central)
Dubossarskaya	17.23	Granulometria dos materias
Dubossarskaya	17.27	Relação entre γ_s e o parâmetro π
Dubossarskaya	17.29	Relação entre φ e γ_s
El Infernillo	7.61	Ensaios em enrocamentos
El Infernillo	7.67	Ensaios oedométricos - enrocamentos
El Infernillo	7.69	Compressibilidade de enrocamentos
Eldorado	9.18	Seção típica
Emborcação	7.47	Ensaios triaxiais - empréstimos
Emborcação	10.21	Seção típica
Emborcação	11.15	Seção típica - tapete interno
Emborcação	12.30	Piezometria - núcleo e fundação
Encruzilhada	2.2	Ensaios de laboratório - empréstimos
Encruzilhada	2.7	Seção transversal - estudos CANAMBRA
Engenheiro Ávidos (Piranhas)	9.15.c	Seção típica
Estreito	12.20	Deslocamentos - marcos superficiais
Euclides da Cunha	7.45	Ensaios triaxiais - empréstimos
Foz do Areia	9.12	Seção típica
Foz do Areia	10.35	Zoneamento do enrocamento
Foz do Areia	12.9	Deslocamentos verticais - final de construção
Foz do Areia	12.10	Deslocamentos verticais - após enchimento
Foz do Areia	12.16	Módulos de compressibilidade
Foz do Areia	12.17	Deformações após o enchimento
Foz do Areia	12.22	Deslocamentos - marcos do talude de jusante
Foz do Areia	16.1	Face de concreto - vista geral
Foz do Areia	16.4	Seção típica - zoneamento
Foz do Areia	16.5	Curvas de deformação específica na face de concreto
Foz do Areia	16.6	Re. da altura com a deflexão máxima na face de concreto
Foz do Areia	16.7	Movimentos da junta perimetral em função da altura
Foz do Areia	16.8	Junta perimetral
Foz do Areia	16.10	Juntas verticais
Foz do Areia	16.11	Rel. entre módulo construtivo E_v e módulo transversal E_t
Foz do Areia	16.12	Seção geológica no plinto - leito do rio e ombreira esquerda
Frecheirinha	2.37	Seção típica
Funil	10.46	Curvas granulométricas
Furnas	2.94	Seção típica
Furnas	9.5	Seção típica
Furnas	12.21	Deslocamentos - marcos superficiais
Gardiner	9.16	Seção típica

General Sampaio	9.15.b	Seção típica
General Sampaio	10.13	Drenagem interna
Germano	2.88	Alteamento
Golovnaya	10.28	Seção típica
Golovnaya	17.15	Seção típica (hidráulica homogênea com bermas)
Gorkovskaya	17.27	Relação entre γ_s e o parâmetro π
Gorkovskaya	17.29	Relação entre φ e γ_s
Guarapiranga	17.2	Seção típica
Guarapiranga	17.18	Seção típica (hidráulica heterogênea com núcleo)
Harspranget	4.8	Pressões totais no núcleo
Hinckston Ron	4.3	Seção típica
Hyttejuvet	9.7	Seção típica
Ibitinga	2.69	Níveis piezométricos - fundação
Ibitinga	12.33	Níveis piezométricos - fundação
Ibitinga	12.34	Evolução das subpressões no plano de falha
Ilha Grande	2.4	Seção transversal - estudos CANAMBRA
Ilha Grande	2.9	Planta do reservatório
Ilha Solteira	2.81	Seções - Estacas 65, 85, 153+16,00
Ilha Solteira	14.37	Envoltórias de ensaios especiais de rebaixamento
Ilha Solteira	14.38	Ensaios especiais de rebaixamento - u vs. ε
Itaipu	7.35.b	Ensaios triaxiais - solo compactado
Itaipu	7.42	Ensaios triaxiais - empréstimos
Itaipu	18.12	Ensecadeira principal de montante
Itaparica	7.37	Ensaios triaxiais - empréstimos
Itaparica	7.43	Ensaios triaxiais - empréstimos
Itapebi	2.23	Seção típica
Itaúba	2.6	Seção transversal - estudos CANAMBRA
Itaúba	2.47	Seção transversal - Estaca 11
Itaúba	2.48	Tomada d'água e vertedor
Itaúba	12.8	Deslocamentos medidos
Itaúba	12.11	Deformações medidas nos enrocamentos
Itaúba	12.13	Curvas granulométricas
Itaúba	12.14	Ensaios de compressibilidade em materiais granulares
Itaúba	12.27	Leituras piezométricas
Itaúba	14.39	Ensaios especiais de rebaixamento - u vs. ε
Itúba	14.37	Envoltórias de ensaios especiais de rebaixamento
Itumbiara	10.17	Drenagem interna
Itumbiara	10.18	Piezometrias - ombreiras
Itumbiara	11.1	Seção da ombreira direita
Itumbiara	12.28	Dados de piezometria

Itumbiara	13.2.a	Arranjo geral - contatos solo / concreto
Jacaré	2.35	Seção típica
Jacareí	13.10	Pressões neutras na interface e recalques da galeria
Jacareí	13.12	Pressões totais e neutras na galeria de desvio
Jaguara	11.14	Seção típica - tapete interno
Jaguara	12.29	Redes de fluxo e cargas nos piezômetros - núcleo
Jaguara	13.1.a	Seção típica
Jaguara	13.1.b	Estrutura de contato terra e enrocamento / concreto
Jaguari	13.11	Pressões neutras na interface e recalques da galeria
Jaguari	13.12	Pressões totais e neutras na galeria de desvio
Jaguari	14.37	Envoltórias de ensaios especiais de rebaixamento
Jaguari	14.39	Ensaios especiais de rebaixamento - u vs. ε
Jenipapo	2.34	Seção típica
John Martin	4.7	Distribuição da pressão vertical
Jupiá	2.79	Seção na Estaca 62
Juquiá	7.39	Ensaios triaxiais - empréstimos
Juquiá	7.40	Ensaios triaxiais - empréstimos
Jurumirim	10.10	Drenagem interna
Juturnaíba	2.59	Seções típicas - trechos I, II, III
Juturnaíba	10.22	Seção trechos III-2 e II
Juturnaíba	12.19	Desloc. verticais, horizontais e pressões neutras na fundação
Kairak	17.14	Seção típica (hidráulica homogênea com bermas)
Kairak - Kumskaya	17.27	Relação entre γ_s e o parâmetro π
Kairak - Kumskaya	17.29	Relação entre φ e γ_s
Kakhovskaya	10.30	Seção típica - leito do rio
Kakhovskaya	17.10	Seção típica (hidráulica homogênea)
Kakhovskaya	17.27	Relação entre γ_s e o parâmetro π
Kakhovskaya	17.29	Relação entre φ e γ_s
Karatamarskaya	17.19	Seção típica (hidráulica heterogênea com núcleo)
Karrovskaya	17.12	Seção típica (hidráulica homogênea)
Khao Laem	16.6	Relação da altura com a deflexão máxima na face de concreto
Khao Laem	16.11	Rel. entre módulo construtivo E_v e módulo transversal E_t
Kievskaya	10.29	Seções típicas - leito do rio / planície
Kievskaya	17.9	Seção típica (hidráulica homogênea)
Las Palmas	9.6	Seção típica
Leão	2.52	Seção típica
Leão	11.7	Trincheira de vedação
Limoeiro	10.8	Drenagem interna
Limoeiro	11.10	Níveis piezométricos na fundação
Lynn Brianne	9.10	Seção típica

Mackintosh	16.6	Relação da altura com a deflexão máxima na face de concreto
Mackintosh	16.7	Movimentos da junta perimetral em função da altura
Mackintosh	16.11	Rel. entre módulo construtivo E_v e módulo transversal E_t
Malpaso	7.61	Ensaios em enrocamentos
Marimbondo	13.2.b	Arranjo geral - contatos solo / concreto
Mina de Carajás	2.78	Planta da drenagem interna
Mingtchaurskaya	17.17	Seção típica (hidráulica heterogênea com núcleo)
Mingtchaurskaya	17.25	Granulometria dos materias
Mingtchaurskaya	17.27	Relação entre γ_s e o parâmetro π
Mingtchaurskaya	17.29	Relação entre φ e γ_s
Mira	9.9	Seção típica
Monasavu	9.10	Seção típica
Monasavu	12.65	Pressões totais e neutras - núcleo - final da construção
Monasavu	12.66	Pressões totais e neutras após enchimento
Muddy Run	7.69	Compressibilidade de enrocamentos
Murchison	16.6	Relação da altura com a deflexão máxima na face de concreto
Murchison	16.7	Movimentos da junta perimetral em função da altura
Murchison	16.11	Rel. entre módulo construtivo E_v e módulo transversal E_t
Nova Avanhandava	7.44	Ensaios triaxiais - empréstimos
Nova Avanhandava	10.2	Leituras piezométricas
NUCLEBRAS	2.39	Barragem de rejeitos - fases de alteamento
Ogaki	9.8.a	Seção típica - tratamento da fundação
Oigawa	4.2	Seção típica
Orós	9.4	Seção típica
Ouchi	9.8.b	Seção típica - tratamento da fundação
Ourinhos	10.49	Curvas granulométricas
Paço Real	2.5	Seção transversal - estudos CANAMBRA
Paço Real	12.11	Deformações medidas nos enrocamentos
Palmar	2.58	Seção no canal do rio
Paloona	16.6	Relação da altura com a deflexão máxima na face de concreto
Paloona	16.7	Movimentos da junta perimetral em função da altura
Paloona	16.11	Rel. entre módulo construtivo E_v e módulo transversal E_t
Paraibuna	2.83	Subpressões na fundação
Paraibuna	3.1	Alternativas de seção transversal
Paraibuna	7.64	Enrocamentos - gnaisses
Paraibuna	10.14	Curvas de subpressão na fundação
Paraibuna	10.42	Curvas granulométricas
Passaúna	7.46	Ensaios triaxiais - empréstimos
Passaúna	2.70	Seção típica
Passaúna	2.71	Seção da descarga de fundo

Paulistas	2.26	Seção típica
Pedra Redonda	2.36	Alternativas de seção
Pedra Redonda	7.16	Análise de estabilidade à liquefação
Pedra Redonda	11.8	Seção do projeto alternativo
Pinzandarán	7.61	Ensaios em areias
Pinzandarán	7.66	Ensaios oedométricos - areias
Pitinga	2.55	Seção principal
Pliavinskaya	17.22	Seção típica (hidráulica heterogênea)
Poços de Caldas	7.41	Ensaios triaxiais - empréstimos
Ponte Coberta	2.84	Seção típica - alteada
Ponte Nova	2.93	Seção típica
Porto Primavera	7.10	Ensaios de liquefação - areias
Porto Primavera	7.50	Ensaios triaxiais - empréstimos
Porto Primavera	8.6	Ensaio tridimensional em aluvião
Porto Primavera	8.7	Ensaio tridimensional em basalto
Porto Primavera	8.8	Ensaio tridimensional em basalto
Porto Primavera	10.19	Drenagem interna
Porto Primavera	10.26	Seção típica - 2-2 - Paleo Ilha
Porto Primavera	13.7	Arranjo geral - contatos solo / concreto
Porto Primavera	17.40	Curvas granulométricas - solos do empréstimo
Porto Primavera	17.41	Execução da camada submersa do aterro hidráulico
Porto Primavera	17.42	Granulometria dos espaldares e zona central - aterro hidr.
Praia Grande	2.10	Seção típica
Presidente Alemán	9.4	Seção típica
Promissão	2.82	Seção típica
Promissão	7.26	Ensaios triaxiais - material da fundação
Proserpina	4.1	Seção transversal
Riacho Carangueja	2.18	Seção típica
Ribinskaya	17.29	Relação entre φ e γ_s
Rio da Casca I	11.3	Tratamento da fundação
Rio da Casca III	10.27	Seção típica - tratamento da fundação
Rio Grande	17.1	Modelo para cálculo do fator de segurança
Rosana	2.56	Seções típicas - leito do rio e ombreiras
Rosana	7.35.a	Ensaios triaxiais - solo compactado
Rosana	7.49	Ensaios triaxiais - empréstimos
Rosana	10.16	Drenagem interna
Salto da Divisa	2.22	Seções típicas
Salto Osório	2.5	Seção transversal - estudos CANAMBRA
Salto Osório	11.2	Seção típica
Salto Osório	12.11	Deformações medidas nos enrocamentos

Salto Santiago	2.6	Seção transversal - estudos CANAMBRA
Salto Santiago	10.32	Pressões totais previstas e observadas no núcleo impermeável
Salto Santiago	10.33	Pressões neutras previstas e observadas no núcleo
Salto Santiago	10.34	Pressões neutras no núcleo da barragem
Salto Santiago	12.67	Recalques previstos e observados
Samitri	2.40	Dique de partida e alteamento
Samitri	2.41	Dique de partida e alteamento (alternativa)
Santa Bárbara	10.12	Drenagem interna
Santa Branca	2.89	Seção típica
Santa Branca	2.90	Seção típica - reforço de jusante
Santa Branca	10.5	Leituras piezométricas
Santa Eulália	2.32	Seção típica
Santa Eulália	10.23	Drenagem da fundação
Santa Isabel	2.27	Seção típica - leito do rio e ombreira
Santa Maria da Serra	2.24	Seções alternativas
Santana	10.11	Drenagem interna
Santo Antonio	2.19	Seções típicas - leito do rio e baixada
São Bento	2.53	Seção típica - alternativas
São Francisco	7.61	Ensaios em enrocamentos
São Felix	2.20	Seção típica - leito do rio
São Felix	2.21	Seções na ombreira
São José	10.47	Curvas granulométricas
Saracuruna	11.11	Planta e seção
Saracuruna	11.12	Diafragma plástico
Saracuruna	11.13	Seqüência construtiva do diafragma
Segredo	2.5	Seção transversal - estudos CANAMBRA
Segredo	16.2	Seção típica e detalhe do plinto
Selset	5.14	Pressões piezométricas
Selset	9.6	Seção típica
Serpentine	16.6	Relação da altura com a deflexão máxima na face de concreto
Serpentine	16.7	Movimentos da junta perimetral em função da altura
Serpentine	16.11	Rel. entre módulo construtivo E_v e módulo transversal E_t
Serra da Mesa	18.14.a	Pré-ensecadeira de montante
Serra da Mesa	18.14.b	Ensecadeira de montante - Alternativa 1
Serra da Mesa	18.14.c	Ensecadeira de montante - Alternativa 2
Serra da Mesa	18.14.d	Ensecadeira de montante - Alternativa 3
Serra da Mesa	18.14.e	Ensecadeira de montante - Alternativa 4
Serra da Mesa	18.14.f	Ensecadeira de montante - Alternativa 6
Serra do Facão	2.25	Seção típica
Sherburne Lakes	9.14	Seção típica

Sherburne Lakes	10.7	Drenagem interna
Sítio Juruá	2.12	Seção transversal - "canalão" - Alternativa 1
Sítio Juruá	2.13	Seção transversal - "canalão" - Alternativa 2
Sororoca	2.33	Seção típica
Sumit Control	2.85	Barragem-de-terra e terra-enrocamento
Taquaruçu	2.4	Seção transversal - estudos CANAMBRA
Taquaruçu	2.95	Diagrama de subpressões - barragem de concreto
Tingüis	2.38	Seção típica
Três Irmãos	2.3	Seção transversal - estudos CANAMBRA
Três Irmãos	2.8	Detalhamento das seções - Cruz
Três Irmãos	7.38	Ensaios triaxiais - empréstimos
Três Irmãos	7.48	Ensaios triaxiais - empréstimos
Três Irmãos	10.20	Drenos franceses - planta e seção
Três Marias	2.91	Seção típica
Três Marias	12.25	Pressões neutras previstas e observadas
Tsimlianskaya	17.16	Seções típicas - planície e leito do rio (hidráulica homogênea)
Tsimlianskaya	17.29	Relação entre φ e γ_s
Tucuruí	2.60	Seção BTCC - Estaca 15+50,00
Tucuruí	2.61	Seção BTC MD - Estaca 21
Tucuruí	2.62	Seção BT MD - Estaca 35+50,00
Tucuruí	2.63	Seção BT MD - Estaca 39+25,00
Tucuruí	2.64	Planta - Morro do Quartzito
Tucuruí	2.65	Seção - Morro do Quartzito
Tucuruí	2.66	Deslocamentos - caixas suecas
Tucuruí	2.67	BTY - planta e seção - tratamento dos canalículos
Tucuruí	2.68	Tratamento da fundação - falha da lagoa
Tucuruí	7.51	Ensaios triaxiais - empréstimos
Tucuruí	7.52	Ensaios triaxiais - empréstimos
Tucuruí	10.24	Tratamento da fundação
Tucuruí	12.6	Ensaios oedométricos - solos do empréstimo
Tucuruí	12.7	Ensaios oedométricos - solos do empréstimo
Tucuruí	18.1	Ensecadeiras - arranjo geral
Tucuruí	18.6	Ensecadeira de 1ª Fase - trecho rompido
Tucuruí	18.7	Ensecadeira de 1ª Fase - reforço e alteamento
Tucuruí	18.15	Ensecadeira celular
Tullabardine	16.6	Relação da altura com a deflexão máxima na face de concreto
Tullabardine	16.7	Movimentos da junta perimetral em função da altura
Tullabardine	16.11	Rel. entre módulo construtivo E_v e módulo transversal E_t
Twin Falls	9.15.a	Seção típica
Val de Serra	2.86	Vertedor de jusante

Vaturu	10.34	Pressões neutras no núcleo da barragem
Verkhneouralsk	17.21	Seção típica (hidráulica heterogênea)
Vigário	10.6	Drenagem interna
Vigário (Terzaghi)	9.9	Seção típica
Volgogradskaya	17.13	Seção típica (hidráulica homogênea)
Voljskaya	9.11	Seção típica
Voljskaya (Lenin)	17.7	Seções típicas - planície e leito do rio (hidráulica homogênea)
Voljskaya (XXII Reunião P.C.)	17.8	Seção típica (hidráulica homogênea)
Voljskaya (XXII Reunião P.C.)	17.24	Granulometria dos materias
Voljskaya (XXII Reunião P.C.)	17.27	Relação entre γ_s e o parâmetro π
Wilmot	16.6	Relação da altura com a deflexão máxima na face de concreto
Wilmot	16.7	Movimentos da junta perimetral em função da altura
Wilmot	16.11	Rel. entre módulo construtivo E_v e módulo transversal E_t
Winneke	16.6	Relação da altura com a deflexão máxima na face de concreto
Winscar	13.9	Pressões calculadas e medidas na galeria enterrada
Xavantes	2.80	Seção típica
Xavantes	10.1	Leituras piezométricas
Xavantes	12.35	Piezometria
Xingó	16.3	Seção típica
Yujno - Uralskaya	17.27	Relação entre γ_s e o parâmetro π
Zabumbão	2.75	Tratamento de fundação
Zabumbão	2.76	Tratamento de fundação - alternativa
Zabumbão	2.77	Tratamento de fundação - *as built*

Barragem de Itacarambi - BAHIA   (Cortesia da OAS)

1ª Parte

Capítulo 1
O Ciclo das Barragens Brasileiras
Uma Visão Pessoal

1 - O CICLO DAS BARRAGENS BRASILEIRAS - UMA VISÃO PESSOAL

Quando em 1961, regressando do MIT, comecei a executar no IPT os ensaios dos solos de empréstimos C e G da Barragem de Xavantes, numa disputa discreta com o NGI (Instituto Geotécnico da Noruega), não poderia saber que nos 30 anos que se seguiriam, estaria envolvido em estudos, projetos e construção de mais de cem barragens neste país continental que é o Brasil. O primeiro "empurrão" veio seguramente do Prof. Victor de Mello, ainda como aluno e depois como estagiário e engenheiro da Geotécnica nos anos 1957 a 1959. Santa Branca e Três Marias foram minhas primeiras experiências de campo. Naquela época, o engenheiro júnior da fiscalização trabalhava em turnos alternados de 10 horas, tanto de dia como de noite, não tinha condução e nos domingos ia ver a "obra", por falta de alternativa mais interessante.

O MIT forneceu-me a consolidação da base teórica e de laboratório, possibilitando a conclusão de meu doutorado na EPUSP em junho de 1964. Para os meus mestrandos e doutorandos talvez valha a pena dizer que meu orientador levou mais de um ano para ler a minha tese, já pronta desde fevereiro de 1963.

As décadas de 60 e 70 foram pródigas em obras hidrelétricas, permitindo que o Brasil se desenvolvesse e chegasse onde está. Na década de 80, houve uma redução dos investimentos em hidrelétricas, e a menos que se invista maciçamente de imediato, a crise energética virá, abalando pelas raízes uma das dez primeiras economias mundiais. Que Deus se lembre, se é que é brasileiro.

Na década de 60, o nível de informalidade era dominante, porque a finalidade última era a obra que estava em construção.

O projeto resultava de um esforço conjunto do projetista, da consultoria, dos clientes, da fiscalização, dos institutos de pesquisa e dos empreiteiros, que, em reuniões informais de obra, decidiam sobre a utilização deste ou daquele solo no núcleo e espaldares da barragem, sobre a adequação das areias para os filtros e sobre o emprego da rocha nos enrocamentos e *rip-rap*. Existia, é claro, um projeto conceitual predefinido, mas a sua adaptação ao sítio era objeto de discussões e as mudanças que ocorriam, ocorriam nas obras.

Numa reunião de obra estavam presentes a projetista, o consultor, o cliente, o fiscal, o engenheiro do laboratório e da instrumentação, e o empreiteiro. Dificilmente esses grupos excediam dez pessoas, com ampla liberdade de opinião e participação.

O Prof. Arthur Casagrande, acompanhado no início pelo Eng. Lincoln Queiroz, depois pelo Dr. Milton Vargas e/ou por mim, emitia no final da visita um relatório detalhado, que continha desde detalhes de ensaios de Limite de Liquidez e especificações de compactação, até considerações sobre o desvio do rio e estabilidade da barragem. A minuta deste relatório era elaborada por um dos seus acompanhantes, mas a arte final modificada e revisada pelo próprio Casagrande às vezes preservava da minuta original um pouco da itemização, e uma ou outra frase de passagem. Pelo menos, assim foi comigo.

Fora da obra, as reuniões de projeto ocorriam nos escritórios do projetista e do cliente e do IPT, ou mesmo nos hotéis ou na casa de um consultor.

As obras evoluíam de acordo com os recursos disponíveis do Estado ou do empreiteiro, e um dia ficavam prontas e eram inauguradas. Mas o maior "momento" de uma obra era o dia do "desvio do rio", quando todos os envolvidos no projeto, e principalmente na construção, bebiam, conversavam e comiam juntos.

Às inaugurações compareciam o Estado, a imprensa, o cliente, o projetista e o empreiteiro, representados pelos seus diretores. Ocorria, quase que pela primeira vez na obra, o ato formal. Foi a época do Liberalismo e da Democracia.

Foi nessa época que o IPT, em convênio aberto com a CESP, iniciou e implantou uma revolução tecnológica em ensaios de laboratório e de campo, e métodos de investigação nas áreas de Mecânica dos Solos, Mecânica das Rochas, Tecnologia do Concreto e Geologia de Engenharia. Daí surgiram, nas décadas seguintes, o LEC da CESP, os laboratórios especializados do IPT e os laboratórios de Tucuruí e Itaipu.

Na década de 70, desenvolveu-se a formalização do projeto, os clientes cresceram, a projetista cresceu e passou a se chamar Consultora e o consultor individual foi progressivamente substituído pelo *Board of Consultants*, abrasileirado na década de 80 para "Junta de Consultores". Começaram a aparecer os coordenadores de projeto, tanto do lado do projetista como do lado do cliente. Esse processo formal aos poucos foi tomando forma, cristalizando-se, culminando nos fins da década de 70 e no início da de 80 com a construção de Tucuruí e Itaipu.

Concorrências públicas para projeto e construção tornaram-se obrigatórias. Surgem as empresas de gerenciamento, modernizam-se e multiplicam-se os laboratórios.

Reunião de obra já contava com novos elementos de coordenação, supervisão, gerenciamento e orçamento, que, somados aos de projeto, fiscalização, consultoria e construção, obrigaram à ampliação dos hotéis e alojamento de obra, novas salas de reunião e logísticas de transporte.

Foi nessa época que surgiu a grande mesa oval de Ilha Solteira. Reuniões de vinte pessoas eram quase excepcionais, e exclusivas, porque a simples representação das áreas envolvidas no projeto já somava de trinta a cinquenta pessoas; função do tamanho da obra.

A formalização das reuniões e o número de documentos (geralmente multiplicáveis pelo xerox) resultaram em verdadeiras "conferências", nas quais só falavam os "mais falantes", perdendo-se com isso a contribuição dos "mais calados".

Caracterizando uma época de transição, os primeiros anos da década de 70 ainda preservavam nas obras já em construção um pouco do "velho estilo", mas no final da década o "novo estilo" estava definitivamente implantado nas obras novas.

As obras hidrelétricas, na maioria concentradas na Região Centro-Sul, foram deslocadas para o Norte e para Itaipu que, durante pelo menos 10 anos, absorveu os recursos das obras da Região Sul.

As relações entre clientes, projetistas, fiscais e institutos de pesquisa perderam a informalidade da década de 60 e passaram a ser procedidas pelos "interlocutores" de cada instituição. Os principais prejudicados pela reformulação do projeto foram os novos engenheiros, no geral, restritos, seja ao escritório de projeto, seja à obra. O importante advento dos computadores ocupou uma parcela significativa dos projetistas, mas distanciou-os das obras. A instalação dos cursos regulares de pós-graduação, na década de 70, facilitou a formação acadêmica dos engenheiros de projeto, mas não conseguiu substituir a experiência da obra, ou da 3ª dimensão. Afinal, quadros negros, telas de projeção e papel continuam limitados a duas dimensões.

As décadas de 80 e 90 se caracterizam pelo início do fim da grande obra (só se terminou o que havia sido começado antes) e, na ausência de obras, perseguia-se a meta dos estudos. Projetos e estudos de viabilidade, alguns com desdobramento para o básico, ocupavam a mente e o tempo dos clientes e projetistas, com uma presença menor das instituições e centros de pesquisa, e uma presença formal e irregular das juntas de consultores.

Recursos significativos eram alocados para aproveitamentos, estudos de inventário e viabilidade de hidrelétricas na Região Amazônica, e muitos engenheiros e geólogos jovens encontraram a oportunidade de uma "aventura na selva" amazônica.

A ocupação indiscriminada, seguida de uma atividade predatória da Amazônia brasileira, começou a ser denunciada pelo INPA (Instituto Nacional de Pesquisa da Amazônia), e hoje ganha manchete de jornais brasileiros e internacionais. As empresas hidrelétricas se defendem e o RIMA passa a ser obrigatório em qualquer projeto hidrelétrico, desde a sua viabilidade até a operação.

A preservação do meio ambiente se impõe, e projetos hidrelétricos já em fase adiantada (por exemplo Babaquara, hoje Bela Vista) são abandonados ou redimensionados.

A economia do país sofre a conseqüência do "milagre", e as dívidas externa e interna consomem os recursos de novas e necessárias obras de geração de energia.

Projetos são cancelados ou postergados com a conseqüente desmobilização das grandes equipes e das então grandes empresas de projeto.

As atividades de construção de obras encontram espaço em obras menores, destinadas a irrigação, abastecimento de água e mineração. Os novos projetos, a fiscalização e o acompanhamento da construção dessas "novas obras" se desenvolvem de forma desordenada e extremamente variável, passando a depender de novos órgãos do governo, ou da reativação de órgãos antigos e quase desativados, e/ou de grupos particulares nem sempre com tradição e história em construção de barragens.

É um período de adaptação e aprendizado, limitado a pequenas equipes, que se organizam por um período curto de tempo para o projeto e a construção das obras. Terminada a obra, o grupo se desfaz, para se recompor com novos elementos num outro tempo e em outro local.

Nessas idas e voltas, muitos dos promissores engenheiros de barragens acabaram por ir e não voltar, iniciando uma nova atividade mais estável e lucrativa.

É uma época na qual "quem sabe faz, quem não sabe ensina, e quem não consegue ensinar dá consultoria" (Victor de Mello já se antecipava nesse provérbio, há muitos anos).

Talvez seja até por isso que me sobre tempo para essas meditações e divagações, escritas com a esperança de que o país encontre algum caminho para sair da crise em que se encontra.

Das mais de cem barragens em cujo projeto tive participação, muitas foram construídas e, seja por sorte, seja pelo trabalho conjunto de centenas de outros engenheiros, em nenhuma delas foi registrado um "acidente" que colocasse em risco a obra.

São Paulo, 25 de julho de 1994.

UHE - JUPIÁ (Cortesia CAMARGO CORRÊA)

1ª Parte

Capítulo 2

Casos Históricos

2 - CASOS HISTÓRICOS

2.1 - INTRODUÇÃO

Desde 1957, ainda como estagiário da GEOTÉCNICA, estive envolvido em projetos de barragens. A forma de envolvimento variou de caso a caso e ocorreu em diferentes fases das obras. Neste capítulo estão listadas as barragens, com indicação de datas aproximadas de minha participação, bem como da fase em que a obra se encontrava. Há casos em que a minha interferência resumiu-se a um único parecer de consultoria, como em Açu/RN, e outros em que começou na busca do eixo da barragem e dos materiais de empréstimo, se estendeu por todo o período de execução da obra e ainda por vários anos depois do início de sua operação. Neste caso, pode-se citar Capivara.

Em outras barragens, tive uma participação intermitente, às vezes distribuída em longos períodos de tempo, como é o caso da Barragem de Porto Primavera. Um dos primeiros sobrevôos do local da barragem ocorreu em 1971. No avião estavam o Prof. Arthur Casagrande, o Prof. Milton Vargas, o Eng. Gelásio Rocha, o Geól. Fernão Paes de Barros e eu. Na viagem de Capivara para Ilha Solteira, o avião seguiu o curso do rio Paranapanema e só virou à direita na confluência deste com o rio Paraná.

Alguns meses depois retornei ao local com o Geól. Ricardo Fernandes da Silva para exame das primeiras sondagens.

Vinte anos depois, já em 1992, fiz nova visita ao local da obra junto com engenheiros e geólogos da CESP e da THEMAG, para discutir os tratamentos da fundação da barragem no trecho em aluviões arenosos.

A interferência de fatores não técnicos no projeto e na construção de barragens, já discutida por Peck (1973, tradução para o português em 1973), afetou diretamente todas as fases das barragens brasileiras nestes últimos 50 anos. Por esta razão, a divisão clássica das fases de projeto em Estudo de Viabilidade, Projeto Básico e Projeto Executivo ficou muito prejudicada e, como se poderá ver em seqüência, há casos em que da fase de viabilidade passou-se quase que diretamente à construção da obra (Tucuruí), e outros em que os estudos de viabilidade se estenderam por 15 anos ou mais (Complexo de Altamira).

A descrição das obras que se segue obedece a uma ordem cronológica, dentro de uma subdivisão relativa à fase do projeto que contou com a minha colaboração. Entretanto, na medida em que um problema ou um aspecto do projeto é discutido, outras obras são mencionadas, independentemente da data de seu projeto ou construção. Mesmo "casos históricos" de obras nas quais não tive participação direta podem ser incluídos. Do conjunto dessas análises foi elaborado o Capítulo 3 - Lições Aprendidas.

O conjunto de obras estudadas pela CANAMBRA para a Região Centro-Sul (1966) e Região Sul (1968) em vários casos seguiu a seqüência lógica e, embora algumas das obras previstas ainda estejam em construção, e algumas só em projeto, os locais, alturas e o tipo de obra previsto não variaram muito. Outros casos há em que as alturas das quedas foram modificadas, introduzindo-se novas barragens, e outros em que o eixo e a altura da barragem foram ampliados, inundando locais previstos para barragens menores. Nesta situação pode-se incluir a obra de Itaipu. O inverso ocorreu com o projeto de Ilha Grande.

Em muitas ocasiões, tive a possibilidade de discutir problemas específicos de algumas obras com consultores brasileiros e estrangeiros, tanto no Brasil como no exterior, e de penetrar os meandros acadêmicos, que estão refletidos em outros capítulos deste livro.

Ao longo do texto, os nomes de empresas de consultoria e projeto, empreiteiras e proprietárias de obras são referidos pelas suas siglas ou seus nomes abreviados. Ao final do capítulo são incluídos os nomes completos.

A linguagem utilizada neste capítulo, às vezes livre e na primeira pessoa, foi necessária, porque muitas das citações e análise de casos históricos são frutos da minha experiência pessoal.

2.2 - DESCRIÇÃO DAS OBRAS

A - ESTUDOS DE VIABILIDADE

Estudos da CANAMBRA

Água Vermelha	1966
Capivara	1966
Três Irmãos	1966
Taquaruçu	1966
Canoas	1966
Guaíra - Ilha Grande	1966
Paço Real	1968
Salto Osório	1968
Segredo	1968
Salto Santiago	1968
Itaúba	1968
Dona Francisca	1968
Encruzilhada	1968
Cerrito	1968
Porto Primavera	1976
Praia Grande - Mampituba	1978
Complexo Altamira:	1974 a 1990

    Barragem de Juruá
    Diques de Juruá
    Barragem de Kararaô
    Diques Kararaô
    Barragem de Babaquara
    Diques Babaquara

ESTUDOS DA CANAMBRA

As Barragens de Água Vermelha, Capivara, Três Irmãos, Taquaruçu, Canoas e Ilha Grande fazem parte dos Estudos da CANAMBRA de 1966.

Já Paço Real, Salto Osório, Segredo, Salto Santiago, Itaúba, Dona Francisca, Encruzilhada e Cerrito encontram-se nos Estudos da CANAMBRA de 1968.

Amostras de áreas de empréstimo dessas obras foram encaminhadas ao Laboratório de Solos da Escola Politécnica da USP e submetidas a ensaios triaxiais tipo PN (na época denominados K constante), em diferentes teores de umidade.

Duas folhas-resumo dos ensaios geotécnicos são apresentadas nas Figuras 2.1 e 2.2 (Barragens de Cerrito e Encruzilhada).

Capítulo 2

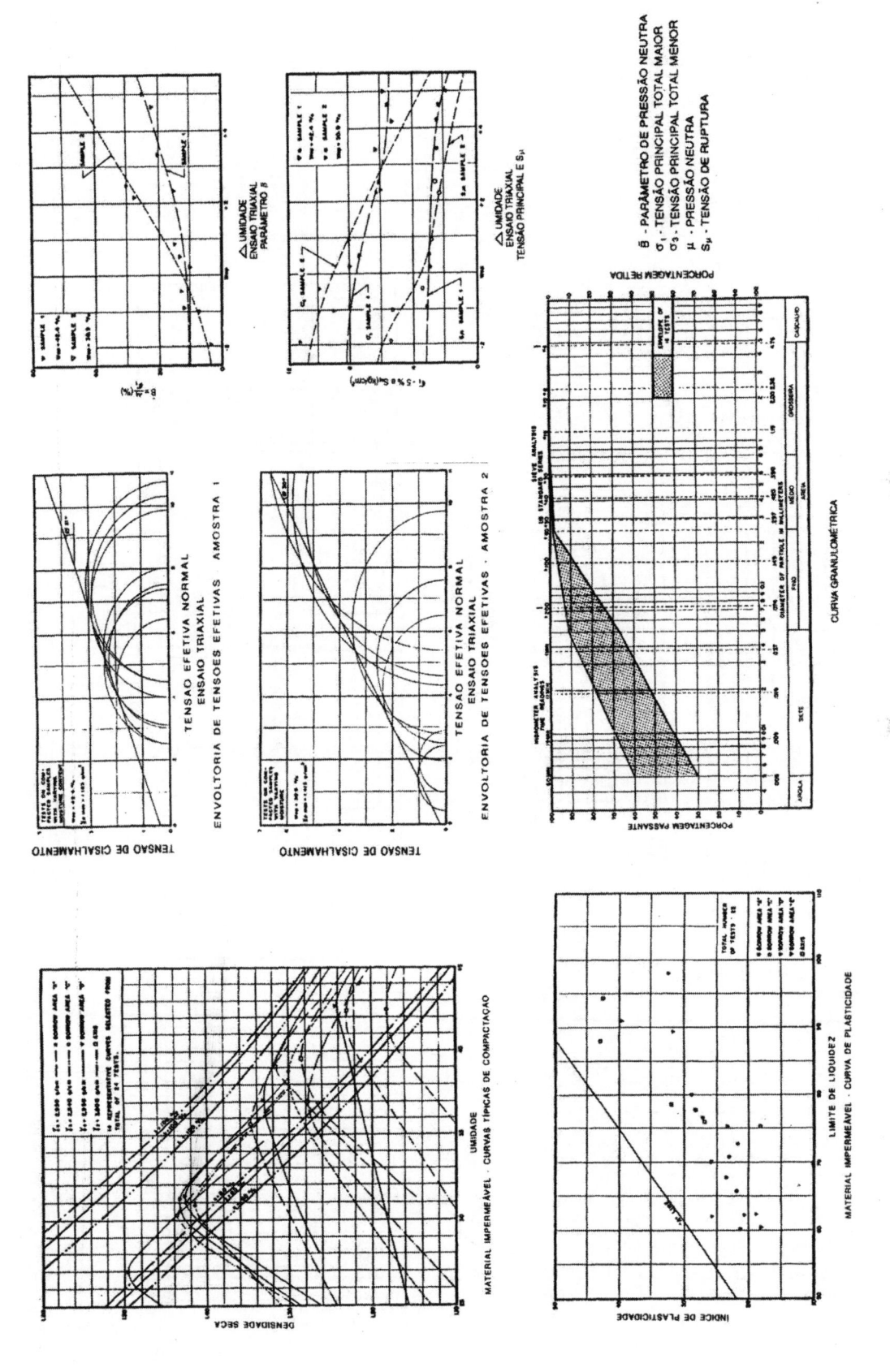

Figura 2.1 - Cerrito - resultados dos ensaios de solos (CANAMBRA, 1968)

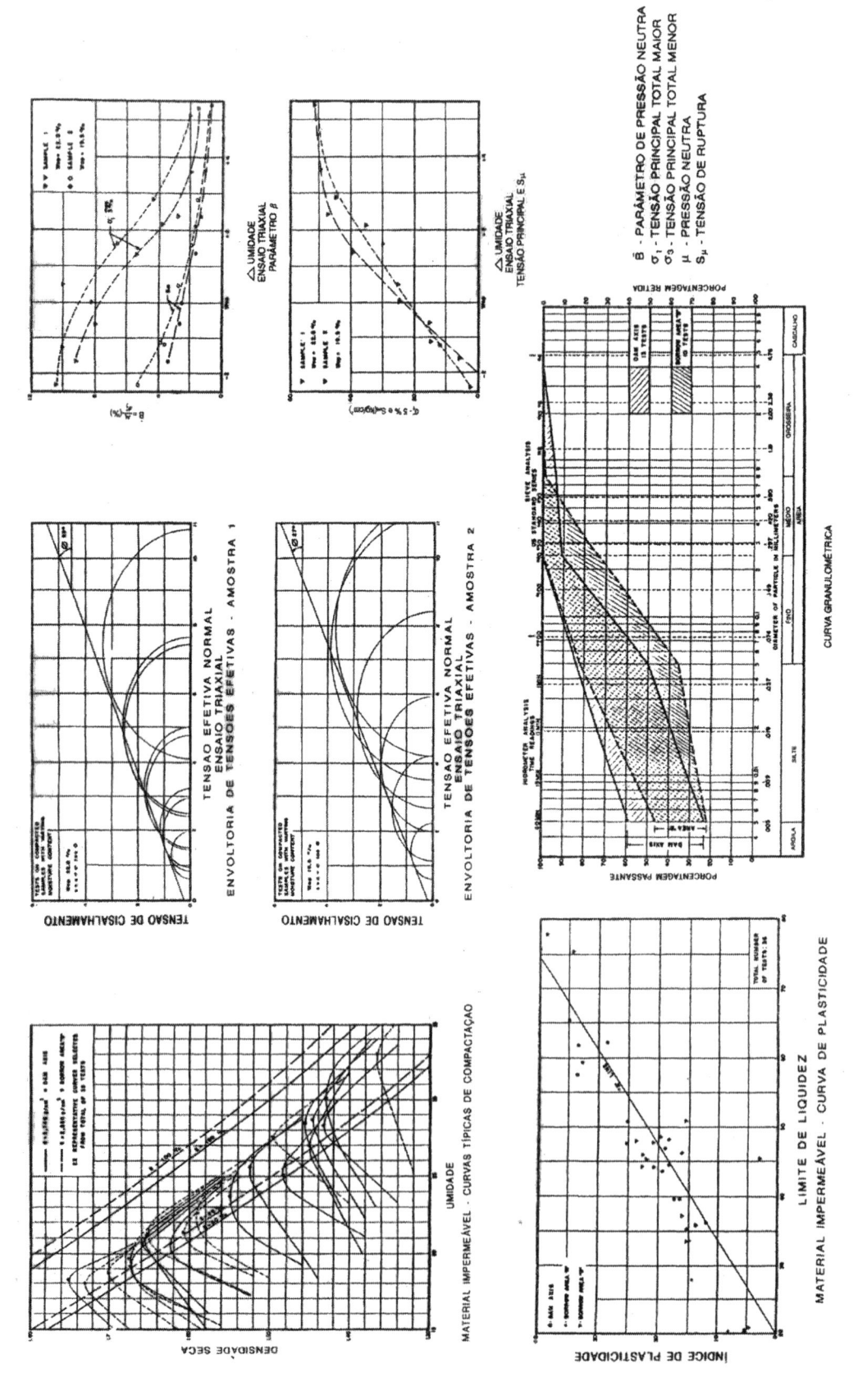

Figura 2.2 - Encruzilhada - resultados dos ensaios de solos (CANAMBRA, 1968)

É impressionante registrar que, em tão pouco tempo, a produção tenha sido tão grande.

Os resultados desses ensaios foram publicados por mim em dois volumes denominados "Propriedades de Engenharia de Solos Compactados da Região Centro-Sul e "Propriedades de Engenharia de Solos Compactados da Região Sul", respectivamente, e acham-se condensados nas Tabelas 7.16, 7.17 e 7.18 deste livro.

Na fase de projeto básico e mesmo executivo de várias dessas obras, esses mesmos ensaios foram utilizados em estudos de estabilidade.

Algumas das seções transversais típicas previstas para essas barragens são reproduzidas nas Figuras 2.3 a 2.7.

As condições de fundação foram investigadas preliminarmente por meio de sondagens mistas (percussão e rotativa).

Água Vermelha, Capivara, Três Irmãos e Taquaruçu foram construídas pela CESP. Canoas, originariamente prevista para uma altura de 48 m, foi subdividida por questões ambientais em Canoas I e Canoas II, as quais acham-se em construção também pela CESP.

Paço Real e Itaúba foram construídas pela CEEE no Rio Grande do Sul. As obras de Dona Francisca ainda não foram iniciadas.

Salto Osório, Segredo e Salto Santiago foram construídas pela COPEL e pela ELETROSUL, no rio Iguaçu.

De Encruzilhada e Cerrito, localizadas em Santa Catarina, não há notícias.

Todas essas barragens, à exceção de Dona Francisca, têm sua fundação em basalto e têm o basalto como material de construção.

Conquanto o basalto já fosse uma rocha conhecida de outras barragens, várias "surpresas" ocorreram na fase construtiva, abrindo espaço para uma série de pesquisas de laboratório e campo, execução de ensaios especiais de bombeamento e utilização de basaltos desagregáveis em concreto-massa.

As seções das barragens propostas pela CANAMBRA eram muito simplificadas, e do tipo padrão barragem-de-terra-homogênea, ou de terra-enrocamento com núcleo central. Mesmo assim, todos os taludes externos foram verificados por análises simplificadas de estabilidade, baseadas nas envoltórias de resistência obtidas a partir de ensaios de laboratório e de considerações sobre pressões neutras construtivas.

Na Figura 2.8 (a e b) mostram-se estudos de detalhamento das seções das Barragens de Canoas e Três Irmãos, nos quais incluía-se um pseudo-núcleo e mesmo um curioso sistema de drenagem interna. Felizmente, este detalhe foi descartado nas seções propostas pela CANAMBRA (Figuras 2.3.c e 2.4.b).

Tratamentos de fundações por injeções foram indicados, bem como um extenso tapete impermeável no caso de D.Francisca. Detalhes do desvio do rio e de ensecadeiras também foram incluídos.

É importante notar que, no exíguo tempo disponível, a CANAMBRA conseguiu desenvolver projetos de viabilidade com detalhes e investigação de campo que poucas vezes são encontrados em outros estudos de viabilidade.

Ilha Grande, localizada no rio Paraná, próximo à cidade de Guaíra, com 48 m de altura, depois chamada de Ilha Grande Alta, teria um reservatório de dimensões "espetaculares" (como diria o Prof. Costa Nunes): espelho d'água de cerca de 10.000 km²; larguras variáveis da ordem de 20 km no trecho mais encaixado do rio, chegando a 50 e 60 km entre os afluentes Iraí e Paranapanema.

O reservatório estender-se-ia por cerca de 500 km rio acima até a usina de Jupiá, e por 133 km no rio Paranapanema até a usina de Taquaruçu.

Esta situação resultaria na condição de um pequeno "mar interno", quase que isolando os Estados de São Paulo e do Paraná, do Estado de Mato Grosso do Sul (Figura 2.9).

A alternativa encontrada foi dividir a queda e construir três barragens - Ilha Grande Baixa, Porto Primavera e Rosana -, as duas primeiras no rio Paraná e a última no Paranapanema. Rosana foi concluída em 1985 pela CESP; Porto Primavera está em construção e de Ilha Grande Baixa só foi executada (1995) a ensecadeira da margem direita até a altura final e parte da ensecadeira da margem esquerda localizada na planície.

Os novos reservatórios ainda são de grande porte. O de Porto Primavera terá 2.250 km², com largura média de 9 km e máxima de 14 km. A construção de Ilha Grande Baixa resultaria num reservatório com 3.300 km².

De 1966 para cá, as preocupações com o meio ambiente se modificaram radicalmente. Além disso, o preço da terra também mudou radicalmente.

Sobre a Barragem de Paço Real, há uma passagem curiosa.

Em 1969, o Prof. Milton Vargas solicitou ao Eng. Serge Hsu e a mim uma consultoria à CEEE relativa ao projeto da barragem de terra-enrocamento de Paço Real. A CEEE, até esta data, não tinha experiência com barragens de terra-enrocamento, uma vez que suas obras já construídas eram todas em concreto. Após o exame do local e de vários testemunhos de sondagem, concluímos que a barragem era viável e apresentava todas as condições de segurança necessárias e, certamente, era muito mais segura que o avião monomotor que nos levou do aeroporto de Porto Alegre ao primitivo campo de pouso local. Lembro-me ainda da agradável refeição da noite, onde foi servido o "vinho francês" que, logo depois de bebericado pelos presentes, passou à cozinha para preparo de saladas e conservas. Tratava-se de um vinho "francês" fabricado nas redondezas e que custava menos do que uma garrafa de cerveja.

Na viagem de volta, visitamos as obras da Barragem de Passo Fundo. Nesta ocasião, observamos os trabalhos de injeção das fundações de um dique lateral, que se estendiam rocha basáltica a dentro por cerca de 30 m, embora o dique não tivesse mais de 10 metros de altura. Foi o tratamento de fundação mais profundo (relativo à altura da obra) que tive ocasião de presenciar até o momento.

Tratamentos profundos de injeção em rocha basáltica são relatados por Gombossy *et al.* (1981), Siqueira *et al.* (1981), Barbi *et al.* (1981) e Moraes *et al.* (1982), referentes às fundações da Barragem Principal de Itaipu.

Paço Real constituía o grande reservatório que iria alimentar as Barragens de Jacuí, já construída, e Itaúba, cuja construção seguiu-se à de Paço Real e que é a maior barragem do Rio Grande do Sul.

A jusante de Itaúba está prevista a construção da Barragem de Dona Francisca, numa região onde o basalto ocorre sotoposto ao arenito e somente nas cotas mais elevadas. No local da obra, hoje deslocado 300 m para jusante do eixo previsto pela CANAMBRA, ocorre uma espessa camada de cascalho lavado, à semelhança de outros locais de barragens no Rio Grande do Sul e em Santa Catarina.

As Barragens de Salto Osório e Salto Santiago foram construídas no rio Iguaçu e ambas são de enrocamento com núcleo de argila. Segredo e Foz do Areia, também no rio Iguaçu, são do tipo enrocamento com face de concreto.

Referências a essas obras estão contidas nos Capítulos 10, 12 e 16.

a)

b)

c)

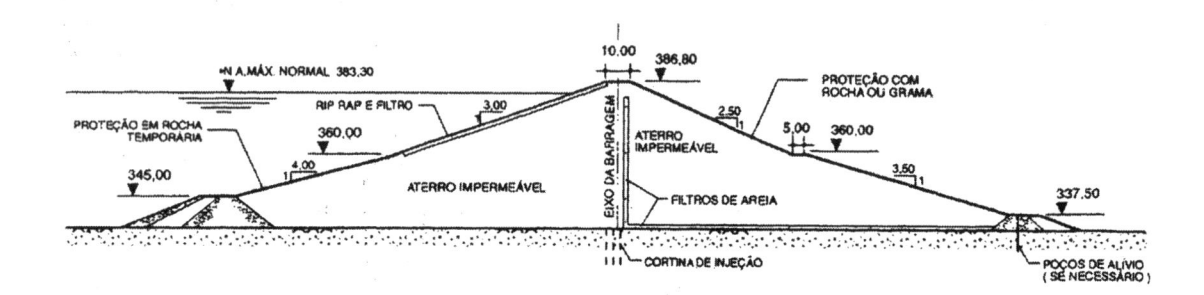

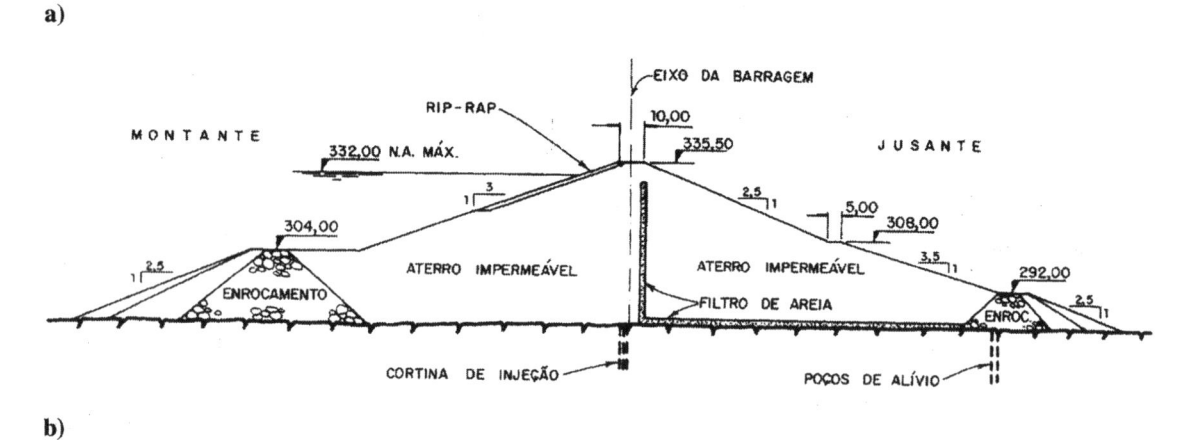

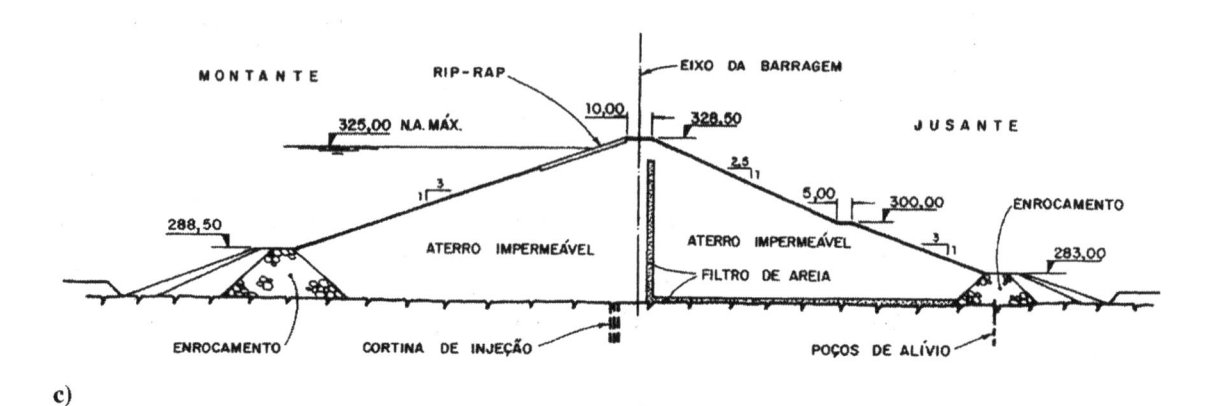

Figura 2.3 - Estudos da CANAMBRA de 1966. a) Água Vermelha; b) Capivara; c) Três Irmãos (CANAMBRA, 1966)

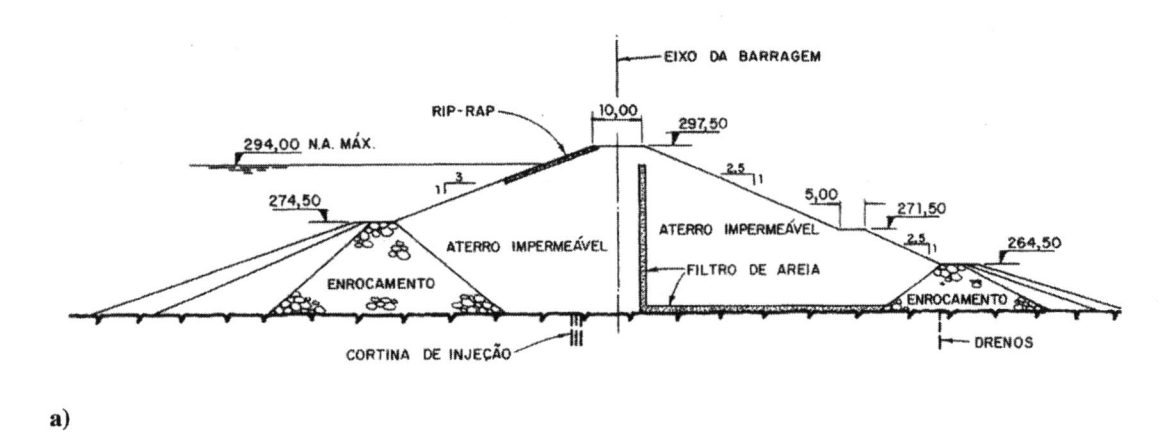

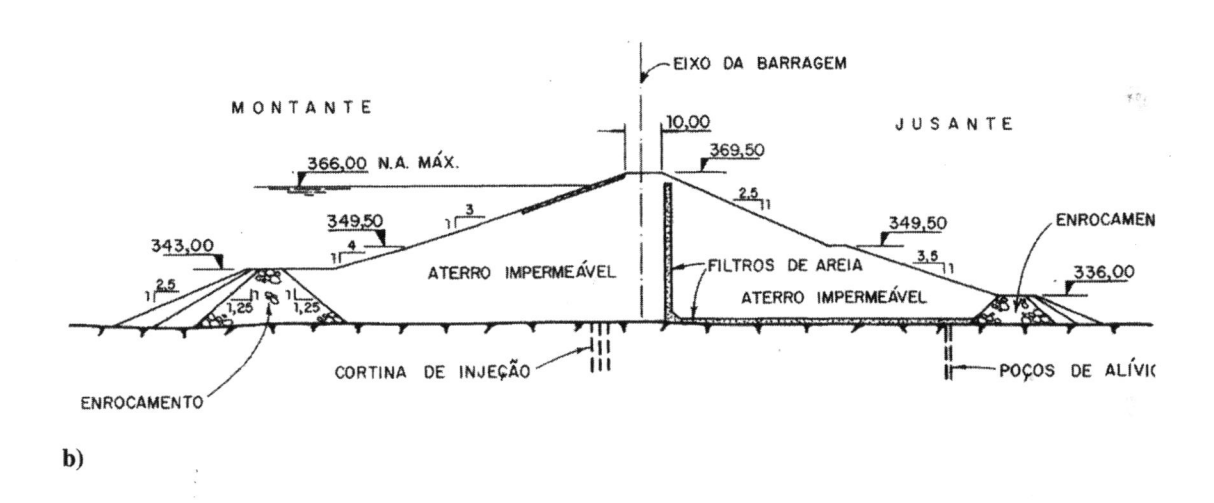

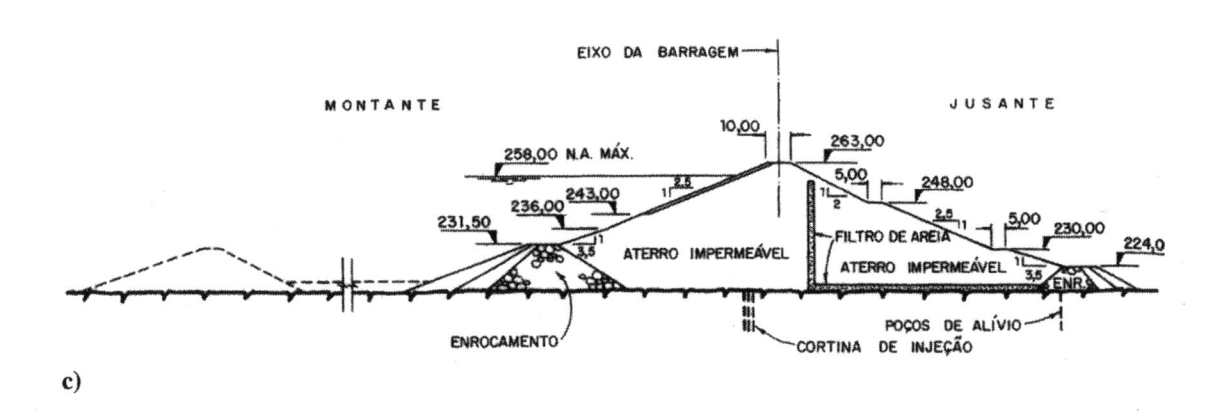

Figura 2.4 - Estudos da CANAMBRA de 1966. a) Taquaruçú; b) Canoas; c) Ilha Grande (CANAMBRA, 1966)

Figura 2.5 - Estudos da CANAMBRA de 1968. a) Paço Real; b) Salto Osório; c) Segredo (CANAMBRA, 1968)

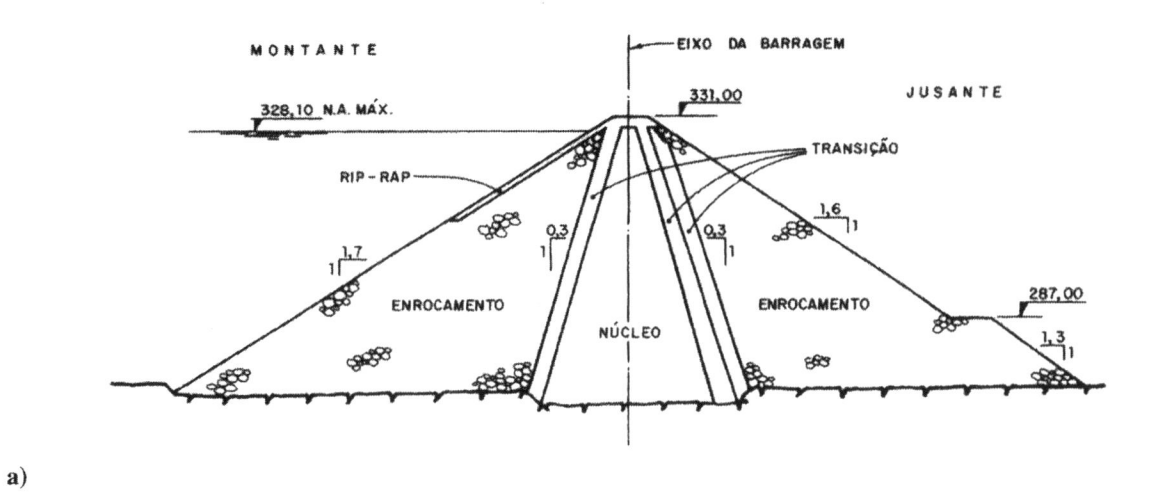

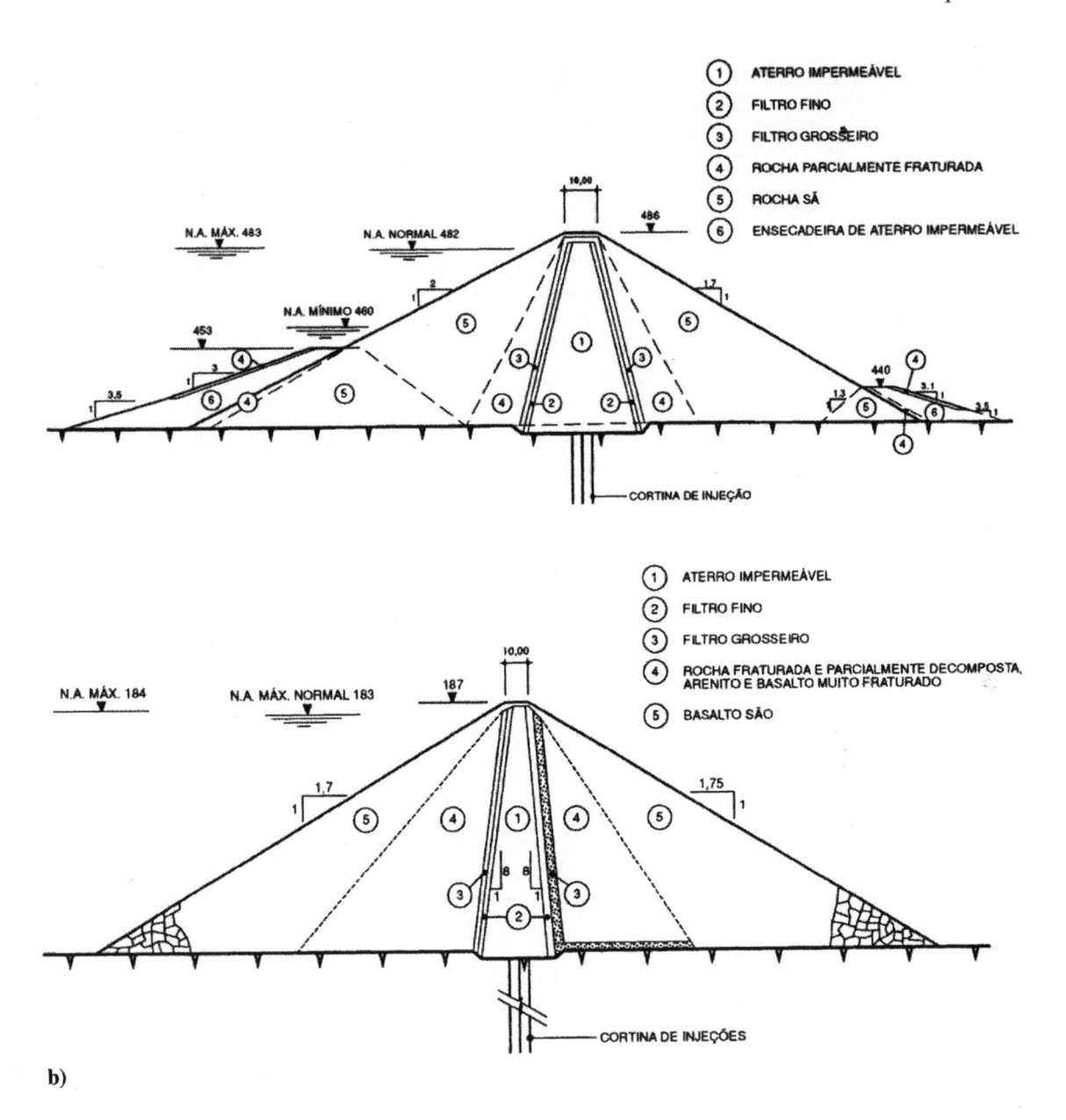

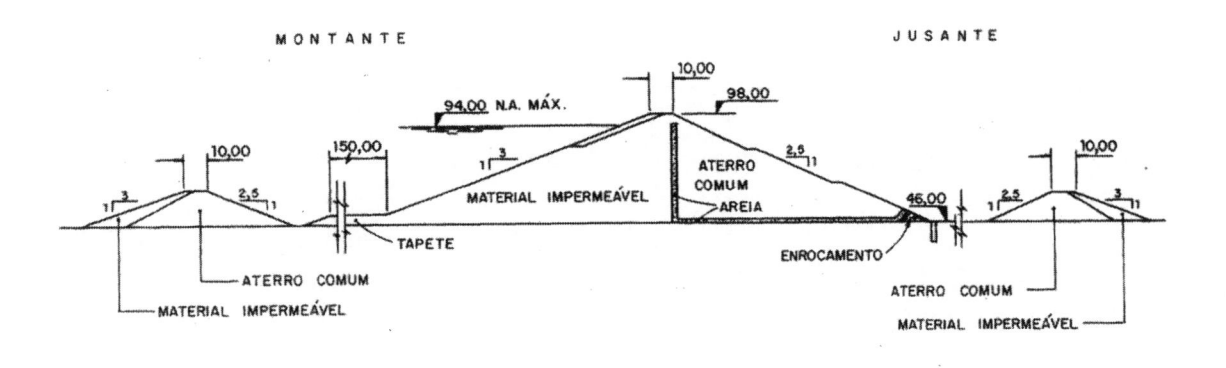

Figura 2.6 - Estudos da CANAMBRA de 1968. a) Salto Santiago; b) Itaúba; c) Dona Francisca (CANAMBRA, 1968)

100 Barragens Brasileiras

a)

LEGENDA
- ① MATERIAL IMPERMEÁVEL
- ② DRENO OU FILTRO DE AREIA
- ③ FILTRO GROSSEIRO
- ④ ROCHA ÍGNEA SÃ
- ⑤ ROCHA PROVENIENTE DE ESCAVAÇÕES
- ⑥ PROTEÇÃO DE GRAMA

b)

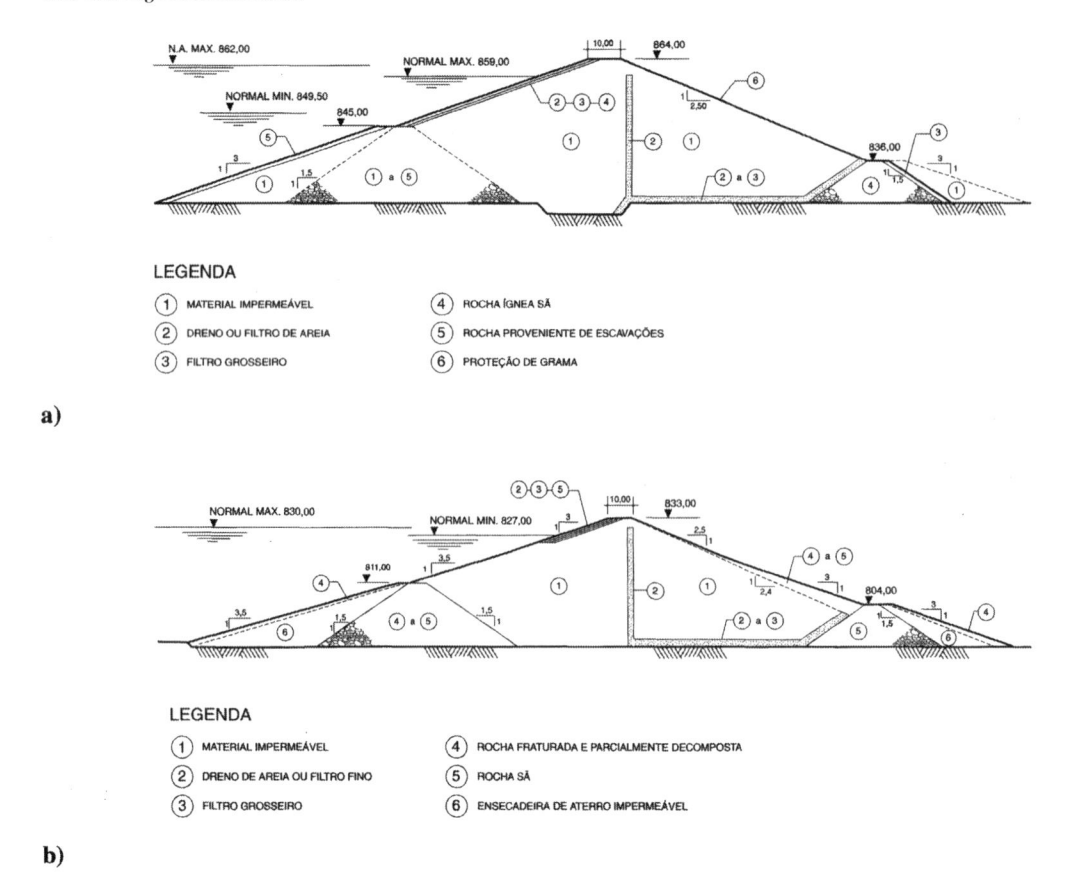

LEGENDA
- ① MATERIAL IMPERMEÁVEL
- ② DRENO DE AREIA OU FILTRO FINO
- ③ FILTRO GROSSEIRO
- ④ ROCHA FRATURADA E PARCIALMENTE DECOMPOSTA
- ⑤ ROCHA SÃ
- ⑥ ENSECADEIRA DE ATERRO IMPERMEÁVEL

Figura 2.7 - Estudos da CANAMBRA de 1968. a) Encruzilhada; b) Cerrito (CANAMBRA, 1968)

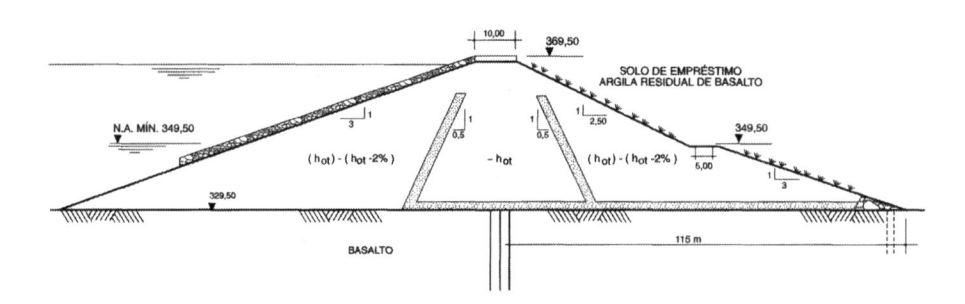

a) Canoas

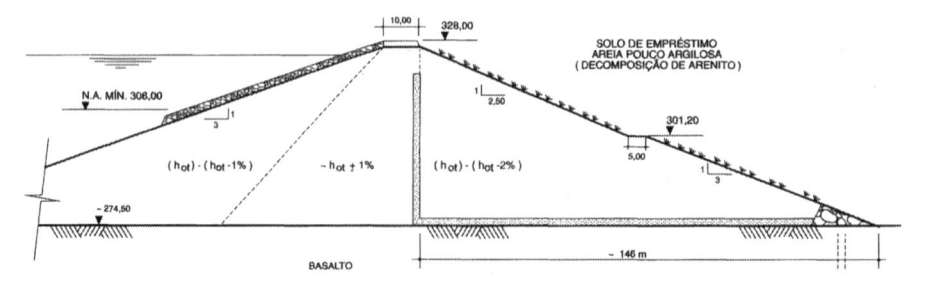

b) Três Irmãos

Figura 2.8 - Estudos de detalhamento de seções - Barragens de Canoas e Três Irmãos (Cruz, 1966)

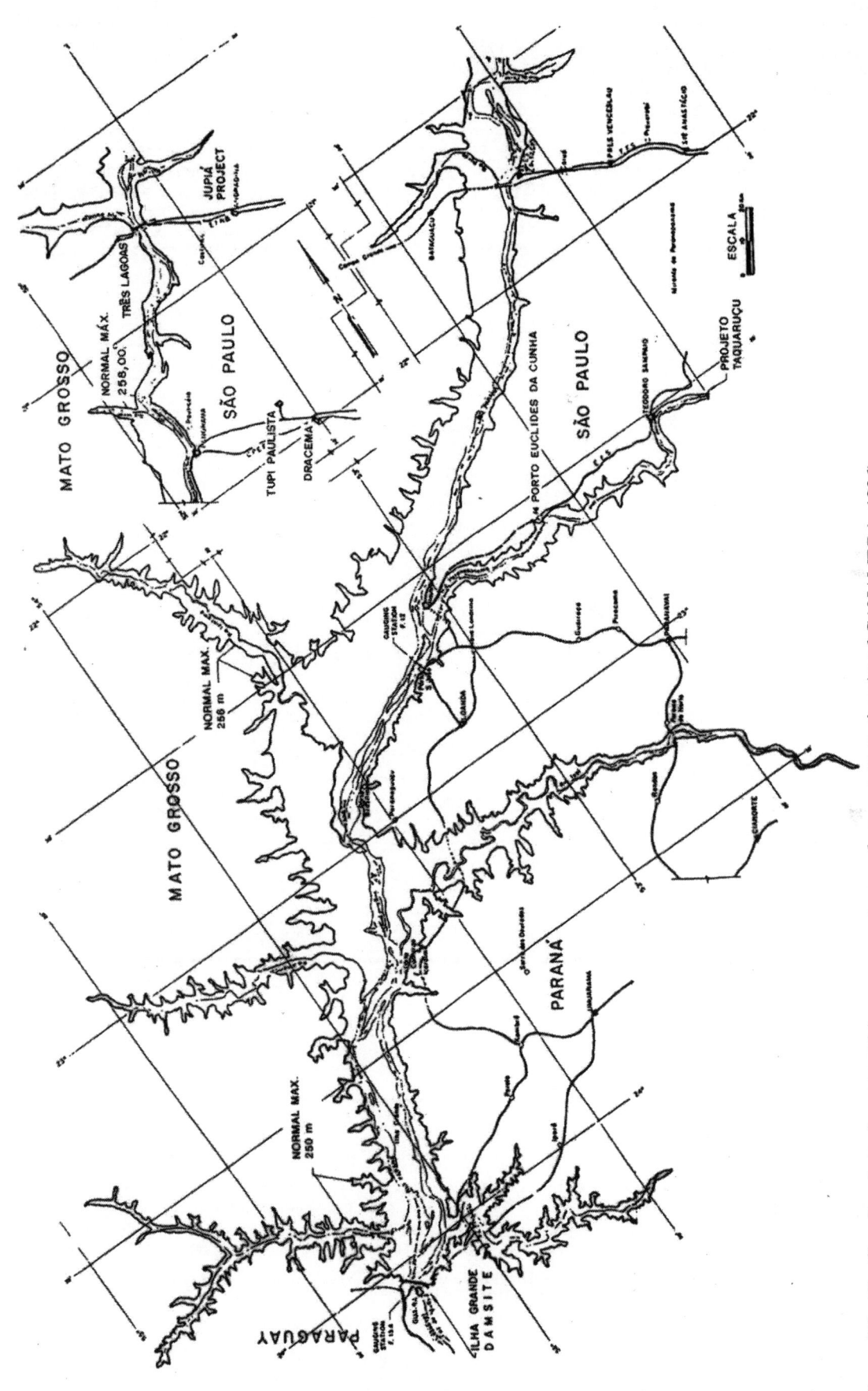

Figura 2.9 - Ilha Grande - planta do reservatório e curvas cota *vs.* volume e cota *vs.* área (apud CANAMBRA, 1996)

BARRAGEM DE PRAIA GRANDE

A Barragem de Praia Grande (ou do rio Mampituba) foi estudada pela MAGNA, em 1982/83, com eixo pouco a jusante da confluência dos rios Mampituba e Pavão, próximo à cidade de Praia Grande, e deveria ter 59 m de altura. Veja-se a Figura 2.10. A barragem localizava-se na divisa dos Estados do Rio Grande do Sul e Santa Catarina, servindo aos propósitos de controle de cheias e de irrigação. O regime do rio caracteriza-se por aumentos súbitos de vazão com rápida elevação do nível d'água, seguidos por rebaixamentos bruscos. O leito do rio contém espessa camada de cascalho limpo com dimensões de até 50 cm de diâmetro e permeabilidades na casa de 10^0 e 10^{-2} cm/s.

A construção da barragem provocaria a inundação de um grande vale, fértil e habitado, embora resultando em proteção contra as cheias dos vales seguintes. A comunidade local iniciou um grande movimento contra a execução da barragem, com sucesso, levando a então SUDESUL a reestudar o problema e a projetar duas barragens menores, uma em cada rio, preservando o vale. Até o momento nenhuma das barragens foi construída.

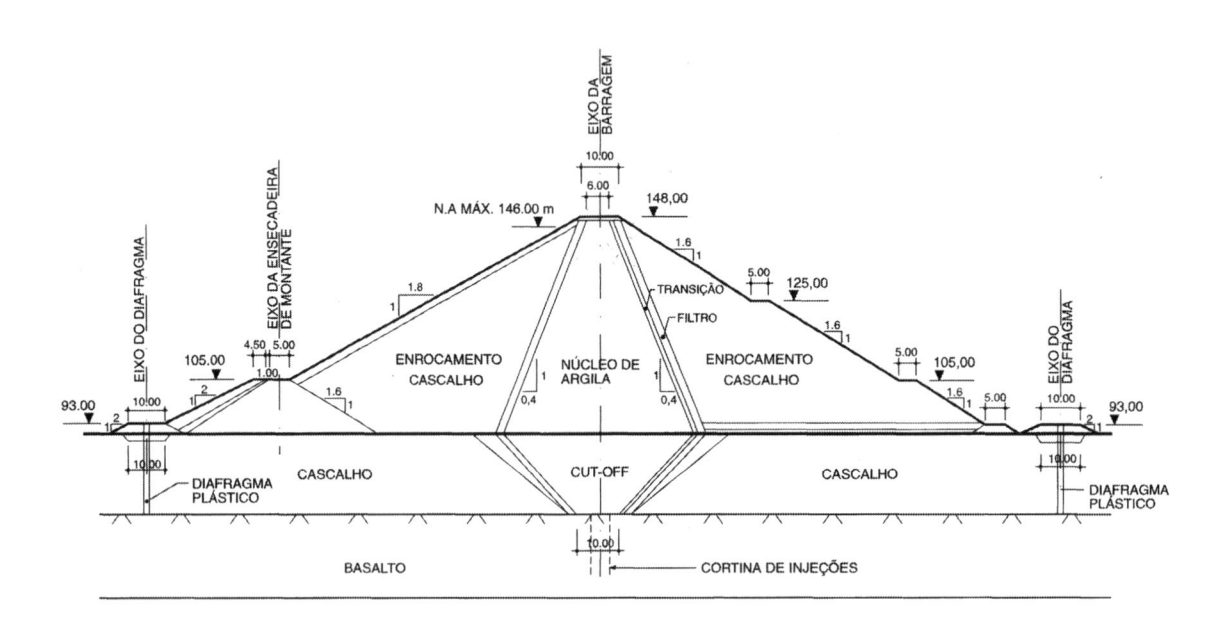

Figura 2.10 - Barragem de Praia Grande - seção tipo (cortesia MAGNA, 1983)

O COMPLEXO DO XINGU OU O COMPLEXO DE ALTAMIRA

Os estudos de inventário e viabilidade ficaram a cargo do CNEC e foram iniciados em 1974, para a ELETRONORTE, desenvolvendo-se até 1990.

A Figura 2.11 mostra a localização prevista para a implantação do projeto, que se divide em três pontos: o sítio Babaquara (hoje Bela Vista), que constitui o pulmão do sistema; o sítio Kararaô (hoje Belo Monte), cerca de 60 km a jusante; e o sítio Juruá, no mesmo reservatório do sítio Kararaô e mais de 20 km a montante.

A capacidade instalada seria de cerca de 17 milhões de kw, ou seja, cerca de 70% do potencial energético economicamente utilizável da bacia do rio Xingu.

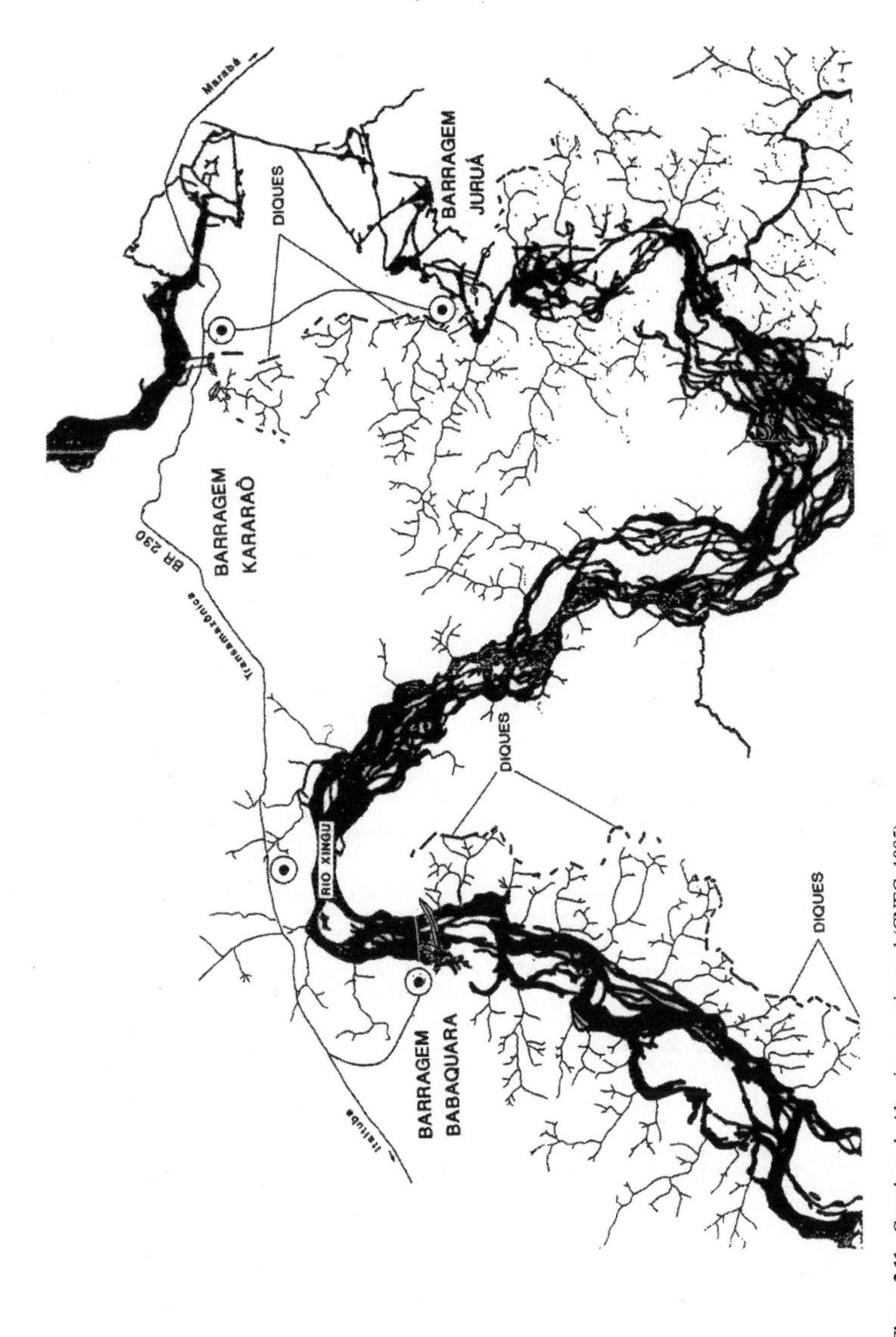

Figura 2.11 - Complexo de Altamira - arranjo geral (CNEC, 1985)

A tabela 2.1 resume alguns dados previstos para o conjunto das obras.

Tabela 2.1 - Dados gerais do Complexo Altamira (CNEC, 1985)

Item	Unidade	Sítio			
		Babaquara	Juruá	Kararaô	Total
Área do reservatório	km²	6.140,00	1.225,00		7.365,00
Vazão máx. vertedor	m³/s	78.000,00	80.000,00		
Capacidade instalada	10⁶ kw	6,89		9,99	16,88
Queda	m	72,00		88,70	
Altura da Barragem	m	85,00	50,00	60,00	
Comprimento crista	km	6,50	5,80	5,00	17,30
Volume de concreto	10⁶ m³	5,41	3,46		8,87
Volume solo	10⁶ m³	17,25	23,80		41,05
Volume solo/enrocam.	10⁶ m³	28,30		16,40	44,70
Volume diques	10⁶ m³	84,80	25,80	25,80	110,60
Comprimento diques	km	60,00	14,70	50,00	125,000
Escavação em solo	10⁶ m³	3,10	13,40	13,40	16,5
Escavação em rocha	10⁶ m³	5,70	14,30	14,30	20,00

Além da barragem principal, vertedores e casas de força, as selas topográficas dos três sítios exigem a construção de mais de 100 diques, a maioria em solo, e que, se projetados um a um como uma barragem isolada, demandariam um número de desenhos e cálculos que inviabilizaria a obra, tanto pelos prazos como pelo custo do projeto.

A forma de conduzir os estudos de viabilidade pelo CNEC foi produzir um documento denominado "Princípios Gerais e Critérios de Projeto", que fornece os princípios básicos de investigação do local de cada dique, a maneira de classificar e ensaiar os materiais de empréstimo e as regras gerais de dimensionamento dos taludes e dos sistemas internos de drenagem e de vedação.

Para evitar a repetição de ensaios especiais de laboratório, visando à definição das propriedades geomecânicas dos solos de empréstimo e das fundações, procurou-se correlacionar parâmetros classificatórios dos solos com parâmetros de resistência e compressibilidade.

Os solos de empréstimo foram classificados considerando nove itens: $\varphi_{smáx}$, h_{ot}, $\Delta h_w / \Delta h_s$, (relativos à inclinação da curva de compactação do ensaio de Proctor) LL, IP, δ, AC, $\% < 2\mu$ e $\% > \#200$.

Correlações entre esses itens e c', φ' e C_c permitiram reduzir substancialmente o número de ensaios especiais, sem prejuízo da qualidade da informação e da confiabilidade dos dados utilizados em estudos de estabilidade e deformabilidade.

Ver detalhes dos parâmetros classificatórios no Capítulo 15.

Já as barragens principais dos Sítios de Babaquara e de Juruá (Sítio Kararaô) foram estudadas em detalhe e com investigações de campo ao nível de projeto básico.

Conquanto seja impossível relatar neste contexto todos os aspectos geológico-geotécnicos de projeto, alguns pontos merecem menção, por constituírem condições particulares que foram objeto de atenção especial na fase do estudo de viabilidade.

Sítio Juruá - Barragens do Canal Principal

No local do barramento, o rio Xingu divide-se no canal principal, constituindo uma garganta com cerca de 80 m de largura, com lâmina d'água de 50 m na época de estiagem e alcançando 70 m no período chuvoso, e numa área espraiada em rocha, que se apresenta seca em boa parte do ano. Nesta área está prevista a construção do vertedor.

Desviar o rio Xingu no trecho do canal principal seria praticamente inviável, e por esta razão a barragem neste local teria de ser construída em grande parte em condições submersas.

Foram estudadas duas alternativas, cujas concepções são ilustradas pelas Figuras 2.12 e 2.13.

A primeira alternativa, denominada "Ensecadeirão", compreende o lançamento de dois grandes enrocamentos, lançamento de vedação externa e interna e alteamento em solo compactado. Não se prevê tratamento de fundações.

Já a segunda alternativa, subdividida em duas possibilidades, inclui os mesmos dois enrocamentos lançados, seguidos de vedação em solo a montante e a jusante, para possibilitar a escavação no trecho central, o tratamento direto das fundações e a execução de um "núcleo impermeável" em solo compactado. O alteamento em solo de montante é necessário para controle de uma cheia excepcional de período construtivo, que prejudicaria os trabalhos em andamento no trecho central escavado.

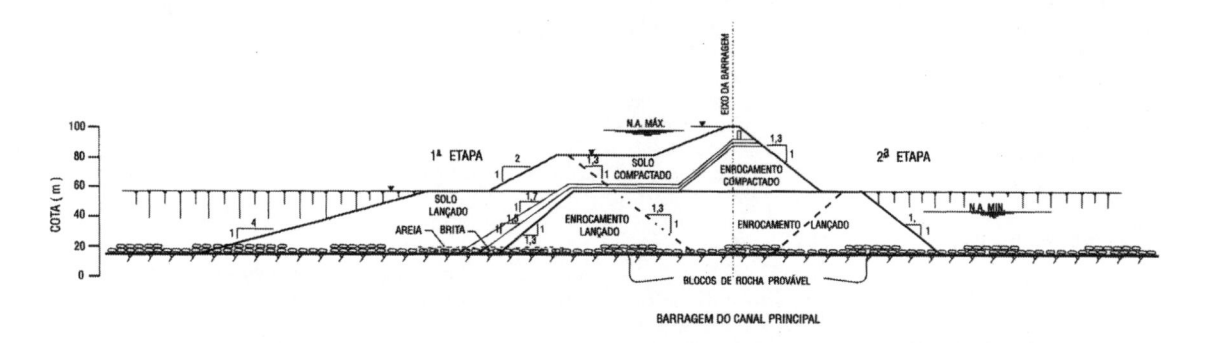

Figura 2.12 - Sítio Juruá - estudos da seção transversal - Alternativa 1 (cortesia CNEC/ ELETRONORTE, 1987/1989)

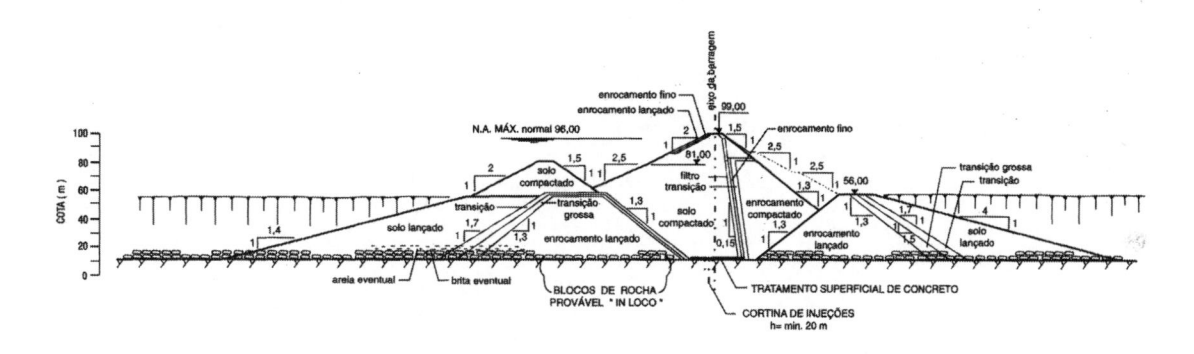

a) Alternativa 2-a

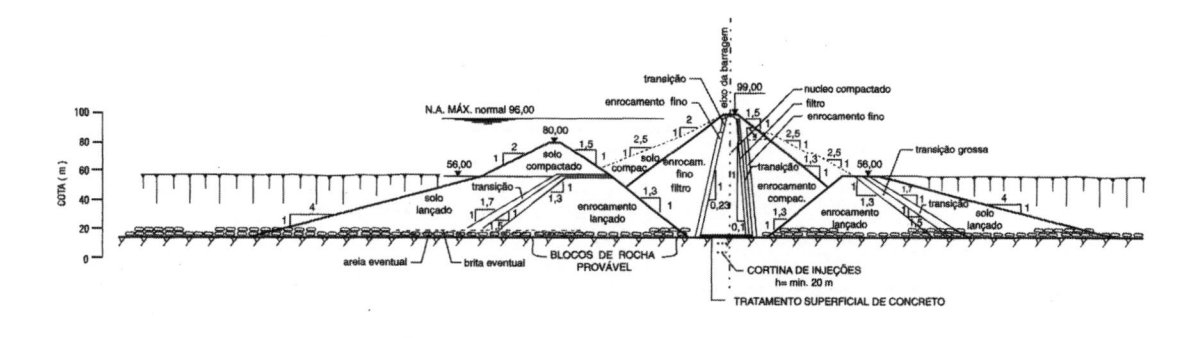

b) Alternativa 2-b

Figura 2.13 - Sítio Juruá - estudos da seção transversal - Alternativa 2 (cortesia CNEC/ELETRONORTE, 1987/1989)

Sítio Juruá - Áreas de Empréstimo

As investigações nas áreas de empréstimo para o trecho e fechamento da barragem na ombreira direita, bem como dos diques que se seguem, se depararam com uma dificuldade sistemática e que exigiu procedimentos não usuais de investigação. A dificuldade reside na ocorrência de blocos rochosos, inexistentes em superfície, e que ocorriam em forma de matacões e em níveis de concentração muito variáveis. Carvalho (comunicação verbal) descreve o procedimento adotado e a proposta de classificação dos empréstimos, considerando a presença de blocos rochosos. Foi feito um mapeamento de superfície, em painéis de 50 m de lado. Em cada painel foram feitos furos a trado a cada 2 m, tipo agulhamento. Em muitos casos só ocorreram matacões isolados em superfície. O painel foi considerado bom. Em outros casos ocorreu uma grande concentração de blocos em profundidade, e o painel foi desconsiderado.

Sítio Kararaô - Barragem Lateral Esquerda

No Sítio Kararaô, distante 30 km do Sítio Juruá, está prevista a construção da tomada d'água e da casa de força, tirando-se partido de uma curva do rio que, associada a uma pequena cachoeira, amplia a altura da queda de 50 m para 88 m.

O fechamento da tomada d'água em concreto está previsto nas ombreiras com barragens de terra ou terra-enrocamento, em vista do grande volume de rocha disponível (~ $14,3 \times 10^6$ m³) resultante das escavações obrigatórias para a implantação da tomada d'água, do canal de adução e da casa de força. Na ombreira esquerda ocorre um folhelho alterado, seguido de folhelho são, porém com passagens descontínuas de baixa resistência (φ_{pico} de 17° a 18° e φ_{res} de 11° medidos em ensaios de cisalhamento em equipamento *ring-shear*). Os acidentes ocorridos nas Barragens de Waco nos EUA e Gardiner no Canadá, discutidos no Capítulo 6, levaram a preocupações quanto à estabilidade da barragem e exigirão detalhes de projeto incomuns às barragens brasileiras (veja-se Kawamura e Carvalho, 1987).

Sítio Juruá - Ensaios de Bombeamento

Pela primeira vez no Brasil foram procedidos ensaios especiais de bombeamento com utilização da sonda MULTITEST, desenvolvida por Fernandes da Silva, visando à avaliação das condições de fluxo pela fundação rochosa no local de implantação das estruturas de concreto e terra (veja-se Silva, 1987).

Esse tipo de ensaio mostrou-se muito promissor e foi utilizado na avaliação das características de fluxo em rocha e no aluvião das fundações da Barragem de Porto Primavera, conforme discutido no Capítulo 8.

O mesmo ensaio foi executado com menor sucesso nas fundações e ombreiras da Barragem de Dona Francisca, em cascalho (leito do rio) e basalto intensamente fraturado (ombreira esquerda).

Seções Tipo

O grande número de obras de barragem necessário para o Aproveitamento Hidrelétrico do rio Xingu levou o CNEC a estudar apenas seções tipo de barragem, algumas das quais são reproduzidas nas figuras 2.14 a 2.17.

Referências bibliográficas sobre o Aproveitamento do Xingu coletadas por Guidicini (1994) são incluídas na Bibliografia Geral. Podem-se destacar as seguintes: Pettena *et al.* (1980), Carvalho *et al.* (1981) e Carvalho *et al.* (1987).

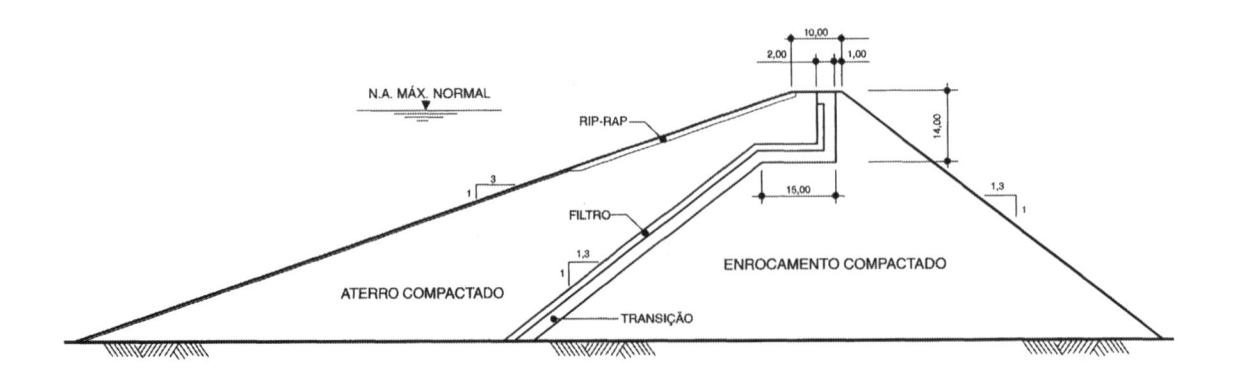

Figura 2.14 - Altamira - estudos de seções típicas - barragem de enrocamento com face de argila a montante (cortesia CNEC/ELETRONORTE, 1987/1989)

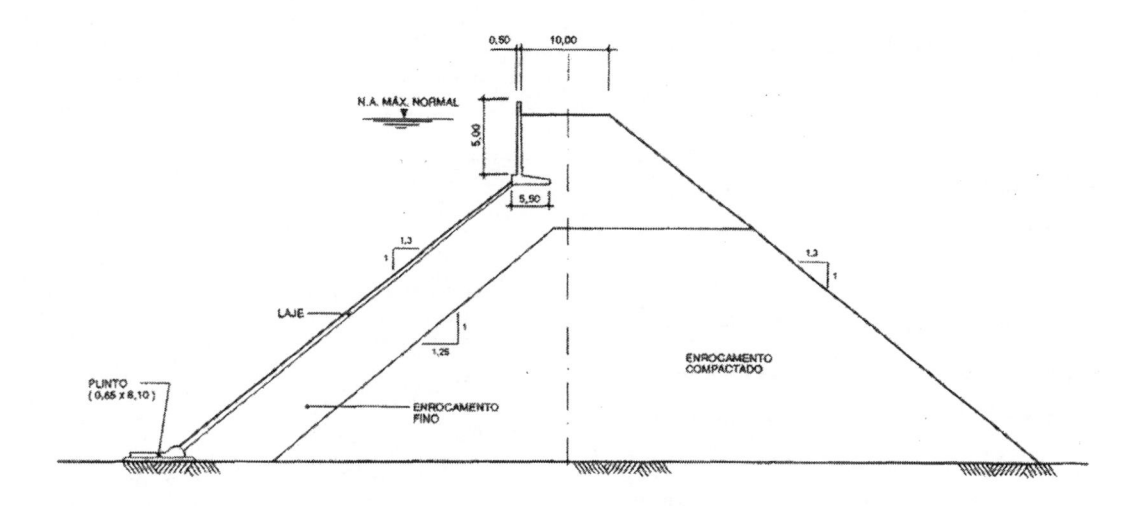

Figura 2.15 - Altamira - estudos de seções típicas - barragem de enrocamento com face de concreto a montante (cortesia CNEC/ELETRONORTE, 1987/1989)

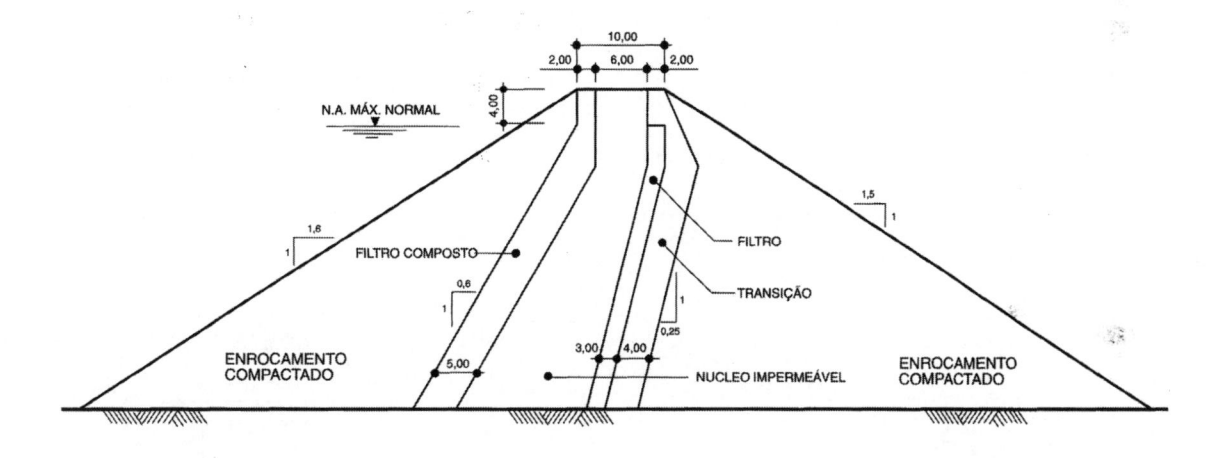

Figura 2.16 - Altamira - estudos de seções típicas - barragem de enrocamento com núcleo impermeável (cortesia CNEC/ELETRONORTE, 1987/1989)

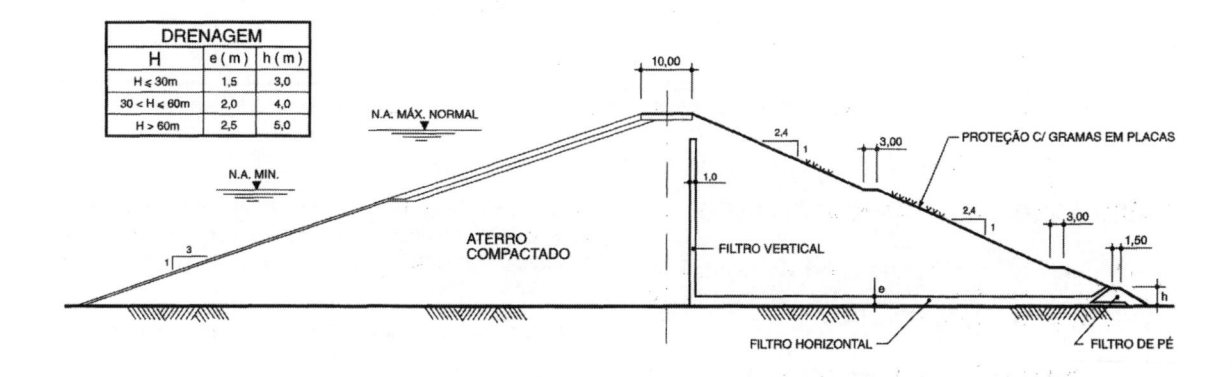

Figura 2.17 - Altamira - estudos de seções típicas - barragem de terra (cortesia CNEC/ELETRONORTE, 1987/1989)

B - PROJETO BÁSICO

Carangueja - CETESB	1970
Juquiá	1973
Eldorado	1974
Santo Antônio	1975
São Felix	1975
Tucuruí	1975
Salto da Divisa	1977
Itapebi	1978
Santa Maria da Serra	1977
Descalvado	1970
Serra do Facão	1986
Paulistas	1986
Santa Isabel	1986
Cachoeira Porteira	1986
Polders Taquaruçu	1988
Balbina	1988
Descalvado	1986
Ji Paraná	1988-1989

Barragens sobre Solos Moles

Alegre	1987
Santa Eulália	1987
Sororoca	1987

Barragens sobre Aluviões Arenosos

Jenipapo	1986
Jacareí	1990
Pedra Redonda	1990
Frecheirinha	1988
Tinguis	1988

Barragens de Rejeitos

NUCLEBRAS	1979
SAMITRI	1990
Córrego Santarém	1992

BARRAGEM DO RIACHO CARANGUEJA

Barragem projetada para a CETESB (Figura 2.18) do tipo homogêneo, com dreno vertical. Mais uma barragem "brasileira", como é conhecida por vários autores, entre os quais Vaughan e Penman.

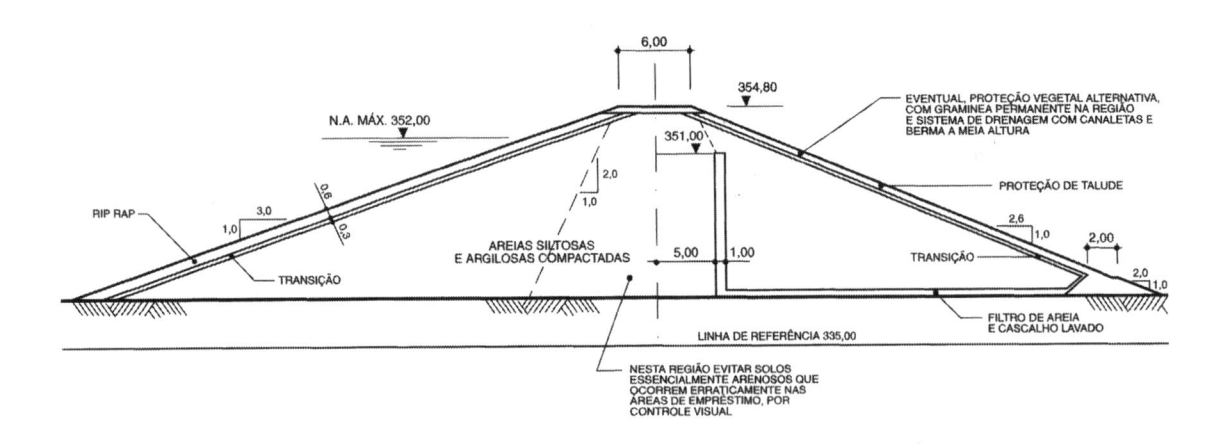

Figura 2.18 - Barragem do Riacho Carangueja - seção transversal típica (cortesia CETESB, 1970)

BARRAGENS DE JUQUIÁ E ELDORADO

Os projetos básicos das Barragens de Juquiá e de Eldorado foram desenvolvidos pelo CNEC, a pedido da CESP, nos anos de 1973 e 1974.

As duas barragens localizam-se próximo à cidade de Registro/SP, numa região baixa da Serra do Mar, de grande pluviosidade, dias de neblina e baixas temperaturas no inverno. A construção de barragens de terra compactada do tipo convencional poderia envolver períodos de construção muito dilatados, custos elevados e tratamentos especiais dos solos de empréstimo, em geral com umidades muito acima da umidade ótima.

Condições semelhantes ocorreram na construção da Barragem de Capivari-Cachoeira, discutida no Capítulo 9.

O Eng. Murillo Dondici Ruiz, de alma criativa, propôs o estudo de alternativas de construção que permitissem acelerar o cronograma da obra.

Entre essas, incluía-se a constatação de que aterros ferroviários e rodoviários de porte médio haviam sido executados na região e se mantinham estáveis.

Foi desenvolvida, então, uma alternativa de projeto denominada "barragem de construção controlada" (veja-se Cruz, 1974).

Os requisitos para sua execução deveriam basear-se em um grande aterro experimental, que permitiria o teste de diferentes procedimentos, variando-se o equipamento, o número de camadas, a espessura da camada e a umidade dos materiais. Blocos indeformados deveriam ser retirados do aterro para ensaios de laboratório.

Os requisitos para aceitação do material compactado seriam:

- homogeneidade e boa ligação entre camadas;

- comportamento dilatante em ensaios de compressão triaxial, nas faixas de tensão atuantes nos espaldares da barragem;

- desenvolvimento de pressões neutras moderadas nos ensaios PN.

A barragem foi pré-dimensionada com taludes suaves, e os estudos de estabilidade consideraram superfícies potenciais de ruptura não circulares, envolvendo eventuais camadas de material mais úmido e menos compactado. O sistema de drenagem foi reforçado para absorver fluxos preferenciais de camadas de permeabilidade mais elevada.

A Figura 9.18 mostra a seção transversal proposta para a Barragem de Eldorado. Observa-se que os taludes dos espaldares, por serem em média de 5 a 6 (H) : 1 (V), absorvem volumes cerca de 80% superiores ao de uma barragem convencional. Em compensação, o cronograma da obra poderia ser reduzido significativamente, resultando em um custo final menor.

A obra ainda não foi iniciada (1995).

A Barragem de Juquiá, tendo parte da fundação em argila mole, foi concebida dentro dos critérios de barragens com este tipo de fundação.

BARRAGENS SANTO ANTONIO, SÃO FELIX E TUCURUÍ

Os projetos básicos dessas três barragens foram desenvolvidos pelo Consórcio ENGEVIX-ECOTEC, a pedido da ELETRONORTE. As três obras localizam-se no rio Tocantins.

Santo Antonio/MA é uma barragem convencional em solo compactado, com uma altura máxima de 45 m (Figura 2.19).

São Felix/GO ficava próximo à cidade de Minaçu, que na época do projeto (1975) não passava de um aglomerado de casas e ruas de terra batida.

As condições locais de fundação da barragem na margem direita eram as piores possíveis. Tratava-se de um filito alterado em profundidade. Na margem esquerda ocorria um talude contínuo de quartzito, inclinado de 35° a 40°. Entretanto, sondagens rotativas executadas no local revelaram a ocorrência de camadas de areia totalmente inconsolidadas, o que certamente iria complicar a execução dos túneis de desvio que seriam abertos nessa margem. O arranjo proposto contemplava todas as estruturas de concreto na margem esquerda, e uma longa e grande barragem de terra na margem direita.

O local era problemático. As figuras 2.20 e 2.21 (a, b, c) mostram algumas das seções transversais propostas.

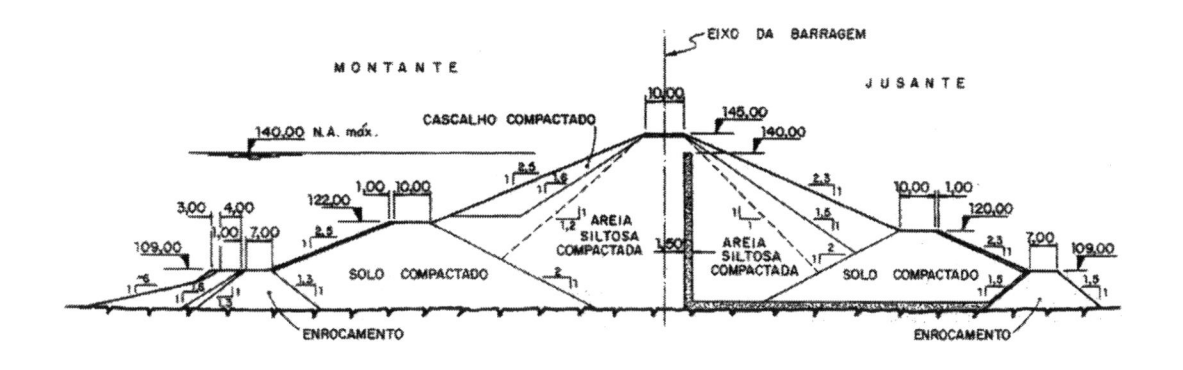

a) Trecho I - Leito do rio

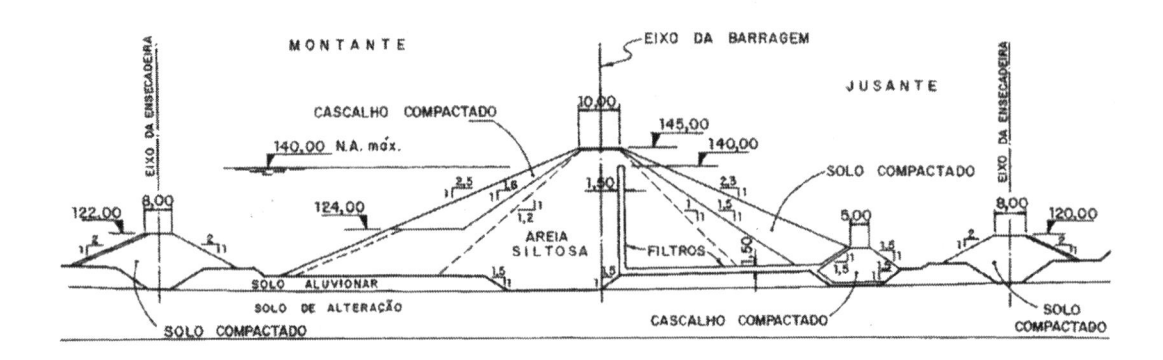

b) Trecho II - Baixada

Figura 2.19 - Barragem de Santo Antonio (cortesia ENGEVIX-ECOTEC, 1975)

Entre 1979 e 1980, a concessão da barragem passou da ELETRONORTE para FURNAS, que solicitou à IESA uma revisão do Aproveitamento Hidrelétrico de São Felix.

A montante do eixo proposto para a Barragem de São Felix foi descoberta a presença de um domo granítico, de excelente qualidade e de extensão suficiente para a implantação de uma barragem de grande altura. A Barragem de Serra da Mesa, hoje em construção nesse local, tem a sua casa de força totalmente subterrânea, constituindo uma das maiores escavações em rocha do Brasil. Os problemas reduziram-se a alguns fenômenos de *poping-rock*. A concepção proposta pela IESA previu a execução de duas barragens (Serra da Mesa, com aproximadamente 150 m de altura, e Cana-Brava, com 46 m de altura, situada a jusante).

Referências bibliográficas são encontradas em Carvalho *et al.* (1994).

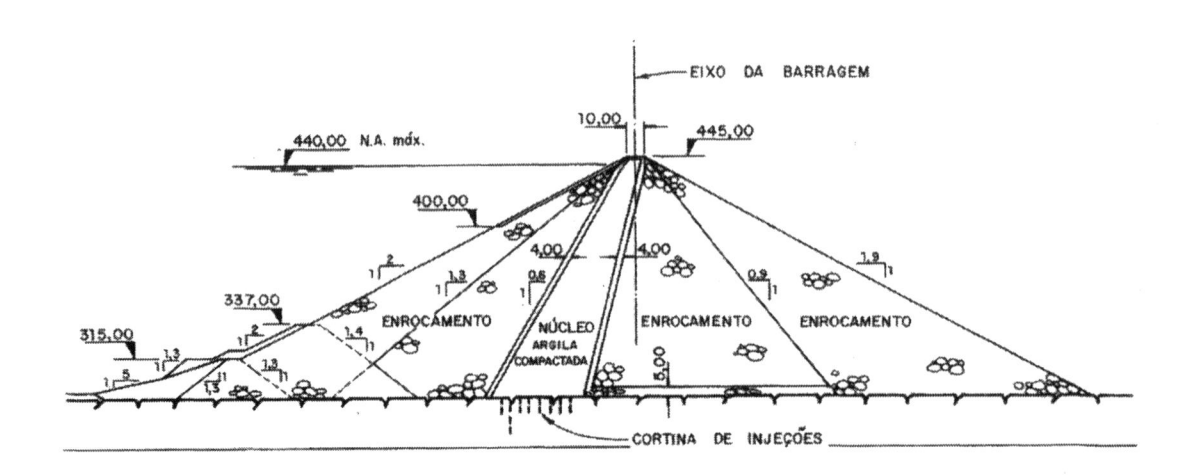

Figura 2.20 - Barragem de São Felix - leito do rio (cortesia ENGEVIX, 1975)

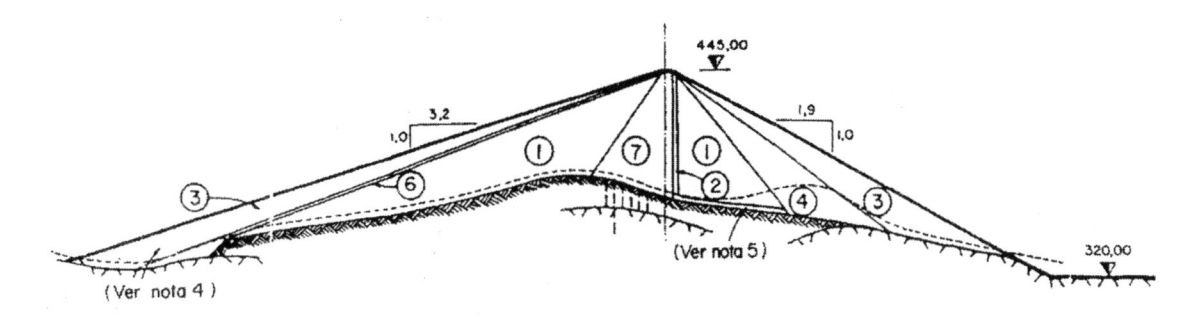

a) Seção T-3

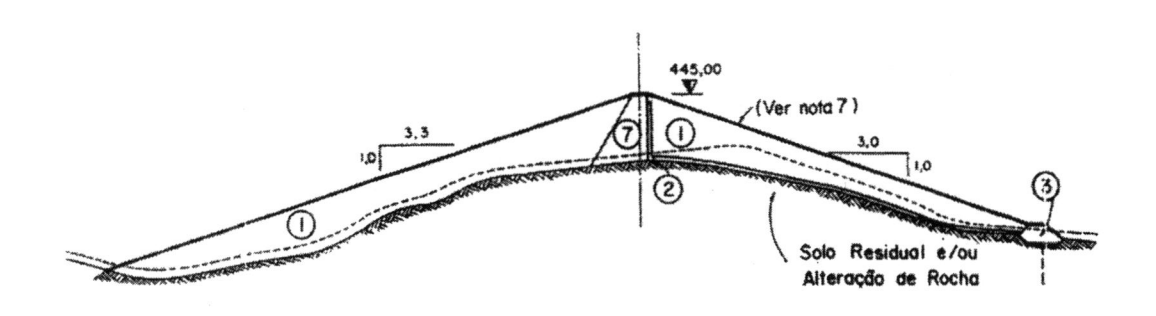

b) Seção T-4

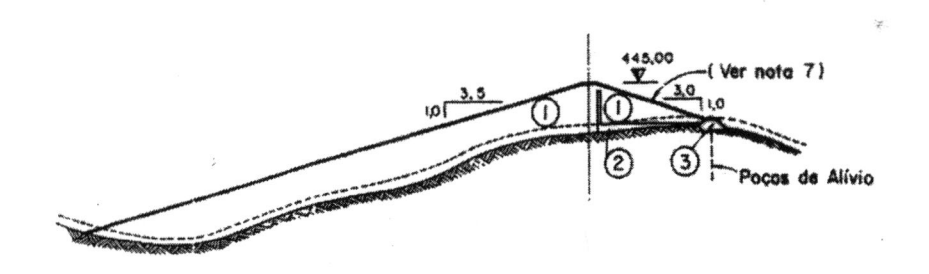

c) Seção II-1

LEGENDA:

① - Solo compactado - residual de micaxisto e/ou quartzo-micaxisto (áreas de empréstimo "H" e "C-I")
② - Filtro - areia (leito do rio)
③ - Enrocamento - quartzito micáceo não consistente (das escavações necessárias)
④ - Enrocamento - quartzito micáceo friável (das escavações necessárias)
⑤ - *Rip - rap* - rocha selecionada (das escavações necessárias)
⑥ - Transição - areia e cascalho (leito do rio)
⑦ - Núcleo - argila compactada (área de empréstimo "A")

Figura 2.21 - Barragem de São Felix - seção na ombreira (cortesia ENGEVIX-ECOTEC, 1975)

Tucuruí/PA, que é hoje o segundo empreendimento hidrelétrico do país em potência instalada, localiza-se em plena selva amazônica, a 300 km de Belém.

O projeto básico foi desenvolvido em tempo *record* (1975-1977) pelo Consórcio ENGEVIX-ECOTEC e, a menos de pequenas alterações de ajuste do eixo da barragem de terra, o arranjo geral proposto em 1977 foi mantido no projeto executivo.

Alguns dos principais problemas geotécnicos serão discutidos no item relativo a Projeto Executivo.

BARRAGENS DE SALTO DA DIVISA E ITAPEBI

As Barragens de Salto da Divisa e Itapebi localizam-se no rio Jequitinhonha, ficando a primeira em Minas Gerais e a segunda na Bahia, próximo à cidade de Itapebi.

O desnível natural do rio no trecho de projeto é de 146,0 m.

A construção dessas duas obras torna-se necessária para a interligação do sistema de geração Norte-Sul do Brasil.

A ENGEVIX foi encarregada do estudo de viabilidade e do projeto básico.

Para a Barragem do Salto da Divisa foram concebidas duas alternativas, mostradas na Figura 2.22. Na primeira alternativa, o núcleo da barragem foi deslocado para montante, seguido de random compactado. O controle do fluxo pela fundação limitou-se a poços de drenagem junto ao pé da barragem. Na segunda alternativa, estão previstos uma cortina de injeção sob o núcleo e poços drenantes no pé da barragem.

Para a Barragem de Itapebi foram estudadas alternativas em concreto e em terra-enrocamento. Na Figura 2.23 está mostrada a alternativa para o leito do rio, em enrocamento com núcleo central amplo em argila compactada.

Data dessa época a elaboração de modelos, ditos geomecânicos, para a análise do comportamento do maciço rochoso de fundação, desenvolvidos por Cruz *et al.* (1975).

Nas fundações da Barragem de Itapebi, foram encontradas passagens de um xisto grafitoso de baixíssima resistência ao cisalhamento. Felizmente, esta feição seguia a xistosidade geral do maciço rochoso que, por ser subvertical, não resultou em problemas de estabilidade ao escorregamento de uma alternativa em concreto.

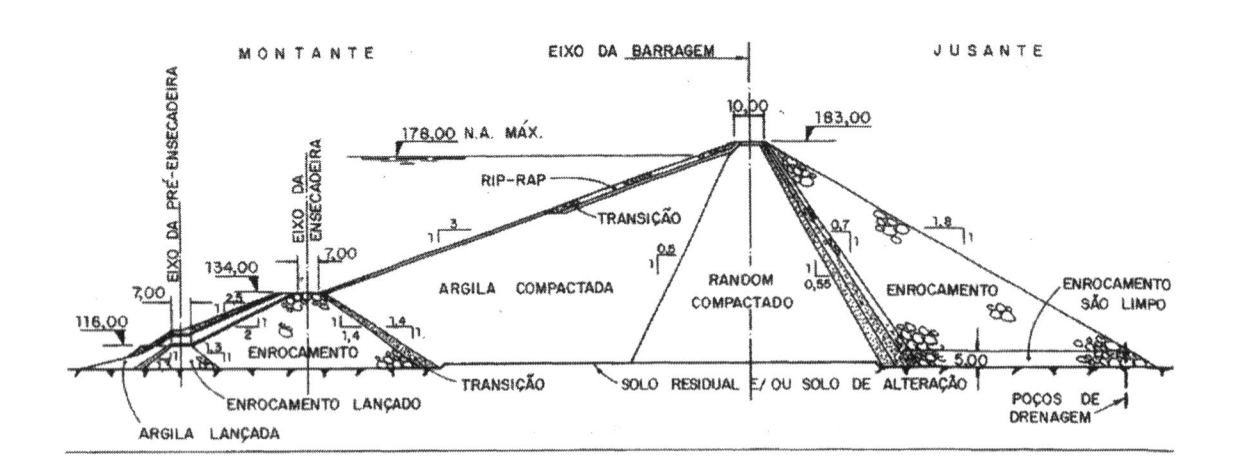

a) Alternativa 1

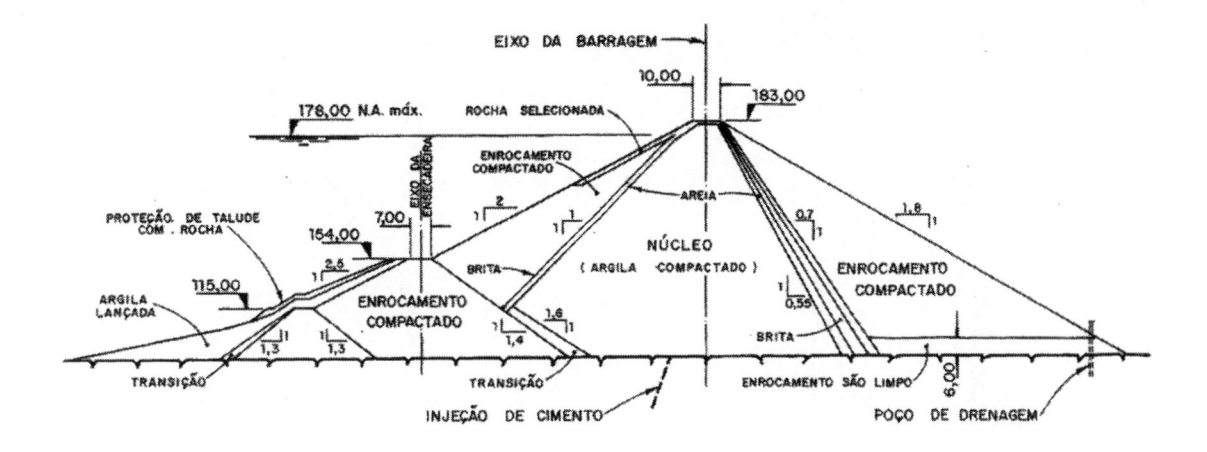

b) Alternativa 2 - leito do rio

Figura 2.22 - Barragem do Salto da Divisa (cortesia ENGEVIX, 1977)

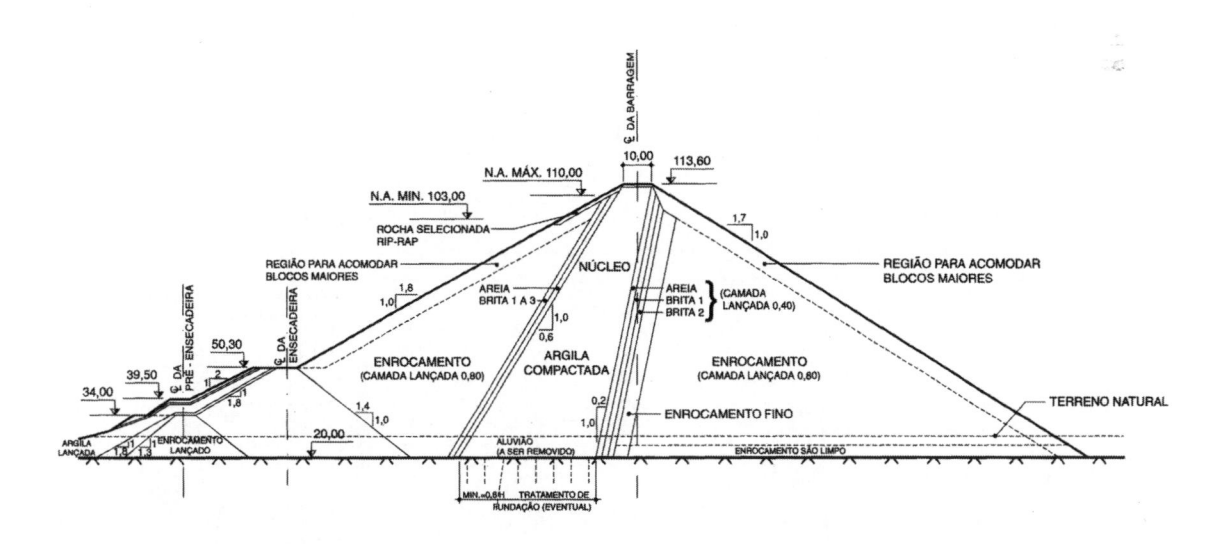

Figura 2.23 - Barragem de Itapebi - seção típica (cortesia ENGEVIX, 1977)

BARRAGEM DE SANTA MARIA DA SERRA

A Barragem de Santa Maria da Serra foi projetada para tornar navegável um trecho do rio Piracicaba e para reabilitar, no possível, a condição pesqueira do rio, famoso por esta razão na primeira metade do século.

A barragem deveria dividir o reservatório da Barragem de Barra Bonita e altear a parte do reservatório que ficou a montante da mesma.

O projeto foi desenvolvido na então Divisão de Solos do IPT, em 1977, por solicitação da CESP.

A Figura 2.24 mostra as duas soluções propostas na época.

Em 1994, a CESP lançou uma concorrência para o projeto da barragem.

Entre 1977 e 1994, a cidade de Artemis, localizada na margem do reservatório, se desenvolveu de tal forma que inviabilizou o projeto original do IPT/PORTOBRAS, obrigando a CESP a reduzir a cota da crista da barragem da elevação 464,0 (N.A. máx.normal 461,0 m) para a elevação ~ 459,0 (N.A. máx. normal entre 456 e 457 m).

Embora a obra atual seja bem mais simples de ser executada do que a originalmente proposta, há de se considerar o prejuízo para a navegação resultante da falta de planejamento dos órgãos envolvidos neste empreendimento.

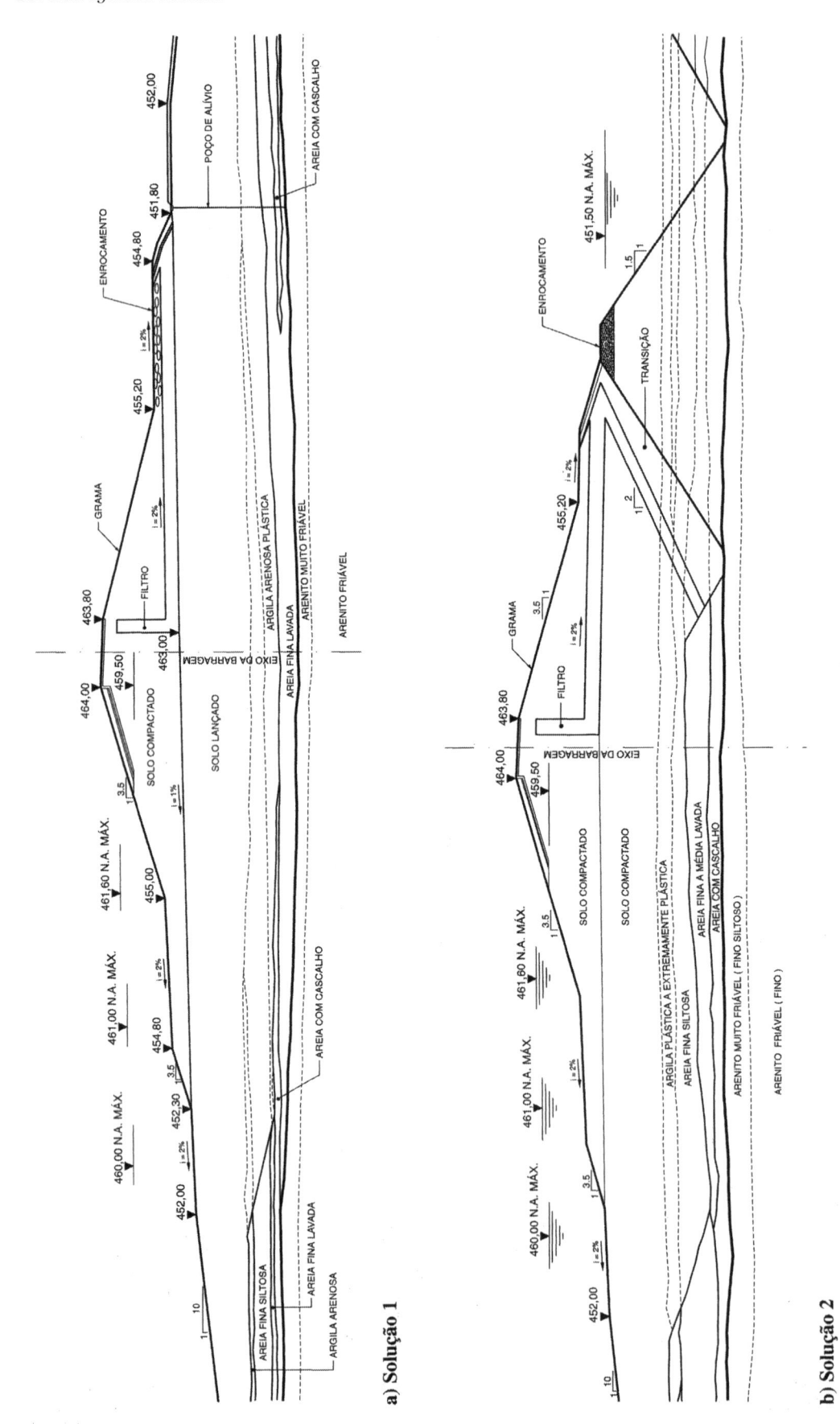

Figura 2.24 - Barragem de Santa Maria da Serra (cortesia IPT, 1977)

a) Solução 1

b) Solução 2

BARRAGEM DO IGARAPÉ DA RAPOSA

A Barragem do Igarapé da Raposa é um caso de barragem de pequena altura sobre argila mole (5 > SPT > 1) com 20 m de espessura.

A dificuldade encontrada no local previsto para implantação da obra refere-se à construção do vertedor. O Eng. Rodrigo Picada da MAGNA propôs uma solução inédita: construir um vertedor pré-fabricado em concreto e transportá-lo com flutuadores até o local da obra.

Até 1994, a obra, localizada próximo à cidade de São João Batista/MA, não havia sido iniciada.

A finalidade da barragem é evitar a salinização da área, agravada na época de estiagem.

Obra com o mesmo objetivo foi projetada pela mesma empresa no rio Pericumã (Barragen do Pericumã).

BARRAGEM SERRA DO FACÃO

Projetada pela MDK para FURNAS.

A Figura 2.25 mostra a seção transversal da barragem. Deve ser destacada a inclusão do enrocamento alterado em zonas internas, justapostas ao núcleo central.

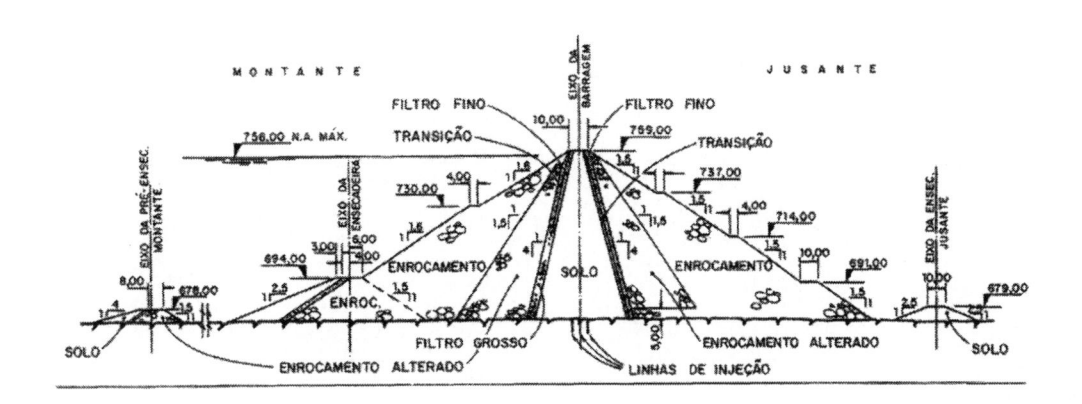

Figura 2.25 - Barragem Serra do Facão (cortesia MDK/CNEC/FURNAS, 1986)

BARRAGEM PAULISTAS

Também projetada pela MDK para FURNAS, em 1986.

A Figura 2.26 mostra a seção da barragem no trecho de maior altura.

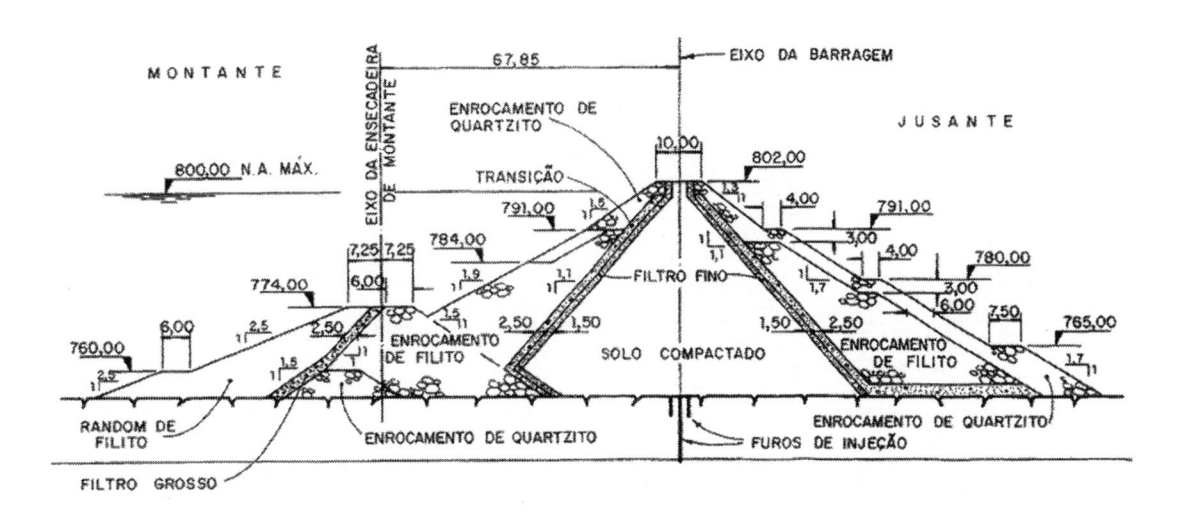

Figura 2.26 - Barragem Paulistas (cortesia MDK/CNEC/FURNAS, 1986)

BARRAGEM DE SANTA ISABEL

Trata-se de mais um projeto da ELETRONORTE, situado no rio Tocantins, a 30 km da cidade de Ananás e a cerca de 150 km de Araguaína/MA.

O projeto básico foi desenvolvido pela ENGEVIX em 1983. Um dos princípios de projeto adotado foi "o de máximo aproveitamento dos materiais de empréstimo mais próximos", do que resultou uma multiplicidade de seções transversais que podem tornar a obra de execução problemática.

A Figura 2.27 mostra duas das seções estudadas. Nota-se aí o emprego de solo residual de sedimentos, solo argiloso plástico amarelo, solo saprolítico, saprolito de micaxisto, siltito brando, enrocamento de micaxisto, arenito duro e arenito brando, cascalho arenoso antigo, além dos materiais de filtro e transições.

Análises de tensão-deformação por métodos numéricos poderão ser necessárias em fases seguintes do projeto, devido à diferença de compressibilidades entre os vários materiais que compõem as zonas da barragem.

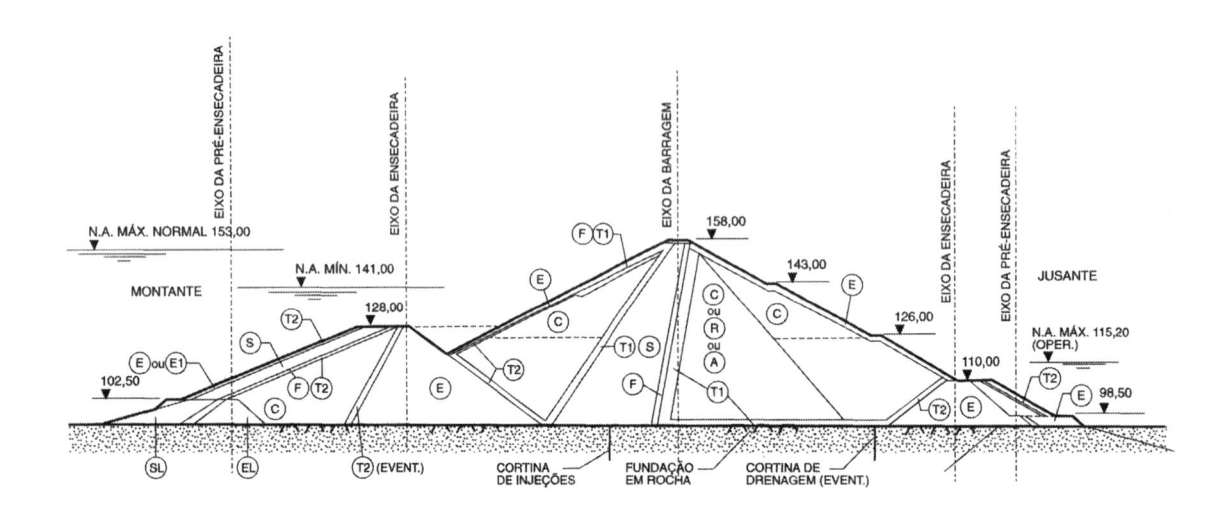

LEGENDA

MATERIAIS NATURAIS DE CONSTRUÇÃO: (COMPACTADOS)

- (S) SOLO ARGILOSO
- (S1) SOLO RESIDUAL DE SEDIMENTOS (escavações obrigatórias vertedouro da ombreira esquerda)
- (S2) SOLO SAPROLÍCO / SAPROLÍTO DE MICAXISTO (escavações obrigatórias vertedouro da ombreira esquerda)
- (S3) SILTITO BRANDO (escavações obrigatórias vertedouro da ombreira esquerda)
- (F) FILTRO (areia)
- (T1) (T2) TRANSIÇÃO (brita e/ou cascalho)
- (E) ENROCAMENTO (micaxisto)
- (E1) ARENITO DURO (escavações obrigatória vertedouro da ombreira esquerda)
- (C) CASCALHO ARENOSO
- (A) ARENITO BRANDO
- (R) REFUGO DE BENEFICIAMENTO DE MATERIAIS GRANULARES
- (S4) ALUVIÃO ANTIGO
- (SL)(FL)(FL1)(EL) MATERIAIS LANÇADOS N'ÁGUA

a) Seção principal no leito do rio

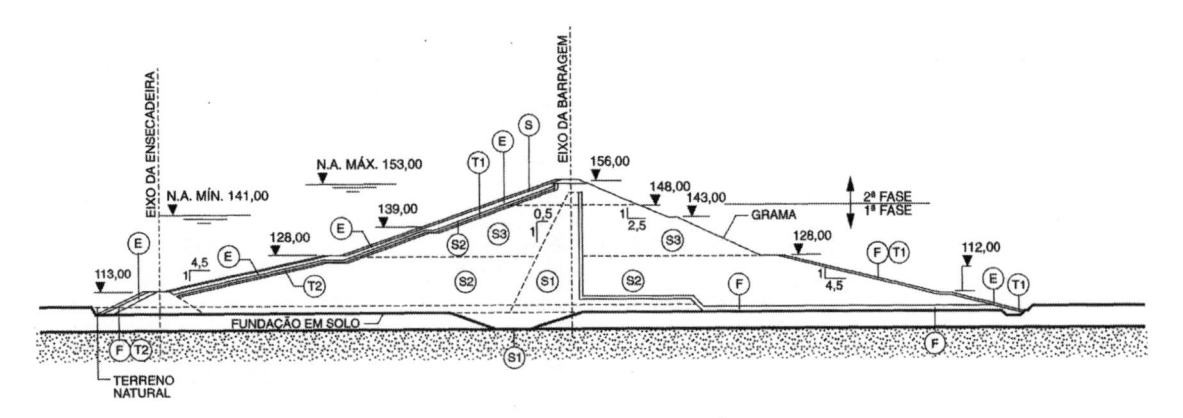

b) Seção 1-1 (margem esquerda)

Figura 2.27 - Barragem de Santa Isabel (cortesia ENGEVIX, 1983)

BARRAGEM DE CACHOEIRA PORTEIRA

O projeto básico da Barragem de Cachoeira Porteira foi desenvolvido pela ENGERIO, a pedido da ELETRONORTE.

A barragem localiza-se na Região Amazônica, no rio Trombetas, a 350 km de Santarém.

Conquanto a minha participação no projeto tenha se limitado à colaboração na elaboração do modelo geomecânico das fundações das estruturas de concreto, há um aspecto geotécnico relativo ao emprego de lateritas como material de construção da barragem de terra que merece destaque.

A seção principal da barragem é mostrada na Figura 2.28. A preocupação quanto ao emprego de laterita refere-se à permeabilidade, uma vez que, por ser a laterita um material granular graúdo, com finos, sempre que estes "finos" que preenchem os vazios forem insuficientes, poderão ocorrer "tubos de vazios intercomunicantes de elevada condutividade hidráulica".

Estudos sobre esta questão foram apresentados na Universidade de Brasília, por Costa Filho (1987), o qual constatou que a permeabilidade varia com a pressão de confinamento e com a porcentagem de pedregulho (laterita).

A Tabela 2.2 resume alguns resultados dos ensaios.

Tabela 2.2 - Barragem de Cachoeira Porteira - resultados de ensaios efetuados na laterita

Ensaios de Adensamento - Permeabilidade			Ensaios de Permeabilidade Triaxial			
Pedregulho %	σ_{ad} kgf/cm²	k cm/s	Pedregulho %	Argila %	σ_3 kgf/cm²	k cm/s
0	0,5	4×10^{-7}			0,5	$3,7 \times 10^{-5}$
	6,0	4×10^{-9}	46	20	1,0	$2,9 \times 10^{-5}$
40	0,5	$2,5 \times 10^{-7}$			3,0	$3,2 \times 10^{-7}$
	6,0	2×10^{-8}				
60	0,5	3×10^{-7}				
	6,0	3×10^{-8}			0,5	$8,5 \times 10^{-7}$
80	0,5	2×10^{-5}	46	23	1,0	$1,0 \times 10^{-8}$
	6,0	8×10^{-6}			3,0	$3,3 \times 10^{-7}$
					6,0	$1,5 \times 10^{-7}$

Para essas misturas a permeabilidade é baixa e aceitável, mesmo para regiões de vedação da barragem, desde que estas tenham espessuras amplas.

Outra experiência do emprego de laterita como material de construção é relatada por Cruz et al. (1990), para a Barragem de Pitinga.

Dados sobre a resistência ao cisalhamento de lateritas com porcentagens variáveis de finos estão contidos na Dissertação de Mestrado de Ritter (PUC-1988).

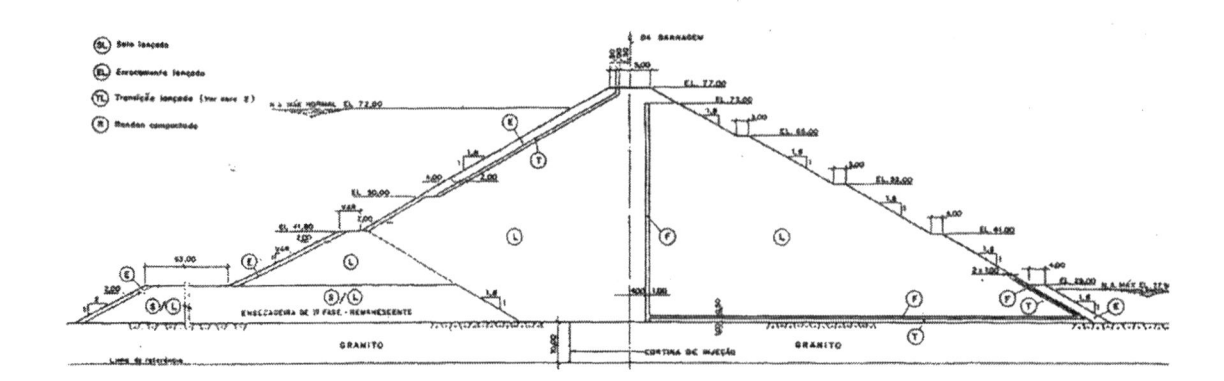

LEGENDA

- (S) SOLO COMPACTADO
- (L) LATERITA COMPACTADA
- (E) ENROCAMENTO
- (T) TRANSIÇÃO BRITA (VER NOTA 2)
- (F) FILTRO DE AREIA
- (SL) SOLO LANÇADO
- (EL) ENROCAMENTO LANÇADO
- (TL) TRANSIÇÃO LANÇADA (VER NOTA 2)
- (R) RANDON COMPACTADO

Figura 2.28 - Barragem de Cachoeira Porteira - seção principal (cortesia ENGERIO, 1986)

BARRAGEM DE BALBINA

A minha participação no projeto da Barragem de Balbina foi limitada a uma única visita ao local da obra, durante a fase de projeto básico.

Balbina localiza-se a 200 km de Manaus, no rio Uatumã, em plena selva amazônica.

Um dos principais problemas relativos a projetos na Região Amazônica está relacionado à restituição aerofotogramétrica, porque as árvores têm altura variável, o que torna extremamente difícil a delimitação da extensão do reservatório e a localização dos "pontos de fuga".

No caso de Balbina, o maior problema de caráter geotécnico foi a ocorrência de "canalículos" nos solos de fundação.

Canalículos são formações cilíndricas de diâmetros que vão desde poucos milímetros até alguns centímetros, de desenvolvimento vertical, que podem se estender por vários metros desde a superfície do terreno até um topo rochoso resistente. São aberturas estáveis à passagem de água e têm condutividade hidráulica na casa dos 10^0 a 10^{-2} cm/s. A comunicação horizontal entre os canalículos é, no entretanto, limitada.

Em Balbina, a espessura de solos residuais com canalículos estendia-se por até mais de 20 m, inviabilizando soluções de trincheiras vedantes que interceptassem toda a camada de solo. Foi proposta a execução de injeções de calda de cimento por clacagem (fraturamento hidráulico). A calda de cimento foi injetada à alta pressão, em curto espaço de tempo, de baixo para cima, em três linhas de furos, distantes centro a centro de 2,0 m (ver Figura 2.29).

Dados detalhados do processo de injeção são descritos por Moreira *et al.* (1990) e Siqueira *et al.* (1986).

As Figuras 11.17 a 11.19 mostram seções transversais da barragem na margem esquerda e na margem direita, com indicação das linhas piezométricas medidas, atestando o resultado favorável da solução adotada.

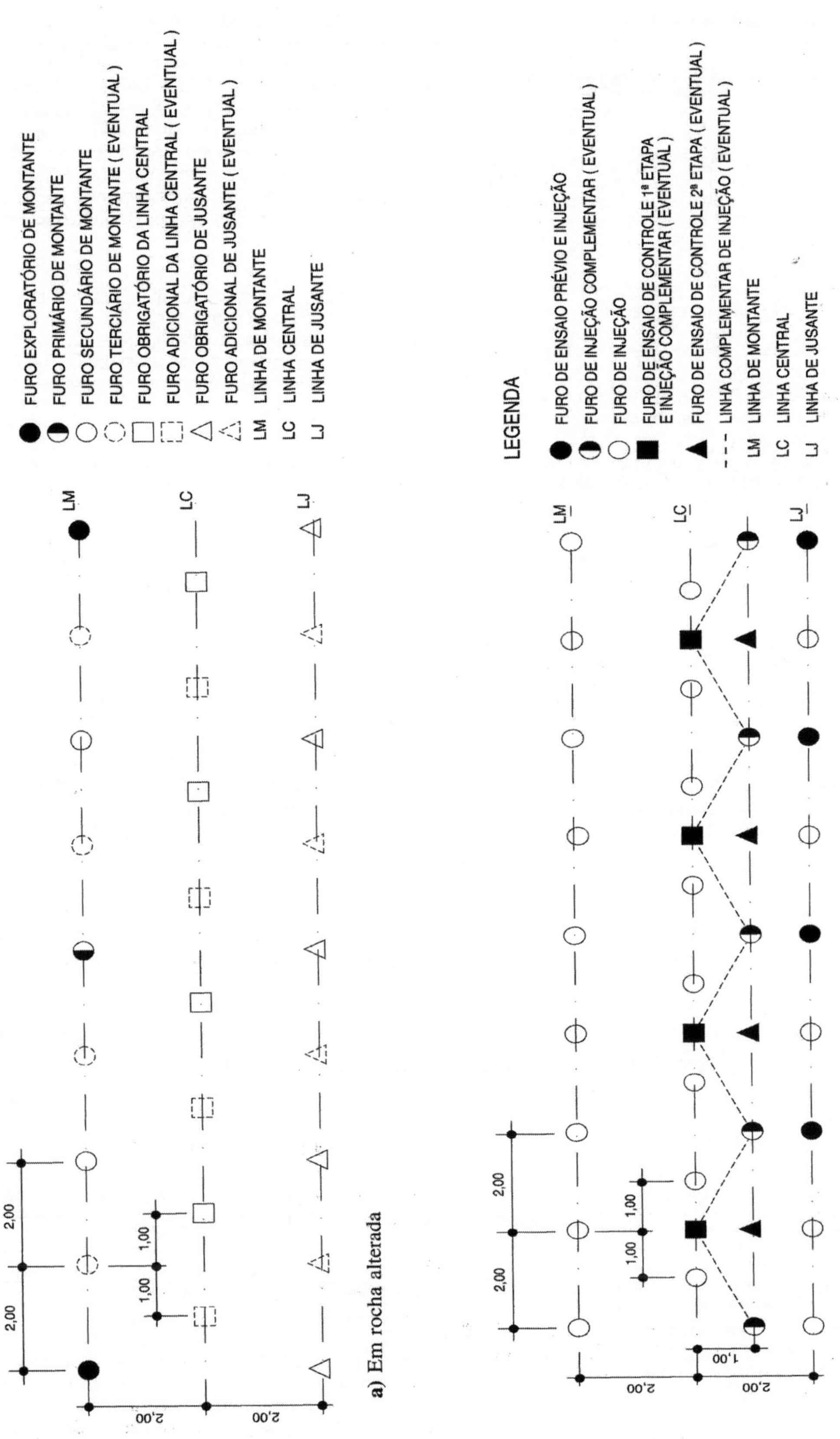

Figura 2.29 - Barragem de Balbina - disposição das injeções (Moreira *et al.*, 1990)

a) Em rocha alterada

b) Em solo residual

LEGENDA (a)
- ● FURO EXPLORATÓRIO DE MONTANTE
- ◐ FURO PRIMÁRIO DE MONTANTE
- ○ FURO SECUNDÁRIO DE MONTANTE
- ◌ FURO TERCIÁRIO DE MONTANTE (EVENTUAL)
- □ FURO OBRIGATÓRIO DA LINHA CENTRAL
- ▫ FURO ADICIONAL DA LINHA CENTRAL (EVENTUAL)
- △ FURO OBRIGATÓRIO DE JUSANTE
- ▵ FURO ADICIONAL DE JUSANTE (EVENTUAL)
- LM LINHA DE MONTANTE
- LC LINHA CENTRAL
- LJ LINHA DE JUSANTE

LEGENDA (b)
- ● FURO DE ENSAIO PRÉVIO E INJEÇÃO
- ◐ FURO DE INJEÇÃO COMPLEMENTAR (EVENTUAL)
- ○ FURO DE INJEÇÃO
- ■ FURO DE ENSAIO DE CONTROLE 1ª ETAPA E INJEÇÃO COMPLEMENTAR (EVENTUAL)
- ▲ FURO DE ENSAIO DE CONTROLE 2ª ETAPA (EVENTUAL)
- --- LINHA COMPLEMENTAR DE INJEÇÃO (EVENTUAL)
- LM LINHA DE MONTANTE
- LC LINHA CENTRAL
- LJ LINHA DE JUSANTE

BARRAGEM DE DESCALVADO

A Figura 2.30 mostra a seção proposta pelo CNEC para a Barragem de Descalvado, no trecho do leito do rio.

As fundações da barragem nesse trecho são constituídas por um filito alterado nas ombreiras e pouco alterado no leito do rio, o que explica o dreno horizontal "duplo", ou seja, com uma camada de pedregulho fino isolando a fundação do pedregulho grosso. Como a rocha para o enrocamento contém finos, o pedregulho fino da camada superior do dreno funcionaria como "filtro" dos espaldares de enrocamento.

Para o trecho da ombreira direita, foi proposto o emprego de um cascalho - o "Pariquera-Açu" - abundante na região, e que substitui com vantagem o solo de empréstimo mais distante, mais compressível e menos resistente. Esse cascalho é o mesmo proposto para ser utilizado na Barragem de Eldorado (Figura 9.18.) rio abaixo, já mais próximo da foz do rio Ribeira do Iguape.

Um detalhe importante a respeito do projeto da Barragem de Descalvado foi a postergação da ida do consultor ao local da obra, por se alegar que seria mais útil a sua visita quando já se dispusesse de um maior número de dados para análise. Quando de minha visita, constatei que nenhuma investigação havia sido feita no tocante ao emprego do "Pariquera-Açu" como material de construção da barragem, e que as pesquisas das áreas de empréstimo se estendiam a locais cada vez mais distantes, com prejuízo de tempo e acréscimo de custos.

A utilização desse cascalho na barragem tornou o projeto e o trabalho de campo muito mais ágeis e menos onerosos. Porém, as investigações das áreas de empréstimo poderiam ter sido ainda mais reduzidas, se o emprego do material proposto tivesse se dado no tempo correto.

Fato semelhante ocorreu no projeto da Barragem de Santa Isabel, já relatado anteriormente.

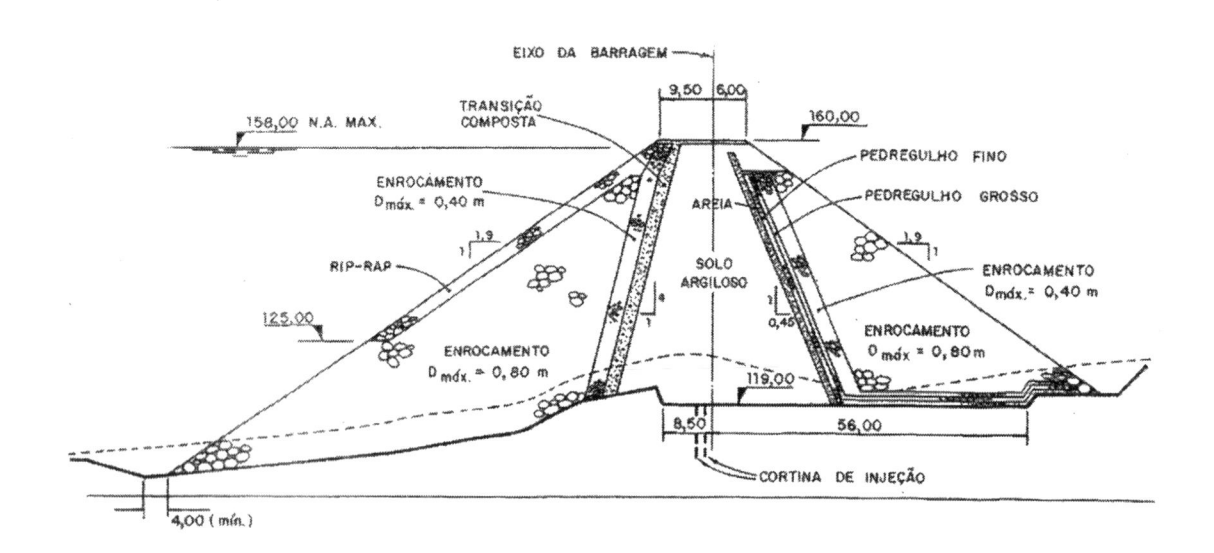

Figura 2.30 - Barragem de Descalvado (cortesia CNEC, 1986)

POLDERS TAQUARUÇU

Com a construção da Barragem de Taquaruçu, várias olarias localizadas nas margens do rio Paranapanema ficariam submersas.

A CESP teria de desapropriar as olarias e recompensar os proprietários pela perda de suas indústrias. Uma alternativa seria construir pequenos diques circundando as áreas de extração de argila, preservando as atividades dos oleiros. Esses *polders* foram estudados pelo IPT a pedido da CESP.

A principal dificuldade envolvida no projeto dos diques refere-se às escavações de argila que seriam feitas na área de jusante, para o seu aproveitamento nas olarias.

Afinal, um "buraco" no pé ou próximo ao pé de jusante de um dique é sempre uma questão a ser discutida.

BARRAGEM DE JIPARANÁ

A barragem localiza-se em Rondônia, no rio Jiparaná, a 250 km de Porto Velho/RO.

O projeto básico da Barragem de Jiparaná foi desenvolvido pelo CNEC a pedido da ELETRONORTE.

Sob o aspecto folclórico do local, pode-se mencionar que, durante a pesquisa de áreas de empréstimo e caminhamentos pela área do reservatório, fazia parte da equipe um caçador, porque na região ainda há onças e outros animais que certamente assustariam os geólogos, engenheiros e técnicos, nem sempre muito familiarizados com o assunto. Além disso, a implantação do acampamento incluiu uma enfermaria, para atender aos "premiados" por picadas de mosquitos transmissores de malária.

O aspecto geotécnico de preocupação local refere-se à ocorrência de formações sedimentares nas ombreiras, que contêm camadas alternadas de solos pouco permeáveis e formações arenosas permeáveis. Se essas camadas se estenderem nas ombreiras desde montante até jusante, poderão resultar em caminhos de fluxo preferencial, que poderão evoluir para um fenômeno de *piping* se não forem protegidos a jusante por filtros invertidos.

A dificuldade reside no fato de que essas camadas podem não ser detectadas por furos de sondagem das ombreiras, por não serem profundas, e por estarem recobertas com vegetação a jusante, o que dificulta a sua localização.

O mesmo tipo de problema ocorreu na Barragem de Santa Isabel, já citada (Figura 2.27).

BARRAGENS SOBRE SOLOS MOLES

As Barragens do Alegre, Santa Eulália e Sororoca, localizadas próximo à cidade-natal do ex-presidente José Sarney (município de Pinheiro/MA), têm em comum a sua fundação em argilas moles.

A Barragem do Alegre (Figura 2.31), já concluída, constitui um alteamento de um aterro rodoviário existente, onde foi implantado um sangradouro.

A Barragem de Santa Eulália (Figura 2.32) teve sua construção iniciada em 1987, mas encontra-se paralisada (1995). Constitui um caso típico de barragem (tipo "transatlântico") formada por um corpo central - barragem propriamente dita - com taludes de espaldares de 2(H) : 1(V), com sistema interno de drenagem, e uma pequena trincheira central de vedação. As bermas externas, com requisitos menores de compactação, devem apoiar-se sobre a vegetação natural, com remoção apenas de arbustos e pequenas árvores.

O sistema de drenagem interna contínuo da barragem tem saída sob as bermas de jusante, a cada 50 m, por meio de drenos de areia de 2 m de largura por 1 m de altura.

Esta providência visa a economizar areia, de custo em geral elevado. A vegetação natural sob as bermas acaba promovendo a drenagem da argila de fundação no processo de adensamento.

Recomenda-se que as bermas sejam construídas de fora para dentro, visando a confinar a argila de fundação da barragem central.

A proteção do talude de montante no trecho superior de oscilação da água deve ser feita em solo-cimento, por questões de "segurança". Os blocos de laterita (na região, material denominado de "pedra preta"), a serem utilizados nos trechos submersos do espaldar das bermas de montante, podem ser encontrados disseminados nas áreas próximas à barragem. Como é trabalhoso "catá-los", e constituem um material muito usado nas construções locais, deixá-los expostos na proteção do talude, já lavados e acumulados, poderia aguçar os instintos da população local, e seria difícil evitar que fossem devidamente surripiados.

A mesma solução de proteção de talude foi adotada na Barragem do Alegre, pelo mesmo motivo.

A Barragem de Sororoca é um caso inusitado de barragem <u>sem fundação natural</u>, porque, a despeito da vegetação aquática que ocorre no eixo da barragem, há pelo menos cerca de 10 m de vasa (essencialmente água) até que se encontre um terreno com algum suporte.

A solução proposta (Figura 2.33) inclui a execução de um aterro submerso, feito com material de empréstimo próximo, que constituiria a "fundação" da barragem a ser executada em solo compactado.

A obra, por ora (1995), está em projeto.

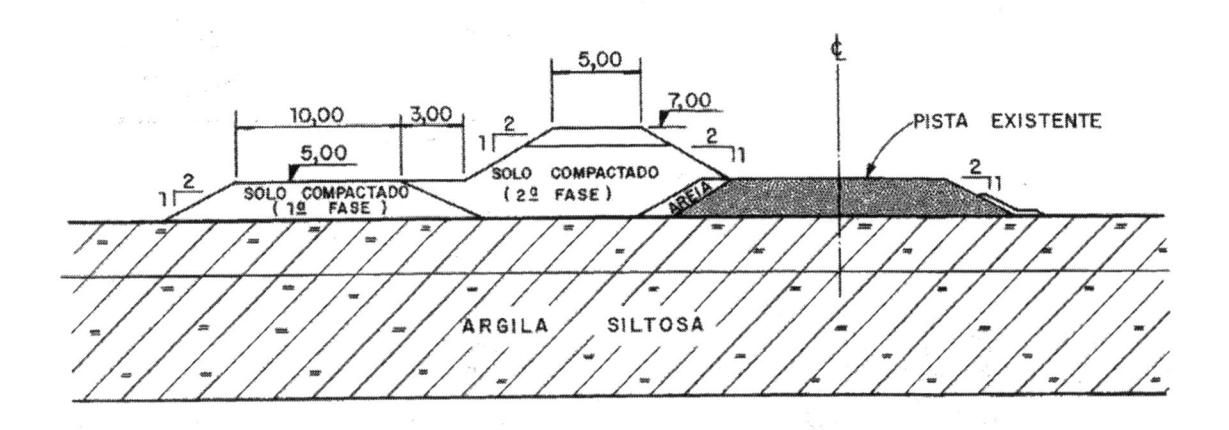

a) Fundação em argila

Figura 2.31 - Barragem do Alegre (cortesia MAGNA, 1987)

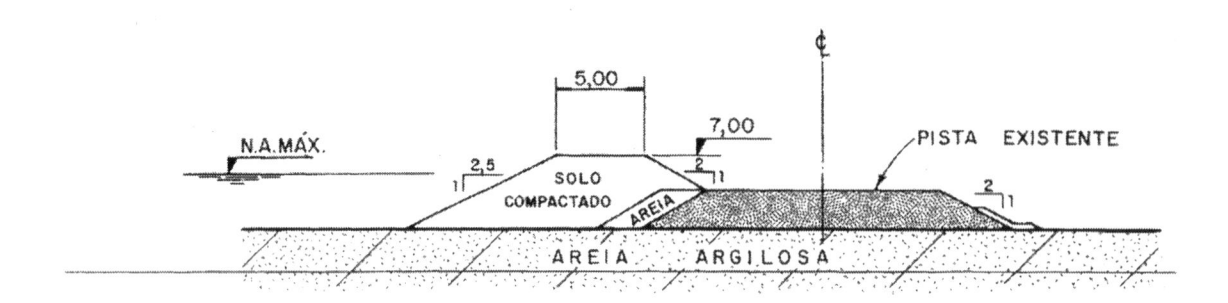

b) Fundação em areia

Figura 2.31 - Barragem do Alegre (cortesia MAGNA, 1987)

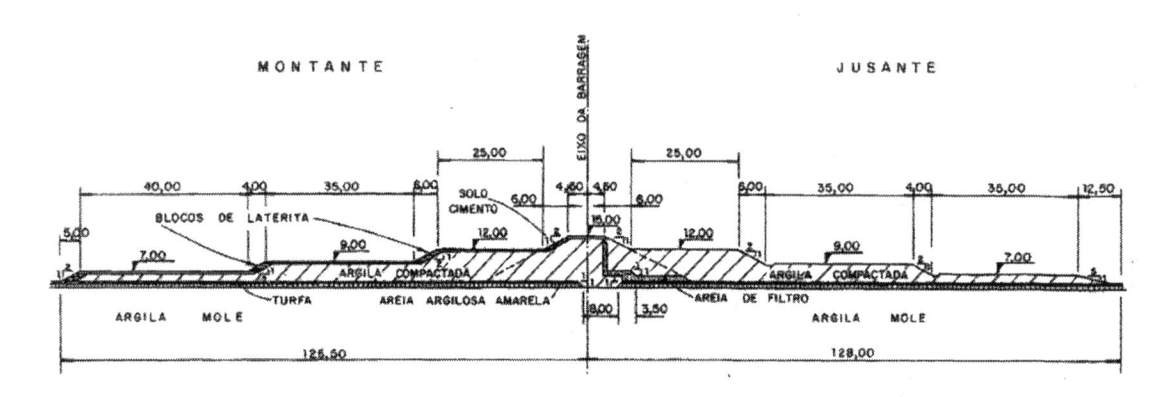

Figura 2.32 - Barragem de Santa Eulália (cortesia MAGNA, 1987)

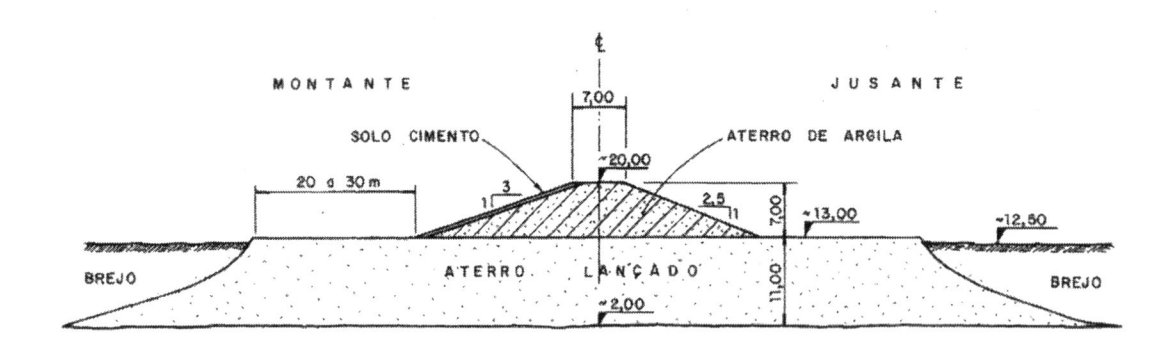

Figura 2.33 - Barragem de Sororoca (cortesia MAGNA, 1987)

BARRAGENS SOBRE ALUVIÕES ARENOSOS

As Barragens de Jenipapo, Jacaré, Pedra Redonda, Frecheirinha e Tinguis - Figuras 2.34 a 2.38 - têm em comum a sua fundação em areias (aluvião), em geral lavadas e permeáveis (k entre 10^{-1} e 10^{-3} cm/s) e localizam-se na Região Nordeste do Brasil, dentro do Polígono das Secas.

Em períodos de estiagem, muitas vezes o rio passa a correr por dentro da areia e é possível caminhar pelo seu leito sem molhar os pés, como ocorre na Barragem de Jenipapo/PI. Em época de cheias, o rio pode subir rapidamente mais de uma dezena de metros causando enchentes destruidoras.

Na maioria dos casos os aluviões são exclusivamente arenosos, mas é fundamental proceder-se a uma investigação detalhada, porque finas camadas de argila mole poderão comprometer a estabilidade da barragem se sua presença não for detectada na fase de projeto (veja-se a Barragem de Jenipapo).

Duas são as preocupações com este tipo de fundação:

- a potencialidade de liquefação da areia, como se discute no Capítulo 7; e

- o controle de fluxo, extensamente discutido no Capítulo 10.

A inclusão das figuras que representam as seções típicas desses projetos tem o objetivo de mostrar as alternativas de solução encontradas caso a caso e ditadas pelos seguintes condicionantes:

- materiais de construção disponíveis;

- viabilidade econômica de execução de trincheiras de vedação efetivas, ou seja, apoiadas em camada inferior ao aluvião de baixa permeabilidade;

- efetividade de cortinas impermeabilizantes, delgadas, e sem a necessária penetração nas camadas inferiores de solo ou rocha;

- dificuldades de acesso ao local da obra, que poderiam onerar as soluções adotadas que envolvessem equipamentos sofisticados para execução de pequenos serviços (diafragmas plásticos, CCP, ROTOCRETE, por exemplo);

- desvio do rio;

- necessidade de reduzir o fluxo pela camada arenosa.

As duas seções apresentadas da Barragem de Pedra Redonda (Figura 2.36) mostram que é possível obter maior ou menor benefício da utilizacao dos mesmos materiais de construção, dependendo de sua disposição na seção da barragem.

O projeto básico das seções dessas barragens foi desenvolvido pela SIRAC, de 1986 a 1990. Ajustes de projeto devem ocorrer na fase executiva.

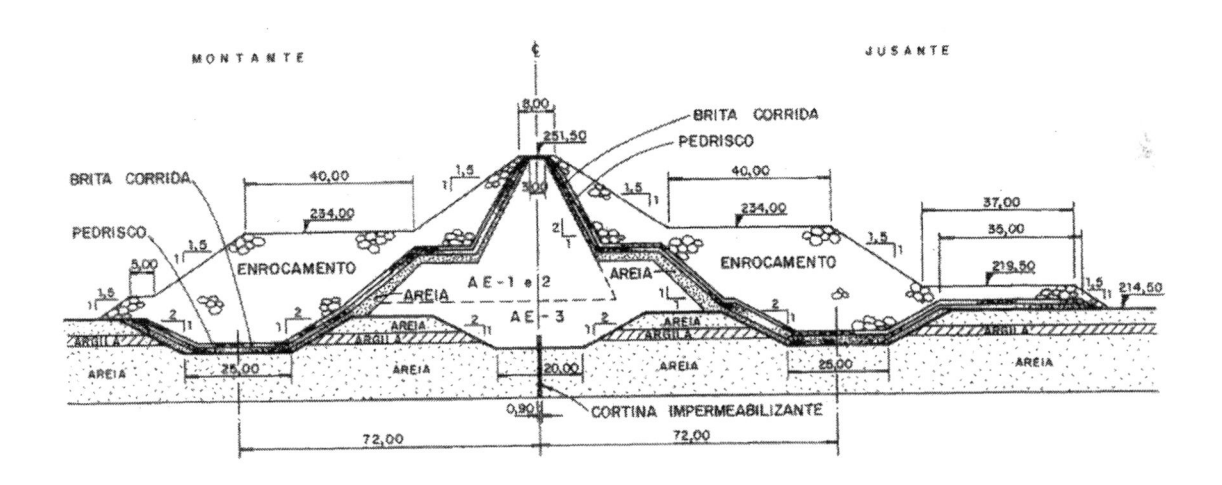

Figura 2.34 - Barragem de Jenipapo (cortesia SIRAC, 1986)

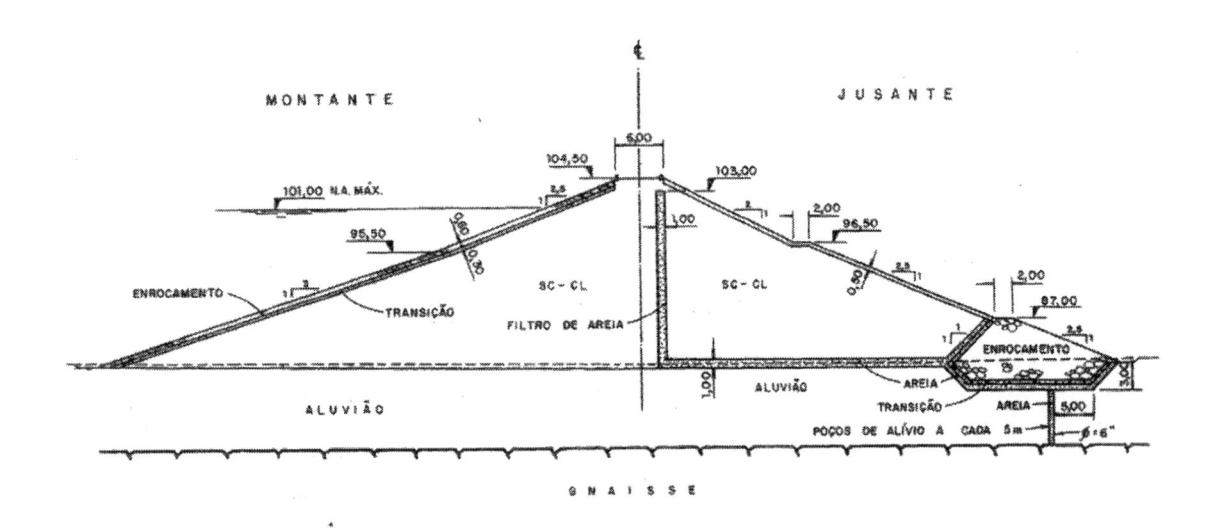

Figura 2.35 - Barragem de Jacaré - trecho central (cortesia SIRAC, 1990)

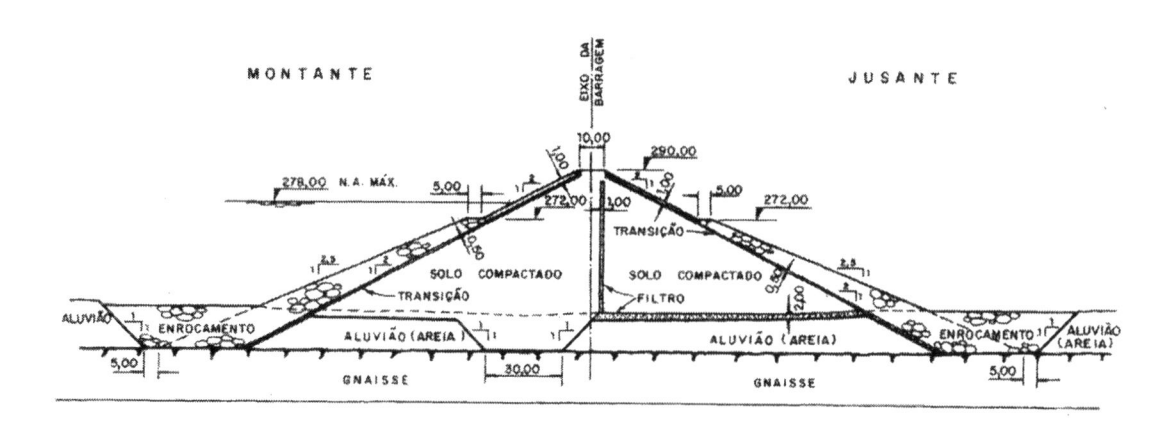

a) Projeto original

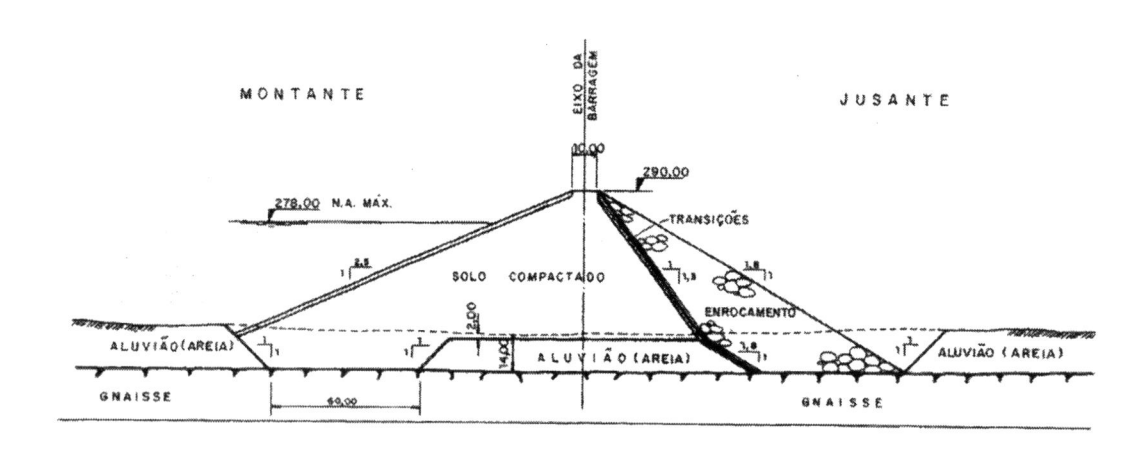

b) Projeto alternativo

Figura 2.36 - Barragem de Pedra Redonda (cortesia SIRAC, 1990)

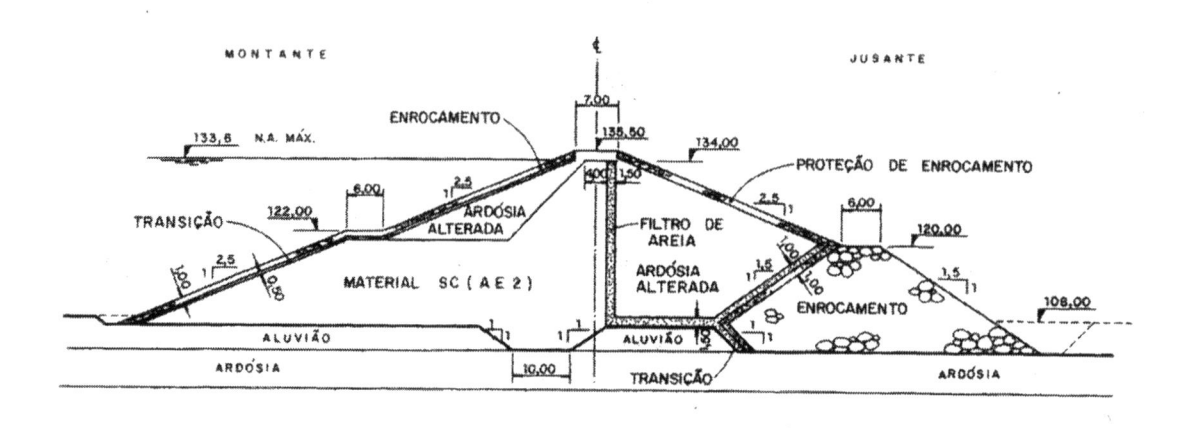

Figura 2.37 - Barragem de Frecheirinha (cortesia SIRAC, 1988)

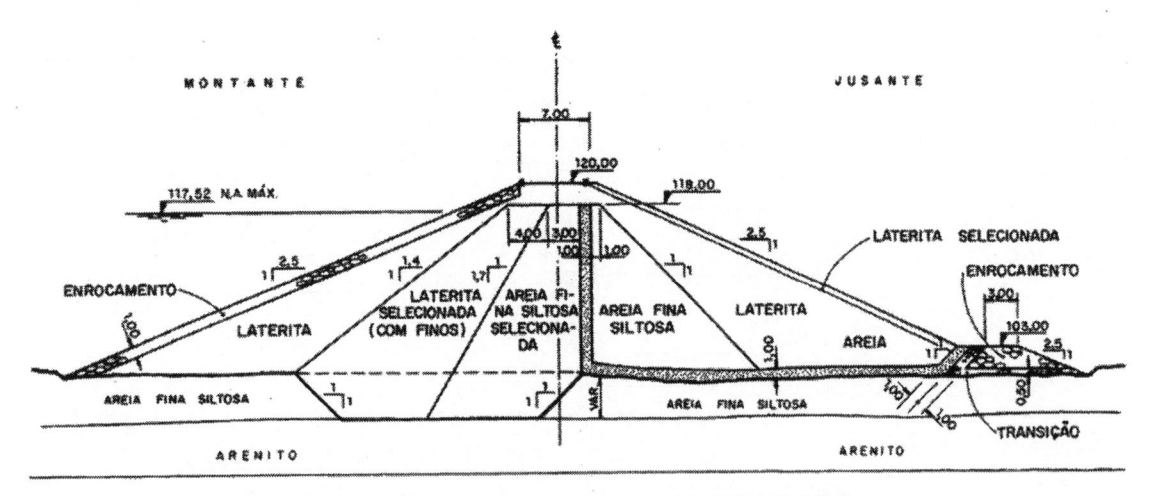

Figura 2.38 - Barragem Tinguis (cortesia SIRAC, 1988)

BARRAGENS DE REJEITOS

NUCLEBRAS

Barragens ditas de rejeito destinam-se a contenção de rejeitos de mineração.

Em geral, são barragens construídas em etapas, que são alteadas de acordo com as necessidades da mina. Podem ser alteadas com o próprio rejeito ou com materiais de empréstimo retirados de áreas próximas ao local.

A ENGERIO estudou, a pedido da NUCLEBRAS, a barragem mostrada na Figura 2.39. Trata-se de uma barragem construída em três fases, com núcleo impermeável a montante e enrocamento a jusante, à exceção da primeira fase (toda em solo). A maior dificuldade neste tipo de projeto refere-se ao sistema de drenagem interna. Se o dreno inclinado fosse colocado próximo ao eixo na primeira fase, resultaria muito próximo do talude de montante nas fases subseqüentes, uma vez que o eixo da barragem se desloca para jusante em cada alteamento.

Como se vê na figura, a primeira fase teria cerca de 30 m, a segunda 50 m e a última 70 m. A crista final na elevação 1.302 m sobre o nível do mar colocaria esta barragem como uma das de cota mais elevada em território brasileiro.

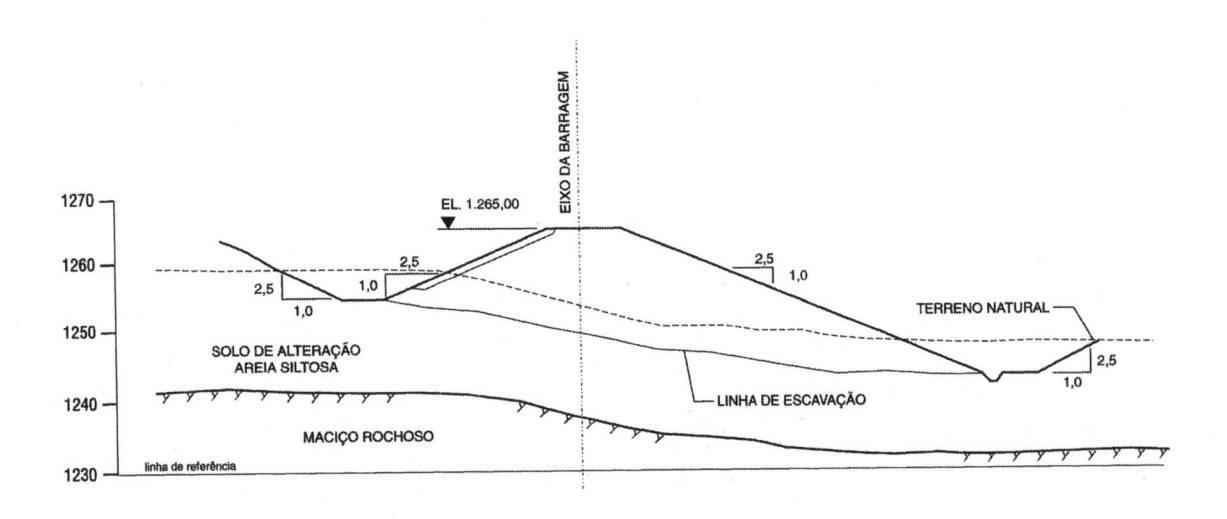

a) Seção E-E 1ª fase

100 Barragens Brasileiras

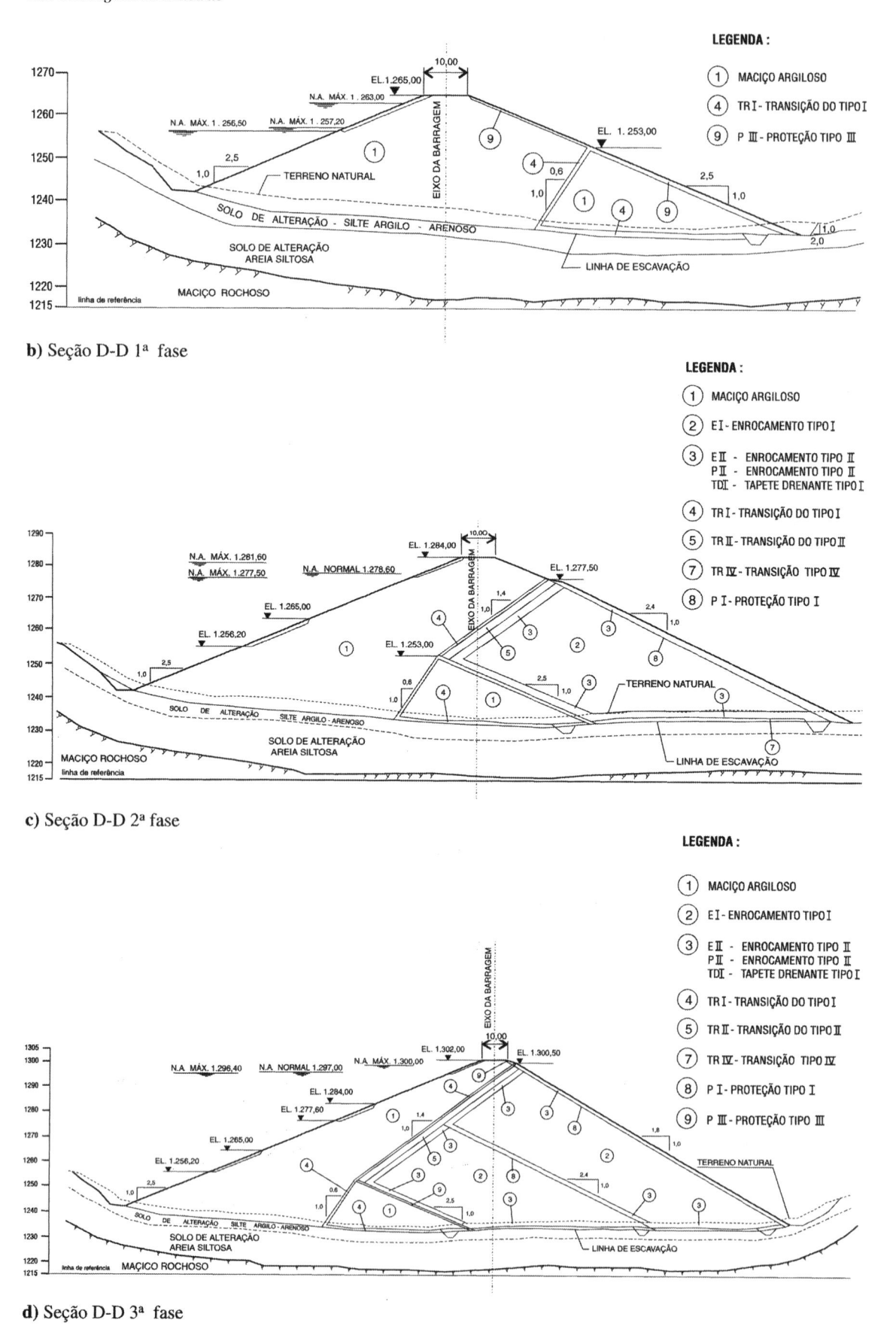

b) Seção D-D 1ª fase

c) Seção D-D 2ª fase

d) Seção D-D 3ª fase

Figura 2.39 - Barragem de rejeitos da NUCLEBRAS (cortesia ENGERIO/NUCLEBRAS, 1979)

Pilhas de Rejeitos da SAMITRI

As Figuras 2.40 e 2.41 mostram pilhas de rejeitos. Pilhas não são barragens, mas apresentam problemas semelhantes aos das barragens hidráulicas (ver Capítulo 17) na fase construtiva.

As pilhas são construídas a partir de um dique de partida, que pode ser de enrocamento (Figura 2.40) ou de solo compactado (Figura 2.41). Tanto o enrocamento como o solo podem ser executados com subprodutos da própria mineração.

A drenagem de base é necessária para o escoamento da água que é lançada junto com o rejeito.

Normalmente, o alteamento das etapas seguintes ao dique de partida é feito por via seca, utilizando-se o próprio rejeito ou material de empréstimos em pequenos diques de ~ 3,30 m de altura e com adequada superposição de base.

É necessário controlar o fluxo resultante da água do rejeito. Esse fluxo deve ser basicamente vertical ou subvertical, porque se o fluxo reverter para o talude de montante as condições de estabilidade da pilha ficam prejudicadas.

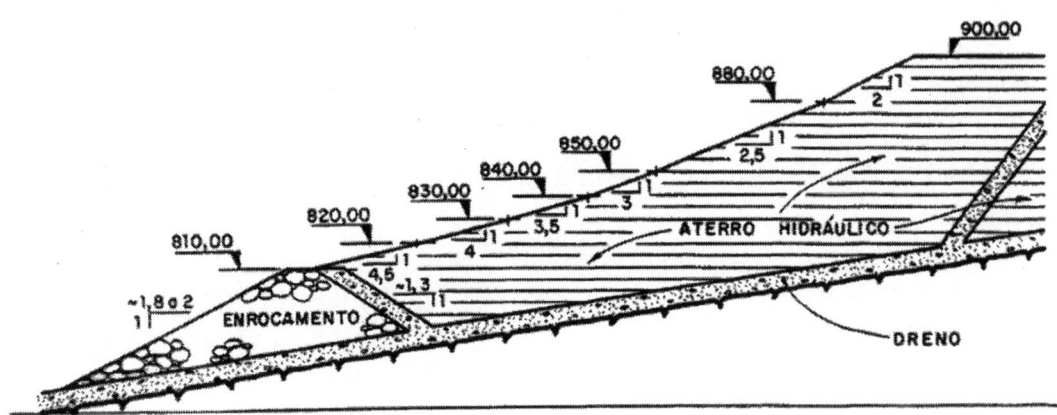

Figura 2.40 - Projeto SAMITRI - dique de partida em enrocamento (cortesia FIGUEIREDO FERRAZ, 1990)

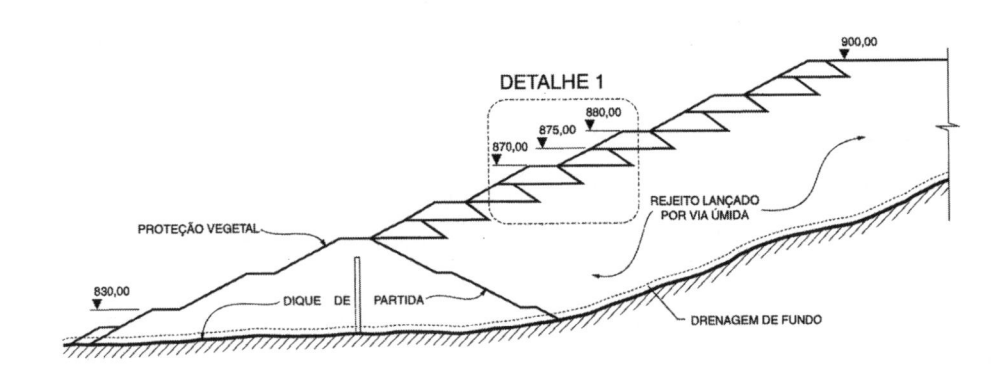

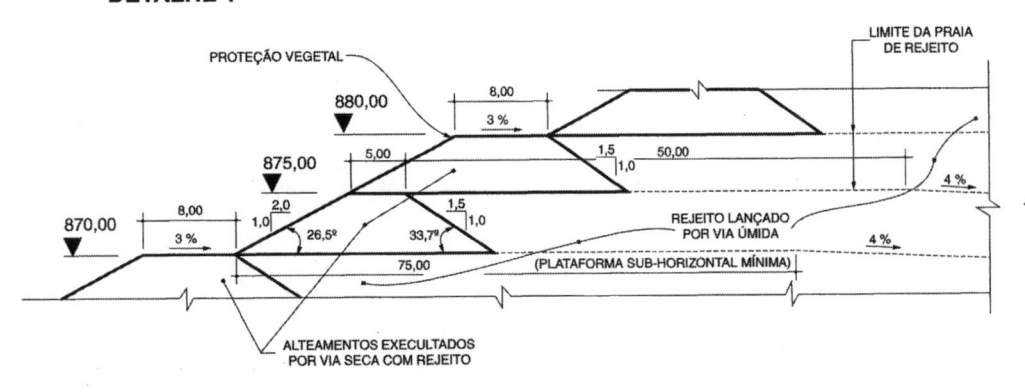

Figura 2.41 - Projeto SAMITRI - dique de partida em solo compactado (cortesia FIGUEIREDO FERRAZ, 1990)

Barragem do Córrego Santarém

Outra barragem de rejeitos, localiza-se a jusante da Barragem do Germano (ver Figura 2.88.a) e pertence à SAMARCO Mineração. O projeto básico é da FIGUEIREDO FERRAZ.

Na Figura 2.42 são mostradas as três etapas previstas para a construção.

Destaca-se a posição muito a montante do sistema de drenagem interna, que é uma conseqüência do alteamento. O trecho horizontal do dreno de segunda etapa poderá ser substituído por um dreno vertical interligado ao tapete horizontal de base.

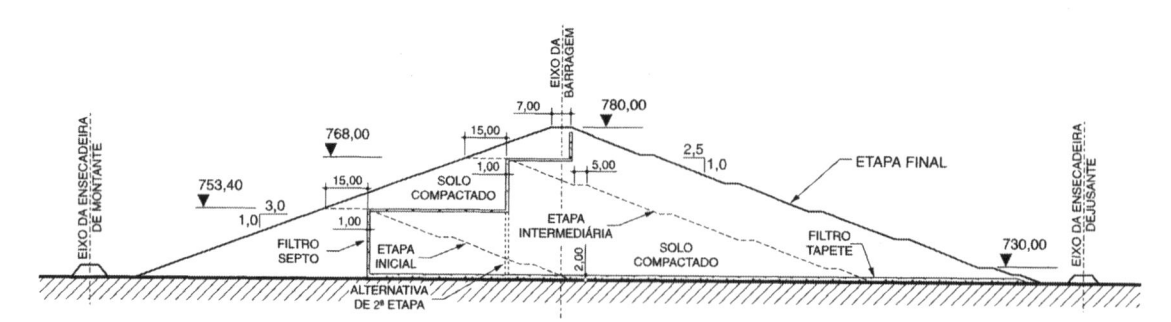

Figura 2.42 - Barragem do Córrego Santarém - seção típica (cortesia FIGUEIREDO FERRAZ, 1992)

C - PROJETO EXECUTIVO E CONSTRUÇÃO

Americana 1963

Barragem CPFL - São Carlos 1964

Capivara 1975

Itaúba 1984

Samuel 1980

Dona Francisca 1995

Bonito 1990

Leão 1980

São Bento 1993

Balsas Mineiro 1977

Porto Murtinho 1982-1983

Pitinga 1984-1986

Rosana 1980-1987

Atalho 1986

Pericumã 1980-1984

Palmar 1977-1981

Diques para criação de Pitu 1980

Serra da Mesa - alternativa ensecadeira .. 1987

Juturnaíba 1978-1982

Caconde - estrutura vertente 1990

Tucuruí 1975-1984

BARRAGEM DE AMERICANA

Uma das primeiras barragens nas quais estive envolvido. Do local da obra lembro-me apenas de uma longa galeria de desvio em curva, construída com tijolos. Como o tijolo poderia ser permeável, o projetista procurou prolongar ao máximo o comprimento da galeria de desvio, para reduzir os gradientes de fluxo no contato solo-tijolo.

BARRAGEM CPFL - SÃO CARLOS

O projeto da Barragem da CPFL/SP foi o primeiro projeto de barragem desenvolvido inteiramente por mim e pelo Eng. José Luiz Saes, nos idos de 1966.

O único detalhe geotécnico de interesse foi a ruptura de forma clássica e didática de uma ensecadeira, causada por rebaixamento instantâneo. A ensecadeira foi construída pelo empreiteiro, com lançamento de solo em água, sem maiores detalhes executivos e até sem projeto.

BARRAGEM DE CAPIVARA

A Barragem de Capivara/SP foi projetada pela ENGEVIX, com a peculiaridade de ter o seu projeto executivo na área geotécnica desenvolvido inteiramente dentro da CESP. Alguns problemas geológico-geotécnicos merecem menção.

O vertedor (original) do tipo rápido com bacia de dissipação, semelhante ao de Xavantes, iria implicar grandes escavações de rocha na ombreira e, por sugestão da SOGREAH, foi substituído por um novo vertedor (tipo "vestido de noiva") que, apesar de muito mais largo, requereria uma pequena escavação na rocha para a execução de uma laje delgada (Figura 2.43).

Quando das escavações da ombreira, a rocha de boa qualidade que era esperada não foi encontrada nas cotas previstas, e uma quantidade considerável de sobreescavação resultou em espessuras de concreto de regularização de 2 m a 3 m, que serviram de apoio à delgada laje do vertedor. É um caso de mudança de projeto sem a devida investigação das condições da fundação.

O trecho central da barragem de terra é de enrocamento com núcleo de solo. Para reduzir o comprimento da galeria de desvio e futura galeria de adução, foi necessário mudar a seção da barragem em terra para terra-enrocamento. Para avaliação da resistência do enrocamento estavam previstos ensaios de cisalhamento direto em caixas de 1,0 x 1,0 x 0,40 m. Foram enviados a Ilha Solteira 4m^3 de basalto B, em caminhão aberto. No percurso de 600 km, choveu. O basalto foi descarregado e deixado ao ar livre por duas semanas. Quando os ensaios estavam para ser iniciados, constatou-se que o basalto B tinha virado "areia". A rocha havia se desagregado totalmente num curtíssimo espaço de tempo.

O enrocamento foi então zoneado (ver Figura 2.44), utilizando-se nas faces externas basalto A (não desagregável), e nas zonas internas o basalto B. As análises de estabilidade foram refeitas, considerando-se a condição extrema da resistência da "areia" de basalto B nas zonas internas.

Um outro aspecto de interesse refere-se às especificações construtivas relativas à compactação dos solos no trecho da barragem de terra (Figura 2.45). Criou-se na barragem um pseudo-núcleo, que deveria ser compactado com desvio de umidade entre -1% e +2 %, enquanto nos espaldares o desvio de umidade seria de -3% a +1%.

Durante uns poucos meses, constatou-se que o Δh médio do núcleo era de -0,5%, enquanto que o Δh médio dos espaldares era de +0,5%, atendendo as especificações, mas fugindo totalmente do conceito de projeto de pseudo-núcleo, mais úmido e por suposto menos permeável e mais compressível. Além de especificar, é necessário transmitir à fiscalização de obra os conceitos envolvidos no projeto.

A última observação quanto a Capivara refere-se ao controle da compacidade das areias dos drenos, com a utilização de ensaios de Proctor Modificado. Há vários trabalhos sobre o assunto publicados por Morimoto (1972). Morimoto e Monteiro (1973) propuseram também um curioso método para controle de granulometria de rochas, a "foto-gravi-granulometria" (Figura 2.46).

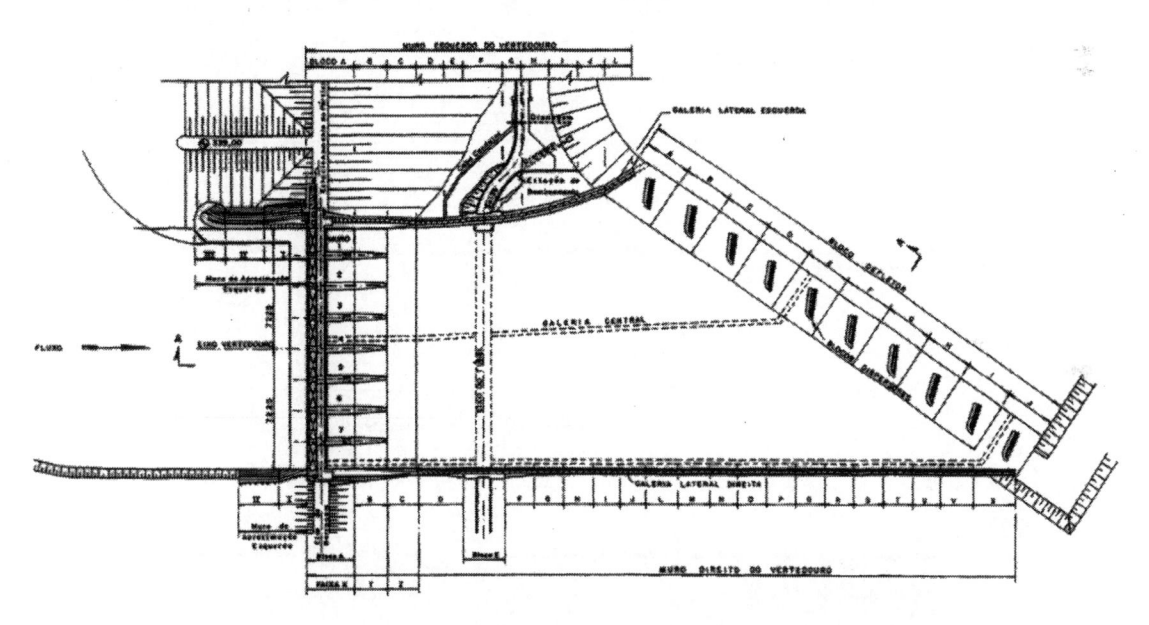

a) Planta

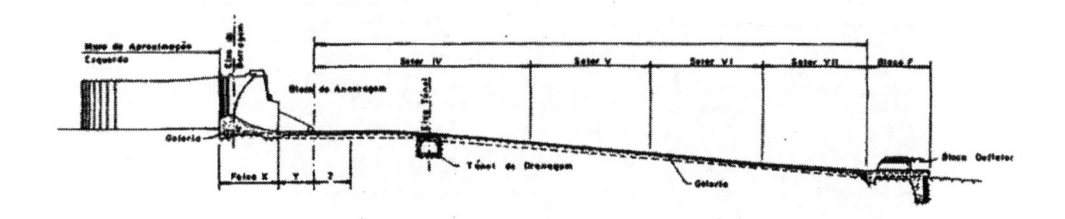

b) Corte A-A

Figura 2.43 - Barragem de Capivara - vertedor (CBGB/ICOLD, 1982)

100 Barragens Brasileiras

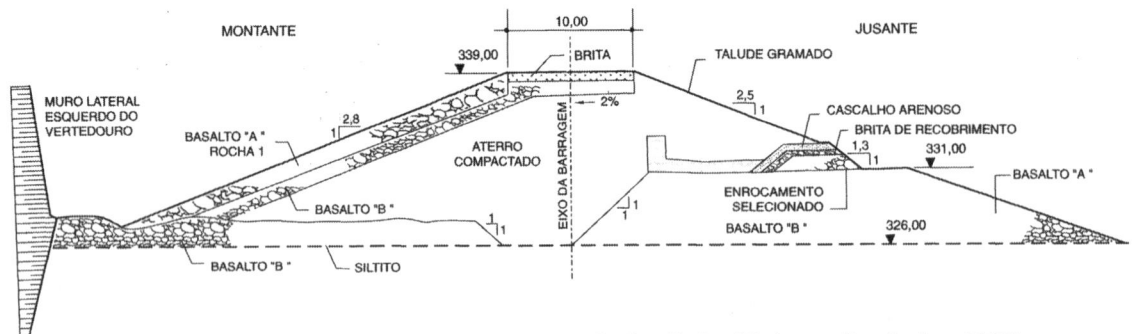

Figura 2.44 - Capivara - barragem de terra - ombreira direita (Cadastro Geotécnico, 1983)

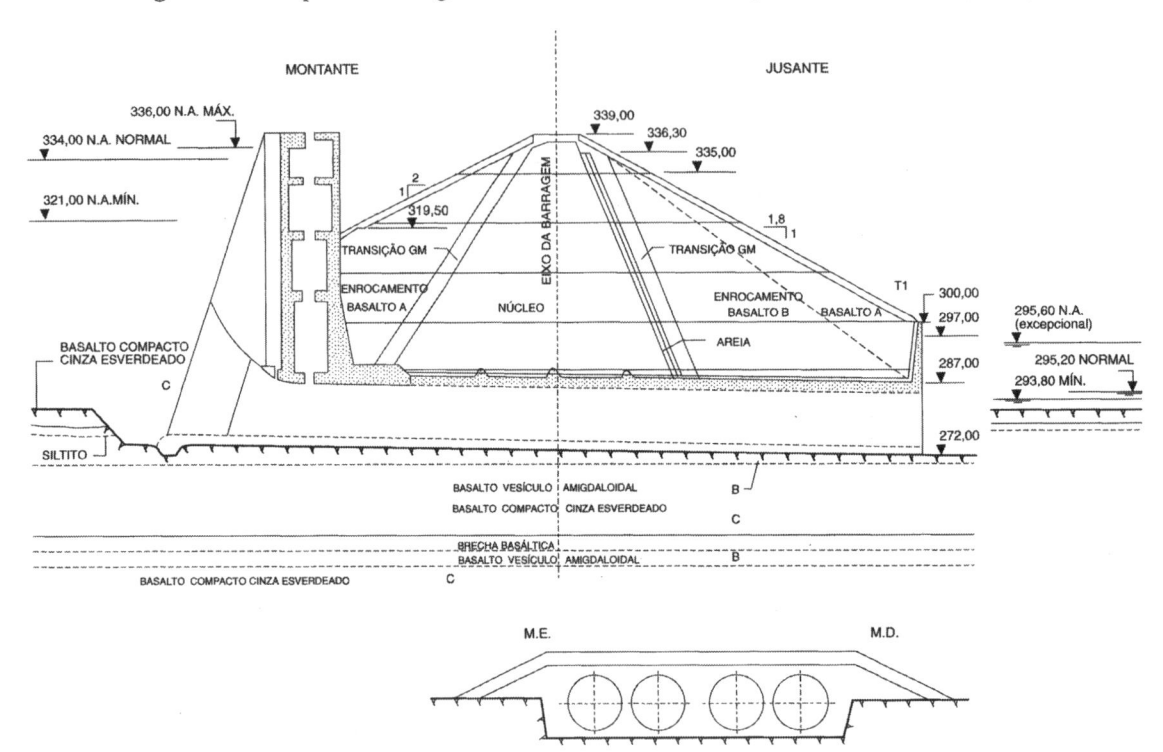

Figura 2.45 - Capivara - seção no trecho da galeria de desvio (cortesia CESP, 1972)

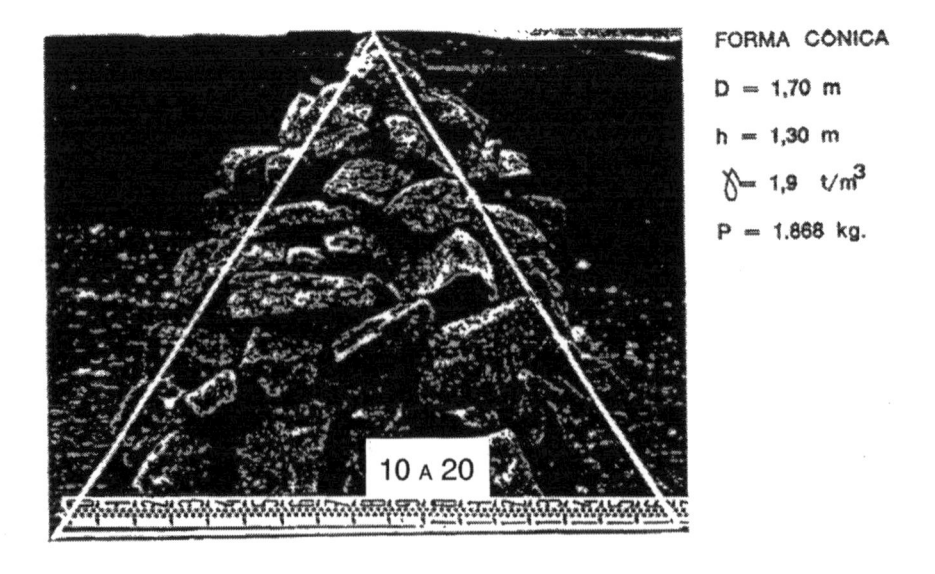

Figura 2.46 - "Foto gravi-granulometria" (Morimoto e Monteiro, 1973)

BARRAGEM DE ITAÚBA

A Barragem de Itaúba/RS (enrocamento com núcleo) foi projetada pela ENGEVIX por solicitação da CEEE, que fez a fiscalização e o acompanhamento da construção (Figura 2.47).

As condições climáticas locais são de invernos frios, chuvosos e sujeitos a neblina, e verões quentes e secos. Os solos no empréstimo estavam com umidades entre 10% a 15% acima da ótima. As condições de compactação do núcleo eram, portanto, difíceis. As especificações construtivas foram revisadas, tendo-se decidido liberar o desvio da umidade, requerendo-se apenas um mínimo de 95% de G.C. e controle das laminações. A umidade acabou sendo controlada pelo tráfego do equipamento em +3% a +4%.

Preocupações quanto a recalques diferenciais e transferências de esforços foram uma constante durante o projeto, o que gerou vários estudos sobre compressibilidade de enrocamentos, publicados por Signer (1976 e 1982). Medidas de deslocamento e ensaios de laboratório mostraram que, apesar das diferenças de compressibilidade, o núcleo "mais úmido" e "um pouco menos compactado" comportou-se satisfatoriamente.

Medidas de deslocamento mostraram que, para uma pressão vertical de 10 kgf/cm², o núcleo recalcou 3,4%, o enrocamento 1,5%, a areia artificial de basalto do dreno vertical 2,4%, e a camada de transição (brita e enrocamento fino) apenas 0,7% (Figura 12.8).

Ao longo da crista foi instalada uma série de piezômetros para observação da linha freática. Como já havia sido constatado em outras barragens, a freática medida mostrou-se "quase horizontal", indicando um fluxo preferencial sub-horizontal causado por uma relação de k_h/k_v entre 20 e 50. Este problema está discutido no Capítulo 7.

Uma "curiosidade" geomecânica, que obrigou a serem feitos estudos tridimensionais de estabilidade para as estruturas da tomada d'água localizada numa sela topográfica de basalto, foi a ocorrência de uma falha inclinada, de extensão regional, que cortava uma seqüência de derrames basálticos e que levou à execução de uma terceira galeria de drenagem na rocha, sob a estrutura de concreto (Figura 2.48).

Detalhes desse cálculo são relatados por Guidicini *et al.* (1979) e encontram-se também em CBGB/ICOLD (1982).

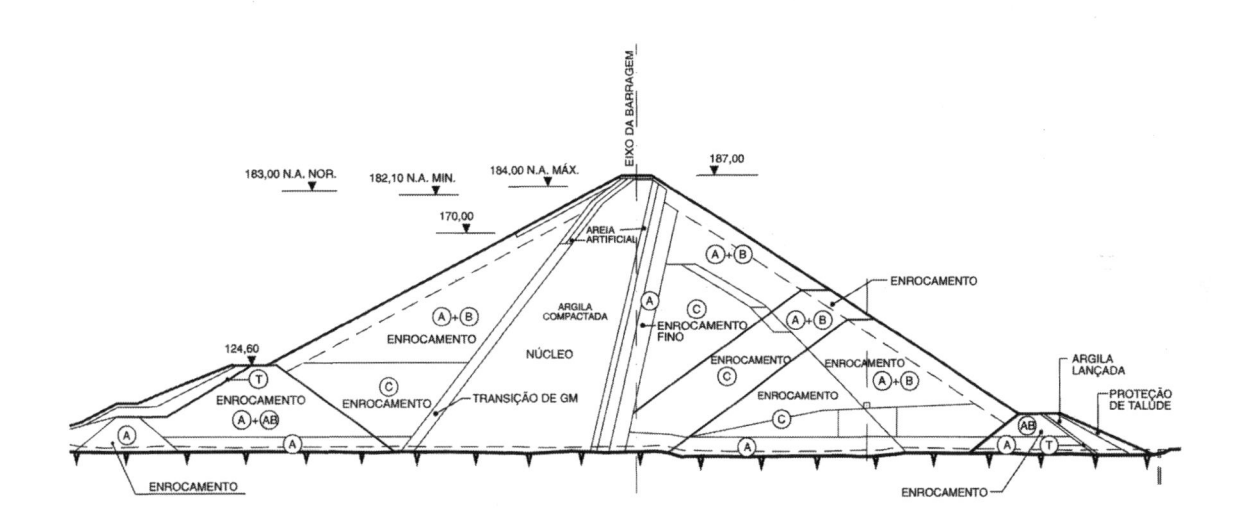

Figura 2.47 - Barragem de Itaúba - seção transversal na Estaca 11 (CBGB/ ICOLD, 1982)

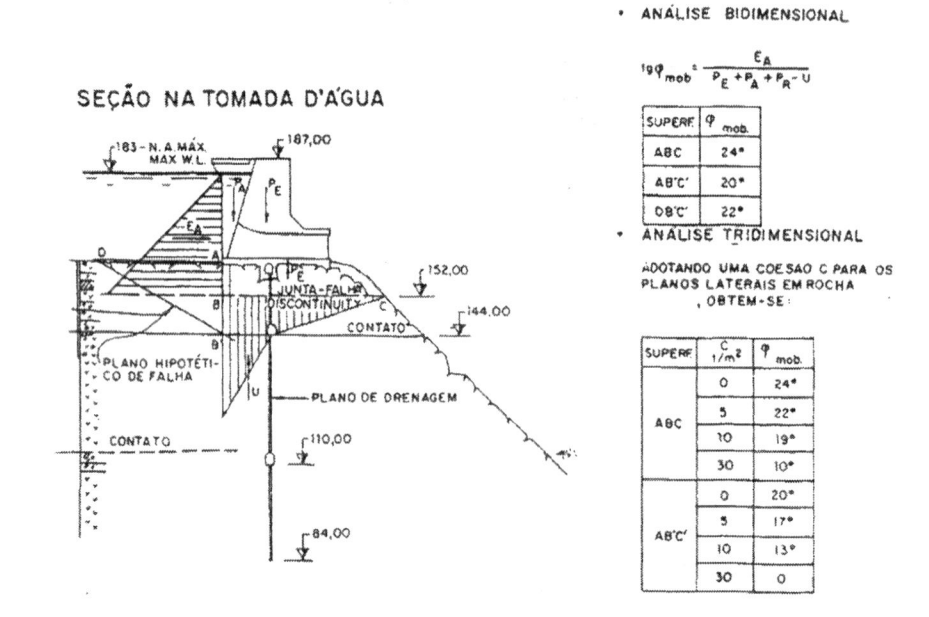

a) Seção na tomada d'água

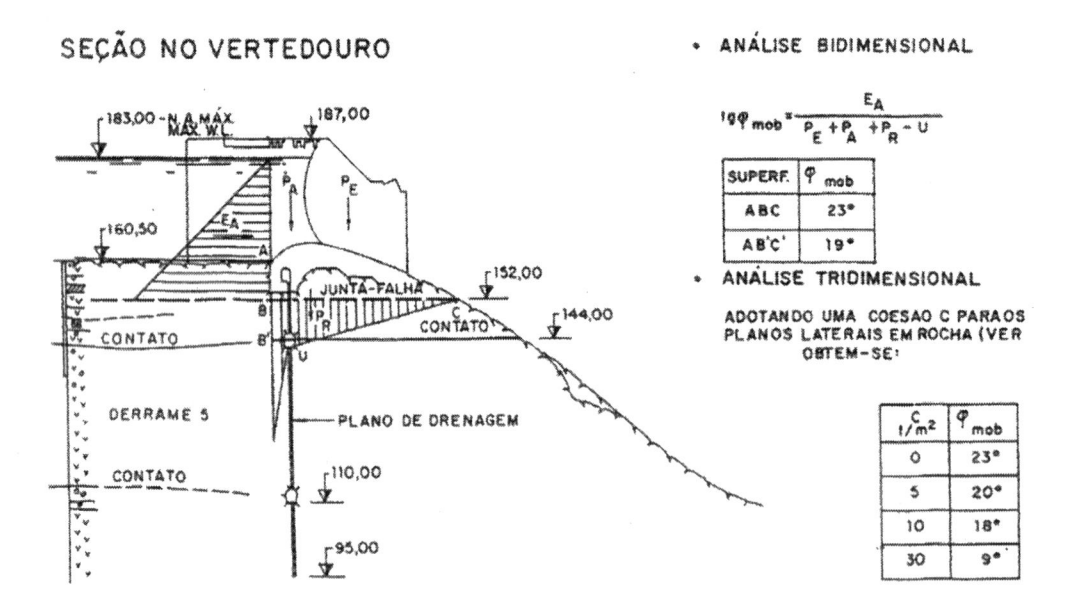

b) Seção no vertedor

Figura 2.48 - Barragem de Itaúba - análise plana - resumo dos cálculos de estabilidade (CBGB/ICOLD, 1982)

BARRAGEM DE SAMUEL

A Barragem de Samuel foi projetada pela SONDOTÉCNICA e construída pela ELETRONORTE. Fica localizada no rio Jamari, em Rondônia.

Minha participação no projeto resumiu-se ao estudo das ensecadeiras em fase de projeto básico e executivo (1982).

O aproveitamento hidrelétrico do local exigiu a elevação da crista da barragem em cerca de 5 m para melhor rendimento das turbinas, o que obrigou à execução de diques laterais de contenção, que se estenderam por ~ 20 km na ME e 30 km na MD.

Esses diques não representavam nenhum problema especial, a não ser pela descoberta de que a área estava ocupada por um curioso animal, o minhocuçu, que tinha o mau hábito de abrir furos verticais no terreno, em forma de "U". A base do "U" era o N.A. local (veja-se Leme, 1985).

O que preocupou os projetistas dos diques é que o minhocuçu mostrou-se capaz de abrir os buracos mesmo em aterros compactados, pondo em dúvida a eficácia de tapetes impermeabilizantes de montante como forma de controle de fluxo pelas fundações dos diques.

BARRAGEM DE DONA FRANCISCA

A concepção inicial de Dona Francisca data de 1969, feita pela ENGEVIX. O eixo proposto pela CANAMBRA no estudo de viabilidade foi deslocado para jusante e, com pequenos ajustes, é o eixo do projeto atual (1994).

O projeto executivo da parte civil foi desenvolvido pela MAGNA e o da parte eletromecânica pela ENGEVIX.

As condições locais de fundação e os materiais de empréstimo disponíveis mereceram investigações especiais, e alguns aspectos devem ser considerados.

No leito do rio, ocorre uma camada de cascalho graúdo e lavado de 12 a 15 m de espessura e de permeabilidade entre 10^{-1} e 10^{-2} cm/s. Embora na barragem esteja prevista uma trincheira de vedação até o arenito, a vedação da fundação das ensecadeiras permanece um problema. As alternativas estudadas envolveram: paredes de concreto com estacas secantes; diafragmas plásticos; e parede de concreto executada em câmaras pneumáticas, à semelhança da execução de tubulões de fundações de pontes.

A solução atual para as ensecadeiras prevê a escavação submersa de uma trincheira no cascalho e a reposição de uma mistura de solo e cascalho.

Na ombreira esquerda, sotoposto ao arenito, encontra-se um basalto são, intensamente fraturado. Ensaios de perda d'água no local acusaram perda total de água, mesmo em trechos profundos (20 m) e distantes dos taludes externos em mais de 50 m. Testes de injeção mostraram-se ineficientes. Está prevista uma extensão do núcleo da barragem pela ombreira, de tal forma a criar um tapete impermeável protegido externamente por cascalho ou enrocamento (ver Figura 11.16).

Os materiais de construção disponíveis podem ser enquadrados no grupo de solos problemáticos. O cascalho a ser escavado do leito do rio é um material de primeira classe, mas requer um estoque intermediário, de forma a permitir a secagem de uma camada fina de argila que o recobre e que pode reduzir significativamente o seu atrito. A experiência de outras obras mostra que os tratores não conseguem mover-se e poderão atolar no cascalho saturado. Ao que tudo indica, será necessário um dia entre a escavação e a compactação do material para secar o cascalho.

Os solos mais finos previstos para execução do núcleo apresentam-se úmidos no empréstimo e, por vezes, encontram-se abaixo do nível d'água; para estes, também serão necessários procedimentos de secagem.

Um material alternativo que poderia ser usado no núcleo corresponde ao solo proveniente do arenito friável. Ao ser escavado, o arenito brando transforma-se em uma areia fina uniforme, que é fácil de compactar, tem permeabilidade média, está praticamente seca, mas é altamente erodível. Uma vez que se deseje utilizar esse material na construção da barragem, maiores estudos deverão ser realizados.

A seção da barragem do projeto básico é mostrada na Figura 2.49. As irregularidades do leito rochoso do rio podem gerar "estrangulamento" na base do núcleo, como se observa na Figura 2.50 Por esta razão, a ensecadeira de montante foi relocada.

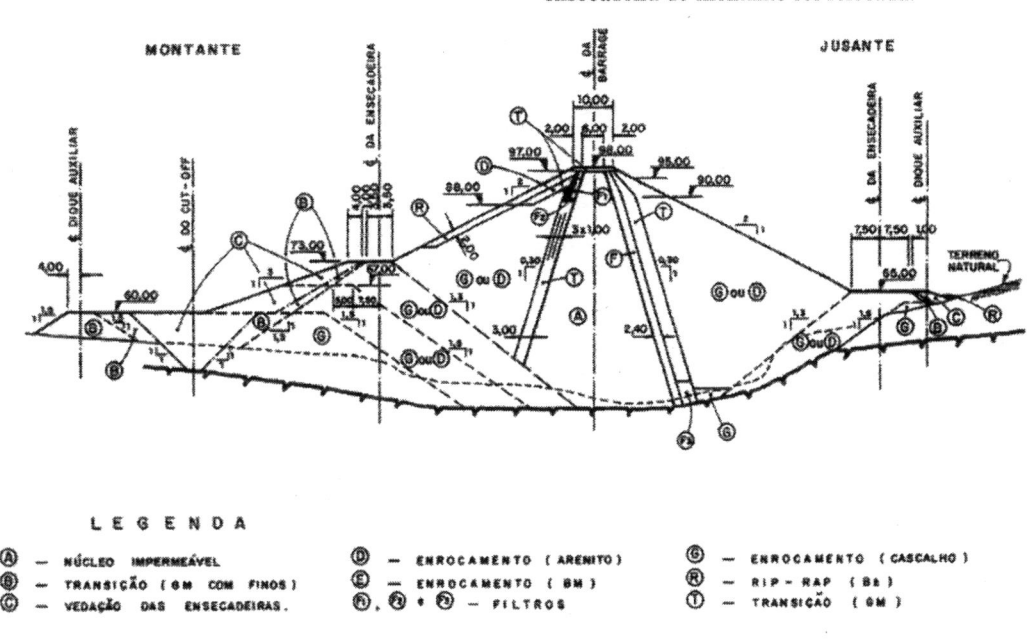

Figura 2.49- Barragem de Dona Francisca - projeto básico (cortesia MAGNA, 1986)

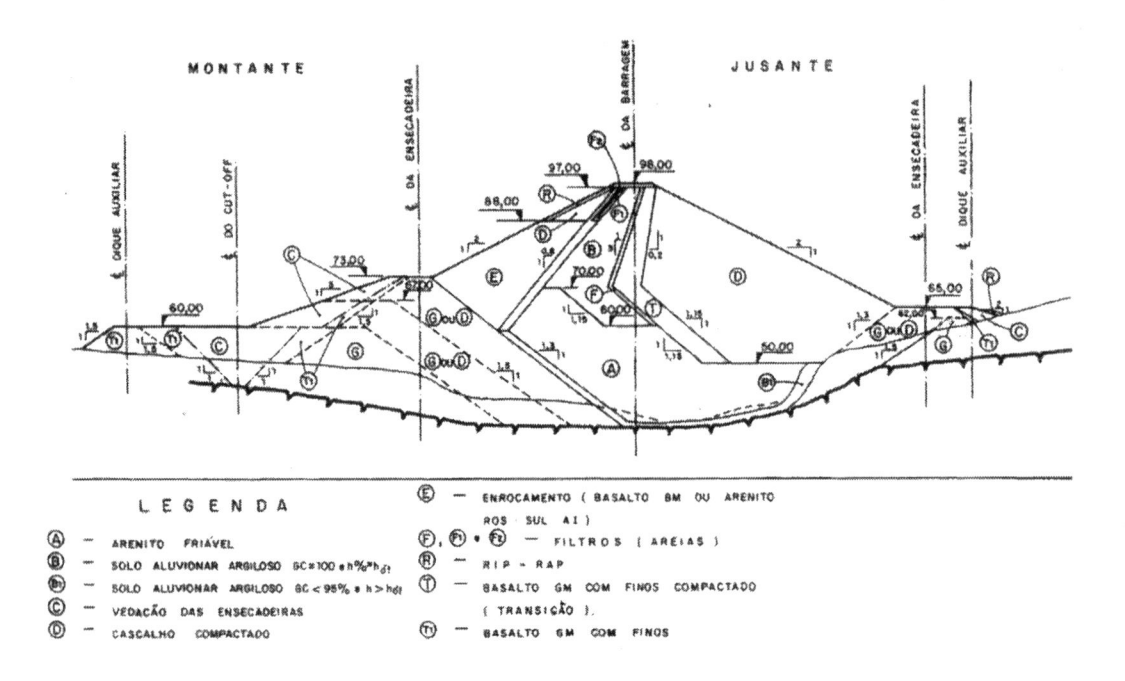

Figura 2.50 - Barragem de Dona Francisca - interferência da ensecadeira no núcleo da barragem - projeto básico (cortesia MAGNA, 1986)

BARRAGENS DO BONITO, LEÃO E SÃO BENTO

As Barragens do Bonito e Leão localizam-se próximo à divisa dos Estados do Rio Grande do Sul e Santa Catarina, e São Bento, no município de Siderópolis/SC. A primeira está concluída, a segunda em construção, e o projeto da terceira foi finalizado em 1993.

O projeto das três obras foi desenvolvido pela MAGNA.

As três barragens apresentam um problema comum, que é a ocorrência de uma camada de 10 a 12 m de cascalho no leito do rio. Para a escavação da trincheira central de vedação, foi previsto no projeto das duas primeiras barragens um sistema de rebaixamento do N.A. por poços profundos, uma vez que as ensecadeiras não incorporaram qualquer vedação no cascalho de fundação. Surpreendentemente, no caso de Bonito, as escavações apresentaram pequenos problemas, porque o cascalho mostrou-se menos permeável do que o previsto.

No caso da Barragem do Leão, o rio foi desviado para uma vala escavada em arenito numa das ombreiras e as ensecadeiras foram posicionadas distante do eixo. Com isso, a alimentação do cascalho pelo rio foi drasticamente reduzida, permitindo que a escavação da trincheira se fizesse somente com auxílio de bombas colocadas dentro da escavação. Ao contrário do previsto no projeto básico, não foi necessária a execução do diafragma plástico, porque foi possível escavar o cascalho até o arenito da fundação.

No caso de São Bento, ainda não se sabe o que poderá ocorrer.

Quanto aos materiais de construção, há dois aspectos a salientar:

- o primeiro refere-se à compactação do cascalho nos espaldares. Em Bonito e Leão, o cascalho teve de ser escavado submerso, empilhado, deixado secar, recarregado, e então transportado para os espaldares. A tentativa de espalhar e compactar o cascalho escavado sem secagem prévia mostrou que o excesso de água e a presença de uma fina camada de argila reduziam a capacidade de suporte do cascalho, impossibilitando o tráfego, até mesmo, de um trator D-4;

- o segundo problema relaciona-se à possibilidade de ocorrência de uma ruptura hidráulica na trincheira de vedação, causada pela transferência de esforços do solo para o cascalho adjacente, de compressibilidades muito diferentes. A providência adotada foi de <u>não compactar</u> a argila da trincheira nos 0,50 m adjacentes ao cascalho, na tentativa de reduzir a resistência no contato solo/cascalho e, em princípio, as transferências de tensões e a formação de arqueamentos (ver Capítulos 4 e 12).

As Figuras 2.51 a 2.53 mostram as seções transversais dessas três barragens. Para a Barragem de São Bento foi estudada uma alternativa de núcleo reduzido, em vista da escassez do solo de empréstimo na região.

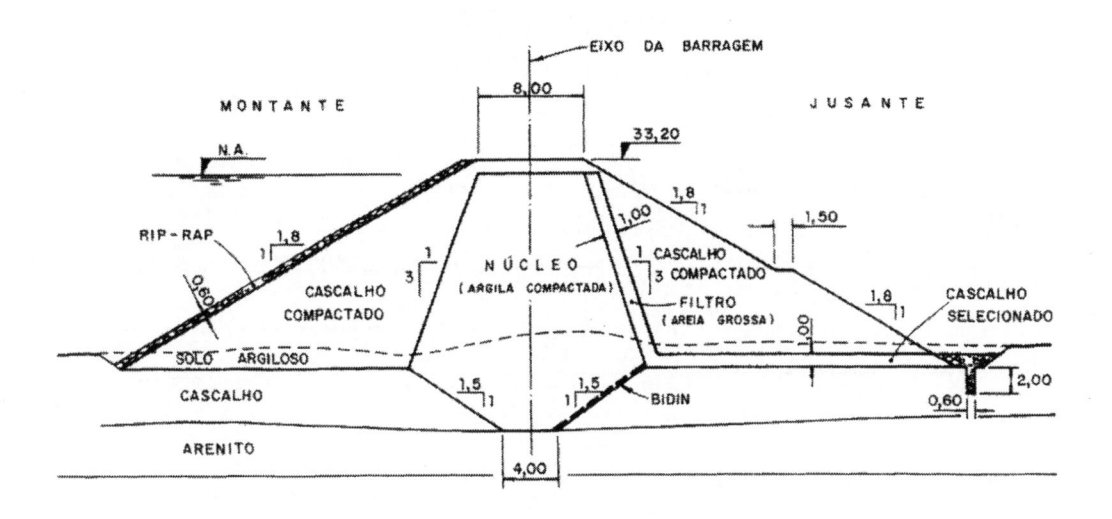

Figura 2.51 - Barragem do Bonito - seção transversal tipo (cortesia MAGNA, 1981)

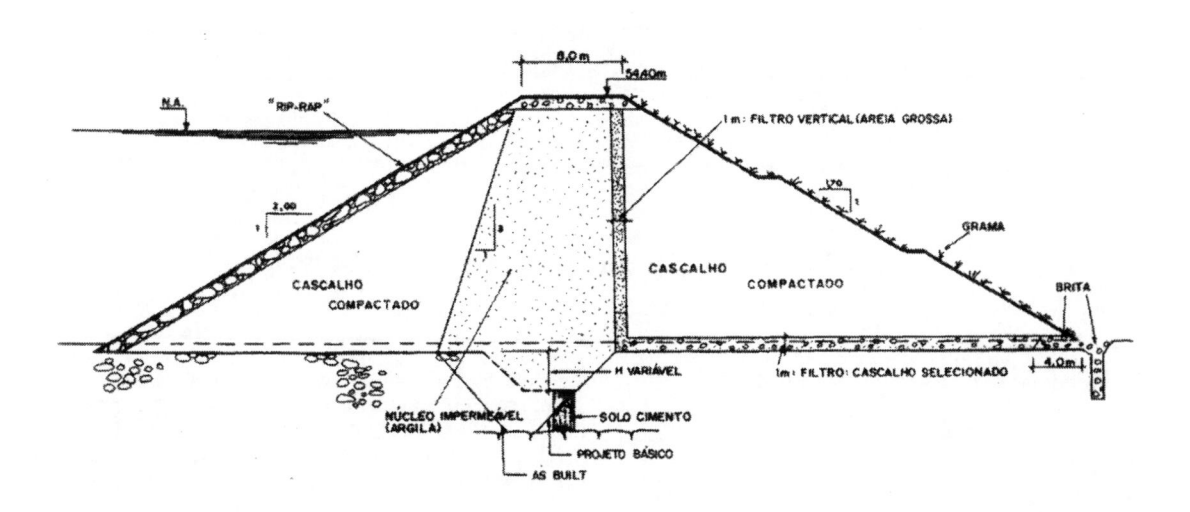

Figura 2.52 - Barragem do Leão - seção transversal tipo (cortesia MAGNA, 1982)

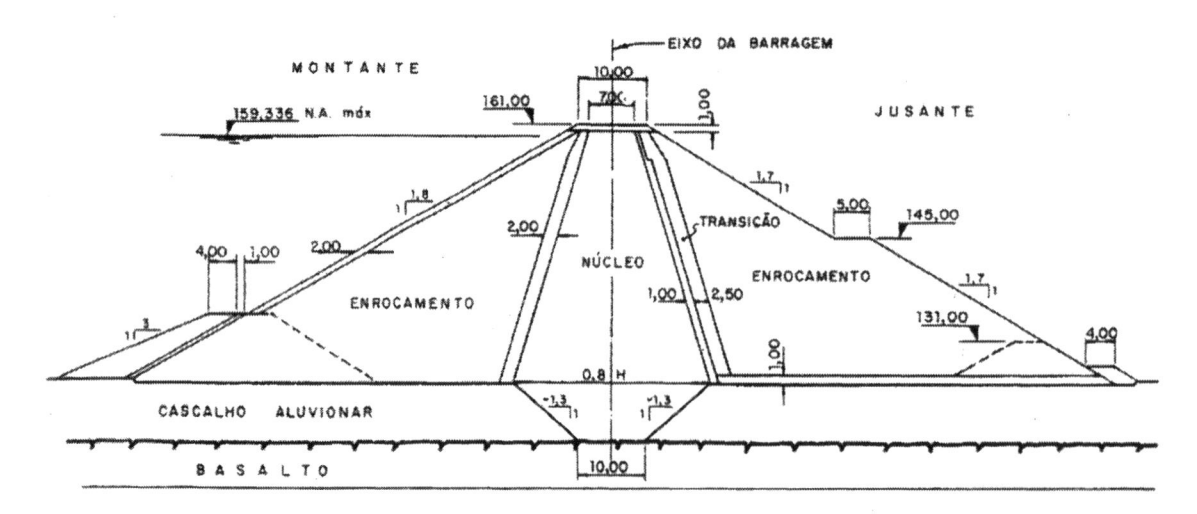

a) Seção tipo

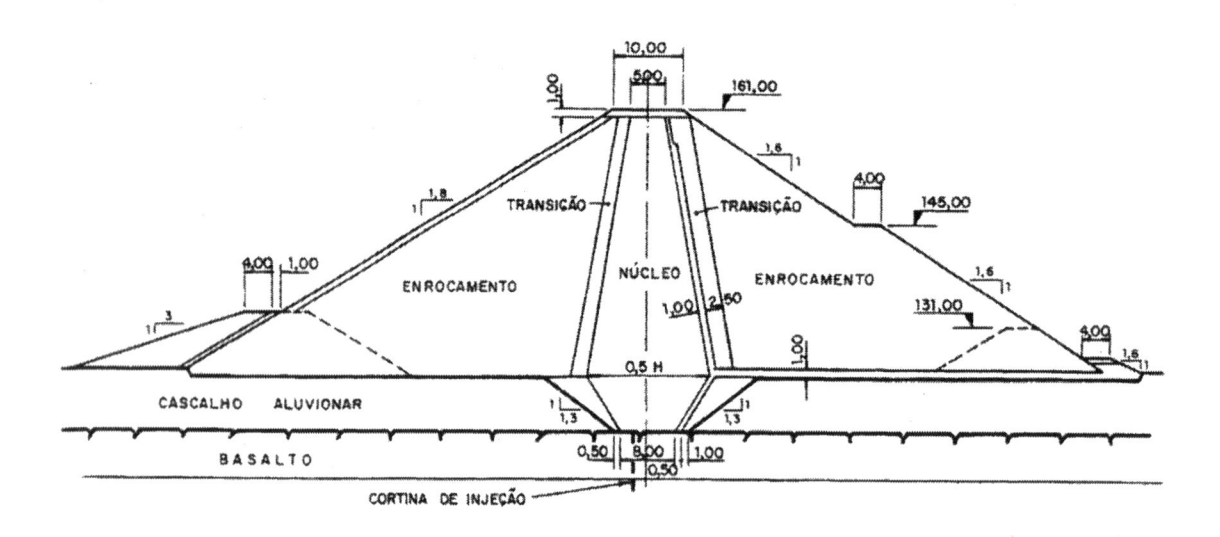

b) Seção tipo alternativa

Figura 2.53 - Barragem de São Bento (cortesia MAGNA, 1993)

BARRAGEM DE BALSAS MINEIRO

O projeto da Barragem de Balsas Mineiro é da ENGEVIX (Figura 2.54).

A barragem de terra no leito do rio apóia-se em arenito. Ensaios de perda d'água sob pressão indicaram valores máximos de 11 unidades num horizonte situado na cota 238,24 m. Abaixo da cota 233 m, a perda d'água era da ordem de 1 a 3 unidades.

Na fase de tratamento das fundações, constatou-se que esse horizonte da cota 238,24 m apresentava-se francamente permeável e com comunicação em cerca de dezenas de metros quadrados. O alívio das tensões verticais no leito do rio sem o correspondente alívio das tensões horizontais pode ter gerado planos ou feições de maior permeabilidade, o que é comum em rochas brandas sedimentares.

Um segundo problema com os arenitos locais foi a descoberta de uma extensa falha de desenvolvimento subvertical, que cortava a ombreira e que prejudicou a operação de um engenhoso sistema de lançamento do concreto. Este sistema se apoiava num cabo de aço fixado num ponto da margem esquerda e se movia num carro sobre trilhos na margem direita. O terço de jusante dos trilhos era cortado pela falha, que punha em risco a estabilidade de toda a ombreira.

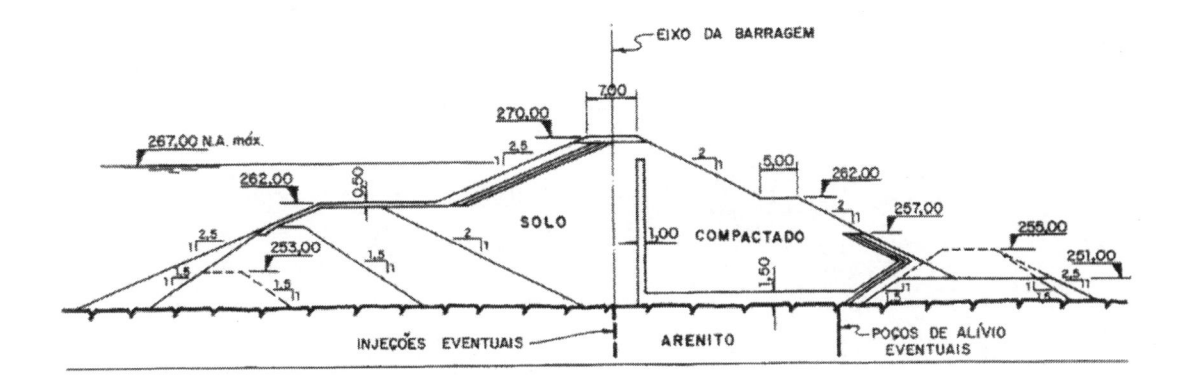

Figura 2.54 - Barragem de Balsas Mineiro (cortesia ENGEVIX, 1977)

DIQUE DE PORTO MURTINHO

A cidade de Porto Murtinho/MS, localizada nas margens do rio Paraguai, estava sujeita a enchentes quase anuais que, embora fáceis de serem previstas, obrigavam a população local a mudar-se periodicamente para uma cidade provisória montada com barracas do Exército. A previsão de enchentes era possível porque, por tratar-se de região muito plana, a cheia do rio Paraguai podia ser anunciada com antecedência pelos municípios vizinhos.

O dique, previsto e construído à semelhança dos diques da Holanda, constituiu uma proteção da cidade que, na época de cheias, tinha a sua cota alguns metros abaixo do nível d'água do rio que a circunda.

Embora sem maiores problemas geotécnicos, ficou do local a beleza da paisagem, enriquecida por uma fauna exuberante, e a passagem noturna dos navios que desciam o rio.

O projeto do Dique foi elaborado pela MAGNA (1982-1983).

BARRAGEM DE PITINGA

Pitinga localiza-se 200 km ao norte de Manaus, no meio da selva amazônica. A barragem foi projetada pela MDK e construída em menos de três anos. A seção da barragem é basicamente em solo compactado. Construir esse tipo de obra numa região de chuvas constantes, altas temperaturas (30°C a 32°C) e umidade relativa do ar acima de 85% (em Manaus é usual medir-se 100%) pode parecer uma tarefa impossível. Porém, as experiências anteriores com Curuá-Una e Tucuruí mostraram que era possível obter uma elevada produção e, em alguns casos, era até necessário umedecer o solo de empréstimo. Observou-se ainda que, na verdade, havia uma estação mais seca. O vento e as temperaturas elevadas eram bastante eficientes na secagem do solo.

Em Pitinga, entretanto, que está ao norte e próximo ao Equador, as condições são diferentes. Essa área sofre influência dos climas das regiões situadas ao norte e ao sul do Equador. No primeiro ano de construção o verão foi seco, tanto ao norte quanto ao sul, e a construção foi produtiva quase que ao longo dos 12 meses. No segundo ano, entretanto, os invernos chuvosos foram predominantes e a construção ficou literalmente parada. Isto significava quase um ano de atraso no início da geração de energia. Uma laterita havia sido considerada como material de construção, porém, em face do seu maior custo (maior distância de transporte), ela não foi utilizada inicialmente.

Um aterro experimental executado com a laterita mostrou resultados bastante bons e a rápida capacidade de drenagem desse material.

Dados de campo mostraram que, após uma forte chuva (e as chuvas na região são sempre fortes), bastavam 10 a 12 horas para a retomada da praça de laterita compactada. Para o solo comum eram necessárias 24 a 30 horas.

A barragem foi completada em três meses, usando laterita nos últimos 7 a 10 m do aterro.

A permeabilidade da laterita varia muito em função da porcentagem de finos presente. Os ensaios de laboratório onde se variou a fração de finos mostraram que, para uma porcentagem de finos menor que 15%, estes eram facilmente "lavados" e a permeabilidade podia, neste processo, alterar-se de 10^{-7} cm/s para 10^{-3} cm/s. A especificação requeria um mínimo de 20% de finos (% < #200) para controle do fluxo. O sistema de drenagem permaneceu o mesmo (ver Cruz *et al.*, 1990).

A Figura 2.55 mostra a seção transversal da barragem.

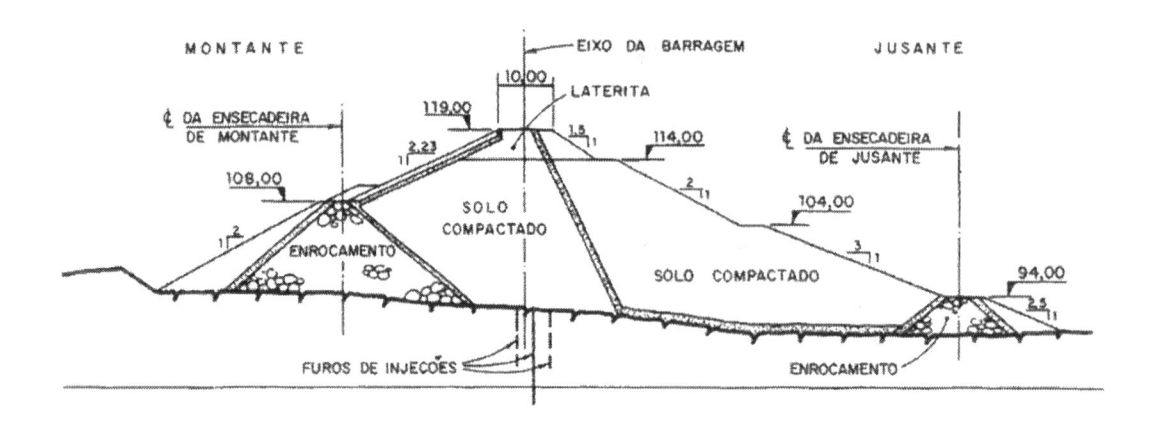

Figura 2.55 - Barragem de Pitinga (cortesia MDK, 1986)

BARRAGEM DE ROSANA

A Barragem de Rosana constitui o último aproveitamento do rio Paranapanema, e fica no final do Pontal do Paranapanema, a poucos quilômetros da Barragem de Porto Primavera. Construída pela CESP, é projeto da Milder Kaiser.

A barragem de terra (Figura 2.56) não apresentou problemas especiais. Deve-se dar destaque ao emprego de solo-cimento para a proteção do talude de montante, para o qual foram realizados estudos teóricos e de laboratório detalhadamente descritos por Toledo (1987).

Algumas lições aprendidas quanto ao uso do solo-cimento podem ser assim resumidas:

- a porcentagem de cimento variou de 6% a 8%;

- a mistura foi feita em usina, e o tempo entre a preparação do solo-cimento e o término da compactação variou de 15 a 70 minutos;

- a camada lançada tinha espessura de 20 cm, e era compactada com rolo *tamping* vibratório seguido de rolo liso vibratório. Para a compactação da borda da camada, foi adotada uma roda inclinada a 45° numa operação contínua (ver Figura 15.8);

- a ligação entre camadas era feita com uma fina camada de calda de cimento (1,0 kg/m²);

o controle da compactação foi feito com a retirada de amostras na camada e na borda da mesma, exigindo-se G.C. mínimo de 95% a 96% e média de 98%.

Outras referências bibliográficas sobre solo-cimento são encontradas nos anais do 17° Seminário Nacional de Grandes Barragens - Brasília/DF.

As estruturas de concreto foram apoiadas numa seqüência de derrames basálticos que eram separados por seis juntas, de permeabilidade média a elevada. As duas inferiores, embora milimétricas, eram de elevada condutividade por não terem preenchimento, ao contrário das juntas superiores.

O sistema de drenagem previa furos a cada 3 m, que cortavam todas as juntas. Na fase construtiva, foi possível proceder-se ao fechamento progressivo dos drenos e observar as condições piezométricas em toda a fundação. Constatou-se que as quatro juntas superiores estavam interligadas, mas que as duas inferiores eram totalmente isoladas e sem qualquer comunicação com o reservatório.

Em função desses dados foi possível reduzir a profundidade dos drenos ainda não perfurados, e recomendou-se obturar os trechos inferiores dos drenos já abertos, porque as juntas profundas não apresentavam qualquer risco para a barragem e não havia nenhuma vantagem em alimentá-las através dos drenos.

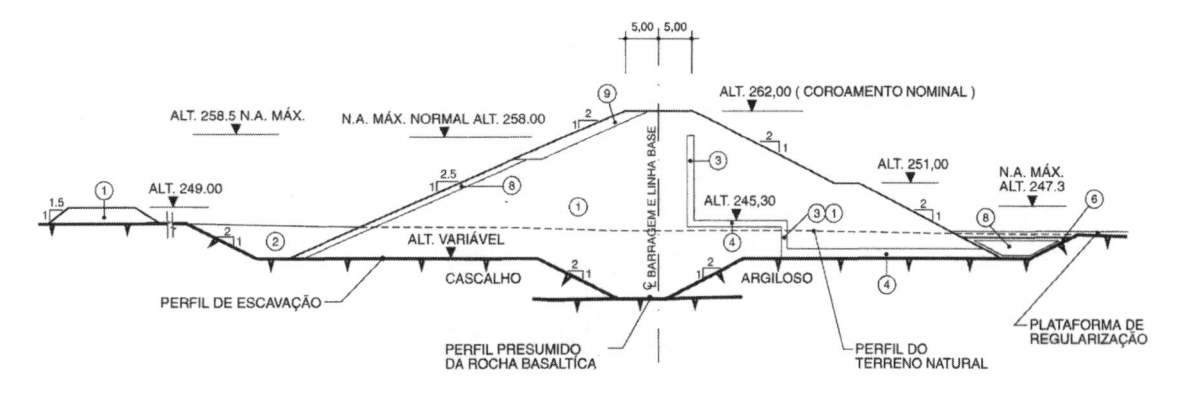

a) Barragem de Terra - margem direita

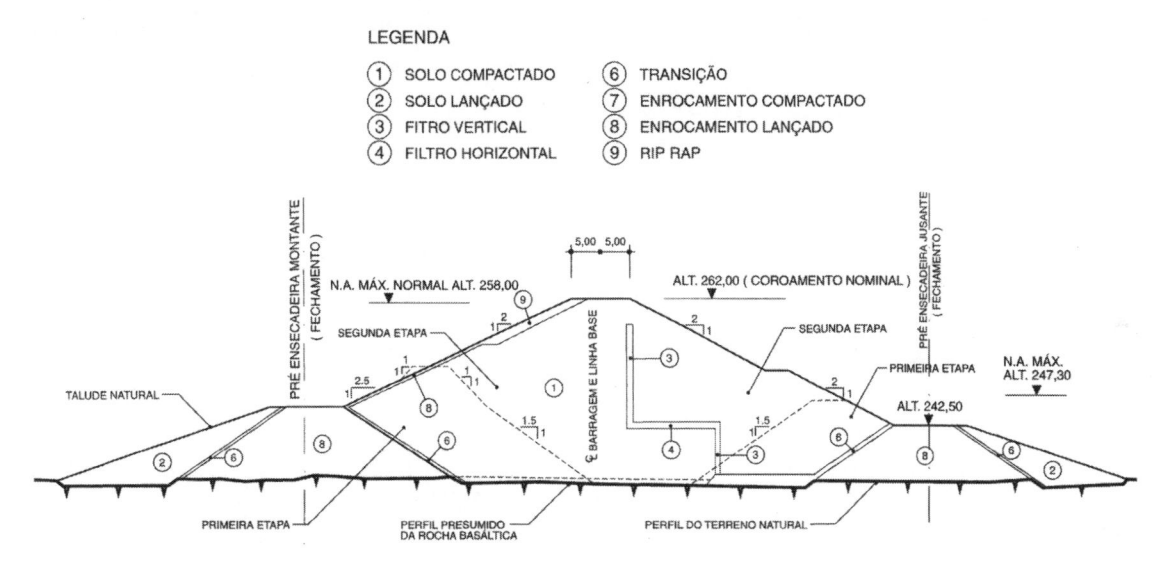

LEGENDA
① SOLO COMPACTADO ⑥ TRANSIÇÃO
② SOLO LANÇADO ⑦ ENROCAMENTO COMPACTADO
③ FILTRO VERTICAL ⑧ ENROCAMENTO LANÇADO
④ FILTRO HORIZONTAL ⑨ RIP RAP

b) Barragem de Terra - leito do rio

Figura 2.56 - Barragem de Rosana (cortesia Milder Kaiser, 1980)

BARRAGEM DO ATALHO

A Barragem do Atalho seria uma das obras destinadas à famosa transposição do rio São Francisco.

A seção transversal proposta é mostrada na Figura 2.57.

Os problemas geotécnicos encontrados referem-se aos materiais de construção.

Para o núcleo foi proposto o uso de um material argiloso local, a piçarra. Como o material *in natura* apresentava-se muito denso e muito acima de 100% da densidade máxima de um ensaio de Proctor, seria extremamente difícil destorroá-lo, homogeneizar a umidade e compactá-lo. Em geral, o processo resulta num aglomerado de torrões "duros" com solo "solto" nos vazios. Problemas semelhantes foram constatados em Tucuruí.

O filito proposto para as ombreiras encontrava-se em estado são a alterado *in situ*. Durante os trabalhos de escavação, transporte, espalhamento e compactação, geralmente ele se parte em fragmentos centimétricos a milimétricos e o resultado é o de um "solo compactado".

Entretanto, o controle da compactação do filito não pode ser feito como o de um solo compactado, porque é praticamente impossível definir-se uma "umidade ótima" para esse material. Ensaios de laboratório mostraram que a umidade ótima varia com o grau de quebra das partículas do filito, em limites relativamente amplos.

A experiência obtida nas Barragens de Jenipapeiro e Riacho dos Cordeiros (ver Carvalho *et alii*, 1989), que estava em construção na época do projeto de Atalho, sugere que a solução é definir um processo de compactação, fixando-se a espessura da camada, o equipamento de espalhamento e de destorroamento, o equipamento compactador, o número de passadas e a distribuição na praça do equipamento de transporte. De aterros experimentais podem ser retirados blocos indeformados para ensaio e, em função dos parâmetros de resistência e compressibilidade obtidos, proceder aos estudos de estabilidade e deformabilidade.

Segundo informações recentes, o projeto foi abandonado, tendo-se construído uma barragem de menor altura que seria posteriormente alteada.

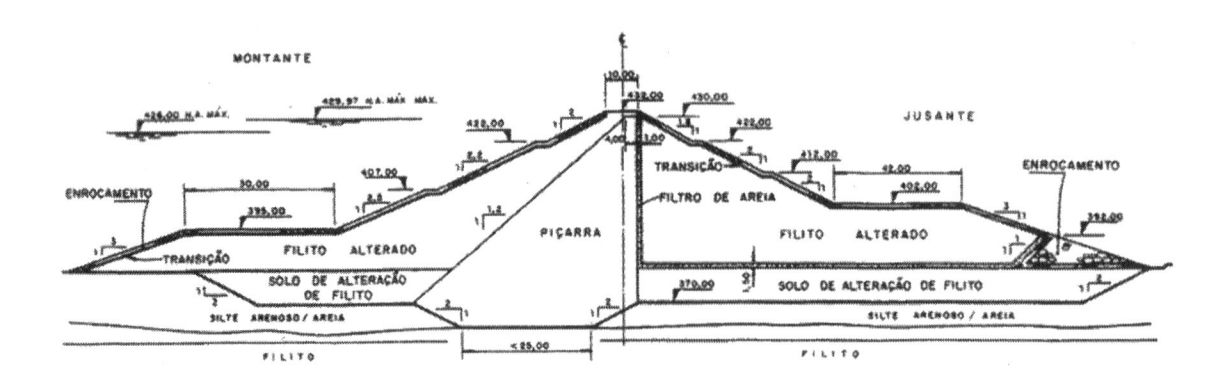

Figura 2.57 - Barragem do Atalho - trecho central (cortesia SIRAC, 1986)

BARRAGEM DO RIO PERICUMÃ

A Barragem do Rio Pericumã foi projetada pela MAGNA.

De fato, Pericumã não é uma barragem, mas uma estrutura de controle de vazões do rio. Este rio sofre uma forte influência da maré da baía de São Marcos, que pode alcançar um máximo de 5 m de oscilação diária no local da barragem. Na estação de chuvas, a vazão do rio é suficiente para controlar a maré e a salinização das águas a montante, mas na estação da seca, a água salgada pode avançar vários quilômetros pela calha do rio.

Antes da construção de Pericumã, a Prefeitura local fazia construir uma engenhosa barragem com trançado de árvores e terra, que funcionava na estiagem mas era destruída anualmente pelas cheias na época das chuvas.

A barragem vem operando com sucesso nos últimos 5 anos, com a vantagem adicional de manter alagadas áreas de criação de búfalos, que secavam, causando uma grande perda de cabeças.

O problema geotécnico encontrado refere-se à existência de uma camada de argila orgânica mole de 5 m de espessura que recobre toda a área, e que dificultaria sobremaneira as escavações para implantação das estruturas de concreto.

Na época das secas, o lençol freático rebaixava e a resistência da argila aumentava. Foi então possível escavar a argila em talude de 2,5(H) : 1,0 (V), e executar um aterro de 10 m de largura com solo compactado justaposto à argila, funcionando como um muro de arrimo. As escavações do solo residual sotoposto à argila puderam, então, prosseguir sem problemas.

BARRAGEM DE PALMAR

Projeto da ENGEVIX, obra executada no Uruguai, próximo à cidade de Mercedes, no rio Negro.

A seção transversal de Palmar lembra Santa Isabel, em face da excessiva quantidade de detalhes e conseqüente complicação construtiva. Isto se deve ao fato das duas barragens terem sido detalhadas pelo mesmo engenheiro, com uma defasagem de 4 a 5 anos (ver Figuras 2.27 e 2.58).

Os solos usados na construção da barragem foram aluviões e coluviões. Os solos mais adequados à barragem só ocorriam em áreas localizadas e com volume limitado. Foi necessário muito esforço para encontrar os solos desejados. Obviamente, isso decorre do próprio tipo de formação dos aluviões, que se originam de sedimentos depositados de forma errática, principalmente em grandes áreas. Para o projetista e a empreiteira, acostumados com os melhores solos residuais do Brasil, esse aspecto foi uma surpresa negativa.

Caso se procure uma área de empréstimo em aluvião, deve-se tentar encontrar volumes duas a três vezes maiores que o necessário, enquanto em áreas de empréstimo de solo residual, basta pesquisar um volume de solo pouco superior ao necessário.

Capítulo 2

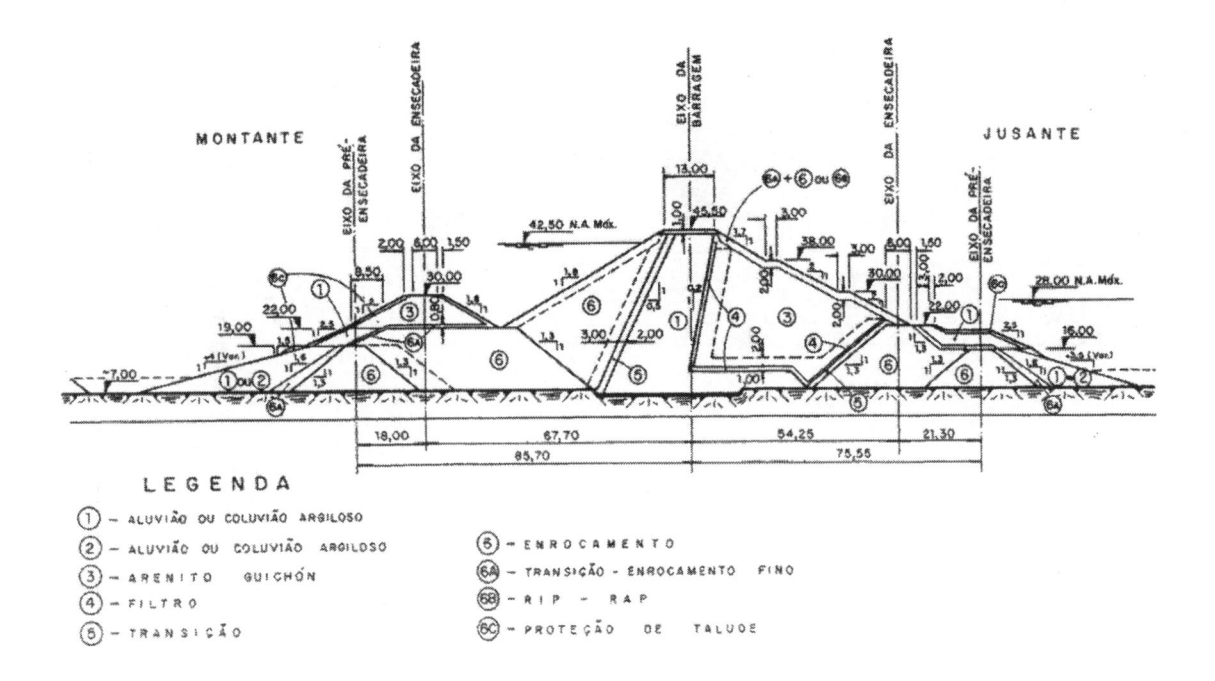

Figura 2.58 - Barragem de Palmar - seção típica - canal do rio (cortesia ENGEVIX, 1978)

DIQUES PARA A CRIAÇÃO DE PITU

Minha incursão no então território do Amapá, hoje Estado, deu-se em 1980, por solicitação da Empresa de Mineração local, interessada na criação de camarões gigantes para exportação. Os diques não apresentavam problemas geotécnicos, mas a criação do Pitu foi abandonada por outros problemas. Fiquei sabendo que esta espécie de camarão só se reproduz em água salgada, o que seria feito no Maranhão, sendo os alevinos transportados de avião para engorda no Amapá.

Essa incursão biológica é incluída neste texto apenas para aliviar a leitura, às vezes monótona, de problemas geotécnicos.

BARRAGEM DE SERRA DA MESA - ESTUDOS ALTERNATIVOS PARA A ENSECADEIRA

A Barragem de Serra da Mesa, já mencionada nos Estudos de Viabilidade, cujo projeto é da IESA, está hoje em construção, com término previsto para 1997.

Em 1987, a CAMARGO CORRÊA solicitou a mim que fossem feitos estudos alternativos da ensecadeira da barragem principal porque, devido ao regime do rio Tocantins, as vazões de cheias exigiriam uma ensecadeira de 68 m de altura, com quase 45% da altura da barragem, que teria de ser construída em tempo recorde e, obviamente, ser incorporada à barragem.

Foram estudadas várias alternativas, mostradas na Figura 18.14.

Posteriormente, foi decidido executar uma ensecadeira de concreto compactado a rolo, com 18 m de altura e passível de galgamento.

BARRAGEM DE JUTURNAÍBA

Projeto da Engenharia Gallioli.

Esta barragem é bastante extensa (cerca de 3.000 m), porém sua altura é da ordem de 12 m; localiza-se no Estado do Rio de Janeiro, próximo à região dos lagos.

O aluvião de fundação pode atingir 22 m de espessura. Foram detectadas lentes de argila orgânica, turfa e argila arenosa preta.

A seção da barragem foi diferenciada, por questões de fundação, em três trechos:

- a seção I (trecho I) corresponde a um projeto razoavelmente tradicional de barragem, em face da sua fundação mais arenosa (Figura 2.59 a);

- nos trechos III, III-1 e III-2, a barragem apóia-se sobre 12 m de argila mole e turfa. As investigações de campo e laboratório mostravam uma resistência não drenada acima de 5 kPa e abaixo de 12 kPa.

Para esse nível de valores de S_u, seria necessário um talude médio de 8(H) : 1(V) a 10(H) : 1(V), incluindo as bermas (Figuras 2.59, b e c).

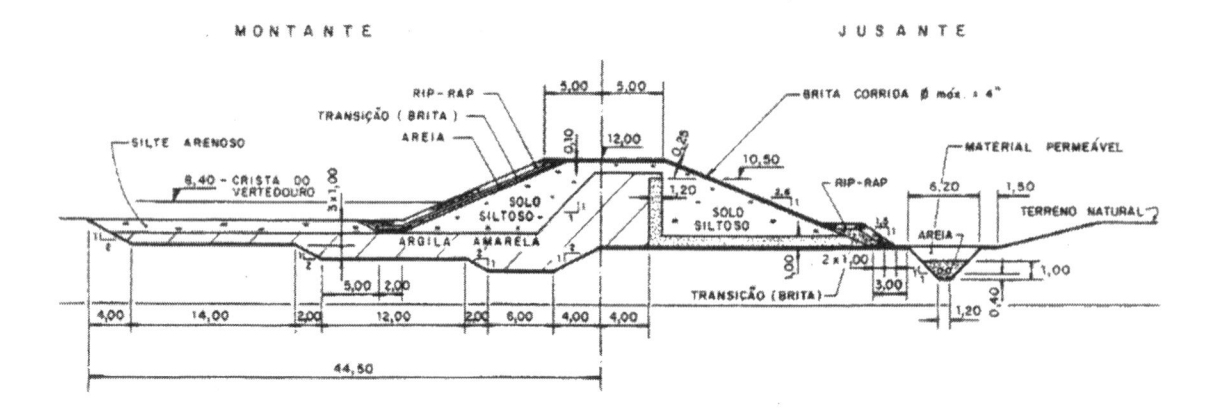

a) Trecho I

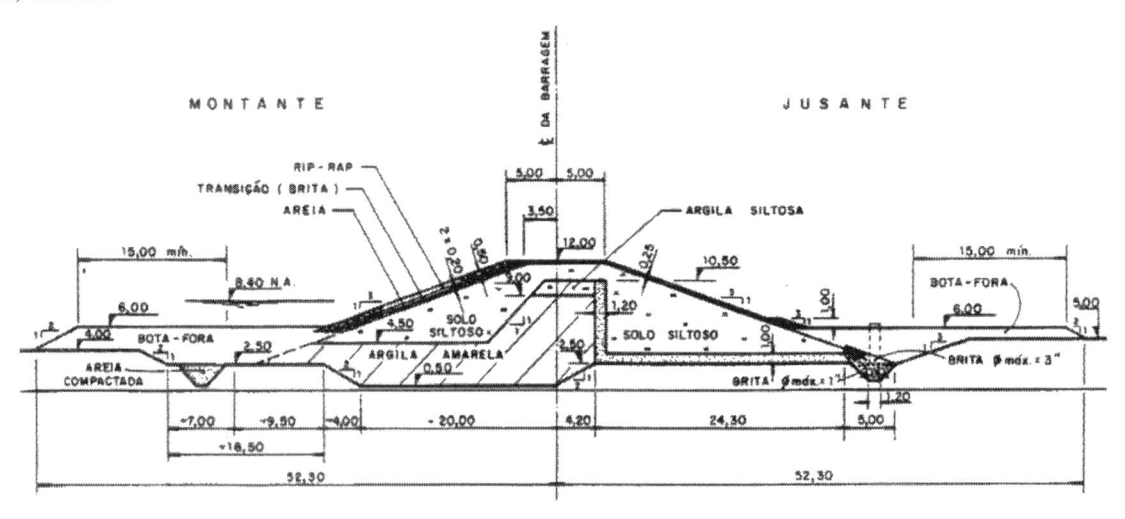

b) Trecho III - 1

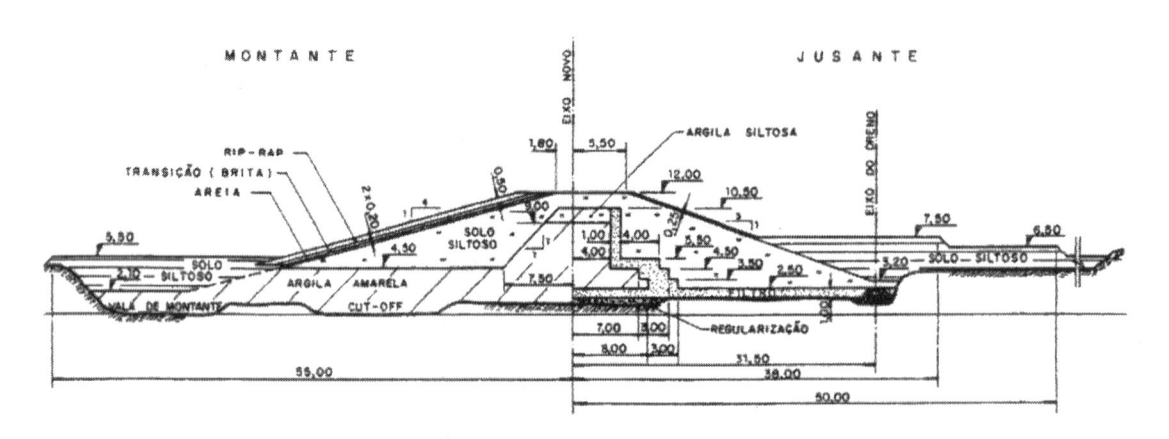

c) Trecho III - 2 e II

Figura 2.59 - Barragem de Juturnaíba (cortesia GALLIOLI/DNOS, 1980)

Capítulo 2

Para estudar o problema, foi executado um aterro experimental de campo próximo ao local da obra. A previsão era de que, com talude 2(H):1(V), o aterro, ao atingir 6,5 m de altura, romperia. Essa expectativa foi frustrada, pois apesar de apresentar recalque de 1 m o aterro foi alteado até 9,5 m sem ruptura generalizada. As retroanálises e a interpretação dos dados de instrumentação levaram a um valor médio de resistência não drenada do solo mole maior que 17,5 kPa. Este valor foi adotado no projeto da barragem e das bermas com um fator de segurança de 1,2.

Foram instalados piezômetros, inclinômetros e medidores de recalque. Num trecho de cerca de 200 m de extensão da barragem, notou-se aceleração da movimentação horizontal na porção jusante, sem aumento da carga vertical. Foram então executadas bermas adicionais localizadas nesta região.

O talude médio da barragem foi da ordem de 6(H) : 1(V). Em relação ao projeto original foram economizados 400.000 m³, ou seja, 27 % do volume inicialmente previsto.

Dentre as barragens desse tipo, Juturnaíba foi, provavelmente, a mais instrumentada do Brasil e deve ser a única que forneceu dados para um engenheiro de solos desenvolver sua tese de doutoramento, como a de Coutinho (1986).

Algumas conclusões merecem ser mencionadas.

O controle de pressões neutras foi muito complexo, pois os piezômetros comportaram-se de forma muito errática. Alguns respondiam rapidamente ao aumento das cargas, porém mantinham suas leituras constantes por vários meses, mesmo sem novo carregamento e independentemente do fato dos recalques estarem acontecendo. Outros piezômetros apresentavam o comportamento esperado, qual seja, uma adequada relação entre a queda das subpressões e os recalques.

Um fato curioso observado foi que, para condições de fundação similares e mesma carga vertical, dois piezômetros locados na mesma posição relativa em seção podiam responder de forma diferente. Um piezômetro mostrava pressões correspondentes a 50% da carga aplicada, enquanto o outro indicava 80% do valor da carga. Ambos podiam permanecer com a mesma leitura por alguns meses, enquanto os recalques, nos dois casos, ocorreram de modo semelhante em forma, valor e velocidade.

Os dados mais realistas foram obtidos dos inclinômetros. A relação entre os deslocamentos horizontal e vertical era continuamente verificada. Os inclinômetros mostraram-se instrumentos mais adequados ao controle da construção.

Devido à escassez de recursos financeiros, a construção demorou cinco anos, tempo que teria possibilitado um planejamento construtivo que antecipasse os recalques e permitisse um ganho de resistência do solo mole. Infelizmente, não nos cabia o planejamento construtivo e não foi possível obter os benefícios da baixa velocidade da construção da barragem no trecho sobre argila mole.

Detalhes relativos à barragem são encontrados no Capítulo 12 e em Coutinho *et al.* (1994).

ESTRUTURA VERTENTE DA BARRAGEM DE CACONDE

A estrutura vertente da Barragem de Caconde foi projetada pela GH - Engenharia. A obra foi construída nos anos de 1988 a 1990, pela CESP.

Trata-se de uma estrutura peculiar, por ser uma obra de concreto apoiada em solo saprolítico.

Os estudos das propriedades geotécnicas do solo saprolítico mostravam uma anisotropia de resistência que é discutida no Capítulo 6.

Nos estudos de estabilidade foram consideradas resistências diferenciadas ao longo das superfícies potenciais de ruptura, definidas por critérios geológico-geotécnicos. Detalhes do projeto são descrito por Pastore (1992).

BARRAGEM DE TUCURUÍ

O projeto executivo da Barragem de Tucuruí foi desenvolvido pelo Consórcio ENGEVIX-THEMAG, cabendo à ENGEVIX o detalhamento das estruturas de concreto e à THEMAG o das obras de terra (ver Figuras Típicas 2.60 a 2.65).

Tucuruí é a maior barragem de terra do Brasil, com um volume total de terra e rocha da ordem de 50 milhões de metros cúbicos.

Minha participação deu-se principalmente nos aspectos geomecânicos das fundações das estruturas de concreto e de algumas ensecadeiras relacionadas a esta área.

Uma descrição detalhada das barragens de terra e terra-enrocamento foi feita pela THEMAG em 1987.

O que se segue são referências a alguns problemas geotécnicos específicos, que constituíram peculiaridades e preocupações do projeto.

Em uma das áreas de empréstimo, a densidade seca do solo estava acima da densidade máxima do ensaio de Proctor e da densidade seca requerida na barragem. Um grande esforço e equipamentos pesados foram necessários para "quebrar" o solo e colocá-lo num estado razoavelmente desagregado, para então recompactá-lo em uma densidade menor que a de seu estado natural. O solo era argiloso com uma provável sucção elevada e não foi simples trazê-lo para uma condição desejável de homogeneidade antes e após a compactação.

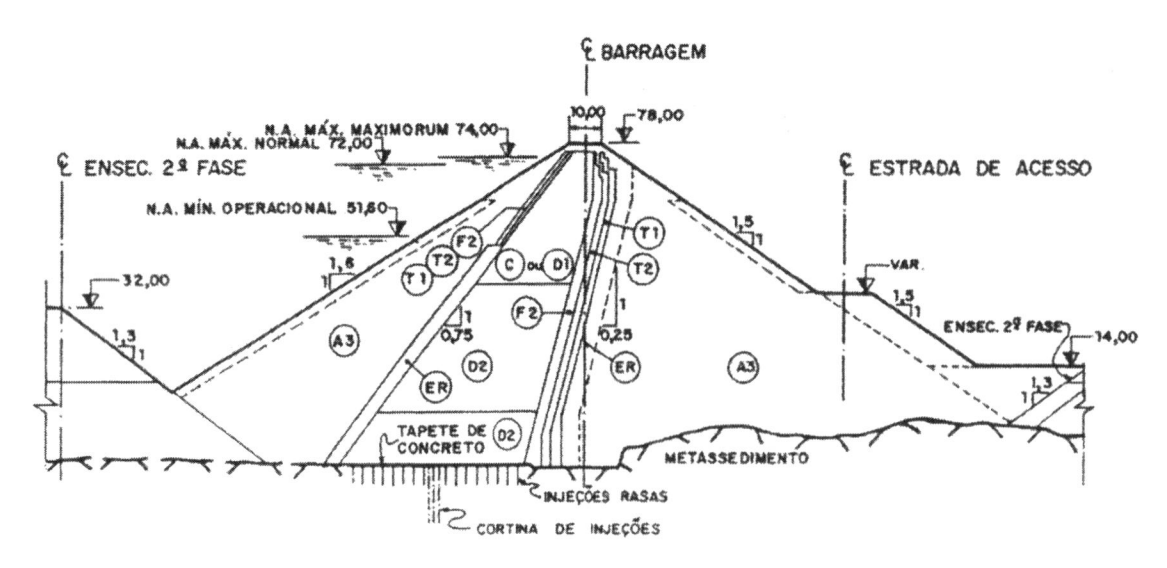

Figura 2.60 - Tucuruí - BTCC - seção 15 + 50,00 (ENGEVIX/THEMAG, 1987)

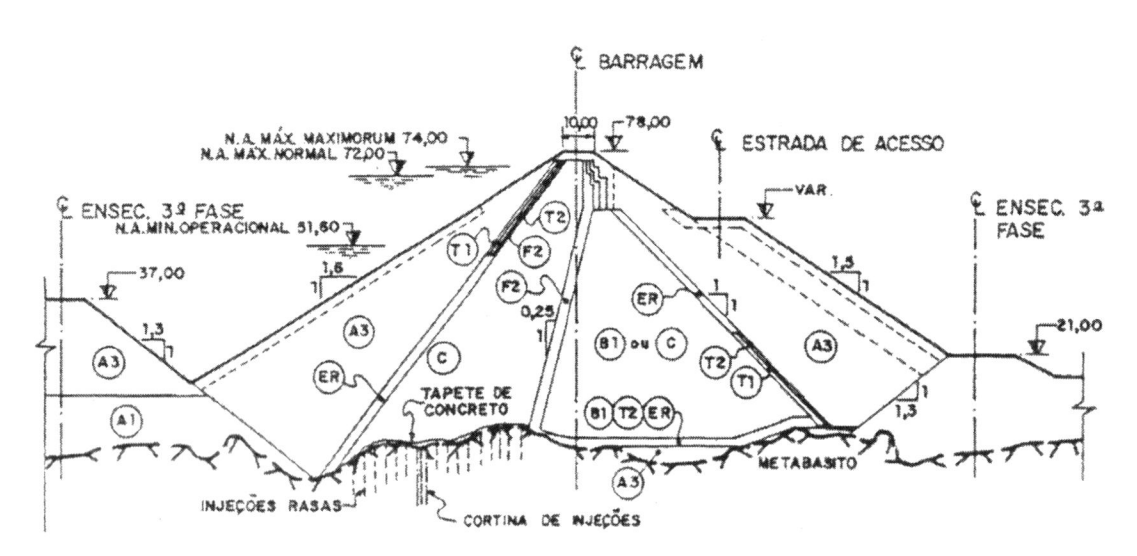

Figura 2.61 - Tucuruí - BTCMD - seção 21 + 00 (ENGEVIX/THEMAG, 1987)

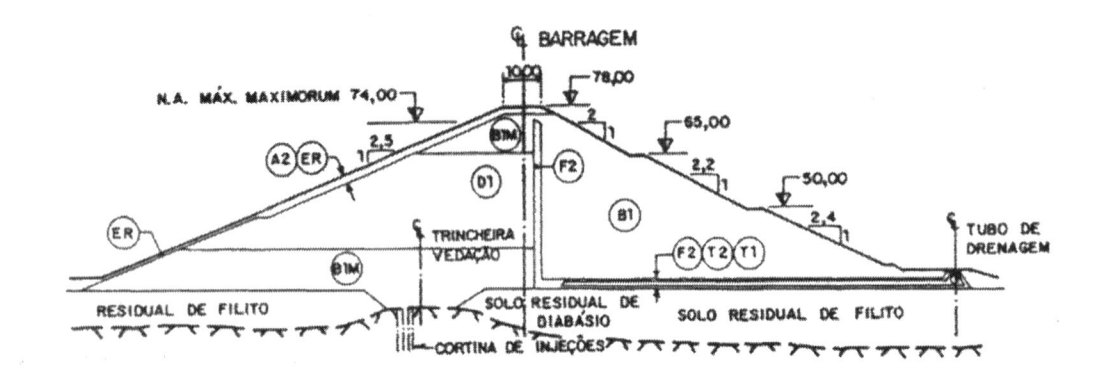

Figura 2.62 - Tucuruí - BTMD - seção 35 + 50,00 (ENGEVIX/THEMAG, 1987)

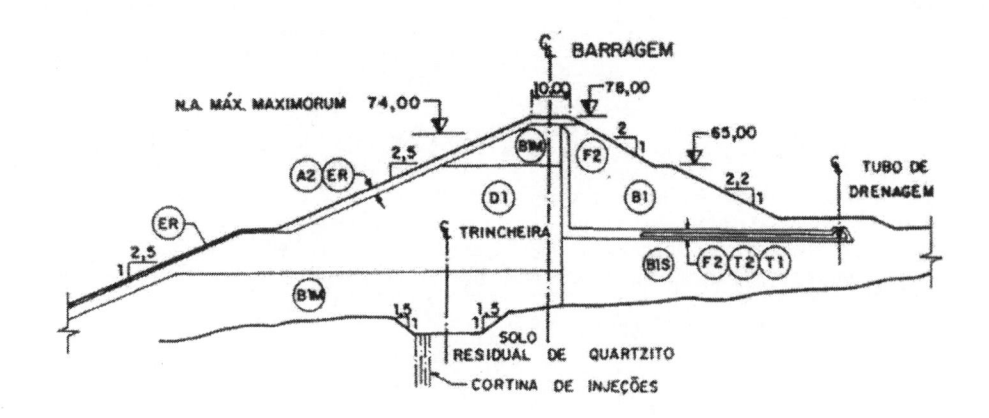

Figura 2.63 - Tucuruí - BTMD - seção 39 + 25,00 (ENGEVIX/THEMAG, 1987)

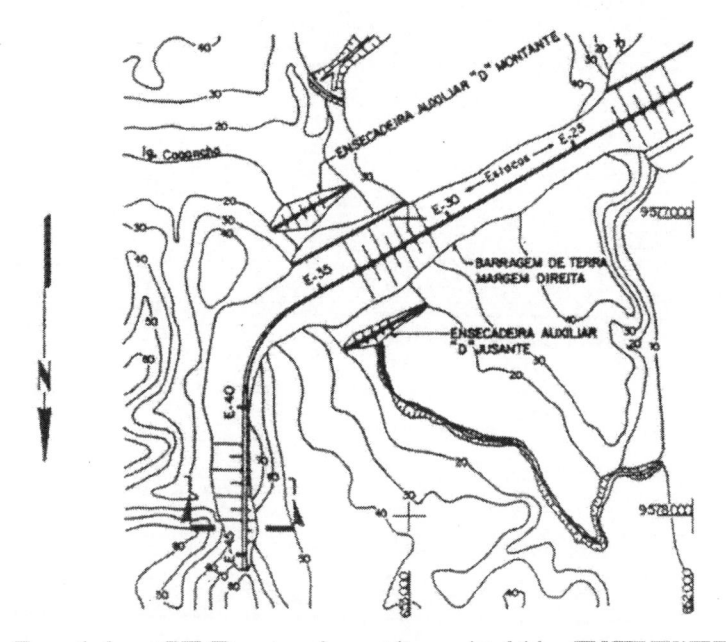

Figura 2.64 - Tucuruí - *layout* BTMD - morro de quartzito - projeto básico (ENGEVIX/ THEMAG, 1987)

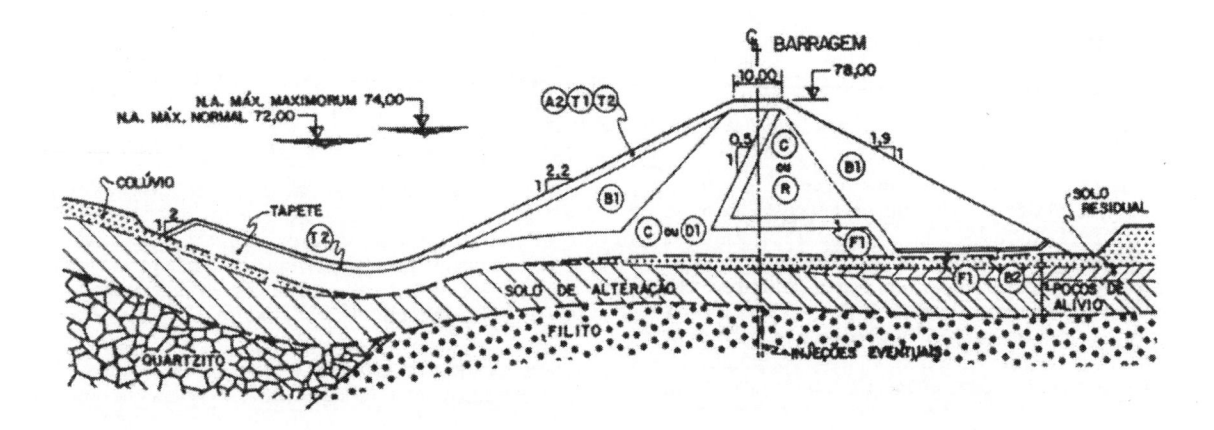

Figura 2.65 - Tucuruí - seção 1-1 -morro de quartzito - projeto básico (ENGEVIX/THEMAG, 1987)

Alguns aspectos peculiares relativos à barragem são descritos em ENGEVIX/THEMAG (1987) e são reproduzidos a seguir:

Trinca Longitudinal

"Na Barragem do Canal Central, a super compactação dos filtros e transições tornou estes materiais extremamente rígidos e foi responsável pelo aparecimento de uma trinca longitudinal no núcleo da barragem durante a construção. A observação das deformações medidas através das caixas suecas mostra as deformações diferenciais na seção transversal da Barragem de Enrocamento com núcleo." (Figura 2.66).

"Essa trinca, embora intensamente investigada, não mereceu tratamento especial, uma vez que ocorreu à meia altura da seção e seu selamento se daria de forma natural, por compressão decorrente do peso do aterro sobrejacente. No entanto, culminou com a redução da compactação dos filtros e transições, o que implicou em decréscimo dos módulos de deformação e, conseqüentemente, melhor distribuição de tensões ao longo da seção.

Como sugestão, recomenda-se que a compactação dos materiais granulares (filtros e transições), em condições semelhantes, seja reduzida a um mínimo que garanta a eficiência do processo construtivo, da ordem de duas passadas do equipamento, por exemplo, evitando-se desta forma um aumento desnecessário da rigidez desses materiais.

Aliado à vantagem técnica de redução da compactação para homogeneização das deformações, está o ganho econômico, que pode ser significativo, quando inserido já na fase da documentação de licitação".

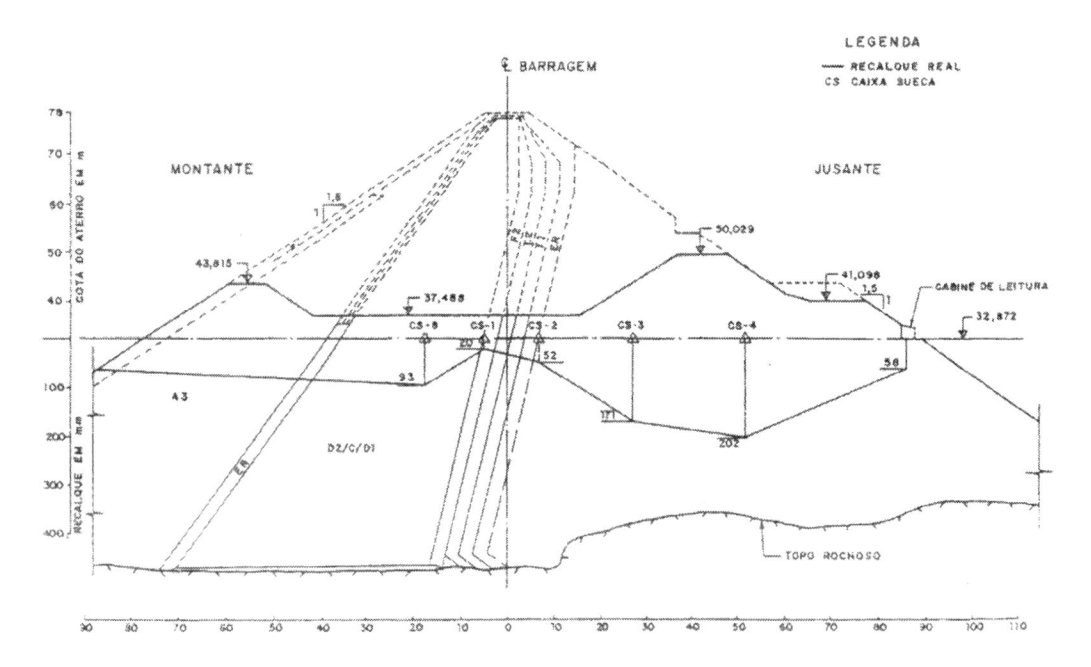

Figura 2.66 - Tucuruí - deformações medidas através das caixas suecas (ENGEVIX/THEMAG, 1987)

"Fundações com Canalículos

a) Histórico

A análise dos resultados dos ensaios de infiltração d'água em furos de sondagem executados nas fundações da BTMD indicou que cerca de 15% dos ensaios registraram valores de permeabilidade cuja média excedia a 1×10^{-3} cm/s, valor este não compatível com a descrição dos solos (argila e silte-arenoso). Em alguns desses ensaios, inclusive, ocorria absorção total da vazão da bomba (60 l/min), além de constantes perdas d'água de circulação, durante o processo de perfuração.

Para esclarecer esse fato, foram escavados nesses solos poços e trincheiras que acusaram a ocorrência de inúmeras cavidades tubulares com diâmetros variando desde poucos milímetros (daí a denominação 'canalículos') até cerca de 30 cm, alguns atingindo o topo rochoso fraturado, a cerca de 30 m de profundidade.

As maiores concentrações de canalículos foram verificadas, inicialmente, em solos laterizados de diabásio e metabasito na margem direita. Posteriormente, foram identificados, também, em solos laterizados de metassedimentos e metabasaltos, situados na margem esquerda do rio.

Foram realizados alguns testes de permeabilidade *in situ* dos solos canaliculados, entre os quais um ensaio de infiltração a nível constante em um poço com cerca de 1,5 m de diâmetro e 6 m de profundidade, escavado na base da trincheira exploratória BTY, tendo-se obtido coeficiente de permeabilidade equivalente a 3,5 x 10^{-3} cm/s. A cerca de 8 m de distância deste poço, foi executado outro poço com as mesmas dimensões e profundidade, tendo-se observado, durante a execução do ensaio, intercomunicação franca de água entre os mesmos.

b) Tratamentos

Além da execução sistemática de trincheiras exploratórias para identificação e seu posterior aprofundamento e alargamento para interceptar horizontes de solos canaliculados (trincheiras de vedação), outros tratamentos foram executados:

- preenchimento dos canalículos com calda de cimento;

- lançamento de uma camada de cerca de 2,0 m de cascalho areno-argiloso, com a finalidade de evitar eventuais processos erosivos do maciço compactado através dos canalículos;

- nas fundações da BTMD - trecho metabasito, com grande concentração de canalículos, foi aplicada sobre o talude de jusante da trincheira uma manta Bidim OP-60 e sobre esta, uma camada de 2,0 m de espessura de areia, seguida de uma camada de 5,0 m de espessura de cascalho areno-argiloso.

Todos os tratamentos efetuados revelaram-se bastante eficientes e adequados. Apenas num trecho das fundações da BTY, entre as estacas 18+40 m e 19+40 m, liberado para compactação do aterro sem o aprofundamento da trincheira exploratória, as vazões de percolação se situaram na faixa de 1.020 l/min, representando 72% do total da margem esquerda. Essas vazões revelam que permaneceram na fundação camadas com canalículos não interceptadas pela trincheira. A suspeita da presença desses canalículos remanescentes na fundação foi levantada durante a construção dos trechos adjacentes, onde as trincheiras foram aprofundadas para remover as camadas com canalículos.

O tratamento alternativo foi a construção de trincheiras de vedação e drenagem, respectivamente a montante e a jusante do aterro." (Ver Figura 2.67).

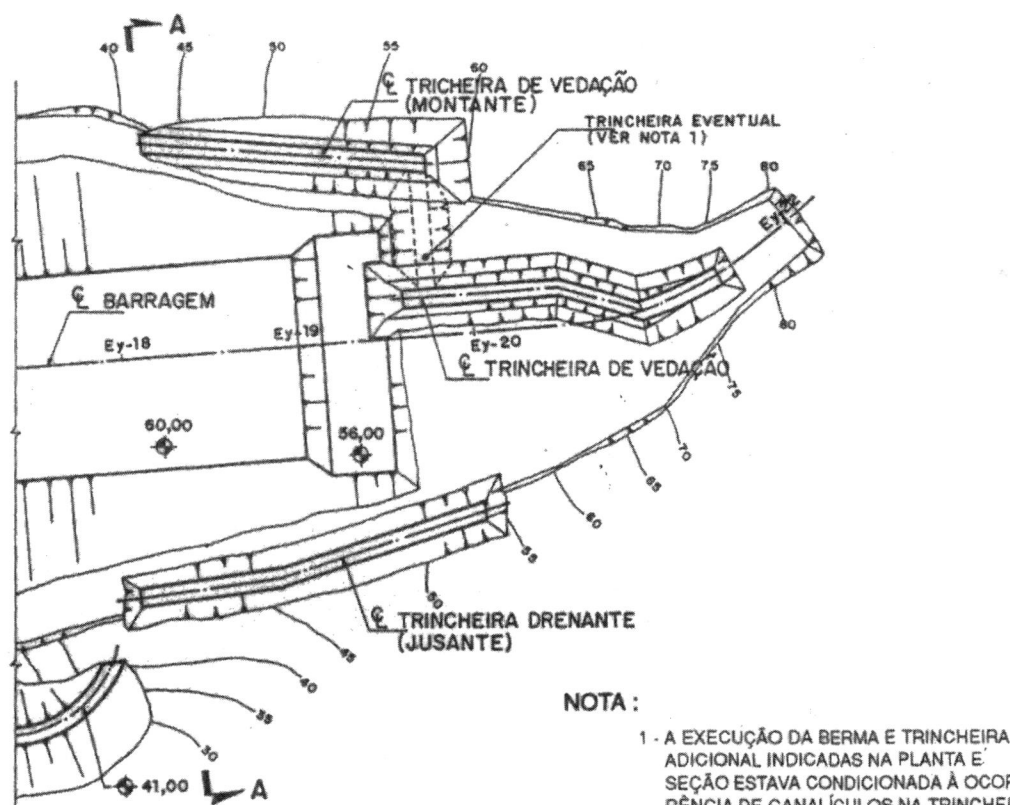

a) Planta

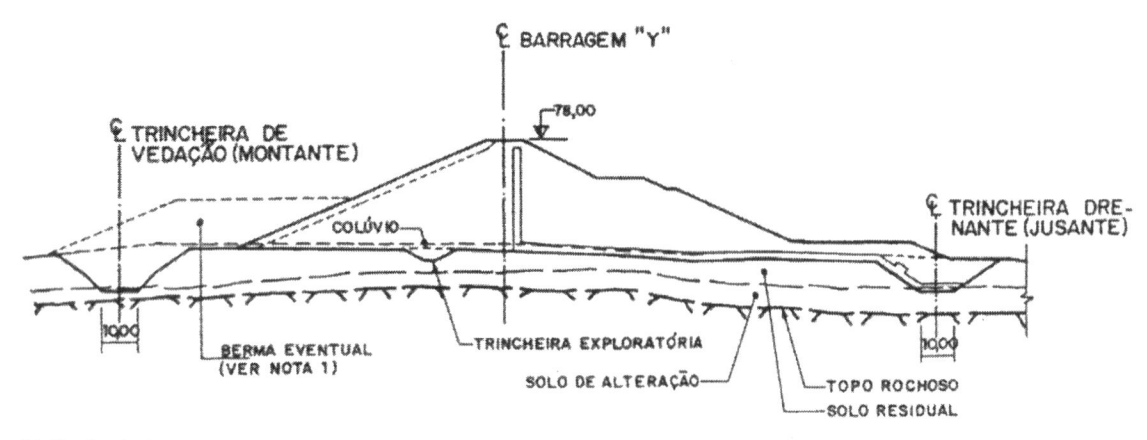

b) Seção A-A

Figura 2.67 - Tucuruí - BTY - tratamento das fundações canaliculadas (ENGEVIX/ THEMAG, 1987)

"**Falha da Lagoa**

a) Localização e características geológico-geotécnicas

Esse falhamento geológico localiza-se nas fundações da BTCR, interceptando transversalmente o núcleo argiloso. Trata-se de uma falha F3 de direção NE/SO e mergulho de 50° para NO, com desenvolvimento aproximado montante-jusante. A caixa de falha apresenta espessura entre 5 e 15 m, sendo constituída por metassedimento fragmentado e alterado, ocorrendo, por vezes, bolsões de argila plástica e algumas cavidades.

Só foi possível a identificação dessa falha na fase final dos tratamentos de fundação no leito do rio, em razão da mesma encontrar-se constantemente alagada, derivando daí a sua denominação.

A análise de testemunhos de sondagens rotativas, com recuperação integral, executadas na caixa de falha, comprovou que até uma profundidade de cerca de 35 m, as características superficiais do falhamento mantinham-se praticamente inalteradas.

Ensaios de perda d'água sob pressão realizados em várias sondagens indicaram valores de permeabilidade altos para esta feição, ocorrendo vazão total da bomba em vários trechos (cerca de 80 l/min).

b) Tratamentos efetuados

A caixa de Falha da Lagoa, no trecho onde foi apoiado o núcleo argiloso, recebeu os seguintes tratamentos:

- remoção do material de preenchimento até um máximo de 5,0 m;

- preenchimento da cavidade resultante com concreto;

- execução de todos os furos das três linhas da cortina de vedação com profundidade até 40,0 m;

- execução de furos de injeção com profundidade média de 8,0 m, ao longo da caixa de falha e na rocha encaixante, distribuídos em malha de 5 m x 5 m.

Os resultados do tratamento através de injeções indicaram absorções específicas elevadas de sólidos (cimento + pozolana + areia), tanto da cortina de vedação (83,40 kg/m), como dos furos rasos executados em malha regular (147,00 kg/m). Além disso, apesar de constatar-se uma diminuição gradual das absorções, com o avanço do tratamento, os valores residuais obtidos ainda mantinham-se em níveis elevados.

Decidiu-se, então, complementar o tratamento, tendo sido estudadas três alternativas:

- tratamento a partir da superfície do maciço rochoso, com possível comprometimento do cronograma;

- tratamento a partir do aterro compactado, a ser executado durante o primeiro período de paralisação do lançamento de argila, correspondente à estação de chuvas. Estimara-se que o aterro, nessa ocasião, atingiria cerca de 15 m acima da falha, o que poderia gerar riscos de ruptura no solo;

- tratamento subsuperficial da falha, através da execução de leques de furos de injeção a partir de um túnel a ser escavado no prolongamento do túnel de drenagem das fundações das estruturas de concreto, já concluído à época.

A solução escolhida foi a última, a qual desvinculava o tratamento da falha da praça de lançamento do aterro, possibilitando acesso permanente ao falhamento para eventuais intervenções em casos de carreamento do material de preenchimento deste, quando do estabelecimento do fluxo.

O túnel possui extensão de 274 m a partir das estruturas de concreto, área da seção de 8 m² e cobertura rochosa variando entre 10 m e 40 m.

Na extremidade do túnel de acesso, perpendicularmente a este, foi escavado um trecho de túnel paralelo à direção da falha, denominado túnel de injeção, com área de seção de 10,9 m², de modo a permitir melhor mobilidade aos equipamentos de perfuração/injeção." (Figura 2.69).

"Com o objetivo de não introduzir gradientes mais elevados nas fundações da barragem, principalmente na área da caixa de falha, o túnel (acesso e injeção) foi revestido com concreto armado, impedindo, conseqüentemente, seu funcionamento como elemento drenante.

A quantidade de sólidos injetados na caixa de falha, a partir do túnel, foi de cerca de 270 t, que, somada à quantidade injetada a partir da superfície (cerca de 240 t), resultou num total de 510 t."

Um resumo dos resultados do tratamento através de injeção da Falha da Lagoa, é apresentado na Tabela 2.3:

Tabela 2.3 - Tucuruí - resultados do tratamento da Falha da Lagoa (ENGEVIX/THEMAG, 1987)

Local	Número de furos	Comprimento (m)	Absorção total de sólidos (kg)	Absorção específica de sólidos (kg/m)
Cortina	59	1.420	118.400	83,40
Malha	100	850	125.000	147,00
Túnel	183	4.435	269.870	60,80
TOTAL	**342**	**6.705**	**513.270**	**76,60**

"O tratamento dessa descontinuidade, inicialmente efetuado através da superfície de fundação e, logo após, através de um túnel escavado para essa finalidade, representou, no caso de Tucuruí, a solução mais indicada entre as alternativas estudadas, levando-se em conta os vários condicionantes enfocados.

O tratamento foi eficaz, o que está sendo comprovado pela piezometria instalada.

Ressalta-se a importância de antecipar o tratamento em zonas críticas da fundação, que devem ser previamente diagnosticadas assim que as fundações forem expostas e devidamente limpas.

Da mesma forma, devem ser mais realistas os cronogramas de tratamento das fundações, que geralmente requerem serviços de grande monta, e envolvendo prazos dilatados."

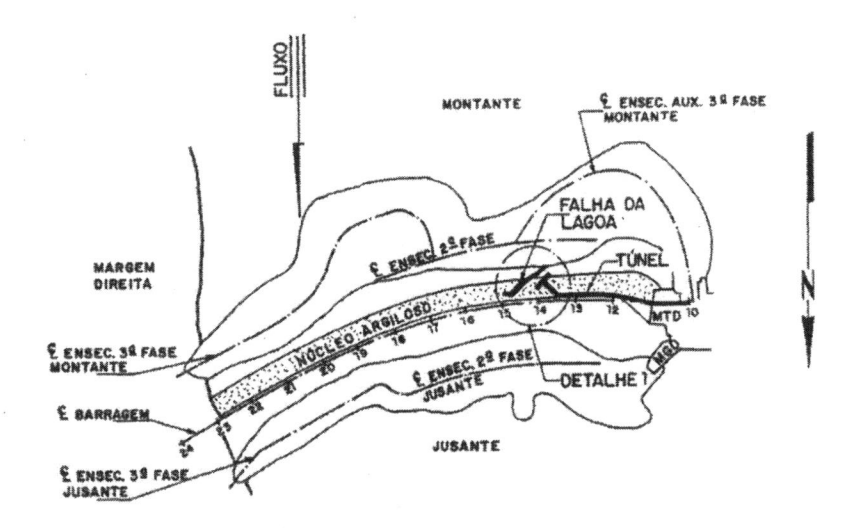

a) Planta de situação

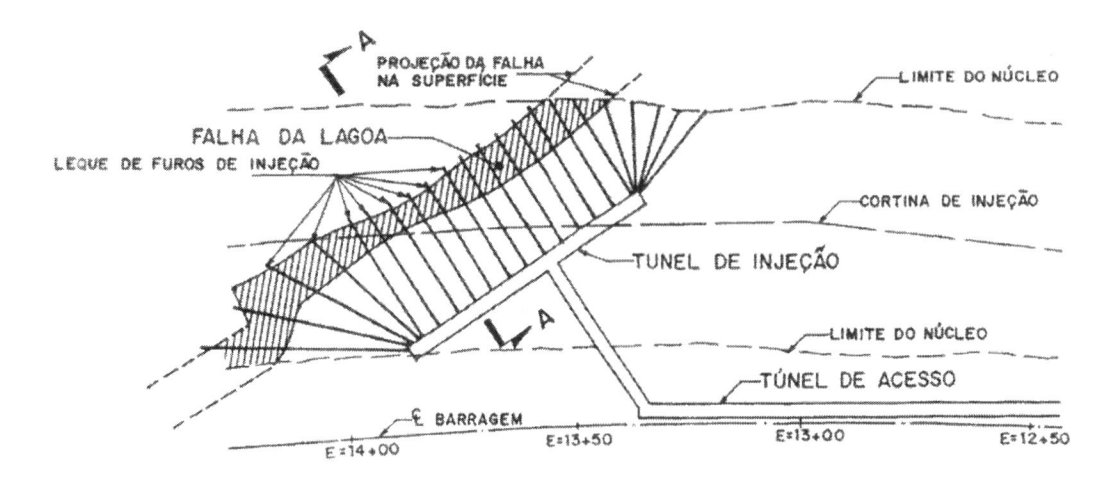

b) Detalhe 1

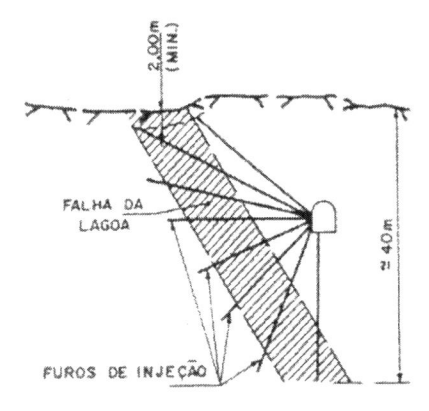

c) Seção A-A

Figura 2.68 - Tucuruí - BTCR - tratamento da Falha da Lagoa (ENGEVIX/THEMAG, 1987)

D - DETALHAMENTO DO PROJETO EXECUTIVO (Barragem ou Fundação)

Ibitinga 1964-1969
Passaúna 1980-1987
Itacarambi 1981
Águas Claras 1990
Boacica 1988
Ouro Bahia 1989
Zabumbão 1990-1994
Barragem de Captação/
Adução da Mina de Carajás 1987

IBITINGA

O projeto da Barragem de Ibitinga é da BRASCONSULT e a usina pertence à CESP.

A barragem é do tipo homogêneo com dreno vertical de areia. As estruturas de concreto estão apoiadas em basalto e localizam-se no leito do rio. Entre 15 e 18 m abaixo da superfície da rocha, ocorre uma falha de caráter regional, de condutividade elevada, que foi interceptada pela casa de força e tratada na área das estruturas de concreto.

Piezômetros localizados na falha, sob e a jusante da barragem de terra, indicaram pressões piezométricas acima das previstas nos critérios de projeto. Decidiu-se proceder à drenagem da falha, e uma série de poços de alívio foram executados.

Plotando-se os dados do somatório das vazões versus o número de poços, pôde-se ver que a curva tendia à estabilização, ou seja, os novos poços contribuíam muito pouco para a drenagem e para a redução das pressões piezométricas. Decidiu-se abrir mais dois poços e encerrar os trabalhos. Quando o primeiro poço foi aberto, registrou-se uma vazão que isoladamente era superior ao somatório das vazões de todos os demais, e a queda de aproximadamente 5 m nas pressões piezométricas de instrumentos localizados a até 350 m de distância do poço.

Na obra, dizia-se que o poço tinha atingido a "cloaca maior".

A condutividade de uma falha rochosa pode surpreender os melhores especialistas.

A Figura 2.69 mostra dados de piezometria da fundação. Pode-se ver a influência do N.A. de jusante na pressão medida.

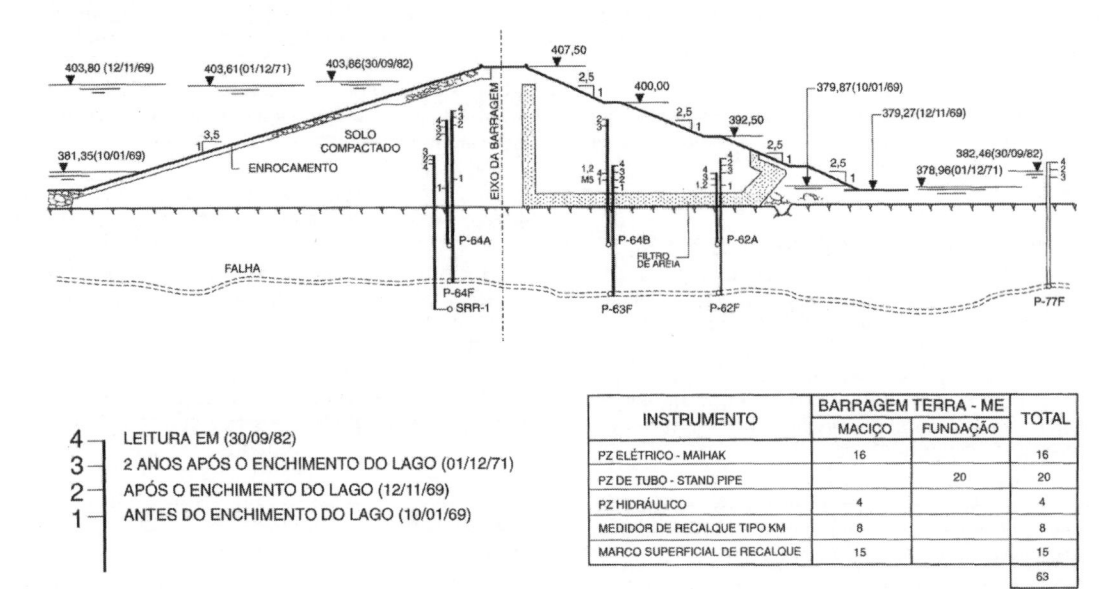

4 — LEITURA EM (30/09/82)
3 — 2 ANOS APÓS O ENCHIMENTO DO LAGO (01/12/71)
2 — APÓS O ENCHIMENTO DO LAGO (12/11/69)
1 — ANTES DO ENCHIMENTO DO LAGO (10/01/69)

INSTRUMENTO	BARRAGEM TERRA - ME		TOTAL
	MACIÇO	FUNDAÇÃO	
PZ ELÉTRICO - MAIHAK	16		16
PZ DE TUBO - STAND PIPE		20	20
PZ HIDRÁULICO	4		4
MEDIDOR DE RECALQUE TIPO KM	8		8
MARCO SUPERFICIAL DE RECALQUE	15		15
			63

Figura 2.69 - Barragem de Ibitinga - níveis piezométricos - fundação (Cadastro Geotécnico, 1983)

PASSAÚNA

A Barragem de Passaúna fica localizada próximo ao Distrito Industrial da cidade de Curitiba. Foi projetada pela SONDOTÉCNICA, para o DNOS. A fiscalização e o gerenciamento da obra ficaram a cargo da MAGNA.

A região é de gnaisses, com ocorrência localizada de argilitos.

A barragem no leito do rio deveria se apoiar num solo residual saturado de gnaisse, com SPT acima de 10 golpes.

As escavações foram iniciadas, procedendo-se a bombeamentos localizados, porque o solo de fundação era bastante impermeável e não parecia exigir um sistema de rebaixamento.

Quando se atingiu o solo residual de fundação, constatou-se que as esteiras das escavadeiras amolgaram o solo ao ponto de transformá-lo em "argila mole".

Foi necessário "forrar" o solo residual com uma camada de areia, retirar as escavadeiras da obra e substituí-las por retroescavadeiras leves, apoiadas sempre em um "forro" de material granular, para evitar a destruição da estrutura do solo residual. Foi executado um detalhado sistema de drenagem em trincheiras e poços de bombeamento para preservar o solo residual de fundação, e que só foi desativado quando o aterro da barragem estava com 8 a 10 m de altura (Figura 2.70).

Situação semelhante foi detectada na Barragem de Piraquara, construída pela SANEPAR nas proximidades do local.

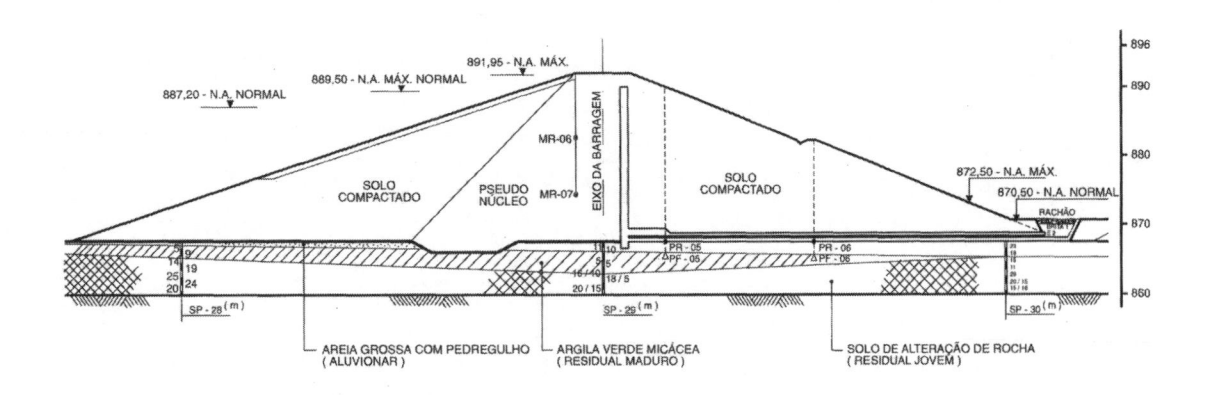

Figura 2.70 - Barragem de Passaúna (cortesia MAGNA, 1984)

Um segundo problema geotécnico de interesse ocorreu na exploração das áreas de empréstimo.

A barragem, embora homogênea, contém um pseudo-núcleo que deveria ser construído com material mais argiloso proveniente de argilito, e em umidade mais elevada do que a dos espaldares.

As áreas de empréstimo localizam-se em ambas as margens, mas o único material mais argiloso era uma mancha de solo vermelho localizado na margem esquerda.

A obra foi iniciada pelas ensecadeiras de 1ª fase, em solo. Por razões burocráticas contratuais, a fiscalização só chegou à obra três ou quatro meses depois, quando as ensecadeiras já estavam bem adiantadas. Verificou-se que boa parte do solo argiloso vermelho tinha sido usado nas ensecadeiras, desnecessariamente, o que gerou um problema crônico de busca de áreas de empréstimo que atendessem às especificações de construção do pseudo-núcleo.

A minha experiência na construção de muitas barragens é de que, a menos que haja restrições específicas quanto ao uso de empréstimos de solo, materiais granulares e blocos de rocha, os melhores materiais de construção irão parar nas primeiras ensecadeiras da obra.

A terceira lição aprendida na construção da Barragem de Passaúna refere-se ao emprego de fôrmas deslizantes na execução de estruturas de concreto.

A galeria de desvio fica localizada na ombreira esquerda, sob a barragem, e a torre de comando situa-se no eixo da barragem. O trecho de montante da galeria fica, portanto, em carga. Durante a construção da galeria, foram empregadas fôrmas que eram fixadas umas às outras por espaçadores metálicos.

Depois da concretagem, os espaçadores ficaram "presos" ao concreto. Com o objetivo de reaproveitá-los nos trechos subseqüentes, os mesmos foram encamisados em tubos plásticos, facilitando a sua retirada. Os tubos, obviamente, ficaram perdidos. O resultado desse procedimento foi um concreto de boa qualidade, impermeável e bem acabado, mas com pelo menos um furo de 1 cm de diâmetro por metro quadrado. Embora os furos fossem tamponados *a posteriori*, quem poderá garantir que uns poucos das centenas de furos executados não permaneceram abertos, transmitindo para o maciço da barragem a pressão integral da água do reservatório a montante? (Figura 2.71).

A instrumentação instalada para a observação das pressões piezométricas ao longo da galeria, até 1992, não indicou qualquer problema.

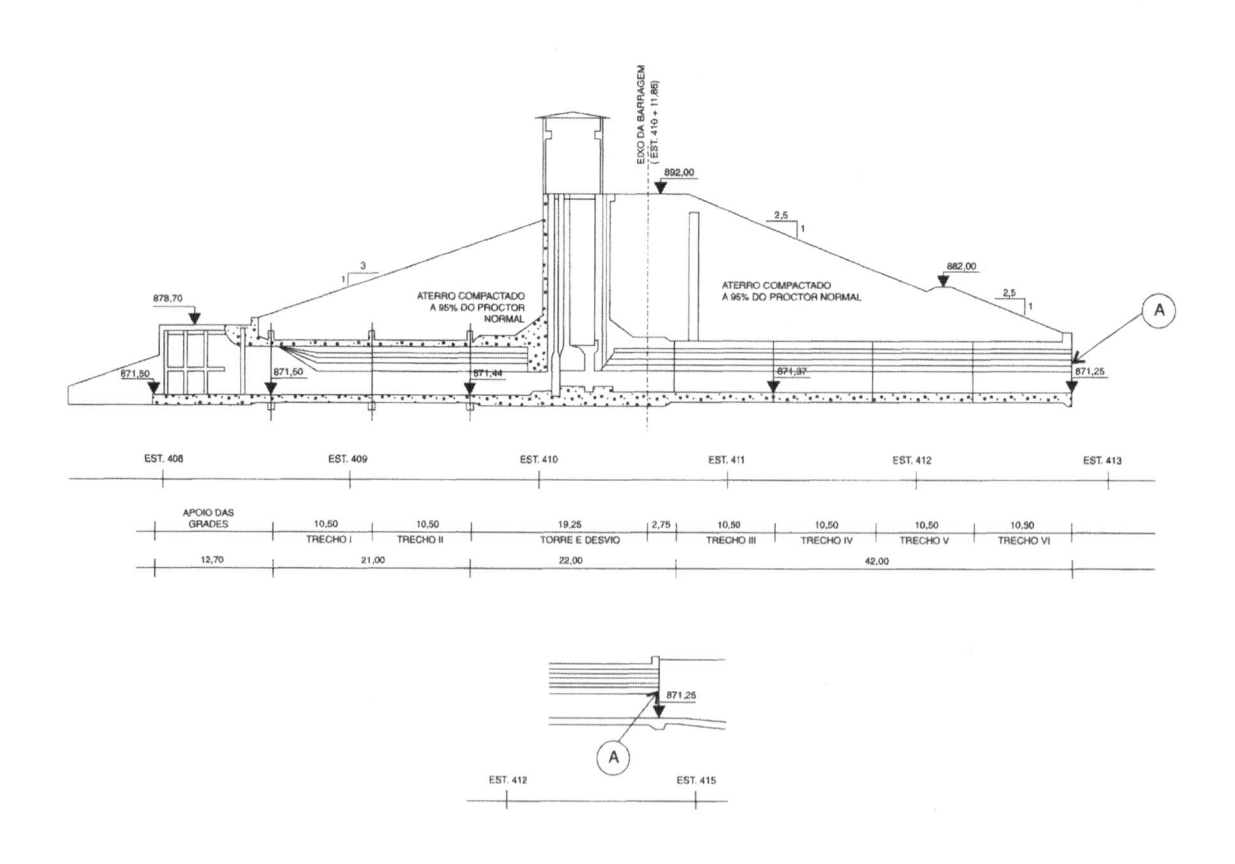

Figura 2.71 - Passaúna - seção longitudinal da descarga de fundo (cortesia MAGNA, 1989)

BARRAGEM DE ITACARAMBI

A Barragem de Itacarambi localiza-se próximo a uma reserva indígena, e a 30 km do município de Manga/BA, antigo porto do rio São Francisco.

Na ombreira esquerda, durante as escavações para a implantação do sangradouro, constatou-se a presença de pequenas cavernas de origem cárstica não detectadas na fase de projeto básico. Como não havia no orçamento previsão de recursos para o seu tratamento, o mesmo não foi executado, deixando-se esta providência para "uma outra etapa". A barragem foi terminada em 1989, e até hoje os jornais não trouxeram nenhuma notícia de acidente. Talvez o sangradouro nunca tenha sangrado.

A obra localiza-se numa região árida, e o solo seca. A umidade natural dos solos aproxima-se da chamada umidade "higroscópica", e para que o solo pudesse ser usado na barragem foi necessário abrir sulcos nas áreas de empréstimo, inundá-los e aguardar alguns dias até que o solo pudesse ser trabalhado e compactado na barragem.

Engenheiros geotécnicos da Região Sul do Brasil, acostumados a secar solos com umidades naturais muito acima da umidade ótima, ficariam perplexos diante de tal quadro.

BARRAGEM DE ÁGUAS CLARAS

A Barragem de Águas Claras foi projetada pela ENGERIO, para a Aracruz - Indústria de Papel e Celulose, localizada ao norte de Vitória, no Espírito Santo, a poucos quilômetros da Costa Atlântica.

A região tem clima tropical úmido, com chuvas regulares, como em toda a costa. As áreas de empréstimo selecionadas ficavam sob antigas florestas de eucaliptos usados na fabricação de papel e celulose.

Durante a exploração das áreas de empréstimo, verificou-se que o solo estava totalmente seco até vários metros de profundidade, exigindo um tratamento similar ao da Barragem de Itacarambi. Esses tratamentos adicionais não haviam sido antecipados em projeto, o que gerou algumas polêmicas entre a fiscalização e a empreiteira (Figura 2.72).

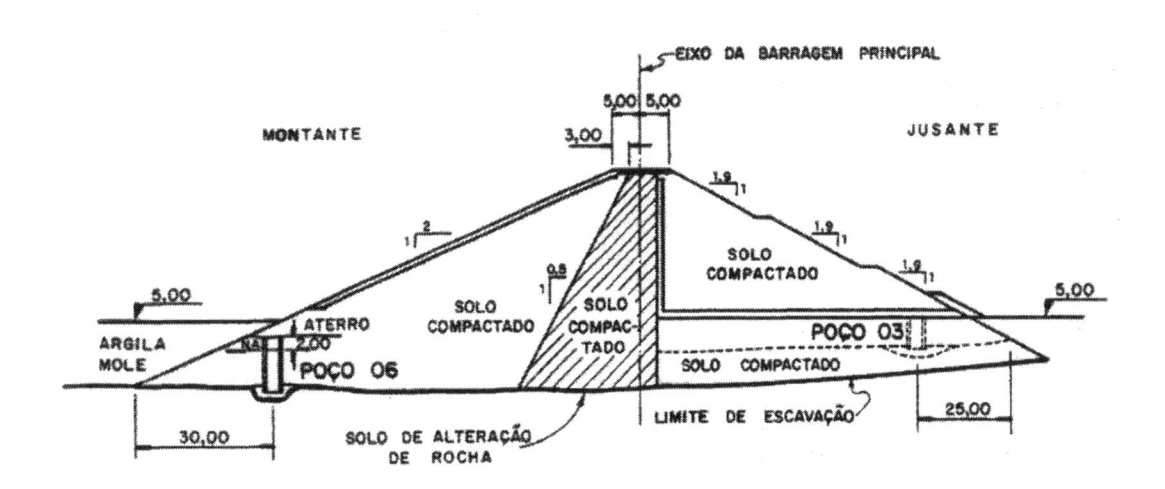

Figura 2.72 - Barragem de Águas Claras (cortesia ENGERIO/ARACRUZ, 1989)

BARRAGEM DE BOACICA

A barragem situa-se no Estado de Alagoas, a 20 km de Penedo.

O projeto é da THEMAG para a CODEVASF.

No leito do rio ocorrem aluviões arenosos, em espessuras de até 15 m, com pequenas lentes argilosas de extensão localizada, mas suficientes para pôr em risco a estabilidade da barragem.

Como as investigações na fase de projeto básico foram muito reduzidas, a projetista limitou-se a escavar no leito do rio apenas as áreas onde as camadas de argila mole foram detectadas.

Durante as escavações, novas lentes de argila foram descobertas, obrigando à escavação de volumes significativos e à busca de áreas de empréstimo complementares (Figura 2.73).

O caso é mencionado, porque é muito mais freqüente do que se possa imaginar. A limitação de recursos para a investigação de um local de barragem na fase de projeto básico traz como conseqüência ajustes na fase executiva que, além de encarecerem significativamente a obra, têm interferências no cronograma executivo, em obras de desvio, e na escolha de soluções que provavelmente não seriam adotadas se as condições de fundação fossem conhecidas em tempo hábil.

Todo projeto básico barato tem o grande risco de resultar em obra cara.

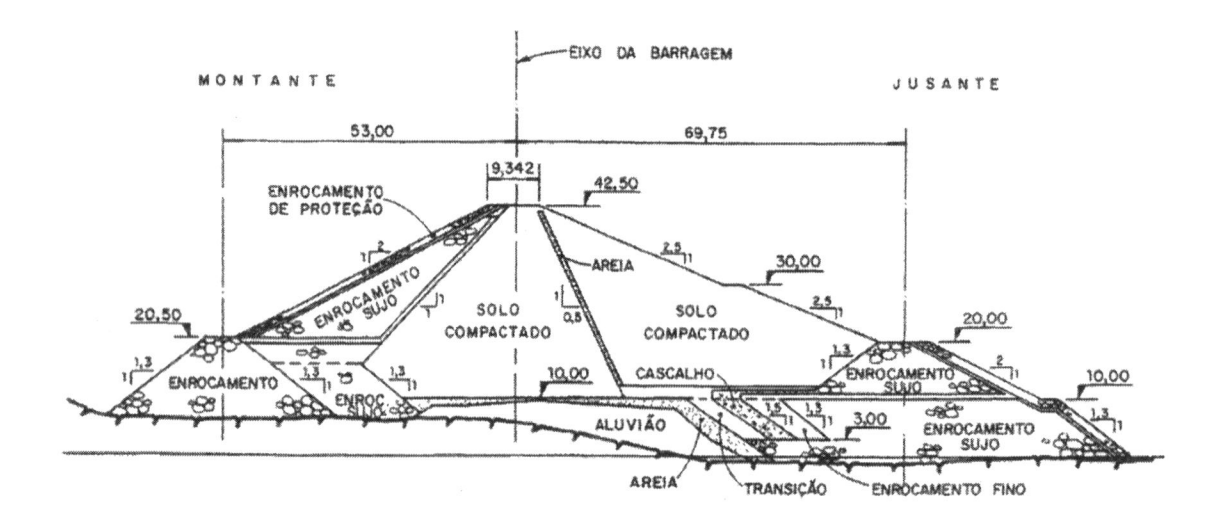

Figura 2.73 - Barragem de Boacica (cortesia THEMAG/CODEVASF, 1988)

DIQUE 1 - PROJETO OURO BAHIA

O Dique 1 do Projeto Ouro Bahia é mostrado na Figura 2.74. Originalmente, tratava-se de um dique homogêneo, com drenos vertical e horizontal de areia.

Sob a barragem, foi colocada uma manta impermeável que também se estende por todo o reservatório, para evitar a poluição do lençol freático subjacente, tendo em vista que o rejeito do processo industrial contém substâncias tóxicas.

O fluxo pela barragem se restringe, portanto, ao fluxo pelo corpo do dique, uma vez que a contribuição pela fundação é praticamente nula.

Uma vez em operação, detectou-se a jusante, e até meia altura da barragem, a surgência de água no talude de jusante, indicando clara deficiência do sistema de drenagem interna. Piezômetros instalados no espaldar de jusante confirmaram a posição elevada da linha freática.

Uma retroanálise de fluxo indicou que a permeabilidade dos drenos era insuficiente para controlar o fluxo pelo dique e evitar a ocorrência de um *piping*.

O equacionamento do problema é discutido no Capítulo 10.

O caso é mencionado para mostrar que, mesmo em situação de fluxo de pequena expressão, areias com finos (areias "sujas") não devem ser usadas como drenos.

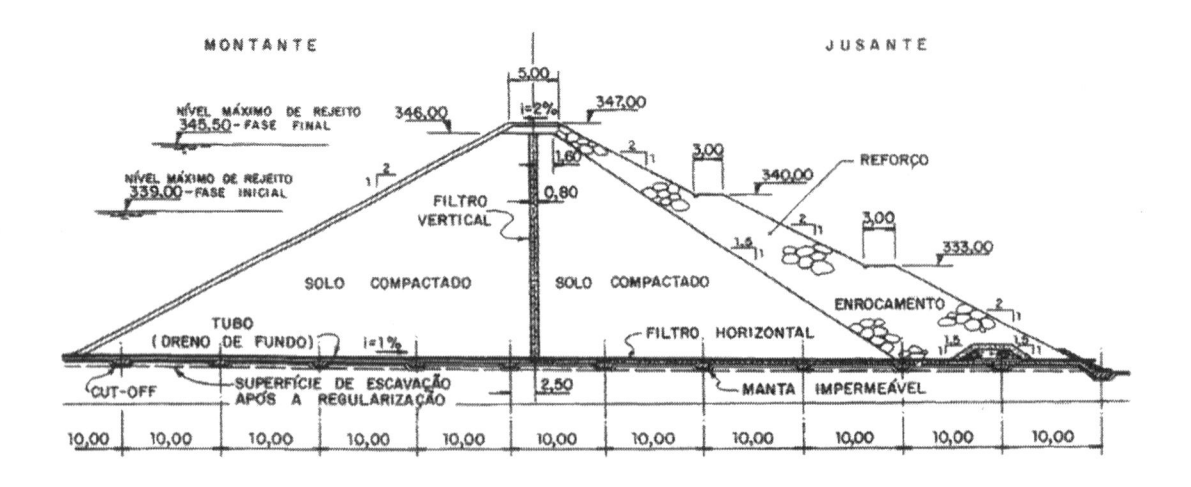

Figura 2.74 - Dique 1 - Projeto Ouro Bahia (cortesia EPC, 1990)

BARRAGEM DO ZABUMBÃO

A Barragem do Zabumbão, hoje em construção (1995), apresenta um dos problemas mais complexos e interessantes de fundação com os quais eu me deparei: a ocorrência de uma garganta profunda e estreita, preenchida com areia, blocos de rocha e material aluvionar (ver Figura 2.75).

Se a barragem fosse construída sem qualquer tratamento da garganta, haveria toda a chance da ocorrência de um *piping* e da abertura de um túnel sob a barragem, que escoaria toda a água do reservatório. A barragem de terra até poderia permanecer como uma ponte sobre a garganta.

Foram propostos estudos por Métodos Numéricos, realizados na fase de projeto executivo.

Alternativas de tratamento foram estudadas por Cruz em 1990 e pela INFRASOLO em 1991.

A Figura 2.76 mostra uma das alternativas, com o emprego de *Jet Grouting;* o custo desta alternativa, no entanto, mostrou-se proibitivo.

A solução adotada prevê a utilização de concreto para preencher o trecho profundo do canal (abaixo da elevação 624 m). Entre esta elevação e a elevação 631 m foi mantida a solução THEMAG, e acima desta elevação até o terreno natural, o talude em rocha foi abatido para 45°. Quando da escavação do trecho mais profundo, para surpresa geral, foi encontrada uma junta de alívio sub-horizontal, com abertura de cerca de 2m próximo ao canal profundo. A junta foi injetada. Ver Figura 2.77.

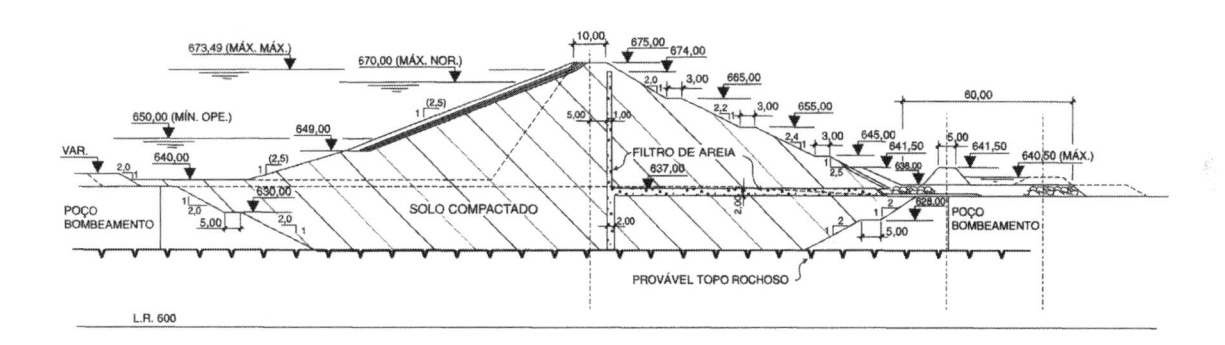

a) Seção transversal no "canalão"

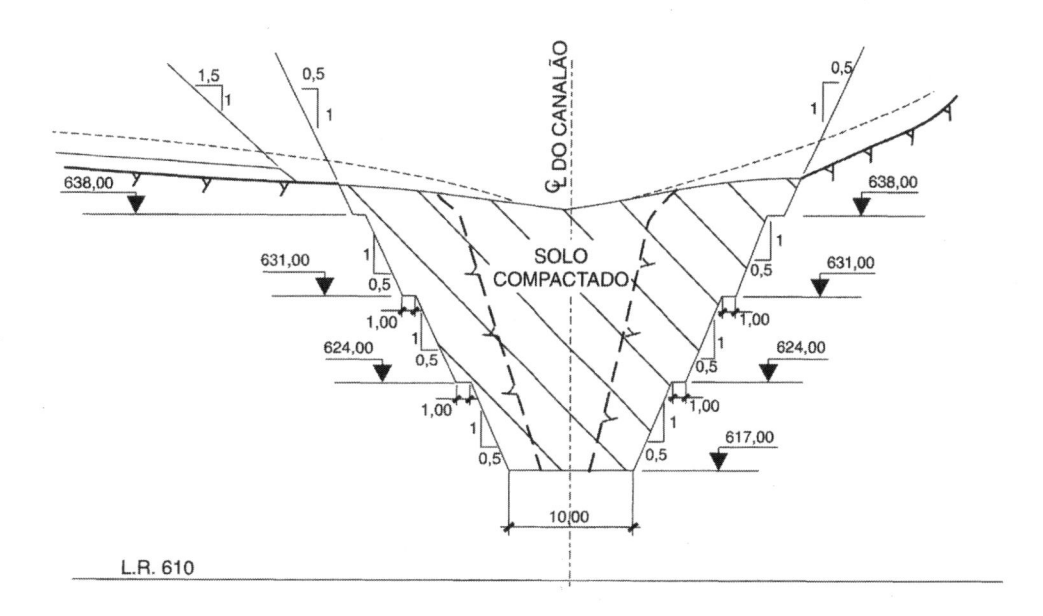

b) Corte longitudinal no "canalão"

Figura 2.75 - Barragem de Zabumbão - projeto original de 1981 (cortesia THEMAG, 1981)

a) Planta

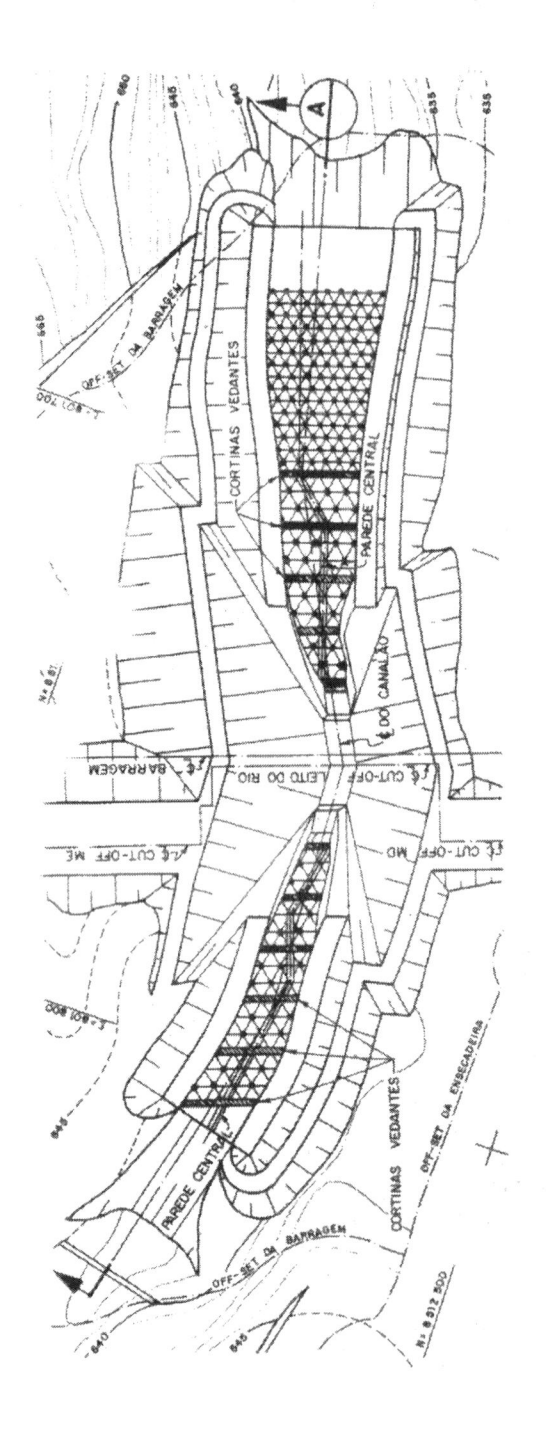

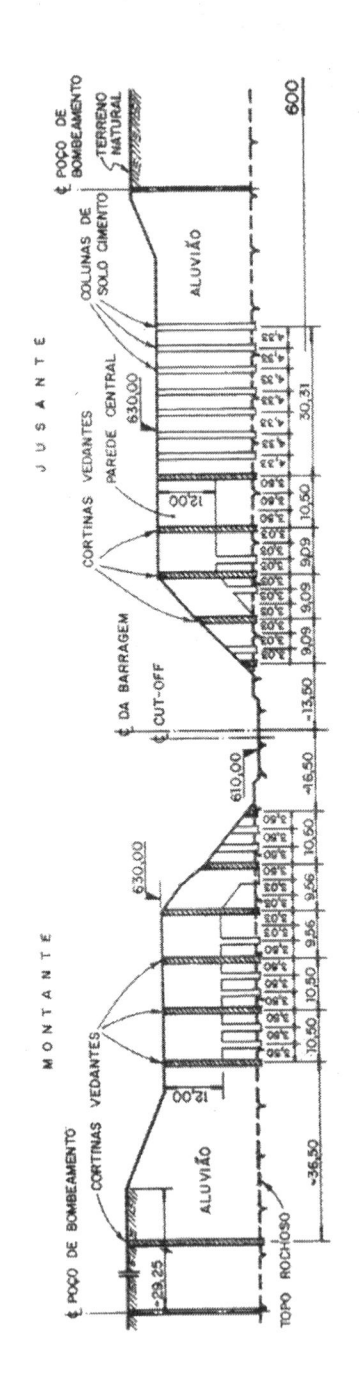

b) Seção A-A

Figura 2.76 - Barragem do Zabumbão - tratamento do aluvião pelo processo *jet grouting* (cortesia INFRASOLO, 1991)

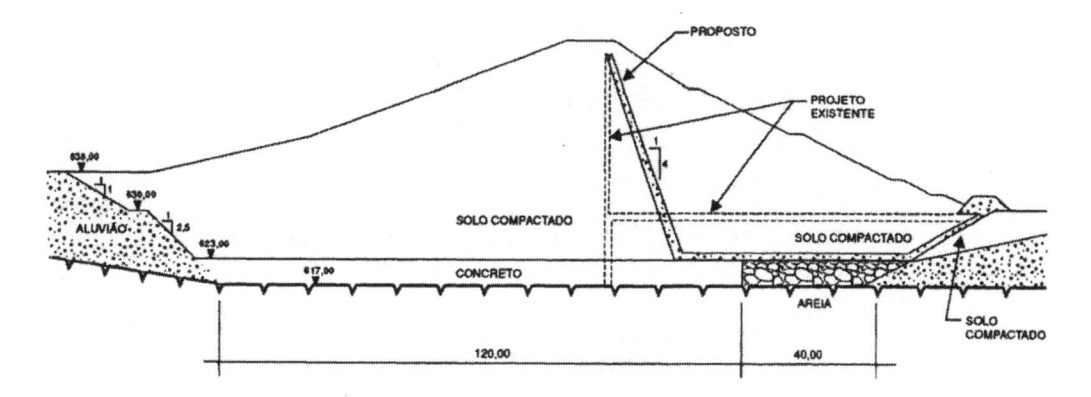

a) Seção transversal no "canalão"

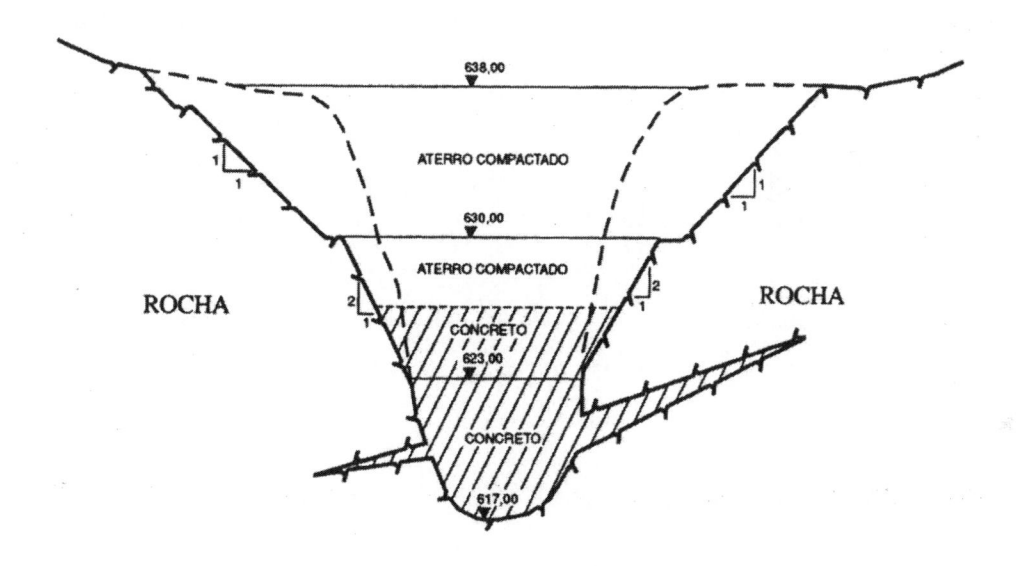

b) Corte longitudinal no "canalão"

Figura 2.77 - Barragem do Zabumbão - projeto atual (1995)

BARRAGEM DE CAPTAÇÃO / ADUÇÃO DA MINA DE CARAJÁS

A região de Carajás é rica em ferro. Afinal, é uma mina de ferro. Por essa razão, havia a preocupação com uma provável colmatação do dreno horizontal da barragem nos trechos em que o mesmo ficasse insaturado.

Um engenhoso projeto de drenagem horizontal foi desenvolvido pelo Eng. Paulo Toledo, reproduzido na Figura 2.78.

A escavação da ombreira foi feita em patamares. Nestes, foi lançado o dreno horizontal de areia, em cota inferior à do terreno natural. Septos de solo compactado impediam que o fluxo de um patamar passasse ao patamar inferior. A jusante, os drenos horizontais comunicavam-se com um dreno de pé contínuo, em cota mais elevada. Dessa forma, pôde-se manter os drenos submersos, evitando um processo de colmatação química, de provável ocorrência nesta área.

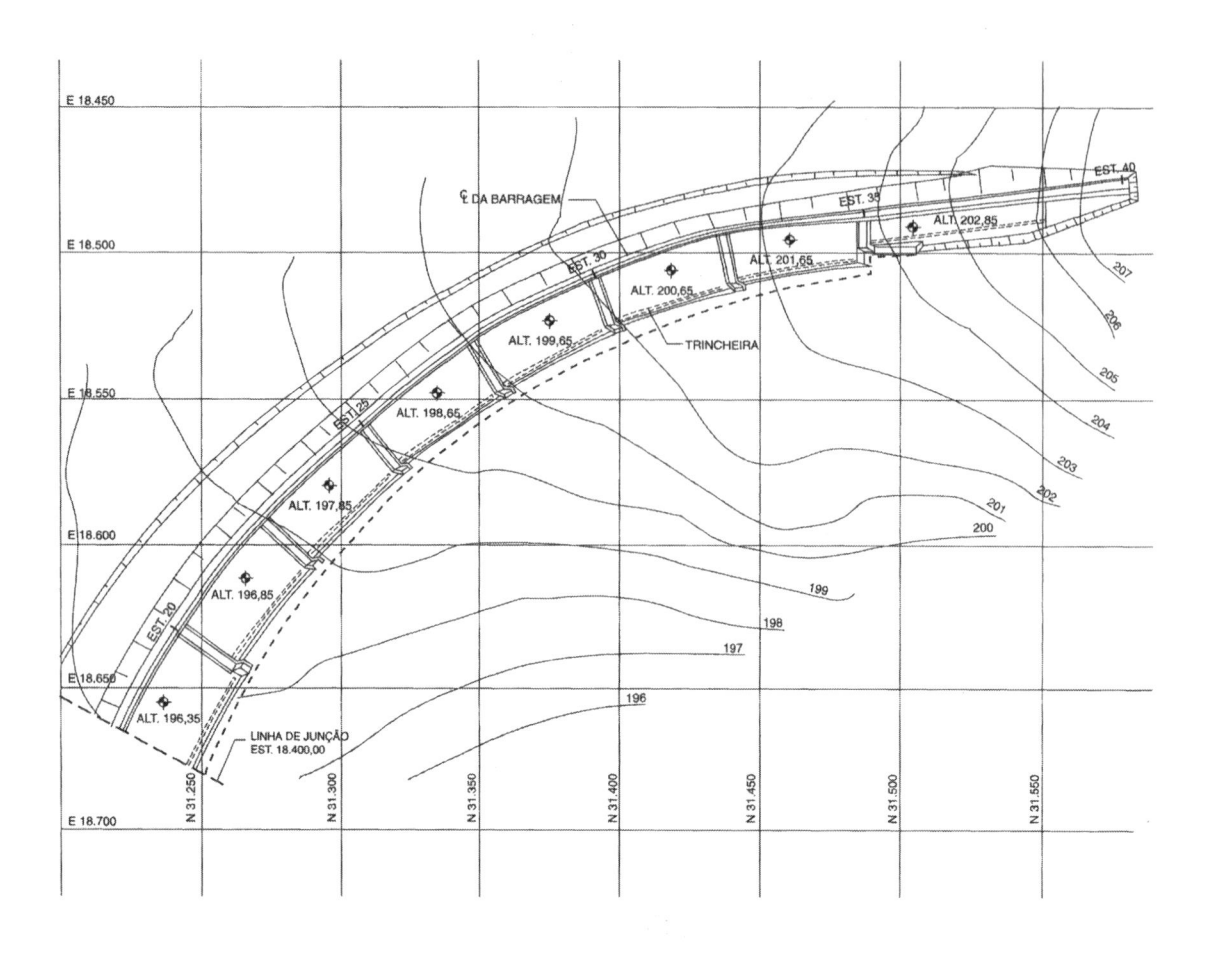

Figura 2.78 - Barragem da Mina de Carajás/CVRD - drenagem interna (cortesia MDK, 1987)

E - PARTICIPAÇÃO NO PROJETO E NA CONSTRUÇÃO

Jupiá	1961-1969
Xavantes	1960-1970
Jaguari	1963-1971
Ilha Solteira	1966-1973
Promissão	1966-1975
Paraibuna	1964-1978
Paraitinga	1964-1978

BARRAGEM DE JUPIÁ

A barragem da margem esquerda foi construída sobre aluvião. A camada superficial era constituída por argila siltosa seguida de um pacote de areia fina.

A permeabilidade da areia fina era relativamente baixa ($\sim 10^{-4}$ cm/s), mesmo assim havia preocupações quanto à percolação pela fundação. Uma relação de carga de 7:1 foi considerada apropriada para um tapete impermeável. Este acabou não sendo construído, porque a camada silto-argilosa superficial foi considerada como um tapete natural.

Leituras piezométricas efetuadas após o enchimento indicaram um fluxo ascendente a jusante, e um grande número de poços de alívio foi então executado. Entretanto, a área a jusante da barragem mantém-se úmida até hoje devido a um fluxo moderado através da fundação.

O espaldar de jusante da barragem da margem direita foi construído com enrocamento basáltico. A mesma rocha foi utilizada na proteção do talude de montante: um *rip-rap* alargado. Poucos meses depois, a rocha começou a desagregar devido à presença de argila expansiva e aos ciclos de molhagem-secagem. Como o basalto é muito fértil, começaram a crescer rapidamente grama e árvores.

Alguns poços de investigação foram abertos no talude de enrocamento e verificou-se que a desagregação era apenas superficial até então. Outros poços foram abertos nos anos subseqüentes e ficou claro que, a uma profundidade de 2,0 a 2,5 m, os blocos de basalto apresentavam-se sãos, e que a desagregação do enrocamento era limitada aos primeiros 1,0 a 1,5 m.

Em 1980, quando a Barragem de Itaipu estava em construção, um novo poço foi aberto em Jupiá e a situação encontrada foi basicamente semelhante àquela observada poucos anos após a construção. A proteção de montante, entretanto, teve de ser reposta devido à ação das ondas, porque os fragmentos de rocha eram arrastados pela água (Figura 2.79).

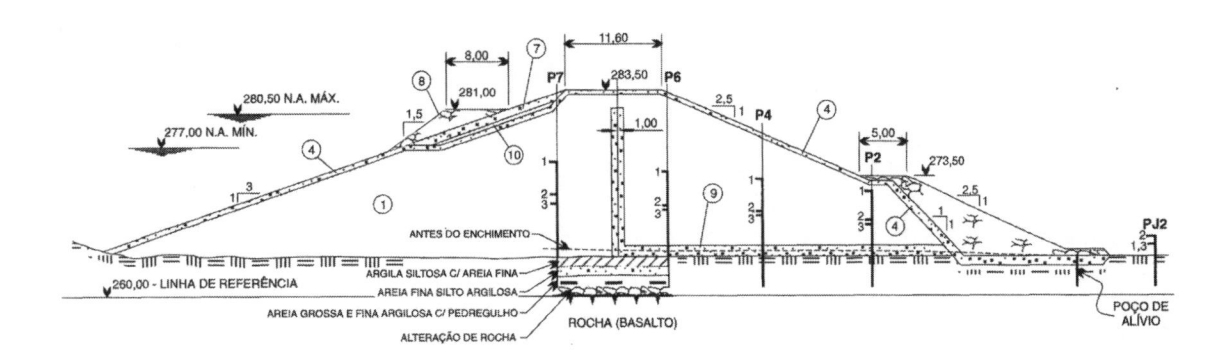

LEGENDA

	N.A. MONT.	N.A. JUS.
1 - 26 / 06 / 69	280,00	256,10
2 - 01 / 06 / 75	280,00	256,00
3 - 01 / 06 / 80	279,60	257,00

Figura 2.79 - Barragem de Jupiá - seção na estaca 62 + 00 - margem esquerda (Cadastro Geoténico, 1983)

BARRAGEM DE XAVANTES

Projeto do Prof. Casagrande, como consultor da USELPA.

A seção transversal da barragem pode chamar atenção pelo sistema de drenagem interna (ver Figura 2.80). Um espesso filtro inclinado de areia foi locado relativamente próximo ao talude de montante. Na seqüência, há um dreno horizontal suspenso. O dreno foi projetado para reduzir o caminho de percolação e controlar as pressões neutras construtivas que, por fim, não se mostraram em níveis preocupantes. A máxima pressão neutra medida durante a construção não excedeu 20% da pressão vertical no mesmo ponto, no espaldar de montante. Na porção central da barragem, construída com solo arenoso, não foram observadas pressões neutras construtivas. Em praticamente todos os pontos onde os instrumentos foram instalados, coletaram-se blocos indeformados para ensaios de laboratório. Desta forma, foi possível recalcular a estabilidade da barragem para o final do período construtivo, utilizando-se medidas piezométricas. O valor do *F.S.* calculado foi da ordem de 2 (veja-se Cruz, 1969).

A rocha de fundação da barragem é basicamente arenito. Sob o espaldar de enrocamento de jusante ocorre um derrame basáltico. A jusante da barragem há um dique de diabásio subvertical que intercepta os arenitos. Esse dique funciona como uma barreira impermeável para a água que percola pelo arenito. Os piezômetros instalados em níveis diferentes no basalto e no arenito indicaram elevadas pressões neutras, principalmente na camada de arenito aquoso. De fato, as leituras piezométricas eram apenas poucos metros menores que a carga de montante. Essas cargas elevadas foram observadas por alguns anos após o final da construção, decidindo-se, por fim, instalar dois poços de alívio profundos (~100 m). Estes poços foram muito eficientes e os níveis piezométricos de jusante caíram mais de 20 m.

O controle de fluxo pelo arenito, na região dos túneis de adução, foi feito por um espesso tapete de argila que recobriu todo o arenito, como se vê na Figura 2.80. Tratamento semelhante foi executado na ombreira direita.

100 Barragens Brasileiras

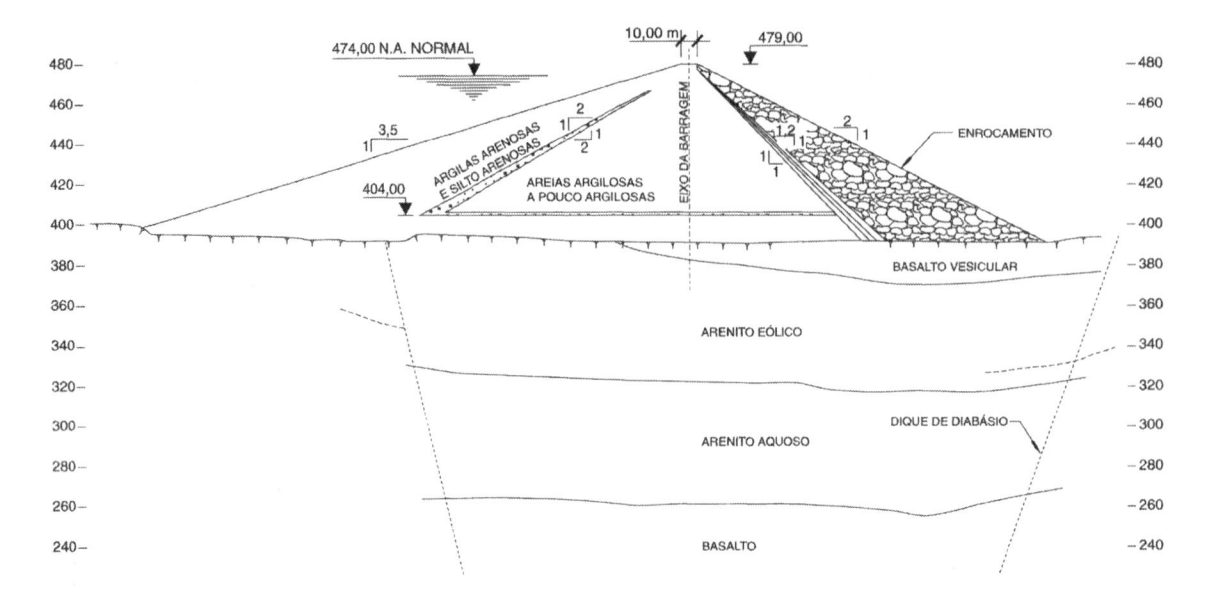

a) Seção transversal típica

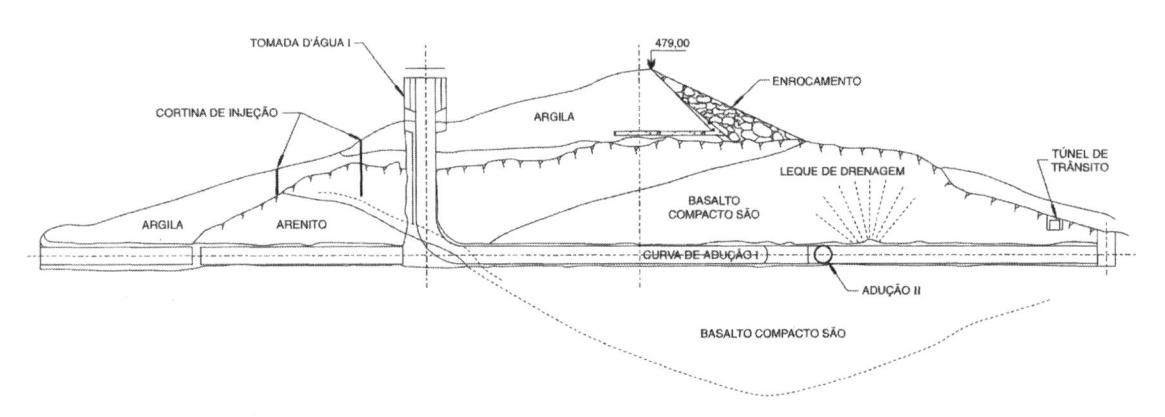

b) Seção pelo eixo do túnel I

Figura 2.80 - Barragem de Xavantes (Cadastro Geotécnico, 1983)

BARRAGEM DE JAGUARI

A Barragem de Jaguari apresenta uma seção em terra-enrocamento sem aspectos de maior interesse.

As áreas de empréstimo de solo, entretanto, localizavam-se em uma área montanhosa que apresentava apenas uns poucos metros de solo argilo-siltoso residual, considerado adequado para a construção da barragem.

Após a construção, diversos morros ao redor da obra estavam "carecas" e sem qualquer vegetação. Os requisitos de caráter ambiental atualmente vigentes no país não permitiriam esta situação.

Camadas de solo saprolítico que foram recusadas como material de empréstimo para Jaguari, que apresenta 77 m de altura, foram usadas na construção de duas outras barragens mais altas, distantes aproximadamente 40 km.

BARRAGEM DE ILHA SOLTEIRA

Ilha Solteira foi a maior barragem construída no Brasil na década de 60 e começo dos anos 70.

Na ombreira direita, a barragem apresenta seção homogênea de terra apoiada em fundação de colúvio poroso.

A permeabilidade das camadas de fundação é maior no solo poroso, diminui no solo residual, mas aumenta novamente no solo saprolítico e no topo rochoso alterado. Parte do solo poroso foi removida.

Em alguns trechos da barragem, o filtro horizontal é do tipo suspenso (Figura 2.81.a,b).

Quando se encheu o reservatório, começou a "minar" água a jusante da barragem e as leituras piezométricas indicavam um fluxo ascendente. Uma camada de areia de 1 m foi colocada rapidamente a jusante e, sobre esta, compactaram-se 2 m de solo. A água, entretanto, continuou a "brotar" a jusante da nova berma. Somente quando da instalação de poços de alívio no pé da barragem as leituras piezométricas mostraram-se sob controle.

O filtro suspenso de areia parece não ter sido eficiente no controle da percolação pela fundação.

O talude de jusante da barragem foi protegido com uma camada de brita de granulometria ampla (G.M.), colocada sobre uma fina camada de areia. Os critérios de filtro não foram considerados entre a areia e a brita. Após a primeira estação chuvosa, toda a areia foi removida pela água da chuva e uma linda praia formou-se a jusante da barragem. No restante da barragem, a proteção de jusante foi colocada diretamente sobre o talude de solo compactado. Nenhum acidente foi registrado até o momento.

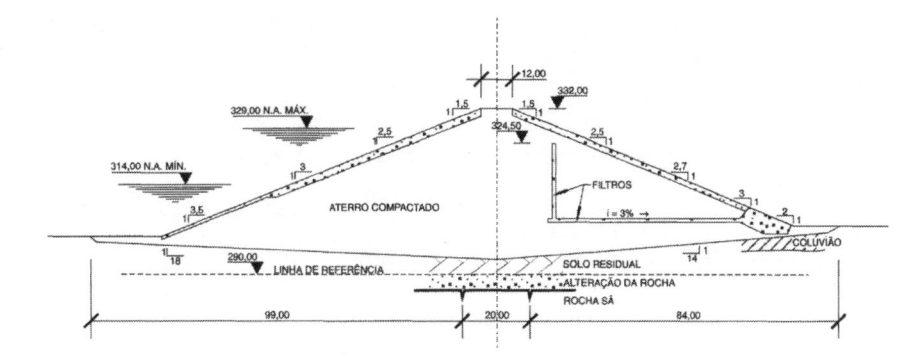

a) Corte na Estaca 65 (típico da margem direita)

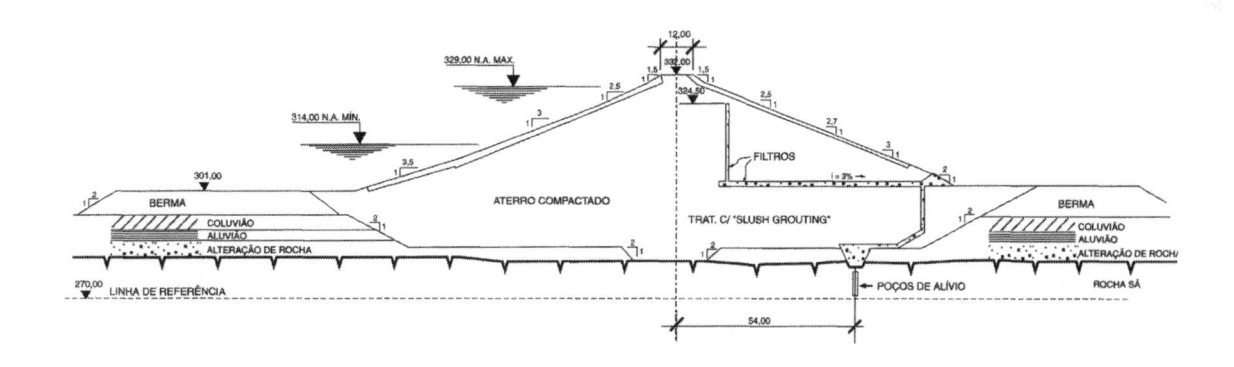

b) Corte na Estaca 85 (típico da margem direita)

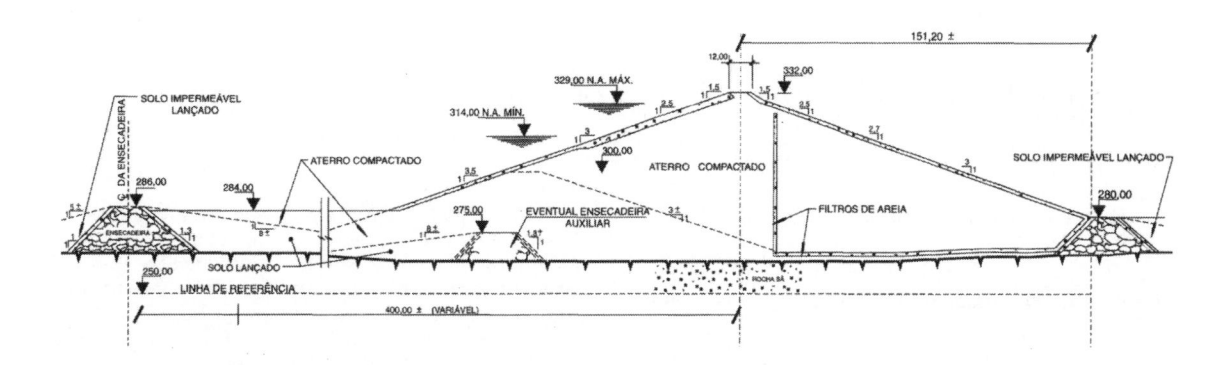

c) Corte na Estaca 153 + 16,00 (típico do canal do rio)

Figura 2.81 - Barragem de Ilha Solteira (Cadastro Geotécnico, 1983)

BARRAGEM DE PROMISSÃO

A barragem é basicamente homogênea, com um espaldar de enrocamento a montante bastante engenhoso, na zona de oscilação do nível d'água. O talude de montante resultou mais íngreme do que seria possível se todo esse espaldar fosse executado em solo compactado, levando-se em conta os critérios de projeto da época (Figura 2.82).

Grande parte da barragem foi contruída sobre uma fundação em solo. A camada superior era constituída por um solo poroso e colapsível, altamente permeável *in situ*. As camadas inferiores eram de solo residual, solo saprolítico e saprolito ou rocha alterada. A permeabilidade era baixa no solo residual e solo saprolítico, mas aumentava significativamente na rocha alterada.

Parte do solo mais compressível foi escavada em forma de canoa, para minimizar os recalques diferenciais.

O sistema de drenagem interna incluía um filtro vertical e um dreno horizontal, ambos de areia, sendo que o dreno horizontal estava em contato direto com a fundação. Poços drenantes foram escavados ao longo do pé da barragem.

Quando se iniciou o enchimento do reservatório, algumas surgências ("vulcões d'água") foram observadas na área a jusante da barragem e o solo dava a impressão de estar muito fofo. Ensaios SPT mostraram zero golpes nos primeiros metros do solo e a piezometria indicava claramente um fluxo vertical ascendente.

Por questões de estabilidade, foi considerada necessária a execução de uma berma a jusante.

Estudos e investigações posteriores, entretanto, mostraram que a barragem era estável sem a berma e que o solo colapsível apresentava de fato uma resistência ao cisalhamento maior que aquela considerada nos estudos de estabilidade.

O efeito dinâmico do ensaio SPT associado ao fluxo ascendente em um material poroso tende a apresentar resultados que não são representativos da condição estática do solo *in situ*.

Há muitos exemplos de barragens construídas no Brasil sobre solos colapsíveis e em nenhum caso registrou-se a ocorrência de comportamento desfavorável da barragem.

Os solos colapsíveis, porém, são preocupantes para baixos níveis de pressões verticais, e em muitos projetos de irrigação esses solos têm se apresentado problemáticos.

Um solo colapsível de fundação não é preocupante para aterros maiores que 10 m, mas pode apresentar uma série de problemas se o aterro for de apenas 2 m de altura.

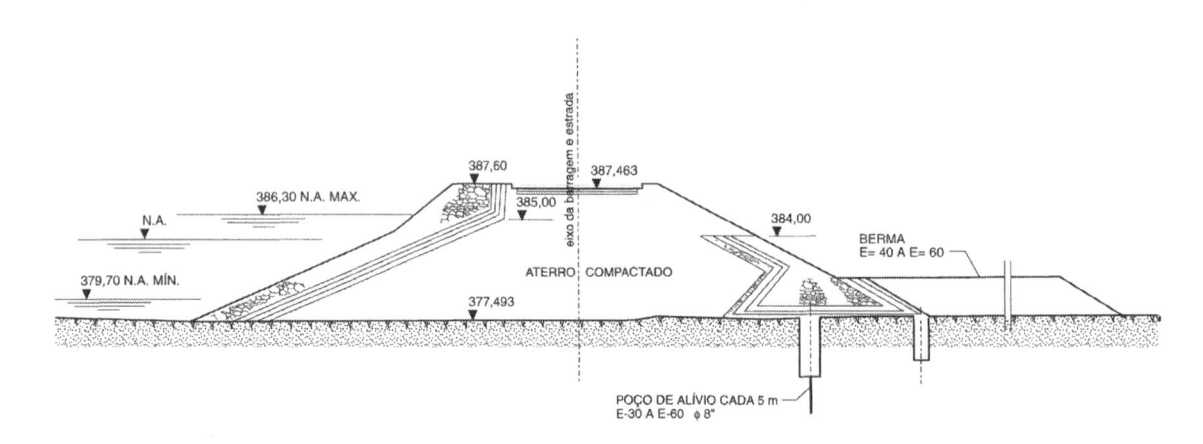

Figura 2.82 - Barragem de Promissão - seção típica entre as Estacas 9 e 60 (Cadastro Geotécnico, 1983)

BARRAGENS DE PARAIBUNA E PARAITINGA

O fato mais importante relacionado à construção dessas barragens foi a utilização do solo saprolítico de granito-gnaisse que ocorria nos empréstimos, sob uma camada de solo residual argiloso e siltoso. O solo saprolítico, que em alguns níveis era muito micáceo, foi recusado como material de construção em outras barragens construídas anteriormente. Esse solo, porém, mostrou-se bastante aceitável na construção de Paraibuna e Paraitinga, o que possibilitou uma grande economia devido à redução das distâncias de transporte.

A natureza micácea de parte do solo foi preocupante e ensaios *ring-shear* foram programados para reavaliar a estabilidade da barragem. A resistência residual mostrou-se, porém, muito próxima da resistência de pico e os novos estudos de estabilidade, mesmo utilizando-se hipóteses conservadoras, indicaram valores de fator de segurança bastante aceitáveis. As barragens estão atualmente com quase 20 anos de operação. (Ver discussão sobre resistência residual no Capítulo 7).

O sistema de drenagem interna constituído de dreno vertical e tapete horizontal foi interceptado próximo ao pé da barragem, para fins de medição das vazões de percolação. A jusante da barragem foi construído um bota-fora. Esta providência, conquanto louvável, resultou na submersão de quase 20 m do talude de jusante. Veja-se a Figura 2.83.

As vazões medidas foram as seguintes:

- Barragem Paraibuna : 2,5 l/s .... 0,25 l/min/m';

- Dique Paraibuna   :11,6 l/s .... 1,0 l/min/m';

- Barragem Paraitinga :11,6 l/s .... 0,19 l/min/m';

- Dique Paraitinga   : 5,5 l/s .... 0,62 l/min/m'.

Uma última consideração sobre essas barragens refere-se à utilização do método de Hilf para o controle do grau de compactação e do desvio de umidade.

Naquele tempo, era sabido que o método de Hilf fornecia valores do grau de compactação pouco maiores que os do ensaio de Proctor e alguma diferença no desvio de umidade. Em outras barragens, foram encontradas correlações razoavelmente consistentes entre o grau de compactação e o desvio de umidade obtidos pelo método de Hilf e pelo tradicional ensaio de Proctor. Era fácil, portanto, corrigir os valores obtidos por Hilf.

No caso de Paraibuna e Paraitinga, as diferenças entre Hilf e Proctor podiam ser muito variáveis de solo para solo e o desvio de umidade variava nos dois sentidos. Parece que para esses solos micáceos o método de Hilf é um tanto impreciso.

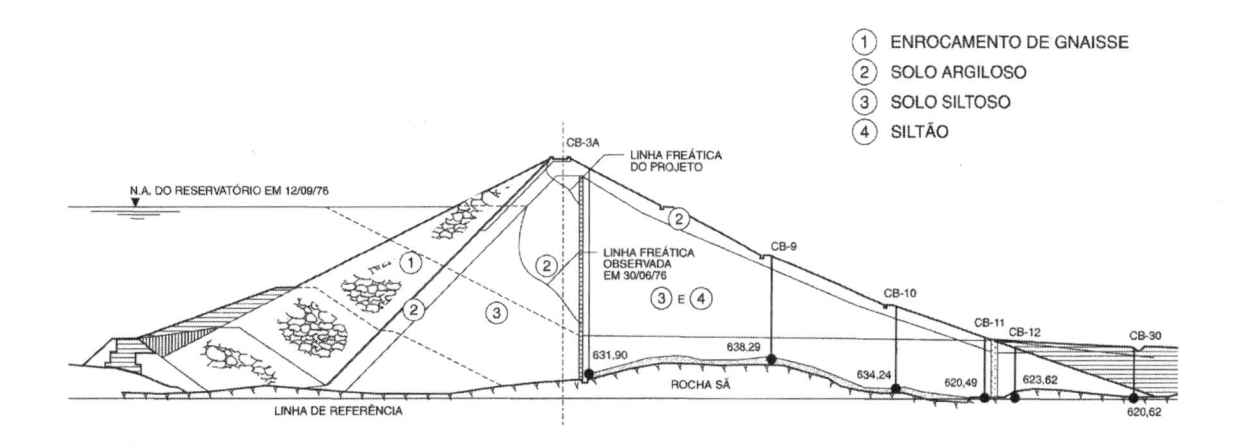

Figura 2.83 - Curva de subpressão na fundação da Barragem de Paraibuna (Oliveira *et al.*, 1976)

F - RECONSTRUÇÃO, RECUPERAÇÃO, ALTEAMENTO

Ponte Coberta 1959

Sumit Control 1978

Saturnino de Brito 1985-1987

Val de Serra 1985-1987

Ilha dos Pombos 1989

Caldeirão 1988

Germano 1990

PONTE COBERTA

Em 1959, na GEOTÉCNICA, participei dos estudos para o alteamento da Barragem de Ponte Coberta, que faz parte do Sistema Rio, da LIGHT. Os estudos de estabilidade, dados de ensaios de laboratório e dados da piezometria da barragem mostraram que o alteamento era possível (Figura 2.84).

Numa viagem à obra, o engenheiro residente da LIGHT perguntou-me:

- "Como vão os estudos sobre o alteamento da barragem?", ao que eu respondi:

- "Se o filtro funcionar bem, tudo estará bem com a barragem". Ao que ele replicou:

- "Ora, esta afirmação é genérica, e se aplica a qualquer barragem".

Calei-me, e fiquei muito feliz quando no dia seguinte tomei o ônibus de volta para São Paulo.

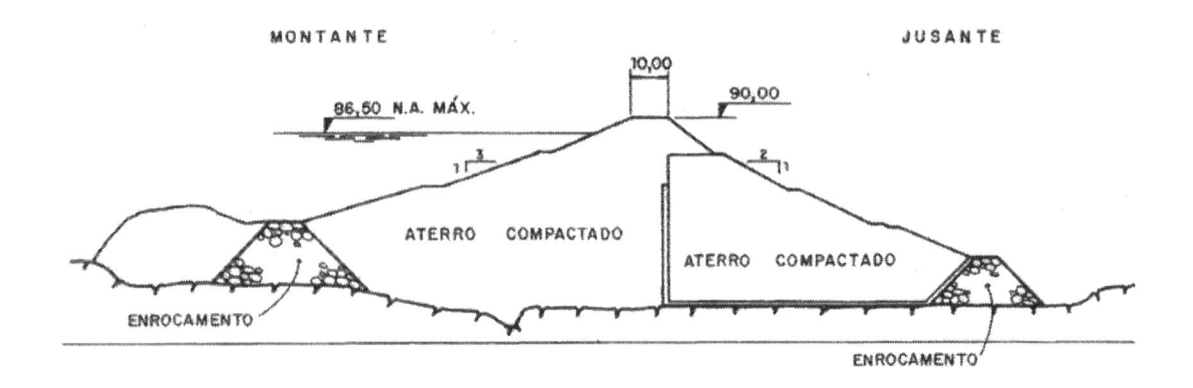

Figura 2.84 - Barragem de Ponte Coberta (CIGB/ICOLD/CBGE, 1982)

SUMIT CONTROL

Sumit Control é a última barragem do Sistema Billings, e fica localizada na Serra do Mar. É em Sumit que é feito o controle da vazão que alimenta os *penstocks* da Usina de Cubatão, cerca de 700 m abaixo da barragem.

A barragem foi construída nos anos 30, por mecanização hidráulica, utilizando o solo residual e de alteração de gnaisse local.

A ENGEVIX foi contratada para fazer uma avaliação das condições da obra em 1978.

Há dois aspectos que devem ser mencionados em relação à barragem:

- os bem preservados acervos fotográficos e de correspondências trocadas entre o projetista e a obra, e os desenhos de projeto, que permitiram quase 60 anos depois reconstituir o projeto e fazer a avaliação da barragem. Não sei se outras barragens brasileiras, mesmo mais recentes, dispõem de dados que permitam uma avaliação do seu desempenho daqui a 50 anos;

- as estruturas de concreto têm suas fundações no solo saprolítico de gnaisse.

Vinte a trinta anos depois, na grande maioria dos projetos, passou-se a exigir que as estruturas de concreto fossem sempre apoiadas em rocha.

Em 1991, no entanto, foi construída a assim chamada Estrutura Vertente da Barragem de Caconde/SP, da CESP, sobre solo saprolítico de migmatito. Veja-se Pastore (1992).

A ENGEVIX, depois de avaliar as condições da obra, propôs a construção de uma nova barragem a jusante (Figura 2.85), mas a ELETROPAULO ainda continuou operando a velha barragem.

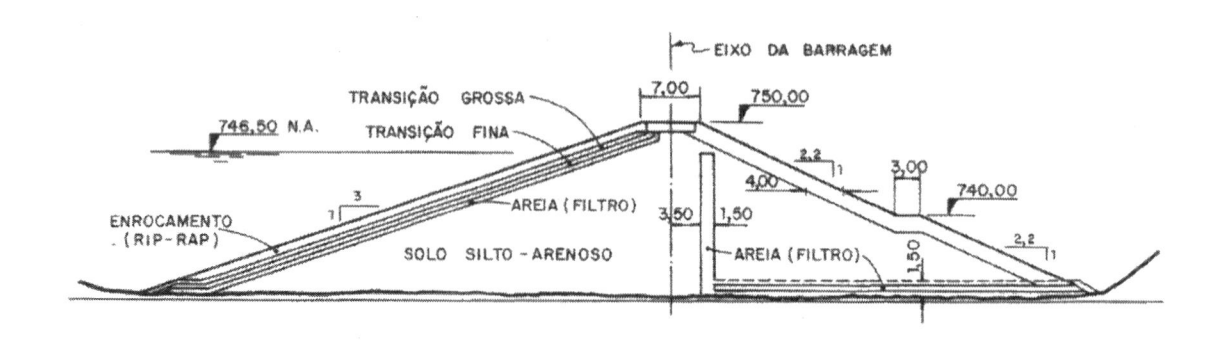

a) Barragem de terra

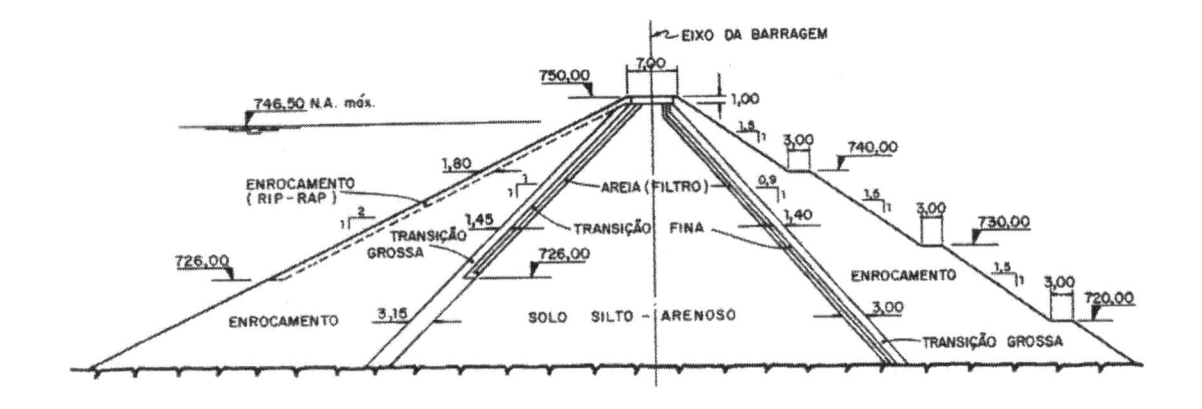

b) Barragem de terra e enrocamento

Figura 2.85 - Barragem de Sumit Control (cortesia ENGEVIX, 1978)

BARRAGEM SATURNINO DE BRITO

A Barragem Saturnino de Brito é uma barragem-vertedor de concreto fundada em arenito, construída entre 1929 e 1930, no Rio Grande do Sul.

Com o passar do tempo, ocorreu uma pronunciada erosão no arenito, com solapamento das lajes de concreto.

É mais um caso típico de problemas relativos a "erosão a jusante de vertedores", que vêm sendo documentados e avaliados por um grupo de trabalho ligado ao CBGB.

A MAGNA, em 1994, projetou as obras de reconstrução, concluídas recentemente.

BARRAGEM DE VAL DE SERRA

A barragem localiza-se próximo à cidade de Santa Maria/RS. É uma barragem de concreto encravada num vale rochoso do rio Ibicuí-Mirim, construída em 1969. Em 1971, a barragem foi alteada em 2 m, sendo necessário estender sua crista na ombreira esquerda por mais 160 m, numa altura média de 2 m.

O trecho da ombreira também em concreto é apoiado em solo saprolítico de basalto.

Durante a cheia, toda a barragem transforma-se num grande vertedor, sem quaisquer problemas.

O solo saprolítico da ombreira, no entretanto, vem sendo erodido, com a formação de voçorocas profundas e remontantes.

A MAGNA, em 1984, estudou uma série de alternativas para o controle dessas erosões. Todas envolvem custos elevados (Figura 2.86).

Como o caso anterior, é mais um caso de erosão a jusante de vertedores.

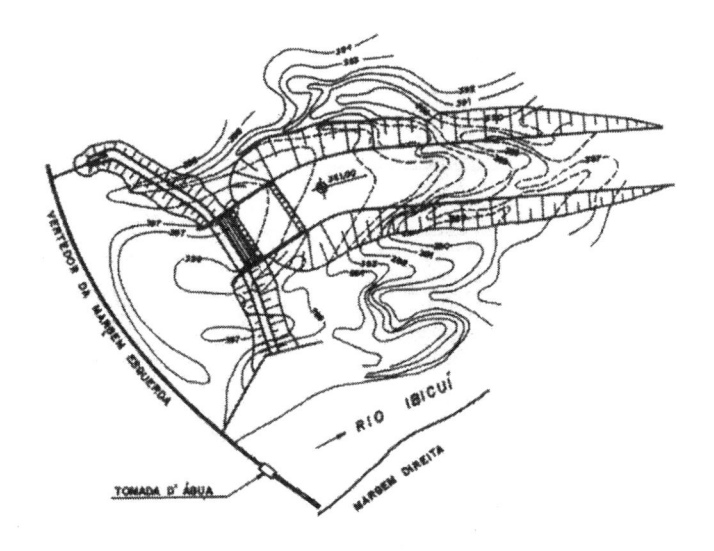

a) Planta

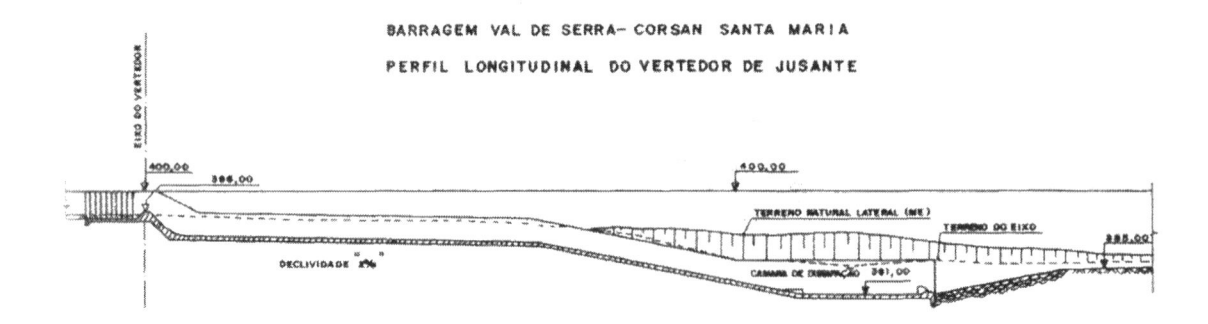

b) Perfil longitudinal do vertedor de jusante

Figura 2.86 - Barragem Val da Serra (cortesia MAGNA, 1987)

ILHA DOS POMBOS

A Barragem de Ilha dos Pombos foi construída em 1920 pela então Light & Power do Rio de Janeiro. A obra reúne três vertedores, um trecho de barragem em concreto-gravidade, um canal lateral, diques laterais, e uma casa de força.

O CNEC foi encarregado de fazer uma avaliação do estado da obra e propôs os trabalhos de recuperação.

Há dois aspectos a serem destacados:

- o primeiro refere-se à engenhosidade e à criatividade dos engenheiros da obra que, por não disporem de recursos modernos de construção, eram obrigados a reduzir ao mínimo os movimentos de terra e as escavações em rochas, tirando o máximo partido das condições topográficas locais. O vertedor principal tem uma comporta de 45 m de comprimento e raio de 10,70 m, e sua operação hidráulica é acionada por uma caixa d'água de ombreira. São lições de engenharia;

- o segundo aspecto diz respeito à multiplicidade de vertedores e de geradores instalados em espaços diferentes, o que resulta numa operação complexa e de baixo rendimento.

BARRAGEM DO CALDEIRÃO

Em 1988, a SIRAC foi encarregada pelo DNOCS de estudar o alteamento da Barragem do Caldeirão.

A Figura 2.87 mostra o alteamento proposto.

Como a barragem deve continuar em operação na fase de alteamento, o mesmo deverá ser feito por jusante.

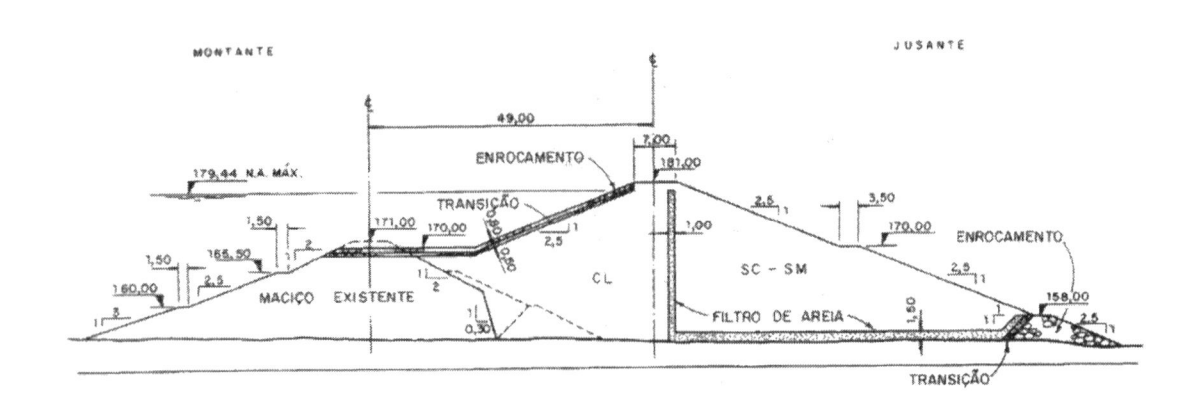

Figura 2.87 - Barragem do Caldeirão (cortesia SIRAC, 1988)

BARRAGEM DO GERMANO

A Barragem do Germano pertence à SAMARCO Mineração, e é um caso típico de barragem de rejeito, construída pelo método de montante.

O dique de partida, com cerca de 60 m de altura, foi construído em 1975 e vem sendo alteado de 10 em 10 m em média, podendo alcançar uma altura máxima de 94 m.

O rejeito a montante tem a granulometria de uma areia fina a média, e é lançado hidraulicamente, formando praias com inclinação de 1/10 a 1/20.

A estabilidade da barragem, até a altura do dique de partida em enrocamento, é incontestável. Já nos alteamentos posteriores, com talude médio de 2(H):1(V), a estabilidade fica condicionada à posição da linha freática, como se vê no gráfico de $F.S.$ versus $L.F.$ (Figura 2.88.b).

Esta situação é característica de barragens de rejeito construídas pelo método de montante. Muitas das rupturas que ocorreram neste tipo de barragem foram resultado de uma elevação descontrolada do N.A. do reservatório, seja pelo próprio uso de água, pela posição inadequada da tomada d'agua do vertedor, ou pela ocorrência de chuvas e cheias não previstas em projeto.

O projeto de alteamento da barragem é da FIGUEIREDO FERRAZ.

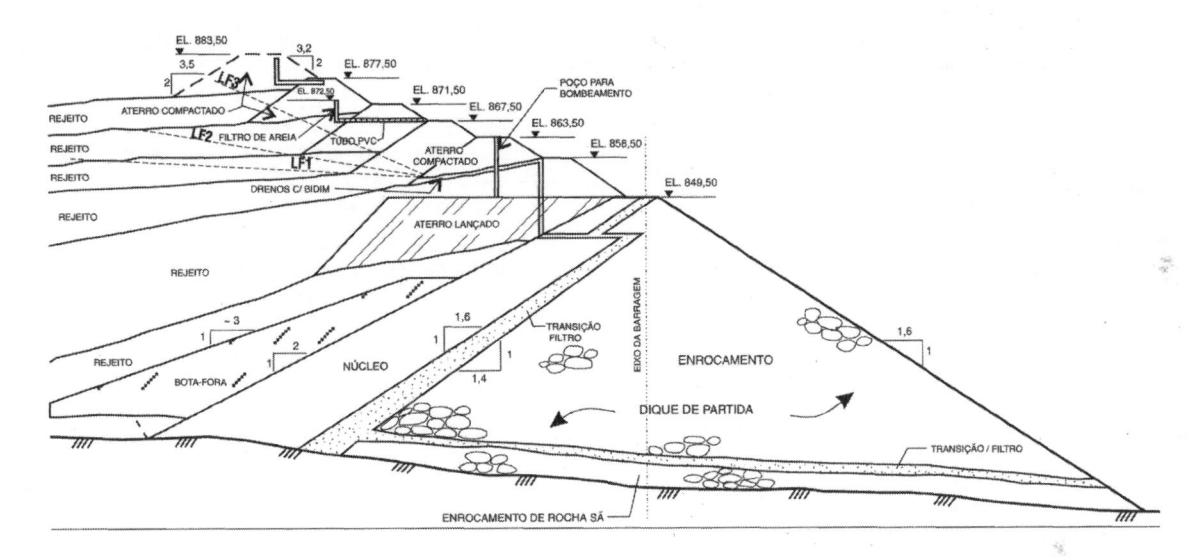

a) Seção transversal típica

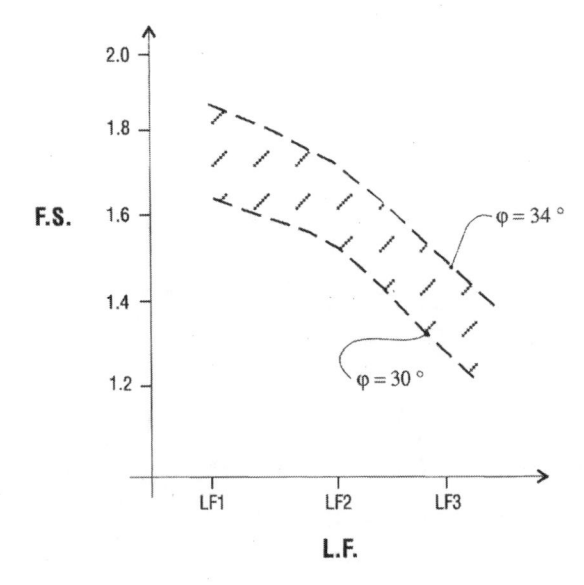

b) Gráfico $F.S.$ vs. $L.F.$

Figura 2.88 - Barragem do Germano (cortesia FIGUEIREDO FERRAZ/SAMARCO, 1990)

G - FISCALIZAÇÃO - SUPERVISÃO

Santa Branca 1958-1959

Três Marias 1957-1961

Açu - parecer sobre controle da construção

BARRAGEM DE SANTA BRANCA

A Barragem de Santa Branca teve sua construção supervisionada pela GEOTÉCNICA, era propriedade da RIO LIGHT, CARRIS, FORÇA LUZ e destinava-se à regularização do rio Paraíba; fica próximo à cidade de Jacareí/SP. O projeto foi da COBAST.

Foi minha primeira experiência de obra. Engenheiro novo, na época dormia no alojamento de solteiros, transportava os laboratoristas para o campo às 6 horas da manhã, trazia de volta às 11, levava de volta às 12; fazia troca de turno às 17; às 23 horas trazia o 2º turno para o "lanche da noite", voltava ao campo, dava orientação para o restante da noite e vinha dormir à meia-noite, para acordar às 5 e meia da manhã seguinte.

Quartas e sábados à noite levava a "turma" para o cinema em Jacareí.

Passava o dia controlando compactação, andando pela praça e pelos empréstimos, vendo a areia do filtro e as pedras dos enrocamentos.

Quando o desvio de umidade passava do especificado, era só mandar um "memo" para a COBAST, e a compactação parava até que passasse a chuva, secasse o empréstimo, ou se liberasse a praça de compactação.

Lembro-me uma noite, às 23:30 horas, quando o resultado do ensaio de Hilf acusou um desvio de umidade 0,3% acima do especificado. Mandei imediatamente suspender a compactação. O empreiteiro argumentou que queria ao menos fechar o turno às 24 horas. Fui implacável. A compactação foi suspensa às 23:30 horas.

Hoje, 36 anos depois, analiso o fato sob dois aspectos: o primeiro é que a fiscalização tinha autoridade - parava o empreiteiro; o segundo é que, se a barragem de Santa Branca dependesse dos 0,3% de desvio de umidade para estar "segura", alguma coisa estava errada, ou com a barragem ou com o fiscal.

A Barragem de Santa Branca operou como barragem reguladora de cheias por muitos anos. Em 1983, a LIGHT decidiu motorizar a barragem e passou a operá-la no nível máximo.

Em 1986, começaram a ocorrer surgências de água no talude de jusante.

Como se vê na Figura 2.89, o dreno vertical só ia até a elevação 615 m, enquanto o N.A. do reservatório alcançava a elevação 622 m.

Qualquer estudo de fluxo, mesmo considerando anisotropias de permeabilidade de 10 ou 20, mostraria que a linha freática só tangenciava o dreno abaixo da elevação 615 m, portanto, abaixo do topo do dreno, concluindo-se que o projeto do dreno era correto.

A surgência de água a jusante, no entanto, mostrou que o fluxo preferencial era quase horizontal.

A solução adotada, ilustrada pela Figura 2.90, inclui um reforço no talude e a execução de um dreno contínuo sobre o talude atual de jusante da barragem.

É, sem dúvida, uma das lições aprendidas mais importantes.

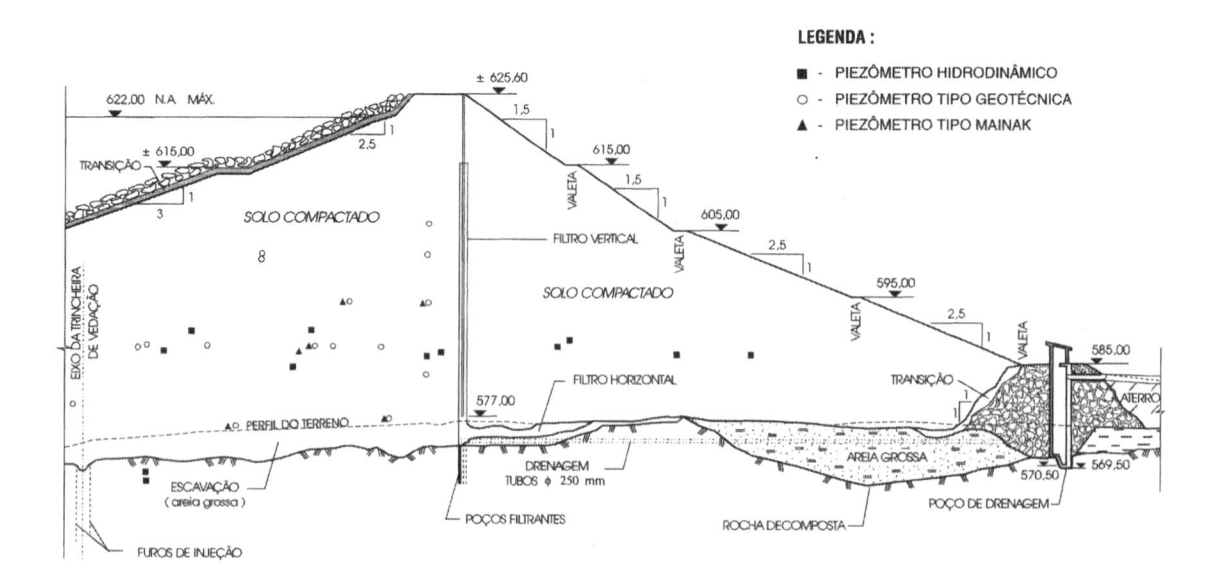

Figura 2.89 - Barragem de Santa Branca - seção típica (Santos e Domingues, 1991)

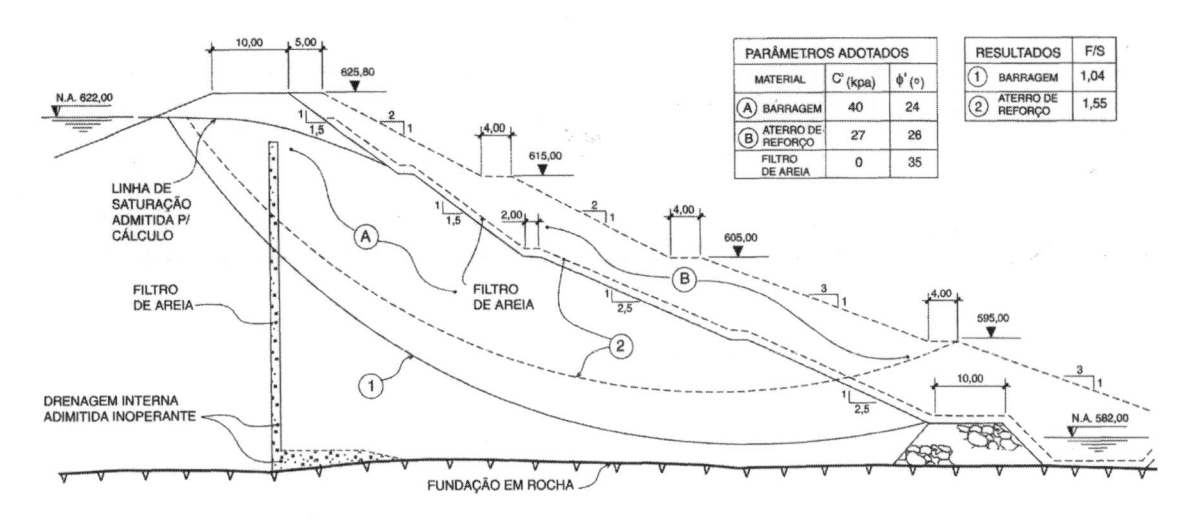

Figura 2.90 - Barragem de Santa Branca - solução adotada (Santos e Domingues, 1991)

BARRAGEM DE TRÊS MARIAS

A Barragem de Três Marias fica no rio São Francisco, a 95 km a sudoeste de Pirapora e a 250 km de Belo Horizonte. A barragem é da CHESF, e teve a sua construção fiscalizada pela GEOTÉCNICA. No mês de julho de 1958, fui para a obra substituir o Eng. Carlos Vilanova, que estava de licença para o seu casamento. Só vim a conhecer o Vilanova anos mais tarde em Xavantes, e daí para cá fomos companheiros de muitas obras, de agradável memória.

Jack Hilf estivera na obra em 1957, trazendo o seu então novo Método de Hilf para controle de compactação. Imediatamente o método foi adotado em Três Marias, e daí se irradiou para quase todas as barragens brasileiras, até pelo menos metade da década de 70, quando foi substituído pelo Hilf-Proctor, e/ou pelo uso de lâmpadas de infravermelho para secagem expedita do solo, utilizadas em algumas obras da CESP em S.Paulo.

Na época, havia um modismo estatístico e o Eng. Enilsio Botelho introduziu em Três Marias um controle que considerava todos os fatores que poderiam influenciar na compactação, que iam desde o número de passadas do rolo compactador até a espessura e o biselamento do cilindro amostrador, passando pela aferição das balanças, do peso das cápsulas, da umidade do empréstimo, etc, etc.

Eram cinco engenheiros de solos e 30 laboratoristas, divididos em dois turnos de 11 horas. A obra parava das 4 às 6 da manhã para manutenção do equipamento.

Na passagem do turno, era necessário fazer um relatório diário sobre o andamento da compactação, das providências tomadas e das recomendações para o turno seguinte. Estas poderiam incluir mudanças de empréstimo, alteração na irrigação da praça, alteração na espessura da camada, e mesmo aferição da balança do laboratório do empréstimo e verificação do peso do martelo do Proctor.

O resultado de tanto zelo foi uma compactação que se assemelhava a um sanduíche de muitas fatias de pães diferentes, uns mais secos, outros mais úmidos, uns de trigo, outros de milho.

Quando o resultado de tantos estudos foi mostrado ao Prof. Casagrande, ele me deu uma lição de mestre: "o que interessa numa barragem é a homogeneidade, e não a estatística. O que vocês estão fazendo é um desastre".

Era tanta a preocupação com a compactação do aterro, que ninguém se lembrou do dreno vertical, que num trecho da barragem foi compactado em camadas métricas, contrariando todas as especificações da época, de compactá-lo em camadas delgadas e com C.R. $\geq$ 70%.

A obra tem de ser vista como um todo, na sua concepção, no seu desempenho.

Três Marias é um marco na Engenharia Brasileira, porque foi uma das primeiras grandes barragens construídas no Brasil, e num prazo recorde de quatro anos. A seção transversal apresentada na Figura 2.91 mostra um dreno horizontal suspenso e um dreno inclinado - alguns detalhes que hoje seriam modificados.

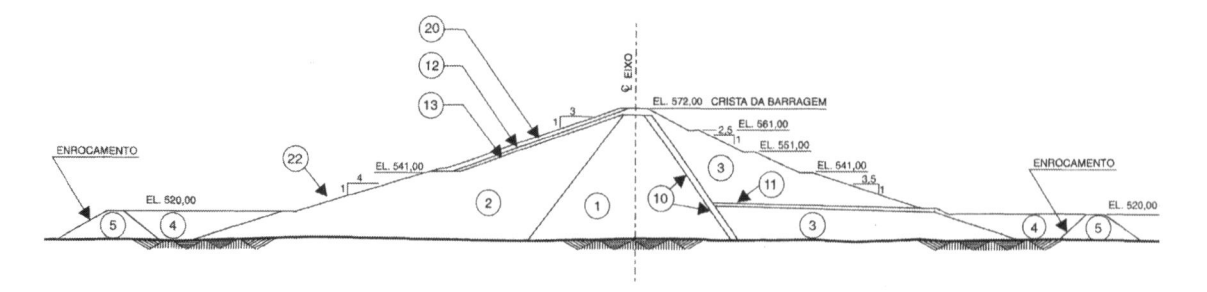

LEGENDA	
1	ARGILA h > hot
2	ARGILA h < hot
3	VARIOS MATERIAIS
4	BERMA
5	ENSECADEIRA
10	DRENO INCLINADO 2,00 m
11	DRENO HORIZONTAL 1,50 m
12	TRANSIÇÃO GROSSA - 0,40 m
13	TRANSIÇÃO FINA - 0,30 m
20	RIP-RAP
22	SOBRA DE PEDREIRA

Figura 2.91 - Barragem de Três Marias - seção no leito do rio (CBGB/CIGB/ICOLD, 1982)

BARRAGEM DE AÇU

A Barragem de Açu é discutida no Capítulo 11. Após a ruptura, no trecho do leito do rio, a mesma foi reconstruída em cascalho, com a seção transversal mostrada na Figura 2.92.

Fui chamado pelo Eng. José Roberto de Paula para avaliar o relatório sobre controle da reconstrução, e tive então ocasião de visitar o local da obra, já até depois de sua inauguração.

O principal material de construção disponível no local era um cascalho graúdo, com porcentagem de finos muito variável *in situ*.

Como a barragem é assente em areia, o espaldar de montante apresentava requisitos de baixa permeabilidade. Tendo em vista que a permeabilidade dos cascalhos varia com a quantidade de finos que preenche os seus vazios, as especificações exigem um mínimo de 25% de finos para esse espaldar. O material empregado foi um cascalho com finos. A porcentagem de silte mais argila variou de 22% a 38%; a fração de cascalho, de 20% a 38% com d_m de 4 mm e D_{max} de 100 mm. Os finos eram bastante plásticos: LL entre 50% e 70% e LP de 30% a 50%. A h_{ot} média foi de 14%. (Veja-se Paula, 1983).

O que não entendi foi porque adotar a mesma especificação para o espaldar de jusante, uma vez que a barragem dispõe de um dreno vertical que deve disciplinar o fluxo.

Às vezes, há razões que a razão desconhece.

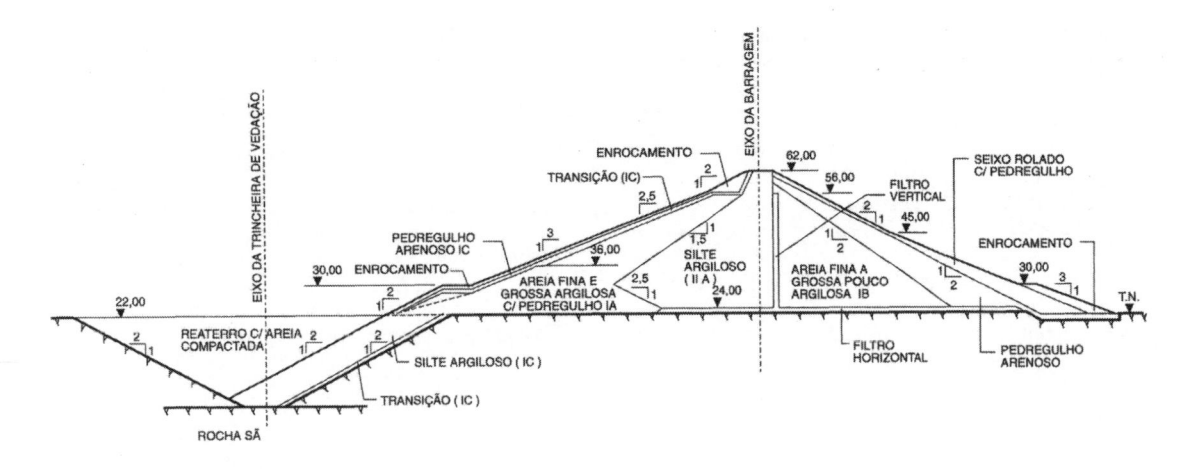

Figura 2.92 - Barragem de Açu - seção reconstruída em cascalho - leito do rio (cortesia SIRAC, 1982)

H - INVESTIGAÇÕES, LABORATÓRIO E CAMPO

Rio Pium - I (Capitólio) 1959

Ponte Nova 1964-1973

Furnas e Xavantes 1962

Três Irmãos 1991

Taquaruçu 1993

BARRAGEM DO RIO PIUM-I (CAPITÓLIO)

Em 1959, na GEOTÉCNICA, lembro-me de ter feito os cálculos de estabilidade da barragem, baseados em resultados de ensaios procedidos nos laboratórios da empresa.

Provavelmente foram uns dos últimos cálculos de estabilidade procedidos em termos de pressões totais. Em 1961, a Conferência de Boulder/Colorado, e em 1963, a Conferência Panamericana realizada no Brasil, levaram os engenheiros brasileiros a passar rapidamente à elaboração de cálculos de estabilidade com base em pressões efetivas.

BARRAGEM DE PONTE NOVA

A barragem apresenta dois aspectos geotécnicos de interesse.

O primeiro diz respeito à inclusão de diafragmas plásticos na argila mole e nas areias da fundação, executados a montante e a jusante, que permitiram escavar toda a área da fundação (Figura 2.93).

As infiltrações que ocorreram se deram na interface diafragma-rocha de fundação, que é sempre o ponto fraco desse tipo de diafragma.

O segundo dado geotécnico refere-se à tentativa de misturar solos. Como havia escassez de solo argiloso, decidiu-se misturar um caminhão de solo saprolítico com dois de solo siltoso.

Misturar solos numa praça de compactação não se mostrou nada viável, e a proposta foi descartada.

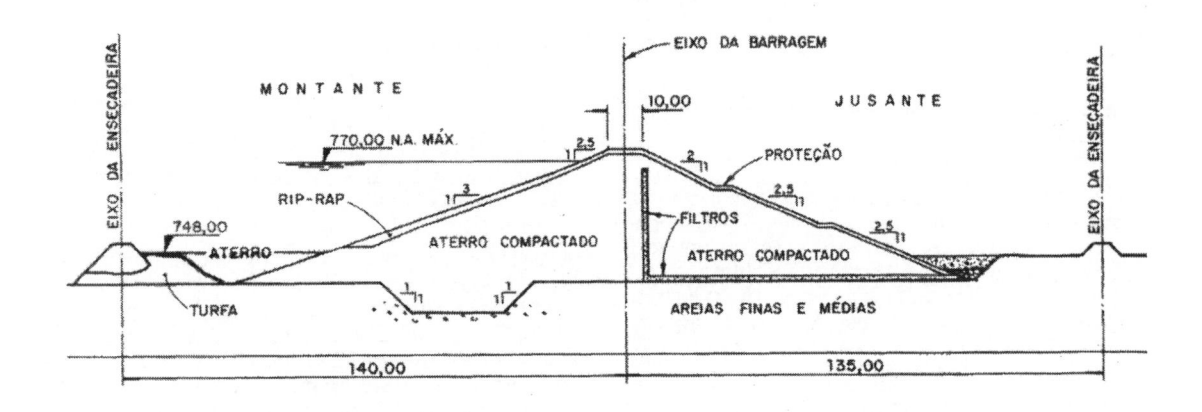

Figura 2.93 - Barragem de Ponte Nova (CIGB/ICOLD/CBGE, 1982)

BARRAGEM DE FURNAS E BARRAGEM DE XAVANTES

A Barragem de Furnas é ilustrada pela Figura 2.94.

Em 1962, o IPT já dispunha de um velho e eficiente equipamento triaxial fabricado no Brasil. FURNAS solicitou ao IPT a realização de ensaios especiais.

Eu sabia que a CHESF havia adquirido um equipamento "Geonor", que eu achara em Três Marias, e que nunca havia sido utilizado. Nessa ocasião, eu disse ao Eng. Lincoln Queiroz que se ele conseguisse que o equipamento fosse levado ao IPT, eu faria os ensaios.

E assim foi. Logo em seguida, o Prof. Casagrande solicitou à USELPA o envio de amostras de solo de empréstimo de Xavantes para a Noruega para a realização de ensaios especiais. Solicitou que amostras idênticas fossem ensaiadas no IPT. Quinze dias antes de chegar o resultado da Noruega, emiti o relatório do IPT. Os resultados coincidiram exatamente. Casagrande passou a acreditar no IPT.

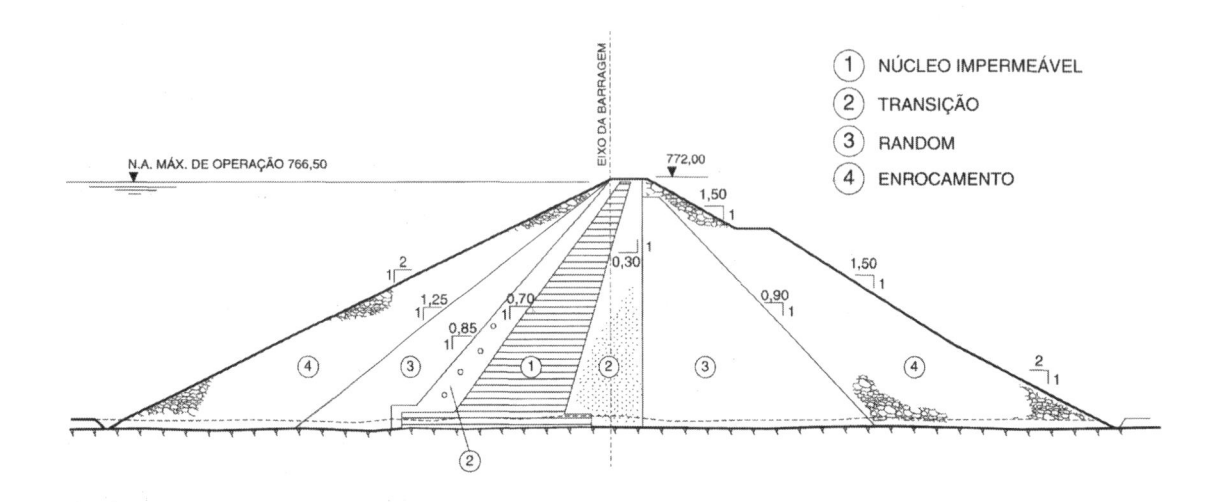

Figura 2.94 - Barragem de Furnas - seção típica (Cadastro Geotécnico, 1983)

BARRAGEM DE TRÊS IRMÃOS

O problema de alterabilidade de basaltos é conhecido desde a barragem de Jupiá (1961 e 1969). Basaltos alteráveis foram utilizados na construção de várias barragens, entre elas Capivari e Itaúba, em zonas internas dos espaldares.

Os basaltos alteráveis, em muitos casos, puderam ser associados a um determinado derrame basáltico ou parte dele, o que facilitava, em termos de obra, a sua separação.

Para agregado de concreto, sempre se utilizou o basalto não desagregável.

No caso de Três Irmãos a separação dos basaltos tornou-se muito difícil, porque o basalto desagregável ocorria misturado com o basalto não desagregável, e a produção de brita para o concreto acabou contendo uma parcela de basalto desagregável. Pela primeira vez na história de barragens, foi utilizado basalto desagregável na composição de brita para o concreto, com resultados plenamente satisfatórios.

Os laboratórios da CESP em Ilha Solteira, tanto de cimento como de rochosos, tiveram uma importante participação no estudo do problema.

Um interessantíssimo estudo sobre a desagregação dos basaltos foi desenvolvido em conjunto com o IPT, e publicado parcialmente por Frazão *et al.*, em 1993.

BARRAGEM DE TAQUARUÇU

A Barragem de Taquaruçu localiza-se no rio Paranapanema, entre as Barragens de Rosana e Capivara. Tem as fundações em basalto.

Contatos entre derrames, juntas e juntas-falhas são as feições de condutividade elevada nos basaltos, e que definem todo o padrão de fluxo subterrâneo que se desenvolve nas fundações de barragens.

Da máxima importância para a análise de vazões e subpressões nessas fundações é o conhecimento das condições preexistentes de fluxo do local, bem antes do início da obra e durante toda a fase de escavação, tratamento e construção. Cheias que ocorrem durante a construção, e que criam um desnível montante-jusante, devem ser aproveitadas para avaliação de vazões e subpressões. Testes de intercomunicação de drenos e de eficácia de injeções têm-se mostrado muito úteis.

As características de fluxo regionais também devem ser levantadas, no que se refere à alimentação das feições permeáveis e à intercomunicação entre as mesmas.

A condição da obra em operação só poderá ser analisada de forma adequada, se as condições prévias forem conhecidas e as mudanças decorrentes da elevação do nível do reservatório puderem ser corretamente avaliadas.

Critérios de projeto que ignorem as condições preexistentes podem se distanciar tanto da realidade, a ponto de tornar fictícios os valores de coeficientes de segurança obtidos no tocante à ruptura por escorregamento e cisalhamento.

O trabalho de Azevedo (1993) é ilustrativo de um caso real, e mostra claramente que as vazões e as subpressões, em determinadas feições das fundações das estruturas de concreto, pouco ou nada se modificaram com a elevação do reservatório nos derrames basálticos superiores.

A oportunidade de trabalhar com Azevedo na elaboração de sua Dissertação de Mestrado (E.E. São Carlos, 1993) me foi muito grata.

Ficou claro neste trabalho que a eficiência das cortinas de injeções não pode ser avaliada simplesmente por leituras piezométricas e critérios de projeto convencionais, que muitas vezes ignoram completamente as condições específicas da fundação. Veja-se a Figura 2.95.

Transcreve-se a seguir trecho do trabalho de Azevedo referente ao assunto em questão:

"**CASO A - A descontinuidade não aflora no reservatório:**

Diagrama 1 - descontinuidade injetada ou não, sem drenagem: neste caso as pressões são transmitidas, independente da presença ou não das injeções. Os gradientes da mesma são muito baixos e quase não há fluxo pela descontinuidade. Diagramas semelhantes a este são verificados nos muros de Ibitinga (injetados mas não drenados) e Taquaruçu (nem injetados e nem drenados).

Diagrama 2 - analisa o caso de injeções ineficientes, com drenagem eficiente: aqui os gradientes ainda são bastante baixos devido ao raio de influência da drenagem, que deve ser da ordem de 1000 m ou pouco superior. As vazões afluentes no sistema de drenagem podem ser altas. Este é o caso das subpressões no contato da cota 292 de Capivara e do Bloco 77/87 de Taquaruçu.

Diagrama 3 - é o caso de injeções parcialmente eficientes (eficiência da ordem de 65%) e drenagem também eficiente: as cargas a montante da cortina tendem a retornar aos níveis piezométricos originais, aumentando consideravelmente os gradientes através da cortina (de 10 a 20 vezes). O efeito da drenagem se faz sentir a montante da mesma, porém induzindo-se baixas vazões.

Diagrama 4 - analisa cortinas 100% eficientes com drenagem eficiente: aqui os níveis a montante da cortina se equivalem aos níveis piezométricos originais do aqüífero, e os gradientes pela cortina são os máximos possíveis e resultariam em vazões praticamente nulas.

CASO B - A descontinuidade aflora no reservatório:

Diagrama 5 - descontinuidade injetada ou não, sem drenagem. Analogamente ao caso do diagrama 1, as pressões são transmitidas independente da presença ou não das injeções. O fluxo pela descontinuidade é muito pequeno, resultando em gradientes muito baixos.

Diagrama 6 - injeção ineficiente, drenagem eficiente. Analogamente ao caso do diagrama 2, não se observa perdas de carga através da cortina. Os gradientes resultantes são função da altura da barragem e da distância entre a barragem e o afloramento da descontinuidade do lago. Para barragens cujo lago ascende 30,0 m acima do leito do rio, para um afloramento da descontinuidade a 100 m de distância, os gradientes seriam da ordem de 0,3. Neste caso deve-se esperar vazões excessivas pelo sistema de drenagem.

Diagrama 7 - injeção parcialmente eficiente e drenagem eficiente: os gradientes são elevados na região da cortina, porém os níveis piezométricos a montante da mesma não atingem o nível do reservatório devido à atuação da drenagem. Vazões pelo sistema de drenagem relativamente baixas. É o caso das subpressões na seção piezométrica na soleira do vertedor de Capivara e dos diagramas apresentados por GRAEFF e outros para Nova Avanhandava.

Diagrama 8 - injeção 100% eficiente, drenagem eficiente - neste caso, as pressões pela descontinuidade se transmitem até o piezômetro a montante da cortina, que acusa níveis piezométricos praticamente iguais aos do reservatório, resultando em gradientes máximos pela cortina. As vazões, por seu lado, são praticamente nulas. É o caso da seção piezométrica da Soleira do Vertedor de Capivara."

100 Barragens Brasileiras

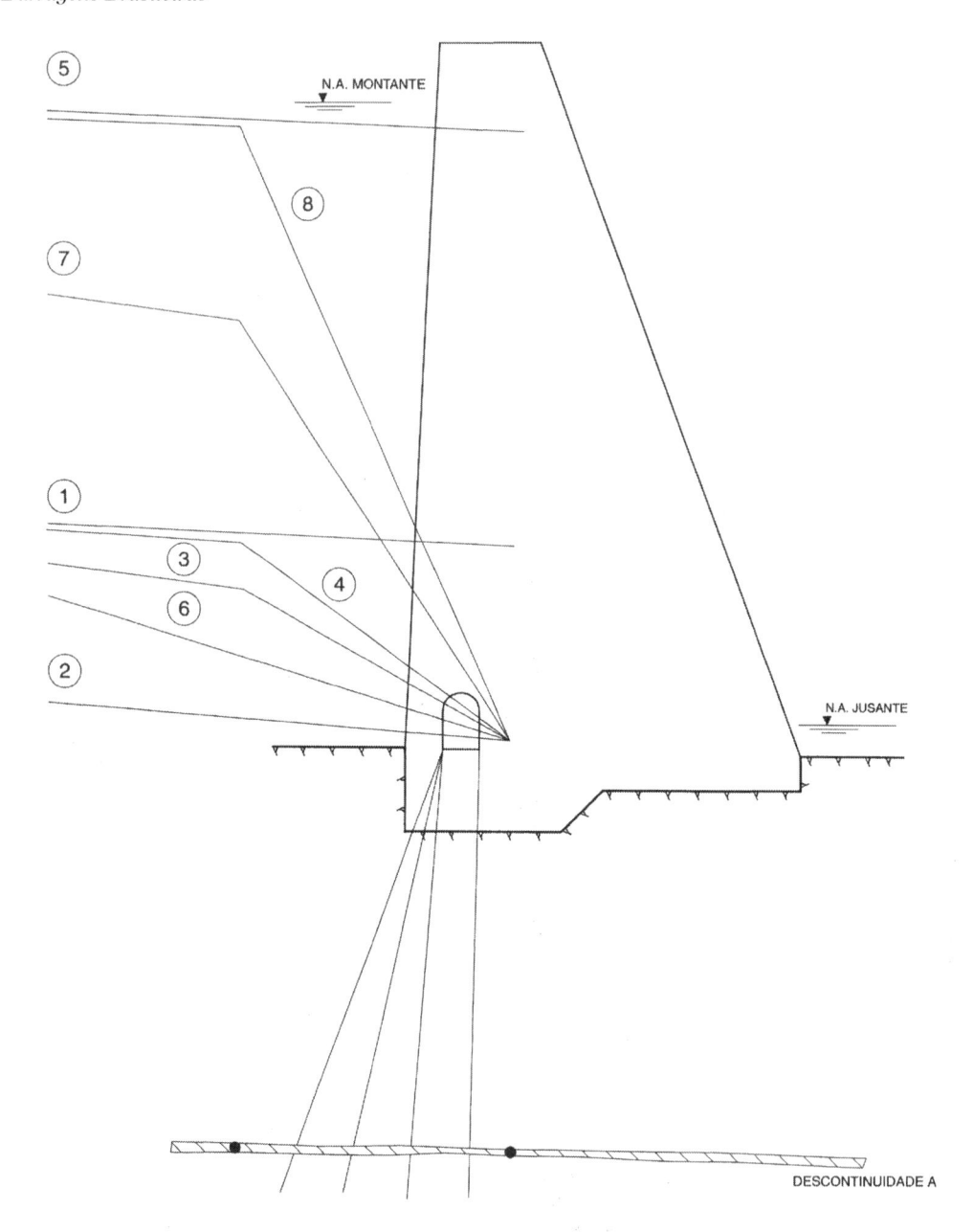

DIAGRAMAS DE SUBPRESSÕES

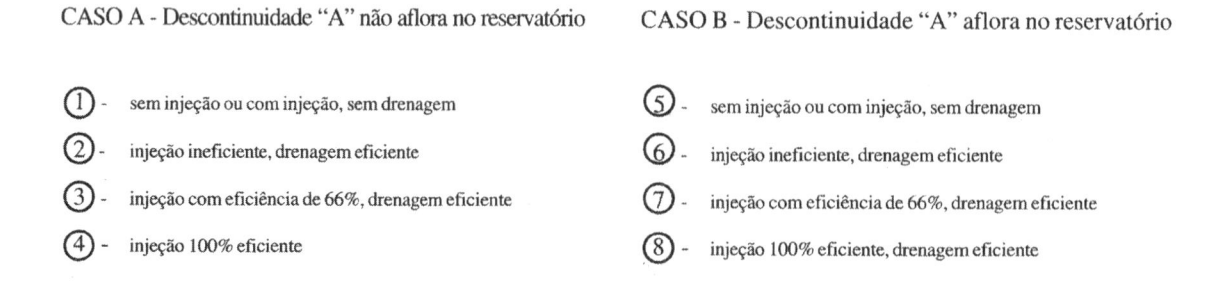

CASO A - Descontinuidade "A" não aflora no reservatório

① - sem injeção ou com injeção, sem drenagem
② - injeção ineficiente, drenagem eficiente
③ - injeção com eficiência de 66%, drenagem eficiente
④ - injeção 100% eficiente

CASO B - Descontinuidade "A" aflora no reservatório

⑤ - sem injeção ou com injeção, sem drenagem
⑥ - injeção ineficiente, drenagem eficiente
⑦ - injeção com eficiência de 66%, drenagem eficiente
⑧ - injeção 100% eficiente, drenagem eficiente

Figura 2.95 - Taquaruçu - análise conceitual da eficiência da cortina (Azevedo, 1993)

REFERÊNCIAS BIBLIOGRÁFICAS

ABMS/ABGE. 1983. Cadastro Geotécnico das Barragens da Bacia do Alto Paraná. *Simpósio sobre a Geotecnia da Bacia do Alto Paraná*, São Paulo.

AZEVEDO, A. 1993. *Análise de fluxo e das injeções nas fundações da Barragem de Taquaruçu - Rio Paranapanema - SP*. Dissertação de Mestrado. Escola de Engenharia de São Carlos/SP.

BARBI, A. L., GOMBOSSY, Z. M., SIQUEIRA, G. H. 1981. Controle de qualidade de calda de cimento para injeção: utilização do traço variável. *Anais do XIV Seminário Nacional de Grandes Barragens*, Recife. CBGB, v. 1.

CANAMBRA ENGINEERING CONSULTANTS LIMITED, NASSAU B. 1966. United States of Brazil, Part B. São Paulo Group. *Power Study of Central-Brazil*.

CANAMBRA ENGINEERING CONSULTANTS LIMITED, NASSAU B. 1968. Paraná Group. *Power Study of South Brazil*.

CARVALHO, E., SHIMABUKURO, M., CAPRONI Jr, N., MARTINS, M. A. 1994. Serra da Mesa earth and rockfill dam, overtoping stage. *Proceedings of the 18th International Congress on Large Dams*, Durban.

CARVALHO, L. H. de, PAULA, J. R. de, SOUSA, L. N. de, 1989. Laterita como elemento predominante no projeto de uma barragem-de-terra. *Anais do XVII Seminário Nacional de Grandes Barragens*, Foz do Iguaçu. CBGB, v. 3.

CARVALHO, R. M., KAJI, N., MATOS, W. D. de, 1981. Estudos geológicos e geotécnicos para o Complexo Hidrelétrico de Altamira, rio Xingu. *Anais do III Congresso Brasileiro de Geologia de Engenharia*, Itapema. ABGE, v. 1.

CARVALHO, R. M., REZENDE, M. de A., PAYOLLA, B. L. 1987. Compartimentação geomecânica das fundações das estruturas-de-concreto da UHE de Babaquara, rio Xingu. *Anais do V Congresso Brasileiro de Geologia de Engenharia*, São Paulo. ABGE, v. 1.

CENTRAIS ENERGÉTICAS DE SÃO PAULO/CESP. 1974. Topics for Consultation on Capivara Dam. *Relatório de Visita do Prof. A. Casagrande ao Setor de Obras de Terra*. São Paulo.

CENTRAIS ENERGÉTICAS DE SÃO PAULO/CESP. 1975. *Poços de alívio - Usina Xavantes*. Setor de Obras de Terra e Rocha - Usina Capivara.

CIGB/ICOLD/ CBGE. 1982. *Barragens no Brasil*. Rio de Janeiro: Comitê Brasileiro de Grandes Barragens.

CONSÓRCIO NACIONAL DE ENGENHEIROS CONSULTORES - CNEC/ELETRONORTE. (sem data). *The Altamira Hydroelectric Complex*.

CBGB/CIGB/ICOLD. 1982. *Main Brazilian Dams - Design, Construction and Performance*. São Paulo: BCOLD Publications Committee.

COSTA FILHO, L. M. 1987. Estudos de solos com concreções lateríticas compactadas. *Anais do Seminário de Geotecnia de Solos Tropicais*, Brasilia. CNPq/ SENAI/UNB/THEMAG.

COUTINHO, R. Q. 1986. *Aterro experimental levado a ruptura sobre solos orgânicos*: argilas moles da Barragem de Juturnaíba. Tese de Doutaramento. COPPE/RJ.

COUTINHO, R. Q., ALMEIDA, M. S. S., BORGES, J. B. 1994. Analysis of the Juturnaíba embankment dam built on an organic soft clay. *Geotechnical Special Publication*, n.40, ASCE.

CRUZ, P.T. da. 1969. *Barragem de Xavantes. Breve Análise do Comportamento*. São Paulo: CESP.

CRUZ, P.T. da. 1974. Estabilidade de aterros não compactados. *Anais do V Congresso Brasileiro de Mecânica dos Solos*, São Paulo. ABMS, v. IV.

CRUZ, P. T. da, CAMARGO, F. P. de, BARROS, F. P. de. 1975. Uso de modelos geomecânicos na análise de fundações de estruturas de concreto. *Proc. of the 5th Panamerican Conference on Soil Mechanics and Foundation Engineering*, Buenos Aires. ISSMFE.

CRUZ, P. T. da, BEZERRA, D. M., GUIMARÃES, M. C. de A. B. 1990. O emprego de laterita na Barragem de Pitinga. *Anais do VI Congresso Brasileiro de Geologia de Engenharia / IX Congresso Brasileiro de Mecânica dos Solos e Engenharia de Fundações*, Salvador. ABGE/ABMS, v. 1.

CRUZ, P. T. da.1990. Estudos de alternativas para a Barragem de Zabumbão no trecho do "canalão". *Relatório para a Construtora Queiroz Galvão*. São Paulo.

DNOCS - DEPARTAMENTO NACIONAL DE OBRAS CONTRAS AS SECAS. 1982. *Barragens no Nordeste do Brasil*. Fortaleza.

DUARTE FILHO, J. (sem data). Aspectos do tratamento de fundação na Barragem de Passo Fundo. *Revista Engenharia do Rio Grande do Sul*, v. II, n. 14. Porto Alegre.

ENGEVIX/THEMAG. 1987. UHE Tucuruí - Projeto de engenharia das obras civis - consolidação da experiência. *Relatório emitido para a ELETRONORTE*. São Paulo.

FRAZÃO, E. B., FERRAZ, J. L., MINICUCCI, L. A., CRUZ, P. T. da. 1993. Alterabilidade de basaltos da UHE de Três Irmãos, São Paulo: critérios de avaliação a partir de ensaios de laboratório e de observações de campo. *Anais do VII Congresso de Geologia de Engenharia*, Poços de Caldas. ABGE.

GOMBOSSY, Z. M., BARBI, A. L., SIQUEIRA, G.H. 1981. Injeções de cimento na fundação da barragem principal de Itaipu.*Anais do XIV Seminário Nacional de Grandes Barragens*, Recife. CBGB, v. 1.

GUIDICINI, G., CRUZ, P.T. da, ANDRADE, R. M. de, 1979. Hydrogeotechnical control system on a hydro-electric power plant with a basaltic foundation (Southern Brazil). *Proc. of the Symposium on Engineering Geological Problems in Hydrotechnical Construction*. Tbilisi, Georgia. IAEG. Tema 7.

GUIDICINI, G., MARTINS, S., GOUVEIA, F. 1994. *Bibliografia Brasileira sobre Fundações de Barragens e Temas Correlatos*. Rio de Janeiro: ENGEVIX ENGENHARIA S.A./ C.B.G.B.

KAWAMURA, N., CARVALHO, R. M. 1987. Características geológico-geotécnicas dos folhelhos das fundações da Barragem de Babaquara, rio Xingu. *Anais do V Congresso Brasileiro de Geologia de Engenharia*, São Paulo. ABGE, v. 1.

LEME, C. R. de M. 1985. Dam foundations. In: *Peculliarities of "in situ" behaviour of tropical lateritic and saprolitic soils in their natural conditions*. Progress Report. ABMS. Committee on Tropical Soils of the ISSMFE.

MORAES, J. de, VILLALBA, J. R., BARBI, A. L., PIASENTIN, C. 1982. Subsurface treatment of seams and fractures in foundation of Itaipu Dam. *Proc. of the 14th International Congress on Large Dams*, Rio de Janeiro. ICOLD, v. 2.

MOREIRA, J. E., HERKENHOFF, C. S., SANTOS, L. A., SIQUEIRA, G. H., AVILA, J. P. de. 1990. Comportamento dos tratamentos de fundação das barragens-de-terra de Balbina.*Anais do VI Congresso Brasileiro de Geologia de Engenharia / IX Congresso Brasileiro de Mecânica dos Solos e Engenharia de Fundações*, Salvador. ABGE/ABMS, v. 1.

MORIMOTO, S. 1972. Investigações sobre o grau de compactação dos solos granulares na Barragem de Terra da Usina Capivara. *Anais do VIII Seminário Nacional de Grandes Barragens*, São Paulo. CBGB.

MORIMOTO, S., MONTEIRO, H.J.A. 1973. A utilização de foto-gravi-granulometria na seleção de rochas destinadas a enrocamentos e rip-raps de barragens. *Anais do IX Seminário Nacional de Grandes Barragens*. Rio de Janeiro. CBGB, v. 2.

OLIVEIRA, H. G, BORDEAUX, G. W. R. M, CELERI, R. O., PACHECO, J. B. 1976. Comportamento geotécnico das barragens e diques de Jaguari, Paraibuna e Paraitinga. *Anais do XI Seminário Nacional de Grandes Barragens*, Fortaleza. CBGB, v. 2.

PASTORE, E. L. 1992. *Maciços de solo saprolítico como fundação de barragens de concreto gravidade*. Tese de Doutaramento. Escola de Engenharia de São Carlos/SP.

PAULA, J. R. de.1983. Métodos de controle de construção aplicados a materiais granulares coesivos. *Anais do XV Seminário Nacional de Grandes Barragens*, Rio de Janeiro. CBGB.

PECK, R. B. 1973. Influence of non technical factors on the quality of embankment dams. *Casagrande Volume*. New York: John Wiley & Sons.

PECK, R. B. 1973. Influência de fatores não técnicos na qualidade de barragens. *Anais do IX Seminário Nacional de Grandes Barragens*, Rio de Janeiro. CBGB, v. 2. Trad. por CRUZ, P.T. da.

PETTENA, J. L, BARROS A. L. de M. M. de, MATOS, W. D. de, RIBEIRO A. C. O., CARVALHO, R. M. 1980. Estudos de inventário hidrelétrico na Amazônia: Bacia do rio Xingu. *Anais do Simpósio sobre as Características Geológico-Geotécnicas da Região Amazônica*, Brasília. ABGE/THEMAG.

RITTER, E 1988. *Influência do teor de pedregulhos lateríticos na resistência de misturas compactadas da U.H.E. Porteira*. Dissertação de Mestrado. PUC, Rio de Janeiro.

SANTOS, C. F. da R., DOMINGUES, N. R. 1991. As obras de recuperação da barragem de Santa Branca. *Anais do XIX Seminário Nacional de Grandes Barragens*, Aracaju. CBGB.

SIGNER, S. 1976. Observações de compressibilidade de enrocamentos basálticos compactados em barragens. *Anais do XI Seminário Nacional de Grandes Barragens*, Fortaleza. CBGB.

SIGNER, S. 1982. Compressibilidades observadas na barragem de terra e enrocamento de Itaúba. *Anais do VII Congresso Brasileiro de Mecânica dos Solos e Engenharia de Fundações*, Olinda/Recife. CBGB, v. 1.

SILVA, R. F. da. 1987. Ensaios com a sonda hidráulica multiteste na Barragem Juruá da Usina Hidrelétrica de Kararaô. *Anais do V Congresso Brasileiro de Geologia de Engenharia*, São Paulo. ABGE, v. 1.

SIQUEIRA, G. H., BABA, L. J. N., SIQUEIRA, J. M. de.1986. Foundation treatment of the earth dam of the Balbina Hydroelectric Power Plant Grouting with hydraulic facturing in residual soil. *Proc. of the 5th International Congress of the International Association of Engineering Geology*, Buenos Aires. A. A. Balkema, v. 2.

SIQUEIRA, G. H., BARBI, A. L., GOMBOSSY, Z. M. 1981 .Injeções profundas da Usina de Itaipu: equipamentos e produção. *Anais do XIV Seminário Nacional de Grandes Barragens*, Recife. CBGB, v. 1.

THEMAG ENGENHARIA. 1987. *Projeto de Engenharia das Obras Civis - Consolidação da Experiência.* ENGEVIX/THEMAG/ELETRONORTE - UHE Tucuruí. São Paulo.

TOLEDO, P. E. C. 1987. *Contribuição ao projeto de proteção de talude de barragens de terra com solo-cimento.* Dissertação de Mestrado. EPUSP/SP.

RELACÃO DAS EMPRESAS CITADAS DO TEXTO

- BRASCONSULT - Brasconsult Engenharia de Projeto Ltda.
- CAMARGO CORRÊA - Construções e Comércio Camargo Corrêa S.A.
- CANAMBRA - Canambra Engineering Consultants Limited
- CBGB - Comitê Brasileiro de Grandes Barragens
- CEEE - Companhia Estadual de Energia Elétrica S.A./RS
- CESP - Centrais Energéticas de São Paulo S.A.
- CETESB - Companhia de Tecnologia e Saneamento Ambiental/SP
- CHESF - Centrais Hidroelétricas do São Francisco S.A.
- COBAST - Companhia Brasileira de Assistência Técnica
- CODEVASF - Companhia de Desenvolvimento do Vale do São Francisco
- COMIPAL - Comissões Mistas de Palmar/Uruguai
- COPEL - Companhia Paranaense de Eletricidade S.A.
- CNEC - Consórcio Nacional de Engenheiros Consultores
- CPFL - Companhia Paulista de Força e Luz
- CVRD - Companhia Vale do Rio Doce
- DNOCS - Departamento Nacional de Obras Contra as Secas
- DNOS - Departamento Nacional de Obras de Saneamento (extinto)
- ECOTEC - Ecotec Engenharia Ltda.
- ELETRONORTE - Centrais Elétricas do Norte do Brasil S.A.
- ELETROPAULO - Eletricidade de São Paulo S.A.
- ELETROSUL - Centrais Elétricas do Sul do Brasil S.A.
- ENGERIO - Engerio Engenharia e Consultoria S.A.
- ENGEVIX - Engevix S.A. Estudos e Projetos de Engenharia
- EPC - Engenharia, Projeto e Consultoria Ltda.
- EPUSP - Escola Politécnica da Universidade de São Paulo
- FIGUEIREDO FERRAZ - Figueiredo Ferraz Consultoria e Engenharia de Projetos Ltda.
- FURNAS - Furnas Centrais Elétricas S.A.
- GALLIOLI - Engenharia Gallioli Ltda.
- GEOTÉCNICA - Geotécnica S.A.
- G.H. ENGENHARIA - G.H. Engenharia Ltda.
- ICOLD - International Commission on Large Dams
- IESA - Internacional de Engenharia S.A.
- INFRASOLO - Engenharia de Solos e Infra-Estruturas Ltda.
- IPT - Instituto de Pesquisas Tecnológicas de São Paulo
- LIGHT - Rio Light, Carris, Força e Luz
- LIGHT & POWER DE SP
- MAGNA - Magna Engenharia Ltda.
- MDK - MDK Engenharia de Projeto Ltda.
- MILDER KAISER - Milder Kaiser S.A.
- NUCLEBRAS - Empresas Nucleares do Brasil S.A.
- PORTOBRAS - Empresa de Portos do Brasil S.A.
- PUC - Pontifícia Universidade Católica
- SAMARCO - Samarco Mineração S.A.
- SAMITRI - S.A. Mineração da Trindade
- SANEPAR - Companhia Paranaense de Saneamento
- SIRAC - Serviços Integrados de Assessoria e Consultoria Ltda.
- SONDOTÉCNICA - Sondotécnica Engenharia S.A.
- THEMAG - Themag Engenharia Ltda.
- USELPA - Usinas Elétricas do Rio Pardo (hoje pertence à CESP)
- USP - Universidade de São Paulo

UHE - Ilha Solteira (Cortesia CAMARGO CORRÊA)

1ª Parte

Capítulo 3

Lições Aprendidas

3 - LIÇÕES APRENDIDAS

3.1 - INTRODUÇÃO

O Quadro 3.1 resume uma série de fatores que foram destacados no Capítulo 2, em relação à concepção, desenvolvimento e detalhamento dos projetos das barragens mencionadas, bem como à sua construção e à observação do seu comportamento. Como a minha participação nesses projetos ocorreu de forma muito variada, o Quadro 3.1 não deve ser considerado sob o ponto de vista da estatística. Apesar disso, a incidência de um número maior de casos relativos a alguns dos fatores acaba por indicar que estes tiveram uma importância maior nos diversos projetos.

Quadro 3.1 -Fatores que foram destacados no projeto e construção das barragens mencionadas no Capítulo 2.

ITEM	FATOR	INCIDÊNCIA
01	Fatores não técnicos que condicionaram o projeto	11
02	Fatores não técnicos que condicionaram a construção	6
03	Fundações rochosas	6
04	Fundações em aluviões	10
05	Fundações em solos porosos	3
06	Fundações em solos residuais e saprolitos	1
07	Fundações em solos residuais e saprolitos saturados	4
08	Fundações em solos moles	5
09	Fundações em solos	3
10	Materiais de construção	12
11	Sistemas de drenagem interna	6
12	Sistemas de vedação	4
13	Problemas especiais de estabilidade	3
14	Pressões neutras construtivas	2
15	Proteção de taludes	3
16	Detalhes especiais	6
17	Ensecadeiras	5
18	Problemas ambientais	4
19	Folclore	3
20	Consultores e junta de consultores	13
	TOTAL	**110**

O quadro destaca a participação de consultores individuais ou em *Board*, uma incidência também elevada relativa ao fator "materiais de construção", e ainda em número elevado os casos de projetos e obras afetados por fatores não técnicos que influenciaram não só o projeto, como também o andamento da obra.

As características de fundação, se somadas (32), são dominantes sobre os demais fatores.

Nos itens que se seguem são tecidas considerações sobre as "principais lições aprendidas". Destas, as diferentes fases de um projeto merecem consideração especial, porque a economia global do empreendimento resulta principalmente de um arranjo correto. As demais "lições aprendidas" são agrupadas por assuntos específicos, tais como estabilidade, drenagem, etc.

3.2 - FASES DE UM PROJETO

3.2.1 - Viabilidade

Os estudos desenvolvidos pela CANAMBRA na década de 60, para as Regiões Centro, Centro-Sul e Sul do Brasil, podem ser considerados como um padrão e um modelo de estudos de viabilidade.

Contêm todos os dados necessários para as tomadas de decisões perante a viabilidade do empreeendimento.

É admirável que em poucos anos a CANAMBRA tenha produzido mais de uma dezena de projetos de viabilidade, com informações bastante claras sobre arranjo geral, definição de eixos, geologia local, tipos de solos de empréstimo, dados hidrológicos, e geração prevista.

A única área que não foi objeto de um maior aprofundamento desses estudos foi a ambiental, mas há que se considerar que na década de 60 as exigências quanto à preservação do meio ambiente eram muito diferentes das atuais. A maioria dos projetos foi executada.

Um projeto de viabilidade deve ter duração limitada a 1 ou no máximo 2 anos. É claro que, em se tratando de estudos complexos que envolvem um conjunto de obras, como em Altamira, esse prazo tem de ser dilatado.

3.2.2 - Projeto Básico

Murillo Ruiz já afirmava em anos passados que "é no projeto básico que são feitas as grandes economias de um empreendimento", e ele tem toda a razão.

Para para que as soluções mais econômicas e racionais possam ser detalhadas, é necessário conhecer bastante bem todas os condicionantes do projeto.

Além dos problemas geotécnicos, objeto deste livro, é necessário considerar os problemas sociopolíticos e econômicos envolvidos.

Geologia estrutural

Sob o ponto de vista geotécnico, além dos estudos, investigações e ensaios de rotina, é necessário ter clara a geologia estrutural da área, porque, em princípio, todo local para construção de uma barragem é geologicamente conturbado. A descoberta de uma falha geológica na fase do projeto executivo, como ocorreu nas Barragens de Balsas Mineiro e Itaúba, exigiu soluções e tratamentos de fundações não previstos na fase de projeto básico.

É recomendável que, além das tradicionais sondagens a percussão e rotativas, sejam abertos trincheiras exploratórias, poços e galerias, para esclarecer aspectos geológicos não detectados claramente pelos procedimentos usuais.

Um caso típico é o da Barragem de Itaipu. Por razões de cronograma, as investigações das feições desfavoráveis da fundação foram procedidas apenas na margem direita (Paraguai).

Os poços e galerias na margem esquerda puderam ser executados somente quando a obra já estava em fase adiantada de construção, registrando-se feições desfavoráveis na fundação, que exigiram a execução de um complexo sistema de chavetas. Os exemplos são inúmeros.

Hidrogeologia

Um estudo hidrogeológico das fundações é de primordial importância, mesmo na fase de projeto básico, porque permite antecipar os tratamentos de fundação. As feições permeavéis da fundação e a sua interligação com o futuro reservatório da barragem precisam ser bem identificadas. No caso das Barragens de Rosana e Taquaruçu, foi possível indentificar feições rochosas de elevada permeabilidade, sem comunicação direta com o reservatório, e nas quais o tratamento das fundações era não só desnecessário, como prejudicial ao desempenho da obra. No caso de Rosana, alguns drenos profundos chegaram a ser obstruídos no trecho inferior, para evitar uma comunicação direta com as feições mais rasas que se intercomunicavam com o reservatório.

Ensaios de bombeamento e ensaios especiais de condutividade hidraúlica (chamados "3 D"), realizados nas fundações das Barragens de Porto Primavera e de Juruá, forneceram dados de grande interesse para os tratamentos preconizados.

Aspectos construtivos

Aspectos construtivos não detalhados no projeto básico podem inviabilizar as soluções propostas. Veja-se o caso do canal da Barragem do Zabumbão e os problemas de fundação da Barragem de Boacica.

Materiais de construção

Os materiais de construção devem ser pesquisados à exaustão. Há dois aspectos fundamentais a serem considerados.

O primeiro refere-se aos volumes de material não só para a barragem, mas para o movimento de terra, rocha, agregados, areias, etc., que são necessários para os acampamentos, aterros industriais, estradas, alojamentos, pátios de manobra, desvios do rio, etc. A falta de previsão de áreas de empréstimo de solos, pedreiras e depósitos de areia pode comprometer seriamente um projeto. Não é raro descobrir-se na metade da execução da obra que "acabou a rocha", ou que a "rocha se desagregou nas pilhas de estoque", ou que as espessuras previstas de solos de empréstimo eram menores do que se estimava.

O segundo aspecto refere-se à compactação. Por mais que se conheçam os vários tipos de solos de empréstimo extensamente utilizados em barragens brasileiras, problemas de compactação ocorrem numa freqüência maior do que a esperada.

Solos muito úmidos podem gerar problemas de produtividade (Capivari-Cachoeira, por exemplo), solos surpreendentemente secos exigem recursos adicionais de umedecimento (Águas Claras e

Itacarambi), solos micáceos podem exigir equipamento específico (Paraibuna e Paraitinga) e solos de áreas ocasionalmente submersas podem gerar pressões neutras construtivas (Açu e Cocorobó).

Solos saprolíticos, como os derivados de filitos (e folhelhos), e cascalhos areno-argilosos podem exigir controles de compactação não convencionais, porque não se pode falar em umidade ótima de um filito (Atalho) e nem realizar ensaios usuais de compactação em cascalhos acima de 1".

Sempre que possível, devem ser realizados aterros experimentais na fase de projeto básico.

Equipamentos

Conquanto os equipamentos sejam em geral "um problema do empreiteiro", é necessário que alguns equipamentos especiais sejam previstos na fase do projeto básico e nos documentos de licitação.

Um exemplo refere-se ao *grizzle* ou separador de barras paralelas, utilizado acoplado à Central de Britagem e que permite separar um material com "diâmetro" inferior a um determinado valor (por exemplo, 10").

Esse material, em geral de granulometria ampla, pode ser usado em substituição às transições múltiplas em interfaces solo/enrocamento, ou como transição para o *rip-rap*. O custo desse material é muito menor que o da pedra britada.

A experiência mostra que, nos casos em que o *grizzle* não foi previsto na fase de projeto básico, e só posteriormente incluído pelo projetista, o custo do material do *grizzle* e o da brita acabou sendo o mesmo, ou ficando muito próximo.

Outro exemplo: o emprego de solo-cimento como proteção de taludes pode exigir alguns ajustes no equipamento de compactação. É conveniente detalhá-los.

Há solos arenosos que são muito facilmente compactáveis, e que podem se tornar excessivamente rígidos se compactados com os atuais equipamentos pesados. Se o projeto prevê um limite superior de grau de compactação, é necessário especificar equipamentos mais leves, em geral de menor produtividade e, conseqüentemente, de maior custo.

E um último exemplo: diafragmas plásticos, cortinas, etc. são uma solução que pode ser efetiva em fundações em aluviões, mas que pode exigir que a cortina penetre vários metros na rocha de fundação, se esta for fraturada e, portanto, permeável. Esta exigência requer equipamentos especiais (fresas) que não são usuais, e que se não foram previstos podem inviabilizar a solução proposta ou onerá-la significativamente.

Fatores não técnicos e previsão de custos

Fatores não técnicos, de natureza política e econômica, têm limitado os recursos alocados na fase de projeto básico. O resultado é que algumas questões fundamentais são postergadas para a fase executiva, acabando por onerar a obra e interferindo no seu cronograma.

E o que se aprendeu é que "toda obra longa torna-se uma obra cara".

Além disso, é necessário que os custos do projeto sejam orçados corretamente, para que o custo do kw/hora ou do m^3/s de vazão de irrigação seja antecipado corretamente.

Um projeto com custo minimizado leva a previsões orçamentárias irrealistas, à paralisação da obra, à necessidade de novas previsões orçamentárias e, em geral, a um custo final em muito superior ao que seria factível se o custo real tivesse sido corretamente considerado *a priori*.

Se, num projeto básico, se chegar a custos reais que sejam considerados muito acima dos economicamente aceitáveis, é preferível desistir do empreendimento a apresentá-lo a custos fictícios, que tornem a obra ainda mais antieconômica e de um custo social não justificável.

Essas considerações, embora extensas, têm o objetivo único de mostrar a importância de se executar um projeto básico suficientemente detalhado, e bem documentado, que resulte num empreendimento sem grandes surpresas e exeqüível num cronograma economicamente viável.

3.2.3 - Projeto Executivo

A fase de projeto executivo deve se estender por todo o período de construção da barragem e mesmo durante o período de monitoração e acompanhamento do desempenho da obra, compreendendo os primeiros anos de sua operação. É necessária, durante esse período, a presença de um projetista atuante, independentemente das equipes alocadas à fiscalização.

Nesta fase cabe o detalhamento das soluções preconizadas, a confirmação de sua exeqüibilidade, e a observação dos dados de monitoração que devem realimentar as hipóteses de comportamento antecipadas na fase do projeto básico.

Soluções alternativas só devem ser consideradas se "novos dados" desconhecidos na fase de projeto básico forem encontrados.

É necessário também que as concepções do projeto sejam adequadamente expressas nas especificações construtivas e que as mesmas sejam transmitidas *in loco* à fiscalização.

As linhas mestras do cronograma devem ser constantemente observadas, porque atrasos de alguns itens podem resultar em atrasos globais desnecessários e prejudiciais ao andamento da obra.

3.3 - LIÇÕES APRENDIDAS

Uma vez estabelecida a macrodivisão do projeto de uma barragem, é importante relacionar algumas "Lições Aprendidas" nestes 30 anos de vida profissional, e que já vêm sendo absorvidas nos projetos mais recentes. Algumas são de caráter específico, como por exemplo a elevação do dreno interno (vertical ou inclinado), e outras de caráter algo folclórico, como a atuação de consultores.

3.3.1 - Drenagem

O dreno vertical de uma barragem deve ser levado até a cota do N.A. máximo de montante, porque a linha freática registrada na maioria das barragens tem se mostrado muito acima das previsões teóricas, mesmo considerando relações de permeabilidade horizontal e vertical superiores a 10 e até 50 vezes.

Somente em barragens para controle de cheias, cujo nível de montante só permanece elevado por curtos períodos de tempo, é que se pode reduzir a cota do topo do dreno vertical.

Redes de fluxo se estabelecem em prazos em muito inferiores aos previstos, em função de "permeabilidade de ensaios", seja devido a uma condição de "ar ocluso" nos solos compactados, seja devido a elevadas permeabilidades horizontais. Em geral, em menos de dois anos a rede de fluxo se estabelece, quando por cálculos baseados em permeabilidades poder-se-ia chegar a dez ou vinte anos. Isso não significa que uma gota d'água não leve vinte e cinco anos para atravessar o corpo de uma barragem do tipo homogêneo, mas sim que a cada gota d'água que "entra" no talude de montante, "sai" uma gota d'água no sistema de drenagem.

A vazão que percola pelo núcleo de uma barragem é geralmente pequena, se comparada com a vazão que escoa pela fundação, seja em solo, seja em rocha. Para permeabilidades médias de núcleos entre 10^{-5} e 10^{-6} cm/s e permeabilidades médias de fundação entre 5×10^{-4} cm/s, e 5×10^{-5} cm/s, a vazão pela fundação é pelo menos duas vezes maior do que pela barragem.

A solução adotada em algumas obras nas décadas de 50 e 60 (Três Marias, Ilha Solteira) de manter o filtro horizontal suspenso, ou seja, dentro do maciço compactado, e não no contato barragem/fundação, foi superada em projetos mais recentes, uma vez que sua função principal é de servir de dreno para a fundação e só secundariamente conduzir as águas do dreno vertical para jusante.

Daí decorre que drenos verticais de areia são sempre mais do que suficientes para o controle do fluxo pelo maciço da barragem, devendo os drenos horizontais, entretanto, serem de maior espessura, podendo-se ainda recorrer ao recurso do emprego de drenos de camadas múltiplas (dreno-sanduíche). Não deve surpreender o fato de que piezômetros instalados em drenos horizontais só de areia registrem uma carga piezométrica, necessária para criar um gradiente adequado à vazão da fundação.

Em barragens com aterros superiores a 20 ou 30 metros é recomendável executar o dreno inclinado, para reduzir problemas de "interface". A superfície de contato solo-dreno vertical torna-se uma superfície de baixa resistência devido às tensões de tração que aí se estabelecem pela transferência de tensões, e por isso deve ser evitada em barragens altas.

O controle das vazões pelas fundações quase sempre deve envolver outros recursos de drenagem, além do dreno horizontal, em vista da anisotropia de permeabilidades sempre presente em fundações em solos.

A interface solo-rocha, normalmente de um saprolito, no caso de fundação em solo residual, pode constituir uma formação de permeabilidade diferencial, e se o sistema de drenagem não atingir essa camada, a jusante da barragem haverá sempre um fluxo ascendente e algo problemático (Três Marias, Promissão, Ilha Solteira, Jupiá, Rosana, Itumbiara).

Ensaios de permeabilidade *in situ* são sempre imprecisos e, no máximo, permitem detectar contrastes de permeabilidade. Quando os ensaios são realizados em sondagens tipo SPT, em geral alcança-se o impenetrável na camada de saprolito. Os ensaios de infiltração são então interrompidos. Na retomada das sondagens por processo rotativo, há dificuldade de fixar o obturador no saprolito, e os primeiros ensaios de perda d'água já são executados na rocha. Com isso, fica ausente o ensaio no saprolito, que pode ser, e quase sempre é, a camada de fluxo preferencial.

Uma trincheira - dreno de pé - associada a poços de alívio (ou de drenagem), que atinja as camadas mais permeáveis da fundação, se executada durante a construção, representa a solução mais econômica e segura para controle efetivo do fluxo pelas fundações (Rosana, Palmar). Sempre que este tipo de solução seja deixado para o período de enchimento, seu custo será maior e sua execução mais preocupante e arriscada.

A construção de drenos invertidos e bermas estabilizantes tem se mostrado muito menos eficiente, e resulta mais cara, porque os poços acabam sempre tendo que ser executados (Ilha Solteira, Promissão).

A drenagem de jusante nas fundações das ombreiras deve ser levada até o nível máximo de montante, uma vez que o lençol freático natural será elevado pelo menos até essa cota, se não houver (o que sempre há) fluxo pela ombreira.

3.3.2 - Critérios de Filtragem

De um modo geral, os critérios convencionais de filtragem (Bertran-Terzaghi) são recomendados para areia em contato com transições de cascalho e brita; já para transições brita-brita, ou brita-enrocamento, a relação $D_{15}F/d_{85}b$ pode ser ampliada. Interfaces com solos coesivos e areias também admitem relações mais amplas, como discutido no Capítulo 13.

3.3.3 - Materiais de Empréstimo

Solos

Nos últimos 30 anos (1960-1990), evoluiu-se para usar qualquer material de empréstimo proveniente de um perfil de intemperismo, com limitações apenas a solos com excesso de mica. Esta atitude permitiu economias significativas de custo e viabilizar a construção de duas grandes barragens (Paraibuna e Paraitinga). É necessário citar o caso da Barragem de Euclides da Cunha, reconstruída no trecho rompido por estravazamento com o solo subjacente de antigas áreas de empréstimo, consideradas inadequadas na época da construção original.

Solos dispersivos, de ocorrência mais freqüente na Região Nordeste do Brasil (clima quente, semi-árido), quando usados na construção de barragens, requerem filtros efetivos. O melhor filtro para um solo dispersivo é um outro solo (não dispersivo, é claro). A solução utilizada é a de "envelopar" o solo dispersivo com outro solo, como foi feito por exemplo na Barragem de Sobradinho. Solução semelhante adotada nas Barragens de Paraibuna e Paraitinga visava a uma redução da erosão do silte no espaldar de jusante e a um reforço da "vedação" no núcleo. Nessas barragens o silte não era dispersivo.

A maioria das barragens brasileiras construídas com solos de empréstimo de ombreiras ou de áreas elevadas, que em geral são colúvios e solos residuais, não tem mostrado a ocorrência de pressões neutras construtivas (r_u baixo, ou mesmo negativo). Já no caso do emprego de solos de "baixada", em geral sedimentares, mesmo que a compactação seja procedida próximo da umidade ótima, podem ocorrer pressões neutras construtivas. Vejam-se os casos de Cocorobó e de Açu.

Quando foi perguntado ao Dr. James Sherard qual era o melhor material de empréstimo para um trecho da Barragem de Tucuruí, ele respondeu: "o que está mais perto". Em alguns casos esta postura, se generalizada, poderá resultar em seções de barragens com taludes mais suaves e maiores volumes, mas que numa análise de custos podem vir a ser mais econômicas.

No caso de solos de empréstimo de natureza sedimentar, é necessário pesquisar áreas extensas, porque os depósitos podem ser erráticos e a previsão de volumes pode ficar prejudicada (veja-se Palmar).

É fundamental que se faça uma seleção adequada dos materiais de construção, e que a sua procedência para cada trecho da barragem seja bem definida.

Tem sido comum, por falta de especificações, a utilização dos melhores solos, areias e enrocamentos, em ensecadeiras de barragens e outras obras de caráter provisório, com sérios prejuízos para a execução das obras permanentes. Veja-se, por exemplo, Passaúna.

Cascalhos

O uso de cascalhos em barragens brasileiras encontra exemplos nas Barragens de São Simão, Açu, Ilha Solteira, Leão e Bonito, já construídas, e nos projetos das Barragens de Eldorado, Descalvado e D. Francisca.

Cascalhos são materiais resistentes, pouco compressíveis, e facilmente trabalháveis quando provenientes de empréstimos não saturados. Quando retirados do leito do rio, podem requerer estocagem intermediária para secagem, porque a presença de uma fina película argilosa que os envolve reduz significativamente o atrito grão a grão, a ponto de não dar suporte mesmo a um trator de esteiras (Bonito e Leão).

O uso de cascalhos como espaldares de barragens é de conhecimento geral e não traz em si qualquer novidade ou preocupação.

Entretanto, o emprego de cascalho no núcleo de barragens, como material vedante, requer atenção especial, por conter em geral uma granulometria descontínua, na qual a fração grossa não é filtro da fração fina. O carreamento da fração fina pelos macrovazios da fração grosseira ocorre sempre que a porcentagem de finos for insuficiente para preencher todos os macrovazios.

Ensaios realizados no cascalho laterítico usado na Barragem de Pitinga mostraram que, sempre que a porcentagem de finos era inferior a 15%, a permeabilidade dava um "salto", passando de 10^{-5} para 10^{-2} cm/s. Resultados semelhantes são reportados para a Barragem de Cachoeira Porteira.

Na Barragem de Açu, na qual o cascalho foi empregado tanto no espaldar como no núcleo, foi requerido que o cascalho contivesse uma fração fina para garantir a vedação.

A mesma exigência requerida para o talude de jusante, no entanto, carece de uma justificativa.

Rochas e enrocamentos desagregáveis

O caso mais conhecido de emprego de rocha basáltica desagregável na construção de enrocamentos é o da Barragem de Jupiá.

O fenômeno da desagregação de rochas, hoje melhor conhecido, não estava tão claro quando da construção da Barragem de Jupiá, na ombreira direita. Pouco tempo após a construção, verificou-se que uma vegetação "espontânea" cobria todo o enrocamento de jusante da barragem. Uma inspeção de campo mostrou que boa parte dos blocos de rocha estava se transformando em "areia" fértil.

Poços de inspeção mostraram, no entanto, que o fenômeno era superficial e que à pouca profundidade os blocos de rocha permaneciam intactos. Investigações sucessivas, em espaços de anos, mostravam que a desagregação não evoluía além de 2 a 3 metros de profundidade. Em poços abertos, observaram-se blocos de rocha aparentemente íntegros que, no entanto, desagragavam-se a um simples toque de mão (ou de pé).

Durante o projeto da Barragem de Capivara, foi solicitado o envio de um caminhão com amostras do basalto B a Ilha Solteira, para a realização de ensaios de cisalhamento direto em caixas de 100 x 100 x 40 cm. A rocha foi enviada e estocada ao ar livre em Ilha

Solteira. Menos de um mês depois, quando estavam para ser iniciados os ensaios, o que se encontrou foi um "monte de areia".

Essa rocha, no entanto, foi usada no enrocamento de jusante da Barragem de Capivara, capeada por basalto A não desagregável. Basalto desagregável foi também usado no enrocamento da Barragem de Itaúba.

No caso de utilização de basaltos desagregáveis, os critérios de projeto devem prever a verificação da estabilidade para a condição inicial do basalto e do produto da desagregação, ou seja, a resistência da "areia" resultante.

3.3.4 - Recalques

Os recalques de fundações de barragens calculados pela clássica teoria do adensamento são muito superiores (de duas a seis vezes maiores) aos recalques efetivamente observados nas barragens (por exemplo, Ilha Solteira, Itumbiara, Itaipu, Tucuruí). Dessa forma, só devem ser considerados como indicativos de tendências de deslocamento. Cálculos por métodos numéricos podem ser mais precisos, dependendo dos parâmetros de entrada e da qualidade da informação disponível.

Recalques pós-construção causados pelo enchimento do reservatório, e em casos particulares causados por colapso de solos porosos não saturados, têm se mostrado suficientemente pequenos e em nenhuma obra chegaram a causar qualquer tipo de "acidente". O mesmo, no entanto, não pode ser dito em relação a pequenos aterros para a implantação de canais de irrigação. Centenas de metros desses canais na Região Nordeste têm exigido reparos, substituição de revestimento, e mesmo reconstituição, por problemas de recalques por colapso dos solos porosos, muito comuns na região.

A experiência acumulada na construção de grandes aterros de barragens sobre solos porosos mostrou-se incapaz de prever adequadamente o problema de recalques diferenciais e totais por colapso dos solos porosos, em aterros muito pequenos (2 a 6 m) em obras de irrigação. Como diria o Prof. Victor de Mello, "a experiência é traiçoeira".

Já no caso de barragens sobre solos moles o problema é diferente, e recalques significativos foram observados na Barragem de Juturnaíba, com deslocamentos diferenciais tão elevados como 1/30 a 1/50. Ainda assim o corpo da barragem não deve ter apresentado trincas, uma vez que o comportamento da obra tem sido normal.

Maciços compactados e enrocamentos estão sujeitos a deslocamentos de dezenas de centímetros na fase construtiva da barragem. As diferenças de compressibilidade entre o solo compactado e os enrocamentos têm se mostrado pequenas, ao contrário do que se considerava nas décadas de 60 e 70. Maiores contrastes de compressibilidade têm sido registrados entre drenos verticais/inclinados e transições de cascalhos ou brita, e os solos e/ou enrocamentos adjacentes.

3.3.5 - Fundações

Em solos residuais saturados

Solos residuais saturados em fundação de barragens, mesmo com valores de S.P.T. médios (5 a 10 golpes), podem causar problemas executivos, se no processo de escavação o equipamento utilizado trafegar sobre o solo saturado. O tráfego de equipamentos pesados causa o "amolgamento" do solo, levando o mesmo a uma condição de fluido denso. Se não forem tomados cuidados especiais, a escavação não terminará antes que seja escavada toda a camada e, com a concentração do fluxo, o problema tende a se agravar em profundidade. Tais escavações devem ser feitas com retroescavadeiras ou outro equipamento apoiado em cotas mais altas, ou num "forro" de areia seca que tenha a necessária capacidade de suporte das escavadeiras (Barragem de Passaúna).

Em folhelhos e solos do terciário finos

Conquanto não haja registro de acidentes em barragens brasileiras fundadas nestes materiais, há dois casos de ruptura de barragens apoiadas sobre folhelhos: Waco (EUA) e Gardiner (Canadá). Valores de resistência residual obtidos em retroanálises indicaram ângulos de atrito mobilizados na faixa de 7° a 12°. Ensaios em equipamentos *ring-shear* realizados numa argila do Terciário do interior de São Paulo indicaram valores de φ_r na casa dos 8°.

O importante nesse caso é verificar se na área de implantação da barragem há indícios de escorregamento sugestivos de rupturas do terreno que possam ser associadas à mobilização de resistências "residuais".

Em solos moles

Em projetos de barragens em solos moles (argilas orgânicas e turfas), deve-se separar o corpo da barragem das bermas. O corpo da barragem com taludes médios de 2(H) : 1(V) deve ter os seus sistemas de vedação e drenagem e os requisitos de construção fixados como em qualquer barragem. Os taludes médios, considerando a barragem mais as bermas, têm variado de 4(H) : 1(V) até 8(H) : 1(V). Se todo o maciço for considerado como barragem, os requisitos quanto aos materiais de construção, drenos horizontais e proteção de taludes tornarão a obra desnecessariamente cara.

As bermas de equilíbrio terão apenas função de peso e devem ser construídas apenas com tráfego de equipamentos. Podem ficar apoiadas sobre a vegetação local, à exceção de arbustos e árvores que devem ser removidos.

Devem também ser executadas de "fora para dentro", com o objetivo de confinar a fundação nos trechos de maior altura, tanto das bermas como da barragem.

Saídas periódicas do sistema de drenagem da barragem devem ser executadas nas bermas de jusante e na mesma elevação do dreno horizontal.

Dos instrumentos normalmente utilizados para o controle da construção de barragens sobre solos moles, os que dão melhor indicação quanto a possíveis rupturas são os inclinômetros. Sempre que os deslocamentos horizontais indicarem uma aceleração do movimento, bermas estabilizadoras devem ser construídas (veja-se Juturnaíba).

Em areias

Toda fundação em areias deve ser verificada quanto ao seu potencial de liquefação, mesmo em condições de carregamento estático, ou seja, em áreas não sísmicas.

A execução de diafragmas plásticos ou "paredes" de concreto (C.C.P., ROTOCRETE, etc) só será efetiva se a rocha subjacente for impermeável ou se o tratamento penetrar de 1 a 2 m em camada de baixa permeabilidade, ou seja, com k pelo menos 10 a 100 vezes menor do que o k da areia. Soluções de drenagem e convivência com fluxos mais elevados pelas fundações têm sido adotadas (Porto Primavera, por exemplo).

Em saprolito e rochas

Feições reliquiares podem permanecer em solos saprolíticos, saprolitos e maciços rochosos, conduzindo à diferenciação da resistência ao cisalhamento ao longo dos acamamentos, foliações e xistocidades.

Em casos particulares, essas diferenciações devem ser consideradas em estudos de estabilidade (Caconde). Condicionantes estruturais relacionados ao alívio de tensões podem resultar em feições de franca permeabilidade nas fundações, que venham a exigir tratamentos especiais, como ocorreu no caso da Barragem de Balsas Mineiro.

3.3.6 - Análises de Estabilidade

Nas análises de estabilidade deve-se considerar a estabilidade externa (taludes dos espaldares) e a estabilidade interna ou geral (barragem mais fundação). Sempre que nos espaldares o material resistente forme um triângulo com base mínima sobre a fundação igual a $1H$ (H = altura da barragem), a estabilidade do talude pode ser avaliada por ábacos, uma vez que, em princípio, a massa de material envolvido é suficiente para garantir a estabilidade do talude.

Verificada a estabilidade externa, é necessário estabelecer todos os possíveis mecanismos potenciais de ruptura e analisá-los um a um separadamente; rupturas circulares, planares ou em uma combinação de superfícies devem ser pesquisadas. Neste cálculo pode-se recorrer a programas de computação, tomando-se, no entanto, o cuidado de verificar claramente as hipóteses de cálculo de cada caso.

É necessário ainda considerar os parâmetros de entrada e as curvas tensão-deformação dos vários materiais envolvidos.

Além disso, é importante diferenciar, em termos de coeficientes de segurança requeridos, os componentes dos diversos materiais envolvidos, tanto nos espaldares como nas fundações. Assim é que no caso de uma barragem de enrocamento sobre rocha pode-se aceitar um $F.S.$ = 1,30, enquanto tratando-se de uma barragem de terra sobre aluvião, deve-se exigir um $F.S.$ mínimo de 1,50. Em casos particulares de rupturas progressivas que possam vir a ocorrer, os cálculos de estabilidade devem ser associados ao estudo de tensão-deformação. Veja-se o Capítulo 12.

Em estudos de estabilidade é necessário considerar três casos de solicitações: período construtivo, operação e rebaixamento do reservatório.

Como a condição de operação é dominante, é desejável que as exigências de segurança se fixem nesta condição. As duas outras solicitações devem ser verificadas, mas na medida do possível não devem resultar em modificações na seção da barragem.

Se, por exemplo, as análises do rebaixamento levam a um $F.S.$ inaceitável para o talude de montante, deve-se estudar uma alternativa, como por exemplo a introdução de uma cunha de enrocamento extensiva à zona de flutuação do N.A., em vez de penalizar todo o talude de montante com uma inclinação desnecessária para outras solicitações (veja-se Promissão). É claro que se for o caso de uma barragem de controle de cheias, a condição de rebaixamento acaba por tornar-se uma condição de operação e, neste caso, é a dominante.

3.3.7 - Controle de Compactação

O principal controle da compactação refere-se ao controle dos materiais de construção - solos, areias, cascalhos, britas, enrocamentos, etc.

Além disso, é necessário verificar os equipamentos que serão utilizados nas escavações, no transporte, escarificação, umedecimento, espalhamento e compactação. Um rolo compactador com patas gastas ou fora das especificações resultará sempre num aterro heterogêneo.

Desvios de umidade, número de passadas, espessura da camada e tráfego na praça de compactação devem ser fixados em função de aterros experimentais.

Como o controle, tanto do grau de compactação como do desvio da umidade, não passa de uma medida indireta das propriedades do aterro compactado, é necessário determinar a priori quais as mudanças em compressibilidade, resistência e permeabilidade que ocorrem no material quando, por exemplo, o solo passa de $G.C.$ = 97% e Δh = + 2%, para $G.C.$ = 103,5% e Δh = -1%.

Em função das variações dessas propriedades geotécnicas relacionadas a $G.C.$ e Δh é que se pode fixar as exigências de campo.

No controle da compactação é fundamental que se façam registros de todos os pontos amostrados, porque um dos itens de controle mais efetivo refere-se à porcentagem de camadas rejeitadas. Um aterro que mostre uma estatística de 98% de pontos acima de 97% de *G.C.*, mas que contenha 15% de camadas retrabalhadas, é certamente pior do que um aterro com 90% de pontos acima de 95%, com apenas 3% de camadas retrabalhadas.

Quando se emprega o Método de Hilf, deve-se sempre utilizar um método de controle complementar, porque é sabido que o Método de Hilf é relativamente impreciso. Pode-se, por exemplo, recorrer ao Hilf-Proctor ou ao uso de lâmpadas infravermelho para secar o solo. Vejam-se os Capítulos 2 e 15 (Itaúba e Paraibuna).

3.3.8 - Instrumentação

O uso da Instrumentação só é justificável quando se procede a uma previsão das grandezas a serem medidas, e dos valores considerados normais e de alerta dessas grandezas. Em princípio, a análises da Instrumentação deve ser feita pelo projetista da obra, uma vez que é ele quem melhor conhece as hipóteses formuladas no projeto.

Quando a análise é feita por uma equipe independente, além das grandezas consideradas normais e de alerta, o projetista deve transmitir à nova equipe todas as suas preocupações com o desempenho da obra, bem como todas as hipóteses formuladas no projeto.

Equipes independentes poderão ser chamadas a opinar sobre o desempenho de uma barragem, por solicitação do proprietário da obra ou por exigência de órgãos ambientais.

3.3.9 - Escolha da Seção Transversal

A escolha de uma seção transversal deve ser feita tendo-se em vista o emprego de materiais disponíveis na sua função mais rentável, além, é claro, dos demais condicionantes tais como forma do vale, natureza da fundação, seqüência construtiva, entre tantos outros.

A Figura 3.1 reproduz uma proposta de seção alternativa para a Barragem de Paraibuna, que utiliza os mesmos volumes de materiais, mas com melhor aproveitamento. Veja-se também a seção alternativa proposta para a Barragem de Pedra Redonda, em comparação com a seção original (Figuras 2.20.a e b).

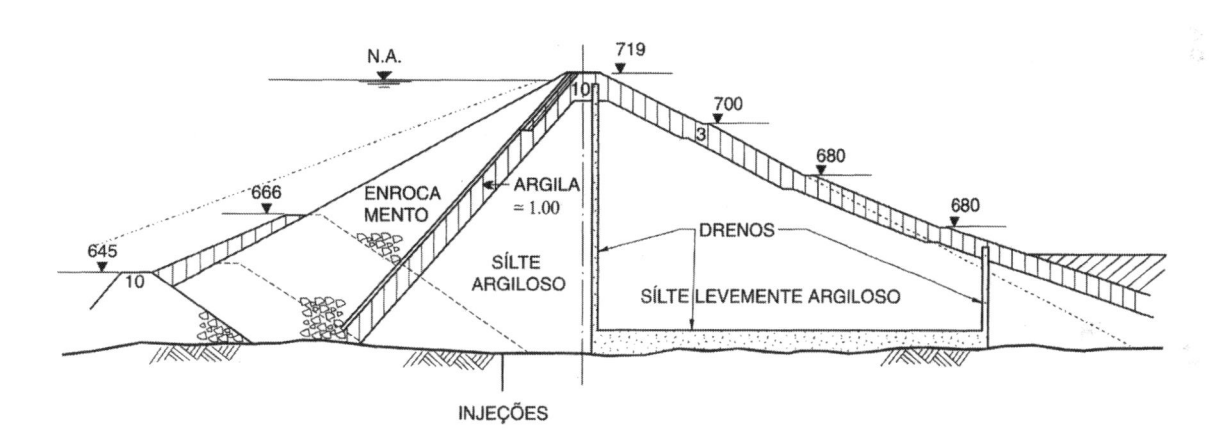

a) - Projeto original

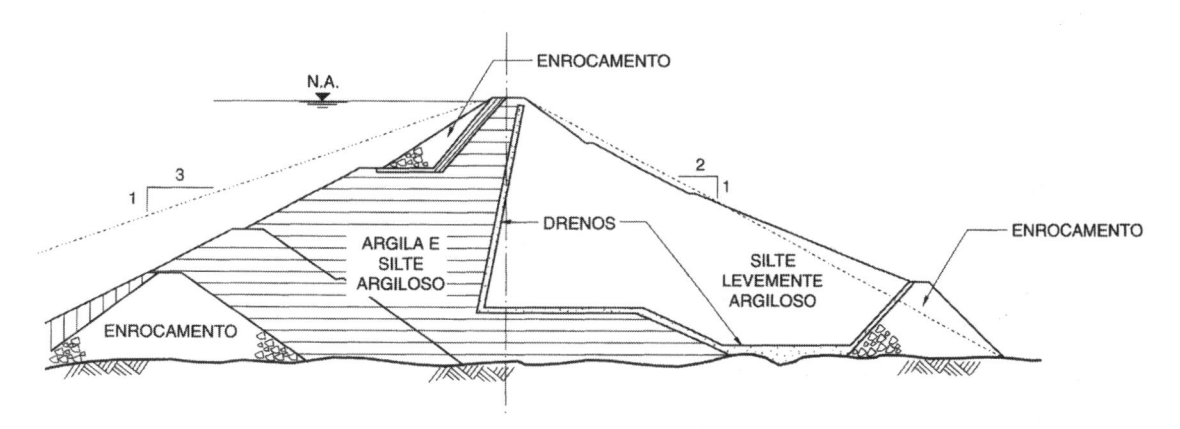

b) - Seção alternativa

Figura 3.1 - Seção alternativa proposta para a Barragem de Paraibuna (Mello, 1975)

3.3.10 - A Atuação do Consultor

A participação de um consultor num projeto de barragem é fundamental, porque o papel do consultor é pôr à disposição do projeto e da construção toda a sua bagagem de conhecimento e de experiência adquirida em um grande número de projetos da mesma natureza.

Muitas das lições aprendidas, que foram resumidas nos itens anteriores, o foram pela oportunidade de trabalho em projetos que contaram com a participação de homens como Arthur Casagrande, Flávio Lyra, James Libby, Victor F.B. de Mello, James Sherard, Peter Vaughan, Milton Vargas, Don Deere, Murillo Ruiz, Klaus John, Maranha das Neves, A. Penmann e colegas geólogos Fernão Paes de Barros, Guido Guidicini, Fernando Camargo e os engenheiros Carlos Nieble e Guy Bordeaux.

Ao consultor cabe dar soluções rápidas às questões levantadas pelo projetista e pela obra, algumas das quais podem exigir estudos, investigações, detalhamentos e cálculos a serem desenvolvidos pelo projetista, pela fiscalização e pelo empreiteiro.

Não cabe ao consultor o projeto e nem a execução; concepções, conceitos básicos, detalhes especiais, verificações gerais, fixação de ordens de grandeza, expectativas de comportamento, sim.

Um projeto pode e talvez até deva contar com um consultor permanente, assim como os empreiteiros, mas em posições diferentes; porque ao consultor deve ser dada toda a liberdade de exprimir as suas idéias e conceitos, mesmo que em alguns casos estes venham a se chocar com os interesses do projeto ou da construção.

De um consultor espera-se uma resposta rápida às questões propostas. Se, para tanto, o consultor solicita um grande número de dados, de ensaios, de novas investigações de campo, e requer um tempo excessivo para cálculos e análises, ele está na realidade atuando como projetista. Isso não significa que um consultor deva dar soluções sem o respaldo das investigações e dos dados necessários, mas neste caso o que se deveria pedir ao consultor seria que ele propusesse em linhas gerais um programa de investigações, ensaios e cálculos necessários à solução do problema.

Em muitas situações, a minha visita ao local das obras foi postergada, com a justificativa de que era preciso antes obter dados para serem por mim analisados.

Em vários casos, constatei que muitos dos dados obtidos eram falhos, e que havia outros problemas na obra que nem sequer haviam sido detectados e que tinham implicações de projeto, às vezes suficientes para que o eixo proposto fosse abandonado ou que áreas de empréstimo muito mais favoráveis fossem investigadas.

A presença do consultor no início do projeto e no local previsto para a obra é fundamental. É nessa hora que ele pode colaborar na definição do arranjo, na escolha do eixo, na proposição das investigações, na identificação dos empréstimos, e se antecipar aos problemas de fundação, além de poder antever aspectos logísticos da construção.

Mas para tornar este capítulo mais leve, algo folclórico e caricato, incluo algumas características de consultores.

O consultor de problemas específicos: é aquele que se limita a ir a fundo num único item do projeto, e que não se interessa pelo restante da obra. Por exemplo, o consultor de *rip-rap,* de solo-cimento ou o consultor de canalículos.

Há o consultor de uma obra só, que se caracteriza por se prender e se concentrar em sua visita e nos seus pareceres a propor as soluções, às vezes até muito detalhadas, dos problemas daquela obra. Na semana seguinte ele segue para outra obra, e se fixa nos seus problemas específicos.

Há o consultor acadêmico, que, para resolver um problema, necessita criar um arcabouço teórico no qual ele possa inserir o problema em questão.

Há o consultor prolixo, que, diante de um certo problema, é capaz de discursar longamente sobre os problemas de inúmeras outras obras e de problemas que nada têm a ver com a obra em questão. Em alguns casos o cliente pode até ficar preocupado com o resultado da visita, só se acalmando quando no relatório de consultoria encontrar as soluções para as questões propostas.

Há o consultor rígido, que se irrita por não ver atendidas recomendações suas de consultas anteriores, que se coloca em conflito com o cliente e que se propõe a renunciar à sua consultoria se determinados itens não forem apreendidos; e há o consultor flexível, que na mesma situação encontra um "jeito" de fazer com que o cliente execute as suas recomendações.

Há ainda o consultor didático, que se preocupa em transmitir até aos técnicos de laboratório e à fiscalização como executar um ensaio de limite de plasticidade, e como observar a passagem de um rolo compactador.

E há o consultor erudito, que trata dos problemas numa linguagem por vezes inacessível ao engenheiro não especializado e que tem de ser interpretado na sua fala e na sua escrita.

E, finalmente, há o consultor moderador, que na presidência de um *Board* é capaz de acomodar posições e estilos pessoais às vezes extremos, e de conduzir as reuniões e os trabalhos no sentido de resolver os problemas propostos de forma objetiva, atendendo às necessidades do cliente, do projetista e do empreiteiro.

E, para concluir, é sempre bom lembrar que o consultor é o item de menor custo de todo o empreendimento.

REFERÊNCIAS BIBLIOGRÁFICAS

MELLO, V. F. B. de. 1975. Some lessons from unsuspected, real and fictitious problems in earth dam engineering in Brazil. *Proccedings of the 6th Reg. Conf. for Africa on Soil Mechanics and Foundation Engineering*, Durban, South Africa. SMFE, v. II.

Capítulo 4

Medida de deformação lateral - Ensaio Triaxial (*Cortesia da CESP*)

2ª Parte

Capítulo 4
Barragens e Mecânica dos Solos

4 - BARRAGENS E MECÂNICA DOS SOLOS

4.1 - INTRODUÇÃO

A construção de barragens é tão antiga quanto a História do homem e há registros da construção de barragens em praticamente todas as culturas. Embora tanto o número como a altura das barragens tenha crescido significativamente no século XX, a prática de construir barramentos em rios, com o objetivo de reservar a água para consumo, para irrigação, e mesmo para mover rodas d'água, foi uma constante na História da Humanidade.

A Figura 4.1, por exemplo, mostra uma sessão transversal da Barragem de Proserpina construída entre o primeiro século a.C. e o segundo século d.C. Originalmente, o reservatório formava parte do sistema de abastecimento de água da Colônia Augusta Emerita fundada no ano 25 a.C.

A barragem está localizada a 5 km a noroeste de Mérida (Espanha).

Esta barragem consiste de dois muros de alvenaria de granito com um núcleo interno de calicanto ("concreto de calcário"), tendo a jusante uma barragem de terra de grande largura no trecho central da estrutura, que se reduz nas seções laterais.

O trecho inferior em alvenaria com 7 metros de altura é vertical, como se vê na Figura 4.1. Este trecho foi identificado só recentemente, em trabalhos de recuperação, porque estava encoberto pela siltagem.

Há nove contrafortes a jusante da "parede", que se distribuem a espaçamentos irregulares.

A barragem tem 21,6 m de altura máxima e comprimento de crista de 427,8 m. A fundação é em granito.

A barragem vem operando até a presente data. Em 1910 foram propostos reparos, executados somente na década de 40. Injeções de cimento foram executadas em 1944/45 e em 1970.

Em linguagem atual, a barragem poderia ser classificada como uma "barragem de terra com face impermeável de concreto".

A barragem de alvenaria seria incapaz de suportar o empuxo da água, o que é contrabalançado pelo aterro de areias, siltes e argilas.

Detalhes do projeto e desempenho da barragem podem ser encontrados no trabalho de Arenillas *et al.* (1994).

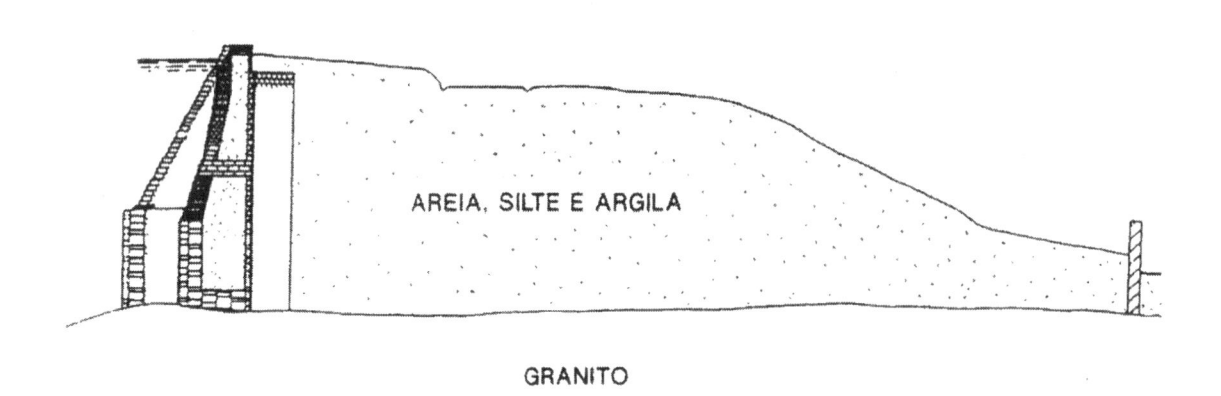

Figura 4.1 - Seção transversal da Barragem de Proserpina (Arenillas *et al.*, 1994)

Outros exemplos de barragens "antigas", mas já do século passado, são mostrados nas Figuras 4.2 e 4.3. Estas barragens foram extraídas do livro de Schuyler (1908), no qual, além dos projetos, métodos construtivos e detalhes da construção, há menção sobre custos, refletindo desde essa época a preocupação anglo-saxônica em conhecer e informar o custo das soluções propostas e das obras, prática lamentavelmente pouco "praticada" no Brasil.

No Capítulo 9 mostra-se também uma série de concepções de projetos de barragens brasileiras e de várias partes do mundo.

E como muitas dessas barragens têm-se comportado satisfatoriamente, algum tipo de conhecimento deve ter sido usado, tanto no projeto como na construção e operação das mesmas.

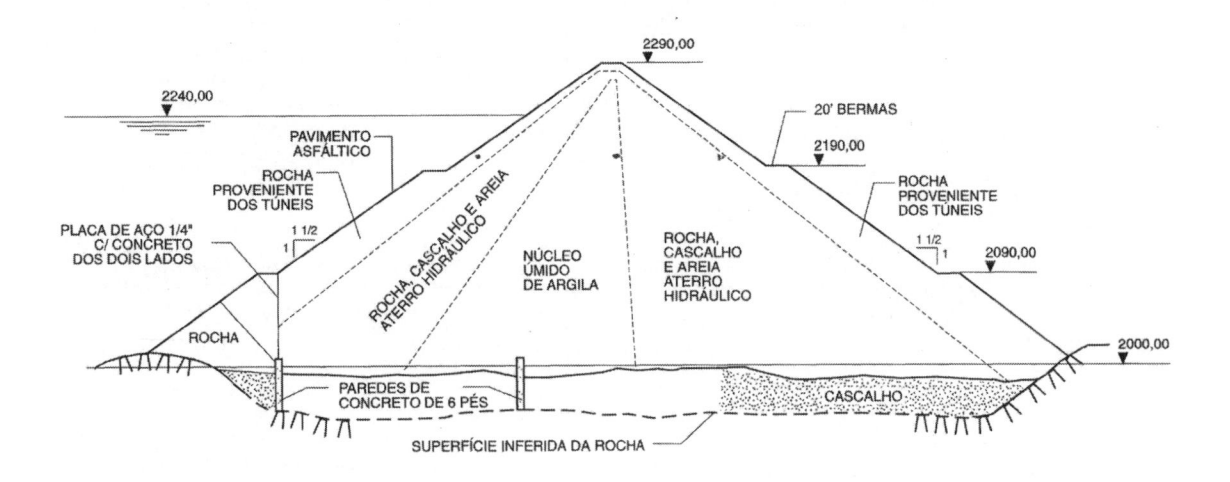

Figura 4.2 - Seção de barragem projetada com 320 pés de altura no rio Oigawa, Japão (Schuyler,1908)

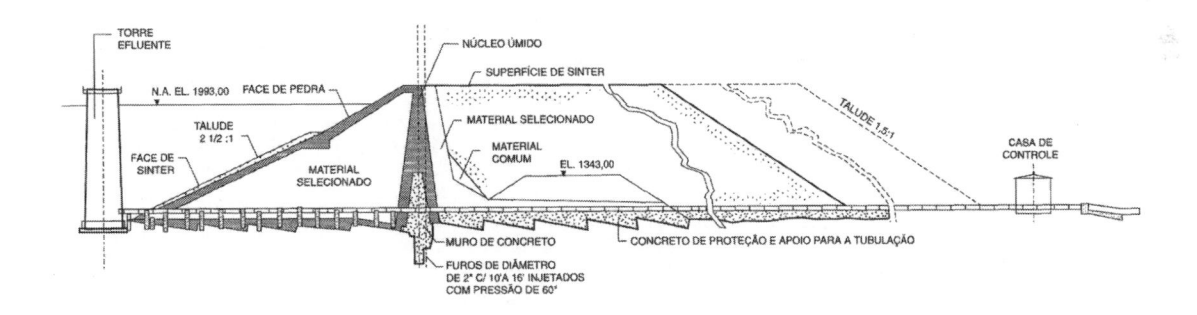

Figura 4.3 - Barragem de Hinckston Run, Johnstown - Pensilvânia / EUA, construída com rejeito (sinter) (Schuyler, 1908)

Considerando, contudo, que o conhecimento é limitado (é necessário reconhecer que o conhecimento é sempre limitado ao contexto de cada época), é possível associar o que tem sido chamada Moderna Mecânica dos Solos somente aos mais recentes projetos e construções de barragens. Isso significa uma referência aos últimos 50 ou 60 anos. Todas as estatísticas mostram que o número e a altura das barragens têm crescido largamente nas últimas décadas. Mas o desenvolvimento da ciência ou do conhecimento em geral tem crescido numa velocidade muito maior do que na Mecânica dos Solos. Considere-se, por exemplo, o que aconteceu na exploração do Espaço, Genética, Informática e indústria de armamentos. É também verdade que a população faminta e as doenças têm-se proliferado talvez até mais rapidamente.

De alguma forma é preciso se conformar com um conhecimento muito "terra a terra", e usar recursos laboratoriais que foram desenvolvidos algumas décadas atrás, apenas modernizados com equipamentos eletrônicos (que se tornam muito mais caros que o equipamento básico para ensaios de solo). Equipamentos de campo têm crescido em tamanho e peso, e é claro, em eficiência, mas os princípios essenciais são os mesmos. Alguns dos procedimentos de campo parecem ainda muito primitivos, como por exemplo, escavações em rochas.

É verdade que se trabalha com materiais de construção, tais como terra, areia e pedra, dos quais as propriedades não têm mudado com o tempo e o avanço da ciência; e o melhor que se pode fazer é tirar o máximo proveito de suas propriedades de engenharia.

Então, como um ponto inicial para discussão, pode-se perguntar: quanto se conhece das propriedades de engenharia dos materiais de construção e em quais caminhos ou direções novos passos podem ser dados para aperfeiçoar projetos e construção de barragens?

Tão importantes quanto os materiais de construção são os materiais de fundação ou as formações naturais sobre cujas propriedades de engenharia se pode atuar somente numa escala limitada, e que irão permanecer por baixo das barragens.

Nos Capítulos 5 a 8 são apresentados os conceitos atuais sobre o comportamento de solos e enrocamentos, mas antes é interessante ilustrar alguns problemas com os quais o engenheiro de solos se confronta no dia a dia de sua prática profissional.

Pressões efetivas e pressões totais

A famosa "Shear Strength Conference" realizada em Boulder, Colorado, em 1960, foi um marco na história da Mecânica dos Solos, porque consagrou o uso da pressão efetiva nos cálculos de estabilidade. Mesmo assim, no caso de argilas moles ainda prevaleceu o cálculo por pressões totais, nos quais a resistência das argilas é expressa por S_u.

Foi somente a partir de 1960 que a maioria das barragens passou a ser projetada em termos de pressão efetiva. Nessa época, no entretanto, inúmeras barragens já haviam sido construídas em todo o mundo, nas quais os cálculos de estabilidade devem ter sido baseados em pressões totais e provavelmente utilizando o Método de Fellenius de 1936. Convém lembrar que o Método de Bishop data de 1957. Só algumas décadas depois é que em vários países foram criadas as Comissões de Segurança de Barragens, que refizeram os estudos de estabilidade baseados em pressões efetivas, utilizando dados sofisticados de ensaios de laboratório e de métodos de cálculo, mas provavelmente desconsiderando o efeito de sucção na resistência ao cisalhamento dos solos insaturados de jusante.

Victor de Mello (1992) chama a atenção para o fato de que, a despeito da consideração de forças entre lamelas, superfícies potenciais de rupturas circulares e não circulares, e atendimento às três equações de equilíbrio ($\Sigma V=0$, $\Sigma H=0$, $\Sigma M=0$), nos cálculos por equilíbrio limite nenhuma consideração é dada ao fato de que pouco se sabe sobre a trajetória de tensões que ocorrerá entre o estado de tensões que prevalece ao longo de uma superfície potencial de ruptura de uma barragem e a condição de ruptura imposta nos ensaios triaxiais de laboratório. Ver Figura 4.4.

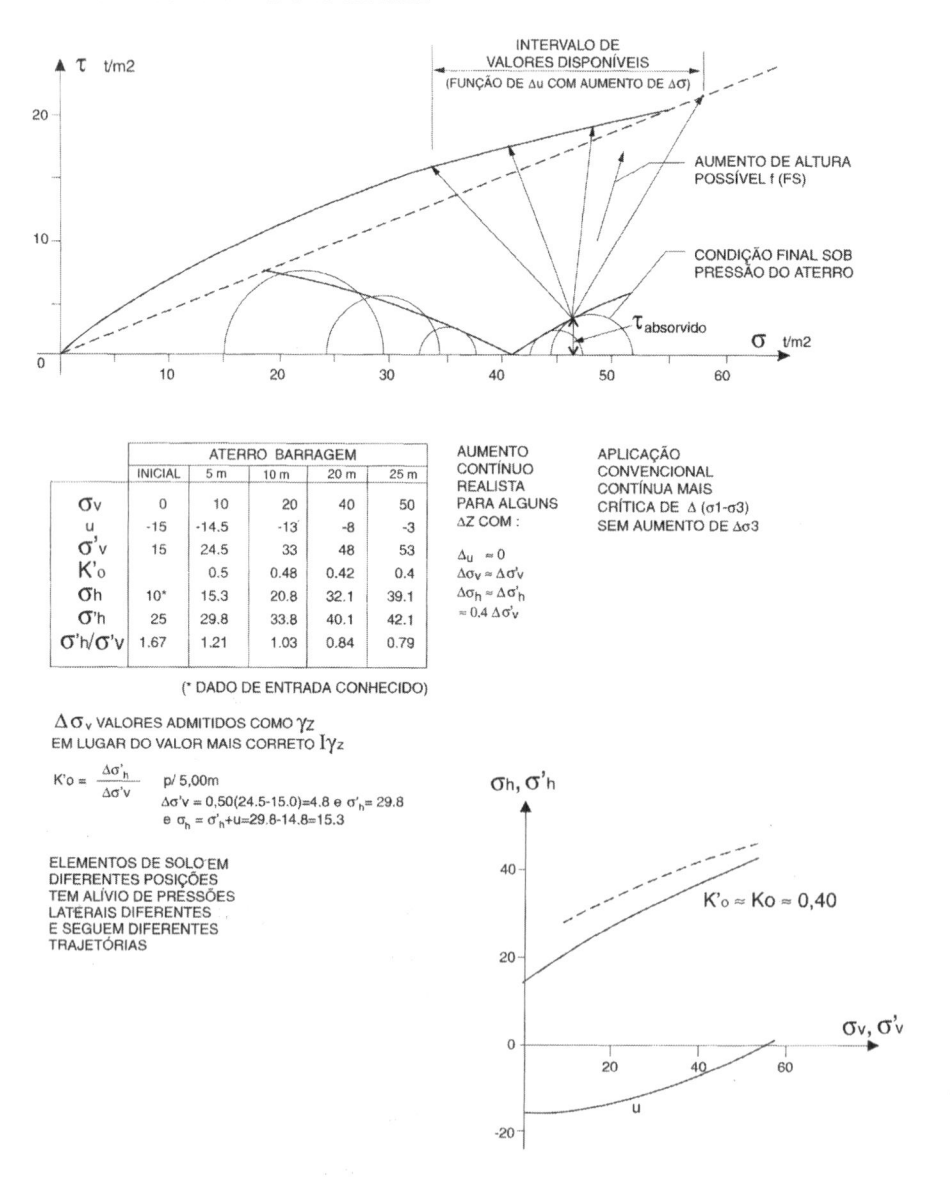

Figura 4.4 - Instabilidade de talude de barragem durante a construção (Mello, 1992)

Some-se a esse fato a hipótese simplificada de que a pressão vertical σ_v num ponto é igual a γz, a qual desconsidera o efeito reconhecido de transferência de tensões entre diferentes zonas da barragem, ou seja, o fenômeno de arqueamento do núcleo, que é discutido no item 4.4.

Alguns casos práticos

Vale a pena analisar os seguintes episódios:

(A) - Um aterro industrial de 20 m de altura foi construído com todos os requisitos de compactação especificados em talude de 2,5(H) : 1,0(V). Este talude tinha coeficiente de segurança de 1,35, pelos cálculos de estabilidade. Ao empreiteiro foi indicado o local do aterro e do empréstimo. A construção progrediu normalmente e os instrumentos instalados atestavam o bom desempenho da obra.

Quando de uma visita do proprietário à obra, este deparou-se com um problema que havia passado despercebido do engenheiro projetista e da fiscalização.

O talude do aterro compactado era de cerca de 14°, mas o talude de corte do empréstimo, que já alcançava 15 m, era subvertical e em torno de 1,0(H) : 2,5(V) ou ~ 67°. Ver Figura 4.5.

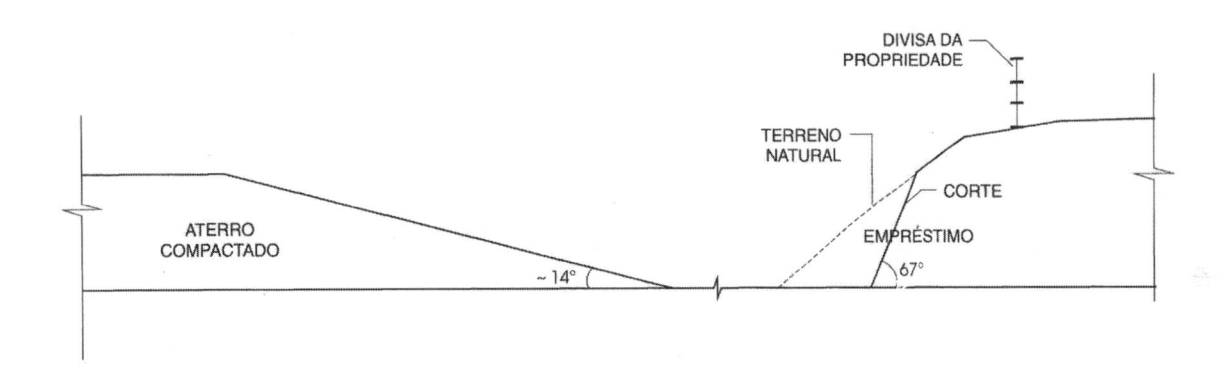

Figura 4.5 - Aterro industrial e corte no empréstimo

O proprietário, na sua "ingenuidade" em Mecânica dos Solos, perguntou ao engenheiro: "por que o aterro compactado é tão deitado, se o solo natural, mais fofo, pára quase de pé"?

Ao que o engenheiro não teve outra alternativa a não ser apelar para a "Natureza e seus mistérios insondáveis".

(B) - Uma grande pilha de estéril de material granular contendo grandes blocos de rocha estava sendo construída por lançamento em aterro de ponta num vale. A construção prosseguia normalmente, mas de um momento para outro começaram a aparecer grandes trincas na plataforma de relançamento, intimidando os tratoristas que se recusavam a prosseguir o trabalho. A pilha já ultrapassava 40 metros de altura.

Este fato intrigou os engenheiros da mina, porque o estéril era o mesmo, não havia problemas de drenagem de base e, por princípio, o ângulo de repouso de uma pilha é um ângulo estável, embora com F.S. muito próximo da unidade.

O que os engenheiros não se lembraram é que a resistência ao cisalhamento de enrocamentos tem envoltória curva, e o que estava ocorrendo era uma ruptura de uma grande massa de enrocamento, porque como o vale apresentava uma declividade, a altura da pilha crescia a cada lançamento.

(C) - Piezômetros têm sido instalados em barragens desde as primeiras décadas do século. Como em solos insaturados ocorrem tanto pressões no ar como na água, já na década de 60 passou-se a utilizar pedras porosas de alta pressão de borbulhamento que impediam a entrada de bolhas de ar, dando livre trânsito à água.

Em algumas barragens, no entanto, constatou-se um aumento não explicável das pressões neutras, uma vez que as condições do aterro e do reservatório permaneciam estáveis.

O que estava ocorrendo era a passagem do ar dissolvido na água pela pedra porosa, o qual voltava à forma de bolha na câmara de leitura (ver discussão do problema no Capítulo 5).

Tratava-se de um problema de Física.

4.2 - MODELOS ESTRUTURAIS E MODELOS MENTAIS

O comportamento dos solos finos e dos materiais granulares está diretamente relacionado ao que se chama "estrutura" ou "arranjo" de suas partículas. A posição relativa das partículas, a maneira como elas são interligadas ou cimentadas, a quantidade de água nos vazios e a distribuição e tamanho dos vazios são muito importantes e determinantes da natureza do fluxo, das mudanças volumétricas, e da mobilização da resistência ao cisalhamento.

Os mais tradicionais modelos estruturais propostos para argilas, siltes, areias e cascalhos têm sido reanalisados e reavaliados para solos residuais porosos, lateríticos e saprolíticos e, contudo, ainda são necessários mais dados. A compreensão dos fenômenos de colapso, elevada permeabilidade em solos finos porosos, liquefação de areias, resistência e deformabilidade de solos estruturados, desintegração de rochas, ruptura progressiva, solos dispersivos, compressibilidade de enrocamentos, e outros, não facilmente explicáveis pela Mecânica dos Solos convencional, tem contribuído para projetos de barragens de terra e enrocamento mais adequados, e para reduzir acidentes.

Alguns modelos tentativos de "estruturas" para solos têm sido propostos por Casagrande, Lambe, Marsal, Mitchel, Vaughan, Jennings e Knight, Mello, Cruz, entre outros. Ver Capítulo 5.

Técnicas fotográficas têm sido desenvolvidas, mas como são necessárias ampliações muito grandes para mostrar as partículas dos solos, os resultados limitam-se a frações muito pequenas de uma amostra de solo, e o que se vê pode ser diferente do que se desejaria ver.

Nessa questão de "estruturas de materiais" uma grande quantidade de imaginação é necessária. Se não é possível desenhar apropriadamente estruturas de solos, é necessário ao menos imaginá-las, e quanto mais isso for feito, melhor.

Considerem-se algumas experiências mentais:

(I) Alguém reporta que uma argila arenosa (40% de fração argila) tem uma permeabilidade de 10^{-3} cm/s. Permeabilidade e vazios abertos são diretamente inter-relacionáveis e alguém é imediatamente forçado a pensar em grandes vazios para explicar essa permeabilidade. Deve-se estar diante de um solo poroso, com macrovazios entre partículas de areia e microvazios que têm muito pouco a ver com a permeabilidade global. A fração argila deve estar aglutinada em *clusters* ou grumos, que estão preenchendo os menores vazios entre as partículas da areia. No estado original o solo deve ser não saturado e deve ter um peso específico baixo.

(II) Alguém menciona um talude a 45°, com 15 m de altura, em um solo fino (principalmente argila e silte, com areia fina). Como 45° está acima de qualquer "ângulo de atrito usual" para um solo fino, a estabilidade do talude deve incluir uma componente adicional de resistência. Mesmo considerando um intercepto usual de coesão para esse solo, levando em conta dados de ensaios triaxiais saturados, pode-se concluir que o talude não seria estável. Então, deve-se estar lidando com um solo permeável (pelo menos o suficiente para conduzir o fluxo para uma base drenada), que tem uma forte contribuição de um agente cimentício, e/ou uma importante componente de sucção. Assim, trata-se muito provavelmente de um solo laterítico.

(III) Uma pilha de rejeito (de mineração) foi construída sobre um terreno pedregoso, com inclinação natural de cerca de 10°. O solo no local compunha-se de solos coluvionares areno-argilosos, com muitos fragmentos de rocha.

A pilha foi construída em bancadas de 10 m de altura, com bermas formando um talude externo médio de menos de 30°. O estéril é um material fino (areia e silte não plástico) e pesado ($\gamma = 2,80$ t/m³). Quando a pilha estava com 30 m de altura, foram observadas fraturas na superfície, que, quando preenchidas com o próprio rejeito, reabriam em seguida.

As fraturas foram progressivamente delimitando uma área que curiosamente estendia-se ao terreno natural vizinho à pilha, indicando que uma grande massa de solo e estéril estava em movimento (cerca de 2 milhões de metros cúbicos).

Retroanálises mostraram que bastaria um ângulo de atrito de 15° no terreno de fundação para garantir a estabilidade do conjunto pilha-fundação.

O que estava ocorrendo?

A ruptura não ocorria na pilha, porque pilhas de maior altura construídas na área eram estáveis. Além disso, o ângulo de repouso das bancadas era da ordem de 35°.

Não havia problemas com água, porque os movimentos estavam ocorrendo durante um período seco, e o N.A. da fundação estava entre 10 e 15 m de profundidade.

Um colúvio com cascalho de rocha não poderia ter um ângulo de atrito inferior a 15°.

O único mecanismo possível de ruptura (modelo mental) seria o de um monobloco formado pela pilha mais parte do terreno de fundação, deslizando sobre uma camada de argila mole, ou mole a média, profunda.

Sondagens realizadas no local identificaram uma formação lacustre (argila plástica) entre 10 a 15 m de profundidade (em relação ao terreno natural), com resistência não drenada S_u de 2 a 3t/m².

(IV) Uma barragem construída sobre folhelho estava próxima do final da construção, quando grandes movimentos horizontais foram observados e medidos. Inspeções de campo mostraram que os movimentos estavam ocorrendo cerca de 10 m abaixo da fundação, em uma zona muito delgada; medidas de pressão neutra indicaram que Δu (ou acréscimo de pressão neutra) era praticamente igual a $\Delta\sigma$ (a pressão vertical devida à barragem). Uma retroanálise considerando pressões efetivas resultou em um ângulo de atrito mobilizado tão baixo quanto 6° a 8°.

Uma investigação geológica na área indicou que a mesma já havia se movimentado no passado, e que se estava diante de uma feição desconhecida pelo projeto, pré-cisalhada e com resistência residual.

Independentemente dos dados geológicos, poder-se-ia ter imaginado uma fina camada de folhelho, pré-cisalhada e saturada, muito densa, não compressível, mas incapaz de suportar esforços cisalhantes. Superfícies com *slickensides* deveriam ser as feições mais freqüentes.

Esses exemplos são auto-ilustrativos da importância de se desenvolver modelos estruturais mentais ("imaginários") para compreender e explicar o comportamento dos materiais.

Terzaghi, já em 1946, publicou um artigo clássico no qual usou "modelos" de rochas para a previsão de pressões laterais e verticais em arcos metálicos em túneis.

Considero lamentável que tantos livros de Mecânica dos Solos e também de Mecânica das Rochas não mencionem esses "modelos estruturais", pelo menos para desenvolver um pensamento diferente na tentativa de explicar o comportamento dos solos e das rochas.

4.3 - SUCÇÃO

Resistência ao cisalhamento

Um solo compactado é um solo não saturado. No período construtivo e mesmo no regime permanente, o solo de um aterro não está saturado e a sua resistência ao cisalhamento contém uma parcela de sucção. Em cálculos de estabilidade, essa parcela somente é incluída quando se procede ao cálculo utilizando-se resultados de ensaios em amostras não saturadas, e em termos de pressões totais. Como atualmente a tendência é a de trabalhar apenas com pressões efetivas, e como as equações de resistência em termos de pressões efetivas são complexas, costuma-se desprezar a parcela de sucção.

Daí resulta que os valores de fatores de segurança obtidos podem ser muito diferentes e em geral muito inferiores aos reais.

Nos Capítulos 5 e 14 esses temas são discutidos em maiores detalhes.

Deformabilidade

Em termos de deformabilidade, a sucção também ocupa um lugar muito significativo, pois não é fácil explicar porque muitos solos porosos e colapsíveis podem suportar tensões verticais muito grandes, com uma deformação muito pequena e, quando submersos em água, colapsam quase instantaneamente. Veja-se a Figura 4.6.

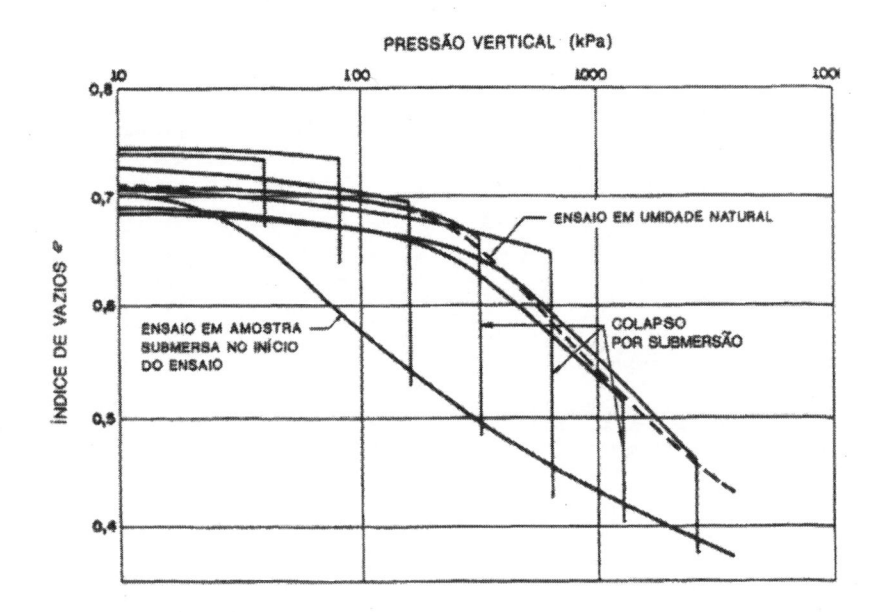

Figura 4.6 - Ensaio de adensamento em areia pouco argilosa porosa

4.4 - ARQUEAMENTO E FRATURAMENTO HIDRÁULICO

No núcleo da barragem

Um outro assunto de grande interesse é o do arqueamento e fraturamento hidráulico.

Efeitos de arco são conhecidos há muitos anos em barragens com núcleos muito delgados e espaldares construídos com diferentes materiais. As deformações diferenciais causam transferências de cargas de tal forma que o núcleo tende a se "pendurar" nas interfaces e, conseqüentemente, as pressões são reduzidas no núcleo e concentradas nas interfaces e espaldares.

Essa é a situação mostrada por Penman (1982) para a Barragem de John Martin - Figura 4.7.

Mesmo considerando a correção proposta por Taylor, conforme referido por Penman (1982), a pressão vertical total no núcleo pode ser tão baixa como 45% a 55% da pressão nominal de peso de terra.

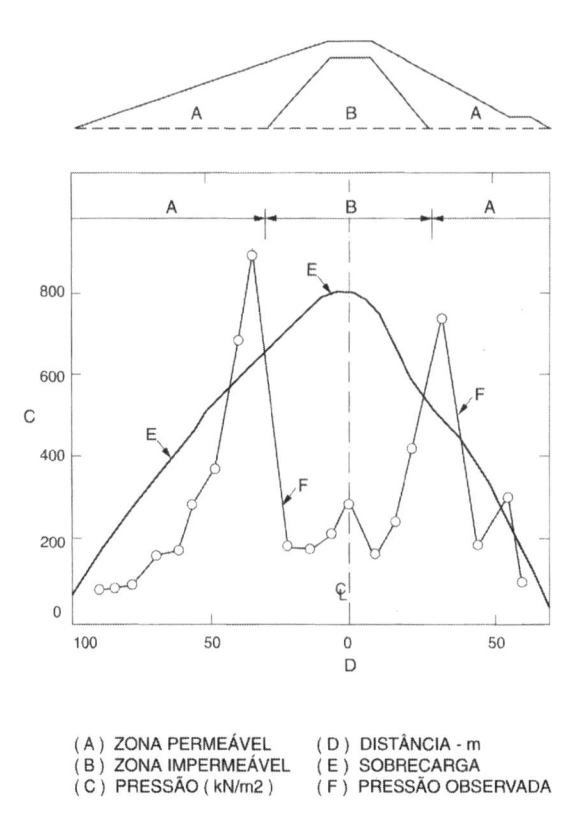

(A) ZONA PERMEÁVEL (D) DISTÂNCIA - m
(B) ZONA IMPERMEÁVEL (E) SOBRECARGA
(C) PRESSÃO (kN/m2) (F) PRESSÃO OBSERVADA

Figura 4.7 - Distribuição da pressão vertical na Barragem John-Martin (Penman, 1982)

No núcleo muito delgado da Barragem de Harspranget a pressão vertical total era próxima de $1/2\gamma h$, e ambas - pressão horizontal e pressão no eixo longitudinal (σ_h e σ_a) - eram menores do que σ_v. A razão de σ_h ou σ_a para σ_v era maior na parte superior da barragem (0,7 a 0,8) e caía aproximadamente para 0,5 a 30 m abaixo da crista. A barragem tem uma altura de 50 m (Figura 4.8).

Tais valores baixos são preocupantes, porque se a pressão da água no reservatório exceder a pressão total σ_v, σ_h, ou σ_a, uma fratura hidráulica poderá ocorrer, e tem ocorrido em algumas barragens.

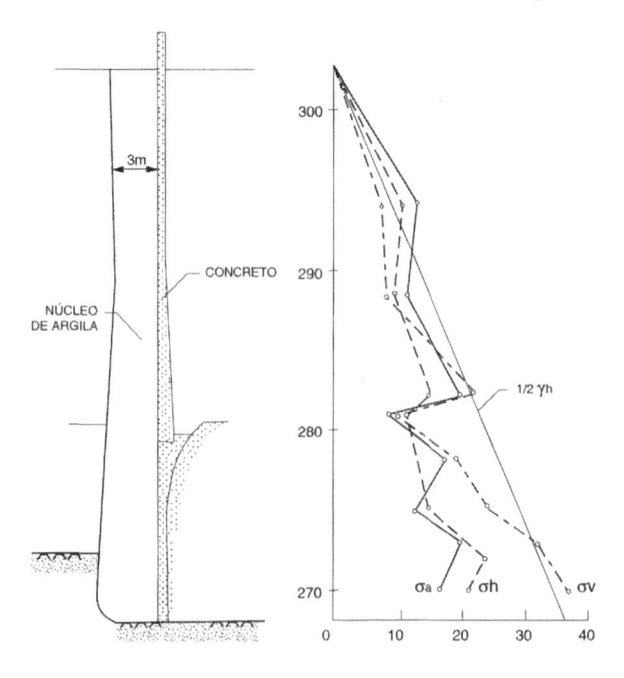

Figura 4.8 - Pressões totais no núcleo da Barragem de Harspranget (Penman, 1986)

Pressões totais parecem crescer com o primeiro enchimento do reservatório e podem decrescer com o tempo. Essas pressões podem depender das pressões de poro ao final do período construtivo.

A pressão total é sempre a soma da pressão efetiva com a pressão de poro. Então, uma mudança na pressão total irá resultar em uma mudança em um dos componentes ou ambos.

A pressão de poro irá evoluir para a pressão piezométrica de fluxo permanente, e irá variar somente com variações do N.A. no reservatório (em alguns casos pode ser afetada pelo N.A. de jusante). A pressão efetiva, depois do adensamento e acomodação final das deformações diferenciais, se ocorrerem, poderá permanecer constante, exceto na área de flutuação da linha freática.

Considere-se, por exemplo, algumas das muitas barragens de terra-enrocamento construídas nos últimos 20 anos no Brasil (Itaúba, Salto Osório, Salto Santiago, Tucuruí, Itaipu, Emborcação, São Simão), todas com pelo menos 50 m de altura.

A Figura 12.8 (ver Capítulo 12) mostra a Barragem de Itaúba. O núcleo argiloso tem uma largura relativa à altura de mais de 0,50 e pode ser considerado um núcleo amplo. Nenhuma célula de pressão total foi instalada no núcleo, mas foram instaladas células piezométricas e de recalques. Pressões neutras de final de construção eram baixas ou negativas (abaixo de 10% de γh) e o recalque vertical foi de 98 cm no núcleo (de 0,5% a 3% da altura da camada), e de 70 cm no enrocamento compactado (de 0,2% a 2% da altura da camada).

As deformações relativas do núcleo e do enrocamento são mostradas na mesma figura. Para uma pressão vertical de 1.000 kPa (10 kgf/cm²), a deformação específica do núcleo argiloso era de 3,4%; para o enrocamento, de 1,5%; e para a transição de jusante, somente 0,7%.

Então, algum efeito de arqueamento e de transferência de cargas pode ter acontecido.

Depois do 1° ano de enchimento, os piezômetros tenderam a indicar valores de pressões de poro mais ou menos estabilizados, e que eram elevados na parte superior da barragem. Os piezômetros instalados nos 10 m superiores da barragem registraram pressões piezométricas muito próximas ao N.A. do reservatório, com uma linha freática quase horizontal. Este fato tem sido observado em muitas outras barragens no Brasil.

A argila foi compactada próximo da umidade ótima (Proctor "Standard") no lado úmido ($h_{ót} \sim 40\%$) e o peso específico médio era de aproximadamente 1,78 t/m³ (17,80 kN/m³).

Se for considerado um plano 10 m abaixo da superfície, σ_v será 178 kPa.

Se devido aos efeitos de arqueamento esses valores forem reduzidos para 70%, então $\sigma_v = 124,6$ kPa. σ_h e σ_a devem estar entre 0,60 e 0,70 de σ_v nesse nível, ou 74,8 kPa a 87,2 kPa.

A pressão da água na transição de montante pode ser a pressão total do reservatório, se não se considerar perda de carga pelo enrocamento. Dependendo do nível do reservatório, a pressão da água poderá ser de 70 ou 80 kPa, que é muito próxima de σ_h ou σ_a.

Se o núcleo se tornar saturado, então a densidade irá crescer, e σ_v, σ_h, e σ_a também irão crescer, mas as diferenças entre u e pressão total sempre serão pequenas. Essa situação se aplica praticamente a toda barragem de terra-enrocamento. Nenhum dano foi mencionado em barragens brasileiras (que eu saiba).

Agora conside-se a Barragem de Salto Santiago (80 m), que é uma barragem de enrocamento, com um núcleo argiloso relativamente delgado. As pressões totais (σ_v e σ_h) foram calculadas e medidas em duas elevações. Veja-se a figura 10.32 (Capítulo 10).

Antes do enchimento, observou-se que as pressões de poro foram zero ou próximas de zero nessas elevações e que a medida da pressão vertical ficou abaixo ou acima de γh.

Depois do enchimento do reservatório, a pressão vertical total decresceu, mas permaneceu sempre acima da pressão de poro.

Os valores da pressão horizontal total, contudo, foram muito próximos da pressão de poro no nível mais baixo das medidas, confirmando o que foi dito antes.

Nenhum problema foi detectado quanto à performance da barragem. As pressões piezométricas observadas devido ao fluxo pelo núcleo foram muito maiores do que as previstas por redes de fluxo usuais.

Em ambas as barragens mencionadas, o núcleo era compactado com argila residual basáltica, muito plástica, e com uma porcentagem de argila acima de 40%.

Duas questões podem ser levantadas considerando esses núcleos de argila:

- por que pressões de poro não se desenvolvem em tais materiais argilosos, compactados em um alto grau de saturação?

- por que não há registros de fraturas hidráulicas, uma vez que a pressão total está muito próxima da pressão da água?

Se forem considerados os resultados de ensaios triaxiais não drenados com medidas de pressões de poro na água (veja-se a Figura 12.26), ver-se-á que quando a umidade de moldagem está acima da ótima, mede-se efetivamente a pressão de poro na água. Trata-se de ensaios com pressão de câmara constante ou ensaios com (σ_3/σ_1), aplicadas à razão constante. Valores de u/σ_1 acima de 40% ou até 60% são medidos para pressão de câmara acima de 300 kPa. Na umidade ótima, u/σ_1 pode ser 20% ou 30%.

Agora, quando se olha para os dados de campo, descobre-se que as medidas de pressões de poro são baixas, e sempre menores que as previstas por ensaios K (σ_3/σ_1) = constante (ver Figuras 12.27 e 12.28).

Alguém poderia pensar que as velocidades de construção são usualmente baixas, e que as pressões de poro se dissipariam durante a construção. Mas têm havido casos em que a construção da seção da barragem chega a aproximadamente 10 m/mês (Capivara - seção de fechamento) e mesmo assim as pressões de poro resultam próximas de zero.

Então, deve existir algo relacionado à estrutura, ou *fabric*, que torna esse solo bem diferente dos solos sedimentares, que desenvolvem pressões de poro. A ruptura de parte da Barragem de Cocorobó, mencionada por de Mello (1975), foi causada por excesso de pressões de poro na água. O solo foi compactado por volta de 1% abaixo da umidade ótima (h_{ot} 20 a 22 %). A única explicação possível era que esse solo seria proveniente de uma área de empréstimo de um depósito sedimentar, onde o solo era essencialmente saturado *in situ*.

A segunda questão referente a fraturamento hidráulico é relativa à capacidade da água de abrir uma trinca no solo, devido a diferenças nas pressões. Fraturamentos hidráulicos têm sido registrados em muitas barragens bem compactadas no Brasil, durante a instalação de piezômetros, sempre que um furo é aberto com equipamento rotativo e com água sob pressão. De repente, o operador de sondagem fica surpreso em ver que não há retorno da água, e a água desaparece magicamente dentro do aterro compactado.

Eu mesmo consegui injetar mais 20 m³ de água num furo dentro do aterro compactado da Barragem de Ilha Solteira, em uns poucos minutos. Quando um poço e um túnel foram abertos para investigação, nada foi encontrado. O solo não estava nem mesmo molhado.

Essa é uma experiência conhecida, e se eu a menciono, é apenas para registrar que em solos residuais compactados de muitas barragens brasileiras tem ocorrido fraturamento hidráulico, quando furos são abertos usando circulação de água.

Em um aterro compactado extenso (como era o caso de Ilha Solteira), σ_v deve ser próximo de γh. Então σ_a e σ_h seriam próximos de $K_o(\sigma_v - u)$. Como $u \sim 0$ durante a construção, tem-se:

$$\sigma_v = 20h \quad e \quad \sigma_h = \sigma_a = K_o\,20h,$$

sendo $\gamma = 20$ kN/m³. Foram medidos fraturamentos hidráulicos a ~10 m de profundidade, com a água no topo do furo. Então $u = \gamma_o h$, sendo $\gamma_o = 10$ kN/m³.

$\sigma'_v = 200 - 100 \sim 100$ kPa , $\sigma_v = 200$ kPa

$\sigma'_a = \sigma'_h = K_o(\sigma_v - u) + u = 100\,K_o + 100$

$u = 100$ kPa

Para o fraturamento hidráulico ocorrer, $u > \sigma_v$ ou $u > \sigma_a$ ou σ_h.

$100 > K_o\,100 + 100$ e $K_o < 0$, o que é impossível.

Mas esse não é o caso, porque u deve ser considerada no seu valor inicial, que era ~0. Então, têm-se:

$100 > K_o(200 - 0) + 0$

e:

$K_o < 0,50$, o que é possível.

O erro foi cometido propositadamente, apenas para mostrar que a pressão de poro externa (neste caso a coluna d'água, ou a pressão de poro devida ao reservatório) não poderia ser confundida com a pressão neutra existente no campo ou núcleo da barragem, que poderia até ser negativa nas maiores elevações.

Uma resistência adicional ao fraturamento hidráulico é a resistência à tração do solo. Por questões de segurança, pode-se desconsiderar sua existência, mas valores medidos da resistência à tração em amostras de solo residual compactado (usando o método de Bishop) têm dado valores entre 20 e 50 kPa (Cruz e Mellios,1972), que se considerados ou não, contribuirão para reduzir a potencialidade do fraturamento hidráulico em núcleos de barragens.

Em trincheiras de vedação

Efeitos de arqueamento também irão ocorrer em trincheiras de vedação, especialmente quando os lados dos taludes são muito inclinados.

O extremamente discutido caso da ruptura da Barragem de Teton foi também explicado como sendo o resultado de fraturamento hidráulico na trincheira de vedação. A pressão d'água a montante da trincheira poderia ter sido maior do que a pressão total vertical (normal), pela análise por elementos finitos.

No caso da Barragem de Terra de Itaipu, a trincheira foi preenchida com argila residual basáltica, mas nas interfaces foi colocada uma camada delgada da mesma argila em uma umidade maior, e não foi compactada. Um procedimento similar foi utilizado em duas pequenas barragens do Sul do Brasil (Bonito e Leão). A figura 2.52 mostra um perfil da Barragem do Leão, com trincheira escavada em cascalho de rio ($K > 10^{-2}$ cm/s). Os taludes laterais são relativamente íngremes, para minimizar as escavações. Similarmente, nos últimos 50 cm da interface solo-cascalho foi colocada uma camada com umidade elevada, e não foi compactada.

Ver também Capítulo 12.

4.5 - VISÕES OTIMISTAS E PESSIMISTAS NA ENGENHARIA DE BARRAGENS

Alguns dos problemas e questões discutidos nos itens precedentes mostraram que a moderna Mecânica dos Solos tem contribuído para explicar alguns aspectos do comportamento de solos relacionados ao projeto e execução de barragens. Ao mesmo tempo, muito mais tem sido investigado para clarear inúmeros pontos obscuros. Veja-se o Capítulo 5.

Barragens foram construídas e estão sendo construídas com o conhecimento e a experiência disponíveis em cada momento. Muito do que ainda está no mundo acadêmico não é incorporado ao projeto de barragens, e infelizmente muitos aspectos do comportamento de barragens só foram explicados depois de algumas rupturas, ou de acidentes.

Isso talvez porque os engenheiros sejam em geral pessoas conservadoras, que se movem vagarosamente, somente usando as novas teorias quando alguém mais tiver provado sua utilidade e segurança; ou talvez porque as pessoas acadêmicas sejam tão cheias de dúvidas, que ninguém se sente seguro e encorajado para usar idéias ou concepções de alguém que é sistematicamente criticado em suas descobertas.

Engenheiros projetistas alegam constantemente não ter o tempo necessário ou os dados necessários para introduzir novas teorias e tecnologias avançadas nos seus projetos de barragens; a verdade, porém, é que nem sempre novas teorias ou tecnologias se encontram disponíveis sob uma forma prática. Uma teoria tridimensional de resistência ao cisalhamento para solos insaturados é, sem dúvida, uma teoria não prática.

O papel da experiência deve sempre ser considerado, porque se ela pôde evitar erros no passado, que poderiam ter resultado em acidentes e desastres, também pode ser usada no presente, mesmo para repetir soluções que já foram seguras, embora representando uma certa forma de regressão no conhecimento atual.

A experiência também deve ser considerada quando o projeto envolver diferenças climáticas e condições distintas de solo e do meio ambiente local. O projeto e a construção de barragens podem variar substancialmente de país para país, e até mesmo de região para região, no mesmo país.

Engenheiros tendem a ter visões otimistas do que estão fazendo, mas podem ser encontradas também atitudes muito negativas. Em ambos os casos, a falta de crítica é uma postura das mais perigosas, pois há pessoas que tendem naturalmente a acreditar em ou descrer de tudo o que fazem.

Para ilustrar esta discussão considerem-se algumas proposições:

(1) - Tudo o que se mede é errado, e então todos os resultados das medidas estão errados de uma maneira ou outra.

(2) - Análises de estabilidade por equilíbrio limite, não importa quão sofisticadas sejam, estão sempre erradas, porque o comportamento tensão-deformação não pode ser considerado em nenhuma delas.

(3) - Métodos de elementos finitos e métodos numéricos são úteis somente em casos nos quais o comportamento do solo pode ser aproximado por modelos simples. E como os solos naturais não são simples, métodos numéricos são muito pobres e resultam em imprecisas representações da realidade.

(4) - A engenharia de barragens está tão avançada hoje em dia, que não existem problemas que não possam ser resolvidos de maneira satisfatória e segura.

(5) - Análises de estabilidade somente são necessárias para confirmar a estabilidade por meios numéricos, porque simplesmente olhando-se para uma seção transversal é possível concluir se a barragem é estável ou não.

(6) - Técnicas de injeção estão tão desenvolvidas hoje, que praticamente não existem materiais que não possam ser injetados eficientemente de uma maneira ou outra.

Pior do que ter opiniões ou atitudes extremas, é não ter opinião.

urpreendentemente, as três primeiras posturas mencionadas acima podem mostrar uma atitude mais positiva em relação à Engenharia do que as três posturas seguintes.

Veja-se porquê. Se alguém pode dizer que todas as medidas estão erradas é porque tentou medir, e tentando medir encontrou algumas vezes quase a impossibilidade de medir a grandeza certa. Por exemplo: não é possível retirar uma amostra indeformada com todas as pressões confinantes existentes; então, quando se ensaia esta amostra, os resultados não poderão fornecer os mesmos valores existentes no campo.

Se for dito que as análises de estabilidade por equilíbrio limite somente resultam em valores aproximados do coeficiente de segurança, é porque se sabe que o cálculo do coeficiente de segurança é sempre uma aproximação. Quando se calcula o peso de uma fatia usando o valor integral de γz, não se está considerando efeitos de arqueamento, e assim por diante.

Agora, quando um engenheiro diz que pode resolver qualquer questão em projeto e construção de barragens, certamente está considerando somente casos limitados de sua própria experiência, numa espécie de atitude ingênua em relação aos novos problemas, que ele talvez não possa nem enxergar.

Quando se discute projeto e construção de barragens, o mais importante é ter uma postura adequada. Deve-se correr riscos, porque caso contrário, a Engenharia não se move, mas o conhecimento básico e a observação do comportamento da obra devem ser sempre avaliados a fundo.

Crítica por si só pode ser inútil, porque se poderá estar criticando o que já foi melhor indagado e criticado pelo próprio autor original do texto ou do projeto.

Por exemplo, quando Terzaghi, em 1923, declarou que a pressão efetiva é a diferença entre a pressão total e a pressão de poro na água, ele estava considerando solos saturados, onde a pressão de poro tende na maioria das vezes a ser positiva.

Quando Fellenius, em 1936, na 1a. Conferência Internacional em Mecânica dos Solos, explicou o seu método de cálculo de estabilidade, ele já havia mencionado a existência de forças laterais sobre os lados das lamelas, e o que propôs foi um método um tanto simplificado.

Tão importante quanto ler a descrição de Hoek's, de 1983, sobre uma possível teoria de resistência ao cisalhamento para maciços rochosos, é ler todas as restrições que ele próprio faz à aplicação da sua teoria.

4.6 - A ÁGUA

Acidentes e rupturas de barragens têm sido causados principalmente por água que extravasou a barragem, provocando erosão nos taludes, ou água na fundação da barragem, que foi capaz de carrear as partículas de solo, dando origem a diferentes tipos de *piping*.

Dessa forma, a arte de projetar barragens parece ser a arte de controlar o fluxo de água através do corpo e da fundação da barragem, evitando, assim, quaisquer chances do solo ser carreado pela água. A ordem de grandeza da vazão que pode ser admitida somente depende do custo da água perdida ou de um bombeamento permanente. Para prevenir trincas e a formação de vazios contínuos, devem ser providenciados filtros e drenagem adequados, que constituem os pontos cruciais da engenharia de barragens. (Veja-se o Capítulo 10).

4.7 - ALGUMAS CONCLUSÕES

Projetos de barragens requerem um conhecimento da mecânica dos materiais envolvidos, tanto nas fundações como no maciço compactado. Igualmente importante é a compreensão dos mecanismos de fluxo que venham a ocorrer.

Se hoje, na década de 90, se fizer uma retrospectiva de como muitas barragens foram projetadas e construídas desde o inicio do século, limitadas ao conhecimento de cada época, será preciso reconhecer que, além dos conhecimentos teóricos, foi necessária a coragem da tomada de decisões e a capacidade crítica de observar o comportamento de cada obra.

A mesma questão poderá ser levantada pelas gerações futuras, quanto às barragens hoje em projeto e construção.

O importante num projeto é antes de tudo a postura com que o engenheiro se coloca diante dos problemas. É fundamental que a visão de conjunto não seja perdida.

REFERÊNCIAS BIBLIOGRÁFICAS

ARENILLAS, M., MARTINS, J., CORTES, R., DIAS-GUERRA, C. 1994. Proserpina dam (Merida, Spain). An enduring example of Roman Engineering. *Proc. of the 7th Int. Congress I.A.E.G.*, Lisboa. v. V.

CRUZ, P. T. da, MELLIOS, G. A. 1972. Notas sobre a resistência à tração de alguns solos compactados. *Anais do VIII Seminário Nacional de Grandes Barragens*, São Paulo. CBGB.

MELLO, V. F. B. de. 1975. Some lessons from unsuspected, real and fictitious problems in earth dam engineering in Brazil. *Proccedings of the 6th Reg. Conf. for Africa on Soil Mechanics & Foundation Engineering*, Durban, South Africa. SMFE, v. II.

MELLO, V. F. B. de. 1992. Revisiting conventional geotechnique after 70 years. *Proc. of the US/Brazil Geotechnical Workshop on Applicability of Classical Soil Machanics Principles to Structured Soils*, Belo Horizonte.

PENMAN, A. D. M. 1982. Materials and construction methods for embankment dams and cofferdams. *Proc. of the 14th Int. Congress on Large Dams*, Rio de Janeiro.

PENMAN, A. D. M. 1986. On the embankment dam. Rankine Lecture. *Géotechnique*, v. 36, n. 3.

SCHUYLER, J.D. 1908. *Reservois for irrigation, water power and domestic water supply, with an account of various types at dams and methods, and cost of their construction.* New York: John Wiley & Sons.

2ª Parte

Capítulo 5
Pressões Efetivas e Sucção Matricial

5 - PRESSÕES EFETIVAS E SUCÇÃO MATRICIAL

5.1 - INTRODUÇÃO

Antes de discutir o assunto de pressões efetivas e sucção matricial, sugere-se a execução de alguns ensaios mentais sobre amostras de materiais porosos. Nada impede que esses ensaios sejam efetivamente realizados em laboratório, se houver facilidades para tanto.

Imagine-se uma série de "cubos" de materiais porosos, totalmente saturados e imersos em água. Se um desses cubos for levantado a 1 metro de altura (poderia ser qualquer altura) acima da água, ocorrerá um fluxo da água contida nos poros, pelo efeito da gravidade. Esta água que flui livremente dos vazios é chamada de água livre.

Se os poros dos cubos forem de dimensões diferentes e chegarem a valores milimétricos e mesmo submilimétricos, é possível verificar que somente uma parte da água escoa, e que um volume significativo de água pode ficar retido nos poros por efeitos capilares. Se a amostra for sacudida com uma certa intensidade, ainda poderá ser expelido um pouco da água.

Esta água retida no material é retida pela tensão capilar e está com pressão inferior à pressão atmosférica.

Se se considerarar agora um cubo de solo argiloso, que contenha uma estrutura porosa com vazios tão grandes ou maiores do que os que são encontrados em areias grossas, até espaços entre partículas na dimensão de Angstrons ($1\ A^° = 10^{-8}$ cm), e se retirar a amostra cúbica de argila da água, é intuitivo imaginar que apenas a água dos macrovazios irá escoar, e que uma grande parte da água ficará contida nos vazios menores, por efeitos capilares, mas também devido à presença das forças elétricas entre partículas.

O volume de água livre (dos macroporos) em relação ao volume total de água é significativamente menor nas argilas do que em solos arenosos, nos quais a ação das forças elétricas é desprezível ou inexistente, e os microporos são significativamente maiores do que os espaços entre partículas. Essa situação independe do fato dos solos argilosos poderem ocorrer em porosidade (V_{vazios}/V_{total}) igual ou muito superior à porosidade das areias.

A água que ocorre nos vazios dos solos argilosos e que não escoa livremente está "presa" ao solo pelos efeitos capilares e pelas forças elétricas.

A soma desses dois fatores é denominada ação matricial ou **sucção matricial**.

Para reduzir o volume de água dos vazios, pode-se deixar o material exposto ao ar, e se houver interesse em acelerar o processo, recorrer a um aumento da temperatura.

À proporção que o solo seca, a tendência da água é de ocupar os menores vazios. Os efeitos capilares se acentuam, porque a tensão capilar aumenta com a redução dos raios principais dos meniscos da interface ar-água. Com a redução da água, que passa a ocupar os menores vazios, a ação relativa das forças elétricas aumenta e cada vez a água fica mais "presa" ou mais "aderida" às partículas argilosas.

Mesmo quando um mineral argiloso é seco em estufa a 105°C, ainda existirá um "filme" de água envolvendo as partículas, de dimensão estimada em cerca de 10 $A^°$ a 20 $A^°$, que é chamado água de constituição, só removível em temperaturas entre 100°C e 200°C.

Para cada "umidade" do solo ($V_{água}/V_{total}$ ou $Peso_{água}/Peso_{sólidos}$), ocorrerá uma certa quantidade de água presa nos vazios.

Se se desejar colocar esta água em movimento, ou iniciar um fluxo de água para fora da amostra, poder-se-á, por exemplo, ir progressivamente aumentando a pressão de ar nos vazios (sem alterar a temperatura) até o momento em que a pressão de ar seja suficiente para iniciar o movimento da água. Esta pressão é bem definida e é numericamente igual ao que se denomina "sucção", ou mais precisamente **sucção matricial** do solo.

Para que isso ocorra é necessário que a amostra de solo esteja apoiada em um meio poroso saturado.

Resumindo: retira-se uma mostra de solo saturado para o ar, deixa-se escoar a "água livre", sacode-se um pouco o solo, se se desejar. O solo irá reter um certo volume de água e, portanto, terá uma umidade h (volumétrica ou em peso) de x%. Se desejarmos expulsar a água do solo, será preciso aplicar uma pressão de ar nos vazios que seja igual ou superior a um certo valor. O menor valor dessa pressão, capaz de iniciar o movimento, é numericamente igual à **sucção matricial** do solo.

Se se deixar o solo secar até um novo valor de umidade, será necessário aplicar uma pressão maior para iniciar o fluxo de água.

A **sucção matricial** do solo é, portanto, crescente para umidades decrescentes.

Nos itens seguintes, será discutido o significado físico dos termos utilizados nesses experimentos.

É importante, no entretanto, antecipar que a **sucção** não deve ser confundida com a **pressão efetiva**.

Esta confusão é natural, quando na prática se constata, por exemplo, que a resistência à compressão simples de um solo ou mesmo a resistência medida em compressão triaxial aumenta com a redução do teor de umidade e, portanto, com o aumento da sucção. Solos com umidades decrescentes tendem a ser menos compressíveis, e apresentam uma maior "pressão aparente de pré-adensamento" em ensaios edométricos convencionais, nos quais a pressão de pré-adensamento é medida em termos de pressão vertical aplicada.

Esses comportamentos são facilmente associáveis a um aumento da pressão efetiva, por uma extensão de raciocínio do conceito de pressão efetiva de Terzaghi aos solos não saturados.

É interessante, então, rever todo o assunto, iniciando pelo próprio Terzaghi.

5.2 - PRESSÕES ATUANTES NA FASE SÓLIDA

O conceito de pressão efetiva na Mecânica dos Solos foi usado pela primeira vez por Terzaghi em 1923, e apresentado pelo próprio Terzaghi em 1936 no Primeiro Congresso Internacional de Mecânica dos Solos, nos seguintes termos:

"As tensões num ponto qualquer de uma seção através de uma massa de solo podem ser calculadas a partir de tensões principais totais σ_1, σ_2 e σ_3, que atuam nesse ponto. Se os vazios do solo estiverem cheios de água, sob uma pressão u, as tensões principais totais consistirão de duas partes : uma parte u, que atua na água e no sólido em todas as direções com a mesma intensidade, chamada 'pressão neutra' (ou pressão de água nos poros); outra parte representada pelas diferenças $\sigma'_1 = \sigma_1 - u$, $\sigma'_2 = \sigma_2 - u$ e $\sigma'_3 = \sigma_3 - u$, que expressam um excesso sobre a pressão neutra u e atuam exclusivamente na fase sólida do solo. Essas frações das tensões principais totais são chamadas de pressões principais efetivas.

Uma variação da pressão neutra u não produz praticamente nenhuma variação de volume e não tem praticamente nenhuma influência nas condições de tensões na ruptura. Materiais porosos, tais como areia, argila e concreto, reagem a uma variação de u como se fossem incompressíveis e como se seu atrito interno fosse igual a zero. Todos os efeitos mensuráveis de mudança de tensões, tais como compressão, distorção e variação da resistência ao cisalhamento são exclusivamente devidos a variações nas pressões efetivas σ'_1, σ'_2 e σ'_3. Daí recorre que toda investigação de estabilidade de um corpo de solo saturado requer o conhecimento das duas pressões : total e efetiva." [1]

Do conceito de Terzaghi sobre pressão efetiva decorrem pelo menos dois pontos relevantes:

- a pressão neutra u, num meio saturado, atua na água e nos sólidos em todas as direções e com a mesma intensidade; e

- a pressão efetiva, que controla o comportamento do solo, é definida como um excesso de pressão sobre a pressão neutra, que atua exclusivamente na fase sólida do solo.

$$\sigma' = \sigma - u \quad (5.1)$$

Esses dois conceitos serão reconsiderados a seguir.

5.3 - EXTENSÃO DA EQUAÇÃO DE TERZAGHI A OUTROS MATERIAIS

O conceito de **pressão efetiva** de Terzaghi, se estendido a materiais porosos em geral, sofre algumas restrições sempre que :

(a) - a área de contato a_c entre partículas sólidas não seja desprezível, quando comparada à área total A;

(b) - a compressibilidade do meio poroso seja próxima ou inferior à compressibilidade da água;

(c) - os vazios do meio poroso não sejam intercomunicantes;

(d) - as forças de atração e repulsão entre partículas não sejam desprezíveis ;

(e) - o meio seja parcialmente saturado.

Para materiais porosos saturados, algumas expressões alternativas foram propostas. Entre elas pode-se mencionar:

$$\sigma' = R - A \quad \text{(Lambe, 1960)} \quad (5.2)$$

sendo:

R = pressão devida à força de repulsão entre partículas; e

A = pressão devida à força de atração entre partículas.

$$\sigma' = \sigma - \left(1 - a_c \frac{\tan\psi}{\tan\varphi'}\right) u \quad \text{(Skempton, 1960)} \quad (5.3)$$

A expressão (5.2) é válida para argilas. A expressão (5.3) é válida para materiais com ângulo de atrito intrínseco ψ, sendo φ' o ângulo de atrito de Mohr-Coulomb para valores de a_c menores do que a unidade; a_c é a relação entre a área de contato entre grãos e a área total. Quando $a_c = 1,0$, $\varphi' = \psi$.

$$\sigma' = \sigma - \left(1 - \frac{C_s}{C_c}\right) u \quad \text{(Skempton, 1960)} \quad (5.4)$$

onde:

C_s = compressibilidade volumétrica das partículas sólidas; e

C_c = compressibilidade volumétrica do arcabouço ou esqueleto sólido.

$$\sigma' = \sigma - n_b u \quad \text{(Terzaghi, 1945)} \quad (5.5)$$

O parâmetro n_b foi chamado por Terzaghi de porosidade de fronteira. A expressão (5.5) é válida para rochas e concreto.

A variação da pressão neutra Δu na água contida nos vazios em relação a uma variação da pressão confinante $\Delta \sigma$ em condições não drenadas pode ser estimada pela expressão abaixo, válida para materiais porosos tais como solo, rocha e concreto:

$$\frac{\Delta u}{\Delta \sigma} = \frac{1}{1 + n \dfrac{C_w - C_s}{C_c - C_s}} \quad \text{(Bishop, 1973)} \quad (5.6)$$

sendo C_w a compressibilidade volumétrica da água e n a porosidade do material. Ver tabela 5.1, para valores de C_s e C_c.

---

[1] - Traduzido do trabalho de A. W. Skempton, 1960.b: "Significance of Terzaghi's concept of effective stress"

Para materiais porosos não saturados, algumas expressões têm sido propostas. Entre elas pode-se destacar:

$$\sigma' = \sigma - u_a + X(u_a - u_w) \quad \text{(Bishop, 1960)} \quad (5.7)$$

sendo u_a = pressão no ar, u_w = pressão na água e X um parâmetro que depende do grau de saturação da amostra.

$$\frac{\Delta u}{\Delta \sigma_c} = \frac{1}{1 + n \dfrac{C_f}{C_c}} \quad \text{(Lambe, 1969)} \quad (5.8)$$

sendo C_f a compressibilidade volumétrica do fluido (ar + água).

Tabela 5.1 - Valores de compressibilidades para solo, rocha e concreto (Skempton, 1960)

Material	Compressibilidade* por kgf/cm² x 10⁻⁶		
	C_c	C_s	C_s/C_c
Arenito quartzítico	5,9	2,7	0,46
Granito "Quincy"	7,6	1,9	0,25
Mármore Vermont	18	1,4	0,08
Concreto (aprox.)	20	2,5	0,12
Areia densa	1.800	2,8	0,0015
Areia fofa	9.200	2,8	0,0003
Argila de Londres (sobreadensada)	7.500	2,0	0,00025
Argila de "Gusport" (normalmente adensada)	60.000	2,0	0,00003

* - Compressibilidades a $p = 1$ kgf/cm².
- C_w (água) = 49 x 10⁻⁶ por kgf/cm².

As expressões (5.7) e (5.8) são válidas para solos não saturados.

Outros autores não definem propriamente pressão efetiva, preferindo separar a contribuição de duas variáveis, ditas independentes:

$\sigma_{net} = \sigma - u_a$ (*net normal stress*) (5.9); e

$(u_a - u_w)$ (Fredlund e Morgenstern, 1977) (5.10)

Uma variação do mesmo tema é apresentada por Escario (1986) e Alonso *et al.* (1990):

$p = \sigma_m - u_a$ (σ_m = pressão total média ou octaédrica) (5.11)

$S = u_a - u_w$ (sucção matricial) (5.12)

$q = \sigma_1 - \sigma_3$ (5.13)

Conforme Terzaghi (1936), há dois conceitos fundamentais que de alguma forma estão incorporados a todas as expressões acima enumeradas:

I - Existe uma pressão que atua em todas as direções e com a mesma intensidade, tanto no fluido (água, se o meio estiver saturado) como na parte sólida. Esta afirmação pressupõe a inexistência de áreas de contato entre as partículas sólidas, o que é uma aproximação perfeitamente válida para a maioria dos solos. O próprio Terzaghi, em 1945, introduz na equação (5.5) o termo "porosidade de fronteira", que está relacionado à existência de áreas de contato em materiais como concreto e rocha. Na expressão de Skempton (5.3), aparece a área de contato a_c, o mesmo ocorrendo de forma indireta na expressão (5.4), porque quando C_c se aproxima de C_s, isto significa um arcabouço sólido rígido com áreas de contato bem definidas.

Quando os vazios do meio poroso contêm tanto o ar como a água, e o volume de ar é elevado, a pressão do ar passa a atuar em "todas as direções e com a mesma intensidade", a menos dos espaços ou das áreas ocupadas pela água, e daí a necessidade de separar a ação do ar e a ação da água, como se vê nas expressões de (5.9) a (5.11).

II - Existe um excesso de pressão sobre a pressão "neutra", que atua exclusivamente na fase sólida, e que controla o comportamento do solo quanto a deformação e resistência ao cisalhamento. Novamente este "excesso de pressão" está implícito nas expressões (5.3), (5.4), (5.5), (5.9) e (5.11). Ora, fica claro no conceito de Terzaghi que o comportamento do solo é regido pelas pressões atuantes exclusivamente na fase sólida. No caso de materiais nos quais as áreas de contato não sejam desprezíveis, será necessário considerar também as pressões atuantes nestas áreas e que irão participar de forma efetiva no comportamento dos materiais, no tocante a deformações e a resistência ao cisalhamento. Solos estruturados, solos cimentados, solo-cimento, concreto e rochas entram nesta categoria.

No caso dos solos não saturados, a componente da sucção matricial $(u_a - u_w)$ não pode ser confundida com uma "área de contato" entre partículas sólidas, mas o fato é que ela reduz a área de atuação do ar, e interfere de forma significativa na "liberdade de movimento das partículas sólidas". A noção de água presa já discutida, e que decorre de tensões capilares e forças elétricas atuantes entre partículas, acaba por "prender" as partículas sólidas umas às outras, dificultando o seu deslocamento relativo.

Daí decorre que o comportamento dos materiais porosos não saturados também é regido pelas pressões atuantes exclusivamente na fase sólida, as quais somam três parcelas : o excesso de pressão sobre a pressão no ar $(\sigma - u_a)$, as pressões que ocorrem nas áreas de contato e a ação da sucção matricial $(u_a - u_w)$.

5.4 - PRESSÕES INTERGRANULARES E PRESSÕES EFETIVAS

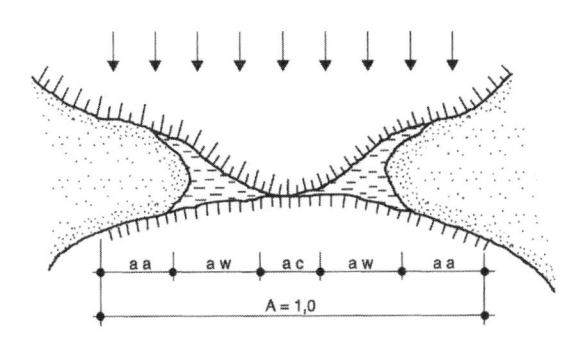

Figura 5.1 - Áreas no contato de duas partículas

Na Figura 5.1 estão mostradas duas partículas de um material. Na área total A, pode-se definir uma área de contato a_c, a área ocupada pela água a_w e a área ocupada pelo ar. A pressão total σ pode ser decomposta nas parcelas :

$$\sigma = \sigma' + u_a \frac{a_a}{A} + u_w \frac{a_w}{A} + \sigma_c \frac{a_c}{A} \quad (5.14)$$

e

$$a_a = A - a_w - a_c$$

e

$$\frac{u_a}{A} = 1 - \frac{a_w + a_c}{A}$$

Daí vem:

$$\sigma = \sigma' + u_a - \frac{a_w}{A}(u_a - u_w) + \frac{a_c}{A}(\sigma_c - u_a)$$

ou

$$\sigma' + (\sigma_c - u_a)\frac{a_c}{A} = (\sigma - u_a) + \frac{a_w}{A}(u_a - u_w) \quad (5.15)$$

Sendo :

$$\sigma_c \frac{a_c}{A} = p_c \quad \text{(pressão de contato)},$$

pode-se escrever:

$$\sigma' + p_c = (\sigma - u_a) + (u_a - u_w)\frac{a_w}{A} + u_a \frac{a_c}{A} \quad (5.16)$$

As expressões (5.14) e (5.15) contêm os termos $(\sigma - u_a)$ e $(u_a - u_w)$ propostos por Bishop, Fredlund, Morgenstern, Escario e Alonso, para solos não saturados, acrescidos de termos relativos à pressão de contato p_c.

A área porcentual de contato a_c/A aparece na expressão de Skempton (5.3).

Particularizando caso a caso, vem:

- Bishop: expressão (5.7):

$a_c = 0$; e

$$X = a_w / A \quad (5.17a)$$

$$\sigma' = (\sigma - u_a) + X(u_a - u_w)$$

As expressões de Fredlund e Morgenstern (5.9) e (5.10) são introduzidas na equação de resistência ao cisalhamento:

$$\tau = c' + (\sigma - u_a)\tg\varphi' - (u_a - u_w)\tg\varphi_b \quad (5.18)$$

Bishop, já em 1960, havia proposto a equação:

$$\tau = c' + (\sigma - u_a)\tg\varphi' + X(u_a - u_w)\tg\varphi' \quad (5.19)$$

Comparando as duas equações vem:

$$X = \tg\varphi_b / \tg\varphi'$$

Como $a_c = 0$ nas expressões acima,

$$\tg\varphi_b / \tg\varphi' = a_w / A \quad (5.17b)$$

Finalmente, considerando a expressão de Skempton (5.3) temos:

$$\sigma' = \sigma - \left(1 - \frac{a_c}{A}\frac{\tg\psi}{\tg\varphi'}\right) u_w$$

Para $u_a = 0$, a expressão (5.16) se reduz a:

$$\sigma' + p_c = \sigma - u_w \frac{a_w}{A} \quad (5.20)$$

Pode-se escrever que:

$$p_c = u_w \left(\frac{a_c}{A}\right)\left(1 - \frac{\tg\psi}{\tg\varphi'}\right) \quad (5.21a)$$

$$\sigma_c = u_w \left(1 - \frac{tg\psi}{tg\varphi'}\right)$$

ou

$$p_c = u_w \left(1 - \frac{a_w}{A}\right)\left(1 - \frac{tg\psi}{tg\varphi'}\right) \quad (5.21b)$$

Nas expressões 5.17, 5.20 e 5.21, aparece a relação a_w/A.

A determinação direta das áreas de contato a_c ou das áreas ocupadas pela água e pelo ar é sempre problemática, o mesmo ocorrendo com os ângulos ψ e φ' da expressão de Skempton.

Algumas conclusões podem ser tiradas da análise procedida:

(a) - A equação original de Terzaghi $\sigma' = \sigma - u$ (5.1) é uma excelente aproximação para todos os materiais porosos saturados, nos quais a área de contato seja desprezível em relação à área total e nos quais o arcabouço sólido seja muito mais compressível do que a água que ocupa os vazios.

De fato, a expressão (5.3) se reduz à expressão (5.1), quando $a_c = 0$.

Mesmo considerando a expressão (5.3), que é aplicável a concreto, rocha, solos-cimentos, solos estruturados, etc, o valor de $a_c (tg\psi/tg\varphi')$ é em geral muito pequeno. Para tensões normalmente encontradas em obras de Engenharia Civil a relação $tg\psi/tg\varphi'$ varia de 0,10 a 0,30 e como a_c/A fica entre 0,10 e 0,30, o produto fica entre 0,01 e 0,09.

Já na expressão (5.4), aplicável a problemas de compressibilidade, o valor de C_s/C_c pode variar de 0,10 a 0,50 para rochas, concreto, solo-cimento, etc., e não pode ser desprezado. No caso de solos não cimentados $C_c >> C_s$ e C_s/C_c tende a zero.

Para um aprofundamento deste problema, sugerem-se os trabalhos de Skempton (1960a), Bishop (1973) e Cruz (1981).

(b) - Em solos não saturados e não cimentados, é necessário considerar separadamente a atuação da pressão $(\sigma - p_a)$ e da sucção $(u_a - u_w)$. Veja-se Capítulo 6.

(c) - Em solos estruturados, solos lateritizados, ou solos cimentados saturados ou não, é necessário considerar uma componente de cimentação (ou componente estrutural) na análise das deformações e na mobilização da resistência ao cisalhamento. Veja-se Capítulo 7.

(d) - A presença de ar nos vazios do solo afeta de forma radical a sua compressibilidade, e o desenvolvimento das pressões na água.

Considere-se, por exemplo, a expressão (5.8) :

$$\frac{\Delta u}{\Delta \sigma_c} = \frac{1}{1 + n \frac{C_f}{C_c}}$$

Se o solo estiver 100% saturado, $C_f = C_w = 48 \times 10^{-6}$ l/kg/cm².

A compressibilidade volumétrica de uma areia varia de 1.800 até 9.000 x 10^{-6} l/kg/cm², e a de uma argila de 7.500 até 60.000 x 10^{-6} l/kg/cm² e daí se conclui que C_w/C_c tende a zero.

Se a água contiver umas poucas bolhas de ar, e o grau de saturação do solo cair para 98%, o valor de C_f pode chegar a 10.000 x 10^{-6} l/kg/cm² e portanto próximo à compressibilidade C_c dos arcabouços sólidos. Para um solo com índice de vazios de 0,50 (porosidade de 0,33), o valor de $\Delta u/\Delta \sigma$ cai de 100% na condição saturada para 75% para uma argila pré-adensada com $C_c = 10.000 \times 10^{-6}$ l/kg/cm².

Se o grau de saturação for de 60% ou 70%, o valor de $\Delta u/\Delta \sigma$ cai para 13% a 16% para o mesmo solo.

5.5 - PRESSÕES ATUANTES NO AR E NA ÁGUA

5.5.1 - Pressões no Ar

Um solo não saturado contém <u>ar</u> nos vazios; até um certo grau de saturação, os vazios podem ser considerados <u>intercomunicantes</u>, e a pressão do ar deve ser a mesma em todos os vazios do solo.

Como a permeabilidade do solo ao ar é elevada, é de se esperar que em condições naturais a pressão do ar seja a atmosférica.

Em ensaios de laboratório sob condições não drenadas, o ar pode tornar-se <u>rarefeito</u>, indicando uma pressão negativa (abaixo da atmosférica), ou ficar comprimido, gerando uma pressão positiva.

No processo de saturação de um solo, o volume do ar tende a se reduzir até um momento em que os vazios deixam de ser intercomunicantes e o ar passa a ocorrer sob a forma de bolhas.

Nessas condições, o ar é denominado "ar ocluso".

Devido à existência da <u>tensão capilar</u>, a interface ar-água está sempre sujeita a uma pressão dada por uma equação do tipo :

$$p = T_s \left(\frac{1}{R_1} + \frac{1}{R_2}\right)$$

sendo:

R_1 e R_2 os principais raios de curvatura da interface.

Neste contexto, é importante seguir o raciocínio de Vaughan (1990):

"Em solos parcialmente saturados, o ar e a água ocorrem em pressões diferentes, devido à capilaridade. Duas distribuições do ar podem existir: ar como uma fase fluida contínua, quando a permeabilidade é muito elevada; e ar ocluso, quando este ocorre somente como 'bolhas' isoladas e a permeabilidade é baixa, porque o fluxo só ocorre por difusão. Dessa forma, quando o ar é contínuo, ele pode equilibrar-se rapidamente com a pressão atmosférica, mesmo em solos finos, e a pressão na água deve ser inferior à pressão no ar. Uma pressão de água acima da atmosférica, em geral, implica ar ocluso.

A Figura 5.2 apresenta dados que relacionam $(u_a - u_w)$ e pressão na água. Alguns dados vêm de laboratório e outros da comparação de medidas usando piezômetros com alta e baixa pressão de borbulhamento.

A diferença $(u_a - u_w)$ é pequena, quando u_w excede 100 kPa ($\_1$ kg/cm^2). Entretanto, a diferença é grande quando a pressão na água é subatmosférica.

Há uma aparente anomalia entre essas observações e a tendência prevista, se considerarmos bolhas de ar em água livre. Neste caso, as bolhas devem comprimir se a pressão na água crescer, o raio capilar diminuir, e a diferença entre a pressão ar-água crescer.

No entanto, as bolhas de ar num aterro compactado não estão em água livre, e sim, confinadas dentro da estrutura do solo, conforme mostrado na Figura 5.3a. Todos os meniscos da mesma bolha têm o mesmo raio, que é controlado pela forma como o menisco se retrai nos interstícios entre as partículas, e não pelo tamanho da bolha de ar.

Considere-se agora a situação transitória da Figura 5.3b. A bolha **A**, de menor tamanho, pode se tornar esférica devido a um aumento da pressão da água e a diferença de pressões $(u_a - u_w)$ tende a crescer. À proporção que a pressão aumenta, a dissolução do ar na água (regida pela Lei de Henry) aumenta, e o diâmetro da bolha **A** fica ainda menor, gerando nova dissolução na água, até o momento em que ela desaparece.

O ar dissolvido na água irá circular pelo solo, até encontrar um vazio maior (bolha **B**). Como a pressão cai porque $(u_a - u_w)$ é menor, o ar pode voltar à forma gasosa, incorporando-se à bolha B."

Por este processo, conhecido como difusão, todo o ar tenderá a ocupar os maiores vazios.

Duas conclusões podem ser tiradas desta análise:

- o grau de saturação do solo é dado aproximadamente pelo volume total de vazios menores do que aqueles contendo a bolha B, dividido pelo volume total de vazios;

- a diferença de pressão $(u_a - u_w)$ é dada pelo raio capilar da bolha **B**, que é aproximadamente igual ao raio do poro que contém a bolha **B**.

O texto de Vaughan, acima transcrito, permite a constatação de alguns fatos relevantes:

(a) - se o ar no solo ocorrer de forma contínua, ele deverá facilmente se comunicar com a atmosfera e, portanto, a pressão na água deverá ser "negativa";

(b) - quando o ar ocorrer de forma oclusa, terá uma tendência a ocupar os maiores vazios, havendo uma transferência do ar por difusão;

(c) - a diferença de pressão ar-água tende a diminuir com o aumento da pressão na água;

(d) - o tamanho da bolha de ar no solo é dado prioritariamente pela dimensão dos vazios, e secundariamente pelo estado de pressões.

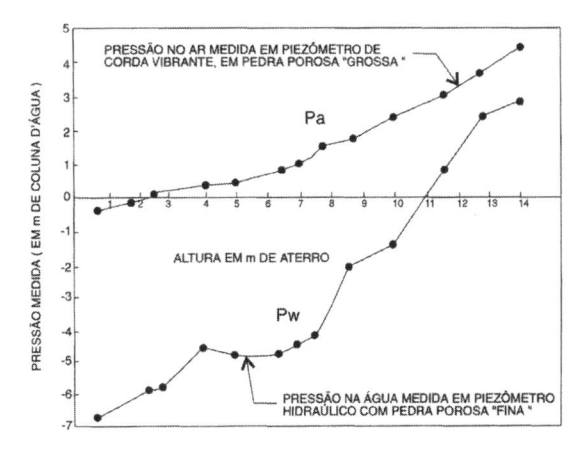

Figura 5.2a - Medidas de pressão de poros na Barragem Chalmarsh, durante o lançamento de 14 m de aterro (Penman, 1986)

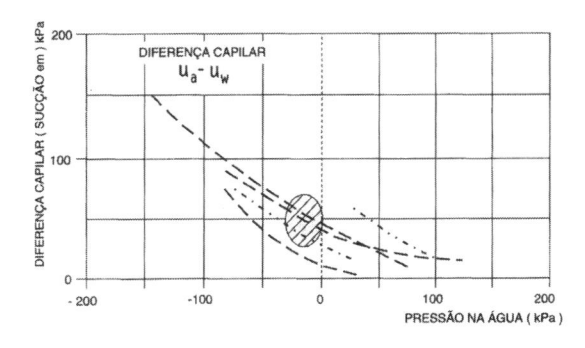

Figura 5.2b - Medidas de laboratório e campo da diferença entre a pressão no ar e na água, em função da pressão na água (Bishop *et al.*, 1964; Vaughan, 1973; Sherard, 1981, *apud* Vaughan, 1990)

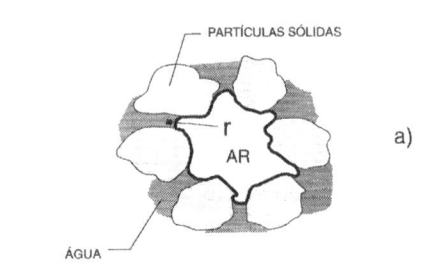

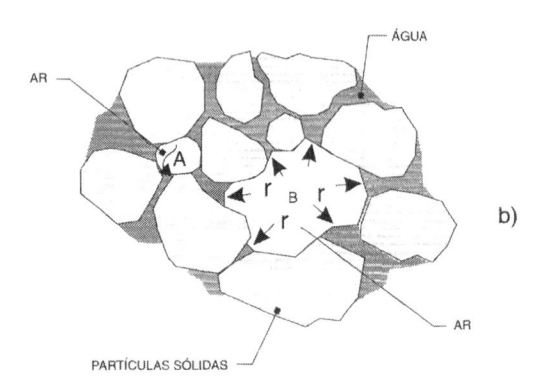

Figura 5.3 - Bolhas de ar confinadas no esqueleto sólido (Vaughan, 1990)

5.5.2 - Pressões na Água

A água no solo está sujeita a um campo de forças, que faz com que o seu "potencial" seja diferente daquele de uma água pura e livre. Esse campo de forças resulta da atração da matriz sólida pela água, bem como da presença:

- dos "sais";

- da ação externa de pressões de ar; e

- da ação da gravidade.

Assim é que o potencial total pode ser dividido em vários fatores:

$$\emptyset_T = \emptyset_g + \emptyset_p + \emptyset_o$$

sendo : $\emptyset_g$ = o potencial gravitacional;

$\emptyset_p$ = o potencial de pressão ou matricial; e

$\emptyset_o$ = o potencial osmótico.

Esses potenciais atuam de forma diferente, e a mobilidade da água no solo é afetada de forma diferente para cada uma das parcelas do potencial.

Por exemplo, quando a água da chuva penetra num solo não saturado, parte da água é retida pelo solo e outra parte flui pelos vazios, mas o solo pode permanecer parcialmente saturado, mesmo no caso de uma chuva muito intensa.

O potencial gravitacional é causado pela ação da gravidade, e independe das condições químicas e de pressão que ocorrem; depende, exclusivamente, da altura relativa. Uma diferença de potencial gravitacional gera um fluxo da água livre do solo.

O potencial de pressão ou matricial depende da pressão hidráulica atuante na água do solo, e pode ser tanto positivo como negativo. Se a pressão for maior do que a pressão atmosférica, é dita positiva, enquanto que se a pressão for menor que a atmosférica, é conhecida como tensão ou sucção.

Essa tensão negativa pode ser associada a uma pressão capilar, que, como vimos, pode ser expressa por:

$$p_o - p_c = P\,T_s \left(\frac{1}{R_1} + \frac{1}{R_2} \right) \text{, sendo:}$$

p_o = a pressão atmosférica, considerada como zero;

p_c = a pressão solo-água, que pode ser menor que a pressão atmosférica;

P = o déficit de pressão ou subpressão do solo-água;

T_s a tensão superficial; e

R_1 e R_2 os principais raios de curvatura de um ponto do menisco.

Se o solo pudesse ser associado a um conjunto de tubos capilares, para descrever o potencial de pressão negativa, ou tensão, o modelo capilar seria suficiente.

O que ocorre, no entanto, é que em adição ao fenômeno capilar o solo apresenta adsorção, que resulta em "envelopes hidratados" sobre a superfície das partículas. Esses dois mecanismos de interação solo-água são mostrados na Figura 5.4:

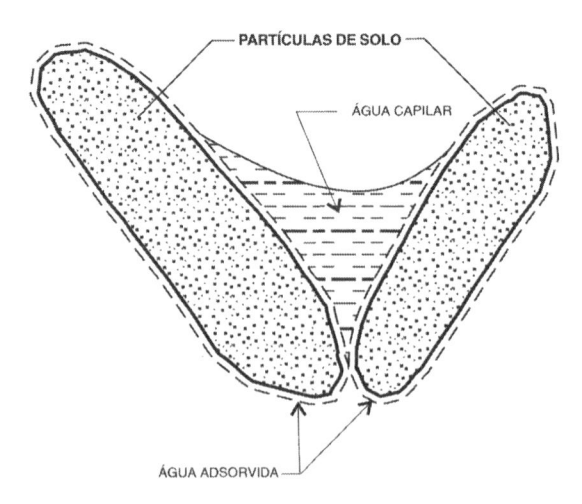

Figura 5.4 - Condição da água no solo não saturado

A presença de filmes de água, bem como a ocorrência de meniscos côncavos são da maior importância em solos argilosos e em níveis elevados de sucção, e são influenciadas pela dupla camada elétrica e pela presença de cátions trocáveis. Em solos arenosos, a adsorção é pouco importante e os efeitos capilares predominam. No caso geral, o potencial de pressão negativa resulta dos efeitos combinados desses dois mecanismos, que não podem ser facilmente separados, porque os "contornos" capilares estão num estado de equilíbrio interno com os filmes de água adsorvidos, e estes não podem ser modificados sem afetar aqueles. Daí decorre que o termo "potencial capilar" é inadequado e o termo "potencial matricial" é melhor, porque compreende o efeito total resultante da afinidade da água para toda a matriz do solo, incluindo seus poros e a superfície das partículas.

Os termos "potencial matricial", "sucção matricial" e "sucão solo-água" têm sido usados de forma intercambiável. A sucção matricial, segundo o conceito do Comitê I.S.S.S. (International Society of Soil Science), é definida como :

"A pressão negativa de um manômetro, relativa à pressão externa de um gás, aplicada à água do solo, à qual uma solução idêntica em composição à solução do solo deve estar sujeita, de forma a estar em equilíbrio com a água do solo, através de uma membrana porosa".

Embora os termos de definição não sejam os mais claros para engenheiros de solo, eles se tornam importantes quando consideradas as técnicas de medida de sucção.

Alguns físicos do solo preferem separar o potencial de pressão positiva do potencial matricial, assumindo que os dois seriam mutuamente exclusivos.

Dessa forma, a água do solo pode apresentar tanto um como o outro potencial, mas não simultaneamente e, portanto, solos não saturados não têm potencial de pressão, mas somente potencial matricial, o qual todavia é expresso em unidades negativas de pressão.

Potencial osmótico

A presença de "sais" na água do solo afeta suas propriedades termodinâmicas e reduz a energia potencial. Esta energia potencial decorre da presença de sais na água do solo. Sua ação, em termos de pressão, depende dos componentes da atração A e da repulsão R. Segundo Lambe (1960) a pressão efetiva σ' em argilas saturadas pode ser calculada pela expressão $\sigma' = R - A$, já apresentada no item 5.3. A Figura 5.5 mostra, de forma esquemática, a diferença dos potenciais osmótico e matricial.

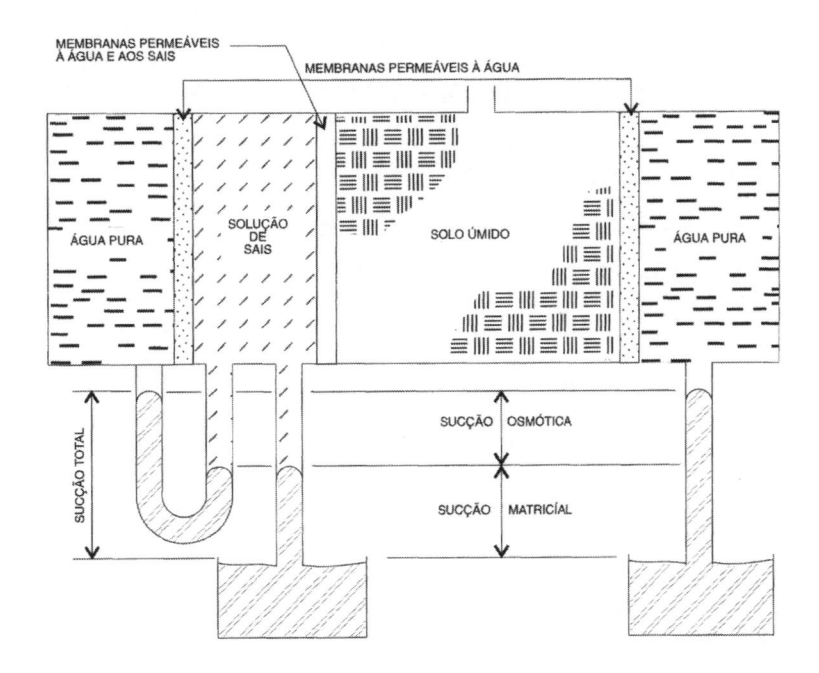

Figura 5.5 - Diferença entre potenciais osmótico e matricial (Richards, 1965)

Como se depreende da Figura 5.5, se a medida de sucção é feita utilizando uma membrana permeável tanto à água como aos "sais", mede-se a sucção matricial, enquanto que a utilização de uma membrana permeável somente à água resulta na medida de sucção total. Por diferença, tem-se a sucção osmótica.

Um papel filtro, como será visto adiante, representa um meio poroso permeável à água e aos "sais" e, portanto, mede a sucção matricial. Se o papel filtro, no entretanto, for colocado a uma certa distância do solo, haverá transferência de água sob a forma de vapor, sem haver transferência dos "sais". Dessa forma, ele serve para medir a sucção total.

A pressão potencial negativa ou sucção matricial na água do solo, se expressa em termos de uma carga hidráulica, exigiria números da ordem de -10.000 cm e mesmo -100.000 cm de água. Para evitar números com tanto zeros, Schofield (1935) sugeriu o uso do símbolo pF (por analogia à escala de acidez pH) que ele definiu como o logaritmo da pressão negativa (tensão de sucção) em centímetros de água. Isto significa que pF = 1 é igual a uma tensão negativa de 10 cm de água, e pF = 3 equivale a uma tensão negativa de 1.000 cm de água.

Os raciocínios acima decorrem da Física dos Solos.

Dada a importância de se estudar bem os fenômenos que ocorrem nas interfaces solo-água-ar, considerem-se as Figuras 5.6 e 5.7.

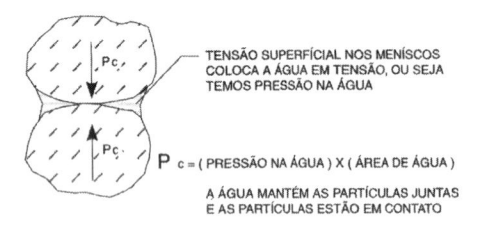

Figura 5.6 - Modelo capilar (Schreimer, 1988)

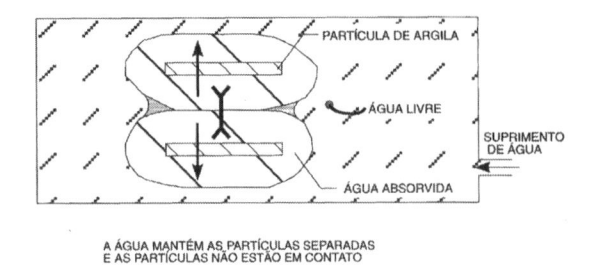

Figura 5.7 - Modelo de sucção matricial (Schreimer, 1988)

No modelo capilar a água em tensão tende a aproximar as partículas e as manter juntas.

Já no modelo de sucção, as partículas são atraídas pela força de atração de Van der Walls A, e são repelidas pela força de repulsão R, devido à concentração de íons positivos junto à parede das partículas. Na interface ar-água forma-se um menisco capilar.

Neste modelo, a água indicada é a água absorvida, que é diferente da água adsorvida. A água adsorvida é de apenas alguns Angstrons ($\_10$ A°) e ocorre como um filme de água, que só é removido a elevadas temperaturas (entre 100°C e 200°C). Já a água absorvida, embora sujeita a restrições de movimento, é passível de eliminação por evaporação, temperatura, compressão, e por ação, por exemplo, de uma corrente contínua (princípio da eletrosmose). Essa subdivisão da água é conveniente para o modelo proposto, mas há autores que chamam de água adsorvida toda a água da dupla camada.

A separação das partículas decorre da ação da força de repulsão R que, no entanto, é reduzida pela ação da força de atração A. O fato das partículas de solo serem mantidas separadas não significa que a água não seja atraída pela superfície das partículas, e que não exista uma tensão negativa que mantenha as partículas unidas, em parte pela ação da própria água (Figura 5.8).

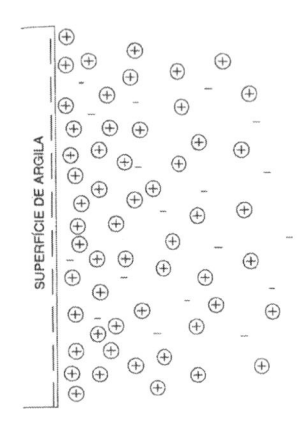

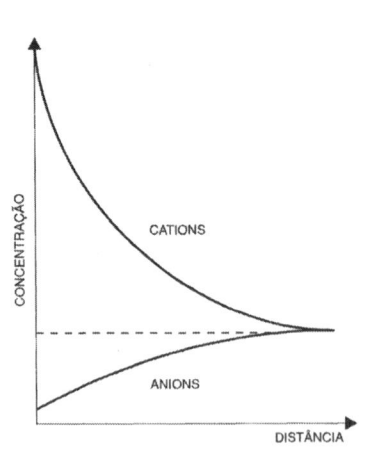

Figura 5.8 - Distribuição de íons adjacentes a uma superfície de argila, conforme o conceito de camada de dupla difusão (Lambe e Whitman, 1960)

Como foi mostrado na Figura 5.3, nos solos não saturados, a água tende a ocupar os menores vazios e na interface água-ar formam-se os meniscos capilares. Como a água no interior dos meniscos está em contato com a água do solo (absorvida e adsorvida), os efeitos capilares e osmóticos se somam, e o modelo capilar só será válido se as partículas de solos forem inertes, como é o caso de algumas areias limpas. Nos demais solos, a presença dos minerais argilosos resulta sempre em fenômenos associados a forças elétricas.

Quando se deseja "expulsar" água de um solo não saturado, é necessário vencer os fenômenos capilares e os associados à chamada pressão matricial. Esta "expulsão" da água, no entanto, independe do potencial osmótico, que só tem a ver com a concentração de sais.

Em resumo, nos solos não saturados é a sucção matricial o que interessa investigar, porque é ela que contribui para o comportamento do solo em compressão e no cisalhamento em diferentes graus de saturação.

A sucção osmótica só em parte é afetada pelo grau de saturação do solo, e esta sucção irá permanecer no solo saturado. Esta componente da sucção parece ser a responsável pela existência de uma "coesão" nos solos, e não há razões que expliquem o "desaparecimento da coesão com o tempo", uma vez que as forças elétricas não têm porque desaparecer com o tempo. Somente através de uma troca de cátions a sucção osmótica será modificada, mas para isso é necessário que a solução percolada resulte efetivamente em troca catiônica.

5.6 - O CASO PARTICULAR DE SOLOS NÃO SATURADOS COM AR OCLUSO

Se o volume de água nos vazios for suficiente para isolar o ar nos vazios maiores sob a forma de bolhas, a pressão no ar continuará a ser diferente da pressão na água, devido à tensão capilar. A diferença fundamental é que a pressão "hidrostática" que passa a atuar nas partículas sólidas é a pressão da água. Enquanto a saturação não for total, a área de atuação da água num plano a_w/A não será integral.

Pode-se escrever que:

$$\sigma = \sigma' + u_w \frac{a_w}{A} + u_a \frac{a_a}{A}$$

$$a_w = A - a_a$$

$$\sigma = \sigma' + u_w \frac{A}{A} + \frac{a_a}{A}(u_a - u_w)$$

$$\sigma' = (\sigma - u_w) - \frac{a_a}{A}(u_a - u_w) \quad (5.22)$$

e o excesso de pressão sobre a pressão na água seria:

$$\sigma' + \frac{a_a}{A}(u_a - u_w).$$

Como o valor de a_a/A é pequeno, em primeira aproximação pode-se escrever que:

$$\sigma' = \sigma - u_w.$$

Entretanto, a presença de ar, ainda que sob a forma de bolhas, irá modificar o comportamento do solo no tocante à compressão e à expansão, porque a um aumento de pressão na água corresponderá um processo de dissolução do ar na água e uma variação no volume ar-água. A uma redução da pressão na água o ar pode voltar à forma de bolha, com conseqüente redução do grau de saturação do solo.

5.7 - SOLOS COMPACTADOS

Solos compactados no entorno da umidade ótima de Proctor e na densidade seca máxima podem conter o ar sob a forma contínua ou sob a forma de ar ocluso, com reflexos significativos no desenvolvimento da pressão na água quando submetidos ao cisalhamento.

Têm sido observadas mudanças relativamente bruscas no valor do assim chamado parâmetro de pressão neutra r_u (expresso por u/σ'), quando medido em ensaios não drenados para alguns tipos de solos compactados, como se observa nas Figuras 5.9a e 5.9b.

O aumento brusco da pressão na água, quando o solo é compactado pouco acima da umidade ótima, pode representar uma passagem da condição de ar livre para a de ar ocluso.

5.8 - PRESSÃO EFETIVA EM SOLOS ESTRUTURADOS E CIMENTADOS

A presença de cimentação entre partículas de solo pode decorrer, entre outros processos, da presença de carbonatos, óxidos de ferro, silicatos, aluminatos e alguns materiais orgânicos.

Nos solos lateríticos e mesmo em solos saprolíticos, a cimentação entre partículas é um fato comprovado. Alguns dos cimentos presentes são mais ou menos solúveis em água.

Na equação da pressão efetiva, o problema pode ser encarado de duas formas diversas:

- considerar o fato de que a área de contato entre partículas cimentadas já não pode ser desprezada;

- considerar o fato de que partículas cimentadas são na realidade partículas agregadas ou partículas "maiores", e que entre estas a área de contato pode ser desprezada.

Nas Figuras 5.10, 5.11 e 5.12, mostram-se alguns modelos estruturais conceituais de solo que permitem visualizar melhor o problema em questão.

É importante, neste contexto, separar o caso de estruturas de solos agregados por cimentação e/ou por deficiência de água, de solos artificiais preparados em laboratório, com grãos resistentes naturais (quartzo), de grãos menos resistentes, obtidos em laboratório.

Maccarini (1987) descreve a forma de obtenção de um solo artificial:

"O solo artificial é composto de partículas de quartzo (57% em peso), 30% de partículas menos resistentes fabricadas de uma pasta de caulim, queimada a 1000°C durante 3 horas e posteriormente reduzida à mesma granulometria das partículas de quartzo. Esta fração areia é posteriormente misturada com caulim (13%) no estado de "lama" e transferida para um molde de papel filtro com a espátula. A mistura é então seca a aproximadamente 60°C (sob o calor de uma lâmpada) e posteriormente queimada a uma temperatura mínima de 500°C. Maiores temperaturas garantem um grau de cimentação mais elevado".

100 Barragens Brasileiras

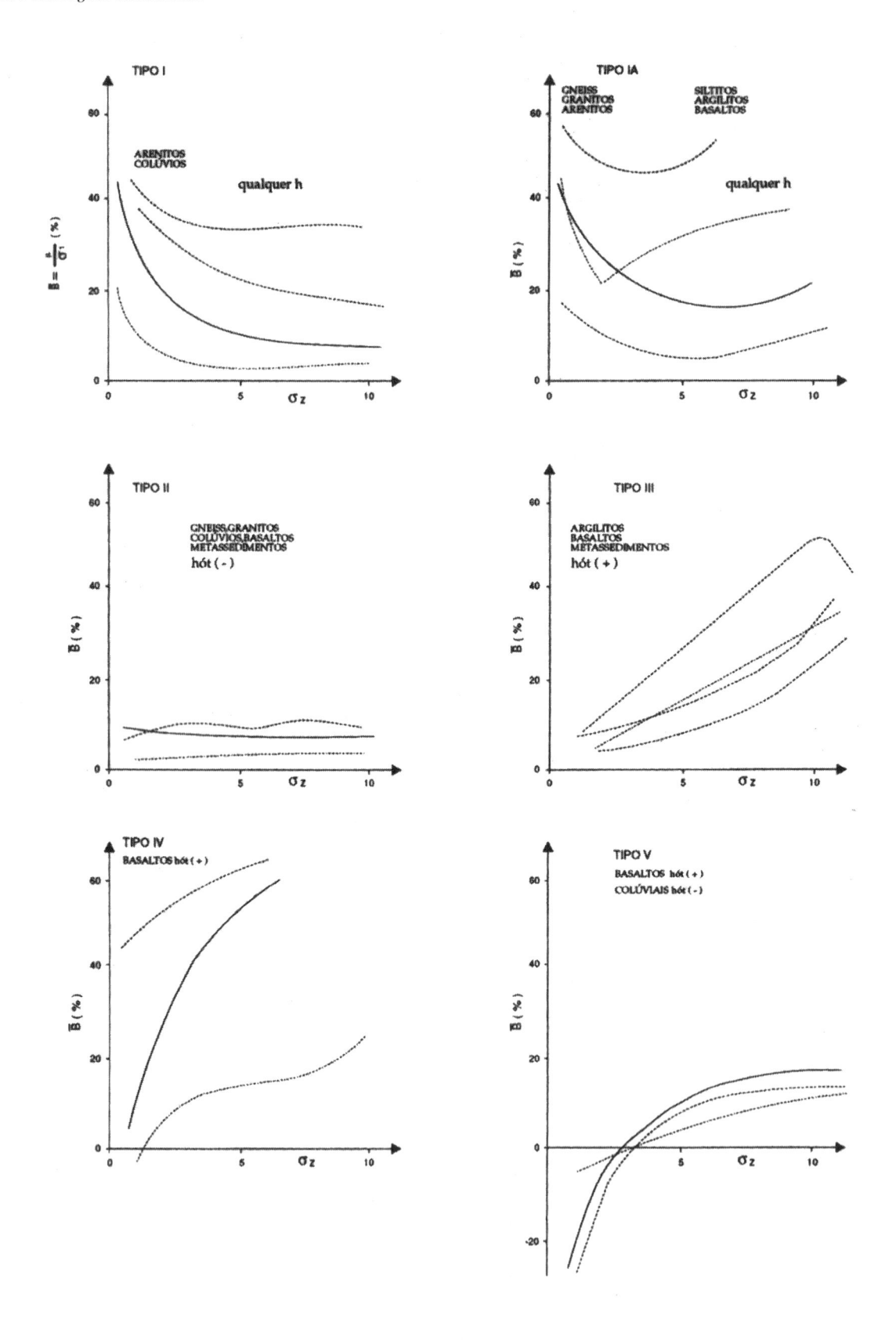

Figura 5.9a. - Parâmetro B' vs. máxima pressão total σ_1 (Cruz, 1967)

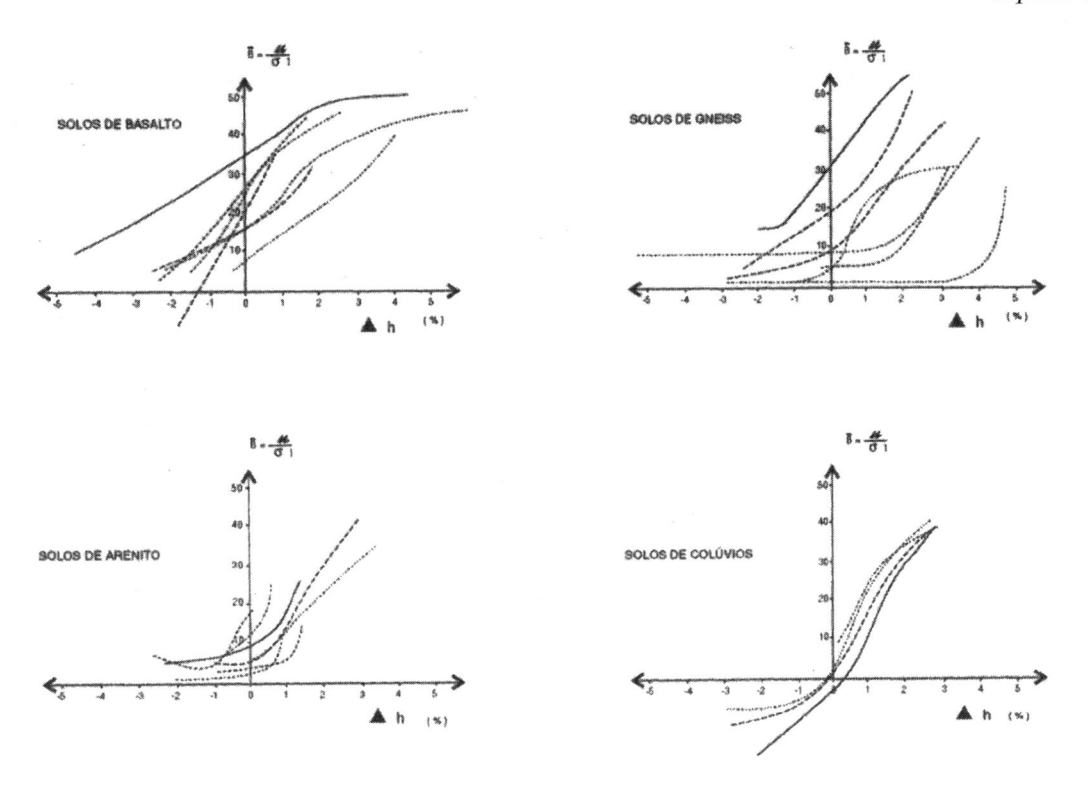

Figura 5.9b. - Parâmetro B' vs. $\Delta h = h_c - h'_{ot}$ (Cruz, 1967)

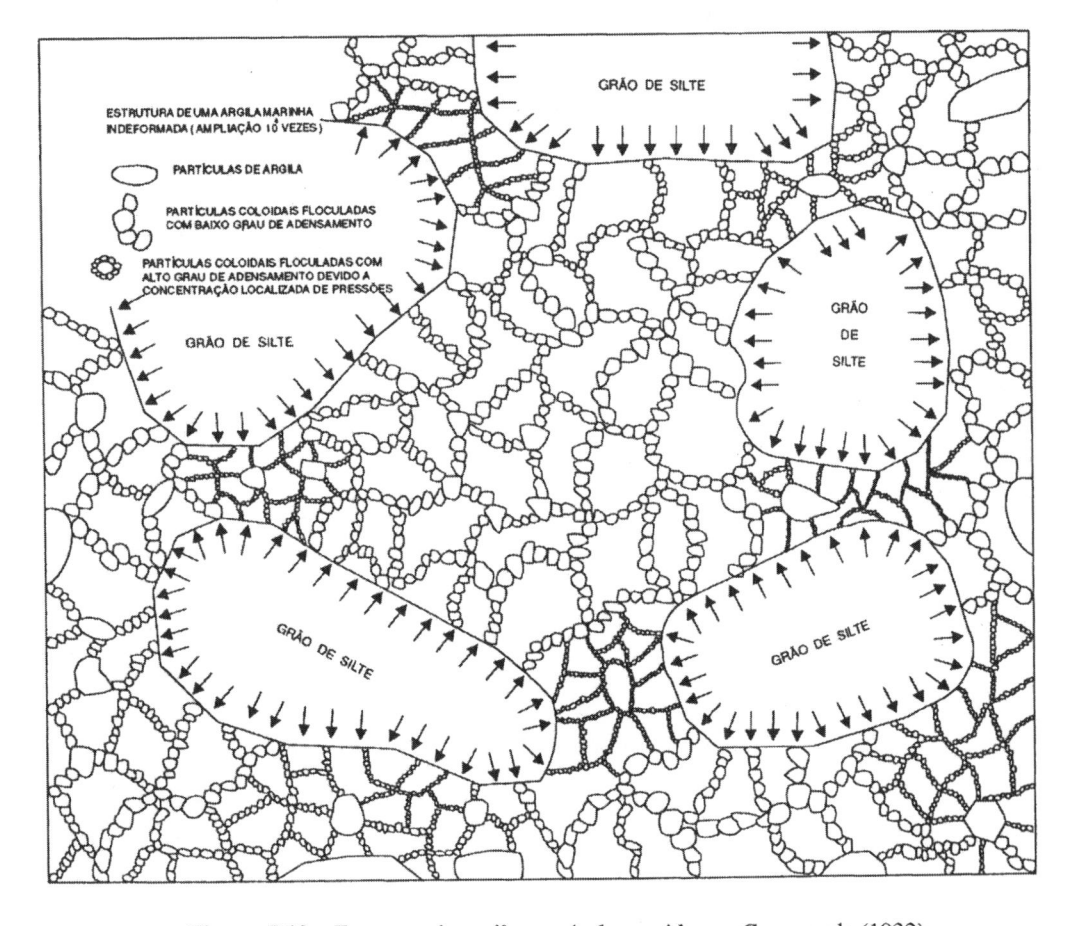

Figura 5.10 - Estrutura de argila sensível sugerida por Casagrande (1932)

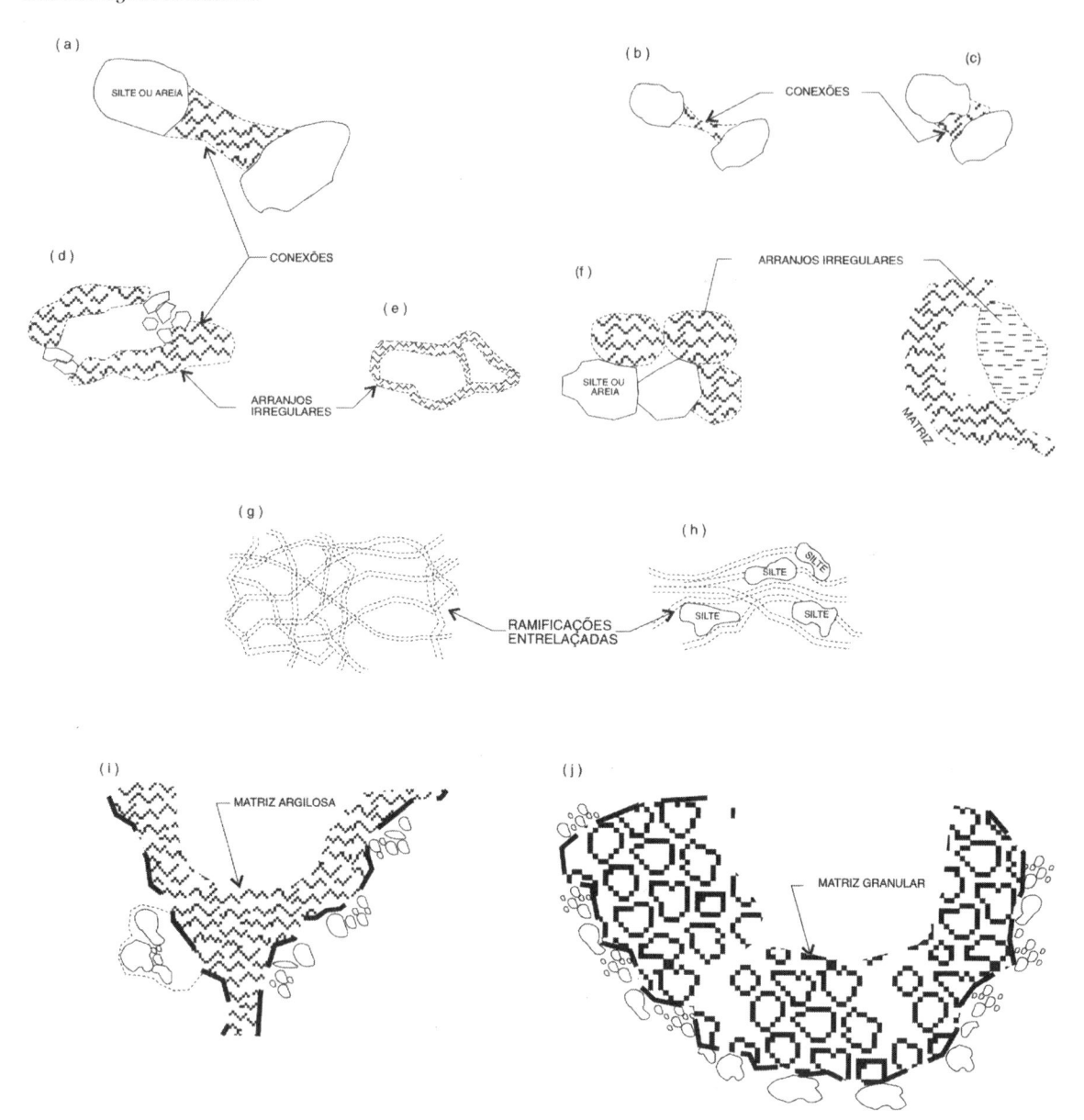

Figura 5.11 - Representação esquemática de arranjos de partículas. (a) conexões; (b) conexões; (c) conexões; (d) arranjos irregulares por reunião de conexões; (e) arranjos irregulares como "favo de mel"; (f) arranjo regular interagindo com a partícula matriz; (g) ramificações entrelaçadas de argila com inclusão de silte; (i) partícula matriz de argila; (j) partícula matriz granular (Collins e McGown, 1974).

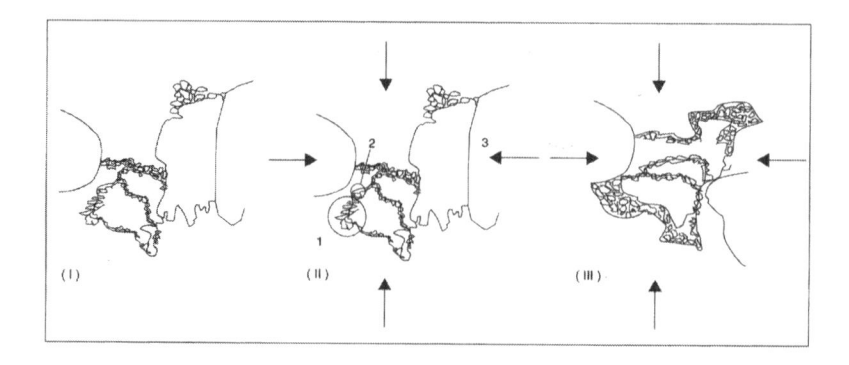

Figura 5.12a - Sequência de formação da estrutura de uma argila com grumos (Pusch,1973, *apud* Mitchell, 1976)

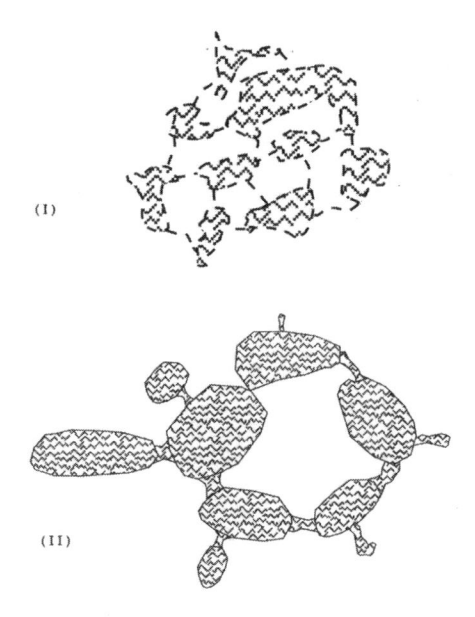

Figura 5.12b - Arranjos de partículas de argilas em água doce e salgada. Arranjo esquemático das partículas de argila. (I) Argilas depositadas em água doce, contendo grumos porosos e pequenos vazios; (II) argila marinha com grumos grandes e densos (Pusch, 1973, *apud* Mitchell, 1976).

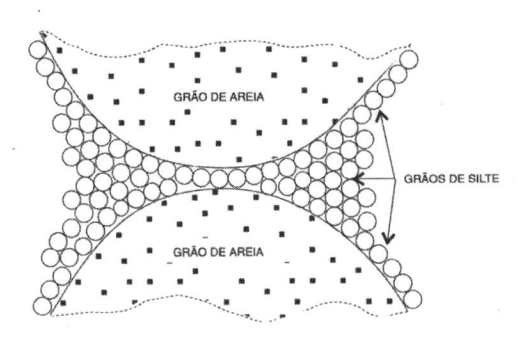

Figura 5.12c - Arranjo esquemático de grãos de areia com vínculo de siltes.(Dudley, 1970, *apud* Mendonça, 1990)

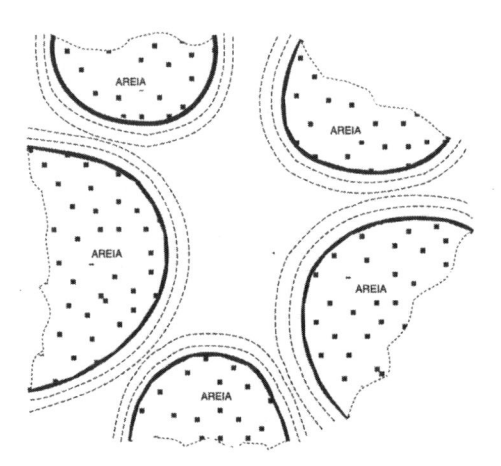

Figura 5.12d - Arranjo esquemático de grãos de areia com vínculo de argila por autogênese. (Dudley, 1970, *apud* Mendonça, 1990)

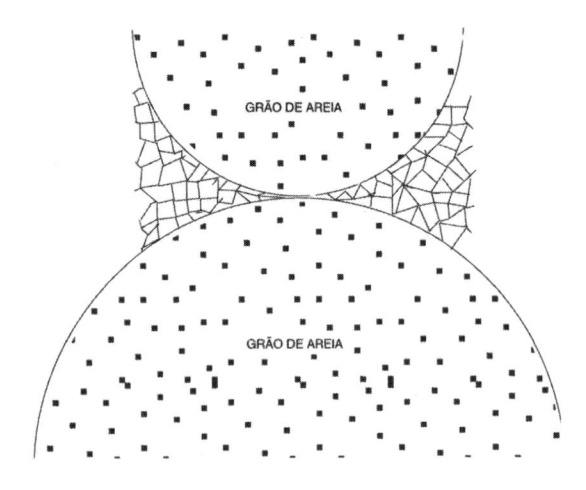

Figura 5.12e - Arranjo esquemático de grãos de areia com vínculo de argila resultante do processo de lixiviação. (Dudley, 1970, *apud* Mendonça, 1990).

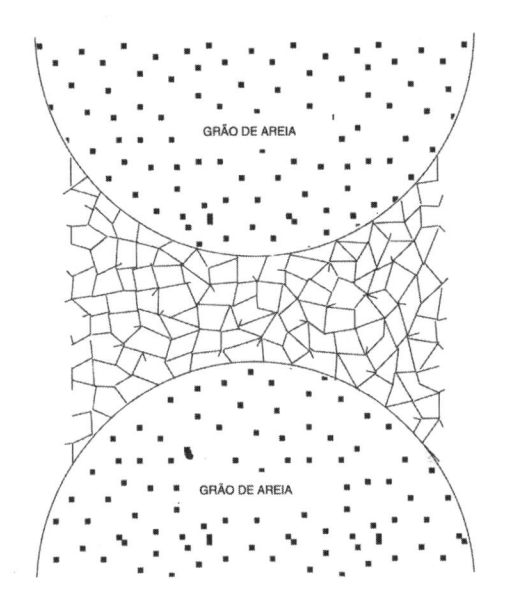

Figura 5.12f - Arranjo esquemático de grãos de areia com vínculo de argila resultante de corrida de lama. (Dudley, 1970, *apud* Mendonça, 1990).

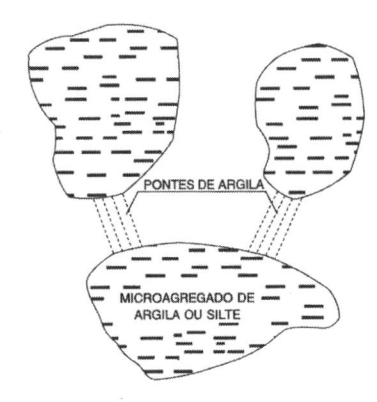

Figura 5.12g - Arranjo esquemático dos grãos de areia conectados por "pontes" de argila (Clemence e Finbarr, 1981, *apud* Mendonça, 1990)

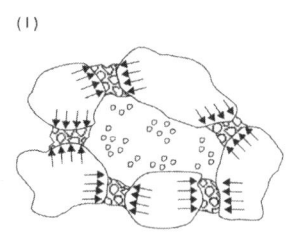

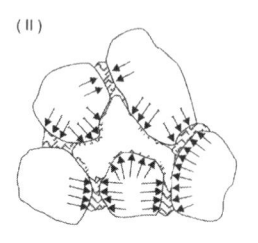

Figura 5.12h - Estruturas do solo colapsível antes e depois da inundação, propostas por Jennings e Knight (1957). (I) Estrutura do solo carregada antes da inundação; (II) estrutura de solo carregada após inundação (*apud* Mendonça, 1990).

Se Maccarini tivesse misturado os grãos de quartzo com os grãos de caulim queimado, com caulim, sem levar a mistura a 500°C, o solo artificial produzido seria composto de um material com partículas mais ou menos resistentes, mas não cimentadas. Neste caso, a área de contato a_c entre partículas ou grãos poderia ser desprezada.

Nos demais casos existirá uma área de contato, e a dedução de uma equação para representar a pressão intergranular ou efetiva não deverá desprezar a área a_c.

As expressões (5.16) e (5.20) são adequadas.

Pode-se também escrever :

$$\sigma' = (\sigma - u_a) + X_a(u_a - u_w) + Yp_c \quad (5.23);$$

$$X_a = f \; \frac{a_w - a_c}{A} \; ; \; e$$

$$Y = f \left(\frac{a_c}{A} \right)$$

5.9 - MEDIDA DE SUCÇÃO

5.9.1 - Pressão no Ar e Pressão na Água

Até o momento, discutiram-se os vários tipos de pressões (ou tensões) a que a água e o ar podem estar submetidos nos solos.

A questão seguinte refere-se aos recursos atuais de medida dessas pressões em laboratórios de solo e no campo.

Em solos saturados, a pressão na água é medida em laboratório, por qualquer sistema estanque (*no-flow*). O sistema deve ser estanque para se evitar fluxo de água na condição não drenada. No campo, usam-se piezômetros de tubo aberto (tipo Casagrande) ou piezômetros elétricos, pneumáticos ou hidráulicos. A resposta do piezômetro de tubo aberto a uma variação de pressão requer um tempo, até que a coluna d'água no seu interior equilibre a variação de pressão.

Pode-se dizer que as pressões na água em meios saturados podem ser medidas com precisão necessária à compreensão dos mecanismos de comportamento dos solos (ver Capítulo 19).

Já no campo dos solos não saturados, os problemas são significativamente maiores, e os erros de medidas em geral são causados pela passagem do ar através das "pedras porosas", ou de qualquer elemento poroso usado para a medida, quer da pressão da água, quer da pressão do ar. O ar pode passar através de uma pedra porosa sob a forma de ar, sempre que a pressão do ar exceda a pressão de borbulhamento (*air entry pressure*) da pedra porosa, ou passar dissolvido na água. Se o ar dissolvido atravessar por exemplo a pedra porosa de um piezômetro, ele pode voltar a ar na câmara de leitura da pressão, e a pressão lida no piezômetro será maior do que a pressão na água, que ocorre no solo.

Na Figura 5.13, mostram-se dados de leituras de pressões neutras da Barragem de Balderhead. Como se observa, mesmo usando pedras porosas de alta pressão de borbulhamento as pressões medidas eram crescentes com o tempo. No momento em que a "câmara de medida" do piezômetro foi deareada por percolação de água, as pressões caíram ao seu valor original.

Na Figura 5.14, mostram-se leituras de pressão neutra procedidas com dois tipos de piezômetros (baixa e alta pressão de borbulhamento) e o efeito de aeração da câmara de leitura, na Barragem de Selset.

Em piezômetros onde a deaeração da câmara de leitura não é possível, pode ocorrer um erro de leitura causado pela difusão do ar na água, mesmo quando são empregadas "pedras porosas" com elevadas pressões de borbulhamento.

A medida da pressão de ar no campo é menos comum do que a medida de pressão na água, a não ser que haja interesse especial na sua medida. A hipótese de que a pressão no ar seja atmosférica é aceitável para um grande número de problemas, sempre que a pressão na água seja negativa. Quando a pressão na água passa a ser positiva, a pressão no ar deve ser também positiva, mas nesta condição é provável que o ar assuma a forma de bolha (ar ocluso), e a sua medida torna-se problemática.

O que pode ocorrer, no entretanto, é que em piezômetros com pedras porosas de baixa pressão de borbulhamento, na passagem de ar livre para ar ocluso as pressões lidas sejam mais próximas da pressão no ar do que da pressão da água, como já discutido.

Em resumo, quando o ar ocupa um volume tal que tenha livre comunicação pelos vazios, a pressão do ar deve ser próxima ou igual à atmosférica.

Na condição de ar ocluso, a pressão do ar deve ser maior do que a da água, mas a sua medida torna-se problemática.

Em laboratório, tem-se usado o artifício de manter a pressão no ar no campo positivo por meio de uma contrapressão, e por ser esta pressão sempre superior à da água, evita-se que ocorra fluxo de água no ponto ou na área de medida de u_a.

A questão que se propõe é se a pressão na água é constante nos solos não saturados. Como já discutido, a água ocupa nos solos não saturados os menores espaços, e estes espaços ou vazios não são necessariamente iguais. Se considerado o modelo capilar, é evidente que a diferença entre u_a e u_w será função dos principais raios de curvatura dos meniscos que se estabelecem no equilíbrio ar-água devido à tensão capilar. Se o grau de saturação do solo não for muito baixo, pode-se supor que toda a água do solo esteja em comunicação através dos "filmes" de água que envolvem as partículas argilosas, e havendo uma diferença de pressão, necessariamente se estabeleceria um fluxo capaz de equalizar a pressão da água. Esse processo, no entanto, pode levar um certo tempo.

A formulação dessa hipótese é necessária, porque caso contrário, as medidas de pressão na água seriam apenas localizadas.

Em ensaios de laboratório, quando a pressão na água é mantida constante por contrapressão, a hipótese é de que esta pressão (em geral positiva) se transmita a toda a água do solo, e que seja, em princípio, a pressão piezométrica.

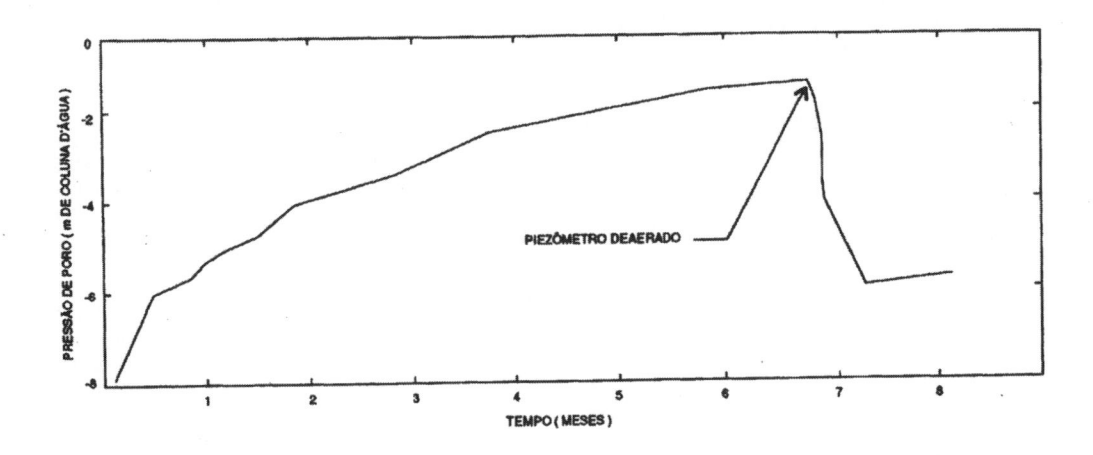

Figura 5.13 - Pressões de poro medidas em aterro da Barragem de Balderhead por piezômetro hidráulico com pedra porosa de alta pressão de borbulhamento (Vaughan, 1973).

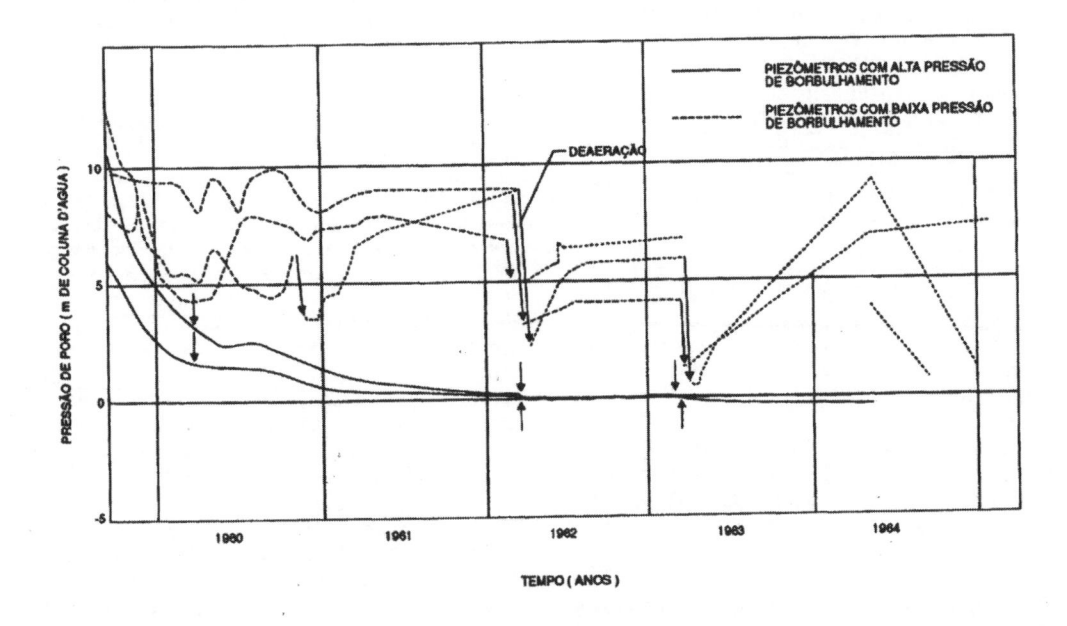

Figura 5.14 - Pressões de poro medidas por piezômetros hidráulicos com alta e baixa pressão de borbulhamento em argila arenosa (*till*), na Barragem de Selset (Vaughan, 1973).

É prática recomendada por Fredlund (1979) que antes do ensaio o solo seja alimentado com água, através do sistema de medida de pressão no ar, de forma a reduzir a "sucção" inicial existente. Ora, com esta prática o solo acaba absorvendo um certo volume de água, através de poros intercomunicantes.

Em casos de solos muito secos em que a água ocupe um volume muito reduzido dos vazios, é possível que as medidas de pressão na água sejam mais precárias, porque a equalização da pressão na água para o poro pode ser problemática, podendo até não ocorrer.

Essa situação é semelhante àquela de solos quase saturados, quando o ar irá ocupar os maiores espaços; nas fases intermediárias, o equilíbrio da pressão no ar depende da difusão do ar e é um processo lento.

Em resumo: a medida de pressões no ar e na água, em ensaio de laboratório, só é viável se houver comunicação "fácil" de todo o ar e de toda a água contida nos vazios.

Nas condições extremas, de solos quase saturados ou quase secos, uma das medidas de pressão é problemática.

A análise do comportamento dos solos não saturados, seja pela expressão de uma pressão efetiva ($\sigma' = \sigma - u_a + X(u_a - u_w)$) ou através das variáveis independentes ($\sigma_e = \sigma - u_a$ e $s = u_a - u_w$), é aplicável a solos com um certo grau de saturação.

A diferença fundamental reside no fato de que, quando o solo se aproxima da saturação, a pressão no ar tende a zero e ambos os conceitos se reduzem a uma equação do tipo $\sigma' = \sigma - u_w$.

Já no caso do solo se tornar progressivamente seco, a sucção $(u_a - u_w)$ pode crescer significativamente, tendo em vista que u_w torna-se cada vez mais negativa.

O crescimento da sucção $(u_a - u_w)$ tem um limite, que não é de fácil determinação em laboratório.

Os autores que seguem a proposta de Fredlund e Morgenstern (1977), bem como o próprio Fredlund *et al.* (1979, 1986, 1987), Escário e Sáez (1986), Alonso *et al.* (1990), com algumas variações sobre o tema, são sempre cuidadosos, limitando a interpretação dos dados a certos níveis de saturação do solo.

A principal dificuldade de se usar em problemas práticos os conceitos de Fredlund, Morgenstern, Escario e Alonso é que, embora se possam ensaiar amostras "indeformadas" de um solo natural ou de um aterro compactado, as pressões de ensaio no ar e na água nunca são iguais às do solo *in situ*.

Como na maioria dos ensaios essas pressões são mantidas constantes por aplicação de contrapressões no ar e na água, não se tem diretamente a informação de como elas variariam no campo, seja num processo de compressão, seja no cisalhamento.

Ora, como já demonstrado, as pressões no ar e na água são função de um determinado arranjo das partículas (entre outros fatores) e, na medida em que este arranjo se modifique, por compressões ou expansões e/ou cisalhamento, as pressões necessariamente irão variar.

Nada impede que num ensaio triaxial, uma vez aplicadas as pressões de câmara, a pressão no ar e a pressão na água, passem-se a medir as variações de pressão com o acréscimo de σ_1, mas o problema é que não se pode garantir que a partir de uma diferença de pressão inicial $(u_a - u_w)$ o comportamento do solo seja sempre o mesmo, independentemente do nível de pressões iniciais, e se positivas ou negativas.

Exemplificando: suponhamos que por algum processo (a ser discutido a seguir), foi possível medir $u_a - u_w$ de um solo *in situ*, ou para simplificar, de uma amostra indeformada deste solo em laboratório. Seja $u_a = 0$ e $u_w = -0{,}7$ kg/cm^2 (-70 kPa). Se num ensaio triaxial a pressão no ar for de 2,0 kg/cm^2 e a pressão na água de 1,3 kg/cm^2, mantém-se a mesma diferença de pressão $(u_a - u_w)$.

Será que em condições de confinamento semelhantes o solo terá o mesmo comportamento?

5.9.2 - Medida de Sucção Matricial

A medida em laboratório da chamada "sucção matricial", já amplamente abordada, tem sido feita de várias formas. Como não é intenção desta discussão entrar no mérito das técnicas de laboratório, passa-se a discorrer sobre as pressões que são realmente medidas em cada tipo de ensaio.

Se uma amostra de solo for colocada sobre uma "pedra porosa" saturada, ela tenderá a sugar água da pedra, porque a água que está nos vazios do solo está sob um estado de tensão. Se for possível registrar esta "tensão de sucção", tem-se uma medida direta de u_w e da sucção $(u_a - u_w)$ (u_a por hipótese é atmosférica).

Essa medida, entretanto, está limitada teoricamente a valores de até $-1{,}0$ kg/cm^2 (-100 kPa); na prática, os sistemas de medida não são confiáveis acima de 70 a 80 kPa, porque a água do sistema de medida cavita. A cavitação da água está associada à presença de ar dissolvido, que volta à forma de ar quando a tensão na água é negativa (Figura 5.15a).

Uma outra técnica de medida de sucção é a de inverter o processo no elemento de contato solo-pedra porosa, ou seja, usar um elemento poroso seco em contato com o solo, que por estar seco, e por ter também uma textura porosa, absorva água do solo até um ponto de equilíbrio entre a sucção do solo e a sucção do elemento poroso. O elemento poroso ideal é aquele que absorve o menor volume de água possível para não alterar a umidade do solo. Por outro lado, o elemento poroso deve estar em contato direto com a água do solo, de forma que haja livre "trânsito" para os cátions (sais solúveis) presentes nesta água do solo. Esse contato é necessário para que a pressão osmótica (resultante da diferença de concentração de sais) não interfira na medida da sucção matricial, que interessa medir.

O uso do papel filtro como elemento poroso para medida de sucção em solos, já há muito empregado em Agronomia, vem sendo comum nos Laboratórios de Solo do Imperial College e em outros laboratórios, e tem se mostrado suficientemente preciso.

Na figura 5.16, reproduzimos uma curva de calibração do papel filtro Whatman's n° 42.

O emprego do papel filtro para medida da sucção total tem sido adotado usando-se um dispositivo do tipo mostrado na Figura 5.17. Como o papel filtro não está em contato com a água do solo, o livre "trânsito" dos "sais" fica impedido, e a absorção de água pelo papel se faz por difusão (vapor d'água). A precisão dessas medidas, no entanto, é discutível, porque o volume de água absorvido pelo papel é tão pequeno que qualquer erro de pesagem ou mesmo de secagem rápida do papel ao ar introduz erros de medida significativos.

Um terceiro tipo de medida, e que é dos mais precisos, consiste em colocar a amostra de solo sobre uma placa cerâmica (pedra porosa cerâmica) saturada e de alta pressão de borbulhamento. A pressão no ar dentro da câmara é então elevada até o momento em que a pressão na água se torne positiva e seja mensurável.

Conhecendo-se u_a (aplicada) e u_w medida, obtém-se (u_a-u_w). Ver Figura 5.15 b.

Alternativamente, pode-se incrementar a pressão no ar até o instante exato em que ocorra o início do fluxo da água. O fluxo só se inicia no momento em que a pressão na água for positiva, e como a pressão externa à pedra cerâmica é atmosférica, ocorre o fluxo. Nesse momento tem-se u_a (pressão aplicada) e $u_w = 0$.

Segundo Vaughan (1990), esse método é adequado para a estimativa de pressões *in situ* (sucção) para solos com grau de saturação relativamente baixos, nos quais o parâmetro B' ($\Delta u/\Delta \sigma$) tende a zero, e as pressões neutras (sucção) *in situ* não são sensíveis à variação da pressão total na amostragem.

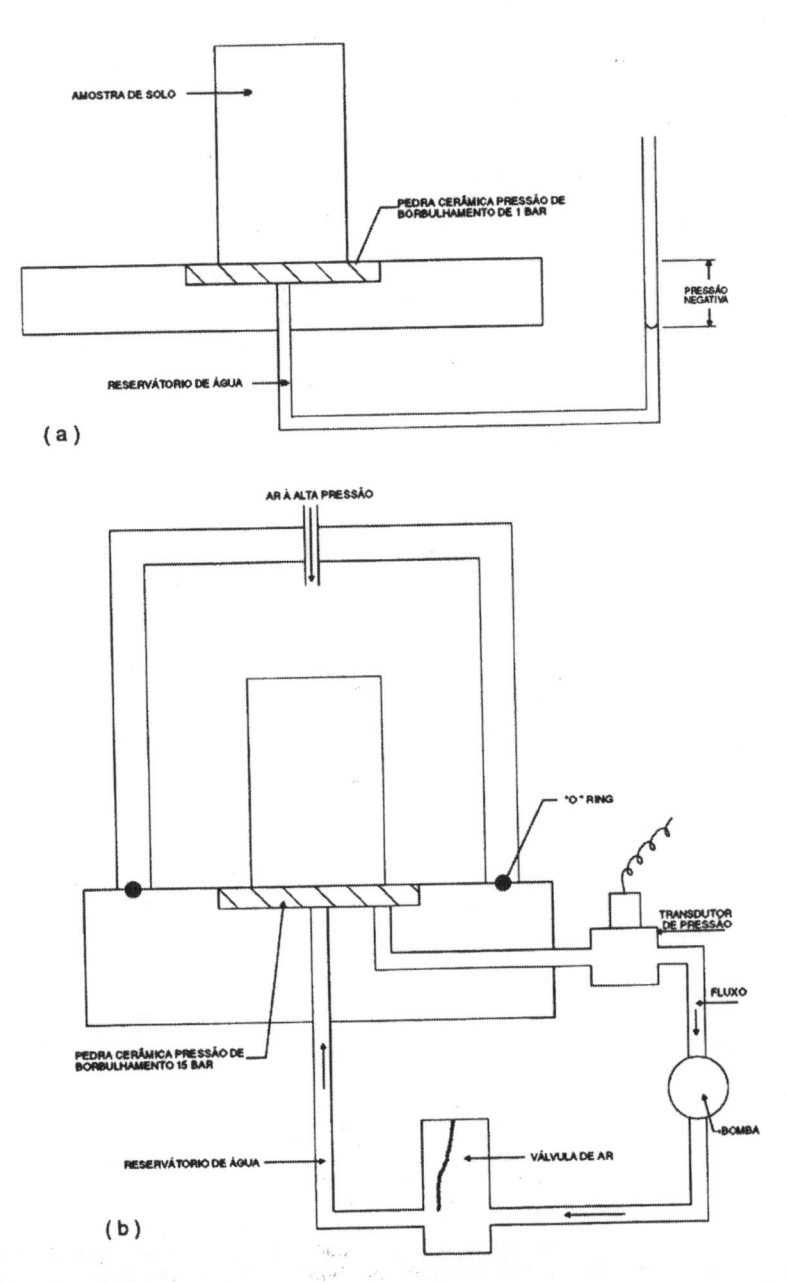

Figura 5.15 - Medida direta de sucção em solo - (a) tensiômetro; (b) equipamento de pedra porosa.

Esse método também pode ser empregado quando a sucção for muito elevada e menos sensível a mudanças potenciais pela amostragem.

As pressões de sucção são diretamente afetadas pelo volume de água presente no solo e, portanto, variações no teor de umidade resultam em mudanças no valor da sucção. O teor de umidade do solo *in situ* deve, assim, ser preservado ao máximo.

O emprego de psicrômetros que medem o ponto de orvalho de um volume de ar em contato com o solo (Richards, 1969), a medida de resistividade de um bloco poroso em equilíbrio com o solo (Escario, 1969), e a medida da dissipação de calor de um bloco poroso em contato com o solo (Lee e Fredlund, 1984) somam outros métodos de medida de sucção. As placas cerâmicas e o papel filtro parecem atender aos principais problemas de solos que envolvam pressões neutras negativas (sucção).

Ridley e Burland (1992) apresentam um equipamento capaz de registrar sucção em valores de até ± 15 kg/cm² .

O equipamento mostrado na Figura 5.18 apóia-se no seguinte princípio: a tensão de tração na água pura teórica é da ordem de 5.000 atm (Tabor, 1979). Porém, a presença de gases dissolvidos impede que se consiga na prática medir tensões muito negativas. Se, no entretanto, o volume da água devidamente deareada for reduzido e a mesma for colocada em recipientes com paredes curvas e lisas, é possível inibir a formação de bolhas de ar podendo-se então registrar tensões negativas de várias atmosferas.

No equipamento mostrado na Figura 5.18, o volume de ar é de apenas 3 mm³.

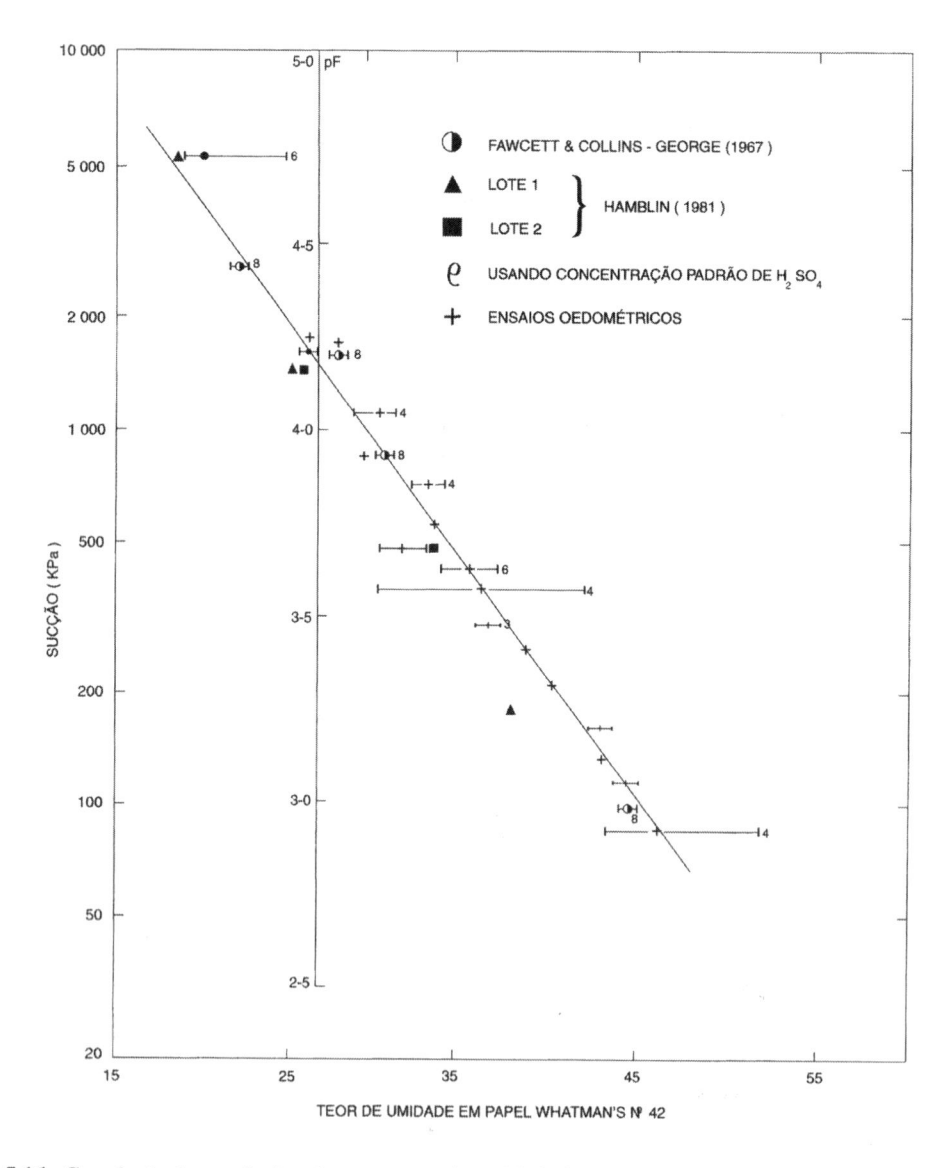

Figura 5.16 - Correlação da sucção do solo com o teor de umidade do papel filtro Whatman's n° 42 para o intervalo 2,9 < pF < 4,8: os símbolos foram plotados para a umidade média obtida para cada sucção; as barras indicam os intervalos; os números indicam a quantidade de medidas realizadas em cada ensaio (Chandler *et al.*, 1992).

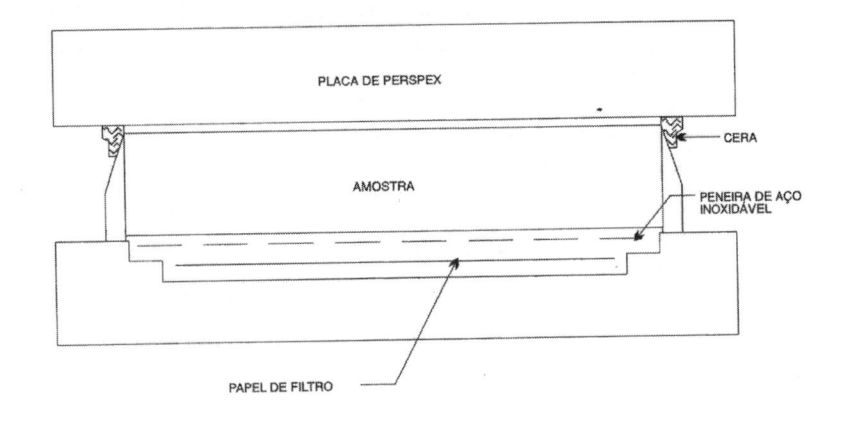

Figura 5.17 - Medida de pressão total (Schreimer, 1988)

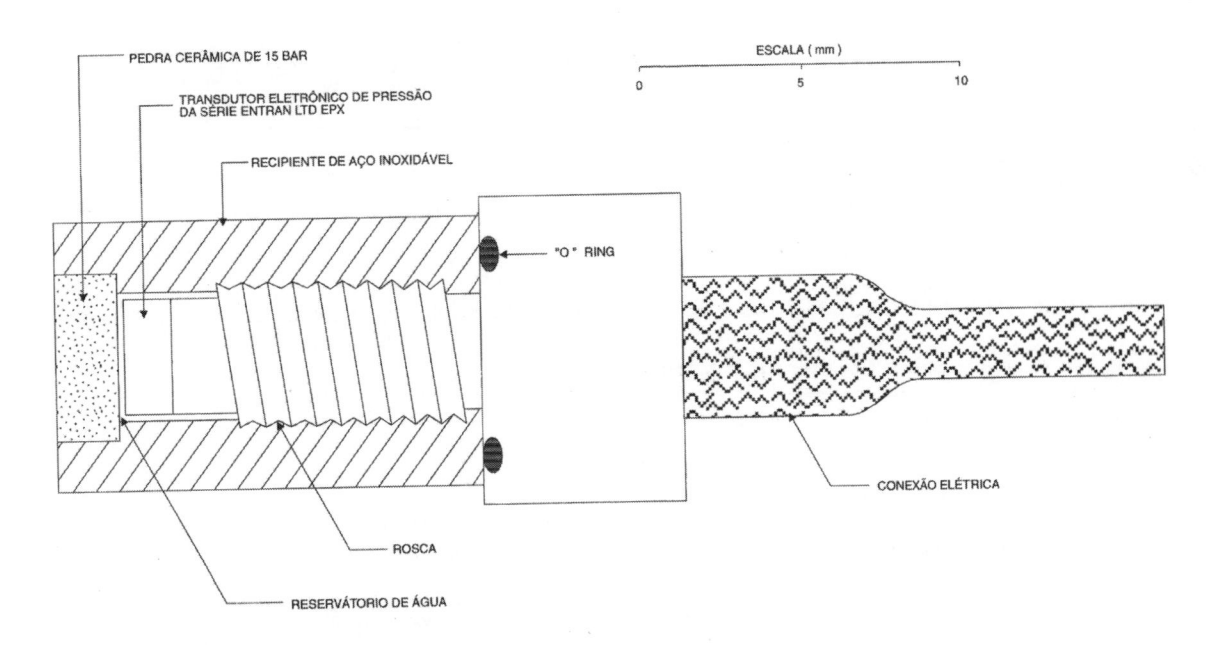

Figura 5.18 - O novo equipamento proposto para Ridley e Burland (1992).

O equipamento consiste de uma pedra cerâmica com pressão de borbulhamento de 15 atmosferas (15 bar), de uma camada de água deareada de 3 mm^3, e de um *transducer* miniatura (EPX-500 de aço inoxidável) com capacidade de leitura de 3.500 kPa (35 kg/cm^2).

A pedra porosa tem de ser saturada com equipamento especial capaz de aplicar uma pressão de 6.000 kPa (60 kg/cm^2).

A amostra do solo é colocada sobre uma placa com um furo central, onde o equipamento é colocado em contato com o solo e pressionado por uma mola de baixa pressão para garantir contato perfeito.

A Figura 5.19 mostra o resultado das medidas efetuadas numa argila caulinítica (preparada em laboratório a partir de uma lama). A argila foi submetida em câmara triaxial a tensão confinante de até 12 kg/cm^2, permitindo-se a drenagem. Quando o adensamento havia terminado, a pressão efetiva isotrópica no solo era igual à pressão da câmara.

A drenagem foi interrompida e a pressão da câmara reduzida bruscamente a zero. Neste momento pôde-se ler a sucção no equipamento, que resultou igual a $-\sigma_{c'}$.

Na Nota Técnica de Ridley e Burland não há dados de medida de sucção em solos não saturados.

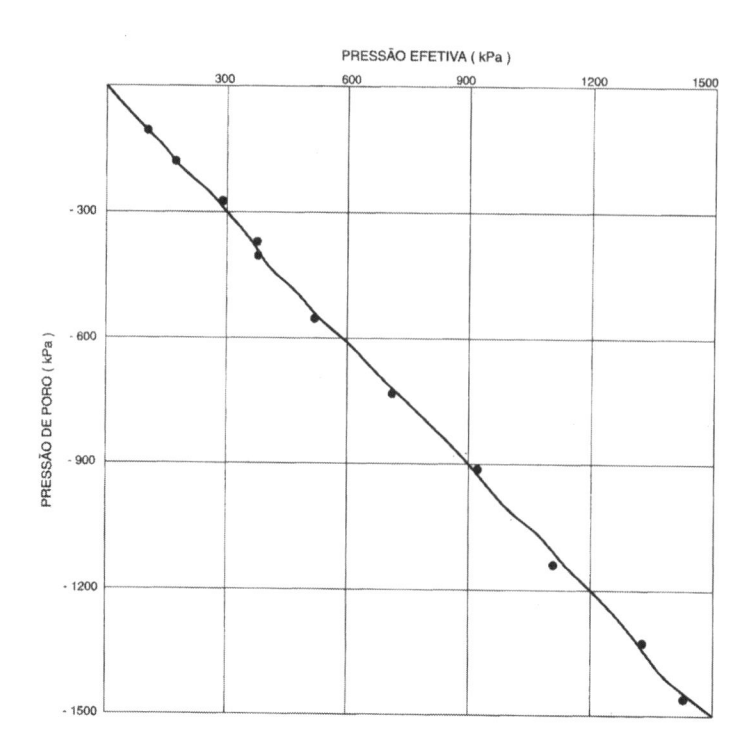

Figura 5.19 - Ensaio de precisão do novo instrumento (Ridley e Burland, 1992)

5.10 - RESUMO E CONCLUSÕES

A extensão do princípio de pressão efetiva de Terzaghi a solos não saturados encontra respaldo em algumas deduções teóricas, e há dados de laboratório que confirmam essas deduções.

A aplicação desse conceito estende-se aos solos com graus de saturação que permitem o livre fluxo do ar pelos vazios e uma equalização das pressões na água.

Em solos quase saturados, a pressão na água é dominante, mas o comportamento não drenado do solo é afetado pela compressibilidade do ar ocluso.

Em solos quase secos e de elevadas pressões de sucção, o comportamento do solo ainda não está bem definido em termos de pressões efetivas, pelas dificuldades de medidas da pressão de sucção.

O recurso do emprego das pressões totais para analisar o comportamento do solo ainda é utilizado.

Um grande número de solos que apresenta problemas de colapso e/ou de expansão já pode ser analisado satisfatoriamente em termos das variáveis independentes $\sigma-u_a$ e u_a-u_w.

Solos estruturados e solos cimentados, não saturados, constituem excelente campo de investigação. Em linhas gerais, seu comportamento pode ser avaliado com base nos conceitos expostos, porém, incluindo-se uma componente de "cimentação" nas expressões de pressão efetiva, resistência ao cisalhamento, etc.

A análise do comportamento de solos colapsíveis, expansivos, estruturados, cimentados, laterizados e saprolíticos é objeto do Capítulo 7.

REFERÊNCIAS BIBLIOGRÁFICAS

ALONSO, E.E., GENS, A., JOSA, A. 1990. A constitutive model for partially saturated soils. *Géotechnique*, v. 40, n. 3.

BISHOP, A.W., ALPAN, S., BLIGHT, T.E., DONALD, T.B. 1960. Factors controlling the strength of partly saturated cohesive soils. *Proceedings of the A.S.C.E.Conference on Shear Strength of Cohesive Soils*, Boulder/ Colorado.

BISHOP, A.W. 1973. The influence of an undrained change in stress on pore pressure in porous media of low compressibility. *Géotechinique*, v. 23, n. 3.

BISHOP, A.W. 1976. The influence of system compressibility on the observed pore pressure response to an undrained change in stress in saturated rock. *Géotechnique*, v. 26, n. 2.

BISHOP, A.W., HIGTH, D.W. 1977. The value of Poisson's ratio in saturated soils and rocks stressed under undrained conditions. *Géotechnique*, v. 26, n. 3.

CASAGRANDE, A. 1932. The structure of clay and its importance in foundation engineering. *Contribution of to Soil Mechanics*. Boston Society of Civil Engineers, 1925-1940.

CHANDLER, R. J., CRILLY, M. S., MONTGOMERY-SMITH, G. 1992. A low-cost method of assessing clay desiccation for low rise buildings. *Proceedings of the Institut of Civil Engineering*, 92, n. 2.

COLLINS, K., McGOWN, A. 1974. The form and function of microfabric features in a variety of natural soils. *Géotechnique*, v. 24, n. 2.

CRUZ, P.T. da. 1967. *Propriedades de engenharia de solos residuais compactados da Região Centro-Sul do Brasil*. THEMAG/ D.L.P/ Escola Politécnica da USP.

CRUZ, P.T.da. 1976. A busca de um método mais realista para a análise de maciços rochosos como fundação de barragens de concreto. *Anais do XI Seminário Nacional de Grandes Barragens*, Fortaleza. CBGB.

CRUZ, P.T.da. 1981. *Pressões totais, neutras e efetivas em solos, rochas, e descontinuidades rochosas*. Conferência no Clube de Engenharia, Rio de Janeiro.

ESCARIO, V., SÁEZ, J. 1986. The shear strength of partly saturated soils. *Géotechnique*, v. 36, n. 3.

FREDLUND, D.G., MORGENSTERN, N. R. 1977. Stress state variables for unsaturated soils. *Geotechnical Engineering Division, ASCE*. 103GT5.

FREDLUND, D.G. 1979. Second Canadian Geotechnical Colloquium: Appropiate concepts and technology for unsaturated soils. *Canadian Geotechnical Journal*, v. 16, n. 1.

FREDLUND, D.G., RAHARDJO, H. 1986. Theoretical context for understanding residual soil behaviour. *Proceedings of the 1st Int. Conf. on Geomechanics in Tropical, Lateritic and Saprolitic Soils*, Brasília. ABMS. v. 1.

FREDLUND, D.G., RAHARDJO, H., GAN, J.K.M. 1987. Non-linearity of strength envelope for unsaturated soils. *Proceedings of the 6th Int. Conf. on Expansive Soils*, New Delhi.

LAMBE, T.W. 1960. A mechanistic picture of shear strength in clay. *Proceedings of the A.S.C.E.Conference on Shear Strength of Cohesive Soils*, Boulder/ Colorado.

LAMBE, T.W., WHITMAN, R.V. 1969. *Soil Mechanics*. New York: John Wiley & Sons. Chap. 26.

MACCARINI, M. 1987. *Laboratory studies of a weakly bonded artificial soil*. Ph D Thesis. Imperial College, University of London.

MENDONÇA, M. B. 1990. *Comportamento de solos colapsíveis da região de Bom Jesus da Lapa - Bahia*. Dissertação de Mestrado. Universidade Federal do Rio de Janeiro.

MITCHELL, J. K. 1976. *Fundamentals of soil behaviour*. New York: John Wiley & Sons.

PENMAN, A.D.M. 1986. On the Embankment Dam. Rankine Lecture. *Géotechnique*, v. 36, n. 3.

RICHARDS, L.A. 1965. Physical conditions of water in soil. Methods of soil analysis. *American Society of Agronomy, Monograph 9*.

RIDLEY, A.M., BURLAND, J.B. 1992. *A new instrument for measuring soil moisture suction*. Technical Note (Cedida por V.B.F. de Mello).

SCHOFIELD, P.R. 1935. The pF of water in soil. *Transactions of the 3rd International Conference on Soil Science*, Oxford.

SCHREIMER, H.D. 1988. *Volume change of compacted highly plastic african clay*. Ph D Thesis. Imperial College, University of London.

SKEMPTON, A.W. 1960.a. Effective stress in soils, concrete and rocks. *Proceedings of the Conference on Pore Pressure and Suction in Soils*, London: Butterworths.

SKEMPTON, A.W. 1960.b. Significance of Terzaghi's concept of effective stress. In: *From Theory to Practice in Soil Mechanics*. New York: John Wiley & Sons.

TERZAGHI, K. 1936. The shearing resistance of saturated soils. *Proceedings of the 1st International Conference on Soil Mechanics*, Cambridge. v. 1.

TERZAGHI, K. 1945. Stress conditions for the failure of saturated concrete and rock. *Proc. Amer. Soc. Testing Materials*. v. 45.

VAUGHAN, P.R. 1973. The measurement of pore pressure with piezometers. *Proceedings of the Field Instrumentation Conference*. London: Butterworths. v. 1.

VAUGHAN, P.R. 1990. *Piezometers*. Notas de Aula. Imperial College, University of London.

2ª Parte

Capítulo 6
Revisão Conceitual Sobre o Comportamento de Solos Naturais e Materiais de Empréstimo

6 - REVISÃO CONCEITUAL SOBRE O COMPORTAMENTO DE SOLOS NATURAIS E MATERIAIS DE EMPRÉSTIMO.

6.1 - INTRODUÇÃO

No presente capítulo são revistas algumas das teorias conceituais sobre o comportamento de solos naturais e compactados desenvolvidas nas décadas de 70 a 90. No Capítulo 7 são discutidos os comportamentos específicos de alguns solos e materiais granulares, incluindo-se valores numéricos relativos a compressibilidade, resistência ao cisalhamento e permeabilidade desses materiais.

As propriedades geotécnicas dos solos estão intimamente ligadas ao estado em que o solo se encontra, entendendo-se por estado o arranjo relativo de suas partículas, mantidas em determinadas posições pela ação de forças de gravidade, forças elétricas, agentes cimentícios, e pela forma em que a água e o ar ocupam os seus vazios. Este estado do solo está sempre em equilíbrio com as tensões externas atuantes. Sempre que essas tensões se alterem, ou sempre que se estabeleça um fluxo de água ou de ar, o estado do solo se modifica.

Conhecer o estado de um solo, analisar as forças internas atuantes, ou seja, investigar a sua estrutura, constitui a tarefa inicial de qualquer trabalho. A este estado inicial correspondem propriedades de deformabilidade, resistência ao cisalhamento e características de fluxo, que irão se modificar à proporção que as pressões externas ou as condições de fluxo forem se alterando.

Os recursos de laboratório para ensaios em solos e materiais granulares têm evoluído no que concerne à precisão de medidas e à redução dos efeitos de amostragem, mas algumas limitações ainda persistem e provavelmente persistirão. Mencione-se, por exemplo, no ensaio triaxial (sem dúvida o mais aprimorado dos ensaios de laboratório), a impossibilidade de mudar as direções das tensões principais; duas destas tensões σ_2 e σ_3 ou σ_1 e σ_2 permanecem sempre iguais. No caso de uma barragem de terra, as tensões principais variam de direção ao longo das superfícies potenciais de ruptura, com a subida do aterro.

Ensaios tri-triaxiais, ensaios de cisalhamento puro, ensaios no equipamento *ring-shear* e outros constituem recursos adicionais de medida, mas quase sempre as solicitações de campo acabam por diferir daquelas passíveis de reprodução em laboratório.

Essas limitações devem ser sempre consideradas quando da realização de ensaios, e uma boa dose de julgamento torna-se necessária quando se adotam resultados de laboratório em estimativas de deslocamentos e de resistência.

No caso do fluxo, associado à dificuldade (ou facilidade) que um meio poroso oferece à passagem da água, os problemas não são menores, porque permeabilidade e/ou condutividade podem variar em escala logarítmica, para pequenas variações das condições em que o meio poroso se encontre. Solos com índices de vazios médios idênticos podem ter permeabilidades que variam de 10^{-2} cm/s (10^{-4} m/s) até 10^{-7} cm/s (10^{-9} m/s), mesmo em se tratando do mesmo solo (ver figura 8.2).

Portanto, em projeto de barragens, em adição aos dados de laboratório, é fundamental contar com investigações de campo e com dados de observação de obras. Somente pela confrontação sistemática de dados de ensaios (laboratório e campo) e dados de medidas nas barragens, é que se pode evoluir na confiança de se adotar parâmetros de projeto.

O grande avanço dos cálculos numéricos tem representado um passo decisivo no conhecimento do comportamento dos materiais. Pouco adianta medir recalques, deslocamentos horizontais, pressões totais e pressões piezométricas, se não se dispuser previamente de ordens de grandeza dessas medidas, que representem para a obra um nível de segurança ou de risco antecipadamente estabelecido.

A tarefa, portanto, não termina na busca de determinar as propriedades geotécnicas do solo, mas se estende à confirmação de que essas propriedades efetivamente ocorrem na condição de campo.

No presente capítulo, só se considerará a primeira parte da tarefa, ou seja, a de reavaliar os atuais conceitos sobre propriedades de solos e materiais granulares, e tentar encontrar formas práticas de seu uso em projetos de barragens. O restante da tarefa será objeto dos Capítulos 12 e 19 deste livro.

6.2 - SOLOS RECONSTITUÍDOS E SOLOS NATURAIS

A técnica de obter amostras a partir de uma massa fluida de solo ($h = 1$ a 2 $LL\%$) é antiga e vem sendo usada desde as décadas de 50 e 60.

Em 1953, o Prof. Milton Vargas apresentou um trabalho pioneiro sobre o comportamento de solos residuais, que é reproduzido na Figura 6.1. Note-se na figura a curva de compressão da amostra moldada no Limite de Liquidez.

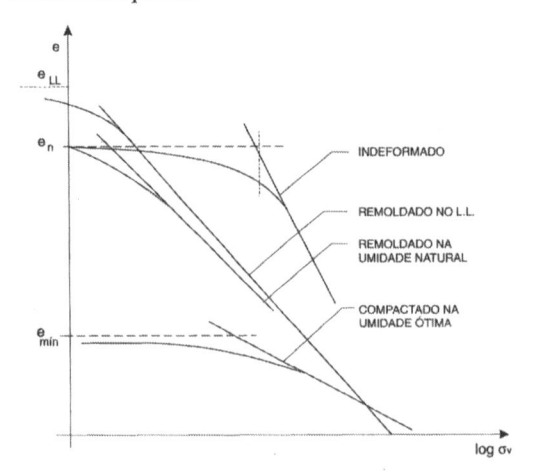

Figura 6.1 - Curvas de compressão confinada em argilas residuais (Vargas, 1953)

Na figura, é interessante observar que o solo no estado natural se posiciona à direita do solo obtido a partir da "lama" ($h = LL$).

Em 1963, o autor apresentou dados de resistência de um solo argiloso cujas amostras foram obtidas a partir do adensamento de uma lama, e submetidas a diferentes níveis de adensamento antes da ruptura. Outras amostras do mesmo solo foram obtidas por pisoteamento e submetidas aos mesmos níveis de adensamento antes da ruptura. Os diferentes estados em que o solo se encontrava resultaram em diferentes trajetórias de tensão (p', q') como se observa na Figura 6.2.

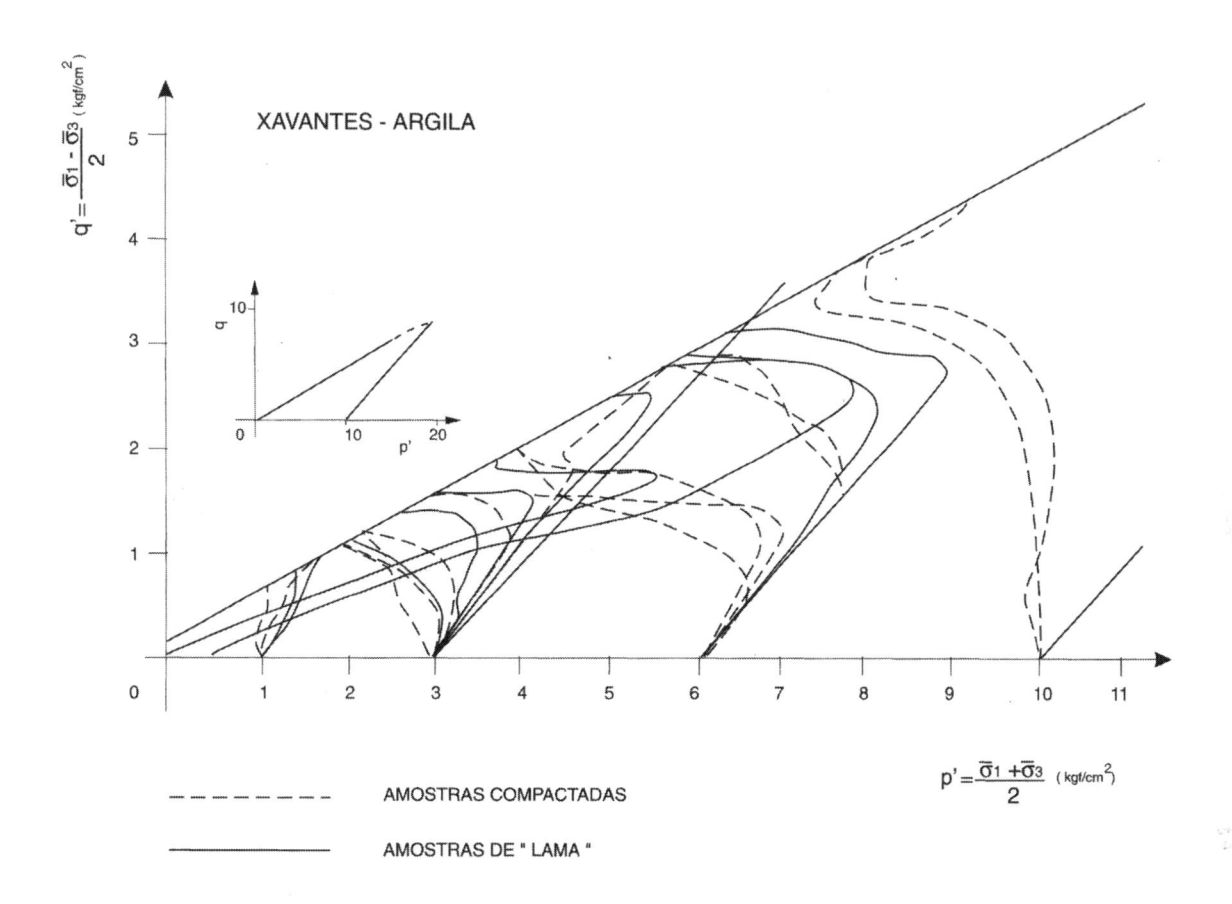

Figura 6.2 - Trajetórias de tensões efetivas (Cruz, 1963)

Burland (1990), em sua Rankine Lecture, retoma o tema e introduz alguns conceitos de grande interesse, em especial a curva normalizada de adensamento, ou seja, a ICL (*Intrinsic Compression Line*) apresentada na Figura 6.3.

Para o traçado dessa curva, consideram-se:

- na abcissa, a pressão vertical σ'_v; e

- na ordenada, o índice intrínseco de vazios I_v dado pela expressão:

$$I_v = \frac{e - e^*_{100}}{e^*_{100} - e^*_{1000}} = \frac{e - e^*_{100}}{C_c^*} \quad (6.1)$$

sendo:

C_c^* o índice de compressão intrínseco (solo reconstituído).

e^* índice de vazios do solo reconstituído a partir de $h > LL$

O valor de I_v assume valores particulares para e^*_{10}, e^*_{100} e e^*_{1000} (σ_v em kPa).

$I_v = 1,0$ para e^*_{10}

$I_v = 0,0$ para e^*_{100}

$I_v = -1,0$ para e^*_{1000}

Na Figura 6.3 estão indicados resultados de ensaios efetuados em três argilas e num solo residual (colúvio) de arenito de Pereira Barreto/SP, moldados acima do *LL*.

100 Barragens Brasileiras

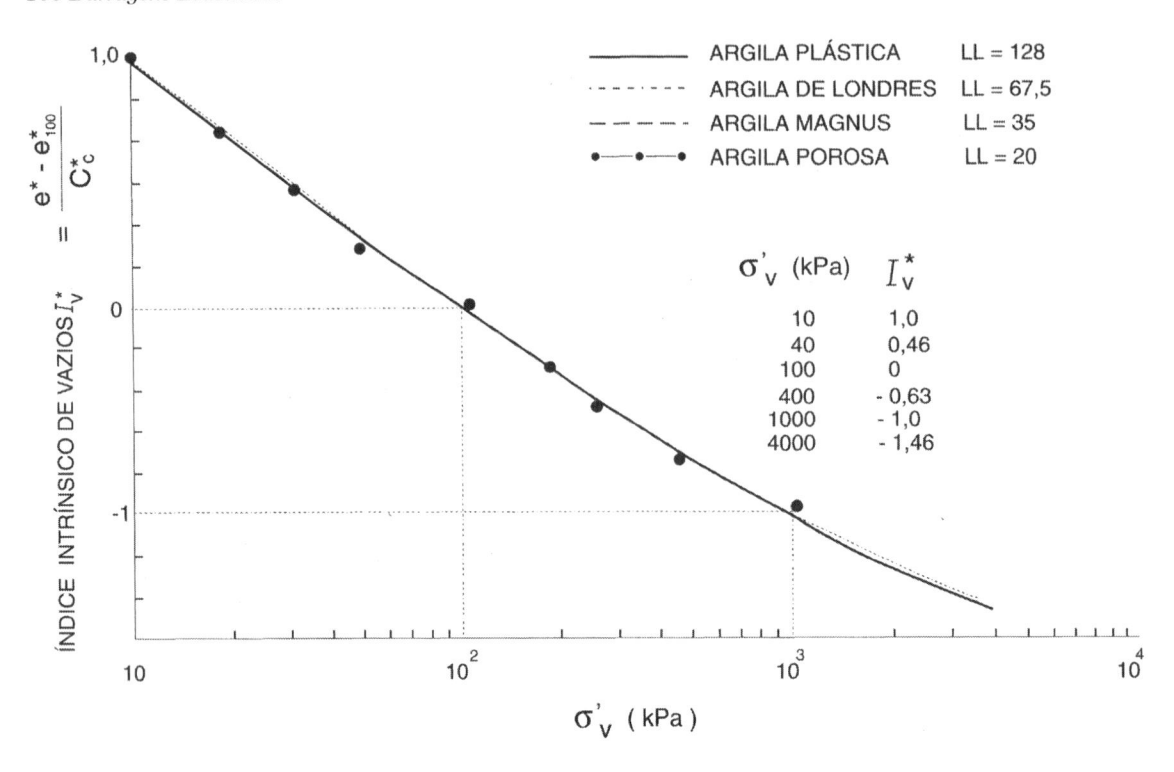

ARGILA PLÁSTICA	LL = 128
ARGILA DE LONDRES	LL = 67,5
ARGILA MAGNUS	LL = 35
ARGILA POROSA	LL = 20

σ'_v (kPa)	I_v^*
10	1,0
40	0,46
100	0
400	-0,63
1000	-1,0
4000	-1,46

Figura 6.3 - Curvas normalizadas de compressão intrínseca resultando na Linha de Compressão Intrínseca (ICL) - solos reconstituídos a partir de $h > LL$ (Burland, 1990).

Sem o recurso à normalização, os resultados de ensaios de adensamento (ver Figura 6.4) tornam a comparação mais difícil.

	LL	e_L
O - KLEINBELT TON	127,1	3,521
□ - ARGILA PLÁSTICA	128,0	3,302
◇ - ARGILA DE LONDRES	67,5	1,829
△ - WIENER TEGEL	46,7	1,288
⊗ - ARGILA MAGNUS	35,0	0,956
✧ - LOWER CROMER TILL	25,0	0,663
X - PEREIRA BARRETO	20,0	0,540

A equação da curva de I_v vs. $\log \sigma'_v$, com σ'_v em kPa, tem a expressão:

$$I_v = 2,45 - 1,285 (\log \sigma'_v) + 0,015 (\log \sigma'_v)^3 \quad (6.2)$$

Para se obter a curva de e vs. σ'_v, calcula-se e pela expressão:

$$e = I_v C_c^* + e^*_{100} \quad (6.3)$$

Inúmeras expressões procuram relacionar C_c com o $LL\%$, mas a sua validade parece que acaba por ser mais <u>regional</u> do que <u>universal</u>. Já para o solo reconstituído, no qual os efeitos de "estrutura" são minimizados, Burland propõe uma nova correlação:

$$C_c^* = 0,256 \, e_L - 0,04,$$

que se mostrou correta para um conjunto de dados de argilas (Figura 6.5), sendo e_L = índice de vazios no LL.

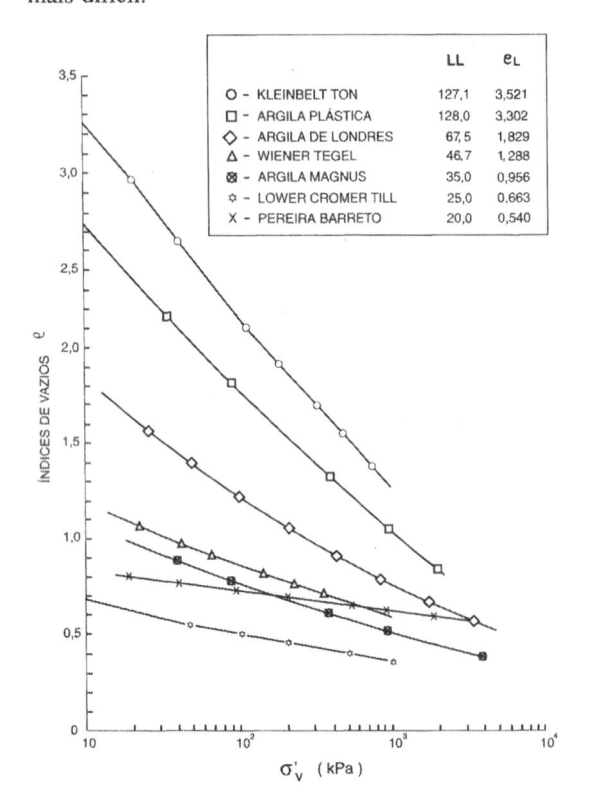

Figura 6.4 - Curvas de Compressão Unidimensional para várias argilas reconstituídas (Burland, 1990)

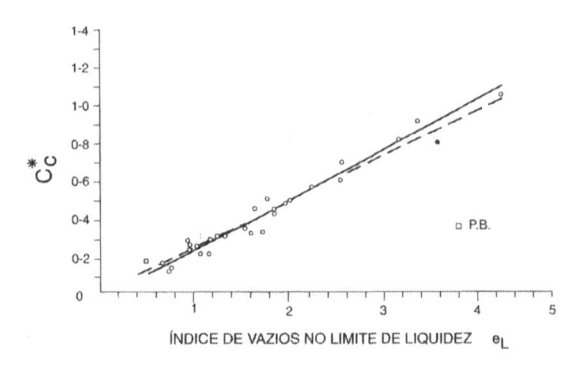

Figura 6.5 - Relações entre e_L e o Índice de Compressão Intrínseco C_c^* (Burland, 1990)

Para o solo de Pareira Barreto, com $LL = 20\%$ e $e_L = 0{,}54$, o C_c^* calculado é 0,134. O valor medido no ensaio foi de 0,14, muito próximo do valor calculado.

Quando se comparam as curvas de I_v vs. σ'_v para solos naturais com a curva intrínseca dos mesmos solos, observa-se que os solos naturais se posicionam à direita da curva intrínseca, e estão aproximadamente alinhados. Burland define esta curva como a *SCL (Sedimentation Compression Line)*. Ver Figura 6.6.

Essa linha, denominada *SCL*, também acaba tendo um caráter mais ou menos universal para argilas sedimentares, e pode ser usada como referencial junto com a curva *ICL*.

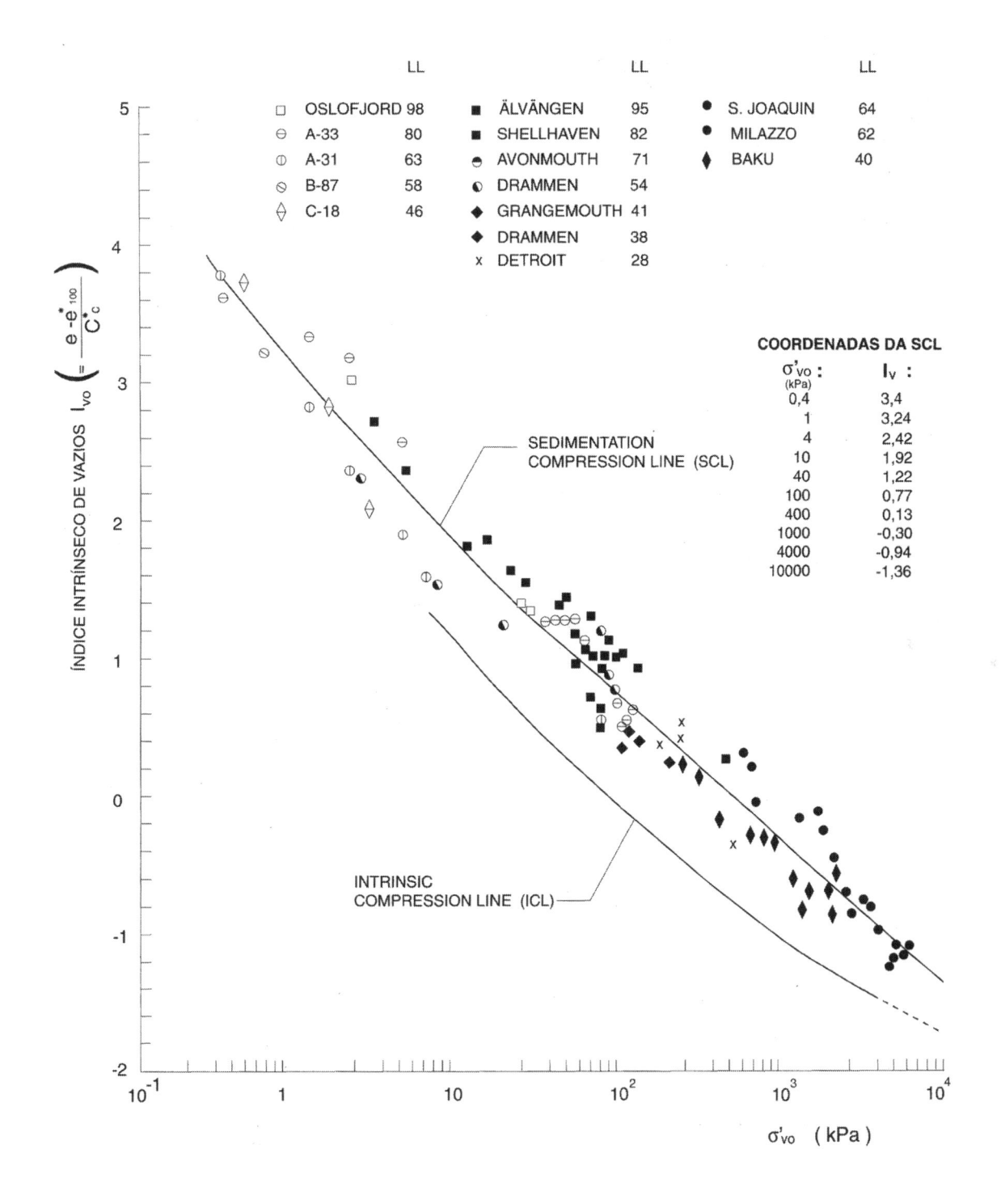

Figura 6.6 - Relação entre I_{vo} e log σ'_{vo}, para as argilas da Figura 6.3. A linha que mais se aproxima dos pontos experimentais é a *SCL* (Burland, 1990).

A estrutura da argila (*fabric + bonding*) pode ser avaliada em função da posição relativa dos dados de ensaio e das curvas *SCL* e *ICL*.

Uma argila depositada lentamente em águas paradas tende a ter uma estrutura mais aberta (tipo random), e os pontos de ensaio caem acima de *SCL*. Como o ensaio é "rápido", o acréscimo de carga tende a romper as ligações, e a curva de compressão é mais inclinada que a *SCL* e os pontos tendem a *ICL*. Já no caso de deposição mais rápida, em suspensões densas, a estrutura é mais orientada e os índices de vazios são menores. Quando os pontos iniciais da curva de adensamento se aproximam da linha *ICL*, a tendência é segui-la (ver Figura 6.7). Na Figura 6.1, o comportamento mostrou-se semelhante, embora σ_v seja a pressão total nas amostras não saturadas.

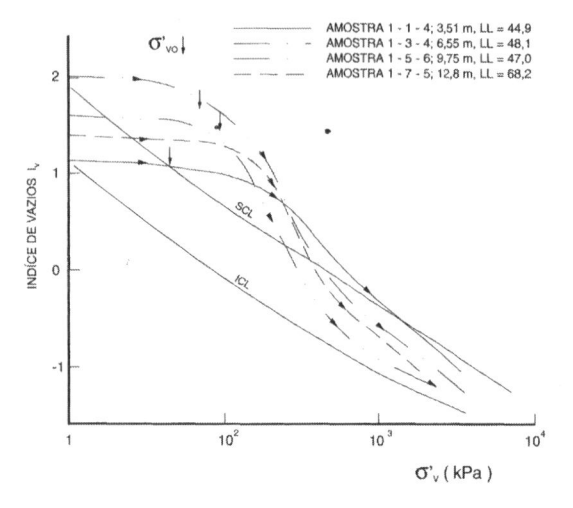

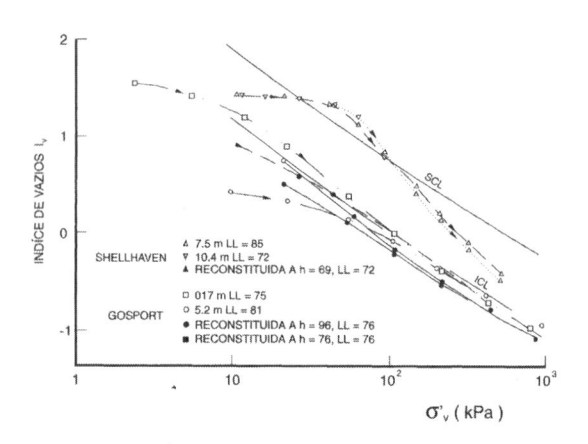

a) - Argila de Sault Ste. Marie

b) - Argilas de Shellhaven e Gosport

Figura 6.7 - Curvas de compressão oedométrica (Burland, 1990)

Argilas muito sensíveis (como algumas da Noruega) ocupam posições bem acima das linhas *SCL* ou *ICL* (Figura 6.8).

No caso de argilas sobreadensadas, os valores de I_v são sempre negativos, e somente para pressões bem acima da de pré-adensamento (curva virgem) é que os pontos se colocam próximos das linhas *ICL* e *SCL* (Figura 6.9).

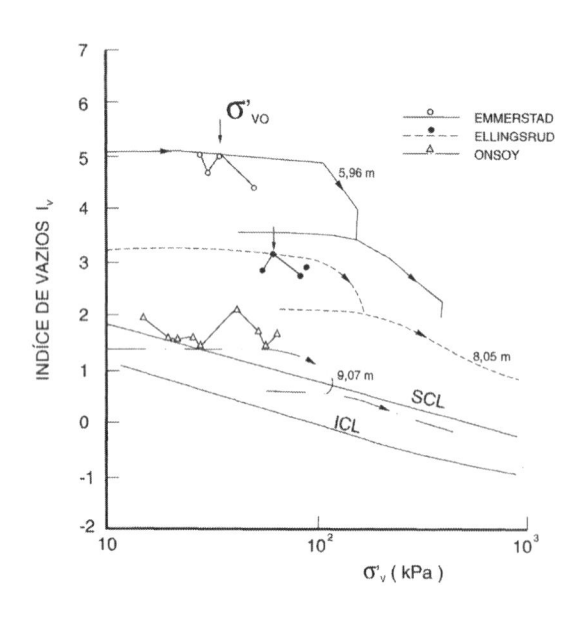

Figura 6.8 - Resultados de ensaios oedométricos em blocos de amostras de três argilas sensíveis da Noruega (Lacasse *et al.*, 1985, *apud* Burland, 1990)

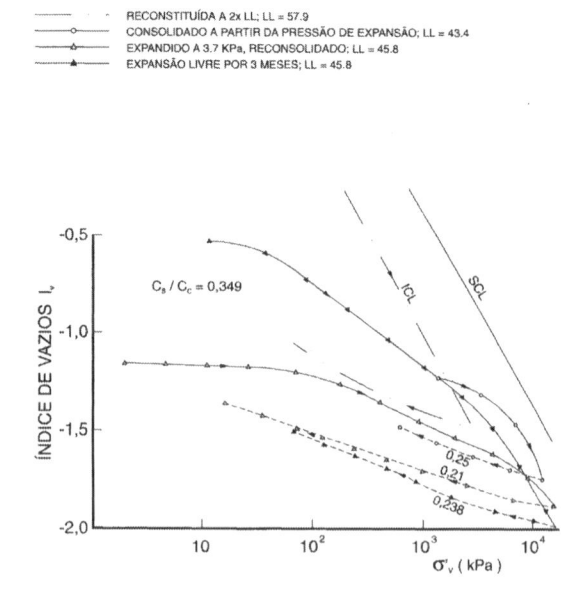

Figura 6.9 - Argila Todi: ensaios oedométricos em blocos de amostras após vários ciclos de expansão (Burland, 1990)

O trabalho de Burland é importante no sentido de permitir estabelecer um referencial básico para análise do estado em que uma argila se encontra. O estado do solo tem nas condições reconstituída e normalmente sedimentada um referencial para comparação.

6.3 - SOLOS ESTRUTURADOS E ROCHAS BRANDAS

Na Mecânica dos Solos clássica, a história de tensões a que um solo foi submetido a partir de um estado inicial (índice de vazios) permite analisar o seu comportamento quanto a deformações e resistência ao cisalhamento.

Entretanto, numa boa parte dos solos naturais e das rochas brandas, que envolvem argilas moles, argilas rijas, solos granulares, solos residuais, solos porosos, solos saprolíticos e saprólitos (ou rochas alteradas), existem componentes de resistência e rigidez que não podem ser analisados somente em termos de índice de vazios e histórico de tensões.

A deposição de sílica em contatos de grãos de areia, a deposição de carbonatos, hidróxidos, óxidos de ferro e matéria orgânica a partir de soluções, a recristalização de minerais durante o intemperismo, os fenômenos de lixiviação e laterização, as modificações na camada de água adsorvida e de forças entre partículas de argila, e outras, respondem por componentes adicionais de ligações entre partículas que modificam o comportamento do solo (Mitchell e Solymar, 1984).

A problemática que existe é a de que, embora todos esses fatores sejam conhecidos já há vários anos, falta ainda uma formulação teórica que permita reunir os dados dentro de um arcabouço conceitual abrangente.

O tratamento de cada caso como um caso particular não permite avaliar a condição do estado do material, por falta de um referencial de estado, seja ele básico, intrínseco ou reconstituído.

Os trabalhos de Vaughan (1985, 1988 e 1990) e Vaughan et al. (1988) permitem encontrar um caminho para a análise de alguns materiais.

O princípio de análise é semelhante ao de Burland, no sentido de comparar o solo intacto com o comportamento do mesmo solo sedimentado, ou remoldado, e/ou adensado a partir de um estado semi-fluido ($h \geq LL\%$). Vejam-se as Figuras 6.10 e 6.11.

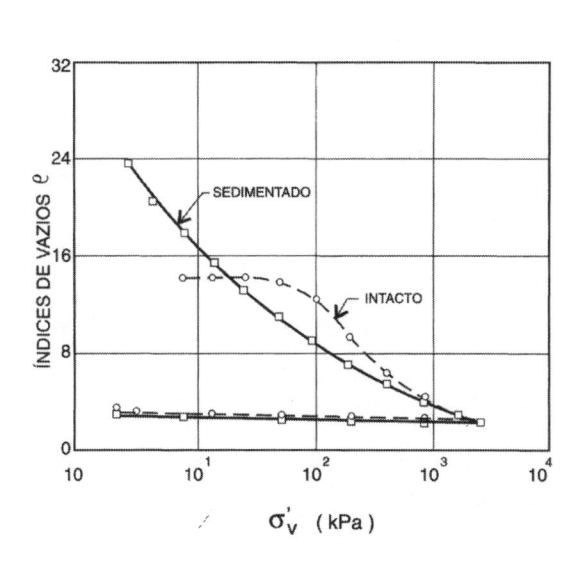

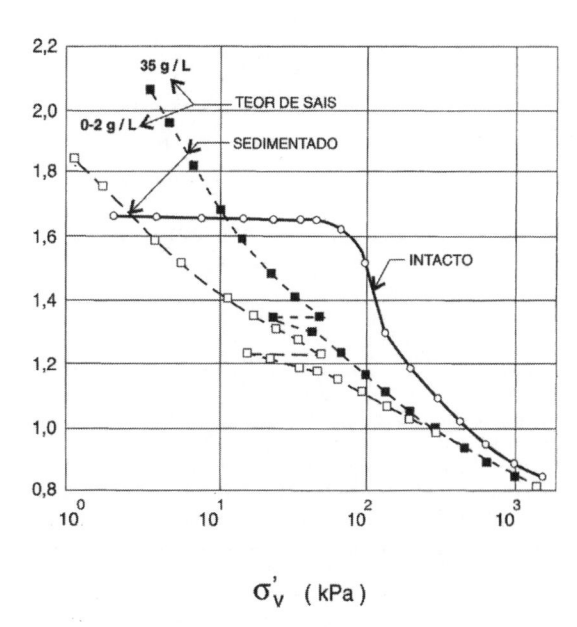

a) Argila da cidade do México

b) Argila de Grande Baleine

Figura 6.10 - Curvas de compressão unidimensional para amostras intactas de argila mole e para amostras sedimentadas em laboratório (Leroueil e Vaughan, 1990)

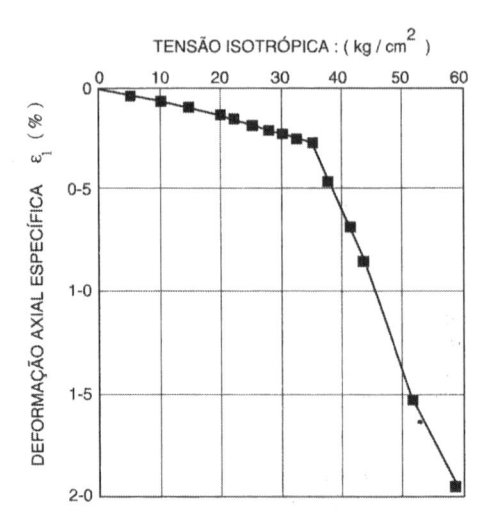

a) Compressão isotrópica em rochas vulcânicas alteradas (Uriel e Serrano, 1973)

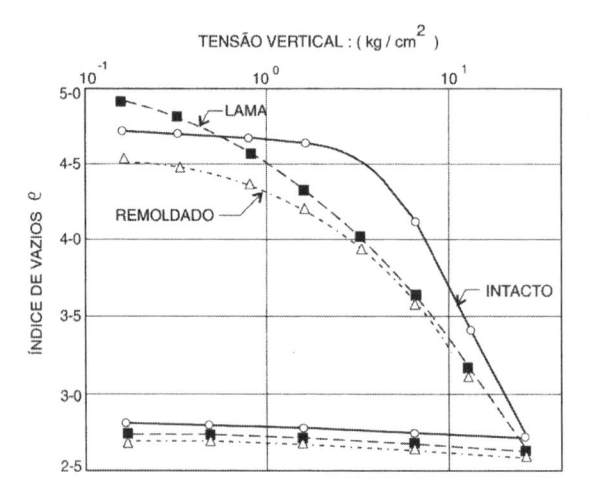

b) Ensaios oedométricos em amostras indeformadas e remoldadas (Wesley, 1974).

Figura 6.11 - Comportamento de solos residuais em laboratório (*apud* Leroueil e Vaughan, 1990)

Maccarini (1987) usou um solo artificial (com uma componente de ligação frágil), para avaliar os efeitos da porosidade e da componente de ligação separadamente. O solo artificial era composto de grãos de quartzo, com grãos de caulim (queimado a 1100°C, não solúvel em água) e caulim natural. A ligação entre os grãos de quartzo foi feita com caulim aquecido a várias temperaturas, o que resultou em ligações mais ou menos resistentes. A porosidade foi controlada por vibração, ou usando cera para preencher os vazios que, no processo de queima, era vaporizada.

Com esses recursos foi possível moldar amostras em vários índices de vazios (do poroso ao denso) e com vários níveis de ligações entre as partículas de areia. A este conjunto de amostras denominou-se solo estruturado.

O mesmo solo artificial no estado desestruturado, ou seja, sem as ligações, mas contendo as mesmas porcentagens de quartzo e de caulim, também foi ensaiado.

Na Figura 6.12, vê-se o resultado dos ensaios em termos de e vs. σ' médio. O solo estruturado tem comportamento semelhante ao dos solos residuais.

Na mesma figura, mostra-se que a linha de compressão do estado desestruturado estabelece uma marca divisória. O solo só pode ocorrer à direita da linha, se estruturado mas sujeito a uma ruptura da estrutura, na compressão. É uma condição portanto instável; já à esquerda da linha de compressão do material desestruturado, a condição é estável, e o estado estruturado não é "rompido" pelo acréscimo de tensões.

O solo artificial tem:

- 57% de areia de quartzo;

- 30% de areia de caulim queimado a 1.100° C; e

- 13% de lama de caulim p/ ligação, queimada a 500° C por 5 h.

Capítulo 6

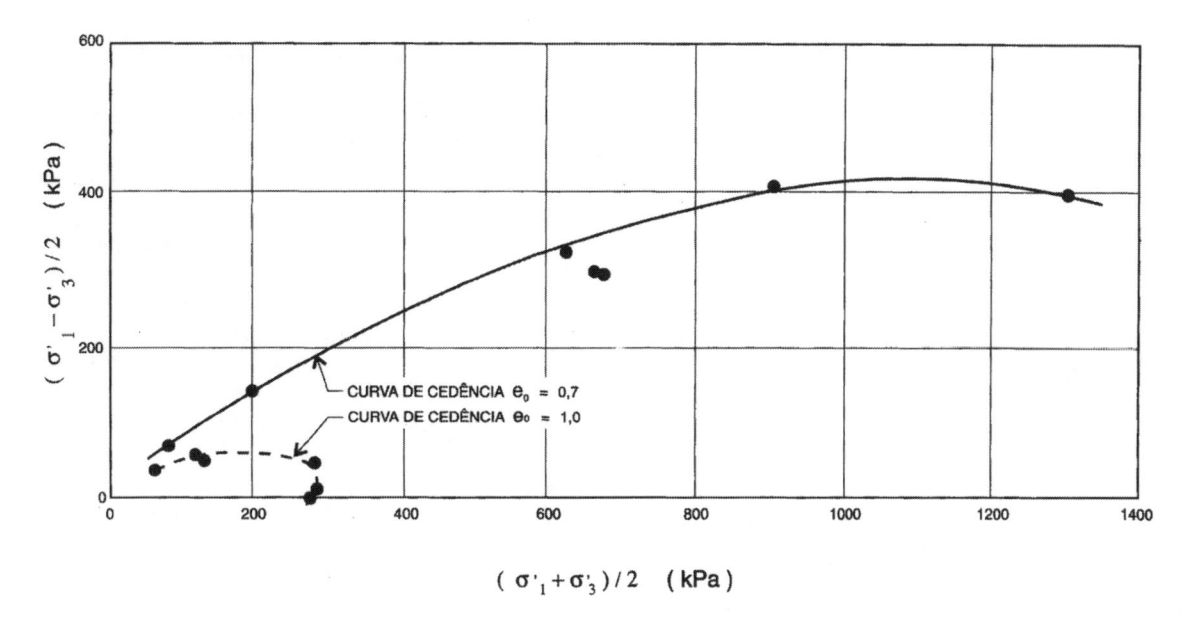

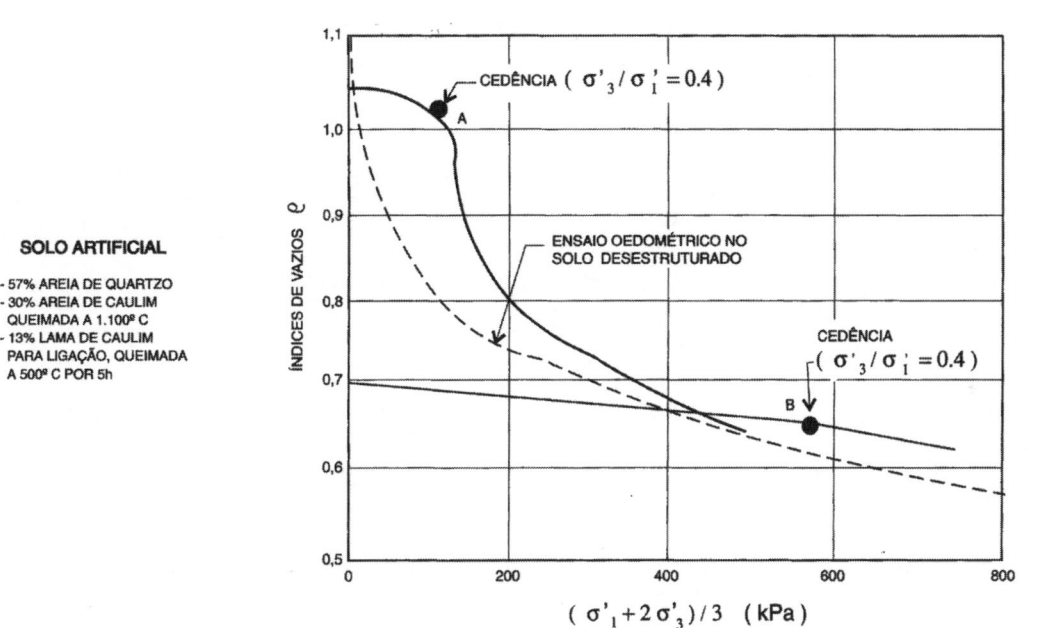

Figura 6.12 - Cedência observada em solo artificial estruturado para dois índices de vazios (Maccarini, 1987, *apud* Leroueil e Vaughan, 1990)

Vaughan *et al.*, em seu trabalho de 1987, sugerem utilizar o indíce de vazios do solo no LL (e_L) e o índice de vazios do solo na condição de $\gamma_{d\,máx}$ em ensaio de Proctor Normal, como dois referenciais de estado a serem incluídos num gráfico de e vs. $\log p'$. Ver Figura 6.13.

Em termos de resistência ao cisalhamento, a componente de cimentação, ou de ligação entre partículas (*bonding*), fica evidente quando se compara a curva tensão-deformação do solo estruturado com a curva do solo desestruturado (Figura 6.14).

Todos esses ensaios foram realizados em solos saturados e, portanto, os efeitos de sucção e de dissolução da cimentação por submersão estão isentos. Os cimentos e as ligações cimentícias mencionadas nesses solos estruturados permanecem mesmo no solo saturado.

É importante ainda, dentro dos trabalhos de Vaughan *et al.*, avaliar dois aspectos:

- o fenômeno progressivo da perda de estrutura de um solo; e

- a destruição parcial da estrutura do solo por amostragem.

$$e_R = \frac{e - e_{OT}}{e_L - e_{OT}}$$

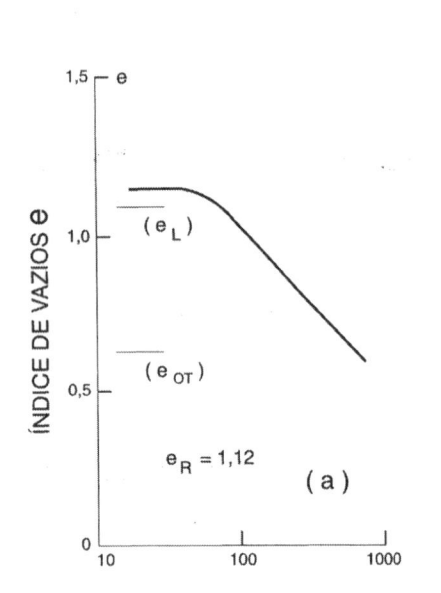

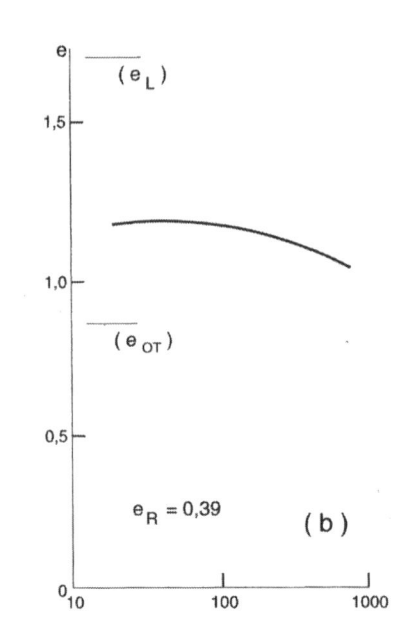

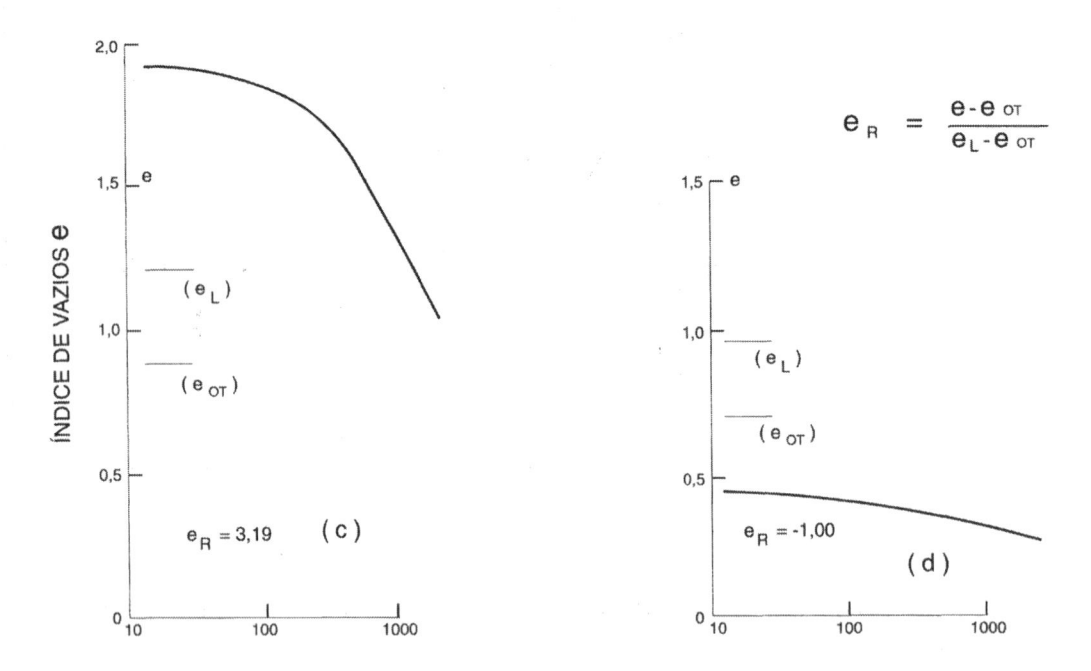

Solos : (a) Latossolo de arenito; (b) Solo laterítico de basalto (Dias e Gehling, 1985)

Solos : (c) Saprolito caulinítico de filito; (d) Saprolito micáceo de filito (Kora e Garcia, 1985)

Figura 6.13 - Índice de vazios relativo ao e_L e e_{ot} para quatro solos residuais brasileiros e suas curvas de compressibilidade obtidas em ensaios oedométricos (*apud* Leroueil e Vaughan, 1990)

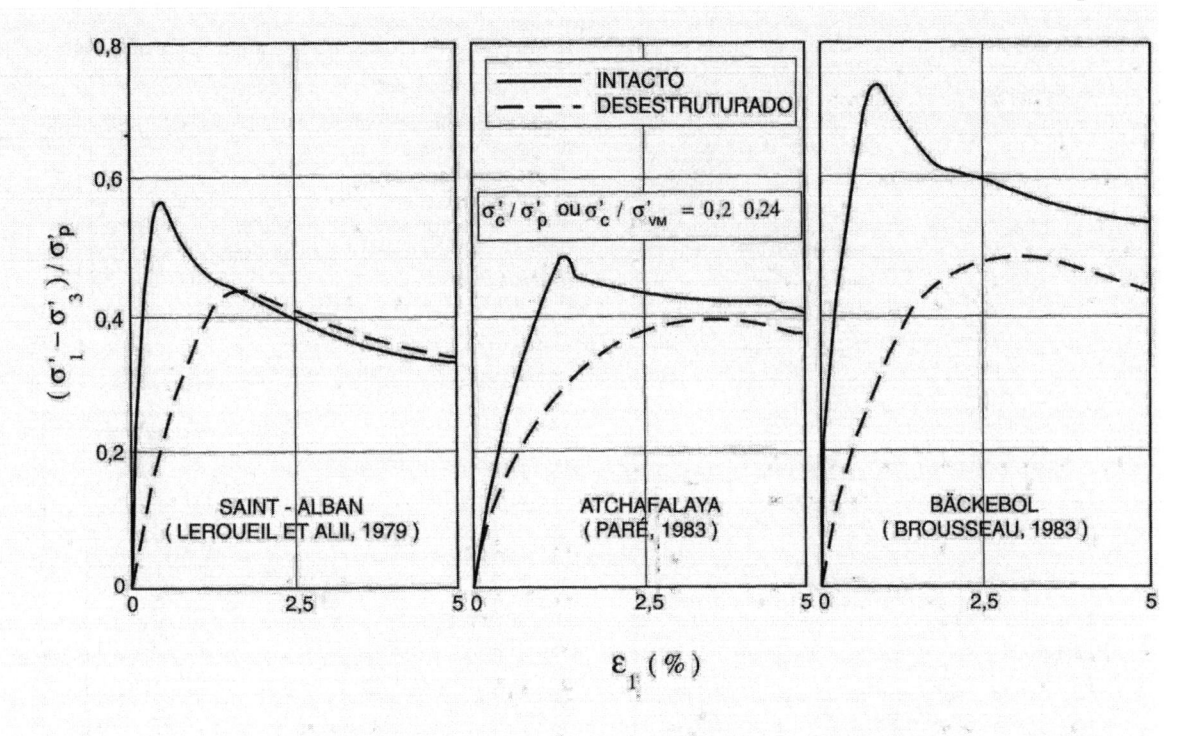

Figura 6.14 - Relações tensão-deformação de ensaios triaxiais não drenados em argilas intactas e desestruturadas (Tavenas e Leroueil, 1985, *apud* Leroueil e Vaughan, 1990)

No tocante à desestruturação do solo (quebra das ligações), é preciso reconhecer que o fenômeno ocorre de forma progressiva. O primeiro ponto de quebra (usualmente denominado de ponto de cedência) da estrutura é o ponto Y na Figura 6.15. Até este ponto, as deformações sofridas pela estrutura do solo não são suficientes para romper as ligações. Já a partir do primeiro ponto de quebra, o processo se desencadeia, mas são necessárias deformações significativas até que o solo perca as ligações (ou se desestruture).

O ponto de cedência, no caso de solos sobreadensados (ou pré-adensados), coincide com a chamada pressão de pré-adensamento.

A perda de "estrutura" por amostragem se assemelha ao problema do amolgamento dos solos.

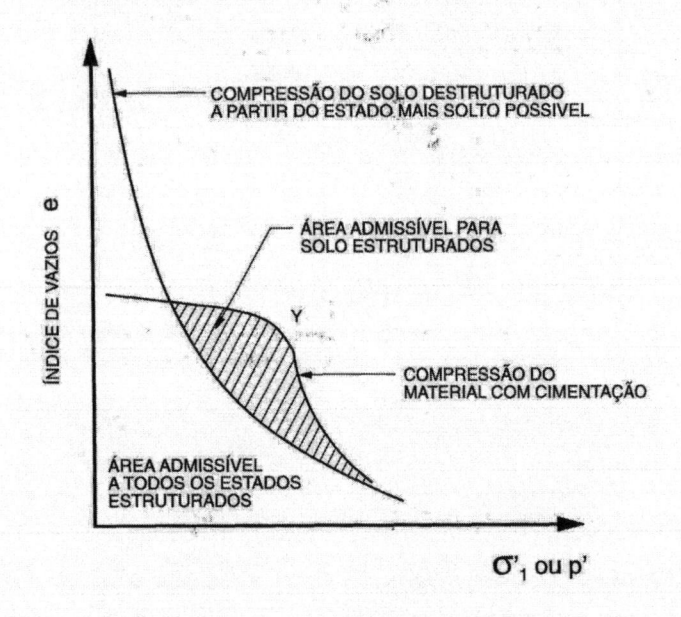

Figura 6.15 - Comparação entre compressão estruturada e desestruturada em ensaio oedométrico (Leroueil e Vaughan, 1990)

A Figura 6.16 mostra resultados de ensaios em amostras retiradas em bloco e obtidas de amostradores. A perda de estrutura fica evidente nos resultados.

Além da perturbação física na amostragem, o solo pode perder "resistência" por expansão.

A remoção das tensões *in situ*, na amostragem, pode resultar na expansão do solo ao ponto de se romper parte das ligações preexistentes, levando o solo a uma perda irrecuperável da resistência, mesmo quando se recompõe o estado de tensões inicial. Veja-se a Figura 6.17.

Embora os solos estruturados tenham uma componente de coesão derivada da cimentação, a mesma deve ser diferenciada da coesão efetiva do solo que resulta das forças elétricas entre partículas, porque a segunda é reversível, enquanto a primeira, uma vez destruída, só poderá se recompor a longo prazo, e se processos químicos semelhantes aos que a originaram vierem a se repetir. Veja-se o Capítulo 5.

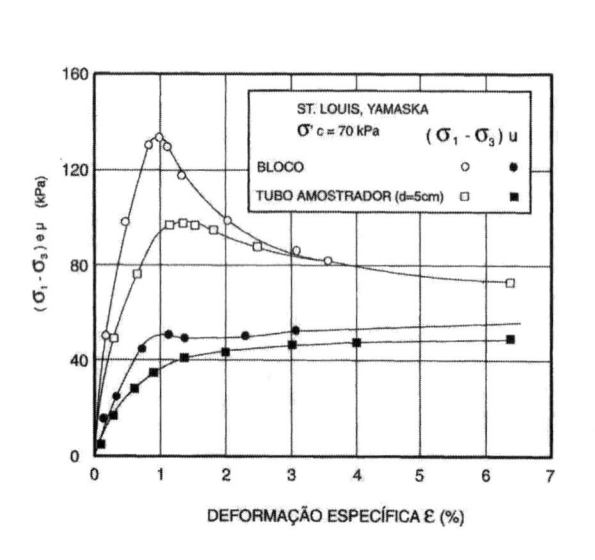

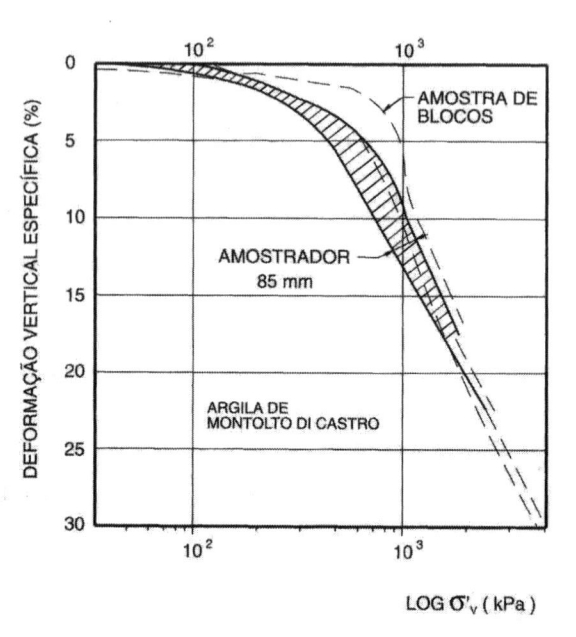

a) Ensaios triaxiais não drenados (Lefebvre, 1970)

b) Ensaios oedométricos (Holtz *et al.*, 1986)

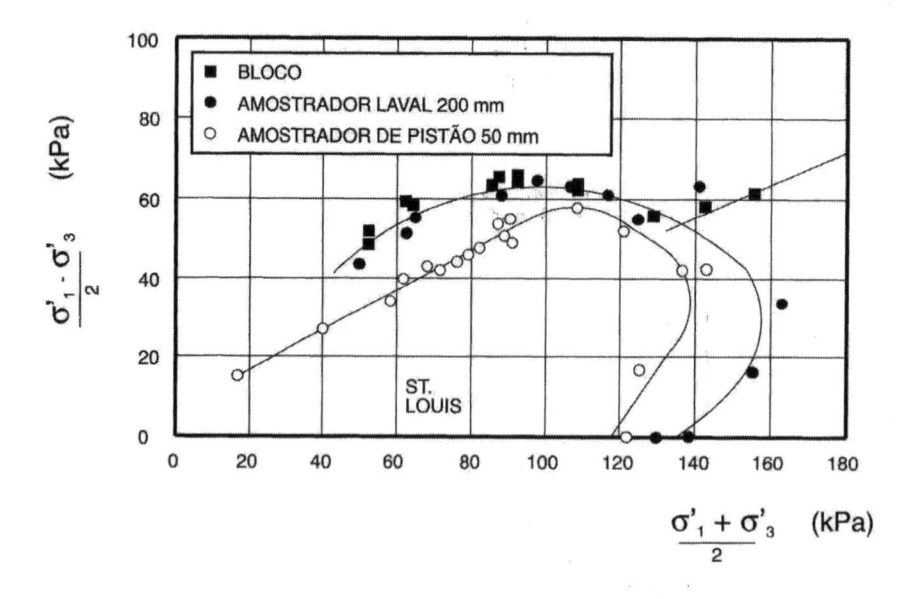

c) Estado limite (La Rochelle *et al.*, 1981)

Figura 6.16 - Efeitos de perturbação na amostragem na resistência, na tensão de cedência e na forma abrupta da ruptura (*apud* Leroueil e Vaughan, 1990)

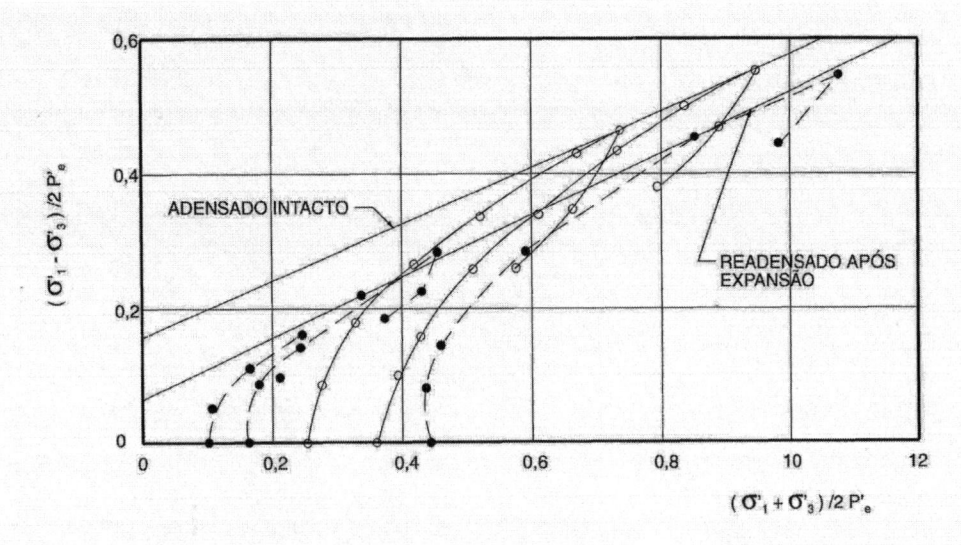

Figura 6.17 - Perda de estrutura devida à expansão em ensaios triaxiais adensados não drenados (R'), em Argila Todi (Calabresi e Scarpelli, 1985, *apud* Leroueil e Vaughan, 1990)

6.4 - EXEMPLO DE APLICAÇÃO DOS CONCEITOS DE BURLAND (1990) PARA UM SOLO SAPROLÍTICO

Para análise de estabilidade da cava N-4E de Carajás (Cruz *et al.*, 1992b), foram executados ensaios especiais de laboratório sobre amostras retiradas em sondagens rotativas com amostradores especiais, em profundidades que variaram de 10 m até 95 m.

Amostras retiradas de tal profundidade sempre estão sujeitas a amolgamento e foi necessário recorrer a métodos indiretos para avaliar o provável nível de alteração sofrido.

Para tanto, foram moldados corpos de prova de amostras indeformadas, amostras reconstituídas na mesma umidade e densidade de campo e amostras reconstituídas a partir de uma lama (*slurry*).

O solo é uma "máfica" argilosa, com LL entre 52% e 87%, IP de 25% a 49%, $\delta = 2,75$ a $3,01$ g/cm³, % < 2 μ de 32% a 58% e % areias = 0.

Em ensaios de sedimentação sem defloculante, a porcentagem de silte variou de 60% a 90%, a umidade natural da amostra variou de 32% a 48%, e o indíce de vazios inicial variou de 1,10 a 1,38.

As Figuras 6.18 e 6.19 mostram os resultados de alguns ensaios procedidos numa amostra retirada de 84,60 m de profundidade. É interessante observar que:

(a) - o solo *in situ* encontra-se num estado equivalente ao pré-adensado, não se tendo alcançado no ensaio a condição normalmente adensada, uma vez que as curvas de adensamento não chegaram a atingir a curva da lama;

(b) - as curvas de expansão e recompressão da lama são muito semelhantes às das amostras indeformadas e reconstituídas;

(c) - a "estrutura" das amostras reconstituídas deve ser semelhante à da amostra indeformada, indicando um baixo grau de amolgamento. Este fato sugere que os resultados de ensaios de laboratório podem ser usados nos cálculos de estabilidade, com um grau de confiança satisfatório.

Os resultados de um conjunto de ensaios de compressão triaxial foram reunidos em gráficos p'vs. q' (Figura 6.20). Observa-se uma razoável dispersão devido à diferença entre os índices de vazios iniciais da amostra.

Utilizando-se a proposta de Hvorslev (1937), revisada por Burland (1990), os valores de p' e q' foram divididos pela pressão equivalente de adensamento σ^* correspondente ao índice de vazios inicial e_o antes do ensaio, obtida de curvas de adensamento da lama (ver Figura 6.18).

Na Figura 6.21, reproduzem-se os mesmos dados de ensaios, com as coordenadas p^* e q^*.

Obtém-se, dessa forma, uma envoltória melhor definida, curva, e que permite determinar os parâmetros de resistência ao cisalhamento do solo:

- em termos exponenciais, $q^* = 0,42\ p^{*0,85}$;

- em termos numéricos, é necessário multiplicar p^* e q^* por σ^*.

As envoltórias de Mohr médias estão indicadas nas Figuras 6.20 e 6.21.

Nota-se que a envoltória média deduzida da Fig. 6.20 é:

$\tau = 0,22 + \sigma'\ tg26,4°$ kg/cm²,

enquanto que a da Fig. 6.21 é:

$\tau = 0,41 + \sigma'\ tg24,2°$ kg/cm².

Esta última foi adotada nos cálculos de estabilidade.

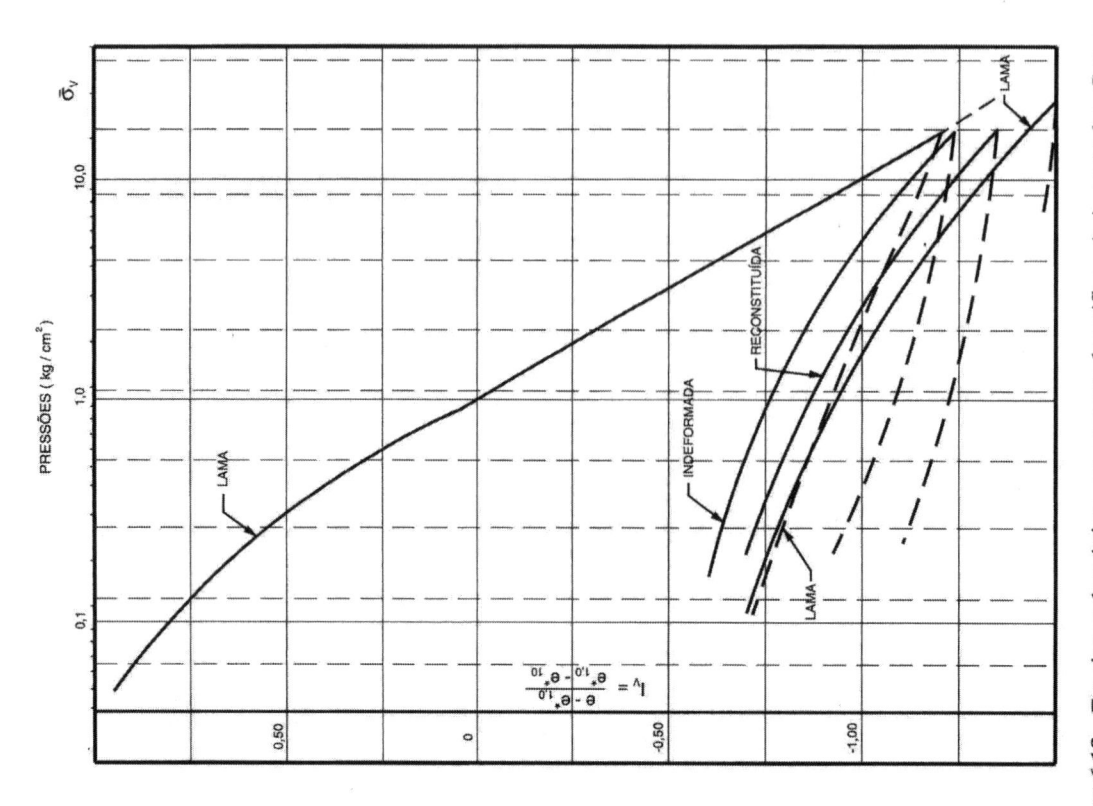

Figura 6.18 - Ensaios oedométricos em amostra da máfica - A-4 - camadas. Curvas de I_v versus σ'_v (Cruz et al., 1992b)

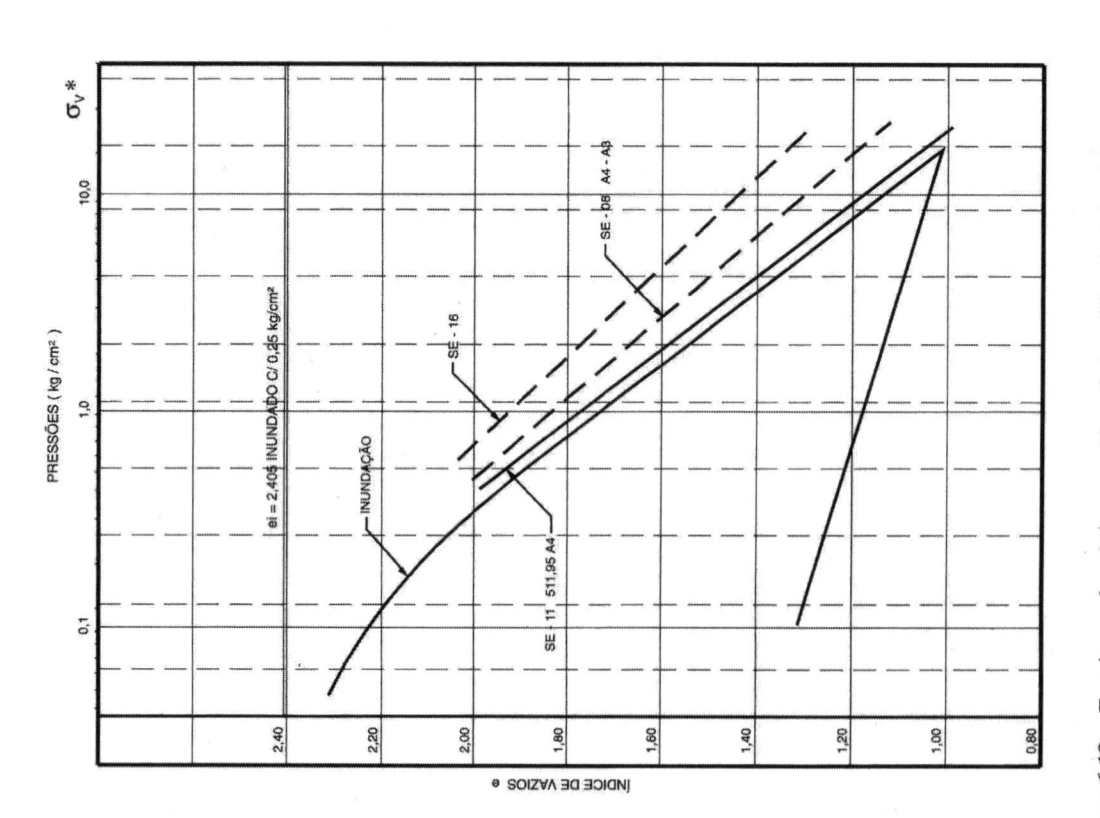

Figura 6.19 - Ensaios oedométricos em "lama" de máfica A-4 de várias amostras. Curvas pressão $\sigma'_v{}^*$ vs. e (Cruz et al., 1992b)

Capítulo 6

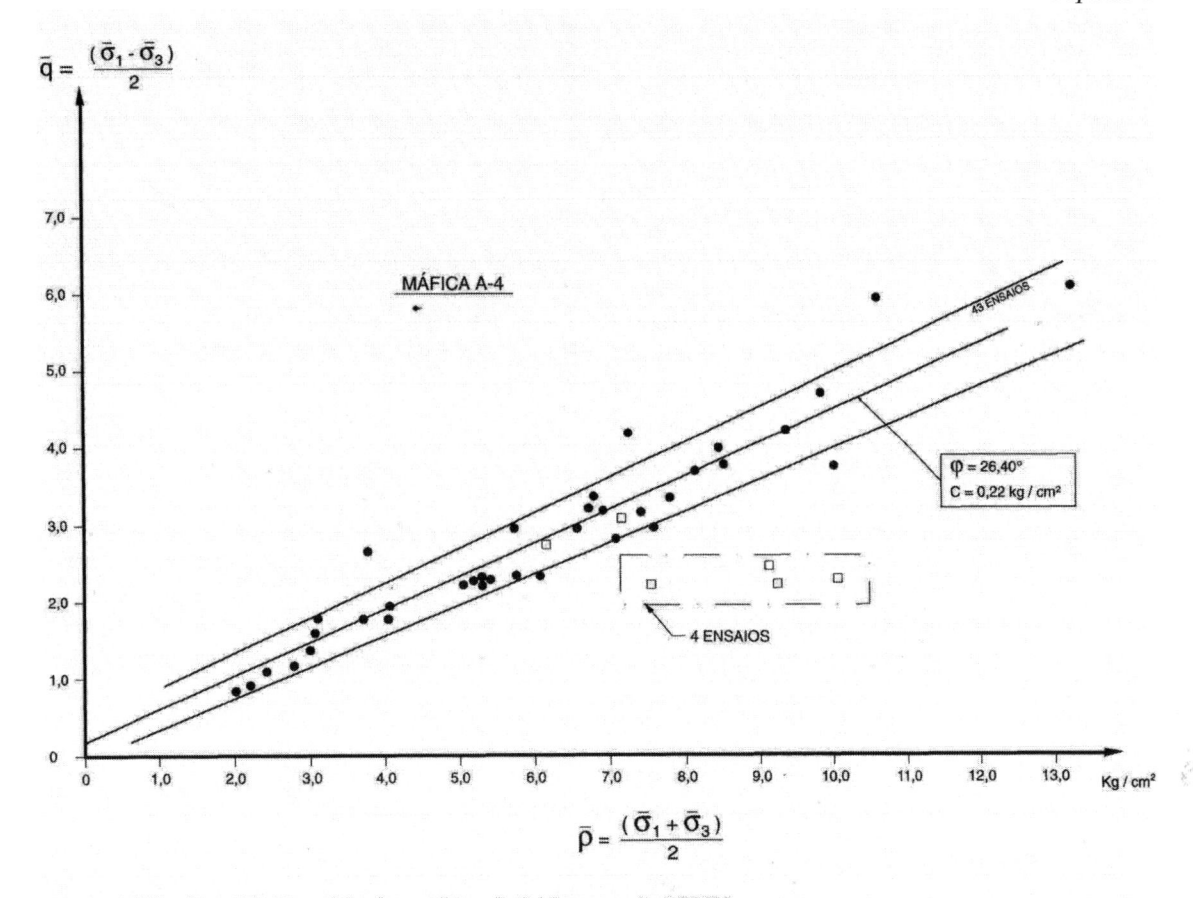

Figura 6.20 - Envoltórias originais - máfica A-4 (Cruz *et al.*, 1992b)

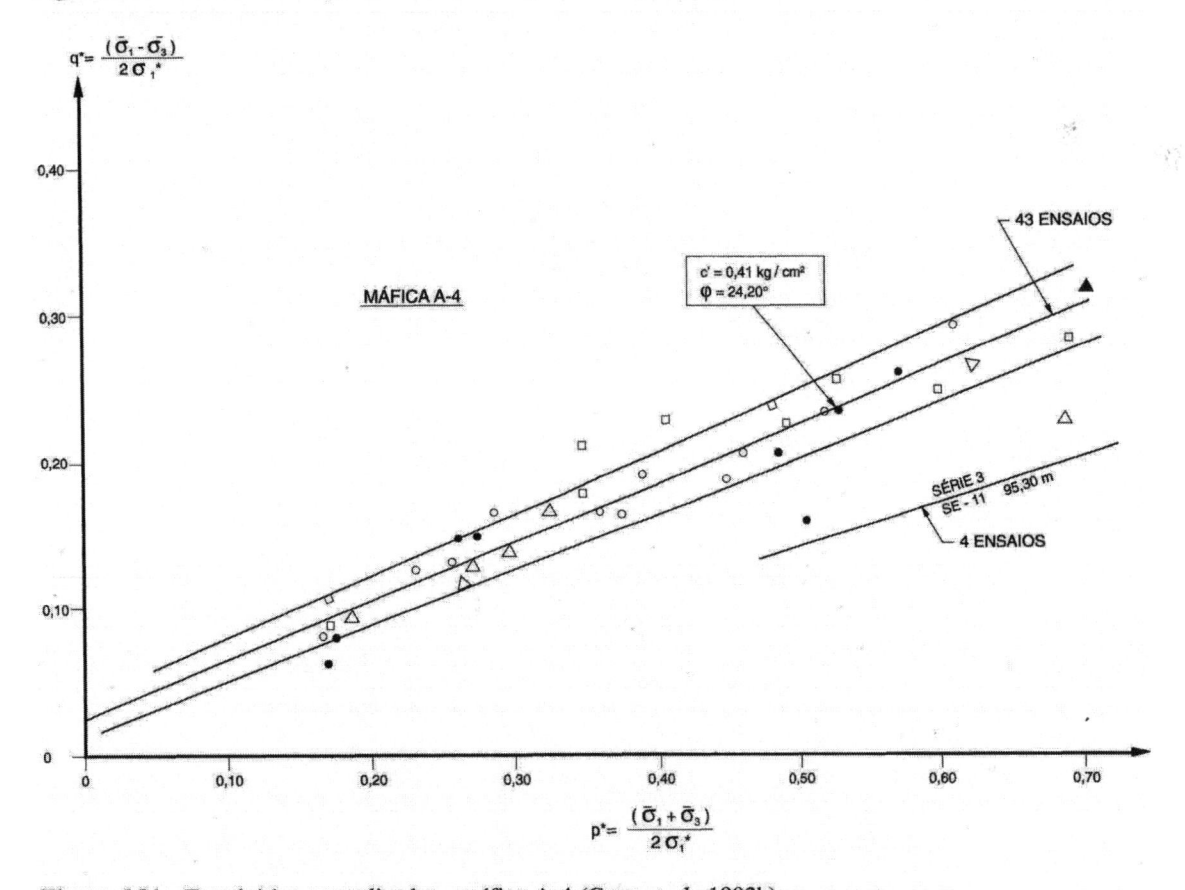

Figura 6.21 - Envoltórias normalizadas - máfica A-4 (Cruz *et al.*, 1992b)

6.5 - EXTENSÃO DOS CONCEITOS PARA SOLOS POROSOS COLAPSÍVEIS

A extensão dos conceitos de Leroueil e Vaughan (1990) ao comportamento de solos colapsíveis traz algumas dificuldades, porque esses solos não são saturados no seu estado natural, e a componente de sucção tem uma influência marcante no seu comportamento.

O próprio fenômeno de colapso não está considerado na formulação conceitual dos solos estruturados.

O que se pode fazer são algumas analogias que permitem avaliar os dois conceitos em paralelo.

O solo poroso aqui exemplificado é um solo coluvial, de origem residual de arenito, cujas características de identificação constam da Figura 6.22. O solo não tem componente de cimentação, porque amostras indeformadas, amolgadas e recompactadas ao mesmo índice de vazios da amostra indeformada apresentam as mesmas características de comportamento (Figura 6.23 - curvas da direita).

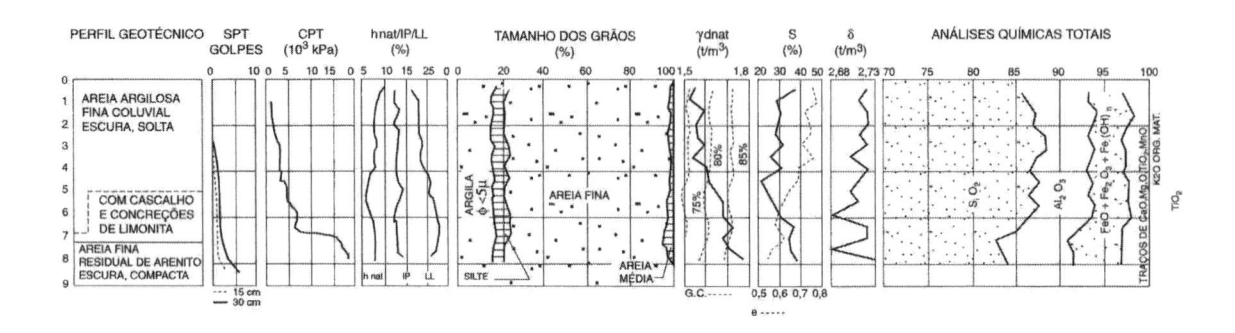

a) Perfil geotécnico, ensaios penetrométricos, parâmetros de classificação e ensaios químicos

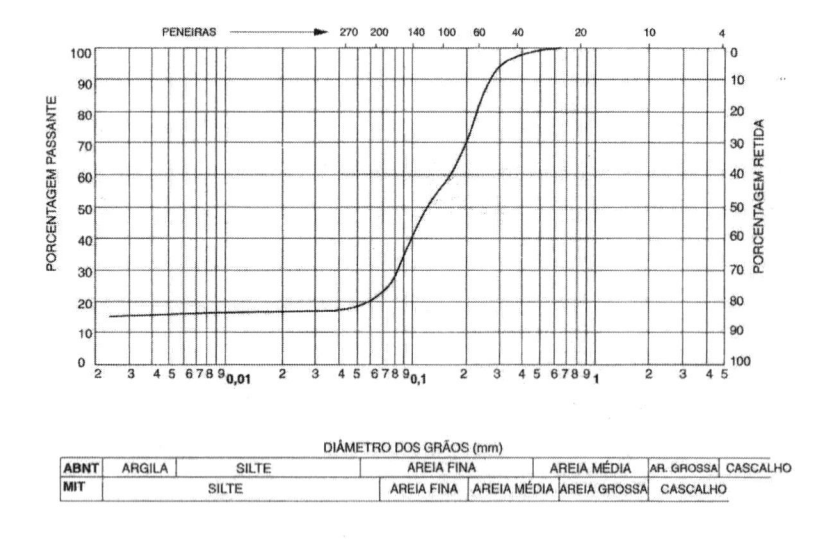

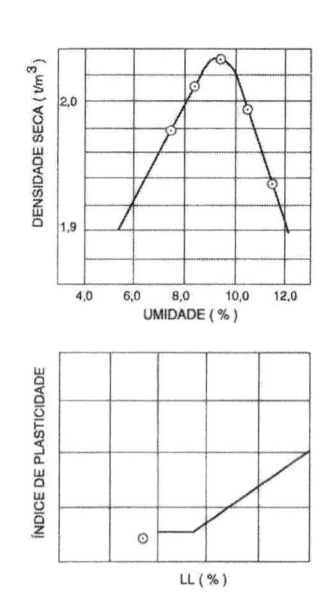

b) Curva granulométrica

c) Limite de Liquidez

Figura 6.22 - Características do solo coluvial ensaiado (Ferreira *et al.*, 1990)

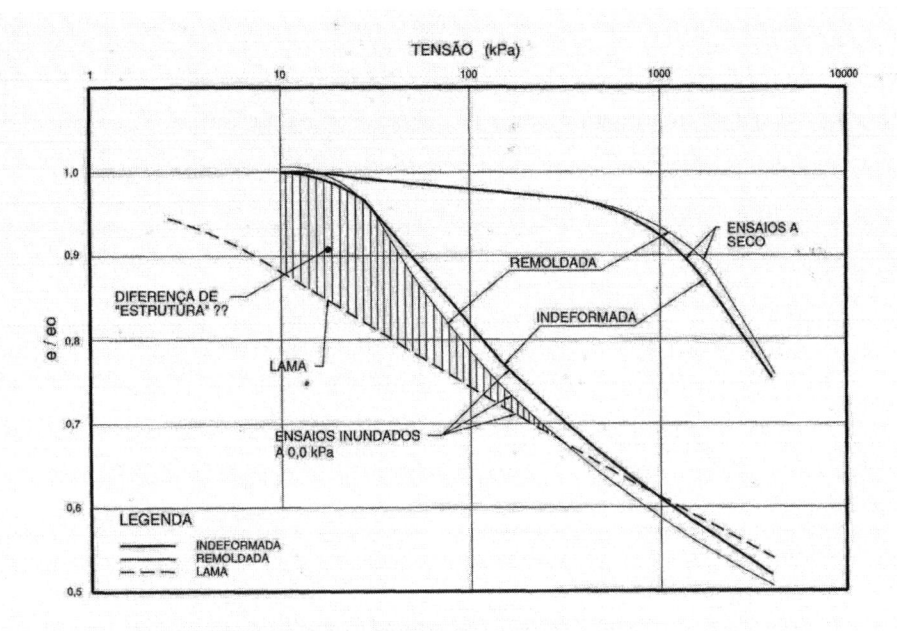

Figura 6.23 - Comparação entre compressibilidades - amostras indeformadas e remoldadas vs. lama (Cruz *et al.*, 1992a)

A componente "estrutural" é dada pela sucção, que equivale a uma ligação entre partículas, e que varia com o teor de umidade da amostra. Tem-se, portanto, um solo com uma componente de ligação de grandeza variável, como no caso das amostras artificiais de solo propostas por Maccarini. Veja-se a Figura 6.24.

Como nos gráficos e vs. log σ_v a tensão σ_v é a tensão total, a componente de sucção está embutida em σ_v, e permite identificar os pontos de cedência (quebra) da estrutura, em níveis de σ_v diferentes em função da umidade (e, portanto, da sucção) (Figura 6.24).

Para se ter um referencial de comportamento, procederam-se a dois outros ensaios. Nos primeiros, a amostra foi submersa logo no início dos ensaios, mas a partir de uma moldagem em baixo teor de umidade, ou partindo-se da amostra indeformada. Daí resulta a curva de compressão no estado saturado (sucção zero) equivalente a uma condição desestruturada. Na segunda série de ensaios partiu-se de uma lama de solo (*slurry*) moldada com h_LL, e que representa a condição reconstituída.

Esses resultados são mostrados na Figura 6.23.

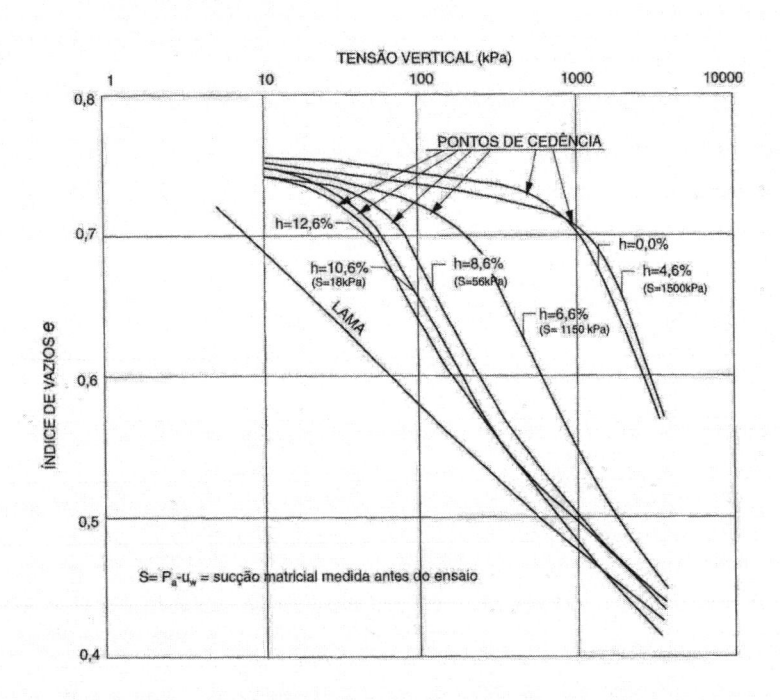

Figura 6.24 - Ensaios oedométricos em amostras moldadas a diferentes teores de umidade - pontos de cedência. (Cruz *et al.*, 1992a)

Pode-se, então, no espaço $e \log\sigma_v$, identificar três estados de solo:

- estado instável - quando o solo à direita da linha de consolidação saturada é instável, ou seja, sujeito a colapso se saturado;

- estado estável - quando o solo à esquerda da linha de consolidação da lama é estável, ou seja, não sujeito a colapso;

- estado intermediário - representativo do solo que, para σ_v entre 0,1 e ~100 kPa, esteja entre as duas linhas de consolidação saturada. O solo pode ser estável, ou seja, não colapsar quando saturado, se moldado em baixos teores de umidade. Mas pode ser instável, se moldado ou formado em outras condições. Na Figura 6.25, onde são apresentados resultados de ensaios sobre amostras moldadas em diferentes teores de umidade e índices de vazios, é interessante observar que um solo pode passar da condição estável para a condição instável e colapsar, se submerso.

A estrutura do solo, depois de saturado e, portanto, já na condição de estabilidade (após colapso), pode ser analisada pela medida da permeabilidade. Dependendo da condição inicial de moldagem, o solo pode apresentar permeabilidades muito diferentes, para índices de vazios médios iguais, o que só é explicável pela existência de poros muito diferenciados no interior do solo, que respondem pela diversidade das vazões (ver Figura 8.2).

Ciclos de submersão e secagem (pela passagem de ar quente) foram aplicados em amostras em ensaios de consolidação. É interessante notar na Figura 6.26 que as amostras recuperam a sua "estrutura" (ganho de sucção) com a secagem e voltam a colapsar quando submersas.

Na Figura 6.27 pode-se observar a ocorrência de colpasos parciais em amostra sujeita a passagem de vapor d'água em tempos variáveis.

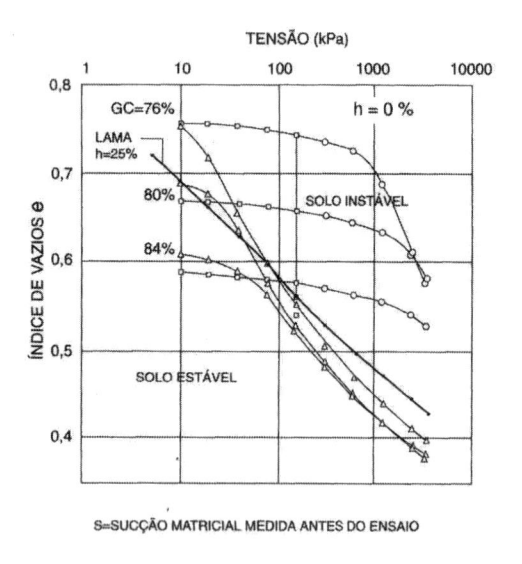

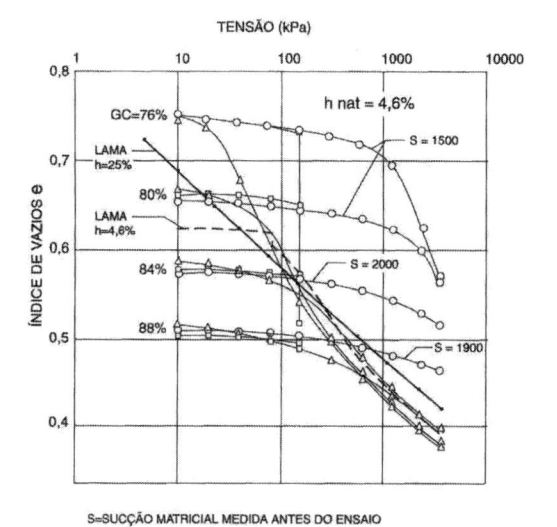

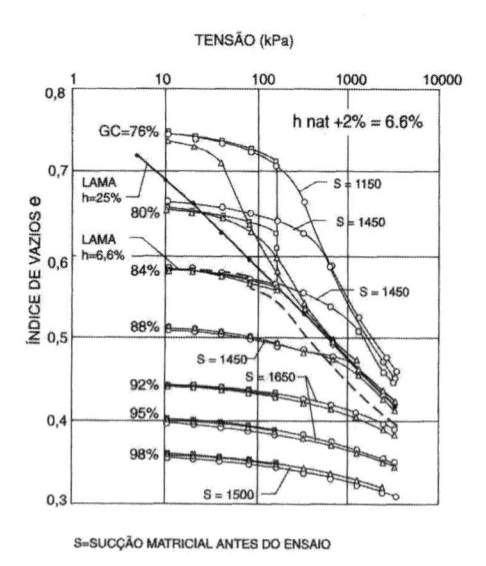

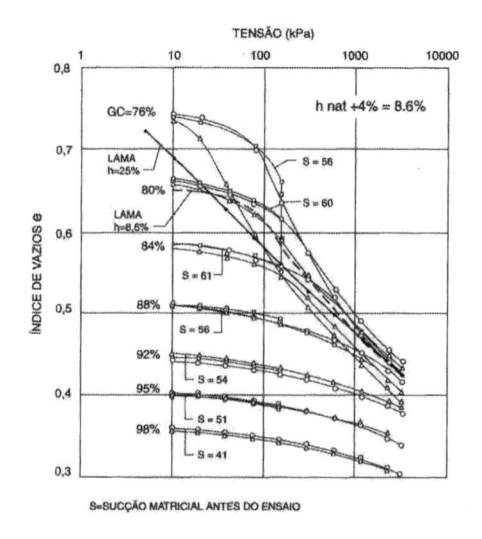

Figura 6.25 - Variação da compressibilidade e da colapsividade com a compactação e a umidade em amostras remoldadas (Cruz *et al.*, 1992a)

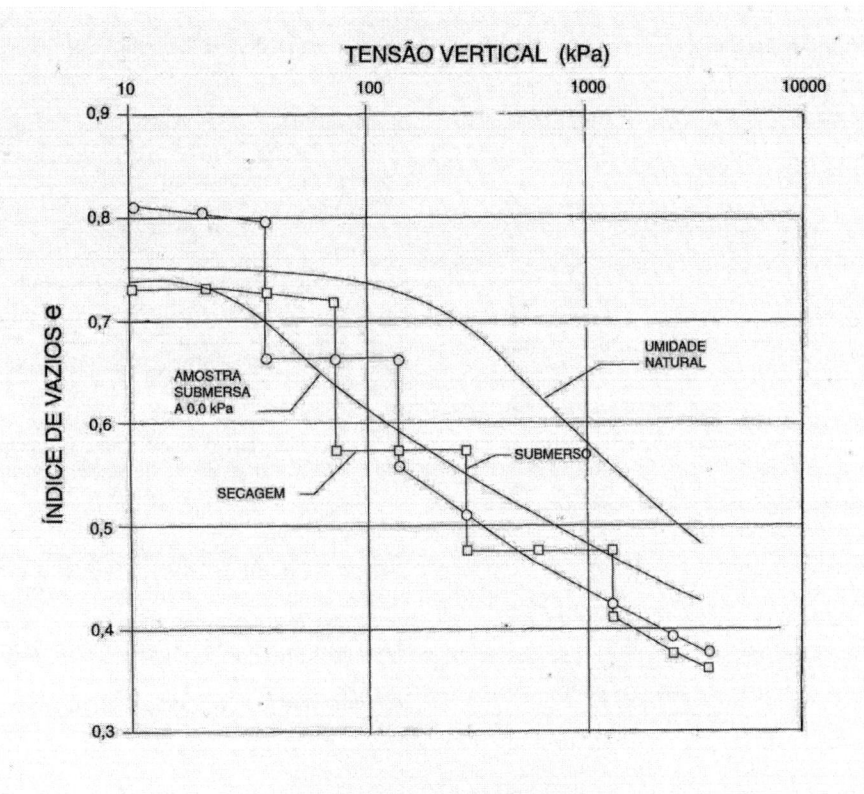

a) Amostras indeformadas

b) Amostras remoldadas e recompactadas

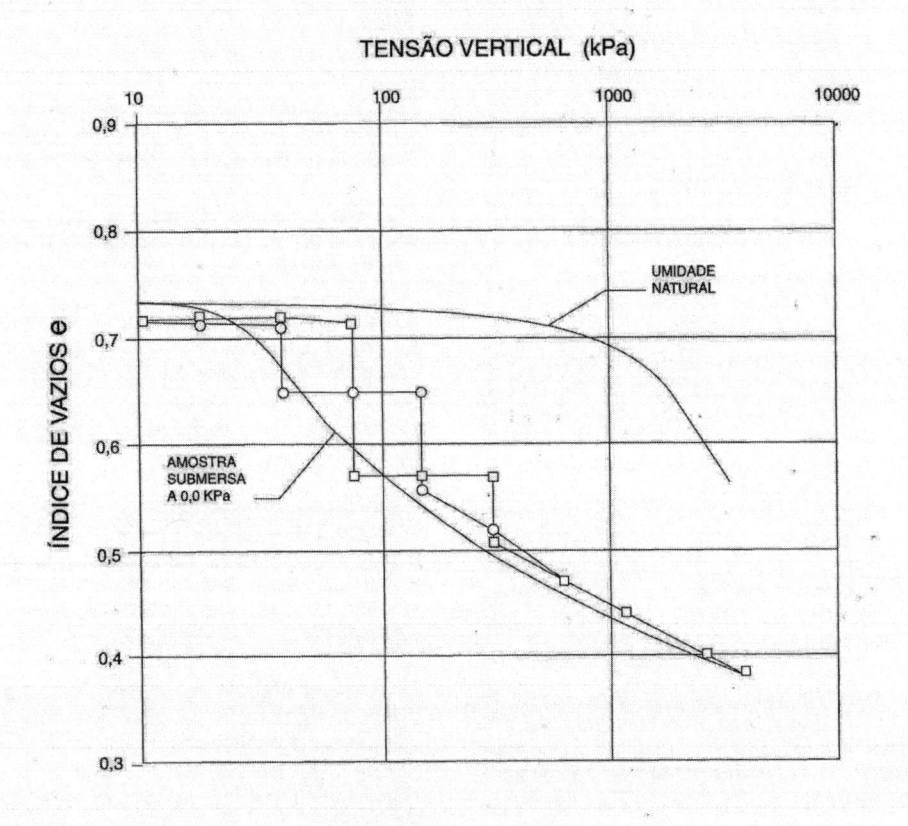

Figura 6.26 - Ciclos de submersão e secagem em ensaios oedométricos (Cruz *et al.*, 1992a)

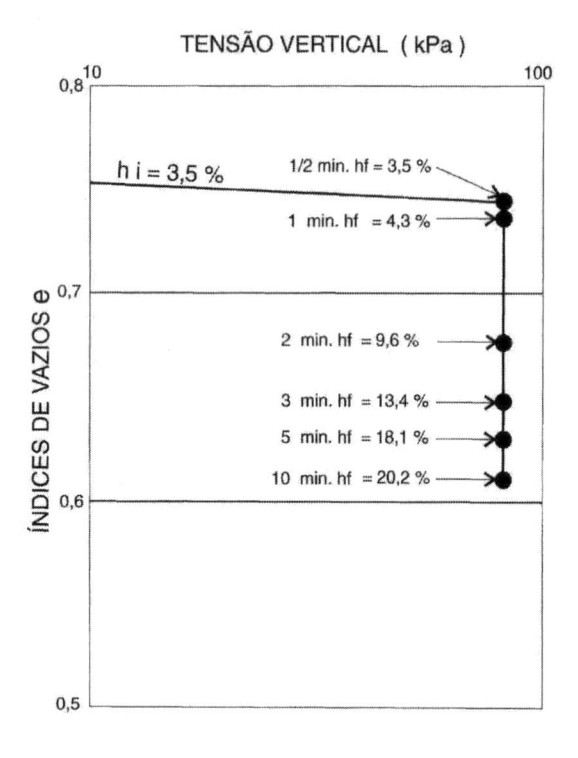

Figura 6.27 - Colapsos parciais resultantes da passagem de vapor d'água em ensaios oedométricos (Cruz *et al.*, 1992a)

6.6 - SOLOS NÃO SATURADOS

6.6.1 - Considerações Preliminares

Solos não saturados ou "insaturados", como os denominam os profissionais de língua inglesa, vêm merecendo a atenção de importantes centros de pesquisa de todo o mundo, nos últimos 15 a 20 anos. Pioneiro no assunto foi o trabalho de Bishop *et al.*, apresentado na Conferência de Boulder/Colorado de 1960, já discutido no Capítulo 5.

A principal dificuldade hoje existente em se lidar com solos insaturados está na concepção do que seja a pressão efetiva e de como definir os seus componentes. Formulações relativas a esta questão também estão discutidas no Capítulo 5.

Qualquer elemento ou volume de solo, seja da fundação ou do maciço compactado de uma barragem, contido na massa de solo que o envolve está sujeito a um estado de tensões externas, que está em equilíbrio com o estado das tensões internas.

Havendo uma mudança no estado de tensões externas (por exemplo, pelo lançamento de uma nova camada compactada), ocorrerá uma variação volumétrica no elemento de solo devida ao aumento das tensões externas, e um rearranjo das suas partículas devido às novas tensões de cisalhamento e a um novo estado de equilíbrio.

As tensões "internas", que "resistam", por assim dizer, às variações de volume e ao cisalhamento têm sido chamadas de tensões efetivas. Este conceito de tensões efetivas é que deu origem à Mecânica dos Solos, já na década de 20, pela mão de Terzaghi.

Nos solos desestruturados, não cimentados e saturados, a pressão efetiva σ' traduzida pela expressão $\sigma' = \sigma - u$ tem sido a utilizada para explicar o comportamento dos solos em compressão (expansão) e no cisalhamento, de forma absolutamente satisfatória.

Já no caso de solos insaturados, estruturados e/ou cimentados, a questão se complica, porque a pressão efetiva, ou seja, a pressão que controla o comportamento dos solos tem novos componentes, às vezes de difícil quantificação, e que podem atuar concomitantemente. Acrescente-se o fato de que algumas componentes são irreversíveis, ou seja, uma vez destruídas, não se recompõem, pelo menos em intervalos de tempo relativos à vida de uma obra.

Nos itens anteriores já foram discutidas peculiaridades de comportamentos de argilas moles, solos estruturados/cimentados e solos colapsíveis.

Neste item, procura-se reproduzir o trabalho de alguns pesquisadores que têm analisado solos coesivos não saturados, e não cimentados, e ainda em graus de saturação tais que permitam o livre trânsito do ar nos vazios e a continuidade da fase líquida.

Não se pode afirmar que se trate de solos não estruturados, porque todo solo tem um tipo particular de estrutura. São também solos pouco expansivos.

Para esses solos, os autores têm preferido relacionar o seu comportamento a duas variáveis independentes: $(\sigma - p_a)$ e $(p_a - u_w)$.

A variável $\sigma - p_a$ é o excessso de pressão sobre a pressão no ar (em analogia ao conceito de Terzaghi relativo ao excesso de pressão sobre a pressão na água).

A expressão $p_a - u_w$ corresponde à sucção matricial, já discutida no Capítulo 5.

Dessa forma, evita-se entrar no mérito do que seria a pressão efetiva em tais solos, embora Fredlund e Morgenstern *et al.* formulem nas expressões de resistência ao cisalhamento, e de forma indireta, algo relacionado a uma pressão efetiva, como discutido no Capítulo 5.

Duas são as dificuldades de se adotar em problemas práticos os resultados dos inúmeros ensaios de laboratório já publicados:

(1ª) - o fato de que nos ensaios uma ou as duas variáveis independentes sejam mantidas constantes, quando na prática é reconhecido que as duas variam simultaneamente; e

(2ª) - a existência de poucos dados de campo relativos a medidas simultâneas da pressão no ar (p_a) e na água (u_w).

Esta situação não invalida os esforços dos pesquisadores em explicar o mecanismo de comportamento dos solos insaturados, mas acaba por ser uma limitação ao emprego dos resultados obtidos na prática de Engenharia.

6.6.2 - Superfície de Estado e Compressibilidade

A partir de ensaios de compressão isotrópica realizados por Matyas e Radhakrishna (1968), fazendo variar ($\sigma-p_a$) e (p_q-u_w), Lloret e Alonso (1980) apresentam as superfícies de estados reproduzidas nas Figuras 6.28 e 6.29, relacionando a porosidade e o grau de saturação do solo com as variáveis independentes ($\sigma-p_a$) e (p_a-u_w). A porosidade varia de 0,40 a 0,46 e o grau de saturação de ~60% a ~80%. Essas superfícies de estado mostram como varia a porosidade (e conseqüentemente o volume) do solo, quando uma ou as duas variáveis independentes aumentam. Alonso chama atenção para o fato dessas superfícies só serem verdadeiras para um único sentido de aplicação das pressões, ou seja, o sentido crescente.

Uma série de ensaios de compressão isotrópica a diferentes valores de sucção inicial é mostrada nas Figuras 6.28 e 6.29.

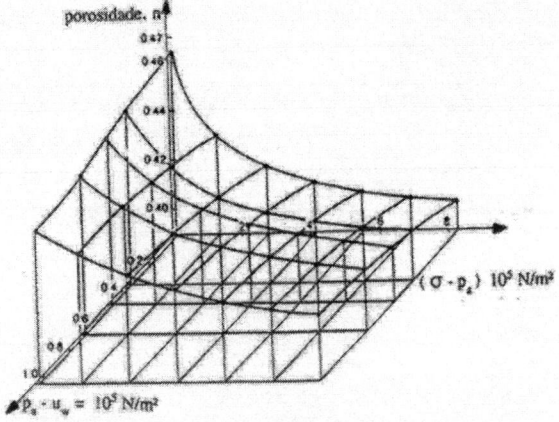

Figura 6.28 - Superfície de estado relativa à porosidade (Matyas & Radhakrishna, 1968, *apud* Lloret e Alonso, 1980)

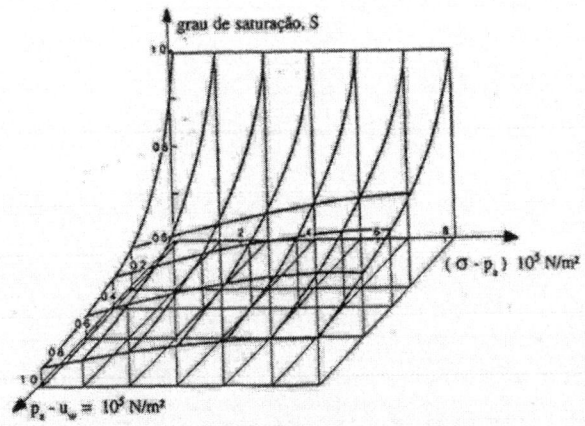

Figura 6.29 - Superfície de estado relativa ao grau de saturação (Matyas & Radhakrisna, 1968, apud Lloret e Alonso, 1980)

A Figura 6.30 apresenta resultados de ensaios realizados em amostras que foram inicialmente submetidas a uma pressão $p = \sigma - p_a$ de 0,045 MPa (0,45 km/cm²), e $p_a - u_w = \sigma = 0{,}01$ MPa (0,10 kg/cm²).

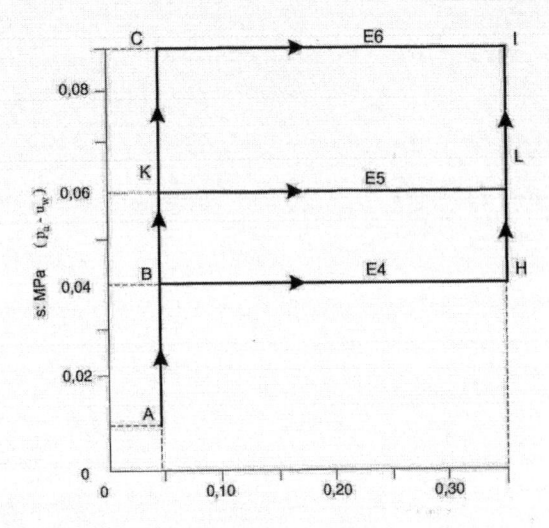

a) Trajetória de tensões

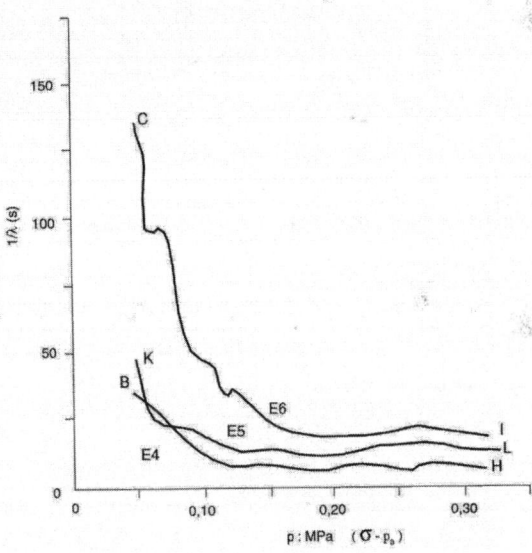

b) Variação da compressibildade do solo

Figura 6.30 - Ensaios de compressão isotrópica em caulim compactado parcialmente saturado (Alonso *et al.*, 1990)

A pressão no ar foi aplicada no topo de cada amostra e mantida constante, e a pressão na água foi controlada na base da amostra. No início do ensaio (após o adensamento), o valor de *e* era de 0,915 e o de *S* de 0,875 (grau de saturação).

Inicialmente, a sucção foi aumentada (por redução de u_w) a três níveis diferentes (três ensaios) e a seguir a pressão $p = \sigma - p_a$ foi aumentada até 0,35 MPa (3,5 kg/cm²).

A variação de volume é mostrada na Figura 6.30.b através do parâmetro $1/\lambda_s$, obtido da equação :

$$d\varepsilon V_p = \frac{\lambda_s}{V} \frac{dp_o}{p_o}$$

sendo $V = 1 + e$.

Os resultados de outros ensaios de compressão são mostrados nas Figuras 6.31 e 6.32.

Os estados de tensões inicial e final são A e F.

No caso da Figura 6.31, há sempre uma redução da sucção s e um aumento de p.

A condição BF é a do solo saturado, enquanto a condição AE é a do solo não saturado (que é menos compressível para a mesma variação de p).

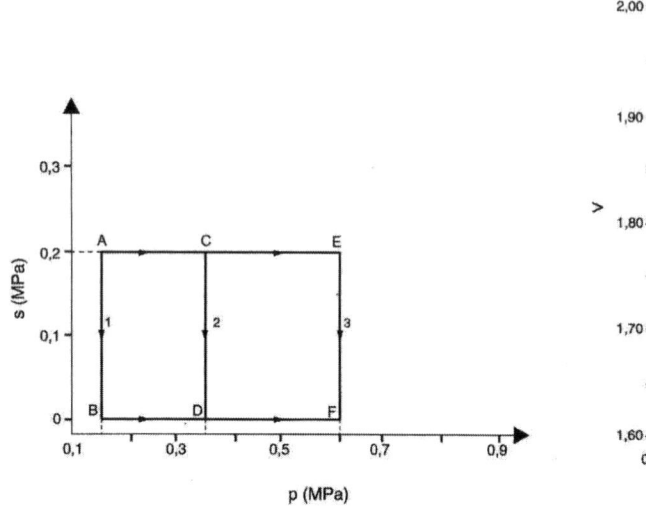

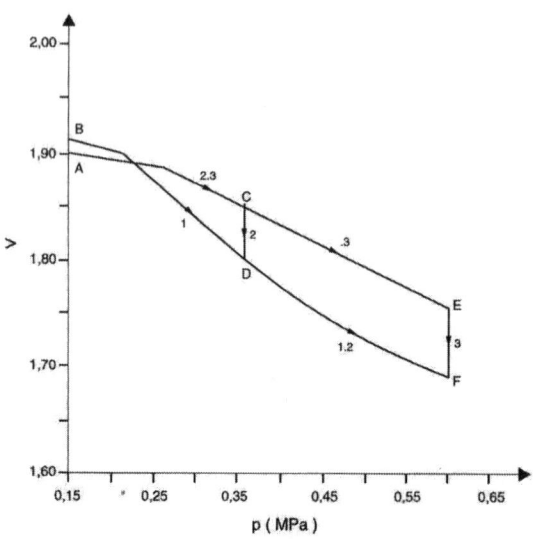

a) Trajetórias de tensões

b) Relação entre volume específico e pressão principal p

Figura 6.31 - Ensaios de compressão isotrópica em caulim com redução da sucção (Alonso *et al.*, 1990)

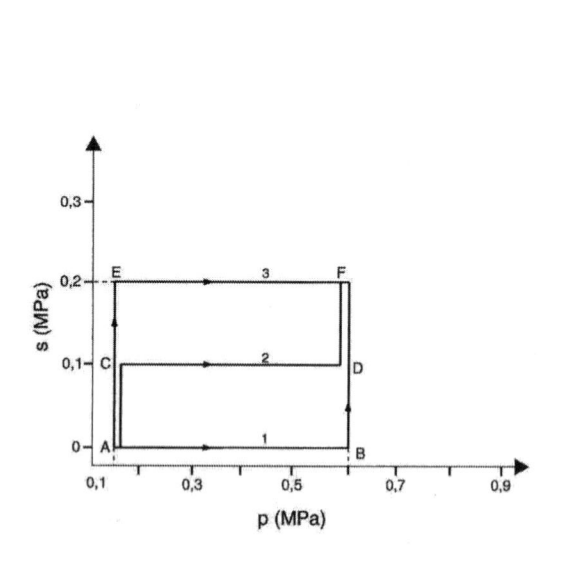

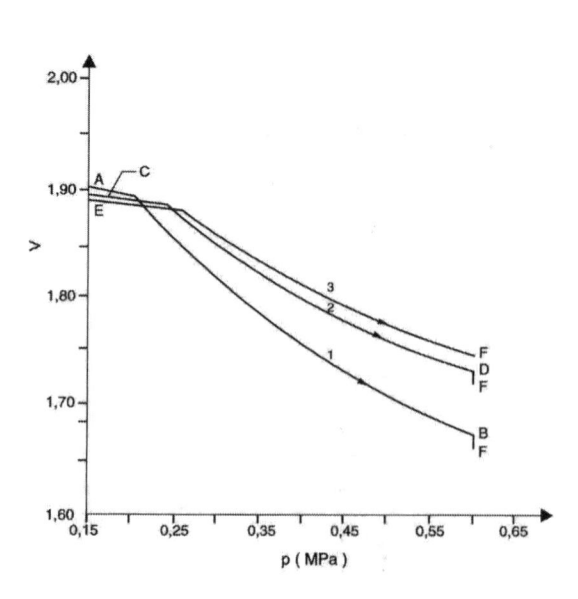

a) Trajetórias de tensões

b) Relação entre volume específico e pressão principal p

Figura 6.32 - Ensaios de compressão isotrópica em caulim com acréscimo da sucção (Alonso *et al.*, 1990)

As condições AB, CD e EF representam a saturação da amostra. Como se vê, pode ocorrer expansão a baixas pressões (AB) ou colapso para pressões mais elevadas.

Já nos ensaios da Figura 6.32, as amostras inicialmente saturadas (ponto A) são submetidas a uma sucção, e apresentam diferentes variações volumétricas para as diferentes trajetórias de tensões, embora a condição final (ponto F) seja sempre a mesma.

Neste caso, embora as condições iniciais A e finais F nos três ensaios sejam iguais em termos de s e p, as trajetórias 2 e 3 levam a um enrijecimento das amostras devido ao aumento da sucção, em diferentes estágios do processo. Ao contrário do caso da figura anterior, não há colapso do solo, mas apenas um pequeno decréscimo de volume devido ao aumento de sucção na condição de p constante.

Analisando-se os resultados dos ensaios de adensamento procedidos no solo de Pereira Barreto (Figura 6.25), a diferentes teores de umidade e, portanto, a diferentes valores de sucção, pode-se verificar que as amostras mais úmidas eram mais compressíveis do que as mais secas, e que o colapso também variava com a umidade. Este comportamento é previsível pela teoria de Alonso, sumarizada nas Figuras 6.31 e 6.32.

A diferença de comportamento observada nos ensaios mostra que não existe uma relação unívoca entre o volume do solo e as variáveis independentes $p = \sigma - p_a$ e $\sigma = p_a - u_w$ e, portanto, as superfícies de estado resultam dependentes da trajetória de tensões a que o solo é submetido.

6.6.3 - Leis de Variação de e e h com as Variáveis $(\sigma-p_a)$ e (p_a-u_w)

Com base em resultados de ensaios, Fredlund et al. (1978) propõem as seguintes expressões, para a variação de e e h:

$$e = e_o - C_t \log \frac{(\sigma - p_a)}{(\sigma - p_a)_o} - C_n \log \frac{(p_a - u_w)}{(p_a - u_w)_o}$$

$$h = h_o - D_t \log \frac{(\sigma - p_a)}{(\sigma - p_a)_o} - D_n \log \frac{(p_a - u_w)}{(p_a - u_w)_o}$$

Essas expressões não passam de uma extensão da teoria do adensamento dos solos saturados na qual o último termo inexiste.

Já Lloret e Alonso (1985) propõem uma nova equação, que inclui um novo termo:

$$e = e_o + b\,(\sigma-p_a) + c\,(p_a-u_w) + d\,(\sigma-p_a)(p_a-u_w)$$

Para um intervalo maior de variação das variáveis $(\sigma-p_a)$ e (p_a-u_w), a equação passará a ser:

$$e = e_o + b \log (\sigma-p_a) + c \log (p_a-u_w) + d \log (\sigma-p_a) \log (p_a-u_w)$$

Propostas de Leis Constitutivas para solos insaturados constam das Referências Bibliográficas deste capítulo.

6.6.4 - Resistência ao Cisalhamento

Como já referido no item 6.1.1, o trabalho pioneiro de Bishop et al. (1960) gerou uma infinidade de pesquisas sobre o assunto, merecendo destaque o trabalho, também pioneiro, de Fredlund et al. (1978), no qual foi proposta a equação:

$$\tau = c' + (\sigma-p_a)\,\mathrm{tg}\,\varphi' + (p_a-u_w)\,\mathrm{tg}\,\phi_b$$

como representativa da resistência ao cisalhamento dos solos insaturados.

Seguem-se novos trabalhos de Fredlund desenvolvidos no Canadá. Já em 1980, Escario apresenta resultados de ensaios procedidos em equipamentos de cisalhamento direto à sucção controlada.

A Escola de Madrid produziu uma série de trabalhos em seqüência, e mais recentemente, Lloret e Alonso (1985) iniciam seus trabalhos em Barcelona voltados à formulação de modelos constitutivos aplicáveis a solos insaturados. Uma revisão sobre a resistência ao cisalhamento de solos insaturados é apresentada por Gens (1993).

Em resumo, nos ensaios (triaxiais ou de cisalhamento direto) procura-se manter uma diferença constante entre a pressão no ar (p_a) e a pressão na água (u_w).

Considerando válido o princípio da translação de eixos, as duas pressões são mantidas no campo positivo. Numa série de ensaios faz-se variar o valor de (p_a-u_w) de forma a obter-se a variação da resistência do solo em (p_a-u_w). Veja-se a Figura 6.33.

Para envoltórias retilíneas, é possível extrapolar as mesmas até a origem e definir um intercepto de coesão "total".

A Figura 6.34 reproduz resultados de ensaios de Abramento e Souza Pinto (1993) em câmara triaxial à sucção constante, procedidos em um solo coluvionar argilo-arenoso. Na figura, mostra-se a variação da coesão "total" com a sucção (p_a-u_w).

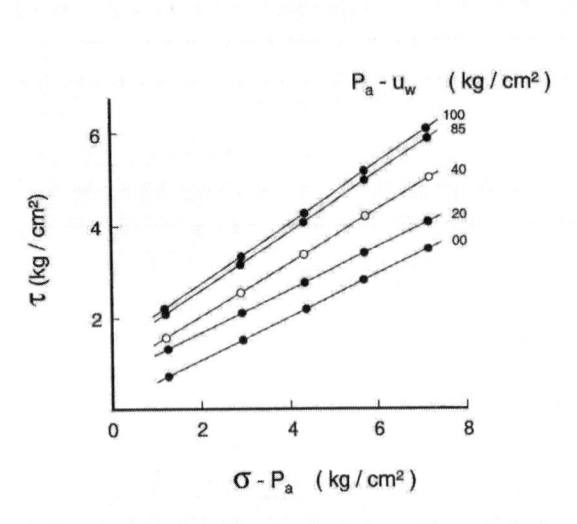

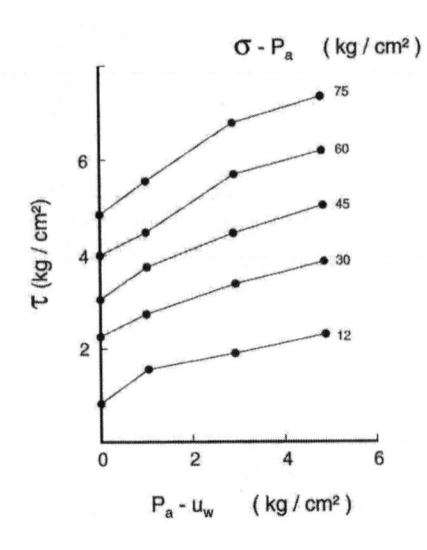

a) Ensaios de cisalhamento direto à sucção controlada - argila cinza de Madrid -"Peñuela"

b) Ensaios de cisalhamento direto à sucção controlada - argila vermelha de Guadalix de la Sierra

Figura 6.33 - Variação da resistência de solos em função de $(\sigma-p_a)$ e (p_a-u_w) (Escario e Sáez, 1986)

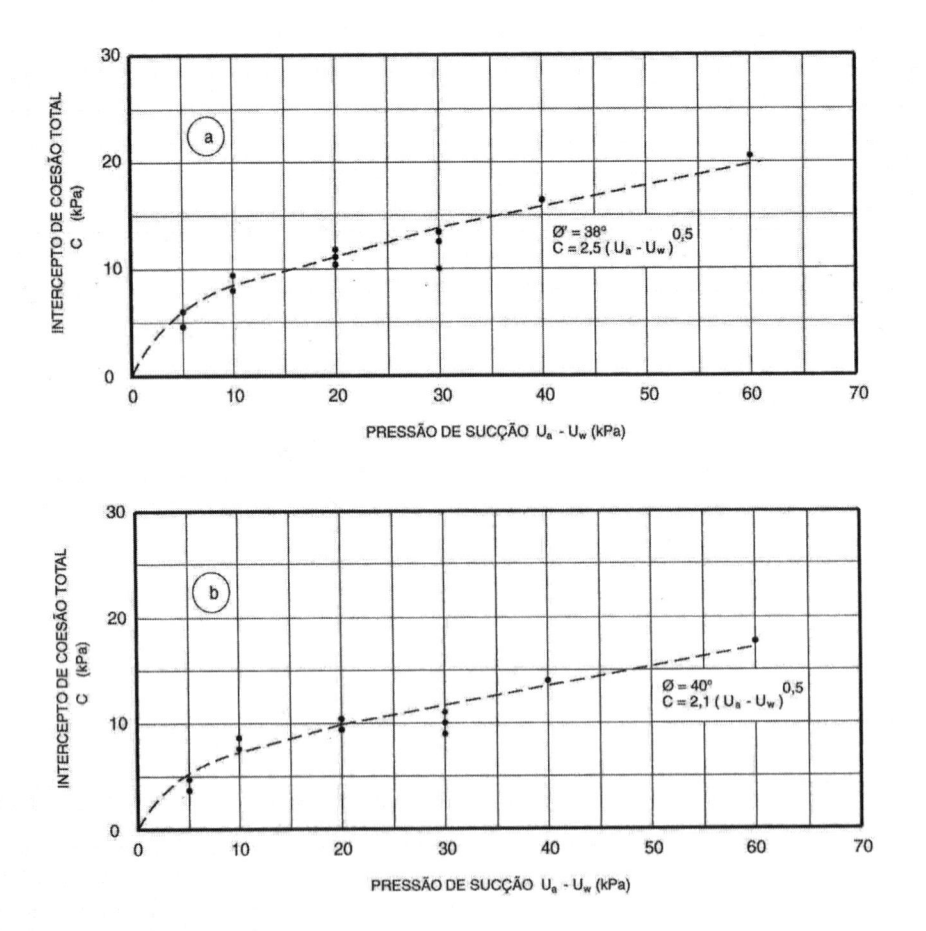

Figura 6.34 - Variação da coesão "total" com a sucção, calculada para dois valores do ângulo de atrito efetivo (Abramento e Souza Pinto, 1993).

Uma visualização gráfica de resultados de ensaios considerando as variáveis independentes $(\sigma-p_a)$ e (p_a-u_w) é mostrada na Figura 6.35.

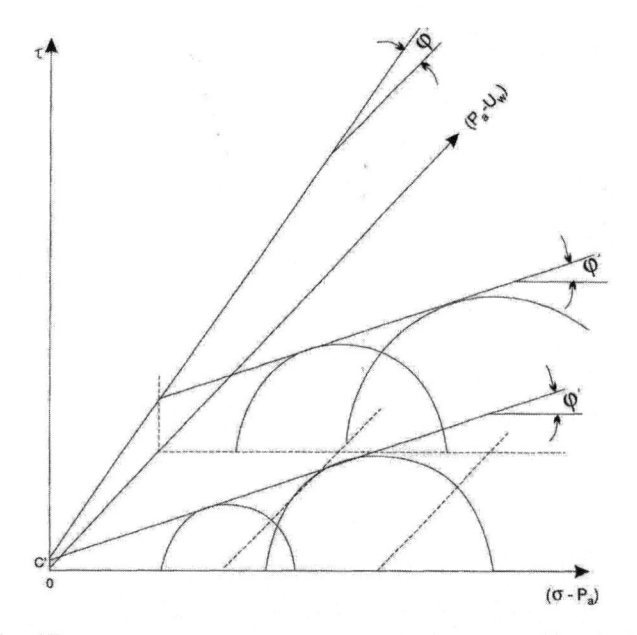

Figura 6.35 - Envoltória tridimesional para solos parcialmente saturados (Fredlund e Rahardjo, 1986)

Na figura, os ângulos φ'(atrito efetivo) e ϕ_b (influências da sucção) estão indicados.

Neste caso, a resistência é dada pela expressão:

$$\tau = c' + (\sigma - p_a) \, \text{tg}\varphi' + (p_a - u_w) \, \text{tg}\phi_b$$

Os valores de c' e $\text{tg}\varphi'$ são obtidos de ensaios procedidos em amostras saturadas.

A equação anterior, no entretanto, só é válida para solos com φ' constante e intervalo de sucção no qual $\emptyset_b$ seja constante.

A maioria dos solos insaturados naturais não obedece às duas premissas acima, a não ser em intervalos restritos das tensões $(\sigma - p_a)$ e $(p_a - u_w)$, como reconhece o próprio Fredlund em seu trabalho de 1987. Veja-se a Figura 6.36.

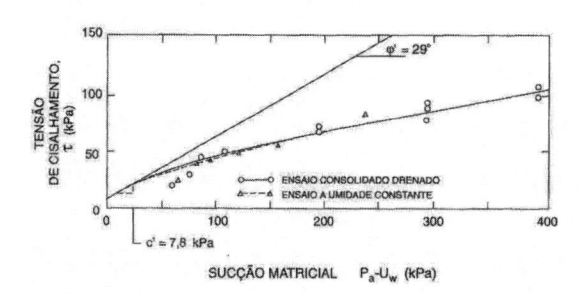

a) Envoltória curva - argila Dhanauri pouco compactada

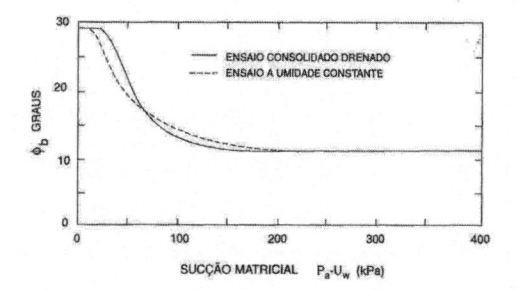

b) Variação de ϕ_b com $(p_a - u_w)$

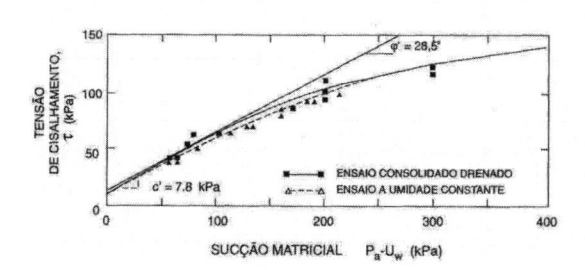

c) Envoltória curva - argila Dhanauri compactada

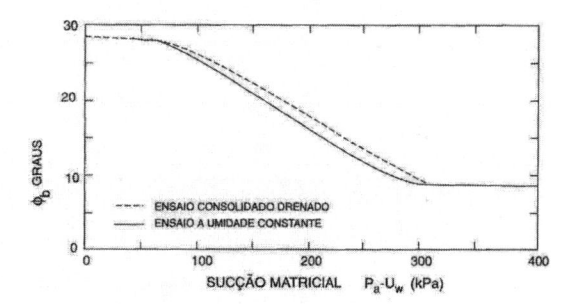

d) Variação de ϕ_b com $(p_a - u_w)$

Figura 6.36 - Não linearidade da envoltória de ruptura relativa ao eixo $(p_a - u_w)$ (Fredlund *et al.*, 1987)

Das figuras, depreende-se que o valor de ϕ_b varia com a sucção, mas também com o grau de compactação do solo, desde um máximo de 28,5° a 29° (equivalente a φ') até um mínimo de 9° a 11°.

Os dados de Abramento e Souza Pinto (1993) - Figura 6.34 - mostram também uma queda brusca da resistência (medida pela coesão total) para valores de sucção inferiores a 10 kPa.

Escario e Jucá (1989) propõem que se considere uma envoltória elíptica para representar a variação da resistência com o aumento de sucção para níveis constantes de (σ-p_a). Já Gens (1993) sugere a forma hiperbólica como uma aproximação mais simples da mesma representação. Veja-se a Figura 6.37.

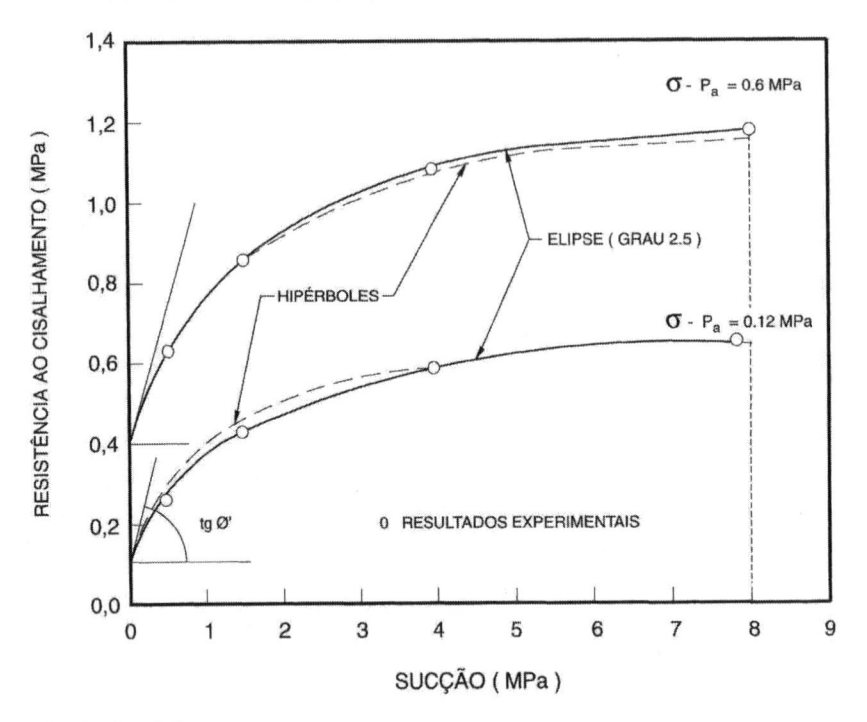

a) Argila vermelha de Guadalix

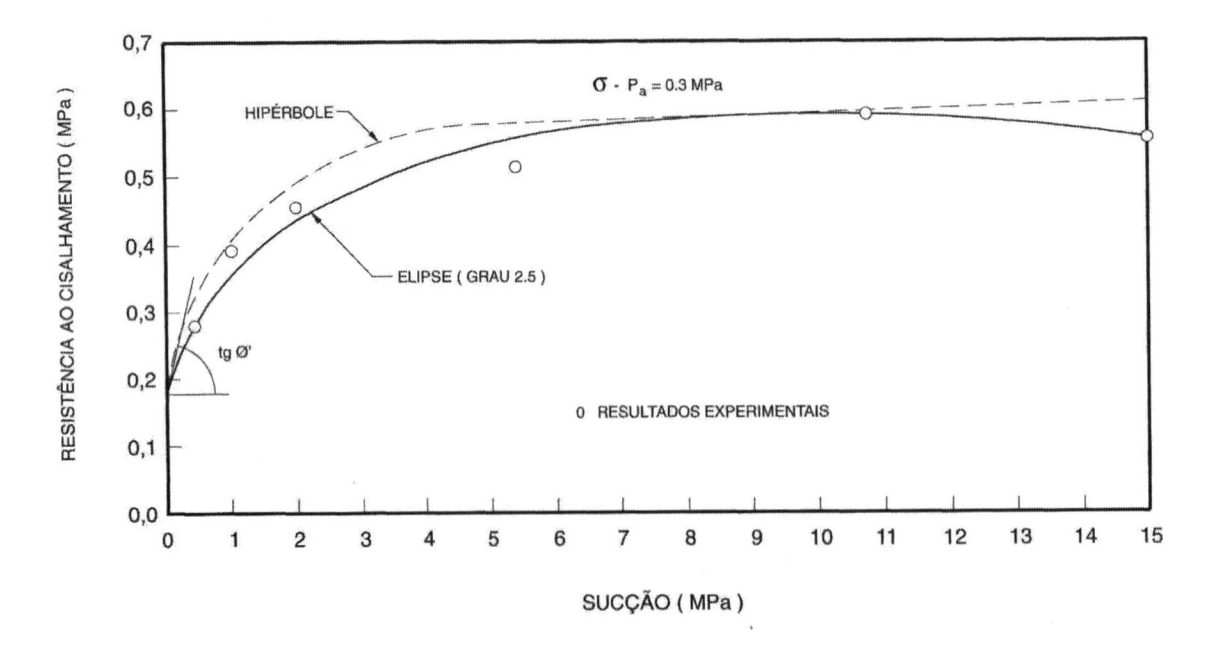

b) Argila cinza de Madrid

Figura 6.37 - Aproximação por curvas elípticas e hiperbólicas à variação de τ com $(p_a - u_w)$ (Gens, 1993)

As considerações condensadas neste item mostram as dificuldades em se lidar com solos insaturados e a necessidade de se buscar maneiras práticas de considerar a importantíssima contribuição da sucção à resistência dos solos insaturados.

É fundamental, no entanto, lembrar que a resistência do solo não cresce indefinidamente com o aumento da sucção, como se observa na Figura 6.37.

Em solos muito secos, típicos da Região Nordeste do Brasil, os valores medidos de sucção são extremamente elevados.

Solos ressecados, em geral, trincam, e neste caso a resistência de uma massa de solo fissurado tem de ser considerada sob um outro enfoque.

6.7 - TEORIA DE RUPTURA DE MATERIAIS GRANULARES

Conquanto o comportamento dos materiais granulares seja objeto do Capítulo 7, alguns aspectos do seu comportamento na ruptura são destacados neste capítulo, por não serem muito difundidos.

O problema da ruptura em materiais granulares tem dois aspectos fundamentais: a compressibilidade e a resistência ao cisalhamento. A expansão desses materiais é praticamente nula, e a deformabilidade na recompressão é sempre muito menor do que a compressibilidade inicial.

Como será discutido no Capítulo 7, as forças de contato entre grãos ou blocos de rocha são determinantes no comportamento dos materiais granulares.

A um aumento de pressão interna, resulta um aumento das forças de contato e um proporcional aumento das áreas de contato, por problemas de plastificação. Se as forças concentradas nos contatos excederem a resistência ao esmagamento, as partículas se fracionam, e um novo arranjo estrutural é obtido. A quebra dos grãos ocorre em maior freqüência em enrocamentos, em vista das elevadas forças de contato que se estabelecem, mesmo em níveis de pressão média moderada. Acrescentam-se a isso as naturais fissuras presentes nos blocos de rocha e a ocorrência de rochas mais alteradas e de menor resistência. Quando se trata de areias ou pedregulhos, a fragmentação da rocha e a eliminação das frações alteradas já ocorreram, e os grãos remanescentes de pequeno diâmetro acabam por ser os mais resistentes. Aqui é necessário diferenciar as areias e cascalhos de leitos de rio, de areias e cascalhos de terraços antigos, muitas vezes já em processo de desagregação, e contendo frações preservadas à margem de águas correntes.

As fotografias mostradas na Figura 6.39 (D-2; D-5; L-2 e L-3), reproduzidas do trabalho de Oda e Konishi (1974), são de estruturas de cilindros retos de resina epóxi submetidos a ensaios de cisalhamento puro (simples).

Para analisar as forças de contato entre "as partículas" num plano bidimensional, veja-se a Figura 6.38.

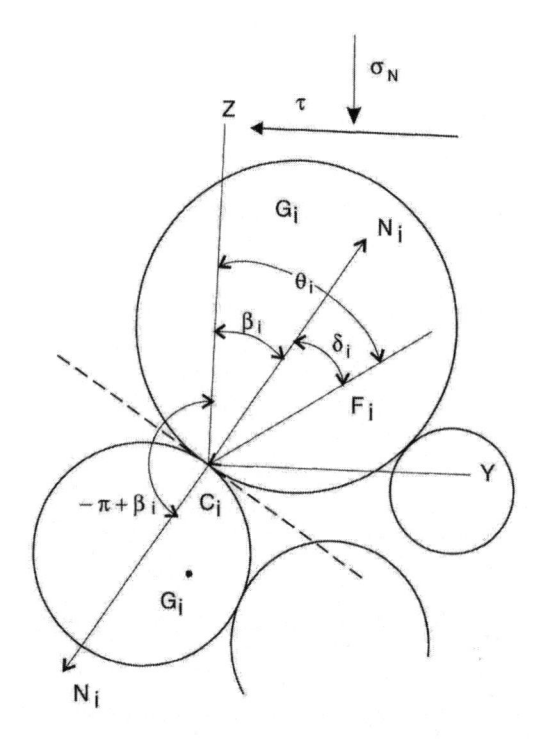

Figura 6.38 - Eixos de referência X, Y e Z e ângulos de inclinação de N_i e F em relação ao eixo Z (Oda e Konishi, 1974)

Seguindo a análise de Oda e Konishi (1974), tem-se:

- a força de contato entre as duas "partículas" é representada pelo vetor F_i, inclinado de θ_i em relação à direção vertical Z;

- os ângulos β_i e θ_i são positivos quando medidos na direção dos ponteiros do relógio e o ângulo $\delta_i = \theta_i - \beta_i$ é chamado tentativamente de "ângulo mobilizado".

Esses ângulos foram medidos em vários casos (L-2, por exemplo) e permitem as seguintes conclusões:

(1) - o valor de δ_i varia de -25° a +25° com curvas de freqüência unimodais, e com um pico marcante para $\delta_i = 0°$ (F_i condicionante de N_i);

(2) - há alguns contatos críticos nos quais $/\delta/ = \varphi_u$ (ângulo de atrito entre "partículas"), mesmo em arranjos estruturais que foram comprimidos uniaxialmente, sem aplicação de qualquer esforço cisalhante (caso L-2);

(3) - contrariamente às expectativas, o número de contatos que satisfizeram à relação $/\delta/ = \varphi_u$ foi muito pequeno, mesmo quando o arranjo estrutural foi cisalhado (L-9 e L-12 - Figura 6.40).

Isso significa que o deslizamento entre "partículas" no processo de deformação cisalhante progressiva não está ocorrendo, em nenhum momento, na maioria dos contatos do arranjo estrutural.

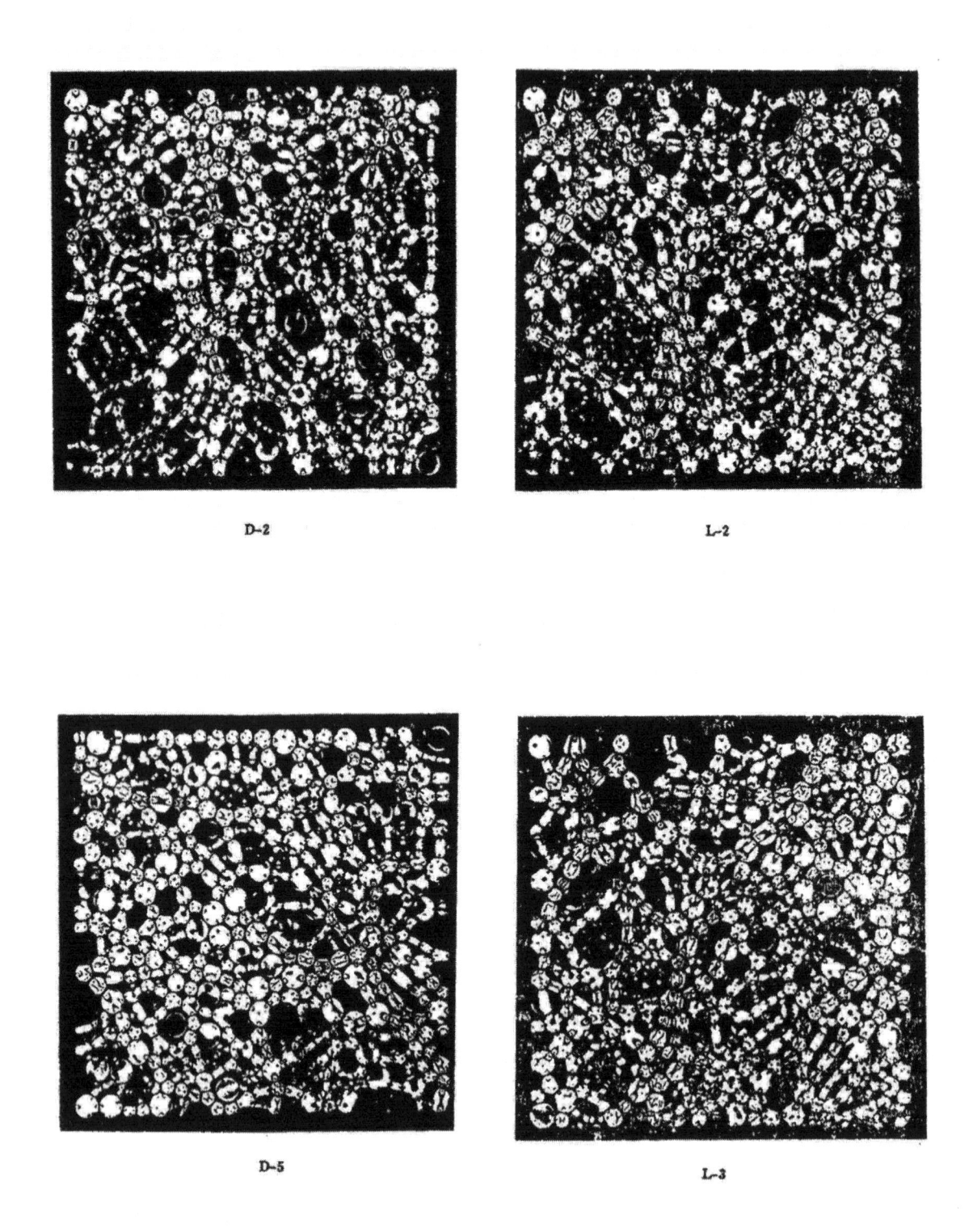

Figura 6.39 - Fotografias de estruturas de cilindros retos de resina epóxi submetidos a ensaios de cisalhamento puro (Oda e Konishi, 1974)

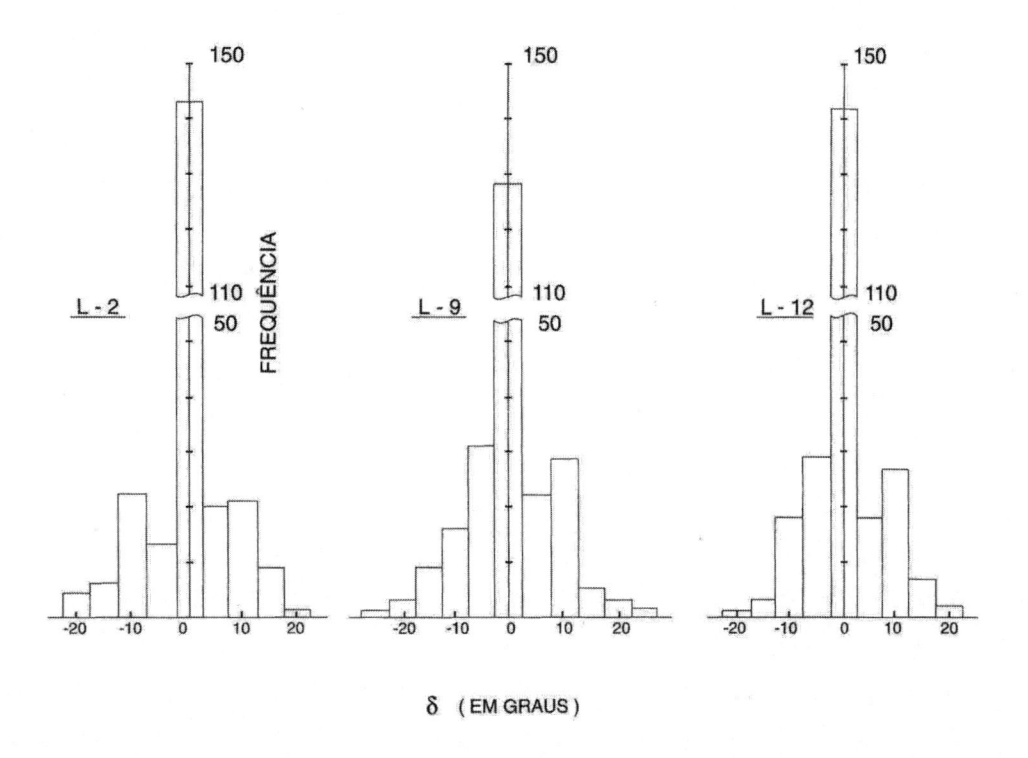

Figura 6.40 - Distribuição de freqüência do ângulo mobilizado δ em arranjo granular bidimensional do modelo "fofo" (Oda e Konishi, 1974)

Daí resulta que é muito provável que a deformação ocorra como um movimento relativo entre grupos de "partículas" instantâneamente "rígidos", que se reformam ou se modificam continuamente por divisão e coalescência.

O conceito de movimento relativo entre grupos de partículas é de Horne (1965).

Para análise da "estrutura granular" (*fabric*), as amostras foram injetadas com resina poliéster, após a remoção das cargas e em cada estágio de deformação. A seguir, as amostras foram cortadas com serra de diamantes nos planos longitudinal, transversal e horizontal. Três seções muito finas (0,09 mm) paralelas a esses três planos foram obtidas por métodos petrográficos.

Os valores dos ângulos α e β da Figura 6.41 foram medidos com microscópio polarizado, equipado com um "estágio universal" (*universal stage*) para definir a direção de N_i, em 160 contatos selecionados ao acaso na zona homogeneamente cisalhada dessas finíssimas seções longitudinais.

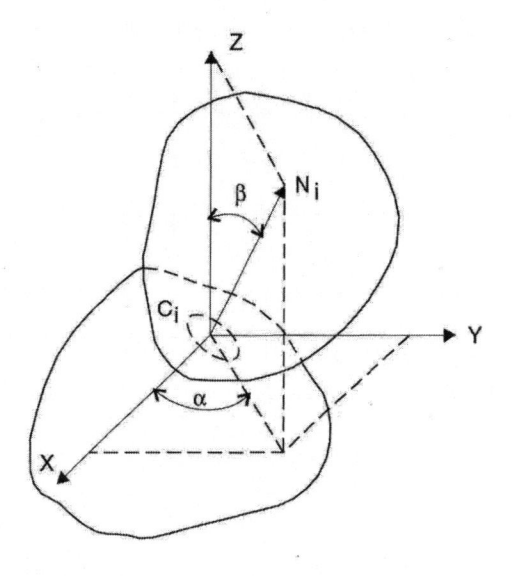

Figura 6.41 - Ângulos α e β para definição da direção normal N_i (Oda e Konishi, 1974)

As direções de N_i foram plotadas em diagramas de Schmidt de áreas iguais.

As mesmas medidas foram realizadas em ensaios de compressão uniaxial.

Oda e Konishi concluem pelo seguinte:

(a) - as forças normais no plano de contato tendem a se concentrar ao longo do eixo da máxima tensão principal durante a aplicação dos esforços cisalhantes, em ensaios de cisalhamento puro e em ensaios de cisalhamento, bem como em ensaios de compressão triaxial em areias. Essa tendência de concentração de N_i não tem qualquer relação com a magnitude do esforço cisalhante aplicado, mas é determinada pela intensidade da razão entre tensões mobilizadas. Essa concentração deve ter uma contribuição importante no mecanismo de endurecimento de materiais granulares;

(b) - a direção preferencial de N_i passa gradualmente de $\beta = 0°$ para $\beta = 45°$, quando a tensão cisalhante atinge aos poucos o valor de pico. Esta rotação se deve à rotação dos eixos dos planos principais descritos por Roscoe *et alii* (1967). Então, torna-se necessário ter em conta a rotação de eixos das tensões principais quando se propõe um modelo granular correto;

(c) - o deslizamento em escala microscópica entre os contatos não está em nenhum momento ocorrendo na maioria dos contatos do arranjo, mas é restrito a alguns pontos preferenciais.

Este fato ratifica a afirmação de Horne (1965) de que a deformação de materiais granulares ocorre como um movimento relativo entre grupos rígidos de partículas, que estão continuamente se modificando por divisão e coalescência.

As conclusões de Oda e Konishi (1974) são respaldadas pelos trabalhos de Skinner (1969), que realizou ensaios em esferas de vidro (*glassballotini*), com diferentes coeficientes de atrito entre elas.

Para essas esferas, o coeficiente de atrito na condição seca era de 0,03 a 0,12, enquanto na condição submersa alcançava os valores de 0,50 a 0,80, variando com o diâmetro das esferas e a tensão de contato.

Ensaios de cisalhamento direto em esferas de mesmo diâmetro resultaram essencialmente na mesma curva tensão-deformação, independentemente das amostras estarem secas ou submersas.

Quando, no entanto, os ensaios foram realizados com esferas na caixa superior e placa de vidro na caixa inferior, a tensão cisalhante de deslizamento dobrou da condição seca para a submersa.

Skinner (1969) já antecipava que o "rolamento" de grãos é o mecanismo predominante nos processos de compressão e cisalhamento, sendo que o "atrito" entre partículas ocupa um lugar de pouco destaque.

É necessário lembrar que, tanto nas experiências de Oda e Konishi como nas de Skinner, não ocorreu o fraturamento dos grãos, que é um dos mecanismos predominantes do processo de deformação de enrocamentos.

Ensaios de cisalhamento direto em areias secas, no estado fofo e compacto foram realizados, interrompendo-se o ensaio em vários níveis de deformação (Figuras 6.42 e 6.43) que, somados, resultariam na curva composta. Esses ensaios vêm corroborar as teorias de Skinner e Oda e Konishi.

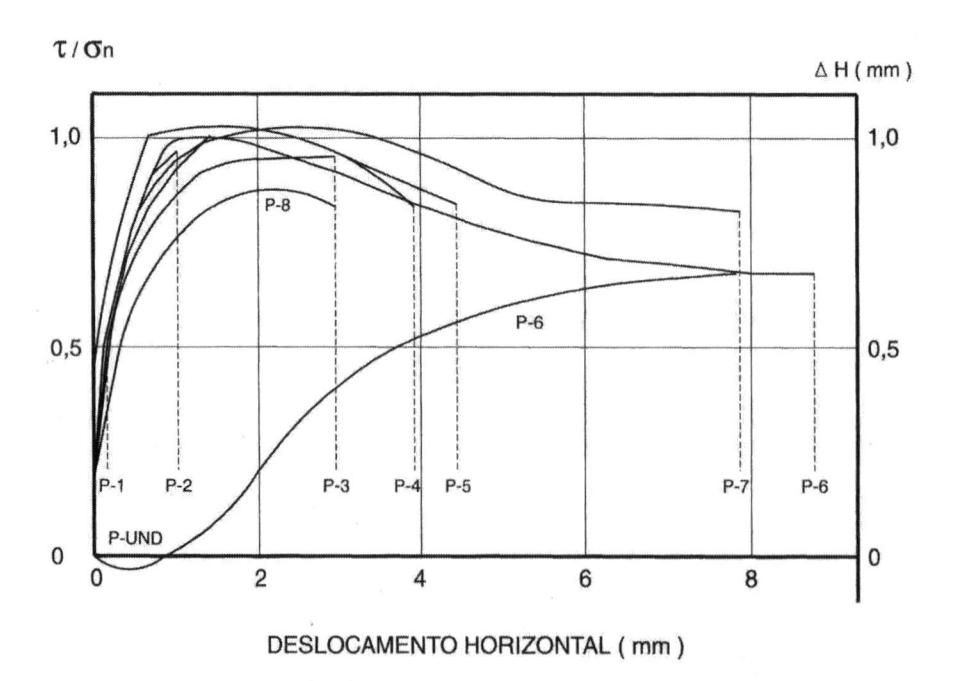

Figura 6.42 - Relação entre τ/σ_n, deslocamento e variação de espessura em areias compactadas por impacto (Oda e Konishi, 1974)

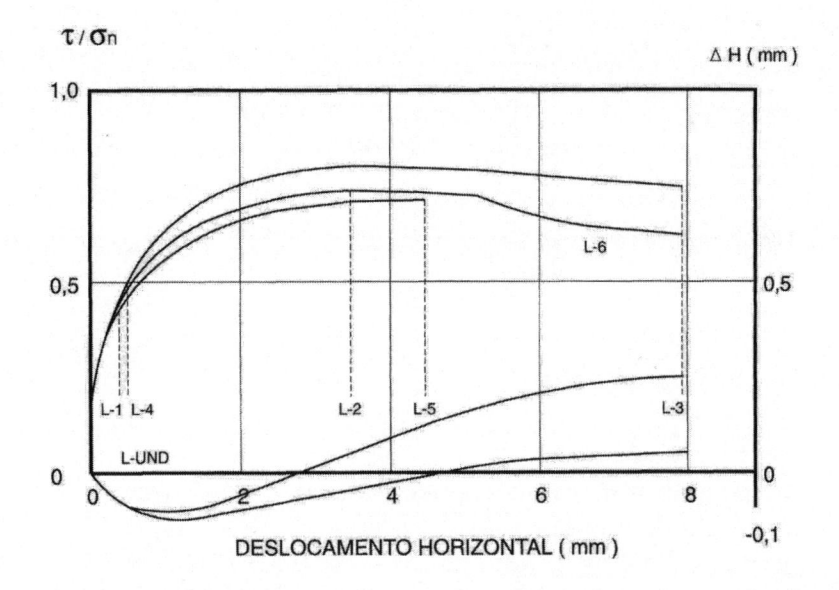

Figura 6.43 - Relação entre τ/σ_n, deslocamento e variação de espessura em areias muito fofas (Oda e Konishi, 1974)

6.8 - RESISTÊNCIA RESIDUAL DE FOLHELHOS

As conclusões anteriores são algo revolucionárias, porque a questão do atrito entre "partículas", da concepção clássica, parece perder o sentido quando se discute "grãos de areia".

A curva tensão-deformação da Figura 6.44 é característica de feições frágeis de folhelhos. Na condição de ruptura não drenada, a pressão neutra pode ter o desenvolvimento mostrado na figura.

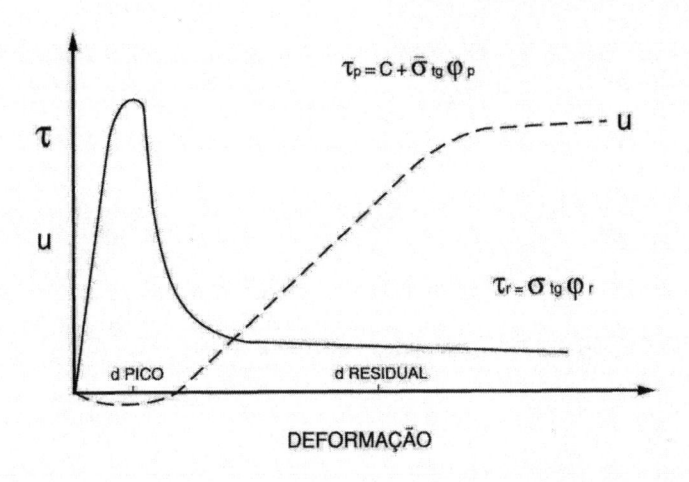

Figura 6.44 - Curva tensão-deformação de feições frágeis de folhelhos (Cruz, 1989)

O folhelho inicialmente apresenta uma resistência de pico que é resultado de sua "história pregressa de tensões e alguma transformação química". A resistência de pico desenvolve-se a baixíssimas deformações, com um comportamento de material friável. A partir de uma pequena deformação d_p inicia-se um processo de ruptura da estrutura do folhelho, que progressivamente vai passando de um <u>solo estruturado rígido</u> para um <u>solo plástico mole</u>.

O folhelho perde resistência, torna-se mais compressível e mantém baixa permeabilidade.

Se as condições de drenagem forem desfavoráveis, a pressão neutra cresce significativamente.

A queda de resistência pode ser grande. Na condição de pico $\tau_p = c + (\sigma - u_p) tg\varphi_p$ e na condição residual $\tau_r = (\sigma - u_r) tg\varphi_r$.

Como $\varphi_p >> \varphi_r$ e $u_p << u_r$, τ_r/τ_p pode ficar entre 0,10 e 0,25.

Seja o caso de um aterro construído sobre um folhelho (Figura 6.45).

100 Barragens Brasileiras

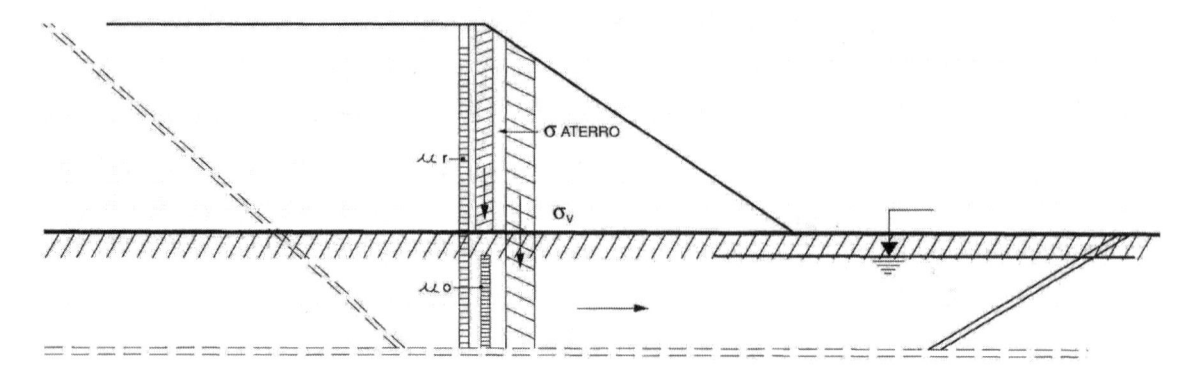

Figura 6.45 - Aterro construído sobre folhelho (Cruz, 1989)

Se o folhelho contiver uma camada mais "fraca" na fundação, ainda que milimétrica, ela poderá induzir um mecanismo de ruptura que pode ser analisado pelo Método dos Blocos Deslizantes (veja-se Capítulo 14).

A resistência inicial é $\tau_p = c + (\sigma_v - u_o) \text{ tg } \varphi_p$. Se esta resistência for, ainda que localmente, insuficiente para resistir às tensões de cisalhamento atuantes, a partir de pequeníssimas deformações poderá cair bruscamente para a condição residual, e a pressão neutra poderá atingir um valor $u_f = u_o + \Delta_u$, sendo $\Delta_u = r_u \cdot \sigma_{at}$, e $\tau_r = (\sigma_v - u_o - r_u \sigma_{at}) \text{ tg} \varphi_r$.

O valor de r_u depende das condições de drenagem e, quando esta é praticamente nula, r_u tende a 1,0.

Exemplificando com valores numéricos, admita-se que: $c = 0,20$ kg/cm²; $\varphi_p = 22°$; $\varphi_r = 8°$; $\gamma_{at} = 2,0$ g/cm³; $\gamma_{fol} = 2,2$ g/cm³; o aterro tenha 15 m de altura; o plano de ruptura esteja a 10 m de profundidade; e o N.A. original esteja 1 m abaixo da superfície.

Calculando, vem :

$\tau_p = 2,0 + (15 \times 2 + 10 \times 2,2 - 9) \text{ tg } 22° = 19,37$ t/m²

$\tau_r = (52 - 9 - 1 \times 2 \times 15) \text{ tg } 8° = 1,82$ t/m²

$\tau_r / \tau_p = 0,094 = \underline{9,4\%}$

As rupturas das Barragens de Waco (EUA) e Gardiner (Canadá) ocorreram por mecanismos semelhantes ao acima discutido. As pressões neutras medidas no plano de cisalhamento foram muito próximas da pressão devida à construção do aterro, e os valores de τ_r retrocalculados ficaram abaixo de 10°.

Cruz (1989) sugere que, em projetos de barragens sobre folhelhos, deva-se primeiramente analisar com muito cuidado a área de implantação da barragem, para verificar possíveis indícios de rupturas naturais antigas. A inclinação natural das ombreiras e encostas pode ser indicativa de escorregamentos pregressos. (No caso da Barrragem de Gardiner, havia a suspeita de que a feição responsável pela ruptura já pudesse estar na condição de resistência residual, tanto que os taludes iniciais da barragem já eram muito abatidos).

Em seguida, proceder a ensaios de cisalhamento em anel (*ring shear*) para determinar a curva tensão-deformação em amostras retiradas da fundação, e forçando a ruptura pelo plano de foliação.

Projetar a barragem com bermas, de tal forma que as tensões de cisalhamento atuantes em planos potenciais de ruptura da fundação sejam inferiores à resistência residual calculada por φ_r, mas considerando a pressão neutra u_o. Se os deslocamentos forem contidos, as pressões neutras também serão controladas e não haverá riscos de ruptura.

Uma berma, se colocada antes da ruptura, será muito mais eficiente do que a mesma berma colocada após a ruptura, porque como se viu, com o aumento dos deslocamentos as pressões neutras crescem e a resistência cai.

Mais detalhes sobre as Barragens de Waco e Gardiner são descritos no Capítulo 2 (Complexo de Altamira).

A resistência residual de solos lateríticos e saprolíticos é discutida no Capítulo 7, item 3.

REFERÊNCIAS BIBLIOGRÁFICAS

ABRAMENTO, M., SOUZA PINTO, C. 1993. Resistência ao cisalhamento de solo coluvionar não saturado da Serra do Mar. *Solos e Rochas*, v.16, n. 3.

ALONSO, E. E., GENS, A., JOSA, A. 1990. A constitutive model for partially saturated soils. *Géotechnique*, v. 40, n. 3.

BISHOP, A. W., ALPAN, S., BLIGHT, T. E., DONALD, T. B. 1960. Factors controlling the strength of partly saturated cohesive soils. *Proceedings of the A.S.C.E. Conference on Shear Strength of Cohesive Soils*, Boulder/Colorado.

BURLAND, J. B. 1990. On the compressibility and shear strenght of natural clays. *Géotechnique*, v. 40, n. 3.

CRUZ, P. T. da. 1987. Solos Residuais: algumas hipóteses de formulações teóricas de comportamento. *Anais do Seminário de Geotecnia de Solos Tropicais*. Brasilia. CNPq/ SENAI/UNB/ THEMAG.

CRUZ, P. T. da. 1989. Hipóteses de comportamento de folhelhos. *Anais do II Colóquio de Solos Tropicais e Subtropicais e suas Aplicações em Engenharia Civil*, Porto Alegre. ABMS/UFRGS.

CRUZ, P. T. da, FERREIRA, R. C., PERES, J. E. E. 1992a. Análise de alguns fatores que afetam a colapsividade dos solos porosos. *Anais do X Congresso Brasileiro de Mecânica dos Solos e Engenharia de Fundações*. Foz do Iguaçu. ABMS, v. 4.

CRUZ, P. T., OJIMA, M., ROCHA, D. J. C. 1992b. Stability of out natural slopes -N4E Mine - Carajás - *Proceedings of the US/Brazil Geotechnical Workshop* - Applicatibility of Classical Soil Mechanics Principles to Structured Soils, Belo Horizonte. NSF/UFV/ FAPJMIG/CEMIG/CNPq.

ESCARIO, V., SÁEZ, J. 1986. The shear strength of partly saturated soils. *Géotechnique*, v. 36, n. 3.

ESCARIO, V., JUCÁ, J. F. T. 1989. Strength and deformation of partly saturated soils. *Proceedings of the 12th International Conference on Soil Mechanics and Foundations Engineering*, Rio de Janeiro. vol. 1.

FERREIRA, R. C., MONTEIRO, L. B., PERES, J. E. E, BENVENUTO, C. 1989. Some aspects of the behaviour of brazilian collapsibile soils. *Proceedings of the 12th International Conference on Soil Mechanics and Foundation Engineering*, Rio de Janeiro.

FERREIRA, R. C., MONTEIRO, L. B., PERES, J. E. E, BENVENUTO, C. 1990. Uma análise de modelos geotécnicos para a previsão de recalques em solos colapsíveis. *Anais do VI Congresso Brasileiro de Geologia de Engenharia*, Salvador. ABGE/ABMS.

FERREIRA, R. C, PERES, J. E. E, CELERI, A. 1992. Solo colapsível e impacto ambiental - uma proposta de metodologia para sua investigação. *Anais do XX Seminário Nacional de Grandes Barragens*. Curitiba, CBGB.

FREDLUND, D. G., MORGENSTERN, N. R., WIDER, R. A. 1978. The shear strenght of unsaturated soils. *Canadian Geotechnical Journal*, v. 15, n. 3.

FREDLUND, D. G., RAHARDJO, H., GAN, J. K. M. 1987. Non-linearity of strenght envelope for unsaturated soils. *Proceedings of the 6th International Conference on Expansive Soils*, New Delhi. v. 1.

GENS, A. 1993. Unsaturated Soils: recent developments and applications. Shear Strenght, *Civil Engineering European Courses*. Programme of Continuing Educations. 1993. Barcelona.

HORNE, M. R. 1965. The behaviour of an assembly of rotund, rigid, cohesion-less particles. *Proceedings of the Royal Society*, London. Part I, v. 286, Part III, v. 310.

LEROUEIL, S., VAUGHAN, P. R. 1990. The general and congruent effects of structure in natural soils and weak rocks. *Géotechnique*, v. 40, n. 3.

LLORET, A., ALONSO, E. E. 1980. Consolidation of unsaturated soils including swelling and collapse behaviour. *Géotechnique* v. 30, n. 4.

LLORET, A., ALONSO, E. E. 1985. State surfaces for partially saturated soils. *Proceedings of the 11th International Conference on soil Mechanics and Foundation Engineering*, San Francisco. (também traduzido em Ingeniería Civil, 63 - Centro de Estudios y Experimentación de Obras Públicas/ MOPU/España).

MACCARINI, M. 1987. *Laboratory studies of a weakly bonded artificial soil*. Ph D Thesis. Imperial College, Univ. of London.

ODA, M., KONISHI, J. 1974. Microscopic deformation mechanics in granular materials in simple shear. *Soils and Foundation*, v. 14, n. 4.

SKINNER, A. E. 1969. A note on the influence of interparticle friction on the shearing stress of randon assembly of spherical particles. Technical Note. *Géothecnique*, v. 17. n. 1.

VARGAS, M. 1953. Some engineering properties of residual clay soils occuring in southern Brasil. *Proceedings of the 3rd International Conference on Soil Mechanics and Foundations Engineering*, Zurich. v. 1.

VAUGHAN, P. R., MACCARINI, M., MORKHTAR, S. M. 1987 . Indexing the engineering properties of residual soil. *Quaterly Journal of Engineering Geology*, v. 21.

VAUGHAN, P. R. 1988. Keynote paper: characterising the mechanical properties of in-situ residual soil. *Proceedings of the 2nd International Conference on Geomechanics in Tropical Soils*, Singapore.

Capítulo 7

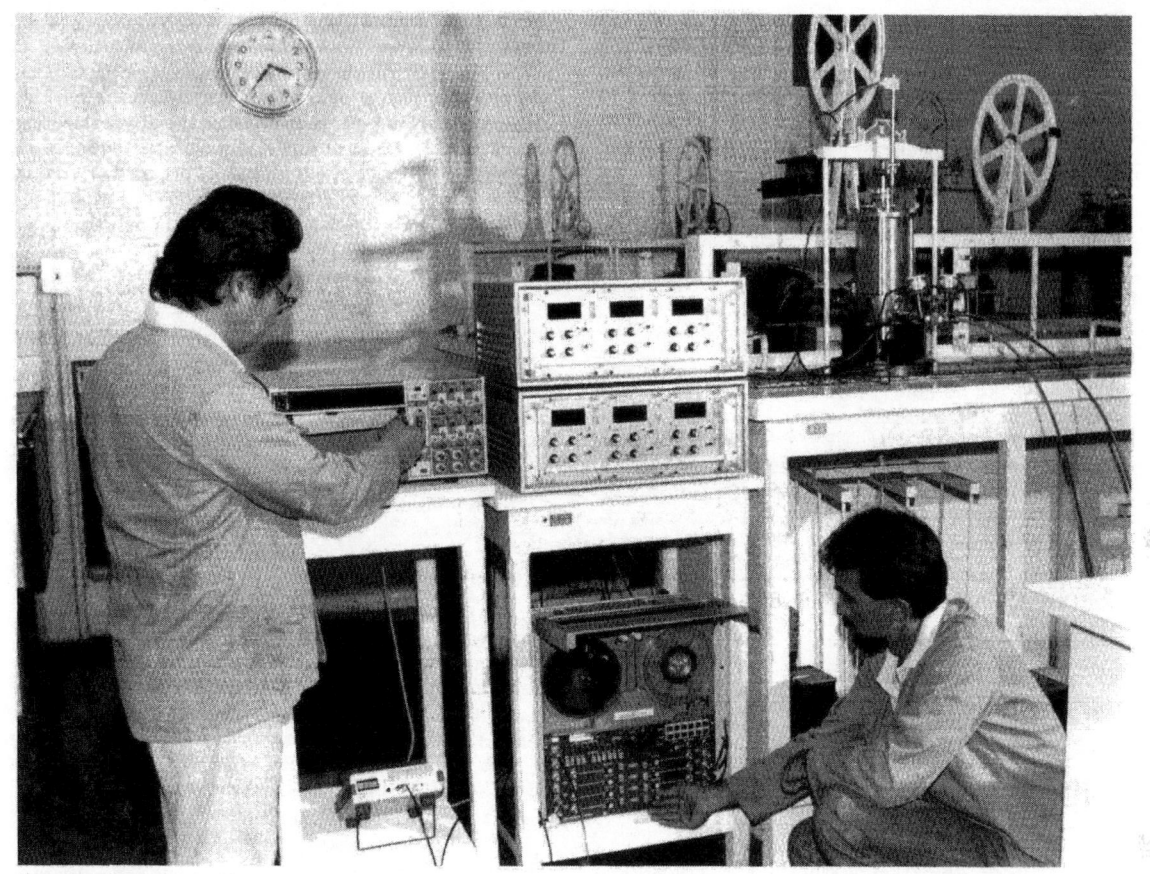

Ensaio Liquefação de areia (*Cortesia da CESP*)

2ª *Parte*
Capítulo 7
Comportamentos Particulares ou Específicos de Alguns Solos e Enrocamentos

7 - COMPORTAMENTOS PARTICULARES OU ESPECÍFICOS DE ALGUNS SOLOS E ENROCAMENTOS

7.1 - INTRODUÇÃO

No Capítulo 4, foram antecipados problemas que ocorrem com os materiais constituintes de aterros e fundações de barragens. Os conceitos clássicos e os avanços que ocorreram na Mecânica dos Solos nos últimos 50 anos também são discutidos, no que concerne à Geotecnia de Barragens.

Nos Capítulos 5 e 6, são examinadas questões relativas a tensões efetivas, sucção e teorias que permitem a análise do comportamento dos solos coesivos e dos materiais granulares.

O presente capítulo está voltado à obtenção principalmente de parâmetros de resistência a serem adotados em projetos de barragens. São tratados em particular os solos "moles", os solos colapsíveis, a liquefação das areias fofas, e os aspectos peculiares dos solos lateríticos e saprolíticos; discutem-se, ainda, a tipologia dos solos compactados e a resistência de enrocamentos.

Dados de deformações e deslocamentos são tratados no Capítulo 12.

7.2 - ARGILAS MOLES

7.2.1 - Considerações Iniciais

Tão complexo como o comportamento de alguns solos argilosos porosos, areias fofas e solos com resistência residual é o comportamento das argilas moles, talvez agravado pelo fato desses solos terem sido utilizados como exemplos de comportamento de solos sedimentares que obedeceriam às teorias clássicas da Mecânica dos Solos.

Assim é que, quando se pensa em argilas moles, imediatamente associam-se as mesmas à teoria clássica do adensamento, e ao comportamento dos solos sedimentares normalmente adensados e/ou pré-adensados. Seriam solos também de baixa permeabilidade e que estão sujeitos a grandes recalques.

Boa parte deste comportamento, no entretanto, está ligada aos solos sedimentares de laboratórios, que reproduzem uma dezena de amostras idênticas e muito bem comportadas.

Já os solos "reais" incorporam uma gama de variáveis que, segundo Schmertmann e Morgenstern (1977), podem chegar a dezesseis.

Em trabalho de 1990, Burland mostra que argilas reais, quando comparadas a argilas adensadas em laboratório a partir de uma "lama" (h_o=1,5 LL), apresentam um comportamento diferente.

Quando argilas moles constituem fundações de barragens, algumas considerações básicas devem ser levadas em conta.

A primeira consideração diz respeito à história geológica do subsolo do local e à seqüência de camadas que ocorrem. Na maioria dos casos, as argilas de baixadas, em leitos de rio, contêm uma seqüência de camadas com ocorrência de lentes ou bolsões de areia, presença de materiais orgânicos e mesmo turfas. O N.A. pode ter sofrido oscilações métricas e periódicas, resultando num processo de "pré-adensamento" de algumas camadas e ressecamentos da camada superior. A vegetação pode contribuir para a resistência da camada superficial e, em alguns casos, a sua remoção sob as bermas estabilizantes e/ou parte dos espaldares pode ser prejudicial ao desempenho da barragem.

A segunda observação refere-se aos recursos de ensaios disponíveis e à escolha e à programação dos ensaios mais recomendáveis para a determinação das características geotécnicas do solo.

A terceira consideração diz respeito à instrumentação de observação e controle e à maneira de interpretá-la.

No Capítulo 2, são avaliados o projeto e a construção da Barragem de Juturnaíba, que resultou em muitas "Lições Aprendidas" de interesse para outros projetos.

Este item do presente capítulo, no entretanto, é dedicado às propriedades geotécnicas dos solos moles, e o que se segue é uma versão resumida, e em alguns aspectos complementada, do trabalho clássico de Souza Pinto (1992) - "Tópicos da contribuição de Pacheco Silva e considerações sobre a resistência não drenada das argilas". Além deste trabalho, é necessário mencionar a importante contribuição de Massad (1988) sobre "História geológica e propriedades dos solos das baixadas - comparação entre diversos locais da Costa Brasileira".

7.2.2 - Resistência ao Cisalhamento

Conquanto seja de todo recomendável proceder-se a análises de estabilidade em termos de pressões efetivas, as argilas moles representam um caso particular, no qual as análises por tensão total são preferidas.

As razões para tal procedimento são as seguintes:

- argilas moles são solos de elevadíssima sensibilidade e, portanto, toda amostragem está sujeita a amolgamento;

- mesmo que se conseguisse amostrar uma argila mole com pequeno amolgamento, a sua resistência ao cisalhamento seria afetada pelo tipo de solicitação, ou seja, pelo tipo de ensaio de laboratório. A isso se soma a dificuldade de previsão da pressão neutra de campo, para uma análise em termos de pressões efetivas;

- argilas moles são solos em geral estruturados, anisotrópicos e tixotrópicos. Daí decorre que, dependendo do tempo entre a amostragem e o ensaio, do plano de cisalhamento solicitado no ensaio, e da modificação da estrutura original do solo devida à amostragem, os resultados dos ensaios e a mobilização da pressão neutra são alterados.

Veja-se a Figura 7.1.

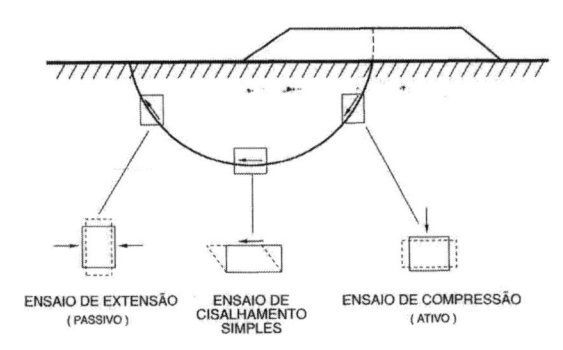

a) Relevância dos ensaios de cisalhamento perante a resistência no campo (Bjerrum, 1972)

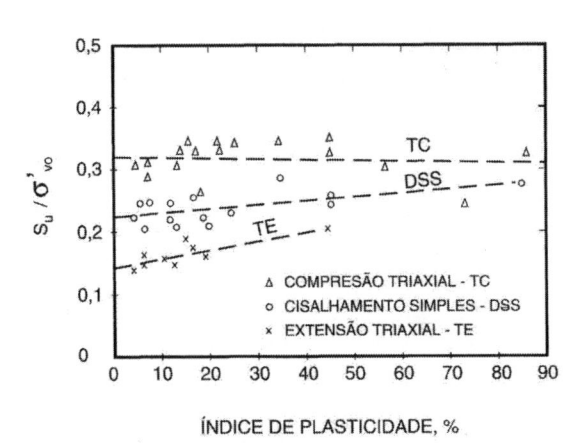

b) Anisotropia de resistência em argilas normalmente adensadas na situação K_0 (Jamiolkowski et al.,1985)

Figura 7.1 - Condições de ruptura e anisotropia das argilas moles (*apud* Souza Pinto, 1992)

Como os aterros de barragens geralmente são construídos num tempo que pode ser considerado "rápido" para mobilização da resistência do solo, a condição não drenada tem sido considerada nos projetos de barragens e aterros sobre solos moles. Se esta condição de fato ocorre, os ensaios que medem a "resistência não drenada" do solo S_u podem ser considerados os mais representativos.

O ensaio de palheta, que mede a resistência não drenada do solo (em poucos minutos), devidamente corrigido para os efeitos de tempo e anisotropia, tem explicado rupturas de aterros de forma satisfatória, sob um ponto de vista de Engenharia.

No caso de barragens, deve-se evitar a ruptura, mesmo que parcial, porque resulta em amolgamento da argila e, para tanto, recomenda-se que o fator de segurança mínimo em qualquer fase da obra seja igual ou superior a 1,3.

Os mecanismos de ruptura podem envolver superfícies circulares, se a resistência da fundação for uniforme, ou uniformemente crescente com a profundidade, mas podem evoluir para superfícies não circulares, se as resistências forem diferenciadas nas várias camadas da fundação. O caso de Juturnaíba é ilustrativo da última condição.

Entre os inúmeros fatores que interferem na resistência das argilas moles, podem ser destacados dois:

- a pressão vertical efetiva de peso de terra σ'_o ou σ'_{vo}; e

- a pressão de cedência, que era chamada de pressão de pré-adensamento, ou pressão equivalente de pré-adensamento, σ'_m ou σ'_{vm}.

Dentre as muitas correlações existentes, podem-se selecionar as seguintes:

$S_u / \sigma'_{vm} = 0,22$ (Mesri, 1975)

$S_u / \sigma'_{vo} = 0,23$ (O.C.R.)^{0,8} (Jamiolkowski et al., 1975 - simplificado)

$$\frac{S_u}{\sigma'_{vo}{}^{(1-m)} \sigma'_{vm}{}^{(m)}} = \frac{S_u}{\sigma'_{vo} \text{ n.a.}}$$ (Souza Pinto, 1992)

onde:

$O.C.R. = \sigma'_{vm} / \sigma'_{vo}$

n.a. = normalmente adensada

$m = 0,80$ (Wroth, 1984 e Ladd e Frott, 1974)

É obvio que para se utilizar qualquer das correlações acima é necessário determinar σ'_{vm}, o que só pode ser feito a partir de ensaios de adensamento efetuados em amostras retiradas do local e, portanto, sujeitas a amolgamento.

A literatura técnica contém também correlações de S_u / σ'_o com o IP (%) de argilas, como a da Figura 7.2.

$S_u / \sigma_o = 0,11 + 0,0037$ (IP).

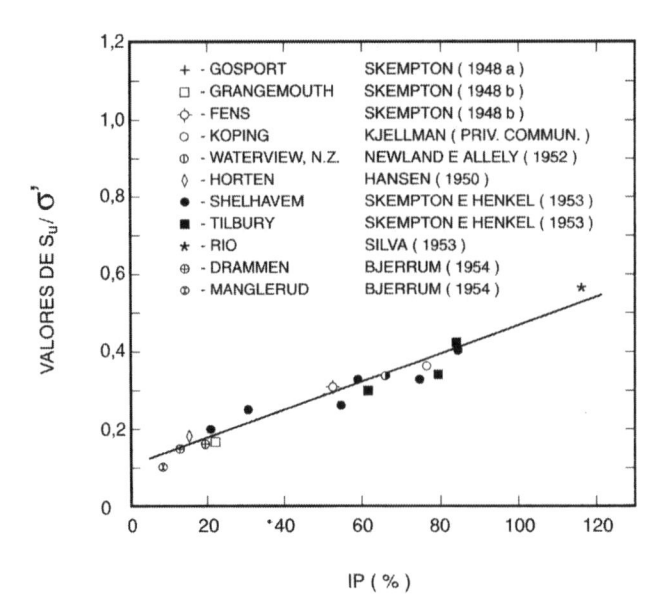

Figura 7.2 - Correlação entre S_u/σ' e *IP* para argilas normalmente adensadas (Skempton, 1957, *apud* Souza Pinto, 1992)

Esta correlação, que já data de 1957, parece aplicável apenas a argilas normalmente adensadas, e o fato é que muitas das argilas de fundações de barragens e aterros se enquadrariam melhor na condição de argilas "pouco pré-adensadas", e a correlação perde a validade.

De qualquer forma, o que parece prevalecer é que a relação S_u/σ_o é crescente com o *IP*. Larsson (1980) mostra a correlação entre S_u/σ'_{vm} e *IP* também crescente, mas com dispersão significativa (Figura 7.3).

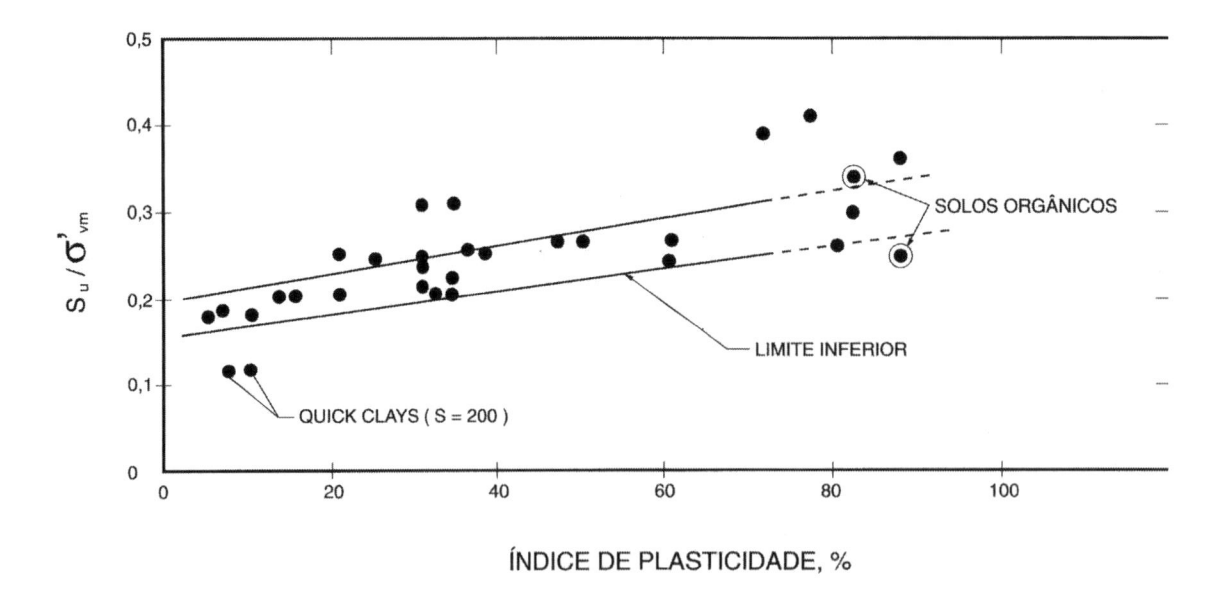

Figura 7.3 - Relações de resistências determinadas em retroanálises de rupturas e ensaios por Larsson, 1980 (*apud* Souza Pinto, 1992).

A medida de S_u com ensaios de palheta (Vane Test) é recomendável por ser um ensaio *in situ*, e desde que seja procedida com equipamento mecânico de precisão.

Essa resistência deve ser corrigida, para efeitos de tempo e anisotropia, podendo-se utilizar para tanto os fatores de redução propostos por Bjerrum (1972) (Figura 7.4).

Capítulo 7

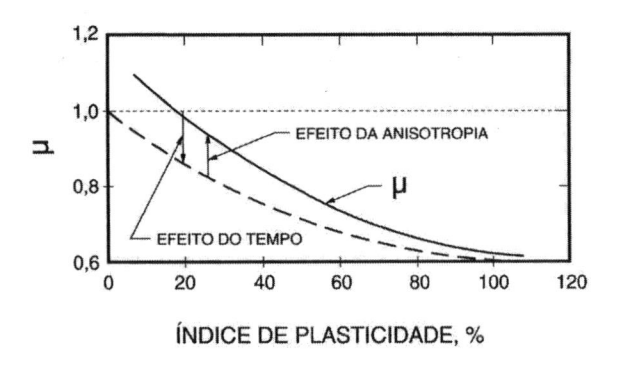

Figura 7.4 - Coeficientes e fator de correção propostos (Bjerrum, 1972, *apud* Souza Pinto, 1992)

A dispersão de resultados dos ensaios de palheta é grande, mas dispondo-se de muitos ensaios, pode-se trabalhar com valores médios. Veja-se a Figura 7.5.

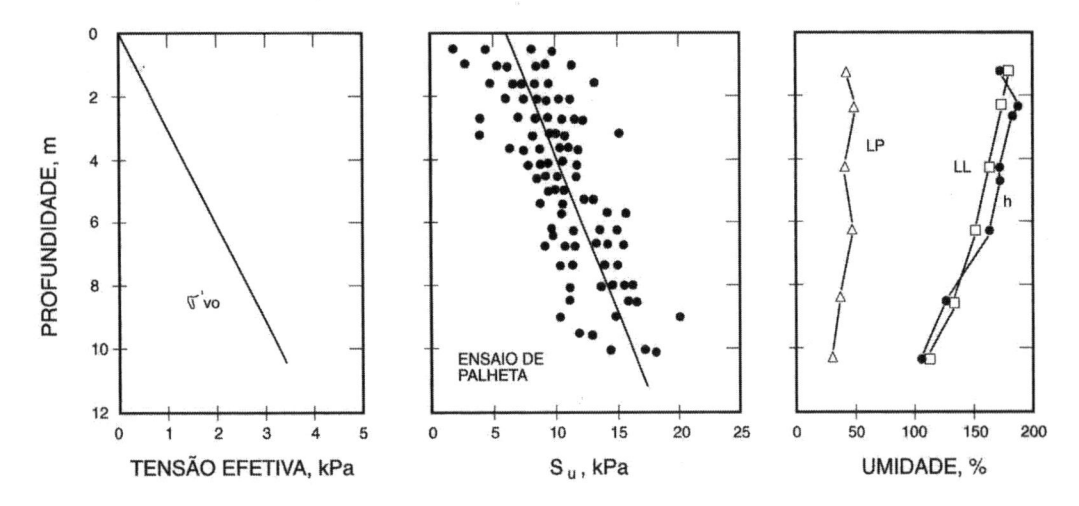

Figura 7.5 - Propriedades da argila em Gramacho (Souza Pinto, 1992)

Na figura, os valores de S_u são os medidos nos ensaios e devem ser multiplicados por u (no caso de Gramacho = 0,63, função do IP = 80% a 100%).

A rigor, a relação de S_u com a pressão de adensamento de uma argila normalmente adensada pode ser obtida em função do ângulo de atrito efetivo φ' e do parâmetro A de Skempton.

Veja-se a Figura 7.6

$$S_u / \sigma'_o = \frac{\sen \varphi'}{1+(2A-1)\sen \varphi'}$$

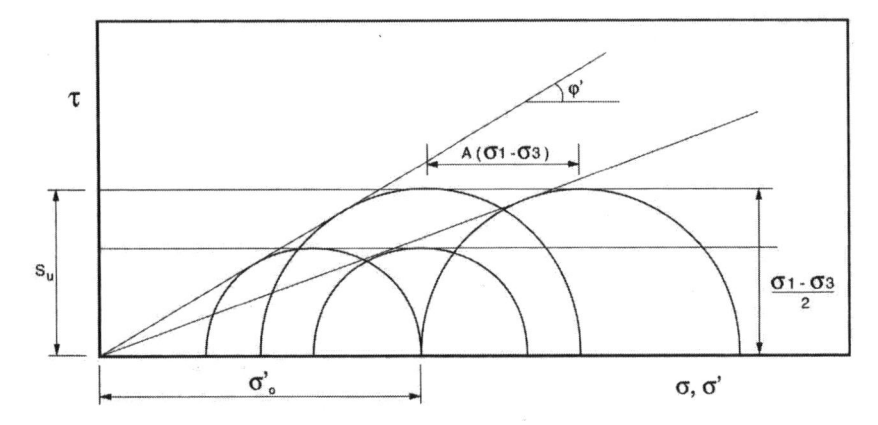

Figura 7.6 - Relação de resistência em função de φ' e A (Souza Pinto, 1992)

Para valores de φ' entre 20° e 30° e valores de A entre 1,0 e 1,5, o valor de S_u/σ'_{vo} irá variar de 0,20 a 0,33.

Dados de ensaios fornecidos por diferentes autores mostram relações de S_u com σ'_{vo} desde 0,22 até 0,35, mas com valores médios mais próximos de 0,30. Massad (1985) já havia demonstrado que a maioria das argilas naturais consideradas como normalmente adensadas, na realidade apresentava um ligeiro grau de pré-adensamento (O.C.R. de 1,4 a 1,6).

Recorrendo às expressões já citadas anteriormente, substituindo σ'_{vo} por σ'_m (=1,5 σ'_o) e partindo da correlação $S_u/\sigma'_{vo} = 0,30$, vem:

$$\frac{S_u}{\sigma'_{vm}} = \frac{0,30}{1,5} = 0,20, \text{ próximo de } 0,22$$

$$\frac{S_u}{\sigma_{vo}} = 0,23 \, (1,5)^m = 0,30, \text{ e m=0,70, próximo de 0,80}$$

Dessa forma, vê-se boa coerência entre os resultados de observação e as expressões propostas, e mesmo coerência com a expressão teórica baseada em φ' e no parâmetro A.

7.2.3 - Procedimento Sugerido para Obtenção de S_u em Projetos de Barragens

i - Procurar identificar a história geológica do sítio da barragem.

ii - Identificar as formações do subsolo local através de sondagens S.P.T. e retirar amostras tipo Shelby de várias profundidades. Determinar o N.A.

iii - Proceder a ensaios de palheta em cada formação e corrigir os valores em função de IP.

iv - Proceder a ensaios de adensamento nas amostras Shelby, com vários ciclos de carregamento. Preparar amostras de lama em laboratório ($ha \sim$ 1,2 a 1,5 LL) e efetuar ensaios de adensamento, com um ou dois ciclos de carregamento.

v - Plotar os resultados desses ensaios em termos de I_v vs. σ'_v, e definir da melhor forma possível o valor de σ'_{vm}. Este tipo de análise permite avaliar, ao menos qualitativamente, o grau de amolgamento da amostra (ver Figura 7.7).

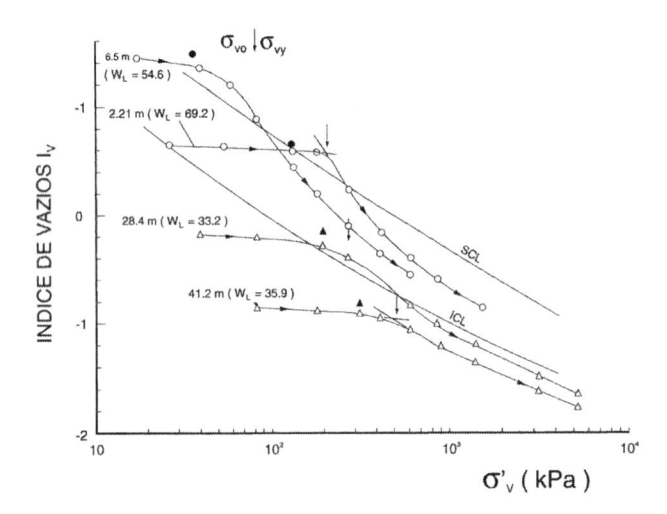

Figura 7.7 - *Troll field*: ensaios oedométricos nas amostras de argila das camadas superior e inferior (Burland, 1990)

(VI) - Calcular S_u usando valores de σ'_{vm} e σ'_v por uma das correlações e comparar com os dados de S_u palheta. Deve haver boa concordância.

(VII) - Adotar como resistência de projeto os valores de S_u palheta corrigidos, se estes apresentarem concordância com os calculados pelas correlações σ'_{vm} e σ'_{vo}.

Se houver muita discrepância de resultados, reavaliar os ensaios, ou recorrer a novos ensaios.

Em obras de responsabilidade, ou nas quais a adoção de um ou outro valor de S_u conduzir a diferenças significativas no volume do aterro, recorrer a aterros experimentais.

7.2.4 - Recalques e Deslocamentos

Os deslocamentos verticais e horizontais devem ser medidos durante a construção e a operação da barragem, mas é necessário que haja uma previsão dessas grandezas.

Como, em geral, barragens sobre argila mole necessitam de bermas de estabilização, os taludes médios dos espaldares resultam muito abatidos (4(H) : 1(V) até 8(H) : 1(V)). Esta inclinação é função da resistência da argila S_u, da espessura da camada mole e, em menor escala, da altura da barragem.

Dessa configuração geométrica resulta que, no trecho central, os incrementos de pressão vertical aplicados à fundação são próximos ao peso de terra da barragem ($\Delta\sigma_v = \gamma_{bar} Z_{bar}$).

Dispondo-se dos resultados dos ensaios de adensamento em gráficos de e vs. σ_v, podem-se estimar os recalques do trecho central pela expressão:

$$\Delta H = H \cdot \frac{\Delta e}{1 + e_o}$$

sendo e_o correspondente à pressão efetiva de peso de terra devida ao solo da fundação e Δe a variação do índice de vazios para o incremento de pressão vertical devido à construção da barragem. Veja-se a Figura 7.8.

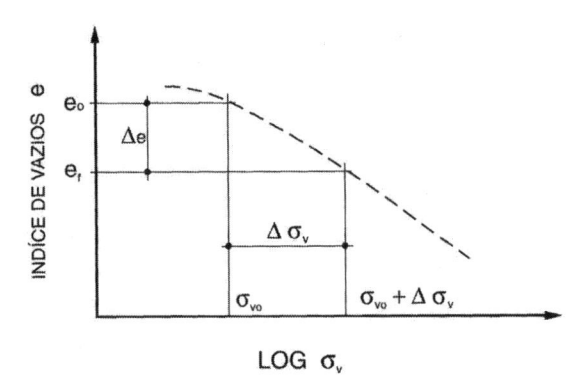

Figura 7.8 - Curva e vs. log σ_v

Para a estimativa dos deslocamentos verticais e horizontais da fundação em outros trechos, deve-se recorrer a Métodos Numéricos.

Nos dois casos determinam-se somente os recalques e deslocamentos totais, que só ocorrerão quando da dissipação total das pressões neutras resultantes do carregamento.

A tentativa de se prever os tempos de recalque de deslocamentos verticais e horizontais está fadada a erros grosseiros, porque é muito difícil determinar com alguma aproximação razoável as condições de drenagem natural que ocorrem na fundação, seja pela ocorrência de bolsões ou finas camadas de areia, seja pela presença de turfas e materiais orgânicos muitas vezes de elevada permeabilidade.

Dados de aterros da região, sejam eles rodoviários, de acessos, de áreas industriais, etc., poderão fornecer ordens de grandeza relativas ao tempo de recalque. Melhor do que esses dados serão aqueles coletados na própria área da barragem, por exemplo, em acessos rodoviários ou trechos de ensecadeiras instrumentados com placas de recalques.

Um dado de intresse é o dos aterros rodoviários da estrada Piaçaguera-Guarujá e da Rodovia dos Imigrantes da Baixada Santista/SP. Os tempos previstos para que se completassem os recalques se aproximaram dos vinte anos. Dados de instrumentação mostraram que 50% dos recalques ocorreram em dois anos e que 90% dos recalques já tinham ocorrido ao final de cinco anos. Essa aceleração dos recalques deveu-se à presença de lentes de areia entremeadas nos mais de 20 m de argila mole do local. Os valores dos recalques totais medidos se aproximaram bastante dos previstos.

7.2.5 - Instrumentação de Observação e Controle

Aterros experimentais sobre solos moles podem envolver um grande número de instrumentos, porque nestes casos é importante detectar a superfície de ruptura, para o procedimento de retroanálises. Veja-se por exemplo Coutinho (1986) e Ortigão (1980) que, em suas teses de Doutoramento na COPPE, reportam dados de aterros experimentais, o primeiro referente à Barragem de Juturnaíba/RJ e o segundo referente a um aterro experimental do I.P.R./RJ.

Em fundações de barragens sobre argila mole, três grandezas devem ser observadas:

- os deslocamentos horizontais;

- os deslocamentos verticais; e

- as pressões de poro, ou pressões neutras.

As duas primeiras grandezas são medidas com precisão se forem instalados inclinômetros, com adaptador para medida de deslocamentos verticais.

As pressões neutras podem ser medidas em piezômetros tipo Casagrande, mas havendo interesse em medidas mais precisas é necessário recorrer a piezômetros do tipo *no flow*, sejam eles hidráulicos ou pneumáticos.

As medidas de deslocamentos horizontais são fundamentais para controle da estabilidade das barragens, porque uma aceleração nessas deformações é indicativa de um processo de ruptura.

As medidas de deslocamentos verticais podem ser usadas para a previsão da evolução dos recalques e para a previsão dos recalques futuros.

As medidas de pressões piezométricas devem ser avaliadas com reserva, porque é necessário determinar as causas que originaram tais pressões. Na Figura 12.19 (a, b, c e d) são mostrados diferentes comportamentos de pressões piezométricas observados em argilas de fundação da Barragem de Juturnaíba, que dificilmente poderiam ser explicados pela Teoria Clássica de Adensamento de Terzaghi, e que levariam a erros de previsão de tempos de recalque.

7.3 - RESISTÊNCIA AO CISALHAMENTO DE SOLOS COLAPSÍVEIS E LIQUEFAÇÃO DE AREIAS

7.3.1 - Solos Porosos - Colapso

A questão do colapso em solos porosos é abordada no Capítulo 6, item 5; aspectos do comportamento de solos granulares são encontrados no mesmo Capítulo 6, item 7.

Neste item, discute-se especificamente a resistência ao cisalhamento desses materiais e sua relação com projeto de barragens.

As Figuras 7.9 e 7.10 mostram resultados de ensaios triaxiais não drenados procedidos em uma amostra saturada de um solo poroso colapsível de Pereira Barreto - PB - e de uma areia fina de Porto Primavera - PP -também saturada. As amostras de PB foram ensaiadas no índice de vazios natural. Já no caso da areia PP, as amostras foram moldadas em várias compacidades.

As trajetórias de tensões, bem como as curvas tensão - deformação, e pressão neutra - deformação mostram semelhanças muito interessantes, conquanto os mecanismos de ruptura apresentem algumas diferenças:

- nos dois casos a resistência passa por um pico, seguida de uma queda brusca, e a pressão neutra cresce significativamente no processo de ruptura;

- os valores do parâmetro $A = \Delta u / \Delta(\sigma_1 - \sigma_3)$ no ponto de $\sigma_{dmáx}$ e σ_{dfinal} estão indicados nas Tabelas 7.1.a a 7.1.c, que incluem também dados de uma areia de Pedra Redonda - PR.

Tabela 7.1 - Valores do parâmetro A

(a) - **PB** - Areia silto-argilosa porosa

	σ_3 (kg/cm²)			
σ_3	0,4	0,8	3,0	6,0
A_{pico}	0,55	1,78	4,34	5,74
A_{final}	1,60	2,80	10,0	15,67

(b) - **PP** - Areia fina fofa

	σ_3 (kg/cm²)			
σ_3	2	4	5	5
A_{pico}	0,75	0,85	0,84	0,36*
A_{final} (~ 10% def.)	20	1,77	1,79	0,38*

* = não liquefez

(c) - **PR** - Areia fina fofa

	σ_3(kg/cm²)			
σ_3	1,5	3,0	4,0	10,0
A_{pico}	0,55	0,69	0,68	0,94
A_{final} (~ 10% def.)	2,40	1,29	2,71	3,72

Como se observa, o parâmetro A relativo à pressão neutra, no caso do solo poroso, é significativamente maior do que no caso das areias.

Nos dois casos, a queda brusca da resistência está relacionada com a redução significativa da pressão confinante devido ao aumento da pressão neutra.

Se os ensaios fossem <u>drenados</u>, as pressões neutras seriam dissipadas e a resistência mobilizada seria muito maior.

O mesmo solo poroso da Figura 7.9, quando submetido a ensaios triaxiais na sua umidade natural, apresenta os resultados indicados na Figura 7.11.

Ainda o mesmo solo poroso quando submetido a ensaios drenados, tanto na sua umidade natural como após saturação, apresenta os resultados constantes da Tabela 7.2.

Tabela 7.2 - PB - Areia silto-argilosa porosa - resultados de ensaios drenados

e_o	σ_3 (kg/cm²)	condição do solo	φ pela origem
0,88	0,40	natural	36°
0,94	0,40	saturado	33°
0,88	0,80	natural	32°
0,84	0.80	saturado	34°
0,82	3,00	natural	32°
0,80	3,00	saturado	32°
0,82	6,00	saturado	29,5°
0,78	6,00	natural	29,5°

Esses resultados mostram que os solos porosos podem apresentar uma perda acentuada de resistência, se estiverem saturados e forem submetidos a ruptura, em condição não drenada. Devido, no entanto, à sua elevada permeabilidade (ver Figura 7.12), elevada compressibilidade, e baixo grau de saturação *in situ*, as resistências mobilizadas em fundações de barragens nessas formações porosas tendem para a condição drenada no período construtivo.

Após a construção e com a elevação do lençol freático, têm ocorrido recalques residuais devido ao colapso, como discutido nos Capítulos 2 e 3. Não há qualquer registro de acidentes que possam ser atribuídos à "perda de resistência por saturação" dessas formações porosas.

Capítulo 7

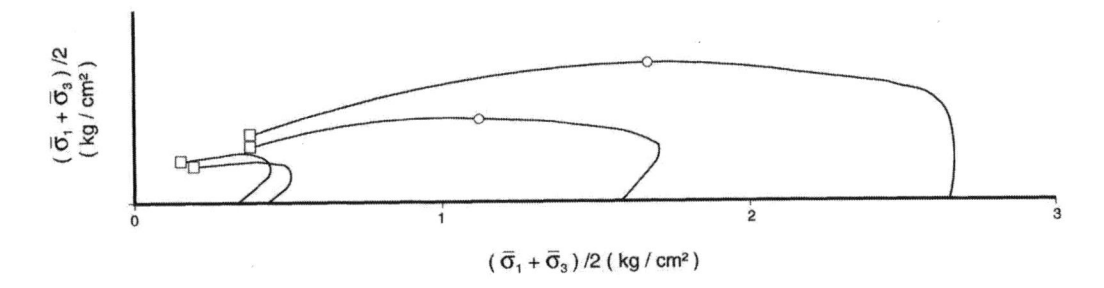

a) Curvas tensão - deformação

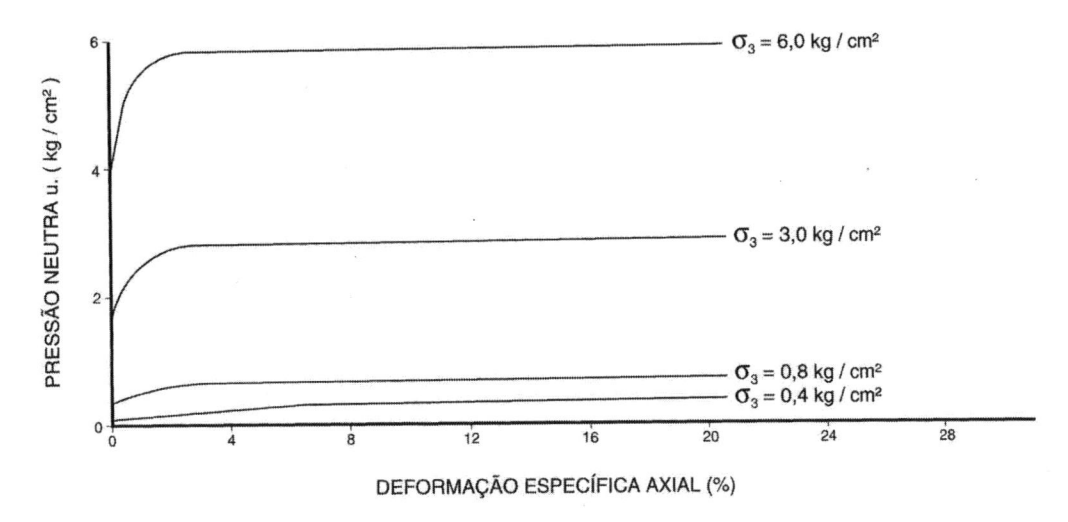

$(\bar{\sigma}_1 + \bar{\sigma}_3)/2$ (kg/cm²)

b) Pressão neutra vs. deformação

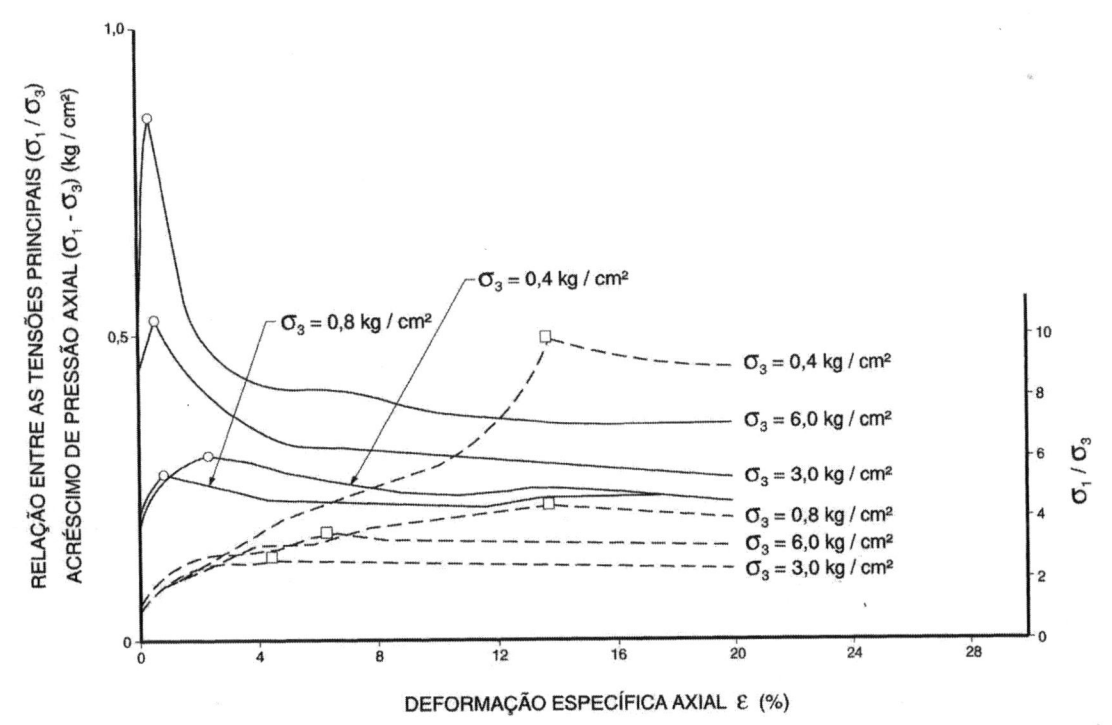

c) Trajetória de tensões

Figura 7.9 - Ensaios triaxiais não drenados - solo poroso colapsível - amostra saturada Pereira Barreto (cortesia LEC/CESP, 1993)

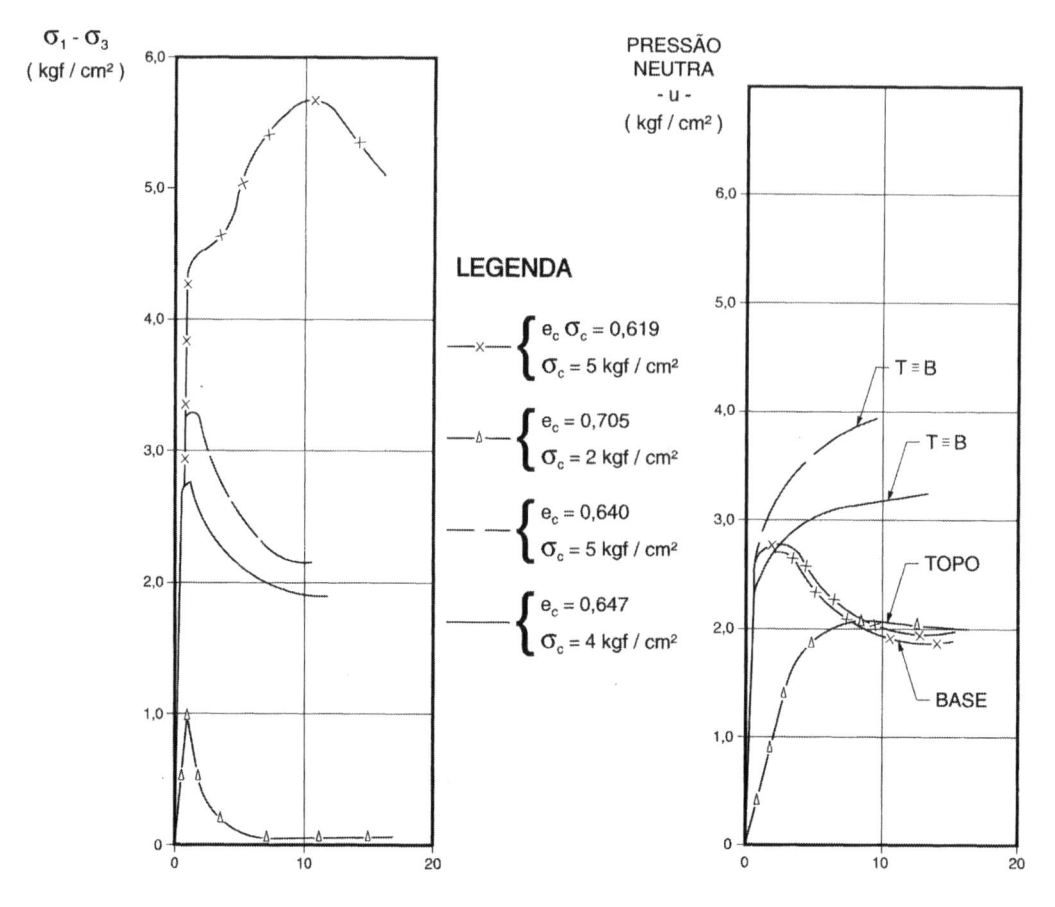

100 Barragens Brasileiras

a) Curvas tensão - deformação

b) Pressão neutra vs. deformação

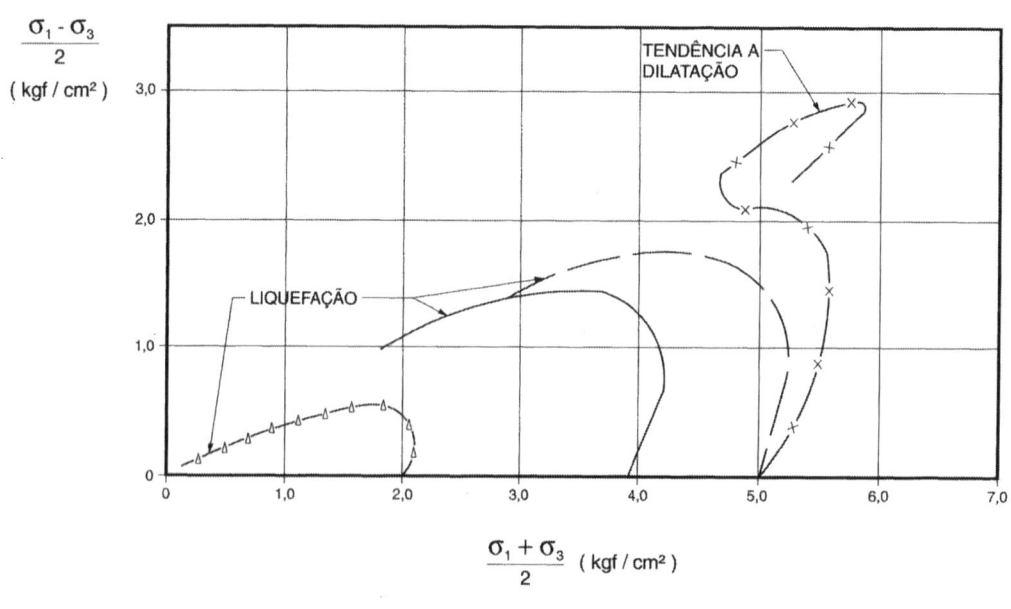

c) Trajetória de tensões

Figura 7.10 - Comportamentos típicos observados nos ensaios R_{sat} conduzidos a carga controlada - areia fina Porto Primavera (Moretti, 1988)

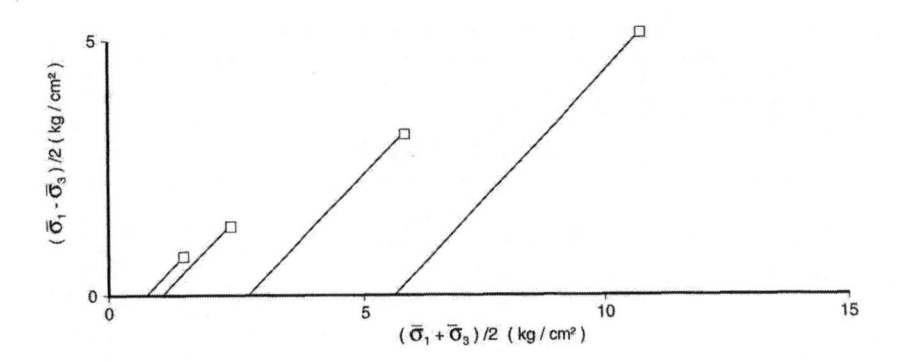

a) Curvas tensão - deformação

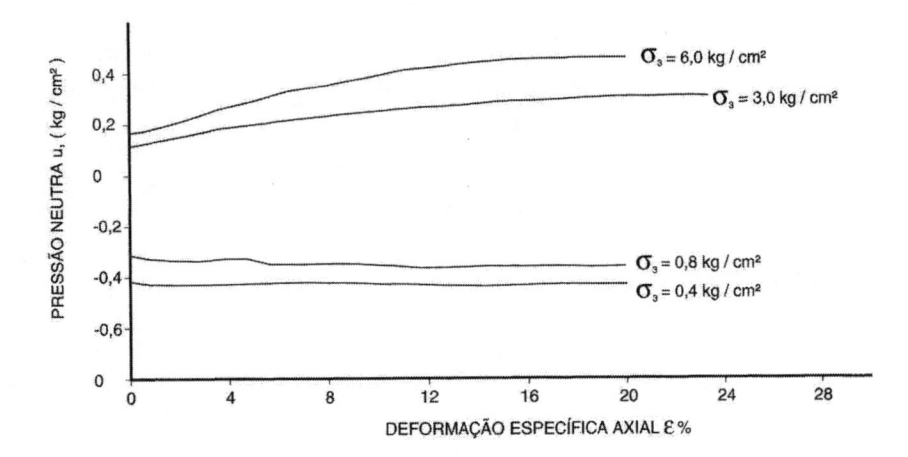

b) Pressão neutra vs. deformação

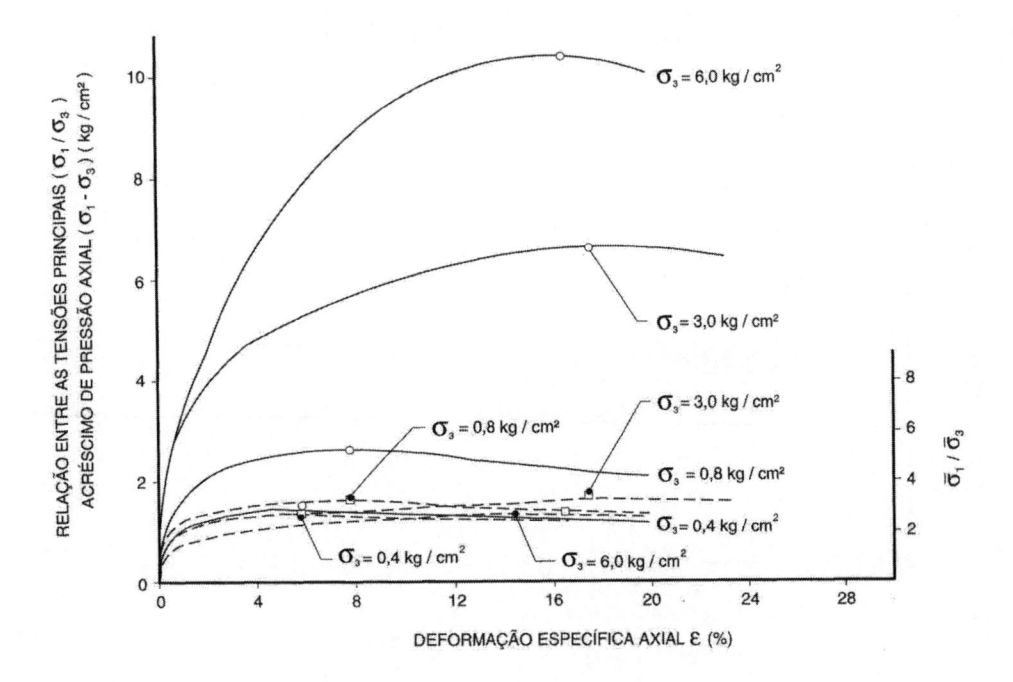

c) Trajetória de tensões

Figura 7.11 - Ensaios triaxiais drenados - solo poroso colapsível - amostra na umidade natural-Pereira Barreto (cortesia LEC/CESP, 1993)

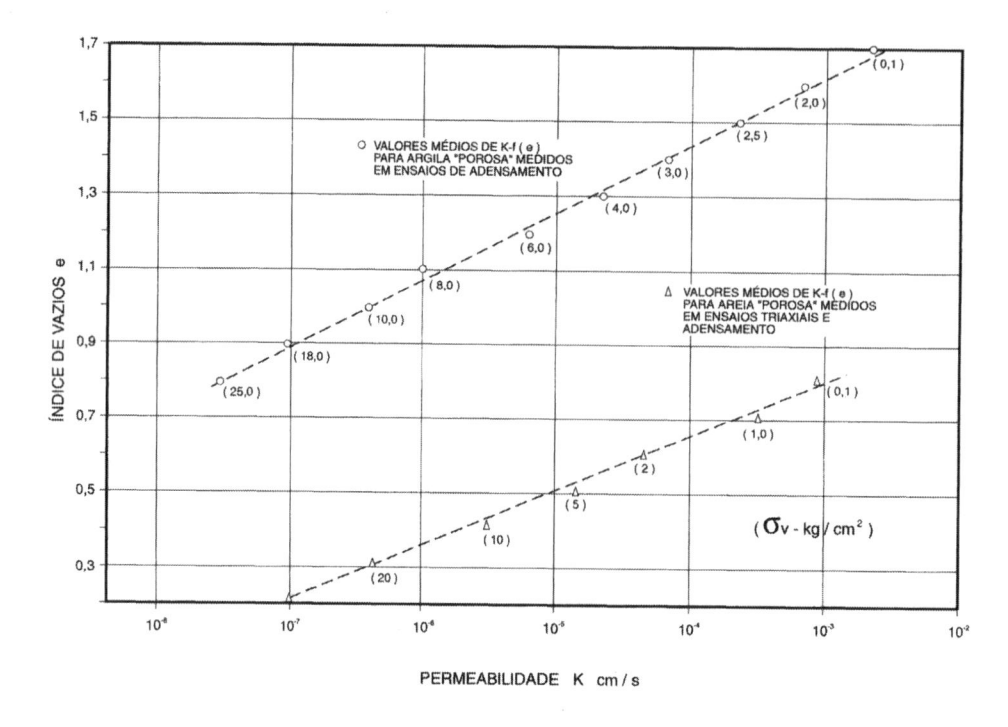

Figura 7.12 - Permeabilidade vs. índice de vazios - solos porosos (Cruz, 1989)

7.3.2 - Areias Finas - Liquefação

Na Figura 7.13, são mostrados resultados de ensaios triaxiais procedidos em areias, reportados por Casagrande (1976), pelos quais pode-se comparar a resistência drenada (ensaios S) com a resistência não drenada. No processo de cisalhamento do segundo ensaio, a areia fluiu (liquefez-se). Neste caso particular, o valor de A_{final} chega a 12,8 (para $\sigma_3 = 4,0$ kg/cm²); A_{pico} é igual a 1,25.

Os solos colapsíveis em geral são solos <u>coesivos</u> estruturados, como já discutido, e a teorização sobre o seu comportamento está intimamente associada aos fenômenos de deformabilidade.

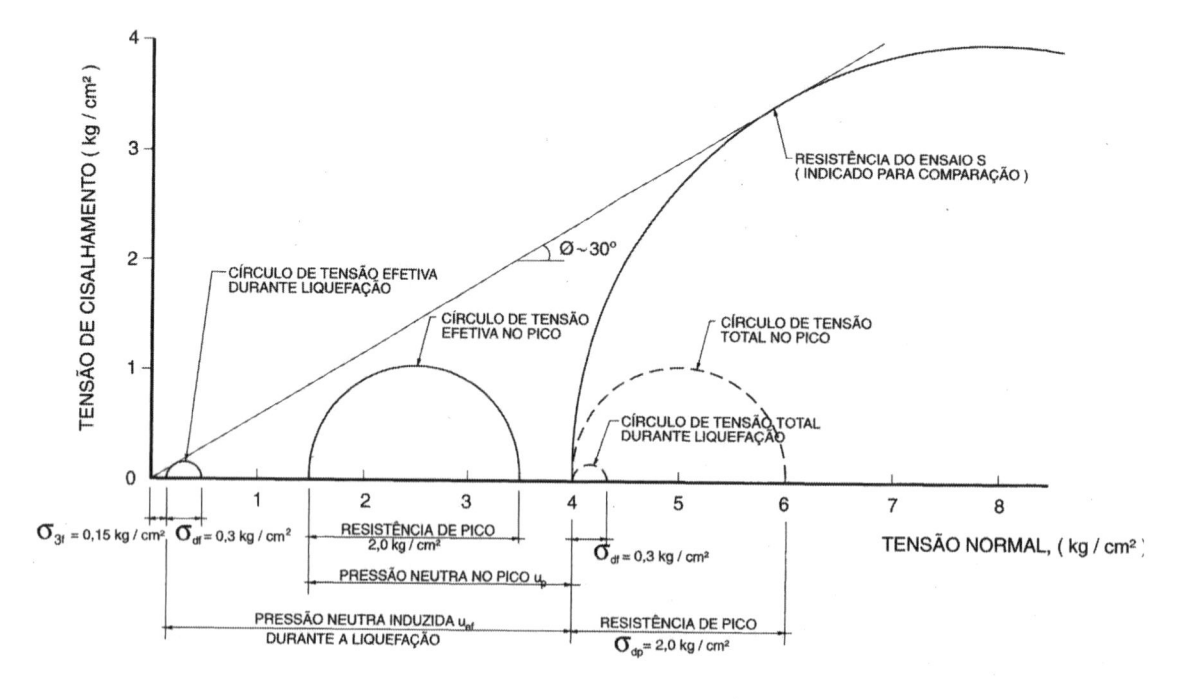

Figura 7.13 - Círculos de tensão de consolidação isotrópica -Ensaio R (Casagrande, 1975)

Já em relação às areias fofas, que podem estar sujeitas a liquefação, o problema é basicamente de resistência ao cisalhamento, e o que preocupa neste caso é saber se as areias no estado natural (índice de vazios) em que se encontram estão ou não sujeitas a liquefação.

O que se segue é uma discussão resumida das teorias desenvolvidas por Casagrande (1975), Castro (1969), Poulos *et al.* (1985) e Kramer e Seed (1987).

Os ensaios cujos resultados estão apresentados nas tabelas 7.1b e 7.1c anteriores foram realizados no Laboratório Central de Ilha Solteira, da CESP, e referem-se a amostras de areias das fundações da Barragem de Porto Primavera (PP) e da Barragem de Pedra Redonda (PR).

A metodologia de ensaios utilizada foi a de Castro (1969).

O ensaio é procedido em câmara triaxial, com um dispositivo que permite manter a pressão de câmara (σ_{3c}) constante durante todo o ensaio, mesmo quando ocorre uma variação brusca do volume de câmara resultante da ruptura por fluência da areia, em frações de segundo.

Os tempos de ruptura dos ensaios constam da Tabela 7.3.

A liquefação geralmente ocorre para tensões de pico a baixas deformações específicas e para um tempo de ruptura em torno de um segundo, e às vezes até menos. Esses registros de tempo tornam-se possíveis pelo sistema de aquisição de dados de registro contínuo (ensaios 1 a 8 e 13).

Pela tabela, pode-se ver que a maioria dos ensaios resulta em liquefação. Os ensaios que não obedecem aos dois requisitos - deformação de pico e de tempo - são : 9 a 12 e 14 a 16, que já envolvem valores de compacidades relativas acima de 40%. Mesmo assim, permitem medir uma resistência residual bem inferior à de ruptura.

Usualmente, os resultados dos ensaios são colocados em gráficos semilogarítmicos relacionando a pressão efetiva σ'_{3r} de ruptura, para a condição de liquefação, com o valor do índice de vazios e_o da amostra no início do ensaio, e que resulta o mesmo de ruptura, porque o ensaio é realizado a volume constante e a amostra está saturada.

Essa curva de e vs σ'_{3r} é mostrada na Figura 7.14 (1ª. análise).

Segundo Castro (1969), Poulos *et al.* (1985), Casagrande (1975) e Kramer e Seed (1988), a liquefação do solo ocorre quando a tensão confinante efetiva de ruptura σ'_{3r}, o volume e a velocidade de deformação são constantes. Reanalisando os resultados dos ensaios que mais se aproximam dessa condição, chega-se à 2ª. curva da Figura 7.14, pouco deslocada para a direita. Na primeira análise, foram considerados 15 resultados de ensaios, enquanto na segunda somente 12. Se os dados da Tabela 7.3 fossem considerados, deveriam ser avaliados apenas os resultados de dez ensaios (os ensaios que atendem aos requisitos de tempo e deformação de pico). Neste caso, a curva de σ'_{3r} vs. e ficaria mais deslocada para a direita.

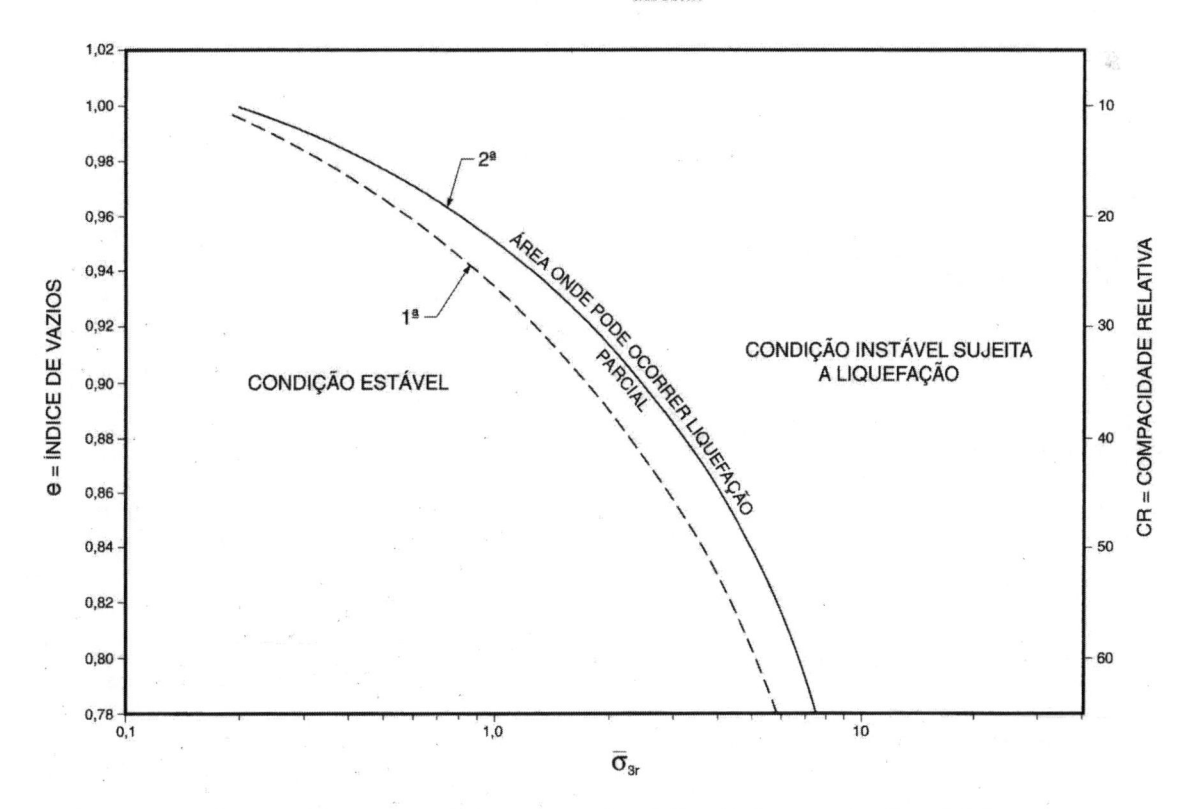

Figura 7.14 - Análises de dados de ensaios de liquefação em areia (Cruz, 1991)

Tabela 7.3 - Ensaios de liquefação - areia de Pedra Redonda (cortesia CESP, 1991)

e_r	σ'_{3r}	CR molda-gem	Ensaio	CR antes do ensaio	σ_{3c} kg/cm²	Deformação de pico (%)	Tempo para pico (' ")	Tempo deformação 0-20%(' ")	Liquefação tempo/pico até~20%	Liquefação tempo/pico até~40%
1,01	0,05	3,0	1	9,5	0,20	0,96	8' 0,73"	8' 01,75"	1,02"	1,23"
1,02	0,23	5,0	2	7,9	0,50	1,38	15' 21,78"	15' 22,88"	1,10"	-
1,00	0,25	5,0	3	11,4	1,50	1,18	18' 31,89"	18' 33,10"	2,21"	-
0,98	0,28	10,0	4	16,7	1,50	1,77	19' 57,02"	19' 57,98"	0,96"	-
0,97	0,75	10,0	5	19,0	3,00	2,07	13' 59"	13' 59,56"	0,56"	0,98"
0,96	0,61	10,0	6	21,4	4,00	4,19	25' 55,74"	25' 56,27"	0,53"	0,86"
0,95	0,89	10,0	7	24,3	6,00	1,57	19' 00,80"	19' 01,54"	0,68"	0,86"
0,92	1,25	10,0	8	32,1	10,00	2,22	34' 19,74"	34' 15,66"	0,82"	1,05"
0,93	1,15	20,0	9	27,6	1,50	15,16	41' 55"	42' 56,51"	1,51"	1,57"
0,89	2,17	20,0	11	38,1	16,00	1,91	23' 53"	29,50"	5' 97"	6' 0,56"
0,88	3,40	20,0	11	40,5	18,00	3,51	25' 01"	25' 54,87"	53,87"	54,56"
0,87	3,21	30,0	12	42,9	10,00	9,74	26' 52"	31' 01"	4',09"	8' 20"
0,84	3,63	30,0	13	50,0	16,00	5,05	24' 52"	28' 06,45"	1,45"	1,56"
0,82	4,45	40,0	14	54,8	16,00	5,05	24' 52"	29' 02"	4' 10"	4' 11,91"
0,80	-	50,0	15	59,3	3,00	10,83	39'	42' 58,01"	3' 58,01"	3' 58,43"
0,79	4,79	50,0	16	62,1	10,00	21,92	40' 52"	-	-	48"

C.R. = compacidade relativa

Liquefação ocorre para def. pico < 1 a 3 %.

A interpretação correta dessa curva é importante, porque ela define, em princípio, a condição <u>estável</u> (pontos abaixo da curva), uma condição intermadiária, sujeita a liquefações parciais, e uma condição <u>instável</u> (pontos acima da curva).

Se os ensaios são completados com outros de deformação controlada, pode-se definir melhor a condição intermediária. Como, para fins de projeto, a condição de liquefação parcial pode ser suficientemente insegura, as análises que se seguem consideraram as curvas das hipóteses 1ª e 2ª como condições limites.

7.3.3 - Avaliação do Potencial de Liquefação das Areias de Fundação da Barragem de Pedra Redonda

Como um exemplo de aplicação, considera-se aqui o caso da Barragem de Pedra Redonda.

Para essa análise é necessário dar alguns passos a mais.

Como a compacidade relativa *in situ* era desconhecida, foi necessário formular hipóteses de CR iniciais desde 10% até 50%, para se definir a partir de que valores de *CR* iniciais ocorreria o potencial de liquefação.

A partir das curvas de adensamento procedidas em ensaios de laboratório e dos adensamentos medidos nos ensaios triaxiais até antes da ruptura, pôde-se estimar qual seria o *e* de campo em função do carregamento da barragem. As curvas de adensamento são mostradas na Figura 7.15.

Nessa figura, estão indicados também os pontos de ruptura dos ensaios realizados e a 2ª curva limite. Notam-se três casos possíveis: amostras que liquefizeram na ruptura; amostras com liquefação parcial; e amostras que não liquefizeram.

Para a análise da estabilidade da fundação da barragem foram selecionados 6 pontos (A a F), no centro da camada arenosa de fundação, como mostrado na Figura 7.16.

A Tabela 7.4 resume os valores de *e* para várias *CR* iniciais, e a Tabela 7.5 mostra os valores de *e* no final da construção e as respectivas *CR* finais.

Tabela 7.4 - Valores de e inicial para várias CR de deposição

Ponto	Indice de Vazios Inicial para os seguintes valores de CR de deposição				
	10%	20%	30%	40%	50%
A	0,990	0,935	0,905	0,868	0,828
B	0,990	0,935	0,905	0,868	0,828
C	0,990	0,935	0,905	0,868	0,828
D	0,990	0,935	0,905	0,868	0,828
E	0,990	0,935	0,905	0,868	0,828
F	0,990	0,935	0,905	0,868	0,828

Tabela 7.5 - Valores de e e CR - final da construção

Ponto	Altura do aterro	σ_{vf} (kgf/cm²)	$C_{R_d}=10\%$		$C_{R_d}=20\%$		$C_{R_d}=30\%$		$C_{R_d}=40\%$		$C_{R_d}=50\%$	
			e_f	CR_f	e_f	CR_f	e_f	CR_f	e_f	CR_f	e_f	CR_f
A	34,0	7,4	0,940	26	0,905	34	0,870	43	0,830	52	0,802	59
B	42,0	9,0	0,925	30	0,900	36	0,860	45	0,825	54	0,798	60
C	50,0	10,6	0,915	32	0,895	37	0,858	46	0,822	54	0,795	61
D	57,0	12,0	0,910	33	0,890	38	0,850	48	0,818	55	0,790	62
E	50,0	10,6	0,915	32	0,895	37	0,858	46	0,822	54	0,795	61
F	38,0	8,2	0,930	29	0,900	36	0,862	45	0,828	53	0,800	60

Entrando com os valores de e_v na 2ª curva da Figura 7.14, obtêm-se os valores de σ'_{3r} resumidos na Tabela 7.6.

Tabela 7.6 - Valores de σ'_{3r} em função de e_f

Ponto	$\sigma'_3=0,5\sigma_v$	$C_{R_d}=10\%$		$C_{R_d}=20\%$		$C_{R_d}=30\%$		$C_{R_d}=40\%$		$C_{R_d}=50\%$	
		e_f	σ'_{3r}	e_f	σ'_{3r}	e_f	σ'_{3r}	e_f	σ'_{3r}	e_f	σ'_{3r}
A	3,7	0,940	1,4	0,905	2,4	0,870	3,6	0,830	5,4	0,802	6,5
B	4,5	0,925	1,7	0,900	2,5	0,860	4,0	0,825	5,5	0,798	6,6
C	5,3	0,915	2,1	0,895	2,7	0,858	4,1	0,822	5,6	0,795	6,8
D	6,0	0,910	2,2	0,890	2,9	0,850	4,4	0,818	5,9	0,790	7,0
E	5,3	0,915	2,1	0,895	2,7	0,858	4,1	0,822	5,6	0,795	6,8
F	4,1	0,930	1,8	0,900	2,5	0,862	3,9	0,828	5,5	0,800	6,5

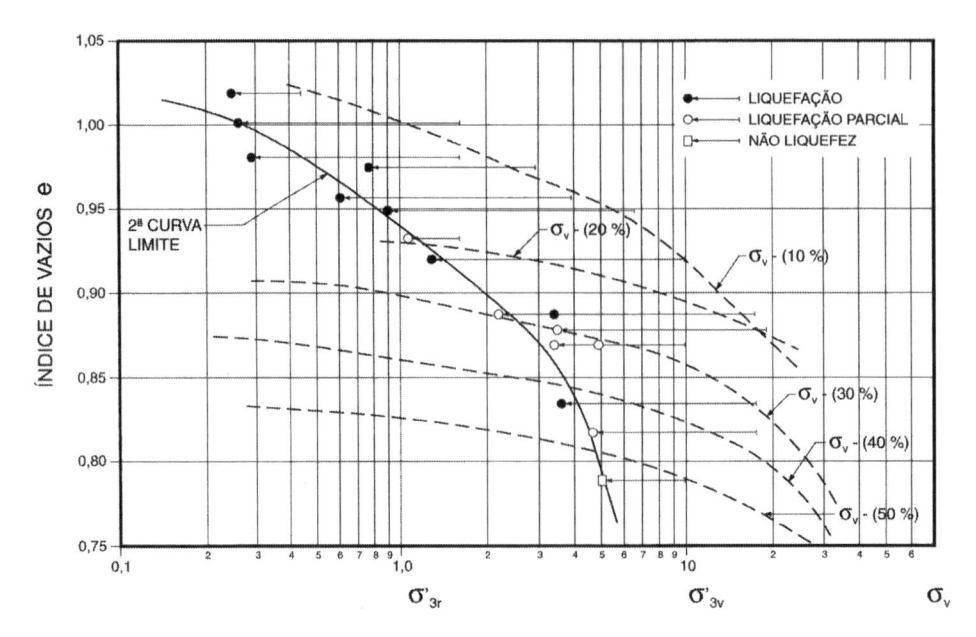

Figura 7.15 - Curvas de adensamento - areias de fundação de Pedra Redonda (Cruz, 1991)

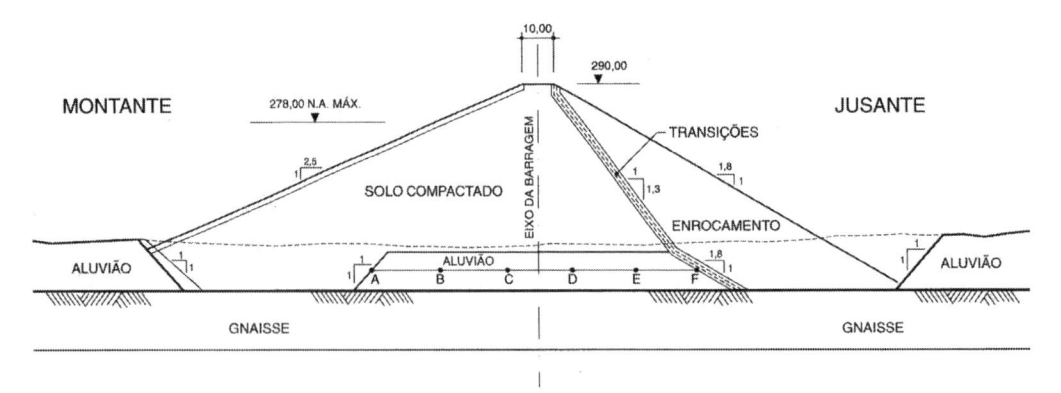

Figura 7.16 - Barragem de Pedra Redonda - localização dos pontos para análise de estabilidade (Cruz, 1991)

Se os valores de σ'_{3c} (tensão confinante efetiva atuante nos pontos A a F da fundação da barragem) forem estimados em 50% de σ_v (tensão vertical efetiva devida à barragem), pode-se comparar para o final de construção em que condições de CR inicial os valores de σ'_{3c} são inferiores a σ'_{3r} e, portanto, não sujeitos à ruptura. Vê-se que para CR inicial de 40% não há risco de liquefação.

Uma segunda forma de análise reside em comparar tensões de cisalhemento atuantes (τ_d) e resistências ao cisalhamento (τ_f), o que, no conceito de coeficiente de segurança, é expresso pela fórmula:

F.S. = $(\sigma'_1 - \sigma'_3)_{rup} / (\sigma'_1 - \sigma'_3)_d$

ou F.S. = τ_f / τ_d

Na liquefação, a resistência cai ao valor residual $(\sigma'_1 - \sigma'_3)_{res}$ (ou τ_r) e, por segurança, define-se um valor de F.L. :

F.L. = $(\sigma'_1 - \sigma'_3)_{res} / (\sigma'_1 - \sigma'_3)_d = \tau_r / \tau_d$

O valor de F.S. deve ser 1,3 a 1,5 localmente e, em estado de equilíbrio limite, superior a 1,50. Já o valor de F.L. basta que seja superior a 1,0, porque se não ocorrer um início de liquefação em nenhum ponto, não haverá o risco de liquefação.

Na Tabela 7.7, os valores de $(\sigma'_1 - \sigma'_3)_{res}$ foram calculados em função de σ'_{3r}, considerando-se o valor de $\varphi = 33°$, obtido nos ensaios de laboratório.

Como:

sen $\varphi = (\sigma'_1 - \sigma'_3) / (\sigma'_1 + \sigma'_3) = (\sigma'_1 / \sigma'_3 - 1) / (\sigma'_1 / \sigma'_3 + 1)$

e sendo $(\sigma'_1 - \sigma'_3) = 3,31$ (média de resultados de ensaios), obtém-se:

$$\text{sen } \varphi = \frac{2,31}{4,31} = 0,535 \text{ e } \varphi = 32,47°$$

Daí vem :

$\sigma'_{1r} = 3{,}318 \cdot \sigma'_{3r}$, e $(\sigma'_1 - \sigma'_3)_r = 2{,}318\, \sigma'_{3r}$

Os valores de $(\sigma'_1 - \sigma'_3)_{res}$ estão indicados na Tabela 7.7, para as várias CR iniciais (de 10% a 50%).

Tabela 7.7 - Valores $(\sigma'_1 - \sigma'_3)_{res}$ para várias CR iniciais.

Ponto	hip.1 $(\sigma_1-\sigma_3)_d$ $=0{,}5\sigma_{vr}$	hip.2. $(\sigma_1-\sigma_3)_d$ $=0{,}65\sigma_{vr}$	e_f	$(\sigma_1-\sigma_3)_r$	e_f	$(\sigma_1-\sigma_3)_r$	e_f	$(\sigma_1-\sigma_3)_r$	e_f	$(\sigma_1-\sigma_3)_r$	e_f	$(\sigma_1-\sigma_3)_r$	hip.3 $(\sigma_1-\sigma_3)_d$
A	3,7	4,8	0,940	3,4	0,905	5,8	0,870	8,7	0,830	12,9	0,802	15,6	4,28
B	4,5	5,9	0,925	4,1	0,900	6,0	0,860	8,6	0,825	13,2	0,798	15,8	5,34
C	5,3	6,9	0,915	5,0	0,895	6,5	0,858	9,8	0,822	13,4	0,795	16,3	6,66
D	6,0	7,8	0,910	5,3	0,890	7,0	0,850	10,6	0,818	14,2	0,790	16,8	6,66
E	5,3	6,9	0,915	5,0	0,895	6,5	0,858	9,8	0,822	13,4	0,795	16,3	6,66
F	4,1	5,3	0,930	4,3	0,900	6,0	0,860	9,4	0,828	12,5	0,800	15,6	4,76

Os valores de $(\sigma_1 - \sigma_3)_d$ a serem comparados com $(\sigma_1 - \sigma_3)_r$ foram calculados por três hipóteses :

- 1ª. hipótese : $(\sigma_1 - \sigma_3)_d = 0{,}5\ \sigma'_v$;

- 2ª. hipótese : $(\sigma_1 - \sigma_3)_d = 0{,}65\, \sigma'_v$; e

- 3ª. hipótese : $(\sigma_1 - \sigma_3)_d =$ obtido de uma análise de estabilidade.

Comparando-se ponto a ponto o valor da resistência residual da areia $(\sigma_1 - \sigma_3)_r$ com a tensão cisalhante devida ao carregamento, obtém-se:

- pela 1ª. hipótese, se as areias tiverem um CR inicial de 20%, não haverá risco de liquefação;

- pela 2ª. hipótese, será necessário um valor de CR inicial de 30%;

- pela 3ª.hipótese, que corresponde a valores mobilizados de resistência ao cisalhamento, obtidos em análises por equilíbrio limite, confirma-se a necessidade de uma CR inicial de 30%.

Como no cálculo anterior chega-se a 40%, e como na Tabela 7.3 constata-se que só a partir de 40% de CR é que a liquefação fica dificultada, recomendou-se que nas análises de campo fosse considerado o valor de 40% como mínimo desejável.

7.4 - SOLOS LATERÍTICOS E SOLOS SAPROLÍTICOS

7.4.1 - Generalidades

Solos lateríticos e saprolíticos são solos residuais. O fenômeno de laterização, no entanto, ocorre também em solos coluvionares e até mesmo em aluviões.

Uma das características desses solos é a sua estrutura, para a qual contribui a estrutura da rocha matriz, dando origem às chamadas estruturas reliquiares dos solos saprolíticos, e os processos de cimentação, oxidação, aglutinação de partículas e perda de massa, associados à laterização, que é característica dos solos lateríticos.

Essas duas formações foram inicialmente denominadas de solos residuais maduros e solos residuais jovens, nomenclatura hoje ultrapassada.

Alguns aspectos relativos à estrutura dos solos são abordados nos Capítulos 4, 5, 6 e 8, a colapsividade é discutida no item 2 deste capítulo, e dados de compressibilidade são apresentados no Capítulo 12.

Neste item, serão discutidos alguns comportamentos dessas formações relacionados à heterogeneidade, ao coeficiente de empuxo em repouso K_o, à resistência ao cisalhamento e à compressibildade.

7.4.2 - Heterogeneidade

A heterogeneidade dos solos lateríticos e solos saprolíticos é uma das suas características mais marcantes, e diretamente relacionável com o tipo de rocha matriz.

Os perfis de intemperismo podem variar desde poucos decímetros em regiões áridas até dezenas de metros em áreas de clima tropical úmido, como é o caso de algumas áreas da Serra do Mar, no Brasil.

Nas áreas de implantação de barragens, obviamente ligadas a cursos de água, a ocorrência dos solos lateríticos e saprolíticos se restringe às ombreiras, em espessuras variáveis, mas em geral limitadas.

Coppedê Jr. (1988) apresenta um curioso estudo sobre formas típicas de vales da região da Serra do Mar, procurando relacionar a espessura do solo com o tipo de vale. Veja-se por exemplo a Figura 7.17. A Figura 7.18 mostra o afastamento do topo rochoso da superfície do terreno, indicando uma espessa formação de solos saprolíticos.

As Figuras 7.19 e 7.20 mostram um provável perfil de intemperismo genérico, e os "modelos estruturais" dessas formações. A Figura 7.21 reproduz alguns perfis de intemperismo típicos e comuns em ombreiras de barragens e áreas de empréstimo.

A heterogeneidade das formações saprolíticas tem sido abordada por inúmeros autores, preocupados com problemas de estabilidade de encostas naturais. Referências bibliográficas selecionadas são incluídas no final deste capítulo. Destas, podemos destacar duas: a contribuição de Victor de Mello (1972) relativa à compressibilidade de solos saprolíticos, e a de Pastore *et al.* (1994) relativa ao tratamento de massas de solos saprolíticos, porque de interesse para as fundações de barragens.

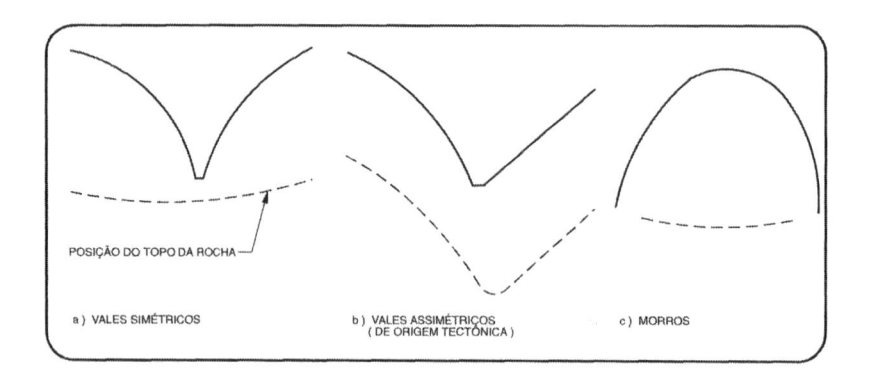

a) Região alta

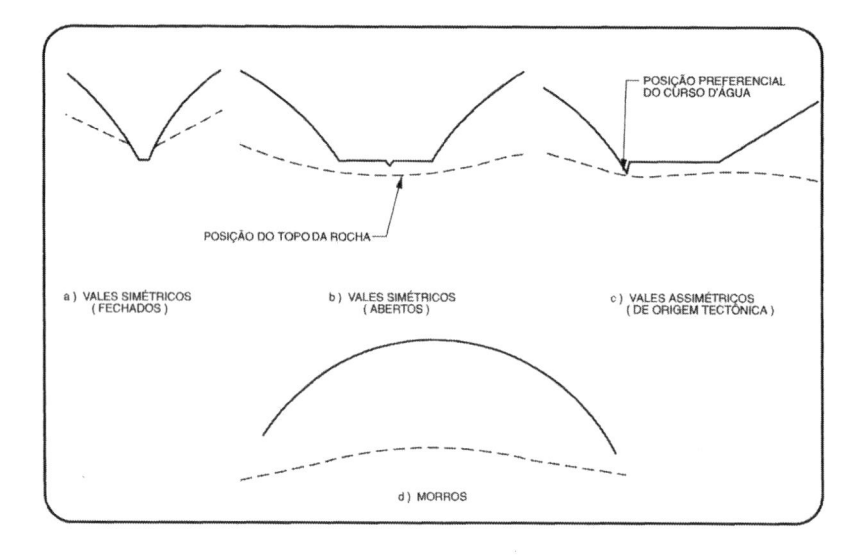

b) Região baixa dos compartimentos geomorfológicos

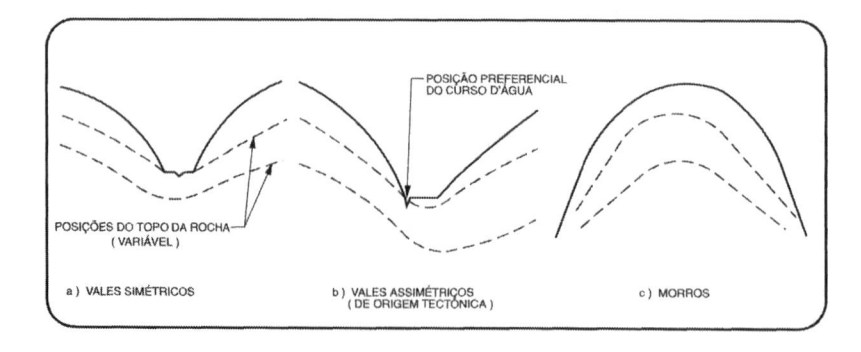

c) Zonas de transição

Figura 7.17 - Perfis típicos dos relevos (Coppedê Jr., 1988)

Capítulo 7

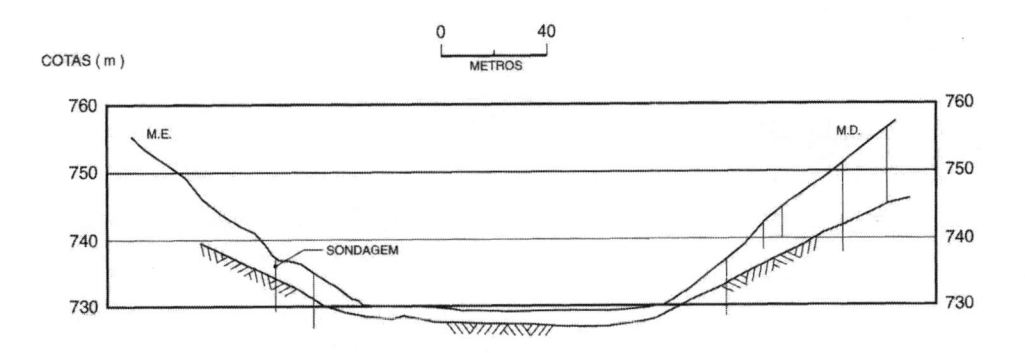

a) Eixo Carrapatos

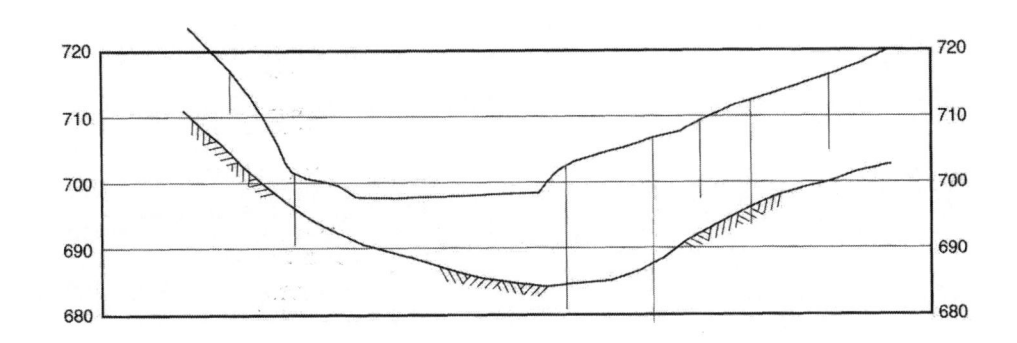

b) Eixo Barreiro

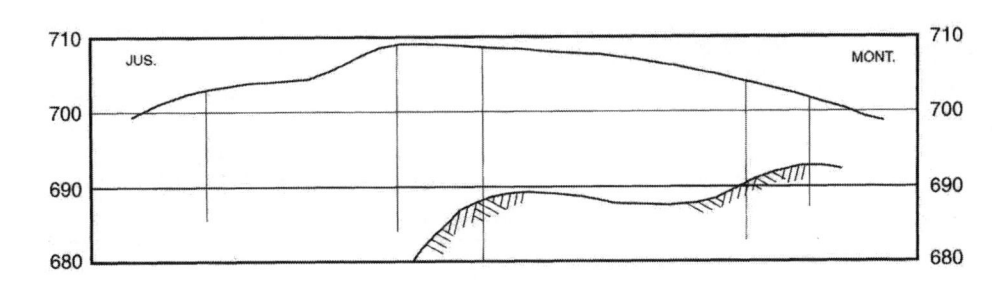

c) Eixo Barreiro - margem direita - vertedouro

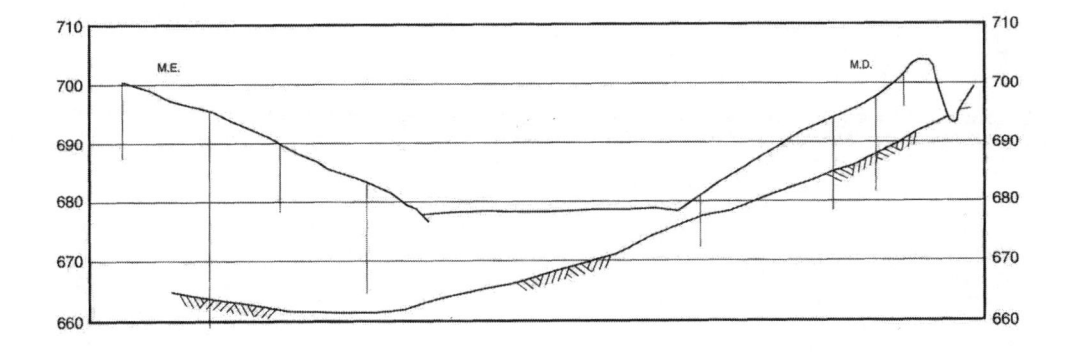

d) Eixo São José

Figura 7.18 - Estudos de eixos alternativos para barragens no rio Pardo (Coppedê Jr., 1988)

CAMADA VEGETAL

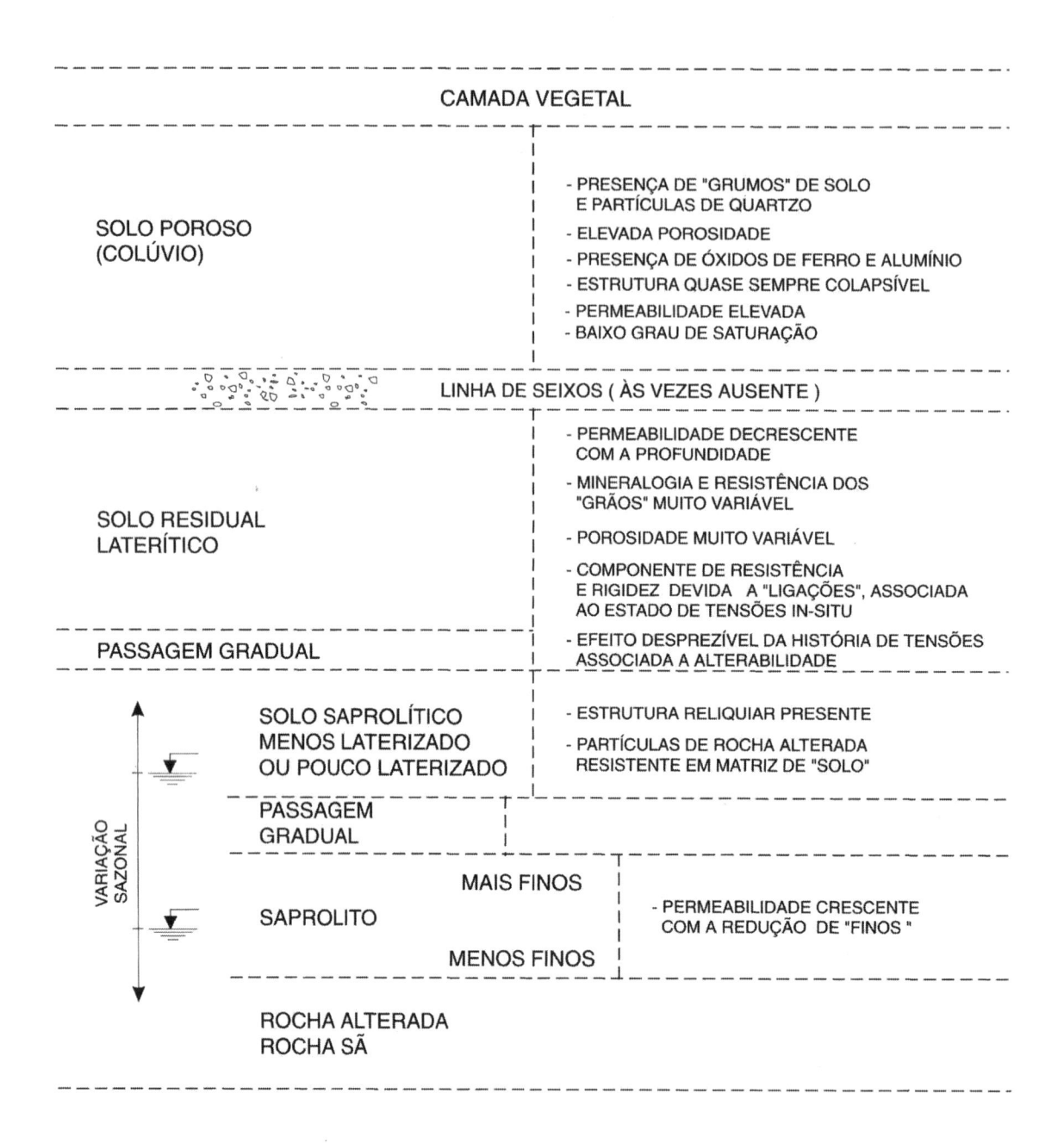

SOLO POROSO (COLÚVIO)
- PRESENÇA DE "GRUMOS" DE SOLO E PARTÍCULAS DE QUARTZO
- ELEVADA POROSIDADE
- PRESENÇA DE ÓXIDOS DE FERRO E ALUMÍNIO
- ESTRUTURA QUASE SEMPRE COLAPSÍVEL
- PERMEABILIDADE ELEVADA
- BAIXO GRAU DE SATURAÇÃO

LINHA DE SEIXOS (ÀS VEZES AUSENTE)

SOLO RESIDUAL LATERÍTICO
- PERMEABILIDADE DECRESCENTE COM A PROFUNDIDADE
- MINERALOGIA E RESISTÊNCIA DOS "GRÃOS" MUITO VARIÁVEL
- POROSIDADE MUITO VARIÁVEL
- COMPONENTE DE RESISTÊNCIA E RIGIDEZ DEVIDA A "LIGAÇÕES", ASSOCIADA AO ESTADO DE TENSÕES IN-SITU
- EFEITO DESPREZÍVEL DA HISTÓRIA DE TENSÕES ASSOCIADA A ALTERABILIDADE

PASSAGEM GRADUAL

SOLO SAPROLÍTICO MENOS LATERIZADO OU POUCO LATERIZADO
- ESTRUTURA RELIQUIAR PRESENTE
- PARTÍCULAS DE ROCHA ALTERADA RESISTENTE EM MATRIZ DE "SOLO"

PASSAGEM GRADUAL

SAPROLITO (MAIS FINOS / MENOS FINOS)
- PERMEABILIDADE CRESCENTE COM A REDUÇÃO DE "FINOS"

ROCHA ALTERADA / ROCHA SÃ

(VARIAÇÃO SAZONAL)

1 - ESPESSURAS DAS CAMADAS SÃO VARIÁVEIS E POR VEZES QUASE INEXISTENTES
2 - A CAMADA DE SOLO POROSO PODE OCORRER TAMBÉM SOBRE SOLOS SEDIMENTARES

Figura 7.19 - Perfil possível de solos tropicais (Cruz, 1989)

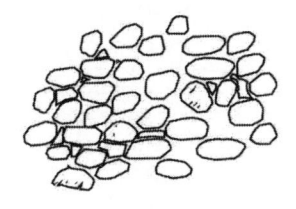

Capítulo 7

SOLO POROSO - "GRUMOS DE PARTÍCULAS DE SOLOS" CIMENTADOS POR ÓXIDOS DE FERRO E ALUMÍNIO - PARTÍCULAS DE QUARTZO RESISTENTES - MACRO POROS - PERMEABILIDADE ELEVADA - SOLO COLAPSÍVEL

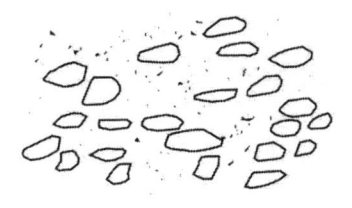

SOLO RESIDUAL - "GRUMOS DE SOLOS"- PARTÍCULAS DE LATERITA E/OU QUARTZO - MACRO E MICRO POROS - PERMEABILIDADE VARIÁVEL SOLO COLAPSÍVEL, OU ESTÁVEL SOLO LATERÍTICO

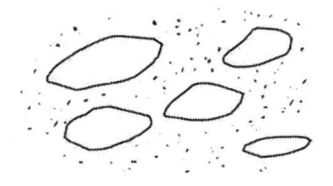

SOLO SAPROLÍTICO - LATERIZAÇÃO MENOR OU POUCO SIGNIFICATIVA - PRESENÇA DE PARTÍCULAS - GRÃOS DE ROCHA ALTERADA - MATRIZ DE SOLO POUCO RESISTENTE

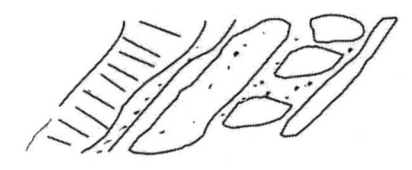

SOLO SAPROLÍTICO ORIGINÁRIO DE ROCHA BANDEADA - ESTRUTURA RELIQUIAR MANIFESTA

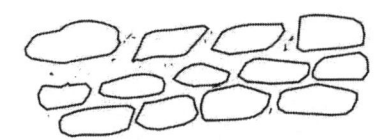

SAPROLITO COM FINOS "BLOCOS DE ROCHA ALTERADA" COM PREENCHIMENTO DE VAZIOS COM SOLO - PERMEABILIDADE "BAIXA"

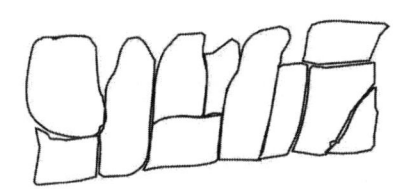

SAPROLITO SEM FINOS - VAZIOS POUCO PREENCHIDOS POR SOLO - CAMADA PERMEÁVEL"- FLUXO PELAS FRATURAS NÃO PREENCHIDAS POR SOLO

Figura 7.20 - Modelos "estruturais" de solos tropicais (Cruz, 1989)

DEERE e PATTON (1971)		DE MELLO (1971)	VARGAS (1974)		WOLLE (1985)		PASTORE (1992)	
I - SOLO RESIDUAL	I-A HORIZONTE "A"	SOLO MADURO	HORIZONTES PEDOLÓGICOS	A	SOLO RESIDUAL	S. Superf.	SOLO RES. OU TRANSP.	Hor. Organ. (1)
	I-B HORIZONTE "B"			B	SOLO RESIDUAL MADURO	SOLO MADURO		HORIZONTE DE SOLO LATERÍTICO (2)
	I-C HORIZONTE "C" (SAPROLITO)	SOLO RESIDUAL OU SAPRÓLITO		C	HORIZ. II INTER-MEDIÁRIO	SOLO SAPRO-LÍTICO	SOLO RESIDUAL	HORIZONTE DE SOLO SAPROLÍTICO (3)
II - ROCHA ALTERADA	II-A TRANSIÇÃO (de solo saprolítico para rocha alterada)		SAPRÓLITO	HORIZONTE III SAPRÓLITO		SAPRÓLITO		HORIZONTE DE SAPRÓLITO (4)
	II-B Rocha Parcialmente Alterada	ROCHA ALTERADA	ROCHA SÃ OU DECOMPOSTA	HORIZONTE IV ROCHA ALTERADA		ROCHA ALTERADA		HORIZONTE DE ROCHA MUITO ALTERADA (5)
								HORIZONTE DE ROCHA ALTERADA (6)
III	ROCHA SÃ	ROCHA SÃ		HORIZONTE V ROCHA SÃ		ROCHA SÃ		HORIZONTE DE ROCHA SÃ (7)

Figura 7.21 - Comparação entre algumas proposições de perfis de intemperismo típicos do Brasil (Pastore, 1992)

Victor de Mello (1972) postula que num solo saprolítico ocorrem formações mais resistentes, que configuram o arcabouço sólido, e formações mais alteradas menos resistentes e mais compressíveis.

Se esse solo estiver, por exemplo, a z metros de profundidade, a pressão média de peso de terra p (~ γz) vai se distribuir de maneira desuniforme, porque as formações mais resistentes tenderão a absorver uma pressão média p_1, diferente da pressão média p_z atuante na formação mais fraca. Se for executado um aterro extenso de barragem de z' metros na superfície do terreno, a sobrecarga média p_{at} (~ γz) será absorvida também de forma desuniforme e proporcional às características de compressibilidade e resistência das formações resistentes e fracas.

A Figura 7.22 reproduz as curvas de compressibilidade das duas formações. No exemplo numérico apresentado por Victor de Mello, as pressões p_1 e p_2 são respectivamente 31,8 t/m² e 8,8 t/m². O acréscimo de pressão Δp_1=18,8 t/m² resultará em $p_1 + \Delta p_1$ = 50,6 t/m² e $p_2 + \Delta p_2$ = 12,9 t/m². O recalque resultante será de 0,0043 H. Se por problemas de amostragem inadequada tivesse sido ensaiada somente uma das formações, os recalques calculados poderiam ser de 0,0083 H, ou de 0,0023 H, obviamente errados.

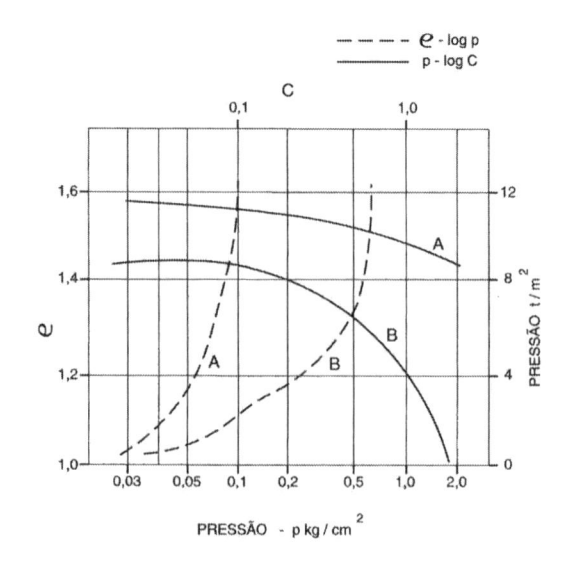

Figura 7.22 - Resultados típicos de ensaios, considerando-se as tensões distribuídas em diferentes materiais, A e B (Mello, 1972)

Capítulo 7

Souza Pinto e Nader (1993) reportam dados de ensaios triaxiais procedidos em amostras de uma formação saprolítica de migmatito, que continha "bandos" ou núcleos de caulim branco, além de veios de argila porosa marrom e veios de quartzo, numa massa predominantemente siltosa e micácea. A Figura 7.23 mostra o resultado dos ensaios triaxiais procedidos em amostras selecionadas do caulim e do silte do migmatito. As diferenças são evidentes.

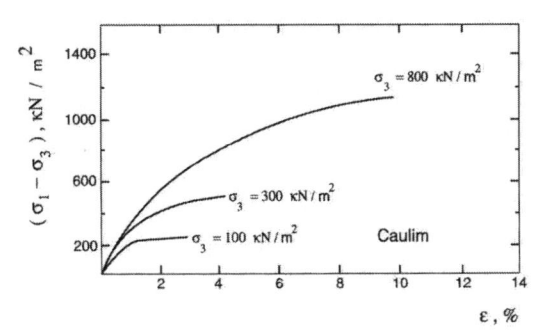

a) Caulim

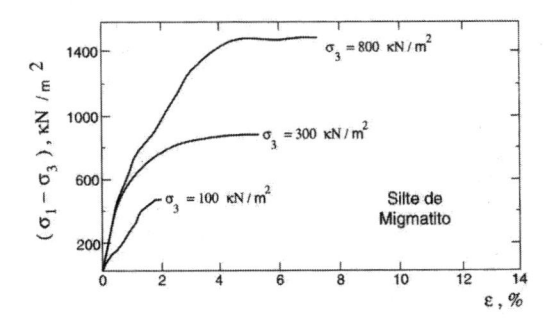

b) Silte de migmatito

Figura 7.23 - Curvas tensão-deformação (Souza Pinto e Nader, 1993)

Pastore *et al.* (1994), e Cruz (1989) propõem que massas de solos saprolíticos sejam analisadas, aplicando-se alguns raciocínios da Mecânica das Rochas.

Como o solo saprolítico tende a preservar a estrutura reliquiar da rocha matriz, a heterogeneidade dessas "estruturas" irá refletir diretamente a heterogeneidade original da rocha.

Assim é que solos derivados de rochas sem foliação ou acamamento, como os granitos, basaltos e argilitos, tendem a ser mais uniformes ou a apresentar nucleações ou blocos mais ou menos alterados, numa massa de solo já desagregado. Já os solos derivados de rochas metamórficas podem apresentar uma heterogeneidade de comportamento associada à xistosidade, foliação, bandamento composicional, etc., comuns nos xistos, migmatitos, folhelhos e gnaisses.

A Figura 7.24 mostra a variação da tensão principal maior, obtida em ensaios triaxiais e de compressão simples procedidos em amostras de formações saprolíticas de várias rochas, nas quais o plano de foliação encontrava-se em diferentes inclinações.

Em projetos de barragens apoiadas em solos lateríticos, e principalmente em solos saprolíticos, a principal preocupação deve ser a avaliação correta da heterogeneidade dessas formações e a sua importância em questões de compressibilidade e resistência. Aspectos relativos ao fluxo de água são discutidos nos Capítulos 8, 10 e 11.

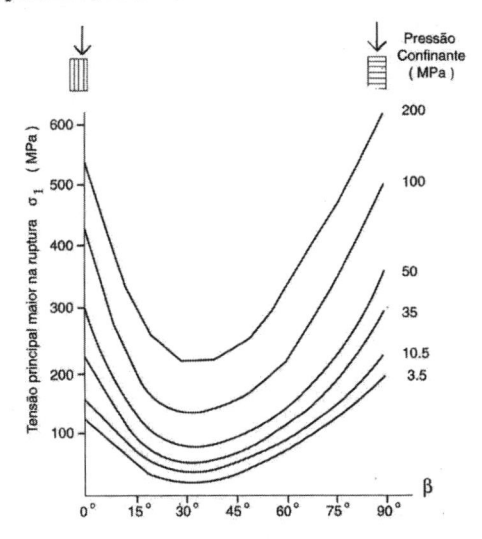

a) Resistência última vs. inclinação da foliação: ardósia de Martinsburg (Donath, 1964)

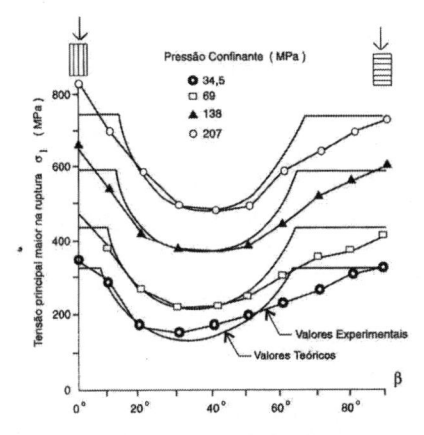

b) Resultados de ensaios triaxiais de ardósia com diferentes inclinações do plano de foliação, obtidos por Mc Lamore e Gray (1967), comparados com a resistência teórica (Hoek, 1983)

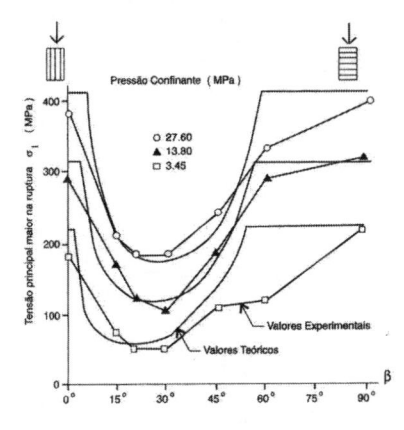

c) Resultados de ensaios triaxiais de arenito fraturado, testado por Horino e Ellikson (1970), comparados com a resistência anisotrópica teórica (Hoek, 1983)

100 Barragens Brasileiras

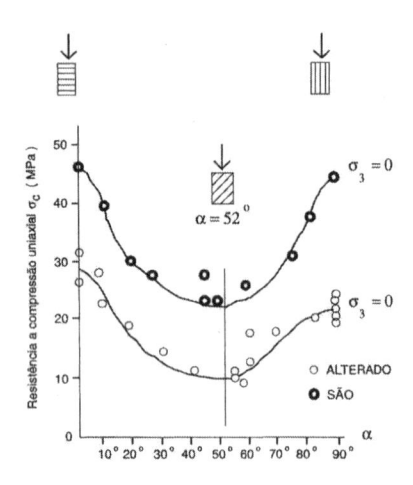

d) Variação da resistência à compressão uniaxial de filito com a inclinação dos planos de foliação (Sabatakakis e Tsiambaos, 1983, *apud* Papadopoulos e Marinos, 1991)

Figura 7.24 - Variação da tensão principal maior obtida em ensaios triaxiais e de compressão simples (*apud* Pastore, 1992)

7.4.3 - O Coeficiente de Empuxo em Repouso K_o

Em qualquer estudo por Métodos Numéricos (veja-se Capítulo 12), é necessário considerar o estado *in situ* das tensões e, para tanto, o valor de K_o é básico.

O que se segue é uma discussão das dificuldades de se obter o valor de K_o em ensaios de laboratório, senão a sua impossibilidade. Ensaios de campo com equipamentos especiais, tais como o "Camkometer", parecem ser a única possibilidade compatível de se estimar um valor para K_o em formações lateríticas e saprolíticas.

A primeira dificuldade está na amostragem. Quando uma amostra é retirada de uma massa de solo, o estado de tensões se altera e *ipso facto* ocorrem deformações não mensuráveis.

Ensaios triaxiais nos quais a deformação horizontal é contida têm sido recomendados para a obtenção de K_o. O resultado de um desses ensaios é mostrado na Figura 7.25.

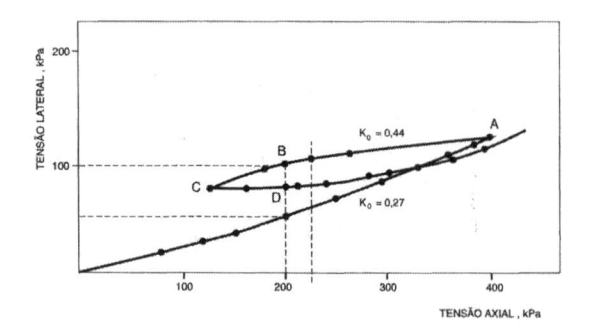

Figura 7.25 - Ensaio K_o com ciclo de descarregamento e recarregamento (Souza Pinto e Nader, 1993)

O valor de K_o (σ_3/σ_1) no ensaio é variável com o nível de tensões e, em geral, é baixo no início do ensaio. Poder-se-ia calcular K_o como $\Delta\sigma_3/\Delta\sigma_1$, que tende a se tornar constante a partir de um certo nível de tensões. Mas este será o K_o in situ ? Se a partir de um certo valor de σ_o a tensão σ_3 for reduzida, e a seguir aumentada, o valor de $K_o = \sigma_3/\sigma_1$ ou $K_o = \Delta\sigma_3/\Delta\sigma_1$ também irá variar.

Em formações sedimentares, o K_o *in situ* no carregamento inicial é aproximadamente constante. Mas se ocorrer um descarregamento (por erosão, por exemplo) e um recarregamento, ocorrerá um ciclo de tensões como o mostrado na Figura 7.25, e a menos que se conheça o valor máximo de σ_{av} (antes do descarregamento), o valor mínimo de σ_n (no descarregamento) e o novo valor de σ_v (depois do carregamento), não se pode saber em que parte do ciclo de carga-descarga-recarga o ponto se situa e, portanto, qual seria o valor de K_o *in situ*.

Se a esta situação se somar o problema do adensamento secundário, a questão ainda se complica.

Nas formações lateríticas e saprolíticas, o problema é ainda mais complexo, e está muito bem formulado por Souza Pinto e Nader (1993). Dizem os autores :

"Durante o processo de formação do solo, o enfraquecimento e a decomposição podem atingir tal ordem, que as partículas perdem a cimentação e passam a ter comportamento individual. Com a lixiviação, as partículas passam a ocupar os espaços disponíveis, num processo semelhante ao cisalhamento, ficando com um arranjo que corresponde ao do equilíbrio ativo. A tensão horizontal passa a ser a determinada pelo coeficiente de empuxo ativo. No caso, o K_o ficará igual ao K_a.

De outra parte, é possível que a decomposição da rocha, dando origem ao solo, libere minerais expansivos. A expansão provoca dilatação na direção vertical. Na direção horizontal, a expansão é impedida. A tensão horizontal cresce até o limite do equilíbrio passivo, quando ocorre plastificação. O K_o ficará igual ao K_p".

Concluem daí os autores que o K_o de um solo laterítico ou saprolítico pode se situar em toda a faixa que vai do empuxo ativo ao empuxo passivo, e que como é impossível retirar uma amostra indeformada sem que ocorram deformações, a determinação do K_o em laboratório é impossível.

Se a determinação do K_o for imprescindível num projeto de barragem, a solução recomendada é a de tentar medi-lo *in loco*. Não se dispõe no presente de dados dessas medidas em bibliografia, o que é lamentável.

7.4.4 - Resistência e Compressibilidade - Valores Médios Gerais

A bibliografia brasileira reporta inúmeros resultados de ensaios procedidos em amostras de solos lateríticos e saprolíticos talhadas de blocos indeformados, retirados de fundações de barragens. No caso geral, esses dados provêm de ensaios convencionais de adensamento e ensaios triaxiais drenados e não drenados.

Conforme será discutido no Capítulo 12, as curvas de compressão obtidas em ensaios oedométricos, quando comparadas às curvas de "recalques" observadas nas fundações de barragens, apresentam discrepâncias de tal ordem que preferimos omitir os dados de seus ensaios.

No tocante a ensaios triaxiais, as limitações referem-se à reprodutividade das amostras ensaiadas e à presença de estados reliquiares que, como já discutido, interferem nos resultados.

Consideradas essas limitações, apresentam-se na Tabela 7.8 alguns resultados de ensaios, que poderão servir como ordem de grandeza na escolha de parâmetros de cálculo para as fases preliminares de projeto.

Tabela 7.8 - Resultados de ensaios triaxiais

a) Solos lateríticos

Local	Classificação	Rocha de origem	S (%)	h (%)	e	γ_{nat} (g/cm³)	δ (g/cm³)	c' (kgf/cm²)	φ' (°)	Tipo de ensaio
Porto Colômbia		B A S				1,43 a 1,87	2,93	0,20 a 0,25	24 17	S R'sat
Marimbondo		A L T					2,62 a 2,92	0,10	15	R'sat
Tucuruí	S	O	91	40	1,24	1,79	2,89	1,00	24	
Tucuruí	O L	Metabasito	85	32	1,12	1,88	2,86	0,30	25	
Cana Brava	O	Metagabro	86	30	1,08	1,80	2,88	0,40 a 0,80	20 a 22	S
Corumbá	R E S I	Clorita xisto	54	12	0,67	1,86	2,78	1,20	29 27 a 30	Q R'sat
Corumbá	D		44	8	0,49	1,97	2,72	1,00	35	
Tucuruí	U	Filito	84	22	0,76	1,97	2,82	0,36	24	
Serra da Mesa	A L	Micaxisto	16	2,9	0,40	2,00	2,73	1,80	30	S
Serra da Mesa			39	4,3	0,29	2,20	2,73	2,85	30	Q
Simplicio		Migmatito	62	31	1,36	1,50	2,71	0,30	23	S
Simplicio			87	36	1,09	1,72	2,65	0,20	27	R'sat
Sapucaia		Gnaisse	50	14	0,75	1,71	2,63	0,90	24	S
Itaocara			54	16	0,79	1,71	2,64	0,30	24	S
Tucuruí		Quartzito	86	22	0,72	1,99	2,78	0,31	22,5	
Rio Grande do Sul	SOLO LATERÍTICO	Argilito		26				0,10 a 0,14	24 a 28	Q

b) Solos saprolíticos

Local	Classificação	Rocha de origem	S (%)	h (%)	e	γ_{nat} (g/cm³)	δ (g/cm³)	c' (kgf/cm²)	φ' (°)	Tipo de ensaio
Nova Avanhandava	S O L O	B A					2,93	0	32,5	Q'S
Tucuruí		S	88	37	1,21	1,83	2,90	0,86	24,3	
Água Vermelha	S	A L	84	43				0,0 / 0,35	38 / 30	Q' / R'sat
São Simão	A P R	T O	84	45				0,47 / 0,24 / 0	32 / 34 / 30	Q' / R'sat / S
Tucuruí	O L	Diabásio	87	44	1,53	1,74	3,06	0,28	27,5	
Tucuruí	Í T	Metabásio	85	49	1,66	1,60	2,88	0	20	
Águas Claras	I C O	Filito						0,50 / 0	13-17 / 24-29	Q' / S
Tucuruí			85	26	0,88	1,90	2,81	0,48	24,5	
Paço Real		Granito						0,59	26,0	Q'

A análise da Tabela 7.8 mostra alguns dados interessantes:

(I) - a nomenclatura de solo residual foi mantida, porque referida na bibliografia que contém os dados dos ensaios. Pode-se, no entanto, referir esses solos como solos lateríticos;

(II) - o grau de saturação inicial dos solos varia em faixas amplas e em todos os casos é menor do que 100%;

(III) - a umidade natural pode ser tão baixa como 2,9% e 4,3% (solo residual de micaxisto de Serra da Mesa) até próxima de 50% (solo saprolítico de metabasito de Tucurui);

(IV) - índices de vazios em geral acima de 1,00 foram registrados nos solos saprolíticos. Nos solos lateríticos e variou de 0,29 até 1,36;

(V) - o peso específico dos grãos dos solos saprolíticos foi sempre superior a 2,80. Já nos solos lateríticos, variou de 2,63 até 2,92.

Os parâmetros de resistência ao cisalhamento c' e φ' devem ser considerados com reservas, porque passíveis de diferentes interpretações e critérios de ruptura.

A Figura 7.26 mostra resultados de ensaios trixiais procedidos em amostras de um solo arenoso (colúvio de arenito), da fundação da Barragem de Promissão.

Três pares de valores de c' e φ' podem ser definidos:

c' = 0,15 kg/cm² e φ' = 18,0° - Ensaio R' (critério de máxima tensão desviatória - pequenas deformações)

c' = 0,03 kg/cm² e φ' = 34,1° - Ensaios R (critério de máxima obliqüidade - grandes deformações)

c' = 0,12 kg/cm² e φ' = 24,2° - Ensaios S (ambos os critérios - grandes deformações)

Em linhas muito gerais, alguns fatos importantes podem ser constatados:

(I) - o parâmetro c' varia significativamente, mas é sempre diferente de zero nos solos lateríticos; já nos solos saprolíticos, há varios casos de $c' = 0$;

(II) - o ângulo de atrito φ' é muito variável, e sempre igual ou menor do que 30° nos solos lateríticos. Em média, o φ' é maior no caso dos solos saprolíticos;

(III) - não há relação entre o valor do índice de vazios e a resistência dos solos, assim como não há relação entre o índice de vazios e a profundidade em que o solo se encontra. No Capítulo 6, há uma referência a um solo saprolítico originário de uma rocha máfica, que tem índice de vazios superior à unidade, em amostra retirada a uma profundidade de 89 m.

Influência das estruturas reliquiares

A influência das estruturas reliquiares na resistência ao cisalhamento dos solos saprolíticos já foi antecipada no item 7.4.2.

Em sua tese de Doutoramento, Pastore (1992) demonstra que a análise dos resultados dos ensaios deve ser procedida em termos de pressões efetivas, porque solos saprolíticos, se saturados ou com graus de saturação superiores a 90 %, podem desenvolver pressões neutras na ruptura.

A Figura 7.27 mostra a variação no valor de σ'_{1r} em ensaios triaxiais não drenados (R') em função de σ'_{3r} e do ângulo β que a feição reliquiar faz com a horizontal.

O valor de σ'_{1r} pode ser calculado pela expressão :

$$\sigma'_{1r} \leq \sigma'_{3r} + \frac{2\,(c'_i + \sigma'_3\,\text{tg}\varphi'_i)}{(1 - \text{tg}\varphi'_i\,\text{tg}\beta)\,\text{sen}\,2\beta}$$

sendo c'_i e φ'_i os parâmetros de resistência do solo quando $\beta = 0°$ ou 90°, ou seja, quando a ruptura ocorre sem a interferência da feição reliquiar e β = ângulo da feição reliquiar com o plano vertical.

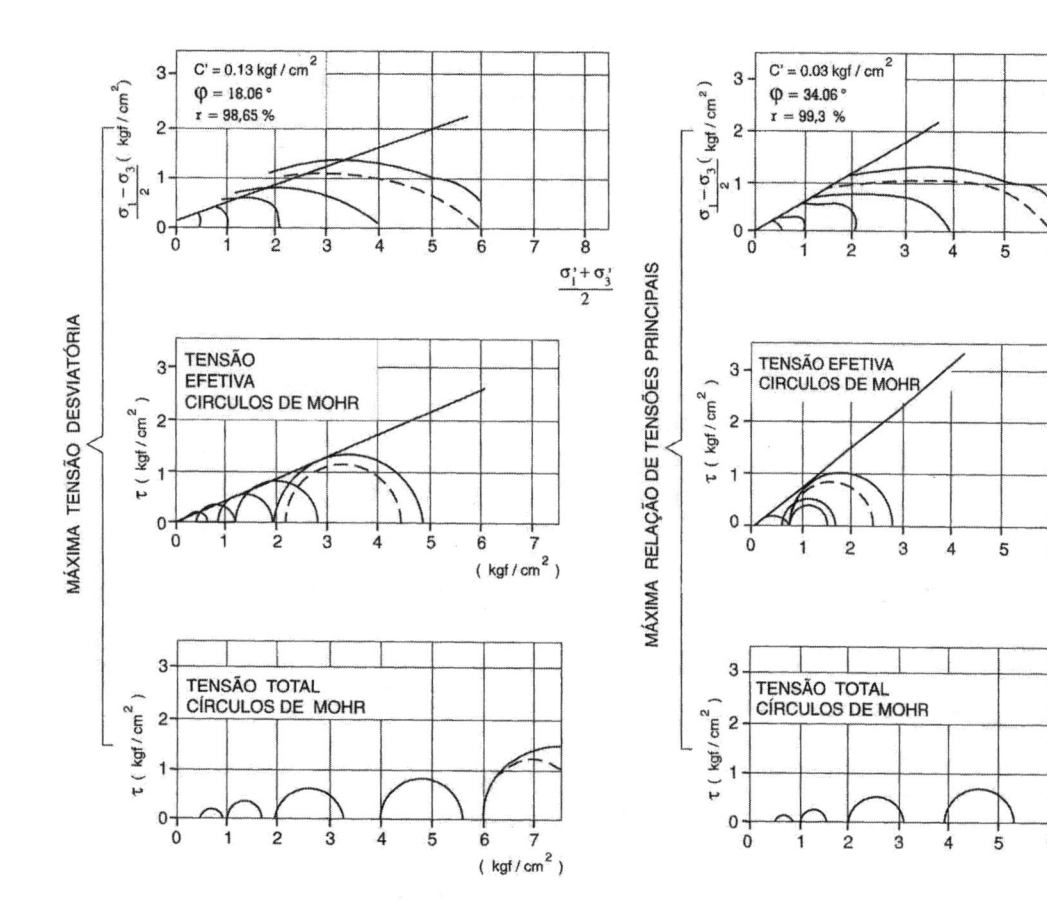

a) Ensaios adensados - não drenados - Fundação M.D.

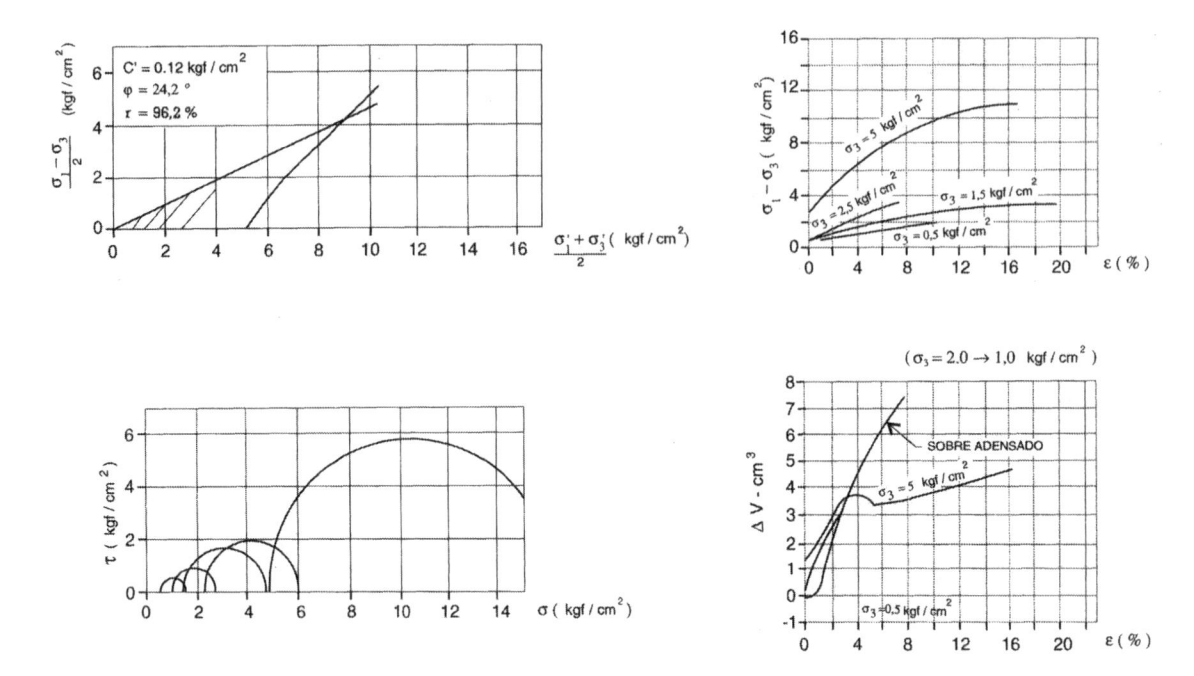

b) Ensaios adensados - drenados

Figura 7.26 - Resultados de ensaios triaxiais realizados em amostras de colúvio de arenito na Barragem de Promissão (apud Leme, 1985)

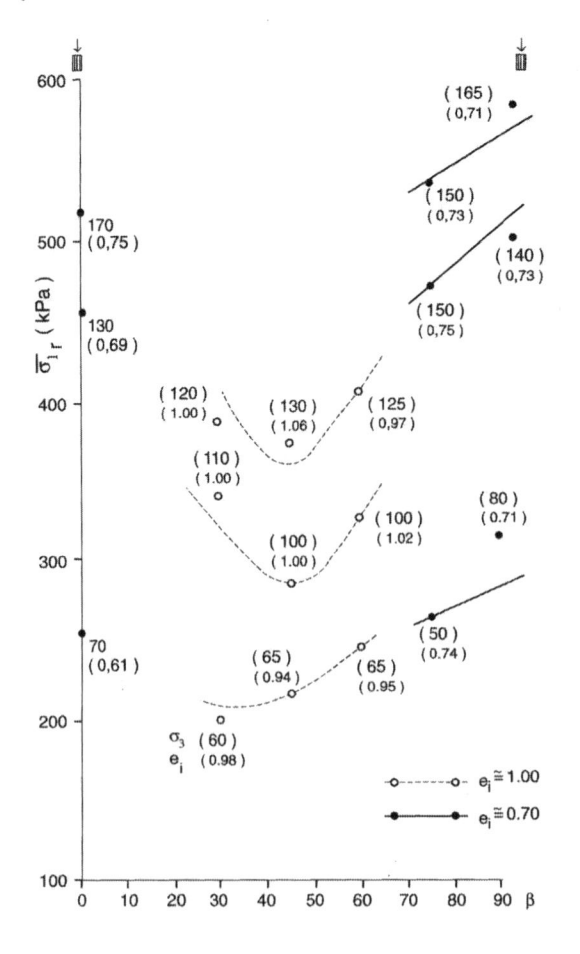

Figura 7.27 - Correlação entre σ'_{1r} e β (Pastore, 1992)

Os valores de c'_i e φ'_i são obtidos diretamente de ensaios em amostras contendo os planos reliquiares, de preferência na horizontal (teoricamente, poderiam ser na vertical). A fórmula anterior perde validade para valores de β próximos de 0° ou de 90°.

Dados coletados por Pastore (1992), de ensaios de cisalhamento direto procedidos em amostras de solos saprolíticos, e reproduzidos na Tabela 7.9, mostram as diferenças nos valores de c' e φ' para ruptura em planos paralelos e perpendiculares à feição reliquiar.

Essas condições de ruptura, se transplantadas para os ensaios triaxiais, corresponderiam a valor de β de 0° (perpendicular) e $45 - \varphi/2 = 25°$, a 35° (paralelo).

Tabela 7.9 - Valores de coesão e ângulo de atrito em ensaios de cisalhamento direto de solos saprolíticos com estrutura reliquiar (Pastore, 1992)

Rocha de origem	Estrutura reliquiar e tipos de solo	Resistência ao cisalhamento direto						Condição de ensaio	Referência	Observações
		Paralelo		Perpendicular		Residual				
		c' (kPa)	φ' (°)	c' (kPa)	φ' (°)	c_r (kPa)	φ_r (°)			
Quartzito ferrífero	lamelar silte arenoso	2 0	37	50	44	-	-	parcial/e saturado	Sandroni (1981)	
Quartzito micáceo	xistosa areia xistosa	40	22	45	27	-	-	parcial/e saturado		
Migmatito	bandada bandas ricas em mica	40 30	20 21	52 49	23 22	- -	- -	parcial/e saturado submerso	Campos (1974)	
Xisto	lamelar silte arenoso	78	28	100	27	-	-	parcial/e saturado	Durci e Vargas (1983)	
Filito micáceo	xistosa silte	10	29	60	41	-	-	parcial/e saturado	apud Maciel (1991)	
Filito		0	18	0	24	-	-	-	De Fries (1971) apud Deere e Patton (1971)	
Migmatito micáceo	bandada silte arenoso	8 9 35	22 19 22	- - 60	- - 26	3 0 24	17 18 20	parcial/e saturado	CESP Ilha Solteira (1986)	φ_r e c_r determinados paralelos, foliação
Migmatito pouco micáceo	bandada silte arenoso	15 13 0 27	26 40 36 24	- - - -	- - - -	4 0 0 27	23 33 33 23	parcial/e saturado	Solteira (1986)	
Gnaisse	Silte arenoso	45,1 27,3	34,6 27,8	38,2 27,2	35,8 29,2	- -	- -	parcial/e saturado submerso	Campos (1989)	

7.5 - ÂNGULO DE ATRITO RESIDUAL

A questão da eventual mobilização de um ângulo de atrito residua, ao longo de trechos plastificados de uma superfície potencial de ruptura em barragens foi levantada pela primeira vez no Brasil por A. Casagrande, para as Barragens de Paraibuna e Paraitinga. Nestas barragens foi empregado um solo saprolítico de gnaisse, o famoso "siltão", que continha em alguns níveis uma porcentagem elevada de mica, que lhe emprestava uma coloração cinza. Em dias de sol, após uma chuva, a praça de compactação chegava a "brilhar" de tanta mica.

Amostras do solo compactado foram enviadas para Vicksburg (EUA) para ensaios de cisalhamento em anel (*ring shear*). Os resultados dos ensaios foram surpreendentemente elevados: $\varphi'_r = 28°$ (solo de Paraibuna) e $\varphi'_r = 30°$ (solo de Paraitinga).

Amostras de um solo saprolítico micáceo (originário de migmatito de São Paulo) foram submetidas a ensaios de cisalhamento em anel (*ring shear*) no Laboratório de Solos da CESP, em Ilha Solteira. Os valores de φ'_r variaram de 15° a 19°.

A ruptura das Barragens de Waco e Gardiner, já discutida no Capítulo 6, sugere que os ângulos de atrito residuais das feições reliquiares dos folhelhos de suas fundações poderiam ser tão baixos como 6° e 8°.

A questão a discutir refere-se aos mecanismos envolvidos na mobilização da resistência residual e para que tipos de solos a queda de resistência pode ser prevista.

Skempton, em 1964 (na sua Rankine Lecture), procurou relacionar a queda de resistência à fração argilosa, e afirma que a perda de resistência se explica pela "reorientação das partículas lamelares", e que essa queda de resistência só seria significativa para porcentagens de argila superiores a 20% ou 25%.

A baixa porcentagem de argila que ocorre nos solos de Paraibuna e Paraitinga (5% a 12%) explicaria os valores elevados de φ'_r, mas não explica os baixos valores de φ'_r dos solos de migmatito com porcentagens argilosas de 8% e 10%.

Lupini *et al.* (1981), revendo o assunto, propõem três mecanismos de ruptura: rolagem de grãos, transição, e escorregamento (alinhamento de partículas). Veja-se a Figura 7.28.

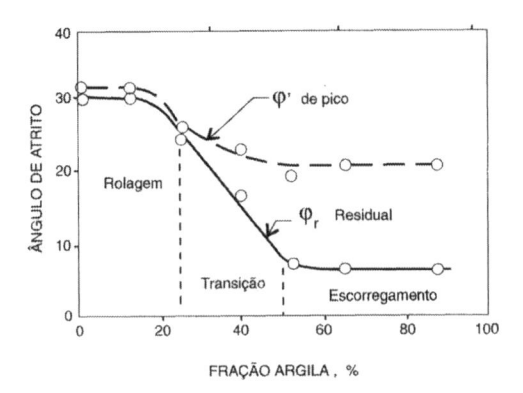

Figura 7.28 - Esquema de comportamento dos solos em função do teor de argila (Lupini *et al.*, 1981).

Quando o solo contém uma fração arenosa significativa, a rolagem de grãos é dominante, e a resistência residual é controlada pela areia.

Nos solos predominantemente siltosos, a resistência residual é controlada em parte pela fração granulométrica fina (o silte) e em parte pelo alinhamento de partículas lamelares (da argila e da mica). Para solos puramente argilosos, a resistência residual é controlada pelo tipo de argilo-mineral presente.

Souza Pinto e Nader (1993) chamam a atenção para esses mecanismos de ruptura, que são comprovados pelos valores numéricos dos ângulos de atrito residuais dos solos de gnaisse e do migmatito. Ver Tabelas 7.10 e 7.11.

Tabela 7.10 - Dados de resistência residual do silte micáceo (Souza Pinto e Nader, 1993)

Profundidade (m)	Granulometria (%)			LL (%)	IP (%)	Resistência de pico		Resistência residual	
	Argila	Silte	Areia			c' (kPa)	φ'_r (°)	c'_r (kPa)	φ'_r (°)
2,8	20	59	21	48	20	35	26	16	15
						0	29	0	17
5,8	10	60	30	40	18	26	28	24	19
						0	29	0	22
7,3	8	74	18	48	21	42	20	26	18
						0	32	0	21

Capítulo 7

Tabela 7.11 - Dados de resistência residual de areia siltosa micácea de Paraibuna e Paraitinga (Souza Pinto e Nader, 1993)

Barragem	Granulometria (%)			LL (%)	IP (%)	Resistência residual	
	Argila	Silte	Areia			c'_r (kPa)	φ'_r (°)
Paraibuna	5	28	67	33	6	0	28
Paraitinga	12	36	52	39	11	0	30

Os autores reproduzem ainda correlações entre o φ'_r e o Limite de Liquidez, e entre o φ' e o φ'_r e o tipo de argila presente no solo (Figuras 7.29 e 7.30).

É necessário reconhecer que para valores de LL até 50%, a faixa de variação de φ'_r é muito ampla, e que seria problemático estimar φ'_r a partir do LL.

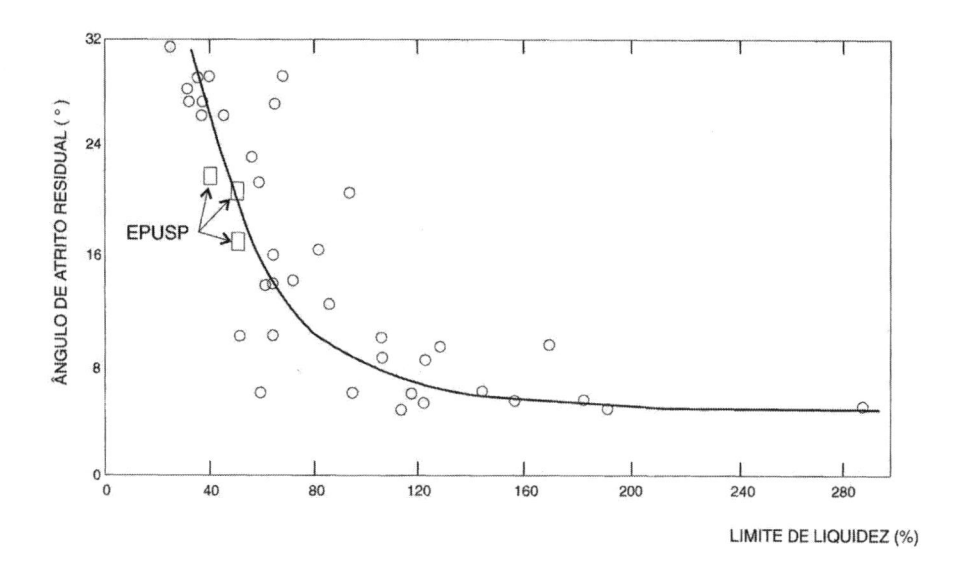

Figura 7.29 - Correlação entre ângulo de atrito residual e Limite de Liquidez (Lupini *et al.*, 1981)

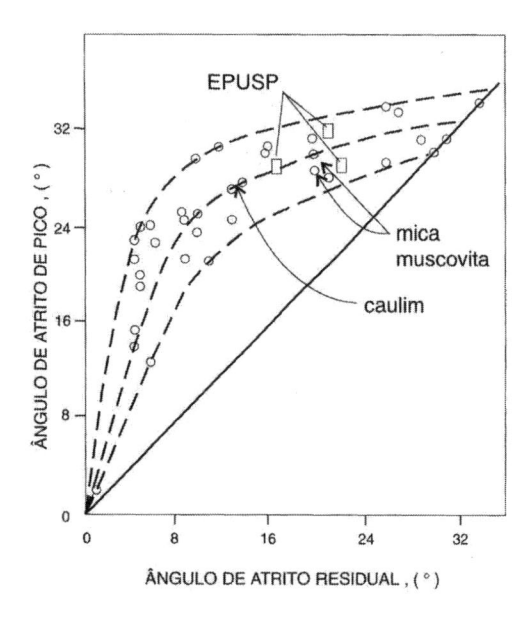

Figura 7.30 - Correlação entre ângulo de atrito de pico e ângulo de atrito residual (Lupini *et al.*, 1981)

7.6 - TIPOLOGIA DE SOLOS COMPACTADOS

Maiolino (1985) e Cruz e Maiolino (1983 e 1985) discutem o comportamento de solos lateríticos e solos saprolíticos compactados, com base na análise meticulosa de mais de mil ensaios triaxiais procedidos nesses solos, em conexão a projeto de barragens.

A análise dos resultados desses ensaios permitiu a organização dos solos em quatro grandes grupos.

Os perfis de intemperismo referidos no item 7.4 podem ser visualizados na Figura 7.21 e no Quadro 7.1, abaixo.

Em resumo, o grupo I reúne solos lateríticos, de origem residual de rochas intrusivas, extrusivas e metamórficas. São solos, no geral, argilosos, estruturados, e com algum agente cimentício, devido à presença de óxidos de ferro e alumínio. São solos vermelhos, marrons, amarelo-avermelhados, indicando sempre a presença de ferro, em maior ou menor escala.

O grupo II reúne os solos chamados saprolíticos, que são menos desenvolvidos (menos maduros) do que os solos lateríticos, e sofreram pouca ou nenhuma ação do processo de laterização.

São solos que guardam a estrutura reliquiar da rocha de origem *in situ*, mas quando retrabalhados, sofrem uma desagragação parcial desta estrutura. Os agentes cimentícios, quando presentes, são de pequena influência.

O grupo III reúne os solos lateríticos arenosos, muitas vezes identificados como colúvios e que, embora de origem residual, quase sempre de arenitos ou de areias cenozóicas, podem conter uma fração argilosa de origem residual, de basaltos, que ocorrem sotopostos aos arenitos. A componente cimentícia é fraca ou muitas vezes ausente; óxidos de ferro e alumínio estão presentes, conferindo ao solo cores avermelhadas ou amareladas.

O grupo IV engloba os solos transportados originários de sedimentos. Os efeitos de laterização são variáveis, e a granulometria varia com a origem do solo. O nível de cimentação depende do nível de laterização.

Quadro 7.1 - Grupos de solos lateríticos e saprolíticos

Grupo I	Solos lateríticos argilosos, também denominados solos residuais maduros e/ou colúvios. Correspondem à primeira camada do perfil de intemperismo, são porosos, homogêneos, possuem baixa densidade natural, alta porosidade, baixo grau de saturação e umidade natural próxima à do ensaio Ótimo de Proctor. São solos argilosos, e que podem ter sido muito ou pouco transportados. Sua trabalhabilidade pode ser considerada boa, para umidades até 0,20 h_{ot} acima da h_{ot}. São formados essencialmente devido aos processos de intemperismo, tanto de rochas ígneas intrusivas e extrusivas como de rochas metamórficas.
Grupo II	Solos saprolíticos (às vezes chamados solos residuais jovens), que sofreram pouca ou nehnuma ação do processo de laterização. Correspondem à segunda camada do perfil de intemperismo. São compactos, freqüentemente heterogêneos, mais siltosos em algumas formações, e possuem alta umidade natural. São originários das mesmas rochas dos solos do Grupo I e resultam do intemperismo *in situ* da rocha matriz. Sua trabalhbilidade é boa, mesmo para altos teores de umidade, mas o produto final da compactação é mais heterogêneo.
Grupo III	Solos latetíticos arenosos, às vezes identificados como colúvios. São solos mais transportados que os do Grupo I, e é comum encontrá-los misturados a outros solos. Este é o caso de solos originados do intemperismo de arenitos, mas que contêm uma fração argilosa proveniente de basalto ocorrente na área. Na sua condição natural, são homogeneamente porosos, com baixa densidade, e possuem umidade próxima à otima de Proctor. Sua trabalhabilidade é boa para níveis de umidade próximos ao Limite de Plasticidade, se do lado seco. São formados por materiais originados de rochas sedimentares, principalmente arenitos, ou de areias cenozóicas.
Grupo IV	Solos transportados, em algumas áreas identificados como solos coluviais, originários de sedimentos. Podem ocorrer naturalmente em altas densidades. Dependendo de sua origem, podem ser mais ou menos argilosos, siltosos ou arenosos, e muito ou pouco afetados pelos processos de laterização. Ocorrem *in situ* em teores de umidade variáveis e diferentes graus de saturação, ou em condições não uniformes. Sua trabalhabilidade depende grandemente de suas condições naturais de umidade e densidade. Têm sido empregados em larga escala, com alta produtividade. Solos originários de outras rochas sedimentares, tais como argilitos, xistos, siltitos e arenitos, ou de rochas metamórficas, como filitos e micaxistos, dependendo do grau de intemperismo e laterização, podem ser enquadrados nos Grupos I, II ou III.

A maioria desses solos foi utilizada na compactação de barragens brasileiras.

Os ensaios triaxiais executados são dos tipos: adensado, não drenado, com medida de pressão neutra na água u_w (sempre empregando-se pedras porosas de elevada pressão de borbulhamento); adotando-se o recurso de contrapressão no caso de ensaios "saturados"; e ensaios drenados em amostras saturadas ou não.

Os solos foram sempre ensaiados em condições de moldagem de laboratório ou em amostras retiradas do aterro em densidades elevadas, e teores de umidade próximos à umidade ótima do ensaio de Proctor, tendo como conseqüência um elevado grau de saturação.

Assim mesmo, a permeabilidade ao ar desses solos nos aterros permanece alta, sempre que haja condição de fluxo livre.

Esse fato é confirmado pela ocorrência de recalques quase imediatos e pelas baixas pressões neutras registradas. Veja-se o Capítulo 12.

Os resultados dos ensaios triaxiais foram colocados em três tipos de gráficos: curvas tensão desviatória-deformação, pressão neutra-deformação, e trajetórias de tensões efetivas p' e q'.

Seis comportamentos típicos podem ser definidos. Vejam-se as Figuras 7.31, 7.32 e 7.33.

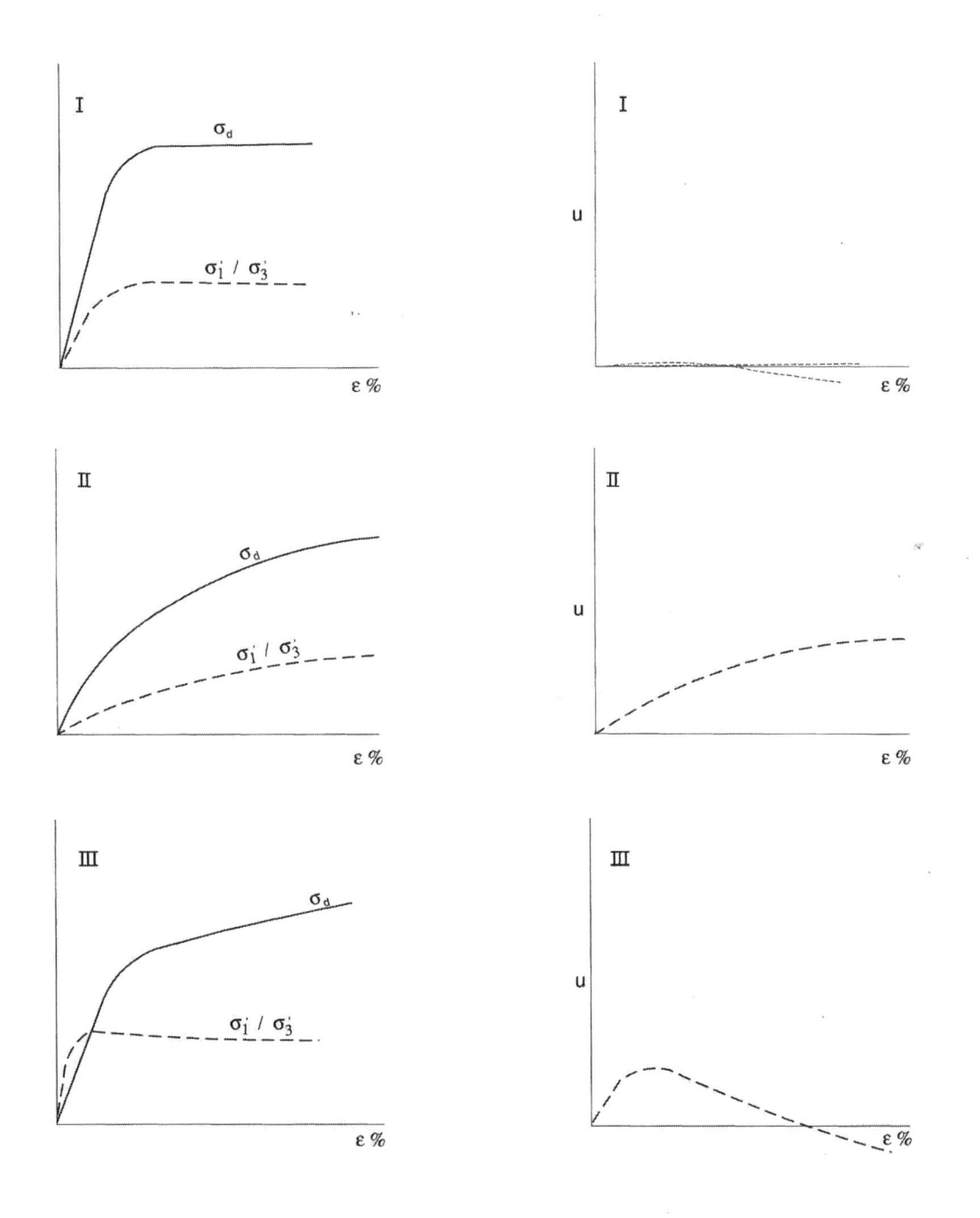

Figura 7.31 - Curvas tensão desviatória - deformação (Cruz e Maiolino, 1983)

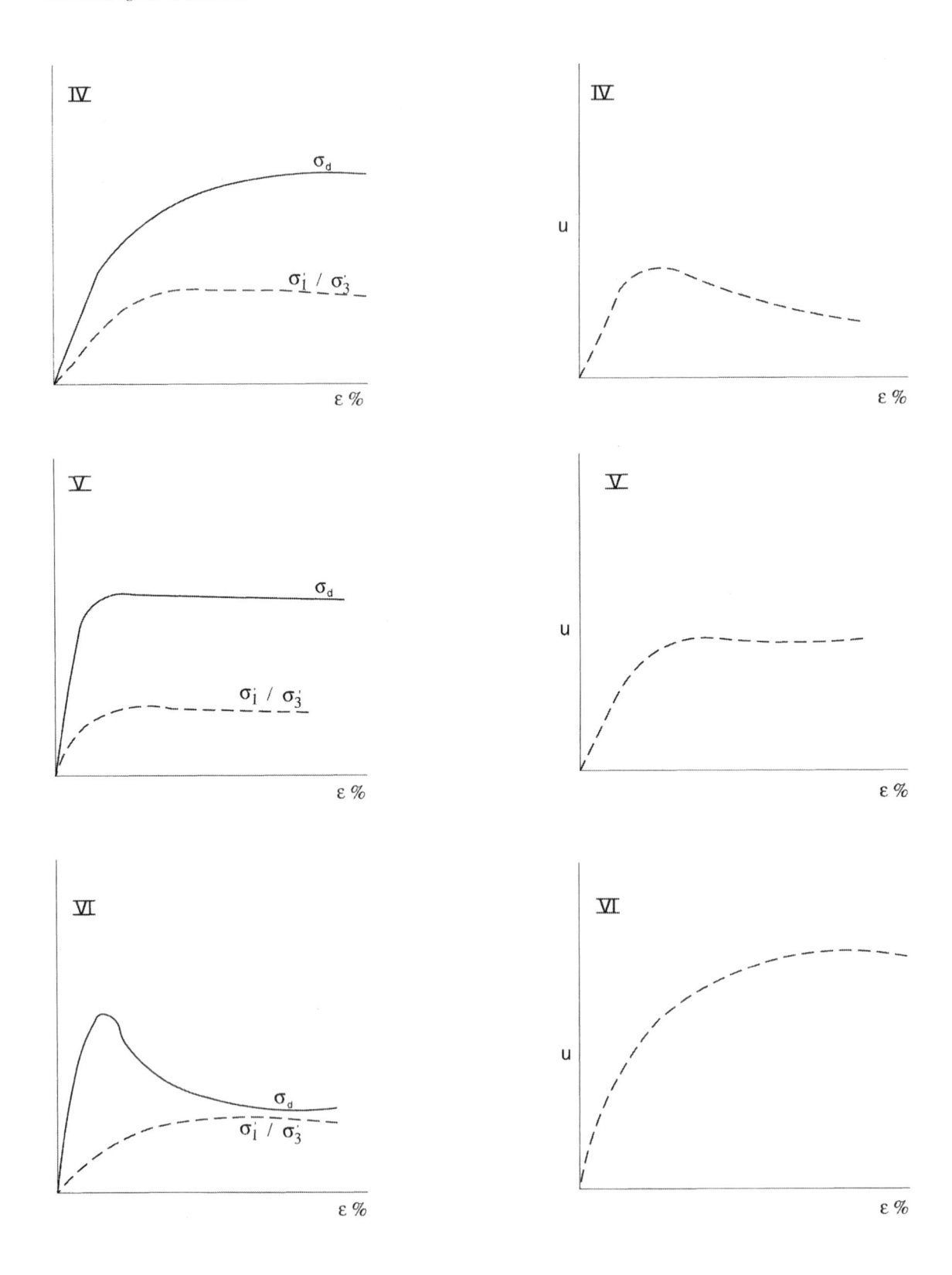

Figura 7.32 - Curvas pressão neutra - deformação (Cruz e Maiolino, 1983)

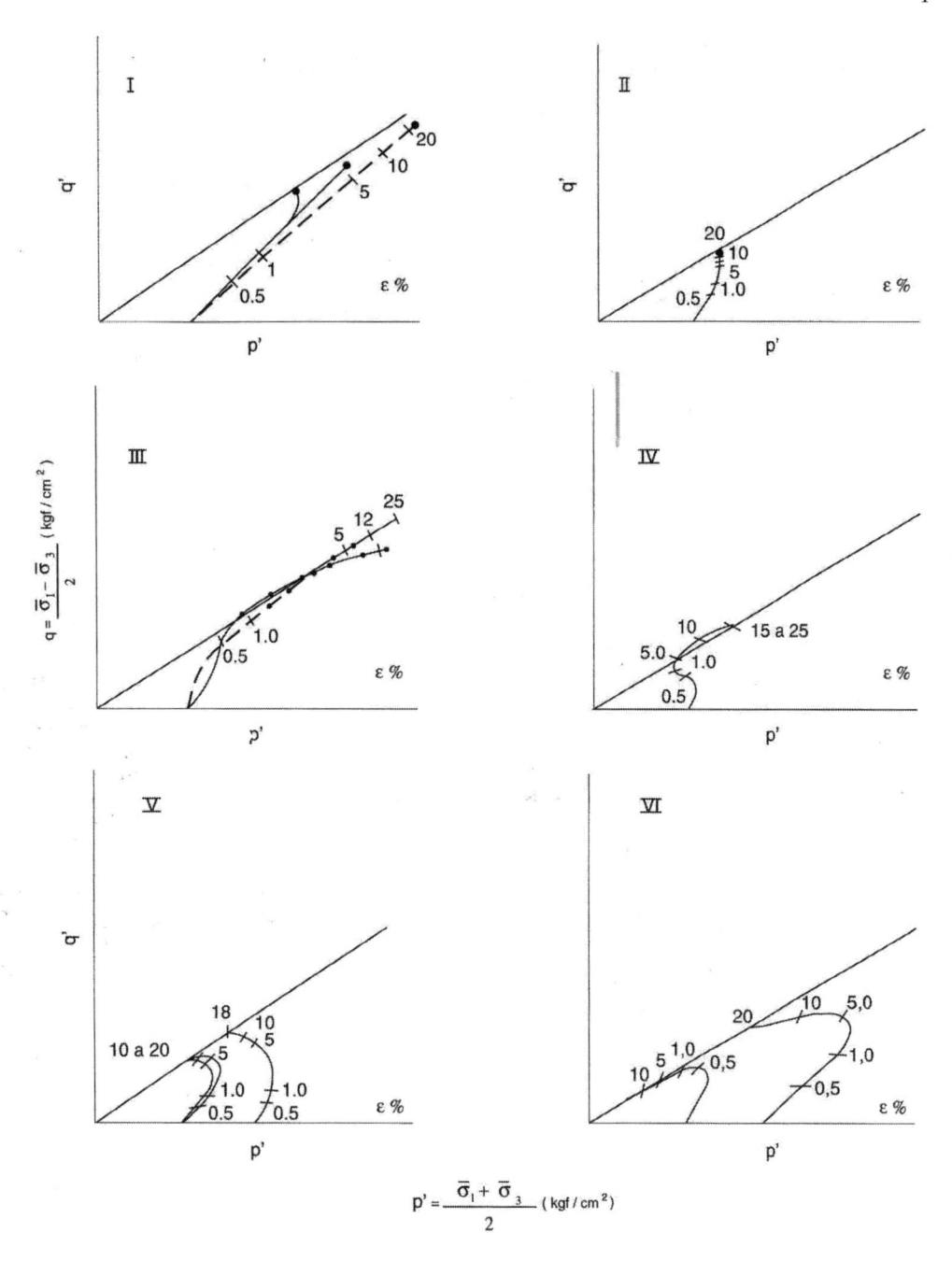

Figura 7.33 - Trajetórias de tensões efetivas p' e q' (Cruz e Maiolino, 1983)

As trajetórias do tipo I são características dos ensaios drenados, uma vez que não há desenvolvimento de pressões neutras, e ocorrem para qualquer tipo de solo em qualquer nível de tensões. Foram extensamente registradas também em ensaios do tipo Q' e R' para solos arenosos compactados abaixo da ótima, numa ampla faixa de pressões confinantes (1 a 6 kg/cm²) e, no caso de solos mais argilosos, para pressões de câmara no máximo de 3 kg/cm². Para os solos compactados próximo ou ligeiramente acima da umidade ótima, esse tipo de trajetória é registrado nos ensaios Q' e R' para tensões baixas. Os pontos de máxima obliqüidade e de máxima tensão desviatória ocorrem para deformações específicas menores (4% a 10%), para tensões de câmara até cerca de 3 kg/cm², e para deformações específicas elevadas (10% até 20%) quando a tensão de câmara foi de 6 kg/cm². De uma maneira geral, o ponto de máxima obliqüidade é registrado antes do ponto de máxima tensão desviatória. As pressões neutras são essencialmente nulas, mas para deformações específicas elevadas podem ser tanto positivas como negativas, porém de pequena magnitude.

As trajetórias tipo II a VI só ocorrem para ensaios não drenados.

No comportamento do tipo II, a mobilização da resistência é lenta, e as deformações de ruptura, embora variáveis com o valor de σ_3, tendem a ser elevadas (acima de 15%). Os pontos de máxima obliqüidade e de máxima tensão desviatória são essencialmente coincidentes. É um comportamento mais característico de amostras compactadas no entorno e acima da umidade ótima, e submetidas à ruptura em ensaios do tipo Q' e R', com pressões de câmara acima de 6 kg/cm². A mobilização das pressões neutras também é gradual, alcançando o seu valor máximo quando o solo rompe. A ordem de grandeza dessas pressões é, em geral, baixa.

O comportamento do tipo III é bastante característico de solos compactados e saturados, quando rompidos com tensões de câmara baixas (0,5 até 2 kg/cm²). Nos ensaios R'_{sat} a máxima obliqüidade de tensões é alcançada em níveis muito baixos de deformação específica (1% a 3%), enquanto que a máxima tensão desviatória só ocorre para deformações elevadas (entre 15% e 25%). A pressão neutra, inicialmente positiva e crescente até uma deformação específica próxima do ponto de máxima obliqüidade, decresce sistematicamente, podendo com freqüência passar ao campo negativo. Este comportamento sugere que a amostra tende a comprimir no início do ensaio, passando a expandir a partir do ponto de máxima obliqüidade. Para amostras compactadas em níveis elevados de densidade, e umidades em geral acima da ótima, o mesmo comportamento pode ser registrado para alguns solos em ensaios do tipo Q' e R', para pressões de câmara baixas, ou no máximo de 3 kg/cm². O interesse neste tipo de comportamento é que, por uma larga faixa de deformações, a trajetória de tensões praticamente tangencia a envoltória de resistência.

O comportamento tipo IV (trajetória em forma de "S") é também bastante característico de solos compactados, diferindo do anterior porque durante toda a mobilização da resistência a pressão neutra fica no campo positivo. A mobilização da resistência é algo mais lenta, alcançando-se a máxima obliqüidade de tensões na casa dos 3% a 6% de deformação específica. A máxima tensão desviatória só ocorre para deformações mais elevadas, na faixa dos 12% a 20%, com uma tendência de deformações crescentes para pressões de câmara crescentes. O desenvolvimento da pressão neutra é relativamente rápido no início do ensaio, alcançando o seu máximo próximo ao ponto de máxima obliqüidade, a partir do que decresce até se alcançar a máxima tensão desviatória. É um comportamento observado com maior freqüência nos ensaios do tipo R'_{sat}, para qualquer tipo de solo, quando se procede à ruptura em níveis elevados de tensões de câmara (mínimo de 4 kg/cm² e no caso mais geral acima de 6 kg/cm²). É registrado com menor freqüência em ensaios do tipo Q', no caso de solos argilosos compactados em densidades elevadas e/ou acima da umidade ótima, e ainda quando rompidos à pressão de câmara elevada (6 ou 8 kg/cm²).

Nos quatro comportamentos acima descritos, as envoltórias de resistência para a condição de máxima obliqüidade de tensões ou máxima tensão desviatória são essencialmente coincidentes. São comportamentos favoráveis para o caso de barragens, porque a mobilização da resistência se faz a baixos níveis de pressões neutras, ou quando estas ocorrem, tendem a decrescer no processo de ruptura.

O comportamento do tipo V é bastante característico de solos naturais pré-adensados, saturados ou quase saturados, como se observa em ensaios realizados por Massad (1981) (ver Figura 7.34), numa argila variegada média a rija da cidade de São Paulo. Neste tipo de trajetória, pode acontecer que a condição de máxima tensão desviatória ocorra em deformações específicas inferiores à condição de máxima obliqüidade, gerando uma certa dificuldade no traçado da envoltória de resistência, dependendo do critério de ruptura adotado. Se essas interpretações cabem na avaliação do comportamento de solos naturais em condições específicas de solicitação, para o caso de solos compactados utilizados em barragens, é preferível adotar sempre o critério de máxima obliqüidade, e considerar em paralelo a possibilidade de dissipação parcial das pressões neutras no campo.

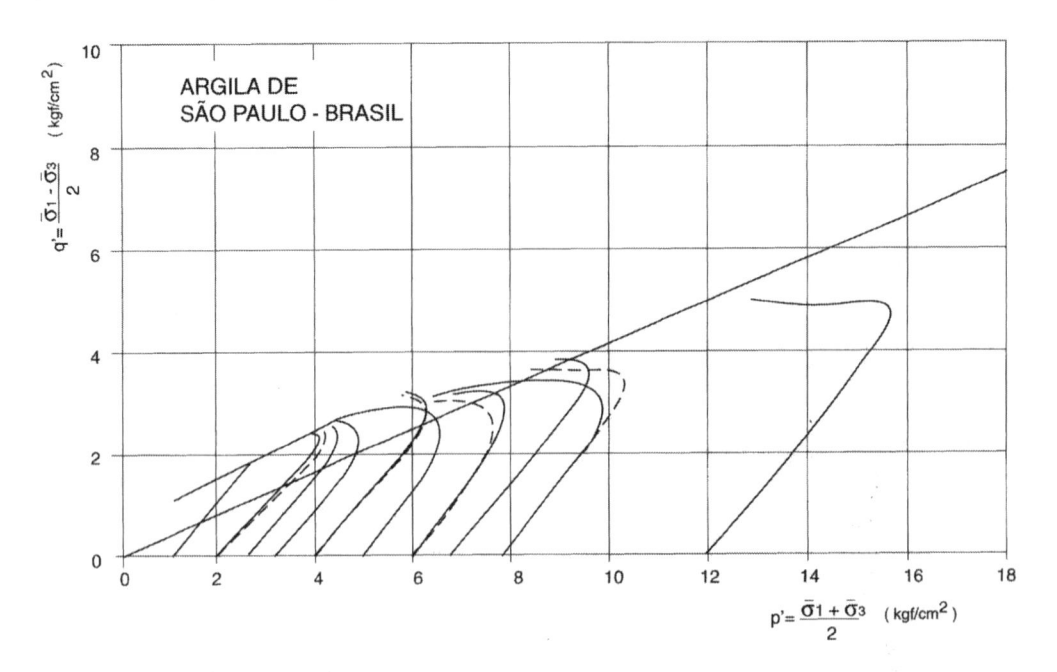

Figura 7.34 - Trajetórias de tensões efetivas para uma argila natural sobreadensada - Ensaios CIU' (Massad, 1981)

O comportamento do tipo V, menos comum em solos compactados, tem sido observado em ensaios não drenados do tipo Q' e R', mas com predominância quase total nos ensaios do tipo R'_{sat}, na maioria dos casos em amostras compactadas acima da umidade ótima. A análise das curvas tensão-deformação e pressão neutra-deformação mostra que uma vez alcançada a máxima tensão desviatória, ou a máxima pressão neutra, estas se mantêm em nível quase constante por uma gama extensa de deformações específicas (mais de 10% de acréscimo de deformação). Este comportamento, embora menos favorável do que os anteriores para o caso de barragens, ainda pode ser considerado bom.

O comportamento do tipo VI, característico de ruptura frágil, é relativamente pouco comum em solos compactados. Caracteriza-se por uma mobilização muito rápida da máxima tensão desviatória (deformações específicas no geral inferiores a 1%), seguida de uma queda marcante de resistência, associada a um acréscimo contínuo da pressão neutra. O ponto de máxima obliqüidade só irá ocorrer em deformações específicas acima de 10% e em alguns casos próximas a 20%. O registro deste comportamento é em geral feito em ensaios de deformação controlada, a menos que se disponha de registros especiais de tensões em ensaios a carga controlada. Neste caso específico, os dois critérios de ruptura resultam em envoltórias de resistência diversas.

É, evidentemente, um comportamento desfavorável para barragens, e é fundamental que suas causas sejam bem conhecidas e, se possível, evitadas na compactação de campo.

Tal comportamento foi registrado em amostras de solos arenosos, com uma fração argilosa na casa dos 15% a 20%, quando compactadas em densidades mais baixas e saturadas por contra-pressão antes da ruptura (ensaios R'_{sat}), e para pressões de câmara maiores do que 3 kg/cm². Amostras compactadas em idênticas condições, mas rompidas sem saturação, apresentaram comportamento do tipo I.

Um comportamento semelhante, embora intermediário entre os tipos V e VI, foi registrado para amostras de solos argilosos quando compactadas em níveis baixos de densidade, e quando a umidade natural na jazida era muito elevada (acima da ótima). Amostras dos mesmos solos, talhadas de blocos indeformados retirados de campo, compactadas mesmo acima da ótima, mas com densidades mais elevadas e submetidas ao mesmo tipo de ensaio (R'_{sat}), registraram um comportamento do tipo IV. Veja-se, por exemplo, a Figura 7.35.

Quando a densidade *in situ* inicial é elevada, e a compactação de campo se dá em níveis inferiores de densidade, o solo compactado resulta, em muitos casos, num aglomerado de torrões mais densos entremeados de solo solto. Sendo um caso relativamente raro de comportamento para solos lateríticos e saprolíticos, não se dispõe de um acervo de dados suficientes para uma análise mais profunda das causas de tal condição. Tratando-se, no entretanto, de um tipo de comportamento altamente desfavorável para o caso de barragens, em cada caso em que resultados de ensaios o indicarem, as causas do mesmo, bem como as exigências de compactação de campo, e até a seção da barragem, devem merecer especial atenção.

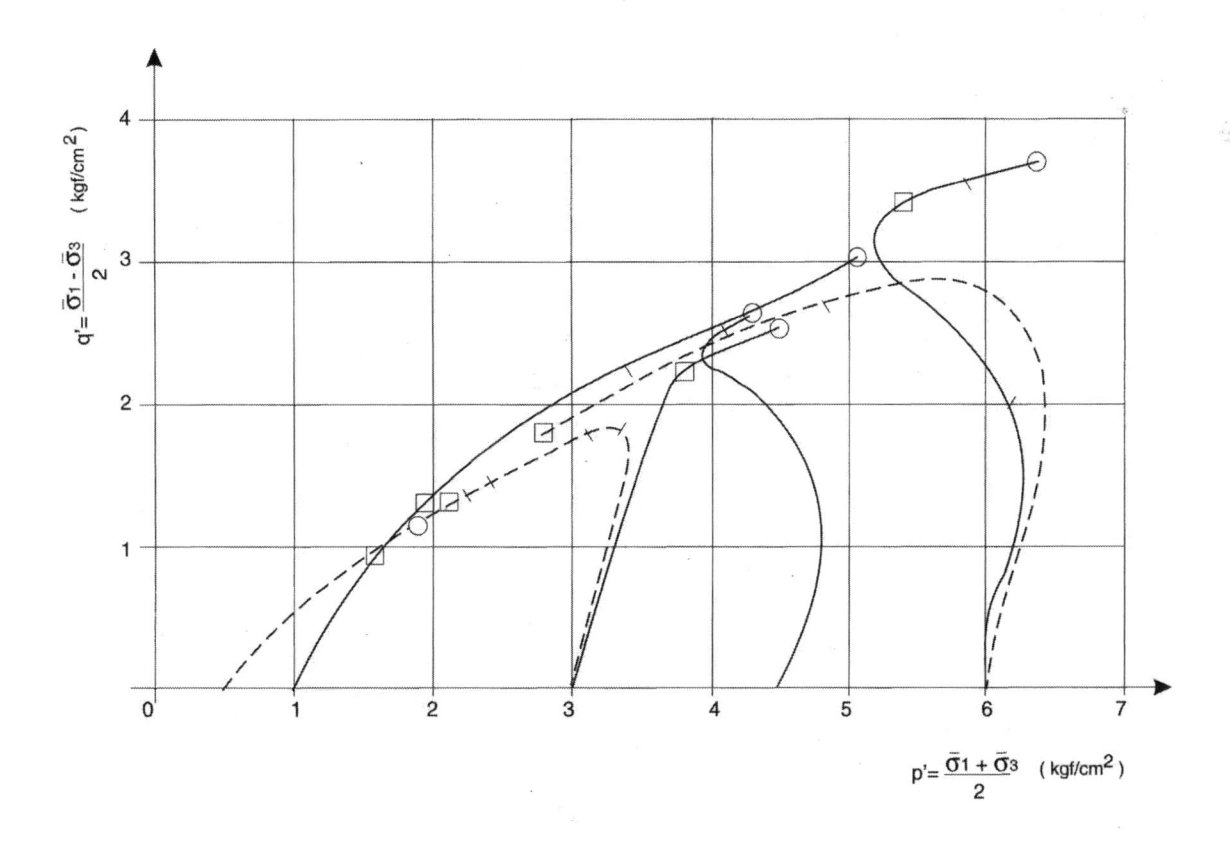

a) Areia argilosa de Rosana

b) Argila de Itaipu

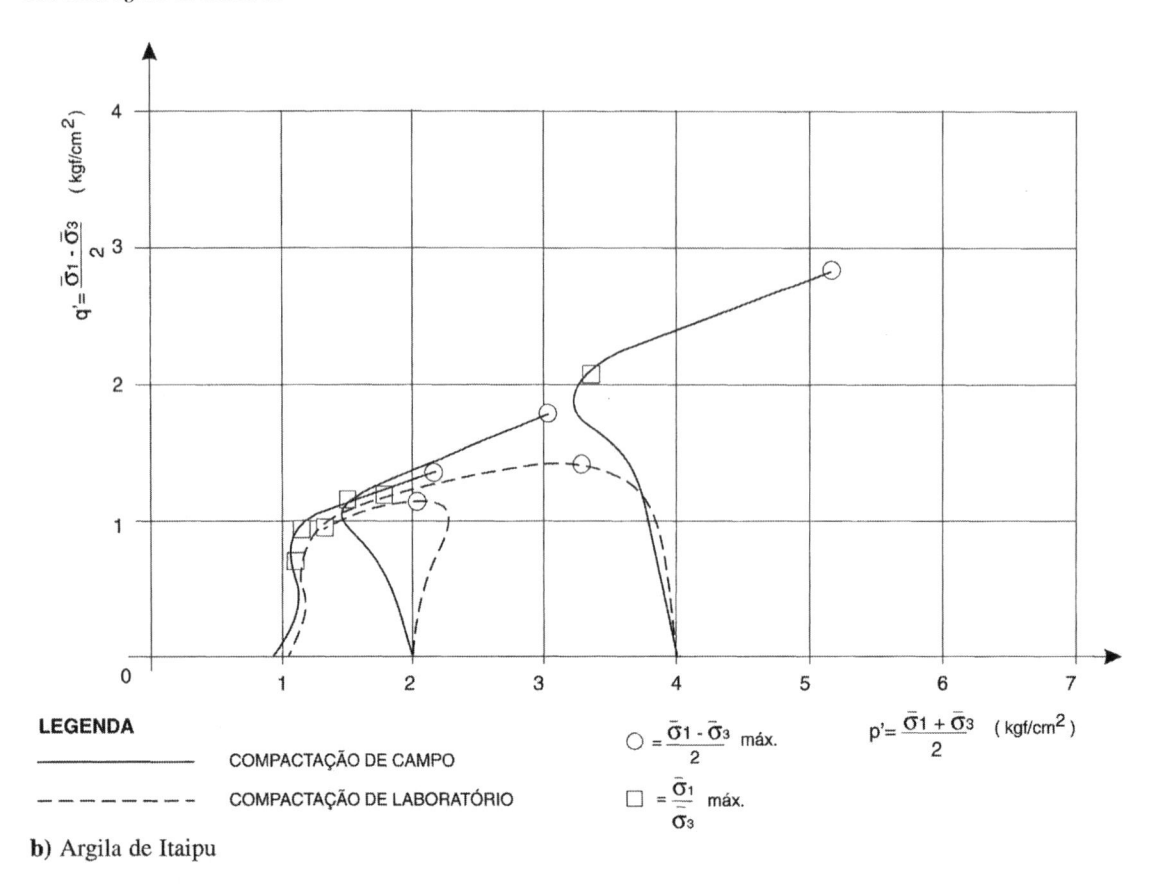

Figura 7.35 - Trajetórias de tensões efetivas para dois solos compactados no campo e em laboratório (Cruz e Maiolino, 1983)

Envoltórias de resistência

Victor de Mello (1977), com base em inúmeros ensaios procedidos em solos compactados, mostra que a envoltória de resistência destes solos é curva, e pode ser dividida em três zonas, ou três trechos. Veja-se a Figura 7.36.

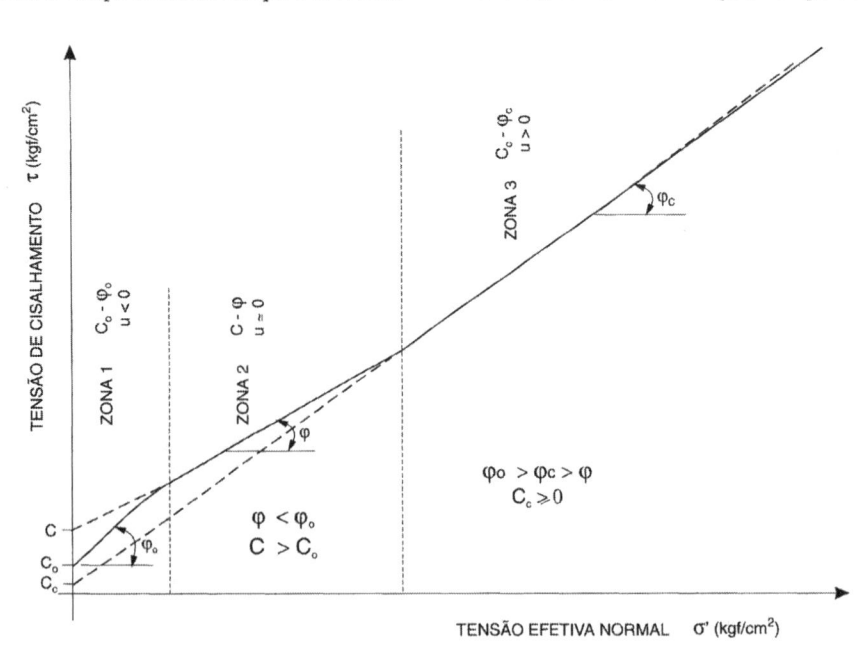

Figura 7.36 - Envoltória de resistência com diferentes trechos observados em solos compactados (Mello, 1977)

No primeiro trecho, o intercepto de coesão se aproxima de zero e a curvatura da envoltória é pronunciada; no segundo trecho, há um ganho de resistência resultante do efeito da compactação e da tensão de sucção; no terceiro trecho, a envoltória é praticamente retilínea, os efeitos de compactação tendem a desaparecer e as pressões neutras são em geral positivas.

No terceiro trecho, podem-se definir os chamados parâmetros característicos de resistência do solo c_c e φ'_c.

As Tabelas 7.12 e 7.13 resumem dados de um grande número de ensaios em solos compactados, onde são indicados os pares de valores de c' e φ' para ensaios procedidos com e sem a saturação das amostras.

Pressões neutras construtivas medidas em barragens são discutidas no Capítulo 12.

Resultados de ensaios em amostras compactadas de mais de 90 solos de empréstimos de barragens foram analisados, o que permitiu agrupar os solos de acordo com o seu comportamento, como acima descrito. Desses resultados de ensaios, selecionaram-se 16 solos cujos resultados são caracatcrísticos do grupo respectivo e que estão listados nas Tabelas 7.14 e 7.15. Nas Figuras 7.37 a 7.52, reproduzidas de Cruz e Maiolino (1985), mostram-se as envoltórias de resistência e as trajetórias de tensões efetivas no plano de 45° (Gráficos p' vs. q).

Grupo I

Nas Figuras 7.37 a 7.42 apresentam-se as envoltórias de resistência e algumas trajetórias típicas dos solos do Grupo I. A primeira observação decorrente da análise dessas envoltórias refere-se ao fato de que é fundamental que os ensaios cubram uma ampla faixa de tensões, de forma a se poder definir com maior precisão, especialmente no trecho II, a envoltória superior, que é marcadamente curva, e a envoltória inferior, que pode se confundir com uma reta. O segundo ponto é o estabelecimento do nível de tensões em que a envoltória superior se confunde com a inferior, e não menos importante o nível de tensões que delimita a resistência dos ensaios "saturados".

Um outro aspecto a ser considerado é o do Δ resistência registrado nos ensaios procedidos em amostras compactadas em umidades inferiores à ótima. Seria até possível traçar envoltórias para desvios de umidade, de -3%, -1,5%, etc. Esse Δ resistência, no entretanto, pode ser apenas "aparente", porque nesses ensaios mede-se apenas a pressão neutra na água u_w. Ora, é de se esperar que amostras compactadas do lado seco desenvolvam uma sucção, que contém implícita uma tensão capilar não registrada. Neste caso, a pressão neutra combinada u é negativa, e os pontos de ruptura indentificados nos gráficos estariam mais à direita do que indicado, aproximando-se, portanto, da envoltória inferior. De outra parte, ensaios drenados procedidos com pressões de câmara baixos (até 2 kg/cm²), muitas vezes têm o seu ponto de ruptura numa posição intermediária entre as duas envoltórias, confirmando a influência do sobreadensamento devido à compactação. Os gráficos, como apresentados, registram o fato de que na faixa de tensões normais médias efetivas (p') entre 1 e 5 kg/cm², os solos não saturados apresentam uma resistência q cerca de 0,7 a 1,2 kg/cm², maior do que a das amostras "saturadas".

A prática por vezes adotada de tentar estabelecer, através de regressões estatísticas, pares de valores de "coesão" e "ângulo de atrito" para diferentes tipos de ensaios e condições de moldagem, com às vezes 3 ou 4 pontos, parece ao autor pouco representativa do comportamento real do solo, e uma boa dose de julgamento é necessária para a fixação dos parâmetros de projeto, bem como uma programação adequada dos ensaios de laboratório. As múltiplas envoltórias resultantes desse procedimento estatístico, muitas vezes extrapoladas para qualquer nível de tensões normais, na opinião do autor, só servem para confundir o projetista.

Ainda dois aspectos devem ser destacados: o primeiro diz respeito à queda de resistência do solo, para um mesmo tipo de ensaio, mas para amostras compactadas em valores diferentes de umidade, o que é mostrado por setas na Figura 7.41. O segundo, talvez mais importante, é a significativa queda de resistência por "saturação", que alcança a faixa dos 40% a 60%. Veja-se, por exemplo, o resultado de dois ensaios (R' e R'_{sat}) na Figura 7.38, ambos procedidos com pressão de câmara de 4 kg/cm².

Uma questão que se propõe para discussão é em que condições e de que maneira essa perda de resistência por saturação deve ser considerada em projetos de barragens?

Grupo II

Envoltórias e trajetórias típicas de resistência são mostradas nas Figuras 7.43 a 7.47. De uma forma geral, essas envoltórias lembram as do Grupo I, com a distinção de que as diferenças de resistência entre as envoltórias superior e inferior são menos marcantes, podendo quase se anular, como é o caso da Figura 7.46.

Esta diferença de comportamento não pode ser antecipada quando se consideram, por exemplo, os dados das Tabelas 7.14 e 7.15, tais como fração de argila, índice de plasticidade, umidade ótima, grau de compactação e desvios de umidade. É interessante observar que os valores de φ'_c (da envoltória inferior) são semelhantes. No trecho II, no entanto, é óbvio que os materiais do Grupo I são mais resistentes que os do Grupo II. Algumas explicações possíveis para esta diferença de comportamento podem estar na não representatividade de ensaios destrutivos (granulometria, plasticidade), na teoria dos "grumos" de Marsal (1982), descrita por Mori (1983), e na não uniformidade da umidade. Se a explicação da maior resistência dos solos do Grupo I estiver associada a fenômenos capilares, então esses efeitos seriam menos pronunciados nos materiais do Grupo II, cuja granulometria mais heterogênea, e mais "granular" devido à desigualdade da distribuição da umidade, daria lugar à formação de vazios maiores e microvazios, que no conjunto seriam menos afetos ao desenvolvimento de tensões capilares. Da mesma forma que no caso anterior, o emprego de parâmetros de resistência para projeto carece de uma análise apoiada em julgamento, num espectro amplo de resultados de resistência, e nunca em regressões lineares apoiadas em meia dúzia de ensaios de um mesmo tipo.

Tabela 7.12 - Solos residuais compactados (Cruz e Maiolino, 1983)

Rocha de origem	Parâmetros de Resistência - Pressões Efetivas											Resistência à tração (kg/cm²)	B´ot - (%) (labor.)	B´ot (%) (labor.)	B´ot + (%) (labor.)	B´ (%) (campo)
	Não Saturados						Saturados									
	c_o (kg/cm²)	φ_o (°)	c' (kg/cm²)	φ' (°)	c_c (kg/cm²)	φ'_e (°)	$c'_{o\,sat}$ (kg/cm²)	$\varphi_{o\,sat}$ (°)	$c'_{c\,sat}$ (kg/cm²)	$\varphi_{c\,sat}$ (°)					
Basalto	0,40 a 0,65	35 a 44,5	0,40 a 0,70	24 a 35	0 a 0,20	29 a 35	0,37	-	0,20 a 0,50	25 a 33	0,10 a 0,43	-20 a -10	15 a 30	+30 a +55	0 a 13
Arenito	0,12 a 0,30	32 a 47	0,10 a 0,50	26 a 31	0 a 0,05	31 a 35	0,37	-	0,05	33	0,05 a 0,27	0 a +8	+4 a +20	+10 a +50	-5 a +15
Gnaisse	0,26 a 0,36	28 a 41	0,20 a 0,50	26 a 29	0 a 0,20	29 a 34	0,27	32	0,27	32	0,22 a 0,32	+2 a +5	+8 a +25	+30 a +55	-20 a +37
Quartzo-Xistó	-	-	0,15	33	0,15	35	-	-	-	-	-	-	-	-	-
Colúvio (Arenito e Basalto)	0,35	40	0,30 a 0,60	27 a 33	0,0	33	0,50	-	0,2 a 0,36	30 a 0,33	0,23 a 0,35	5	12	35	6
	Tensões baixas		Tensões intermediárias		Tensões elevadas		Tensões baixas		Tensões intermediárias						

Tabela 7.13 - Solos saprolíticos compactados (modificado de Cruz e Maiolino, 1983)

Rocha de origem	Parâmetros de Resistência ao Cisalhamento						B´ (%) Laboratório
	Não saturados		Saturados		Valores característicos		
	c' (kg/cm²)	φ (°)	c'_{sat} (kg/cm²)	φ'_{sat} (°)	c'_c (kg/cm²)	φ'_c (°)	
Basalto	0,70 a 0,97	21 a 25	0,12 a 0,40	24 a 30	0,0 a 0,20	24 a 28	30 a 35
Gnaisse	0,26 a 1,00	27 a 33	0,00 a 0,20	28 a 32	0,0 a 0,15	28 a 32	
Xisto e Granito	0,20 a 0,90	25 a 28,5	0,10 a 0,45	24,5 a 33	0,15	29,5	
Granito	0,30	36 a 40	0,0 a 0,20	34 a 37	0,0 a 0,20	34 a 40,5	
Biotita Gnaisse	0,0	37	-	-	0,0	36,8	5 a 20

Tabela 7.14 - Características de identificação dos solos (Cruz e Maiolino, 1985)

Grupo	Solo	LL (%)	LP(%)	h_{ot}(%)	$\gamma_{dmáx}$ (g/cm³)	% Argila < 2µ	Areia	Densidade dos Grãos (g/cm³)
I	Itaparica	57	21	23,0	1,605	40	40	-
	Três Irmãos	73	31	30,0	1,451	62	21	2,84
	Juquiá I	66	35	25,6	1,457	44	21	2,81
	Juquiá II	44	23	19,5	1,696	18	38	2,83
	Poços de Caldas	48	28	28,4	1,375	50	5	2,86
	Itaipu	59	26	29,3	1,494	78	6	2,86
II	Itaparica	n.p.*	n.p.*	14,5	1,879	2	95	2,70
	Nova Avanhandava	86	55	38,5	1,280	50	9	3,02
	Euclides da Cunha	48	29	16,4	1,714	14	30	2,71
	Passaúna	50	36	25,7	1,540	21	-	-
	Emborcação	46	27	18,9	1,605	10	50	2,67
III	Três Irmãos	33	21	15,4	1,847	38	54	2,78
	Rosana	26	14	11,0	1,953	30	57	2,71
	Porto Primavera	n.p.*	n.p.*	9.9	1,990	8	78	2,69
IV	Tucuruí A-5	38	20	13,4	1,848	31	64	2,70
	Tucuruí A-$	29	16	11,0	1,920	18	68	2,70

* não plástico

Tabela 7.15 - Ângulo de atrito característico (Cruz e Maiolino, 1985)

Grupo	Local	$h_{ot.}$ (%)	IP (%)	% < 2 µ	G.C. P.N. (%)	Δh (%)	$\varphi°_c$	Rocha de Origem
I Residuais Maduros Lateríticos	Itaparica	23,0	36	45	97 - 100	-3 a +3	18,5	Argilito
	Três Irmãos	30,0	42	62	95 - 98	-1,5 a +1	24,0	Basalto
	Juquiá I	25,6	31	44	95 - 98	-2,4 a +2,1	29,0	Migmatito
	Juquiá II	19,5	21	18	95 - 98	-1,9 a +1,9	31,5	Migmatito
	Poços de Caldas	28.4	18	40	95 - 97	-3,0 a +3,0	32,5	Rocha Alcalina
	Itaipu	29,3	33	78	101 ± 21	-2,0 a +2,0	28,5	Basalto
II Saprolíticos	Itaparica	13,0	n.p.*	2	99 - 100	-2,0 a +1,0	34,0	Granito e Biotita
		14,5	n.p.*	2	95 - 103	-2,0 a +2,0	37,0	
	Nova Avanhandava	38,5	31	56	95 - 97	-2,5 a +5,0	28,0	Basalto
	Euclides da Cunha	16,4	19	14	100	-1,0 a +2,0	28,0	Gnaisse
	Passaúna	18 e 25	12 e 17	14 e 21	95 - 98	-2,0 a +2,0	36,0	Migmatito
	Emborcação	18,9	19	10	95 - 100	-2,0 a +1,0	29,5	Xisto e Migmatito
III Colúvios Residuais	Três Irmãos	15,4	12	38	98	-1,5 a +1,0	29,0	Colúvio (Ar+Bas)
	Rosana	11,0	12	30	95 - 99	-1,0 a +1,0	31,5	Colúvio(Ar.+Bas)
	Porto Primavera	9,9	n.p.*	8	98	-1,0 a +0,5	36,5	Colúvio(Arenito)
IV Colúvios Sedimentares	Tucuruí A-5	13,4	18	31	98	-1,9 a +1,9	33,5	Sedimentar
	Tucuruí A-4	11	13	18	98	-1,5 a +1,5	32,5	Sedimentar

* não plástico

Símbolos das Figuras 7.37 a 7.52

- ⊙ – $\overline{UU}$ OU $\overline{Q}$ - COMPACTAÇÃO ENTRE 95% A 97% DO PROCTOR NORMAL
- ● – $\overline{UU}$ OU $\overline{Q}$ - COMPACTAÇÃO 100% DO PROCTOR NORMAL
- △ – $\overline{CIU}$ OU $\overline{R}$ - COMPACTAÇÃO ENTRE 95% A 97% DO PROCTOR NORMAL
- ▲ – $\overline{CIU}$ OU $\overline{R}$ - COMPACTAÇÃO 100% DO PROCTOR NORMAL
- □ – $\overline{CIU}$sat OU $\overline{R}$sat - COMPACTAÇÃO 95% a 97% DO PROCTOR NORMAL
- ■ – $\overline{CIU}$sat OU $\overline{R}$sat - COMPACTAÇÃO 100% DO PROCTOR NORMAL
- ☆ – $\overline{CD}$ OU S OU Ssat - 95% - COMPACTAÇÃO 100% DO PROCTOR NORMAL
- × – $\overline{UU}$ OU $\overline{PP}$ COM σ_3/σ_1 = cte. - 95% - COMPACTAÇÃO 100% DO PROCTOR NORMAL

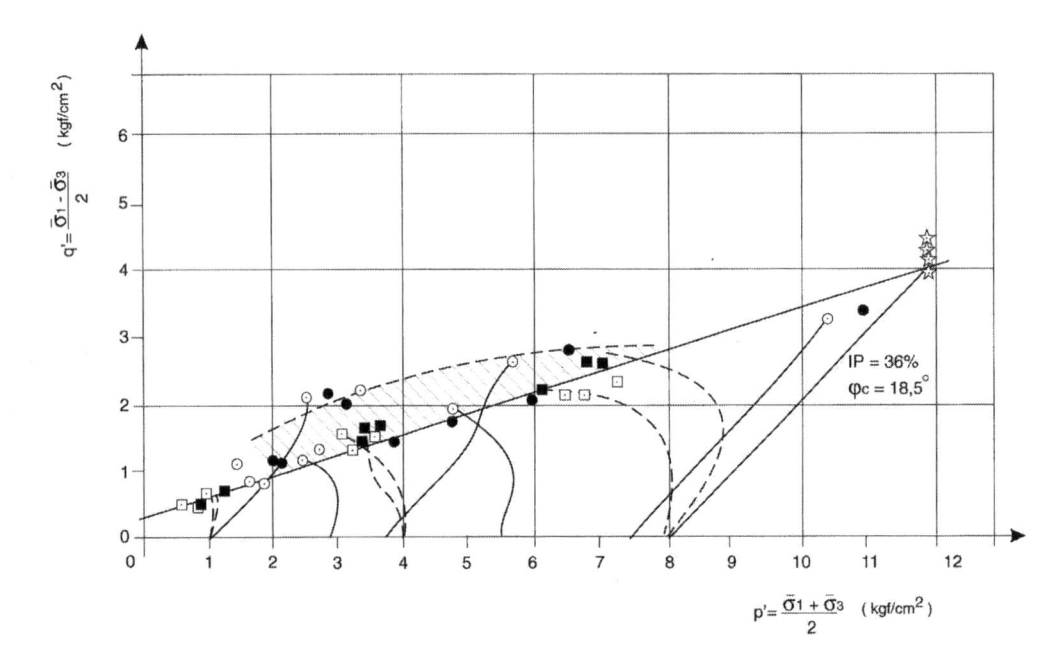

Figura 7.37 - Itaparica - solo residual de argilito - Grupo I

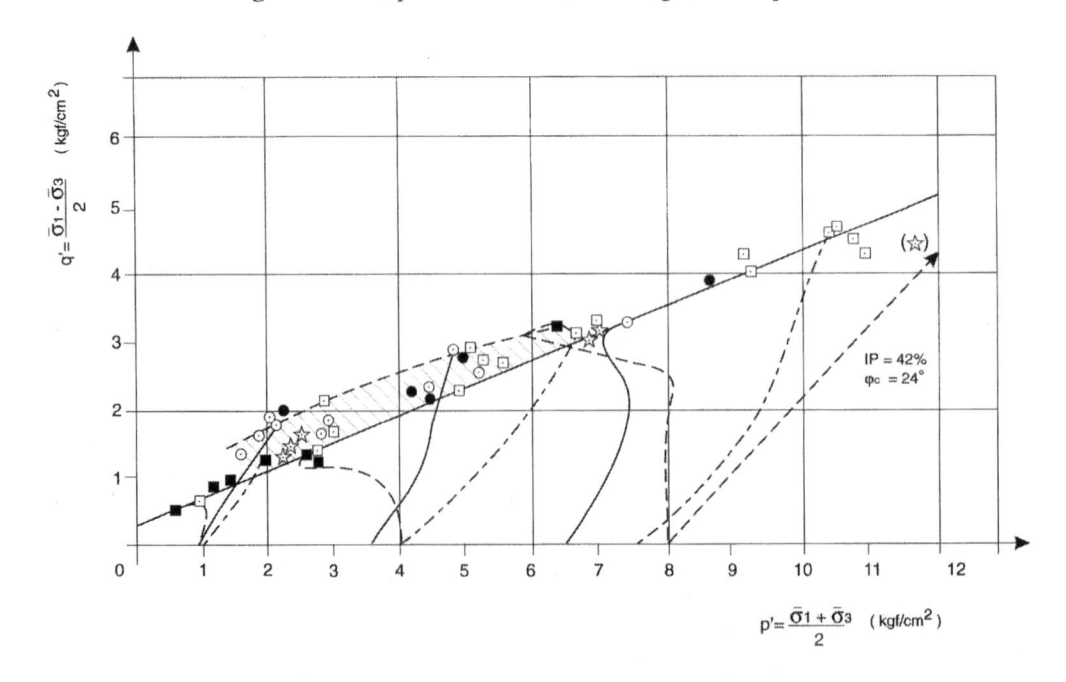

Figura 7.38 - Três Irmãos - solo residual de basalto - Grupo I

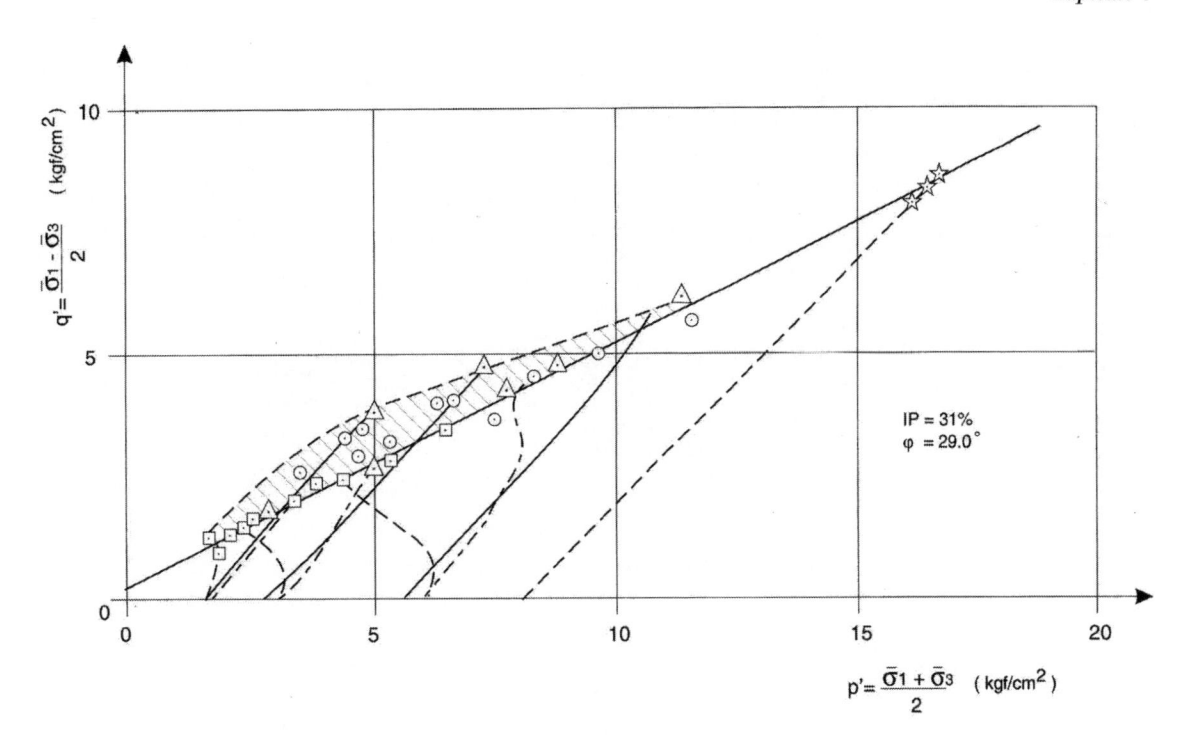

Figura 7.39 - Juquiá - solos residual de migmatito (tipo I) - Grupo I

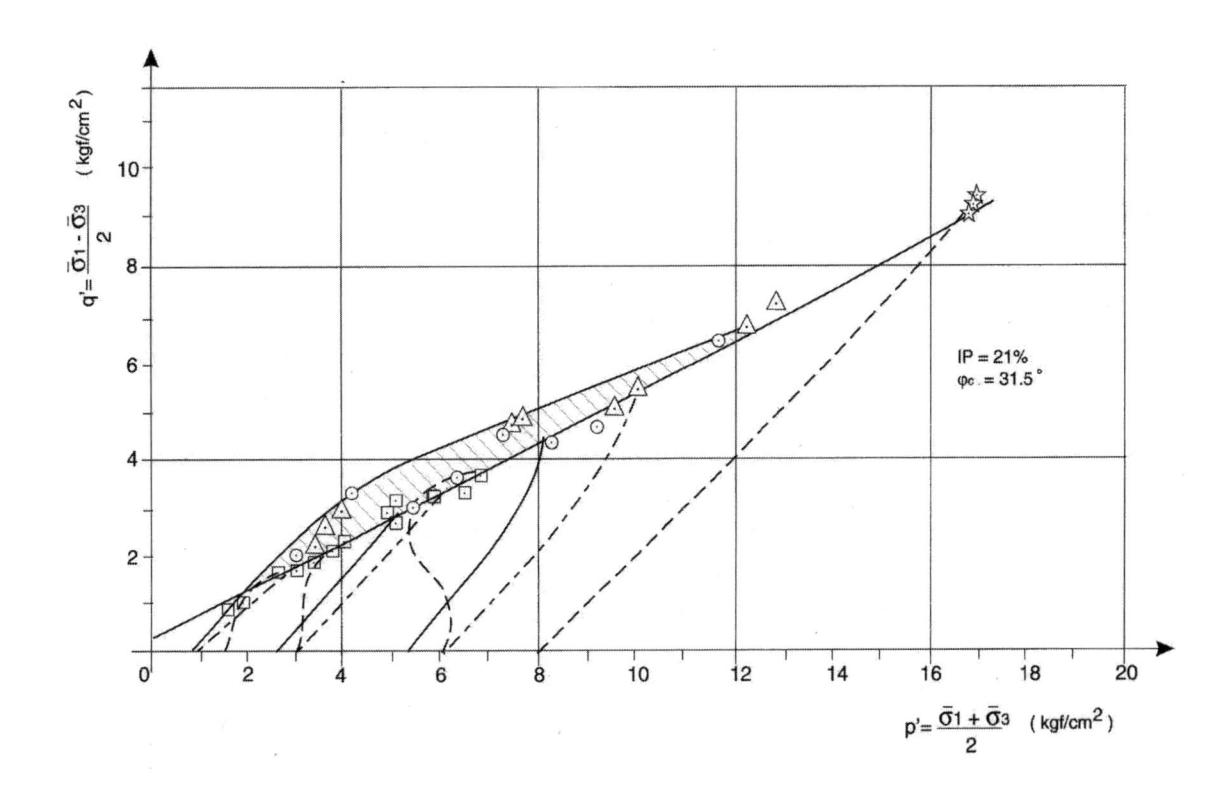

Figura 7.40 - Juquiá - solo residual de migmatito (tipo II) - Grupo I

100 Barragens Brasileiras

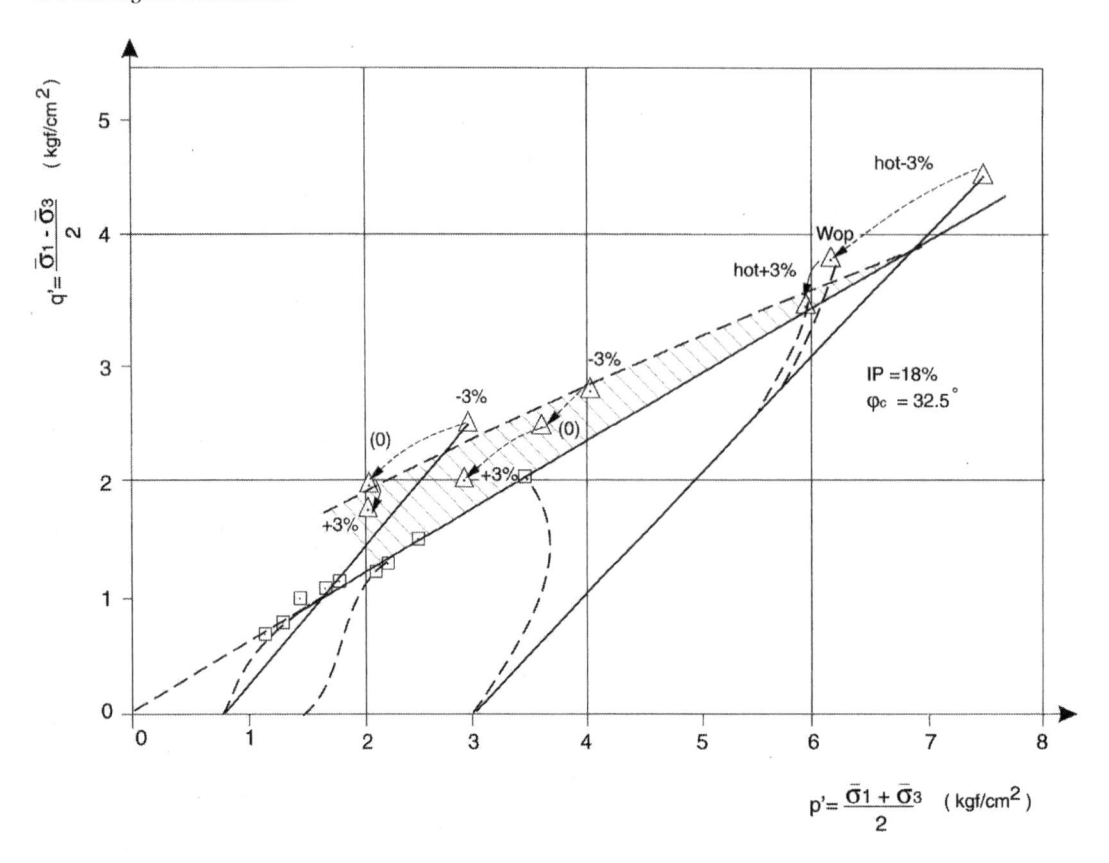

Figura 7.41 - Poços de Caldas - solo residual de rocha alcalina - Grupo I

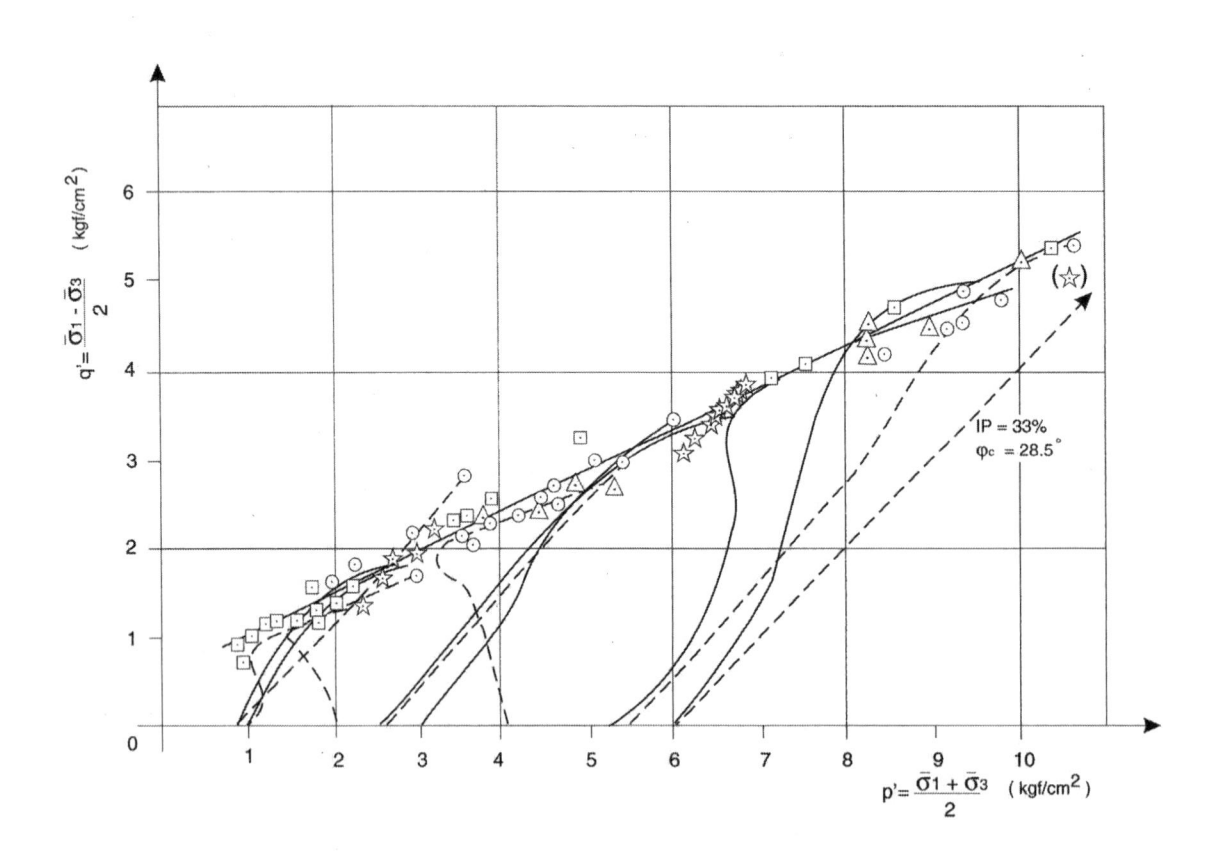

Figura 7.42- Itaipu - solo residual de basalto (amostras compactadas no campo) - Grupo I

Capítulo 7

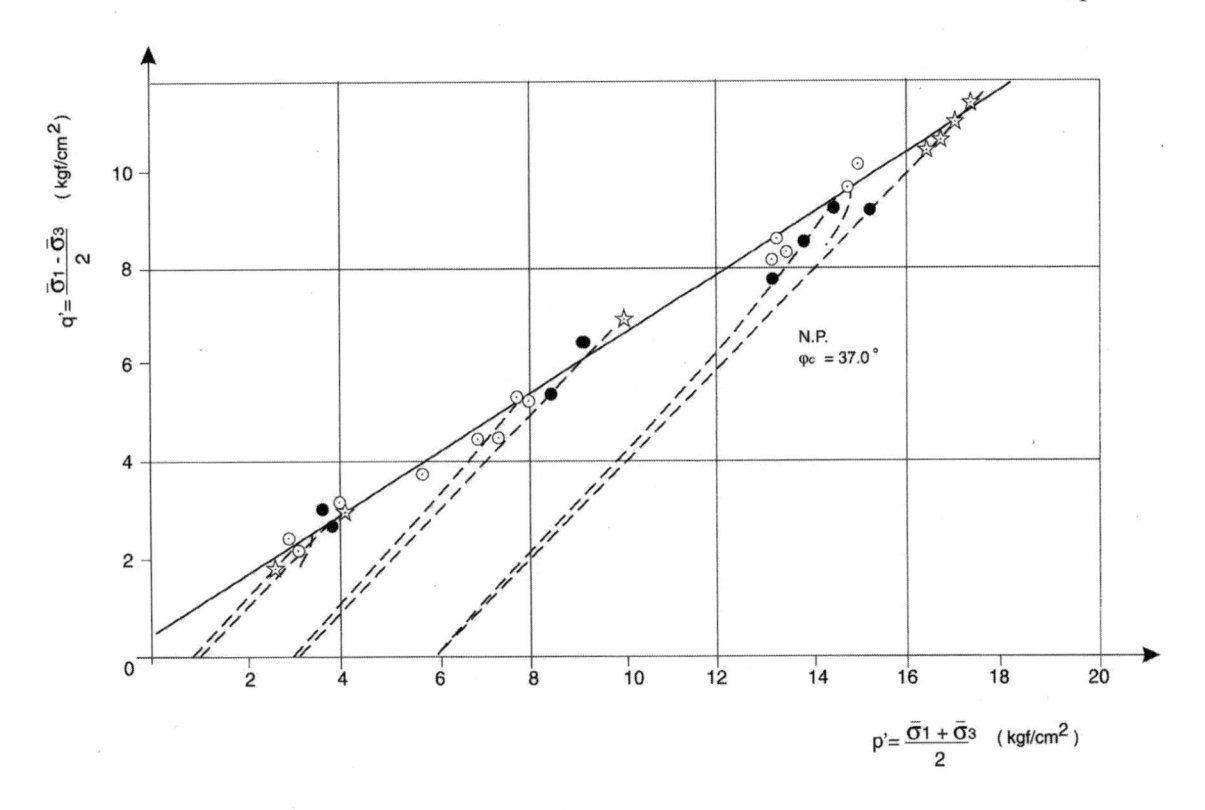

Figura 7.43 - Itaparica - solo saprolítico de granito - Grupo II

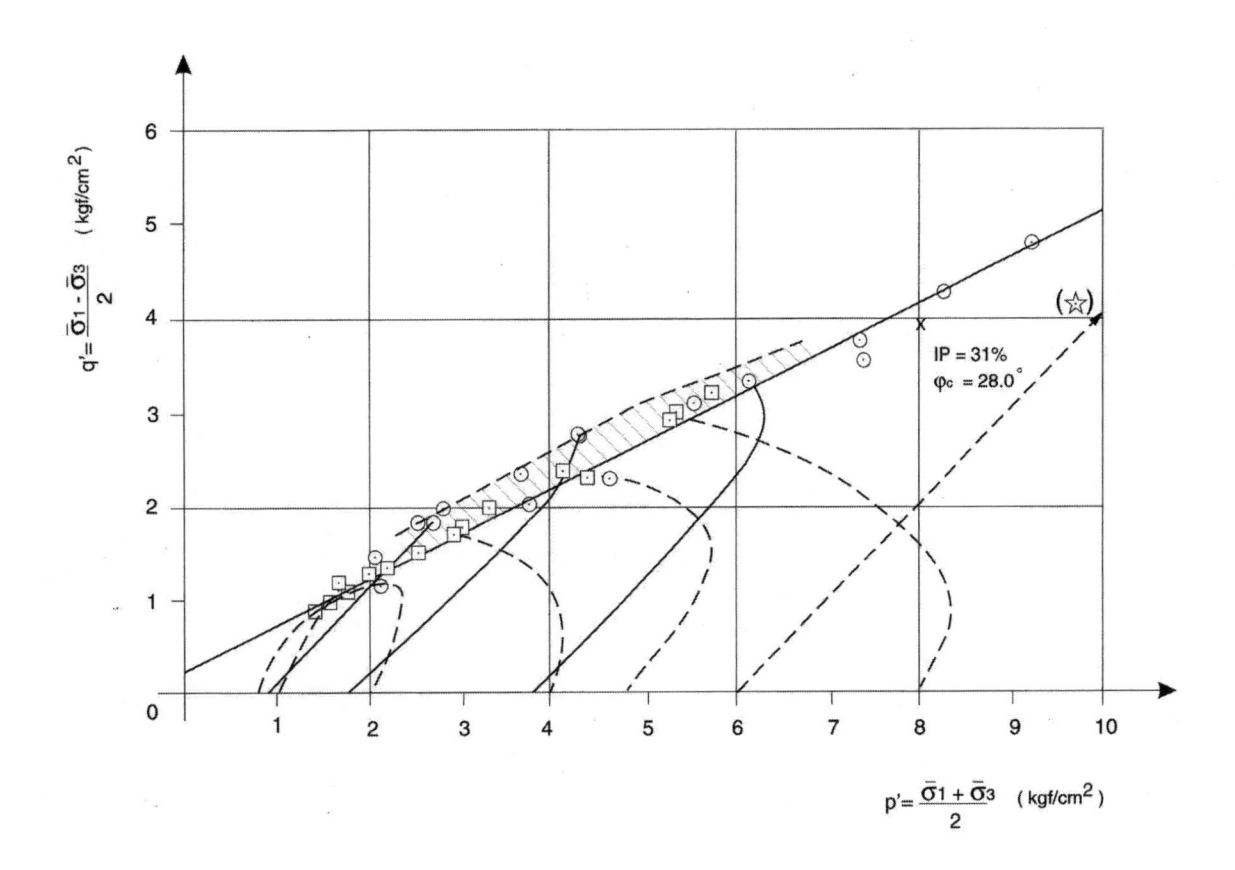

Figura 7.44 - Nova Avanhandava - solo saprolítico de basalto - Grupo II

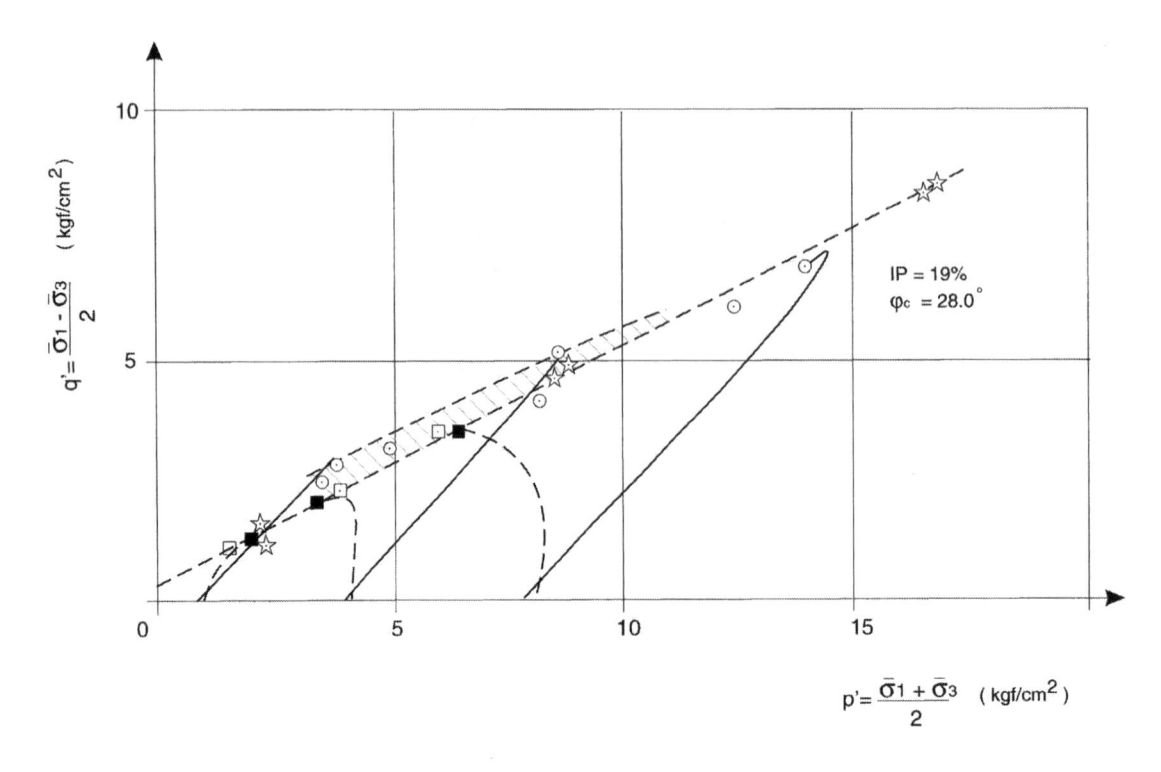

Figura 7.45 - Euclides da Cunha - solo saprolítico de gnaisse - Grupo II

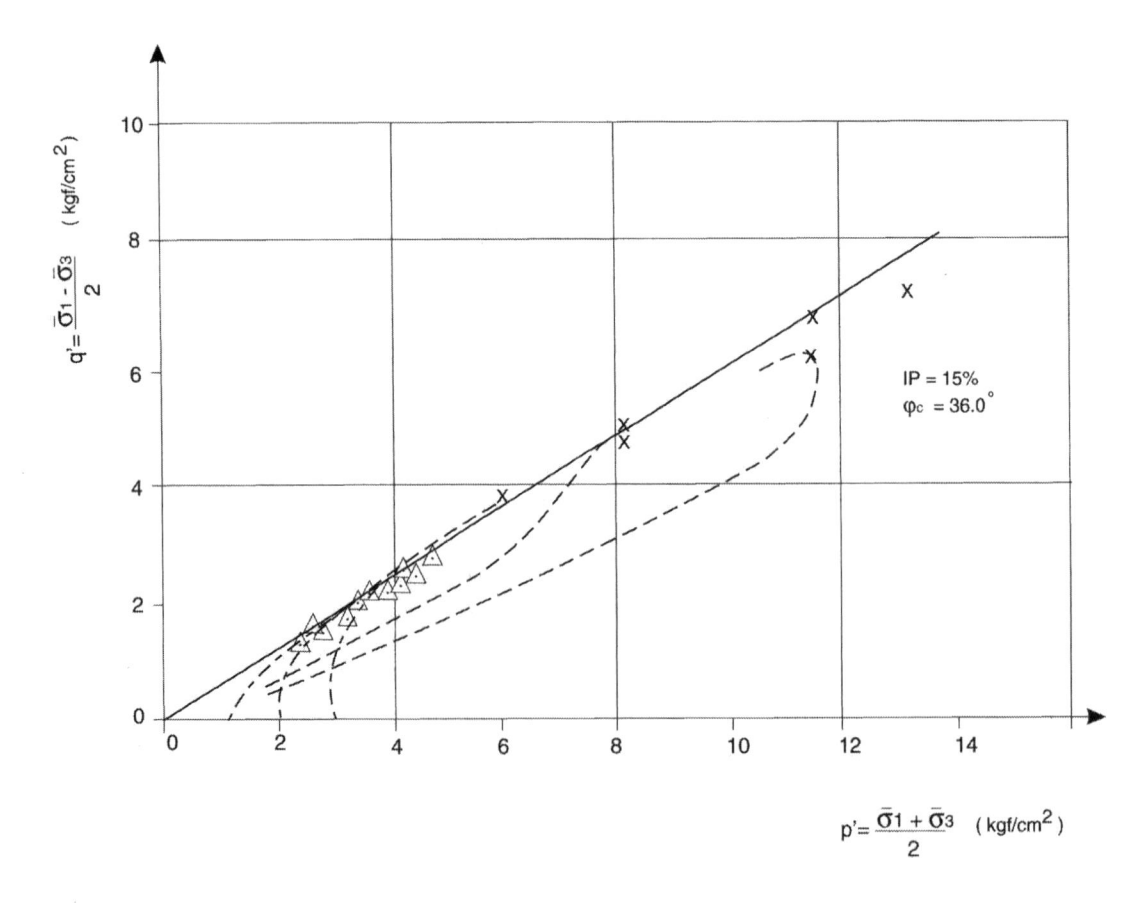

Figura 7.46 - Passaúna - solo saprolítico de migmatito - Grupo II

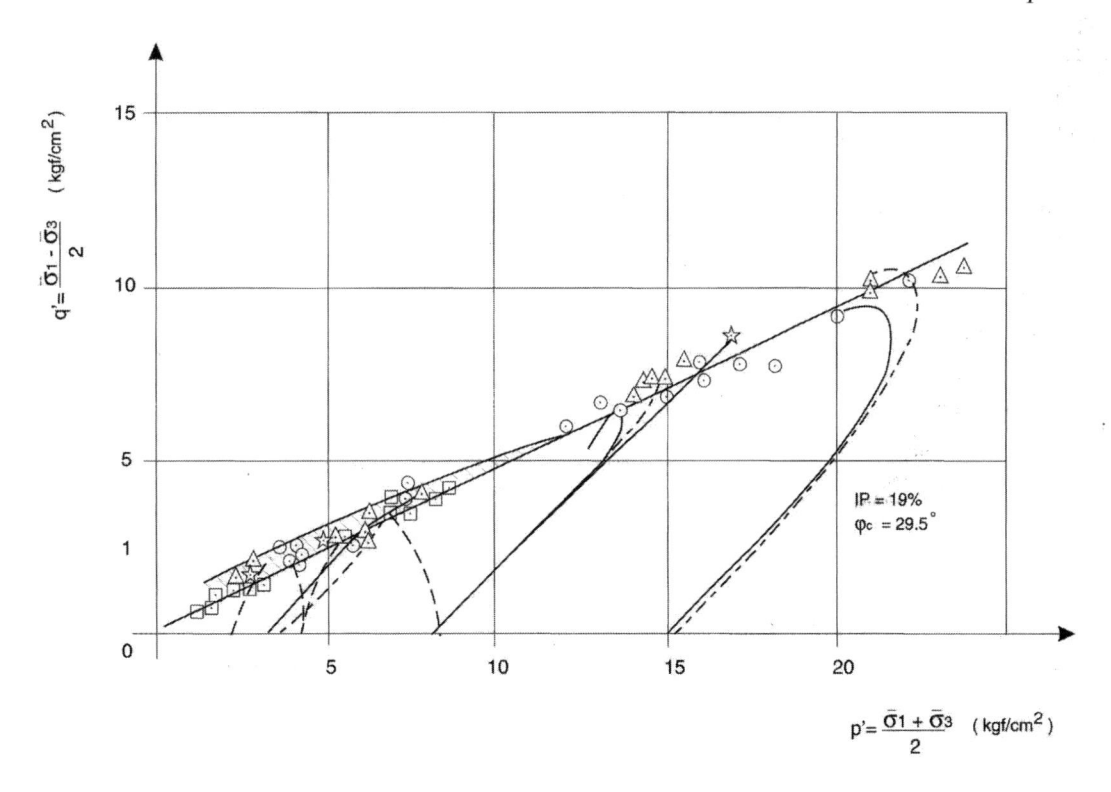

Figura 7.47 - Emborcação - solo saprolítico de xisto e migmatito - Grupo II

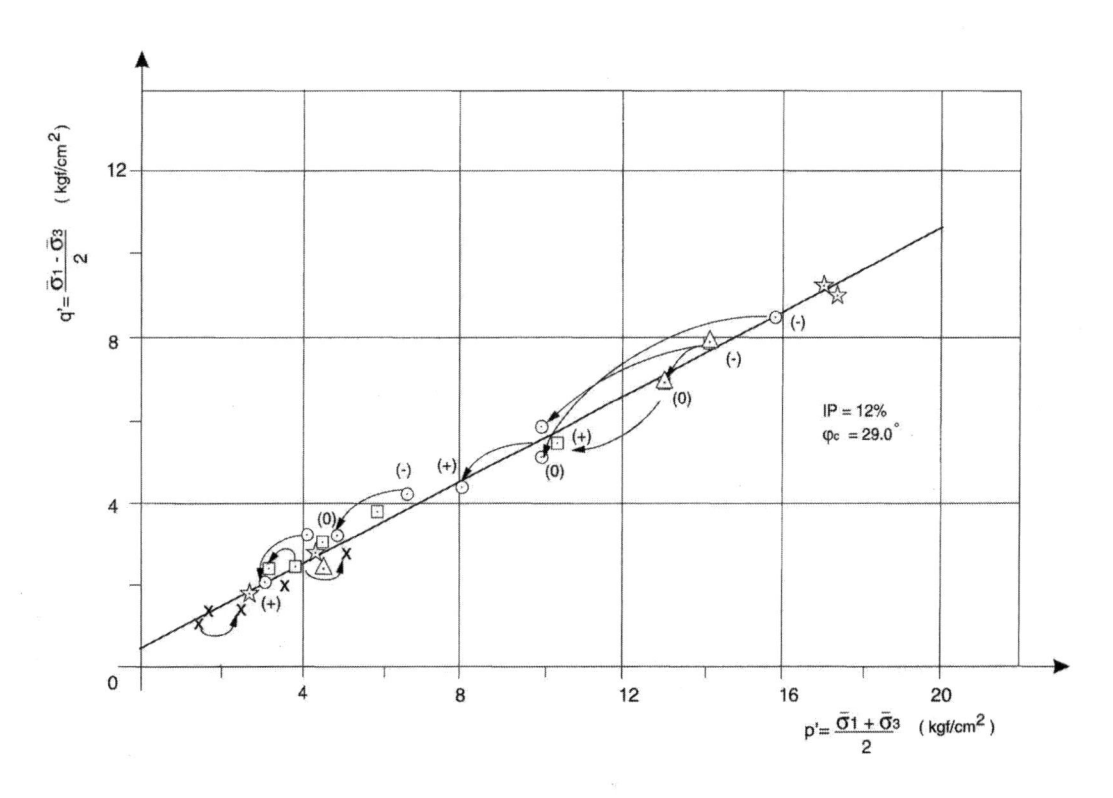

Figura 7.48 - Três Irmãos - colúvio de arenito + basalto - Grupo III

Grupo III

As Figuras 7.48 a 7.50 mostram envoltórias de solos do Grupo III. À primeira vista, o comportamento desses materiais se assemelha ao do Grupo I, mas há diferenças importantes a serem mencionadas. Uma delas é que, embora alguns solos tenham uma fração argilosa elevada (como 30%), a fração arenosa é preponderante, e se o solo for compactado em níveis médios de compactação (95% por exemplo) e abaixo da ótima, o mesmo pode apresentar um comportamento de areia "fofa" quando saturado, o que nunca ocorre nos solos do Grupo I. Pode-se, portanto, identificar uma primeira característica dos solos deste grupo, relativa uma perda significativa de resistência por saturação (de até 70%), especialmente para amostras compactadas em níveis moderados de compactação e do lado seco. Uma segunda característica é a de que o "ganho de resistência" no trecho II é uma função da fração argilosa. Para o solo da Figura 7.50, com fração argilosa de 8%, o "ganho" é quase nulo. Uma perda significativa de resistência para um mesmo tipo de ensaio, mas para umidades crescentes, pode ser observada na Figura 7.48, mesmo para amostras não saturadas. São solos de elevado ângulo de atrito φ_c. Para estes materiais, é fundamental que se distingam zonas da barragem que serão ou não submersas. Nas zonas não submersas, as especificações construtivas podem ser abrandadas, porque os solos têm boa resistência, mas nas áreas submersas, as especificações de compactação devem ser mais rigorosas, para se reduzir a perda de resistência por saturação e evitar um comportamento desfavorável do solo, semelhante ao de uma "areia fofa". A escolha de parâmetros de projeto novamente deve levar em conta os efeitos da saturação, as especificações construtivas e um conjunto amplo de dados de ensaios.

Grupo IV

Dispõe-se apenas de dados de resultados de ensaios em dois materiais que se enquadram neste grupo de comportamento algo surpreendente (ver Figuras 7.51 e 7.52). É importante, entretanto, salientar que, embora se trate apenas de dois solos, os mesmos foram extensamente estudados com ensaios procedidos em amostras moldadas em laboratório e talhadas de blocos indeformados de campo, e o volume de compactação envolvido na construção da barragem de Tucuruí foi de dezenas de milhões de metros cúbicos.

A primeira constatação é que estes materiais apresentam essencialmente uma envoltória "única" de resistência, o que nos reporta à década de 60, quando a envoltória única de resistência em termos de pressões efetivas foi definida e defendida.

A variação da resistência com a umidade de compactação fica bem definida pela análise dos ensaios *PN*. A perda de resistência por saturação também ocorre, como se observa comparando resultados de ensaios *Q'* com R'_{sat} procedidos a partir de uma mesma pressão de câmara. Novamente se destaca a diferença de comportamento nos ensaios R'_{sat} procedidos em amostras moldadas em laboratório e talhadas de blocos indeformados de campo.

O que diferencia os solos do Grupo IV dos demais é que, embora as frações argilosas sejam elevadas, o mesmo acontecendo com os Limites de Atterberg, o Δ *resistência* é insignificante para as amostras não saturadas e saturadas, conduzindo a uma envoltória essencialmente unívoca de resistência.

Propõe-se o tema para discussão e investigações sobre outros solos com comportamento semelhante.

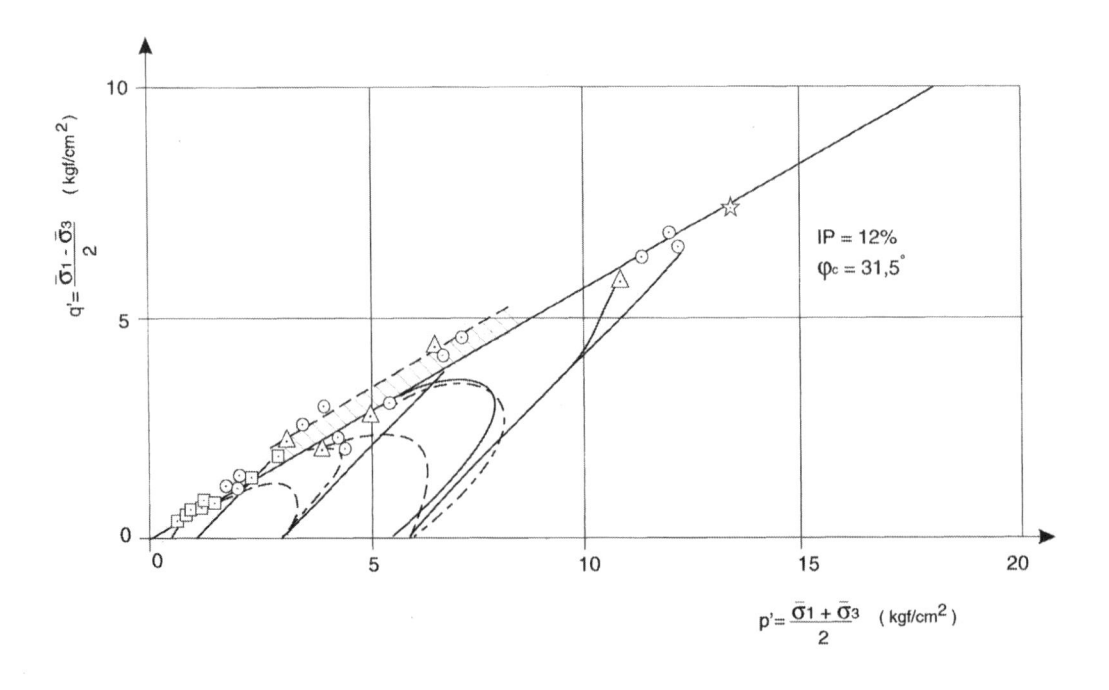

Figura 7.49 - Rosana - colúvio de arenito basalto - Grupo III

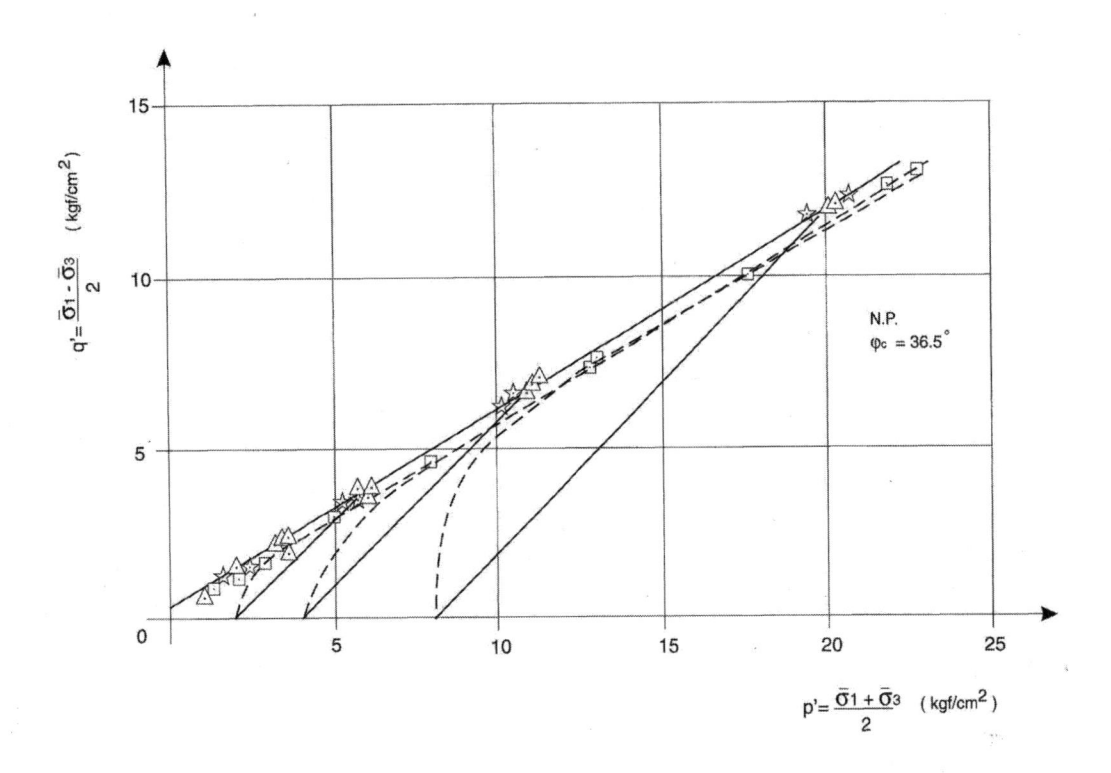

Figura 7.50 - Porto Primavera -colúvio de arenito - Grupo III

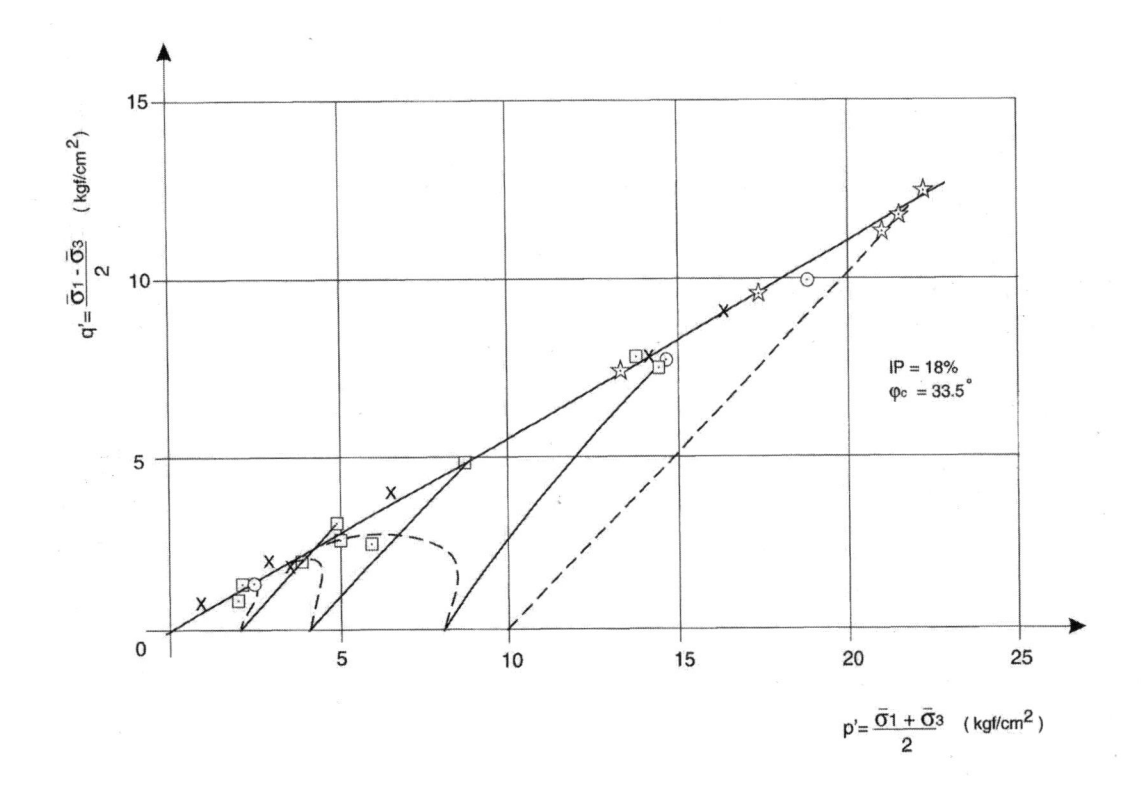

Figura 7.51 - Tucuruí (solo A-5) - colúvio sedimentar - Grupo IV

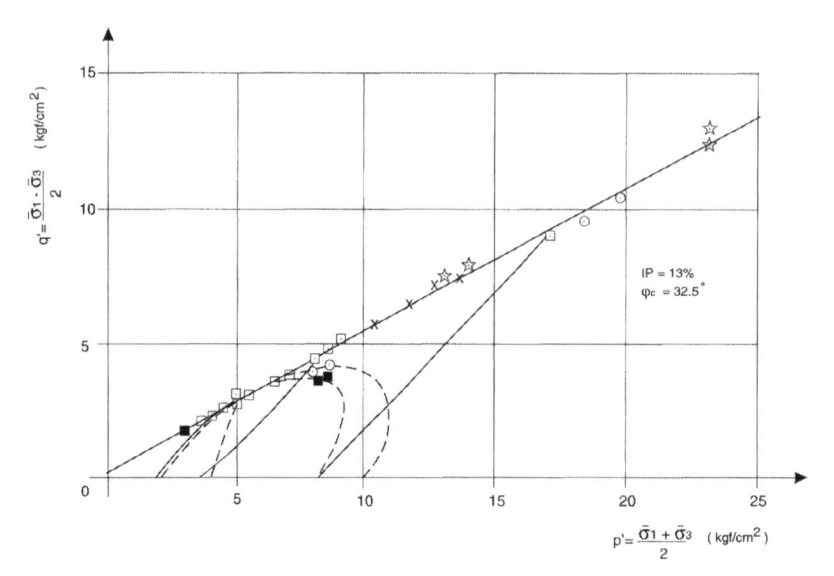

Figura 7.52 - Tucuruí (solo A-4) - colúvio sedimentar - Grupo IV

Trajetórias de tensões

Nas Figuras 7.37 a 7.52, já discutidas, foram desenhadas algumas trajetórias mais típicas para os diversos tipos de ensaios. Essas trajetórias correspondem aos tipos I a VI descritos anteriormente (Figura 7.33) e as curvas tensão - deformação e pressão neutra - deformação correspondem às mostradas nas Figuras 7.31 e 7.32.

A análise dessas trajetórias permite os seguintes comentários:

- Grupo I: as amostras de solos compactadas abaixo da umidade ótima e rompidas sem drenagem apresentam trajetórias aproximadamente retilíneas, mas com algum desenvolvimento de pressões neutras positivas próximo à ruptura, para tensões de câmara médias a elevadas (6 a 8 kg/cm²). Esses solos apresentam um Δ resistência no trecho II, que tende a desaparecer com a "saturação" da amostra. Envoltórias em forma de "S" são características de amostras compactadas próximo à umidade ótima, tanto para ensaios Q' como R'. Quando as amostras são compactadas acima da ótima, os pontos de ruptura tendem a se alinhar com a envoltória inferior, ou seja, a envoltória definida pelos ensaios em amostras "saturadas" e ensaios drenados. As trajetórias de tensões para as amostras "saturadas" são muito influenciadas pelo tipo de compactação: amostras talhadas de blocos indeformados de campo ou em níveis elevados de densidade (em laboratório) se aproximam da forma de "S", enquanto amostras compactadas em laboratório e em densidades menores tendem ao comportamento de solo normalmente adensado ou pouco sobreadensado.

- Grupo II: nestes solos observa-se, como já mencionado, um menor Δ resistência no trecho II, que pode ser quase inexistente em alguns casos de solos não plásticos. As trajetórias de resistência de amostras compactadas não saturadas tendem a ser retilíneas até valores próximos à ruptura, quando pressões neutras crescentes são registradas, tanto para amostras mais úmidas como para tensões de câmara mais elevadas. As amostras "saturadas" apresentam um comportamento variável em função da pressão de câmara, mas com um efeito mais marcado do sobreadensamento devido à compactação, quando comparadas com as amostras do Grupo I. Para pressões p' elevadas (acima de 15 kg/cm²), em alguns solos há a indicação de um início de curvatura para o trecho III da envoltória. Novamente as amostras compactadas acima da ótima tendem a definir a mesma envoltória das amostras saturadas e dos ensaios drenados, mas com trajetórias de tensões diferenciadas.

- Grupo III: neste grupo, aqui representado por apenas três solos, mas que são bastante característicos do grupo, nota-se uma influência importante da fração argilosa no valor do Δ resistência do trecho II. Para as amostras compactadas abaixo da umidade ótima, as trajetórias são essencialmente retilíneas. Já para amostras dos solos mais argilosos e compactadas acima da umidade ótima, as trajetórias de resistência nos ensaios R' são características de solos sobreadensados. Para as amostras "saturadas", o comportamento em termos de trajetórias é totalmente diverso para solos com diferentes frações argilosas. Comparem-se as trajetórias da Figura 7.49 com as da Figura 7.50. Nos solos mais argilosos e em amostras compactadas em baixas densidades e "saturadas" antes da ruptura, as trajetórias de resistência indicam um "colapso" da estrutura no processo de ruptura, o que já se demonstrou poder ser evitado compactando-se o solo em níveis mais elevados de densidade.

- Grupo IV: as trajetórias de resistência observadas nos vários tipos de ensaios e diferentes níveis de densidade se assemelham àquelas já mostradas e discutidas nos demais grupos de solos. O que diferencia estes solos dos demais é a ausência também já discutida do Δ resistência para as amostras não saturadas e saturadas em termos de envoltórias superior e inferior. Embora estes solos tenham sido exaustivamente ensaiados e com uma particularidade em relação aos demais, ou seja, tenham sido ensaiados simultaneamente em quatro laboratórios de solos, parece que ainda falta esclarecer o porquê da inexistência de um Δ resistência para as amostras não saturadas e saturadas, considerando-se a sua razoável fração argilosa.

As Tabelas 7.16, 7.17 e 7.18 reúnem dados de ensaios especiais realizados por Cruz (1967-1969), e fornecem dados de c_c e φ_c de um grande número de solos lateríticos compactados. Dados dessas tabelas foram utilizados na fase de projeto básico de inúmeras barragens brasileiras.

Capítulo 7

Tabela 7.16 - (a) Solos residuais de arenitos e rochas alcalinas e solos coluviais (Cruz, 1969)

Amostra / Procedência	Rocha de origem	Classificação	Limites de Atterberg			Granulometria			IP/% argila = A.C.	Densidade dos grãos (g/cm³)	Classificação Casagrande	Compactação Proctor Normal		Parâmetro
			LL (%)	LP (%)	IP (%)	% Areia	% Argila	D_{50} micra				h_{ot} (%)	$\gamma_{smáx}$ (g/cm³)	a e $\sqrt{S_i}$
Promissão S-6 (SP)	Arenito	areia argilosa	23	10	13	70	15	130	0,87	2,68	SP	9,5	2,036	0,284
Prom.Macuco C (SP)	"	areia argilosa	17	10	7	72	16	140	0,44	2,70	SP	9,7	2,050	0,285
Promissão P.Queixada (SP)	"	areia siltosa	18	12	6	74	6	140	1,00	2,66	SP	9,7	1,984	0,296
3 Irmãos F.G. (SP)	"	areia argilosa	24	12	12	70	10	150	1,20	2,70	SP	10,0	2,020	0,304
Promissão Macuco A (SP)	"	areia argilosa	20	13	7	70	10	110	0,70	2,68	SP	10,2	2,057	0,292
Xavantes C (SP)	"	areia argilosa	20	17	3	80	16	150	0,19	2,66	SC	10,7	1,980	0,308
Jupiá (SP - MT)	"	areia argilosa	25	14	11	64	18	120	0,61	2,72	CL	10,9	1,995	0,334
Taquaruçu (SP - PR)	"	areia argilosa	29	13	16	66	18	140	0,89	2,71	CL	11,2	1,980	0,339
Guaíra M.D. (SP)	"	areia siltosa	25	17	8	77	8	180	1,00	2,70	SP	11,5	1,960	0,343
Ibitinga (SP)	"	areia argilosa	24	17	7	60	25	96	0,28	2,78	SP	12,0	1,950	0,375
Ilha Solteira I (SP - MT)	"	areia argilosa	24	16	8	63	17	100	0,47	2,73	CL	12,2	1,925	0,372
Xavantes C' (SP)	"	areia argilosa	25	16	9	75	16	130	0,56	2,72	SP	12,7	1,884	0,392
Anhembi (SP)	"	areia argilosa	35	19	16	63	16	120	1,00	2,68	CL	13,5	1,860	0,400
Xavantes H₁ (SP)	"	areia argilosa	31	19	14	75	8	150	1,74	2,70	CL	14,0	1,812	0,429
Guaíra Eixo 2-3 (SP)	"	argila arenosa	33	19	14	52	24	110	0,58	2,70	CL	15,3	1,820	0,445
Promissão S-3 (SP)	"	argila arenosa	37	15	22	52	30	100	0,73	2,76	CL	17,6	1,774	0,518
Poços D-25 - 1,20m (MG)	Alcalinas	arg.silto arenosa	70	40	30	40	28	40	1,07	2,76	CH	28,4	1,463	0,835
Poços D-25 2,50m (MG)	"	arg.silto arenosa	70	41	29	-	-	-	-	2,83	CH	30,7	1,405	0,938
Poços C-5 2,50m (MG)	"	argila siltosa	80	50	30	28	30	15	1,00	2,85	MH	33,5	1,368	0,989
Ilha Solteira II (SP - MT)	Arenito	argila arenosa	36	24	12	46	29	80	0,41	2,76	CL	17,1	1,737	0,526
Dona Francisca B-6 (RS)	Coluvial	argila arenosa	40	19	21	66	33	140	0,64	2,70	CL	17,2	1,770	0,493
Dona Francisca B-8 (RS)	"	silte arenoso	40	22	18	47	12	105	1,50	2,70	CL	19,3	1,668	0,566
Dona Francisca B-9 (RS)	"	argila arenosa	52	25	27	41	28	75	0,60	2,72	CL	22,0	1,620	0,638
Ilha Solteira III (SP - MT)	Arenito	argila arenosa	46	31	15	44	38	60	0,39	2,92	CL	22,1	1,632	0,714

Tabela 7.16 - (b) Solos residuais de arenitos e rochas alcalinas e solos coluviais (Cruz, 1969)

Amostra / Procedência	Rocha de origem	Classificação	Parâmetros de resistência ao cisalhamento. Pressões efetivas			Resistência ao cisalham		Parâmetros B'méd = u/σ_1 (%)				Curva tipo de B'		Pr. axial p/ 5% deformação
			c (kg/cm²)	$c/tg\varphi$	φ (°)	$s_{méd}$ (kg/cm²)	s_{oi} (kg/cm²)	$p/h_{oi}-$	p/h_{oi}	$p/h_{oi}+$		p/h_{oi}		$\sigma_T-5\%(oi)$ (kg/cm²)
Promissão S-6 (SP)	Arenito	areia argilosa	0,08	0,118	34,0	9,70	6,60	2	6	10		I		17
Prom.Macuco C (SP)	"	areia argilosa	0,10	0,143	35,0	8,90	7,00	5	10	40		I		16
Promissão P.Queixada (SP)	"	areia siltosa	0,08	0,121	33,5	6,90	6,10	4	5	25		I		15
3 Irmãos F.G. (SP)	"	areia argilosa	0,10	0,148	34,0	7,40	6,20	4	8	35		IA		14
Promissão Macuco A (SP)	"	areia argilosa	0,05	0,07	35,0	8,45	7,40	5	5	20		I		17
Xavantes C (SP)	"	areia argilosa	0,00	0,00	33,0	6,40	6,40	2	3	10		I		16
Jupiá (SP - MT)	"	areia argilosa	0,05	0,08	33,0	5,45	5,10	5	8	20		I		12
Taquaruçu (SP - PR)	"	areia argilosa	0,05	0,08	33,0	7,40	4,00	4	15	30		I		8
Guaíra M.D. (SP)	"	areia siltosa	0,05	0,08	31,0	5,95	5,50	3	4	25		I		13
Ibitinga (SP)	"	areia argilosa	0,20	0,32	32,0	5,80	4,20	5	18	25		I		11
Ilha Solteira I (SP)	"	areia argilosa	0,05	0,08	33,5	6,80	3,80	5	14	45		I		18
Xavantes C' (SP)	"	areia argilosa	0,15	0,25	33,0	7,00	4,60	7	17	45		I		15
Anhembi (SP)	"	areia argilosa	0,07	0,104	34,0	5,70	4,30	6	10	15		I		13
Xavantes H₁ (SP)	"	areia argilosa	0,10	0,152	33,5	6,90	6,20	3	5	10		I		15
Guaíra Eixo 2-5 (SP)	"	argila arenosa	0,00	0,00	28,5	4,30	2,50	7	20	50		IA		8
Promissão S-3 (SP)	"	argila arenosa	0,30	0,650	26,5	4,40	2,50	8	20	40		IA-III		8
Poços D-25 - 1,20m (MG)	Alcalinas	arg.silto arenosa	0,25	0,418	31,0	5,10	4,30	4	6	25		II		10
Poços D-25 2,50m (MG)	"	arg.silto arenosa	0,22	0,382	30,0	5,30	3,60	4	12	40		II		10
Poços C-5 2,50m (MG)	"	argila siltosa	0,50	1,26	21,5	4,50	2,80	5	12	35		II		9
Ilha Solteira II (SP - MT)	Arenito	argila arenosa	0,10	0,15	33,0	7,10	4,00	5	12	35		II		10
Dona Francisca B-6 (RS)	Coluvial	argila arenosa	0,10	0,184	28,5	5,90	3,90	1	20	40		I		9
Dona Francisca B-8 (RS)	"	silte arenoso	0,10	0,169	30,5	6,00	3,60	2	30	50		IA		9
Dona Francisca B-9 (RS)	"	argila arenosa	0,10	0,20	26,5	4,60	3,00	4	20	50		IA		9
Ilha Solteira III (SP - MT)	Arenito	argila arenosa	0,15	0,26	30,0	5,60	3,40	7	20	40		II		9

Capítulo 7

Tabela 7.17 - (a) Solos residuais de granito - gnaisse - micaxisto - filitos - siltitos e argilitos (Cruz, 1969)

Amostra / Procedência	Rocha de origem	Classificação	Limites de Atterberg			Granulometria			IP/% argila = A.C.	Densidade dos grãos (g/cm³)	Classificação Casagrande	Compactação Proctor Normal		Parâmetro $e_{ot,85}$
			LL (%)	LP (%)	IP (%)	% Areia	% Argila	D_{60} micra				h_{ot} (%)	$\gamma_{smáx}$ (g/cm³)	
Estrada d'Oeste (SP)	granito	areia pouco siltosa	NP	NP	NP	82	2	130	--	2,70	SW	13,4	1,800	0,425
Ponte Nova (SP)	gnaisse granito	areia silto argilosa	49	31	18	57	16	110	1,12	2,78	ML-CL	18,8	1,644	0,604
Ponte Nova 81 (SP)	gnaiss	areia siltosa	48	33	15	54	9	100	1,67	2,61	ML	19,2	1,624	0,463
Vila Galvão (SP)	granito	silte arenoso	36	21	15	43	6	68	2,58	2,72	CL	19,8	1,623	0,601
Jaguari A-1 (SP)	gnaiss	argila silto arenosa	63	39	24	34	29	45	0,83	2,78	MH	24,0	1,563	0,763
Jaguari S-2 (SP)	gnaiss	silte muito argiloso	71	43	28	26	33	25	0,87	2,62	MH	24,4	1,552	0,618
Cap.Cachoeira (PR)	gnaiss	silte argiloso	54	27	27	27	28	10	0,96	2,75	CH	24,4	1,530	0,733
Jaguari S-1 (SP)	gnaiss	silte muito argiloso	70	43	27	24	35	17	0,77	2,75	MH-CH	26,3	1,524	0,765
Ponte Nova A-4 (SP)	gnaiss	argila silto arenosa	61	37	24	45	28	80	0,86	2,74	MH	26,6	1,600	0,728
Jaguari A-2 (SP)	gnaiss	argila siltosa	85	39	46	25	59	17	1,18	2,61	CH	28,4	1,482	0,752
Moinho Velho (SP)	gnaiss	argila siltosa	69	41	28	16	54	4	0,52	2,74	MH	31,8	1,368	0,870
Cap.Cachoeira (PR)	gnaiss	argila c/areia fina	99	57	42	25	59	2	0,71	2,82	MH	32,6	1,368	0,990
Micaxisto E-O	micaxisto	areia pouco argilosa	NP	NP	NP	88	10	600	--	2,72	SP	12,0	1,916	0,368
Micaxisto-Paraibuna	micaxisto	areia siltosa	56	44	12	76	7	450	1,72	2,76	MH	22,0	1,600	0,662
Siltito E-O (SP)	siltito	silte areno argiloso	42	20	22	36	15	54	1,47	2,67	CL	16,6	1,768	0,476
Filito E-O (SP)	filito	silte pouco arenoso	44	22	22	20	4	28	5,50	2,81	CL	17,9	1,630	0,600
Agua Vermelha MD (SP-MG)	quartzito	areia silto argilosa	38	26	12	53	16	96	0,75	2,79	ML	18,0	1,770	0,538
Jaqueri C (SP)	filito	silte arenoso	41	29	12	10	5	22	2,40	2,78	CL	19,1	1,655	0,602
Encruzilhada (SC) 226	argilito	argila arenosa	44	24	20	44	32	60	0,62	2,74	CL	19,5	1,673	0,582
Argilito "verde" E-O (SP)	argilito	argila arenosa	49	21	28	25	28	15	1,00	2,62	CH	21,6	1,624	0,595
Jaqueri A (SP)	filito	silte	44	30	14	21	5	35	2,80	2,76	ML	21,7	1,610	0,655
Encruzilhada 255 (SC)	argilito	argila	45	27	18	50	30	80	0,60	2,79	CL	22,8	1,591	0,694
Argilito E-O (SP)	argilito	argila siltosa	77	30	47	2	56	24	0,84	2,72	CH	25,9	1,510	0,750
Lança (PR)	siltito	argila muito siltosa	73	41	32	25	31	13	1,05	2,86	MH-CH	27,1	1,474	0,851

Tabela 7.17 - (b) Solos residuais de granito - gnaisse - micaxisto - filitos - siltitos e argilitos (Cruz, 1969)

Amostra Procedência	Rocha de Origem	Classificação	Parâmetros de resistência ao cisalhamento Pressões efetivas			Resistência ao cisalhamento		Parâmetros B'méd = u/σ_1 (%)				Curva tipo de B'	Pr. axial p/ 5% deformação
			c (kg/cm²)	c/tgφ	φ (°)	$s_{máx}$ (kg/cm²)	s_{ot} (kg/cm²)	p/h$_{ot}$-	p/h$_{ot}$	p/h$_{ot}$+	p/h$_{ot}$		σ_1-5%/oε (kg/cm²)
G.Estrada d'Oeste (SP)	granito	areia pouco siltosa	0,00	0,00	40,0	9,70	8,90	-	5-15	10	I	18
Ponte Nova (SP)	gnaiss granito	areia silto argilosa	0,18	0,18	30,0	5,00	4,00	4	6	8	IA	10
Ponte Nova S1 (SP)	gnaiss	areia siltosa	0,00	0,00	29,0	4,90	4,40	3	7	18	IA-II	9
Vila Galvão (SP)	granito	silte arenoso	0,10	0,10	28,0	4,80	4,50	3	8	-	I	10
Jaguari A-1 (SP)	gnaiss	argila silto arenosa	0,24	0,24	27,0	4,60	3,75	3	8	30	II	9
Jaguari S-2 (SP)	gnaiss	silte muito argiloso	0,36	0,36	26,0	4,90	3,70	3	10	35	IA-II	11
Cap.Cachoeira (PR)	gnaiss	silte argiloso	0,00	0,00	30,0	5,00	4,70	2	8	30	II	11
Jaguari S-1 (SP)	gnaiss	silte muito argilosa	0,23	0,23	29,5	4,40	2,55	5	25	50	IA	8
Ponte Nova A-4 (SP)	gnaiss	argila silto arenosa	0,40	0,40	30,0	5,50	2,50	4	25	50	IA	8
Jaguari A-2 (SP)	gnaiss	argila siltosa	0,39	0,39	27,7	3,30	1,90	15	45	55	IA	5
Moinho Velho (SP)	gnaiss	argila siltosa	0,18	0,18	34,0	3,20	2,10	12	10-40	50	III	10
Cap.Cachoeira (PR)	gnaiss	argila c/areia fina	0,16	0,16	28,0	4,50	3,45	3	20	50	II	9
Micaxisto E-O	micaxisto	areia pouco argilosa	0,00	0,00	34,0	7,80	6,60	1	3	4	I	16
Micaxisto-Paraibuna	micaxisto	areia siltosa	0,13	0,13	33,0	-	3,60	-	-	40	-	-
Siltito E-O (SP)	siltito	silte areno argiloso	0,10	0,10	30,0	5,00	3,00	6	8	20	I	7
Filito E-O (SP)	filito	silte pouco arenoso	0,00	0,00	33,0	6,25	5,90	2	5	8	I	12
Água Vermelha MD (SP-MG)	quartzito	areia silto argilosa	0,10	0,10	26,0	3,65	2,80	8	10	-	IA	12
Juqueri C (SP)	filito	silte arenoso	0,05	0,05	30,0	6,00	5,00	5	5	10	IA	10
Encruzilhada (SC) 226	argilito	argila arenosa	0,22	0,22	26,5	5,60	3,00	21	25	45	IA-III	8
Argilito "verde" E-O (SP)	argilito	argila arenosa	0,35	0,35	17,0	2,30	1,40	10	-	25	IA-III	5
Juqueri A (SP)	filito	silte	0,18	0,18	31,5	6,20	5,20	5	7	-	IA	11
Encruzilhada 255 (SC)	argilito	argila	0,20	0,20	23,5	3,45	2,60	4	15-30	50	III	9
Argilito E-O (SP)	argilito	argila siltosa	0,15	0,15	25,0	4,00	3,10	10	15	5-30	IA-IV	6
Lança (PR)	siltito	argila muito siltosa	0,25	0,25	25,0	4,90	3,80	4	8	25	IA-II	9

Capítulo 7

Tabela 7.18 - (a) Solos residuais de basaltos e diabásios (Cruz, 1969)

Amostra / Procedência	Rocha de origem	Classificação	Limites de Atterberg			Granulometria			IP%argila = A.C.	Densidade dos grãos (g/cm³)	Classificação Casagrande	Compactação Proctor Normal		Parâmetro
			LL (%)	LP (%)	IP (%)	% Areia	% Argila	D_{60} micra				h_{ot} (%)	$\gamma_{smáx}$ (g/cm³)	$e_{ot}\sqrt{S_{ot}}$
Xavantes G (SP)	basalto	argila arenosa	54	29	25	35	27	44	0,93	2,78	CH	21,8	1,650	0,645
Xavantes Bo (SP)	"	"	45	26	19	53	24	55	0,79	2,79	CL	22,0	1,618	0,665
Xavantes A_1 (SP)	"	"	50	31	19	36	31	45	0,61	2,89	MH	22,2	1,670	0,684
Barra Bonita (SP)	"	"	54	33	21	32	27	40	0,78	2,93	MH	22,5	1,632	0,724
Canoas (SP)	"	"	50	25	25	30	36	20	0,69	2,90	CL	23,0	1,628	0,724
Bariri (SP)	"	"	52	31	21	33	26	45	0,81	2,91	MH	23,5	1,616	0,740
São Carlos (SP)	"	"	56	34	22	—	40	—	0,55	2,89	MH	23,6	1,676	0,702
Capivara G-1 (SP)	"	"	47	28	19	40	23	60	0,83	2,88	CL	23,8	1,638	0,721
Agua Vermelha ME (SP-MG)	"	"	51	30	21	31	36	21	0,58	2,92	MH	24,0	1,632	0,744
Xavantes B_1 (SP)	"	argila siltosa	62	29	33	20	55	3,5	0,60	2,98	CH	27,0	1,462	0,915
Capivara I-3 (SP)	"	argila arenosa	58	37	21	34	30	45	0,70	2,93	MH	27,4	1,540	0,850
Xavantes A-2 (SP)	"	argila silto arenosa	67	37	31	22	40	13	0,77	2,92	CH	28,8	1,496	0,892
Iatuba area A (RS)	basalto	argila siltosa	72	45	27	14	62	2	0,43	2,76	MH	30,8	1,444	0,880
Cerrito Am "2 (SC)	"	argila silto arenosa	68	44	24	30	48	25	0,50	2,88	MH	30,9	1,413	0,962
Paço Real (verm) (RS)	"	argila siltosa	64	39	25	38	23	58	1,14	2,78	MH	32,0	1,378	0,951
Itaúba área B (RS)	"	argila siltosa	62	40	22	15	58	2	0,38	2,70	MH	32,2	1,370	0,906
Salto Santiago (PR)	"	argila silto arenosa	66	44	22	30	47	20	0,47	3,10	MH	33,9	1,406	1,129
Paço Real (Rosa) (RS)	"	argila siltosa	63	37	26	32	22	45	1,18	2,77	MH	34,9	1,324	1,028
Segredo área D (PR)	"	argila siltosa	63	43	20	15	68	<1	0,29	2,97	MH	36,0	1,310	1,168
Paço Real (cinza) (RS)	"	argila silto arenosa	57	42	14	65	10	190	1,40	2,69	MH	37,2	1,275	1,052
Salto Osório (PR)	"	argila c/areia fina	66	42	24	19	65	<1	0,37	3,14	MH	38,5	1,308	1,300
Segredo C (PR)	"	argila silto arenosa	77	46	31	30	55	10	0,56	2,98	MH	38,7	1,286	1,235
Segredo A (PR)	"	argila siltosa	72	42	30	20	62	2	0,48	2,99	MH	39,3	1,260	1,270
Salto Santiago 5 (PR)	"	argila siltosa	80	55	25	10	60	2	0,42	3,02	MH	39,5	1,300	1,259
Cerrito Am 284 (SC)	basalto	argila siltosa	94	52	42	10	48	8	0,87	2,96	MH	42,4	1,183	1,370

229

Tabela 7.18 - (b) Solos residuais de basaltos e diabásios (Cruz, 1969)

Amostra / Procedência	Rocha de origem	Classificação	Parâmetros de resistência ao cisalhamento Pressões efetivas			Resistência ao cisalhamento		Parâmetros B'méd = u/σ_1 (%)			Curva tipo te B'	Pr. axial p/ 5%. deformação
			c (kg/cm²)	c/tgφ	φ (°)	s_{sat} (kg/cm²)	s_{ot} (kg/cm²)	p/h_{ot} -	p/h_{ot}	p/h_{ot} +	p/h_{ot}	σ_T-5%(ot) (kg/cm²)
Xavantes G (SP)	basalto	argila arenosa	0,18	0,34	28,0	3,60	2,70	7	15	20-40	IA	10
Xavantes Bo (SP)	"	"	0,28	0,48	30,0	5,05	2,80	8	28	40	IA	8
Xavantes A$_1$ (SP)	"	"	0,35	0,63	29,0	4,05	2,10	15	25	30-60	IA	8
Barra Bonita (SP)	"	"	0,30	0,54	29,0	4,05	3,10	8	-	30	IV	10
Canoas (SP)	"	"	0,22	0,45	26,0	3,80	2,60	13	20	33	IA	7
Barirí (SP)	"	"	0,18	0,29	32,0	5,10	2,90	10	25	40	IA	8
São Carlos (SP)	"	"	0,35	0,62	29,5	4,50	2,90	12	25	20-40	I-III	6
Capivara G-1 (SP)	"	"	0,10	0,21	25,5	2,70	1,70	20	25	10-50	III	3
Agua Vermelha ME (SP-MG)	"	"	0,30	0,69	23,5	2,95	1,80	12	30	40	III	7
Xavantes B$_1$ (SP)	"	argila siltosa	0,21	0,90	27,5	3,65	2,20	15	30	40	IV-IA	5
Capivara 1-3 (SP)	"	argila arenosa	0,10	0,19	27,0	3,90	2,70	10	5-20	10-40	III	8
Xavantes A-2 (SP)	"	argila silto arenosa	0,28	0,55	27,0	4,10	2,50	-20 +10	20	20-40	III	6
Itaíba área A (RS)	basalto	argila siltosa	0,55	1,25	24,0	4,30	3,00	5	20	45	III	9
Cerrito Am 2 (SC)	"	argila silto arenosa	0,26	0,43	31,4	6,40	3,50	3	24	35	III	10
Paço Real (verm) (RS)	"	argila siltosa	0,20	0,41	26,0	4,65	3,00	10	20	35	II	10
Itaíba área B (RS)	"	argila siltosa	0,65	1,46	24,0	5,40	2,00	1	30	55	IA	7
Salto Santiago (PR)	"	argila silto arenosa	0,42	0,76	29,0	5,20	3,50	5	22	45	IA	9
Paço Real (Rosa) (RS)	"	argila siltosa	0,10	0,34	28,0	4,80	2,60	4	35	55	II-III	6
Segredo área D (PR)	"	argila siltosa	0,65	1,37	25,5	4,00	3,00	1	16	49	III	11
Paço Real (cinza) (RS)	"	argila silto arenosa	0,15	0,20	30,0	5,80	4,80	6	12	47	I	13
Salto Osório (PR)	"	argila c/areia fina	0,70	1,32	28,0	5,90	2,50	3	28	45	III	9
Segredo C (PR)	"	argila silto arenosa	0,44	0,83	28,0	4,50	2,80	2	26	40	III	10
Segredo A (PR)	"	argilasiltosa	0,40	0,75	28,0	3,60	2,60	10	22	45	IA	10
Salto Santiago 5 (PR)	"	argila siltosa	0,40	0,67	31,0	3,90	2,20	10	30	55	IA-III	8
Cerrito Am 284 (SC)	basalto	argila siltosa	0,24	0,53	24,1	3,80	2,90	5	16	25	II-III	8

Capítulo 7

Desenvolvimento de pressões neutras

Embora pressões neutras construtivas não tenham sido registradas em níveis elevados em barragens construídas com os materiais aqui descritos, persiste a necessidade de se adotar um parâmetro de pressão neutra para fins de projeto e análises de estabilidade. O registro sistemático dessas pressões em barragens vem sendo efetuado regularmente no Brasil nos últimos 30 anos.

Tem sido prática comum nos laboratórios de ensaios a realização dos ensaios *PN*, como já descritos anteriormente.

Curvas típicas de desenvolvimento de pressões neutras são mostradas nas Figuras 7.53 e 7.54.

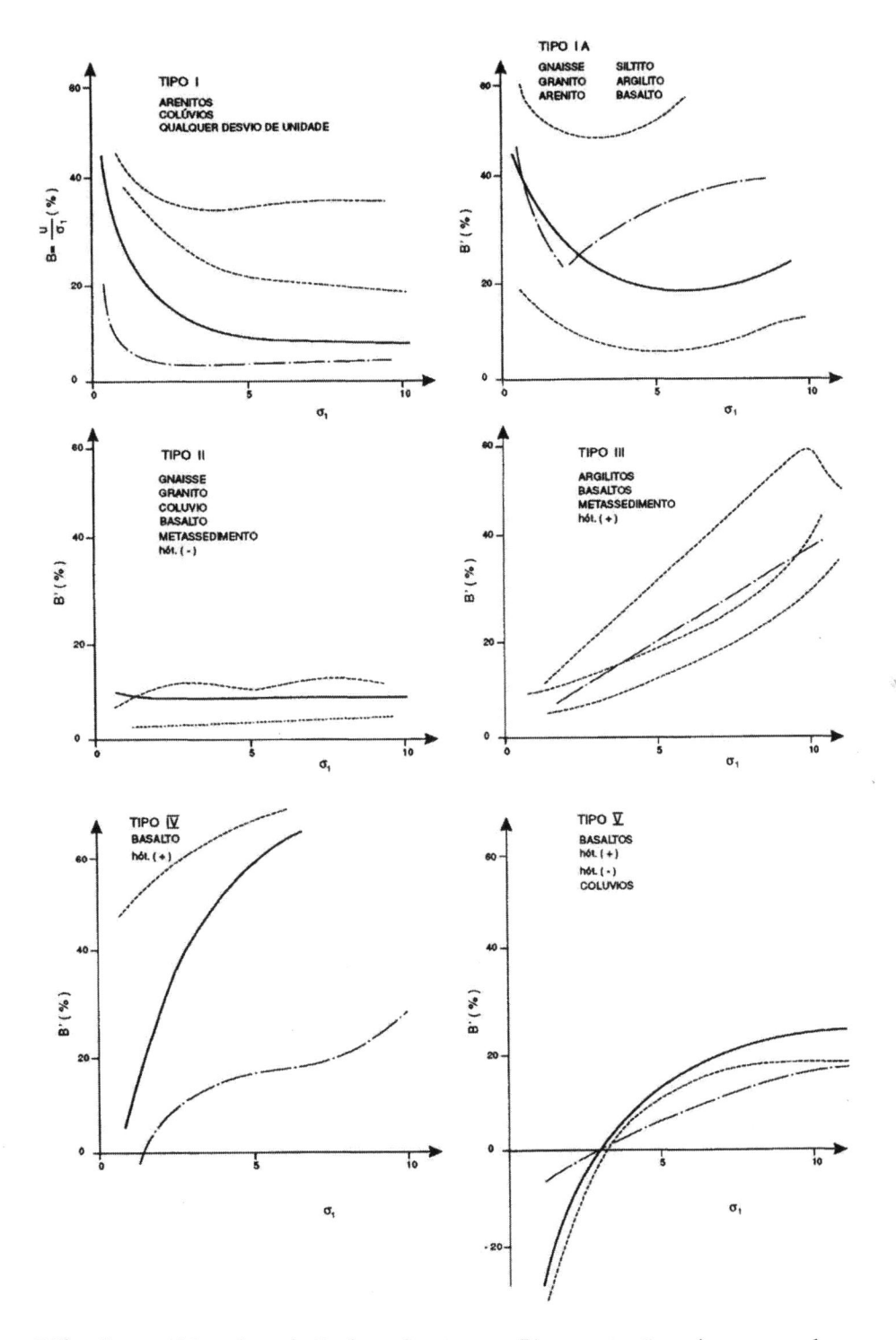

Figura 7.53 - Curvas típicas da variação do parâmetro $r_u = B'$ com a tensão maior σ_l em solos compactados (Cruz, 1967)

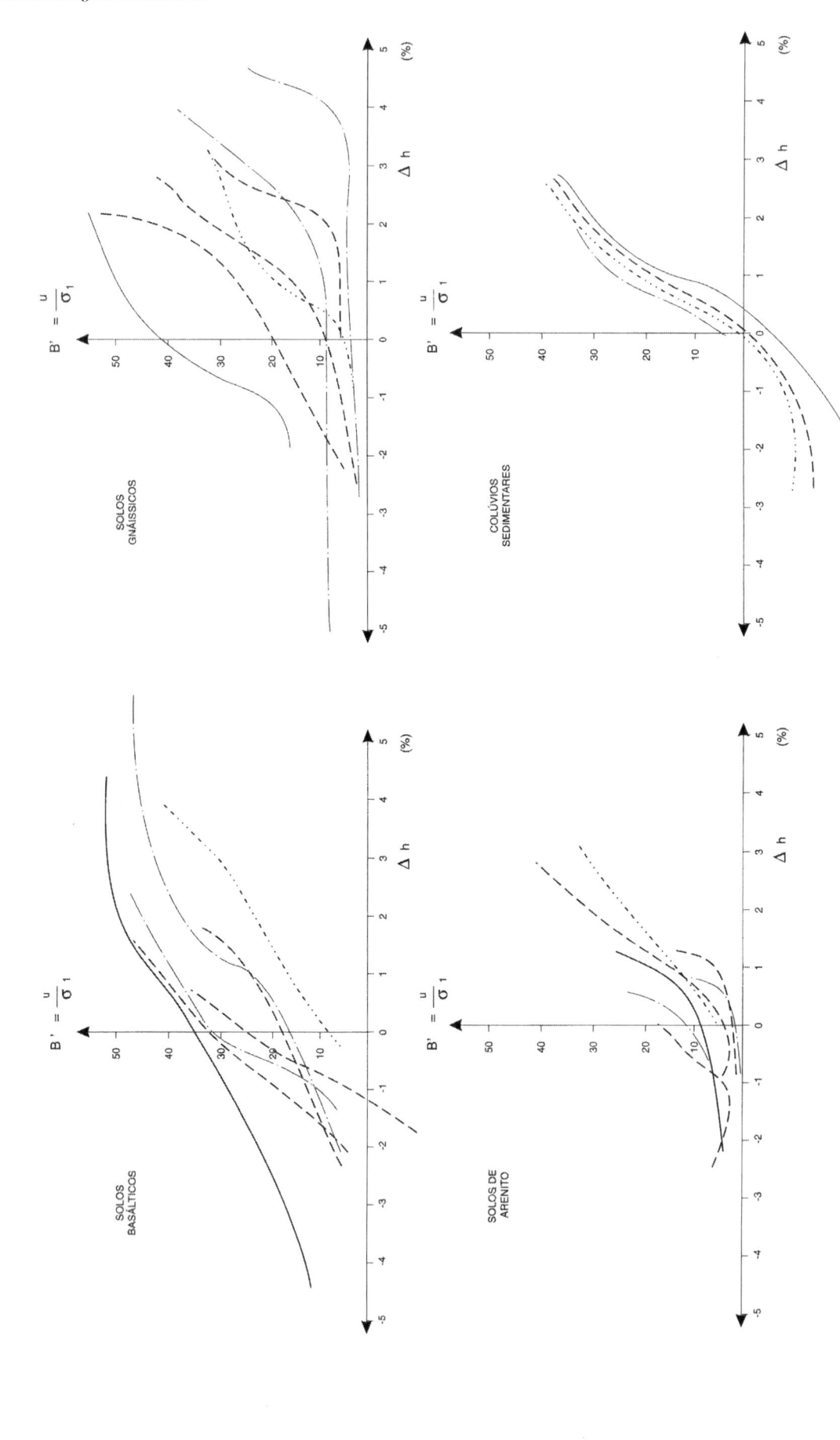

Figura 7.54 - Parâmetros da pressão neutra $r_u = B'$ obtidos em ensaios triaxiais PN variando Δ umidade ($\Delta h = h_c - h_{ot}$) (Cruz, 1967)

Resistência à tração e sucção

Resistência à Tração

Cruz e Mellios (1972) apresentam dados de resistência à tração τ_t de cinco solos compactados, cujas características de identificação e classificação estão mostradas na Tabela 7.19. Na mesma tabela estão incluídos os valores de τ_t e σ_c (resistência à compressão simples) e a relação τ_t/σ_c.

O interesse em determinar a resistência à tração prende-se à definição do valor da coesão nas proximidades da origem (trecho I da envoltória - Figura 7.42, por exemplo).

Tabela 7.19 - Ensaios de tração em solos compactados (Cruz e Mellios, 1972)

Solo	LL (%)	IP (%)	Classificação	Granulometria			AC	δ (g/cm³)	Compactação		τ_t (kg/cm²)		σ_c (kg/cm²)		τ_t/σ_c	
				Argila (2μ)	Areia (%)	D_{50} (micra)			h_{ot} (%)	γ_{max} (t/m³)	h_{nat}	SAT	h_{nat}	SAT	h_{nat}	SAT
AV-C	20	3	Solo residual arenito	16	50	150	0,19	2,66	10,7	1,980	0,17	-	0,90	0,20	0,188	-
PT-S	48	12	Solo residual gnaisse	7	57	160	1,72	2,75	16,4	1,712	0,32	0,25	2,10	0,98	0,153	0,254
IS-II	35	10	Solo coluvion ar arenito e basalto	37	55	110	0,27	2,82	17,0	1,790	0,35	0,23	2,40	0,84	0,146	0,274
PT-A	58	25	Solo residual (gnaisse)	40	50	110	0,62	2,72	20,5	1,631	0,25	0,22	2,00	0,90	0,125	0,244
XV-A	50	19	Solo residual (basalto)	31	38	45	0,61	2,89	23,7	1,648	0,43	0,27	2,45	1,10	0,176	0,245

AV-C - Água Vermelha - Solo C
PT-S - Paraitinga - Solo S
IS-II - Ilha Solteira - Solo II
PT-A - Paraitinga - Solo A
XV-A - Xavantes - Solo A
τ_t - Resistência à tração
σ_c - Resitência à compressão simples

Sucção

Resultados de ensaios com medida de sucção são reportados por Cruz e Ferreira (1993).

Os ensaios foram realizados nos laboratórios de Ilha Solteira.

Os resultados desses ensaios são apresentados na Tabela 7.20 e nas Figuras 7.55 e 7.56, onde procurou-se relacionar a sucção com a umidade da amostra, o limite de plasticidade e a fração argilosa.

Tabela 7.20 - Medidas de sucção em solos compactados (Cruz e Ferreira, 1993)

Material	GC - 95%				GC - 100%				IP	% < 2μ
	$h$mold (%)	sucção (kg/cm²)	e	S (%)	$h$mold (%)	sucção (kg/cm²)	e	S (%)	(%)	
Canoas I	21,3	1,28	0,77	78,8	21,5	1,18	0,69	88,8	16	41
Canoas II	30,6	2,05	1,07	84,6	30,6	1,88	0,97	93,9	27	55
Paraibuna	19,0	0,72	0,69	72,9	19,0	0,74	0,61	82,5	27	07
P. Primavera	10,9	0,44	0,42	68,5	11,0	0,30	0,35	82,9	10	21
Batatal	17,7	1,65	0,69	70,8	17,8	1,48	0,61	80,5	15	26
LT Jupiá Dracema	9,9	0,043	0,43	61,7	9,8	0,047	0,36	72,9	N.P.*	12
Funil	29,7	2,45	1,02	79,5	29,7	2,50	0,92	88,1	45	69
São José	15,1	0,35	0,65	69,4	14,9	0,37	0,56	79,5	13	00
Ilha Solteira Núcleo Resid.	10,9	0,64	0,43	67,9	11,0	0,54	0,36	81,8	11	26
Ourinhos	25,0	1,03	0,85	79,4	25,0	1,07	0,76	88,8	16	28
Ilha Solteira Lagoa Estab.	15,6	1,45	0,57	74,7	15,6	1,65	0,40	~100	22	36
Taubaté Terciário Rosa	-	-	-	-	15,0	1,70	0,48	83,7	9	26
Taubaté Terciário Cinza	-	-	-	-	34,5	8,00	1,00	93,1	36	85

* não plástico

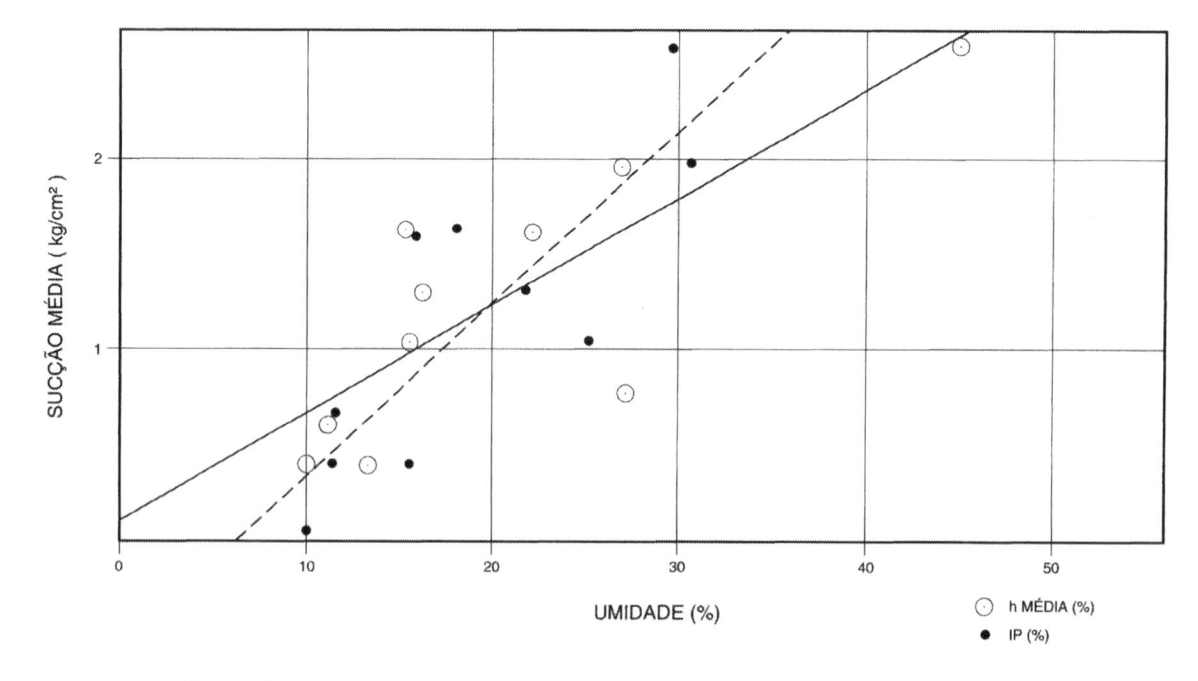

Figura 7.55 - Variação da sucção com teor de umidade e *IP* (Cruz e Ferreira, 1993)

Capítulo 7

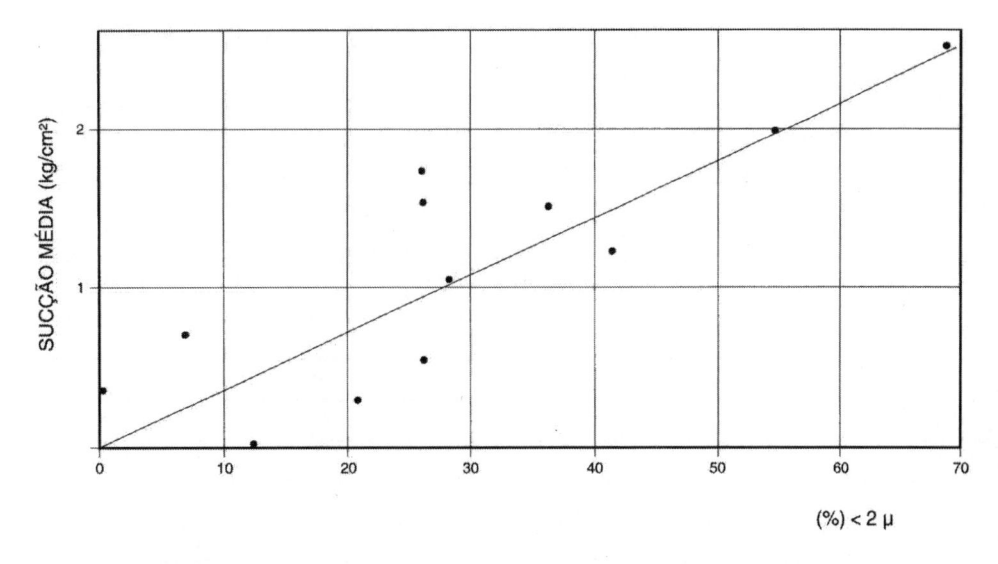

Figura 7.56 - Variação da sucção com o teor de argila (Cruz e Ferreira, 1993)

7.7 - ENROCAMENTOS

Nota Introdutória - Grande parte deste item foi extraída do clássico trabalho de Raul Marsal "Mechanical Properties of Rock-fill", publicado no "Casagrande Volume", em 1973. Dados de ensaios realizados nos laboratórios de Mecânica das Rochas do IPT e do LEC (CESP) são também incluídos, bem como dados de compressibilidade medidos em enrocamentos de barragens.

7.7.1 - Conceitos Básicos

"Enrocamentos são materiais que, quando submetidos a uma variação de tensões, sofrem transformações estruturais devidas a deslocamentos, rotação, e quebra de partículas. Para ter em conta estas variações e a sua influência nas características de deformação e resistência, é necessário estudar a distribuição das forças de contato e os fundamentos da quebra de partículas" (Marsal, 1973).

A estimativa, mesmo que simplificada, das forças de contato que atuam nos pontos de contato entre partículas e/ou blocos de rocha é de fundamental importância na análise da quebra das partículas e/ou blocos.

Se a força P atuando num contato for superior à força de esmagamento (F_e), a partícula se quebra. Se a força P for inferior à F_e, não ocorre a quebra.

As forças de contato são usadas nas análises de características de tensão-defomação e quebra de partículas, sendo a última um importante fenômeno em enrocamentos sujeitos a campos elevados de tensões, como é o caso de enrocamentos altos.

Considere-se a curva granulométrica de um enrocamento mostrada na Figura 7.57.

Subdividindo a curva em várias frações granulométricas K, obtêm-se os dados da Tabela 7.21.

Nota-se a influência das partículas menores na estimativa do número de contatos.

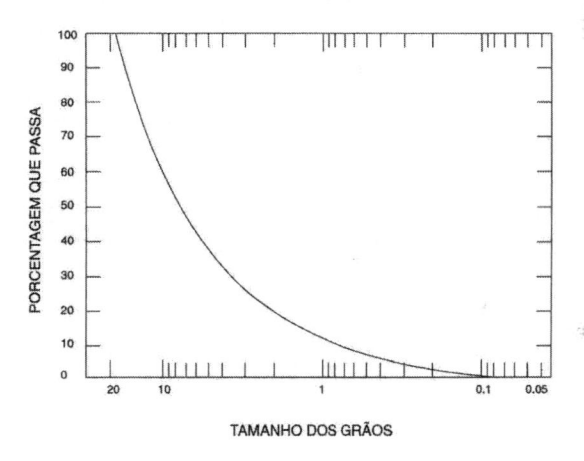

Figura 7.57 - Curva granulométrica de uma amostra de enrocamento (Marsal, 1973)

Índice de vazios estrutural

Partículas ou blocos de rocha, quando arranjados numa determinada estrutura, podem resultar em vazios, nos quais algumas partículas menores se acomodam livremente, sem estar interligadas às demais por qualquer estado de tensões.

Desse fato pode-se definir um novo índice, denominado "índice de vazios estrutural" (e_s), no qual se "eliminam" as partículas soltas, denominadas inativas.

Define-se primeiro a concentração de sólidos q (Marsal, 1973):

$$q = \frac{V_s}{V_t} = \frac{1}{1+e} = 1 - n$$

Tabela 7.21 - Estimativa do número de contatos (Marsal, 1973)

Fração K	Diâmetro nominal d_{nk} (cm)	Concentração volumétrica n_{vk} (partícula/cm³)	Área média por partícula S'_k (partículas/cm³)	Número de contatos N'_{ck} (cont/partícula)
1	20,00	0,0000127	1.257,0	1.912,0
2	19,00	0,0000148	1.134,0	1.725,0
3	18,20	0,0000168	1.041,0	1.583,0
4	17,00	0,0000206	908,0	1.381,0
5	15,50	0,0000272	755,0	1.148,0
6	14,00	0,0000369	616,0	937,0
7	13,00	0,0000461	531,0	808,0
8	11,90	0,0000601	445,0	667,0
9	10,80	0,0000804	366,0	557,0
10	9,80	0,0001080	302,0	459,0
11	8,89	0,0001440	248,0	377,0
12	7,30	0,0002600	167,0	254,0
13	5,90	0,0004930	109,0	166,0
14	4,80	0,0009160	72,4	110,0
15	4,00	0,0015800	50,0	76,5
16	3,10	0,0034000	30,2	45,9
17	2,45	0,0068900	18,9	28,7
18	1,90	0,0148000	11,3	17,2
19	1,10	0,0761000	3,80	5,78
20	0,43	1,2740000	0,581	5,0*

* Valor médio mínimo estimativo de N'_{ck}

A seguir, determina-se e_s:

$$e_s = \frac{e+i}{1-i} = \frac{V_v + \Delta V_s}{V_s - \Delta V_s},$$

sendo $e = \dfrac{V_v}{V_s}$ (convencional) e $i = \dfrac{\Delta V_s}{V_s}$,

onde: ΔV_s = volume das partículas inativas.

Daí resulta que ΔV_s faz parte dos vazios.

Na prática, é muito difícil determinar o valor de ΔV_s, ou seja, determinar quais as partículas inativas, mas isto se torna importante na questão das forças de contato e na quebra de partículas.

Quanto mais denso o enrocamento, menor deve ser o número de partículas inativas e, portanto, o seu volume ΔV_s.

Distribuição probabilística das forças de contato

Serão considerados neste texto apenas alguns exemplos aplicados das teorias de Marsal; havendo interesse, recomenda-se uma consulta ao seu trabalho de 1973.

Na tabela 7.22 está indicado o número médio de contatos/partícula para dez materiais granulares.

Seja um material, composto de l frações, com diâmetros nominais d_{nk} (o diâmetro nominal é o diâmetro da peneira superior de uma série completa de peneiras e a fração K é a contida na peneira inferior).

Para partículas com $k_{ésima}$ fração, tem-se:

$P'_{xk} = (2\tau'_{zx} / N'_{ck}.A_s) . A'_k$

$P'_{yk} = (2\tau'_{zy} / N'_{ck}.A_s) . A'_k$

$P'_{zk} = (2\sigma'_z / N'_{ck}.A_s) . A'_k$

e os valores médios gerais P'_x, P'_y e P'_z das forças de contato são:

$$P'_{xk} = (2\tau'_{zx} / A_s) \sum_{k=1}^{\ell} (n_{vk} / n_v) . (A'_k / N'_{ck})$$

onde:

A'_k = área média interceptada pelos grãos (k);

A'_s = área sólia interceptada;

N'_{ck} = número de contatos por partículas;

n_v = concentração volumétrica de partículas.

Num cálculo aproximado para diversos materiais, assumindo $p' = 1$ kg/cm², e sendo

$$p' = \sqrt{\tau_{zx}^2 + \tau_{zy}^2 + \sigma_z^2},$$ obtêm-se as forças de contato médias:

areia média .... $F = 1$ grama

pedregulho .... $F = 1$ kg

enrocamento ($d' = 70$ cm) $F = 1$ ton

Pelos cálculos, verifica-se que a mesma pressão média p' resulta em forças de contato muito maiores para enrocamentos do que para areias e mesmo britas. Daí resulta que a quebra de partículas (ou blocos de rocha) irá ocorrer mesmo em níveis baixos a moderados de pressão (de peso de terra = γz) para enrocamentos, e que a quebra de partículas de areia requereria um nível de tensões aplicadas muitíssimo mais elevado.

Tabela 7.22 - Parâmetros estatísticos para vários materiais granulares (Marsal, 1973)

Material	Fator de forma r_v	Tamanho efetivo d_{10} (mm)	Coeficiente de uniformidade C_u	Índice de vazios inicial e_i	Diâmetro médio d' (cm)	Concentração volumétrica n_v (part/cm³)	Concentração em área n_π (part/cm²)	Área de contato média A' (cm²)	Área de contato sólidos A_s	Coefic. de variação da área de contato $v(A)$	Número médio de contatos N'_c (con/part.)
areia e cascalho de Pizandarán	0,85	0,27	113	0,29	0,173 x 10⁻¹	34,196	1,053	0,204 x 10⁻³	0,215	44,1	5,36
conglomerado de Malpaso	0,70	0,22	81,8	0,42	0,115 x 10⁻¹	106,216	2,243	0,946 x 10⁻⁴	0,212	47,1	5,36
gnaisse-granítico de Mica-grad.z	0,60	3,80	19,2	0,31	0,607 x 10⁻¹	594	70,7	0,260 x 10⁻²	0,184	38,3	5,32
basalto de São Francisco-grad.2	0,65	1,06	18,9	0,30	0,109	362	50,8	0,801 x 10⁻²	0,407	11,0	6,27
conglomerado silicificado de El Infiernillo	0,65	7,50	11,5	0,45	0,197	17,7	6,79	0,033	0,224	16,9	5,64
basalto de São Francisco-grad.I	0,60	0,96	11,5	0,34	0,102	537	66,1	0,713 x 10⁻²	0,471	7,21	6,71
ardósia de El Granero-grad.A	0,65	11,0	9,8	0,45	0,514	1,38	1,24	0,234	0,290	9,09	5,94
diorito de El Infiernillo	0,65	12,5	7,7	0,48	0,676	0,707	0,793	0,409	0,325	6,89	6,15
ardósia de El Granero-grad.B	0,65	26,0	4,2	0,64	3,16	0,210 x 10⁻¹	0,076	6,88	0,524	2,25	7,71
gnaisse granítico de Mica-grad.4	0,60	50,0	2,4	0,58	6,64	0,397 x 10⁻¹	0,025	0,025	0,692	1,15	9,96

Quebra de partículas

Um dos fenômenos mais importantes observados em enrocamentos é a fragmentação das suas partículas ou blocos de rocha. A quebra das partículas modifica a distribuição granulométrica e afeta de forma apreciável as características de deformabilidade do material, podendo também influenciar a sua resistência ao cisalhamento.

Marsal (1973), baseado em ensaios triaxiais de compressão procedidos em cascalhos (Leslie, 1963), enrocamentos (Marsal, 1967) e areias (Lee e Seed, 1967; Vesié e Clough 1968), este último usando elevadas pressões confinantes, conclui que a gradação de uma material granular se modifica no processo de carregamento, devido à quebra das partículas. O grau de quebra das partículas depende principalmente da gradação, da resistência ao esmagamento dos grãos e do nível de tensões.

Os resultados de ensaios triaxiais em blocos de enrocamento de granito-gnaisse da Barragem de Mica são mostrados como um exemplo. Na Figura 7.58 estão indicadas as curvas granulométricas inicial e final. No gráfico inferior mostra-se a variação porcentual da quebra dos grãos, peneira a peneira (W_k). O somatório algébrico desses porcentuais deve ser zero. Marsal propõe definir o parâmetro B_g como uma medida de quebra dos grãos:

$$B_g = (+\Delta W_k), \text{ em } \%,$$

e

$$B_g.q = \frac{B_g}{1+e} = \frac{\text{Vol. part. quebradas}}{\text{Vol. unitário}}$$

O parâmetro B_g, multiplicado pela concentração de sólidos q, é o volume das partículas quebradas por unidade total do volume.

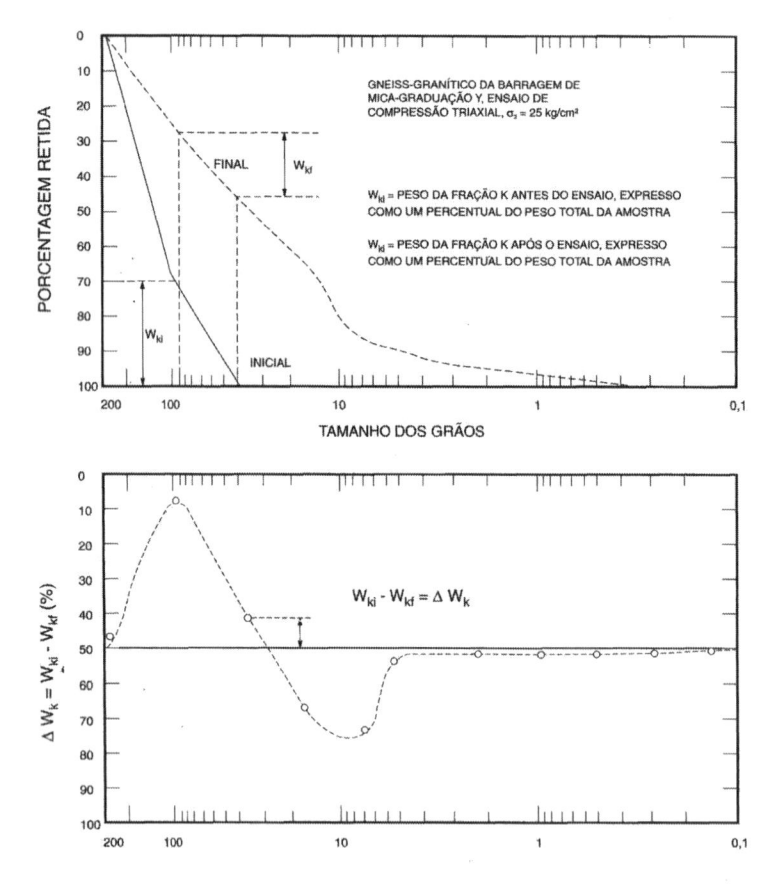

Figura 7.58 - Variação na distribuição do tamanho dos grãos provocada pela quebra de partículas (Marsal, 1973)

Fatores que afetam a quebra dos grãos

Partículas de solos e de enrocamentos são diferentes umas das outras, porque os grãos individuais se compõem de diferentes minerais, com propriedades mecânicas diferentes. As partículas rochosas em geral são friáveis, e têm uma resistência à compressão quatro a cinco vezes superior à resistência à tração. As partículas freqüentemente contêm fissuras e vazios e podem estar alteradas. Daí resulta que a quebra das partículas é um processo complexo, em vista da natureza dos materiais. Além disso, o caráter estatístico das forças de contato numa geometria estrutural irregular das partículas e a variação das áreas de contato entre as mesmas tornam impossível a previsão do estado de tensões internas às partículas, por um processo determinístico.

Capítulo 7

Os estudos de Joisel (1962), associados à teoria de Griffith (1921), considerando quebra de partículas heterogêneas em ensaios de esmagamento, e em moinhos de bola, sugeriram a Marsal a seguinte expressão:

$$P_a = \eta d^\lambda$$

onde:

- P_a = forças opostas atuantes numa esfera de diâmetro d, capazes de provocar a ruptura por tração ao longo de um diâmetro que contém a linha de ação de P_a. P_a é proporcional a d^2 e à resistência a tração q_{tr};

– η e λ são parâmetros do material; e

- d é uma dimensão média da partícula.

O valor de λ será 3/2, se a hipótese implícita na expressão estiver correta.

Vários ensaios, descritos a seguir, têm sido utilizados para avaliar a quebra das partículas:

Ensaio de esmagamento

No ensaio de esmagamento, três partículas de rocha de mesmas dimensões são colocadas entre duas placas metálicas, e carregadas. Os contatos das partículas com as duas placas metálicas são <u>contados</u>. A carga de ruptura dividida pelo menor número de contatos em qualquer das duas placas é definida como a carga de esmagamento. Resultados de ensaios em vários materiais constam da Tabela 7.23.

Tabela 7.23 - Resultados de ensaios de esmagamento em amostras de rochas (Marsal, 1973)

Material	Diâmetro nominal (cm)	Diâmetro médio da seção transversal d_m (cm)	Carga média de esmagamento P_n (kg)*	Desvio padrão de P_n (kg)	Coefic. de variação de P_n $v(P_n)$	η (kg/cm$^\lambda$)	λ	Observações
Cascalho de Pizandarán	2,5	2,1	439	123	0,28	140	1,6	a seco
	5,0	4,0	1.090	191	0,18			
	10,0	7,9	3,490	820	0,24			
Diorito de El Infiernillo	2,5	2,2	349	73	0,21	140	1,2	a seco
	5,0	4,2	703	108	0,15			
	10,0	6,7	1.300	392	0,30			
	2,5	2,2	294	78	0,27			embebido e
	5,0	4,5	1.220	325	0,27	106	1,5	submerso em
	10,0	7,7	2.200	516	0,24			água
Basalto de São Francisco	2,5	2,1	364	94	0,26	140	1,4	a seco
	5,0	4,3	1,140	439	0,39			
	10,0	7,3	2,080	503	0,24			
	2,5	2,1	282	60	0,21			embebido e
	5,0	4,5	1,220	325	0,27	100	1,6	submerso em
	10,0	7,7	2,200	516	0,24			água
Gnaisse granítico de Mica	2,5	2,2	209	33	0,16	83	1,6	a seco
	5,0	4,0	603	98	0,16			
	10,0	7,8	1.790	475	0,27			
	2,5	2,2	187	26	0,14			embebido e
	5,0	4,1	580	71	0,12	62	1,7	submerso em
	10,0	7,3	1.510	387	0,26			água
Basalto de San Angel	2,5	2,3	163	31	0,19	40	1,7	a seco
	5,0	4,2	403	108	0,27			
	10,0	7,5	1.130	185	0,16			
	2,5	2,3	164	32	0,20			embebido e
	5,0	4,3	469	66	0,14	35	1,8	submerso em
	10,0	7,3	1.170	120	0,10			em água

* Os resultados foram obtidos de séries de 10 determinações = $P_a = \eta d_m^\lambda$

As amostras foram deixadas na água por no mínimo 24 horas antes do ensaio.

Ensaio oedométrico

Num equipamento de 50 cm de diâmetro e 55 cm de altura, foi realizada uma série de ensaios com diferentes materiais. A pressão máxima aplicada foi de 32 kg/cm², em etapas.

Os materiais foram moldados em estado fofo e denso e em várias granulometrias.

Na Tabela 7.24 mostram-se os resultados de alguns ensaios de adensamento.

Na Figura 7.59 relaciona-se o parâmetro $B_g / 1 + e$ ou $B_g q$ com a pressão σ_a aplicada no ensaio (diorito granular moido La Soledad).

Tabela 7.24 - Quebra dos grãos de diversos materiais granulares em ensaios de adensamento (Marsal, 1973)

Material	γ_m (t/m³)	S_s (%) *	E_t (%) **	B_g (%) ***	Inicial		Final	
					d_{10} (mm)	C_u	d_{10} (mm)	C_u
Diorito de La Soledad	1,41	2,62	9,0	31,3	52,0	1,2	32,0	1,9
(a seco)	1,23		12,6	33,6	52,0	1,2	24,0	2,6
Areia do rio Colorado	1,52	2,66	2,7	15,8	0,13	1,9	0,10	1,4
(a seco)								
Conglomerado silícificado de	1,65	2,73	7,0	9,7	19,0	3,3	14,0	3,9
El Infiernillo (saturado)	1,54		9,5	8,2	20,0	3,2	16,0	3,7
Conglomerado silícificado de	1,64	2,73	7,3	9,0	19,0	3,2	14,0	3,6
El Infiernillo (saturado)	1,55		11,8	8,4	18,0	3,3	14,0	3,9
Conglomerado alterado de El	1,84	2,73	3,1	2,2	4,0	6,4	3,5	7,1
Infiernillo (a seco)	1,70		6,8	2,2	3,9	6,9	3,0	8,0
Areia de Pinzadarán	1,83	2,77	3,0	-4,3	0,22	7,7	0,25	7,8
(a seco)	1,67		7,1	-9,7	0,22	7,7	0,29	7,0
Conglomerado de Malpaso	1,95	2,70	5,4	13,6	0,32	66,0	0,30	67,0
(a seco)	1,80		7,9	6,0	0,50	62,0	0,40	70,0
Tufo vulcânico de Santa Fé	1,28	2,30	16,0	41,6	54,0	1,6	13,0	4,6
(a seco)	1,14		25,2	52,3	54,0	1,5	5,7	9,6
Areia e cascalho de Santa Fé	1,79	2,37	3,7	3,4	0,22	27,0	0,25	24,0
(a seco)	1,65		7,4	11,2	0,20	35,0	0,20	23,0
Seixo de Contreras	1,50	2,30	8,1	15,6	33,0	1,9	1,9	3,2
(a seco)	1,43		11,7	21,6	0,34	1,8	15,0	3,9

Tensão axial aplicada $\sigma_a = 32$ kg/cm²

* Peso específico dos grãos

** Deformação total

*** B_g = quebra dos grãos. Valores negativos de B_g indicam partículas agregadas

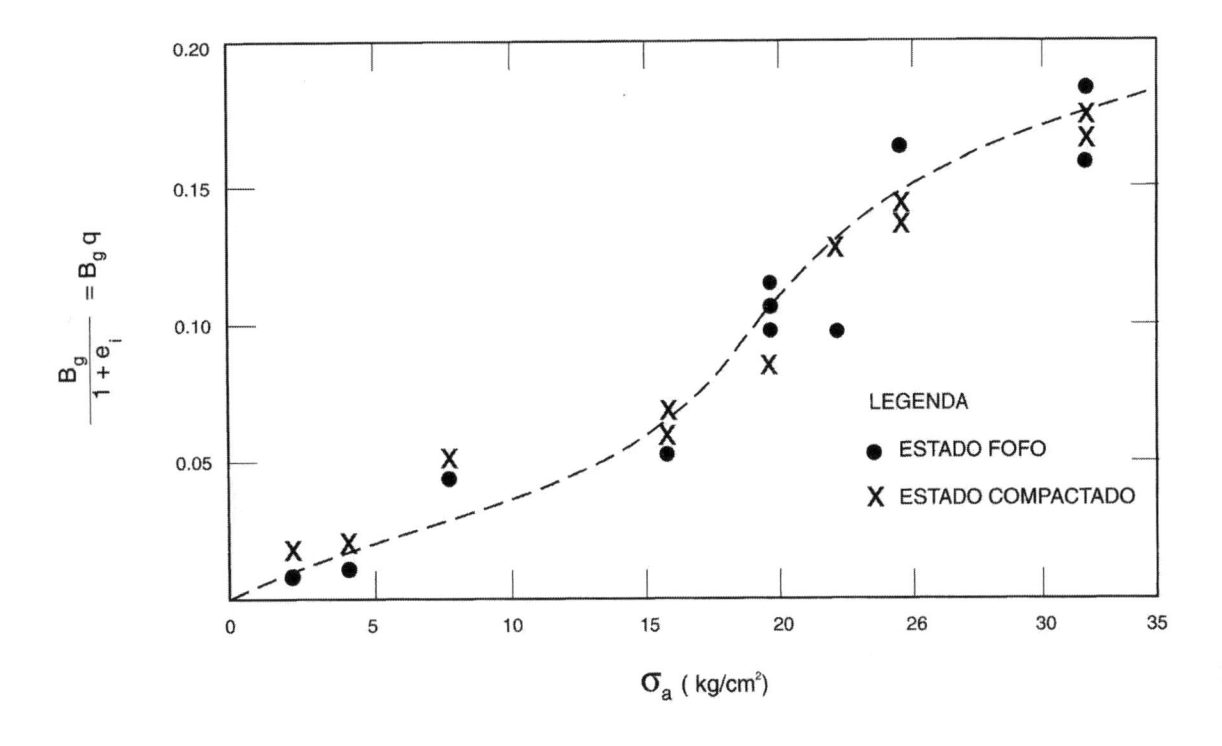

Figura 7.59 - Quebra de partículas vs. pressão aplicada em ensaios de adensamento - cascalho de diorito moído de La Soledad (Marsal, 1973)

Ensaios de compressão trixial

Várias amostras de enrocamento foram submetidas a ensaios triaxiais, em câmaras de grandes dimensões. As amostras mediam 113 cm de diâmetro e 250 cm de altura.

Câmaras especiais, uma cilíndrica e uma esférica, tiveram de ser construídas para baixas e altas pressões (Marsal, 1973).

Resultados de ensaios de Marsal (1973) são reproduzidos em forma de gráficos, relacionando a porcentagem volumétrica de quebra dos grãos com a σ_{1f} (tensão principal maior na ruptura), na Figura 7.60.

7.7.2 - Ângulo de Atrito e Envoltória de Resistência

O assim chamado "ângulo de atrito", obtido em um gráfico de Mohr, é na realidade a relação entre τ e σ na ruptura, cuja resistência é mobilizada por uma combinação de fatores mais relacionados com a estrutura do enrocamento, tensões de contato e quebra de partículas, do que com o atrito físico entre corpos sólidos (ver Capítulo 6, item 8).

Como em linguagem convencional se denomina ângulo de atrito ao $arctg\ \tau/\sigma$, a nomenclatura será mantida.

As envoltórias de Mohr continuam sendo uma forma adequada de interpretação dos dados de ensaios e reproduzem, para fins práticos, a resistência ao cisalhamento de enrocamentos.

Em ánalises de estabilidade, é conveniente usar envoltórias do tipo $\tau = a\sigma^b$ e mesmo $\tau = c + a\sigma^b$, porque expressam de uma maneira mais correta a variação da resistência com a tensão normal aplicada.

As Figuras 7.61 e 7.62 reproduzem dados de Marsal (1973) para vários tipos de enrocamentos.

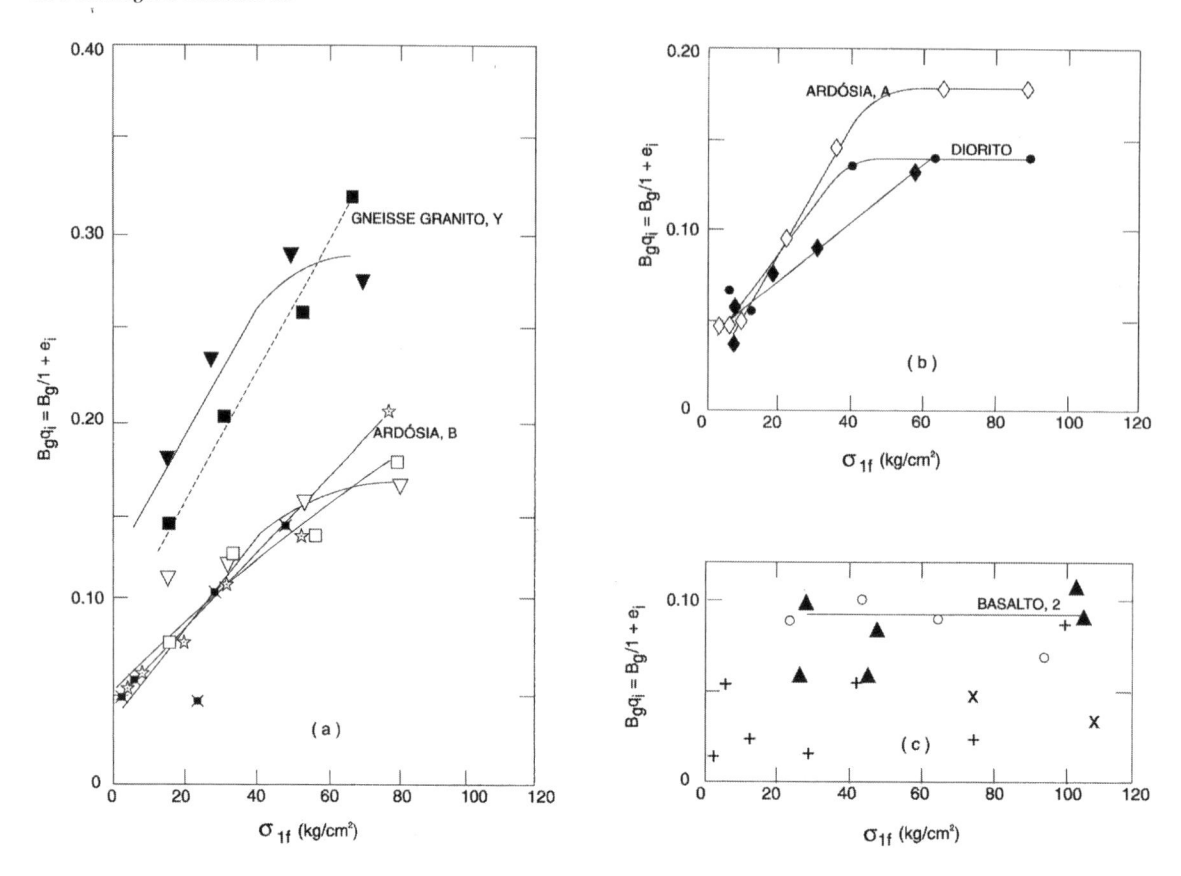

MATERIAL	SÍMBOLO
CONGLOMERADO SILICIFICADO DE EL INFIERNILO	○
DIORITO DE EL INFIERNILO	●
AREIA E CASCALHO DE PINZANDARAN	X
CONGLOMERADO DE MALPASO	+
BASALTO DE SÃO FRANCISCO GRAD. 1	△
BASALTO DE SÃO FRANCISCO GRAD. 2	▲
GRANITO - GNAISSE MICA GRAD. X	□
GRANITO - GNAISSE MICA GRAD. Y	■

GRANITO - GNAISSE + 30% DE XISTO DE MICA GRAD. X	▽
GRANITO - GNAISSE + 30% DE XISTO DE MICA GRAD. Y	▼
ARDÓSIA DE EL GRANERO, GRAD. A DENSA	◇
ARDÓSIA DE EL GRANERO, GRAD. A SOLTA	◆
ARDÓSIA DE EL GRANERO, GRAD. B DENSA	☆
ARDÓSIA DE EL GRANERO, GRAD. B SOLTA	✹

Figura 7.60 - Quebra dos grãos de diversas amostras de enrocamento em ensaios de compressão triaxial (Marsal, 1973)

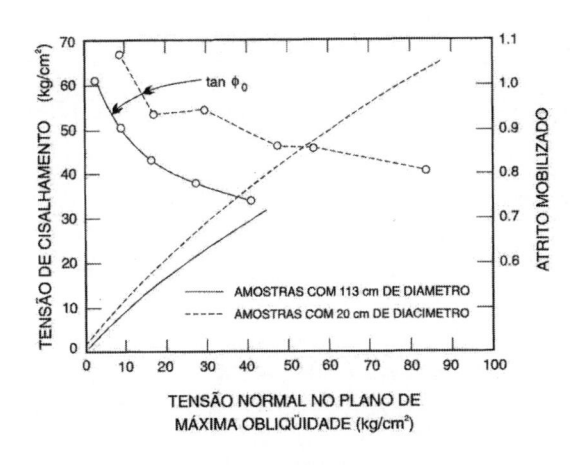

Capítulo 7

a) Conglomerado silicificado de El Infiernillo - amostra 1

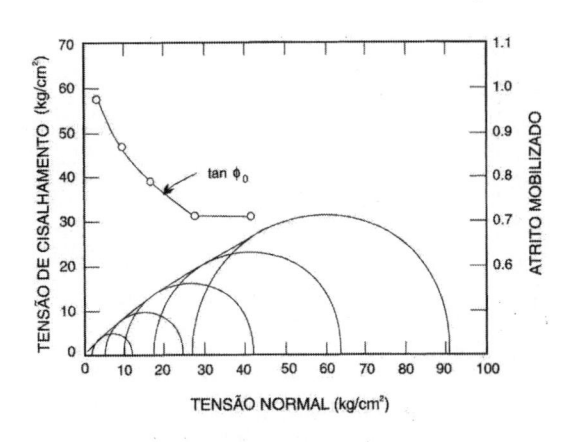

b) Diorito de El Infiernillo - amostra 2

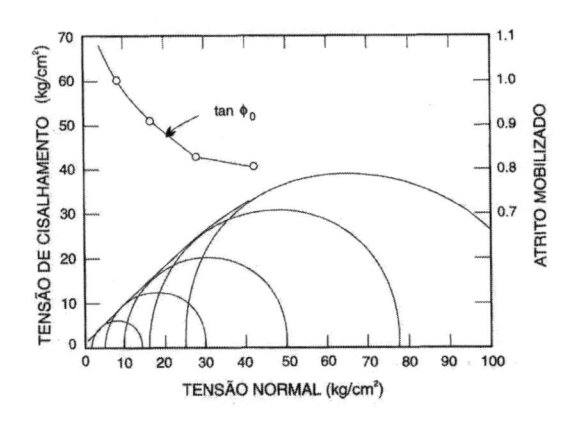

c) Areia e cascalho de Pinzadarán - amostra 3

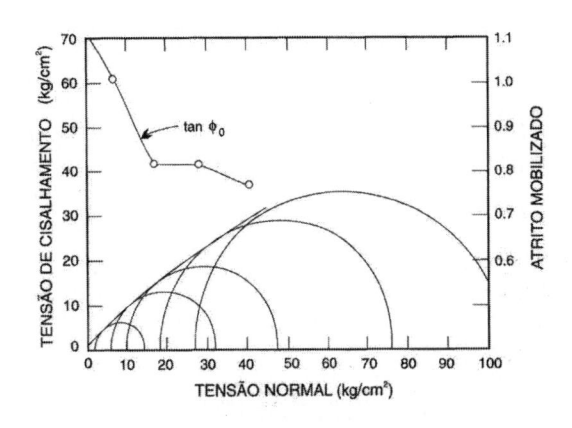

d) Conglomerado de Malpaso - amostra 4

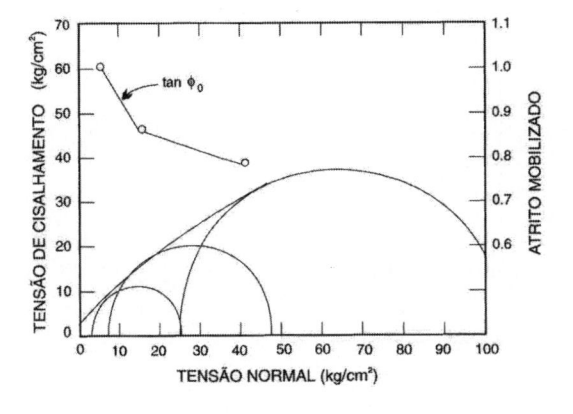

e) Basalto de São Francisco - amostra 5

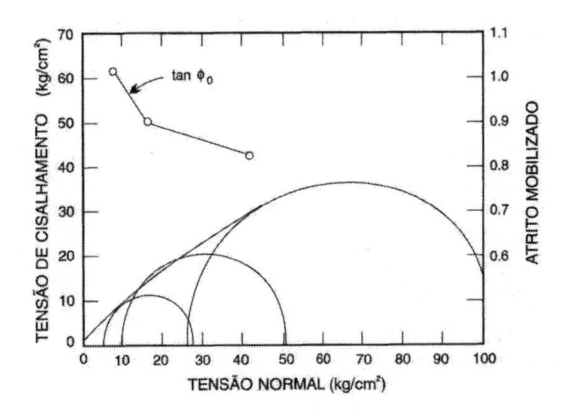

f) Basalto de São Francisco - grad.2 - amostra 6

Obs: (1) - Para maior clareza, os círculos de Mohr foram omitidos no primeiro gráfico

(2) - Todas as amostras possuem 113 cm, exceto onde indicado.

Figura 7.61 - Envoltórias de Mohr para ensaios de compressão triaxial (Marsal, 1973)

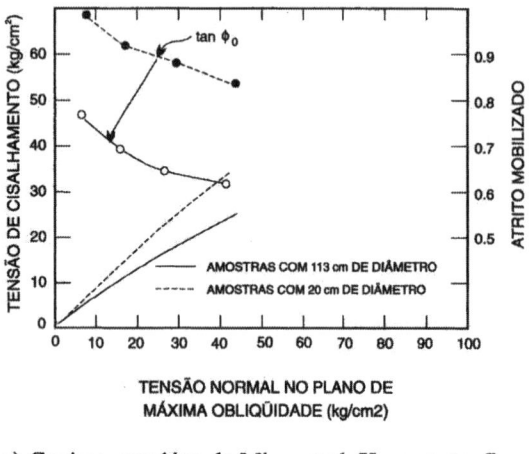

a) Gnaisse-granítico de Mica, grad. X - amostra 7

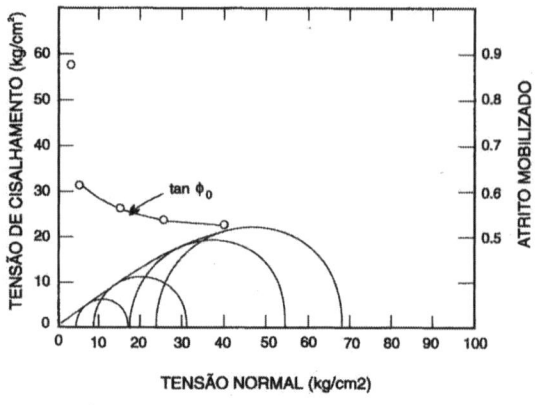

b) Gnaisse granítico de Mica, grad.4 - amostra 8

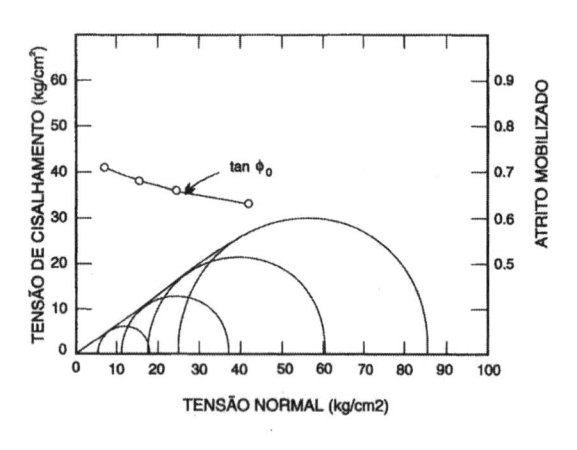

c) Gnaisse-granítico + 30% xisto, de Mica, grad.X - amostra 9

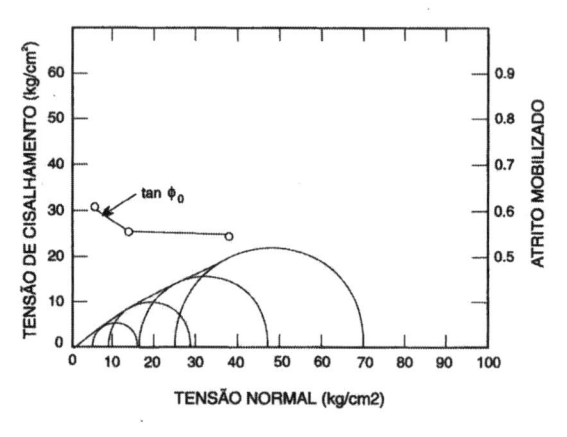

d) Gnaisse-granítico + 30% xisto, de Mica, grad.4 - amostra 10

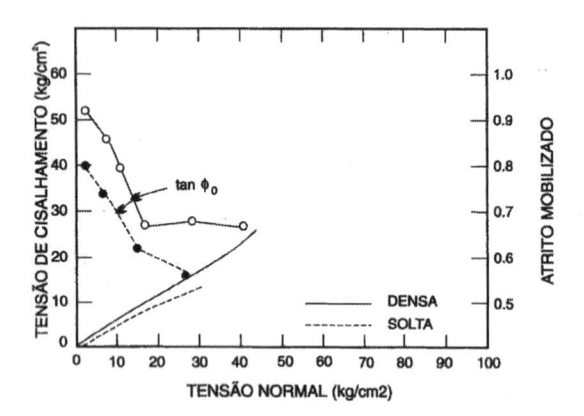

e) Ardósia de El Granero - grad. A - amostras 11 e 12

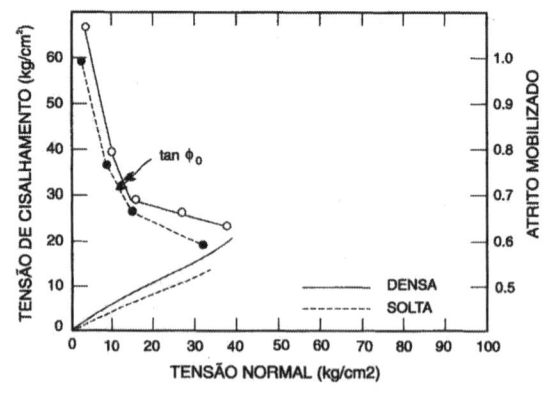

f) Ardósia de El Granero - grad.B - amostras 13 e 14

Obs: (1) - Para maior clareza, os círculos de Mohr foram omitidos em alguns gráficos

(2) - Todas as amostras possuem 113 cm, exceto onde indicado

Figura 7.62 - Envoltórias de Mohr para ensaios de compressão triaxial (Marsal, 1973)

Capítulo 7

7.7.3 - Ensaios de Cisalhamento Direto em Amostras de Enrocamento

Como alternativa à realização de ensaios triaxiais de grandes dimensões, foi realizado no Brasil um grande número de ensaios de cisalhamento direto em caixa de 1,00 x 1,00 x 0,40 m e 0,20 x 0,20 x 0,20 m, o que permitiu ensaiar materiais granulares com partículas de até 3"(7,50 cm) nas caixas grandes e 1" nas caixas menores.

Esses ensaios visaram a não só medir a resistência dos enrocamentos, mas também a avaliar as perdas possíveis de resistência resultantes de uma alteração dos blocos de rocha, e/ou da presença de mais ou menos "finos" na superfície de cisalhamento.

Na Tabela 7.25 (a, b, c) são resumidos resultados de ensaios procedidos em fragmentos de enrocamentos de basaltos reunidos por Cruz e Maiolino (1983). As tabelas contêm valores de c e φ iniciais e médios (para tensões mais elevadas) obtidos de gráficos de Mohr. No caso de envoltórias nitidamente curvas, melhor representadas pela forma $\tau = a\sigma^b$, são explicitados os valores de a e b.

Tabela 7.25 - Resultados de ensaios procedidos em fragmentos de enrocamentos de basalto (Cruz e Maiolino, 1983)

a)

Barragem	Classificação do Material	Tipo de Ensaio	Parâmetros de Resistência ao Cisalhamento				Nível de tensões do ensaio	Condição da rocha no ensaio	Parâmetro de Resistência $\tau = a\sigma^b$	
			Iniciais (Baixas Pressões)		Médios					
			C_o (kg/cm²)	φ_o (°)	c_m (kg/cm²)	φ_o (°)	(kg/cm²)		a	b
Ilha Solteira	brecha basáltica	triaxial S	0	45	0	37	$\sigma_{3máx} = 6$	in natura	1,03	0,86
	brecha basáltica	triaxial S	0	40,5	0,90	38	$\sigma_{3máx} = 6$	in natura	1,06	0,83
	brecha basáltica	C.D.100 x 100 x 30 (cm)	-	-	0	33	$\sigma_{nmáx} = 8$	in natura	-	-
	bas.ves.e comp.	C.D.	-	-	0	42 a 44	$\sigma_{nmáx} = 8$	in natura	-	-
	bas.ves. e brecha	C.D.200 x 200 x 80 (cm)	-	-	0,24	36	$\sigma_{nmáx} = 6$	in natura	-	-
	bas.ves. e brecha	C.D. 100 x 100 x 40 (cm)	-	-	0,62	42	$\sigma_{nmáx} = 8$	in natura	-	-
Salto Osório	brecha basáltica	C.D. 20 x 20 x 20 (cm)	-	-	0	54 a 55	$\sigma_{nmáx} = 10$	in natura	-	-
	bas.vesicular	C.D. 20 x 20 x 20 (cm)	-	-	0	43 a 50	$\sigma_{nmáx} = 10$	in natura	-	-
Capivara	bas.comp. (A)	C.D.	-	-	0	47,5	$\sigma_{nmáx} = 8$	in natura	-	-
	bas.ves.amig. (B)	C.D.	-	-	0	43	$\sigma_{nmáx} = 6$	in natura	-	-
	Bas.micro vesic. e/ou amigd. (C)	C.D.	-	-	0	48	$\sigma_{nmáx} = 6$	in natura	-	-
	basalto são	C.D.20 x20 x 20 (cm)	-	-	0	46	$\sigma_{3máx} = 11$	in natura	-	-
		C.D.100 x 100 x 40 (cm)	-	-	0	49	$\sigma_{nmáx} = 6$	in natura		
		triaxial	0	53,5	2,00	36	$\sigma_{3máx} = 6$	in natura		

Tabela 7.25 b)

Barragem	Classificação do Material	Tipo de Ensaio	Parâmetros de Resistência ao Cisalhamento				Nível de tensões do ensaio	Condição da rocha no ensaio	Parâmetro de Resistência $\tau = a\sigma^b$	
			Iniciais (Baixas Pressões)		Médios					
			C_o (kg/cm²)	φ_o (°)	C_m (kg/cm²)	φ_m (°)	(kg/cm²)		a	b
C A P I V A R A	basalto vesicular e/ou amigdaloidal	C.D.100x100 x40 (cm)	-	-	0	44	$\sigma_{nmáx}=6$	in natura		
		C.D. 20x20x 20 (cm)	-	-	0	37	$\sigma_{nmáx}=10$	in natura		
		triaxial	0	47,5	0,80	34,5	$\sigma_{3máx}=6$	in natura		
		C.D. 100x100 x40 (cm)	-	-	0	39,5	$\sigma_{nmáx}=6$	ciclada		
		C.D. 20x20x 20 (cm)	-	-	0	38,5	$\sigma_{nmáx}=6$	ciclada		
		triaxial	0	43	0,40	35,5	$\sigma_{3máx}=6$	ciclada		
(cont.)	basalto compacto micro amigdaliodal	C.D.100x100 x40 (cm)	-	-	0	44,5	$\sigma_{nmáx}=6$	in natura		
		C.D. 20x20x 20 (cm)	-	-	0	43	$\sigma_{nmáx}=10$	in natura		
		triaxial		51	1,0	37	$\sigma_{nmáx}=6$	in natura		
		C.D. 100x100 x40 (cm)	-	-	0	41	$\sigma_{nmáx}=6$	ciclada		
		C.D.20x20x 20 (cm)	-	-	0	35	$\sigma_{nmáx}=10$	ciclada		
		triaxial		43	0,4	40	$\sigma_{3máx}=6$	ciclada		

Tabela 7.25 c)

Barragem	Classificação do Material	Tipo de Ensaio	Parâmetros de Resistência ao Cisalhamento				Nível de tensões do ensaio	Condição da rocha no ensaio	Parâmetro de Resistência $\tau = a\sigma^b$	
			Iniciais (Baixas Pressões)		Médios					
			C_o (kg/cm²)	φ_o (°)	c_m (kg/cm²)	φ_m (kg/cm²)	kg/cm²		a	b
C A P I V A R A (contin.)	basalto compacto cristalino (A)	triaxial e C.D.	0	51	0,70	43	$\sigma_{nmáx}=6,5$	in natura	1,34	0,87
	basalto ves.e/ ou amig.(B)	triaxial e C.D.	0	45	0,50	38	$\sigma_{nmáx}=9,5$	in natura	1,13	0,85
	basalto micro-amig. e/ou ves.(C)	triaxial e C.D.	0	50	0,75	40,5	$\sigma_{nmáx}=10$	in natura	1,45	0,78
	basalto vesicular e/ou amig. (B)	triaxial e C.D.	0	44	0,30	37	$\sigma_{nmáx}=9,5$	ciclada	0,92	0,94
	basalto vesicular e/ou amig. (C)	triaxial e C.D.	0	43	0,30	36	$\sigma_{nmáx}=9,5$	ciclada	-	-
	basaltos A, B e C	C.D.20 x20 cm	-	-	-	-	$\sigma_{nmáx}=11$	in natura	1,13	0,88
	basaltos B e C	C.D.20 x20 cm	-	-	0,20	33	$\sigma_{nmáx}=10$	ciclada c/água	-	-
	basaltos A, B e C	C.D.20 x20 cm	-	-	0,40	33	$\sigma_{nmáx}=9$	ciclada c/etil. glicol	-	-
	contato enro-camento-rocha	C.D.10 x10 cm	-	-	-	-	$\sigma_{nmáx}=7$	in natura	1,10	0,84
I T A I P U	brecha basáltica	C.D.19 x19 cm	-	41	-	34 a 36	$\sigma_{nmáx}=40$	in natura	-	-
	basalto comp.	C.D.(Ø = 47,6mm)	-	-	-	20 a 30	$\sigma_{nmáx}=5$	in natura	-	-
	basalto comp.	C.D.10 x10 cm	-	-	-	20 a 28	$\sigma_{nmáx}=5$	in natura	-	-

7.7.4 - Efeito da Desagregação das Partículas

No caso da Barragem de Capivara, os basaltos B e C eram materiais sujeitos à desagregação. O problema da perda de resistência foi estudado por Cruz e Nieble (1970) e por Signer (1973).

A Figura 7.63 mostra a variação granulométrica das amostras após a ciclagem no ensaio de cisalhamento direto. É interessante notar a maior quebra de partículas para as amostras que continham fragmentos de até 3".

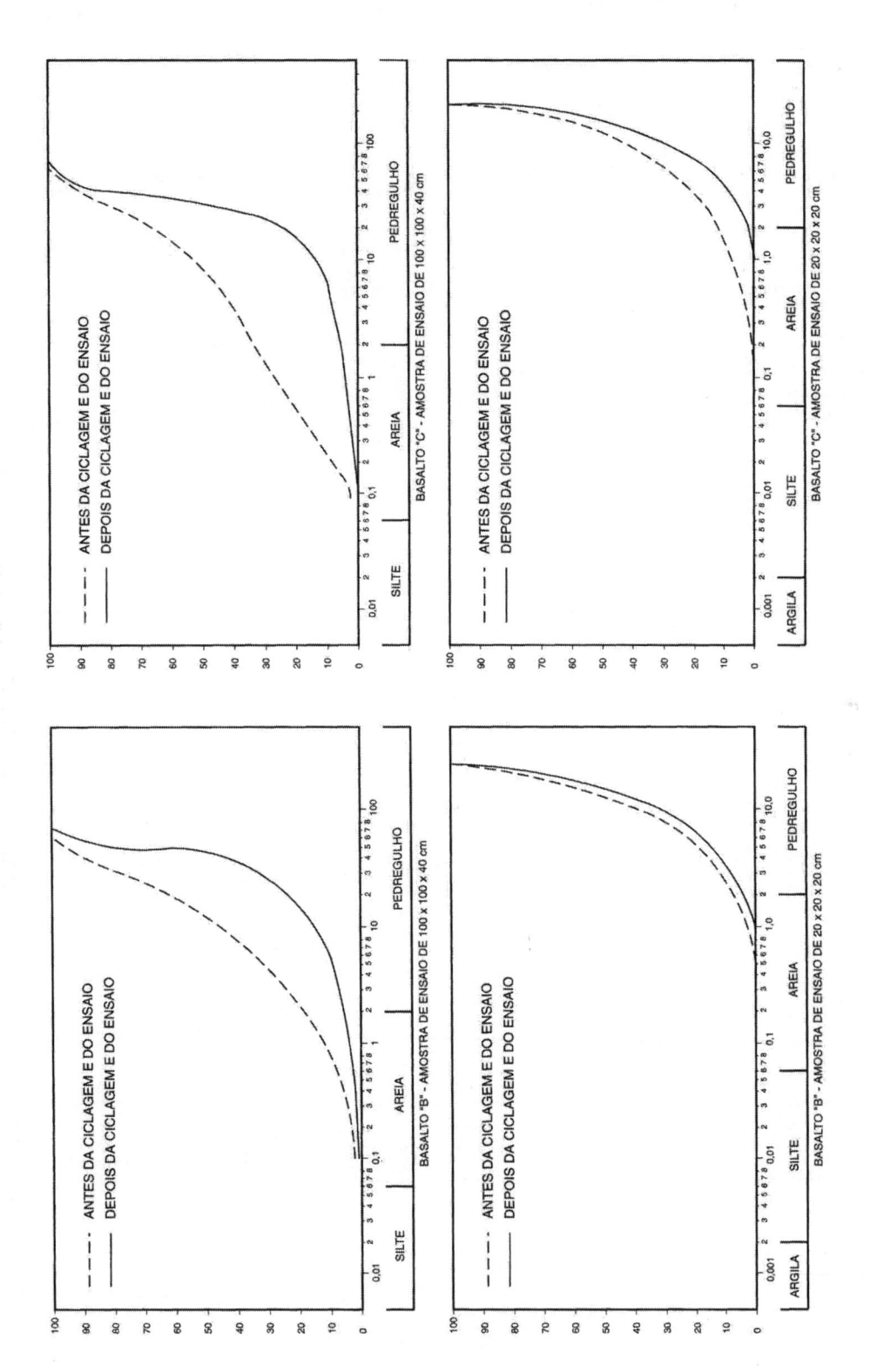

Figura 7.63 - Curvas granulométricas de materiais rochosos antes e após ensaios de cisalhamento direto (Cruz e Nieble, 1970)

A perda de resistência se reflete nos valores de c_m e φ_m, como se pode observar na Tabela 7.26 b e c.

7.7.5 - Enrocamentos com "Finos"

Um aspecto preocupante refere-se à presença de finos em enrocamentos. Midea (1973) realizou no Laboratório da CESP (Ilha Solteira) uma série de ensaios de cisalhamento direto em fragmentos de gnaisse da rocha utilizada na construção dos enrocamentos da Barragem de Paraibuna. A porcentagem de finos presente tanto no enrocamento como na zona cisalhada foi variada propositadamente. A curva granulométrica dos ensaios é a indicada na Figura 7.64, na condição normal.

A porcentagem de finos (de granulometria da 2ª. curva) foi variada na moldagem dos vários corpos de prova, desde 6% na condição inicial até 100% na zona de cisalhamento.

Os resultados dos ensaios são resumidos na Tabela 7.27 e Figura 7.65.

Tabela 7.27 - Resultados dos ensaios realizados em enrocamentos da Barragem de Paraibuna (Midea, 1973)

Corpo de Prova	Estrutura Ensaiada	% de Finos	φ médio (°)
147	Corpo	26	39
142	da		38,5
150	Camada	6	35
151			36
146	Contato	48	38
148	entre	30	36,5
149	as		38
152	camadas	6	37
143	Camada de descontinuidade	100	35,5

Dessses ensaios, verifica-se que somente no caso de ocorrência de 100% de finos na zona cisalhada é possível constatar a redução do "ângulo de atrito".

A diferença de comportamento entre o gnaisse de Paraibuna e os basaltos de Capivara pode resultar do fato de que, no caso de Paraibuna, os finos eram finos de rocha sã, enquanto que em Capivara tratava-se de rocha sã e de rocha alterada pela ação do etileno glicol.

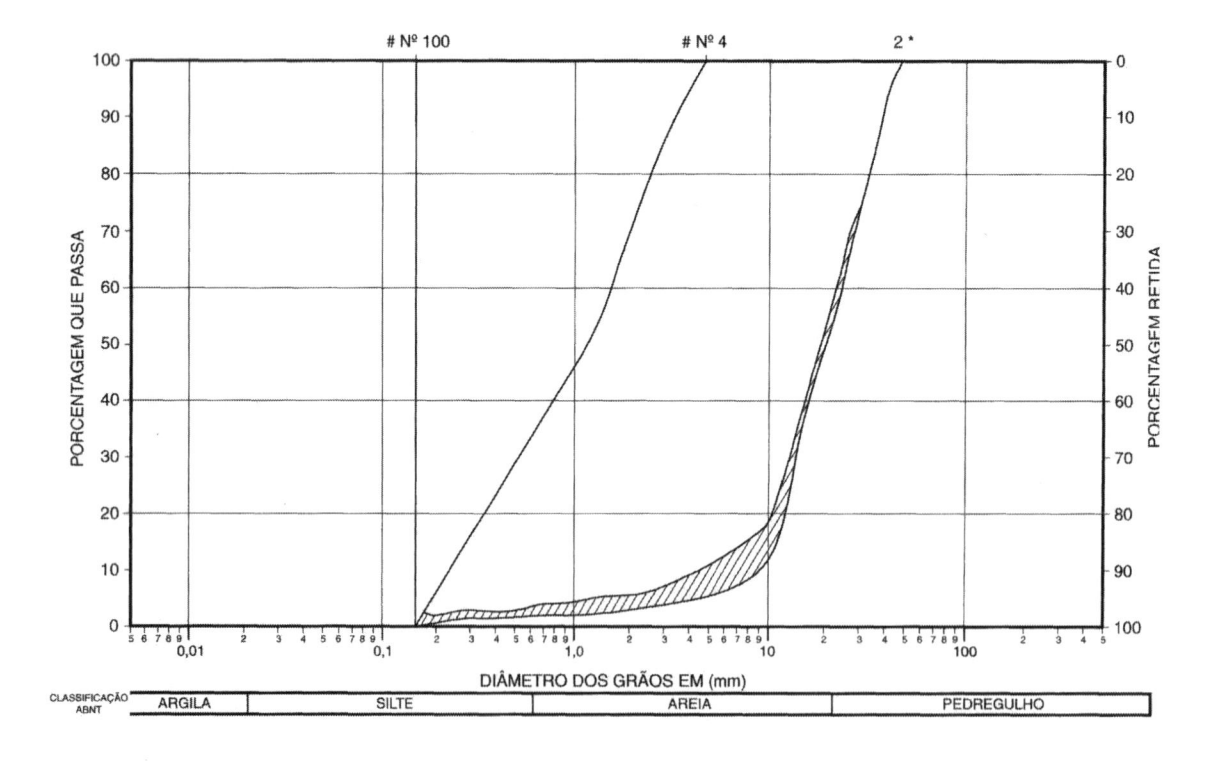

Figura 7.64 - Curva granulométrica de ensaios de cisalhamento direto em fragmentos de gnaisse - enrocamentos da Barragem de Paraibuna - condição original (Midea, 1973)

a) Concentração máxima de finos (100%)

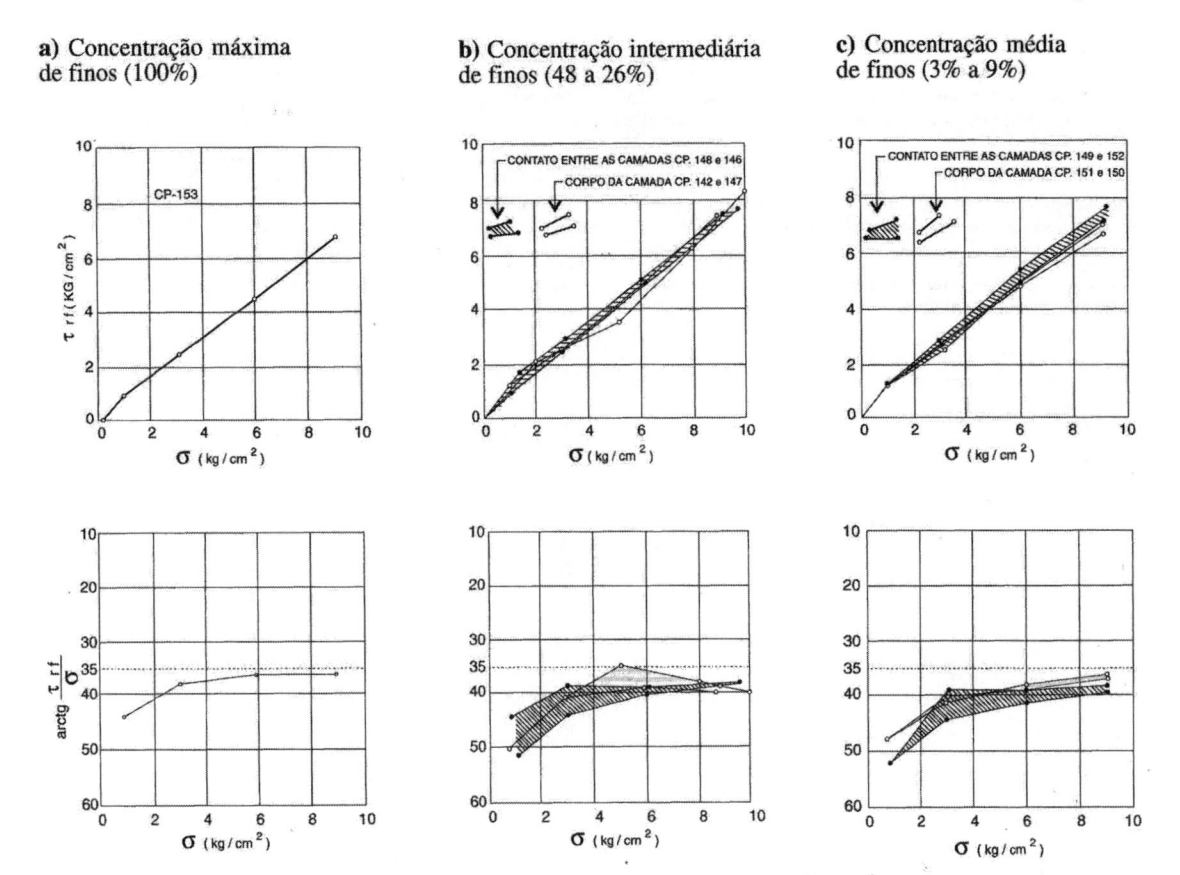

b) Concentração intermediária de finos (48 a 26%)

c) Concentração média de finos (3% a 9%)

Figura 7.65 - Correlação entre o ângulo de atrito e σ em ensaios de cisalhamento direto (cortesia CESP, 1973)

7.7.6 - Compressibilidade

Os mecanismos de compressibilidade de enrocamentos já foram discutidos. O que se segue são alguns resultados de ensaios de laboratório e dados de observação de recalques de barragens.

A Tabela 7.27 mostra as deformações verticais específicas observadas durante o carregamento axial de fragmentos de basalto da Barragem de Capivara, em caixas de 100 x 100 x 40 cm. Os deslocamentos iniciais referem-se à compressão de "enrocamentos" no estado natural. As amostras B e C foram então submersas com etileno glicol por 15 dias, e os novos deslocamentos foram observados diariamente. As colunas finais mostram os deslocamentos adicionais resultantes da desagregação dos fragmentos.

Tabela 7.27 - Barragem de Capivara - deformações verticais específicas durante carregamento axial de fragmentos de basalto.

Pressão Normal / Amostra	Deformação Inicial (%)			Deformação Adicional (%)		
σ_N (kg/cm²)	1,5	3,0	6,0	1,5	3,0	6,0
A	~0,70	~1,20	~3,00	-	-	-
B	~0,70	~1,60	~2,50	1,60	3,50	3,30
C	~0,50	~2,00	~3,20	1,60	3,80	4,30

Marsal (1973) apresenta resultados de ensaios oedométricos realizados numa areia e num cascalho, com medidas de tensões verticais e horizontais, e do atrito dos materiais com as paredes do equipamento (Figuras 7.66 e 7.67).

É interessante observar que as curvas de descompressão registram expansão praticamente nula.

O valor de K_o na compressão se mantém aproximadamente constante com pequenas oscilações, o mesmo ocorrendo com o atrito nas paredes laterais. Na descompressão, os valores de K_o e μ_L são divergentes.

A Tabela 7.28, reproduzida de Marsal (1973), contém dados de compressibilidade C_c (cm²/kg), em função da pressão nominal para 10 materiais granulares.

Na Figura 7.68 mostra-se a compressibilidade de um cascalho moldado em estado fofo e compacto, associada à quebra de partículas.

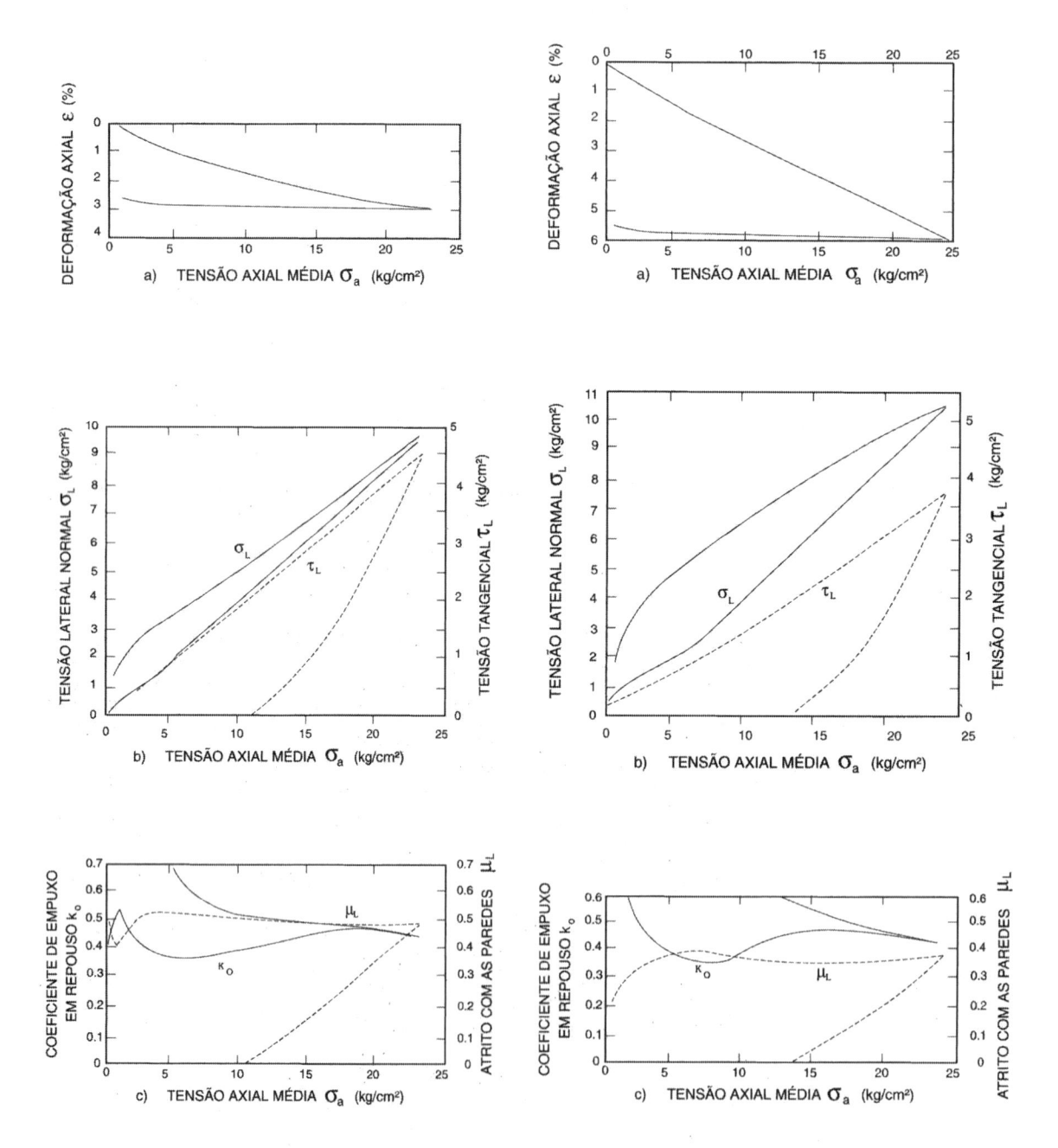

Figura 7.66 - Resultados de ensaios oedométricos - areia de Pinzandarán (Marsal, 1973)

Figura 7.67 - Resultados de ensaios oedométricos em cascalho de El Infiernillo (Marsal, 1973)

Capítulo 7

Tabela 7.28 - Compressibilidade C_c em função da pressão nominal para materiais granulares (Marsal, 1973)

Material	Índice de vazios inicial e_i	Coeficiente de Compressabilidade Cc					Quebra de grãos B_g (%)	$\sigma_{n\,máx}$ (kg/cm²)
		$\sigma'_a =$ 2kg/cm²	5	10	20	40		
Areia e cascalho de Pinzandarán	0,48	0,0041	0,0015	0,0010	0,0008	0,0012	7,8	101,2
Conglomerado silicificado de El Infiernillo	0,80	0,0064	0,0051	0,0055	0,0045	0,0038	27,0	96,7
Diorito de El Infiernillo	0,54	0,0058	0,0061	0,0053	0,0045	0,0025	28,3	96,9
Conglomerado de Malpaso	0,28	0,0035	0,0024	0,0022	0,0016	0,0009	11,9	96,8
Basalto de São Francisco-grad.1	0,34	0,0040	0,0018	0,0009	0,0008	0,0010	1,3	105,5
Basalto de São Francisco-grad.2	0,32	0,0021	0,0013	0,0006	0,0005	0,0007	3,0	105,4
Gnaisse granítico de Mica-grad.X	0,37	0,0110	0,0045	0,0031	0,0025	0,0020	17,9	105,8
Gnaisse granítico de Mica-grad.Y	0,63	0,0002	0,0033	0,0069	0,0081	0,0043	47,5	55,3
Ardósia de El Granero-grad.A	0,58	0,0073	0,0090	0,0072	0,0051	0,0027	25,5	100,8
	0,42	0,0065	0,0019	0,0025	0,0031	0,0020	19,1	101,2
Ardósia de El Granero-grad.B	0,75	0,0198	0,0111	0,0102	0,0060	0,0036	31,9	52,2
	0,56	0,0008	0,0017	0,0058	0,0051	0,0032	32,5	101,5

σ_a é a pressão axial média para cada incremento de carga

$C_c = (\Delta V/V) \cdot (1/\Delta\sigma)$

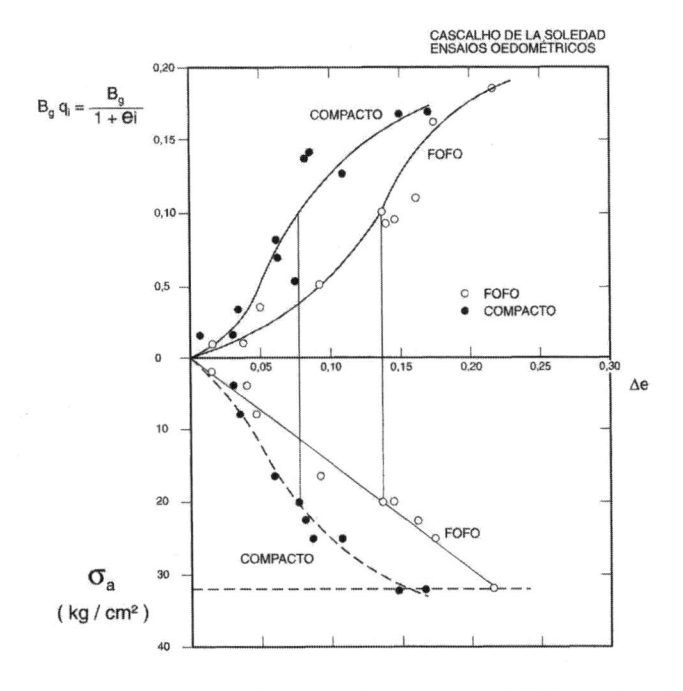

Figura 7.68 - Relação entre quebra de grãos e compressibilidade (Marsal, 1973)

Dados de compressibilidade observados em barragens

Na Figura 7.69 são mostrados recalques específicos em função de σ_v observados em diversas barragens de enrocamentos. No Capítulo 12 são também relatados dados de compressibilidade de enrocamentos.

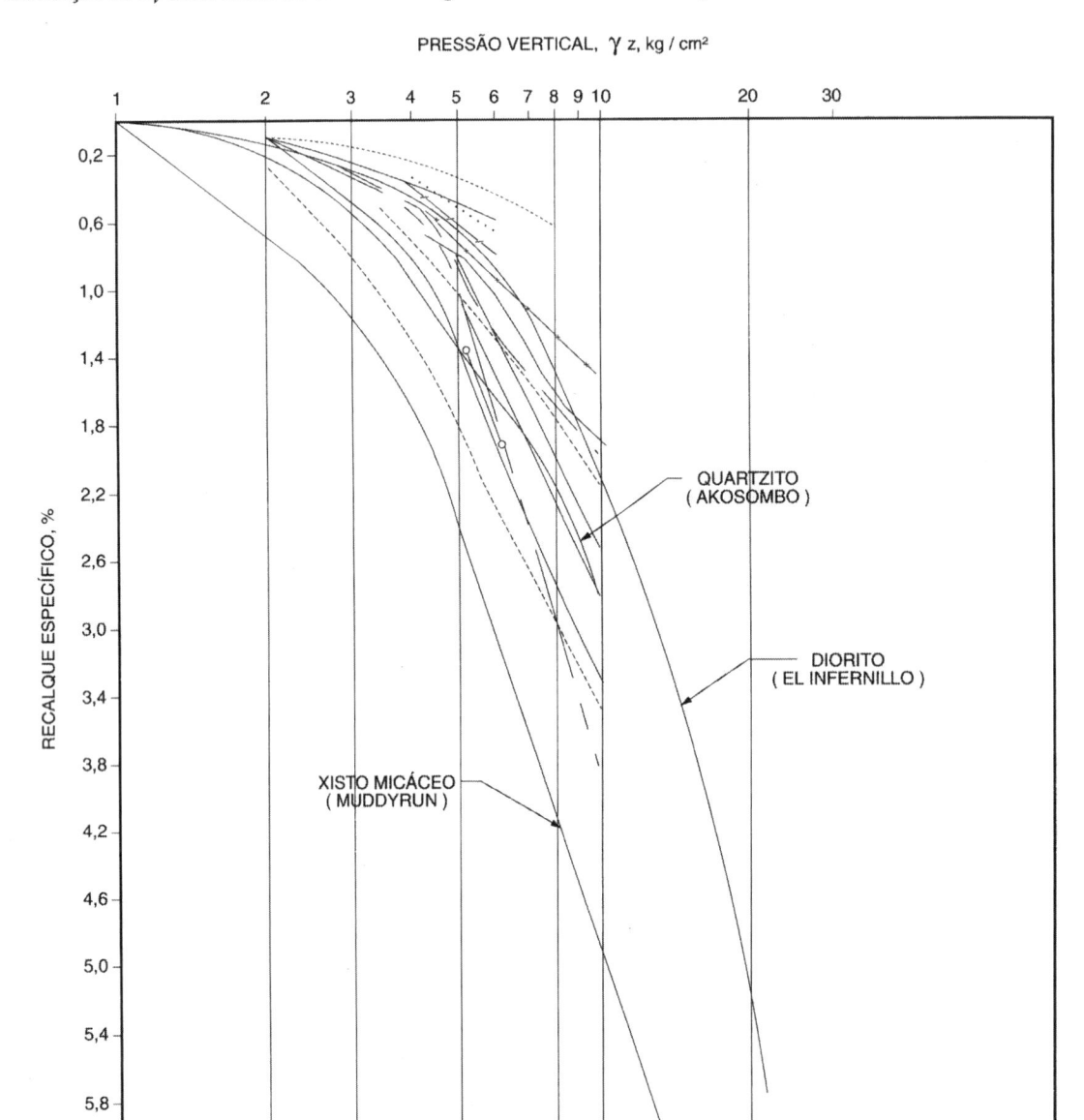

Figura 7.69 - Compressibilidade de enrocamentos compactados (Signer, 1973)

REFERÊNCIAS BIBLIOGRÁFICAS

ABMS/ABGE. 1983. Cadastro Geotécnico das Barragens da Bacia do Alto Paraná. *Simpósio sobre a Geotecnia da Bacia do Alto Paraná*, São Paulo.

BISHOP, A. W. 1952. *The stability of earth dams*. Ph. D.Thesis. Univ.of London.

BISHOP, A. W. 1971. Shear strength parameters for undisturbed and remoulded soil specimens. *Proc. of the Roscoe Memorial Symposium*, Cambridge, v. 3.

BJERRUM, L. 1972. Embankment on soft ground. *Proc. of ASCE Conf. on Performance of Earth and Earth Supported Structures*, v.2.

BJERRUM, L. 1973. Problems of soil mechanics and construction on soft clay. *Proc. of the 8th Int. Conf. on Soil Mechanics and Found. Engin.*, Moscow, v.3.

BOYCE, J. R. 1985. Some observations on the residual strength of tropical soils. *Proceedings of the 1st International Conference on Geomechanics in Tropical, Lateritic and Saprolitic Soils*, Brasília - ABMS. v. 1.

BURLAND, J. B. 1990. On the compressibility and shear strenght of natural clays. *Géotechnique*, v. 40, n. 3.

CADMAN, J. D, BUOSI, M. A. 1985. Tubular cavities in the residual lateritic soil foundations of the Tucuruí, Balbina and Samuel hydroelectric dams in the Brazilian Amazon Region. *Proceedings of the 1st International Conference on Geomechanics in Tropical, Lateritic and Saprolitic Soils*, Brasília. ABMS, v. 2.

CASAGRANDE, A. 1973. The determination of the preconsolidation load and its practical significance. *Proc. of the 1st Int. Conf. on Soil Mech. and Found. Engin.*, Cambridge.

CASAGRANDE, A. 1975. Liquefaction and cyclic deformation of sands - A critical review -*Proc. of the 5th Pan American Conf. Soil .Mech. and Found.Eng.*, Buenos Aires. ISSMFE.

CASTRO, G. 1969. Liquefaction of sands. Ph D Tehesis. Univ. Harvard. *Soil Mechanics Series*, n. 81, Massachussets, E.U.A.

COPPEDÊ Jr, A. 1988. *Formas de relevo e perfis de intemperismo no Leste Paulista*: aplicações no planejamento de obras civis. Dissertação de Mestrado. EPUSP.

COUTINHO, R. Q. 1986. *Aterro experimental instrumentado levado à ruptura sobre solos orgânicos* - argilas moles da Barragem de Juturnaíba. Tese de Doutoramento. COPPE/UFRJ.

CRUZ, P. T. da. 1967. *Propriedades de engenharia de solos residuais compactados da Região Centro-Sul do Brasil*. THEMAG/DLP/ EPUSP.

CRUZ, P.T. da. 1969. *Propriedades de engenharia de solos residuais compactados da Região Sul do Brasil*. THEMAG/DLP/ EPUSP.

CRUZ, P. T. da, NIEBLE, C. M. 1970. Engineering properties of residual soils and granular rocks originated from basalts - Capivara dam - Brazil. *Publicação IPT, 913*. São Paulo.

CRUZ, P. T. da, MELLIOS, G. A. 1972. Notas sobre a resistência à tração de alguns solos compactados. *Anais do VIII Seminário Nacional de Grandes Barragens*, São Paulo. CBGB.

CRUZ, P. T. da, MAIOLINO, A. L. G. 1983. Materiais de construção. *Anais do Simpósio sobre a Geotecnia da Bacia do Alto Paraná*, São Paulo. ABMS/ABGE/CBMR.

CRUZ, P. T. da, MAIOLINO, A. L. G. 1985. Peculiarities of geotechnical behaviour of tropical lateritic and saprolitic soils. In: Peculiarities of Geotechnical Behaviour of Tropical, Lateritic and Saprolitic Soils: *Progress Report (1982-1985)*. ABMS. Committee on Tropical Soils of the ISSMFE. Brasília.

CRUZ, P. T. da. 1989. Raciocínios de Mecânica das Rochas aplicados a saprólitos e solos saprolíticos. *Anais do Colóquio de Solos Tropicais e Subtropicais e Suas Aplicações em Engenharia Civil*, Porto Alegre: UFRGS.

CRUZ, P. T. da. 1991. Análise das fundações da Barragem de Pedra Redonda. *Relatório para a SIRAC Engenharia*, Fortaleza.

CRUZ, P. T. da, FERREIRA, R. C. 1993. Aterros Compactados. In: *Solos do Interior de São Paulo - Mesa Redonda*. ABMS/Esc. de Eng. de São Carlos.

DIAS, R. D, GETHING, M. Y. Y. 1983. *Considerações sobre solos porosos tropicais*. Porto Alegre, Escola de Engenharia da UFRGS. (CT-A-54).

DIB, P. S. 1985. Compressibility characteristics of tropical soils making up the foundation of the Tucuruí dam. *Proceedings of the 1st International Conference on Geomechanics in Tropical, Lateritic and Saprolitic Soils*, Brasília. ABMS, v. 2.

DUARTE, J. M. G. 1986. *Um estudo geotécnico sobre o solo da Formação Guabirotuba, com ênfase na determinação de resistência residual*. Dissertação de Mestrado. EPUSP.

FEIJÓ, R. L. 1991. *Relação entre a compressão secundária, razão de sobreadensamento e coeficiente de empuxo no repouso*. Dissertação de Mestrado. COPPE/ UFRJ, Rio de Janeiro.

FERREIRA, R. C., MONTEIRO, L. B. 1985. Identification and evaluation of collapsibility of colluvial soils that occur in the São Paulo State. *Proc. of the 1st International Conference on Geomechanics in Tropical Lateritic and Saprolitic Soils*, Brasília. ABMS. v. 1.

FERREIRA, H. N., FONSECA, A. V. 1988. Engineering properties of a saprolitic soil from granite. *Proceedings of the 2nd International Conference on Geomechanics in Tropical Soils*, Singapore. vol.1.

FURNAS CENTRAIS ELÉTRICAS. 1993. *Resultados de ensaios triaxiais executados no Laboratório de Solos*. (Fornecidos pelo Engenheiro Nelson Caproni Junior).

GRIFFITH, A. A. 1921. The phenomena of rupture and flow in solids, *Phil. Trans., Roy. Soc. London*, Series A. v. 221.

JAMIOLKOWSKI, M., LADD, C. C, GERMAINE, J. T., LANCELLOTTA, R. 1985. New developments in field and laboratory testing of soils. *Proc. of the 9th Int. Conf. on Soil Mech. and Found. Eng.*, San Francisco. v. 1.

JOISEL, A. 1962. La rupture des corps fragiles au cours de leur fragmentation. *Publication Technique n.127*, Centre d'Études et Recherches de l'Industrie des Liants Hydrauliques, Paris.

KENNEY, T. C. 1991. Residual strength of mineral mixtures. *Proc. of the 9th Int. Conf. on Soil Mech. and Found. Eng.*, San Francisco. v. 1.

KRAMER, S. L., SEED, H. B. 1987. Initiation of soil under static loading conditions. *Journal of Geotechnical Eng. Division*. ASCE, v.III, n. 6, June.

LACERDA, W. A., SANDRONI, S. S., COLLINS, K., DIAS, R. D., PRUSZA, Z. 1985. Compressibility properties of lateritic and saprolitic soils. In: Peculiarities of Geotechnical Behaviour of Tropical, Lateritic and Saprolitic Soils. *Progress Report* (1982-1985). ABMS. Committee on Tropical Soils of the ISSMFE. Brasília.

LADD, C. C., FOOTT, R. 1974. New design procedure for stability of soft clays. *Journal of Geotechnical Eng. Division*. ASCE, v.100, n.7.

LARSSON, R. 1980. Undrained shear strength in stability calculation of embankment and foundations on soft clays. *Canadian Geotechnical Journal*, v. 17.

LEC/CESP. 1991. *Relatório sobre ensaios de liquefação de areias da fundação da Barragem de Pedra Redonda*, Ilha Solteira.

LEME, C. R. de M. 1981. Sobre saprolitos de basalto. *Anais do XIV Congresso Brasileiro de Mecânica dos Solos e Engenharia de Fundações*, Recife. CBGB, v.1.

LEME, C. R. de M. 1985. Dam foundations. In: Peculiarities of Geotechnical Behaviour of Tropical, Lateritic and Saprolitic Soils. *Progress Report* (1982-1985). ABMS. Committee on Tropical Soils of the ISSMFE. Brasília.

LERQUEIL, S., VAUGHAN, P. R. 1990. The general and congruent effects of structure in natural soils and weak rocks. *Geotéchinique*, v. 40, n. 3.

LUPINI, J. F., SKINNER, A. E., VAUGHAN, P. R. 1981. The drained residual strength of cohesive soils. *Geotéchnique*, v. 31, n.2.

MACHADO, A. B. 1982. The contribution of termites to the formation of laterites. *Anais do II Seminário Internacional sobre Processos de Lateritização*, São Paulo.

MAIOLINO, A. L. G. 1985. *Resistência ao cisalhamento de solos compactados*: uma proposta de tipificação. Dissertação de Mestrado. COPPE/UFRJ.

MARSAL, R. 1973. Mechanical properties of rockfill. Embankment dam engineering. *Casagrande Volume*. New York: John Wiley & Sons.

MARSAL, R. J. 1982. Influência de grumos y granos porosos en las propriedades de suelos cohesivos. *Relatório Interno da UNAM*, México.

MARTINS, I. S. M., LACERDA, W. A. 1985. Discussion, *Journal of Geotechinical Eng. Division*. ASCE, v. 115, n. 2.

MASSAD, F. 1981. Resultados de investigação laboratorial sobre a deformabilidade de alguns solos terciários da cidade de São Paulo. *Anais do Simpósio Brasileiro de Solos Tropicais em Engenharia*, Rio de Janeiro. COPPE/UFRJ/ABMS/CNPq.

MASSAD, F. 1985. *As argilas quaternárias da Baixada Santista*: características e propriedades geotécnicas. Tese de Livre Docência. Escola Politécnica da USP, São Paulo.

MASSAD, F. 1988. História geológica e propriedades dos solos das Baixadas - comparação entre diversos locais da Costa Brasileira. *Anais do Simpósio sobre Depósitos Quaternários das Baixadas Litorâneas Brasileiras*, Rio de Janeiro.

MELLIOS, G. A., FERREIRA, R. G. 1975. Parâmetros de resistência e deformabilidade dos solos de alteração de basalto que ocorrem na Bacia do Alto Paraná. *Anais do X Sem. Nac. de Grandes Barragens*, Curitiba. Tema 1. CBGB.

MELLO, V. F. B. de. 1972. Thoughts on soil engineering applicable to residual soils. *Proc. of the 3rd Southeast Asian Conference on Soil Engineering*.

MELLO, V. F. B. de. 1973. Apreciações sobre a Engenharia de Solos aplicável a solos residuais. *Proc. of the 3rd Southeast Asian Conference on Soil Engineering*. Tradução n. 9 da ABGE.

MELLO, V. F. B. de. 1977. Reflections on Design Decisions of Practical Significance to Embankment Dams. 17th Rankine Lecture. *Géotechnique*, v. 27, n. 3.

MESRI, G. 1975. Discussion on new design for stability of soft clays. *Journal of Geotechnical Eng. Division*. ASCE, v. 101, n. 4.

MESRI, G., CEPEDA DIAS, A. F. 1986. Residual shear strength of clays and shales. *Geotéchnique*, v. 36, n. 2.

MIDEA, N. F. 1973. Ensaios de Cisalhamento Direto (em laboratório) sobre Enrocamento de Gnaisse - Obra de Paraibuna. LEC/CESP. *Relatório G - 07/73*.

MORETTI, M. R. 1988. *Aterros Hidráulicos* - A experiência de Porto Primavera. Dissertação de Mestrado. EPUSP/SP.

MORI, R. T., LEME, C. R. de M., ABREU, F. L. R. de, PAN, Y. F. 1978. Saprólitos de basalto - um estudo de seu comportamento geotécnico em maciços compactados. *Anais do VI Congresso Brasileiro de Mecânica dos Solos e Engenharia de Fundações*, Rio de Janeiro. ABMS, v. 1.

MORI, R. T. 1979. Engineering properties of compacted basalt saprolites. *Proceedings of the 6th Panamerican Conference on Soil Mechanics and Foundation Engineering*, Lima. v. II.

MORI, R. T. 1983. Propriedades de Engenharia de Solos Saprolíticos. *Anais do Simpósio sobre a Geotecnia da Bacia do Alto Paraná*, São Paulo. ABMS/ABGE/CBMR, v. 1A.

ORTIGÃO, J. A. R. 1980. *Aterro experimental levado à ruptura sobre argila cinza do Rio de Janeiro*. Tese de Doutoramento. COPPE/UFRJ.

PACHECO SILVA, F. 1970. Uma nova construção gráfica para a determinação da pressão de pré-adensamento de uma amostra de solo. *Anais do IV Congresso Brasileiro de Mecânica dos Solos e Engenharia de Fundações*. ABMS, v.1.

PASTORE, E. L. 1992. *Maciços de solos saprolíticos em fundação de barragens de concreto-gravidade*. Tese de Doutoramento. E.E. São Carlos/SP.

PASTORE, E. L., CRUZ, P. T. da., CAMPOS, J. O. 1994. Géologie de l'ingénieur des massifs de soils saprolitiques au climat tropical. *Proc. of the 7th. Int. Congress I.A.E.G.*, Lisboa. v. 1.

POULOS, S. J. 1981. The steady state of deformation. *Journal of the Geotechnical Eng. Division*. ASCE, v. 107. Mq GT 5, May.

POULOS, S. J., CASTRO, G., FRANCE, W. 1985. Liquefactions evaluation procedure. *Journal of Geotechnical Eng. Division*, ASCE. v. III, n. 6.

POULOS, S. J.1988. Strength for static and dynamic stability analysis. *Hidraulic Fill Structures Conference*. Geotechnical Eng. Division - ASCE, Colorado State University.

RANZINE, S. M. 1988. SPTF - Technical Note. *Rev. Solos e Rochas*, v. II.

REMI, J. P. P., AVILA, J. P., LOPES, A. da S., HERKENHOFF, C. S. 1985. Choice of the foundation treatment of the Balbina earth dams. *Transaçtions of the 15th International Congress on Large Dams*, Lausanne. ICOLD, v. 3.

SANDRONI, S. S. 1981. Solos residuais, pesquisas realizadas na PUC-RJ. *Proc. of the Brazilian Symposium on Engineerinf of Tropical Soils*, Rio de Janeiro. v. 2.

SANGREY, D. A. 1972. Naturally cemented sensitive soils. *Géotechnique*, v. 22, n. 1.

SANTOS, O. G. dos, SATHLER, G., HERKENHOFF, C. S., MOREIRA, J. C. 1985. Experimental grouting of residual soils of the Balbina earth dam foundation - Amazon, Brazil. *Proc of the 1st International Conference on Geomechanics in Tropical, Lateritic and Saprolitic Soils*, Brasília. ABMS, v. 2.

SARDINHA, A. E. *et al.* 1981. Utilização de saprolitos de basalto em aterros compactados na U.H. Salto Santiago. *Anais do III Congresso Brasileiro de Geologia de Engenharia*, Itapema. ABGE, v. 2.

SATHLER, G., PIRES DE CAMARGO, F. 1985. Tubular cavities, "canalicules", in the residual soil of the Balbina earth dam foundation. *Transactions of the 15th International Congress on Large Dams*, Lausanne. ICOLD, v. 3.

SCHMERTMANN, J. H., MORGENSTERN, M N. R. 1977. Discussion of the state of the art. Report stress-deformation and strength characteristics, by C.C. Ladd et al. *Proc. of the Int. Conf. on Soil Mech. and Found. Eng.*, Tokio. v.3.

SCHERTMANN, J. H. 1983. A simple question about consolidation. *Journal of Geotechnical Engineering Division*. ASCE, v. 109, n. 1.

SEED, H. B., TOKIMATSU, K., HARDER, L. F., CHUNG, R. M. 1985. Influence of SPT procedures in soil liquefaction resistance evaluations. *Journal of Geotechnical Eng. Div.* ASCE, v. 3, n. 12, December.

SIGNER, S. 1973. *Estudo experimental da resistência ao cisalhamento dos basaltos desagregados e desagregáveis de Capivara*. Dissertação de Mestrado. EPUSP.

SKEMPTON, A. W. 1957. Discussion of the planing and design of the new Hong Kong Airport, by H. Grace e J. K. M. Henry. In: *Institution of Civil Engineers*, v. 7.

SKEMPTON, A. W. 1954. The pore-pressure coefficients A and B. *Géotechnique*, v. 4.

SKEMPTON, A. W. 1985. Residual strength of clays in landslides, folded strata and the laboratory. *Géotechnique*, v. 24, n. 4.

SOUZA PINTO, C., MASSAD, F. 1978. Coeficientes de adensamento em solos da Baixada Santista. *Anais do VI Congr. Bras. de Mecânica dos Solos*. ABMS, v. IV.

SOUZA PINTO, C. 1992. Tópicos da contribuição de Pacheco Silva e considerações sobre a resistência não drenada das argilas. *Revista Solos e Rochas*, v. 15, n. 2.

SOUZA PINTO, C., NADER, J. J. 1993. Ensaios de laboratório em solos residuais. *Anais do II Seminário de Engenharia de Fundações Especiais*, São Paulo. ABEF/ABMS. v. 2.

TOWNSED, D. L., SANGREY, D. A., WALKER, L. K. 1969. The brittle behaviour of naturally cemented soils. *Proc. of the 7th Int. Conf. on Soil Mech. and Found. Engin.*, Mexico City. v. 2.

VARGAS, M. 1953. Some engineering properties of residual clay soils occuring in southern Brasil. *Proceedings of the 3rd International Conference on Soil Mechanics and Foundations Engineering*, Zurich. v. 1.

VARGAS, M. 1972. Fundações de barragens de terra sobre solos porosos. *Anais do VIII Seminário Nacional de Grandes Barragens*, São Paulo. CBGB, v. 1.

VAUGHAN, P. R., KWAN, C. W. 1984. Weathering, structure and in situ stress in residual soil. *Géotechnique*, v. 34, n. 1.

VAUGHAN, P. R. 1985. General Report; mechanical and hydraulic properties of in situ residual soils. *Proc. 1st. Int. Conf. on Geomechanics in Tropical Soils.* v. 3.

VAUGHAN, P. R., MACCARINI, M., MORKHTAR, S. M. 1987. Indexing the engineering properties of residual soil. *Quaterly Journal of Engineering Geology.* v. 21.

WOLLE, C. M. 1975. *Resistência de Contatos Solo-Rocha*. Seminário da Escola Politécnica, USP. São Paulo.

WROTH, C. P. 1984. The interpretation of in situ soils tests. *Géotechnique*, v. 34, n. 4.

Capítulo 8

2ª Parte
Capítulo 8
Permeabilidade e Condutividade

8 - PERMEABILIDADE E CONDUTIVIDADE

8.1 - INTRODUÇÃO

A compreensão adequada dos mecanismos de fluxo em meios porosos contínuos e descontínuos representa um dos campos mais apaixonantes e inesgotáveis da Mecânica de Solos e da Mecânica das Rochas.

Não é sem razão que, ainda na década de 30, Casagrande tenha criado, com o aval de Terzaghi, a sua famosa disciplina "*Seepage*", na Universidade de Harvard.

Em projetos de barragens, o controle de fluxo pelo maciço, fundação e ombreiras constitui um dos requisitos fundamentais à segurança da obra. Este tema está detalhadamente discutido nos Capítulos 10 e 11 deste livro. É quase desnecessário repetir que em qualquer estatística de acidentes e rupturas de barragens a causa majoritária foi a falta de um sistema eficiente de controle de fluxo.

No presente capítulo nos restringimos aos conceitos fundamentais relativos a fluxos e referimo-nos a valores de permeabilidades e condutividades registrados em barragens brasileiras.

8.2 - PERMEABILIDADE E CONDUTIVIDADE

A "permeabilidade" de um meio poroso pode ser interpretada como a facilidade (ou a dificuldade) que o meio oferece à passagem de um fluido pelos seus poros ou vazios. Um meio muito pouco permeável é um meio que oferece uma grande dificuldade à passagem do fluido, enquanto uma permeabilidade elevada ofereceria ao fluxo uma maior facilidade de movimento.

"Condutividade" é o termo adotado para descrever a "facilidade" que um meio confinado oferece ao fluxo, como é o caso de fissuras ou fraturas rochosas, "tubulações" e "caminhos confinados" em descontinuidades rochosas, por exemplo.

A principal diferença entre permeabilidade e condutividade é que a primeira ocorre num meio poroso, e a segunda num meio confinado sem preenchimento ou com preenchimento apenas parcial.

Apesar dessa diferença conceitual, o termo "condutividade hidraúlica" tem sido empregado indistintivamente, tanto para meios porosos como para feições descontínuas.

Na Tabela 8.1 procura-se relacionar algumas grandezas de interesse à análise do fluxo da água em solos, enrocamentos, rochas e fissuras ou fraturas rochosas.

Tabela 8.1 - Permeabilidades, condutividades, velocidades e diâmetros

Grandeza	Unidade		
	d (cm)	k (cm/s)	V (m/ano)
k - rochas maciças		$10^{-9} - 10^{-10}$	
k - concreto		10^{-9}	0,000315
k - arenitos silificados		$10^{-8} - 10^{-9}$	
k - argilas marinhas		10^{-8}	0,00315
d_m - montmorilonitas	$10^{-7} - 10^{-8}$		
Comprimento da onda de raio X	$1,5 \times 10^{-8}$		
d - molécula de água	3×10^{-8}		
k - argilas sedimentares		$10^{-7} - 10^{-8}$	
k_{vert} - solos compactados		10^{-7}	0,0315
k - siltitos		$10^{-6} - 10^{-7}$	
k - rochas alteradas		10^{-6}	
k - siltes		10^{-6}	0,315
d_m - caolinitas	$10^{-5} - 10^{-6}$		
k_{equiv} a 1 Lugeon $\quad$ 1 LUG $= \dfrac{1\ell}{min/m/10kg/cm^2}$		10^{-5}	3,15
k - siltes grossos		10^{-5}	
k_{hor} - solos compactados		$10^{-4} - 10^{-6}$	
k - arenitos		10^{-4}	31,5
k_{equiv} a $\quad$ PE $= \dfrac{1\ell}{min/m/kg/cm^2}$		10^{-4}	
k - concreto fissurado		10^{-4}	0,0315
k - rocha maciça com fissuras de 0,1 mm/m		4×10^{-3}	
k - areias finas		10^{-3}	0,0315
d_{95} - cimentos especiais finos	2×10^{-3}		
k - solos porosos		$10^{-2} - 10^{-4}$	
k - enrocamentos com finos		10^{-3}	
d_{95} - cimento fino	$3,5 \times 10^{-3}$		
d_{95} - cimento comum	$5,5 \times 10^{-3}$		
d_{15} - areias finas	$1,5 \times 10^{-2}$		
k - areias médias		10^{-2}	3,15 km/ano
d_{15} - areias médias	$5,0 \times 10^{-2}$		
k - areias grossas		$10^{-2} - 5 \times 10^{-2}$	
k - concreto poroso		7×10^{-2}	
d_{15} - areias grossas	$1,0 \times 10^{-1}$		
k - pedregulhos		10^{-1}	3,15 km/ano (0,0036 km/h)
k - brita		$10^{-0} - 10^{-1}$	
k - enrocamentos sem finos		10^{0}	0,036 (315 km/ano)

Tabela 8.1 - Permeabilidades, condutividades, velocidades e diâmetros (continuação)

Grandeza	Unidade		
	d (cm)	k (cm/s)	V (km/h)
k - fratura em rocha - 0,5 mm		10^1	0,36
k - "tubos" em descontinuidades rochosas		2×10^1	0,72
k - fratura rugosa 0,75 mm		5×10^1	
k - enrocamento limpo uniforme $d_{50} = 60$ cm		5×10^1	1,8
k - fraturas rochosas 1,0 mm		7×10^1	
V - água em tubulações comuns		5×10^1 a 10^2	
V - chuva intensa		10^2	3,6
V - homem		10^2	3,6
k - fraturasa/falhas em rocha		$2 - 5 \times 10^2$	
V - rios/canais		5×10^1 a 10^2	
V - ventos moderados		4×10^2	14,4
V - bicicletas (normal)		5×10^2	18
V - corredeiras		5×10^2	18
V - condutos livres		6×10^2	22
V - navios		10^3	36
V - trânsito/Rio		$1,5 \times 10^3$	54
V - cachoeira		2 a 3×10^3	72
V - vertedores		3×10^3	108
V - condutos forçados		5×10^3	180
V - furacões		$1,1 \times 10^4$	400
V - Bandeirante		$1,4 \times 10^4$	500
V - ELETRA		$2,5 \times 10^4$	600
V - Boeing 727		3×10^4	900
V - som		$5,5 \times 10^4$	2.000
V - Concorde		6×10^4	2.200
V - som na água		6×10^5	20.000
V - foguetes		3×10^{10}	$1,08 \times 10^9$
V - luz			300.000 km/s

k = permeabilidade/condutividade; V = velocidade; d = dimensão

Da tabela 8.1 podem ser tiradas algumas conclusões importantes:

(I) - a permeabilidade à água dos meios porosos varia desde 10^{-10} cm/s até 5×10^1 cm/s, ou algo como 0,0000315 m/ano (315 micra/ano) a 1,8 km/hora.

(II) - nas fissuras e fraturas rochosas as condutividades são bem maiores e se situam na casa de 10^1 a 5×10^2 cm/s, equivalente ou superior a um enrocamento limpo (10^1 cm/s), cerca de 10 km/hora.

(III) - as maiores velocidades da água ocorrem em tubulações, canais, vertedores, podendo chegar até próximo de 100 km/hora em condutos forçados.

(IV) - o concreto, que é basicamente impermeável, pode se tornar "totalmente" permeável ($\sim 10^{-1}$ cm/s) quando preparado sem areia (concreto poroso).

(V) - uma rocha sã "impermeável" pode ter uma permeabilidade equivalente de 10^{-3} a 10^{-4} cm/s se apresentar fissuras mesmo submilimétricas, ainda que espaçadas de 1 metro.

(VI) - uma molécula de água tem um diâmetro médio de 3×10^{-8} cm. Já as moléculas de ar, por serem muito maiores, podem ser retidas em pedras cerâmicas de "baixa pressão de borbulhamento", que continuam permeáveis à água.

(VII) - partículas isoladas de argilas têm dimensões de Angstrons ($1 \text{ A} = 10^{-10}$ m). As montmorilonitas têm dimensões na casa dos 10^{-7} a 10^{-8} cm, enquanto as caulinitas na casa dos 10^{-5} a 10^{-6} cm. Essas partículas, no entanto, devido à ação das forças elétricas de atração e repulsão entre partículas, normalmente se agrupam em flocos ou grumos, que atingem dimensões de siltes e areias finas (10^{-4} a 10^{-2} cm).

(VIII) -o d_{95} do cimento varia de 2,0 a $5,5 \times 10^{-3}$ cm, ou cerca de 10^5 vezes a dimensão da molécula de água.

8.3 - PRINCIPAIS LEIS DE FLUXO

As fórmulas relativas à velocidade média de fluxo em meios porosos e feições descontínuas em rochas são:

$v = k_L i$ (Lei de Darcy)

$v = k_T i^n$ (fluxo de transição ou turbulento),

sendo:

k_L = permeabilidade no fluxo laminar;

k_T = condutividade no fluxo de transição ou turbulento;

n = tende a 0,57 no fluxo turbulento, em fraturas rochosas.

No tocante à permeabilidade e condutividade, vários autores têm procurado relações entre k e dimensões de vazios e porosidade para materiais granulares (inertes), e aberturas e rugosidades para fraturas rochosas:

$k = A \ d^2 = 100 \ (d_{10})^2$ (Hazen) para areias (cm/s)

$$k_L = \frac{ge^2}{12\mu} \frac{1}{[1 + B(k'/2e)^{1.5}]} \cong 8.175 \ e^2 \frac{1}{[1 + 10 \ (k'/2e)^{1.5}]}$$

$$k_T = C \sqrt{ge} \log \frac{D}{k'/2e} \cong 130 \sqrt{e} \log \frac{4}{k'/2e}$$

A, B, C e D = constantes;

k' = rugosidade relativa de uma fratura rochosa;

e = abertura média da fratura;

d = um diâmetro considerado representativo.

Para um maciço rochoso fraturado, pode-se calcular a permeabilidade média equivalente (k_{equiv}) pela expressão:

$$k_{eq} = k_R + k_F \ e/b$$

sendo:

k_R = permeabilidade da rocha;

k_F = condutividade da fratura;

e = abertura;

b = espaçamento.

As constantes A, B, C e D foram obtidas experimentalmente por vários autores. Alguns desses valores são:

$A = 100$ e $d = d_{10}$ (Hazen), válido para <u>areias</u>. No caso de pedregulhos e enrocamentos, A tende a decrescer significativamente; d_{10} é o diâmetro nominal do material granular.

Em fraturas rochosas sem preenchimento:

$B = 8,8$ (Louis) $B = 17$ (Lomize) $B = 25$ (Quadros)

$C = 4,0$ (Louis) $C = 5,11$ (Lomize)

$D = 1,9$ (Louis) $D = 1,24$ (Lomize)

As constantes B, C e D dependem da natureza da superfície onde o fluxo ocorre. Apesar de variarem de rocha para rocha, os valores de k_L e k_T são pouco afetados por essa variação.

Em fraturas rochosas, há interesse em relacionar o parâmetro λ (Darcy) com o número de Reynolds R_e.

$$\lambda = \frac{JD_h}{\frac{V^2}{2g}} \quad e \quad R_e = \frac{VD_h}{\mu}$$

D_h é o diâmetro hidráulico e, no caso de fraturas em rocha, é igual ao dobro da abertura = $2e$.

J é o gradiente (i) e μ é a viscosidade cinemática da água.

Colocando-se num gráfico bilogarítmico os valores de λ e R_e (Figura 8.1), resultantes de ensaio de percolação em fraturas rochosas, obtêm-se algumas informações de grande interesse.

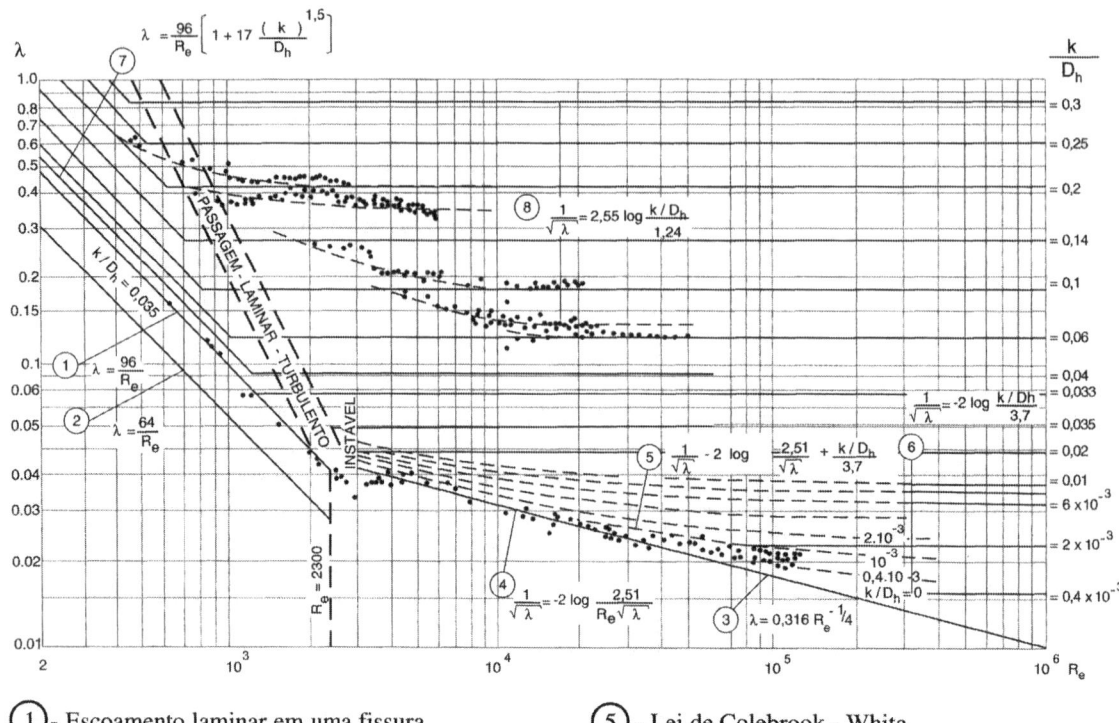

①- Escoamento laminar em uma fissura
② - Escoamento laminar para condutos circulares
③ - Lei de Blasius
④ -Lei de Karman e de Colebrook-White para k=o
⑤ - Lei de Colebrook - White
⑥ - Lei de Nikuradse
⑦ - Fluxo laminar (K/D_h > 0,033)
⑧ - Fluxo turbulento

Figura 8.1 - Leis de escoamento e resultados experimentais de ensaios - Louis, 1969 (Correa Filho, 1985)

(I) Duas retas (1 e 3) delimitam o espaço onde prevalecem as relações entre λ e R_e.

$\lambda = 96/R_e$ (fluxo laminar entre placas lisas, polidas e paralelas)

$\lambda = 0,316 \, R_e^{-1/4}$ (Blasius) (fluxo turbulento entre placas lisas, polidas e paralelas).

As duas retas se encontram quando $R_e \sim 2.300$ (número de Reynolds para mudança de regime de fluxo).

(II) No caso de fraturas rugosas, os pontos que relacionam λ com R_e situam-se acima dessas duas retas. A mudança no regime de fluxo inclui uma fase de transição, e o número de Reynolds, onde o regime de fluxo deixa de ser laminar, diminui com o aumento de rugosidade da fratura.

Essas notas introdutórias visam apenas a situar o leitor neste enorme campo do fluxo em meios contínuos e descontínuos. Havendo interesse, sugere-se uma consulta aos trabalhos de Louis (1969), Sharp (1972), Maini (1971), Cruz (1979), Quadros (1982), Francis (1985) para meios rochosos, e os clássicos trabalhos de Casagrande (1937), Cedergreen (1967) e Haar (1962) para meios porosos.

8.4 - PERMEABILIDADE E CONDUTIVIDADES DE SOLOS E ROCHAS DE INTERESSE A PROJETOS DE BARRAGENS

8.4.1 - Solos

A permeabilidade e a condutividade de solos e rochas são influenciadas basicamente pela dimensão e pela forma dos vazios que ocorrem nos mesmos. De uma forma geral, pode-se prever que solos "porosos" sejam mais permeáveis do que solos "densos", bem como que feições rochosas abertas tenham condutividades maiores do que feições preenchidas, mesmo que parcialmente.

Por outro lado, a porosidade, se considerada isoladamente, não pode ser associada a uma permeabilidade, porque são as dimensões e as formas dos vazios que definem a permeabilidade.

Veja-se, por exemplo, a Figura 8.2. Relaciona-se aí a permeabilidade k com o índice de vazios e.

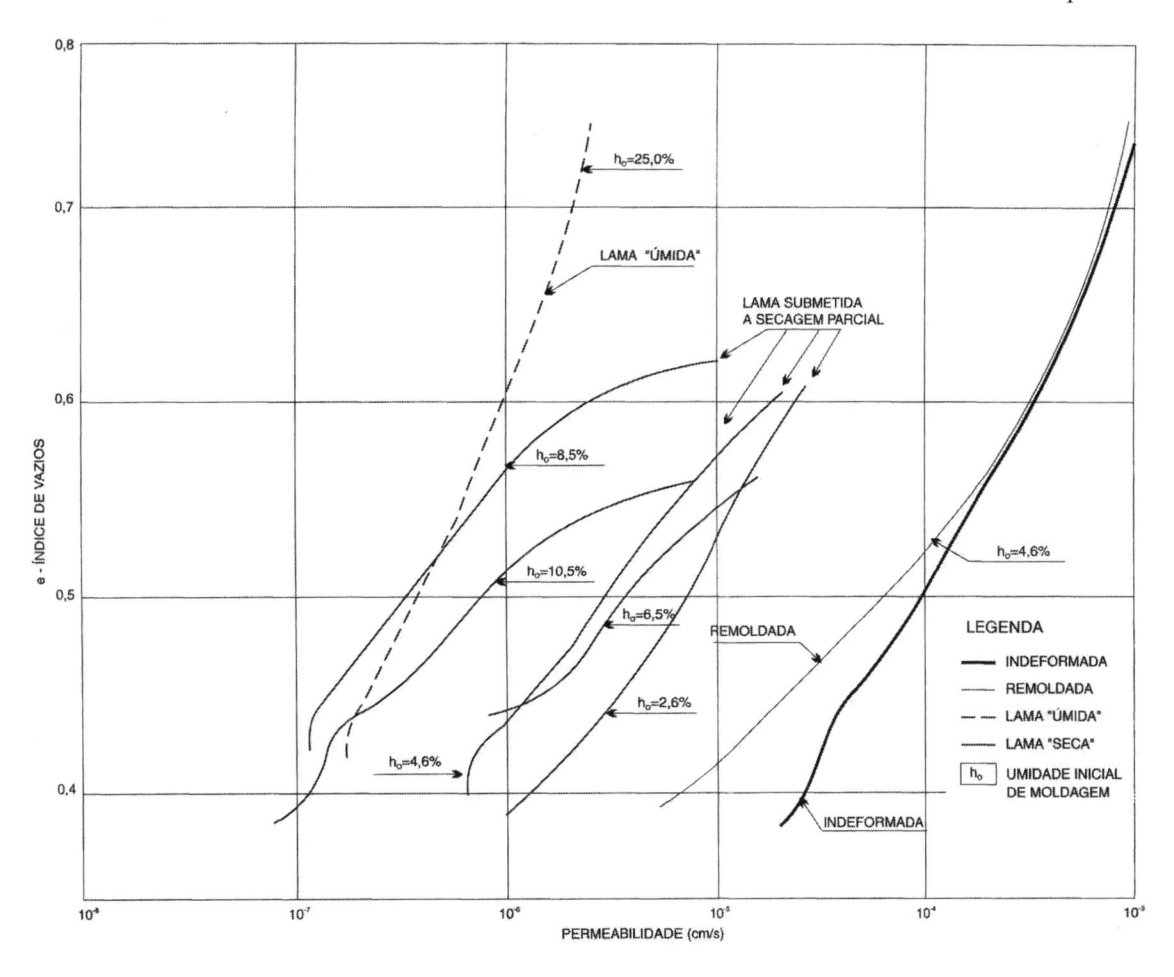

Figura 8.2 - Correlação entre permeabilidade e "estrutura". Amostras indeformadas e reconstítuidas e amostras de lama (CESP/LEC, 1992)

Observa-se que, para um mesmo índice de vazios, as permeabilidades podem variar em até 500 vezes. O solo é o mesmo. Num dos ensaios ele foi ensaiado em estado natural, e no outro as amostras foram preparadas em laboratório a partir de uma "lama".

Na Figura 8.3 mostram-se resultados de ensaios de permeabilidade procedidos em dois solos porosos: um argiloso e outro arenoso.

Permeabilidades iguais são obtidas para índices de vazios diferentes.

Esses resultados de ensaios mostram que a permeabilidade dos solos é afetada pela "estrutura" dos mesmos, a qual pode envolver <u>macroporos</u> e <u>microporos</u>, que não são diferenciáveis pelo valor de um índice de vazios global médio (ou porosidade média).

Da mesma forma, a tentativa de correlacionar a permeabilidade com uma curva granulométrica ou com um diâmetro característico só é válida para formações de solos nos quais os vazios sejam relativamente uniformes, como é o caso das areias limpas.

No caso de solos compactados, tem sido observada uma anisotropia de permeabilidade que varia com o nível de tensões atuantes e que é afetada por fenômenos de arqueamento, no caso de barragens de enrocamentos com núcleo. O caso de Itaúba é ilustrativo desse fato. Veja-se o Capítulo 4.

Solos lateríticos e solos saprolíticos, quando compactados, têm-se mostrado muito mais permeáveis do que solos sedimentares compactados. As diferenças de permeabilidade podem ser de 10 a 100 vezes.

Vaughan (comunicação verbal) atribui esse fato à diferença na granulometria "floculada" de solos sedimentares e de solos lateríticos. De fato, se compararmos o d_{15} (ou d_{50}) da fração fina de solo usado no núcleo da Barragem de Cowgreen (3 a 5 micra) com o d_{15} (ou d_{50}) do solo argiloso usado na vedação de ensecadeiras da Barragem de Canoas (50 a 100 micra), a diferença é significativa. Ver discussão sobre dimensão de partículas no Capítulo 10, item 7.

Muitas barragens brasileiras, em suas ombreiras, estão apoiadas numa seqüência de formações coluviais e residuais com um perfil de permeabilidade que, em linhas gerais, obedece à seqüência ilustrada nas Figuras 7.18 e 7.20, as quais permitem as seguintes observações:

100 Barragens Brasileiras

- a formação superficial porosa é permeável *in situ* (10^{-3} e 10^{-4} cm/s), mas com a construção da barragem e o colapso, a permeabilidade pode cair significativamente. Vejam-se as Figuras 8.2 e 8.3;

- a linha de seixos envolvidos por solos finos tem-se mostrado pouco permeável;

- o solo residual laterítico é menos permeável que o colúvio sobrejacente;

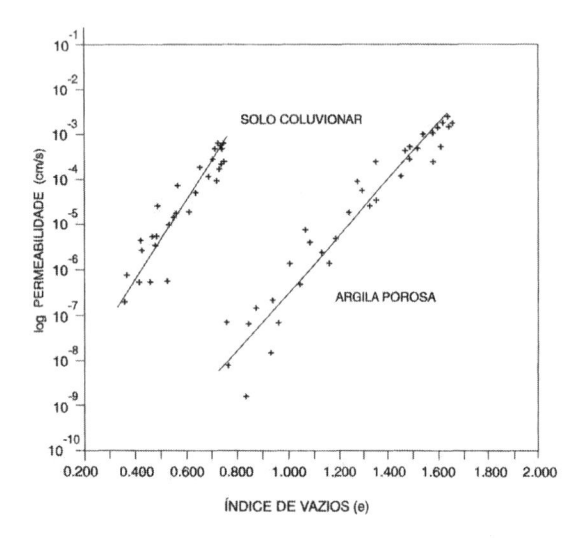

- a formação saprolítica que se segue tem permeabilidades variáveis com o tipo de rocha *mater*, mas ainda próximas às do solo laterítico;

- já no saprolito, a permeabilidade pode ser elevada, especialmente no contato com a rocha alterada sobrejacente devido à redução dos "finos";

- o lençol freático natural ocorre em geral nessa zona, que constitui o nível de base que controla o fluxo.

Essa sequência de permeabilidades é discutida em detalhes no Capítulo 10, relativo a sistemas de drenagem.

Vejam-se também as análises de fluxo discutidas por Mori (1982) para as barragens de Paraibuna e Paraitinga, fundadas em solos de alteração e rocha gnaissica, Itumbiara, fundada em solos de alteração e rocha basáltica, e Águas Claras, fundada em solos de alteração e rocha filítica.

Formações aluvionares e em areia são geralmente encontradas nos leitos dos rios. As permeabildades desses materiais são características dessas formações e estão indicadas na Tabela 8.1.

8.4.2 - Maciços Rochosos

Formações rochosas são muito mais complexas e o fluxo é condicionado pela natureza da rocha e pelo seu estado de fraturamento e alteração.

A Figura 8.4 mostra as diferentes formações que podem ocorrer num basalto, e já antecipa as dificuldades de se poder definir permeabildades ou condutividades para essas feições descontínuas.

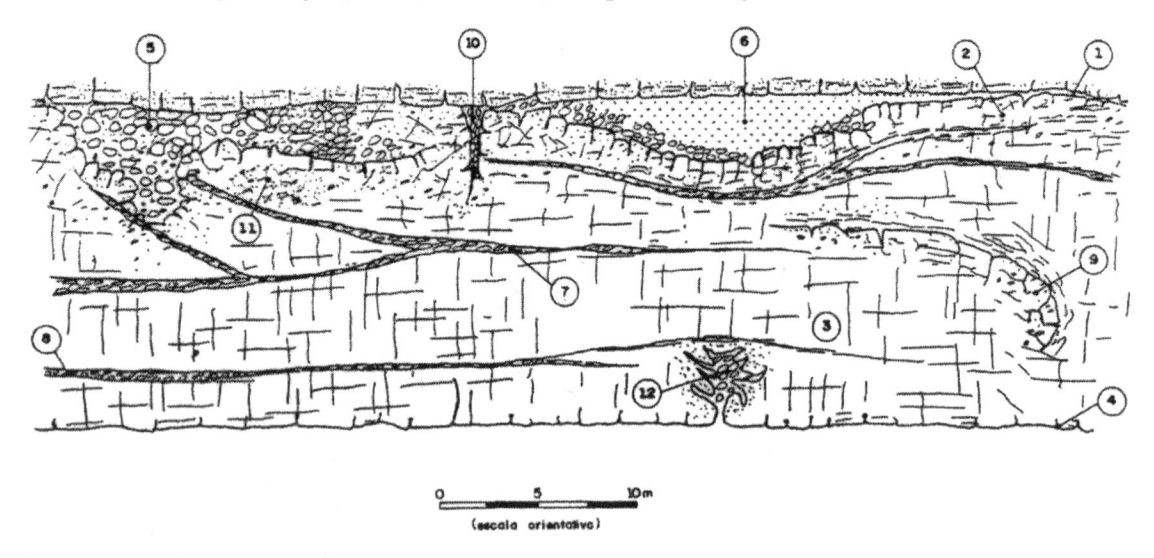

Figura 8.3 - Permeabilidade vs. índice de vazios para o solo coluvionar e para a argila porosa (Cunha, 1989)

1 - contato entre derrames
2 - zona de basalto vesicular
3 - zona de basalto compactado
4 - zona de base do derrame
5 - zonas de brecha ou de lava aglomerática
6 - sedimento intertrapiano
7 - faixas fraturadas ou "juntas-falhas"
8 - junta-falha
9 - derrames secundários ou subderrames
10 - trincas, cunhas
11 - túnel, tubo
12 - espiráculo.

Figura 8.4 - Descontinuidades sub-horizontais em basalto. Modelo físico ideal, que tenta apresentar de modo mais realista feições litológicas e estruturas dos derrames basálticos (Oliveira, 1981).

Capítulo 8

Ensaios pontuais de perda d'água, mesmo quando procedidos em vários estágios de pressão, podem resultar sempre em condições de fluxo não laminares, como se pode ver na Figura 8.5.

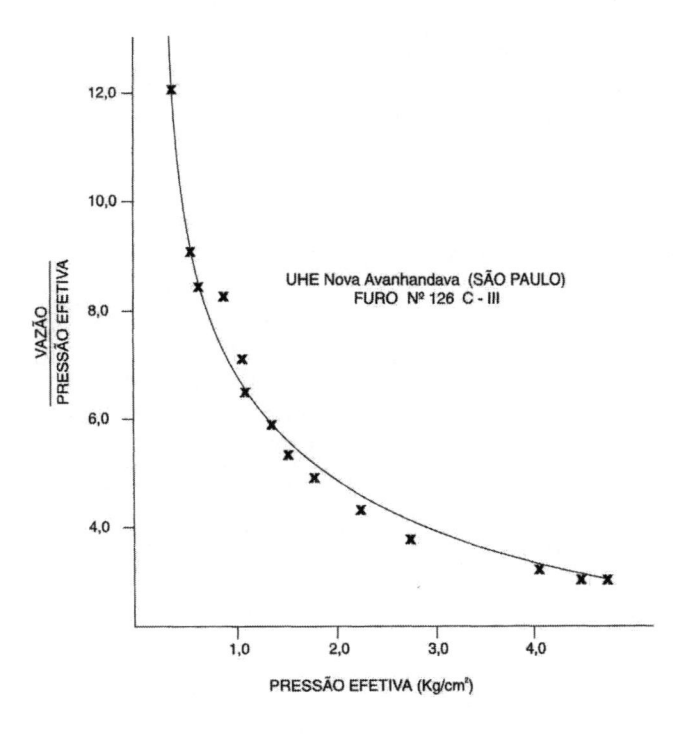

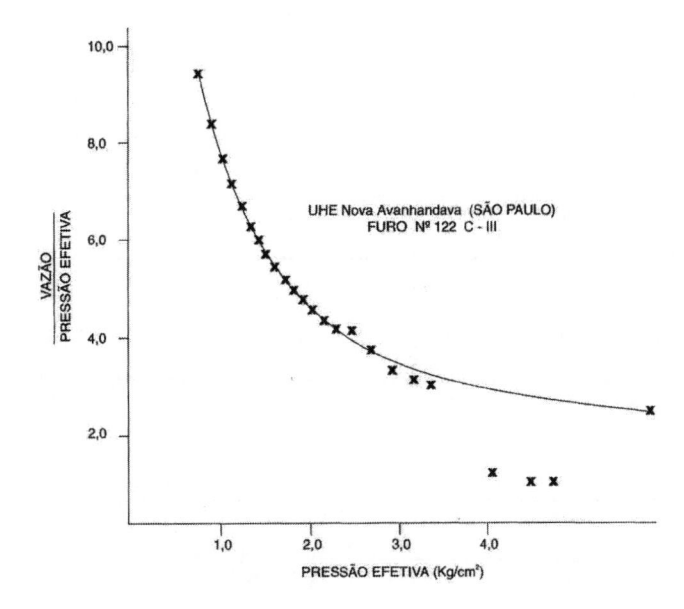

Figura 8.5 - Relação da vazão pela pressão efetiva vs. pressão efetiva (Cruz e Quadros, 1983)

Quando o fluxo é laminar, a relação entre a vazão e a pressão efetiva é constante. Se fórmulas de poços para fluxo laminar forem utilizadas para cálculos da condutividade equivalente k, os valores obtidos serão inferiores aos da condutividade laminar.

Para evitar as complicações de estimar a abertura e, costuma-se trabalhar com a transmissibilidade $T = ke$. Este valor, obtido em ensaios de perda d'água na Barragem de Nova Avanhandava, foi de 4,0 cm²/s para fluxo de transição a turbulento. O valor de T para fluxo laminar foi de 9,0 cm²/s.

Azevedo (1993) reuniu dados de feições basálticas permeáveis, que são reproduzidos na Tabela 8.2.

Tabela 8.2 - Valores de condutividade hidráulica em contatos interderrames e juntas horizontais de grande extensão lateral (modificado de Oliveira, 1961, *apud* Azevedo, 1993)

a)

Barragem (Referência Bibliográfica)	Estrutura ou zona da barragem	Valores mais freqüentes de k equivalente ou perda d'água específica		Observações
		Contatos horizontais	**Juntas**	
PORTO COLOMBIA (1)	Barragem de Terra-Margem Direita	$5,1 \times 10^{-4}$ cm/s		
	Barragem de Terra-Margem Esquerda	$9,0 \times 10^{-4}$ cm/s		
VOLTA GRANDE (2)	Estruturas de concreto	1,0 l/min/m/atm	1,0 a 2,0 l/min/m/atm	Valor médio 1,0 l/min/m/atm
ILHA SOLTEIRA (3) (4)	Estruturas de concreto Eclusa	1 a 10 cm/s	$5,0 \times 10^{-3}$ cm/s	
IBITINGA(5)	Estruturas de concreto	1 a 10^{-4} cm/s	10^{-2} cm/s	
PROMISSAO(6)	Estruturas de concreto	10^{-4} cm/s		
AGUA VERMELHA (7) (8)	Estruturas de concreto Ombreira Direita	10^{-3} a 10^{-2} cm/s 10^{-1} a 10^{-2} cm/s		
NOVA AVANHANDAVA (9)	Estrutura de concreto		$5,8 \times 10^{-3}$ cm/s(300) $2,2 \times 10^{-3}$ cm/s(305) $1,5 \times 10^{-4}$ cm/s(310)	Junta das cotas 300, 305, 310. Ensaios em furos da cortina de injeção
NOVA AVANHANDAVA (9)	Fundações em geral	10^{-2} cm/s (I eII) 10^{-4} A 10^{-5} (II/III) 10^{-5} a 10^{-4} (III/V)	10^{-2} cm/s(300) 10^{-6} cm/s(305) 10^{-6} cm/s (310)	Contatos entre derrames I/II, II/III e III/IV
ITAIPU (11)	Estruturas de concreto	1,0 l/min.m.kg/cm²	1,0 l/min.m.kg/cm²	

b)

Barragem (Referência Bibliográfica)	Estrutura ou zona da barragem	Valores mais freqüentes de k equivalente ou perda d'água específica			Observações
		Basalto compactado	Basalto vesicular	Brecha basáltica	
PORTO COLOMBIA (1)	Barragem de Terra-Margem Direita Barragem de Terra-Margem Esquerda	$4,7 \times 10^{-4}$ cm/s $1,5 \times 10^{-4}$ cm/s	$1,4 \times 10^{-4}$ cm/s $4,5 \times 10^{-5}$ cm/s	$6,0 \times 10^{-6}$ cm/s	
SALTO OSÓRIO(2)	Barragem de Enrocamento	1,3 a 1,6 l/min/m/atm	-	-	Ensaios em furos da cortina de injeção
JUPIA (3)	Fundações em geral	-			$3,3 \times 10^{-4}$ cm/s a $1,6 \times 10^{-3}$ cm/s (não discriminadas as litologias ou estruturas)
ILHA SOLTEIRA(4)	Estruturas de concreto	$5,0 \times 10^{-4}$ cm/s	-	$5,0 \times 10^{-4}$ cm/s	Com zonas de média ($5,4 \times 10^{-3}$ a $5,0 \times 10^{-4}$ cm/s) a alta permeabilidade ($5,0 \times 10^{-3}$ cm/s)
IBITINGA(5)	Estruturas de concreto	10^{-6} cm/s	-	-	
PROMISSÃO(6)	Estruturas de concreto	10^{-4} cm/s	-	-	
ÁGUA VERMELHA(7)	Estruturas de concreto	10^{-5} cm/s	-	-	Estrutura Circular $k_h = 10^{-3}$ a 10^{-3} m/s ($k_u = k_h$)
NOVA AVANHANDAVA(8)	Estruturas de concreto	$1,1 \times 10^{-3}$ cm/s $8,8 \times 10^{-3}$ cm/s (DERRAMES) (II e III)	$6,3 \times 10^{-3}$ cm/s (DERRAME II)	$2,9 \times 10^{-3}$ (DERRAME I)	Ensaios em furos da cortina de injeção
NOVA ARICANDUVA(9)	Fundações em geral	10^{-6} cm/s (Todos derrames)	10^{-6} cm/s		
TRÊS IRMÃOS(10)	Barragem de Terra - Margem Direita	$4,9 \times 10^{-4}$ cm/s	$8,6 \times 10^{-4}$ cm/s	$3,6 \times 10^{-4}$ cm/s	Com pontos de altas permeabilidades ($k - 10^{-2}$ cm/s)
ITAIPU(11)	Estruturas de concreto	0,1 l/min.m.kg/cm²	0,1 l/min.m.kg/cm²	Variável	

(1) - BORDEAUX e outros (1975)
(2) - MARQUES FILHO e outros (1972)
(3) - GUIDICINI e USSAMI (1969)
(4) - CAMARGO (1969)
(5) - GUIDICINI e outros (1970)
(6) - OLIVEIRA e CORREA Fº (1976)
(7) - ARAUJO e outros (1977)
(8) - MARRANO e outros (1984)
(9) - MANO (1987)
(10) - MEISMITH e outros (1981)
(11) - GAMBOSSY e outros (1981)

8.5 - O ENSAIO TRIDIMENSIONAL

A melhor informação que se pode obter quanto ao fluxo num meio poroso ou num maciço rochoso é a referente a ensaios de campo de grandes dimensões, os hoje denominados ensaios tridimensionais, nos quais a água é injetada ou preferencialmente bombeada de um ponto do maciço, sendo feitas observações de variação de pressão piezométrica em vários pontos do mesmo maciço a distâncias variáveis. Um esquema desse ensaio é mostrado na Figura 8.6a.

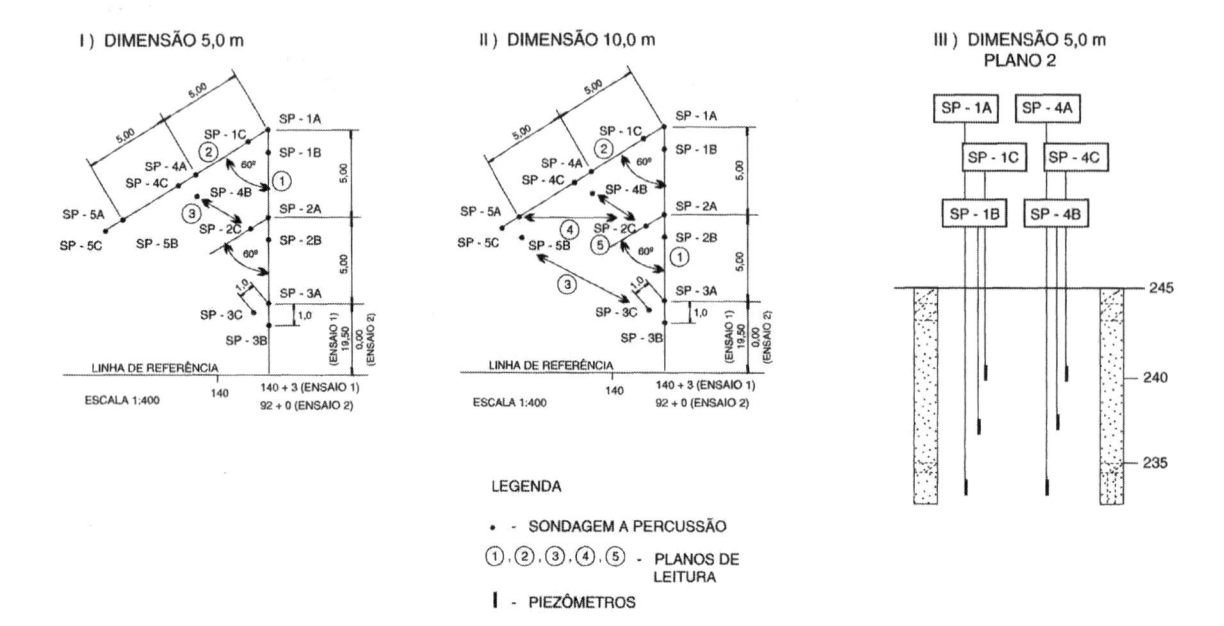

a) Configuração dos ensaios

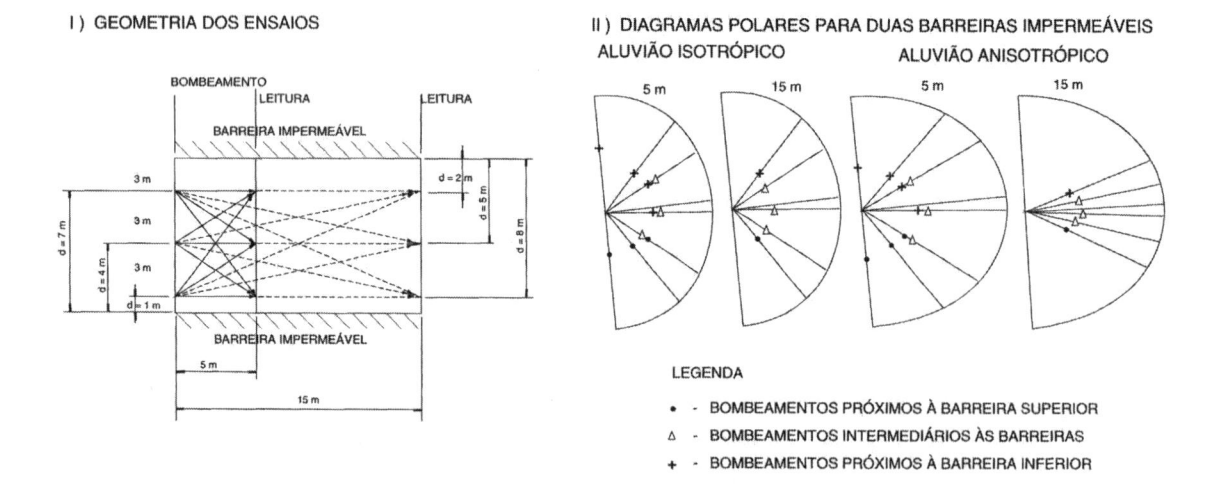

b) Influência de barreiras

Figura 8.6 - Ensaio tridimensional em aluvião (Tressoldi, 1993)

Resultados de ensaios procedidos no aluvião e no arenito da fundação da Barragem de Porto Primavera são ilustrativos desse procedimento. Ver Tabela 8.3.

Capítulo 8

Tabela 8.3 - Barragem de Porto Primavera - tensores tridimensionais de condutividade hidráulica (Tressoldi, 1993)

a) Para o aluvião - condições constantes

Estaca	Dimensão (m)	Tensor de Condutividade Hidráulica x 10^{-4} (m/s)			Valores Principais x 10^{-4} (m/s)	Direções Principais	
						Rumo	Inclinação
72	5	1,61 0,13 -0,15	0,13 1,33 0,10	-0,15 0,10 1,03	1,68 1,35 0,94	72,21° 166,27° 321,46°	9,44° 23,07° 64,86°
140 + 3	5	0,95 -0,042 0,060	-0,042 1,17 0,22	0,06 0,22 0,62	1,25 0,96 0,53	176,03° 269,56° 26,69°	18,83° 10,24° 68,38°
	10	0,574 -0,028 0,053	-0,028 0,623 0,025	0,053 0,025 0,615	0,65 0,64 0,52	241,59° 334,24° 65,33°	57,27° 1,70° 32,67°

b) Para o Arenito Caiuá - estaca 140 - condições não constantes

	5	0,848 -0,92 -0,053	-0,92 3,98 0,487	-0,053 0,0487 0,426	4,34 0,63 0,35	165,10° 257,11° 51,56°	7,11° 15,73° 2,66

coeficiente de armazenamento específico - $Ss = 2,61 \times 10^{-4}/m$

	10 e 15	2,57 -0,57 -0,11	0,57 0,44 0,096	-0,11 0,096 0,093	2,70 0,34 0,07	102,97° 193,84° 352,61°	4,31° 11,43° 77,76°

coeficiente de armazenamento específico - $Ss = 2,70 \times 10^{-5}/m$

	17 e 20	1,09 0,189 0,308	0,189 1,73 0,401	0,300 0,401 0,277	1,90 1,05 0,11	196,94° 290,13° 53,21°	16,02° 11,00° 70,40°

coeficiente de armazenamento específico - $Ss = 8.89 \times 10^{-5}/m$

	20	1,50 0,0383 0,0179	0,0383 1,91 0,574	0,0179 0,574 0,491	2,19 1,54 0,29	184,56° 94,10° 0,43°	19,49° 1,30° 70,47°

coeficiente de armazenamento específico - $Ss = 2,71 \times 10^{-5}/m$

Quando esse procedimento é aplicado a maciços rochosos, os resultados fornecem dois tipos de informação da maior importância:

(I) - o maciço rochoso na escala do ensaio pode ser associado a um meio poroso anisotrópico, e para esse meio equivalente é possível definir os tensores de permeabilidade.

(II) - o maciço rochoso na escala do ensaio tem o seu fluxo controlado por descontinuidades preferenciais, que deverão ser consideradas e analisadas através de um modelo de fluxo descontínuo.

Os dados apresentados por Tressoldi (1991) e Quadros (1992) relativos ao basalto de fundação de Porto Primavera indicam que apenas em parte do volume avaliado é possível definir tensores de permeabilidade de um meio poroso equivalente, e que em várias medidas podem-se identificar feições descontínuas. Ver Figuras 8.7, 8.8 e 8.9.

Já para o maciço rochoso gnáissico da Barragem de Pirapora, na área do emboque do túnel de descarga, seja devido ao intenso fraturamento da rocha aliviada ou à presença de feições descontínuas próximas, foi possível definir adequadamente esses tensores e ainda reavaliar, por ensaios subseqüentes às injeções de cimento procedidas, o benefício das mesmas na redução do fluxo de água pelo maciço (Quadros, 1992).

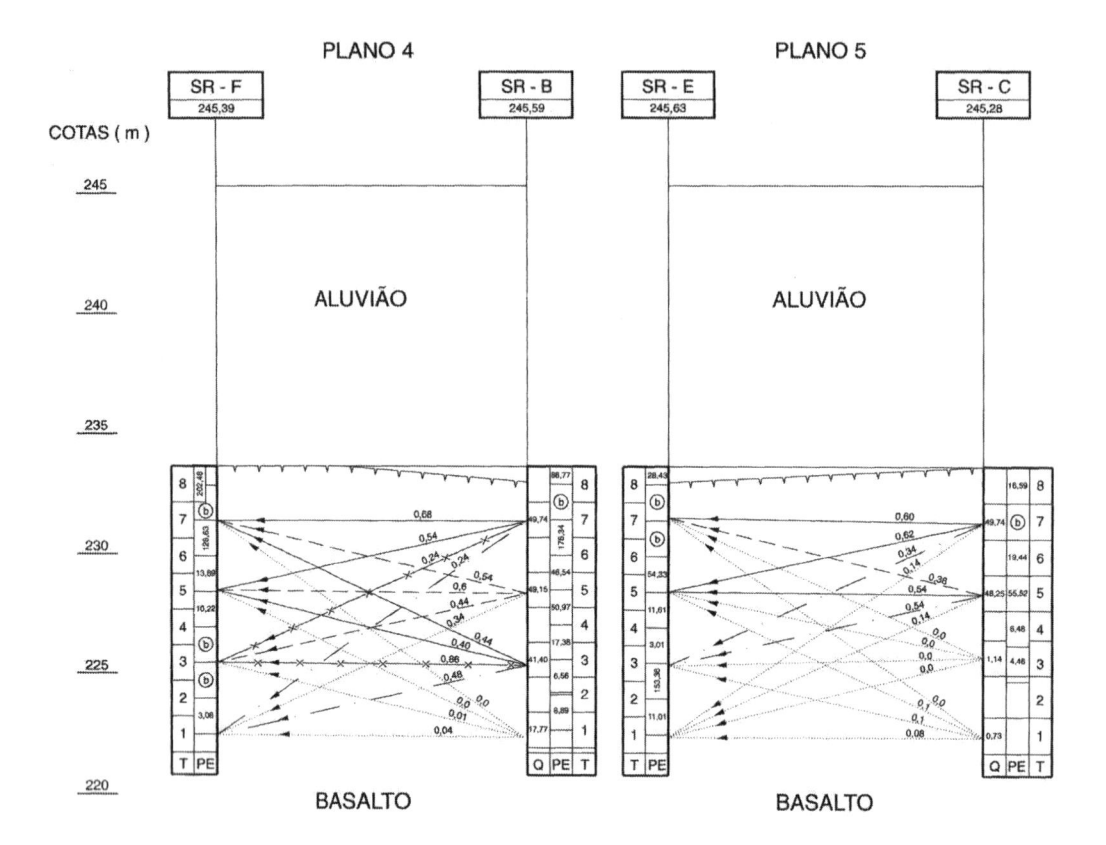

Figura 8.7 - Porto Primavera - Ensaios tridimensionais realizados em basalto na dimensão de 15 m (Tressoldi, 1991)

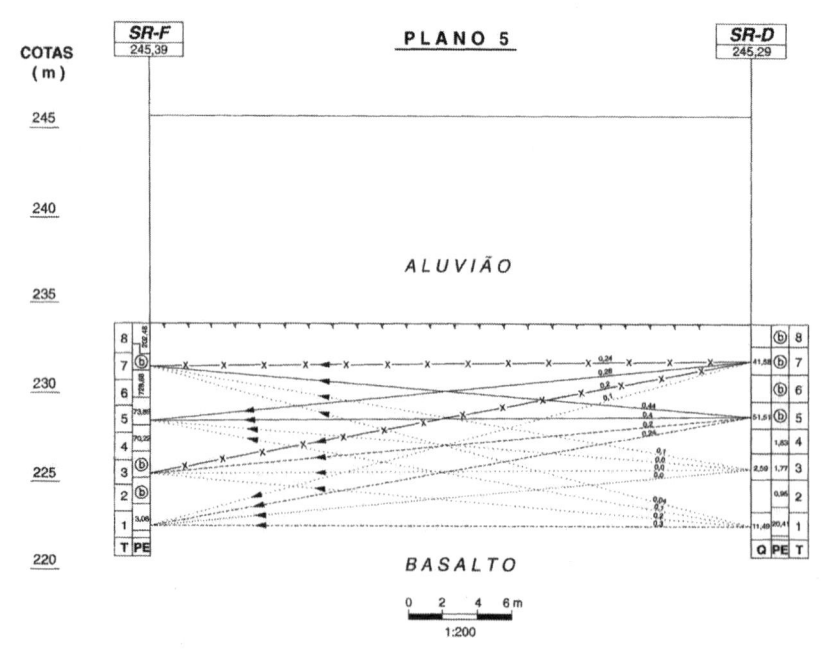

Figura 8.8 - Porto Primavera - Resultados tridimensionais realizados em basalto na dimensão de 40 m (Tressoldi, 1991)

Capítulo 8

BARREIRA IMPERMEÁVEL

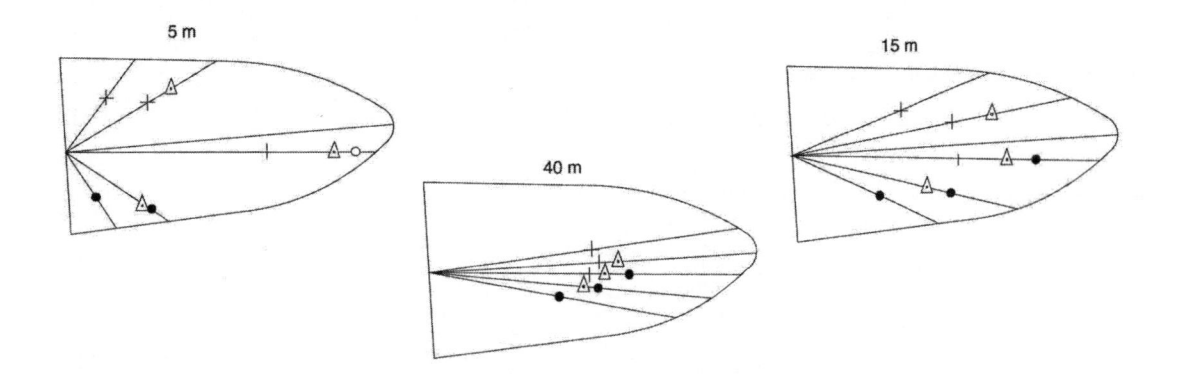

BARREIRA DE CARGA CONSTANTE

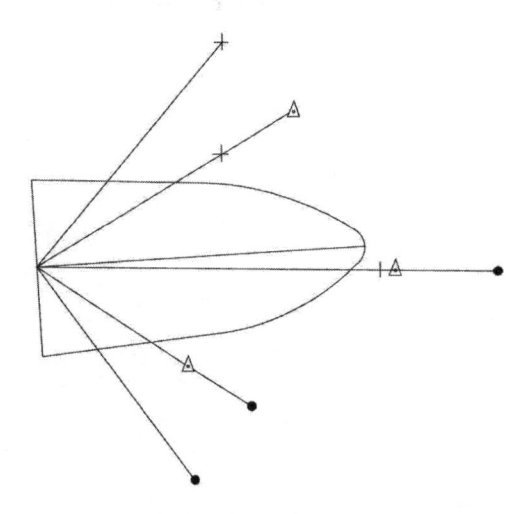

BARREIRA IMPERMEÁVEL E BARREIRA DE CARGA CONSTANTE

LEGENDA

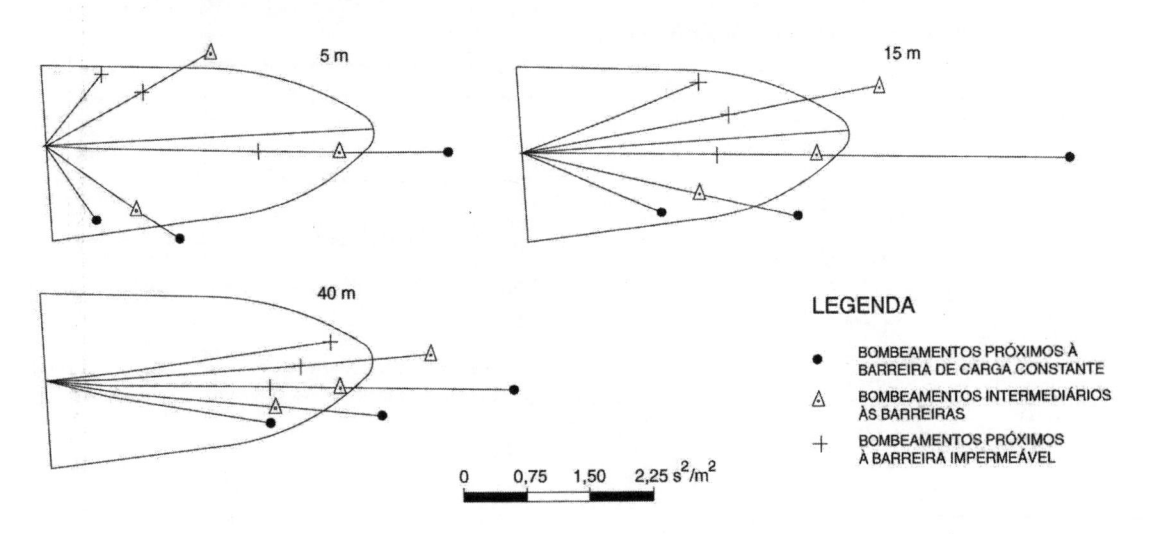

- • BOMBEAMENTOS PRÓXIMOS À BARREIRA DE CARGA CONSTANTE
- △ BOMBEAMENTOS INTERMEDIÁRIOS ÀS BARREIRAS
- + BOMBEAMENTOS PRÓXIMOS À BARREIRA IMPERMEÁVEL

Figura 8.9 - Efeitos de barreiras em meios com anisotropia elevada (k_{hor}/k_{vert} = 15,7) (Tressoldi, 1991)

8.6 - FLUXO EM MEIOS NÃO SATURADOS

O fluxo em meios não saturados adquire características mais complexas, porque o gradiente de fluxo passa a ter duas componentes: a primeira relativa à carga gravitacional, e uma segunda relativa à carga resultante da sucção matricial. Uma extensa e detalhada discussão sobre sucção foi objeto do Capítulo 5.

O fluxo pode ocorrer tanto na fase líquida como na fase gasosa. Em ambientes secos, o fluxo de vapor ocorre por diferenças de potencial pneumático decorrente de diferenças de temperatura. Já em ambientes úmidos (Serra do Mar, por exemplo) a umidade é elevada, e as diferenças de temperatura no solo são quase insuficientes para provocar o fluxo na forma de vapor. A vegetação também contribui para neutralizar grandes variações de temperatura.

A equação geral de fluxos tem por hipótese a validade da Lei de Darcy estendida a meios não saturados:

$$V = - k(\Theta) \nabla \Phi$$

sendo:

V = velocidade de fluxo

$k(\Theta)$ = condutividade hidráulica, função da umidade volumétrica (Θ) $(= V_{água}/V_{total})$

$\nabla \Phi$ = gradiente do potencial hidráulico

e: $\nabla \Phi = h_c + z$

onde:

h_c = o potencial matricial

z = o potencional gravitacional

A validade da expressão acima é restrita a solos não saturados, nos quais a fase gasosa é contínua.

O potencial matricial Θ varia com a umidade (volumétrica) do solo, como se vê na Figura 8.10

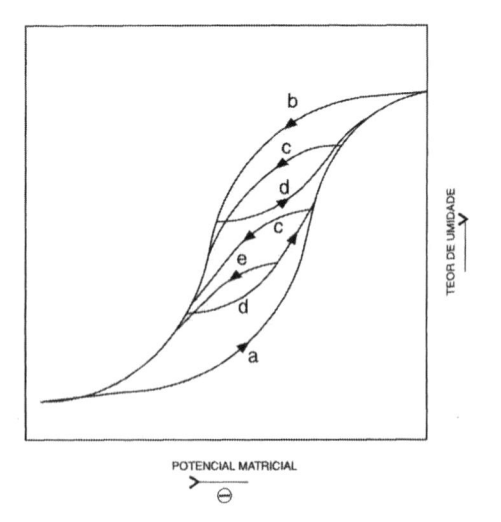

Figura 8.10 - Forma geral da curva característica de umidade (Childs, 1967, *apud* Carvalho, 1989)

A condutividade hidráulica $k(\Theta)$ varia com o teor de umidade do solo, uma vez que o volume de água, e portanto a área disponível para fluxo, também varia.

Na Figura 8.11 mostra-se a variação de $k(\Theta)$ com a umidade volumétrica, para uma argila.

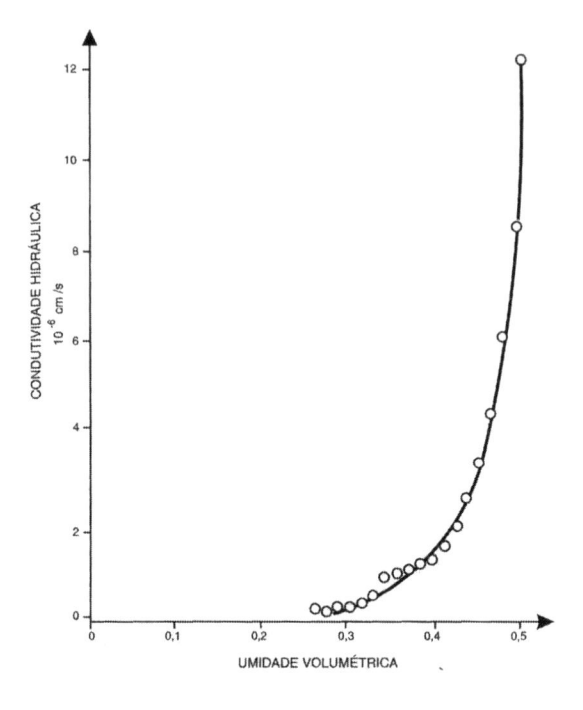

Figura 8.11 - Condutividade hidráulica $k(\Theta)$ em função da umidade volumétrica (Θ) - solo "Yolo Light Clay" (Philip, 1969, *apud* Carvalho, 1989)

Em linhas gerais, a condutividade hidráulica varia com o quadrado do diâmetro dos poros e daí decorre que a variação de $k(\Theta)$ é maior do que a variação de Θ.

Quando a umidade decresce muito, a água tende a ocupar os menores vazios e $k(\Theta)$ se aproxima de zero.

Nesta condição, o fluxo passa a ocorrer somente na fase gasosa, se houver gradiente térmico.

A lei da continuidade estabelece que:

Volume de Entrada - Volume de Saída = Volume Retido

A variação da umidade com o tempo será, portanto, igual ao divergente da velocidade:

$$\frac{d\Theta}{dt} = -\nabla V$$

e:

$$\frac{d\Theta}{dt} = -\nabla [-k(\Theta) \nabla h_c - k(\Theta) \nabla Z]$$

Capítulo 8

ou:

$$\frac{d\Theta}{dt} = \nabla k(\Theta) \ \nabla h_c + k(\Theta) \ \nabla Z$$

Para exemplificar esta condição de fluxo, considere-se o caso particular de fluxo vertical.

A Figura 8.12 mostra o perfil de infiltração proposto por Bodman e Colman (1984).

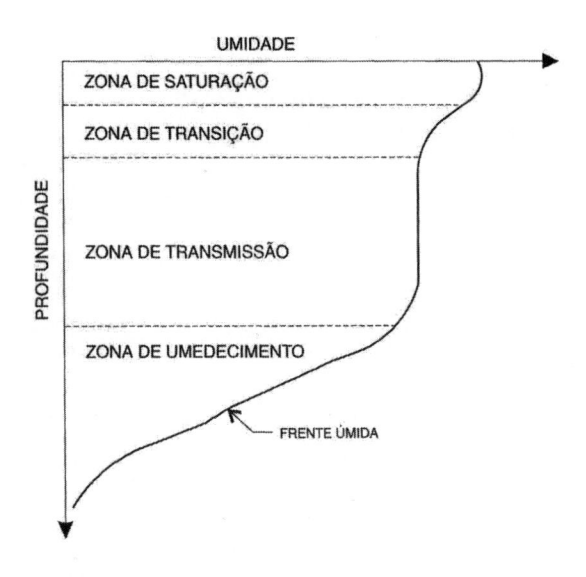

Figura 8.12 - Perfil de infiltração de Bodman e Colman (1984) (*apud* Carvalho, 1989)

A zona de "saturação" é em geral delgada e se limita à área superficial, onde $S = 100\%$.

Na zona de transição ocorre uma redução da umidade Θ com a profundidade e $k(\Theta)$ é variável.

Na zona de transmissão Θ é aproximadamente constante e, portanto, $k(\Theta)$ = constante. A umidade, no entanto, pode crescer com o avanço da frente de umidade.

Na zona de umedecimento Θ é decrescente, o mesmo ocorrendo com $k(\Theta)$.

A frente úmida representa a interface do solo sujeito ao fluxo com o solo adjacente.

Um modelo simplificado, possível de utilização em solos porosos (nos quais a expulsão do ar ocorre com facilidade), é mostrado na Figura 8.13.

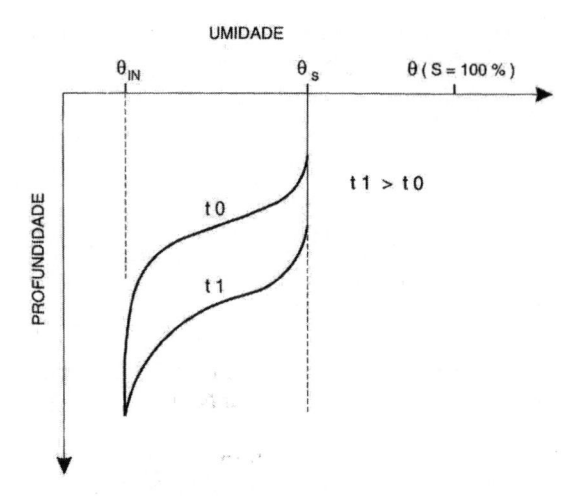

Figura 8.13 - Perfil simplificado de infiltração (Carvalho, 1989)

A velocidade de infiltração será:

$$V = - k(\Theta) \ (\nabla h_c + \nabla Z)$$

Considerando que se forme uma camada úmida de espessura Z_s,

$$V = - k(\Theta_s) \ (\Delta h_c/Z_s + Z/Z_s)$$

e

$$Z/Z_s = 1$$

$k(\Theta) =$ condutividade hidráulica para a umidade volumétrica s

Se a alimentação superficial for decorrente de chuva, é necessário comparar a capacidade de infiltração CI com a intensidade pluviométrica.

CI é definida como a máxima velocidade com que a água é capaz de penetrar no solo.

$$CI = V = k(\Theta_s) \ (\Delta h_c/Z_s + 1)$$

Como Z_s varia com o tempo, $\Delta h_c/Z_s$ é decrescente com o tempo, se houver alimentação constante (Figura 8.14).

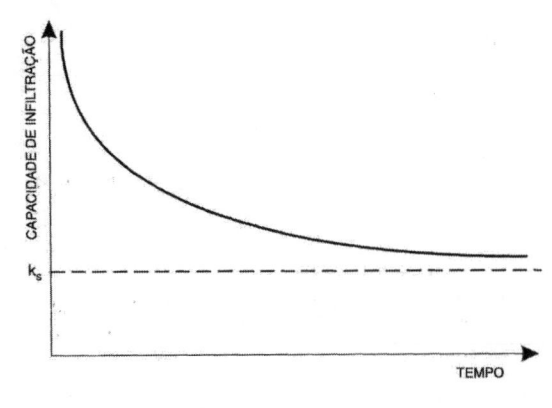

Figura 8.14 - Variação da capacidade de infiltração CI com o tempo (Carvalho, 1989)

A intensidade pluviométrica I é igual à velocidade de chegada da água à superfície do solo.

Se

$I < CI < k(\Theta_s) (\Delta h_c/Z_s + 1)$,

não há água suficiente para a formação de frente de saturação, mas apenas para uma frente úmida que eleva a umidade do solo de um valor inicial Θ_i para um valor Θ_f, na qual I é igual a $k(\Theta)$, caso **A** da Figura 8.15.

Se, no entanto, $I > k_s$, forma-se a frente de saturação, com velocidade igual a CI ou $V = k(\Theta_s) (\Delta h_c/Z_s + 1)$

Como Z_s cresce com o tempo, a velocidade de infiltração decresce - caso **B** da Figura 8.15.

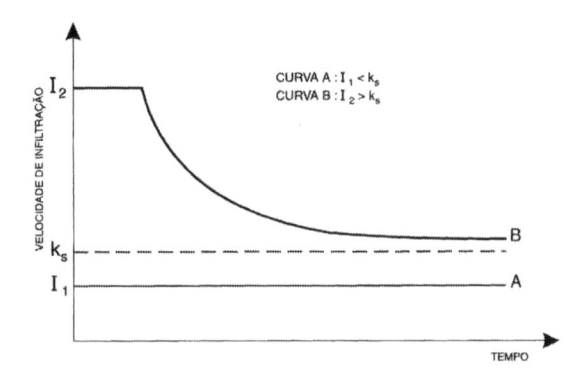

Figura 8.15 - Influênca da intensidade pluviométrica na velocidade de infiltração (Carvalho, 1989).

O tempo de duração da precipitação constitui também uma variável de interesse. Na Figura 8.16 mostra-se a variação da umidade com a profundidade, registrada em ensaios procedidos em materiais granulares homogêneos, em função do tempo em horas após o fim da infiltração.

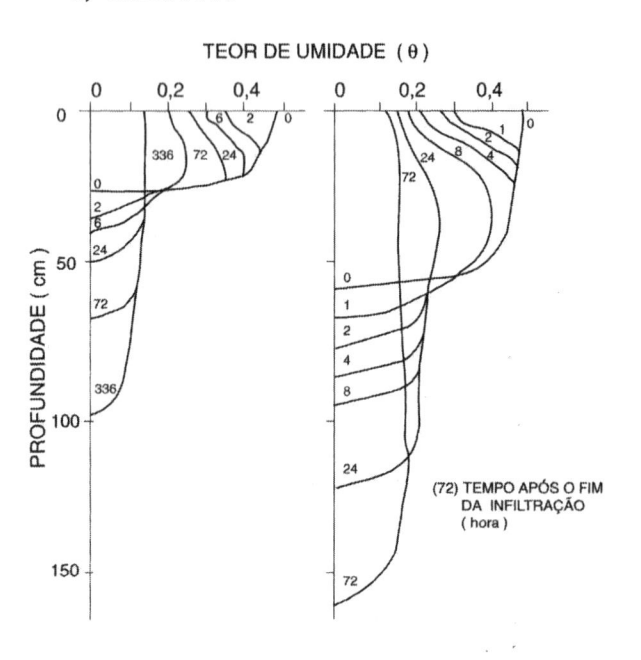

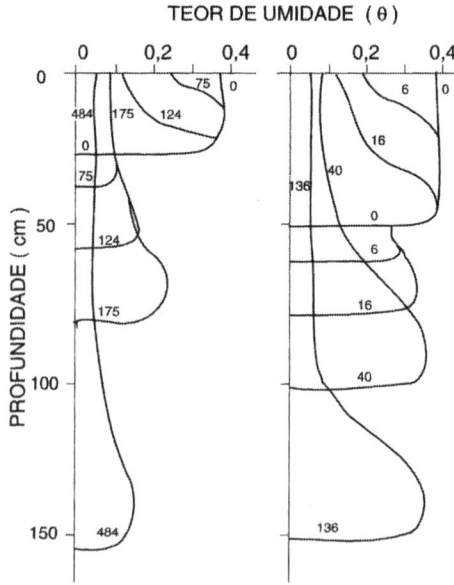

Figura 8.16 - Redistribuição de umidade após infiltração (Youngs, 1959, *apud* Carvalho, 1989).

O trabalho de Carvalho (1989) ilustra um caso de aplicação dos conceitos acima descritos para encostas da Serra do Mar.

8.7 - VAZÕES MEDIDAS EM BARRAGENS

Uma coletânea de dados de vazões medidas nos sistemas de drenagem interna de quinze barragens brasileiras é apresentada por Silveira (1983) e reproduzida na Tabela 8.4.

Tabela 8.4 - Barragens Brasileiras - vazões observadas no sistema de drenagem interna (Silveira, 1983)

Barragem	Altura máxima do N.A. no trecho observado (m.c.a.)	Materiais de fundação	Sistema de drenagem da fundação	Vazão prevista Q (l/min)	Vazão observada Q (l/min)	Vazão observada $Qesp$ (l/min/m)
Marimbondo	25	Solos coluvionares e residuais de basalto	Filtro horizontal	50	120	0,2
Água Vermelha	48	Solos coluvionares e e residuais de basalto	Poços de alívio a jusante	5000	1500	0,8
	28	Lava aglomerática cavernosa	Trincheira drenante a jusante	4500	2300	29,0
Jacareí	60	Solos residuais de gnaisses	Poços de alívio a jusante	-	480	0,4
Jaguari (SABESP)	60	Solos residuais de gnaisses	Poços de alívio a jusante	-	134	0,2
Paiva Castro (Juqueri)	17	Argilas e areias aluvionares e areias residuais	Poços de alívio a jusante	24	510	2,4
Águas Claras	20	Granitos e xistos	Filtro horizontal	-	480	4,0
Capivari Cachoeira	56	Solos residuais e rochas graníticas	Filtro horizontal	220	630	2,0
Atibainha	35	Solos residuais e saprolitos de biotita-gnaisse	Filtro horizontal	600	1050	2,4
Cachoeira	28	Solos residuais e saprolitos de biotita gnaisse	Filtro horizontal	230	450	1,5
Jaguari (CESP)	74	Solos residuais de gnaisse	Poços de alívio no eixo	180	360	0,9

Tabela 8.4 - Barragens Brasileiras - vazões observadas no sistema de drenagem interna (continuação)

Barragem	Altura máxima do N.A. no trecho observado (m.c.a.)	Materiais de fundação	Sistema de drenagem da fundação	Vazão prevista Q (l/min)	Vazão observada Q (l/min)	Qesp (l/min/m)
Dique do Jaguari	90	Solos residuais de gnaisse	Poços de alívio no eixo	270	270	1,4
Paraibuna	90	Solos residuais e rocha sã (biotita-gnaisse)	Filtro horizontal	660	18	0,03
Dique de Paraibuna	40	Solos residuais e rocha sã (biotita-gnaisse)	Filtro horizontal	300	90	0,15
Saracuruna	34	Solos residuais de migmatito	Trincheira drenante	-	1180-460 (após o trat.)	8,4 - 3,3
Ensecadeiras de Itaipu	35(mont.)	Rocha basáltica sã	Não há		400	0,7
	40(jusan.)	Rocha basáltica sã	Não há		400	0,8

Pela tabela pode-se constatar que a vazão específica variou de 0,20 a 4,0 l/min x m' com dois casos extremos : Água Vermelha (29,0) e Paraibuna (0,03). Os valores usuais (0,2 a 4,0 l/min x m') correspondem a permeabilidades médias equivalentes dessas fundações, na casa dos 10^{-4} cm/s.

Vazões medidas em fundações rochosas basálticas sob estruturas de concreto são relatadas por Cruz e Silva (1978). Ver Tabela 8.5.

Os problemas relativos a filtragem e drenagem que envolvem fluxo de água são tratados no Capítulo 10, item 10.

O caso particular de fundação em areias é discutido também no Capítulo 10. Neste caso, vazões de até 30 l/min/m' são previsíveis.

Capítulo 8

Tabela 8.5 - Vazões medidas em fundações rochosas basálticas sob estruturas de concreto
(apud Cruz & Silva, 1978)

Barragem	Estrutura	Altura m	Cortina de injeções M. J. % altura	Galeria de drenagem M. J. % altura	Galeria de drenagem M. J. % base	Data do 1° enchimento	Vazão total ℓ/min. m'	Gradiente de montante	N° de contatos ou juntas com drenagem
ILHA SOLTEIRA	Tomada d'água	76,0	0,63 1,1	0,65 1,1	0,20 0,20	06/1973	~5	5,0	vários
	Vertedor	80,0	0,76	0,76 0,76	0,10 0,10			10,0	
JURUMIRIM	Tomada d'água e casa de força	35,0	0,58	0,61	0,25	1963		4,0	
JUPIÁ	Hall de montagem	33,0	0,40 1,10	1,30 1,30	0,10 0,10			10,0	
	Tomada d'água e casa de força	33,0	0,74 0,63	1,30 1,20	0,10 0,10			10,0	
	Vertedor de superfície	33,0	0,68	0,61	0,33	1968	~2,3	3,0	2
	Vertedor de fundo	41,0	1,00	1,00 1,00	0,10			10,0	
CAPIVARA	Vertedor	29,0	1,50	1,50	0,10	06/1976	~2	10,0	2
IBITINGA	Tomada d'água	38,0	0,77 0,38	0,32 0,40	0,16 0,50	1969		6,2	1
	Barr. de gravidade	38,0	0,75	0,75	0,18			5,5	
	Hall de montagem	38,0		0,23	0,15			6,6	
	Vertedor	38,0		0,36	0,10			10,0	
PROMISSÃO	Barr. de gravidade	38,0	0,77	1,20	0,10			10,0	3 ou 4
	Vertedor de fundo	40,0	0,97	1,20 1,00	0,12 0,50	02/1975	~7,5	8,3	
	Tomada d'água e casa de força	40,0	0,93	1,20 0,6			~11	3,0	
BARRA BONITA	Tomada d'água e casa de força	34,0	1,20	0,82	0,33	1963		2,8	2

Notas: A progundidade da drenagem e da injeção de montante refere-se ao N.A. de montante.
A profundidade da drenagem e da injeção de jusante refere-se ao N.A. de jusante.
A posição da galeria de montante refere-sa à distância de montante.
A posição da galeria de jusante refere-se à distância de jusante.

REFERÊNCIAS BIBLIOGRÁFIACAS

AZEVEDO, A. A. 1993. *Análise do fluxo e das injeções nas fundações da Barragem de Taquaruçu - Rio Paranapanema*. Dissertação de Mestrado. Escola de Engenharia de São Carlos/SP.

CARVALHO, C. S. 1989. *Estudo da infiltração em encostas de solos insaturados na Serra do Mar*. Dissertação de Mestrado. EPUSP.

CASAGRANDE, A. 1937. *Seepage trough dams* - contributions to Soil Mechanics, BSCE, 1925-1940 (paper first published in J. New England Water Works Assoc., June 1937).

CEDERGREEN, H. R. 1967. *Seepage, Drainage, and Flow Nets*. New York: John Wiley & Sons.

COMPANHIA ENERGÉTICA DE SÃO PAULO - CESP. LABORATÓRIO DE ENGENHARIA CIVIL. 1992. *Relatório interno sobre estudos em solo colapsível de Pereira Barreto*. Ilha Solteira.

CORREA FILHO, D. 1985. *O ensaio de perda d'água sob pressão*. Dissertação de Mestrado. Esc. de Eng. São Carlos - USP.

CRUZ, P. T. da, SILVA, R. F. 1978. Uplift pressure at the base and in the rock basaltic foundation of gravity concrete dams. *Proceedings of the International Symposium on Rock Mechanics Related to Dam Foundations*, Rio de Janeiro. ISRM/ABMS. v. 1.

CRUZ, P. T. da. 1979. *Contribuição ao estudo de fluxo em meios contínuos e descontínuos*. São Paulo, IPT. (pre-print).

CRUZ, P. T. da, QUADROS, E. F. 1983. Analysis of water losses in basaltic rock joints. *Proceedings of the 5th International Congress on Rock Mechanics*, Melbourne. Rotterdam: A. A. Balkema, v.1, Tema B.

CRUZ, P. T. da. 1985. Solos residuais: algumas hipóteses de formulações teóricas de comportamento. *Anais do Seminário de Geotecnia de Solos Tropicais*, Brasília. ABMS.

CUNHA, E. P. V. da. 1989. *Análise das características de compressibilidade de dois solos colapsíveis*. Dissertação de Mestrado. EPUSP.

FRANCIS, F.O. 1985. *Soil and Rock Hydraulics*. Ed. Balkema.

HAAR, E. 1962. *Groundwater and Seepage*. New York: McGraw-Hill.

HSIEC, P., NEUMAN, S., STILES, G., SIMPSON, E. 1985. Field determination of the three - dimensional hydraulic - conductivity tensor of anisotropic media - 1. Theory 2. Methodology and application to fractured rocks. *Water Resourcers Research*, 21 (11).

LOUIS, C. 1969. Étude des écoulements de l'eau dans le roche fissuré et leur influences sur la stabilité des massifs rochers. *Bulletin de la Direction des Études et Recherche*, Sene A. (Thèse presenté a l'Université de Kolsruhe).

MAINI, Y. N. T., NOORISHAD, J., SHAARP, J. 1972. Theorical and field considerations on the determination of in situ hydraulic parameters in fractured rock. *Proceedinds of the Symposium on Percolation Through Fissured Rock*, Stuttgard. IAEG/ISRM, Deustsche Gesellschaft.

MORI, R. T. 1982. Comportamento de barragens fundadas em basalto, gnaisse e filito. In: *Comportamento de Barragens. Ciclo de Conferências UnB*. ABMS/DF/ CNEC.

OLIVEIRA, A. M. S. 1981. *Estudo da percolação d'água em maciços rochosos para o projeto de grandes barragens*. Dissertação de Mestrado. Inst. de Geociências/USP.

QUADROS, E. F. 1982. *Determinação das características do fluxo d'água em fraturas de rochas*. Dissertação de Mestrado. EPUSP.

QUADROS, E. F. de. 1992. *A condutividade hidráulica direcional dos maciços rochosos*. Tese de Doutoramento. EPUSP.

SHARP, J. C. 1970. *Fluid flow through fissured media*. Ph D Thesis, Imperial College, Univ. of London.

SILVEIRA, J. F. A. 1983. Comportamento de barragens de terra e suas fundações. Tentativa de síntese da experiência brasileira na Bacia do Alto Paraná. *Anais do Simpósio sobre a Geotecnia da Bacia do Alto Paraná, São Paulo*. ABMS/ABGE/CBMR. v. 18.

TRESSOLDI, M. 1991. *Uma contribuição à caracterização de maciços rochosos fraturados visando a proposição de modelos para fins hidrogeológicos e hidrogeotécnicos*. Dissertação de Mestrado. Instituto de Geociências da USP.

TRESSOLDI, M. 1993. Tensores de condutividade hidráulica em aluvião e em arenito Cauá. *Anais do VII Congresso Brasileiro de Geologia de Engenharia*, Poços de Caldas. ABGE.

3ª Parte

Capítulo 9
Princípios Gerais de Projeto

9 - PRINCÍPIOS GERAIS DE PROJETO

9.1 - INTRODUÇÃO

Barragens são estruturas destinadas à retenção e à acumulação de água, e a arte de projetar uma barragem está ligada à arte de controlar o fluxo da água pelo conjunto barragem-fundação. A estabilidade externa (taludes) e interna (conjunto barragem-fundação) deve atender aos requisitos básicos de segurança estabelecidos em função do tipo da obra e das diversas condições de carregamento admitidas.

Para atender a esses requisitos, três princípios básicos de projeto devem ser obedecidos.

Princípio do controle de fluxo

Considerado o eixo de uma barragem, todo o esforço deve ser concentrado no sentido de vedar ao máximo a barragem e sua fundação a montante do eixo, introduzindo todos os sistemas de vedação necessários; e por outro lado, todo o esforço deve ser concentrado em facilitar ao máximo a saída da água a jusante do eixo, introduzindo todos os sistemas de drenagem na barragem e na fundação que sejam necessários.

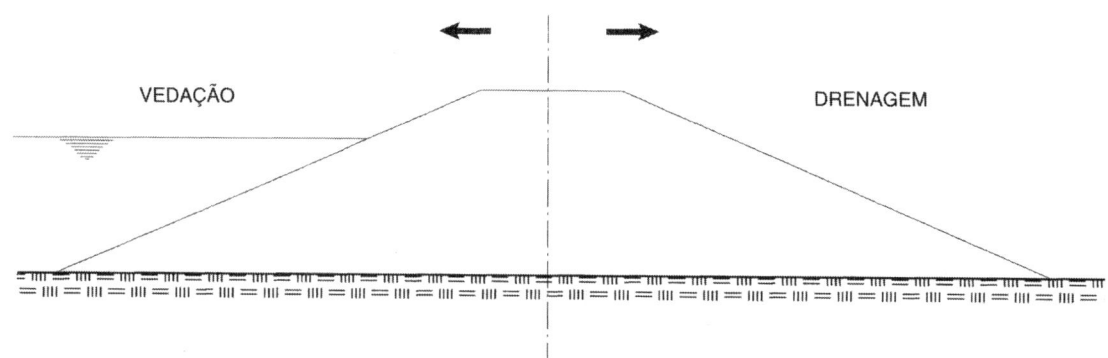

Figura 9.1 - Princípio do controle de fluxo

Princípio da estabilidade

As zonas externas ou espaldares da barragem devem ter características de resistência que garantam a estabilidade dos taludes; e devem ser compatibilizadas com os materiais de fundação, para garantir a estabilidade do conjunto barragem-fundação para as várias condições de carregamento.

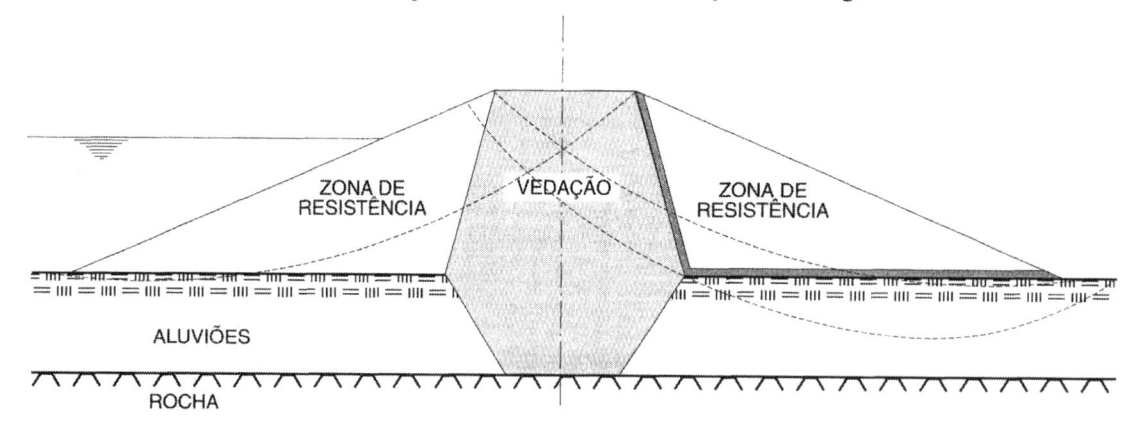

Figura 9.2 - Princípio da estabilidade

Princípio da compatibilidade das deformações

A compressibilidade dos materiais das várias zonas da barragem e de sua fundação deve ser compatibilizada ou transicionada por zonas adicionais de transição, a fim de reduzir os recalques diferenciais e totais que venham a prejudicar o desempenho dos sistemas de drenagem e de vedação, seja pela ocorrência de trincas (causadas por recalques diferenciais) que se tornem feições de fluxo concentrado, seja pela inversão dos gradientes de fluxo nos sistemas de drenagem, devido a recalques totais excessivos.

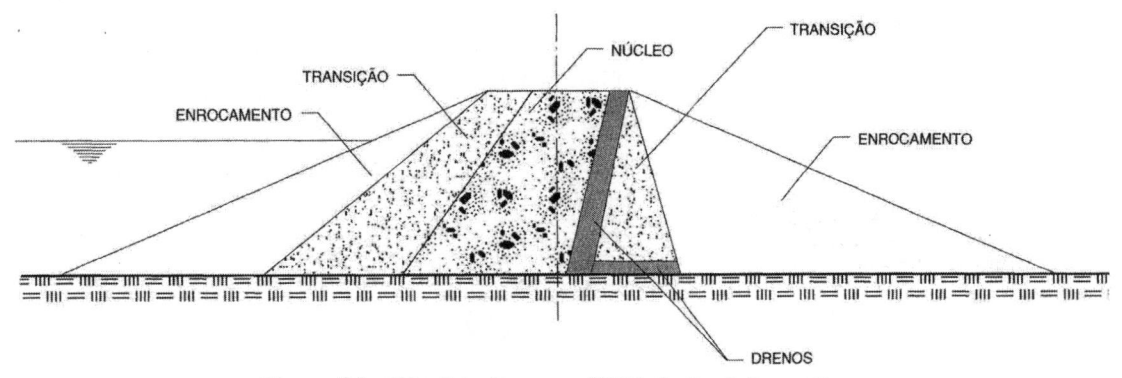

Figura 9.3 - Princípio da compatibilidade das deformações

9.2 - CONDICIONANTES DE PROJETO

Conquanto os Princípios Gerais de Projeto anteriormente descritos sejam obrigatórios em qualquer projeto de barragem, os tipos de barragens são extremamente variáveis e influenciados por condicionantes locais, que acabam por ser determinantes da escolha do perfil da barragem.

Dentre esses condicionantes, podem ser destacados os materiais disponíveis, o clima da região, a geologia e a hidrologia do local, os tipos de equipamentos e recursos de laboratório, o custo da mão-de-obra, a legislação local referente a leis sociais e à segurança da obra, as condições econômicas, os fatores de preservação ambiental, e os prazos construtivos, além dos aspectos políticos e demagógicos. Somam-se a isso os recursos humanos e a experiência dos projetistas e das empreiteiras.

Há barragens que não ferem a paisagem, e até fazem a paisagem mais aprazível e acolhedora, como é o caso da Barragem Hoover no meio do Deserto Americano, e há barragens que agridem a vista e criam problemas ambientais desnecessários.

As barragens de Edgard de Souza e Pirapora, que tiveram o seu tempo e a sua história, hoje são mais um estorvo na vida do paulistano.

Em regiões onde há excesso de solo, ombreiras suaves e clima favorável, a barragem de terra quase que se impõe. O filtro vertical dá à barragem a marca de barragem brasileira das Regiões Sudeste e Sul.

Em regiões áridas, onde há excesso de rocha, vales mais fechados e clima seco, a barragem de enrocamento é quase nativa e espontânea.

Já em regiões de clima temperado, onde o solo é raro, as temperaturas são baixas e o inverno é longo, as barragens de enrocamento com face impermeável tornam-se atraentes.

E em vales abertos, em grandes planícies aluvionares arenosas, é quase imperiosa a barragem hidráulica.

Em climas de muita chuva, onde os solos estão sempre em umidade elevada, próxima da saturação, as barragens de núcleo úmido ou as barragem de terra com drenagem nos espaldares são soluções preferenciais.

9.3 - ESCOLAS DE PROJETO

Para ilustrar o problema, considerem-se alguns tipos de barragens que se repetem com uma certa freqüência em determinados países ou regiões:

- Barragem Presidente Aleman, no México, semelhante à Barragem de Orós - Brasil (Figura 9.4);

- Barragem Cougar, em Oregon - EUA, não muito diferente da Barragem de Furnas - Brasil (Figura 9.5);

- famosa Barragem de Selset, na Inglaterra, com os mesmos drenos horizontais de areia da Barragem de Las Palmas - Venezuela (Figura 9.6);

- Barragem de Hyttejuvet na Noruega, com núcleo delgado como na Barragem de Balderhead da Inglaterra (Figura 9.7);

- Barragem de Ogaki, no Japão, de perfil análogo ao da Barragem de Ouchi, também no Japão (Figura 9.8);

- Barragem do Mira, em Portugal, de mesma concepção da Barragem do Chiba, que por sua vez, se acrescida de um dreno interno vertical, resultaria na Barragem do Vigário (Terzaghi) - Brasil (Figura 9.9);

- Barragem de Lynn Brianne, no País de Gales, com o mesmo princípio de núcleo úmido da Barragem de Monasayu, das Ilhas Fidji, no Pacífico (Figura 9.10);

- Barragem de Voljskaya, que encontra similar em mais vinte barragens construídas na ex-União Soviética (Figura 9.11); e

- finalmente, a Barragem de Foz do Areia, com face de concreto e semelhante a muitas do gênero (Figura 9.12).

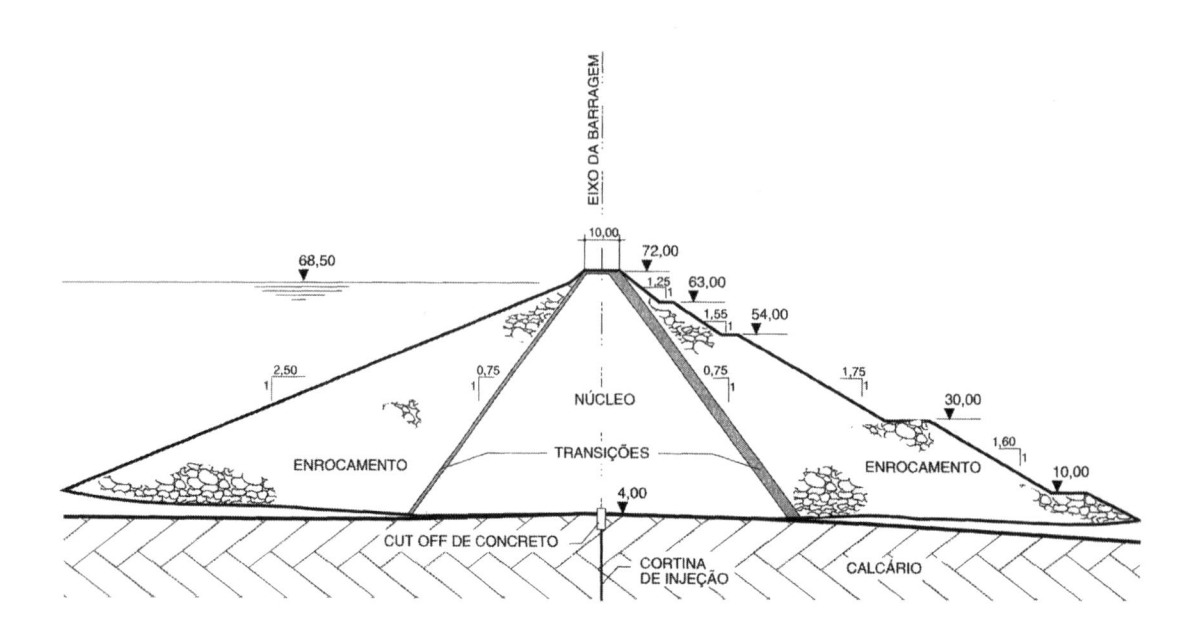

Barragem Presidente Aleman (Sherard *et al.*, 1963)

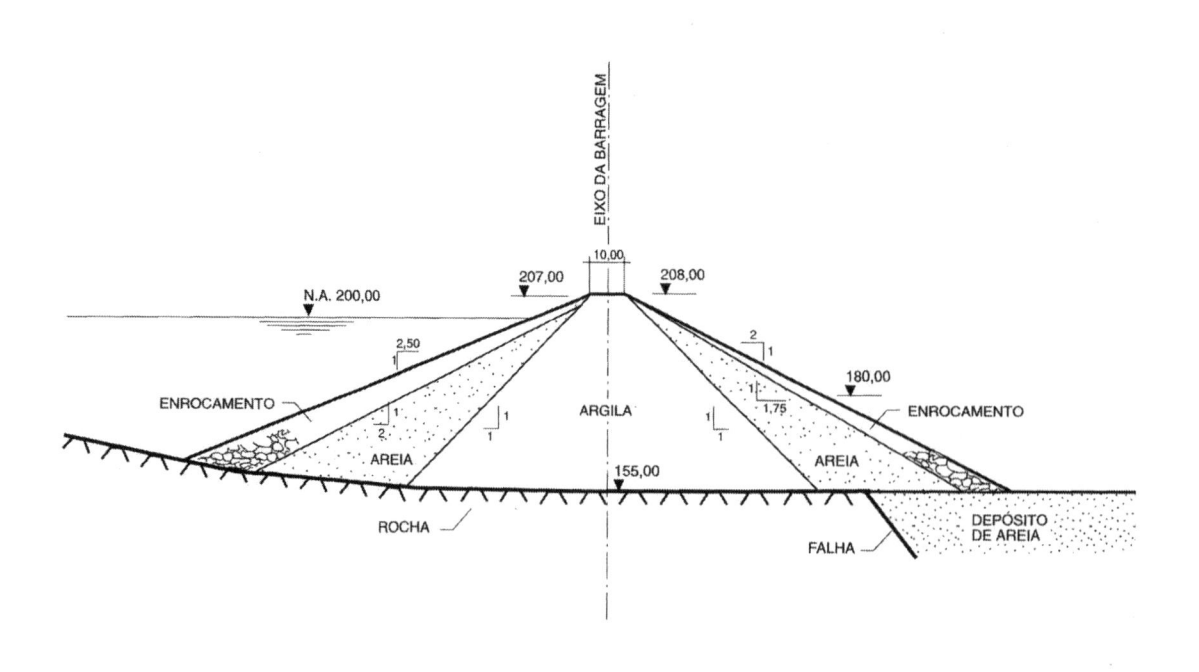

Barragem de Orós (DNOCS, 1982)
Figura 9.4

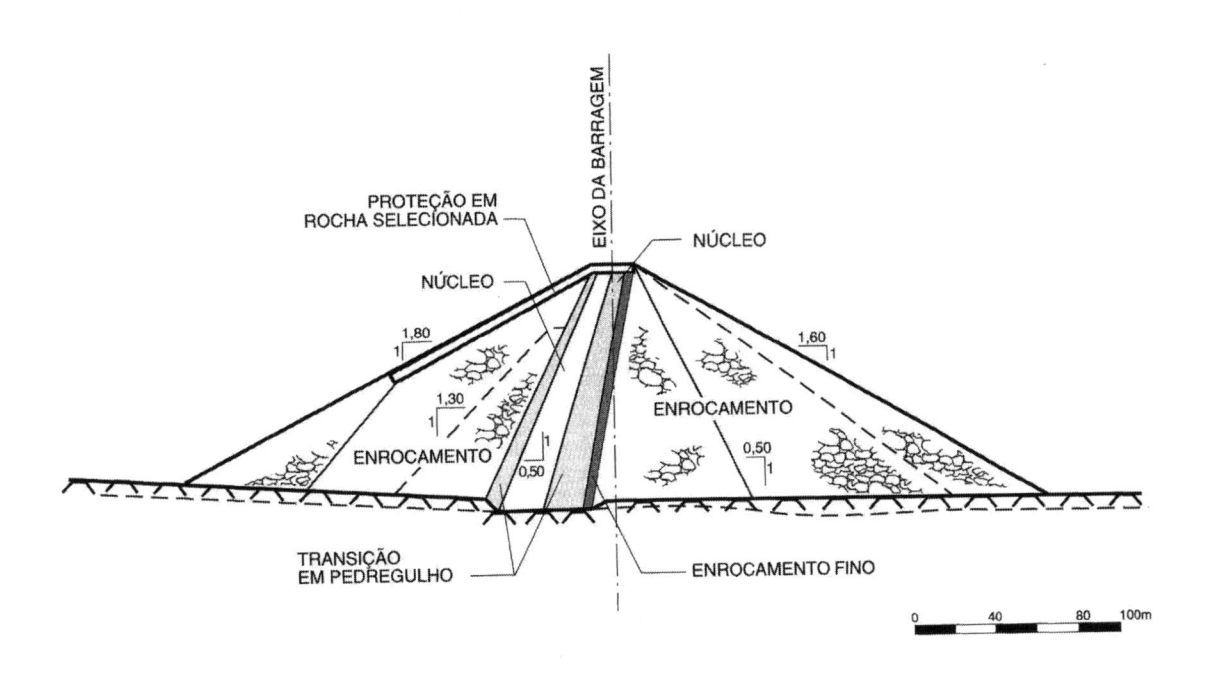

Barragem de Cougar (Sherard *et al.*, 1963)

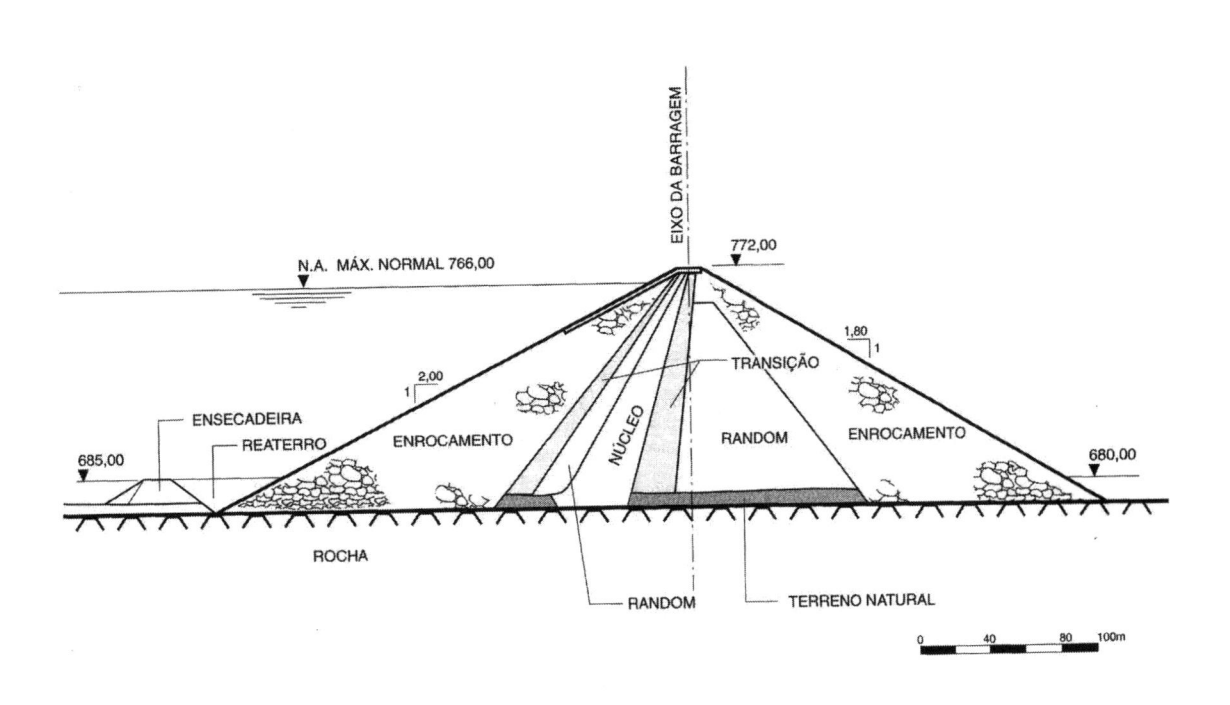

Barragem de Furnas (CBGB/CIGB/ICOLD,1982)
Figura 9.5

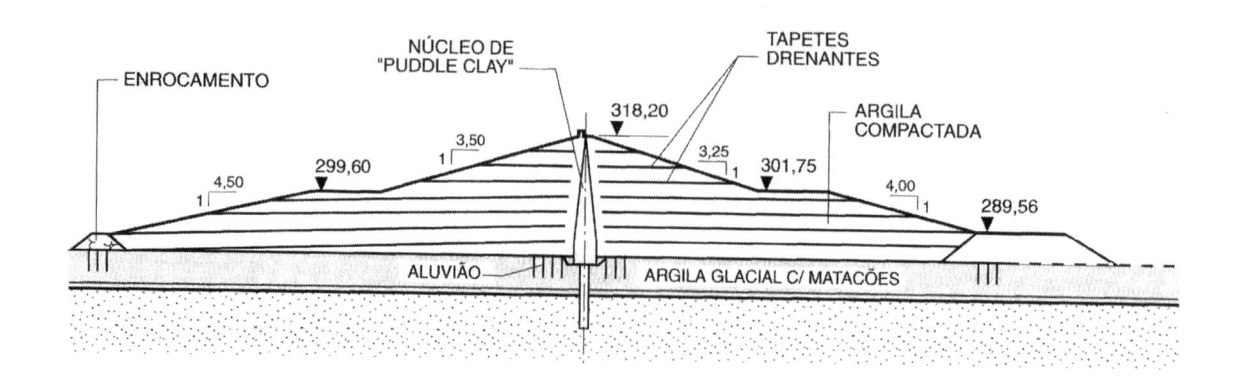

Barragem de Selset (Sherard *et al.*, 1963)

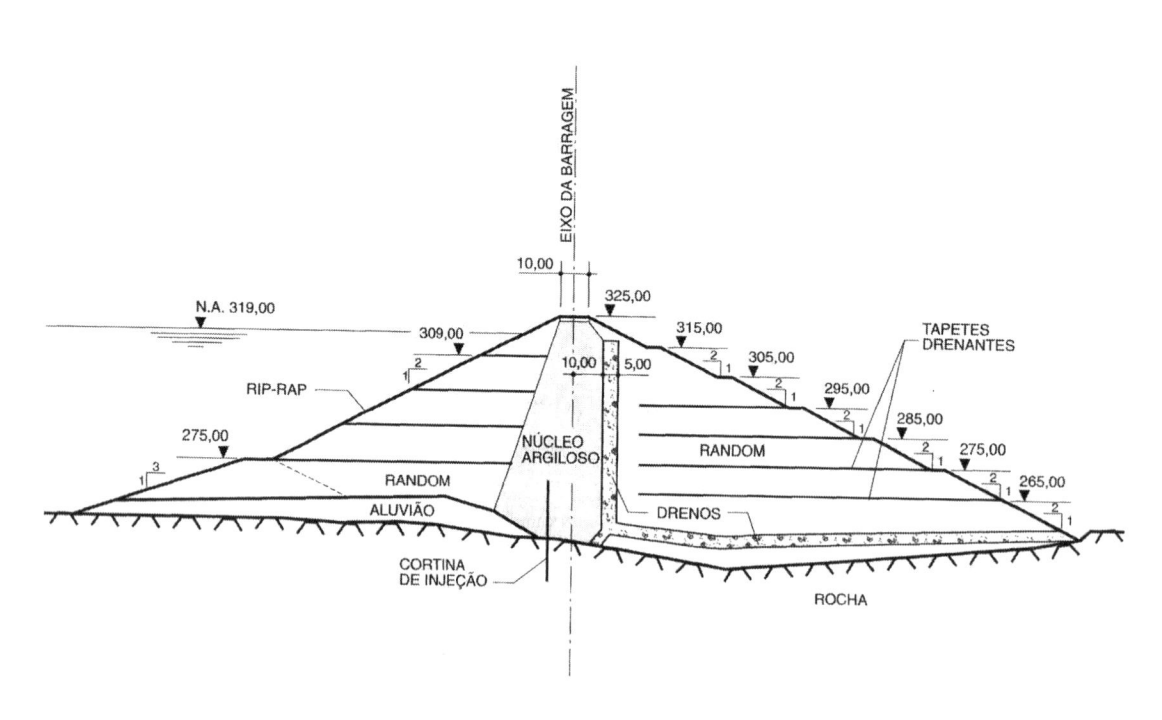

Barragem de Las Palmas (Sherard *et al.*, 1963)
Figura 9.6

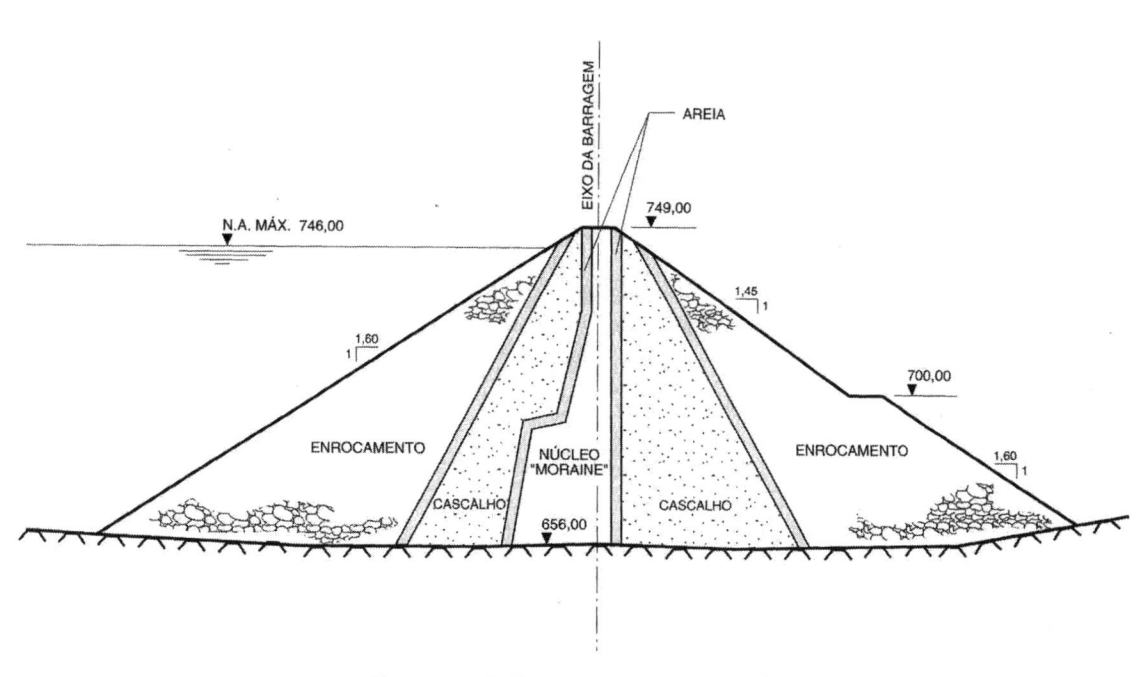

Barragem de Hyttejuvet (Penman, 1986)

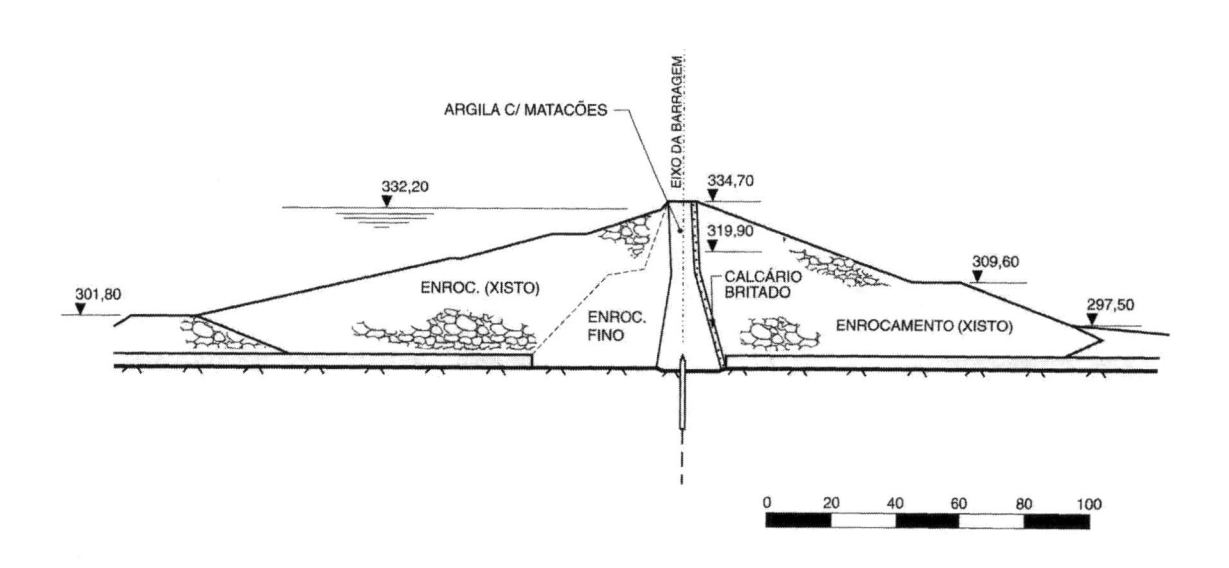

Barragem de Balderhead (Penman, 1986)
Figura 9.7

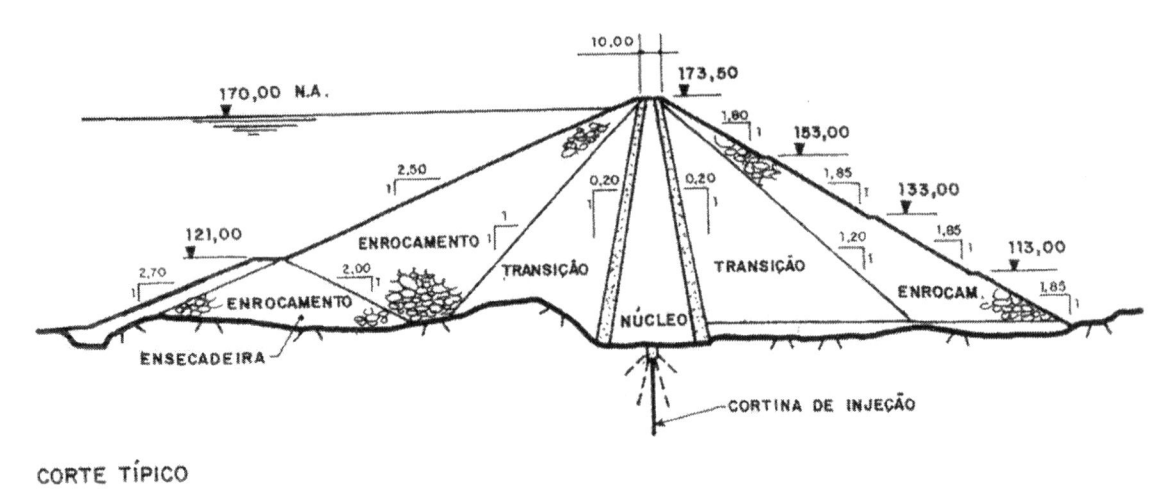

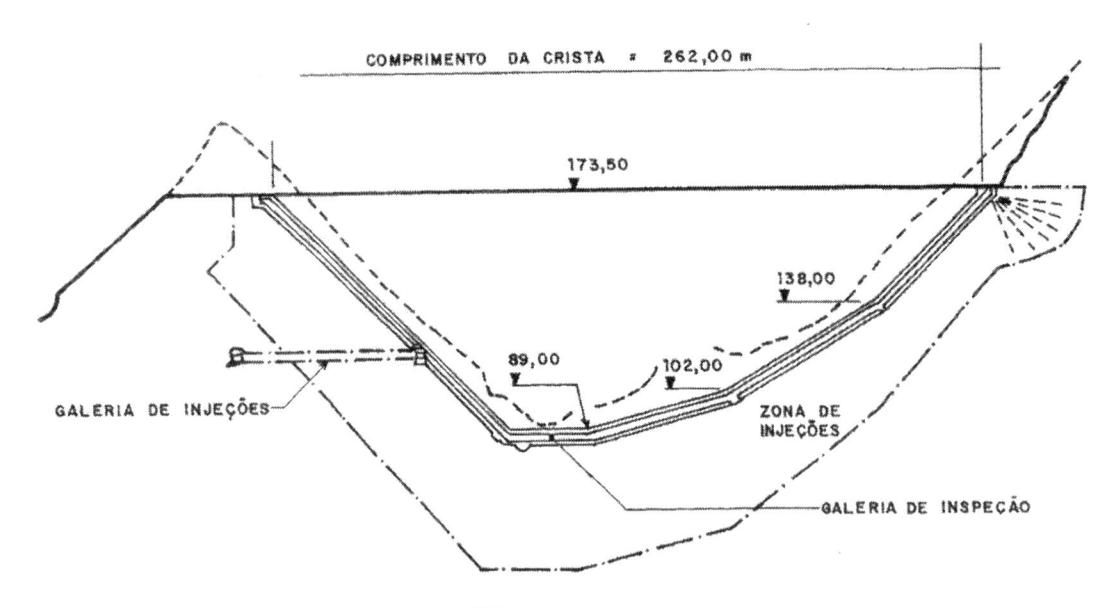

Figura 9.8a - Barragem de Ogaki (JANCOLD, 1982)

Capítulo 9

CORTE TÍPICO

PERFIL AO LONGO DO EIXO DA BARRAGEM

Figura 9.8b - Barragem de Ouchi (JANCOLD, 1982)

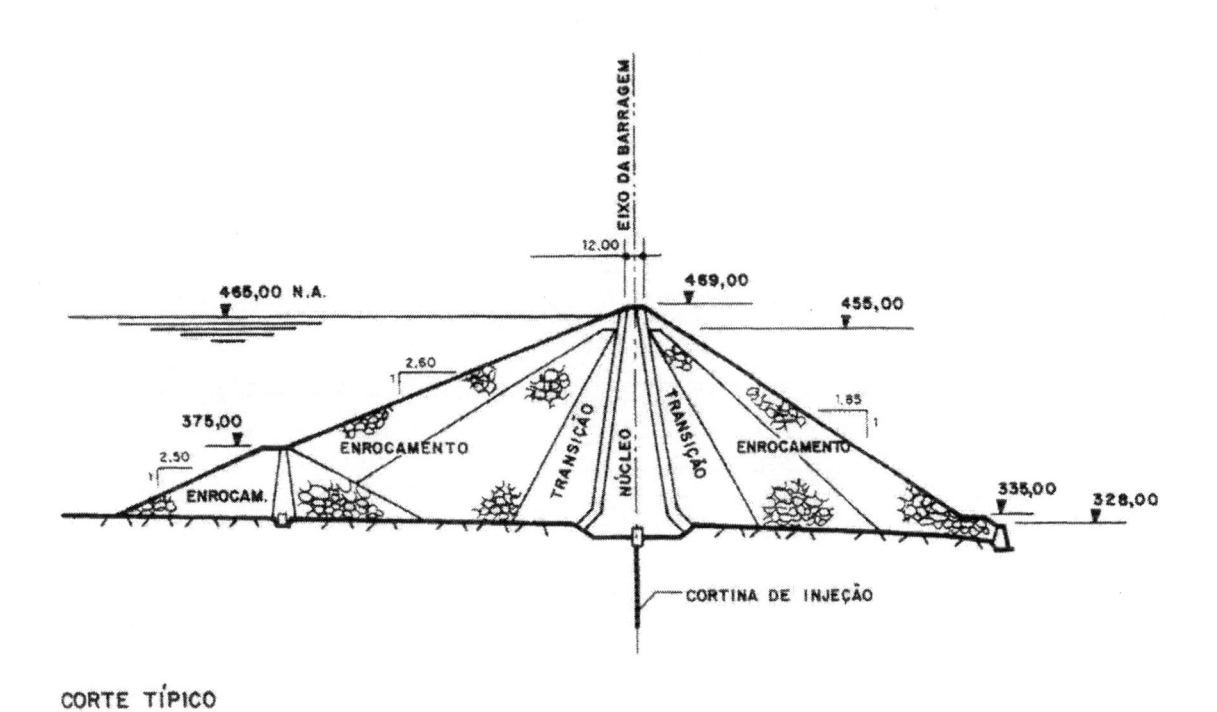

Barragem do Mira (Neves, 1987)

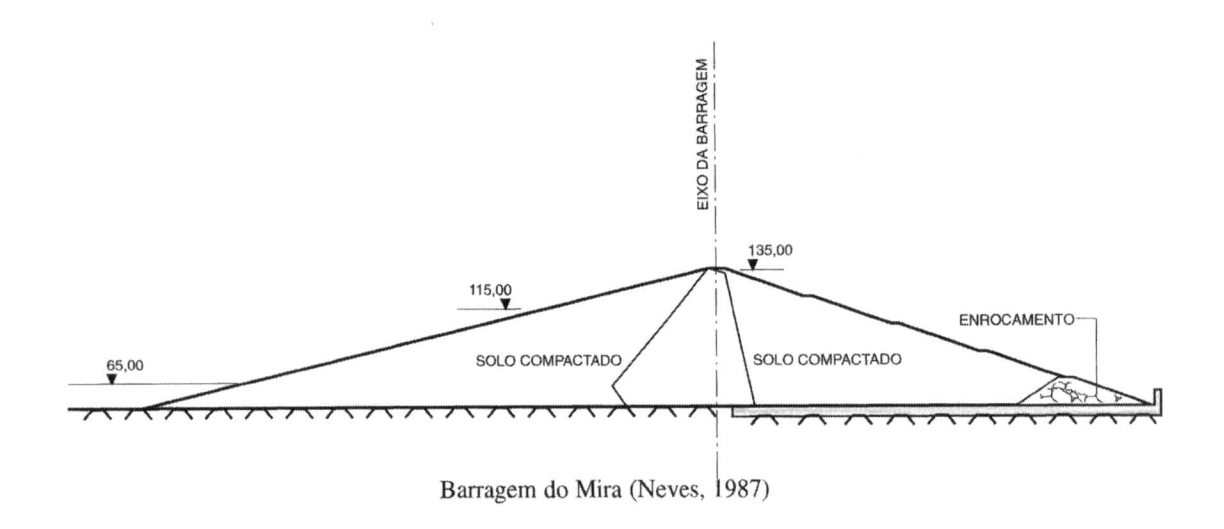

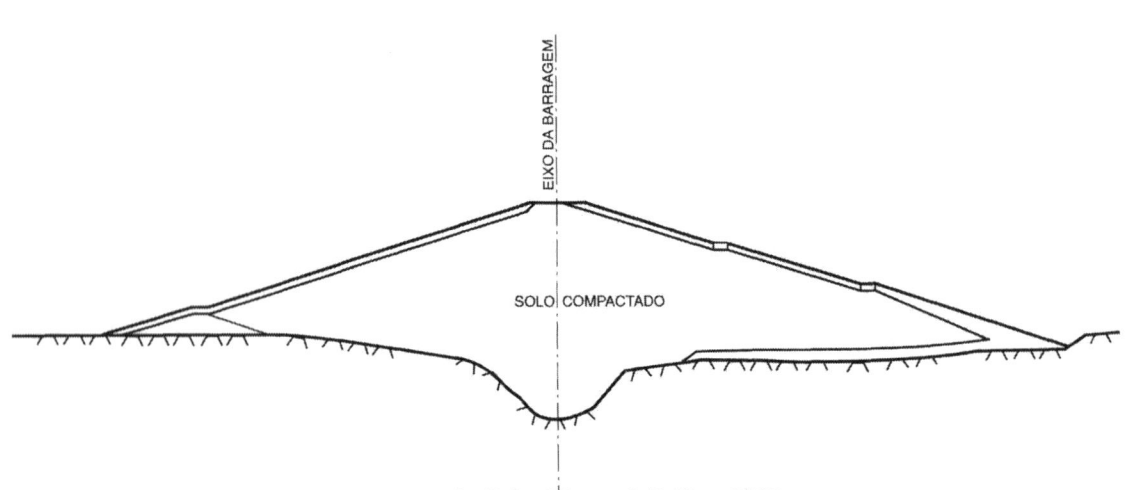

Barragem de Chiba (Coyne & Bellier, 1971)

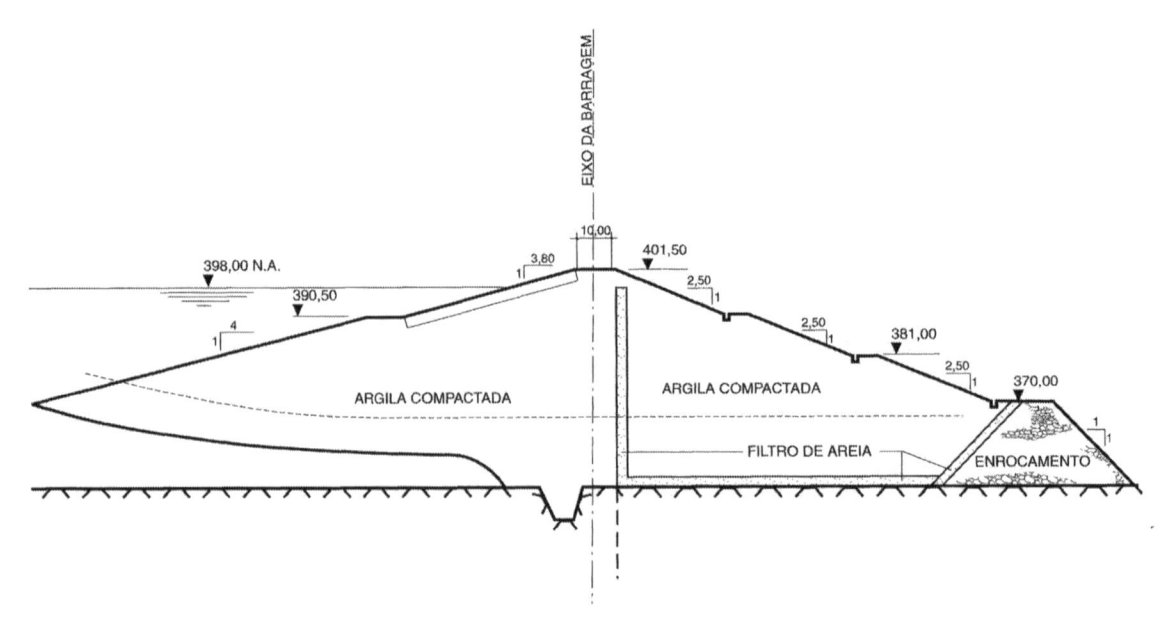

Barragem do Vigário (Terzaghi) (Sherard *et al.*, 1963)
Figura 9.9

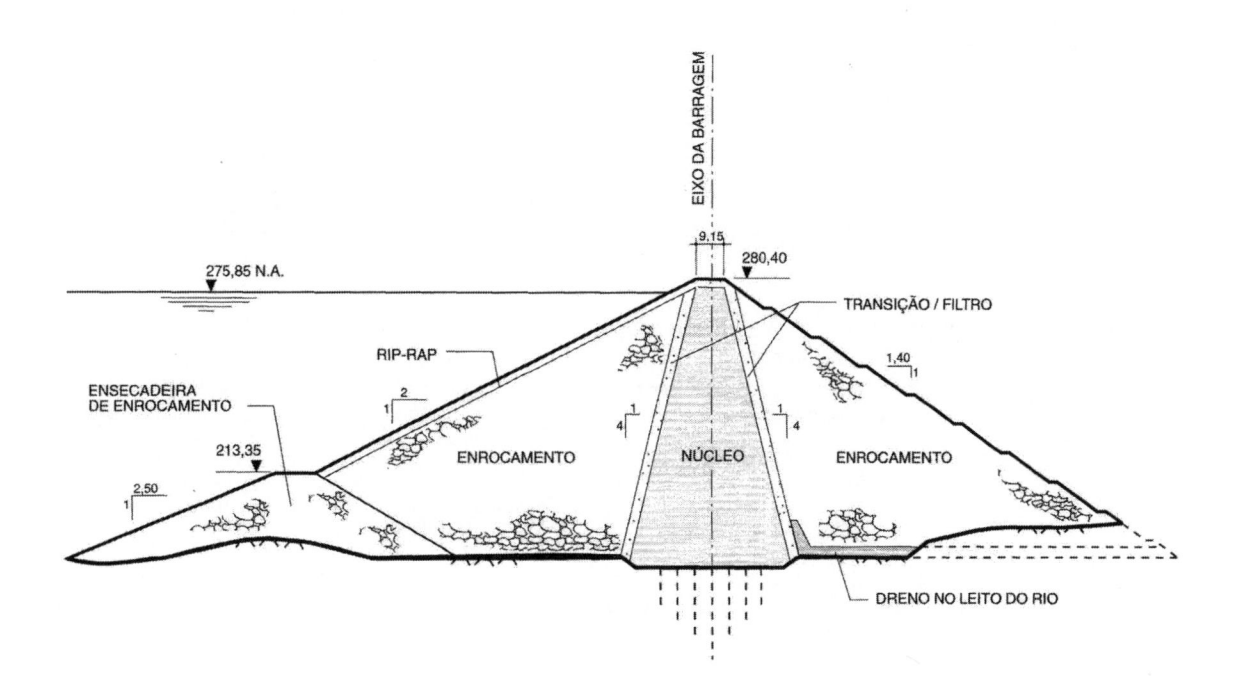

Barragem de Lynn Brianne (Penman e Charles, 1973)

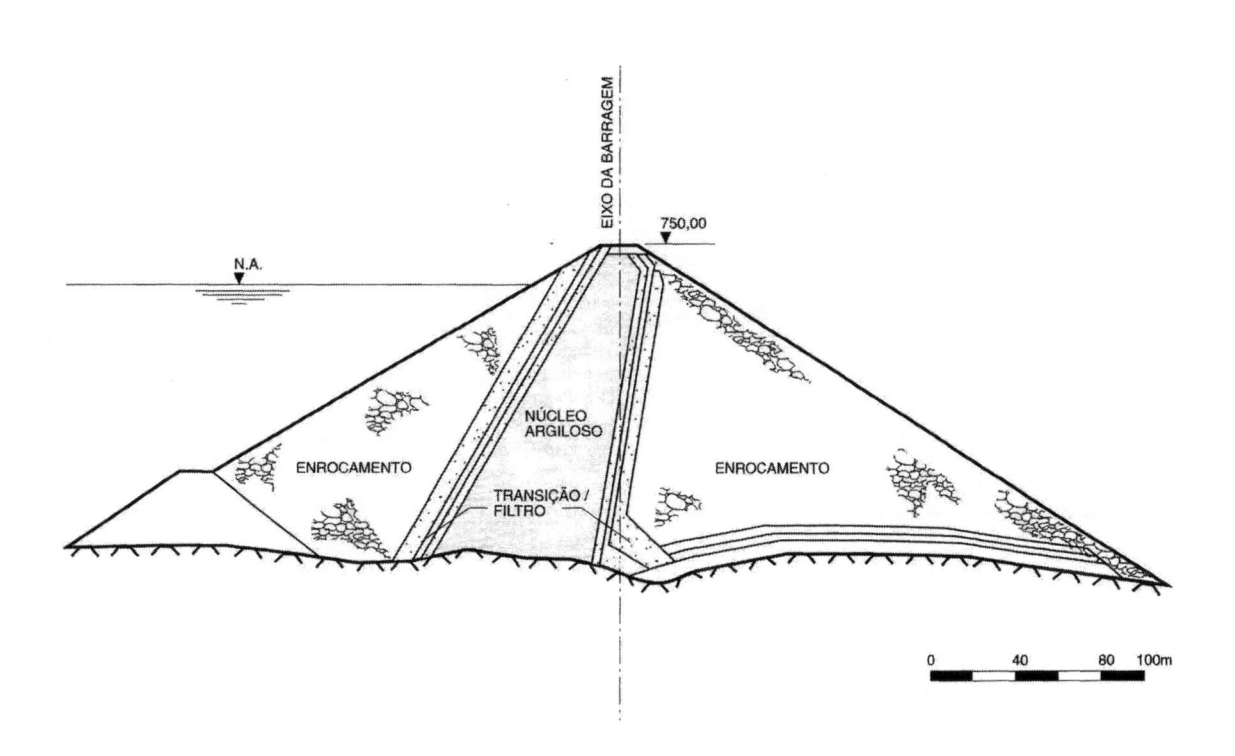

Barragem de Monasavu (CIGB/ICOLD, 1988)
Figura 9.10

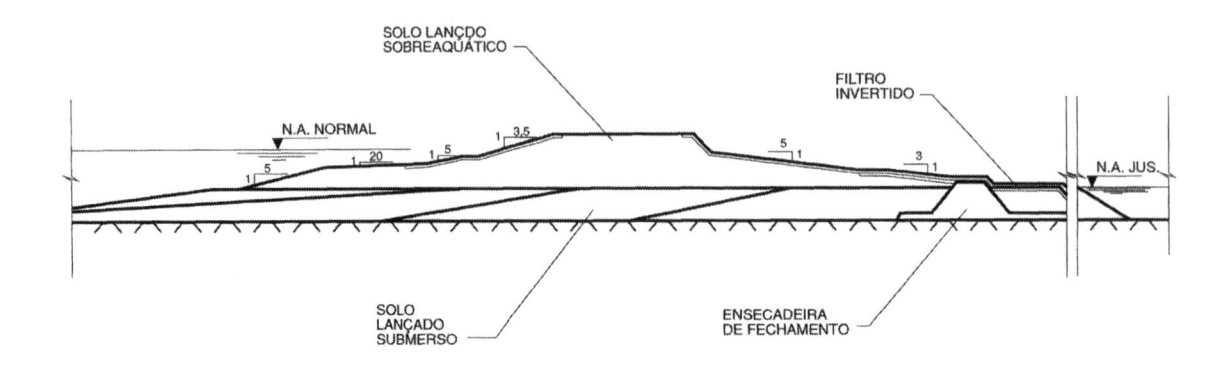

Figura 9.11 - Barragem de Voljskaya (Moretti, 1988)

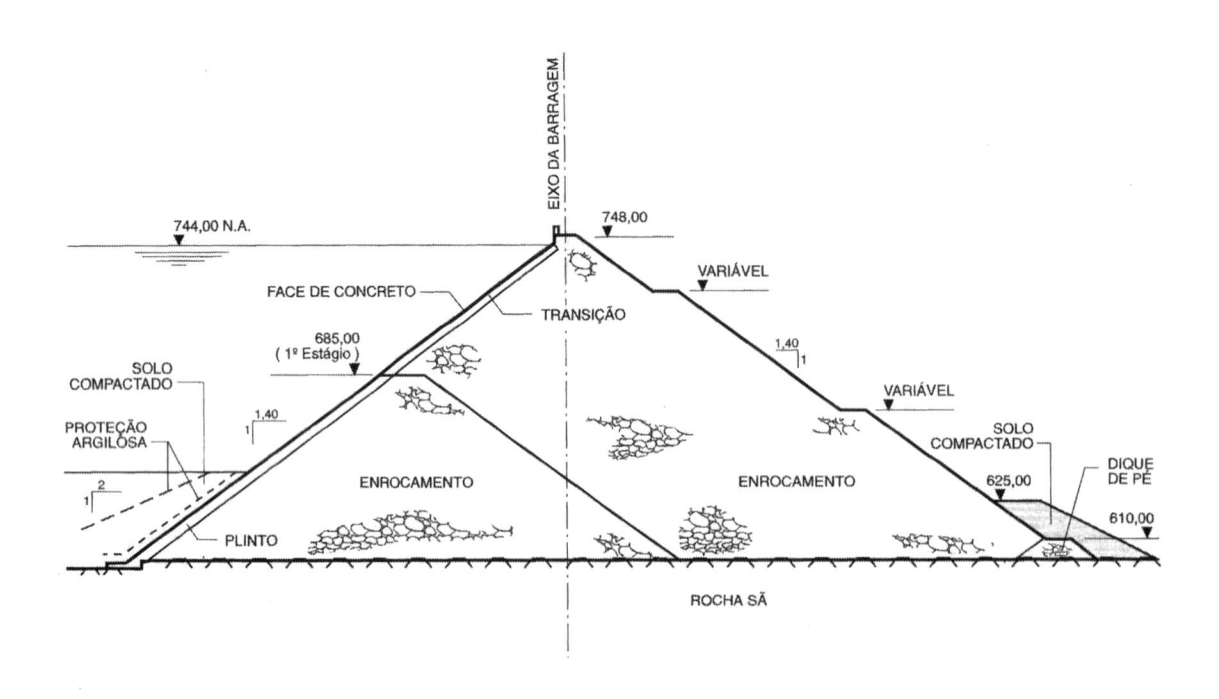

Figura 9.12 - Barragem de Foz do Areia (CBGB/CIGB/ICOLD, 1982)

Essas barragens são em si muito diferentes, e todas contêm detalhes elaborados e fundamentais ao desempenho das mesmas. São barragens estáveis, e os coeficientes de segurança de projeto não devem diferir em muito. Apenas as Barragens de Hyttejuvet e a de Balderhead exigiram reparos no núcleo.

A Figura 9.13 reproduz dados climáticos da Noruega, onde o verão tem a temperatura digna do inverno brasileiro na Região Sul. Neste clima justifica-se um núcleo delgado, não pela total falta de solo, mas pelos poucos meses do ano em que a água não congela criando enormes dificuldades à compactação. Mas será que na Inglaterra o problema é semelhante? Os acidentes que ocorreram nas barragens de Hyttejuvet e Balderhead (ruptura do núcleo) encontram-se longamente discutidos na literatura e não é o caso de rediscuti-los, mas aprendeu-se que nem na Noruega devem-se executar barragens com núcleos tão reduzidos.

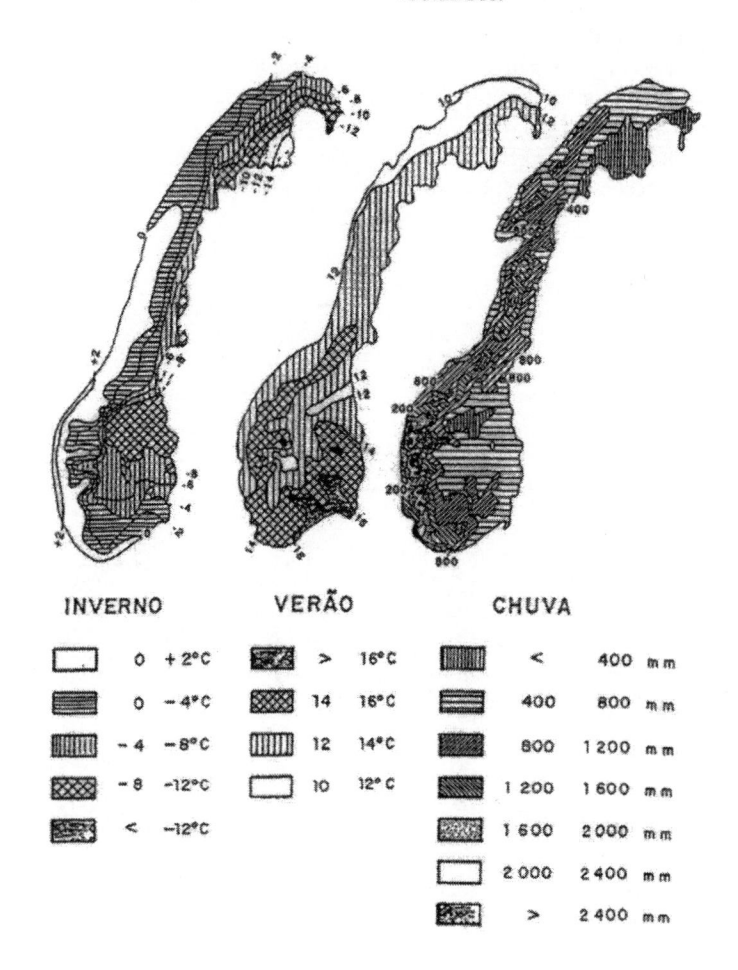

Figura 9.13 - Isotermas e precipitação anual na Noruega (Norwegian Geotechnical Institute, 1968)

As questões a serem colocadas são:

- por que uma determinada barragem tem um determinado perfil ? e não outro ?

- esses perfis refletem uma "Escola de Projeto" ?

- ou esses perfis refletem a experiência acumulada de um país, ou de uma região geográfica? e quando um desses perfis é transplantado de seu país de origem para outro, de outra latitude, até que ponto ele se torna econômico ?

Veja-se:

A Barragem de Presidente Aleman é típica do México: núcleos amplos e enrocamentos de cascalhos nos espaldares.

Será que na região de Orós havia solo suficiente e a baixo custo para um núcleo de solo argiloso tão amplo ?

Uma barragem multizoneada, como é o caso de Cougar, que é típica de muitos projetos do U.S. Army Corps of Engineers, seria a melhor solução para a Barragem de Furnas? Não é fácil executar uma obra multizoneada, com especificações construtivas em geral diferenciadas para cada zona.

A Barragem de Selset reflete a preocupação inglesa com pressões neutras elevadas das argilas sedimentares e quase saturadas da Inglaterra. Mas será que em Caracas, num clima quente e úmido, e num país de solos residuais, os problemas seriam de mesma gravidade?

Quem olhar para o tratamento das fundações das barragens japonesas ficará chocado, porque em obras semelhantes, em outras partes do mundo, nunca se fez tanta injeção, mesmo em rochas mais permeáveis. O que é preciso registrar é que a Barragem de Ogaki, com 84,5 m de altura, mantém uma vazão regularizada média de 2,01 m³/s, e a de Ouchi, com 102 m, é responsável por uma vazão média anual de 0,16 m³/s e tem um vertedor para a vazão de 176 m³/s. O custo da água deve justificar o custo das injeções.

Qualquer barragem brasileira com mais de 50 m de altura mantém vazões regularizadas de algumas centenas de metros cúbicos.

As barragens homogêneas são muito antigas, são simples e existem em todo o mundo. O dreno vertical, introduzido por Terzaghi na Barragem do Vigário e na barragem que tem o seu nome, tem sido adotado desde então no Brasil e no mundo. É interessante mencionar que em 1916 foi executado um dreno vertical de cascalho graduado na Barragem de Sherburne Lake (EUA) sem, no entanto, a ligação clássica com um dreno horizontal (Figura 9.14).

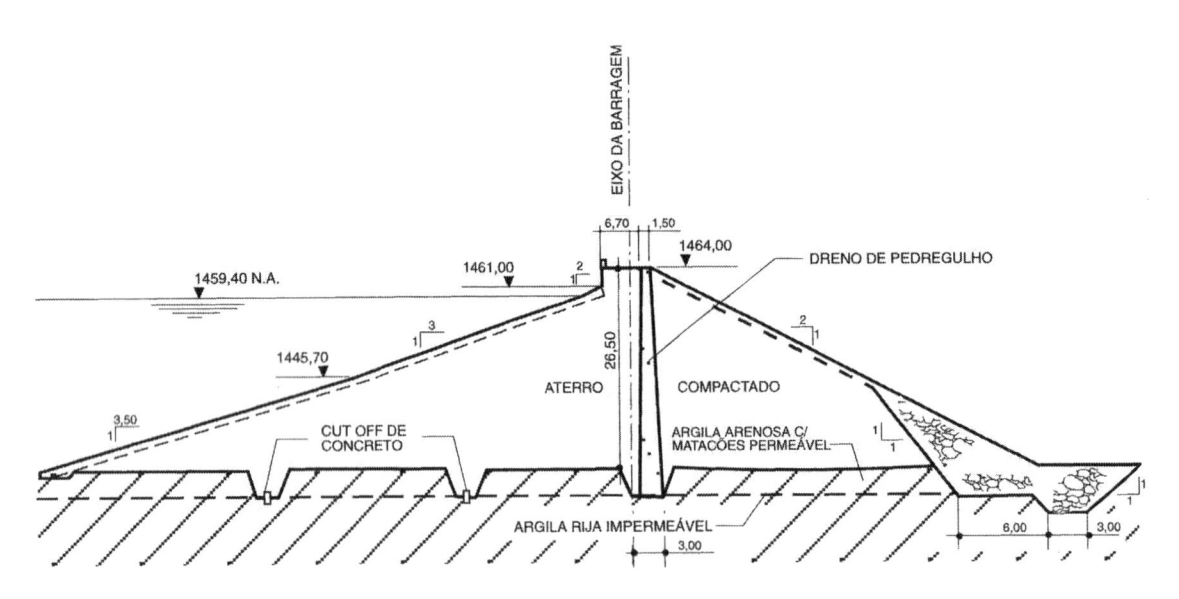

Figura 9.14 - Barragem de Sherburne Lakes (Sherard *et al.*, 1963)

Barragens "hidráulicas" da ex-União Soviética vêm sendo executadas com sucesso em regiões assísmicas, em rios de grande vazão, ombreiras suaves e fundações em areias finas e médias, e que são dragadas do leito do rio para a construção da barragem.

Num clima frio e úmido, com precipitação anual bem distribuída de pouco mais de 1000 mm/ano, como ocorre no País de Gales e em muitas regiões da Grã-Bretanha, e num começo de século com poucos equipamentos de terraplenagem, a barragem de enrocamento com núcleo úmido (umidade ~LL) ganhou adeptos e foi pisoteada pela bota dos "convictos" (prisioneiros) no início do século. Já nas Ilhas de Fidji, no Pacífico, com precipitação anual de 4000 mm, uma solução semelhante foi adotada numa certa face das montanhas, por sugestão de uma firma inglesa de projeto.

Não seria uma alternativa adequada às obras do rio Iguaçu, como solução competitiva, a da barragem de enrocamento com face de concreto?

Daí se vê que todo projeto encontra a sua explicação, e que se um determinado tipo de obra é tão repetitivo em certos países e/ou regiões geográficas, não é por falta de criatividade dos projetistas, mas porque este deve ser o mais econômico e o mais adequado.

Existem Escolas de Projeto? É difícil responder. Existem princípios de projeto, detalhes construtivos, critérios de filtro, de *rip-rap*, de compactação, etc., mas a Escola de Projeto parece ter muito a ver com as pessoas, com a prática e com a economia de cada país.

9.4 - O PROJETISTA

Considerados os Condicionantes de Projeto e as eventuais Escolas de Projeto, cabe perguntar o que sobra ao Projetista, uma vez que o tipo de barragem parece que se impõe e já se foi o tempo de "inventar" seções de barragens como as das Figuras 9.15a, b e c.

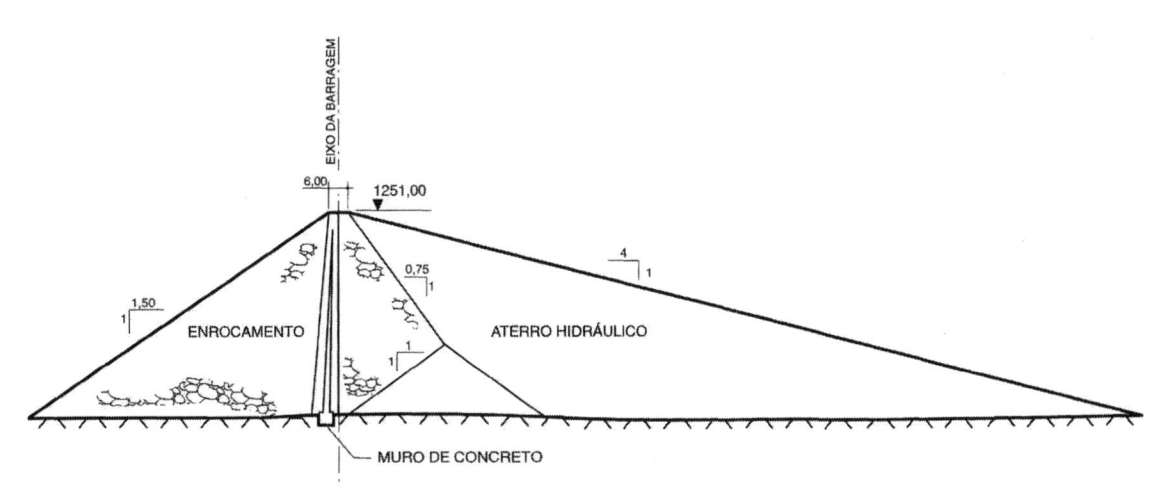

Figura 9.15a - Barragem de Twin Falls (uyler, 1908)

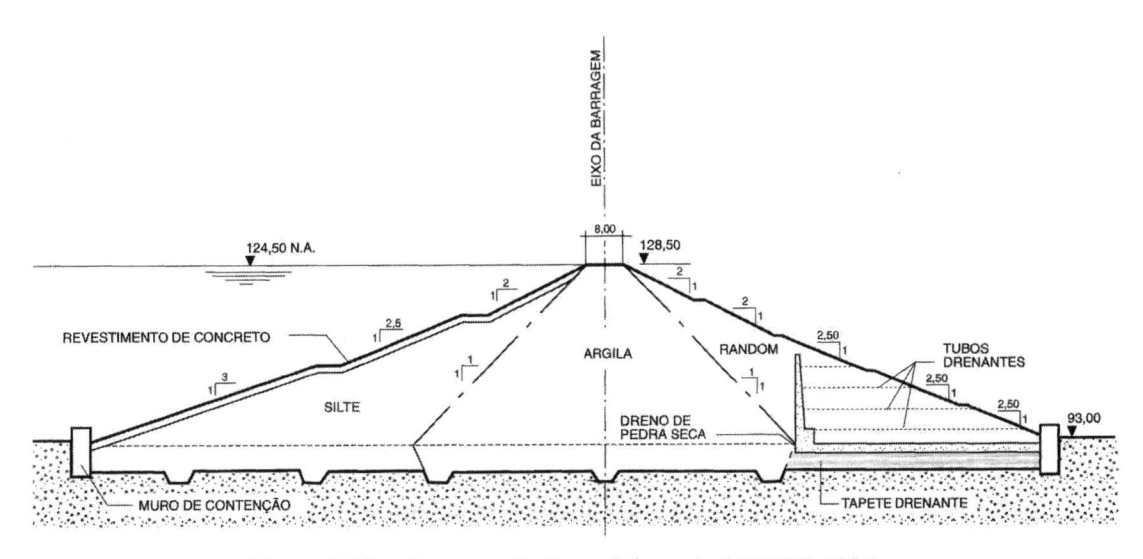

Figura 9.15b - Barragem de General Sampaio (DNOCS, 1982)

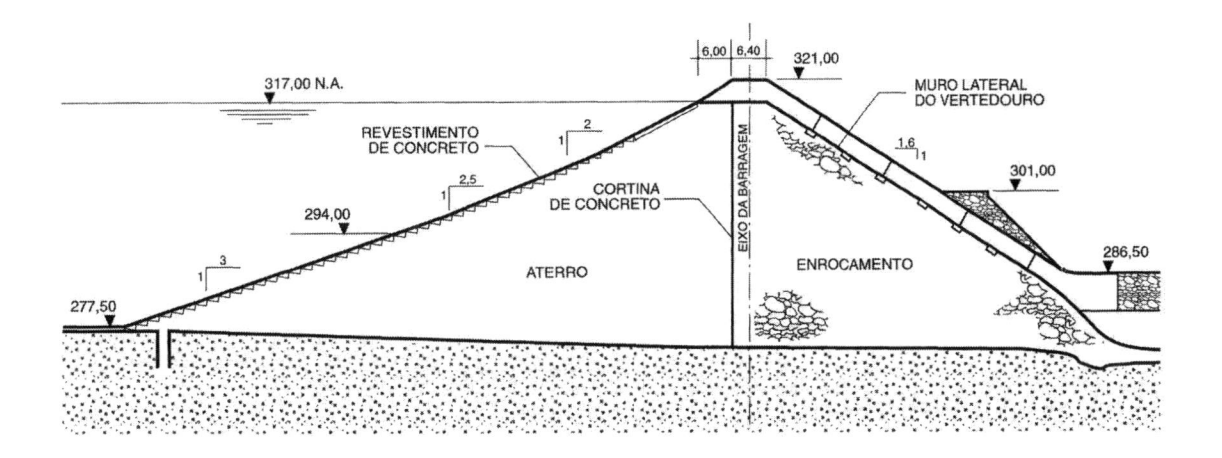

Figura 9.15c - Barragem de Engenheiro Ávidos (ex Piranhas) (DNOCS, 1982)

100 Barragens Brasileiras

Por sorte, ainda alguns aspectos muito importantes :

A primeira função do projetista é, antes de mais nada, conhecer bem os materiais e conhecê-los *in loco*. Não faz muito tempo, aí pelos idos de 1960, quando o cálculo por elementos finitos começou a ser utilizado em projetos, um estudante de Berkeley se propôs a estudar o comportamento da Barragem de Salto Osório (Paraná / BR). Tratava-se de um núcleo em solo residual de basalto compactado e espaldares de enrocamento de basalto também compactado. No estudo foram adotados módulos de compressibilidade para o núcleo e para o enrocamento na relação 5:1 ou 10:1.

Os cálculos resultaram em condições totalmente desfavoráveis, com todos os problemas possíveis de distribuição e transferência de tensões.

A barragem foi construída e os deslocamentos medidos mostraram que o seu núcleo era mais rígido do que o que se havia antecipado, e que o enrocamento era muito mais compressível do que se previu.

Se dados de outras obras tivessem sido utilizados nos cálculos, os resultados levariam a conclusões quase na direção oposta.

O exemplo ilustra a importância de se aprender sobre solos e enrocamentos a partir de dados locais.

Outro problema a ser devidamente avaliado refere-se à potencialidade de solos compactados desenvolverem pressões neutras construtivas. Qualquer engenheiro inglês, acostumado a lidar com solos de elevado grau de saturação *in natura*, está sempre preocupado com pressões neutras. Já o engenheiro brasileiro, que estatisticamente trabalha com solos lateríticos que se localizam acima do N.A., sabe que se o solo for compactado pouco abaixo da umidade ótima de Proctor Normal nunca ocorrerão pressões neutras nas suas barragens. E não se preocupa com isto.

Essa despreocupação resultou na ruptura no final do período construtivo de um pequeno volume de aterro compactado (em comparação com o volume total da obra) do talude de montante da Barragem de Cocorobó. O material de empréstimo utilizado nesse trecho da obra era de origem aluvial, encontrava-se numa região sujeita a oscilações do N.A. e tinha as características de comportamento dos solos que desenvolvem pressões neutras.

Engenheiros de regiões de altas latitudes, acostumados com rochas sãs e estáveis, devem se surpreender ao encontrarem rochas basálticas de elevada resistência no processo de escavação e que, em poucos meses, se expostas em superfície, transformam-se em areias.

Barragens fundadas em folhelhos, até resistentes, surpreenderam os projetistas com deslocamentos métricos das fundações em planos não detectados de baixíssima resistência, e obrigaram a abatimentos de taludes ainda superiores aos praticados em barragens apoiadas em argilas moles - Barragem Waco/EUA e Gardiner/Canadá, esta na Figura 9.16.

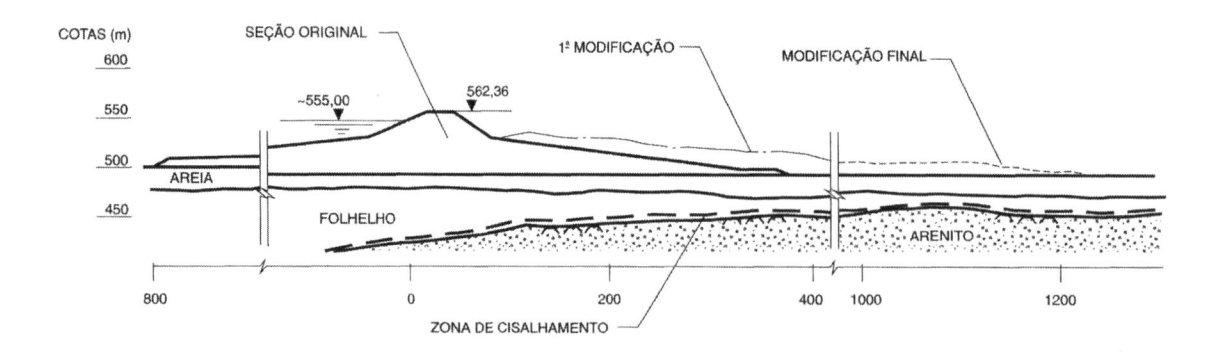

Figura 9.16 - Barragem de Gardiner (Jaspar e Peters, 1979)

A segunda função do projetista é identificar os problemas relacionados à construção de barragens, considerando as condições climáticas do local. É o que eu digo aos meus alunos: "não basta projetar, é preciso saber como construir".

Um caso típico é o da Barragem de Capivari-Cachoeira, construída na Serra do Mar, a aproximadamente 80 km da cidade de Curitiba/PR. A barragem tem seção homogênea de solos compactados e filtro vertical (Figura 9.17). Projeto simples, e já testado em inúmeras obras da região do Planalto. As condições climáticas locais (neblina, chuva e baixas temperaturas no inverno) tornaram a obra extremamente morosa, com baixa produtividade na compactação.

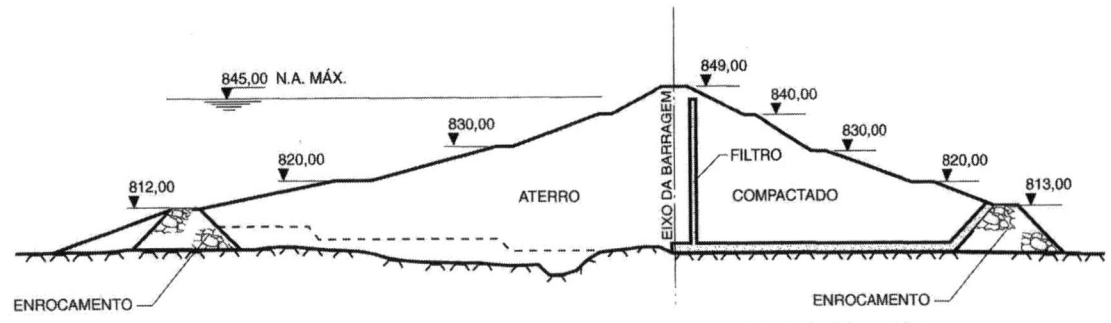

Figura 9.17 - Barragem de Capivari-Cachoeira (CBGB/CIGB/ICOLD, 1982)

O Eng. Murilo Ruiz, de alma criativa, estudando um projeto próximo à cidade de Registro, em local com 250 dias de chuva por ano, 50 de neblina e outros tantos inadequados à terraplenagem, sugeriu que se empregassem técnicas de construção usadas em aterros rodoviários e ferroviários da região e que, apesar do clima, foram executados até com sucesso (ver Capítulo 2).

Daí surgiu o projeto da Barragem de Eldorado (Cruz, 1974) mostrado na Figura 9.18, no qual se propôs utilizar o que se chamou de "barragem de construção controlada". Lamentavelmente, a obra ainda não foi construída.

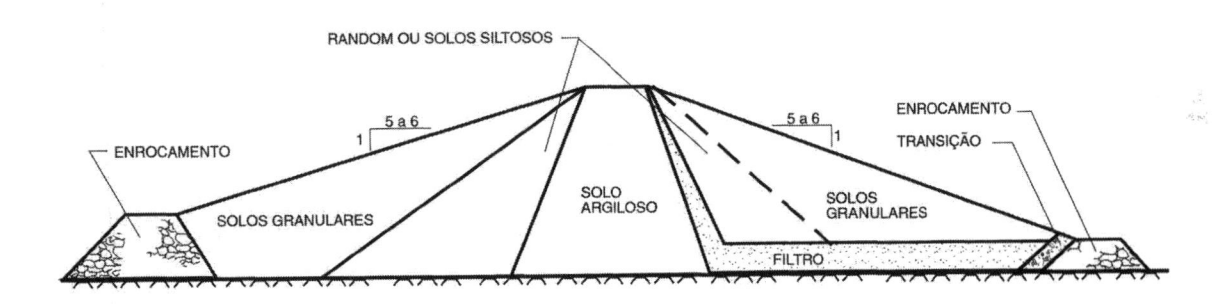

Figura 9.18 - Barragem de Eldorado (Cruz, 1974)

O exemplo ilustra um importante princípio de projeto, ou seja, a busca de uma solução alternativa que seja de fácil execução.

Embora os volumes da alternativa de barragem com construção controlada fossem 80% superiores aos de uma barragem de aterro compactado na forma convencional, provavelmente a obra resultaria mais econômica, porque exeqüível em 3 ou 4 anos, contra 8 ou 12 da solução convencional naquele local.

Um terceiro ponto onde o projetista desempenha um papel fundamental é no detalhamento do projeto.

Ao projetista cabe dar pesos (valores) próprios aos vários "elementos" ou "zonas" que compõem uma barragem. Por exemplo: os drenos; as transições; as proteções de taludes; os tratamentos de fundações, que podem incluir injeções, drenagem, trincheiras, remoção de camadas; o problema de sismos; e mesmo o núcleo e os espaldares.

Na maioria dos casos, o custo unitário de um dreno ou filtro vertical em areia pode alcançar 10, 20, 50 e 100 vezes o custo do solo compactado, ou o do enrocamento.

O custo de um *rip-rap* pode representar algo como 10% do custo total do aterro compactado.

O tratamento da fundação de uma barragem pode impor prazos construtivos que desloquem o cronograma da obra 4 a 8 meses, o que poderia ser evitado se as etapas construtivas fossem reavaliadas.

Cabe ao projetista definir o que é essencial à performance da barragem, como por exemplo o sistema de drenagem interna, mas ao mesmo tempo buscar materiais alternativos de drenagem que cumpram as mesmas funções e que sejam mais baratos, ou de execução mais simples. Por exemplo, é sempre possível trocar brita 1 e brita 3 por uma camada única, mais espessa, de "cascalho de basalto" ou de um subproduto de britagem conhecido como "bica corrida". Areias "importadas" podem ser substituídas por areias artificiais. E por que não considerar o uso de geotêxteis e geogrelhas, por exemplo?

O emprego de critérios rigorosos de filtro para transições granulométricas de *rip-rap* ou áreas internas entre zonas de barragens pode levar a um detalhamento desnecessário muito oneroso, de difícil execução e, numa proporção razoável de casos, dispensável.

A solução de *rip-rap* em camada única segregada substitui perfeitamente a seqüência convencional de camadas múltiplas de areia, brita 1, brita 3 e enrocamento, sempre que se trate de proteção de solos argilosos coesivos compactados e taludes de montante sujeitos a oscilações lentas de N.A.

Os tratamentos de fundação são pródigos em exemplos de soluções dispensáveis e ineficientes, muitas vezes executadas por desencargo de consciência, ou por falta de investigações adequadas na fase de projeto. Ora, o controle de fluxo pela fundação de uma barragem é tão ou mais importante do que o fluxo que ocorre pela própria barragem, e quando há problemas de fluxo, os há na fundação.

Como a barragem é construída, é sempre possível impor o controle necessário. Já na fundação, o problema é totalmente diverso. Uma investigação adequada da fundação é requisito fundamental para o sucesso da obra.

Economia na fase de investigação nas fundações de uma barragem nunca pode ser compensada por tratamentos convencionais, mesmo conservadores, porque se houver um problema específico não detectado na fase de projeto, há um grande risco do mesmo não ser devidamente corrigido por um tratamento convencional.

Não é à toa que a maioria dos problemas de *piping* que ocorrem em barragens, ocorrem nas fundações.

E mais uma vez aí entra o Projetista na função de apontar o que é essencial, fundamental, o que nesta fundação efetivamente deve ser feito, e com a coragem de não fazer nada onde os tratamentos usuais são meros paliativos, de custos elevados e benefícios altamente discutíveis.

Recentemente, nos últimos 10 a 15 anos, a construção de barragens de concreto compactado a rolo tem sido adotada como alternativa a barragem de terra e de terra-enrocamento, com vantagens econômicas e de cronograma.

Por se tratar de uma barragem de concreto, os requisitos de fundação são diferenciados, e é necessário, às vezes, adaptar a seção da barragem para uma melhor distribuição das tensões transmitidas à fundação, bem como para o controle do fluxo.

Entre muitas, podem-se mencionar como referências bibliográficas o Congresso Brasileiro de Grandes Barragens de 1988 (Foz do Iguaçu) e o livro "Hydraulic Structures", de M.M. Grishin (1982), publicação da editora MIR Publisher, Moscou, que, embora trate de barragens de concreto convencionais, analisa problemas de fundação e estabilidade de estruturas de concreto fundadas em solos e saprólitos.

É recomendável também que antes de se projetar uma barragem, sejam avaliadas as Lições Aprendidas e feita uma leitura dos casos históricos de barragens ilustrados na primeira parte deste livro.

REFERÊNCIAS BIBLIOGRÁFICAS

CBGB/CIGB/ICOLD. 1982. *Main Brazilian Dams - Design, Construction and Performance*. São Paulo: BCOLD Publications Committee.

CIGB/ ICOLD. 1988. New Construction Methods - State of the Art. *Bulletin*, n. 63. Paris.

COYNE & BELLIER - BUREAU D'INGÉNIEURS CONSEILS. 1971. *Aménagements Hidrauliques*. Paris.

CRUZ, P. T. da. 1974. Barragens de Construção Controlada. *Anais do V Congresso Brasileiro de Mecânica dos Solos e Engenharia de Fundações*, São Paulo.

DEPARTAMENTO NACIONAL DE OBRAS CONTRA AS SECAS - DNOCS. 1982. *Barragens no Nordeste do Brasil*. Fortaleza: Novo Grupo.

JAPANESE NATIONAL COMMITTEE ON LARGE DAMS - JANCOLD. 1982. *Dams in Japan*, n. 9. Tokio.

JASPAR, J. L.; PETERS, N. 1979. *Foundation Performance of Gardiner Dam*. Saskatoon: National Research Council of Canadá.

MORETTI, M. R. 1988. *Aterros Hidráulicos* - A experiência de Porto Primavera. Dissertação de Mestrado. EPUSP/SP.

NEVES, E. M. DAS. 1987. Barragens de Aterro - Experiência Portuguesa. *Conferência Ibero-Americana*, Lisboa.

NORWEGIAN GEOTECHNICAL INSTITUTE. 1968. Papers on Earth and Rockfill Dams in Norway. *Proceedings of the 36th Executive Meeting of ICOLD* , Oslo.

PENMAN, A. D. M., CHARLES, J. A. 1973. Effect of the position of the core on the behaviour of two rockfill dams. In: *Lectures on the Design and Construction of Embankment Dams*, Rio de Janeiro. PUC/RJ.

PENMAN, A. D. M. 1986. On the Embankment Dam. Rankine Lecture. *Géotechnique* v. 36, n. 3.

SCHUYLER, J.D. 1908. *Reservois for Irrigation, Water Power and Domestic Water-Supply*. New York: John Wiley & Sons.

SHERARD, J.L., WOODWARD, R.J., GIZIENSKI, S.F., CLEVENGER, W.A. 1963. *Earth and Earth-Rock Dams*. New York: John Wiley & Sons.

Capítulo 10

Barragem Tucurui - Sistema de Drenagem (Cortesia da ENGEVIX)

3ª Parte
Capítulo 10
Sistemas de Drenagem Interna

10 - SISTEMAS DE DRENAGEM INTERNA

10.1 - INTRODUÇÃO

Victor F.B. de Mello, numa intervenção em sessão técnica do XIX Seminário Nacional de Grandes Barragens, em Aracaju, 1991, afirmou que :

"Traçar redes de fluxo em barragens é um bom exercício para divertir os filhos, mas essas redes pouco têm a ver com o fluxo que ocorre em barragens.

A superfície de ruptura em barragens nunca é circular e, em especial, se a barragem for alta e o filtro for vertical, a interface solo-filtro constitui uma superfície potencial de ruptura".

A segunda afirmativa será discutida no Capítulo 12, referente à transferência de tensões. O que interessa discutir neste capítulo é a primeira afirmação.

Entendo que Victor de Mello chamou a atenção para o fato de que redes de fluxo traçadas segundo os princípios de Casagrande, de junho de 1937, não são aplicáveis a barragens com k variável, não só nas direções horizontais e verticais, mas também com o nível de tensões. Ele não disse que o fluxo não obedece à Lei de Darcy, por exemplo. A equação de La Place também pemanece válida.

O que ocorre em muitas barragens (brasileiras ou não) é que :

(I) - a permeabilidade do maciço é variável, quase que de ponto para ponto;

(II) - a permeabilidade da fundação tem um papel dominante no fluxo (principalmente no trecho inferior da barragem);

(III) - em cotas elevadas, fenômenos de alívio de tensões e estados incipientes de ruptura hidráulica podem causar aumento significativo da permeabilidade horizontal.

Para ilustrar esse fato, considere-se o caso de três barragens: Xavantes, Nova Avanhandava e Capivari-Cachoeira. Qualquer tentativa de traçar redes de fluxo nessas barragens será quase um desafio.

Nas Figuras 10.1, 10.2 e 10.3, estão mostradas as pressões piezométricas registradas nas três barragens.

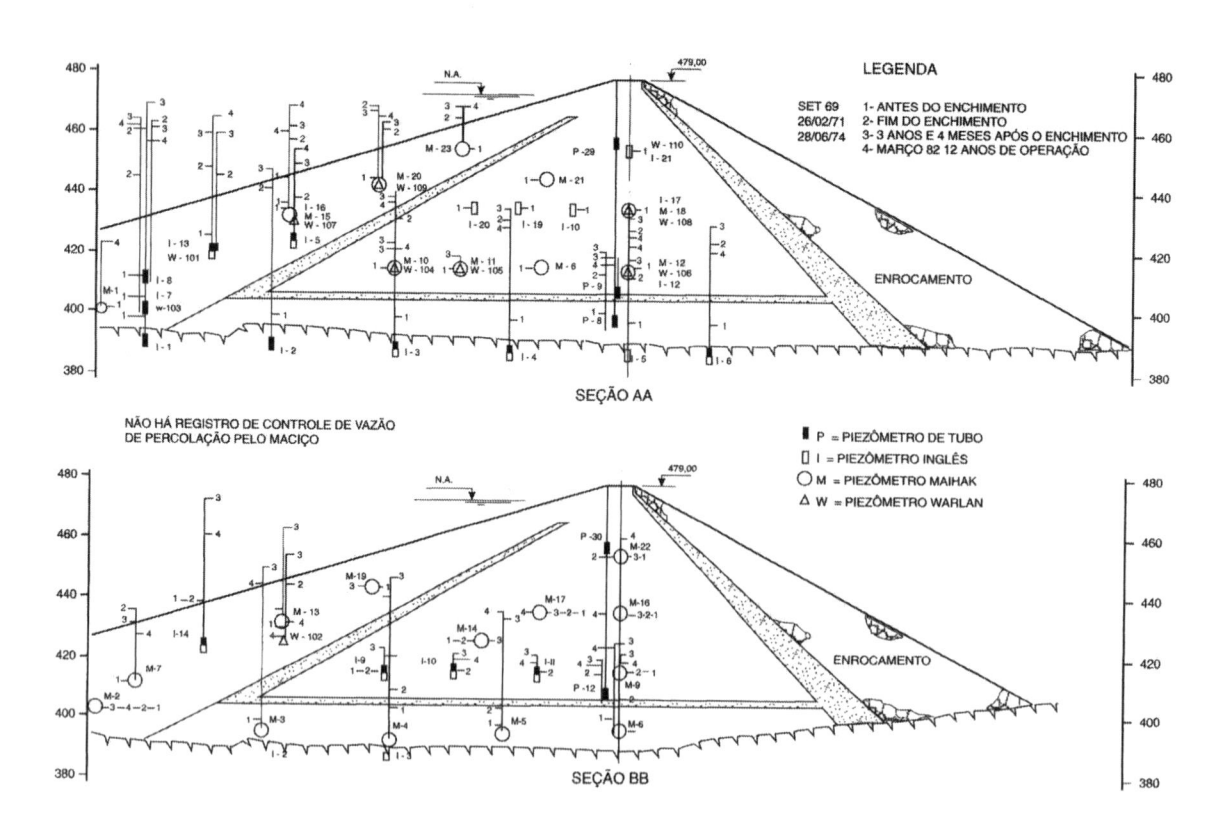

Figura 10.1 - Barragem de Xavantes - leituras piezométricas (ABMS/ABGE, 1983)

Capítulo 10

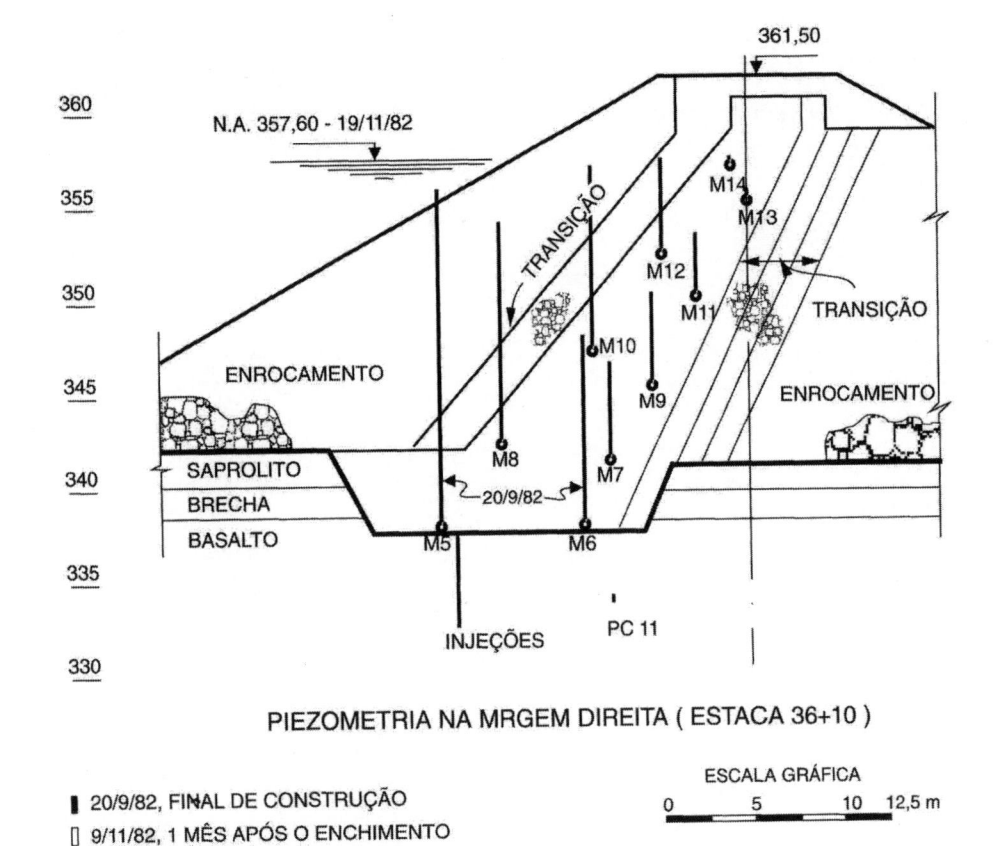

Figura 10.2 - Barragem de Nova Avanhandava - leituras piezométricas (ABMS/ABGE, 1983)

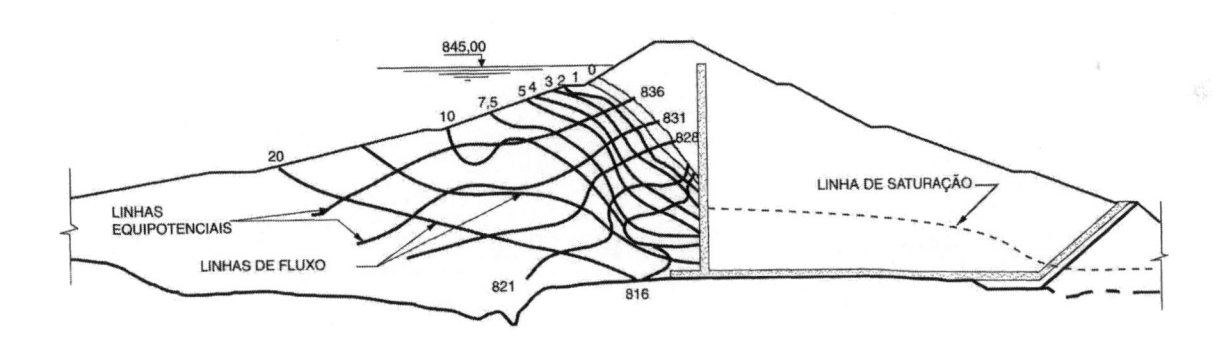

Figura 10.3 - Barragem de Capivari-Cachoeira - pressões piezométricas (apud CBGB/CIGB/ICOLD, 1982)

Nas Figuras 10.4.a a 10.4.e, mostram-se cinco redes de fluxo traçadas para uma barragem hipotética de enrocamento com núcleo argiloso (desenvolvidas pela Engenheira M.R. Moretti, em 1992).

As duas primeiras soluções são clássicas, ou seja, considerando no caso **A** meio isotrópico (Figura 10.4.a), e no caso **B** meio anisotrópico com $k_h = 16\,k_v$ (Figura 10.4.b).

Nos três casos seguintes foram considerados:

C - meio isotrópico até um terço da altura, $k_h = 16\,k_v$ no segundo terço e $k_h = 49\,k_v$ no terço superior (Figura 10.4.c);

D - meio anisotrópico com k_h/k_v variável, desde $k_h=k_v$ até $k_h = 100\,k_v$ (Figura 10.4.d);

E - meio anisotrópico com $k_h = k_v$ no terço inferior, k_h/k_v crescente no terço médio até $k_h = 49\,k_v$ e $k_h/k_v = 1000$ no terço superior (Figura 10.4.e).

As redes de fluxo modificam-se significativamente do caso **A** até o caso **E**.

a) - Caso **A**

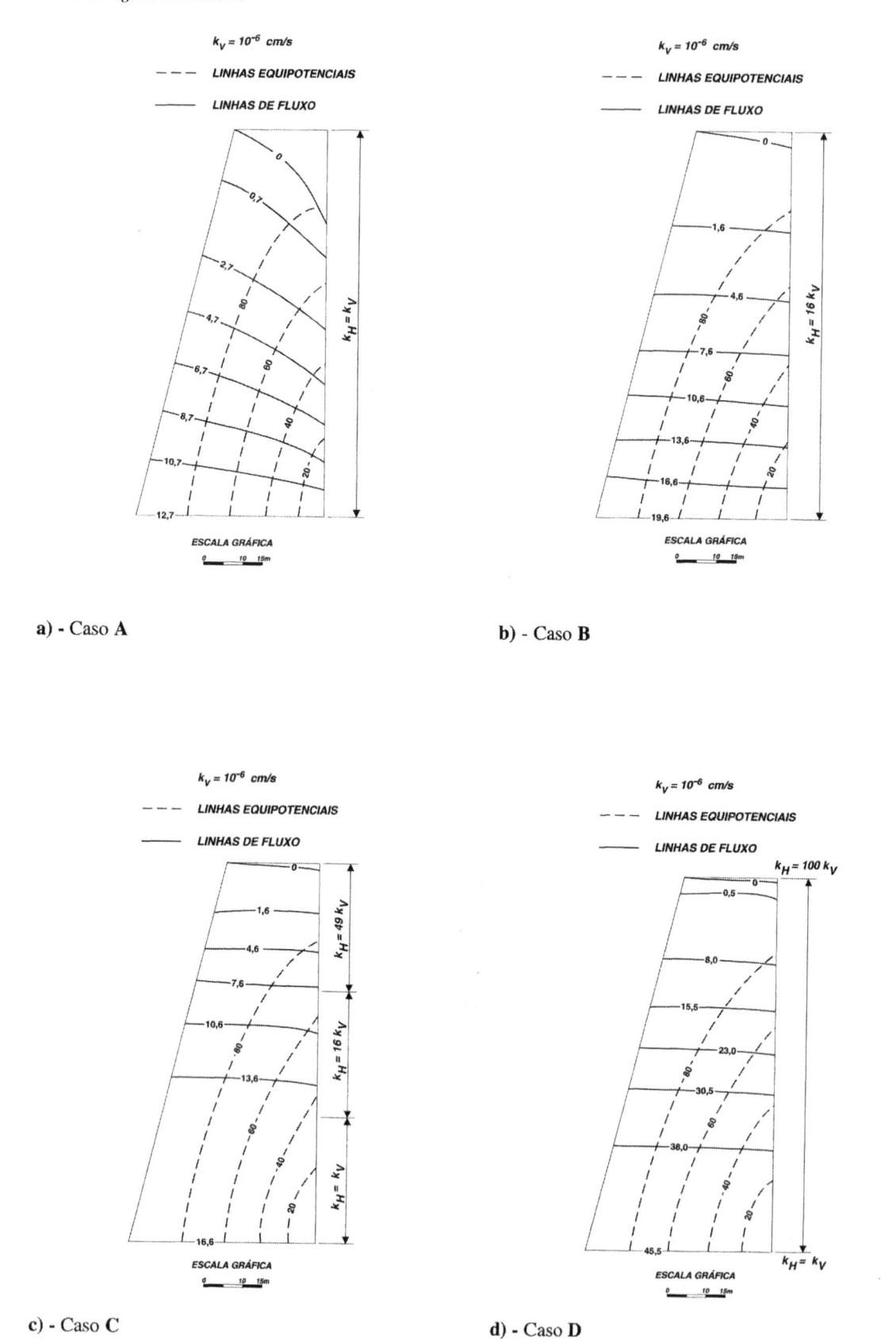

b) - Caso **B**

c) - Caso **C**

d) - Caso **D**

Figura 10.4 - Redes de fluxo traçadas para uma barragem hipotética de enrocamento com núcleo argiloso.

e) - Caso E

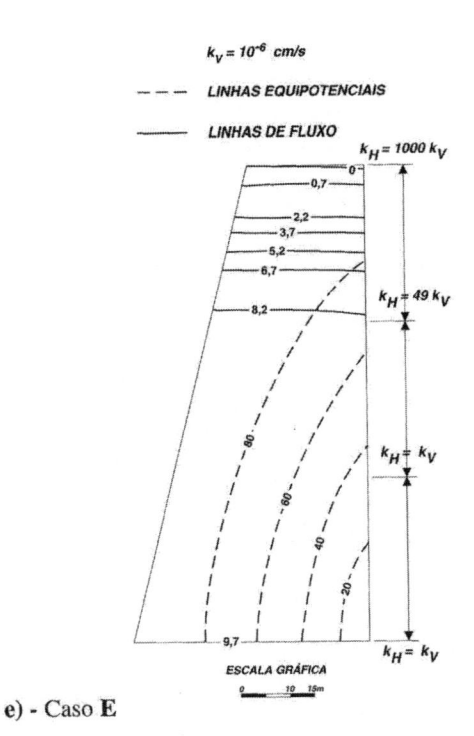

Figura 10.4 - Redes de fluxo traçadas para uma barragem hipotética de enrocamento com núcleo argiloso.

Hoje, com os recursos de métodos numéricos, é possível traçar qualquer rede de fluxo, com qualquer hipótese de relações de permeabilidades, desde que se disponha de um bom programa computacional, e que as condições de entrada e saída sejam ajustadas manualmente (principalmente no tocante a perpendicularismo e condições tangentes).

Por retroanálise, dadas as pressões piezométricas de um maciço, é possível encontrar relações de permeabilidade que expliquem a rede de fluxo que se estabelece no caso real.

As elevadas permeabilidades horizontais que explicam as linhas freáticas observadas, como discutido nos Capítulos 3 e 12, devem ser conseqüência da redistribuição de tensões e estados próximos de uma ruptura hidráulica.

Em resumo: redes de fluxo traçadas para meios homogeneamente isotrópicos ou anisotrópicos são inadequadas a maciços de barragens.

A rede que se estabelece é função das relações de permeabilidade k_h/k_v que, por sua vez, estão relacionadas com o estado de tensões.

Como recomendação de ordem prática, é de todo aconselhável levar os sistemas internos de drenagem (sejam verticais ou inclinados) até o N.A. máximo normal do reservatório, e lançar o dreno horizontal no contato com a fundação.

Drenos verticais do tipo chaminé somente são recomendados para barragens de 25 a 30 m. Para maiores alturas, o dreno inclinado propicia uma melhor distribuição de tensões no maciço, evitando a inclusão de uma parede vertical de areia, de rigidez sempre muito superior à do maciço adjacente, mesmo em se tratando de enrocamentos.

10.2 - EVOLUÇÃO DO CONCEITO DE DRENAGEM INTERNA

10.2.1 - O Dreno Vertical

Os casos analisados a seguir procuram ilustrar a mudança de conceitos no dimensionamento do sistema de drenagem interna.

Barragem de Santa Branca (1956-1959)

Como se observa na Figura 10.5, o dreno vertical dessa barragem se estende até a elevação 615 m apenas no leito do rio, e varia de 618 m a 621 m nas ombreiras, enquanto o N.A. máximo normal vai até a elevação 622 m.

(É importante mencionar que a Barragem de Santa Branca até o ano 1979 operou como uma barragem de regularização com grandes oscilações do N.A. de montante. Somente a partir desse ano, com a operação da casa de força, o N.A. foi mantido em cota elevada por problemas de geração).

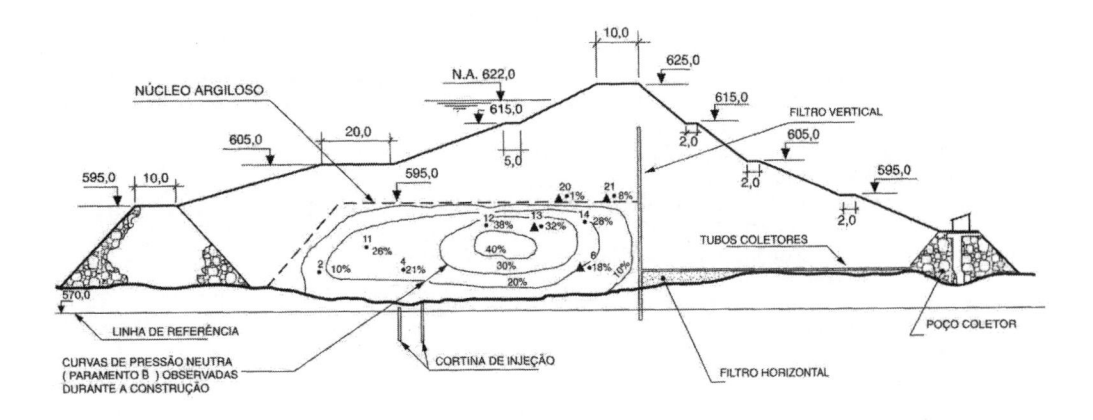

Figura 10.5 - Seção transversal da Barragem de Santa Branca (Rocha Santos e Domingues, 1991)

O dreno horizontal tem extensão limitada (menos de um terço da área de jusante) e desenvolve-se quase que somente no trecho do leito do rio (150 m de extensão para 380 m de crista).

A saída das águas coletadas pelos drenos vertical e horizontal é feita por tubulações de ferro (Ø = 200 a 250 mm) que deságuam no enrocamento de pé, o qual conduz por gravidade as águas coletadas até um poço de esgotamento com saída na cota 581 m. O terreno natural a jusante encontra-se na cota 577 m, aproximadamente.

Poços de alívio foram executados na projeção do dreno vertical, espaçados de 2 m, na mesma extensão do dreno horizontal.

Nas ombreiras, o sistema de drenagem ficou reduzido ao dreno vertical.

O controle de fluxo pela fundação seria feito por uma trincheira de vedação executada no leito do rio, e por injeções de cimento, que se estenderiam também às ombreiras. [2]

A falta de drenagem adequada das ombreiras resultou em surgências de água nas mesmas, principalmente na ombreira esquerda, segundo relato de Rocha Santos e Domingues (1991).

Surgências de água foram também observadas na elevação 595 m do talude de jusante da barragem, indicando que o fluxo pelo maciço não foi suficientemente interceptado pelo dreno vertical nas cotas superiores à elevação 615 m.

Uma drenagem das ombreiras e do talude da barragem, seguida de um aterro compactado, foi executada em 1988, como se vê na Figura 2.89.

Barragem e Dique do Vigário (Terzaghi) (1948)

A Barragem e o Dique do Vigário (Figura 10.6) datam de 1948, e foram projetados pelo próprio K. Terzaghi. Na barragem que hoje tem o seu nome, Terzaghi introduziu o dreno vertical, seguido de um dreno horizontal diretamente apoiado na fundação, e estendendo-se até jusante; o dreno vertical estendia-se até a elevação do N.A. do reservatório. Já no dique, o dreno vertical estava deslocado para jusante e se estendia na vertical até a elevação da primeira berma e, portanto, abaixo do N.A. do reservatório.

No pé do dreno vertical foram executados poços de alívio (furos a cada 2 a 3 m até rocha sã), como ocorreu em Santa Branca e em várias barragens posteriores.

Segundo Hsu (comunicação verbal), Terzaghi propôs o uso de brita fina no dreno vertical. Os drenos, entretanto, foram construídos em areia.

Sherard *et al.* (1963) mostra um antecedente de dreno vertical com brita, construído na Barragem de Sherburne Lakes em 1916 (ver figura 10.7).

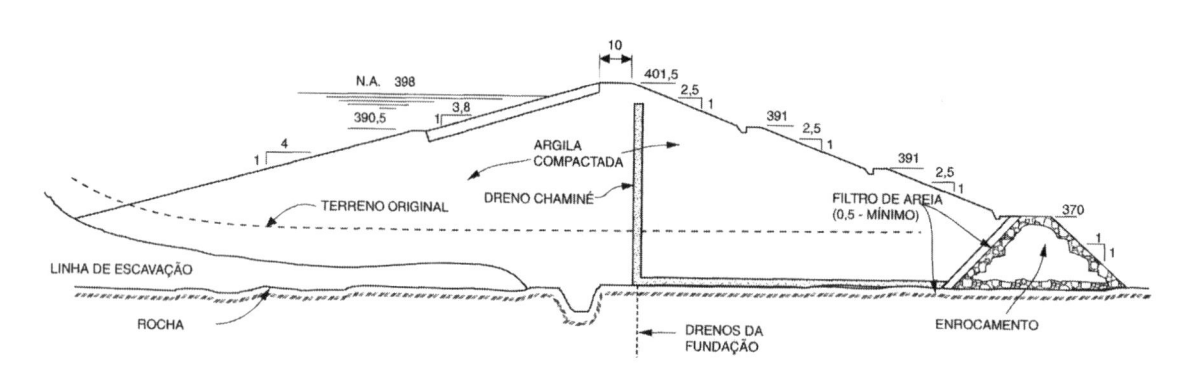

Figura 10.6 - Barragem do Vigário (Sherard *et al.*, 1963)

O dreno vertical representou no Brasil uma inovação no conceito de drenagem, e a barragem de seção homogênea com dreno vertical e horizontal constitui um modelo de "Barragem Brasileira" seguido por um grande número de projetos de barragens, em outros países. Só mais recentemente é que os drenos inclinados vêm sendo introduzidos em barragens de maior altura.

Sherard *et al.* (1963) mencionam o caso da Barragem de Sherburne Lakes (Figura 10.7), construída entre 1915 e 1918, que contém um dreno vertical de "cascalho peneirado". Interessante, não é?

A Barragem do Limoeiro (Armando de Sales Oliveira), construída entre 1953 e 1958, apresenta uma curiosa concepção de drenagem interna, com seção transversal semelhante a um funil invertido (ver Figura 10.8).

A Barragem do Arroio Duro (Figura 10.9), cuja construção terminou em 1965, ainda apresenta um dreno vertical seguido de dreno horizontal, provavelmente projetado segundo critérios convencionais de redes de fluxo. A barragem tem altura máxima de 21 m e taludes de jusante abatidos (> 1,0 (V) : 3,0 (H)).

---

[2]- A respeito das injeções, veja-se Victor de Mello e Cruz (1959) - Conferência Panamericana, México / D.F.

A Barragem de Jurumirim (Figura 10.10), construída entre 1958 e 1962, tem um filtro inclinado cujo topo situa-se bem abaixo do N.A. do reservatório.

Outros exemplos de barragens com drenos verticais, cujo topo está em elevação bem inferior ao do N.A. do reservatório, são encontrados em :

- Barragem Santana, concluída em 1953 (Figura 10.11);

- Barragem Santa Bárbara, concluída em 1970 (Figura 10.12);

- Barragem General Sampaio, construída entre 1932 e 1935 (Figura 10.13).

Embora não haja registro de acidentes com essas barragens, o conceito de projeto apoiado em redes de fluxo convencionais não confere às mesmas os níveis de segurança requeridos em obras do gênero, no tocante a um controle efetivo de fluxo.

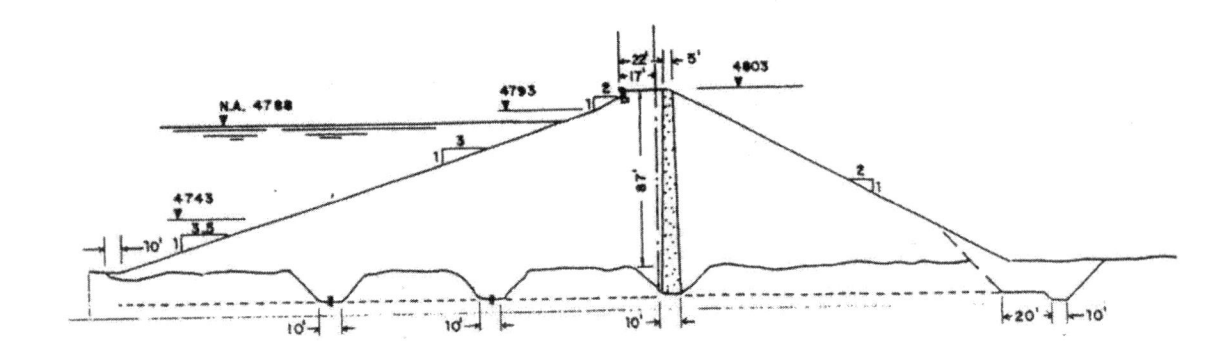

Figura 10.7 - Dreno vertical na Barragem de Sherburne Lakes, 1916 (Sherard *et al.*, 1963)

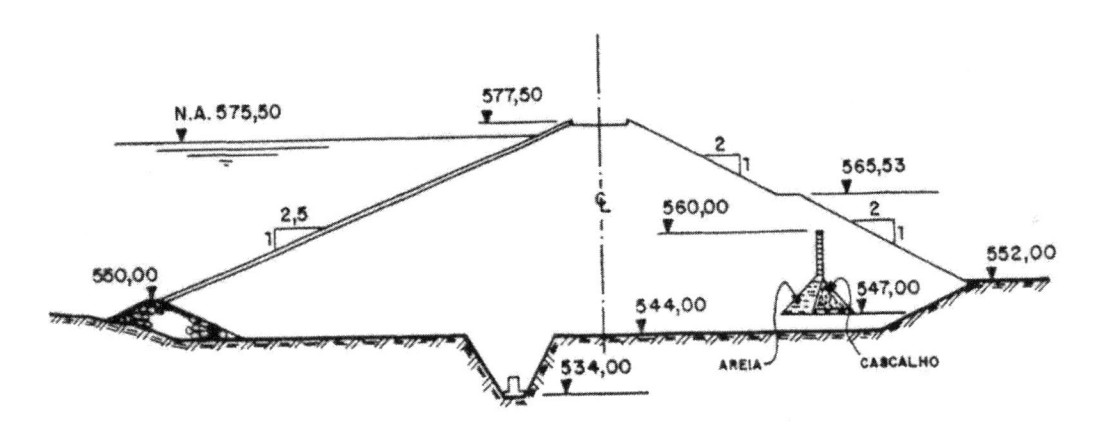

Figura 10.8 - Barragem de terra de Limoeiro (CIGB/ICOLD/CBGB, 1982)

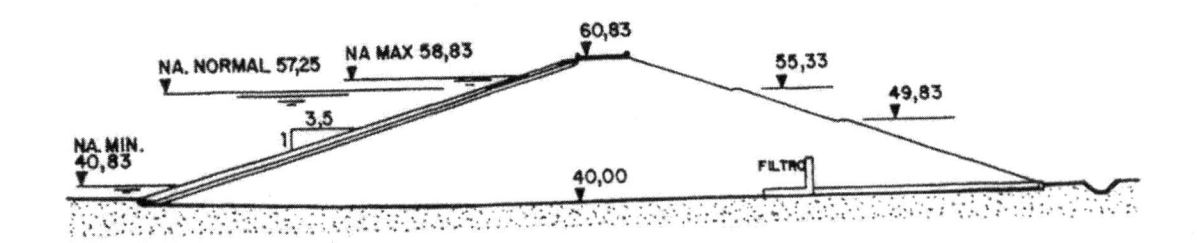

Figura 10.9 - Barragem do Arroio Duro (CIGB/ICOLD/CBGB, 1982)

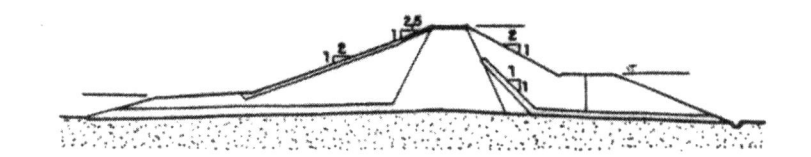

Figura 10.10 - Barragem de Jurumirim (CIGB/ICOLD/CBGB, 1982)

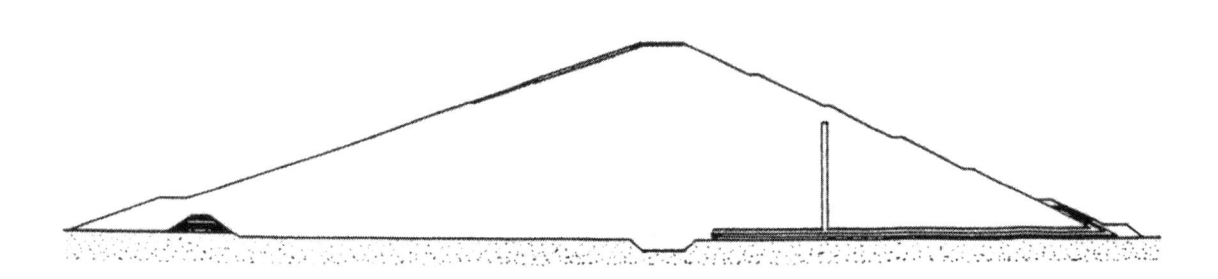

Figura 10.11 - Barragem Santana (CIGB/ICOLD/CBGB, 1982)

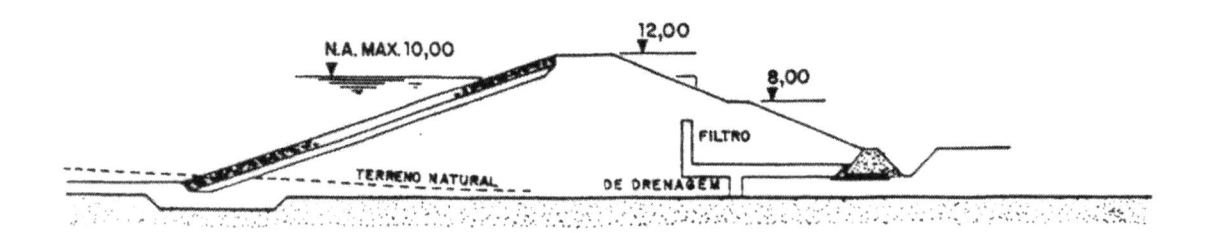

Figura 10.12 - Barragem Santa Bárbara (CIGB/ICOLD/CBGB, 1982)

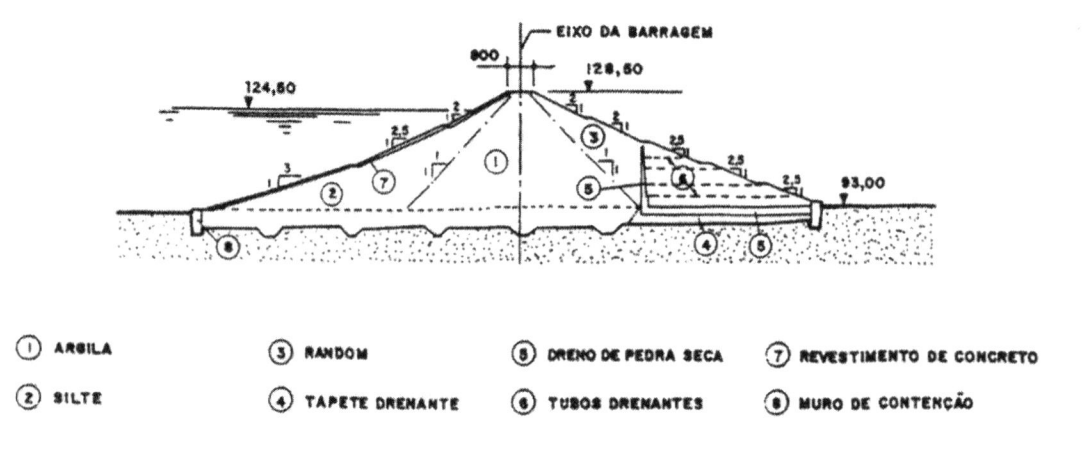

① ARGILA   ③ RANDOM   ⑤ DRENO DE PEDRA SECA   ⑦ REVESTIMENTO DE CONCRETO
② SILTE   ④ TAPETE DRENANTE   ⑥ TUBOS DRENANTES   ⑧ MURO DE CONTENÇÃO

Figura 10.13 - Barragem General Sampaio (DNOCS, 1982)

10.2.2 - O Dreno Horizontal

Conquanto o dreno horizontal tenha a função de dar vazão à água que percola pelo maciço da barragem, a sua principal função é de controlar o fluxo pela fundação.

Por essa razão, o dreno horizontal deve ser contínuo e revestir toda a área de fundação - leito do rio e ombreiras, até pelo menos o N.A. do reservatório.

A execução do dreno horizontal suspenso, como nas Barragens de Três Marias (1957-1961) e Ilha Solteira (M.D.) (1966-1973), representa, como já discutido por Victor de Mello (1975), um erro de conceito de projeto.

Nos dois casos, o terreno natural a jusante encontra-se em cotas bem mais elevadas devido às escavações para implantação da barragem, de forma que os drenos suspensos acabam terminando no nível do terreno.

Por esse motivo, a execução do dreno no contato com a fundação resultaria num dreno permanentemente afogado e trabalhando em carga.

Esta condição ocorre, por exemplo, nas barragens de Jundiaí e Paraibuna (Figura 10.14).

Embora seja necessário o registro da vazão que ocorre pelo sistema de drenagem de barragens (certos arranjos foram feitos na Barragem de Paraibuna para tal fim), é sempre desejável evitar a saturação da parte inferior da área de jusante, criando um dreno transversal e saídas drenantes em bota-foras a jusante das barragens, porque a saturação do maciço compactado, além de resultar em pressões piezométricas, acaba por reduzir a resistência ao cisalhamento do solo.

A conseqüência final é uma redução no coeficiente de segurança da barragem no lado de jusante.

A evidência de que o fluxo pela fundação seja dominante, na maioria dos casos, ficou bastante clara numa discussão de Nelson Pinto sobre o comportamento do dreno horizontal da Barragem de Capivari-Cachoeira, no VII Seminário Nacional de Grandes Barragens de 1972, quando o autor se surpreendeu com o fato de que piezômetros instalados no dreno horizontal indicavam pressões piezométricas diferentes de zero.

A surpresa é relativa, porque, em se tratando de um dreno "horizontal", o gradiente é naturalmente baixo, e para que as pressões piezométricas fossem "nulas" seria necessário que a permeabilidade do dreno fosse suficientemente elevada para dar vazão ao fluxo, a baixíssimos gradientes. Senão vejamos:

$Q = k i A$

Se o dreno é de areia, $k = 10^{-2}$ cm/s para uma areia limpa e $A = 1 m^2/m$, para drenos de 1 m de espessura, o que ocorre na maioria dos casos. Daí vem:

$Q = 10^{-4}$ 1 i $= 10^{-4}$.i m^3/s/m' ou

$Q = 6$ i l/min/m'

Como vazões medidas em barragens variam de 0,1 a 2 l/min/m, o valor de i(médio) deve variar de 0,02 a 0,33.

No caso específico de Capivari-Cachoeira, a vazão medida de 10 l/s corresponde a 1,67 l/min/m'. Como o dreno horizontal neste caso particular tem 2 m de espessura,

$Q = 12$ i l/min/m'

$i = 1,67/12,00 = 0,14$ m/m.

A linha freática observada intercepta o dreno vertical a aproximadamente 30% do desnível entre o N.A. do reservatório e a elevação do dreno horizontal, resultando num gradiente médio no mesmo de 0,17, valor este bastante próximo do calculado.

O cálculo, no entretanto, é aproximado, uma vez que a vazão pela fundação atinge o dreno horizontal em toda a sua extensão, de forma que a vazão é crescente do pé do dreno vertical até a saída a jusante. A linha piezométrica resulta curva, o que é observado na Figura 10.3, referente à mesma barragem.

Na Barragem de Paraibuna (Figura 10.14), o sistema de drenagem é composto por um segundo dreno vertical, este a jusante, que conduz as águas coletadas pelo sistema de drenagem até a cota do bota-fora construído no pé de jusante. Esse segundo dreno vertical chega a atingir 20 m de altura; associado a ele, existe um poço que possibilita medidas de vazão do sistema de drenagem.

Interessante notar que, na seção das ombreiras, o filtro horizontal apresenta uma espessura de 1 m junto ao filtro vertical, passando a 0,5 m na porção mais a jusante.

O início do enchimento do reservatório deu-se em janeiro de 1974. Em outubro deste ano foi iniciado um bombeamento no poço de jusante com o intuito de medir vazões e estimar a permeabilidade do material dos drenos.

O nível d'água no poço foi mantido na cota 622,5 m até 25 de março de 1975. A cota de saída sem bombeamento seria 644,0 m. A Figura 10.14 ilustra as leituras piezométricas efetuadas nesse período.

Durante o teste de bombeamento, a vazão medida foi da ordem de 4×10^{-3} m^3/s, praticamente constante, apesar do desnível montante-jusante variar entre 60 m e 70 m. Como o desnível entre o N.A. máximo do reservatório e a cota de saída do poço, sem bombeamento, é da mesma ordem, seria de se supor que a vazão de 4×10^{-3} m^3/s correspondesse à que deveria ocorrer nos primeiros tempos da operação da barragem.

O teste de bombeamento permitiu concluir que o dreno horizontal apresenta permeabilidade entre 6×10^{-2} cm/s e 10^{-1} cm/s, valores bastante elevados para uma areia. Os ensaios de laboratório mostravam valores de $k = 3 \times 10^{-2}$ cm/s para esse material.

Esses valores elevados de permeabilidade da areia dos drenos, determinados em ensaios de bombeamento, podem estar afetados por ter sido considerado fluxo estabilizado, quando ainda se caracterizava um regime transiente.

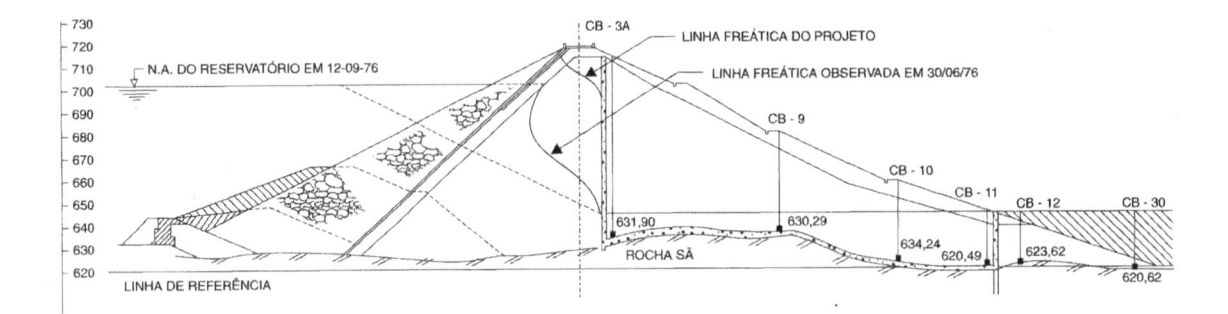

Figura 10.14 - Curva de subpressão na fundação da Barragem de Paraibuna (Oliveira *et al.*, 1976)

As vazões medidas na Barragem de Paraibuna (ver Oliveira *et al.*, 1975) foram de 4×10^{-3} m³/s, do que resulta uma vazão média de cerca de 0,8 l/min/m'. Considerada a seção da barragem, deduz-se que o gradiente médio no dreno horizontal deve ser de 0,03 e, portanto, um piezômetro colocado no dreno horizontal, próximo ao pé do dreno vertical, deve indicar uma coluna d'água de aproximadamente 6 m acima do N.A. do poço.

Entre os piezômetros CB10 e CB11 a distância é da ordem de 35 m, conforme Figura 10.14; a diferença de carga entre ambos, quando extrapolada para o reservatório cheio, é de 1 m, o que equivale a um gradiente médio neste intervalo de 0,08.

Em 1976, novos dados de piezometria e vazão foram apresentados por Oliveira *et al.*, no XI Seminário Nacional de Grandes Barragens. Para o N.A. do reservatório na cota 702 m (12 m abaixo do N.A. máximo), a vazão medida foi de 0,3 l/s, o que equivale a aproximadamente 0,06 l/min/m. A vazão prevista para o reservatório cheio era de 11 l/s. Na verdade, a vazão que percola pela fundação deve ser superior à coletada pelo sistema de drenagem, visto que a jusante do ponto de saída do poço de drenagem nota-se uma queda da linha piezométrica.

A piezometria datada de 1976 indica uma carga no filtro vertical de pouco mais de 5 m acima da carga de jusante.

Como conclusão, pode-se dizer que drenos horizontais usuais (areia, 1 m de espessura e $k = 10^{-2}$cm/s) devem trabalhar em carga, mesmo em se tratando de fundação em rocha.

Um caso extremo ocorreu no Dique 1 do projeto Ouro-Bahia, que é uma barragem de rejeito. Embora o fluxo da fundação estivesse totalmente controlado pela presença de uma manta impermeável, o dreno horizontal, executado com uma areia "suja" de permeabilidade inadequada, foi insuficiente para dar vazão ao fluxo pelo maciço, colocando o talude de jusante em carga e exigindo a execução de um dreno-berma de reforço a jusante (ver Capítulo 2 - Fig. 2.74).

Alternativas de drenagem horizontal têm sido executadas com a introdução de "drenos-sanduíche" (areia e brita) e/ou de drenos franceses, como se vê nas barragens de Água Vermelha, Rosana, Itumbiara e Três Irmãos, comentadas a seguir.

Água Vermelha

De acordo com Silveira *et al.* (1980), o sistema de drenagem interna de Água Vermelha é constituído de um filtro vertical de areia e um dreno horizontal apoiado sobre a fundação. Dependendo das vazões estimadas e da disponibilidade de materiais drenantes na obra, foram definidas diferentes características para o dreno horizontal.

As Figuras 10.15.a a 10.15.c mostram as seções típicas e os níveis piezométricos observados nas mesmas.

Em grande parte da margem direita, foram executados poços de alívio de 4" de diâmetro e distanciados de 3 m entre si. Esses furos cortam a camada de solo de fundação e aprofundam-se até 2 m abaixo do contato da rocha. O preenchimento dos poços foi feito com cascalho envolto por manta geotêxtil.

Observa-se na seção da estaca 55 + 10 m (Figura 10.15.a) uma redução de 4 m de coluna d'água entre os piezômetros imediatamente a montante e logo a jusante da linha de poços.

Já na estaca 73 + 12 m, os níveis a montante e a jusante dos poços indicam praticamente a mesma cota, porém esses níveis são bastante baixos, próximos ao nível da fundação, sugerindo que nesse trecho a porção final do filtro-sanduíche funciona como drenagem efetiva da fundação.

Entre as estacas 174 e 189, foi executada uma única linha de injeção com furos espaçados de 1,5 m.

O principal objetivo dessa linha de injeção era impermeabilizar a brecha sedimentar que ocorria aproximadamente 10 m abaixo do topo de rocha e que apresentava k entre 5×10^{-4} cm/s e 7×10^{-3} cm/s.

Ao final do enchimento, a eficiência dessa cortina era da ordem de 40%, porém, a partir dessa data, passou-se a observar uma queda da pressão a montante da cortina e um aumento a jusante (Figura 10.15.b). A eficiência da cortina baixou para cerca de 25%, provavelmente devido a um possível processo de carreamento de material da brecha.

Entre as estacas 196 + 13 m e 200 + 10 m também foi executada uma cortina de injeção. Neste trecho ocorriam camadas de basalto compacto, basalto vesicular e lava aglomerática. Os contatos indicavam perda d'água total. Foram executadas três linhas de injeção distanciadas de 1,3 m entre si e com furos espaçados de 3,0 m.

A eficiência dessa cortina ao final do enchimento era da ordem de 60% a 70%, medida em piezômetros. Um ano e meio após o enchimento, observou-se uma queda dos valores de pressão medidos em todos os piezômetros, principalmente nos locados a montante. Isso sugere que tenha havido um processo de siltagem no reservatório.

Entre as estacas 189 e 196 + 10 m (Figura 10.15.c) foi executada uma trincheira de vedação cortando a camada de lava aglomerática com $k = 10^{-1}$ cm/s. Essa trincheira apresentava uma parede de concreto a montante e um filtro a jusante. Na sua base, foi executada uma cortina de injeções de três linhas distantes entre si de 1,5 m e com distância entre furos de 3,0 m. Esses dispositivos apresentavam uma eficiência da ordem de 80%. Com o passar do tempo, todos os piezômetros da ombreira esquerda mostraram queda dos níveis piezométricos em face da provável siltagem do reservatório.

Na estaca 191 + 10 m, foi executada uma trincheira drenante transversal ao eixo da barragem, para captar as águas que percolassem pela fundação e as águas advindas da ombreira esquerda, e que não fossem controladas pelo sistema de drenagem. A vazão coletada por esse sistema era medida na Caixa I.

A vazão medida nesse dreno ficou estabilizada em torno de 2.300 l/min dois meses após o final do enchimento do reservatório.

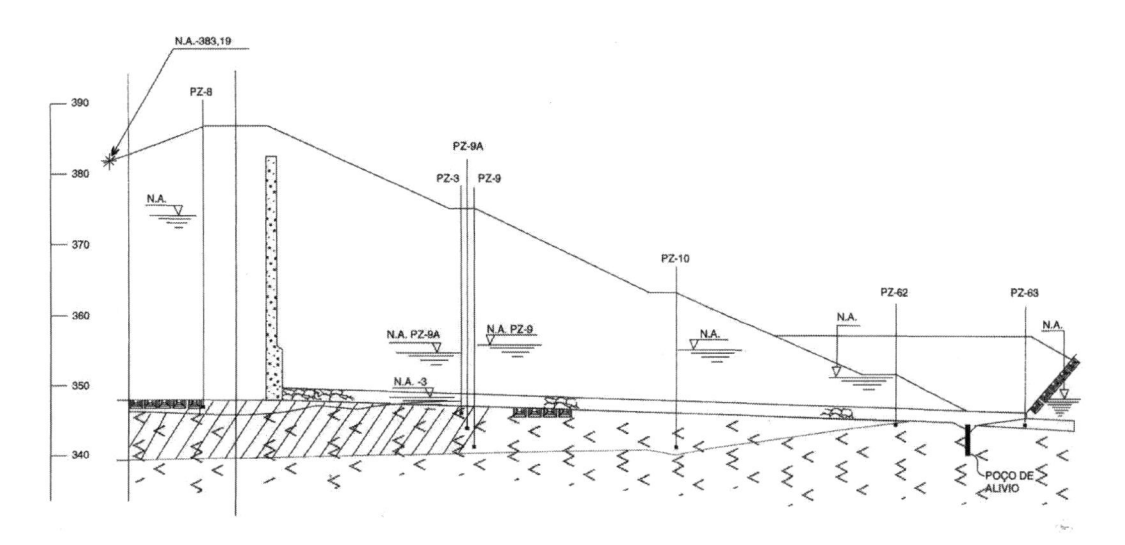

a) Seção da Estaca 55 + 10 m, em 31/10/1979

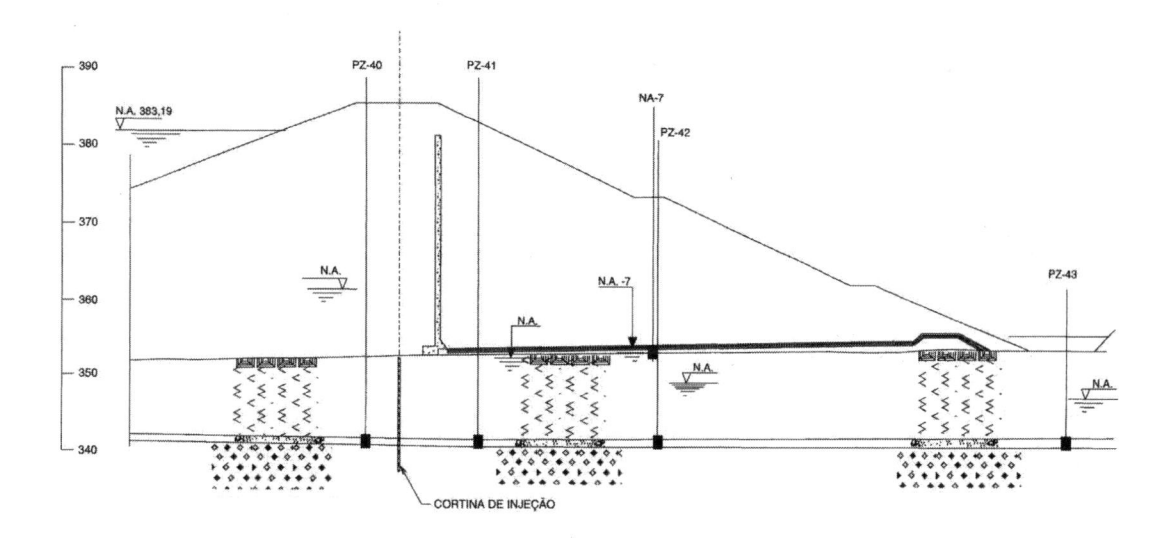

b) Seção da Estaca 181 + 10 m, em 31/10/1979

Figura 10.15 - Barragem de Água Vermelha - níveis piezométricos (Silveira, 1981)

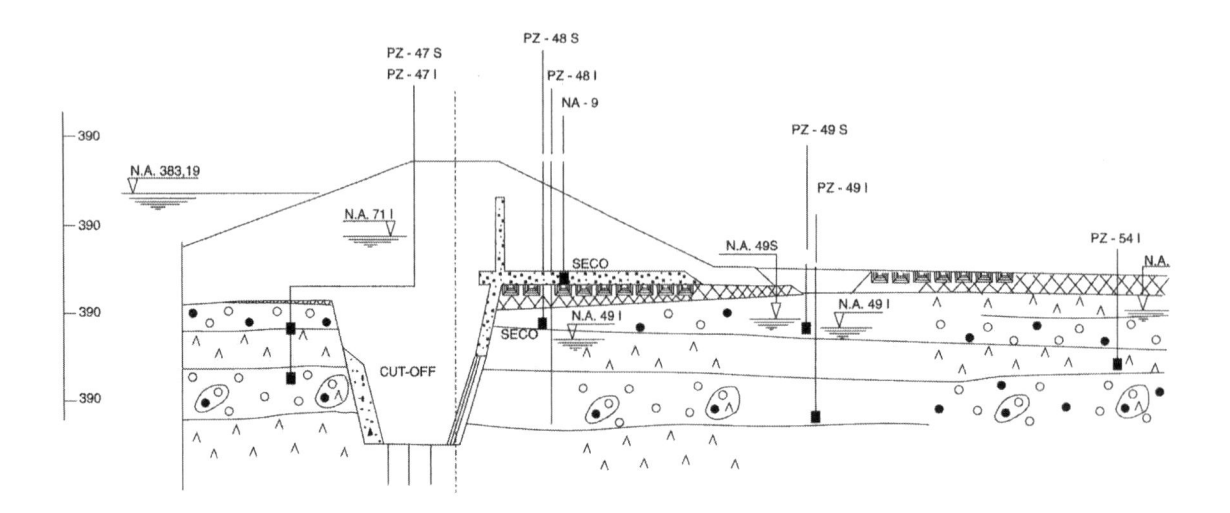

c) Seção da Estaca 194 + 10 m, em 31/10/1979

Figura 10.15 - Barragem de Água Vermelha - níveis piezométricos (Silveira, 1981)

Ainda na margem esquerda foram detectadas duas surgências d'água. Foram construídas valetas superficiais e medidas as vazões :

- surgência I (cota 366 m) - estabilizou-se em 368 l/min;

- surgência II (cota 359 m) - estabilizou-se em 640 l/min.

Entre as estacas 0 e 84, na margem direita, a vazão medida foi de 1.400 l/min (vazão específica de 0,8 l/min x m).

A areia e o cascalho utilizados em filtros e transições eram obtidos de uma jazida pluvial distante cerca de 140 m. A areia era fina e média com $D_{10} = 0,2$ mm e k estimado = 4×10^{-2} cm/s.

No caso de Água Vermelha, o dreno horizontal mostrou-se efetivo na redução do gradiente.

O fluxo da subfundação, no entretanto, não pôde ser aliviado pelo dreno, porque a camada de solo residual funcionou como uma barreira impermeável.

A questão que se propõe é se realmente é necessária a execução de "super drenos horizontais", para um controle "total" do gradiente do dreno.

Rosana

A Barragem de Rosana foi dividida, na margem direita, em dois trechos : Trecho I, da estaca 20 à 44 e Trecho II, da estaca 44 à 90, em função das características da fundação.

O filtro vertical nos dois trechos foi fixado em 0,8 m (mínimo construtivo) para uma vazão estimada em 0,24 l/min x m.

A areia utilizada no filtro apresentava permeabilidade entre 2 e 5×10^{-2} cm/s.

As vazões estimadas para o dreno horizontal nos trechos I e II foram, respectivamente, 1,7 l/min x m e 2,0 l/min x m. Para esses valores, afetados de $F.S. = 10$, um filtro puramente de areia não atenderia.

Para se economizar cascalho, optou-se por adotar um dreno francês.

O comprimento do filtro é da ordem de 50 m, os drenos de cascalho com área de 1 m² foram espaçados de 30 m, ligados por um tapete de areia de 1 m de espessura.

a) - Típicos para estacas 90 a 100

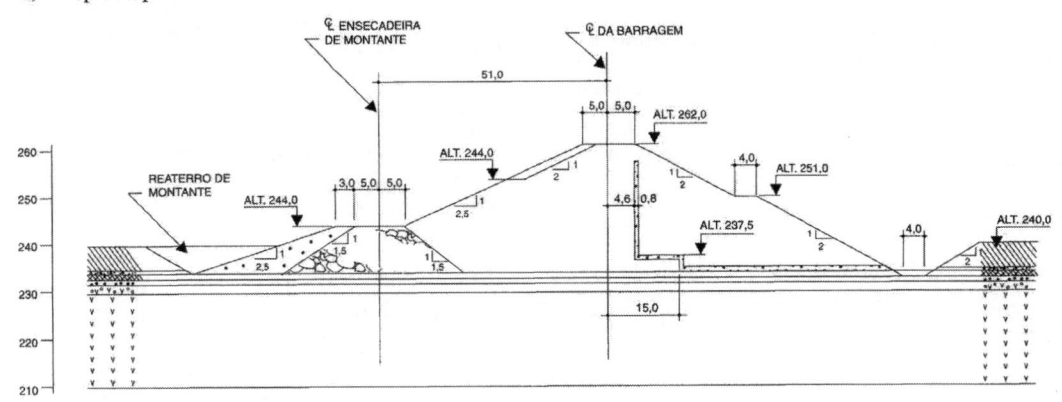

b) - Típicos para estacas 100 a 115

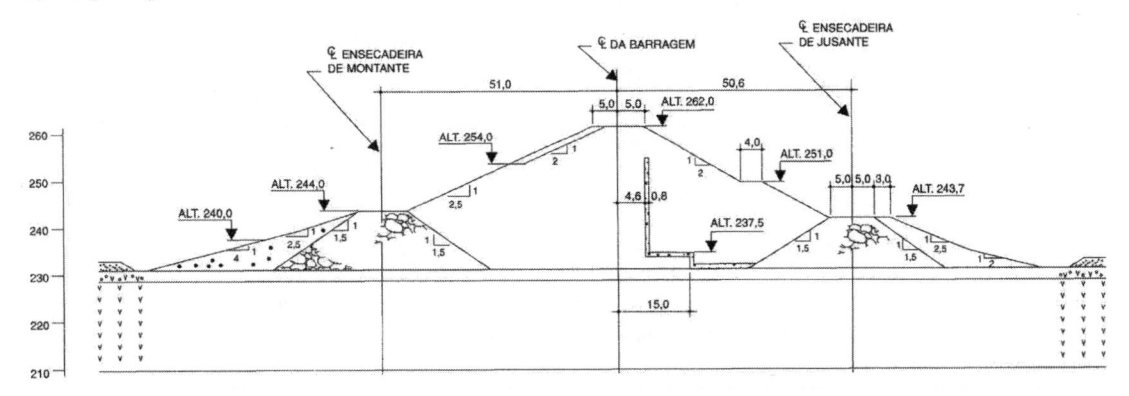

Figura 10.16 - Barragem de Rosana - leito do rio (cortesia Milder Kaiser, 1982)

Num ponto eqüidistante dos drenos franceses, a máxima carga no tapete de areia seria, pelo cálculo (vazão afetada de $F.S. = 10$):

- $H_d = 9,32$ m (Trecho I), $i = 18\%$;

- $H_d = 10,7$ m (Trecho II), $i = 21\%$.

Para esses níveis, a estabilidade do talude de jusante atendia aos critérios de projeto ($F.S. > 1,5$).

A barragem no leito do rio foi dividida em dois trechos: estaca 90 à 100 e estaca 100 à 115 (Figuras 10.16.a e 10.16.b).

Observa-se a existência de um pequeno tapete interno.

Para os filtros verticais, foi adotada a dimensão de 0,8 m.

A espessura do dreno suspenso de areia, para o qual foi estimada uma vazão de 0,07 l/min x m, foi fixada em 1 m, que resultou num gradiente da ordem de 6% para a vazão majorada de $F.S.=10$.

Para o trecho do dreno horizontal em contato com a fundação, as vazões estimadas e o tipo de seção levaram a diferentes soluções para os dois trechos :

Estaca 90 a 100

- vazão estimada = 1,7 l/min x m

- drenos franceses a cada 30 m com área de cascalho = 1 m²;

- tapete de areia entre drenos de 1 m de espessura .

O gradiente calculado para $F.S. = 10$ foi de 14%.

Estaca 100 a 115

Neste trecho optou-se por filtro-sanduíche, em face do balanceamento de volumes da obra e da pequena praça para construção do dreno.

O cascalho aqui utilizado apresentava $k = 1$ cm/s, permeabilidade menor que a do cascalho usado nos drenos franceses dos outros trechos ($k = 5$ cm/s). A vazão estimada para o trecho era de 1,5 l/min x m.

A espessura de cascalho adotada foi de 0,30 m e o gradiente resultante calculado para $F.S. = 10$ foi da ordem de 8%.

Itumbiara

O sistema de drenagem da Barragem de Itumbiara consiste de um dreno vertical de 1,3 m de espessura construído em areia natural, e um dreno horizontal em contato com a fundação. Junto às ombreiras, o dreno horizontal é constituído de areia natural com 0,95 m de espessura; nos demais trechos, é do tipo sanduíche.

Junto ao canal do rio, onde a barragem é assente sobre rocha, o material drenante principal do filtro corresponde a brita 3 (1,5"< $\emptyset$ < 3,0"). Nos demais trechos, onde a barragem apóia-se em solo, a drenagem principal do filtro-sanduíche é feita por brita 1 (3/16"< $\emptyset$ < 3/4").

As transições entre esses materiais e o aterro e/ou fundação em solo são feitas por uma areia artificial lavada de $\emptyset$ 3/16" e areia natural. O dreno-sanduíche apresenta uma espessura de 0,95 m, incluindo as transições.

Nas ombreiras, a saída do dreno horizontal se dá em uma canaleta de concreto perfurada. Na região junto à calha, o dreno horizontal deságua em um enrocamento (Figuras 10.17.a e 10.17.b).

As Figuras 10.18.a e 10.18.b apresentam leituras piezométricas efetuadas durante e logo após o enchimento. Observou-se que entre as estacas ~58 e 63, apesar da drenagem interna reforçada, ocorreram níveis elevados a jusante devido à percolação de ombreira.

Porto Primavera

Na Barragem de Porto Primavera, em execução desde 1980, estão previstos em alguns trechos drenos-sanduíche horizontais (Figuras 10.19.a e 10.19.b).

Na Tabela 10.1, estão mostradas as vazões estimadas para o dreno-sanduíche nos diversos trechos onde esta solução de drenagem foi adotada.

Tabela 10.1 - Barragem de Porto Primavera: vazões e gradientes estimados para os drenos-sanduíche

Trecho entre estacas	Vazão estimada* (l/min/m)	Espessura do cascalho (m)	Gradiente médio estimado *
180 e 220	3,8	0,50	0,01
220 e 280	8,5	0,75	0,02
450 e 480	8,7	0,75	0,02
480 e 510	3,9	0,65	0,01

* sem qualquer fator de segurança

Três Irmãos

Em um trecho de aproximadamente 400 m na margem direita, em face das características de permeabilidade do basalto de fundação, optou-se por dotar a barragem de um dreno horizontal reforçado em vez de injetar o basalto, por questões de custo.

A idéia inicial era de se executar um dreno tipo sanduíche com uma camada de pedrisco de 30 cm transicionada por areia.

A central de britagem da obra não tinha capacidade para suprir as necessidades diárias de pedrisco para complementação da barragem dentro do prazo estabelecido.

Estudou-se, então, a execução de dreno tipo francês (Figura 10.20).

O máximo gradiente previsto para o colchão de areia, considerando a vazão provável, foi de 0,02.

Capítulo 10

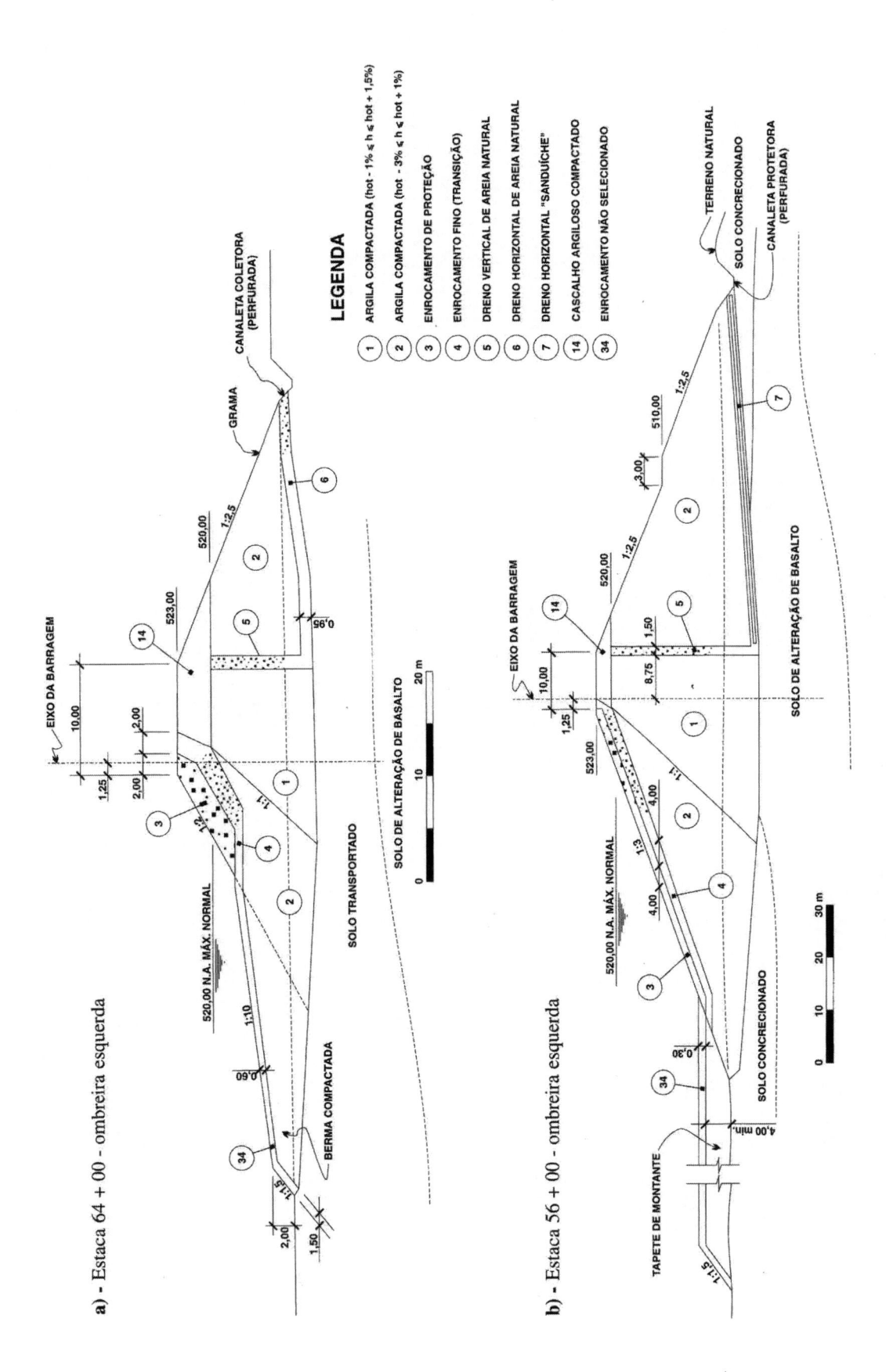

a) - Estaca 64 + 00 - ombreira esquerda

b) - Estaca 56 + 00 - ombreira esquerda

Figura 10.17 - Barragem de Itumbiara (ABMS/ABGE, 1983)

100 Barragens Brasileiras

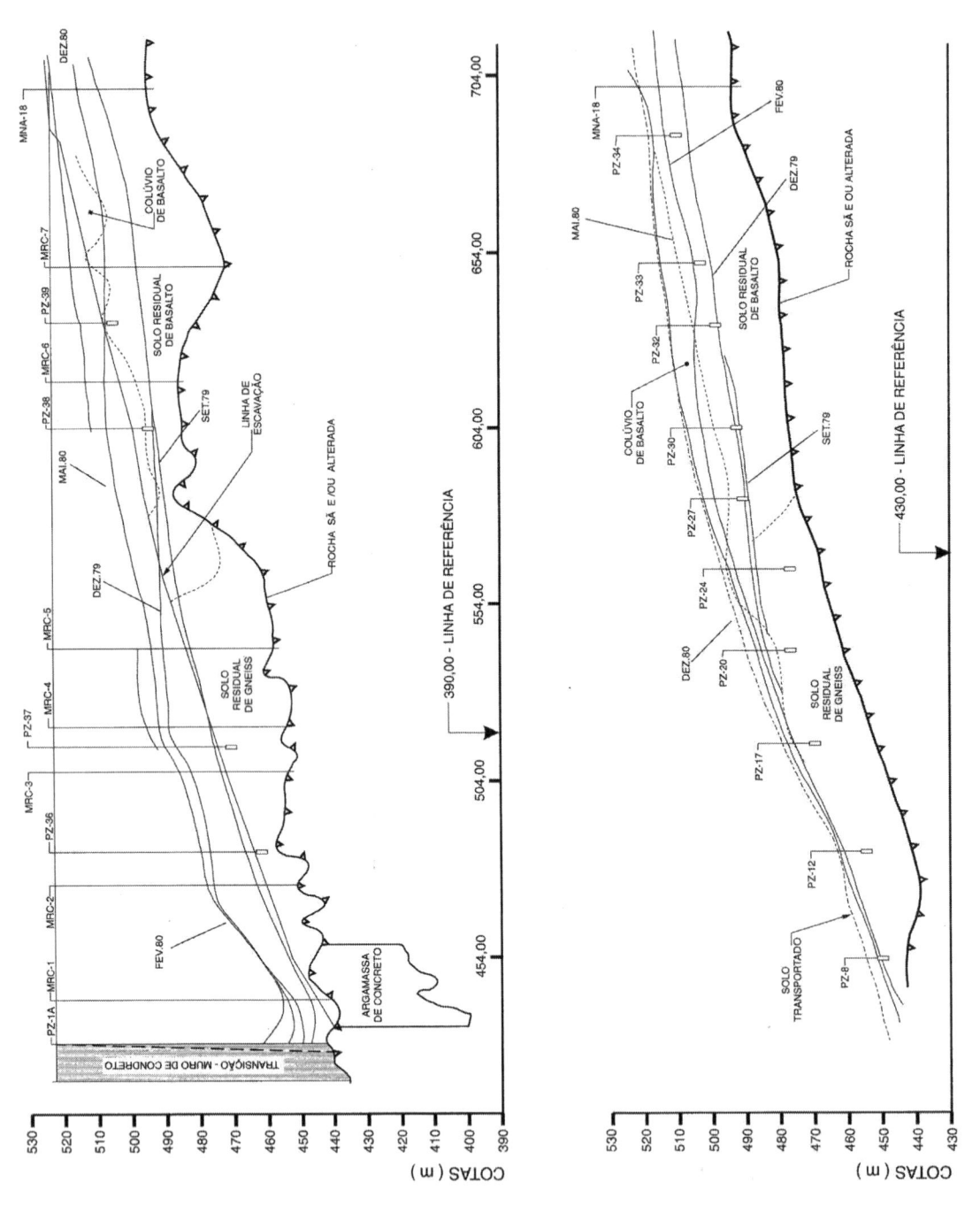

Figura 10.18 - Barragem de Itumbiara - posição das linhas freáticas no eixo e a jusante - margem esquerda (CBGB/CIGB/ICOLD, 1982)

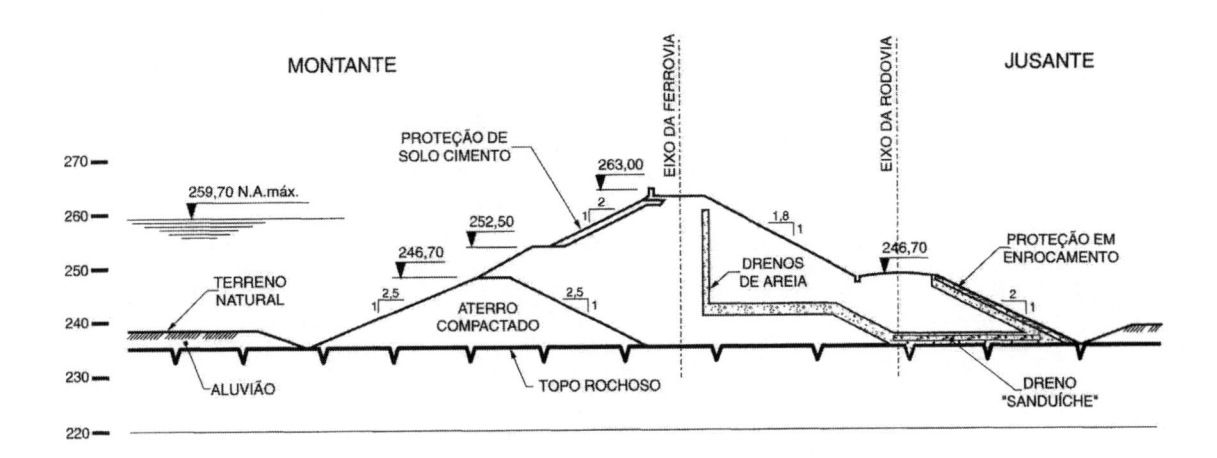

a) Barragem de terra da margem direita - corte típico 1-1 - trecho da planície do rio Baía - Estaca 180 à Estaca 280.

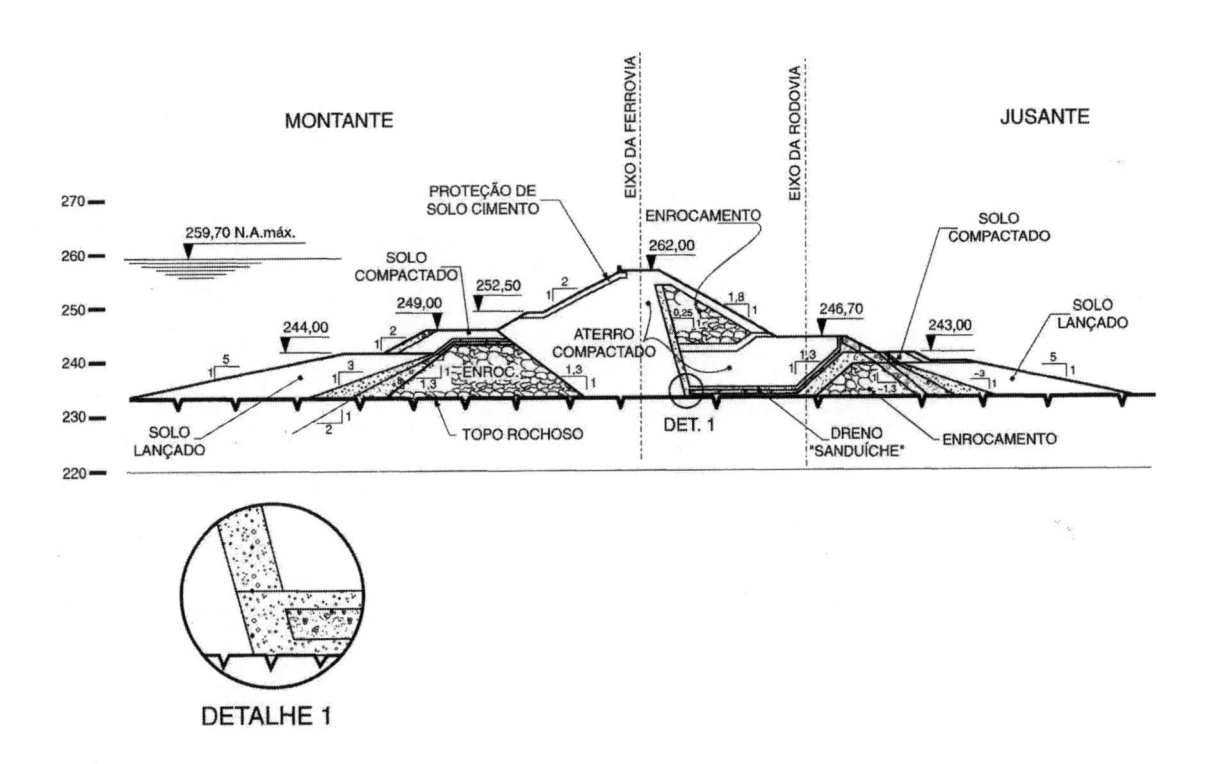

b) Barragem do leito do rio - corte típico 4-4 - Estaca 450 à Estaca 510

Figura 10.19 - Barragem de Porto Primavera (cortesia THEMAG Engenharia, 1992)

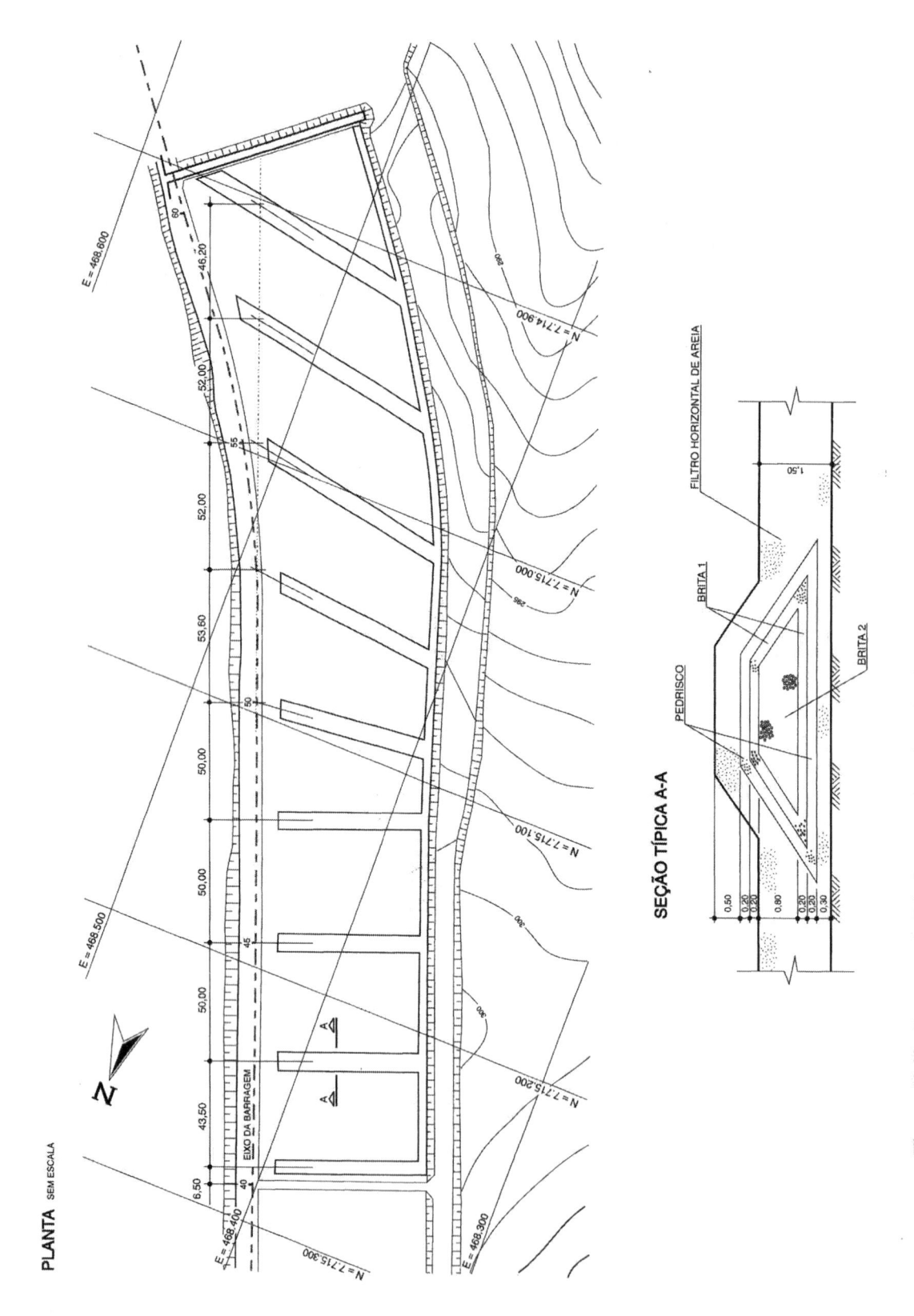

Figura 10.20 - Barragem de Três Irmãos - disposição dos drenos franceses - planta e seção típica (Pacheco *et al*, 1981)

10.2.3 - O Dreno Inclinado e o Tapete Drenante Suspenso no Trecho Central

Victor de Mello, em sua "Rankine Lecture" (1977), demostrou que a utilização de um filtro inclinado apresenta vantagens significativas sobre o dreno vertical, além de evitar a construção de uma parede rígida de areia num maciço compactado. A concepção de Victor de Mello é ilustrada pelas Barragens de Salto Santiago - Bar. Aux. 1 -, Emborcação, e Tucuruí.

Victor de Mello defende o posicionamento do filtro-chaminé inclinado para montante, pois este tipo de filtro proporciona menor risco de uma ruptura do talude de jusante na fase de operação. Os empuxos causados a montante do dreno pelo enchimento do reservatório são tanto menores quanto mais o dreno se aproxima de montante. Além disso, o dreno inclinado para montante gera um maior peso na porção jusante (seca), o que melhora as condições de estabilidade.

Sua recomendação é que o filtro seja inclinado para montante na ordem de 1(V) : 0,5 (H), inclinação que é ainda positiva para a estabilidade do talude de montante no rebaixamento rápido. Esta posição, comparativamente, gera menores pressões neutras no rebaixamento.

Além disso, a variação da pressão efetiva no maciço, para filtro inclinado para montante, é menor no rebaixamento, tendendo a ser negativa, ocasionando um leve comportamento dilatante. O dreno inclinado para montante faz com que as forças de percolação sejam de compressão.

Victor de Mello recomenda que ao dreno inclinado para montante seja associado um tapete interno, que aumenta o caminho de percolação pela fundação e não trinca, como acontece com o tapete externo. Além da presença do tapete interno na região central da barragem, onde as pressões são maiores, sua execução permite uma redução das dimensões das fraturas ou vazios na fundação, e uma zona menos permeável nessa região não compromete a estabilidade de jusante, de vez que o controle das subpressões a jusante é importante apenas além dessa região.

Mais recentemente, em 1987, Victor de Mello, em uma palestra especial no Simpósio sobre Barragens de Rejeito e Disposição de Resíduos Industriais e de Mineração, reforça o conceito de dreno inclinado para montante, uma vez que a interface do solo compactado com o dreno vertical, por constituir uma zona de baixa resistência (devido às limitadas pressões laterais), favorece o desenvolvimento de superfícies de ruptura.

Exemplo de dreno inclinado com tapete drenante central suspenso é o da barragem de Emborcação (Figura 10.21), descrito por Viotti (1989).

Um sistema de drenagem em parte semelhante ao proposto por Victor de Mello foi projetado por A. Casagrande para a Barragem de Xavantes (Figura 10.1).

ZONAS

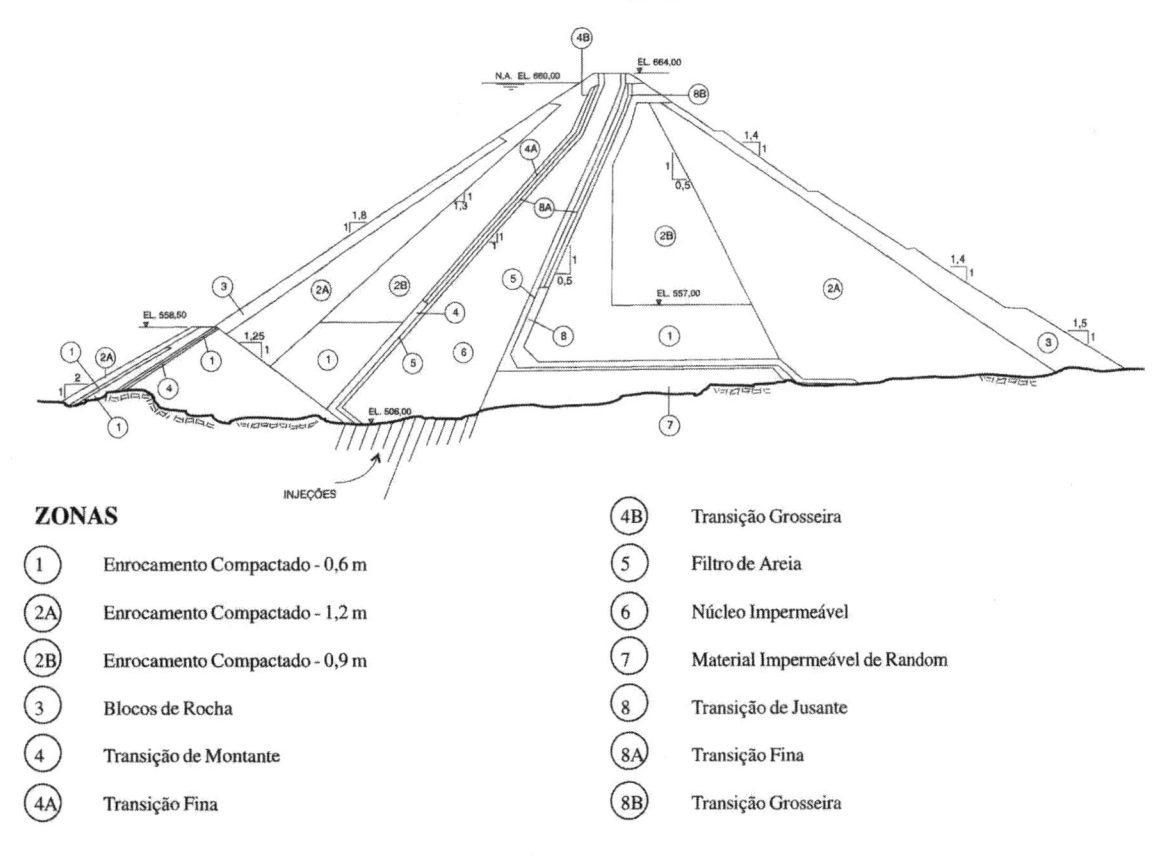

(1)	Enrocamento Compactado - 0,6 m	(4B)	Transição Grosseira
(2A)	Enrocamento Compactado - 1,2 m	(5)	Filtro de Areia
(2B)	Enrocamento Compactado - 0,9 m	(6)	Núcleo Impermeável
(3)	Blocos de Rocha	(7)	Material Impermeável de Random
(4)	Transição de Montante	(8)	Transição de Jusante
(4A)	Transição Fina	(8A)	Transição Fina
		(8B)	Transição Grosseira

Figura 10.21 - Barragem de Emborcação (Viotti, 1989)

No trecho central, o dreno horizontal suspenso cumpre a mesma função, ou seja, a de manter um tapete de drenagem interno para controle do fluxo na fundação. O dreno inclinado de montante, no entretanto, destinou-se a um controle de pressões neutras construtivas (além de drenagem, é claro), em vista da preocupação verificada à época da construção quanto à possibilidade de ocorrência de pressões neutras elevadas na construção .

Parece que somente nos casos em que as condições de fundação não forem dominantes na estabilidade da barragem (fundação em rocha, por exemplo), e se tirar partido da resistência não saturada do maciço compactado no sentido de reduzir o volume da barragem a jusante, é que o custo adicional de drenos horizontais majorados quanto à permeabilidade resultará em solução justificável, constituindo uma economia para o projeto, sem prejuízo da estabilidade da obra.

As centenas de barragens executadas sem esta preocupação parece que atestam o contrário. Afinal, drenos sofisticados são um item de custo substancial.

10.3 - O CONTROLE DO FLUXO PELA FUNDAÇÃO

Na Introdução deste capítulo e no item anterior, já se evidenciou que o fluxo pela fundação pode e na maioria das barragens analisadas é dominante, ou seja, é bastante superior ao fluxo pelo maciço compactado.

Mesmo nos projetos de barragens mais antigos este aspecto foi considerado, como se vê nos seguintes casos:

- Barragem Terzaghi (1948) - poços drenantes até rocha, no pé do dreno vertical;

- Barragem de Santa Branca (1954) - poços drenantes no alinhamento do dreno vertical, *cut-off* e injeção na rocha;

- Barragem de Três Marias (1957-1961) - poços drenantes, interligados a um dreno inclinado e injeções;

- Barragem de Saramanha (1956-1961) - poços drenantes ao pé do filtro inclinado e injeções;

- Barragem de Nhangapi (~ 1961) - poços drenantes ao pé do dreno vertical e injeções (3 linhas);

- Barragem de Euclides da Cunha (1958-1960) - galeria drenante no pé do dreno vertical. A passagem da água para a galeria se processa por furos de 1" cada 3 m, na face jusante da galeria, devidamente protegida por filtros. A galeria intercepta o tálus através de um *cut-off* de concreto, seguido de injeções em rocha. O fluxo para jusante também é possível através de 3 tubos de 20 cm, interligados a um tubo perfurado de base do dreno vertical;

- Barragem de Águas Claras (1969) - poços drenantes com topo no primeiro terço do dreno horizontal.

- Barragem de Santa Bárbara (1970) - poços de drenagem ligados ao 1º terço do dreno horizontal;

- Barragem de Ilha Solteira (1966-1973) - trincheira-dreno associada a poços de alívio até rocha sã. É interessante notar que neste trecho da barragem o dreno horizontal é suspenso, mas há um dreno inclinado, seguido na fundação de dreno horizontal interligado à trincheira e aos poços de alívio. O dreno inclinado da fundação se liga ao dreno horizontal suspenso por um dreno vertical;

- na Barragem de Promissão (1966-1975), a drenagem de fundação na ombreira direita consistiu de uma trincheira drenante de pé (4,0 m de profundidade), seguida de poços de alívio de 8" a cada 10 m. No trecho do leito do rio, com fundação em rocha, foram abertos poços de alívio com 15 m de profundidade e 3" de diâmetro, a cada 15 m; no alto da ombreira esquerda, foi executada uma trincheira drenante de 4 m e poços de 8" com 5 m de comprimento, espaçados de 5 m. Posteriormente ao enchimento, foi executada uma berma de pé, e uma nova trincheira drenante junto ao pé da barragem;

- na Barragem de Itumbiara (1974-1980) não foram projetados drenos de pé. Com a subida do N.A. decidiu-se executar tal drenagem. Também não foi executada injeção da fundação, exceto nos pequenos trechos correspondentes às barragens de transição junto aos muros direito e esquerdo.

O controle de fluxo pela drenagem da fundação sofreu, como se observa, uma mudança de conceito.

Os poços de alívio ou de drenagem foram deslocados da posição central para próximo do pé da barragem. Há progressivamente menos casos de injeções de fundação.

A capacidade de antecipar as feições mais permeáveis da subfundação parece que ainda não está resolvida. Desde Três Marias, passando por Jupiá, Ilha Solteira, Promissão, Itumbiara, Passaúna e chegando a Rosana e Três Irmãos, para mencionar apenas algumas das barragens construídas por um período de 30 anos, vêm sendo executados sistemas adicionais de drenagem após o enchimento do reservatório como conseqüência da constatação de um fluxo ascendente pela fundação, não totalmente controlado pelo sistema de drenagem implantado.

Em alguns casos, tem sido advogado que esse sistema adicional de drenagem só se torna necessário em alguns trechos de barragens, e que seria antieconômico estendê-lo antecipadamente a toda a barragem. Advoga-se ainda que os instrumentos instalados permitem registrar o fenômeno, e há tempo de implantação de novos drenos , sem risco para as obras.

Não tenho tanta certeza sobre esse assunto, porque sempre que a água começa a surgir no pé da barragem, o ambiente na obra começa a se tornar intranqüilo e algumas soluções de emergência, talvez desnecessárias, acabam por ser implantadas meio na correria.

Penso que se fosse gasto mais tempo em estudos sobre por quais caminhos de fluxo a água pode passar, na melhoria dos nossos ainda primitivos ensaios de permeabilidade, e na implantação de sistemas efetivos, o problema poderia ser resolvido em grande parte e com a vantagem indiscutível de se trabalhar a seco na maioria dos casos.

Esse tempo poderia ser roubado ou transferido, por exemplo, das muitas e exageradas análises de estabilidade que, além de cobrir os mecanismos prováveis de ruptura, varrem um vasto campo de rupturas improváveis e mesmo impossíveis.

Se a afirmativa de que "a arte de projetar uma barragem é essencialmente a arte de controlar o fluxo" é válida, o tempo gasto no projeto do controle de fluxo deverá ser prioritário, dando-se aos demais aspectos do projeto um tempo proporcional à sua importância.

Se nos dias de hoje ainda ocorrem surpresas no tocante aos fluxos pela fundação de barragens, essencialmente semelhantes a outros já observados, é porque faltou um tempo de reflexão sobre o que ocorreu e sobre o que deve ser feito para evitar que o mesmo fenômeno se repita.

É claro que a natureza surpreende a cada nova obra, mas por outro lado, os engenheiros de projeto estão cada vez mais próximos dos seus computadores e mais longe da obra e, dessa forma, os ensinamentos que se poderiam aprender da observação da obra e de dados coletados no campo não são incorporados aos projetos.

No item 10.7 essas questões serão novamente abordadas em mais detalhes.

10.4 - CASOS PARTICULARES

10.4.1 - Barragens com Fundação em Solos Moles

Barragens apoiadas em solos moles requerem bermas de estabilização, que resultam em taludes médios extremamente abatidos.

Na realidade, a barragem não deve ser confundida com as bermas e, para fins de drenagem interna, esta separação é importante.

Na Figura 10.22, o problema é ilustrado pela Barragem de Juturnaíba.

O corpo da barragem se reduz à parte central, construída com solo compactado, e inclui um sistema de drenagem composto de um dreno vertical e um dreno horizontal de areia, ambos com 1 metro de espessura.

Neste caso, a vazão que percola pela barragem é muito pequena, e por se tratar de fundação em argila mole, a vazão pela fundação também é muito pequena.

Em primeira aproximação, os dois drenos devem estar superdimensionados, e até poder-se-ia considerar o emprego de areias de menor permeabilidade que, em geral, são de ocorrência majoritária em regiões de depósitos aluvionares. O que se verifica, no entretanto, é que nessas formações aluvionares é comum a ocorrência de estratos de areias e turfas intercalados ao solo mole, na fundação, resultando em deformações diferenciais significativas em seções bastante próximas da barragem. No caso específico de Juturnaíba, há medidas de recalques diferenciais específicos de até 1/45 entre duas seções da barragem apoiadas em formações que contêm vários estratos arenosos, que praticamente desaparecem na seção seguinte. Essas deformações diferenciais podem gerar trincas no maciço compactado, dando origem a fluxos concentrados de água que devem ser controlados pelo sistema de drenagem interna.

A extensão do dreno horizontal entre o pé da barragem e o final das bermas já não se justifica, porque o fluxo pelas fundações é pequeno e o custo de um colchão contínuo de areia é, em geral, muito elevado.

Basta prover a drenagem de pé da barragem com saídas periódicas, de preferência em areia, uma vez que o emprego de tubulações torna-se problemático, considerando os grandes descolamentos que ocorrem na fundação.

O esquema de drenagem proposto para a Barragem de Santa Eulália ilustra os conceitos acima descritos (Figura 10.23).

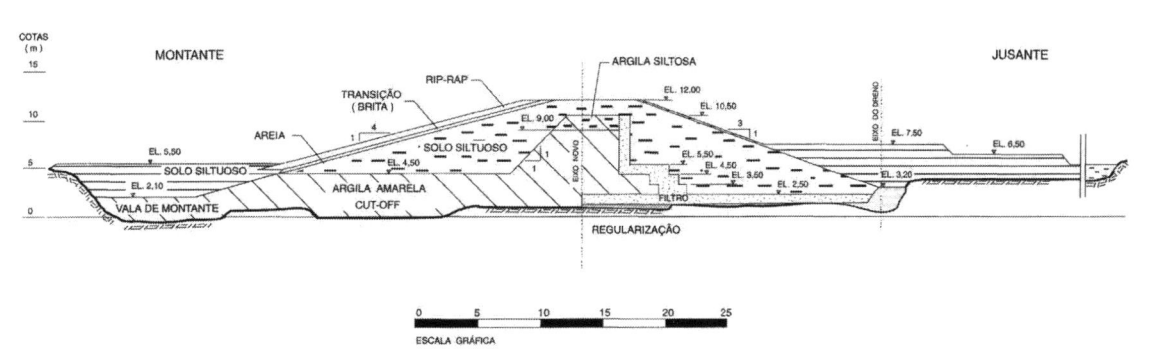

Figura 10.22 - Barragem de Juturnaíba (Trecho III-2 e II) (Cruz, 1983)

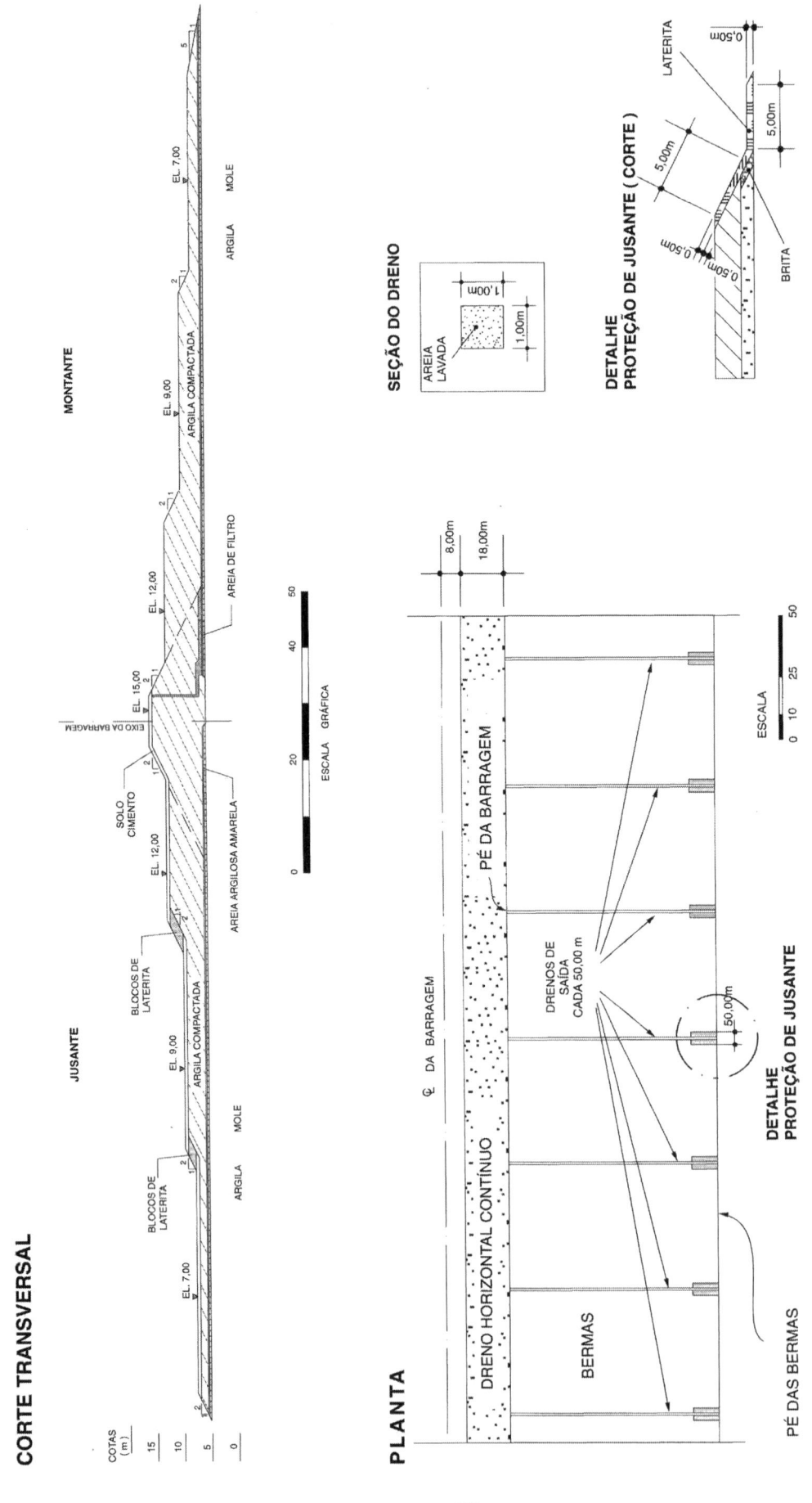

Figura 10.23 - Barragem de Santa Eulália (cortesia Magna Engenharia, 1988)

10.4.2 - Barragens sobre Solos Contendo Canalículos

Canalículos são formações tubulares de desenvolvimento subvertical, que podem ocorrer em solos residuais, e que são originárias de termitas (ver Capítulo 2). A origem "animal" dos canalículos parece corresponder ao consenso atual entre os pesquisadores do assunto.

Os canalículos de dimensões milimétricas e centimétricas têm "condutividade hidráulica" extremamente elevada, e são capazes de absorver volumes significativos de água, se ensaiados isoladamente.

A permeabilidade de um solo contendo canalículos, no entretanto, é controlada pelo solo que existe entre os canalículos, pela persistência dos canalículos e pela direção do fluxo.

Como os canalículos têm, em geral, desenvolvimento subvertical e o fluxo sob uma barragem é predominantemente horizontal, a permeabilidade média acaba sendo influenciada só em parte pelos canalículos.

Para as três barragens a seguir discutidas, todas na Região Amazônica, onde ocorreram "canalículos" nas fundações, foram dadas soluções diferenciadas.

Barragem de Tucuruí (Figura 10.24)

No caso de Tucuruí, a solução dada foi a de executar uma trincheira de vedação interceptando toda a camada com canalículos e recobri-la com um cascalho arenoso, antes do lançamento do aterro compactado sob os espaldares de montante e jusante.

Barragem de Balbina

Na Barragem de Balbina, a espessura da camada contendo canalículos era de 1 a 15 m, subjacente a uma camada aluvionar de até 5 m. A altura máxima da barragem é de 30 m.

Nessas condições, a execução de uma trincheira drenante tornava-se impraticável e a solução adotada foi injetar a fundação com calda de cimento a pressões elevadas o suficiente para promover a clacagem (ruptura hidráulica) do solo. A injeção foi procedida em tubos manchete, de baixo para cima, com pressões de 1,5 vezes o valor da pressão de resposta do solo na vazão de 60 l/min, limitada a 60 kg/cm² e com calda de solo.

O objetivo das injeções foi o de criar uma zona sob a barragem, de permeabilidade média reduzida, que ajudaria a controlar o fluxo pelas fundações.

Na Figura 10.25, mostram-se dados relativos às injeções e aos resultados obtidos.

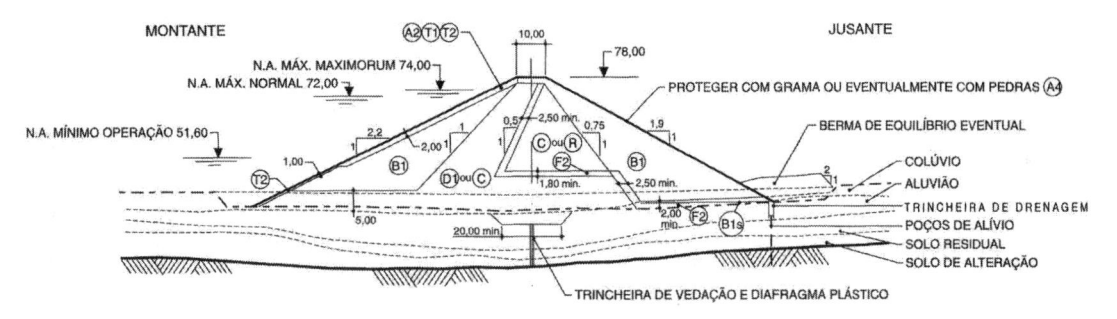

a) Seção 28 + 00 - Projeto Básico

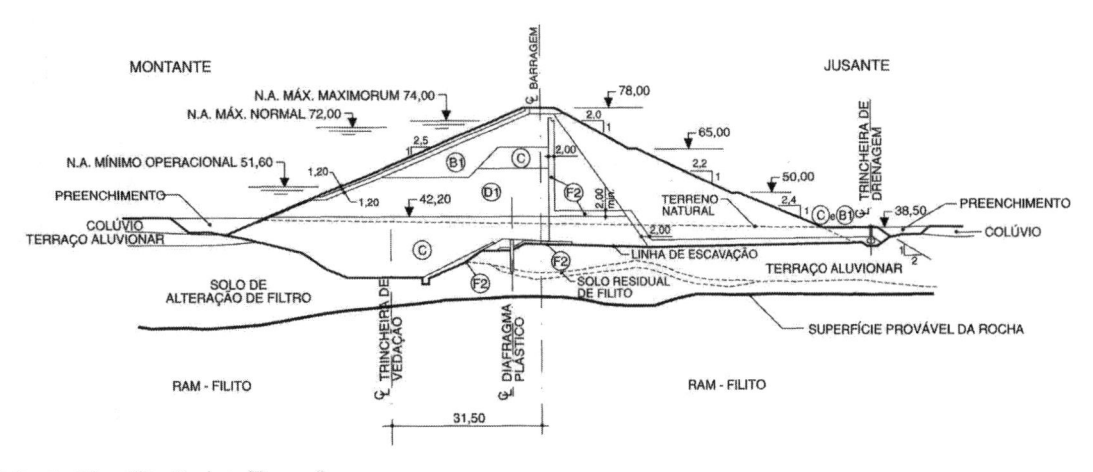

b) Seção 28 + 00 - Projeto Executivo

Figura 10.24 - Barragem de Tucuruí (ENGEVIX/THEMAG, 1987)

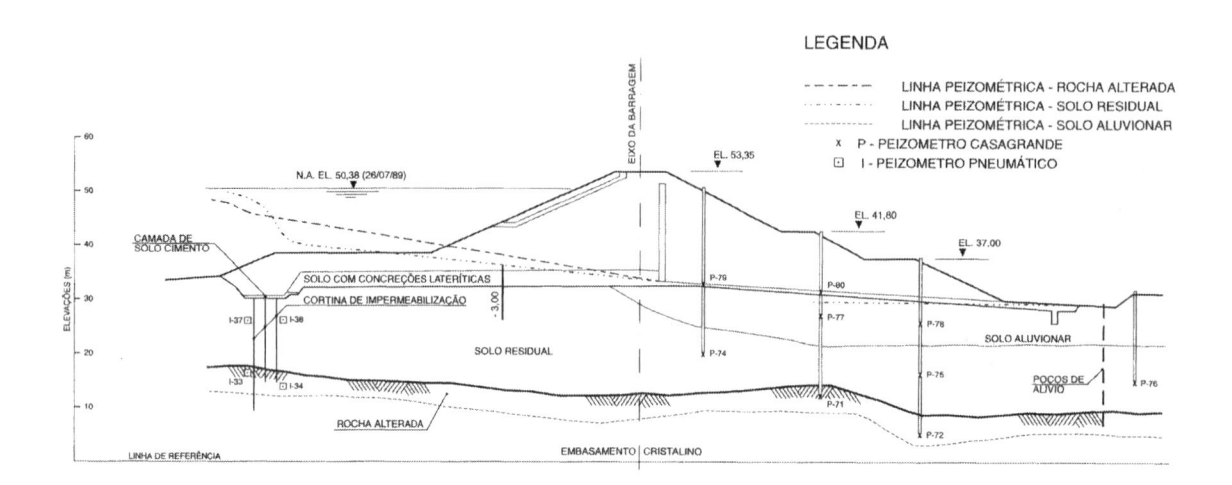

Figura 10.25 - Barragem de Balbina: Seção Est. 220+0,00 - linhas piezométricas pela fundação (Moreira *et al.*, 1990)

A experiência de injeção no solo com canalículos de Balbina mostrou-se pouco eficiente a menos de 5 m de profundidade, já que ocorriam surgências nesta região. Assim, optou-se por executar a injeção abaixo de 5 m de profundidade, para posterior escavação e preenchimento de uma trincheira de vedação até essa profundidade. Quando sobre o solo residual de vulcanito ocorria aluvião, essa solução correspondia à de projeto, porém a mesma foi adotada também quando a barragem se era assente diretamente sobre o solo com canalículos.

A cortina de injeção foi executada em três linhas espaçadas entre si de 2 m e com distância entre furos também de 2 m, como mostrado nas Figuras 2.29 e 11.16. A rocha alterada era injetada antes do solo residual.

Para o trecho tratado da margem direita, previa-se uma vazão de 1,8 l/min x m, sendo que a observada foi de 1,58 l/min x m. Na margem esquerda, a vazão estimada era de 2,0 l/min x m e observou-se 0,7 l/min x m.

Em termos de perda de carga, a injeção no solo residual mostrou-se mais efetiva que a em rocha alterada, com perdas de carga maiores, como mostra a Figura 10.25.

Num trecho de cerca de 300 m da margem direita, a injeção apresentou baixa eficiência, tanto no solo residual quanto na rocha alterada.

Barragem de Samuel

No aproveitamento hidrelétrico de Samuel, o problema dos canalículos ocorreu nas áreas de implantação dos diques necessários ao fechamento de "selas topográficas".

Os canalículos, no entanto, foram causados por uma minhoca gigante - o minhocoçu -, que é um animal que continua atuante, em contraposição à ação das termitas fósseis de Tucuruí e Balbina.

O furo aberto pelo minhocoçu tem a forma de um "U", cuja base é limitada ao nível d'água do lençol freático.

A solução adotada foi a de execução de tapetes a montante dos diques, para redução dos gradientes de fluxo.

10.4.3 - Barragens sobre Areias

Para ilustrar o caso de barragens apoiadas sobre areias, foram selecionadas as seguintes barragens : Rio da Casca III e Açu, já construídas; Porto Primavera, em construção; e Jacaré, Jenipapo e Pedra Redonda, em fase de projeto. Além desses, é interessante analisar alguns projetos de barragens de aterro hidráulico da União Soviética, discutidos adiante, no item 10.5.

Fundações em areias suscitam duas questões básicas:

- controle do fluxo; e

- potencial de liquefação.

Quando a permeabilidade média dos solos ou permeabilidade média equivalente de saprólitos e maciços rochosos fraturados passa de valores entre 10^{-4} cm/s e 10^{-3} cm/s, usuais em fundações de inúmeras barragens brasileiras, para a casa de 10^{-2} cm/s, com camadas localizadas de 10^{-1} cm/s, o controle do fluxo pelas fundações de barragens requer sistemas de controle adequados a cada caso.

Considerem-se as Barragens de Jacaré, Pedra Redonda e Jenipapo, todas em fase de projeto e a serem construídas na Região Nordeste do Brasil.

Nos três casos, as barragens se apóiam sobre espessas camadas de aluviões arenosos, de permeabilidades médias de 10^{-2} cm/s, no limite superior.

A escolha da seção transversal das barragens visou sempre ao melhor aproveitamento possível dos materiais de empréstimo, dando-se prioridade ao emprego de materiais próximos e/ou provenientes de escavações obrigatórias para implantação dos sangradouros.

As três soluções adotadas são essencialmente diferentes.

Na Barragem de Jacaré, com aproximadamente 23 m de altura (Figura 2.35), o controle de fluxo é feito pelo dreno horizontal, pelo enrocamento de jusante e pelos poços de alívio. Estes poços só serão efetivos se a permeabilidade da areia for pelo menos 10 vezes maior do que a do aluvião.

A vazão média prevista para k médio da fundação de 5 x 10^{-3} cm/s é de cerca de 8 l/min/m'.

Se 58% do fluxo atingir o dreno horizontal, pode-se estimar o gradiente necessário que se estabelecerá no dreno em função da permeabilidade do mesmo. A Tabela 10.2 abaixo resume os cálculos:

Tabela 10.2 - Barragem de Jacaré: gradiente necessário em função da permeabilidade

k dreno	i nec.	Observação
10^{-2} cm/s	0,67	inviável
2 x 10^{-2} cm/s	0,33	elevado
5 x 10^{-2} cm/s	0,13	aceitável
10^{-1} cm/s	0,07	seguro

Daí se conclui que o dreno horizontal deve ser do tipo sanduíche (areia + brita + areia), para garantir um controle da vazão pelo dreno sem sobrecarregar o dreno vertical, e provocar uma saturação progressiva do maciço compactado de jusante da barragem.

Na Barragem de Jenipapo, com cerca de 41 m de altura (Figura 2.34), por questões de estabilidade, a camada de argila aluvionar deve ser interceptada por dois enrocamentos. A trincheira parcial escavada no trecho central visa a interceptar a camada superior de areia, para evitar uma ligação direta de fluxo montante-jusante por esta camada.

O fluxo pela fundação em areia, em princípio, seria controlável pelo enrocamento de jusante e pelo tapete drenante no pé da barragem.

A vazão pela fundação pode ser estimada em 30 a 40 l/min/m', para um k médio da areia de 10^{-2} cm/s.

Numa revisão de projeto, foi proposta a inclusão de uma "cortina impermeabilizante".

Uma cortina eficiente deve reduzir a permeabilidade no local de 50 a 100 vezes, o que conduz a uma redução de fluxo para 2/3 e 1/2 respectivamente.

A eficiência da cortina depende ainda de um adequado engaste na rocha. Qualquer pequena deficiência na ligação reduz drasticamente a eficiência da "parede" de vedação. Em rocha sã, esse engaste exige acertos topográficos, que são um serviço caro e demorado, além de muitas vezes causar desmoronamento das paredes de escavação, mesmo quando a vala está preenchida com lama estabilizante.

Outro aspecto a ressaltar corresponde à permeabilidade da rocha subjacente à areia. Caso a camada superior da rocha apresente-se relativamente permeável, mesmo com adequado engaste a eficiência da parede será pequena, pois a água passará sob a mesma, que funcionará como um *cut-off* parcial.

Mesmo supondo que a parede funcionasse adequadamente, essas vazões ainda resultariam em valores 10 a 20 vezes superiores aos usuais em barragens apoiadas em "solos".

A terceira solução, relativa à Barragem de Pedra Redonda, com 50 m de altura (Figura 2.36), envolve uma trincheira de vedação a montante em solo compactado, e a escavação de uma segunda trincheira no aluvião a jusante, a ser preenchida por enrocamento.

A trincheira de montante tem o objetivo de interceptar o fluxo pela areia de fundação, enquanto a de jusante, além de ajudar no controle do fluxo, visa principalmente a criar condições de apoio para o enrocamento.

As vazões esperadas neste caso devem ficar entre 0,5 e 1,0 l/min/m', dependendo das infiltrações que possam ocorrer na rocha gnáissica da fundação.

Como se vê dos exemplos citados, os sistemas de drenagem admitem alternativas bem diferenciadas de solução. Desde que se possa aceitar uma perda de água pelas fundações de até 30 l/min/m' (ou que seja 50 l/min/m'), pode-se conviver com a areia da fundação.

Na Barragem de Açu (ver Figura 2.92), a solução adotada foi de interceptar o fluxo por meio de um tapete de "argila plástica", que recobria a camada arenosa sob o espaldar de montante, e se estendia até o topo rochoso subjacente à areia, dentro de uma grande trincheira escavada no aluvião arenoso.

A vazão prevista em projeto era de 285 l/s, que, divididos pelos 480 m de largura, resultam em 35,6 l/min/m', admitida uma permeabilidade média de 10^{-2} cm/s.

Quando da escavação da trincheira, chegou-se a registrar um bombeamento de 3.800 m³/hora. Um cálculo aproximado conduz a um valor de k médio da areia de 3 x 10^{-2} cm/s, três vezes superior ao estimado.

A trincheira foi executada com sucesso. Carvalho *et al.* (1981), em trabalho publicado no XIV Seminário Nacional de Grandes Barragens, não se referiram à possibilidade da barragem vir a romper no final do período construtivo, pelo tapete de argila plástica, que se mostrou com resistência insuficiente para a estabilidade do talude de montante. Este caso é analisado em detalhe no Capítulo 3, mas é oportuno lembrar que soluções adequadas a um certo propósito (no caso, controle de fluxo) podem não atender a outros propósitos (no caso, estabilidade de taludes).

É necessário mencionar que o posicionamento da trincheira bem a montante teve por objetivo permitir executar a obra em prazo reduzido, pois dessa forma a trincheira e a barragem poderiam ser construídas quase que simultaneamente.

A pressa, às vezes, pode não ser boa conselheira.

Na Barragem de Porto Primavera, trecho Páleo Ilha (2.600 m de extensão), a solução adotada foi a mostrada na Figura 10.26.

A drenagem interna compõe-se de um dreno vertical e um dreno horizontal suspenso, interligado a uma substancial trincheira drenante de pé, que constitui o elemento de controle de fluxo do aluvião arenoso da fundação.

O aluvião arenoso atinge nesse trecho 5 m de espessura, sendo que os 2 m superficiais são menos permeáveis ($k = 5 \times 10^{-4}$ cm/s) do que a areia limpa sotoposta ($k=5 \times 10^{-2}$ cm/s), em face da presença de finos.

A vazão pela fundação foi estimada em 14 l/min x m. Devido à presença da camada superficial de areia com finos, o filtro horizontal, mesmo em contato com a fundação, não controlaria a percolação, já que a camada inferior de areia limpa é a grande condutora. O fato de estar em contato com a fundação apenas aumentaria um pouco a vazão e a espessura do filtro.

Como seria necessário um sistema de drenagem substancial para coletar a vazão da fundação, foi projetada uma trincheira drenante totalmente penetrante, e o filtro horizontal foi mantido suspenso por economia e por não colaborar significativamente no controle da percolação pela fundação.

No caso hipotético da barragem nesse trecho assentar-se diretamente sobre uma camada de até 5 m de areia limpa com $k = 5 \times 10^{-2}$ cm/s, a vazão pela fundação para o filtro suspenso seria da ordem de 25 l/min x m. Já se o filtro fosse colocado diretamente sobre a fundação, a vazão aumentaria em 50% a 60% e seria necessário um dreno-sanduíche com uma espessura de cascalho da ordem de 70 cm, sem que se considerasse qualquer fator de segurança para o dreno.

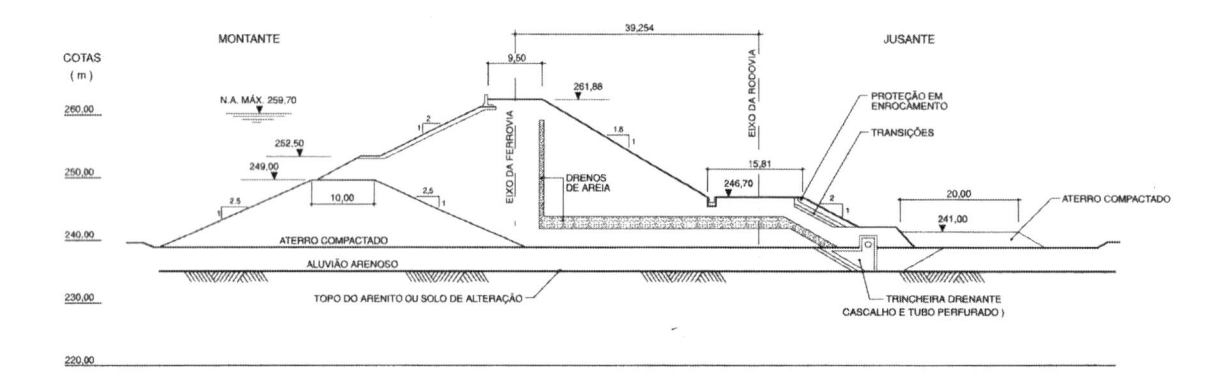

Figura 10.26 - Porto Primavera - barragem de terra da margem direita - corte típico 2-2 - trecho Páleo Ilha - Estaca 280 a Estaca 410 (cortesia THEMAG Engenharia, 1992).

Neste caso, quer para o problema real, quer para o hipotético, a adoção de um dreno horizontal suspenso pode ser justificável, dada a condição particular de fundação, obrigando, no entanto, a se adotar um sistema efetivo de drenagem para o material de fundação. Os custos das várias alternativas devem ser avaliados.

Em Porto Primavera, a questão da liquefação das areias de fundação foi bastante discutida na época do projeto básico, quando se previa a construção da barragem em aterro hidráulico.

Foram executados alguns ensaios adensados rápidos conduzidos à carga controlada, seguindo a metodologia proposta por Castro (1969).

Esses ensaios não foram de todo conclusivos com relação ao potencial de liquefação da camada superior de areia da fundação que, em alguns pontos, apresenta-se relativamente fofa. Para a areia limpa subsuperficial, os poucos ensaios realizados mostraram que o material não é passível de liquefação para as densidades em que ocorre.

Quando do projeto executivo, optou-se por construir a barragem em aterro compactado e o temor quanto à liquefação do material de fundação foi reduzido. O próprio A. Casagrande, consultor do projeto na época e orientador de Gonzalo Castro, justificava que um processo de liquefação devido a cargas estáticas exige grandes massas envolvidas capazes de propagar o processo, o que não ocorre com o aterro compactado.

A última barragem a ser analisada é a do Rio da Casca III (Figura 10.27).

No leito do rio foi detectada a presença de um depósito aluvionar de areia fina com matacões.

Esse material, que atingia até 17 m de profundidade, apresentava-se fofo, com valores de resistência à penetração entre 1 a 3 golpes por 30 cm.

Decidiu-se promover a densificação da areia aluvionar, para assegurar adequadas condições de estabilidade durante a construção e minimizar recalques diferenciais que pudessem gerar trincas no núcleo.

Foi utilizado o processo de densificação com uso de explosivos.

A área de interesse coberta por areia fina era da ordem de 1.100 m². Foi locada uma malha de furos com espaçamento de 10 m. A detonação foi feita em dois estágios :

- 1º estágio - cargas de dinamite colocadas à profundidade de 10 m; e

- 2º estágio - cargas de dinamite colocadas à profundidade de 5 m.

Cada carga apresentava 4 kg de gelatina especial de dinamite em cartuchos de 0,5 m de comprimento e 0,05 m de diâmetro.

As cargas eram detonadas uma de cada vez em intervalos de 5 minutos.

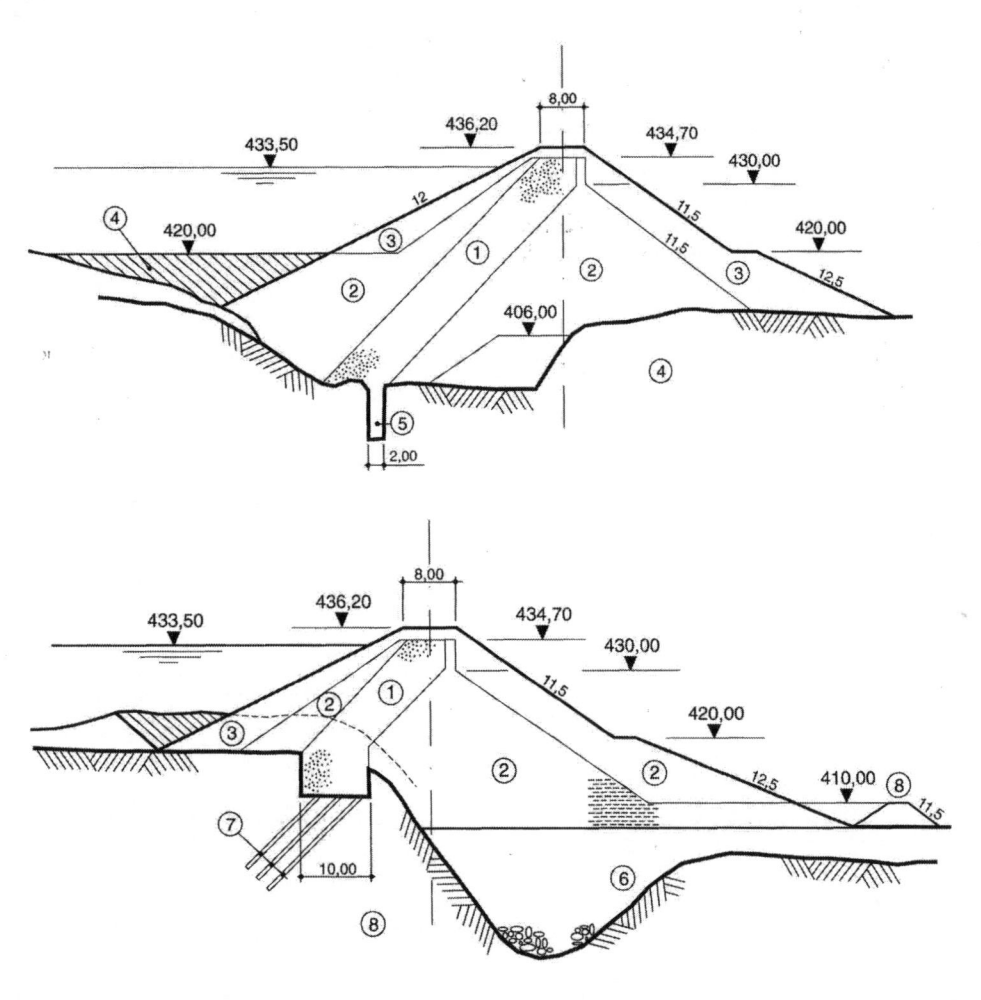

(1) Núcleo argiloso compactado

(2) Enrocamento de arenito friável compactado

(3) Enrocamento de arenito são compactado

(4) Randon

(5) Trincheira de vedação

(6) Areia fina aluvial com cascalhos

(7) Cortina de injeção

(8) Ensecadeira de jusante

Figura 10.27 - Barragem de Rio da Casca III - seção transversal (Queiroz *et al.*, 1967)

Os recalques observados chegaram a 0,25 m no centro da área que sofreu detonação, reduzindo-se a 0,10 m nas bordas dessa área. Aliás, nas bordas observaram-se trincas, mostrando que os recalques na região central foram mais intensos.

Após o processo de densificação, foram executados novos ensaios de resistência à penetração, e os valores obtidos foram da ordem de 3 golpes a 2 m de profundidade até 7 golpes a 10 m de profundidade (Queiroz et al., 1967).

Esses resultados foram considerados adequados para o assentamento do enrocamento.

Foi instalado um medidor de recalque no topo da camada aluvionar, onde eram esperados os maiores recalques em face do carregamento da barragem. Mediu-se um recalque de ~26 cm sob uma cobertura de 13,5 m de enrocamento.

Dos seis casos analisados, somente os dois últimos discutem o problema da densidade das areias da fundação, preocupação esta relacionada com o fenômeno de liquefação de areias. Este aspecto do problema é analisado especificamente para o caso da Barragem de Pedra Redonda, considerando o risco de liquefação provocada por carga estática, no Capítulo 7.

Em locais sujeitos a ação de sismos, é de todo recomendável uma reavaliação criteriosa do projeto, considerando solicitações dinâmicas. Veja-se a Rankine Lecture de H.B. Seed (1979).

10.5 - BARRAGENS DE ATERRO HIDRÁULICO

Em regiões de vales abertos, não sujeitos à ação de sismos, e com grandes depósitos de aluviões arenosos, a solução de barramento por aterros hidráulicos pode representar uma alternativa economicamente muito atraente e segura.

A experiência soviética, que somente no período de 1947 a 1973 acumulara oitocentos milhões de metros cúbicos de aterros hidráulicos em mais de cem barragens, consolida a garantia de sucesso desses empreendimentos.

Nas Figuras 10.28, 10.29 e 10.30, estão mostradas as Barragens de Golovnaya, Kievskaya e Kakhovskaya, escolhidas como exemplos de barragens de areias construídas sobre fundações de areias.

A permeabilidade, tanto do aterro como das fundações, é da ordem de 10^{-2} cm/s, e pode ser estimado um fluxo montante-jusante entre 5 e 25 l/min/m', dependendo da altura da barragem e da espessura da camada aluvionar.

Essas vazões, em geral, são desprezíveis, considerando a vazão dos rios envolvidos nesses projetos.

Nessas barragens, o controle do fluxo limita-se ao controle da linha freática, que em nenhuma hipótese deve emergir no talude de jusante.

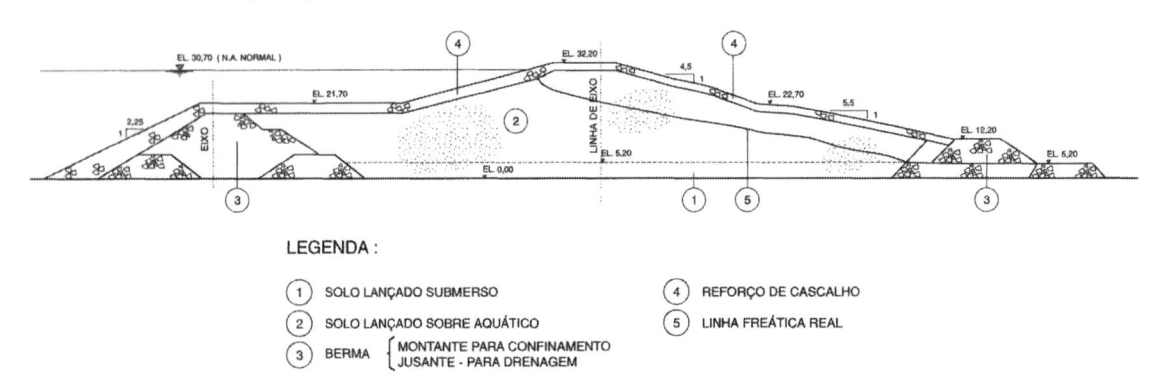

Figura 10.28 - Seção transversal da Barragem de Golovnaya (Moretti, 1988)

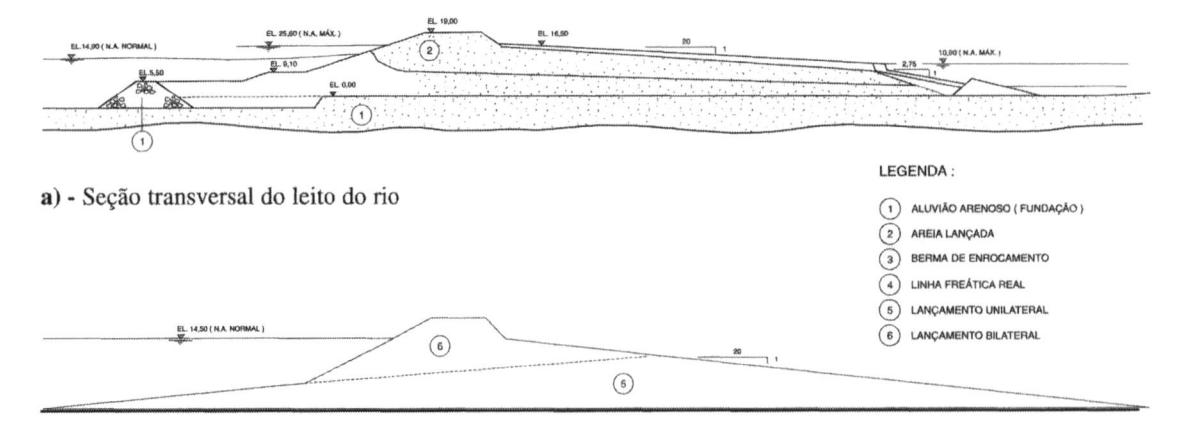

a) - Seção transversal do leito do rio

a) - Seção transversal da planície

Figura 10.29 - Barragem de Kievskaya (Moretti, 1988)

Capítulo 10

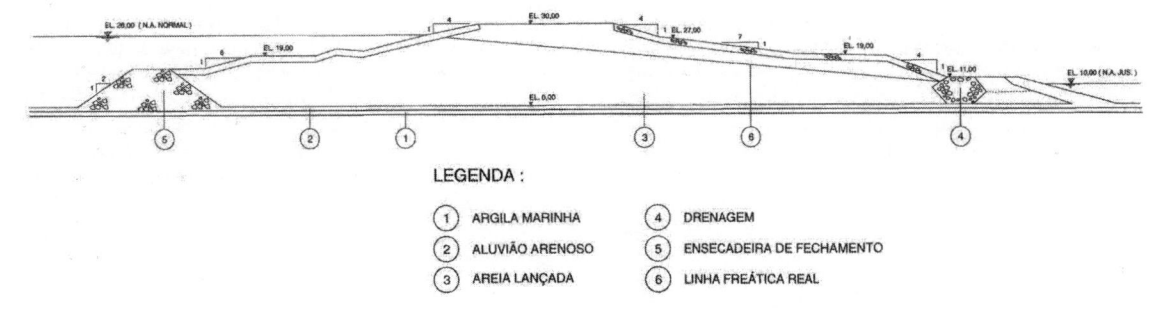

Figura 10.30 - Seção transversal do leito do rio da Barragem de Kakhovskaya (Moretti, 1988)

LEGENDA:
1. ARGILA MARINHA
2. ALUVIÃO ARENOSO
3. AREIA LANÇADA
4. DRENAGEM
5. ENSECADEIRA DE FECHAMENTO
6. LINHA FREÁTICA REAL

É usual prover a barragem de um enrocamento de pé, que controla o fluxo efluente. Como os taludes são naturalmente abatidos, a linha freática fica contida no aterro.

O fluxo pela fundação também ocorre com gradientes controlados. O controle de fluxo no período construtivo em geral é dominante, uma vez que, por questões de estabilidade, a subida do aterro é controlada de forma a garantir que a água de lançamento não aflore nos taludes.

A experiência brasileira em aterros hidráulicos em areia ainda está limitada ao Aterro Experimental de Porto Primavera, descrito em detalhes por Moretti (1988). Veja-se também o Capítulo 17.

Aterros hidráulicos de barragens de rejeito de mineração merecem um tratamento diferenciado, porque os condicionantes construtivos são diferentes e não fazem parte do escopo deste trabalho. No Capítulo 2 são discutidas algumas destas barragens.

10.6 - BARRAGENS DE ENROCAMENTO COM NÚCLEO DE ATERRO E DE FACE DE CONCRETO

10.6.1 - Barragens de Enrocamento com Núcleo de Aterro

À primeira vista, o sistema de drenagem interna de uma barragem de enrocamento com núcleo em solo compactado seria quase uma conseqüência natural das transições necessárias à passagem de um solo para um enrocamento.

Como os enrocamentos em geral se apoiam em "rocha", as drenagens pelas fundações também estariam controladas.

Veja-se por exemplo a Barragem de Furnas (Fig 9.5).

O problema, no entretanto, é bem mais complexo, e são largamente conhecidos os casos de acidentes ocorridos em núcleos muito delgados de barragens de enrocamento, como Balderhead, na Inglaterra, Hyttejuvet e Viddalsvatn, na Noruega.

A justaposição de materiais com características de deformabilidade diferentes resulta numa redistribuição das tensões, com tendência de transferir as tensões de zonas de materiais mais compressíveis (em geral, o núcleo) para as zonas de materiais menos compressíveis (transições e enrocamentos).

Para ilustrar o problema, são reproduzidas nas Figuras 10.31.a e b, as tensões verticais previstas para a Barragem de Belimo I, no final da construção e ao final do enchimento.

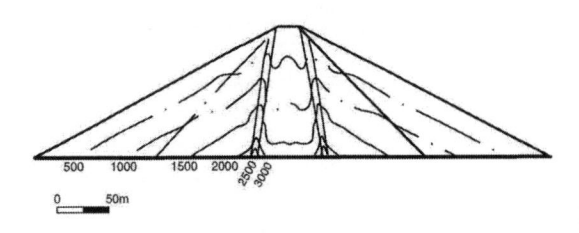

a) Final da construção

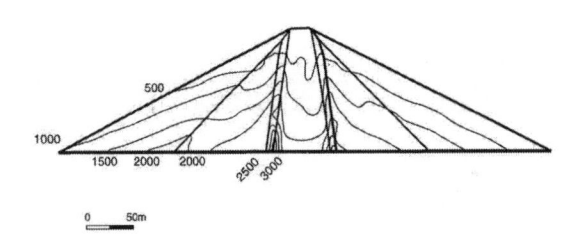

b) Após o enchimento do reservatório

Figura 10.31 - Tensões verticais previstas na Barragem de Belimo I (Maranha das Neves, 1991)

Como se observa, no núcleo da barragem as tensões verticais estão aliviadas, e são inferiores ao peso da terra γh. A concentração de tensões nas zonas de transição é marcante (Maranha das Neves, 1991).

As pressões horizontais podem ser expressas por uma relação do tipo $\sigma_h = k_o \sigma_v$ e $\sigma_h = k_o (\sigma_v - u) + u$ (pressão total).

Ora, se o valor de u de final de construção é baixo, os valores de σ_v e σ_h podem se aproximar das pressões piezométricas na face de montante do núcleo no enchimento do reservatório, mesmo que ocorra um aumento nas pressões neutras do núcleo, pela imposição da pressão hidrostática de montante, e antes que se estabeleça uma rede de fluxo.

Se a pressão u_p (pressão piezométrica atuante na face do núcleo) ultrapassar qualquer das pressões totais σ_v, σ_h e σ_u, estabelecem-se condições propícias para uma ruptura hidráulica. Uma "cunha de água" pode avançar rapidamente pelo núcleo atingindo o dreno vertical, e ocasionando um fluxo concentrado de dezenas de litros por segundo.

Mesmo que tal fenômeno não chegue a ocorrer, seja porque as pressões piezométricas de montante não ultrapassem as pressões totais, seja porque as fraturas não cheguem a se propagar ao longo de todo o núcleo, ou ainda porque ocorra uma autocolmatação das fraturas pelo carreamento das partículas arenosas da transição de montante, o fato é que o estado de tensões, principalmente nos 10 a 15 m superiores de núcleos de barragens de enrocamento, é sempre um estado próximo de um estado limite. Nessas condições, há uma tendência do fluxo constituir um fluxo horizontal, que se desenvolve num maciço compactado ou não (caso de núcleos úmidos), em baixos níveis de tensões.

A Figura 10.32 reproduz dados de tensões verticais e horizontais previstas e observadas no núcleo da Barragem de Salto Santiago. As pressões neutras u também estão indicadas.

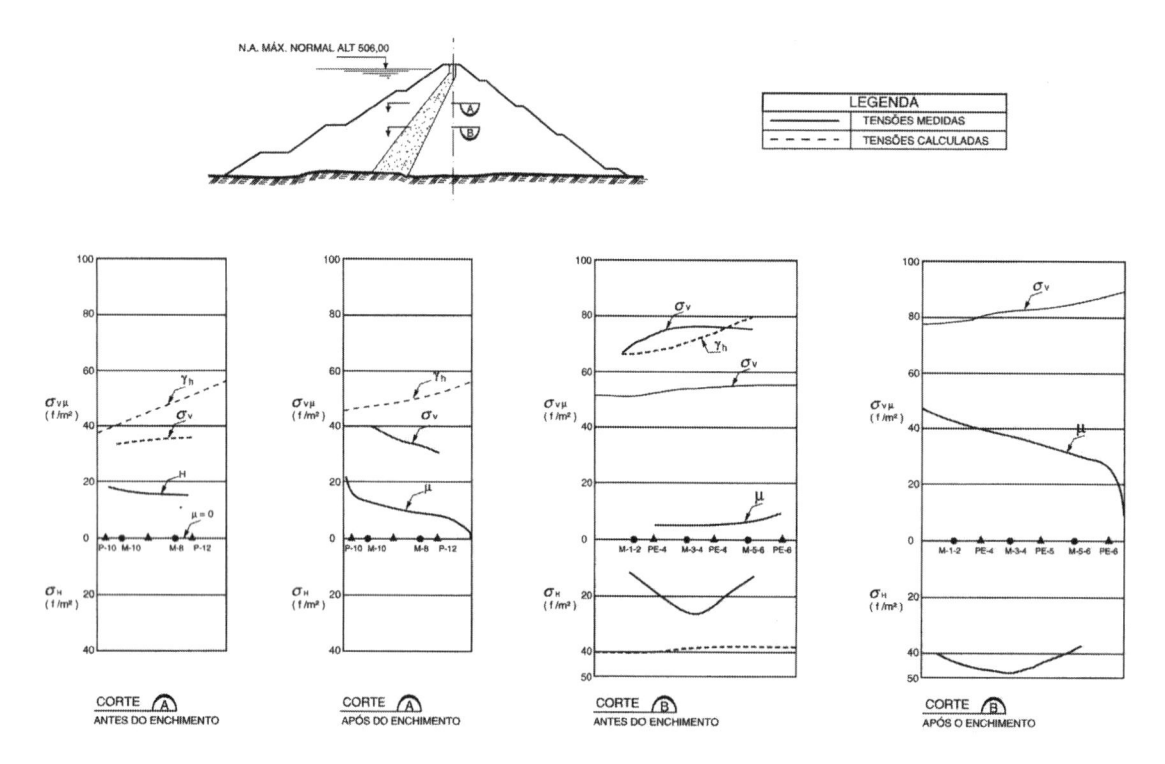

Figura 10.32 - Salto Santiago - pressões totais previstas e observadas no núcleo impermeável da barragem principal (apud CBGB/CIGB/ICOLD, 1982)

Como se observa, os valores de σ_v são significativamente inferiores a γz, os valores de u de construção são baixos e, depois do enchimento, os valores de σ_h na área de montante do núcleo não diferem significativamente das pressões piezométricas u.

Na Figura 10.33, mostra-se a posição da linha freática observada, em comparação com as previstas por redes de fluxo. O deslocamento da linha freática para cima é evidente, como já discutido na Introdução deste capítulo.

No núcleo da barragem a permeabilidade é uma variável, não só na vertical, ou seja, ao longo do núcleo de cima para baixo, mas também no plano horizontal, porque varia com o estado de tensões. O solo poderá mesmo expandir quando saturado, com um conseqüente aumento da permeabilidade.

P. R. Vaughan, em 1989, propôs uma solução teórica para a condição de fluxo não linear, considerando a permeabilidade variável com a pressão efetiva.

Desde que no núcleo da barragem não haja ocorrência de trincas (que invalidam a solução), é possível adotar uma equação logarítmica para a permeabilidade, do tipo $ln\ k/k_o = -Bs$ ou $k/k_o = e^{-Bs}$

O coeficiente B tem unidades de "(pressão)$^{-1}$" e Vaughan indicou valores de B na faixa de 0,01 a 0,025 m²/kN para solos mais plásticos, caindo para 0,002 m²/kN para um pedregulho não coesivo.

Para a Barragem de Salto Santiago, o valor de B, obtido por retroanálise, é de 0,095 m²/kN.

A Figura 10.34 (a, b e c) apresenta dados de três barragens, reportados por Vaughan (1989).

O sistema de drenagem interna relativo ao núcleo de solo merece, pelas razões expostas, um tratamento diferenciado.

Se as análises da distribuição de tensões não mostrarem indicações de tendência à ocorrência de um fraturamento hidráulico, ainda que potencial, as vazões que ocorrem em núcleos de barragens de enrocamentos serão suficientemente pequenas, dispensando qualquer preocupação quanto ao dimensionamento do dreno (vertical ou inclinado) justaposto ao núcleo.

Entretanto, em casos de núcleos delgados e/ou quando as análises de tensões indicarem situações marcantes de alívios de tensões no núcleo, e em situações em que as pressões neutras construtivas esperadas sejam baixas, é recomendável que o dreno seja dimensionado para receber vazões concentradas de eventuais trincas que venham a ocorrer no núcleo. Além disso, os drenos devem ser filtros efetivos do solo do núcleo, para que seja evitado o carreamento de partículas do núcleo pelo dreno, e por camadas de transição que se seguem.

Como providência complementar, a transição justaposta ao núcleo a montante deve conter material granular fino, capaz de progressivamente colmatar as eventuais fissuras que ocorram no núcleo.

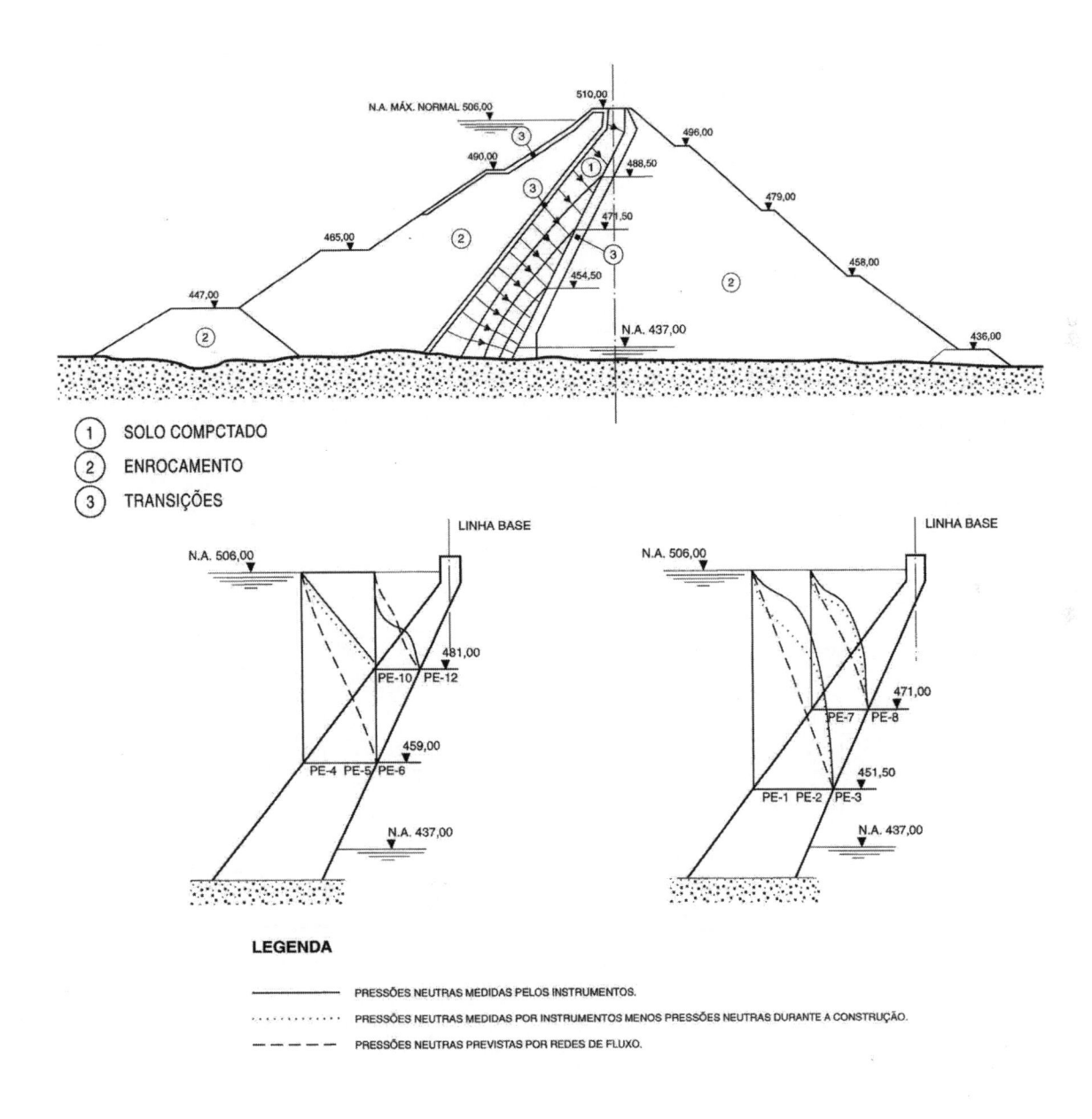

Figura 10.33 - Salto Santiago - pressões neutras previstas e observadas na barragem principal (CBGB/CIGB/ICOLD, 1982).

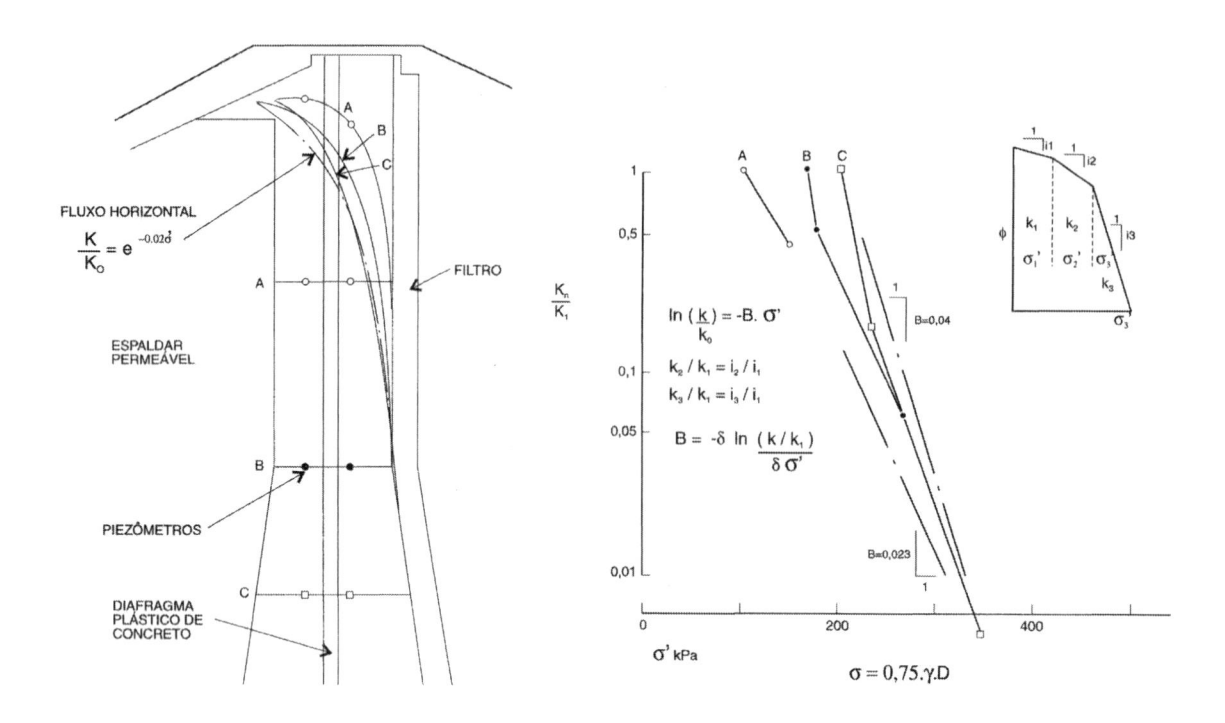

a) Pressões neutras no núcleo da Barragem de Balderhead depois da recuperação.

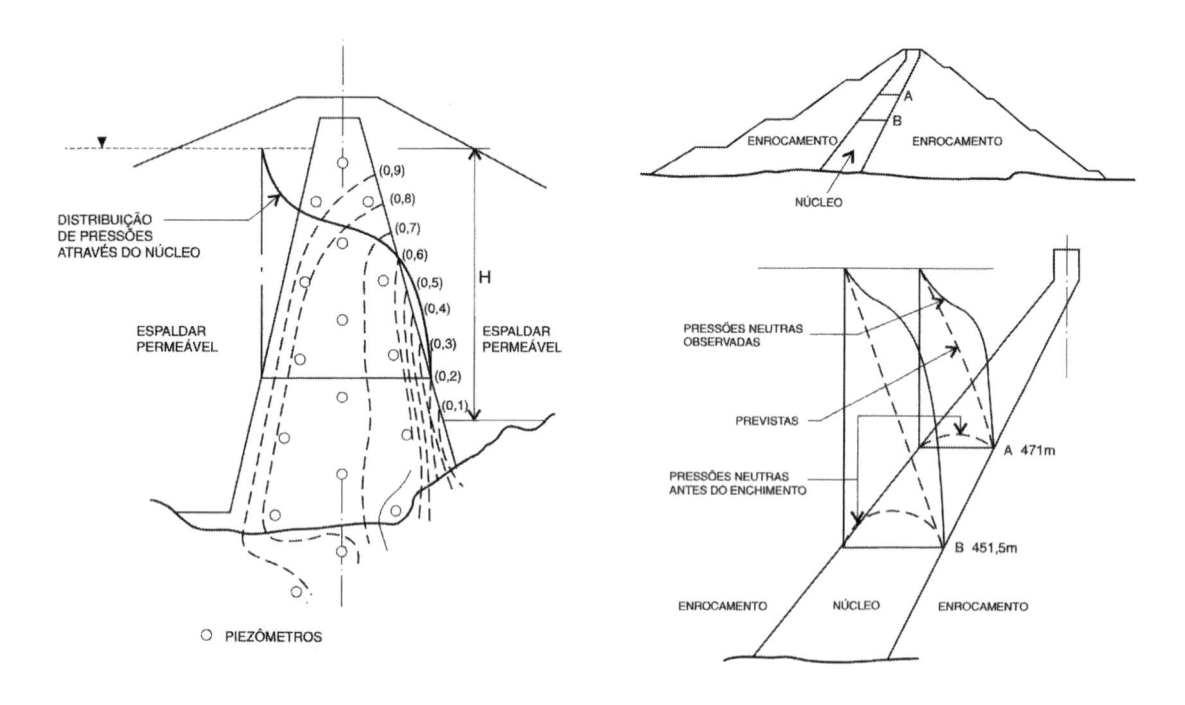

b) Pressões neutras no núcleo de solo residual vulcânico da Barragem de Vaturu, Fiji

c) Pressões neutras no núcleo de solo residual de basalto da Barragem de Salto Santiago, Brasil.

Figura 10.34 - Problemas de fluxo não linear em três barragens (Vaughan, 1989)

Critérios de filtro e filtros efetivos serão discutidos no item 10.7.

Barragens de enrocamento com núcleo em solo compactado ou úmido e em fundação rochosa têm sido construídas em todo o mundo, e o número de rupturas registradas é próximo de zero e muito inferior aos casos de rupturas de barragens de solos compactados. Mesmo os acidentes ocorridos, em casos de núcleos delgados, puderam ser corrigidos e, portanto, este tipo de barragem é essencialmente seguro.

Isso não significa, no entanto, que tais barragens dispensem um projeto e construção cuidadosos e detalhados e que os drenos internos não requeiram atenção especial.

10.6.2 - Barragens de Enrocamento com Face de Concreto

No caso de barragens de enrocamento com face de concreto, não existe nenhum sistema interno de drenagem, concebido para drenagem interna. Mas, até por razões de apoio da laje de concreto, e de se desejar reduzir as deformações da mesma laje na fase de enchimento, é necessário que haja uma diferenciação granulométrica e requisitos diferenciados de compactação do enrocamento em várias zonas da barragem.

Em geral, no lado de montante, o enrocamento é compactado em camadas de menor espessura do que no lado de jusante e, para apoio da laje, emprega-se uma rocha graduada "fina".

Nas Figuras 10.35.a e b, estão mostradas as especificações adotadas na Barragem de Foz do Areia, e as faixas granulométricas dos materiais utilizados.

A conseqüência dessas especificações construtivas é a de se construir um maciço de enrocamento, com permeabilidade crescente de montante para jusante.

Dessa forma, sempre que haja vazamento nas lajes, o fluxo será facilmente absorvido pela seqüência de camadas de enrocamento de permeabilidade crescente.

Por outro lado, se na fase de construção a barragem for submetida a um fluxo pelo enrocamento durante um período de cheias, haverá uma maior perda de carga nas camadas iniciais, resultando numa freática deprimida e num controle da vazão. O enrocamento a jusante, no entretanto, poderá sofrer uma instabilização devido às forças de percolação que se estabelecem.

É fato conhecido que enrocamentos só são estáveis em condições de fluxo permanente, em taludes abatidos, ou taludes armados, ou ainda no caso de enrocamentos compostos de blocos de rocha de dimensões compatíveis com as forças de percolação que se estabeleçam.

Mais detalhes sobre este tipo de barragem são apresentados no Capítulo 16.

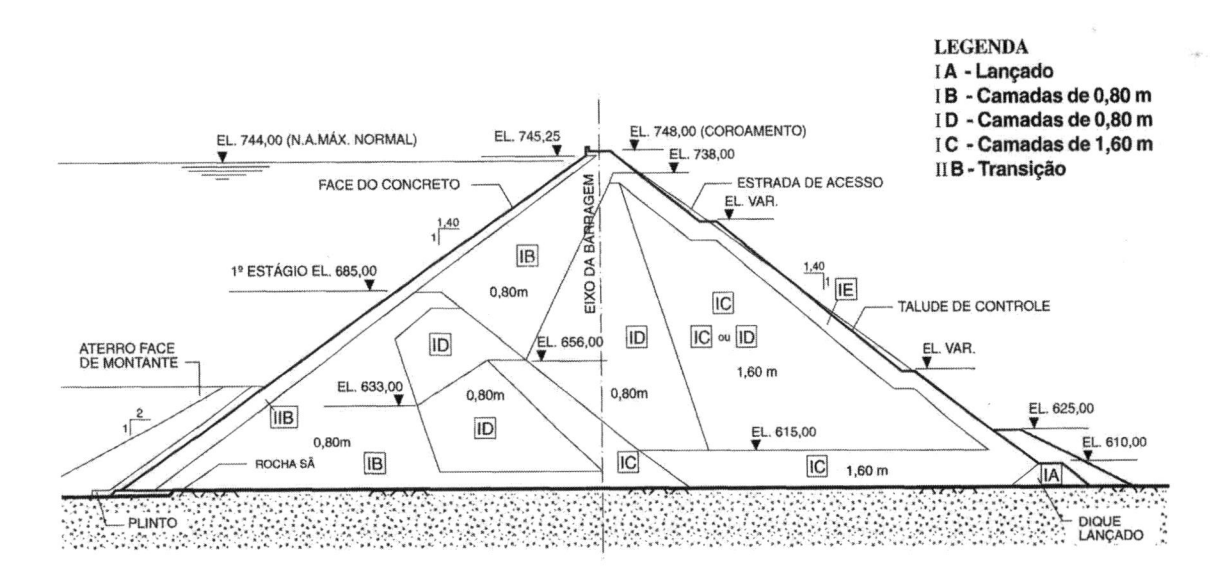

a) Zoneamento da barragem de enrocamento

Figura 10.35 - Barragem de Foz do Areia (ABMS/ABGE, 1983)

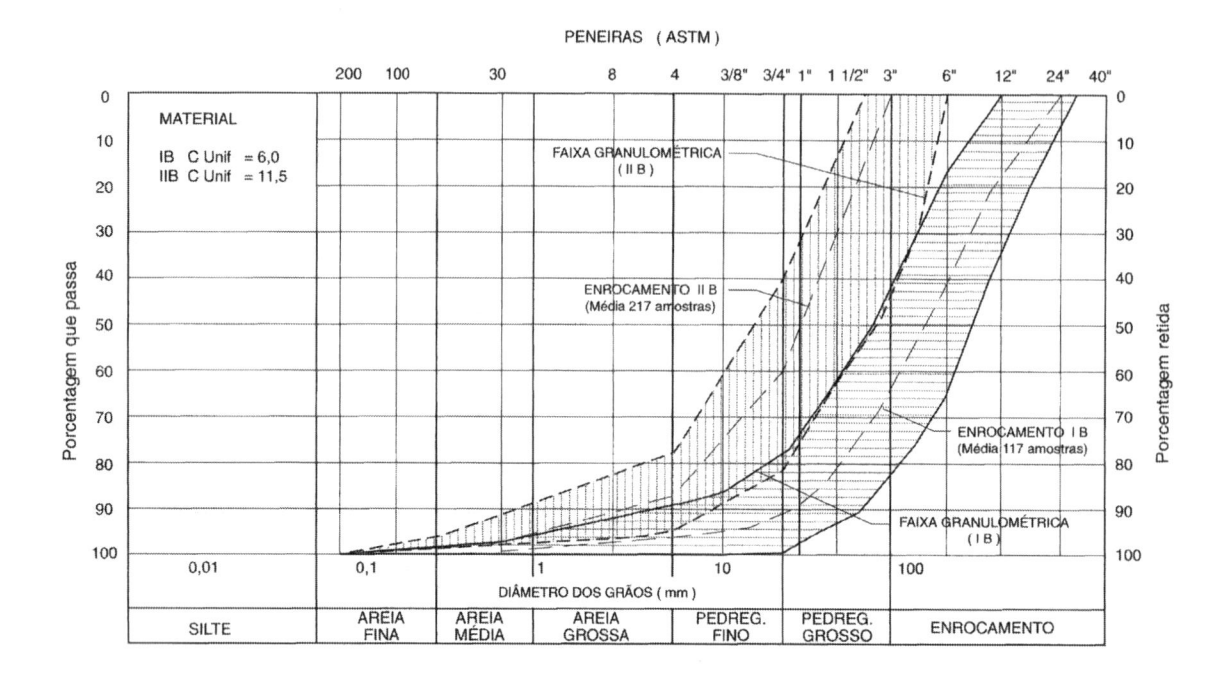

b) Enrocamento principal (IB) - material de transição (IIB). Faixas granulométricas de testes executados na obra

Figura 10.35 - Barragem de Foz do Areia (ABMS/ABGE, 1983)

10.7 - CRITÉRIOS DE FILTRO E DE DRENAGEM

10.7.1. Filtragem

Em qualquer interface de dois materiais porosos granulares, onde haja fluxo de água do material mais fino para o mais grosseiro, é inevitável que algum transporte de partículas venha a ocorrer. Veja-se a Figura 10.36.

Na zona de pré-filtro, algumas partículas ou grumos finos e médios são carreados para os vazios do filtro. As partículas maiores são retidas no momento em que o diâmetro do poro fica menor do que a partícula. As partículas finas passam, mas à medida que as partículas maiores são retidas, elas passam a reter as partículas menores, e depois de algum tempo o processo se estabiliza.

O trabalho pioneiro de Silveira (1964) e um grande número de trabalhos que se seguiram (entre estes podem-se citar os trabalhos de Wittmann, 1979, e os trabalhos de Humes, 1985 e 1995) propõem metodologias para cálculo das curvas de vazios do filtro e as distâncias percorridas pelas partículas ou grumos de solo, visando a definir a extensão da zona de autofiltragem e a efetividade do filtro propriamente dito.

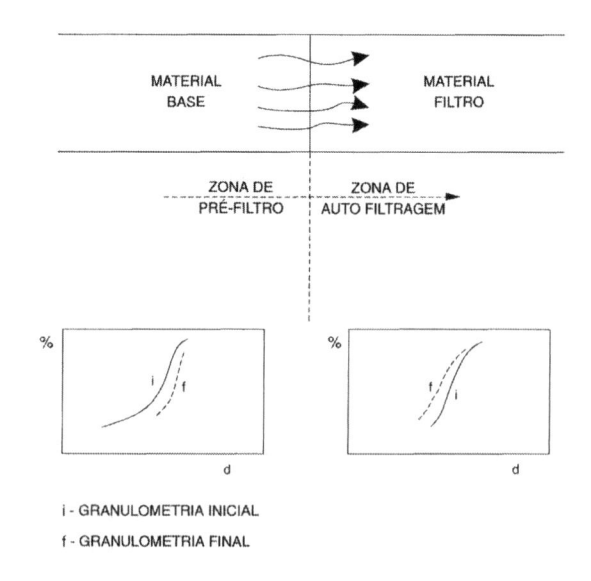

Figura 10.36 - Fluxo de água numa interface de materiais porosos granulares

Esses estudos, no entretanto, consideram sempre que as partículas ou grumos de solo são móveis, ou seja, que o arraste de partículas depende unicamente da ação combinada das forças de percolação e das forças de gravidade, sem levar em conta fenômenos de arqueamento, embricamento, etc., que ocorrem nos solos granulares, e as componentes de coesão e tração que atuam nos solos argilosos.

Nos materiais granulares, quando o fluxo ocorre de cima para baixo, algumas partículas menores são carreadas deixando vazios no material. As partículas adjacentes tendem a redistribuir as tensões verticais devidas à força de percolação e à força de gravidade, formando arcos que dificultam a passagem das partículas que ficam acima delas. Este fenômeno é muito conhecido em problemas de filtragem em geossintéticos.

Vidal (1991) reporta que, em ensaios de filtragem com "pó de pedra" (granulometria de silte) e geotêxtil, na condição de fluxo descendente, ocorreu a estabilização da passagem dos finos após poucas horas. Já na condição de fluxo ascendente, o processo continuou por vários dias, não havendo estabilização.

O geotêxtil ensaiado foi o OP-20 (não-tecido agulhado de filamentos de poliéster), com abertura de filtração 170 μm, obtida pelo método hidrodinâmico. O "pó de pedra" tinha $d_{90} = 43$ μm, $d_{50} = 19$ μm e $d_{10} = 8$ μm.

Nos materiais coesivos, a existência da coesão e da tensão de tração dificulta a ação das forças de percolação e o arraste dos "flocos" ou "grumos" de argilas e siltes.

Entre 1963 e 1964, Cruz preparou uma série de amostras de solos argilosos compactados, em moldes cilíndricos, que continham na base aberturas desde 0,5 cm até 3 cm e submeteu os mesmos a percolação de água, com gradientes entre 2 e 10.

Depois de alguns dias, formou-se uma calota esférica no local da abertura, que permaneceu estável durante todos os meses em que a percolação de água foi mantida. Os "grumos" ou "flocos" argilosos tinham dimensões de 10 a 100 micra (0,01 a 0,10 mm), em muito inferiores às aberturas de 5 a 30 mm da base, e não foram carreados. Mesmos resultados já haviam sido obtidos por Davidenkoff (1955) e foram confirmados por Zaslavsky e Kassif (1965) e Folque (1977). Os resultados dos ensaios puderam ser explicados por teorias que consideram a ação das tensões de tração desses solos.

Hsu (comunicação verbal) reporta que o próprio Terzaghi propôs a execução de um dreno vertical de brita para controle do fluxo pelo maciço compactado da Barragem do Vigário (hoje Terzaghi), por estar convencido de que um solo compactado não seria carreado para os vazios de uma brita. O dreno vertical foi executado, no entanto com areia, dando origem à famosa barragem de solo compactado com dreno vertical, perfil típico de dezenas de barragens brasileiras cujo comportamento tem sido satisfatório.

Solos compactados e solos naturais argilosos têm uma elevada resistência à erosão, ou seja, ao transporte de suas partículas ou grumos pela ação da água, e este fato explica em grande parte porque os filtros de areias (em geral, a areia disponível no local da obra) têm sido efetivos no aspecto de retenção das partículas ou grumos desses solos.

Em muitas obras executadas com "filtros grosseiros", há registros de resultados favoráveis, mas em alguns casos houve a ruptura completa da obra.

Humes (1985), depois de analisar detalhadamente os casos citados em bibliografia, conclui que:

"O enfoque à teoria está correto, procurando estabelecer o equilíbrio das forças estabilizadoras, referentes ao instante do *piping*, isto é, na condição de início do fenômeno. Porém, ao se projetar o ensaio, foram tomadas condições que não refletem o comportamento de um maciço sujeito à percolação e ao *piping*. A superfície de contato entre material-base e filtro dos ensaios é muito regular, o que não acontece no campo, ocasionando que, junto ao filtro, o material coesivo não sofre uma compactação adequada e apresenta-se mais desagregado, granular.

Mas a principal falha é que não foi levado em conta que o *piping* é regido pela estatística dos extremos, isto é, a resistência a tração ou coesão do solo, que condicionará a ocorrência ou não do fenômeno, não é a que determinamos em ensaios onde as amostras são homogêneas, bem compactadas, etc.; a resistência a tração que condicionará o problema é aquela que se obtém em uma trinca ou na ligação entre duas camadas de solo mal compactado".

Mesmo no caso de filtros de areias médias e finas há registros de acidentes.

A Barragem de Balderhead, construída na Inglaterra entre 1959 e 1965, teve o enchimento de seu reservatório entre outubro de 1964 e fevereiro de 1966. Até abril de 1967, o reservatório permaneceu cheio, quando apareceu uma grande depressão (*sink hole*) na crista da barragem. O reservatório foi rebaixado em 9 m, tendo aparecido uma segunda depressão nesse período. O excesso de vazão registrado a jusante cessou durante o rebaixamento. Um volume considerável de solo foi carreado através do filtro por erosão interna, que se iniciou em fraturas causadas por fraturamento hidráulico que teria ocorrido pouco antes do término do enchimento. O fenômeno se desenvolveu por um período de 14 meses.

Neste caso, o material sólido carreado era do núcleo da barragem.

Hsu (1981) apresenta um levantamento de 49 casos de *piping* em barragens construídas entre 1890 e 1978.

As Tabelas 10.3 e 10.4 resumem os dados de Hsu.

Tabela 10.3 - Levantamento da ocorrência de *piping* em barragens no período de 1890 a 1972 (Hsu, 1981)

TIPO DE BARRAGEM	*PIPING* PELA BARRAGEM			*PIPING* PELA FUNDAÇÃO			INTERFACE BARRAGEM-FUNDAÇÃO		
	período	n°	%	período	n°	%	período	n°	%
Homogênea	1890-1964	18	36	1910-1964	14	28			
Zoneada	1904	1	2	1911-1913	2	4			
Enrocamento com núcleo	1963-1971	9	18	1971-1971	2	4	1976	1	2
Enrocamento homogêneo com face de concreto	1954	1	2				1971	1	2
Ensecadeira de enrocamento com núcleo a montante	1978	1	2						

Tabela 10.4 - *Piping* em barragens - causas principais (Hsu, 1981)

CAUSAS CONHECIDAS	N° DE CASOS	%
Trincas devido a recalques diferenciais	3	17,6
Trincas horizontais devido a adensamento do núcleo	1	5,8
Argila erosiva do núcleo	1	5,8
Trincas transversais devidas a compactação irregular do enrocamento	1	5,8
Trincas no núcleo e no filtro devido a excesso de finos no filtro	3	17,6
Transições e filtros inadequados - gradientes elevados	1	5,8
Filtro mal graduado e segregado	1	5,8
Ruptura de laje de concreto a montante	1	5,8
Concentração de gradientes elevados devido a descontinuidades da fundação	2	11,8
Fissuras na rocha de fundação	1	5,8
Material erodível, juntas abertas na rocha, filtro inadequado e de baixa permeabilidade	1	5,8
Tapete de montante sobre fundação em cascalho e blocos de rocha	1	5,8
	17	100%

Conquanto as causas atribuídas aos acidentes sejam passíveis de várias interpretações (o caso de ruptura hidráulica do núcleo não é mencionado), é interessante notar que trincas no núcleo, excesso de finos no filtro e concentração de gradientes na fundação são mencionados com destaque.

Quando ocorre uma trinca, a velocidade do fluxo é muito maior e a capacidade erosiva da água se manifesta. Num solo argiloso com permeabilidades médias entre 10^{-5} e 10^{-8} cm/s, as velocidades de fluxo, mesmo em gradientes localizados de 3 a 10, não passam de 10^{-4} a 10^{-7} cm/s. Numa trinca, essas velocidades podem variar de 0,1 a 10 cm/s.

Filtros com excesso de finos podem trincar e manter as trincas abertas, durante o fluxo, tornando-se totalmente ineficientes para reter partículas ou grumos dos solos argilosos adjacentes.

A utilização de areias "sujas" em filtros de barragens, embora aparentemente segura quanto à filtragem, pode ser desastrosa se o filtro trincar, e pela ação da coesão resultante das partículas finas não vier a colapsar com o fluxo da água. Areias, mesmo finas, só se mantêm trincadas ou fissuradas pela ação da sucção enquanto não saturadas, como nos "castelos de areia de praia". Com a saturação, a sucção desaparece e as areias colapsam, mantendo os vazios estáveis.

A Figura 10.37 mostra "descontinuidades" em feição de rocha basáltica.

Quando essas descontinuidades têm resistência limitada, a água pode fluir com pequena perda de carga por longos trechos da feição descontínua, e transmitir a pontos localizados da fundação da barragem quase a carga integral do reservatório.

Nesses pontos de estrangulamento, ou da interrupção da feição descontínua, estabelecem-se gradientes elevados, que são transmitidos ou ao solo ou à areia do dreno horizontal sobrejacente. Este caso é apresentado como responsável pelo *piping* que ocorreu em várias barragens listadas por Hsu (1981).

Piping é um fenômeno da estatística dos extremos e, por esta razão, todas as teorias sobre filtragem devem se basear em condições extremas. Em situações estatisticamente "médias", o *piping* nunca irá ocorrer.

Por exemplo, nos ensaios realizados por Cruz em 1963, na EPUSP, os solos argilosos compactados nunca iriam ser carreados, nos "buracos centimétricos" abertos na base dos permeâmetros.

Os ensaios serviram apenas para satisfazer uma "curiosidade" do pesquisador e para justificar as teorias de Davidenkoff.

Para atender às condições extremas, os ensaios de laboratório devem ser conduzidos considerando, no caso de solos granulares (areias, brita, etc.), a condição de solo "solto" e fluxo ascendente. No caso de solos argilosos, têm sido usados dois procedimentos:

- colocar o solo em forma de lama ($h \gg LL$); ou

- utilizar amostras do solo *in natura*, ou compactado, nas quais é aberto um furo de 2 ou 3 mm com uma agulha, em toda a sua extensão.

Na maioria dos ensaios, têm sido utilizados gradientes elevados.

A Escola do LNEC (Lisboa) advoga o uso de baixos gradientes, pelo fato de que os gradientes elevados facilitariam o carreamento de partículas ou grumos de argila de maiores dimensões, que ajudariam a colmatar o filtro. Já com os baixos gradientes, apenas os menores flocos seriam carreadas pela água.

A execução de ensaios de filtragem, no entretanto, só é recomendada em casos onde os critérios convencionais de filtro não possam ser atendidos, até porque estes critérios são conservadores.

Como os critérios de filtragem se baseiam em granulometrias, é necessário, antes de discuti-los, avaliar corretamente a dimensão das partículas que interferem no processo.

10.7.2 - Dimensão de Partículas em Solos

A Tabela 10.5 mostra a determinação dos miligramas por litro de matéria sólida (p.p.m.) em amostras de água dos reservatórios de oito barragens da CESP e em amostras coletadas dos drenos das mesmas barragens.

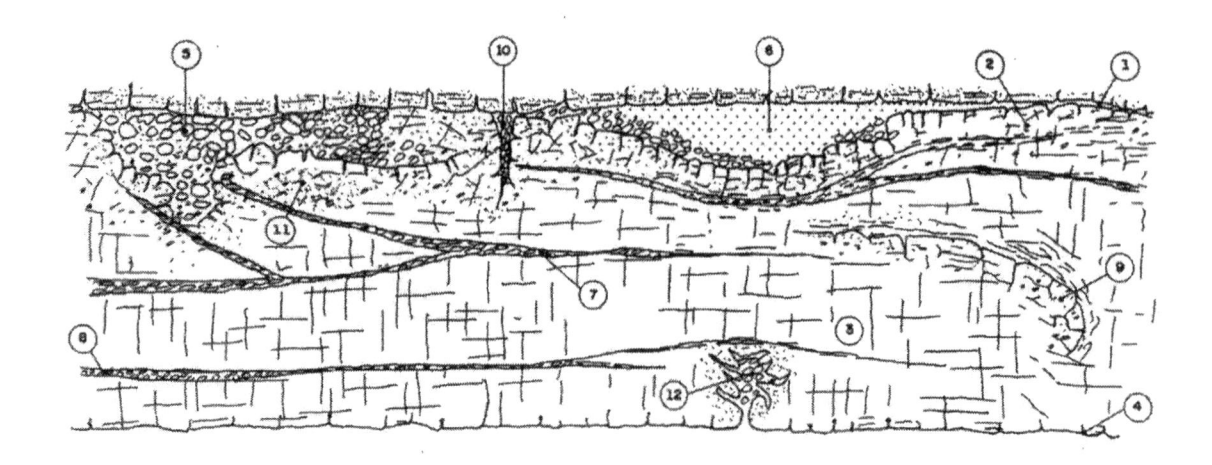

1. CONTATO ENTRE DERRAMES - Fenda de abertura centimétrica de grande extensão lateral. Pode conter ou não material de preenchimento (em geral argila). Nível principal de percolação d'água. Ocorre em todos os locais.

2. ZONA DE BASALTO VESICULAR - Zona característica do topo do derrame. Fraturamento irregular. Zona com elevada porosidade vacuolar (fechada). Porosidade efetiva baixa. Ocorre em todos os locais.

3. ZONA DE BASALTO COMPACTO - Zona que constitui o núcleo do derrame, ocupando em média 2/3 partes de sua espessura. Quando o derrame é delgado (até 8 ou 12 m), o fraturamento é via de regra irregular. Quando tem mais espessura (mais de 12 ou 15 m), o fraturamento, ou melhor, o diaclasamento, apresenta um padrão definido pela conjugação de uma família horizontal com duas ou mais verticais que leva à formação do colunamento típico. Estas diaclases se apresentam geralmente fechadas ou soldadas por materiais rígidos, como a calcita. A zona de basalto compacto se comporta como praticamente "impermeável" em relação às estruturas que nela podem ocorrer (juntas-falhas, faixas fraturadas, etc.). Ocorre em todos os locais.

4. ZONA DA BASE DO DERRAME - Pode ser vesicular ou não. Pode apresentar fraturamento acentuado, paralelamente ao contato, podendo adquirir aspecto de verdadeira laminação. Fraturas em geral soldadas por calcita. Ocorre em todos os locais.

5. ZONAS DE BRECHA OU DE LAVA AGLOMERÁTICA - Ocorrem com maior freqüência na zona do topo, mas também podem ocorrer no núcleo do derrame. Têm a forma de bolsões ou lentes. São constituídas por fragmentos de basalto, vesiculares ou compactos, envoltos por matriz de natureza variável que qualifica a brecha: argilosa, calcária, síltica. A matriz da lava aglomerática é outro basalto que se diferencia dos blocos pela cor, textura ou intensidade de vesículas. Quando alteradas (brecha argilosa) ou lixiviadas apresentam caminhos preferenciais de percolação em canalículos que se distribuem e se anastomosam irregularmente na zona. Ocorrem em Ilha Solteira, Água Vermelha e Jupiá, por exemplo.

6. SEDIMENTO INTERTRAPEANO - Ocorre entre um e outro derrame, na forma de lentes ou bolsões, com granulação de argila e areia, sendo o silte o mais freqüente. Graus de compacidade ou cimentação (silicificação, em geral) variáveis induzem porosidades também variáveis. Ocorre em vários locais.

7. FAIXAS FRATURADAS (OU "JUNTAS-FALHAS") - Ocorrem com grande extensão lateral (dezenas e centenas de metros), com atitude sub-horizontal. O fraturamento no interior das faixas destaca blocos de forma tabular muitas vezes terminando em cunha, e imbricados. Em geral, estes blocos apresentam faces alteradas ou oxidadas e películas argilosas. Podem se associar a/ou constituir verdadeiras juntas-falhas. Representam, no corpo do derrame, zonas de percolação preferencial. Ocorrem em vários locais.

8. JUNTA-FALHA ("TIPO IBITINGA") - Estrutura tão importante ou mais que os contatos no quadro geral de descontinuidade dos derrames, ocorre como uma verdadeira falha de andamento sub-horizontal. A caixa de falha com espessura decimétrica é constituída por fragmentos angulosos de basalto. A matriz pode ser argilosa ou calcária. Constitui, em geral, horizonte de franca percolação d'água. Local: Ibitinga.

9. DERRAMES SECUNDÁRIOS OU SUBDERRAMES - Estruturas de desagregação interna no derrame com reabsorções parciais. Associadas a falsos contatos. Diferenciam-se dos derrames principais pela pequena extensão lateral e por estarem praticamente englobados nestes. Podem se constituir em horizontes importantes de percolação. Locais: Ilha Solteira, São Simão.

10. TRINCAS, CUNHAS - Estruturas típicas do topo de derrame, podendo atingir alguns metros de profundidade e dezenas de metros de extensão. Encontram-se preenchidas por material típico de brecha. Comportam-se como zonas de brechas. Locais: Volta Grande, Jupiá.

11. TÚNEL, TUBO - Ocorrem na forma de cavidades lineares com dezenas de metros de extensão e diâmetro variável de centimétrico (tubo) e alguns metros (túnel). Locais: Cachoeira Dourada, São Simão.

12. ESPIRÁCULO - Intrusões irregulares de material clástico. Local: São Paulo.

Figura 10.37 - Derrame hipotético apresentando suas principais feições litológicas e estruturas (modificado de Oliveira *et al.*, 1976)

Capítulo 10

Tabela 10.5 - Teores de materiais sólidos para amostras de água do reservatório e do sistema de drenagem (Lindquist e Bonsegno, 1981)

BARRAGEM	RESÍDUO A 110 C° (p.p.m.)		RESÍDUO EM SUSPENSÃO (p.p.m.)	
	RESERVATÓRIO	DRENO	RESERVATÓRIO	DRENO
Armando A. Laydner	52	66	17	6
Armando de Salles Oliveira	56	216	12	5
Caconde	48	40	11	5
Euclides da Cunha	75	117	27	12
Ibitinga	129	54	15	5
Jaguari	23	31	2	2
Paraibuna	53	71	14	16
Xavantes	61	197	0	1

As partículas em suspensão na água têm dimensão tão pequena que, apesar de toda a "filtragem" à qual a água é submetida ao atravessar os solos, os "filtros"e os drenos da barragem, elas ainda permanecem em suspensão a jusante. Poder-se-ia argumentar que as partículas recolhidas nos drenos não são as mesmas partículas da água do reservatório, mas, neste caso, parte das partículas sólidas dos solos da barragem ou da fundação estariam sendo carreadas, deixando vazios no maciço ou na fundação.

Considere-se, por exemplo, o caso da água recolhida de um dreno com 100 p.p.m, e com uma vazão de 5 l/min. Ao fim de cada minuto são carreados 100 x 5 = 500 mg de matéria sólida, somando 30 g por hora e 720 g por dia.

Em um mês, serão 21,6 kg e ao fim de um ano, 259,2 kg, que correspondem a um vazio (ou a um somatório de vazios) de 0,1 m³ ou 10^5 cm³ aproximadamente. As barragens mencionadas têm de 18 a 35 anos de operação, sem nenhum indício de *piping*.

Partículas individualizadas de solos variam de ângstrons a milímetros. Quando dispersas em água, as partículas maiores se depositam rapidamente, mas as partículas muito finas podem ficar em suspensão por dias seguidos e serem transportadas pela água, sem praticamente opor qualquer resistência ao transporte.

Na Figura 10.38, mostram-se as dimensões de partículas isoladas de um solo argiloso residual de basalto - curvas **A** a **G**. Na mesma figura, indicam-se as dimensões de "grumos" de argilas medidos em ensaios de sedimentação de laboratório, obtidos sem o uso de defloculantes (dispersantes) e utilizando ou não dispersão mecânica (agitação em batedor de *milk-shake*) - demais curvas.

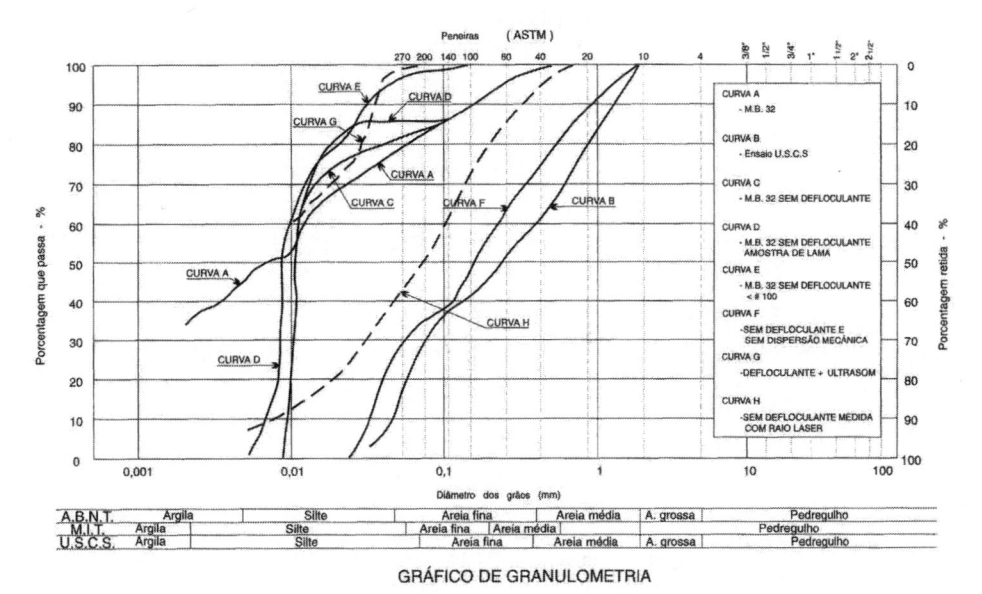

Figura 10.38 - Curva granulométrica de um solo argiloso residual de basalto (Cruz e Ferreira, 1993)

As curvas **A** e **G** são representativas da granulometria dispersa, enquanto as demais curvas são representativas da granulometria floculada. Fica evidente que a dispersão mecânica é atuante na redução ou na quebra dos "flocos" ou "grumos" de argila. Pela curva **A**, conclui-se que o solo contém ~20 % de areia fina e 80 % de silte e argila. Já as curvas **B**, **F** e **H** mostram que mais da metade das partículas teriam dimensões de areia fina, média e até grossa e que a fração fina teria dimensões de silte. Esses "grãos" do solo são aglutinações de partículas finas, e mesmo de grãos de areia com partículas finas.

O d_{85} deste solo seria de 0,03 mm, para a fração fina dispersa (fração < # 100), de 0,14 mm para a granulometria integral dispersa, e de 0,70 mm para a granulometria obtida em ensaio sem defloculante e sem agitação mecânica. Uma variação de 23 vezes.

Os "grumos" de silte e argila são aglomerados de partículas de dimensões individualizadas de ângstrom (10^{-10} m ou 10^{-7} mm), que se juntam devido à ação de forças elétricas entre partículas, e que permanecem estáveis mesmo quando sujeitos à agitação manual ou mecânica, numa suspensão em água na proporção de 30 a 130 g de solo para 1.000 g de água. Nos solos chamados "dispersivos", esses "grumos" têm dimensões muito menores, mas ainda em muito superiores às dimensões individualizadas das partículas.

Como a "aglutinação" das partículas se deve a um fenômeno de natureza química, a química da água de ensaio interfere no processo, bem como a concentração do solo na água.

Vaughan e Soares (1982) mostram a variação da dimensão média dos grumos ou flocos em μm (10^{-3} cm=10^{-3}Å) com a concentração de cátions na solução do ensaio de sedimentação. Pela Figura 10.39, a dimensão média dos "flocos" pode duplicar para concentração de cátions entre 0 e 10 m Eq/l, no caso das três argilas ensaiadas.

Mesmo considerando apenas a fração fina dos solos (<#100), a dimensão dos "flocos" de argila parece variar muito de solo para solo. Nas argilas reportadas por Vaughan e Soares, a dimensão dos flocos fica entre 2 e 10 micra. Já para o solo residual de basalto de Canoas, ela varia de 10 a 40 micra.

Recentemente, 12 amostras de solos argilosos e argilo-arenosos do interior de São Paulo foram submetidas a ensaios granulométricos e de sedimentação, no Laboratório Central de Engenharia Civil da CESP (ver Figuras 10.40 a 10.51).

A Tabela 10.6 resume dados relativos ao tipo de solo, Limites de Atterberg, ensaios de compactação e dados granulométricos.

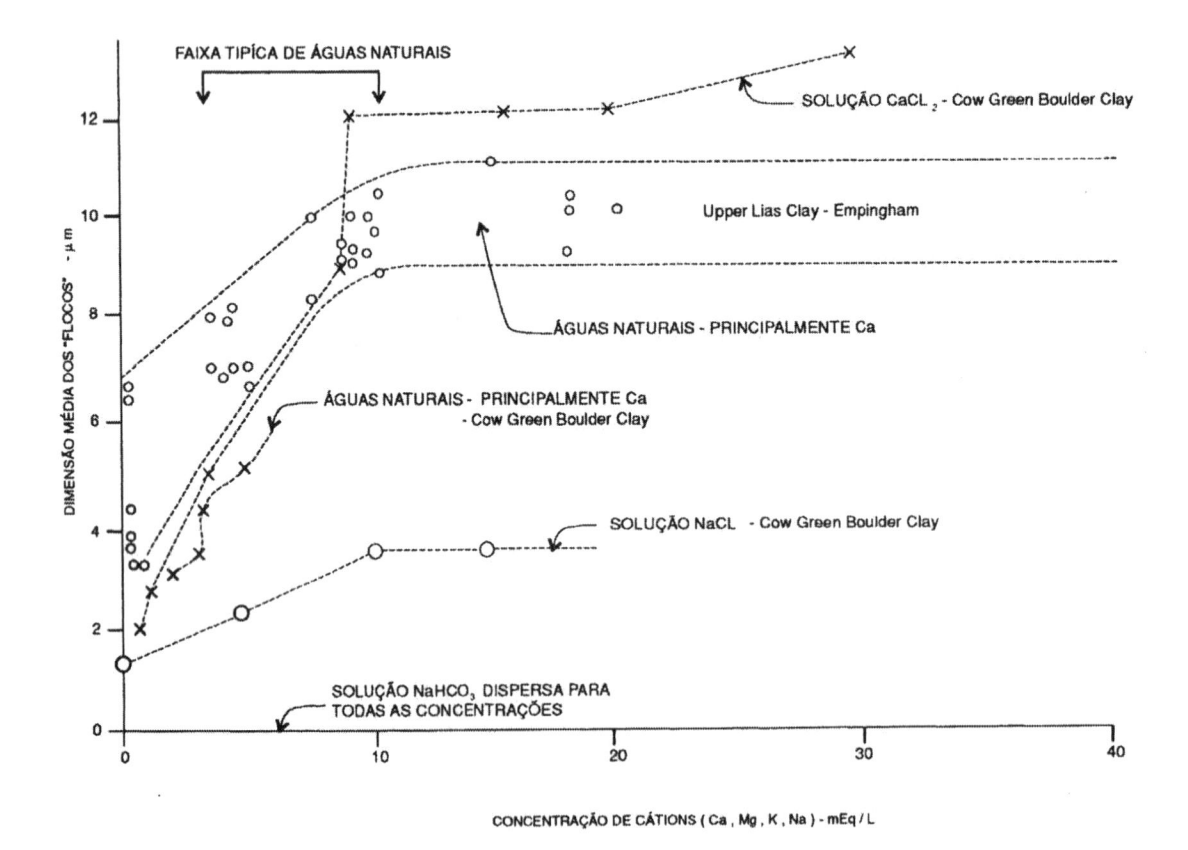

Figura 10.39 - Variação na dimensão de flocos de argila com a química da água (Vaughan e Soares, 1982)

Além da questão de se considerar a granulometria dispersa ou floculada, é de grande importância separar os solos relativamente uniformes como os das Figuras 10.40 a 10.51, reproduzidas de Cruz e Ferreira (1993), dos solos de granulometria ampla, que contêm pedregulhos, areias, siltes e ainda uma significativa fração argilosa, como o solo natural da Barragem de Cow Green (Figura 10.52).

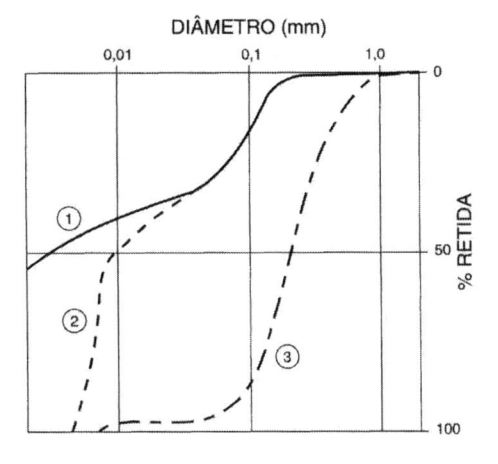

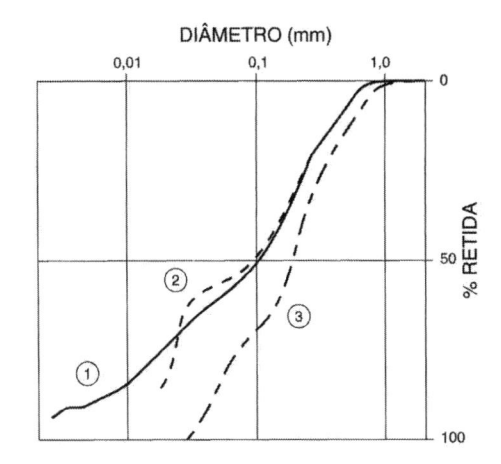

Figura 10.40 - UHE Canoas I - coluvião de basalto

Figura 10.42 - UHE Paraibuna - solo de alteração de micaxisto

① - ENSAIO CONVENCIONAL - MB32
② - ENSAIO SEM DEFLOCULANTE
③ - ENSAIO SEM DEFLOCULANTE E SEM DISPERSÃO MECÂNICA

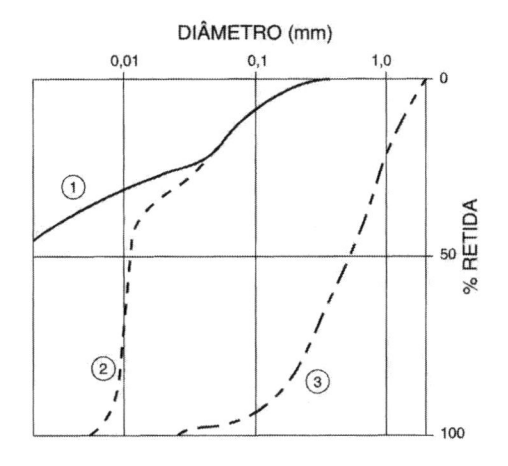

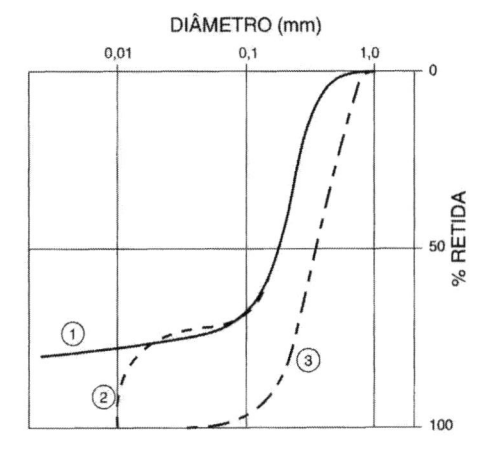

Figura 10.41 - UHE Canoas II - coluvião basalto

Figura 10.43 - UHE P. Primavera - coluv. arenito Caiuá

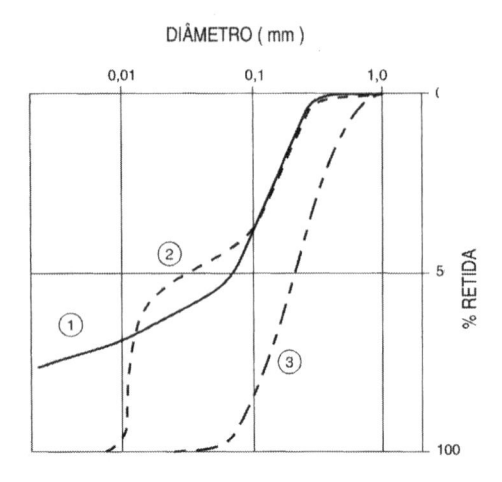

Figura 10.44 - UHE Batatal - aluvião terraço sedimentar

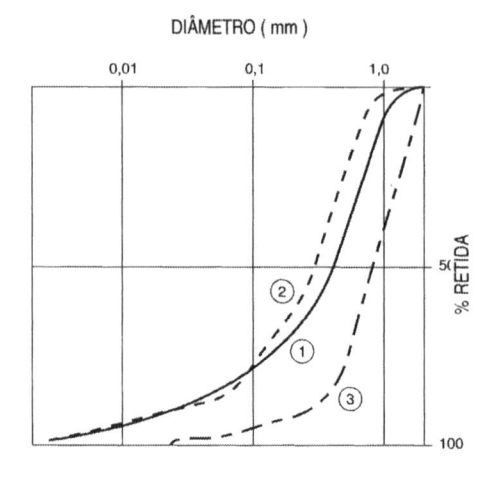

Figura 10.47 - UHE São José - solo de alteração de migmatito

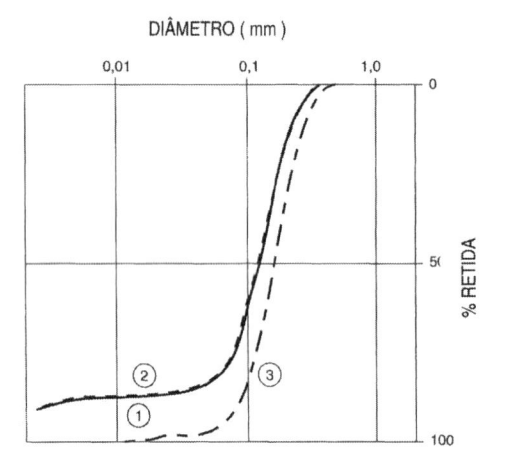

Figura 10.45 - L.T.Dracena - colu. aren.Adamantina

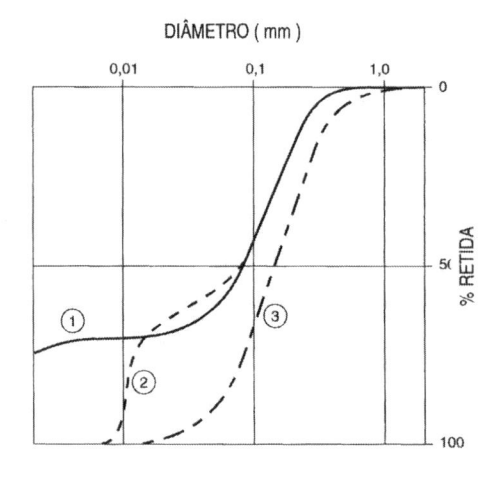

Figura 10.48 - N.R. Ilha Solteira - colu. arenito S. Anastácio

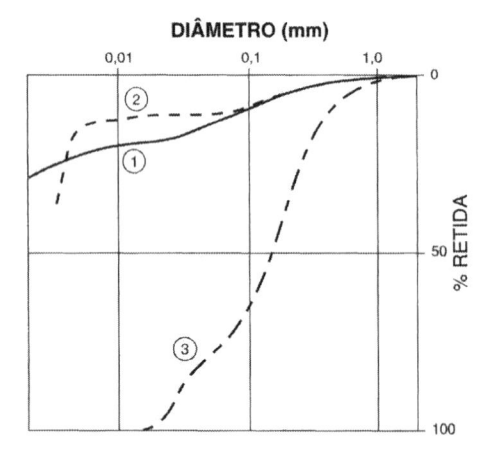

Figura 10.46 - UHE Funil - coluvião filito

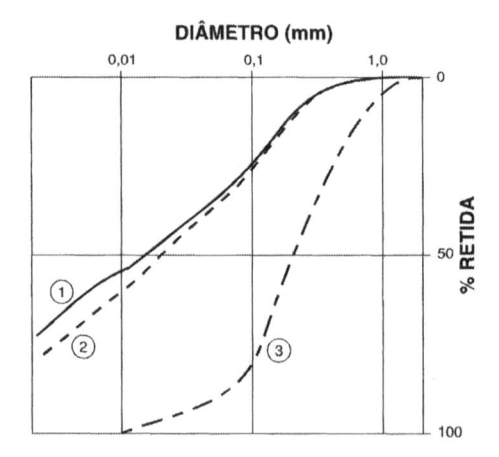

Figura 10.49 UHE Ourinhos - solo de alteração de basalto

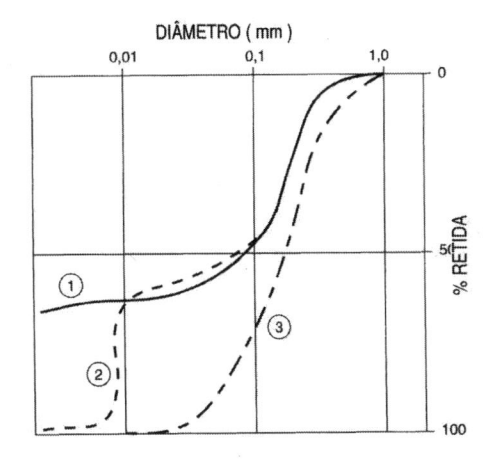

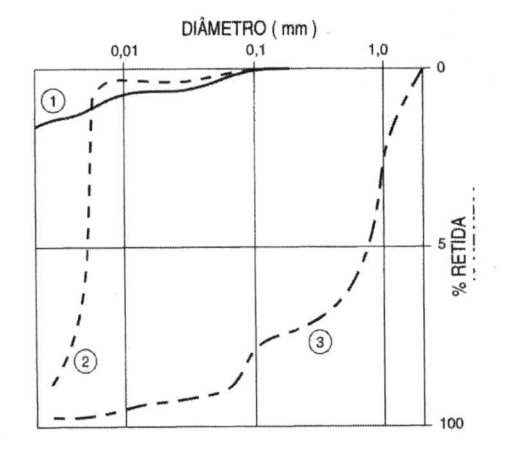

Figura 10.50 - Lagoa I. Solteira - col. basalto

Figura 10.51 - Bacia sedimentar Taubaté

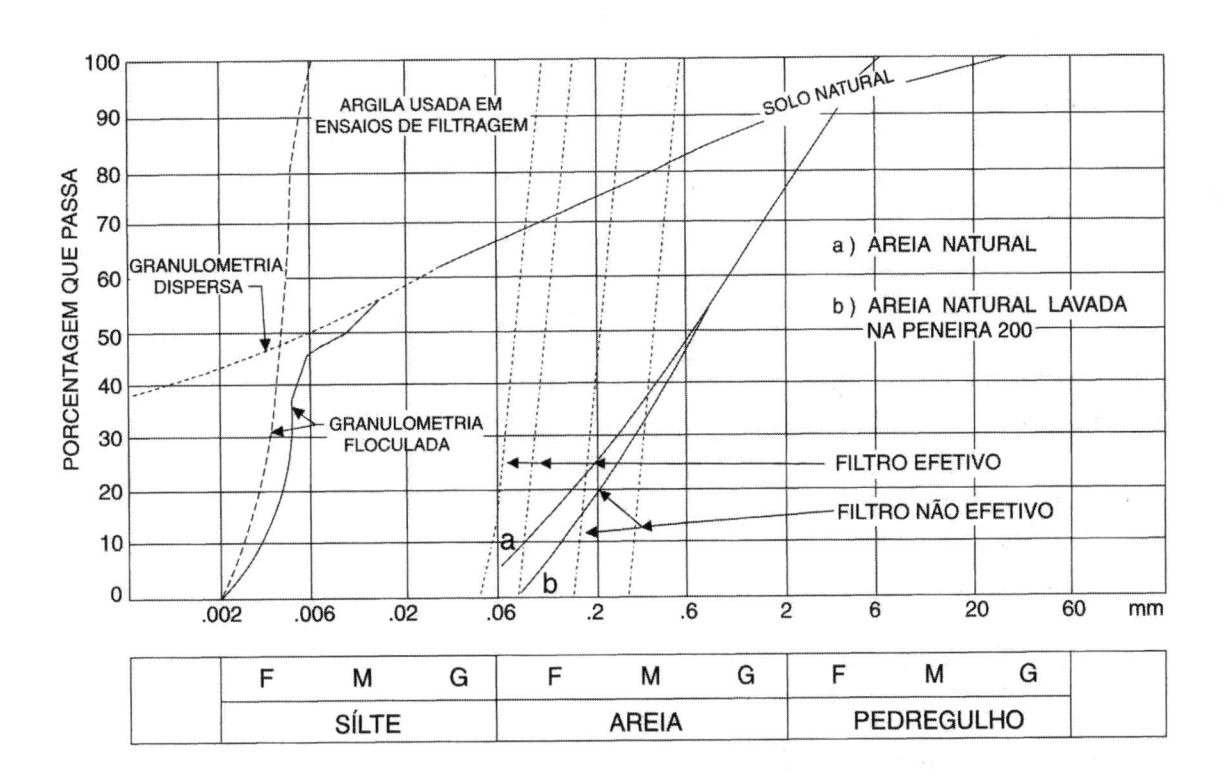

Figura 10.52 - Projeto do filtro da Barragem Cow Green (Vaughan e Soares, 1982)

Tabela 10.6 - Solos do interior de São Paulo - características (Cruz e Ferreira, 1993)

Local	Tipo do Material	Limites de Atterberg			Massa espec. real δ	tipo de ensaio *	Granulometria - %					d_{85} mm	d_{15} mm	Copactação Normal		Grau de saturação %
		LL %	LP %	IP %			argila < 0,002	silte < 0,06	areia fina < 0,2	areia média < 0,6	areia grossa < 2,0			Umidade ótima %	γ_{seca} máx. g/cm³	
UHE Canoas I	coluvião basalto	43	27	16	28,5	1	41	26	26	06	01	0,15	-	21,6	1,69	90
						2	00	68	25	07	00	0,15	0,01			
						3	00	03	25	58	14	0,60	0,15			
UHE Canoas II	coluvião basalto	64	37	27	2,96	1	55	30	13	02	00	0,06	-	30,8	1,50	94
						2	00	85	13	02	00	0,06	0,01			
						3	00	03	17	40	40	1,10	1,16			
UHE Paraibuna	solo alteração micaxisto	53	26	27	2,65	1	07	35	29	25	04	0,37	0,01	19,4	1,64	84
						2	00	45	26	25	04	0,35	0,02			
						3	00	24	34	33	09	0,46	0,05			
UHE Porto Primavera	coluvião arenito caiuá	26	16	10	2,64	1	21	08	32	38	01	0,30	-	11,0	1,95	83
						2	00	30	31	38	01	0,30	0,01			
						3	00	02	16	70	12	0,58	0,19			
UHE Batatal	aluvião terraço sedimentar	39	24	15	2,76	1	26	24	40	10	00	0,17	-	17,1	1,73	79
						2	00	58	30	12	00	0,18	0,01			
						3	00	06	46	42	06	0,42	0,08			
LT Dracena	coluvião arenito adamantina	NL	-	NP	2,68	1	12	10	65	13	00	0,19	0,03	9,9	1,98	74
						2	12	10	65	13	00	0,19	0,02			
						3	00	08	65	27	00	0,25	0,08			
UHE Funil	coluvião filito	81	36	45	2,73	1	69	18	07	04	02	0,05	-	30,1	1,42	89
						2	58	32	04	05	01	0,01	-			
						3	00	24	40	31	05	0,35	0,03			
UHE São José	solo alteração migmatito	44	31	13	2,99	1	00	17	17	41	25	0,75	0,04	15,5	1,91	82
						2	02	16	26	47	09	0,52	0,06			
						3	00	04	05	33	58	1,40	0,35			
N.R. Ilha Solteira	coluvião arenito S.Anast.	25	14	11	2,68	1	26	16	42	15	01	0,21	-	11,0	1,97	82
						2	00	46	38	15	01	0,21	0,01			
						3	00	15	52	29	04	0,30	0,06			
UHE Ourinhos	solo alteração basalto	45	29	16	2,70	1	28	41	20	09	02	0,16	-	24,7	1,54	89
						2	23	44	20	11	02	0,18	-			
						3	00	14	40	32	14	0,58	0,06			
Lagoa Ilha Solteira	coluvião basalto	41	19	22	2,73	1	36	12	32	18	02	0,23	-	15,8	1,82	87
						2	03	47	29	19	02	0,23	0,01			
						3	00	19	42	34	05	0,35	0,05			
Bacia Sed. Taubaté	argila siltosa	115	36	79	2,70	1	85	12	3	0	0	2 u	-	34,5	1,344	93
						2	0	98	2	0	0	0,005	-	-	-	-
						3	0	5	65	20	10	1,0	0,08	-	-	-

* Tipo de ensaio :

Tipo 1 com defloculante e dispersão mecânica

Tipo 2 sem defloculante com dispersão mecânica

Tipo 3 sem defloculante sem dispersão mecânica

Esses solos de granulometria ampla são freqüentemente de origem glacial, denominados *till* (em língua inglesa), mas podem também resultar de misturas de solos aluvionares e coluvionares ou de aluviões. Podem também ser originários de alteração de rocha, como os denominados solos saprolíticos e saprólitos. Nestes casos, os problemas de filtragem devem ser considerados em relação às partículas inferiores a areia fina (0,2 mm).

Com materiais inertes (pó de pedra e areias) esse problema não ocorre, porque as partículas não tendem a se "aglutinar", a não ser em condições de areias não saturadas nas quais as tensões de sucção possam resultar em pequenas associações transitórias de grãos de areias finas.

Toda essa digressão em relação à dimensão de partículas é de extrema importância para a análise do problema de filtragem de solos e areias, partindo do princípio de que um filtro é concebido como um meio poroso capaz de reter partículas em suspensão que estão sendo transportadas pela água que precisa passar pelo filtro. A molécula de água tem dimensão de 3×10^{-7} mm (3 Å) e, portanto, não tem dificuldade de atravessar meios porosos cujos vazios sejam superiores a essa dimensão. Flocos ou grumos de argila com dimensões na casa dos 10 mµ a 100 mµ serão retidos em filtros cujos vazios tenham dimensões inferiores.

Se as partículas do filtro fossem esféricas e de mesmo tamanho, o diâmetro dos vazios seria conforme a Figura 10.53:

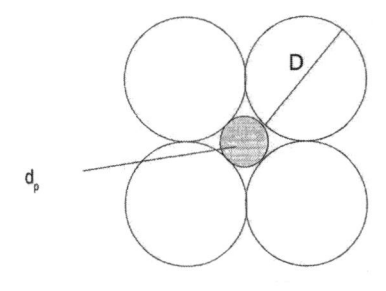

$d_p = (\sqrt{2} - 1) D = 0.4142 D$
$D / d_p = 2.414$
$n = 0.4764$

a) Solto

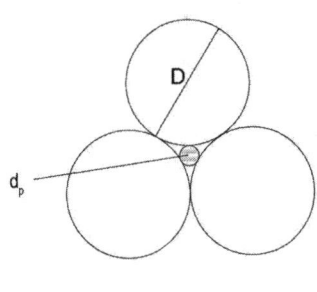

$d_p = (2/3 \sqrt{2} - 1) D = 0.1547 D$
$D / d_p = 6.464$
$n = 0.2595$

b) Denso

Figura 10.53 - Arranjo de esferas (Wittmann, 1979)

Para uma areia fina uniforme, com $d_{10} = 0,10$ mm, os poros teóricos teriam dimensão de 0,041 e 0,015 mm, dependendo da compacidade da mesma, capazes, portanto, de reter "flocos" das mesmas dimensões.

Nos ensaios reportados por Vaughan e Soares (1982), o solo argiloso continha flocos com diâmetros entre 2 mµ e 6 mµ. As "areias" uniformes que se mostraram capazes de filtrar esses "flocos" possuíam dimensões entre 50 mµ e 150 mµ. Areias uniformes com dimensões entre 150 mµ e 600 mµ não foram capazes de reter as partículas.

Calculando o diâmetro dos poros para as primeiras areias, obtém-se $d_{min} = 7,5$ mµ a 22,5 mµ e $d_{máx} = 20$ mµ a 60 mµ. Por este cálculo, os flocos deveriam passar pelos poros, o que não ocorreu.

O mecanismo de filtragem é, porém, mais complexo do que a análise simplificada feita acima e envolve os seguintes aspectos :

- a mobilidade das partículas argilosas;

- a tortuosidade e a variação na dimensão dos vazios nas areias dos filtros;

- a colmatação progressiva dos vazios do filtro, pelas maiores partículas ou grumos do solo;

- a formação de um pré-filtro no solo.

10.7.3 - Ensaios de Filtragem

Ensaios de filtragem têm sido realizados, desde a década de 40, tanto em materiais granulares como em solos coesivos.

Materiais granulares

Considerem-se inicialmente os ensaios procedidos em materiais granulares inertes. Os resultados dos clássicos ensaios de Bertram (1940) são reproduzidos na Tabela 10.7.

Como se vê pela tabela, foram ensaiados materiais uniformes - os gradientes de ensaio variaram de 6 a 8 e de 18 a 20, e o fluxo tanto foi descendente como ascendente. As relações entre d_{15}/D_{15} e d_{85}/D_{15} entre o material base e o filtro para a condição "filtragem" variaram da seguinte forma:

- $8,5 \leq d_{15}/D_{15} \leq 15$ com média de 12,38; e

- $6,5 \leq d_{85}/D_{15} \leq 11,5$ com média de 9,40.

Conquanto os valores médios não tenham significado na teoria dos extremos, nota-se uma menor variação na relação d_{85}/D_{15} do que na relação d_{15}/D_{15}.

Esses ensaios de Bertram confirmaram as propostas de Terzaghi já de 1922, que estabeleciam o valor **4** para as duas relações de diâmetro como <u>seguro</u> para efeitos de filtragem de materiais granulares.

Com os resultados dos ensaios de Bertram, passou-se a fixar em **5** a relação de diâmetro, e o critério de filtro evoluiu para :

$5 d_{15} < D_{15} < 5 d_{85}$,

sendo d o diâmetro do material de base e D o do filtro, independentemente da forma das curvas granulométricas dos dois materiais, ou seja, este critério era extensivo a materiais de granulometrias <u>menos</u> uniformes do que os ensaiados por Bertram.

Tabela 10.7 - Ensaios procedidos em materiais granulares inertes (Bertram, 1940)

a) Resumo dos ensaios de filtragem em areia de Ottawa

Tipo de Material		Gradiente	Direção	Dimensão dos Grãos		Relação Crítica	
Base	Filtros	Hidráulico	do Fluxo	Filtro	Base	15% a 15%	15% a 85%
Areia de Ottawa	Areia de Ottawa	6 - 8	Descendente	10 - 14	150 - 200	15.0	11.5
"	"	"	"	10 - 14	100 - 150	10.7	8.7
"	"	"	"	8 - 10	65 - 100	11.5	9.0
"	"	"	Ascendente	10 - 14	150 - 200	15.0	11.5
"	"	"	"	10 - 14	100 - 150	10.7	8.7
"	"	"	"	8 - 10	65 - 100	11.5	9.0
"	"	18 - 20	Descendente	14 - 20	150 - 200	11.2	8.7
"	"	"	"	10 - 14	100 - 150	10.7	8.7
"	"	"	"	8 - 10	65 - 100	11.5	9.0

b) Resumo dos ensaios de filtragem em quartzo moído

Tipo de Material		Gradiente	Direção	Dimensão dos Grãos		Relação Crítica	
Base	Filtros	Hidráulico	do Fluxo	Filtro	Base	15% a 15%	15% a 85%
Quartzo Moído	Quartzo Moído	6 - 8	Descendente	10 - 14	150 - 200	15.0	11.5
"	"	"	"	10 - 14	100 - 150	10.7	8.7
"	"	"	"	8 - 10	65 - 100	11.5	9.0
"	"	"	Ascendente	10 - 14	150 - 200	15.0	11.5
"	"	"	"	10 - 14	100 - 150	10.7	8.7
"	"	"	"	8 - 10	65 - 100	11.5	9.0
"	"	18 - 20	Descendente	10 - 14	150 - 200	15.0	11.5
"	"	"	"	10 - 14	100 - 150	10.7	8.7
"	"	"	"	8 - 10	65 - 100	11.5	9.0

c) Resumo dos ensaios de filtragem em quartzo moído e areia de Ottawa.

Tipo de Material		Gradiente	Direção	Dimensão dos Grãos		Relação Crítica	
Base	Filtros	Hidráulico	do Fluxo	Filtro	Base	15% a 15%	15% a 85%
Quartzo Moído	Areia de Ottawa	6 - 8	Descendente	10 - 14	150 - 200	15.0	11.5
"	"	"	"	10 - 14	100 - 150	10.7	8.7
"	"	"	"	8 - 10	65 - 100	11.5	9.0
"	"	18 - 20	"	10 - 14	150 - 200	15.0	11.5
"	"	"	"	14 - 20	100 - 150	8.5	6.5
"	"	"	"	8 - 10	65 - 100	11.5	9.0
"	"	6 - 8	"	10 - 14	150 - 200	15.0	11.5
"	"	"	"	10 - 14	100 - 150	10.7	8.7
"	"	"	"	8 - 10	65 - 100	11.5	9.0
"	"	18 - 20	"	14 - 20	150 - 200	11.2	8.7
"	"	"	"	14 - 20	100 - 150	8.5	6.5
"	"	"	"	8 - 10	65 - 100	11.5	9.0

Nas décadas que se seguiram, os critérios de filtro incorporaram alguns requisitos, como um "certo paralelismo" entre a granulometria do filtro e do material base, e a exigência de que a porcentagem de finos nos filtros fosse inferior a 5 % (#200).

Como se verá no Capítulo 15, relativo a Critérios de Projeto, sugere-se que, no dimensionamento de filtro para areias, devam-se adotar as relações anteriores para o dimensionamento das britas ou cascalhos. No caso de não se poder atender a esses critérios, a solução recomendada é a de realizar ensaios de filtragem. Na minha experiência, esses ensaios nunca foram necessários, porque britas são materiais processados nas dimensões desejadas e os cascalhos de rio acabam por conter uma certa fração arenosa, que garante a condição de filtragem.

Já no caso de filtro para britas e cascalhos, pode-se adotar relação de diâmetros igual a 9, seja porque os materiais em questão contam com o embricamento, seja porque os gradientes em geral são baixos.

Se a teoria de Silveira (1964) for adotada para materiais granulares, os resultados não serão muito diferentes.

A Figura 10.54, no entanto, mostra um aparente paradoxo.

O material **C** (pedregulho com areia média e grossa) é filtro dos dois materiais com curvas granulométricas **A** e **B**. É compreensível que os vazios da curva granulométrica **C** sejam suficientemente pequenos para reter o material **B**, mas seguramente há vazios com dimensões suficientes para deixar passar grãos do material **A**. É de se esperar a formação de um pré-filtro no material **A**, e um autofiltro no material **C**.

Pelas teorias de Silveira e de Whittmann, já mencionadas, é possível avaliar a extensão das zonas por assim dizer perturbadas de interface, e é recomendável que essa análise seja feita. Entre outros, Humes (1985) propõe uma metodologia para esta avaliação.

Materiais coesivos

Excluindo-se os critérios de filtro que consideram as componentes de coesão e tração, porque, como já discutido, podem não representar a realidade, só restam duas alternativas:

(1) - estender os critérios de filtro de materiais granulares para os materiais coesivos;

(2) - realizar os ensaios de filtração caso a caso.

A extensão dos critérios de filtro de materiais granulares para os materiais coesivos requer que se estabeleça uma relação de diâmetros para a condição de filtragem.

Sherard (1984a) analisa os resultados de 197 ensaios de filtragem, envolvendo 36 diferentes solos-base. Estes incluíram desde argilas de alta plasticidade até argilas dispersivas e siltes praticamente sem coesão, todos procedentes de várias regiões dos Estados Unidos.

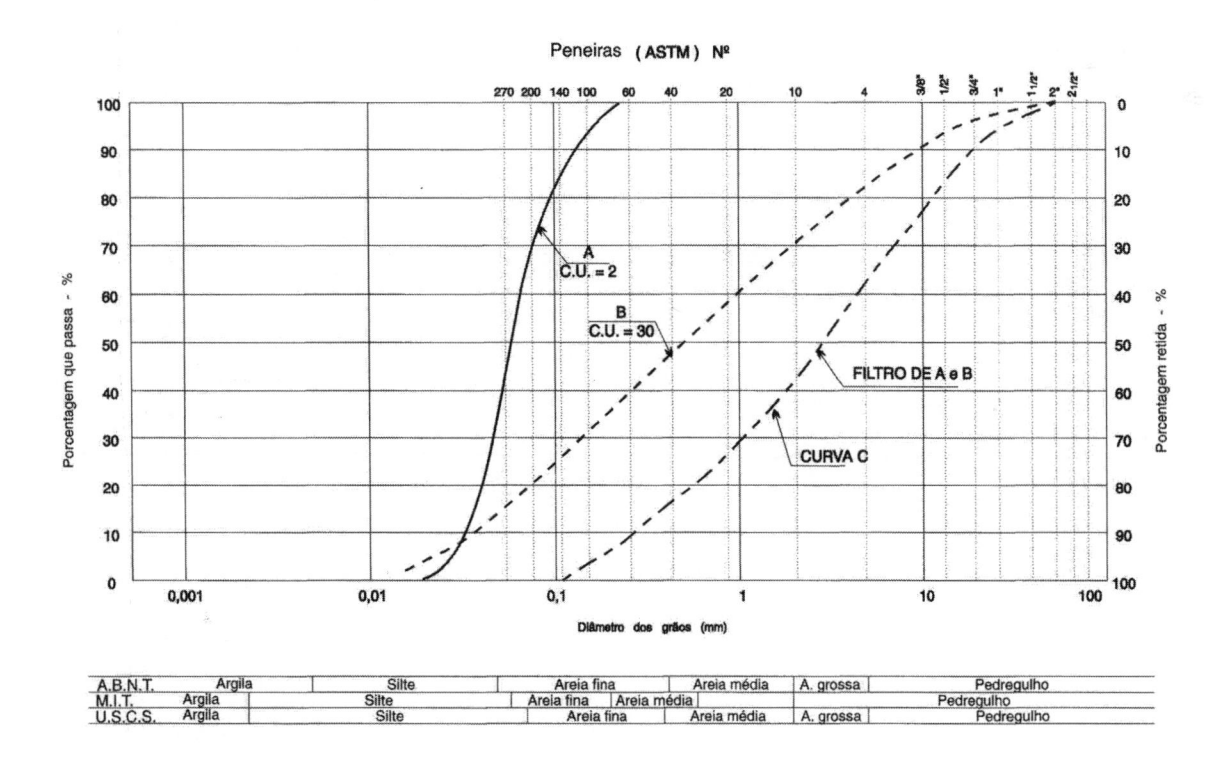

Figura 10.54 - Granulometria de filtro e materiais-base (Humes, 1985)

Embora esses solos tenham as mais variadas origens geológicas, nenhum deles foi classificado como solo residual.

Os primeiros ensaios foram procedidos segundo duas metodologias já mencionadas: ensaios em amostras nas quais era aberto um furo de 2 a 3 mm (Figura 10.55), e ensaios nos quais o solo era preparado em forma de lama com um teor de umidade de 2,5 vezes o Limite de Liquidez do solo (Figura 10.56). Como os resultados foram semelhantes, Sherard preferiu prosseguir os ensaios apenas com as amostras da lama.

Os resultados dos ensaios são mostrados na Tabela 10.8.

As condições de ensaio podem ser consideradas extremas, seja pela elevada umidade do solo, seja pelo gradiente de 1.000, aproximadamente.

Na Figura 10.57, é mostrada a relação entre o d_{85} do solo-base e o D_{15} do filtro. Como se vê, quase todos os pontos localizam-se entre as relações D_{15}/d_{85} variando de 9 a 50.

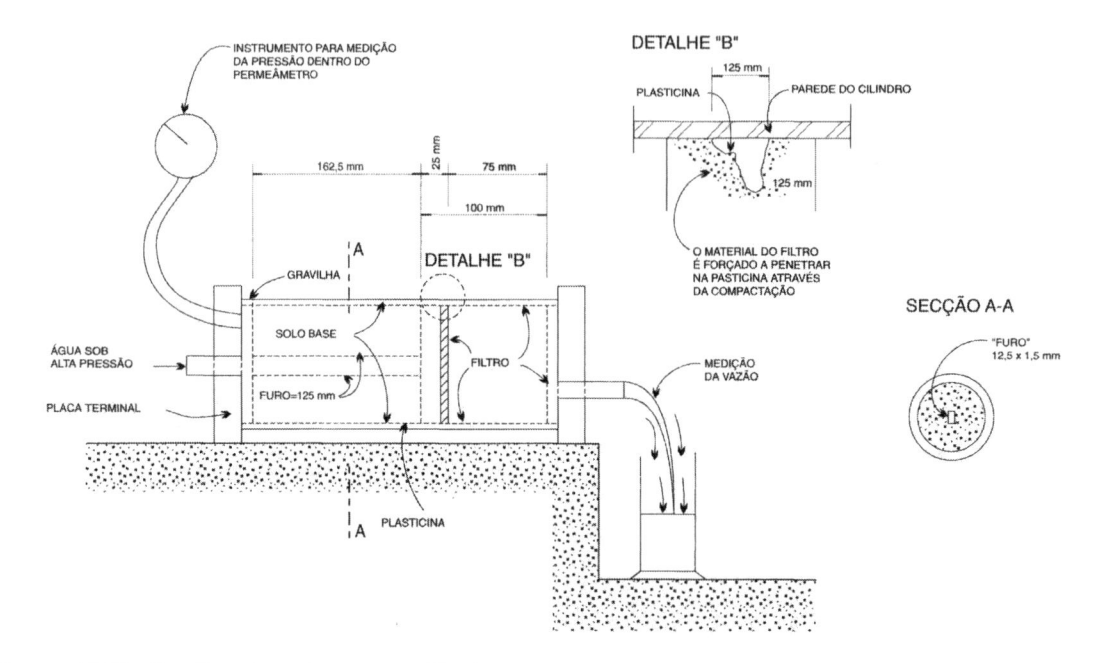

Figura 10.55 - Detalhes do equipamento utilizado para ensaio simulando uma fenda através do material de base (Sherard, 1984b)

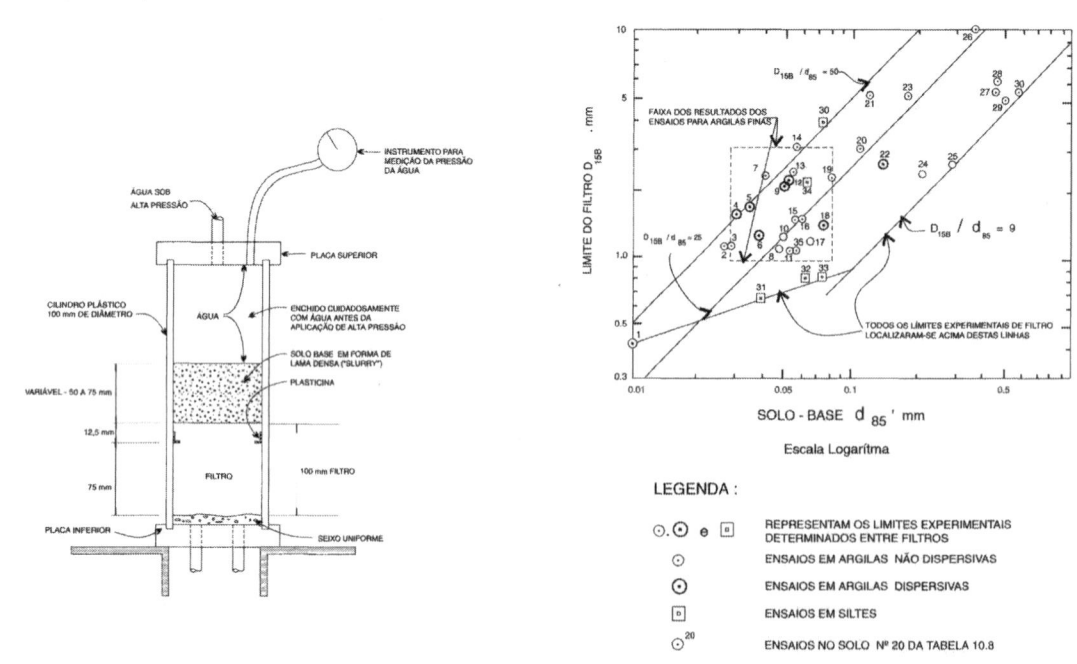

Figura 10.56 - Equipamento utilizado para ensaios com lama densa simulando o material de base (Sherard, 1984b)

Figura 10.57 - Relação entre d_{85} do solo-base e D_{15} do filtro (Sherard, 1984b)

Capítulo 10

Tabela 10.8 - Resumo das propriedades do solo-base e dos resultados dos ensaios de filtragem (Sherard, 1984 b)

Número do Solo-Base	Propriedades do Solo-Base						Resultados dos Ensaios de Filtragem	
	Limites de Atterberg			Graduação				
	LL %	IP %	d_{85} (mm)	D_{50} (mm)	Porcentagem <0,002(mm)	D_{15B} (mm)	d_{85}/D_{15B} 15B	D_{15B}/d_{85}
1	40	20	0,010	0,005	36	0,40	0,025	40
2	48	28	0,028	0,001	56	1,15	0,024	41
3	44	24	0,028	0,003	47	1,15	0,024	41
4	42	19	0,031	0,004	35	1,6	0,019	52
5	99	72	0,035	0,001	55	1,7	0,021	49
6	32	10	0,038	0,006	22	1,25	0,030	33
7	22	4	0,041	0,021	9	2,3	0,018	56
8	34	12	0,048	0,020	21	1,1	0,044	23
9	32	12	0,050	0,008	25	2,1	0,024	42
10	37	20	0,050	0,009	30	1,2	0,042	24
11	38	17	0,052	0,015	31	1,1	0,047	21
12	29	9	0,052	0,020	16	2,2	0,024	42
13	39	19	0,054	0,015	26	2,4	0,022	44
14	32	11	0,056	0,011	23	3,1	0,018	55
15	40	19	0,057	0,017	30	1,5	0,038	26
16	41	19	0,060	0,020	26	1,5	0,038	25
17	41	23	0,066	0,006	37	1,2	0,055	18
18	40	18	0,074	0,023	24	1,4	0,053	19
19	33	12	0,080	0,030	18	2,3	0,035	29
20	28	10	0,11	0,034	24	3,1	0,035	28
21	33	16	0,12	0,015	34	5,2	0,023	43
22	28	11	0,14	0,023	17	2,7	0,052	19
23	38	15	0,18	0,023	20	5,2	0,035	29
24	29	12	0,21	0,083	20	2,4	0,088	11
25	32	19	0,29	0,105	29	2,6	0,111	9
26	21	6	0,35	0,033	21	10,0	0,035	29
27	27	10	0,46	0,110	14	5,5	0,084	12
28	31	8	0,46	0,028	13	6,0	0,077	13
29	34	21	0,50	0,015	29	5,0	0,100	10
30	45	21	0,58	0,040	38	5,5	0,105	10
31	35	11	0,039	0,020	22	0,67	0,058	17
32	29	5	0,062	0,035	6	0,82	0,076	13
33	27	4	0,074	0,034	6	0,82	0,090	11
34	33	9	0,063	0,020	19	2,2	0,029	35
35	28	5	0,056	0,030	12	1,1	0,051	20
36	28	3	0,074	0,032	9	4,0	0,018	57

100 Barragens Brasileiras

Na Figura 10.58, procura-se relacionar o d_{85} do solo-base com a relação D_{15}/d_{85}. Embora os pontos sejam muito dispersos, há uma tendência dos valores de D_{15}/d_{85} diminuírem com o aumento de d_{85}. Fazem exceção três pontos com d_{85} abaixo de 0,10 mm, mas com IP baixos, ou seja, solos pouco plásticos.

Na Figura 10.59, os pontos com os valores de D_{15}/d_{85} foram colocados num gráfico de plasticidade e num gráfico de atividade coloidal. Nenhuma correlação pôde ser definida.

O que se pode observar nas duas figuras é que os solos classificados como dispersivos situaram-se no mesmo universo dos demais, e deram resultados favoráveis de filtragem com areias semelhantes às testadas nos demais ensaios.

Como resumo, pode-se dizer que:

- para solos-base com d_{85} maior do que 0,10 mm, D_{15}/d_{85} mínimo foi de 9;

- para solos-base com d_{85} entre 0,01 mm e 0,10 mm, o menor valor de D_{15}/d_{85} foi de 11, para solo com IP = 4%;

- já para solos mais plásticos, D_{15}/d_{85} mínimo foi de 18.

Vaughan e Soares (1982) realizaram ensaios de filtragem para a fração fina (< # 100) de solos argilosos utilizados em núcleos de barragens. Reuniram também dados de ensaios em partículas finas de quartzo (material inerte) realizados por Mantz.

As granulometrias apresentadas por Vaughan e Soares referem-se a ensaios de sedimentação procedidos sem o uso de defloculantes, mas submetendo o solo à dispersão mecânica.

A Tabela 10.9 reproduz os resultados dos ensaios, a partir das curvas granulométricas apresentadas.

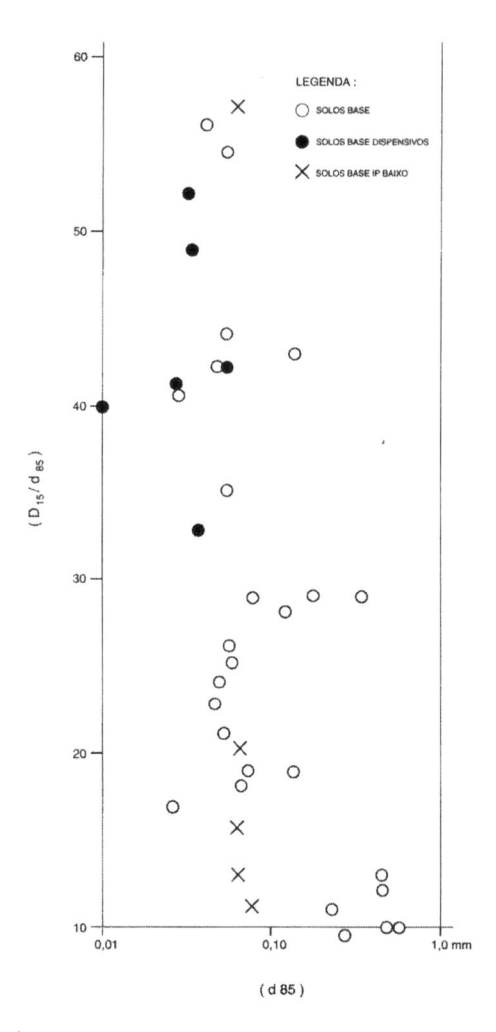

Figura 10.58 - Relação entre o d_{85} do solo-base e a relação D_{15}/d_{85} (Sherard, 1984b)

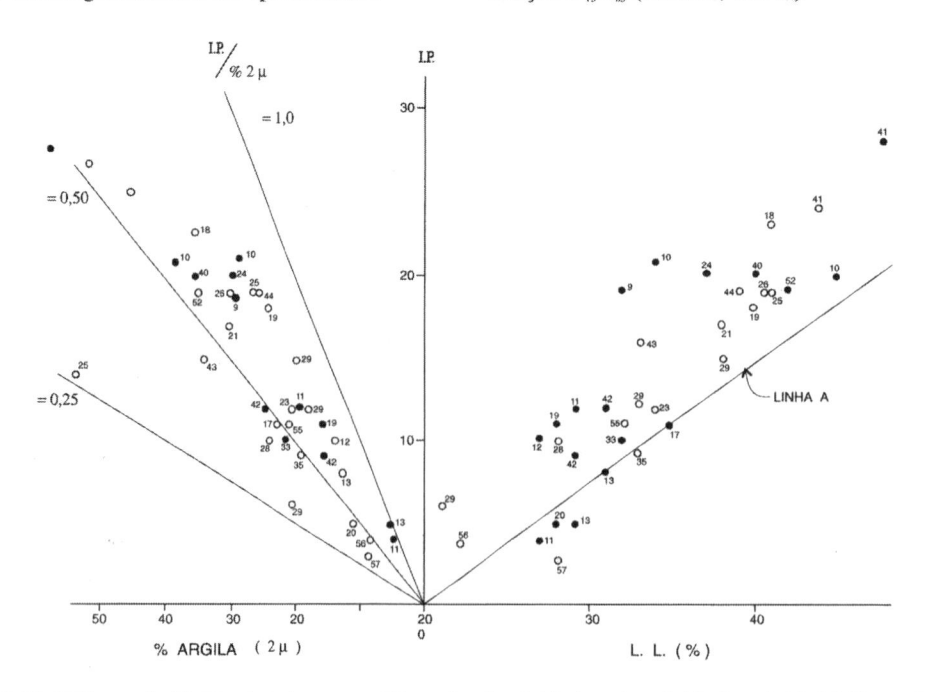

Figura 10.59 - Valores de D_{15}/d_{85} plotados em gráficos de plasticidade e de atividade coloidal (Sherard, 1984b)

Capítulo 10

É interessante notar dois fatos:

- os solos-base ensaiados têm d_{85} entre 0,0055 mm e 0,042 mm e são, portanto, mais finos que a maioria dos solos ensaiados por Sherard;

- as relações D_{15}/d_{85} para filtros efetivos variaram numa faixa de 8,0 a 14,2 para os ensaios em partículas de quartzo e entre 11 e 20 para os solos argilosos. Essas faixas são bem mais restritas do que as obtidas por Sherard (9 a 57).

As areias consideradas como <u>filtros efetivos</u> por Vaughan têm D_{15} entre 0,06 mm e 0,60 mm, enquanto as areias ensaiadas por Sherard têm D_{15} entre 0,40 e 10,0 mm.

Tabela 10.9 - Resultados dos ensaios de filtragem

SOLO	SOLO BASE (micra)				FILTRO (micra)			$\dfrac{d_{15F}}{d_{85S}}$	RESULTADO DO ENSAIO	OBSERV.
	d_{15}	d_{50}	d_{85}	CNU	d_{15}	d_{50}	CNU			
	2,5	4,8	5,5	2,5	60	70	1,3	11	EFETIVO	SOLOS
					80	95	1,4	14,5	EFETIVO	FINOS
					110	600	15	20	EFETIVO	
COW GREEN	2,5	4,8	5,5	2,5	160	600	12	29	NÃO EFET.	SOLOS
					160	200	1,5	29	NÃO EFET.	FINOS
					410	500	1,5	74	NÃO EFET.	
EMPINHAM	10	11	12	1,1	140	1000	11	11,6	EFETIVO	AREIA C/ FINOS
					160	1100	8,5	13,3	NÃO EFET.	AREIA LAVADA
PARTÍCULAS FINAS QUARTZO EM SUSPENSÃO					110	140	1,5	13	EFETIVO	M
	7	8	8,5	1,3	125	180	1,5	14,7	NÃO EFET.	A
					200	250	1,5	23,5	NÃO EFET.	T
					105	350	4,0	12,3	EFETIVO	E
					180	550	4,0	21,0	NÃO EFET.	R
					150	400	4,0	17,6	COLMATAÇÃO	I
					180	350	2,5	21,0	COLMATAÇÃO	A
										L
					200	250	1,5	8,0	EFETIVO	
	18	22	25	1,4	350	400	1,5	14,0	EFETIVO	I
					600	700	1,5	24	NÃO EFET.	N
					310	700	2,8	12,4	EFETIVO	E
					360	700	2,3	14,4	NÃO EFET.	R
										T
	25	32	42	1,5	350	400	1,5	8,3	EFETIVO	E
					600	700	1,5	14,2	EFETIVO	
					800	900	1,5	19,0	NÃO EFET.	

Recentemente, foram realizados ensaios de filtragem para verificação do filtro usado na ensecadeira da Usina Hidrelétrica de Canoas. Os ensaios foram procedidos em permeâmetro grande (Figura 10.60), para acomodar o material de filtro que continha partículas de até 10 cm.

Os resultados dos ensaios estão resumidos na Tabela 10.10.

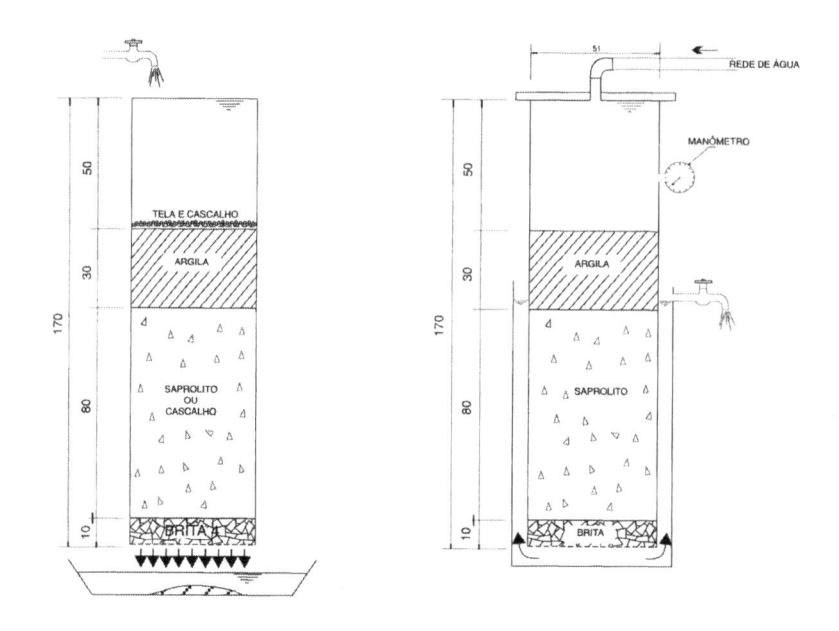

a) Baixa pressão   b) Pressão elevada

Figura 10.60 - Croquis dos permeâmetros utilizados nos ensaios de filtragem (cortesia CESP, 1992 e 1993)

Tabela 10.10 - Resultados dos ensaios de filtragem - filtro da ensecadeira da U.H. Canoas.

ENS nº	SOLO (mm) DISPERSO d_{15}	d_{85}	FLOCULADO d_{15}	d_{85}	FILTRO(mm) D_{15}	D_{85}	DISPERSO $\dfrac{D_{15}}{d_{85}}$	FLOCULADO $\dfrac{D_{15}}{d_{15}}$	$\dfrac{D_{15}}{d_{85}}$	AVALIAÇÃO
1	-	0,06	0,05	0,45	4	30	67	80	8,9	EFETIVO
2	-	0,06	0,05	0,45	10	48	167	200	22,2	Ñ EFETIVO
3	-	0,14	0,02	0,20	3	80	21	150	15	EFETIVO
4	-	0,06	0,05	0,45	0,15	25	2,5	3	0,33	EFETIVO
5	-	0,06	0,05	0,45	3	45	50	60	6,7	EFETIVO
6	-	0,06	0,05	0,45	7,5	45	125	150	16,7	Ñ EFETIVO
7	-	0,06	0,05	0,45	4,0	35	66	80	8,9	EFETIVO
8	-	0,06	0,05	0,45	10	50	167	200	22,2	DUVIDOSO
9	-	0,06	0,05	0,45	2,5	50	42	50	5,5	EFETIVO
10	-	0,06	0,05	0,45	7	60	116	140	15,5	Ñ EFETIVO
11	-	0,06	0,05	0,45	3	45	50	60	6,7	COLMATADO
12	-	0,06	0,05	0,45	7,5	45	125	150	16,7	COLMATADO
13	-	0,06	0,05	0,45	10	50	167	200	22,2	DUVIDOSO
14	-	0,06	0,05	0,45	2,5	50	116	50	5,5	EFETIVO

obs:

- Ensaios 1, 2 e 3 realizados com baixo gradiente - i ~ 2,5
- Ensaios 5 a 14 realizados com gradiente elevado - i ~ 100
- Os ensaios 11, 12, 13 e 14 são repetições dos ensaios 5, 6, 8 e 9.

Algumas conclusões são importantes :

(I) - Os resultados favoráveis de 2 ensaios a baixos gradientes não foram confirmados nos ensaios de gradientes elevados.

(II) - Os ensaios com resultado efetivo com gradiente elevado indicaram uma relação D_{15}/d_{85} (floculado) inferior a 10. A relação de D_{15}/d_{85} (dispersa) para os ensaios com resultado efetivo ficou entre 40 e 60.

(III) - A argila ensaiada foi sempre a mesma, variando-se o material de filtro. As granulometrias *in natura*, na condição dispersa, são mostradas na Figura 10.61.

(IV) - Nenhum dos três saprólitos poderia ser considerado "filtro" do solo argiloso, se fosse considerada a relação D_{15}/d_{85} (46 a 83). Quando, no entretanto, considera-se a curva "floculada", obtida em ensaios de sedimentação <u>sem</u> defloculante e <u>sem</u> agitação mecânica (Figura 10.62), o d_{85} floculado é de 0,45 mm e as relações com o D_{15} caem para 5,5 a 8,9, coerentes com os valores obtidos por Vaughan e Sherard.

(V) - Os ensaios mostraram que, quando o filtro continha "finos" (curva B - Figura 10.62), os resultados foram favoráveis, mas quando o saprólito foi peneirado na #4, os resultados foram desfavoráveis.

Este caso é citado como um exemplo. Solos lateríticos e saprolíticos *in natura* exibem uma granulometria de siltes e areias finas e médias, como já mostrado na Tabela 10.6 e nas Figuras 10.40 a 10.51. Se a granulometria floculada desses solos for considerada para fins de filtragem, o valor de d_{85} varia entre 200 e 1.200 micra ou 0,20 mm a 1,20 mm. Se for adotada uma relação D_{15}/d_{85} de 5 (à semelhança do critério de solos granulares), o D_{15} requerido para o filtro será de 1 a 6 mm, ou seja, o D_{15} de uma areia média a grossa, ou mesmo um pedregulho que contenha areia.

As granulometrias de areias e pedregulhos com areias propostas por Sherard (Figura 10.63) atenderiam às condições de filtragem dos 12 solos da Tabela 10.6.

Já os saprólitos das Figuras 10.61 e 10.62 se situariam na faixa limite superior. Os ensaios requeridos de filtragem confirmaram essa condição limite.

10.7.4 - Requisitos de Drenagem

Filtros de barragens usualmente acumulam a função de drenagem, que foi extensamente discutida no item 10.2.

Valores de permeabilidade de materiais granulares são apresentados no Capítulo 8.

O que não foi discutido é a ação conjunta de filtragem e drenagem.

Os requisitos de filtragem sugerem a adoção de filtros de menor granulometria, e ressaltam a importância de "finos" no bloqueio das partículas ou flocos do material de base. Ao mesmo tempo, chama-se a atenção para o fato de que filtros com finos coesivos, por apresentarem <u>coesão</u>, estão sujeitos a trincas estáveis, que invalidam totalmente a função de filtragem.

Os requisitos acima mostram que areias finas, ou areias médias e grossas com uma fração de areia fina, seriam os <u>filtros ideais</u> para solos coesivos.

A permeabilidade das areias, no entanto, está diretamente associada à sua granulometria.

Areias finas têm $k \sim 10^{-3}$ a 5×10^{-3} cm/s, em muitos casos inadequada para dar vazão ao fluxo que ocorre nas fundações das barragens.

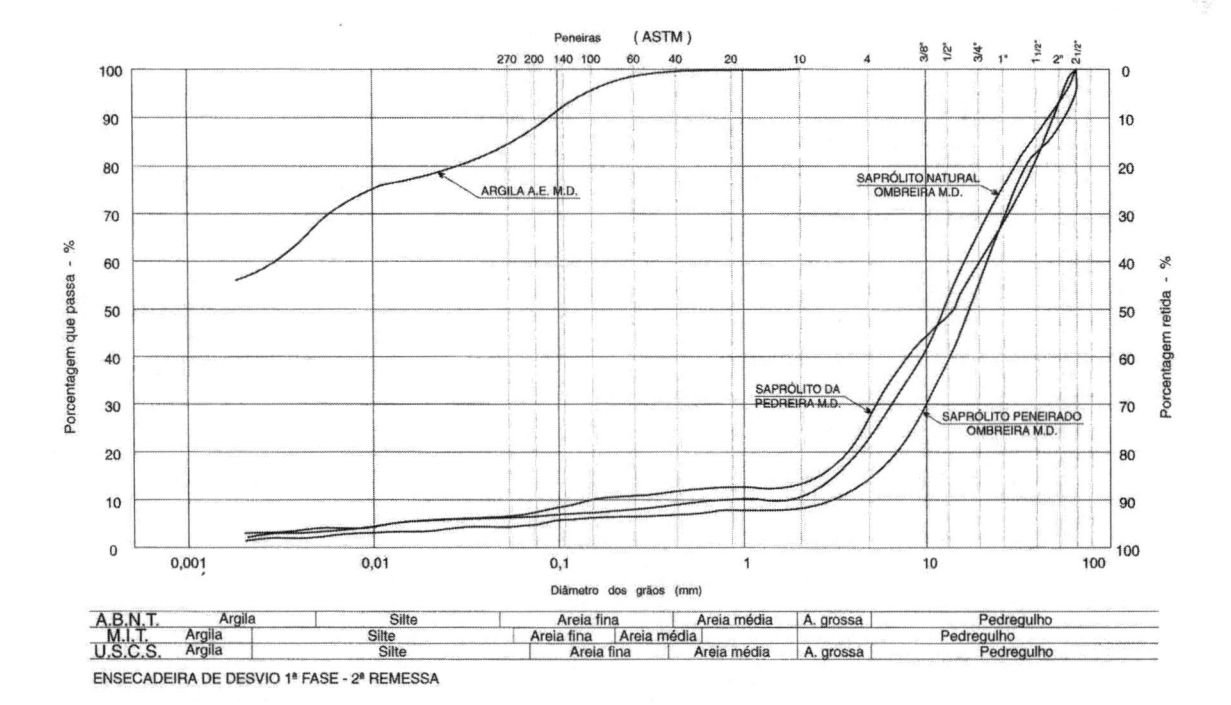

Figura 10.61 - UH Canoas - granulometria *in natura* na condição dispersa (Cortesia CESP, 1992)

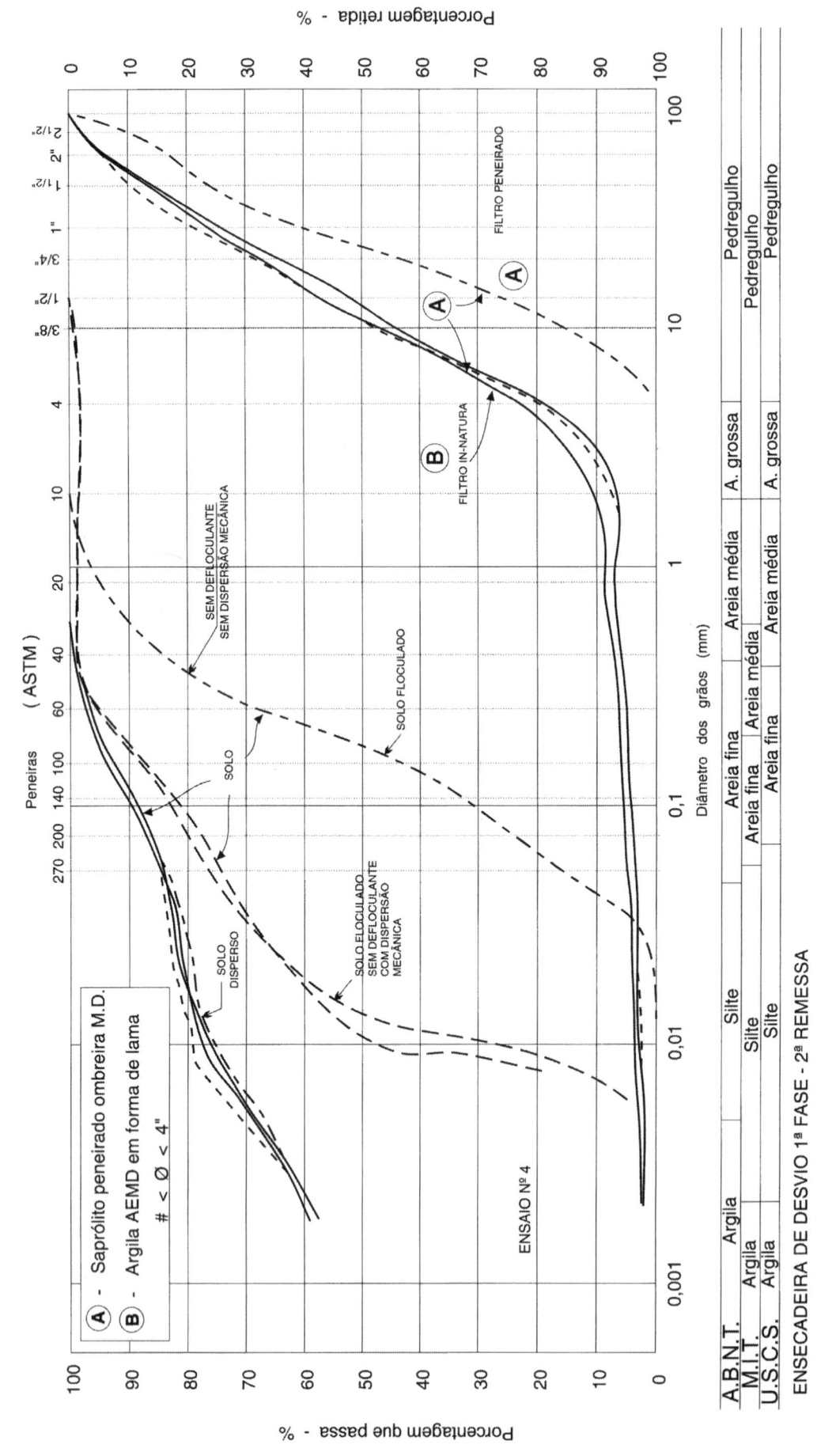

Figura 10.62 - Ensaio de filtragem - curva granulométrica - ensecadeira da U.H. Canoas - (Cortesia CESP, 1992)

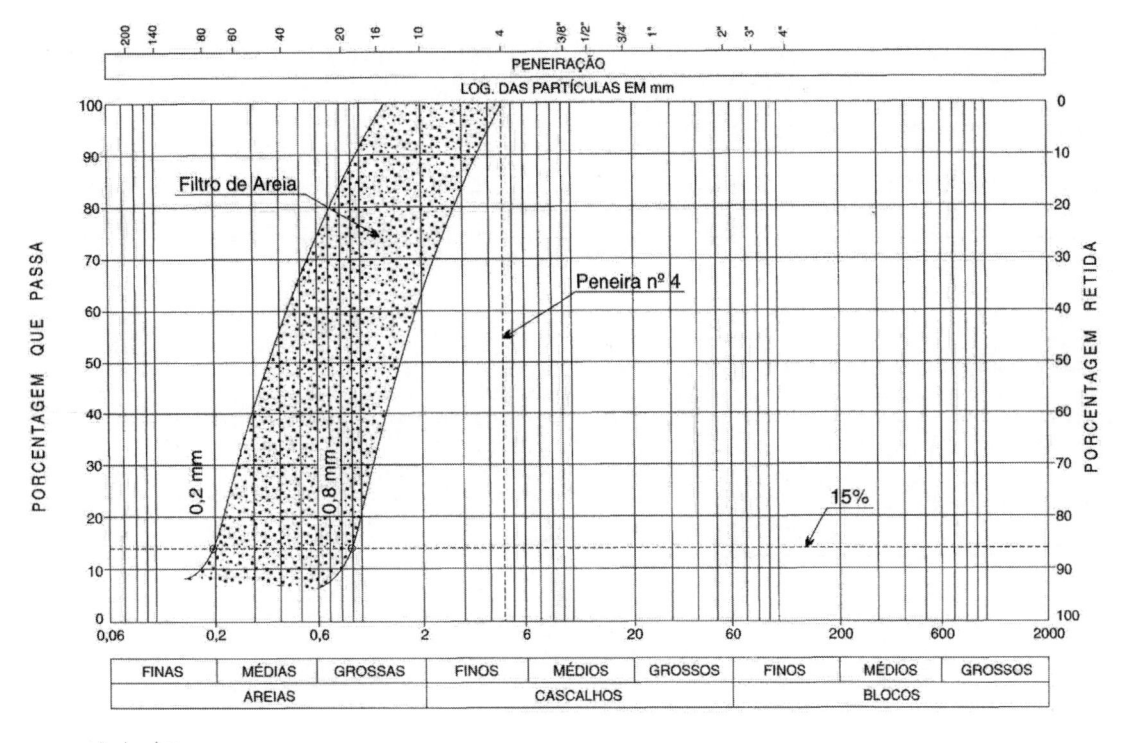

a) Areias

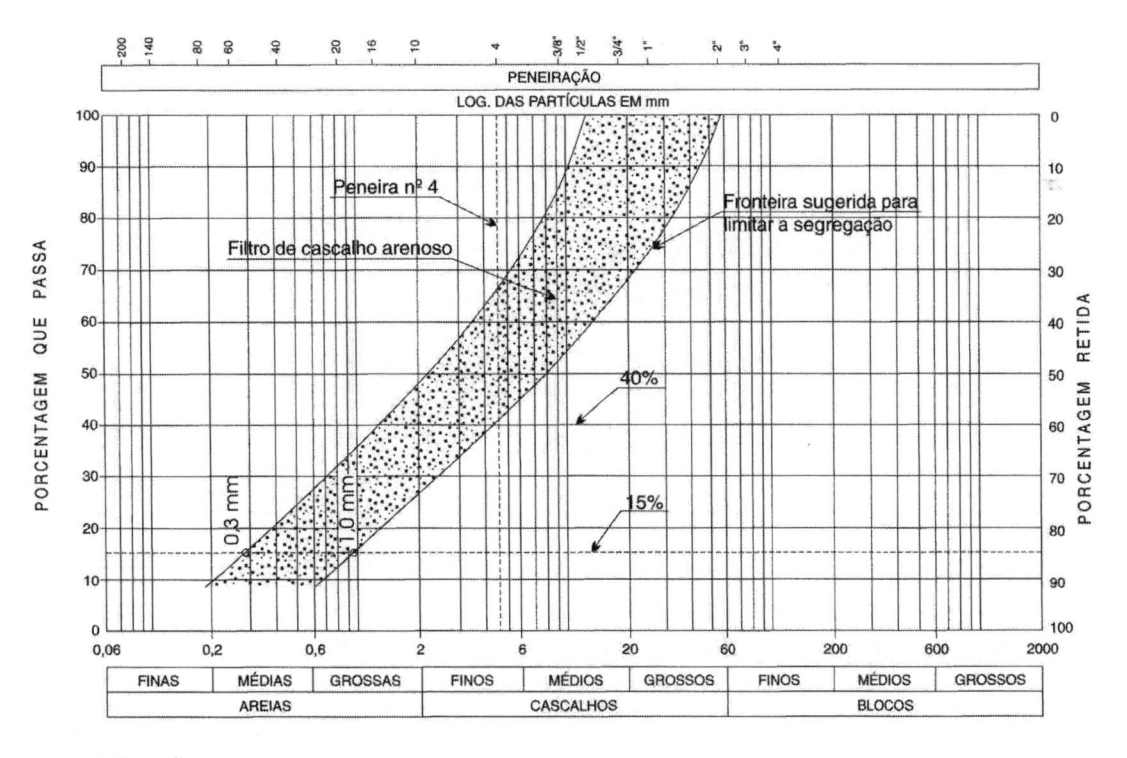

a) Cascalhos

Figura 10.63 - 10.63 - Faixas granulométricas de areias e cascalhos aconselháveis para argilas finas (Sherard, 1984b)

Por essa razão, e pelo que foi discutido no final do item 10.3, areias médias e grossas são adequadas à função de filtragem de solos coluviais, residuais e saprolíticos normalmente utilizados nas barragens brasileiras e, sempre que disponíveis, devem ser usadas.

A permeabilidade dessas areias varia de 10^{-2} cm/s até próximo de 10^{-1} cm/s, e em muitos casos é suficiente para escoar as vazões dos sistemas de drenagem interna.

Em casos onde drenos-sanduíche venham a ser necessários, as areias médias e grossas também são preferidas, porque filtráveis por britas. As areias finas poderão exigir o emprego de pedrisco como camada intermediária entre a areia e a brita, encarecendo e complicando a execução dos drenos.

Em regiões de basalto, onde muitas vezes há falta de areia, a solução é utilizar areias artificiais. Estas areias em geral têm partículas lamelares e são grosseiras.

Como os solos da região também devem ser originários do basalto, a sua granulometria floculada é de silte a areia fina, e em geral o D_{15} da areia artificial atende o requisito de D_{15}/d_{85} ser da ordem de 5 ou até menos.

Vaughan e Soares (1982) sugerem um critério de permeabilidade para a escolha de um filtro. A Figura 10.64 mostra a relação entre o d_{85} do solo floculado e a permeabilidade requerida para o filtro $k = 6,7 \times 10^{-6} d_{85}^{1,52}$, sendo k em m/s e d_{85} em <u>micra</u>.

O emprego dessa fórmula, no entanto, parece limitado à análise de curvas floculadas, finas, cujo d_{85} não ultrapasse cerca de 100 micra (0,10 mm). Se essa fórmula fosse aplicada aos solos da Tabela 10.6, considerando o d_{85} floculado (0,26 a 1,20 mm), filtros com k de 3,1 a 32 cm/s seriam aceitáveis, o que não é verdade. Mesmo que se considere o d_{85} do material disperso (0,06 a 0,30 mm), o valor de k variaria de 0,33 a 3,9 cm/s, que corresponderia a pedregulhos ou britas.

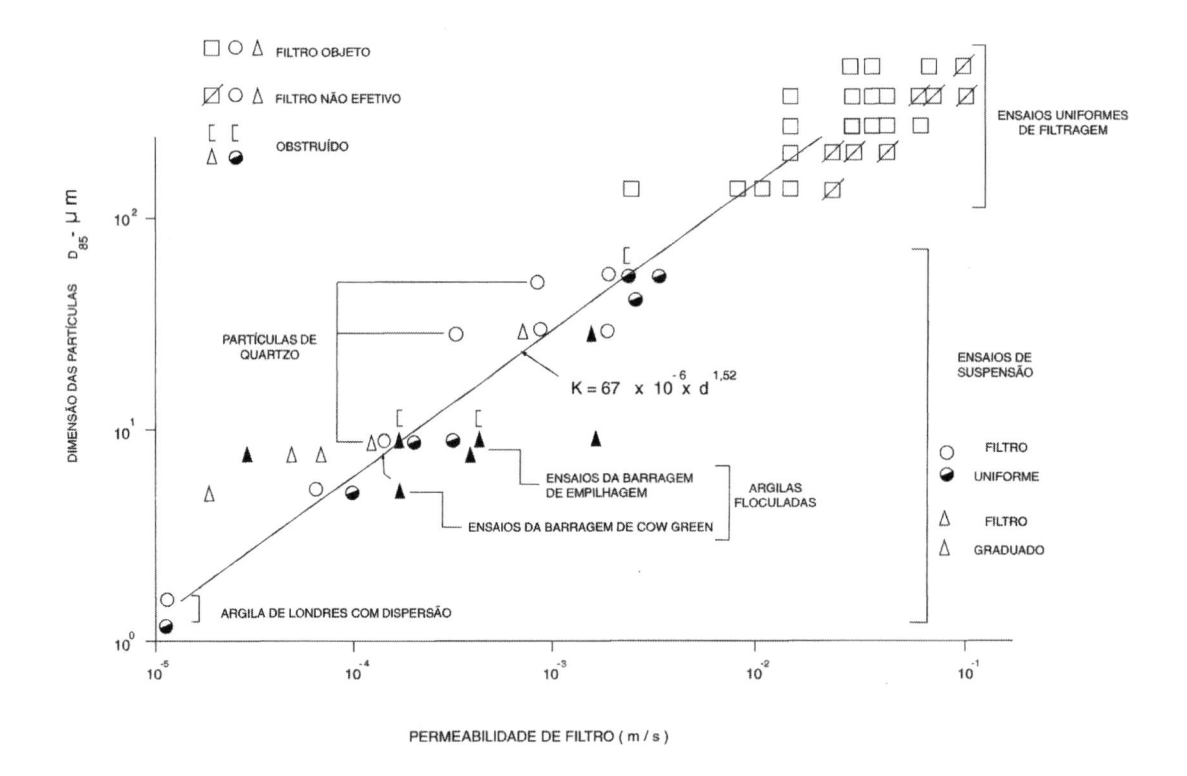

Figura 10.64 - Dimensão de partículas passantes ou retidas por um filtro vs. permeabilidade do filtro (Vaughan e Soares, 1982).

REFERÊNCIAS BIBLIOGRÁFICAS

ABMS/ABGE. 1983. Cadastro Geotécnico das Barragens da Bacia do Alto Paraná. *Simpósio sobre a Geotecnia da Bacia do Alto Paraná*, São Paulo.

BERTRAM, G. E. 1940. An experimental investigation of protective filters. *Harvard Graduate School of Engineering, Public. 267*

BOURDEAUX, G. H. R. M., NAKAO, H., IMAIZUMI, H. 1975. Technological and design studies for Sobradinho earth dam concerning the dispersive characteristics of the clayey soils. *Proc. of the 5th Panamerican Conference on Soil Mechanics and Foundation Engineering*, Buenos Aires. ISSMFE, v. 2.

CADMAN, J. D., BUOSI, M.A. 1985. Tubular cavites in the residual lateritic soil foundation of the Tucuruí, Balbina and Samuel hydroeletric dams in the Brasilian Amazon Region. *Proc. of the 1st International Conference on Geomechanics in Tropical Lateritic And Saprolitic Soils*, Brasília. ABMS, v. 2.

CARVALHO, L. H. de, GUEDES, J. A., PAULA, J. R. de. 1981. Açu: uma cortina impermeabilizante. *Anais do XIV Seminário Nacional de Grandes Barragens*, Recife. CBGB, v. 1.

CASTRO, G. 1969. Liquefaction of sands. Ph D Thesis. Univ. Havard. *Soil Mechanics Series*, n. 81, Massachussets, E.U.A.

CBGB/CIGB/ICOLD. 1982. *Main Brazilian Dams - Design, Construction and Performance*. São Paulo: BCOLD Publications Committee.

CIGB/ICOLD/CBGE. 1982. *Barragens no Brasil*. Rio de Janeiro: Comitê Brasileiro de Grandes Barragens.

CEDERGREEN, H. R. 1967. *Seepage, Drainage and Flow Nets*. New York: John Wiley and Sons.

CESP - COMPANHIA ENERGÉTICA DE SÃO PAULO. 1992. Canoas I - Ensecadeira de desvio 1ª fase - avaliação das condições de filtro dos materiais de transição. *Rel. LEC G43/92*.

CESP - COMPANHIA ENERGÉTICA DE SÃO PAULO. 1993. Canoas I - Ensecadeira de desvio - 1ª fase - avaliação da capacidade de filtro dos materiais de transição. *Complemento do Rel. LEC G43/92 - LEC G 21/93*.

CRUZ, P.T. da 1979. Fluxo de água em enrocamento - contribuição ao estudo do fluxo em meios contínuos e descontínuos. *Rel. IPT - DMGA*. Cap. IX. São Paulo. .

CRUZ, P.T. da. 1983. A Barragem de Juturnaíba - breve história com ilustrações. *Relatório para o DNOS*. Rio de Janeiro.

CRUZ, P. T. da, FERREIRA, R. C. 1993. Aterros Compactados. In: *Solos do Interior de São Paulo - Mesa Redonda*. ABMS/Esc. de Eng. de São Carlos.

DAVIDENKOFF, R. 1955. De la composition des filtres des barrages en terre. *Proc. of the 5th Int. Congress on Large Dams*, Paris. ICOLD.

DNOCS - DEPARTAMENTO NACIONAL DE OBRAS CONTRAS AS SECAS. 1982. *Barragens no Nordeste do Brasil*. Fortaleza.

ENGEVIX/THEMAG. 1987. UHE Tucuruí - Projeto de engenharia das obras civis - consolidação da experiência. *Relatório emitido para a ELETRONORTE*. São Paulo

FOLQUE, J. 1977. Erosão interna em solos coesivos. *Geotecnia*, junho/julho.

HSU, S. J. G. 1981. Aspects of piping resistence to seepage in clayey soils. *Proc. of the 10th Intern. Congress on Soil Mechanics and Foundation Engineering*, Estocolmo. (Republicado pela ABMS em 1982).

HUMES, C. 1980. *Critérios de Projeto de Filtros de Proteção*. Seminário apresentado à EPUSP.

HUMES, C. 1985. *Porosimetria de filtros de proteção*: uma análise de critérios de filtros para materiais granulares. Dissertação de Mestrado. EPUSP.

HUMES, C. 1995. *Consideração sobre a determinação de destribuição de vazios de filtros de proteção de obras geotécnicas*. Tese de Doutoramento. EPUSP.

KARPOFF, K. P. 1955. The use of laboratory tests for protective filters. Proc. ASTM, v. 55.

KASSIF, G. et al. 1965. Analysis of filter requirements for compacted clays. *Proc. of the 6th Int. Conf. on Soil Mech. and Found. Engin.*, Montreal.

KOLBUSZEMSKI, J. 1963. A contribution towards a universal specification of the limiting porosities of a granuler mass. *Proc. of the Eur. Conf. on Soil Mech. and Found. Eng.*, Wiesbaden.

KOLBUSZEMSKI, J., FREDERIC, M. R. 1963. The significance of particle shape and size on the mechanical behaviour of granular materials. *Proc. of the Eur. Conf. on Soil Mech. and Found. Eng.*, Wiesbaden.

LAMBE, T. W., WHITMAN, R. V. 1969. *Soil Mechanics*. New York: John Willey and Sons.

LANE, E. W. 1935. Security from under-seepage, masonry dams on earth foundations. *Trans. of American Society of Civil Engineers*, n. 100.

LEME, C. R. de M. 1985. Dam foundation, draft. *Special Report of the ISSMFE*. Committee of Tropical Lateritic and Saprolitic Soils.

LNEC. 1985. A Problemática do Dimensionamento de Filtros para Barragens de Aterro. *Rel. n. 228/85*. Lisboa.

MACHADO, A.B. 1982. The contribution of termites to the formation of laterites. *Proc. of the 2nd International Seminar on Laterization Processes*.

MARANHA DAS NEVES, E. 1991. Static behaviour of earth rockfill dams. In: *Advances in Rockfill Structures*. NATO ASI Series E. Dordrecht: Kluwer Academic Publishers.

MELLO, V. F. B. de. 1975. Obras de terra: anotações de apoio às aulas. *Publicação da EPUSP*.

MELLO, V. F. B. de. 1976. Algumas experiências brasileiras e contribuições à Engenharia de Barragens. *Revista Latinoamericana de Geotecnia*, Caracas. v. 3, n. 2.

MELLO, V. F. B. de. 1977. Reflections on Design Decisions of Practical Significance to Embankment Dams. 17th Rankine Lecture. *Géotechnique*, v. 27, n. 3.

MELLO, V. F. B. de. 1982. A case history of a major construction period dam failure. *De Beer Volume*.

MITCHEL, J. K. 1977. *Soil Behavior*. New York: John Willey and Sons.

MOREIRA, J. E., HERKENHOFF, C. S., SANTOS, C. A. da S., SIQUEIRA, G. H., AVILA, J. P. de. 1990. Comportamento dos tratamentos de fundação das barragens de terra de Balbina. *Anais do VI Congr. Bras. de Geologia de Engenharia / IX Congr. Bras. de Mecânica dos Solos e Engenharia de Fundações*, Salvador. ABGE/ABMS, v. 1.

MORETTI, M. R. 1988. *Aterros Hidráulicos - A Experiência de Porto Primavera*. Disertação de Mestrado. EPUSP.

OLIVEIRA, H. G. de, BORDEAUX, G. H. R. M., MORI, R. T., BERTOLUCCI, J.C.F. 1975. Paraibuna dam: performance of foundation, instrumentation and drainage system. *Proc. of the 5th Panamerican Conference on Soil Mechanics and Foundation Engineering*, Buenos Aires. ISSMFE, v. 2.

OLIVEIRA, H. G., BORDEAUX, G. H. R. M., CELERI, R. de O., PACHECO, I. B. 1976. Comportamento geotécnico das barragens e diques de Jaguari, Paraibuna e Paráitinga. *Anais do XI Seminário Nacional de Grandes Barragens*, Fortaleza. CBGB, v. 2.

PACHECO, I. B., MORITA, L., MEISMITH, C. J., SILVA, S. A. 1981. Utilização de dreno tipo francês no sistema de drenagem interna de barragens de terra. *Anais do XIV Seminário Nacional de Grandes Barragens*, Recife. CBGB, v. 1.

PENMAN, A. D. M. 1986. On the embankment dams. *Géotechnique*, v. 36, n. 3.

QUEIROZ, L. de A., OLIVEIRA, H. G. de, NAZÁRIO, F. de A. S. 1967. Foundation treatment of Rio Casca III Dam. *Transactions of the 9th Int. Congress on Large Dams*, Istambul. Paris: ICOLD. v. 1.

ROCHA SANTOS, C. F., DOMINGUES, N. R. 1991. Estudos e projeto de recuperação da barragem de Santa Branca. *Anais do XIX Seminário Nac. de Grandes Barragens*, Aracajú. CBGB

SEED, H. B. 1979. Rankine Lecture. Considerations in the earthquake - resistant design of earth and rock-fill dams. *Géotechnique*, v. 29, n. 3.

SHERARD, J. L., WOODWARD, R. J., GIZIENSKI, S. F., CLEVENGER, W. A. 1963. *Earth and Earth-Rock Dams*. New York: John Wiley & Sons.

SHERARD, J. L. et al. 1972a. Piping in earth dams of dispersive clay - performance of earth and earth-suported structures, ASCE

SHERARD, J. L. et al. 1972b. Hydraulic fracturing in low dams of dispersive clay - performance of earth and earth suported structures, ASCE

SHERARD, J. L. 1973. Embankment dam cracking, embankment dam engineering. *Casagrande Volume*. New York: John Willey and Sons.

SHERARD, J. L. 1984 a. Basic properties of sands and gravel filters. *Journal of Geotechnical Engin. Division*. ASCE, v. 110.

SHERARD, J. L. 1984 b. Filters for silts and clays. *Journal of Geotechnical Engin. Division*. ASCE, v. 110.

SILVA, F. P. 1966. Considerações sobre filtros de proteção. *Anais do III Congresso Brasileiro de Mecânica dos Solos*, Belo Horizonte. ABMS.

SILVEIRA, A. 1964. *Algumas considerações sobre filtros de proteção*: uma análise de carreamento. Tese de Doutoramento. EPUSP.

SILVEIRA, A. 1965. New considerations on protective filters. *Publ. Univ. São Carlos da USP*.

SILVEIRA, A. 1966. Considerações sobre a distribuição de vazios em solos granulares. *Anais do III Congresso Brasileiro de Mecânica dos Solos*, Belo Horizonte. ABMS.

SILVEIRA, A. et al. 1975. On void distribuitions of granular soils. *Proc. of the 5th Panamerican Conference on Soil Mechanics and Foundation Engineering*, Buenos Aires. ISSMFE.

SILVEIRA, A., PEIXOTO JR., T. L. 1975. On permeability of granular soils. *Proc. of the 5th Panamerican Conference on Soil Mechanics and Foundation Engineering*, Buenos Aires. ISSMFE.

SILVEIRA, J. F. A., ALVES FILHO, A., GAIOTO, N., PINCA, R. L. 1980. Controle de subpressões e vazões na ombreira esquerda da Barragem de Água Vermelha: análise tridimensional. *Anais do XIII Seminário Nacional de Grandes Barragens*, Rio de Janeiro. CBGB, v. 2.

SILVEIRA, J. F. A. 1981. Desempenho dos dispositivos de impermeabilização e drenagem da fundação da barragem de terra de Água Vermelha. *Anais do XIV Seminário Nacional de Grandes Barragens*, Recife. CBGB, v. 1.

TERZAGHI, K. 1943. *Theoretical Soil Mechanics*. New York: John Wiley and Sons.

THANIKACHALAM, V., SAKTHIVADIVEL, R. 1974. Grain size criteria for protective filter, an enquiry. *Soils and Foundations*, v. 14, n. 4.

U.S. CORPS OF ENGINEERS, WES. 1941. Investigations of filters requirements for underdrains. *Tech. Memo*. n. 183.

VARGAS, M., HSU, S. J. C. 1970. The use of vertical core drains in brazilian earth dams. *Trans. of the 10th Int. Cong. on Large Dams*, Montreal. Paris: ICOLD, v. 1.

VARGAS, M. 1977. *Introdução à Mecânica dos Solos*. São Paulo: Mc Graw - Hill do Brasil Ltda.

VAUGHAN, P. R. et al. 1970. Cracking and erosion of the rolled clay core of Balderhead dam an the remedial works adopted for its repair. *Trans. of the 10th Int. Cong. on Large Dams*, Montreal. Paris: ICOLD.

VAUGHAN, P. R. 1978. Design of filters for the protection of cracked dams cores against internal erosion. *Preprinted 3420 - ASCE*.

VAUGHAN, P. R. 1982. Design of filters for clay cores of dams. ASCE, vol 108.

VAUGHAN, P. R. 1989. Non-linearity in seepage problems - theory and field observation. In: *De Mello Volume*. São Paulo: Edgard Blücher Ltda.

VIDAL, D. 1991. Projeto: Ensaio de Filtração de Longa Duração. *Relatório Interno de Pesquisas do Convênio ITA/RHODIA RH-1 (89/90)*

VIOTTI, C. B. 1989. Emborcação dam: a Rankine Lecture design - a successful performance.In: *De Mello Volume*. São Paulo: Edgard Blücher Ltda.

WITTMANN, L. 1979. The process of soil filtration its physis and the approach in engineering practice. *Proc. of the Conf. on Design Parameters in Geotechnical Engineering*, BGS.

WOLSKY, WETALL. 1970. Protection Against Piping of Dams Cores of Flysh Origin Cohesive Soils. *Trans. of the 10th Int. Cong. on Large Dams*, Montreal. Paris: ICOLD.

ZASLAVSKY, D., KASSIF, G. 1965. Theoretical formulation of piping mechanics in cohesive soils. *Géotechnique*, v. 15, n. 3.

ZWECK, H., DAVIDENKOFF, R. 1957. Étude experimentale des filters de granulometrie uniforme. *Proc. of the 4th Int. Conf. on Soil Mech. and Found. Engin.*, Londres.

Capítulo 11

Barragem Zabumbão - Canalão na Fundação   (Cortesia THEMAG)

3ª Parte
Capítulo 11
Sistemas de Vedação

11 - SISTEMAS DE VEDAÇÃO

11.1 - INTRODUÇÃO

Toda barragem requer uma zona de baixa permeabilidade, normalmente denominada "vedação". A sua finalidade é reduzir e controlar o fluxo pelo corpo da barragem, que imediatamente a jusante é disciplinado pelos sistemas de drenagem já descritos no Capítulo 10.

A vedação deve ser também estendida à fundação da barragem em todos os horizontes de permeabilidade elevada.

Em princípio, as vedações, tanto da barragem como da fundação, devem ser centrais, ou seja, localizadas a partir do eixo da barragem e estendendo-se para montante. Em casos particulares, a vedação pode estar localizada no espaldar de montante ou mesmo sobreposta a este, como no caso de barragens de enrocamento com paramento de concreto, discutidas no Capítulo 16.

Em alguns casos a vedação da fundação poderá se estender um pouco para jusante do eixo, mas nunca além do primeiro terço da projeção do talude de jusante.

O princípio do controle de fluxo já discutido no Capítulo 9, item 1, deve ser obedecido.

Nos itens que se seguem serão detalhados os principais sistemas de vedação normalmente utilizados.

11.2 - VEDAÇÃO DO CORPO DA BARRAGEM

A vedação do corpo da barragem normalmente é executada com solo compactado, e deve ocupar a região central ou ficar embutida no espaldar de montante. A vedação do corpo da barragem é chamada de núcleo.

Barragens de terra

Nas barragens de terra, ditas homogêneas, costuma-se criar um "pseudo-núcleo" com largura de base $\geq 1\,H$, sendo H a altura da barragem, onde o solo pode ser compactado com umidade acima da ótima para se obter a menor permeabilidade.

Esta umidade, no entanto, deve ser limitada a um valor pouco inferior ao Limite de Plasticidade, para evitar a formação de "borrachudos" e de laminações, que podem se tornar caminhos preferenciais de fluxo.

O processo de compactação induz sempre a uma anisotropia de permeabilidade que, no geral, é crescente de baixo para cima, e que pode alcançar valores muito elevados nos 5 a 10 metros superiores do aterro, devido ao baixo nível de tensões verticais e às elevadas tensões horizontais resultantes da compactação com equipamentos pesados.

A Barragem de Itumbiara (Figura 11.1) ilustra o caso de um pseudo-núcleo.

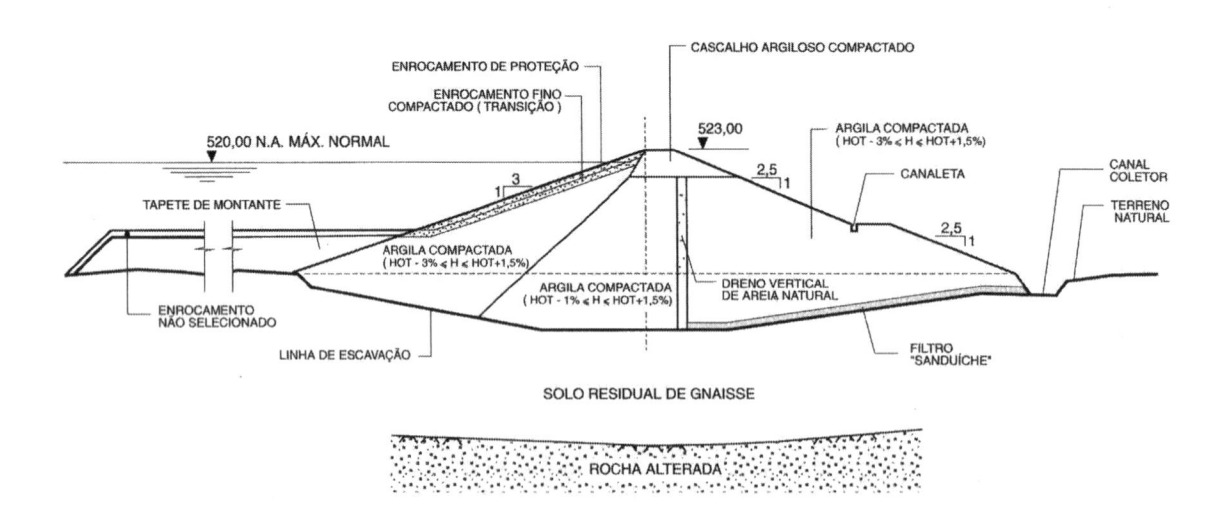

Figura 11.1 - Barragem de Itumbiara - Estaca 26+00 - ombreira direita (ABMS/ABGE, 1983)

Capítulo 11

Outros casos de barragens de terra com núcleo poderão ser vistos nas Figuras 9.6 (Selset e Las Palmas) e Figura 9.9 (Mira).

Na mesma figura está mostrada a Barragem do Vigário (Terzaghi), na qual não há indicação de um pseudo-núcleo. Nesse caso a vedação é todo o espaldar de montante.

Barragens de terra-enrocamento

Nas barragens de terra-enrocamento a vedação se confunde com o núcleo, que muitas vezes é a única zona de baixa permeabilidade de toda a barragem. As Figuras 11.2 e 11.3 ilustram esta condição (Barragem de Salto Osório e Rio da Casca I).

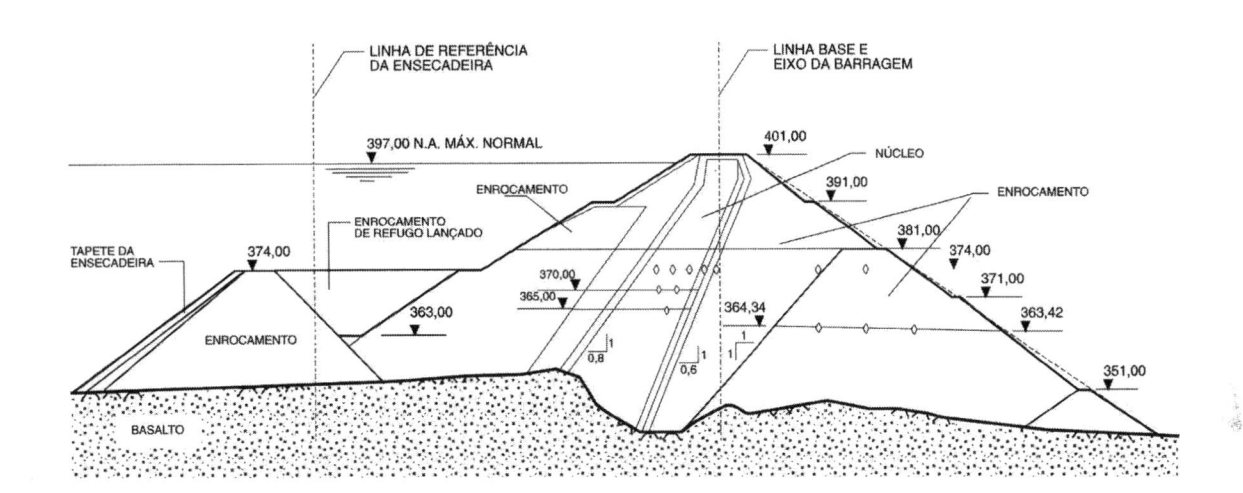

Figura 11.2 - Barragem de Salto Osório (CIGB/ICOLD/CBGB, 1983)

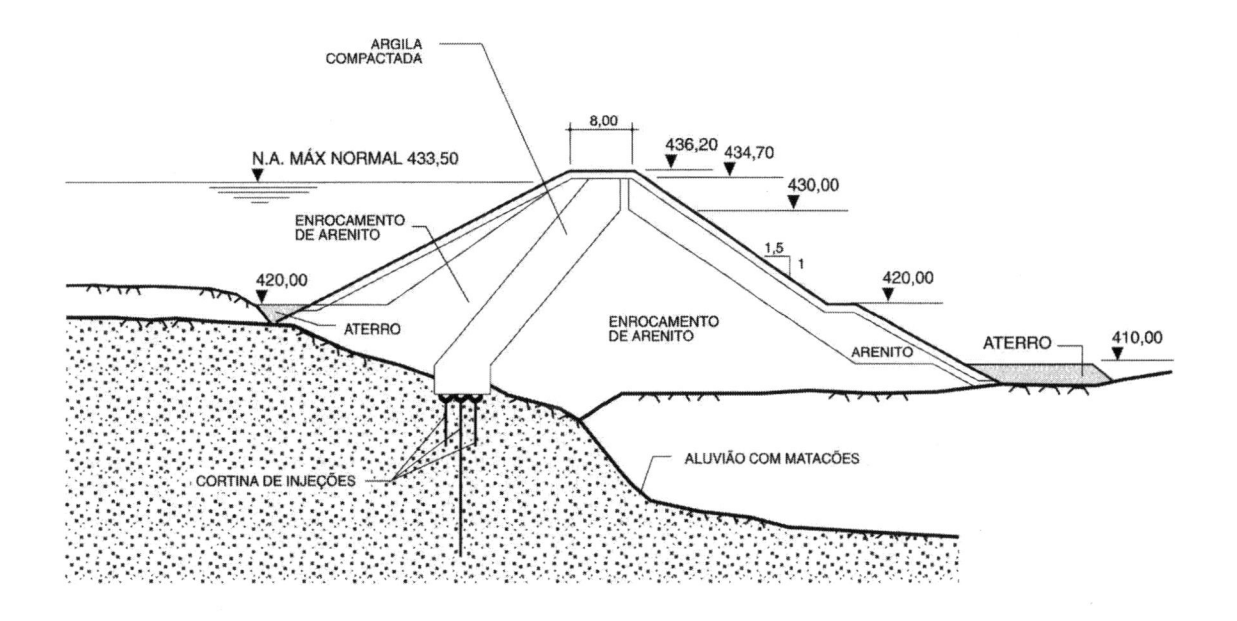

Figura 11.3 - Barragem de Rio da Casca I (CIGB/ICOLD/CBGB, 1982)

Outras seções de barragens são mostradas na Figura 9.4 (Pres. Aleman e Orós) na condição de núcleo central amplo, ou seja, núcleo com base B igual ou superior a H.

As Figuras 9.5 (Cougar e Furnas), 9.7 (Hyttejuvet e Balderhead), 9.8 (Ouchi e Ogaki) e 9.10 (Lynn Brianne e Monasavu) mostram núcleos delgados, nos quais a base do núcleo varia de 0,30 a 0,50 H.

Núcleos muito delgados e com interfaces "quebradas" (veja-se Figura 9.7) devem ser evitados, porque devido à transmissão de tensões nas interfaces ocorre o fenômeno de arqueamento, que pode resultar num estado de tensões insuficiente para evitar a ocorrência de uma ruptura hidráulica, como amplamente discutido no Capítulo 4.

Não há regras quanto à espessura mínima do núcleo, mas em princípio deve-se projetar um núcleo com $b >$ 0,3 a 0,5 h, sendo b a largura do núcleo para a correspondente altura h, em qualquer elevação da barragem.

Como o núcleo se estende até a crista da barragem, que em geral varia de 7 a 10 metros, a menor relação base/altura para o caso de interfaces retilíneas irá ocorrer no contato com a fundação.

Em princípio, as interfaces núcleo-transições, tanto a montante como a jusante, devem ser retilíneas. A Figura 11.4 mostra duas alternativas para acomodação das transições e espaldares no topo de uma barragem. A alternativa 2 é preferível.

A solução é alargar a crista e tornar os espaldares mais íngremes próximo à mesma, para acomodar as transições e o núcleo. Este talude mais íngreme deve interceptar o talude normal a partir de uma certa altura, mantendo a seção da barragem abaixo desta cota igual à da alternativa 1.

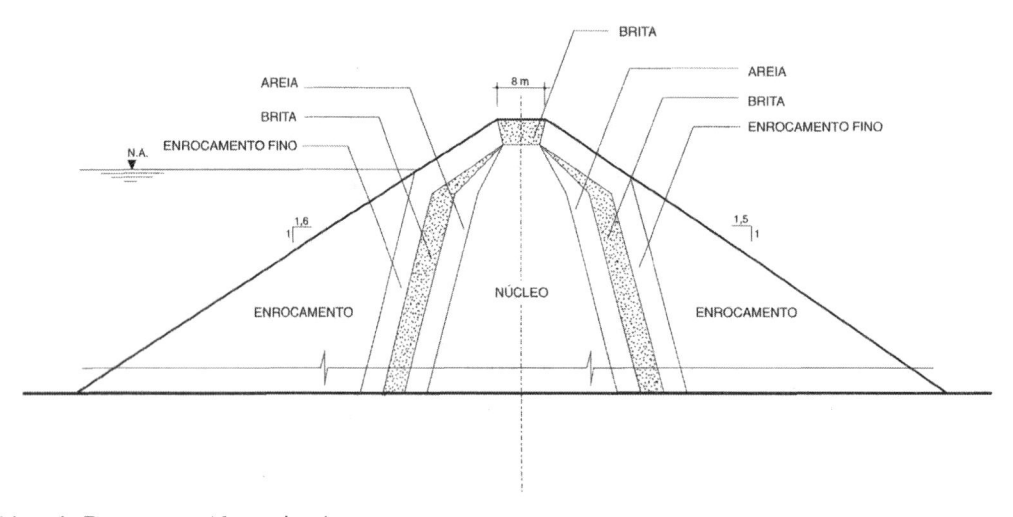

a) Crista da Barragem - Alternativa 1

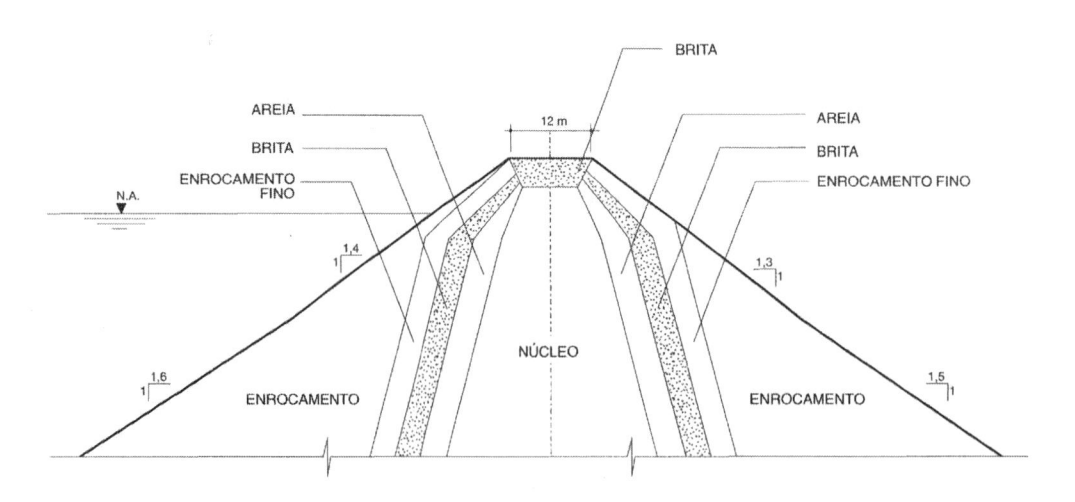

Figura 11.4 - Acomodação das transições e núcleo na crista da barragem

A discussão sobre núcleos centrais e núcleos inclinados para montante encontra-se nos Capítulos 4 e 12.

11.3 - VEDAÇÃO DA FUNDAÇÃO

A vedação da fundação pode constituir um dos itens mais difíceis do projeto e da execução da obra, porque no caso geral as feições da fundação que necessitam vedação encontram-se saturadas e, quando exigem remoção, poderão envolver sistemas de rebaixamento do lençol freático.

Como já discutido, o fluxo pela fundação de certas barragens, mesmo no caso de rocha, é majoritário em relação ao fluxo que ocorre pelo maciço, e na grande maioria dos casos de ocorrência de *piping*, estes ocorreram nas fundações.

O sistema de drenagem das fundações é de fundamental importância no controle do fluxo, como amplamente discutido no Capítulo 10. A vedação deve ser considerada como "uma segunda linha de defesa", e em nenhum caso deve ser considerada como a única linha de defesa.

A seguir, são discutidos os principais sistemas de vedação que têm sido empregados em barragens brasileiras.

Trincheiras de vedação

A trincheira de vedação é a única solução que pode ser considerada efetiva, porque intercepta integralmente a feição permeável onde se deseja interromper o fluxo.

Três aspectos devem ser considerados:

- a largura de base da trincheira;

- a compatibilidade da deformação da trincheira com a do material adjacente;

- a estabilidade dos taludes de escavação.

A base da trincheira deve ter um mínimo de 4 m, ou 6 m de acordo com algumas especificações, para permitir a compactação do solo. Por outro lado, o fluxo irá se concentrar na camada subjacente, e é necessário verificar se a vazão que *by-pass* a base da trincheira é compatível com o projeto. A regra empírica de que $b = H - d$, sendo b a largura da base da trincheira, H o desnível máximo montante-jusante e d a profundidade da trincheira, deve ser analisada com critério e apenas como uma primeira indicação. Raramente a base de uma trincheira de vedação precisa ter mais de 10 metros, valor este facilmente superado pela aplicação da fórmula empírica.

A compatibilidade das deformações visa a evitar que a trincheira venha a sofrer um processo de arqueamento. Quanto mais íngremes as interfaces, e quanto mais compressível for o núcleo em relação aos materiais adjacentes, maior o risco de arqueamento.

Como trincheiras são executadas geralmente em fundações em areia ou cascalhos, que quando densas são muito pouco compressíveis, é recomendado que o solo seja compactado em níveis elevados de G.C., evitando-se, no entanto, as laminações. Taludes mais abatidos também reduzem a possibilidade de arqueamento e conseqüentes rupturas hidráulicas.

Uma providência adotada na trincheira de vedação do trecho em barragem de terra da Hidrelétrica de Itaipu, e também adotada na trincheira de vedação da Barragem do Leão, foi não compactar os 50 cm do solo adjacente às interfaces com o objetivo de facilitar os movimentos diferenciais resultantes da construção da barragem entre o solo compactado e o solo adjacente, reduzindo dessa forma a transferência de cargas.

A estabilidade dos taludes da escavação deve ser considerada, porque mesmo que não ocorra a ruptura, podem ocorrer deslocamentos que resultem numa redução da densidade (compacidade) do solo da fundação, o que irá aumentar a sua compressibilidade e reduzir a sua resistência ao cisalhamento. Areias podem facilmente "fluir" para dentro das escavações, obrigando a maiores remoções, ampliação desnecessária da trincheira, e redução das propriedades geotécnicas da mesma.

Trincheiras de vedação centrais são as mais comuns. Algumas têm profundidades significativas, como no caso das Barragens de Água Vermelha (Fig. 11.5) e Cocorobó (Fig. 11.6).

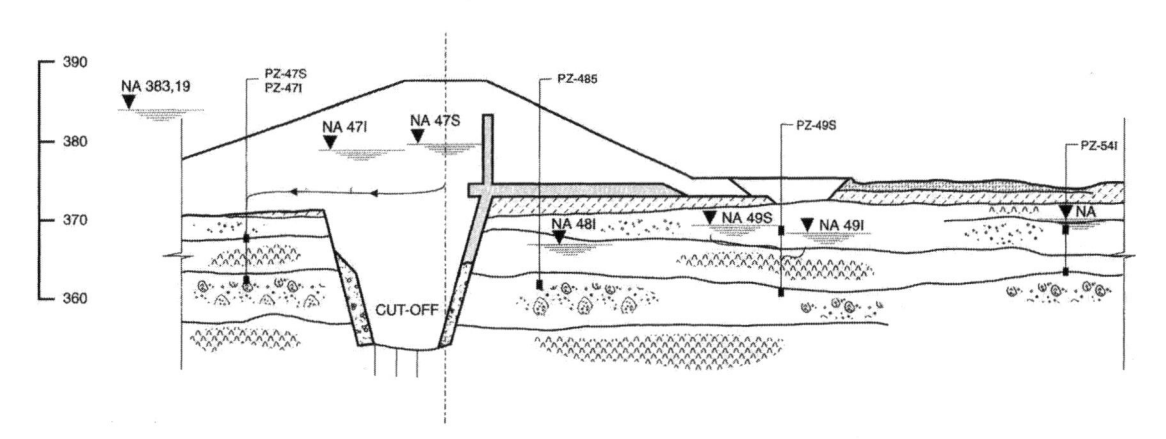

Figura 11.5 - Barragem de Água Vermelha - níveis piezométricos na seção da Est. 194 + 10 m, em 31/10/1979 (apud CBGB/CIGB/ICOLD, 1982).

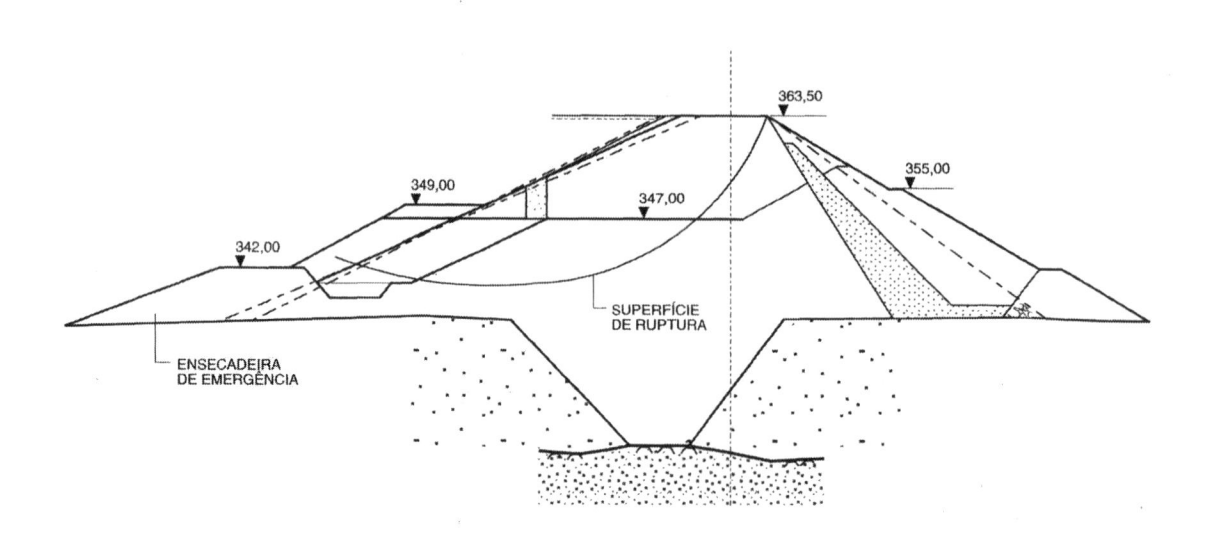

Figura 11.6 - Barragem de Cocorobó - seção transversal reconstruída (Mello, 1975)

O projeto original da Barragem do Leão (Figura 11.7) mostra uma trincheira coincidente com o núcleo.

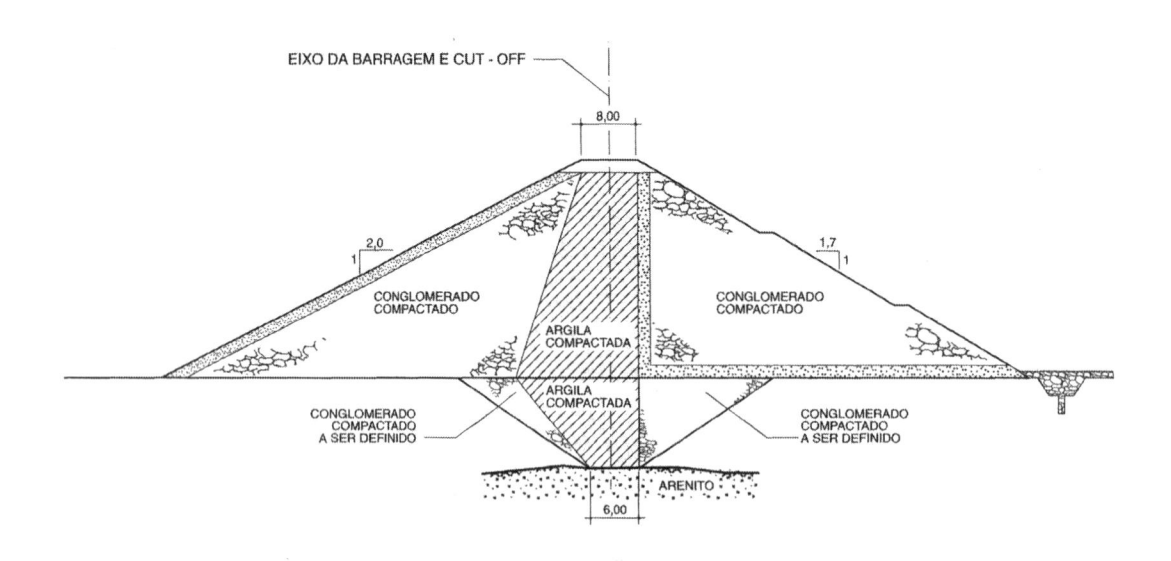

Figura 11.7 - Barragem do Leão - seção transversal para profundidade 8m (cortesia Magna Engenharia, 1985)

Trincheiras a montante também têm sido propostas, como é o caso da Barragem de Pedra Redonda (Figura 11.8). Neste caso, a trincheira foi colocada a montante para confinar o aluvião arenoso que poderia estar sujeito a liquefação, como discutido no capítulo 7; além disso, contribui para a estabilidade do talude de montante.

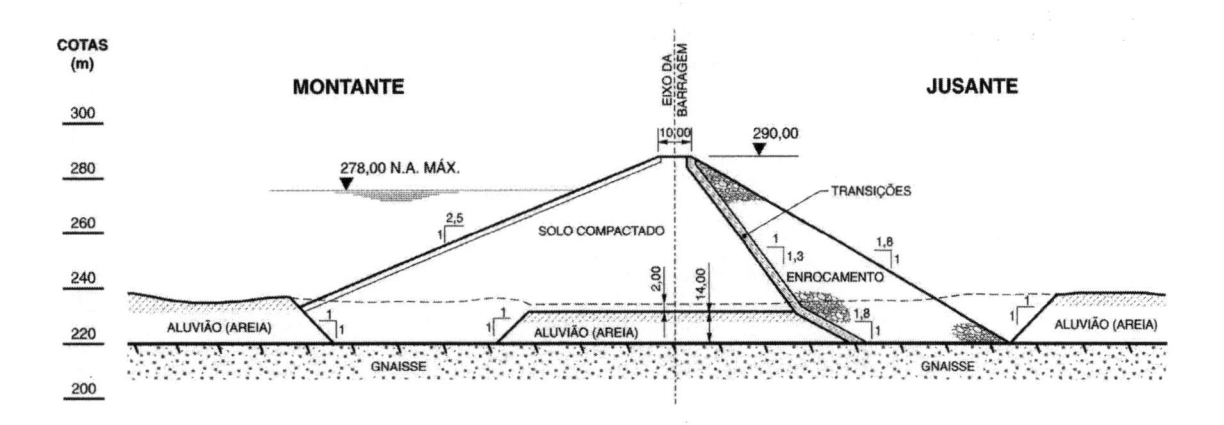

Figura 11.8 - Barragem de Pedra Redonda-projeto alternativo (cortesia SIRAC, 1990).

Uma trincheira de cerca de 25 m de profundidade foi executada na Barragem de Açu (Figura 11.9), exigindo um complexo sistema de rebaixamento (veja-se Carvalho *et al.*, 1981, e Carvalho e Araujo, 1982).

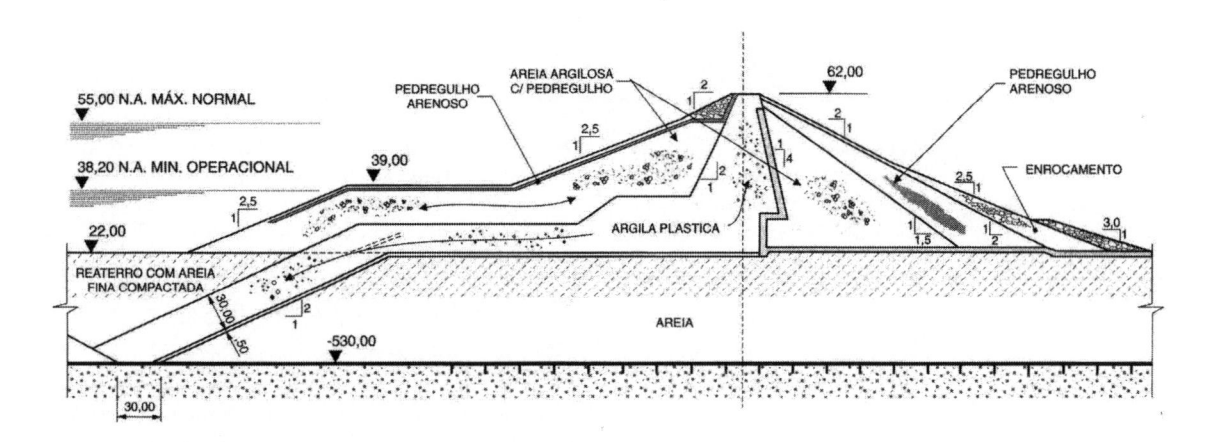

Figura 11.9 - Barragem de Açu (Armando Ribeiro Gonçalves) - seção original modificada - Estaca 45 (Carvalho *et al.*, 1981).

No projeto original da barragem, os espaldares deveriam ser construídos com cascalho arenoso e não havia uma ligação do núcleo em argila com a trincheira. Esta ligação foi proposta como uma alternativa ao projeto original através de um tapete interno. A substituição do cascalho pela argila (material de menor resistência) levou a barragem à ruptura, como já discutido no Capítulo 2. A trincheira de vedação não foi afetada pela ruptura. A barragem foi reconstruída com cascalho arenoso no espaldar de montante e não há sinais de qualquer acidente.

Trincheiras acopladas a outros tratamentos da fundação têm sido executadas, como é o caso da Barragem do Limoeiro (Figura 11.10). Este projeto data da década de 50. Soluções como esta têm sido evitadas em projetos mais recentes, porque a integração trincheira-cortina pode ser problemática.

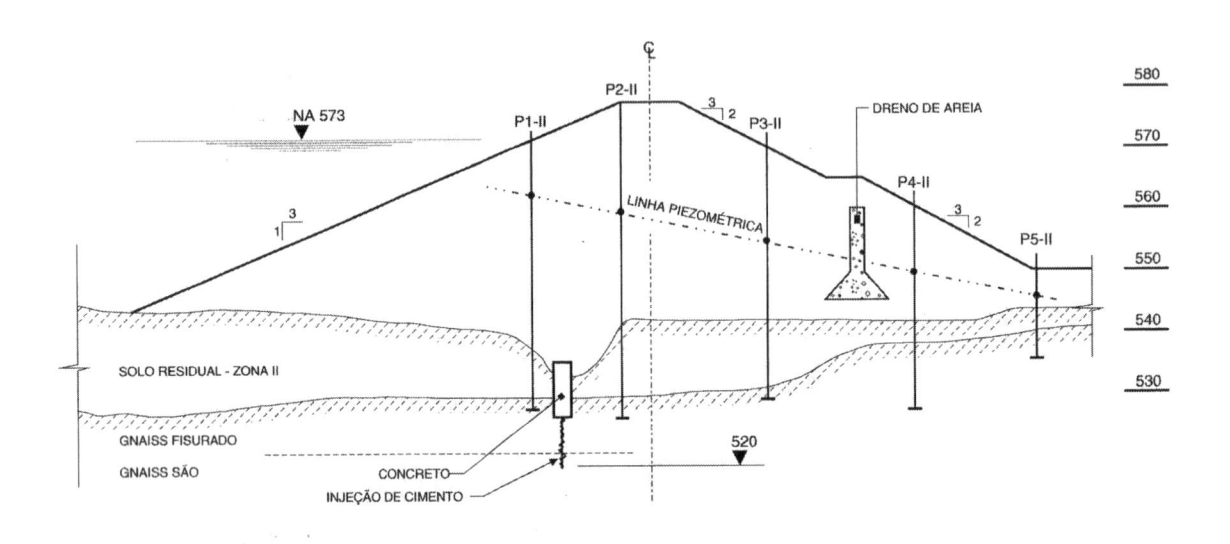

Figura 11.10 - Barragem do Limoeiro - resultados de leituras piezométricas na fundação (CIGB/ICOLD/CBGB, 1982).

A barragem do Jenipapo (Figura 2.22) apresenta uma trincheira parcial na camada de areia. A função da trincheira é interceptar a camada superficial de areia (sobreposta a argila mole) que, pelos dados disponíveis, parece ser a mais permeável. É, no entanto, totalmente insuficiente para controlar o fluxo pelo restante da fundação.

Diafragmas

Diafragmas rígidos, diafragmas plásticos, colunas injetadas (CCP, JG), colunas secantes de concreto, entre outras soluções, têm sido advogadas como eficientes para o controle de fluxo em formações arenosas e em cascalho.

A experiência brasileira no caso é pobre e essas soluções devem ser avaliadas com muita atenção.

A prática européia, por outro lado, tem adotado soluções deste tipo para alguns casos particulares.

No Brasil, há o caso da Barragem de Saracuruna, em que a execução de um diafragma plástico mostrou-se efetiva no controle de fluxo pela fundação.

O projeto original da barragem previa a execução de uma trincheira de vedação, seguida de injeções de cimento, como se vê na Figura 11.11. Nas ombreiras da barragem ocorria um grande número de formigueiros que se intercomunicavam, elevando a permeabilidade média que deveria ficar entre 10^{-4} e 10^{-5} cm/s para $3,5 \times 10^{-2}$ cm/s na ombreira direita e $5,4 \times 10^{-3}$ cm/s na ombreira esquerda.

Capítulo 11

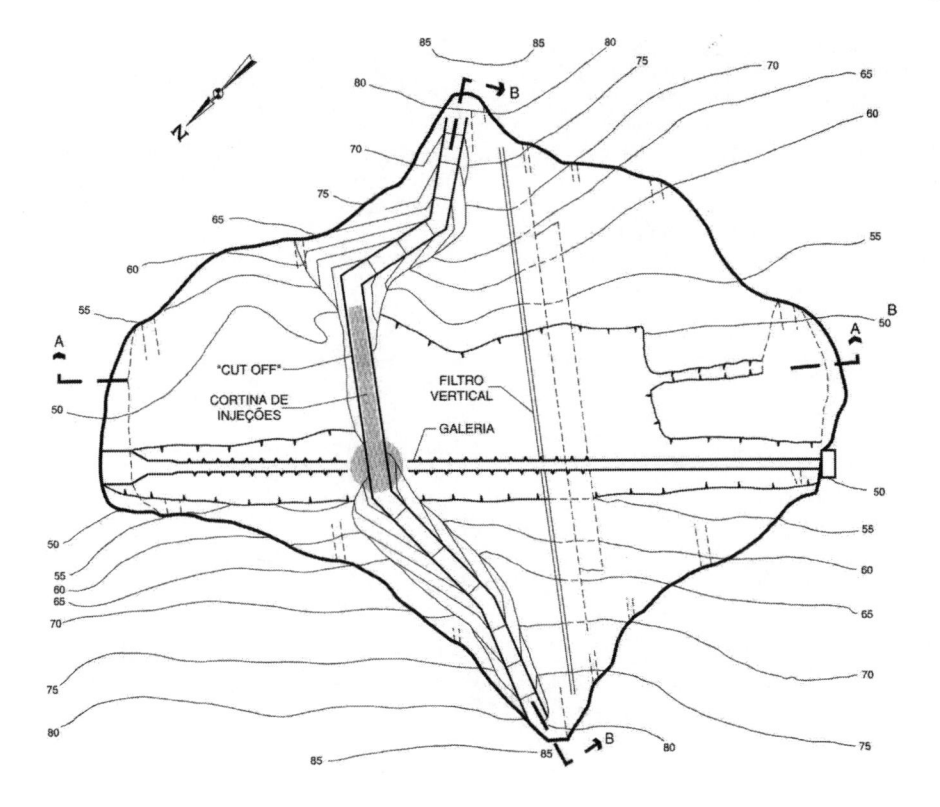

CORTE A-A

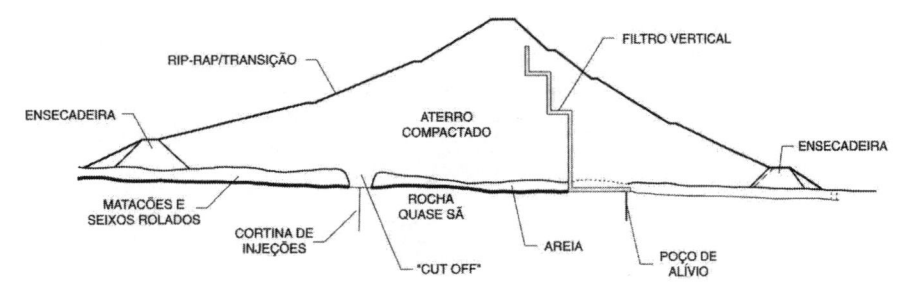

CORTE B-B

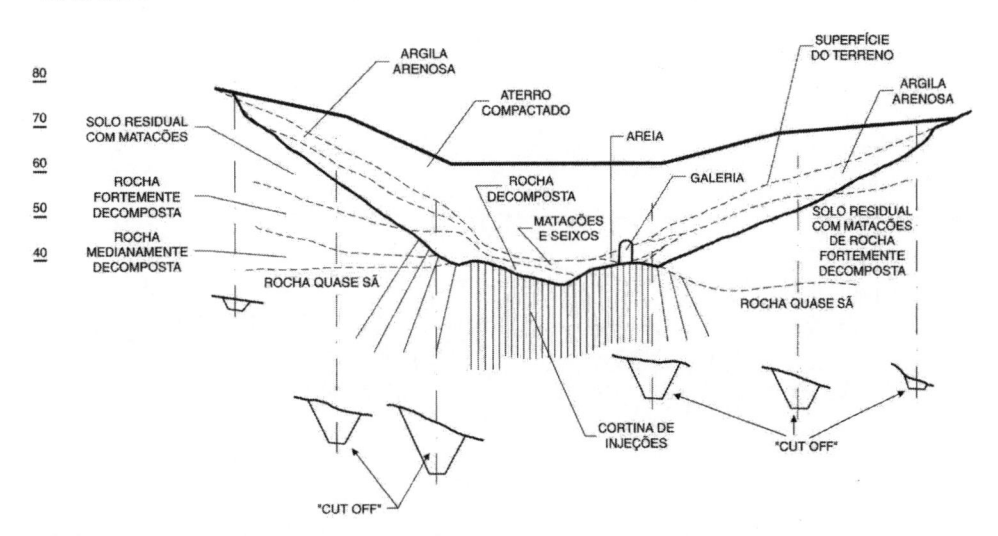

Figura 11.11 - Barragem de Saracuruna - planta geral e seções principais segundo dados do projeto original. (Ruiz *et al.*, 1976).

O diafragma de solo-cimento estendeu-se por 116 m na ombreira esquerda e 91 m na ombreira direita, atingiu uma profundidade próxima de 33 m e sua área total foi de 5.300 m². A argamassa empregada teve um teor de cimento de 120 kg/m³ de lama e densidade de 1,3 t/m³.

A não detecção do problema dos formigueiros na fase de projeto resultou num atraso de 12 anos para a operação da barragem no nível máximo de projeto, com prejuízos operacionais para a Refinaria Duque de Caxias da PETROBRÁS.

A Figura 11.12 mostra em planta e corte a posição do diafragma, e a figura 11.13 mostra o esquema construtivo.

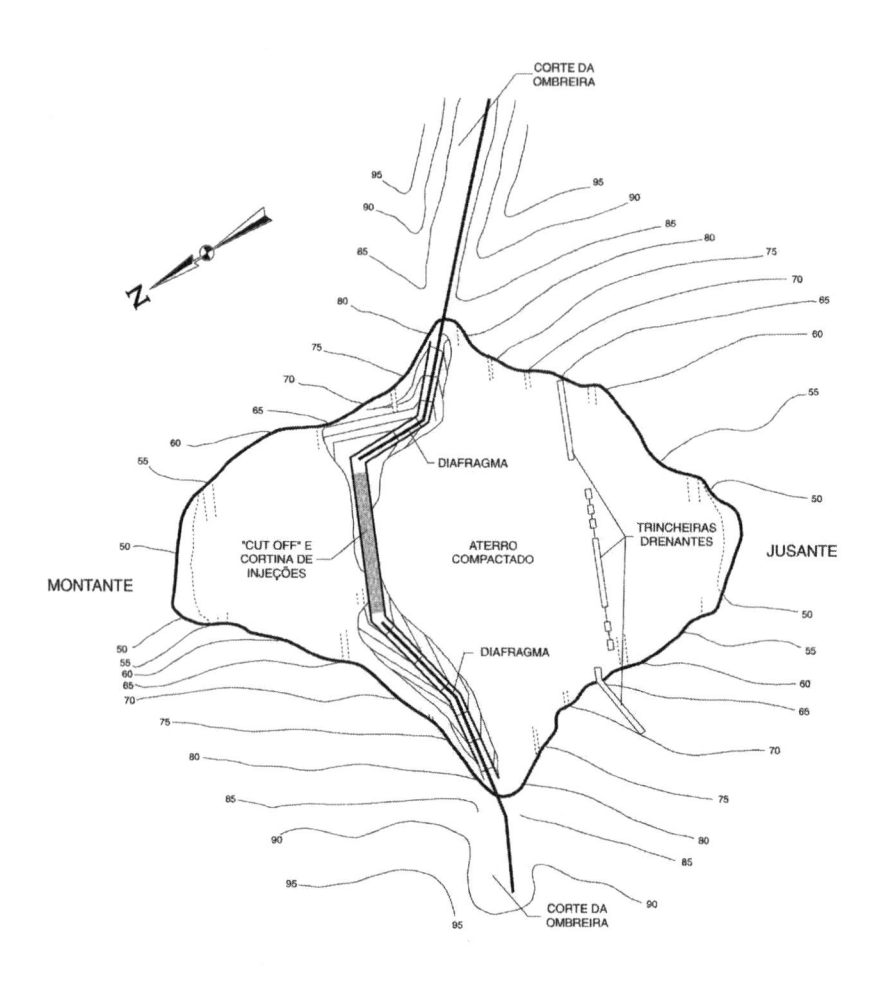

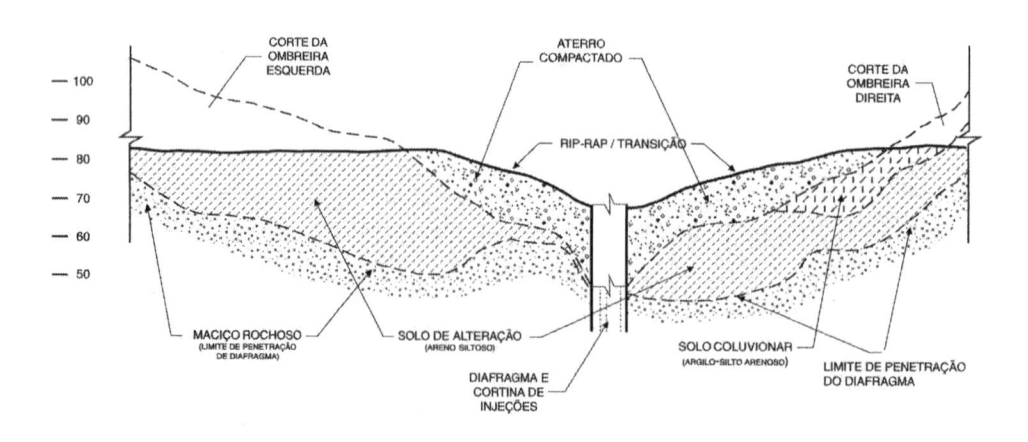

Figura 11.12 -Saracuruna- localização do diagragma e seção geológica ao longo do seu eixo (Ruiz *et al.*, 1976).

PAINÉIS

[Diagrama: Painéis A-1-B-2-C-3-D-4-E-5-F, cada um com 4,00 m. Indicação "0,40 m" e "FUROS DE JUNTA" sobre o painel 4.]

ESCAVAÇÃO E CONCRETAGEM

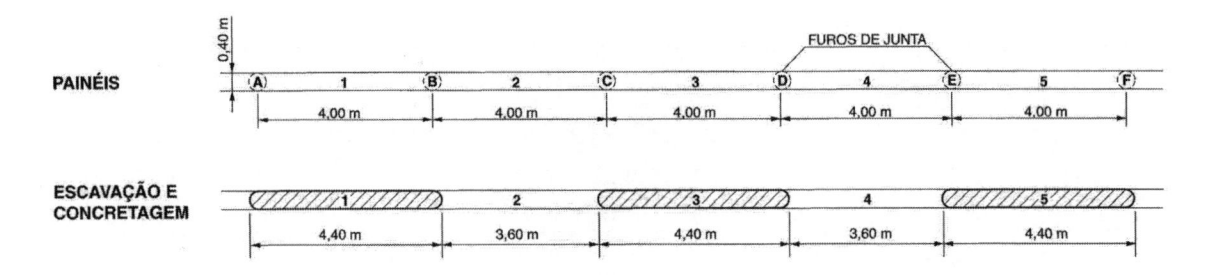

[Diagrama: seções 1 (4,40 m), 2 (3,60 m), 3 (4,40 m), 4 (3,60 m), 5 (4,40 m).]

Sequência Construtiva:

- Escavação dos furos de junta A e B, escavação do "miolo" do painel 1 - concretagem;
- Idem para o painel 3;
- Idem para o painel 5;
- Reescavação dos furos de juntas B e C, escavação do "miolo" do painel 2 - concretagem;
- Idem para o painel 4.

Figura 11.13 - Saracuruna - esquema de construção alternada de painéis (Ruiz *et al.*, 1976).

Diafragmas plásticos foram utilizados como vedações preliminares nas Barragens de Tucuruí e Ponte Nova, para permitir a escavação das trincheiras de vedação procedidas em solo compactado.

O diafragma plástico previsto para as fundações no trecho em aluvião da Barragem de Porto Primavera foi descartado, porque constatou-se que a redução de vazão que este poderia provocar era pequena, em vista da elevada permeabilidade dos arenitos e basaltos subjacentes ao aluvião, e que não seriam interceptados pelo diafragma.

Existem no mercado "fresas" capazes de escavar rocha e garantir a continuidade de um diafragma plástico na rocha de fundação, o que se torna necessário sempre que o topo rochoso se mostre "permeável". Os custos envolvidos são elevados.

O emprego de colunas injetadas (CCP, JG) nas fundações das ensecadeiras de Porto Primavera não se mostrou eficiente. Esta solução, no entretanto, foi preconizada como uma das alternativas para vedação das fundações do "canal em V" da Barragem do Zabumbão (veja-se a Figura 2.76).

Tapetes

Os tapetes vedantes constituem uma solução "barata" para o controle de fluxo pela fundação da barragem que, no entanto, é passível de não ser eficiente se não for executada com cuidados especiais. Se for a solução adotada, é preferível considerar sempre a possibilidade de executar o tapete interno, de mais fácil controle e de eficiência garantida (veja-se Capítulo 15).

Tapetes externos foram executados em várias barragens, entre as quais as de Promissão e Ilha Solteira. No projeto da Canambra para a Barragem de D. Francisca, foi previsto um extenso tapete de 150 m de comprimento (Figura 2.7).

Esses tapetes, no entanto, têm-se mostrado pouco eficientes, pelo menos devido aos seguintes aspectos:

- fissuramento do tapete por ressecamento; e
- fissuras por recalques diferenciais junto ao pé de montante da barragem.

O controle do fissuramento do tapete argiloso é dos mais difíceis, em geral pela extensão dos mesmos. A prática de colocar acima do tapete uma camada de solo solto tem sido recomendada. Mesmo assim, a eficiência do tapete é duvidosa.

Na Barragem de Curua-Una o tapete foi executado por faixas que, tão logo concluídas, eram inundadas com pequena lâmina d'água (veja-se Ferrari, 1973).

A manutenção de lâmina d'água é sempre problemática.

A prática mais recente é a de incluir tapetes internos. Na década de 60, o prof. A. Casagrande propôs a execução de um extenso tapete interno na Barragem de Xavantes (Figura 2.80.a).

Na Barragem de Jaguara (Figura 11.14) há uma extensão do núcleo para montante, que acaba por ser um tapete interno, embora reduzido.

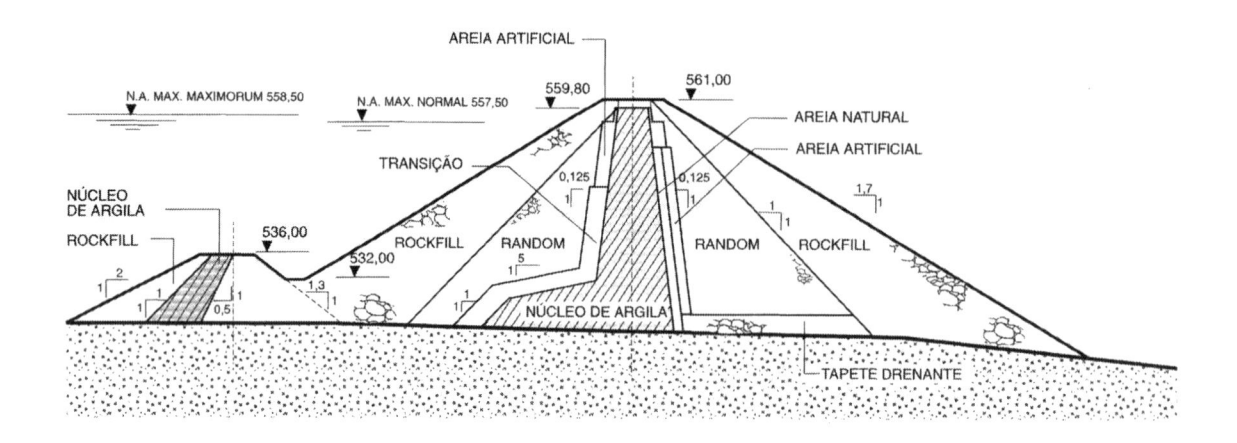

Figura 11.14 - Barragem de Jaguara - seção transversal típica (apud CBGB/CIGB/ICOLD, 1982).

A concepção de tapetes internos é apresentada por Mello (1977) na sua Rankine Lecture. Um exemplo desta concepção de projeto é a da Barragem de Emborcação (Figura 11.15). Veja-se Viotti, 1990.

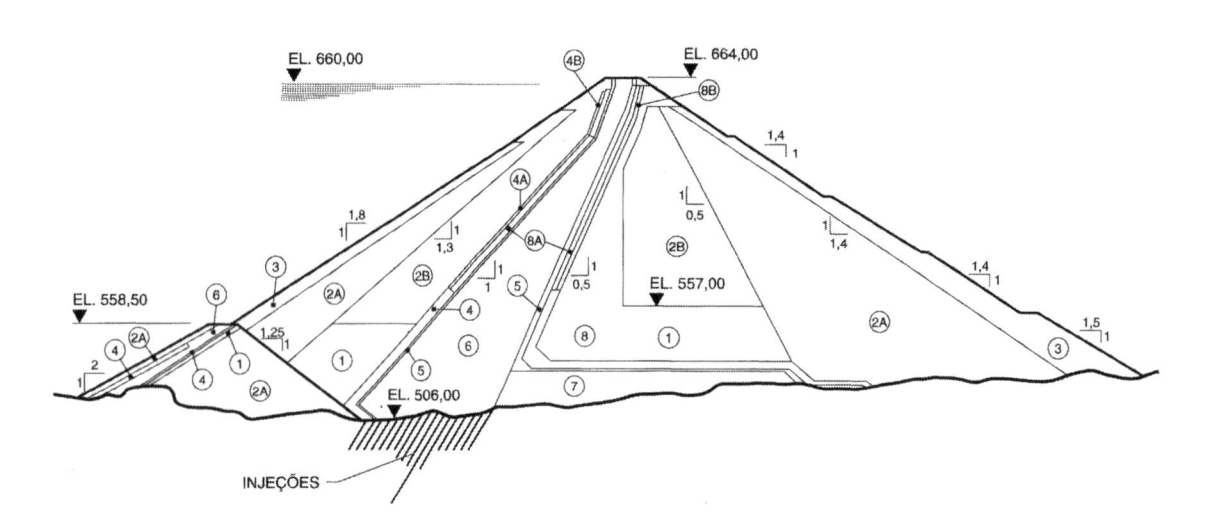

ZONAS

- ① - Enrocamento compactado 0,6 m
- ②A - Enrocamento compactado 1,2 m
- ②B - Enrocamento compactado 0,9 m
- ③ - Blocos de rocha
- ④ - Transição de montante
- ④A - Transição fina
- ④B - Transição grosseira
- ⑤ - Filtro de areia
- ⑥ - Núcleo impermeável
- ⑦ - Material impermeável de random
- ⑧ - Transição de jusante
- ⑧A - Transição fina
- ⑧B - Transição grosseira

DADOS

Volume de aterro: 25.320.000 m^3

Material impermeável: 5.180.000 m^3

Enrocamento: 18.475.000 m^3

Filtros e transições: 1.658.000 m^3

Comprimento da crista: 1.520 m

Volume do reservatório: 17.5 x 10^9 m^3

Figura 11.5 - Barragem de Emborcação - seção transversal típica (Viotti, 1990).

Capítulo 11

Outros exemplos de tapetes internos podem ser vistos nos projetos das Barragens de Santa Isabel (Figura 2.27) e Palmar (Figura 2.58).

Dois casos de tapetes de ombreira merecem destaque:

- a ombreira direita da Barragem de Xavantes mostrou-se com uma permeabilidade considerada excessiva pelo prof. A. Casagrande. A solução adotada foi a execução de um tapete espesso de solo compactado recobrindo toda a ombreira. A espessura do tapete variou de 2 m na altura da crista até 9 m na área do pé do talude, estendendo-se sobre a fundação no mesmo talude da barragem 3,5 (H):1(V). Solução semelhante foi adotada na ombreira esquerda (Figura 2.80b);

- a ombreira direita da Barragem de D. Francisca mostrou-se extremamente permeável, e ensaios de injeção indicaram que as fraturas do basalto não são injetáveis (veja-se discussão no Capítulo 2). A solução adotada em projeto foi estender o núcleo da barragem, recobrindo a ombreira, como forma de controle do fluxo. Veja-se a Figura 11.16.

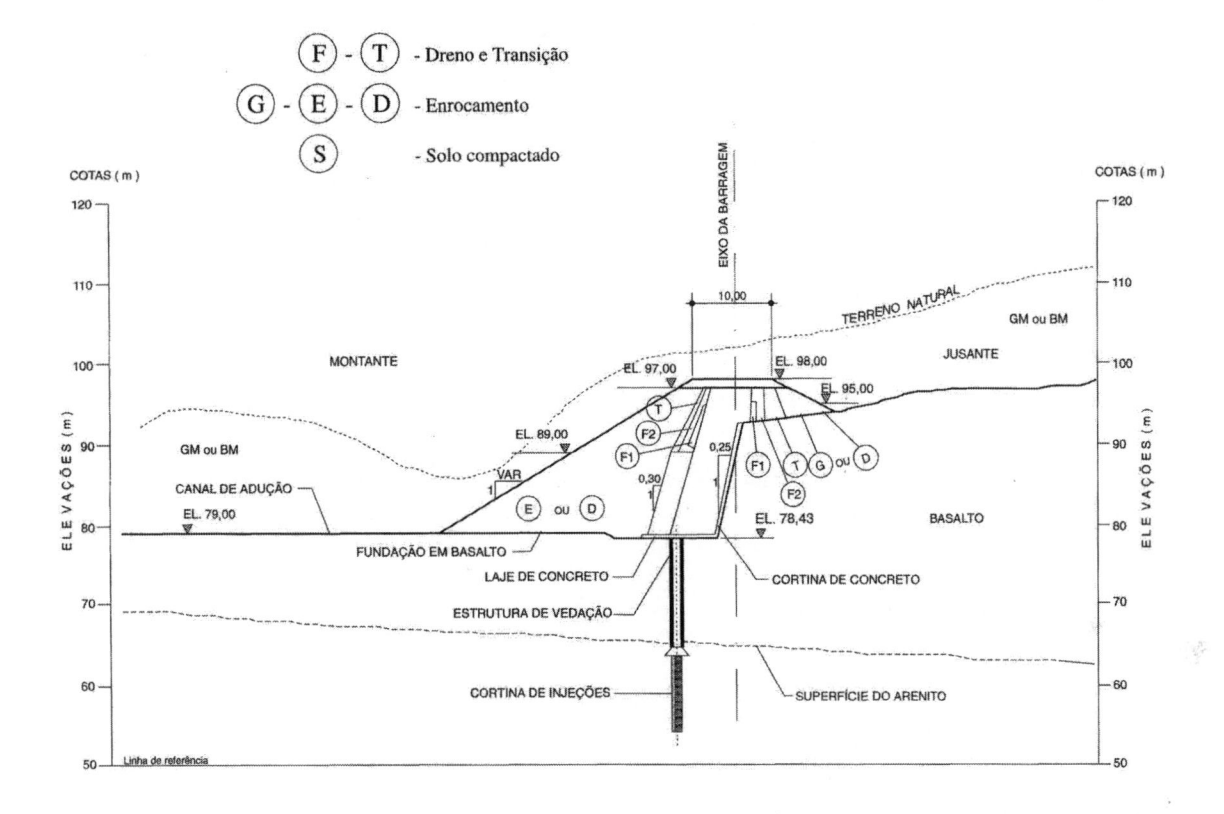

Figura 11.16 - Barragem D. Francisca - ombreira direita - (cortesia Magna Engenharia, 1989)

Injeções

Injeções de cimento têm sido utilizadas extensamente no Brasil, visando "homogeneizar" a permeabilidade dos maciços rochosos.

A permeabilidade média residual dos maciços injetados tem ficado na casa de 10^{-4} cm/s.

A prática mais comum é adotar caldas grossas (0,7:1,0 a 0,5:1,0) e pressões baixas (0,15 a 0,25 kg/cm²/m).

Alguns casos particulares de injeção já foram discutidos no Capítulo 2, relativos à Barragem de Tucuruí.

Na Barragem de Balbina foram executadas injeções por clacagem no solo de fundação que continha canalículos. O esquema de injeção é mostrado no Capítulo 2 (Figura 2.29).

Na Figura 11.17 mostramos o perfil do subsolo da barragem.

Resultados de leituras piezométricas são mostrados nas Figuras 11.18.c 11.19. Essas leituras atestam a eficiência do tratamento executado.

MARGEM DIREITA   MARGEM ESQUERDA

LEGENDA

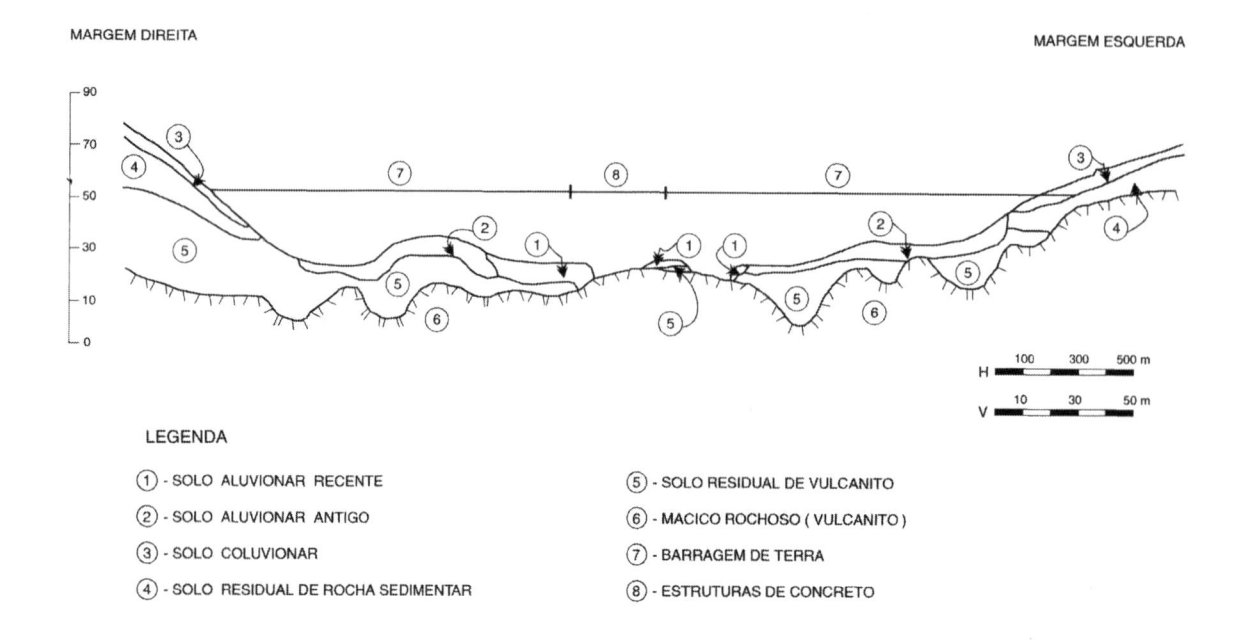

① - SOLO ALUVIONAR RECENTE
② - SOLO ALUVIONAR ANTIGO
③ - SOLO COLUVIONAR
④ - SOLO RESIDUAL DE ROCHA SEDIMENTAR
⑤ - SOLO RESIDUAL DE VULCANITO
⑥ - MACIÇO ROCHOSO (VULCANITO)
⑦ - BARRAGEM DE TERRA
⑧ - ESTRUTURAS DE CONCRETO

Figura 11.17 - Balbina - seção geológica longitudinal da barragem (Moreira *et al.*, 1990)

BARRAGEM DE TERRA - MARGEM DIREITA
SEÇÃO EST. 285 + 5,00

LEGENDA

LINHA PIEZOMÉTRICA - ROCHA ALTERADA — — — — — — —
LINHA PIEZOMÉTRICA - SOLO RESIDUAL   — — — — — —
P - PIEZÔMETRO CASAGRANDE
I - PIEZÔMETRO PNEUMÁTICO

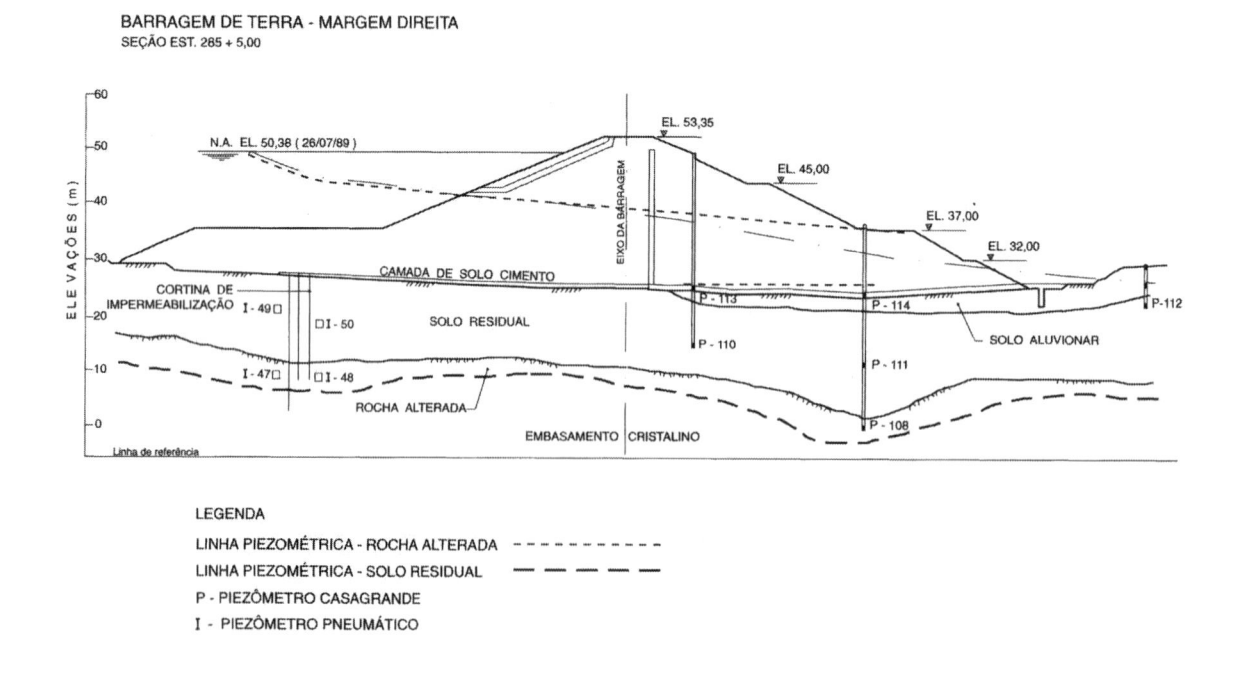

Figura 11.18 - Balbina - barragem de terra - margem direita - seção Est. 285+5,00 - linhas piezométricas pela fundação (Moreira *et al.*, 1990).

Figura 11.19 - Balbina - barragem de terra - margem esquerda seção Est. 38 +4,00 - linhas piezométricas pela fundação (Moreira *et al.*, 1990)

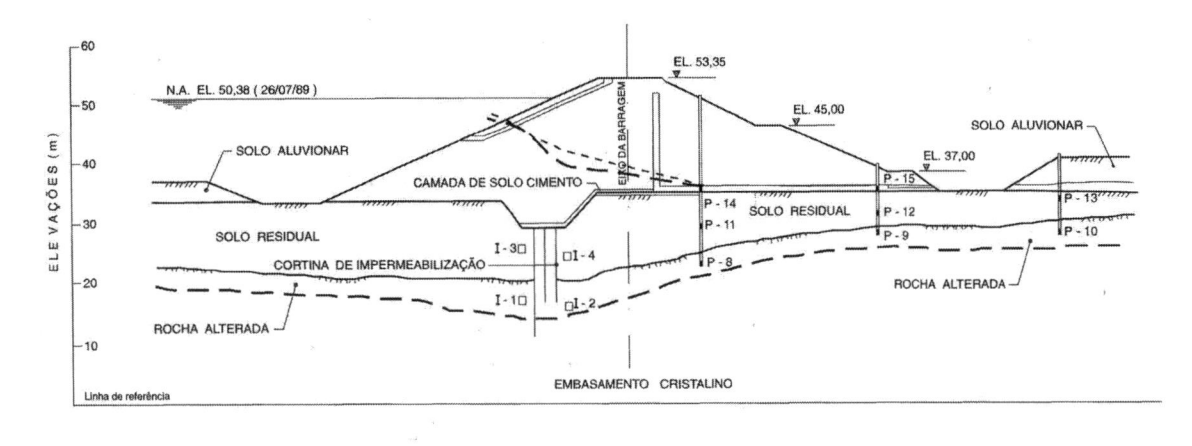

11.4 - EFICIÊNCIA DE CORTINAS DE INJEÇÃO EM FUNDAÇÃO DE BARRAGENS DE CONCRETO - GRAVIDADE

Conquanto barragens de concreto não sejam incluídas no presente livro, algumas considerações sobre tratamento de fundações são discutidas neste item.

No Capítulo 2, já foi apresentada uma discussão sobre a eficiência do tratamento de fundação da Barragem de Taquaruçu.

A Figura 11.20 (a a g) mostra de forma esquemática as reduções de subpressão numa feição permeável de uma barragem de concreto hipotética apoiada em rocha. São considerados casos de tratamento só com drenagem, só com injeção e drenagem + injeção, para uma ou duas galerias. Nos cálculos foi desprezada a perda de carga no maciço rochoso, por se tratar de uma feição rasa.

caso a) Só injeção

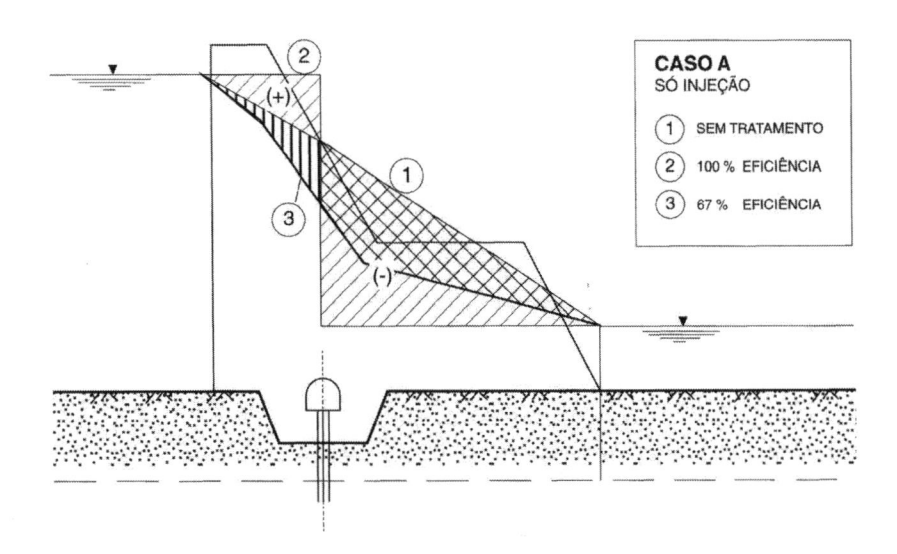

caso b) Só drenagem

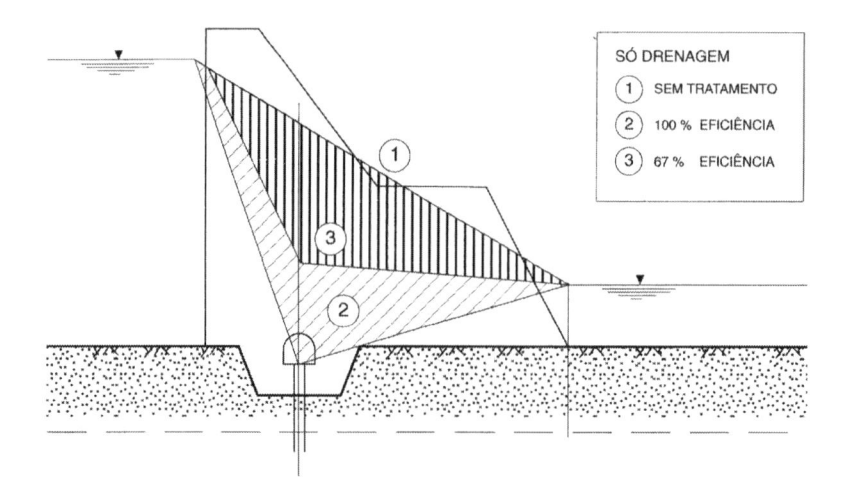

caso c) Drenagem e injeção

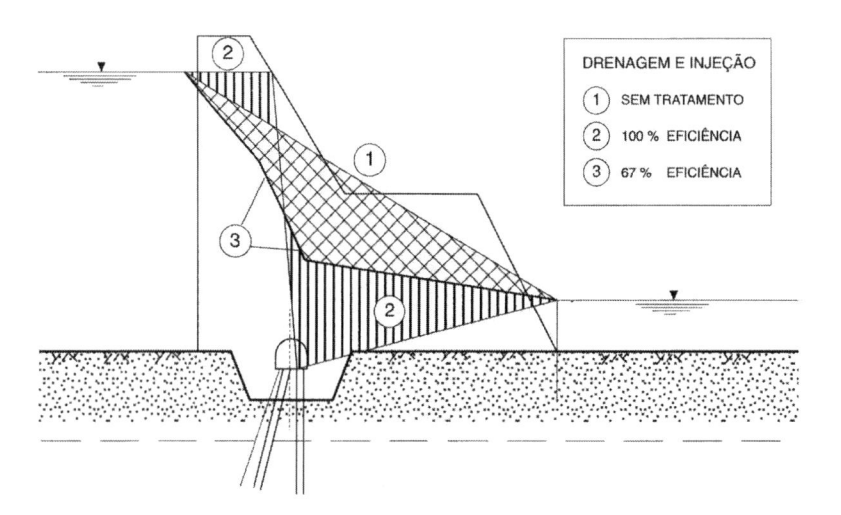

caso d) Só injeção

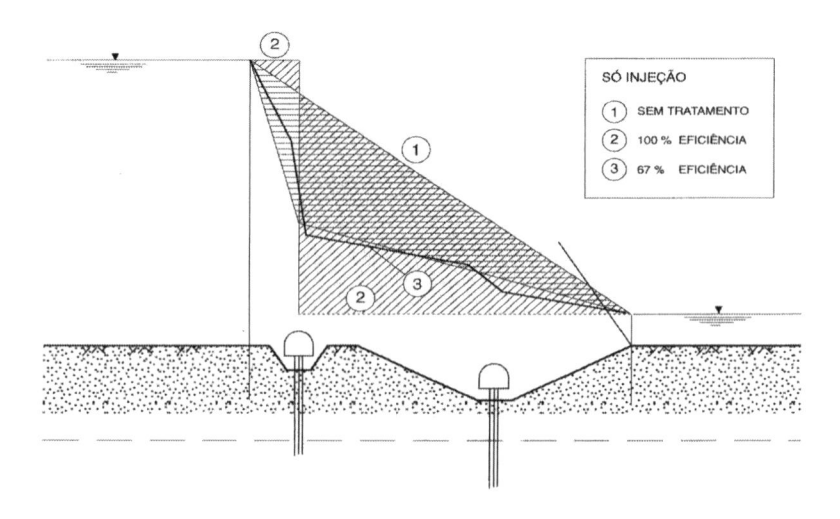

caso e) Só drenagem

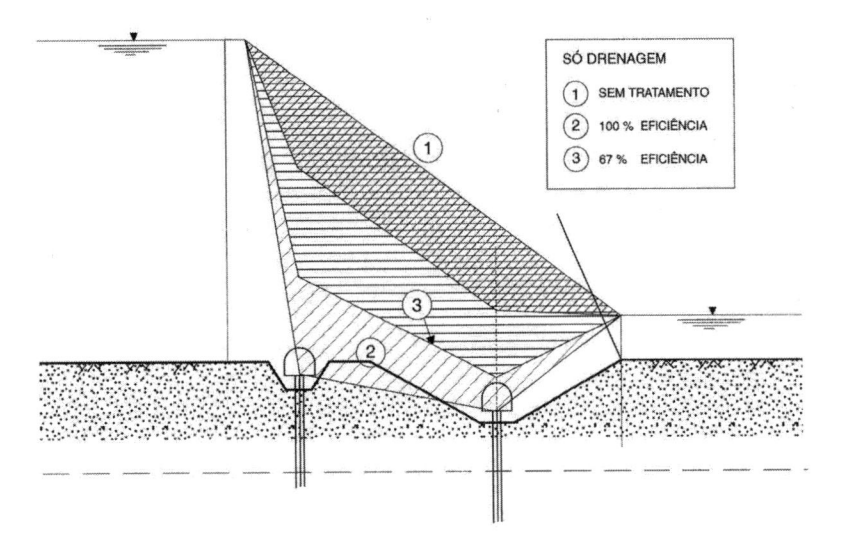

caso f) Drenagem e injeção

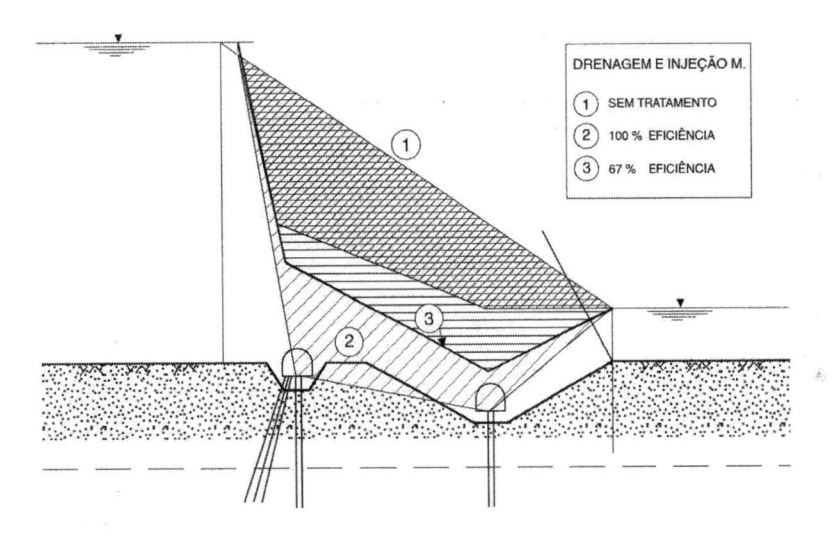

caso g) Drenagem e injeção

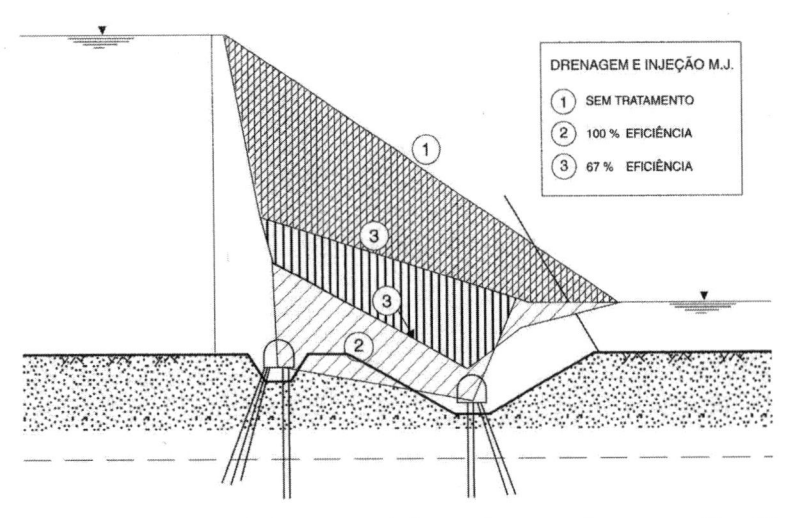

Figura 11.20 - Redução de subpressão numa feição permeável de uma barragem de concreto hipotética apoiada em rocha.

Na Tabela 11.1 apresentam-se os valores das subpressões totais no plano da descontinuidade, e as reduções previstas para os vários tratamentos, considerando eficiência de 100% (teórica) e 67% (comum em critérios de projeto). Nas colunas finais, partindo de uma vazão Q, admitido gradiente linear na fundação para a condição 1 (sem tratamento), pode-se estimar a redução ou o aumento das vazões resultantes dos tratamentos.

Algumas observações são pertinentes:

a) a drenagem é mais eficiente na redução da subpressão do que a injeção;

b) a drenagem resulta num aumento de vazões, especialmente quando a galeria de montante está muito próxima do pé de montante da barragem;

c) a condição 3, usual em projeto, pode estar subdimensionada para a vazão nos drenos das galerias e, por outro lado, resulta em subpressões maiores do que as observadas;

d) se a perda de carga pelo maciço rochoso for considerada, as reduções das subpressões serão as indicadas na segunda coluna.

Tabela 11.1- Subpressões e Vazões Relativas

CASO	SUBPRESSÃO TOTAL (1)	SUBPRESSÃO		VAZÕES	
		100% Eficiência	67% Eficiência	100% Eficiência	67% Eficiência
A	U	0,83 U	0,85 U	0	0,34 Q
B	U	0,53 U	0,71 U	5,2 Q	3,6 Q
C	U	0,52 U	0,73 U	0,4 Q	0,7 Q
D	U	0,64 U	0,72 U	0	0,22 Q
E	U	0,37 U	0,57 U	9,3 Q	7,1 Q
F	U	0,39 U	0,56 U	1,4 Q	2,0 Q
G	U	0,44 U	0,50 U	0	1,3 Q

Na condição (1) Q é a vazão pela fundação sem tratamento.

Na condição (2) Q é a vazão para os drenos

Na condição (3) Q é a vazão para os drenos e para jusante.

No caso de feições profundas, as perdas de carga podem ser significativas, como mostrado por Cruz e Silva (1978) - Figura 11.21.

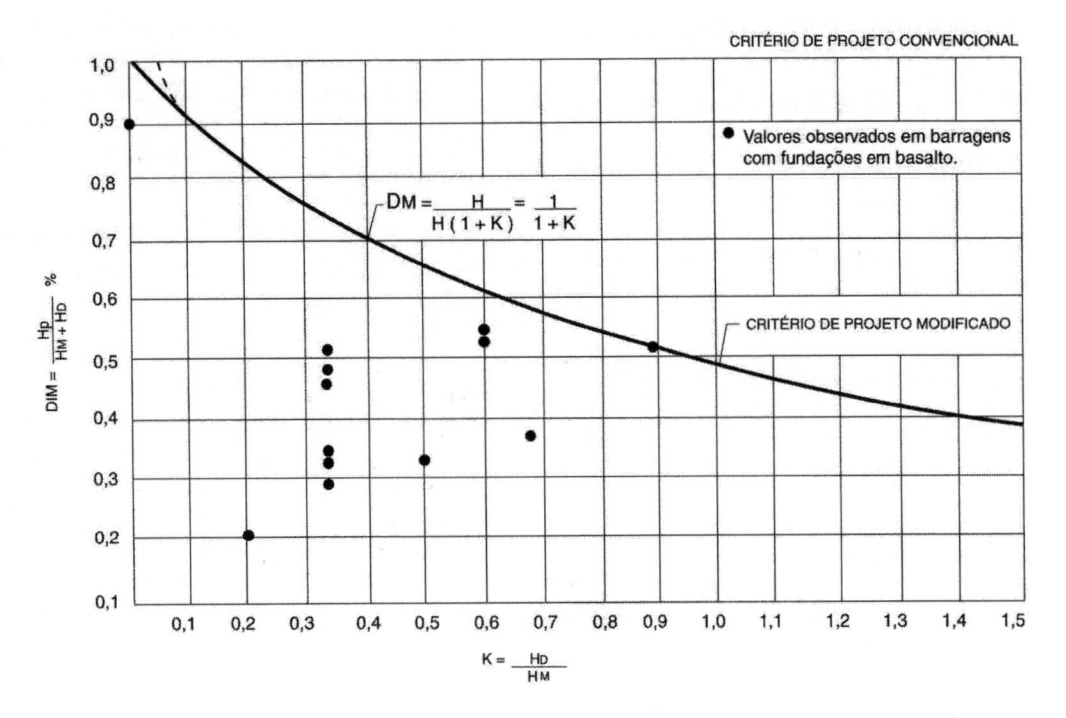

a) Subpressões propostas e observadas.

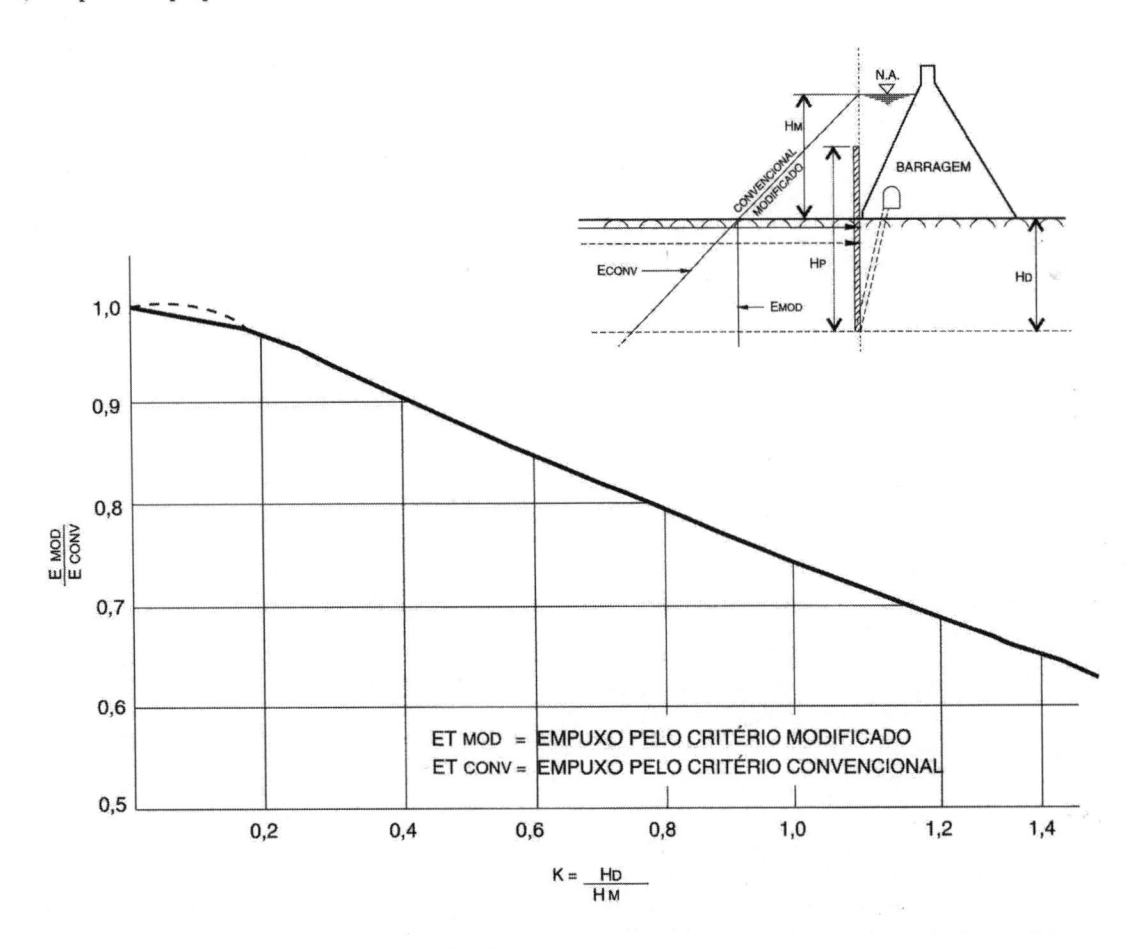

b) Redução do empuxo de água com a profundidade

Figura 11.21 - Sub-pressão em barragens de concreto fundadas em basaltos (Cruz e Silva, 1978)

REFERÊNCIAS BIBLIOGRÁFICAS

ABMS/ABGE. 1983. Cadastro Geotécnico das Barragens da Bacia do Alto Paraná. *Simpósio sobre a Geotecnia da Bacia do Alto Paraná*, São Paulo. *

CANAMBRA ENGINEERING CONSULTANTS LIMITED, NASSAU B. 1968. Paraná Group. *Power Study of South Brazil*.

CARVALHO, L. H. de, GUEDES, J. A., PAULA, J. R. de, 1981. Açu: uma cortina impermeabilizante. *Anais do XIV Seminário Nacional de Grandes Barragens*, Recife. CBGB, v. 1.

CARVALHO, L. H. de, ARAUJO, M. Z. T., 1982. Fundações aluvionares de barragens de terra do Nordeste brasileiro. *Anais do VII Congresso Brasileiro de Mecânica dos Solos e Engenharia de Fundaçoes*, Olinda/Recife. ABMS, v. 6.

CBGB/CIGB/ICOLD. 1982. *Main Brazilian Dams - Design, Construction and Performance*. São Paulo: BCOLD Publications Committee.

CIGB/ICOLD/ CBGB. 1982. *Barragens no Brasil*. Rio de Janeiro: Comitê Brasileiro de Grandes Barragens.

CRUZ, P. T. da, SILVA, R. F. 1978. Uplift pressure at the base and in the rock basaltic foundation of gravity concrete dams. *Proceedings of the International Symposium on Rock Mechanics Related to Dam Foundations*, Rio de Janeiro. ISRM/ABMS. v. 1.

FERRARI, I., 1973. Considerações sobre o projeto e construção da barragem de terra de Curua-Una. *Anais do IX Seminario Nacional de Grandes Barragens*, Rio de Janeiro. CBGB, v. 2.

MAGNA ENGENHARIA LTDA. 1985. Projeto Executivo da Barragem do Leão. *Relatório para a SUDESUL*. Porto Alegre.

MAGNA ENGENHARIA LTDA. 1989. Projeto Básico da Barragem de D. Francisca. *Relatório para a CEEE*. Porto Alegre.

MASSAD, F., TEIXEIRA, H. R. 1978. Comportamento da Barragem do Saracuruna decorridos cinco anos após as correções de vazamento pelas ombreiras. *Anais do VI Congresso Brasileiro de Mecânica dos Solos e Engenharia de Fundações*, Rio de Janeiro. ABMS, v. 1.

MELLO, V. F. B. de. 1975. Some lessons from unsuspected, real and fictitious problems in earth dam engineering in Brazil. *Proccedings of the 6th Reg. Conf. for Africa on Soil Mechanics & Foundation Engineering*, Durban, South Africa. SMFE, v. II.

MELLO, V. F. B. de. 1977. Reflections on Design Decisions of Practical Significance to Embankment Dams. 17th Rankine Lecture. *Géotechnique*, v. 27, n. 3.

MOREIRA, J. E., HERKENHOFF, C. S., SANTOS, C. A. da S., SIQUEIRA, G. H., AVILA, J. P. de. 1990. Comportamento dos tratamentos de fundação das barragens de terra de Balbina. *Anais do VI Congr. Bras. de Geologia de Engenharia / IX Congr. Bras. de Mecânica dos Solos e Engenharia de Fundações*, Salvador. ABGE/ABMS. v. 1.

RUIZ, M. D., CAMARGO, F. P. de, SOARES, L., ABREU, A. C. S. de, PINTO, C. de S., MASSAD, F., TEIXEIRA, H. R., 1976. Studies and correlation of seepage through the abutments and foundation of Saracuruna Dam (Rio de Janeiro Brasil). *Transactions of the 12th International Congress on Large Dams*, Mexico. ICOLD, v. 2. (Publicação IPT, 1065).

VIOTTI, C. B., 1990. Emborcação Dam: A "Rankine Lecture Design" a successful performance. In: *De Mello Volume*. São Paulo: Edgard Blücher Ltda.

Capítulo 12

Ensaio Dilatométrico

Ensaio Deformabilidade

Medidor Km (Cortesia da CESP)

3ª Parte

Capítulo 12

Estudo e Medidas de Tensões e Deformações em Barragens de Terra e Enrocamento e em suas Fundações

12 - ESTUDO E MEDIDAS DE TENSÕES E DEFORMAÇÕES EM BARRAGENS DE TERRA E ENROCAMENTO E EM SUAS FUNDAÇÕES

12.1 - INTRODUÇÃO

A avaliação adequada da segurança de uma barragem requer uma análise do estado de tensões e dos deslocamentos que ocorrem no seu interior e nas suas fundações, e um conhecimento das características de tensão-deformação dos materiais envolvidos.

Duas barragens com o mesmo coeficiente de segurança nominal de 1,55 por exemplo, obtidos por cálculos de equilíbrio limite para o talude de jusante no regime permanente de operação, podem envolver uma segurança real ou um risco estatístico de ruptura totalmente diferentes, em função dos solos, enrocamentos e rochas que compõem o seu corpo e as suas fundações.

Considerem-se, por exemplo, as Barragens de Itaúba (Figura 2.47) e de Promissão (Figura 2.82).

A primeira é uma barragem de enrocamento com núcleo argiloso compactado, apoiada sobre basaltos. A segunda é uma barragem de solo compactado, apoiada em solo coluvial poroso (removido em parte), seguido de solo residual de arenito e rocha arenítica.

O enrocamento compactado de jusante da Barragem de Itaúba é um material com características expansivas na ruptura; e mesmo que o coeficiente de segurança nominal obtido em cálculos de equilíbrio limite se aproximasse da unidade, o talude ainda seria estável. A fundação em rocha basáltica, sem nenhuma feição desfavorável em termos de resistência, faz com que a estabilidade do talude de jusante dependa exclusivamente do próprio enrocamento.

Já na Barragem de Promissão, o solo poroso da fundação está sujeito a colapso devido à saturação e à sobrecarga do aterro, à perda de resistência pela destruição da sucção, e mesmo ao desenvolvimento de pressões neutras no cisalhamento. O solo residual subjacente não tem necessariamente características expansivas na ruptura e também está sujeito a uma perda de resistência pela saturação com a elevação do lençol freático da ombreira. Neste caso, se a barragem fosse dimensionada para coeficientes de segurança nominais baixos, embora superiores à unidade, certamente ocorreriam zonas tracionadas, transferência de tensões, e mobilizações ainda que localizadas de resistências residuais.

Essas duas barragens foram devidamente instrumentadas, e foram construídas nas décadas de 60 e 70, estão em operação há mais de 15 anos, e são estáveis. A avaliação correta de sua estabilidade, no entretanto, só poderia ser feita se os estados de tensão e delocamentos do maciço e de suas fundações fossem conhecidos.

Centenas de barragens foram projetadas e construídas no mundo sem uma avaliação correta dos estados de tensão e deslocamentos que ocorrem, e apenas uma parcela desprezível das mesmas sofreu acidentes que demandaram tratamentos e reconstruções parciais. Um número ainda menor envolveu a ruptura, em geral no final do período construtivo, com grandes perdas materiais, mas poucas ou nenhuma perda humana.

Dois acidentes relativamente recentes ocorreram no Brasil (Barragem de Açu, 1982) e na Inglaterra (Carsington Dam, 1984), envolvendo camadas de argila de baixa resistência na base dos aterros.

As Barragens de Waco (E.U.A., 1961) e Gardiner (Canadá, 1964) romperam devido a grandes deslocamentos (métricos) que ocorreram em uma feição descontínua no folhelho da fundação, surpreendendo os experimentados projetistas e consultores envolvidos nos projetos.

Os acidentes que ocorreram nos núcleos muito delgados das Barragens de Enrocamento de Balderhead (Inglaterra, 1962) e Hyttejuvet (Noruega, 1965) se deveram a uma transferência de tensões do núcleo para as transições e espaldares, resultante da grande diferença de compressibilidade entre os vários materiais empregados na sua construção.

O que é notório nesses acidentes é que nos seis casos mencionados os projetistas e a construtora eram experientes e, por assim dizer, o acidente os surpreendeu.

Depois dos acidentes, sempre é possível discutir a obviedade das causas que os provocaram, mas o fato é que há centenas de barragens construídas que obviamente deveriam ter tido problemas, mas seja por falta de instrumentação e observação adequadas, seja por falta de ensaios e estimativas de tensões e deslocamentos, os problemas potenciais não foram detectados, e as barragens estão aí, aparentemente e/ou realmente estáveis.

A verdade é que na minha experiência pessoal de 30 anos e mais de 100 barragens, em nenhum caso eu dispuz de uma avaliação do estado de tensões e deslocamentos que pudesse ser considerada confiável. E, no entanto, todas as barragens construídas, a maioria instrumentadas, tiveram um comportamento normal, sem qualquer indício de instabilidade.

A "verdade" do parágrafo anterior é contrastante com a afirmação inicial sobre a segurança das barragens, mas tem a sua explicação.

Problemas de recalques diferenciais, contrastes de deformabilidade e transferência de tensões têm sido reconhecidos e considerados nos projetos.

Na Barragem de Três Marias (Figura 2.91), construída entre as décadas de 50 e 60, num tempo recorde de 4 anos, houve preocupação séria quanto a recalques diferenciais nas ombreiras, pela ocorrência de solos porosos, e Victor de Mello e Evelina B. Souto anteciparam que um recalque diferencial de 1/100 a 1/150 seria admissível para uma barragem do tipo "homogêneo" em solo compactado, apenas com uso diferenciado de solos de núcleo e espaldares.

A inclusão de camadas espessas de transições, algumas construídas com GM (cascalho de basalto alterado) entre núcleos argilosos e enrocamentos de espaldares, foi procedida nas Barragens de Capivara (Figura 2.45) e Itaúba (Figura 2.47), e provavelmente em muitas outras semelhantes, para tentar reduzir a diferença de tensões núcleo-espaldar.

A introdução de uma camada de solo não compactado entre o solo compactado da trincheira de vedação e o cascalho de fundação na Barragem do Leão (Figura 2.52) visava ao mesmo objetivo. Prática semelhante foi adotada na trincheira de vedação da fundação da barragem de terra de Itaipu.

A observação sistemática dos deslocamentos de argila mole da fundação da Barragem de Juturnaíba (Figura 2.59) permitiu a execução de bermas de estabilização, garantindo a segurança da barragem.

Recentemente, na Barragem de Taquaruçu (Monteiro e Pires, 1992), foram medidas as tensões verticais no dreno vertical de areia e no maciço compactado adjacente. A grande diferença nas tensões medidas resultou numa redução significativa da densidade relativa requerida no dreno vertical, para tentar minimizar o contraste de tensões.

A opção de dreno inclinado (Mello, 1977) em relação ao vertical traz inúmeras vantagens, e seu uso é recomendado para qualquer barragem com mais de 25 m de altura.

Esses são uns poucos exemplos da preocupação com o problema das tensões e deslocamentos, e a maneira de contorná-los encontrada em cada caso.

Mas a questão persiste: se é do conhecimento geral que a estimativa do estado de tensões e deslocamentos é fundamental para a avaliação da segurança de uma barragem, por que essa análise não tem sido parte sistemática dos projetos de barragens?

E a resposta é simples : somente nos últimos 10 a 15 anos é que os recursos de cálculo têm sido desenvolvidos de forma adequada para materiais como solos e enrocamentos, e os chamados modelos de comportamento baseados em ensaios de laboratório e observações de campo têm sido incorporados aos cálculos.

Como os solos e enrocamentos podem comprimir ou expandir no cisalhamento, podem colapsar e se liquefazer, têm uma estrutura que comporta sucção quando não saturados e pressões neutras de adensamento, a sua modelagem torna-se muito mais difícil e de difícil incorporação às leis constitutivas. Além disso, os ensaios de laboratório apresentam grandes limitações quanto à rotação de tensões e à dimensão das amostras ensaiáveis, em especial no caso de solos saprolíticos e enrocamentos que contenham feições diferenciadas e blocos de médias e grandes dimensões.

Some-se a isso o fato de que Métodos Numéricos constituem hoje uma especialização, e que os engenheiros que se envolvem nesses estudos nem sempre têm uma vivência da obra e uma visão muito clara dos solos reais. A necessidade de modelar um material e reproduzir o seu comportamento por equações matemáticas pode distanciá-lo da sua condição *in situ*, de tal forma que os resultados obtidos tenham pouco a ver com o protótipo. Este fato gerou um certo descrédito na utilização dos Métodos Numéricos na análise de barragens, somente superado na última década.

Essa situação, porém, não deve desencorajar quem se dedica à previsão de tensões e deslocamentos que ocorrem em barragens e suas fundações, porque como Lambe já demonstrava em 1973, em outros ramos do conhecimento as previsões eram e continuam a ser muito piores do que as da Mecânica dos Solos. Vejam-se a Economia, a Política e as Guerras do Golfo e das Malvinas.

A questão que deve ser respondida é : em que casos de barragens a previsão dos estados de tensões e deslocamentos é necessária para a avaliação da segurança da obra, e em que casos essas previsões podem contribuir para a economia da obra e/ou para o conhecimento do comportamento dos materiais?

Nas três condições acima enunciadas, uma instrumentação de campo é essencial, não só para comparar previsões com medidas, mas também para realimentar o programa com novos *inputs* (dados de entrada).

Outro problema a ser avaliado refere-se à diferenciação entre Instrumentação e Instrumentador, enfatizada *in extremis* por Victor F.B. de Mello, em memorável trabalho de 1992.

Há de se concordar com Victor de Mello de que muito do que se mede, mede-se por medir, e muito do que se deveria medir não é medido. Dessa forma acumula-se informação repetitiva, e aquilo que efetivamente interessava medir não é feito por falta de modelos físicos, mentais ou matemáticos pertinentes ao caso.

Deve-se reconhecer, no entretanto, que os recursos e a precisão das medidas nem sempre são os mais aperfeiçoados e os parâmetros referidos, em alguns casos, devem ser considerados apenas em sua ordem de grandeza.

Por outro lado, a preocupação de modelar matematicamente, bi e até tridimensionalmente, barragens cujos projetos não apresentem problemas potenciais preocupantes, e cujo comportamento esperado não traga nenhuma novidade, pode se transformar num exercício acadêmico até certo ponto não justificado.

A título de exemplo, poderiam ser mencionados alguns casos em que a análise de tensões e deslocamento é necessária à avaliação da segurança da obra : barragens de enrocamento com núcleos delgados (Monasavu nas Ilhas Fidji - Figura 9.10); barragens sobre areia que não tenham uma trincheira de vedação em toda a extensão de fundação (Porto Primavera - Figura 10.19); e barragens sobre folhelhos (Bar. Lateral Esquerda de Kararaô).

Os dados necessários às previsões envolvem parâmetros relativos a compressibilidade, resistência ao cisalhamento, desenvolvimento de pressões neutras e permeabilidade, que já foram tratados nos Capítulos 5, 6, 7 e 8. Neste capítulo são resumidos dados de observação de barragens brasileiras, e as particularidades dos solos tropicais, naquilo que estes se diferenciam dos solos sedimentares extremamente divulgados em publicações de autores de regiões temperadas.

Os Métodos Numéricos de cálculo são discutidos no item 12.4.

12.2 - DEFORMABILIDADE E DESLOCAMENTOS

12.2.1 - Particularidades

Os materiais de fundação, bem como os materiais que constituem o maciço compactado de uma barragem, sofrem deformações em função das tensões aplicadas segundo leis próprias e em alguns casos muito particulares. As aproximações às teorias da elasticidade e da plasticidade e aos modelos reológicos são as formas usualmente encontradas para explicar tal comportamento, mas por se tratarem de aproximações nem sempre conduzem a previsões muito próximas das deformações que ocorrem no protótipo.

A mobilização da resistência, a possível geração de pressões neutras, a ocorrência de trincas, e a potencialidade à formação de planos causadores de ruptura hidráulica dependem fundamentalmente das variações volumétricas que ocorrem e, portanto, o interesse de definir deslocamentos admissíveis é muito mais abrangente do que os convencionais cálculos de estabilidade por equilíbrio limite.

A presença do ar e da água nos vazios traz complicações adicionais e, em função da permeabilidade dos materiais, os fenômenos deformacionais são afetados pelo fator tempo.

Some-se ainda o fator de quebra das partículas ou blocos, comuns nos enrocamentos, e em menor escala nos grumos ou partículas aglutinadas de argila e até nos grãos de areia (ver Capítulo 7, item 4).

Componentes de cimentação, presentes em solos lateríticos e argilas marinhas, e a sucção atuante em solos não saturados afetam significativamente a deformabilidade dos solos (ver Capítulos 5 e 6).

A extensão das formulações e teorias da Mecânica dos Solos referentes aos solos sedimentares saturados, aos solos não saturados, estruturados, ou cimentados requer ajustes. Vejam-se os Capítulos 6, 7 (itens 2, 3 e 5) e 8, referentes a solos colapsíveis, liquefação de areias, solos lateríticos e saprolíticos, solos compactados, permeabilidade e condutividade, para avaliação de suas peculiaridades.

No item 12.4 deste capítulo são discutidas as Leis Constitutivas relativas ao comportamento dos solos e enrocamentos e a forma de utilizá-los em cálculos por Métodos Numéricos.

12.2.2 - Módulos de Deformabilidade

A Figura 12.1 mostra os principais tipos de ensaios de laboratório usualmente empregados para a obtenção dos parâmetros de compressibilidade dos solos.

Na Tabela 12.1, são definidos os módulos de deformabilidade obtidos em cada ensaio.

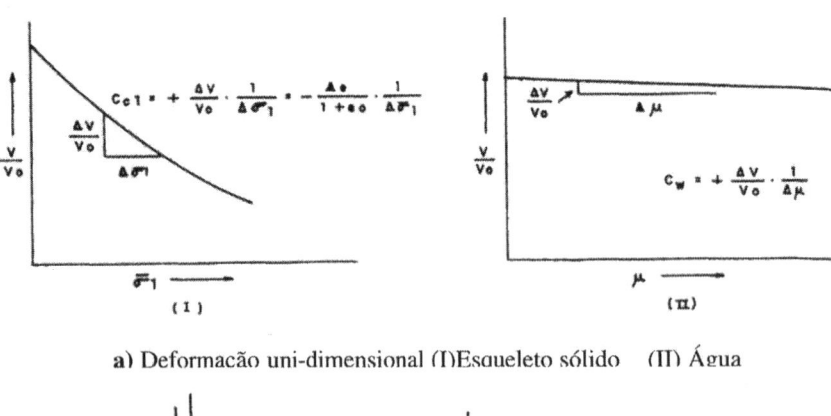

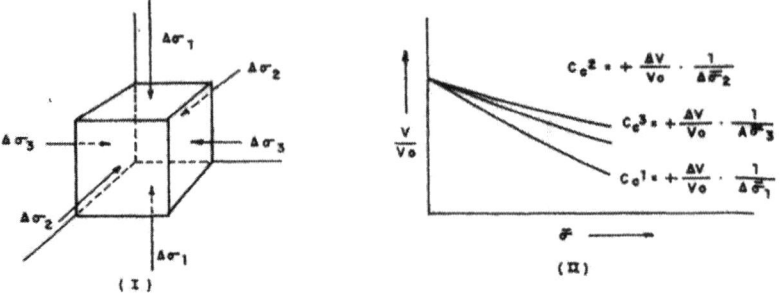

a) Deformação uni-dimensional (I) Esqueleto sólido (II) Água

b) Carregamento tri-dimensional (I) Carga (II) Descarga

Figura 12.1.a,.b - Principais ensaios de laboratório para obtenção de parâmetros de compressibilidade (Lambe, 1969)

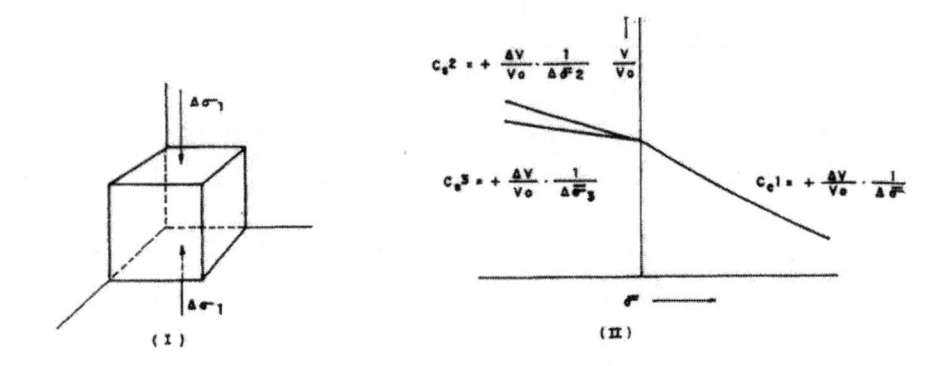

c) Carregamento uniaxial (I) Carga (II) Deformação

Figura 12.1.c - Principais ensaios de laboratório para obtenção de parâmetros de compressibilidade (Lambe, 1969)

Tabela 12.1 - Módulos de deformabilidade obtidos e variação volumétrica

Tipo de solicitação	Módulo de Deformabilidade	Variação Volumétrica
Compressão Uniaxial	$E = \dfrac{\sigma_z}{\varepsilon_z}$ (Mod. Young)	$\dfrac{\Delta V}{V} = \dfrac{\sigma_z}{E}(1 - 2\mu)$
Compressão Isotrópica	$E = \dfrac{\sigma_z}{3\text{ex}}$	$\dfrac{\Delta V}{V} = \dfrac{3\sigma_o}{E}(1 - 2\mu)$
Compressão Confinada (Oedométrica)	$E = \dfrac{\sigma_z}{\varepsilon_z}$	$\dfrac{\Delta V}{V} = \dfrac{\sigma_z [(1+\mu)(1-2\mu)]}{E(1-\mu)}$
Compressão Triaxial	$E = \dfrac{\sigma_1 - \sigma_3}{\varepsilon_z}$	$\dfrac{\Delta V}{V} = \dfrac{1}{E}[(1-2\mu)(\sigma_x + \sigma_y + \sigma_z)]$

Para pequenas deformações, pode-se recorrer à teoria da elasticidade e calcular as deformações a partir dos módulos indicados na Tabela 12.1.

A compressibilidade dos solos e enrocamentos pode ser expressa tanto pelo módulo de deformabilidade clássico E_d (módulo de Young), como pelo coeficiente de compressibilidade volumétrica C_c, sendo:

$$C_c = \frac{\Delta V}{V} \cdot \frac{1}{\Delta \sigma}$$

A relação entre esses dois módulos pode ser obtida com as fórmulas da Tabela 12.1.

Para a compressão uniaxial,

$$C_c = \frac{1}{E}(1 - 2\mu).$$

Valores de E_d e C_c para alguns materiais são mostrados na Tabela 12.2.

Tabela 12.2 - Valores de E_d e C_c

Material	E_d kg/cm²x10³	C_c 1/kg/cm²x10⁻⁶	Nível de Tensões kg/cm²	Referência
Água		48	1 (20°C)	Bishop et al -1977
Quartzo		2,66	100-600	Bishop et al -1977
Calcita		1,34	100-600	
Mármore Vermont		1,42	100-600	
Concreto		16,8	1	Bishop-1976
Rocha				Ruiz et alii - 1976
Arenítica	232	10,2	1	
Basáltica	700	2,9	1	Cruz - 1981
Granítica	670	2,3	1	
Gnaissica	600	3,0	1	
Água Vermelha				
Solo Residual	1,70	350	0 - 2	Silveira - 1983
	0,80	750	0 - 4	
Solo Saprolítico de Basalto	0,60	100	0 - 6	
Jaguari				
Solo Residual de Biotita	0,50	1.200	0 - 2	
	0,40	1.500	0 - 4	
Gnaisse	0,35	1.700	0 - 6	
Areia densa		1.800	1	Skempton-1960
Areia fofa		9.000	1	
Argila Londres		7.500	1	
Argila Gosport		60.000	1	
Enrocamentos	0,800	875	0 - 4	Signer-1982
Basalto CAP	0,400	1.750	0 - 8	
Gnaisse	0,67	1.050	0 - 4	Materom-1983
Brita corrida	0,73	820	0 - 4	Signer-1982
Areia artificial	0,28	2.100	0 - 4	

De uma maneira geral, os módulos de deformabilidade são decrescentes com o aumento da tensão confinante em materiais rochosos, como se vê na Figura 12.2. Isto se explica pela redução da porosidade.

Já em solos compactados e enrocamentos, para baixos níveis de tensões, esses módulos decrescem com o aumento da tensão, o mesmo ocorrendo em materiais "sobreadensados" ou "estruturados".

A Figura 12.3 reproduz dados de compressibilidade de três materiais:

- quartzito compactado na Barragem de Akosombo (Nigéria);

- solo residual de basalto compactado na Barragem de Itaúba (Brasil);

- solo artificial estruturado ensaiado por Maccarini (1987) - quartzo + caulinita (ver Figura 6.12).

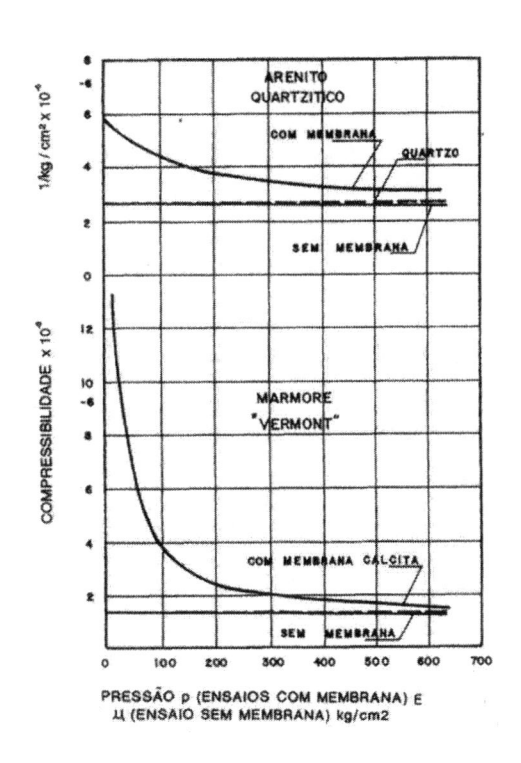

Capítulo 12

Figura 12.2 - Ensaios de compressibilidade (Zismann, 1933 e Bridgman, 1928, *apud* Skempton, 1960)

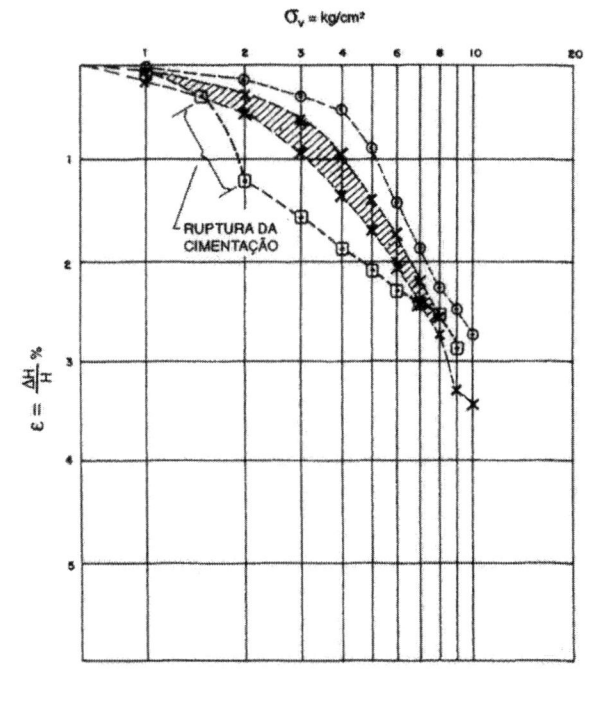

Figura 12.3 - Dados de compressibilidade

Tabela 12.3 - Valores de E_d tangentes

$\Delta\sigma_v$ kg/cm²	1.5	2,5	3,5	4,5	5,5	6,5	7,5	8,5	9,5
Material	E_d kg/cm²								
Enrocamento Akosombo	2000	1000	833	263	333	250	250	500	333
Solo Compactado - Itaúba	1000	400	333	333	250	222	285	180	660
Solo artificial estruturado	1000*	400	285	666	400	1000	660	-	-

* = valor de E_d para $\sigma\Delta$ de 1,0 para 1,50 kg/cm².

De 1,50 a 2,00, E_d cai para 100 devido à quebra da cimentação.

Na Tabela 12.3 estão calculados, para os solos da Figura 12.3, os valores de *Ed* tangentes, ou seja, calculados para o intervalo de $\Delta\sigma_v$ em relação a $\Delta deformação$.

No início, os valores de E_d são elevados devido aos efeitos da compactação (solo de Itaúba), embricamento (enrocamento de Akosombo) e cimentação (solo estrutural).

À proporção que as pressões aumentam, ocorre a reposição da pressão de compactação, quebra dos blocos de enrocamento e a ruptura da cimentação, e os materiais seguem uma curva de compressão semelhante à de um solo normalmente adensado. Com a redução progressiva da porosidade, o material torna-se mais rígido e o E_d cresce novamente.

A Figura 12.4 mostra curvas tensão-deformação medidas em ensaios triaxiais, com a utilização de medidores de deslocamentos locais e medidores externos. No início do cisalhamento, as deformações são de natureza quase "elástica" e ocorrem no solo propriamente dito, mas à proporção que se forma um plano de cisalhamento, a amostra se biparte em duas, e os deslocamentos passam a ocorrer quase que só nesse plano.

Os medidores internos (locais) permitem definir a compressibilidade do solo na fase "elástica".

Calculando-se o módulo de deformabilidade triaxial utilizando-se os medidores internos, obtém-se:

$$E_d = \frac{\sigma_1 - \sigma_3}{\varepsilon} = \frac{500}{0,02} = 25.000 \text{ kPa } (250 \text{ kg/cm}^2)$$

Se este módulo fosse calculado utilizando-se a medida de deslocamento externo, obter-se-ia:

$$E_d = \frac{500}{0,025} = 20.000 \text{ kPa } (200 \text{ kg/cm}^2)$$

12.2.3 - Ensaios de Laboratório

A utilização de ensaios de laboratório para a obtenção de Módulos de Deformabilidade ou de Compressibilidade pode conduzir a previsão de deslocamentos em muito superiores aos que ocorrerão na barragem, devido a três fatores básicos:

(I) medida incorreta das deformações resultantes da compressibilidade do próprio equipamento utilizado;

(II) impossibilidade de reproduzir em laboratório o estado de tensões que ocorrerá no maciço e suas fundações;

(III) utilização de amostras moldadas em laboratório que têm uma estrutura diferente da resultante da ação dos equipamentos de campo. Mesmo quando se utilizam amostras talhadas de blocos indeformados, há a dificuldade de se avaliar as variações volumétricas que ocorrem no processo de amostragem (desconfinamento) e transporte (perda de umidade e até quebra da estrutura).

Ferreira (1993) apresenta resultados de ensaios de adensamento procedidos num solo poroso, com medidores da deformabilidade global e da deformabilidade efetiva, ou seja, da deformabilidade do solo descartada da deformabilidade do equipamento.

É surpreendente constatar que os equipamentos usuais de laboratório possam responder por cerca de 20% da deformabilidade medida. Calculando-se os módulos de compressibilidade para a deformação efetiva e a deformação global, chega-se aos seguintes valores:

$E_d = 83$ kg/cm² (p/ 1 kg/cm²) e 250 kg/cm² (p/ 10 kg/cm²) - efetiva

$E_d = 40$ kg/cm² (p/ 1 kg/cm²) e 167 kg/cm² (p/ 10 kg/cm²) - global

Ver Figura 12.5 e Tabela 12.4.

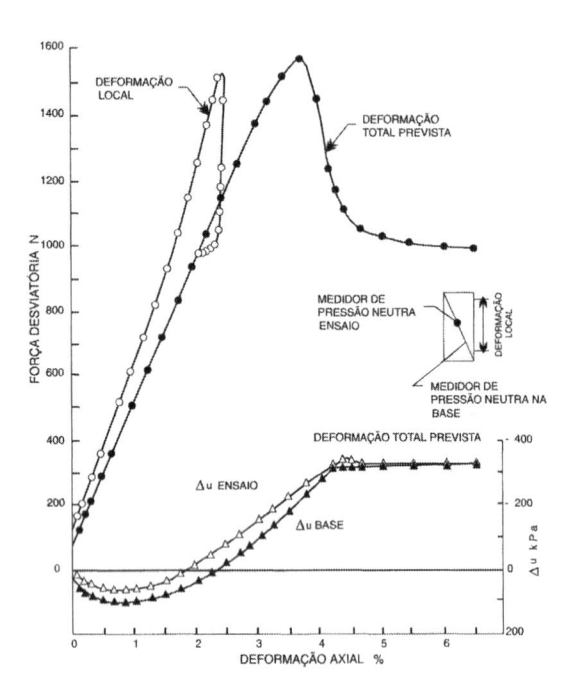

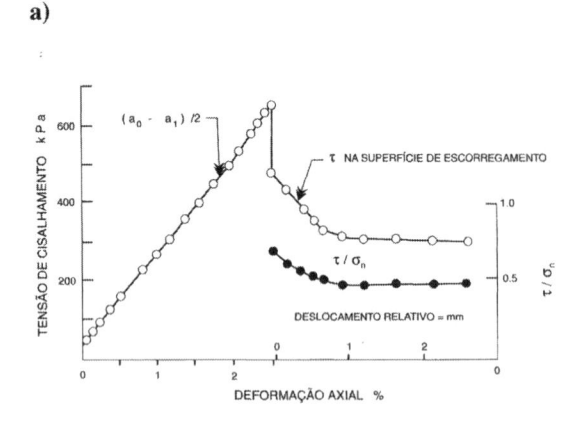

Figura 12.4 - Todi Clay: Ensaio triaxial inconsolidado não drenado com medida de pressão neutra, mostrando o comportamento após a ruptura (Burland, 1990).

Capítulo 12

Tabela 12.4 - Características físicas iniciais dos solos (Ferreira, 1993)

INDICES FÍSICOS		AREIA	ARGILA
ρ_d (KN/m³)		16,25	15,02
e_o		0,64	0,79
W_o (%)		1,70	17,40
S_r (%)		4,06	59,30
SUCÇÃO MPa/pF	MÁTRICA — MEMB. PRESSÃO	10,0/5,00	5,1/4,70
	MÁTRICA — P. FILTRO	10,5/5,02	5,4/4,72
	TOTAL — DES. DE VÁCUO	11,2/5,05	6,3/4,80
	TOTAL — P. FILTRO	10,7/5,03	6,7/4,03

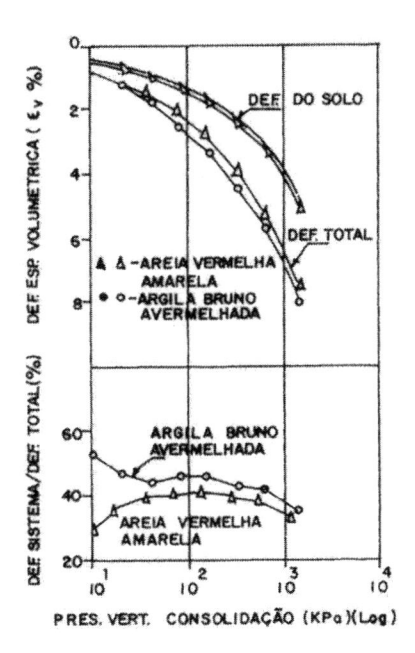

Figura 12.5 - Influência da deformação do sistema (Ferreira, 1993)

Cunha (1989) reporta que 2 blocos indeformados de um solo poroso foram retirados de uma escavação na Av. Paulista em São Paulo. O primeiro foi transportado no "colo" pelo próprio pesquisador e o segundo foi transportado no piso de uma Kombi. Amostras foram talhadas dos dois blocos e submetidas a ensaio de colapso em laboratório. A primeira registrou um colapso por saturação de 1,2%, na pressão de 90 kPa, enquanto a segunda registrou colapso zero.

Moreira (1985) mostra resultados de ensaios edométricos procedidos em amostras de solo residual de metassedimento (Barragem de Tucuruí - PA) compactadas em laboratório e moldadas de blocos indeformados retirados da barragem. Na Figura 12.6 são mostradas medidas de deformações observadas na barragem.

Na Figura 12.7 são mostrados resultados de ensaios triaxiais tipo PN (σ_3/σ_1 = constante), comparados a medidas de deslocamentos verticais da barragem.

Das figuras é possível constatar a imprecisão na previsão de recalques quando se recorre a ensaios usuais de laboratório.

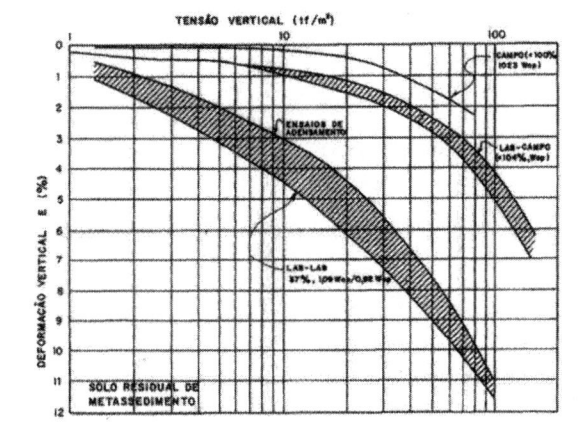

Figura 12.6 - Deformação vertical tensão vertical (Moreira, 1985)

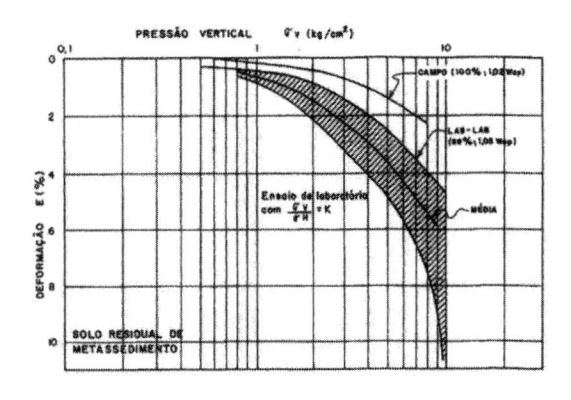

Figura 12.7 - Deformação vertical tensão vertical (Moreira, 1985)

12.2.4 - Deslocamentos Verticais Medidos

Diferenças numéricas entre deslocamentos verticais (recalques) previstos e medidos no maciço compactado e nos solos de fundação de barragens brasileiras são reportadas entre outros por Decourt (1971), Massad (1972), Oliveira *et al.* (1982), Queiroz (1959), Signer (1973), Dib (1985), Silveira *et a.,* (1978) Silveira (1982),e reunidas por Silveira (1983) e por Mouraria (1989) nas Tabelas 12.5 e 12.6, reproduzidas a seguir.

Tabela 12.5 - Recalques totais observados em maciços compactados (Silveira, 1983).

BARRAGEM	TIPO DE SOLO (ORIGEM GEOLÓGILA)	ÍNDICES FÍSICOS L.L. %	ÍNDICES FÍSICOS I.P. %	PROCTOR $\gamma_{smáx}$ (g/cm³)	PROCTOR h_{ot} %	COMPACTAÇÃO % G.C. %	COMPACTAÇÃO % Δh ($h_{ot}-h$)	RECALQUE(cm) OBSERVADO P	RECALQUE(cm) PREVISTO(*) M.L.	RECALQUE(cm) PREVISTO(*) B.I.	RECALQUE PORCENT. (P/Hx100)	PORCENTAGEM RECALQUE DURANTE A CONSTRUÇÃO
ILHA SOLTEIRA	solo coluvionar (basaltos e arenitos)	44	17	1,68	21	99,0 / 95,3 / 102,0 / 100,9	1,2 / 1,5 / 0,5 / 1,4	61 / 50 / 33 / 28	95 / 77 / 58 / 33	105 / 165 / 71 / 51	1,2 / 1,1 / 0,9 / 1,0	95 / 95 / 100 / 98
ÁGUA VERMELHA	solo coluvionar (basaltos)	42	13	1,76	18	99,9	2,4	5,5 / 6,6 / 19,0 / 12,7			0,2 / 0,2 / 0,4 / 0,3	73 / 73 / 83 / 67
TRÊS IRMÃOS	solo coluvionar (baslatos)	22	10	2,00	9,7	99,3±1,9	-0,8±0,6	5,3	5,9	14,5	0,2	(em construção)
VOLTA GRANDE	solos coluvionares e residuais (basaltos)	33 a 68	13 a 28			98		26	16-96	-	1,2	85
ITUMBIARA	solo coluvionar (basalto)	55 / 58	28 / 28	1,63 / 1,59	24 / 27	101,8 / 101,3	-1 a 1,5	190 / 127			1,9 / 1,6	81 / 93
XAVANTES	solo coluvionar (basalto)	53	26	1,61	24	-	-1 a 0	42	-	-	1,4	71
XAVANTES	solo coluvionar (arenito)	25	13	1,89	13	-	-	143	344 / 155-177(MEF)	-	1,7	-
EUCLIDES DA CUNHA	solos residuais de gnaisse	39	8	1,47 - 1,91	11 - 28	101 ± 2,2	-2 a 0	93			1,5	92
JACAREÍ	solo coluvionar (gnaisse)	58 a 77	24 a 40	1,43 a 1,51	26,3 a 29,0	98,3 ± 2,4	-0,7 ± 1,9	40,0	-	86	0,8	96
JAGUARI (SABESP)	solo coluvionar (gnaisse)	58 a 77	24 a 40	1,43 a 1,51	26,3 a 29,0	97,9 ± 2,2	-0,4 ± 1,8	99,5	-	150	1,6	86
JAGUARI (SABESP)	solo residual de gnaisse	52 a 64	21 a 29	1,52 a 1,59	22,5 a 24,5							
PARAIBUNA	solos coluvionares e residuais de biotita-gnaisse	44-51	NP-23	1,60 - 1,70	16 a 19	99	-1 a 0,5	80 / 55	98 / 60		1,2 / 1,4	93
DIQUE DE PARAITINGA	solos coluvionares e residuais e blotita-gnaisse	53 - 87 / 34 - 48	23 - 42 / NP - 19	1,42 - 1,63 / 1,62 - 1,80	26 - 29 / 14 - 20	99	-1 a +1,5	87 / 29 / 7	120 / 68 / 83		1,3 / 0,7 / 0,4	-
PARAITINGA	solos coluvionares e residuais de biotita-gnaisse	53 - 87	23 - 42	1,42 - 1,63	26 - 29	99	-1 a +1,5	35 / 100 / 132 / 100	105 / 128 / 75 / 63		0,6 / 1,1 / 1,4 / 1,6	94

* - Previsão realizada com amostras moldadas em laboratório(M.L.) e com amostras de blocos indeformados (B.I.)

Capítulo 12

Tabela 12.6 - Compressibilidade das fundações de barragens em solos tropicais lateríticos e saprolíticos (modificado e ampliado de Silveira, 1983, *apud* Mouraria, 1989).

BARRAGEM	TIPO DE SOLO (origem geológica)	RECALQUE (cm)		RECALQUE ESPECÍFICO (%) (cm/m/ kgf/cm²)	PORCENTAGEM DE RECALQUE DURANTE A CONSTRUÇÃO	σ_v kg/cm²
		OBSER-VADO	PRE-VISTO			
Três Marias 70 m	solo residual e alteração de rocha (siltito)		27,5 117,5 140,0			2 - 6
Euclides da Cunha 63 m	tálus com blocos de gnaisse	100	550		80	10
Jurumirim 15,9 m	solo residual e alteração de rocha (arenito)	52 4,5 -	90,5 7,7 2,3	2,16 0,176 -		2,0
Jaguari (CESP) 76 m	solo residual de biotita-ganaisse	24,5 8		0,295 0,144	89 100	8,0
Promissão 32,0 m	solo coluvionar e solo de alteração de arenito	20,4	30 23			4 - 6
Ilha Solteira 71 m M.D. 53 m M.E.	solo residual e alteração de rocha (basalto)	2,6 2,3 4,2 4,6 6,1 6,6 6,6 3,0	37 24 13 6 15 16 21 11	0,065 0,087 0,467 0,411 0,792 0,667 0,600 0,455	88 93 71 78 75 65 76 70	2 - 6
Porto Colômbia 30 m	solo de alteração de basalto	* 1,0				
Volta Grande 40 m	solo coluvionar e residual de basalto	26 32	100-16 100-24			5
Água Vermelha 54 m M.D. 63 m M.E.	solo residual e alteração de rocha (basalto)	10,8 12,9 29,8		0,257 0,230 0,473	85 98 100	7
Três Irmãos	alteração de rocha (basalto)	3,4	-	0,115		
Tucuruí 100 m	saprolito metabasito	38		0,125 0,333		4 6
	terraço aluvial mais saprolito de filito	20,5	1,6	0,075 0,090 0,080		4 6 4
	diabásio maduro e solo saprolítico	7	a 6,8	0,070 0,125 0,208		6 4 6
	saprolito de filito	28,6	vezes	0,150 0,133		4 6
	saprolito de metassedimento	14,0				

continuação da Tabela 12.6

BARRAGEM	TIPO DE SOLO (origem geológica)	RECALQUE (cm) OBSERVADO	RECALQUE (cm) PREVISTO	RECALQUE ESPECÍFICO (%) (cm/m/ kgf/cm²)	PORCENTAGEM DE RECALQUE DURANTE A CONSTRUÇÃO	σ_v kg/cm²
Porto Primavera 16 m	Areias Aluviais			0,122 (em constru- 0,232 construção)		
Itumbiara	solo coluvionar de basalto	12 27 12 12 10 15 30 16		0,139 0,367 0,139 0,234 0,184 0,122 0,439 0,167		2 a 8
	solo residual de gnaisse	11 28 45 70 75 15 11 56 55 60 44		0,119 0,370 0,284 0,543 0,579 0,615 0,176 0,424 0,294 0,208 0,232		2 a 8
Itaipu B. RJ. 25 m	solo residual e alteração de rocha (basalto)	3 26 60 14 30				2 a 4
Jacareí 63 m	solo residual e rocha alterada (gnaisse)	95	50	0,614	85	

72 m (Itumbiara)

Dados de deslocamentos verticais totais medidos em inclinômetros, medidores KM (placas) e caixas suecas na Barragem de Itaúba são mostrados na Figura 12.8.

O máximo deslocamento ocorre próximo à meia altura da barragem, devido a uma combinação favorável entre a camada subjacente e a pressão devida ao aterro sobrejacente. As camadas inferiores, embora sujeitas a elevadas pressões verticais, são de menor espessura e recalcam menos. Já no trecho superior as pressões são pequenas, apesar da grande espessura acumulada, e os recalques são também menores.

Esta forma de apresentação de resultados foi proposta por Wilson (1973) e é muito conveniente, porque dá uma visão clara dos deslocamentos relativos que ocorrem em toda a barragem.

Outros dados de compressibilidade de solos, obtidos de diferentes medidas em barragens, são fornecidos na Tabela 12.7. Para cada caso e para várias pressões são apresentadas três grandezas:

(1) - o recalque porcentual relativo a altura de camada

$$\frac{\Delta H}{H} \%$$

(2) - o recalque específico $\left(\frac{\Delta H}{H} \cdot \frac{1}{\Delta \sigma}\right)$

(3) - o módulo de deformabilidade.

O acervo de dados "de campo" aqui resumido permite uma previsão preliminar dos deslocamentos verticais esperados em barragens de terra, ou em núcleos de barragens de enrocamento. As imprecisões já discutidas dos ensaios de laboratório não recomendam o seu uso nas previsões de recalques.

Capítulo 12

Tabela 12.7 - Dados de compressibilidade de solos

BARRAGEM	Material	Grandeza*	Pressão Vertical (kg/cm²)				
			1	2	4	6	10
Capivara H = 60 m	Solo residual de basalto compactado Δh < 0 "seco"	1 2 3	0 0 -	0,08 0,04 2500	0,40 0,10 1000	0,80 0,13 500	2,00 0,20 200
Capivara H = 60 m	Solo residual de basalto com- pactado úmido Δh > 0	1 2 3	0 0 -	0,38 0,19 526	0,90 0,225 444	1,30 0,21 461	2,10 0,21 461
Salto Osorio H = 65 m	Solo residual de basalto com- pactado úmido Δh > 0	1 2 3	0 0 -	0,20 0,10 1000	1,20 0,30 333	1,60 0,266 375	-
Paço Real H = 58 m	Solo residual de basalto com- pactado úmido Δh > 0	1 2 3	- - -	- - -	- - -	1,80 0,30 333	2,0 - 4,0 0,20 - 0,40 500 - 250
Pedra do Cavalo H = 140 m	Solo compactado	1 2 3	0,05 0,05 2000	0,20 0,10 1000	0,70 0,175 571	1,60 0,266 375	- - -

*1 = $\dfrac{\Delta H}{H}$ % ;   2 = $\dfrac{cm/m}{kg/cm^2}$;   3 = E_d (kg/cm²)

12.2.5 - Deformabilidade de Enrocamentos

Os mecanismos de deformabilidade de enrocamentos já foram discutido no Capítulo 7, item 4. Na Figura 12.3 a compressibilidade do enrocamento de quartzito da Barragem de Akosombo é comparada à dos solos argilosos do núcleo da Barragem de Itaúba. Na Figura 12.8 pode-se notar que os enrocamentos da Barragem de Itaúba apresentam deslocamentos pouco inferiores apenas aos do solo do núcleo.

As Figuras 12.9, 12.10 e 12.11 apresentam dados de deformações medidas em enrocamentos de basalto. A Figura 12.12 resume dados de enrocamentos de basalto, e inclui dados de enrocamentos de quartzito, diorito e xisto micáceo.

Ensaios de adensamento de grandes dimensões (D = 150 cm, H = 50 cm) foram realizados no IPT (SP) para o projeto da Barragem de Itaúba e são relatados por Signer (1982).

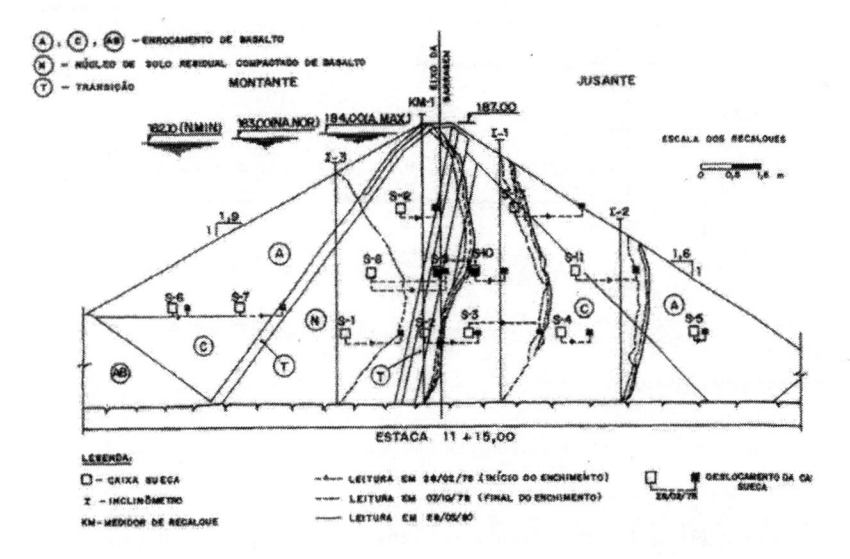

Figura 12.8 - Barragem de Itaúba - deslocamentos medidos (Signer, 1982)

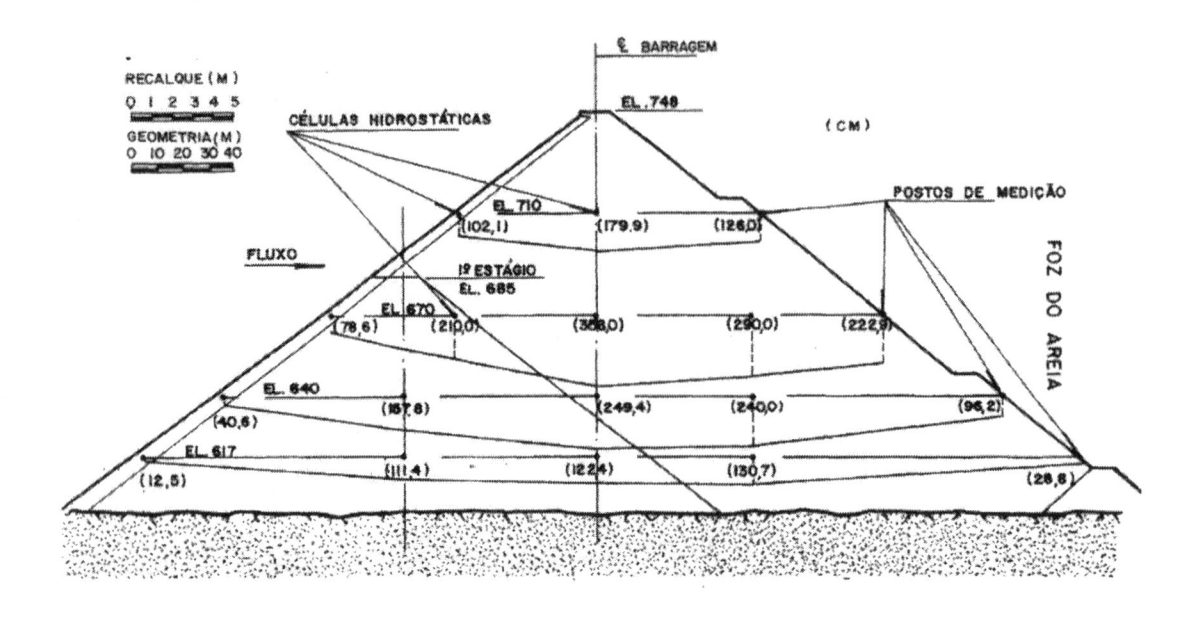

Figura 12.9 - Barragem de Foz do Areia - recalques verticais no final da construção (cm) (ABMS/ABGE, 1983)

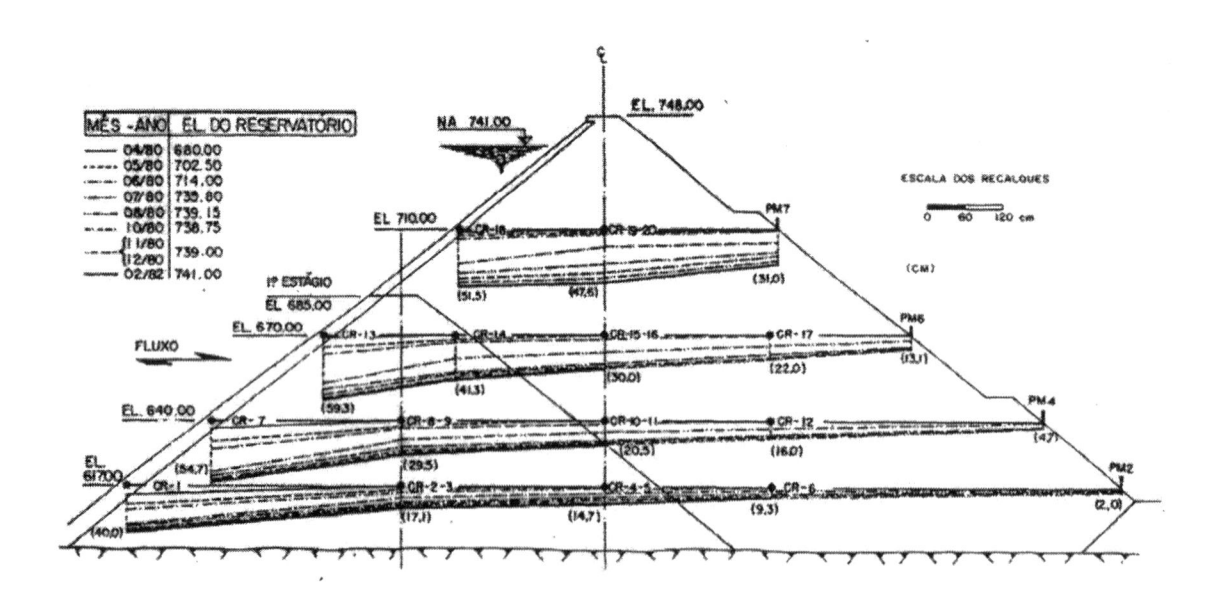

Figura 12.10 - Barragem de Foz do Areia - recalques verticais após enchimento do reservatório (ABMS/ABGE, 1983)

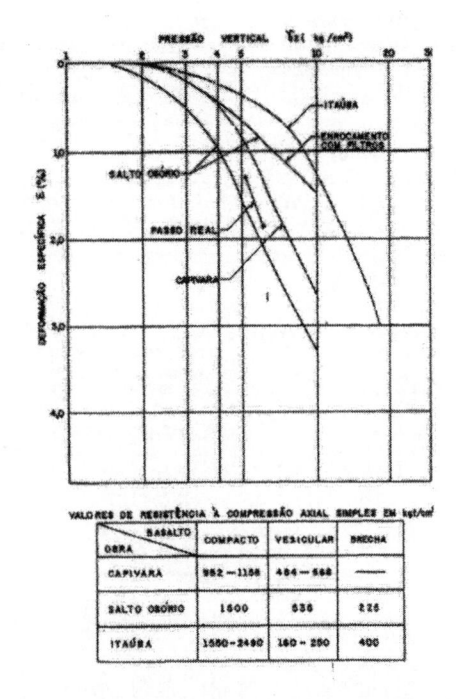

Figura 12.11 - Deformações medidas em enrocamento de basalto (Signer, 1982)

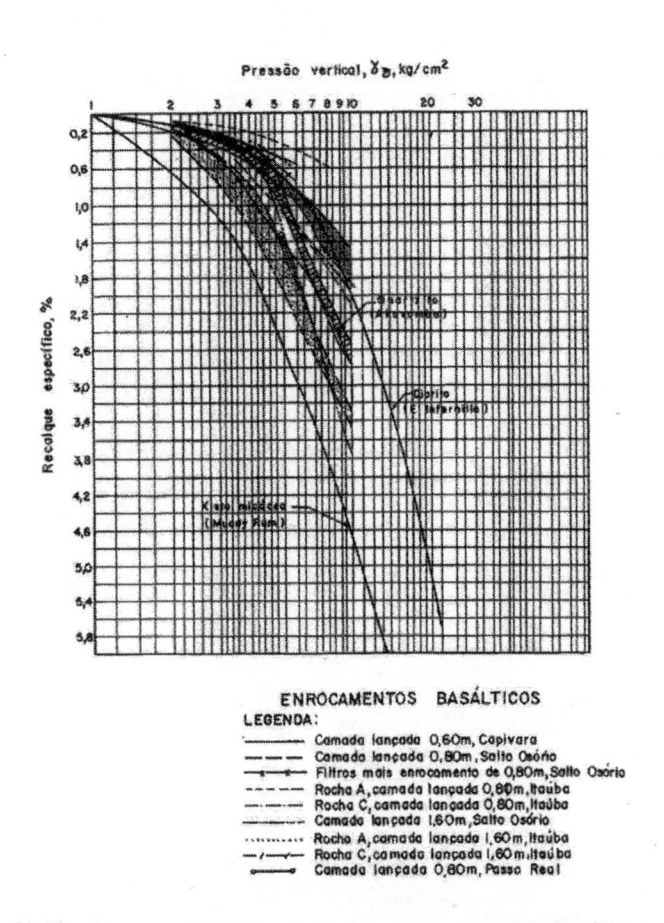

Figura 12.12 - Compressibilidade de enrocamentos compactados (Signer, 1982)

Os materiais ensaiados foram areia artificial, britas e enrocamento fino, porque interessava saber como as camadas de transição iriam se deformar em comparação com o solo do núcleo e os enrocamentos dos espaldares.

As granulometrias dos materiais ensaiados são mostradas na Figura 12.13 e os resultados dos ensaios na Figura 12.14. As amostras de brita e do enrocamento foram carregadas a "seco" até a pressão de 20 kg/cm² e então submersas. Os colapsos por saturação dos vários materiais estão resumidos na Tabela da Figura 12.14.

É interessante notar que mesmo a brita e a areia artificial apresentaram colapso. Esses dados confirmam a importância de se molhar o enrocamento durante a construção para antecipar recalques por colapso por ocasião do enchimento do reservatório.

À semelhança da análise feita para os solos, pode-se determinar o recalque específico e o Módulo de Deformabilidade para os enrocamentos, como mostrado na Tabela 12.8.

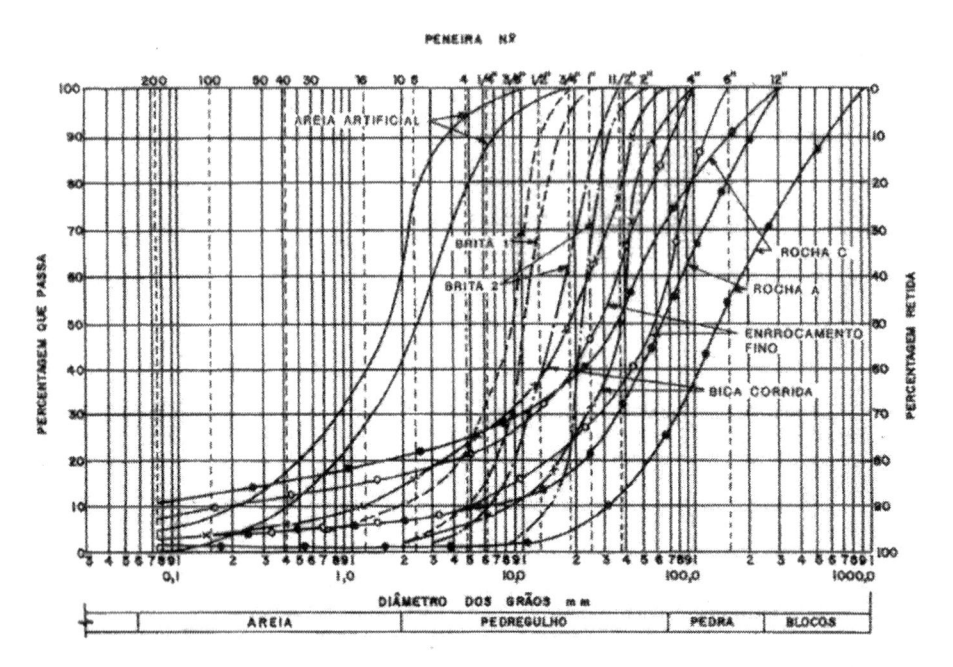

Figura 12.13 - Curvas granulométricas dos materiais ensaiados - Barragem de Itaúba (Signer, 1982).

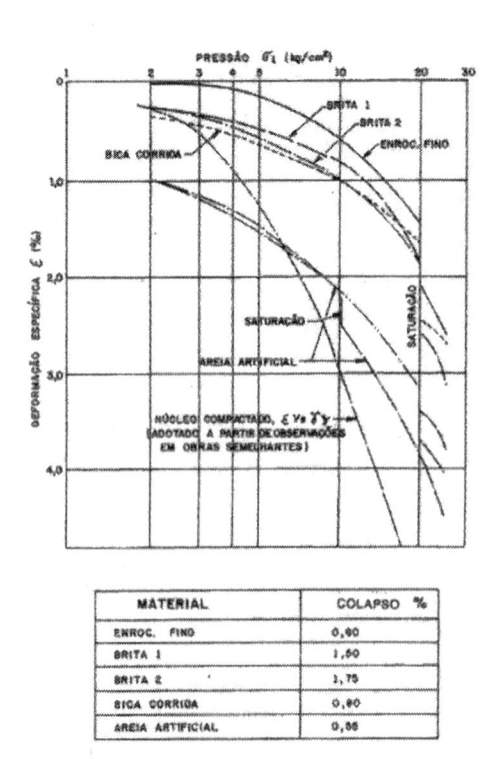

MATERIAL	COLAPSO %
ENROC. FINO	0,60
BRITA 1	1,60
BRITA 2	1,75
BICA CORRIDA	0,60
AREIA ARTIFICIAL	0,35

Figura 12.14 - Barragem de Itaúba - Ensaios de compressibilidade de grandes dimensões (Signer, 1982)

Capítulo 12

Tabela 12.8 - Dados de compressibilidade de enrocamentos

Barragem	Material	Grandeza*	PRESSÃO VERTICAL - kg/cm²						
			1	2	4	6	10	15
Capivara H=60m	Enrocamento de basalto 0,60 m R.Vibratório	1 2 3	0 0	0,12 0,06 1667	0,50 0,125 800	1,20 0,20 500	-	-
Salto Osório H=65m	Enrocamento de basalto compactado 0,80 m R.Vibratório	1 2 3	0	0,10 0,05 2000	0,70 0,175 571	1,4a1,8 0,233 a 0,300 428 a 333	-	-
Salto Osório H=65 m	Enrocamento de basalto compactado 1,60 m R.Vibratório	1 2 3	0	0,10 0,05 2000	0,50 0,125 800	1,20 0,08 500	-	-
Itaúba H=92m	Enrocamento de basalto compactado	1 2 3	-	0,04 0,02 5000	0,28 0,07 1428	0,60 0,10 1000	1,50 0,15 666	285 0,19 526
Itaúba H=92m	Enrocamento transição compactada (BR + BC + enr.fino)	1 2 3		0,04 0,02 5000	0,20 0,05 2000	0,35 0,06 1714	0,68 0,068 1470	1,20 0,08 1250
Emborcação H=158m	Gnaisse camada 0,60	1 2 3	0,20 0,20 500	0,38 0,19 666	0,60 0,15 666			
Pedra do Cavalo H=140 m	Enroc. compactado	1 2 3	0,15 0,15 666	0,22 0,11 909	0,50 0,125 800	1,00 0,166 600	1,85 0,185 540	3,90 0,260 384
Infernilho H=148m MÉXICO	Enrocamento de diorito compactado 1,0 m D-8	1 2 3		0,15 0,075 1333	0,40 0,20 1000	0,75 0,125 800	2,00 0,20 500	3,20 0,246 405
Muddy Run H=75m EUA	Enrocamento de xisto Micáceo 0,3a 0,9 R. Vibr.	1 2 3		0,80 0,40 1000	1,60 0,40 250	2,80 0,466 214	5,00 0,50 200	6,40 0,426 234
Akosombo H=111m Gana	Enrocamento Quartzito Compact. 0,90 m-4,0 t	1 2 3		0,20 0,10 1000	1,00 0,250 400	1,60 0,266 375	2,80 0,28 357	

*1 = $\dfrac{\Delta H}{H}$ % ; 2 = $\dfrac{cm/m}{kg/cm^2}$; 3 = E_v (kg/cm²)

12.2.6 - Efeito de Histeresis

Os dados anteriores reforçam o fato de que, em qualquer previsão de deslocamentos verticais em barragens e suas fundações, é necessário considerar Módulos de Deformabilidade variáveis com o estado de tensões. Análises que consideram um único Módulo de Deformabilidade estão fadadas a erros grosseiros.

Um segundo problema da maior importância é a consideração do efeito de Histeresis nos Módulos de Deformabilidade. Na Figura 12.15, são mostrados valores de E obtidos nos ensaios de compressão simples e de tração, realizados em câmara triaxial seguindo a técnica de Bishop e Garga (1969), procedidos em três solos compactados, em diferentes desvios de umidade. Os Módulos de Compressibilidade obtidos nos ensaios de compressão simples são coerentes com os observados em barragens. Já os Módulos de Compressibilidade nos ensaios de tração mostraram-se 3 a 5 vezes superiores.

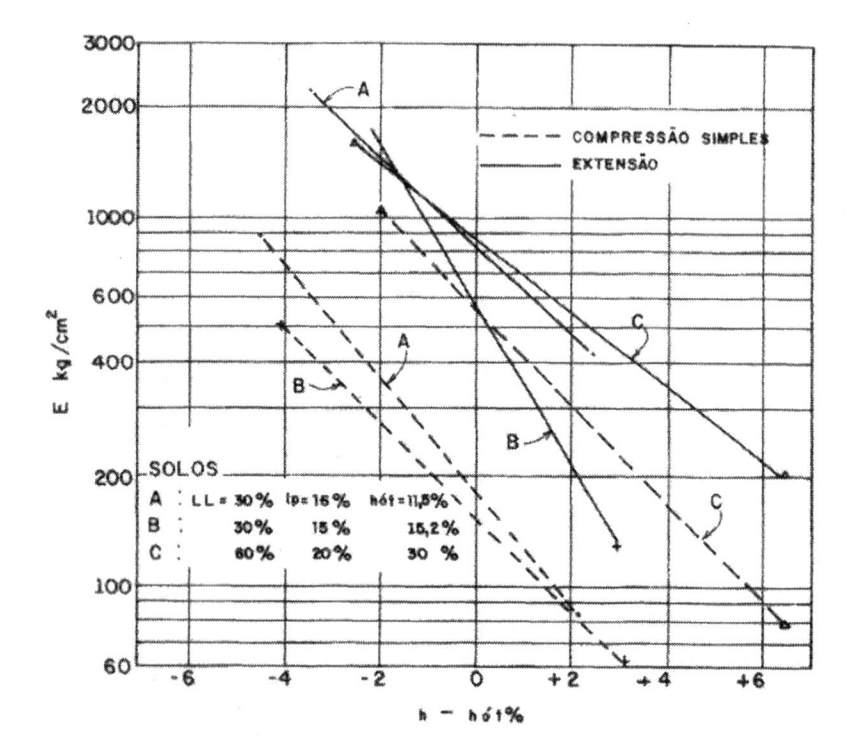

Figura 12.15 - Valores de E para solos compactados (Mello, 1973)

Como se verá no item 4 deste capítulo, Naylor (1991) recomenda que, no caso de enrocamentos, seja adotado um valor para o Módulo de Descompressão/Recompressão da ordem de 4 a 5 vezes o valor do Módulo de Compressão.

Na fase de enchimento de um reservatório as tensões no interior da barragem se modificam, e em muitas zonas ocorre um alívio de tensões, sujeito a recarga em níveis mais elevados do N.A. do reservatório. Se os efeitos de Histeresis e/ou carga e descarga não forem incorporados aos cálculos, as previsões nunca serão satisfatórias.

Conforme enfatizado no item 12.2.4, e como mostrado nos ensaios de laboratório, o colapso deve igualmente ser considerado.

Um terceiro problema de grande importância refere-se à recompressão de enrocamentos após a construção, devido à sobrecarga resultante do enchimento do reservatório em barragens com membranas estanques a montante.

Os Módulos de Deformabilidade calculados considerando os recalques medidos entre "células" para a Barragem de Foz do Areia (H=160 m) são mostrados na Figura 12.16.

Os deslocamentos medidos na laje de concreto de montante estão mostrados na Figura 12.17, admitindo que os mesmos sejam perpendiculares à laje.

Se esses deslocamentos fossem calculados considerando os módulos medidos na fase construtiva eles seriam bem maiores. Os valores dos módulos medidos variaram de 265 a 560 kg/cm². Os deslocamentos medidos na placa, no entretanto, correspondem a Módulos de Deformabilidade médios superiores a 850 kg/cm², sugerindo uma mudança de comportamento do enrocamento.

Capítulo 12

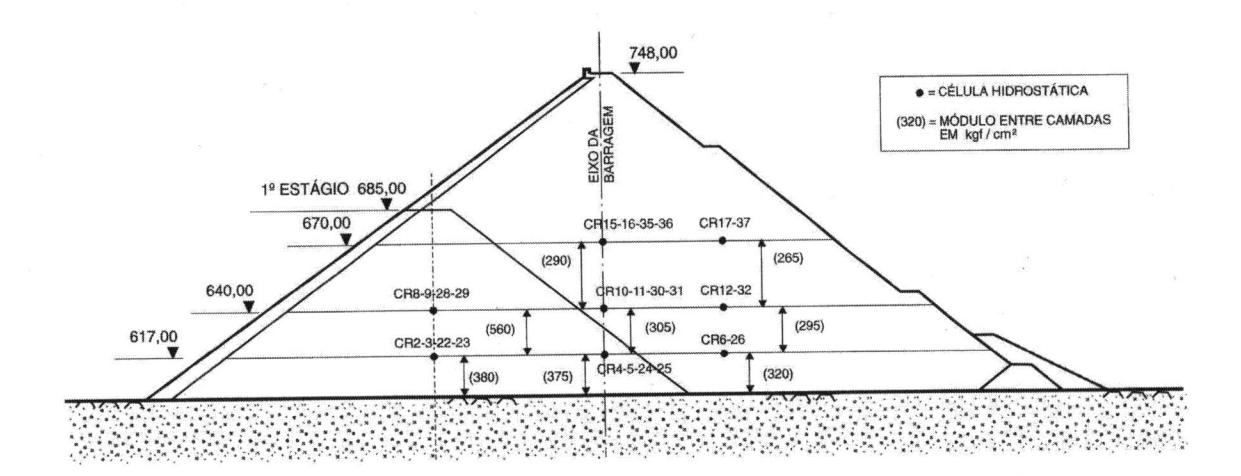

Figura 12.16 - Barragem de Foz do Areia - Módulos de Compressibilidade antes do enchimento do reservatório (ABMS/ABGE, 1983)

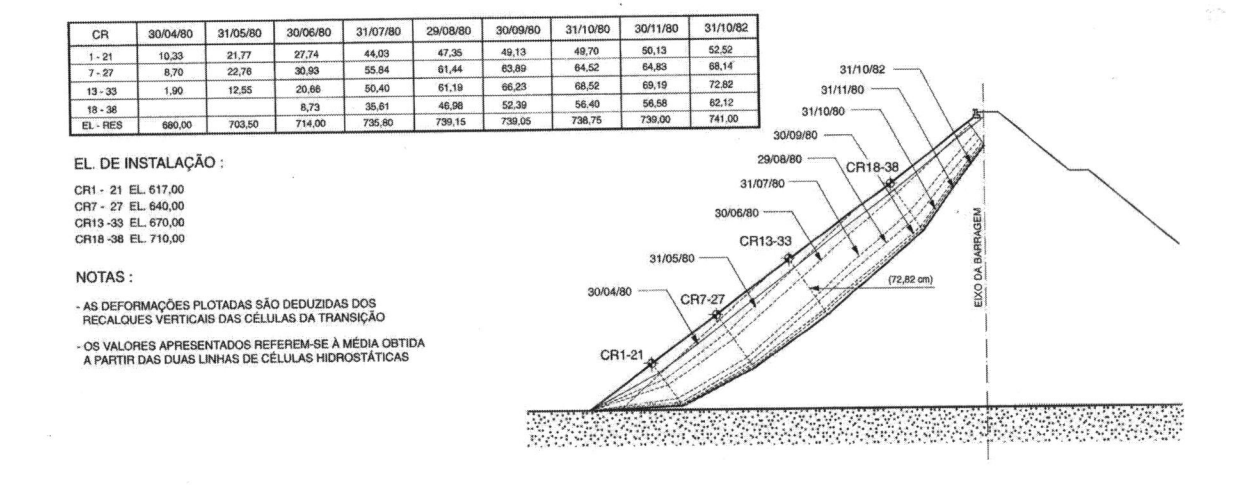

CR	30/04/80	31/05/80	30/06/80	31/07/80	29/08/80	30/09/80	31/10/80	30/11/80	31/10/82
1 - 21	10,33	21,77	27,74	44,03	47,35	49,13	49,70	50,13	52,52
7 - 27	8,70	22,76	30,93	55,84	61,44	63,89	64,52	64,83	68,14
13 - 33	1,90	12,55	20,88	50,40	61,19	66,23	68,52	69,19	72,82
18 - 38			8,73	35,61	46,98	52,39	56,40	56,58	62,12
EL - RES	680,00	703,50	714,00	735,80	739,15	739,05	738,75	739,00	741,00

EL. DE INSTALAÇÃO :

CR1 - 21 EL. 617,00
CR7 - 27 EL. 640,00
CR13 -33 EL. 670,00
CR18 -38 EL. 710,00

NOTAS :

- AS DEFORMAÇÕES PLOTADAS SÃO DEDUZIDAS DOS RECALQUES VERTICAIS DAS CÉLULAS DA TRANSIÇÃO

- OS VALORES APRESENTADOS REFEREM-SE À MÉDIA OBTIDA A PARTIR DAS DUAS LINHAS DE CÉLULAS HIDROSTÁTICAS

Figura 12.17 - Barragem de Foz do Areia - laje da face - deformações após o enchimento do reservatório (ABMS/ABGE, 1983)

12.2.7 - Deslocamentos Horizontais

Penmam (1982) discute o interesse de se projetar barragens para determinados deslocamentos que seriam compatíveis com o comportamento desejado da obra, e que representariam uma condição segura, não só para problemas de estabilidade como também para problemas de trincas, *piping*, ruptura hidráulica, etc.

A palavra "deslocamentos" neste contexto refere-se a movimentos tanto verticais como horizontais, que ocorrem em função do carregamento.

Um determinado elemento de solo, areia ou enrocamento dentro de um maciço de barragem, ou de sua fundação, sofre variações volumétricas que lhe são impostas pelo estado das tensões atuantes.

A nossa capacidade de estabelecer deslocamentos admissíveis ainda é limitada, e não há dados suficientes para se afirmar que uma determinada barragem será segura se os deslocamentos verticais e horizontais se limitarem a x% de sua altura, largura, espessura, ou qualquer outra dimensão de referência.

As Tabelas 12.9 e 12.10 mostram dados de deslocamentos horizontais observados em barragens. É interessante mencionar que a Barragem de Muirhead rompeu.

Tabela 12.9 - Deslocamentos observados (Penman, 1982)

Barragem	Tipo	Altura (m)	Talude Médio	Máximo deslocamento horizontal medido ao final da construção	Máximo deslocamento horizontal como % de altura da barragem	Máxima taxa de deslocamento horizontal medido (mm/m altura do aterro)
Gepatsch	Enrocam. c/ núcleo central de argila	153	1:1,5 d/s	1,0	0,65	13
Blowering	Enrocam. c/ núcleo central de argila	112	1:1,9 d/s	0,73	0,65	10
Llyn Brianne	Enrocam. c/ núcleo central de argila	90	1:1,75 d/s	0,61	0,68	20
Scammoden	Enr. c/ núcleo central argila incl. p/ montante	70	1:1,8 d/s	0,25	0,36	4
Galisteo	Homogênea	48	1:3,2 u/s	0,50	1,0	53
Backwater	Homogênea	43	1:3 d/s	0,07	0,16	3
Derwent	Homogênea c/ núcleo de argila	36	1:2 a 1:15d/s	0,05	0,14	1
Muirhead	Homogênea com núcleo	22	1:2,9	1,5	6,8	330
Chew Stoke	Homogênea com núcleo úmido	13	1:2,5d/s	0,05	0,38	5

d/s = talude de jusante
u/s = talude de montante

Na Tabela 12.10, reproduzida de Silveira (1983), estão indicados deslocamentos horizontais observados na fundação de seis barragens.

Tabela 12.10 - Relação dos deslocamentos horizontais e recalques observados no pé de jusante de algumas barragens (Silveira, 1983)

Barragem	Altura (m)	Deslocamento Horizontal		Recalque Observado	Material de Fundação
		Medido	Calculado		
Água Vermelha	44	6 cm	-	30 cm	10 m de solo residual de basalto
Rio Verde	16	6 cm	-	27 cm	6 m de argila orgânica e solo residual de ganisse
Aterro Bar. Billings	30	9 cm	-	70 cm	5,5 m de argila orgânica
Empinghan	22	85 cm	60 cm	30 cm	30 m de argila mole
Fors 3	22	10 cm	15 cm	20 cm	50 m de areia e argila com camadas de areia
Aterro Teste I.T.	12	10 cm	8,5 cm	-	45 m de argila média a mole

Silveira, no mesmo trabalho (1983), assim registra a preocupação quanto aos deslocamentos verificados em Água Vermelha (Figura 12.18):

"Apesar dos deslocamentos horizontais observados na fundação da barragem de Água Vermelha (Est. 73 + 10 m) não apresentarem um valor excessivo, quando comparado com os de outras barragens, o fato destes deslocamentos estarem concentrados em determinados trechos da camada de solo residual da fundação, com deslocamentos cisalhantes concentrados de 15 a 25 mm, levantou sérias preocupações em termos de estabilidade. Ensaios de cisalhamento direto e torsional ('ring shear') indicaram que a resistência de pico do solo residual de basalto era atingida com deslocamentos horizontais da ordem de 3 a 5 mm, o que parecia indicar que a resistência de pico do solo já havia sido ultrapassada nos locais de concentração dos deslocamentos cisalhantes, que chegaram inclusive a danificar um dos inclinômetros, visto que o torpedo de leitura não passava mais pelo interior do tubo-guia.

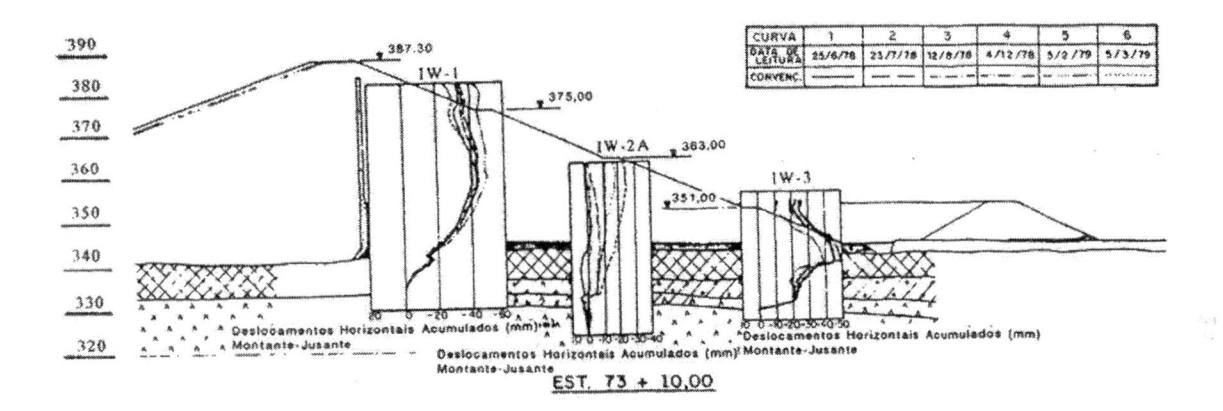

a) Deslocamentos horizontais acumulados

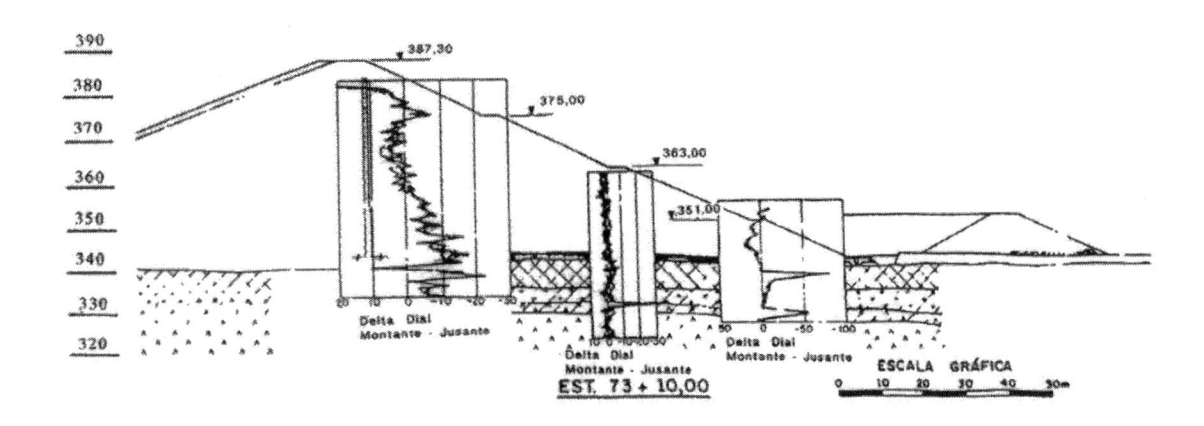

b) Deslocamentos horizontais localizados

Figura 12.18 - Barragem de Água Vermelha - instrumentação para medidas de deslocamentos na fundação da barragem de terra (ABMS/ABGE, 1983)

A constatação de um aumento súbito na velocidade dos deslocamentos horizontais, atribuída a uma subida mais rápida do aterro quando faltava cerca de 10 m para se atingir a crista, motivou uma paralisação do aterro local, ao longo de uma extensão de 200 m, até a complementação final da berma de jusante, cuja construção havia sido prevista em projeto mas não tinha sido ainda executada. Após a execução da berma, a construção do aterro foi finalizada, sem que fossem observados deslocamentos horizontais adicionais, o que veio mostrar o bom desempenho desta em termos de estabilização do talude da barragem".

No trecho da Barragem de Juturnaíba, fundado em argila mole (Figura 12.19), foram registrados deslocamentos horizontais de até 28 cm. Estes se desenvolveram num processo de velocidades crescentes, indicando o início de uma ruptura. A berma de elevação 5,5m foi executada com o fim de restabelecer o equilíbrio. Os deslocamentos medidos nas etapas seguintes da obra guardaram uma distorção angular, considerada segura.

Inclinômetros têm sido instalados em barragens brasileiras desde a década de 60, mas há pouquíssimos dados publicados. A ausência de dados impede que se possa fazer uma análise em maior profundidade de um tema de grande interesse para a avaliação correta do comportamento dos solos e dos enrocamentos utilizados.

Registros de marcos superficiais de crista de duas barragens são reproduzidos nas Figuras 12.20 e 12.21.

A Figura 12.22 mostra os deslocamentos observados no talude de jusante da Barragem de Foz do Areia.

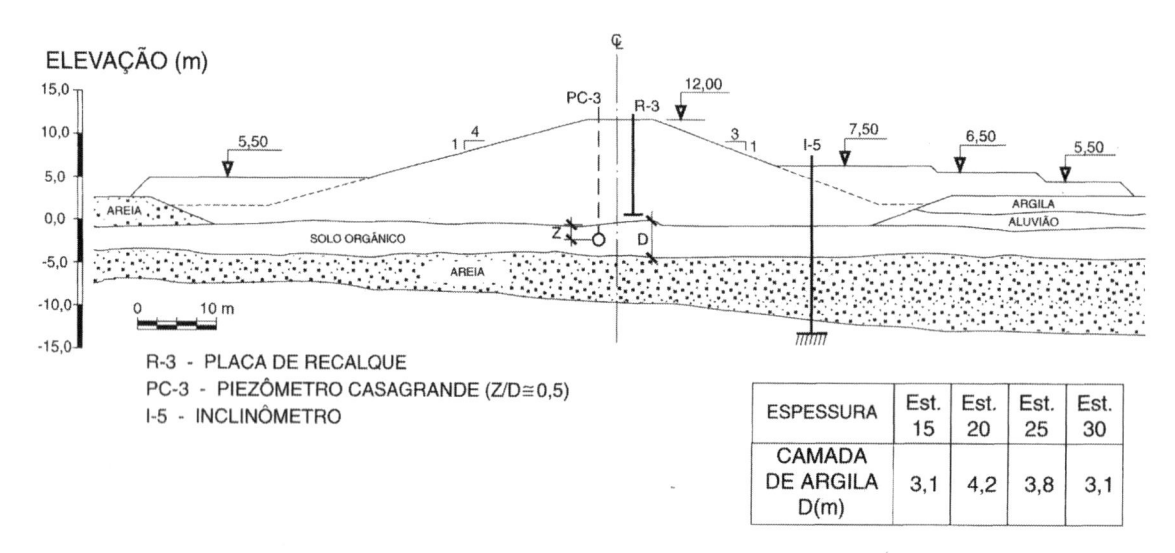

ESPESSURA	Est. 15	Est. 20	Est. 25	Est. 30
CAMADA DE ARGILA D(m)	3,1	4,2	3,8	3,1

a) Seção transversal na Estaca 25

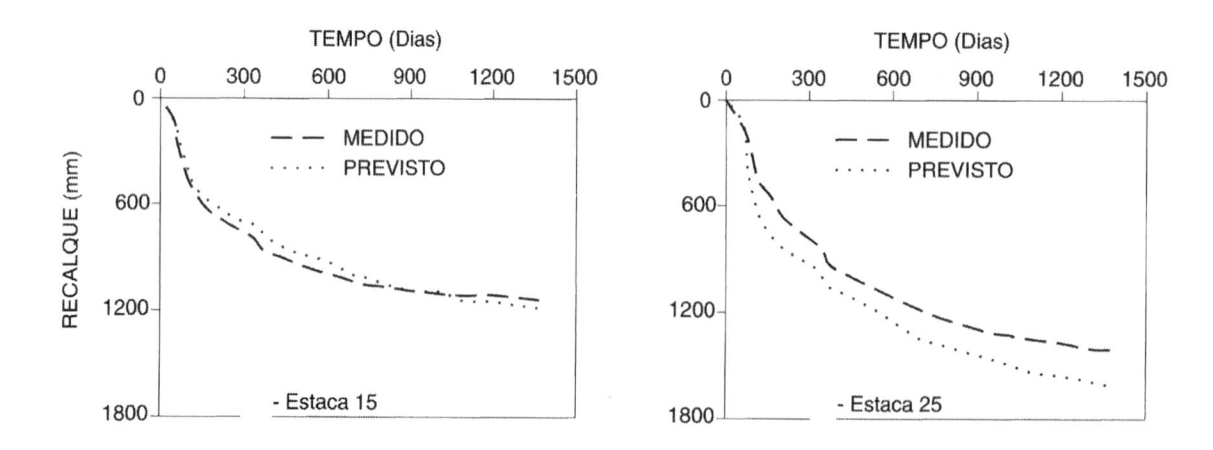

b) Deslocamentos verticais previstos e medidos

Figura 12.19a,b - Barragem de Juturnaíba (Coutinho *et al.*, 1994)

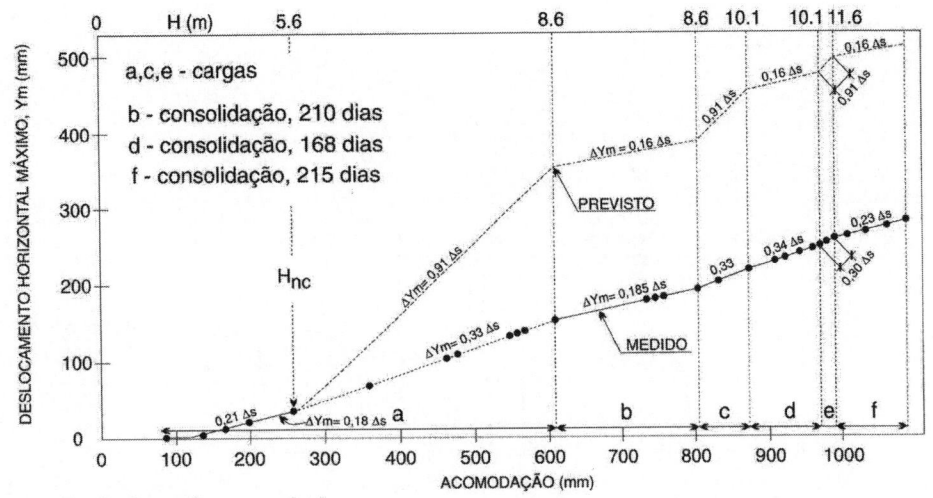

c) Deslocamentos horizontais vs. verticais

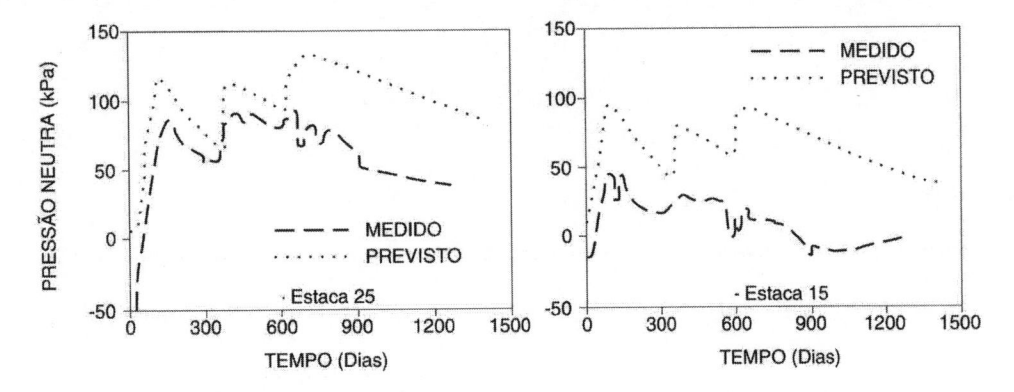

d) Pressões neutras vs. tempo

Figura 12.19.c,d - Barragem de Juturnaíba (Coutinho *et al.*, 1994)

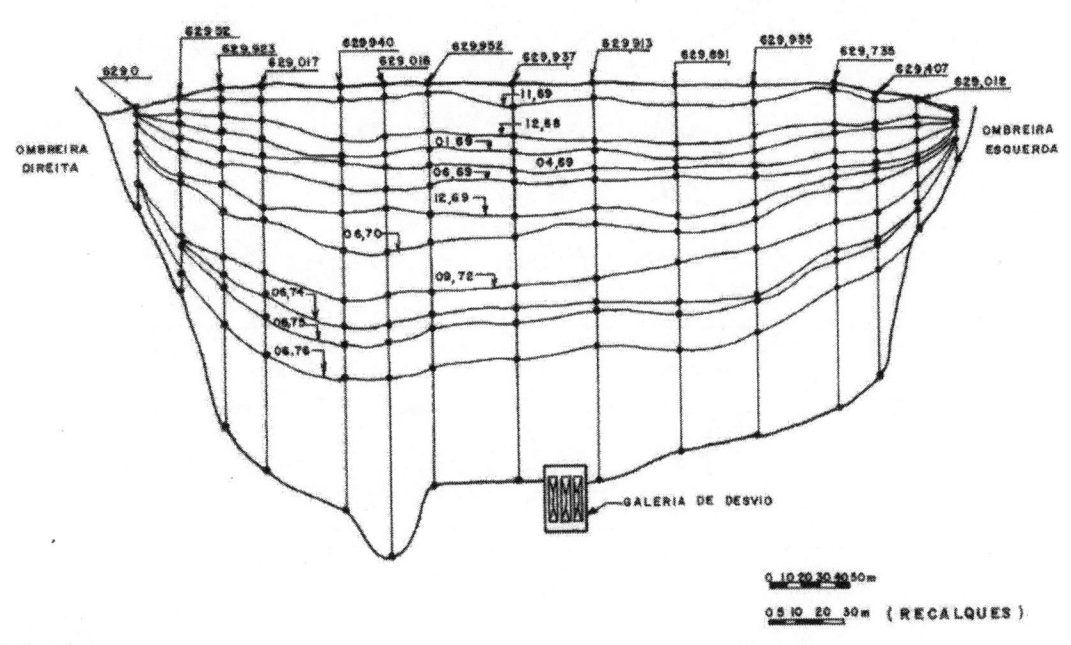

a) Recalques

Figura 12.20.a - Barragem de Estreito - registro de marcos superficiais (ABMS/ABGE, 1983)

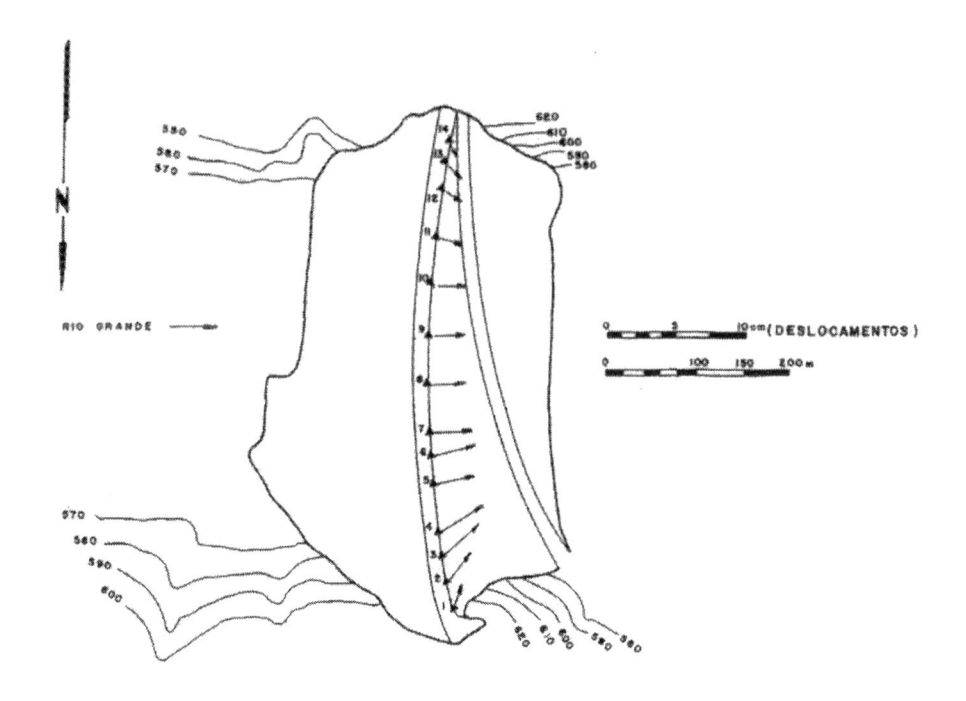

100 Barragens Brasileiras

b) Deslocamentos

Figura 12.20.b - Barragem de Estreito - registro de marcos superficiais (ABMS/ABGE, 1983)

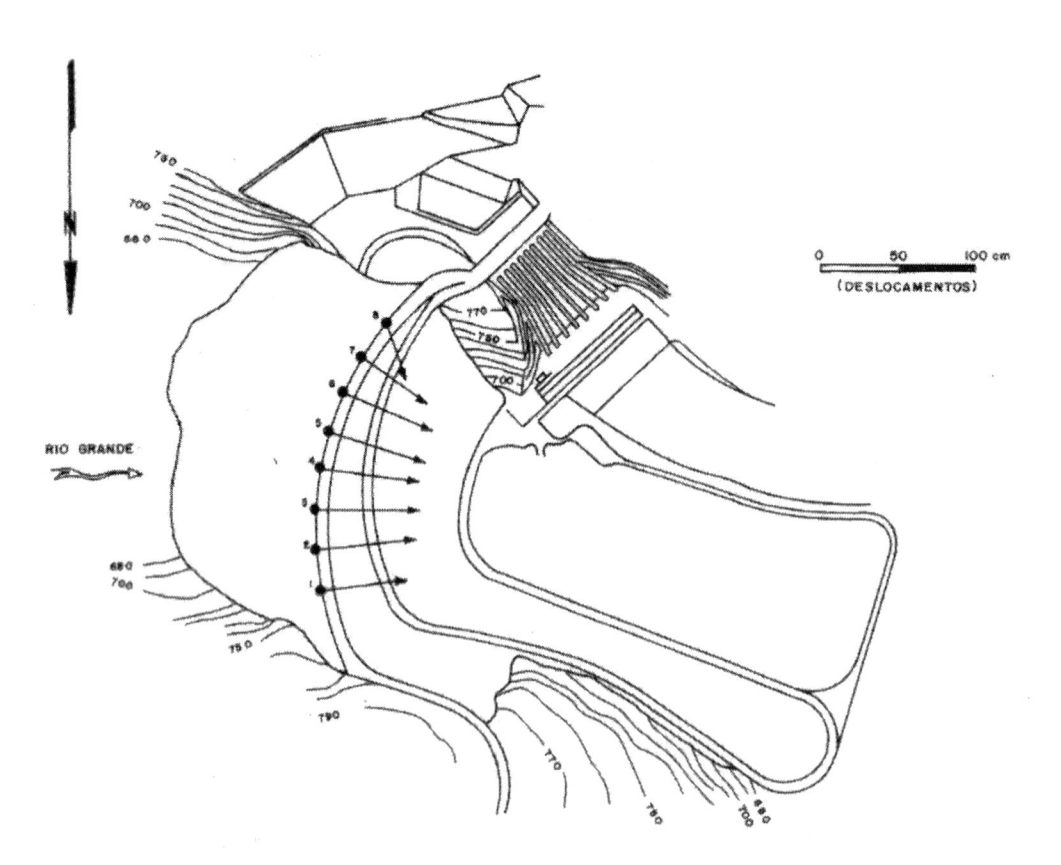

Figura 12.21 - Barragem de Furnas - registro de marcos superficiais - deslocamentos horizontais (ABMS/ABGE, 1983)

Capítulo 12

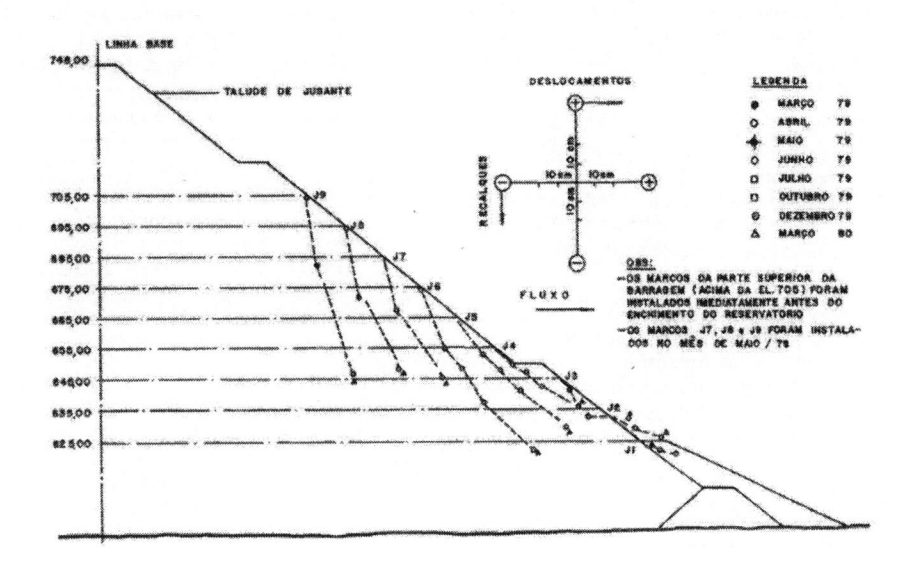

Figura 12.22 - Barragem de Foz do Areia - marcos do talude de jusante - período construtivo (Silveira, 1983).

12.3. PRESSÕES NEUTRAS

12.3.1. Observações Preliminares

Pressões neutras, ou pressões de poro, já foram discutidas nos Capítulos 5 e 7. O caso da Barragem de Euclides da Cunha apresentado a seguir é ilustrativo da existência da sucção em solos compactados, usualmente desprezada nos cálculos de estabilidade.

A barragem tem $H = 63$ m e o talude de jusante é de 2,5(H) : 1,0(V). Os parâmetros efetivos de resistência do solo compactado adotados nos cálculos foram $c' = 0,1$ kg/cm², $\varphi = 30°$ e $\gamma = 2,0$ g/cm³.

Como o talude é homogêneo, pode-se estimar o coeficiente de segurança adotando os gráficos de Bishop e Morgenstern (ver Cap.14):

$F = m - Bn$

$m = 1,58$ e $n = 1,74$, $B' = 0$ por hipótese.

$F = 1.58$

A barragem sofreu um extravasamento e uma ruptura e a parte remanescente ficou com um talude frontal médio acima de 45°.

Recalculando a estabilidade, vem :

$m = 0,60$ $n = 0,98$ (para $i = 45°$)

$FS = 0,60$ para $B' = 0$.

Como o talude estava em pé $FSmin = 1.00$, e daí :

$FS = 1 = 0,60 - B' . 0,98$.

Calculando, B' resulta em -0,408, ou seja, o parâmetro de pressão neutra B' de -0,408 implica pressões neutras negativas da ordem de 40% do valor de σ_v.

Se este valor de B' de -0,40 for adotado no cálculo do F.S. do talude de jusante, vem :

$FS = 1.58 + 0,40 . 1.74 = 2.27$

O valor de σ_v ao longo do círculo de ruptura varia no intervalo de 0 a 2,0 kg/cm². Se o valor de $r_u^{[3]} = 0,40(i)$ fosse válido, a sucção deveria variar de 0 a 0,80 kg/cm². O problema é que a sucção de um solo ocorre mesmo que σ_v seja zero, porque ela depende das tensões capilares que se desenvolvem e das forças elétricas entre partículas. O que se tem observado em barragens é uma redução da sucção com o aumento da tensão vertical, e portanto o cálculo antes efetuado é incorreto. Um cálculo alternativo poderia ser feito, atribuindo-se um valor de "coesão adicional" devido à sucção, e mantendo o valor de $B' = 0$.

Valores de sucção medidos em solos compactados variam de 0,50 a 1,50 kg/cm² (veja-se Capítulo 5).

Admitindo $c = c' + sucção = 1,00$ kg/cm² , $B' = 0$ e $\varphi = 30°$ vem:

$F = m = 2,59$.

No Capítulo 6, já foi demonstrado que a diferença entre a pressão no ar e a pressão na água em solos compactados só é significativa enquanto prevalece a condição de ar livre e, portanto, de u_w negativo.

---

[1] - Nas referências bibliográficas em português, o valor de r_u tem sido confundido com o parâmetro B', que na realidade expressa $\Delta u/\Delta\sigma_1$.

Quando u_w passa para o campo positivo e se aproxima de 1,0 kg/cm², a diferença entre essas duas pressões é muito pequena e tende a se anular para a condição próxima à saturação.

Também no Capítulo 6 foi mostrado que o ar dissolvido na água pode atravessar a pedra porosa e se alojar em forma de bolha na câmara de medida do piezômetro, falseando as leituras. Daí a preferência "inglesa" pelos piezômetros hidráulicos, que permitem a circulação de água e a eliminação desse ar em forma de bolhas.

Pelas razões acima expostas, é possível que alguns dos registros de pressão neutra procedidos em barragens brasileiras, com piezômetros elétricos e pneumáticos, não representem exatamente a pressão na água, mas para fins de projeto, essas diferenças não devem afetar as avaliações relativas à estabilidade da obra.

Nos taludes de jusante e mesmo de montante, em trechos não saturados, é provável que as pressões na água sejam negativas e de magnitude desconhecida.

A tese de Doutoramento de Jane Walbancke (1975), orientada pelo Prof. A.W. Skempton, é de grande interesse, porque registra de forma sistemática a ocorrência de pressões negativas em barragens da Inglaterra com muitos anos de operação.

Em barragens antigas, quando os cálculos de estabilidade eram procedidos em termos de pressões totais, nos quais as pressões neutras negativas estavam automaticamente consideradas, é provável que os valores de *F.S.* calculados fossem bem superiores aos atuais, embora os taludes não fossem necessariamente mais íngremes.

Pressões neutras e permeabilidade

Neste contexto é oportuno lembrar as considerações de Vaughan (1979) sobre permeabilidade de solos compactados, que são abaixo resumidas.

"A permeabilidade é o mais útil parâmetro na determinação do tipo de comportamento esperado nos solos compactados.

Três tipos de comportamento podem ser identificados, baseados na permeabilidade k:

(I) - Argilas verdadeiras (*true clays*), com k inferior a 5×10^{-8} cm/s, são solos que não adensam durante a construção, exceto nos casos em que se empreguem drenos pouco espaçados. Uma vez compactados, não absorvem água, a menos que sua superfície fique exposta e submersa por um longo período, ou a menos que a água seja introduzida por equipamento tipo arado ou grade de discos. Este fato sugere que, em clima úmido, a molhagem do solo é mais prejudicial em condições de aterros úmidos do que em aterros lançados secos. A secagem ao ar é eficiente.

(II) - Solos com permeabilidade entre 5×10^{-8} cm/s e 10^{-5} cm/s são solos que adensam rapidamente durante a construção, de forma que pressões neutras de construção não causam um problema de estabilidade, principalmente se uma drenagem de base for incluída no projeto. Entretanto, a água pode penetrar facilmente no solo em período de chuva, e nem a secagem ao ar ou a drenagem são eficazes em remover o excesso de água infiltrada. Também, e por este motivo, condições precárias de tráfego se estabelecem facilmente e podem persistir por longo tempo após a infiltração de água da chuva. Por esta razão, são solos de mais difícil lançamento e compactação do que as argilas verdadeiras.

(III) - Em solos de elevada permeabilidade, a drenagem é eficiente para manter um baixo nível de saturação e, a menos que ocorra nível de água artificialmente elevado, não se prevêem problemas de estabilidade na construção e nem problemas de tráfego."

Essas considerações de Vaughan são aplicáveis mais a solos sedimentares, muitos dos quais saturados *in situ*, e se transplantadas para solos coluvionais e residuais que ocorrem em geral acima do N.A., devem ser analisadas com cuidado.

Por outro lado, a permeabilidade dos solos residuais e dos colúvios compactados, em barragens brasileiras, se situa entre 10^{-6} cm/s e 10^{-7} cm/s (valores estes resultantes de retroanálises de redes de fluxo obtidos a partir de dados de instrumentação) e, portanto, dentro do segundo grupo referido por Vaughan.

A inexistência de pressões neutras construtivas que levem a problemas de estabilidade, bem como os problemas de trafegabilidade previstos, são muito coerentes com a análise de Vaughan.

Vaughan (comunicação pessoal) tem insistido que os solos residuais brasileiros, embora argilosos, têm-se comportado muito mais como siltes do que como argilas, e que as diferenças de comportamento entre os solos tropicais e os solos sedimentares podem se dever a este fato. Quando um solo tropical argiloso compactado acaba por ser de 50 a 500 vezes mais permeável do que um solo sedimentar compactado, é de se esperar diferenças significativas no seu comportamento, e diferenças de tempos de dissipação de pressões, saturação de maciços compactados durante enchimento de reservatórios e outros problemas de fluxo, que podem representar anos e décadas de vida de uma barragem.

Uma possível causa dessa diferença de comportamento é a grande capacidade de aglutinação de partículas argilosas observadas em solos residuais que, associada a agentes cimentícios, resulta na formação de verdadeiros grãos de argila, que são preservados em todas as operações de escavação, transporte e compactação dos solos, e obviamente persistem nas fundações das barragens. A "estrutura" dos solos residuais, em estado natural e mesmo depois de compactado, acaba por manter macrovazios entre os "grãos" de argila, responsáveis por uma elevada permeabilidade. Costumo dizer aos meus alunos que a fração argilosa dispersa que se obtém nos ensaios de sedimentação só ocorre nos ensaios e, em solos reais, ela inexiste totalmente. Ver Capítulo 10 .

Pressões neutras e desvio de umidade

Pressões neutras construtivas foram observadas em barragens desde o início do século, embora os primeiros piezômetros tenham sido instalados com o objetivo de definir a linha freática.

Penmam (1982) reporta que na década de 30 o Bureau of Reclamation registrou pressões neutras em piezômetros tipo Casagrande, que chegaram a exceder o nível de aterro de uma recém construída barragem de terra do tipo homogêneo, mesmo antes do enchimento do reservatório, fato que os deixou seriamente preocupados (Usk Dam).

Penmam (1986) relata o caso de ruptura de duas barragens (Muirhead e Clingford) devido a excesso de pressões neutras, e menciona restrições impostas a barragens quanto a velocidade de subida do aterro, para permitir a acomodação e dissipação das pressões neutras por adensamento. No caso da Barragem de Usk, as pressões neutras medidas na fase inicial da obra foram superiores a γz, e a solução adotada foi a de executar drenos de areia horizontais para reduzir a distância de percolação.

A prática antiga de compactar barragens com os próprios pés ou com animais (China, India, Espanha e Inglaterra), em camadas delgadas de 7,5 a 15 cm e muito úmidas, resultava em solos quase-saturados e de baixa resistência que, quando carregados pelo peso próprio das camadas sobrejacentes, desenvolviam pressões neutras significativas.

Especificações antigas procuravam limitar a velocidade da construção, para permitir que tanto os solos de fundação como os do próprio aterro adensassem durante a construção. Strange (1898, *apud* Penmam 1982) recomendava que uma barragem deveria subir no máximo 9 m durante "uma estação", e que quando pronta, deveria permanecer vazia pelo menos por "uma estação", para permitir o adensamento antes do enchimento.

As condições econômicas e os volumes a serem produzidos em barragens atuais, bem como a disponibilidade de equipamentos pesados de compactação, inviabilizam totalmente qualquer tentativa de limitar a subida dos aterros, com o propósito de dar tempo para a dissipação de pressões neutras.

Há dois casos de barragens brasileiras que merecem menção quanto ao desenvolvimento de pressões neutras: Barragem de Capivara, com 60 m de altura (Figura 2.45); e Barragem de Açu, com 40 m (Figura 2.92).

A Barragem de Capivara foi construída em duas fases, para atender a requisitos de desvio do rio. Na 2ª fase a barragem envolvia um pequeno volume de solo compactado e foi executada num tempo recorde de 6 meses, com uma velocidade média de subida de aterro de 10 m/mês. A barragem é do tipo homogênea de solo compactado, com a diferenciação apenas do desvio de umidade que, para o núcleo, deveria se situar "do lado úmido" (-1% a +3%), enquanto para os espaldares deveria se situar do "lado seco" (-3% a +1%).

No terço inferior da região do pseusonúcleo e na 2ª fase da construção, algumas camadas do solo foram compactadas em umidade mais elevada, mas dentro das especificações (GC=102,5%; Δh=+0,6).

Um piezômetro Maihak localizado nesse trecho indicou pressões neutras positivas com um valor de *B'* de até mais de ~40%, em muito superior aos observados no restante da obra. Cinco novos piezômetros foram instalados no local e as pressões neutras medidas confirmaram o valor anterior. Amostras de solo retiradas do local mostraram superfícies espelhadas, com películas de água e um elevado grau de laminação.

O solo de empréstimo da barragem é um colúvio de basalto com as seguintes características médias :

LL = 47%   % argila = 39,0%

IP = 19%   % areia = 38,0%

δ = 2,89 h_{ot} = 23,5%

h_{nat} = 23,5% $\gamma_{smáx}$ = 1,610 t/m3

Na Barragem de Açu, uma camada de 7 m de argila siltosa cinza escuro foi executada sobre a fundação arenosa, interligando o núcleo da mesma argila à camada de vedação da trincheira de montante. Quando a barragem estava cerca de 3,20 m abaixo da crista, ocorreu uma ruptura do trecho central, que se desenvolveu por uma superfície que passava pelo núcleo (em arco de círculo) e de forma plana pela camada de argila.

Amostras retiradas da argila, após a ruptura, indicaram um grande número de laminações. Retroanálises baseadas em dados de ensaios procedidos em amostras desta argila (c' = 0,10 kg/cm² e φ = 18°) levaram à estimativa de um valor de *B'* de ~40%, para *F.S.* unitário.

É interessante notar que, nos dois casos, a compactação resultou em intensa laminação e na presença de filmes de água. Se o equipamento de compactação fosse leve, a laminação não ocorreria e a água ocuparia os vazios de forma mais uniforme.

Pressões neutras positivas seriam esperadas nos dois casos, mas as envoltórias de resistência deveriam ser diferentes, porque a intensa laminação deve ter resultado em resistências pós-pico. Afinal, a laminação é resultado de ruptura do solo causada pelo excesso de carga aplicada pelos equipamentos de transporte e compactação.

A discussão entre compactar do lado seco ou do lado úmido, em barragens brasileiras, ainda permanece. A idéia de que o solo compactado do lado seco seria "rígido" e do lado úmido "flexível" não faz sentido algum, uma vez que a umidade ótima de Proctor, que é ainda o referencial de umidade adotado, na grande maioria dos solos está muito aquém do seu limite de plasticidade e, portanto, aterros "secos" ou "úmidos" são ambos "rígidos". Veja-se a Figura 12.23.

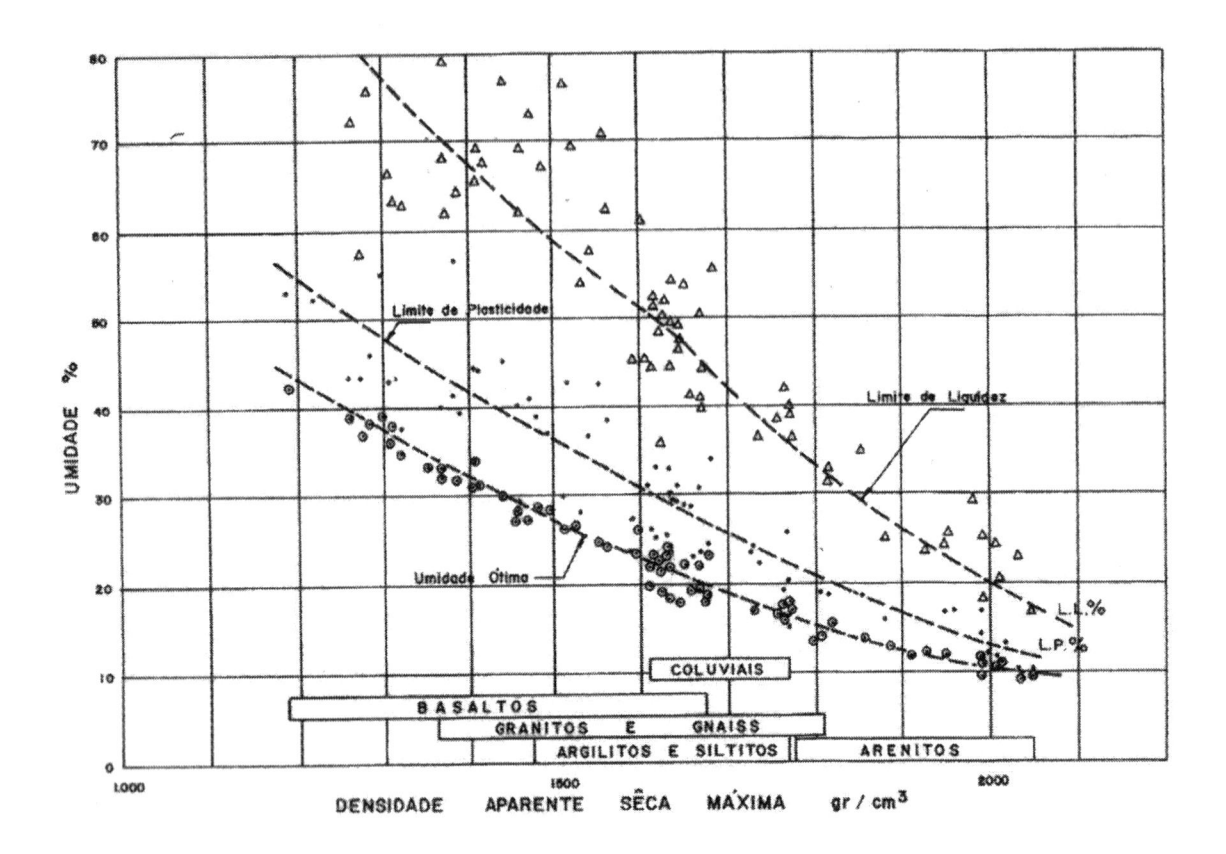

Figura 12.23 - *LL*, *LP* e h_{ot} vs. densidade aparente seca (Cruz, 1969)

A diferença entre *LP* e h_{ot} é muito grande nos solos argilosos, reduzindo-se drasticamente apenas no caso de solos arenosos que, por serem arenosos, mesmo se compactados acima da ótima acabam nunca sendo "plásticos".

Este excesso de rigidez nos solos compactados deve ser mais um motivo de preocupação do que de tranquilidade, porque o que é rígido pode trincar, e trincas são sempre indesejáveis em barragens.

Quando se pretende obter um núcleo flexível é necessário compactar o solo em umidade elevada, próxima ao limite de plasticidade e, portanto, muito acima da h_{ot} nos solos argilosos. Pelos dados da Figura 12.23 observa-se que :

- para solos residuais de basalto: $h_c = h_{ot} + 12\%$;

- para solos residuais de granito e gnaisse: $h_c = h_{ot} + 10\%$;

- para solos residuais de argilito e siltito: $h_c = h_{ot} + 8\%$;

e assim por diante, sendo h_c = umidade no *LP*.

Os equipamentos de compactação terão de ser necessariamente "leves" para evitar laminação excessiva e, neste caso, será problemático fixar um grau de compactação mínimo.

A prática inglesa levou a controlar a compactação pela fixação de uma faixa de valores de S_u (resistência não drenada) desejáveis, e que é medida em câmara triaxial instalada em laboratório de campo. Veja-se, por exemplo, a Figura 12.24.

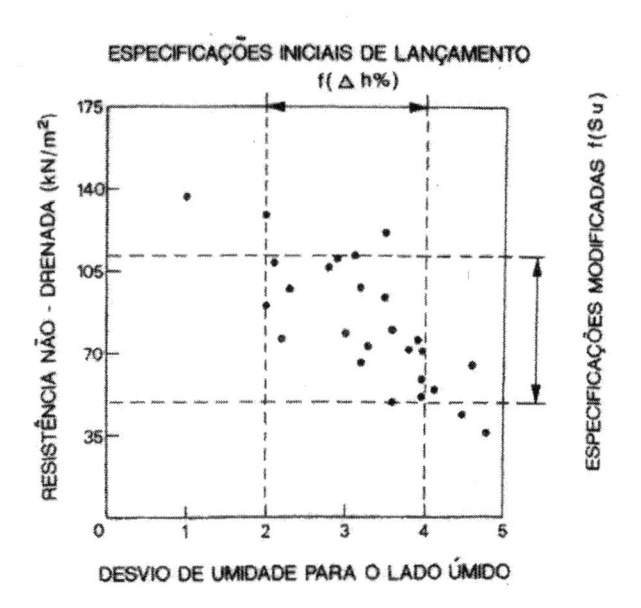

Figura 12.24 - Relação entre desvio de umidade e resistência não drenada (Penman, 1986)

12.3.2 - Pressões Neutras Medidas e Previstas

Para as condições usuais de compactação que vêm sendo praticadas em barragens brasileiras desde a década de 50 (pelo menos), nas quais são fixadas as limitações de G.C. (grau de compactação) e Δh (desvio de umidade) em faixas estreitas em torno da densidade máxima e umidade ótima obtidas em ensaios de compactação com energia do Proctor Normal (NB - 33), as pressões neutras registradas em dezenas de barragens não têm causado qualquer preocupação quanto à sua estabilidade.

A previsão dessas pressões neutras tem sido feita em laboratórios, nos assim chamados ensaios PN (triaxiais não drenados, com aumento concomitante de σ_3 e σ_1 em razão constante). Veja-se Cruz (1967 - 1969).

Sandroni e Silva (1985) propõem uma variável no ensaio, procurando dar condições de dissipação da pressão no ar (p_a) numa fase do ensaio. A proposta de Sandroni está discutida no Capítulo 6.

Areas (1963) fez estimativas das pressões neutras construtivas para a Barragem de Três Marias, seguindo a proposta de Hilf:

$$u = \frac{P_{at} \, \Delta H / H}{V_{ar} + h \, V_{água} - \Delta H / H}$$

onde :

- $\Delta H/H$ = deformação vertical específica do solo;

- V_{ar} = volume do ar = $(1 - S).\eta$ %;

- $V_{água}$ = volume da água = $S.\eta$;

- h = constante de solubilidade do ar na água (= 0,02 p/ 20°C);

- P_{at} = pressão atmosférica ~ 1 kg/cm².

Na Figura 12.25 estão mostrados resultados de pressões piezométricas, medidas e previstas para essa barragem.

Dos ensaios realizados por Cruz (1967-1969) é possível definir tipos de desenvolvimento de pressões neutras, em função de σ_1, com base em ensaios PN de laboratório (Figura 12.26).

Cruz e Signer (1973) e Signer (1981) apresentam dados de pressões neutras medidas e previstas de várias barragens brasileiras. Na Figura 12.27 são apresentadas leituras piezométricas efetuadas no núcleo da Barragem de Itaúba.

Todos os registros que se seguem referem-se à pressão medida na água, usualmente chamada de pressão neutra.

A Figura 12.28 mostra dados de piezometria da Barragem de Itumbiara (MG).

Dados de dezoito barragens e do parâmetro r_u coletados por Silveira (1983) permitem a construção da Tabela 12.11.

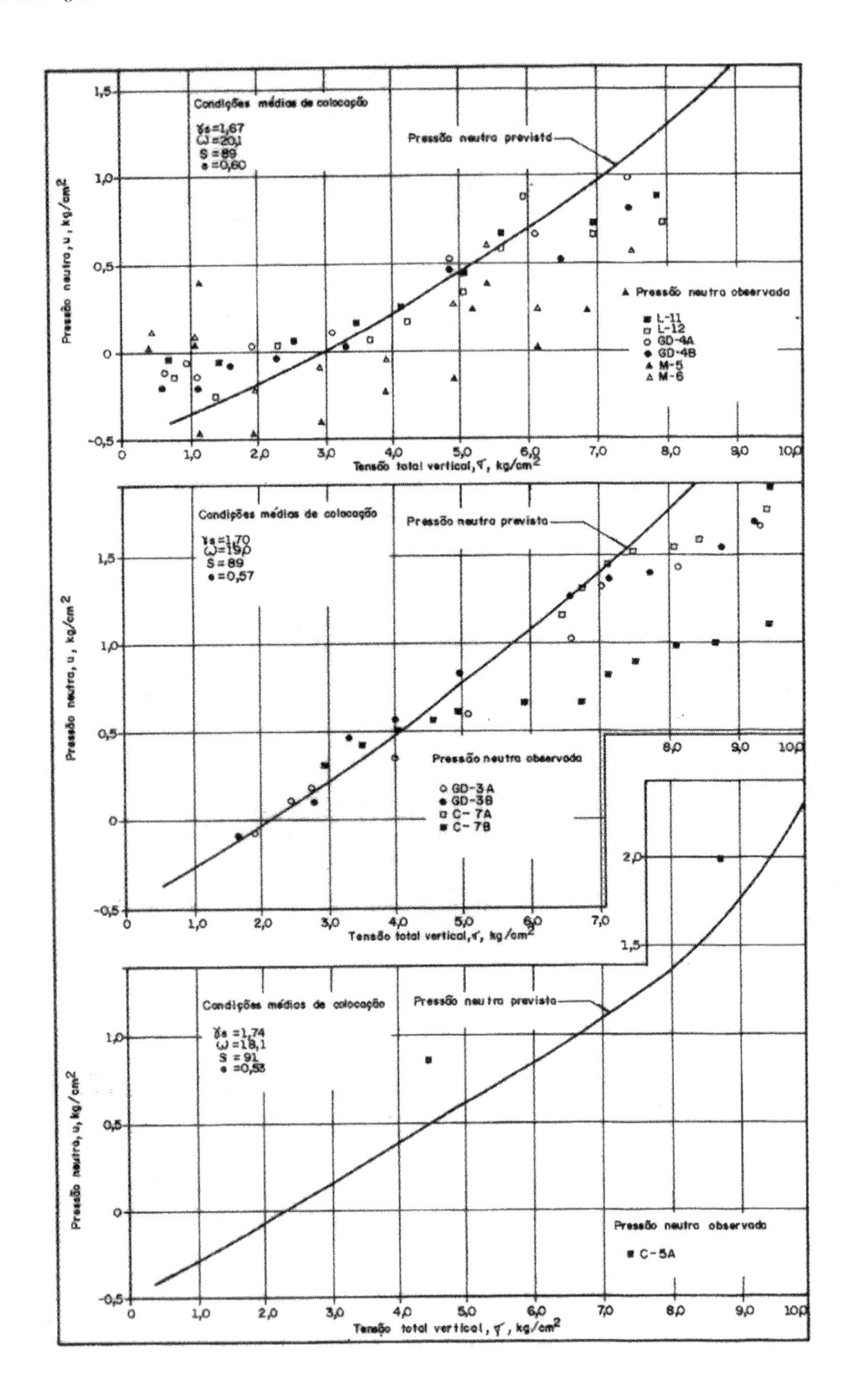

Figura 12.25 - Barragem de Três Marias - comparação entre pressões neutras previstas e observadas - piezômetros centrais, Est 20 + 00 (Areas, 1963).

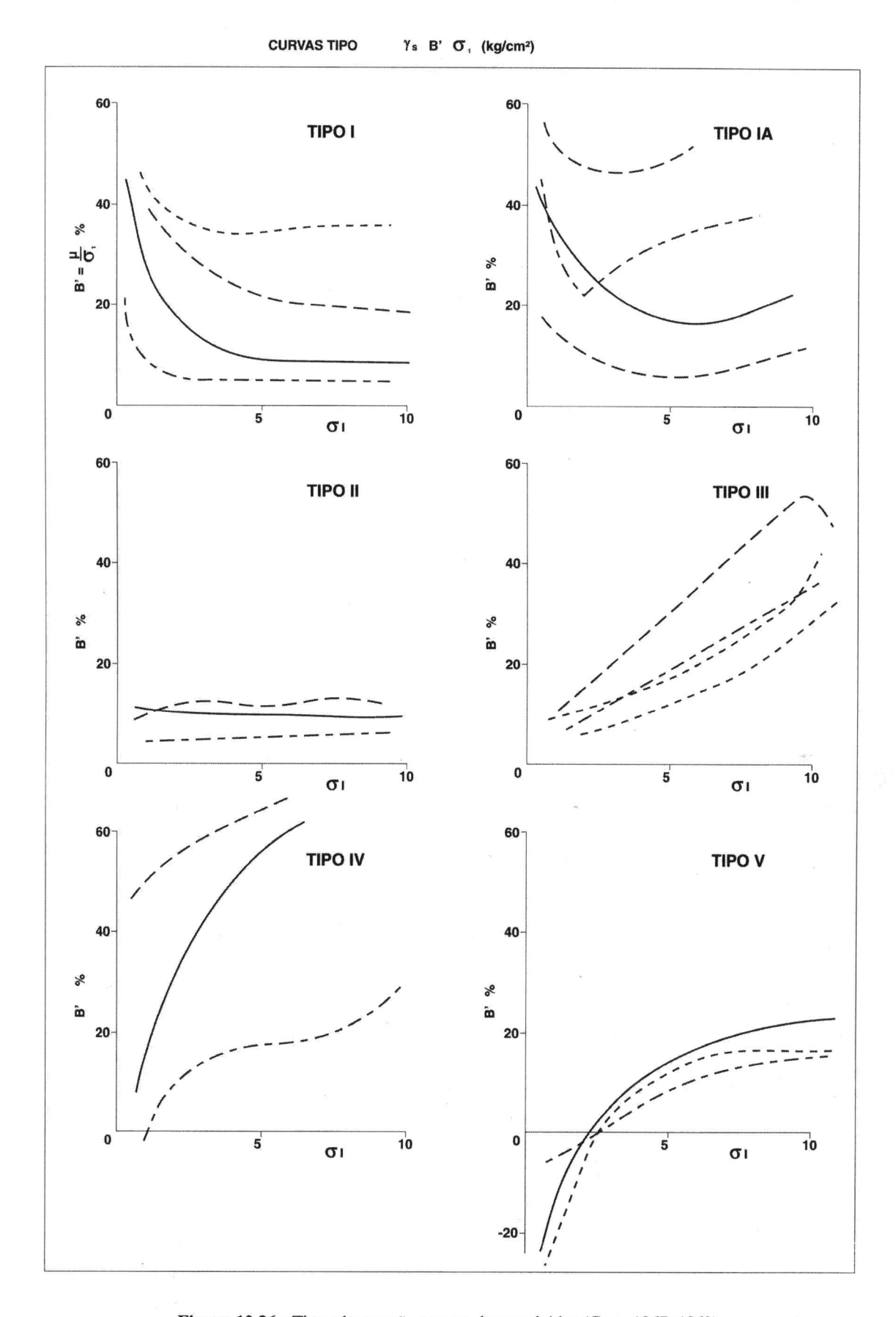

Figura 12.26 - Tipos de pressõs neutras desenvolvidas (Cruz, 1967, 1969)

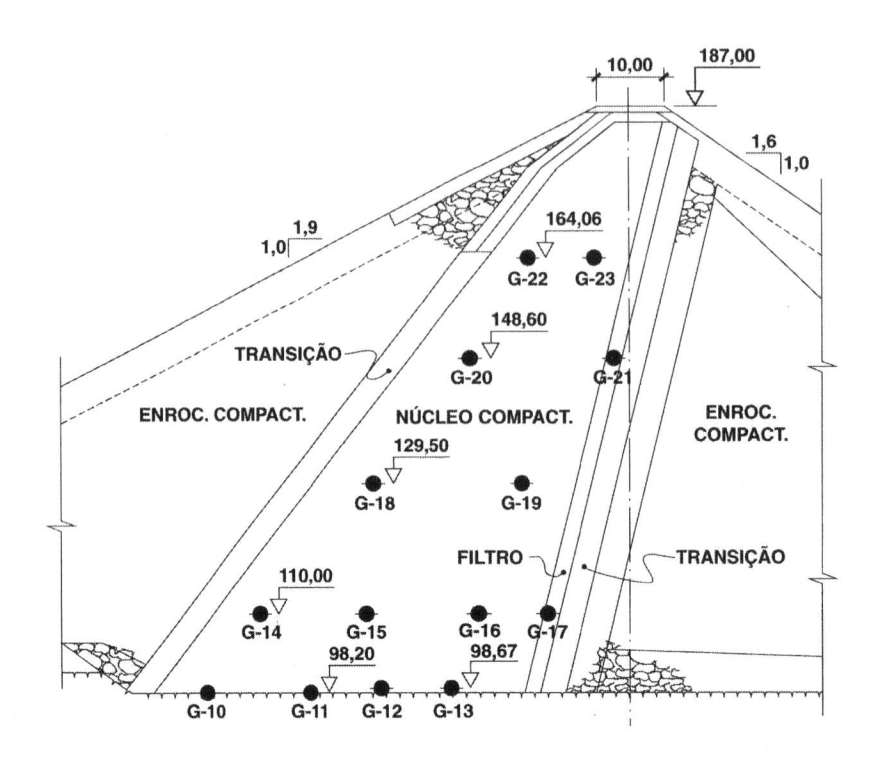

a) Localização dos piezômetros na Estaca 12

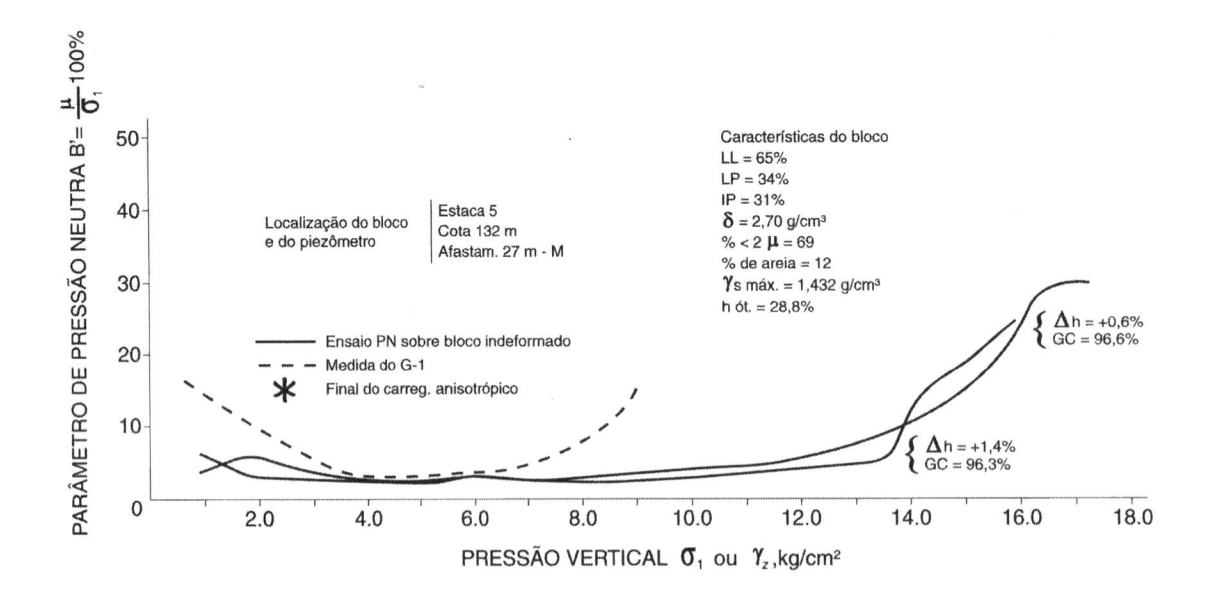

b) Piezômetro G-1

Figura 12.27a,b - Barragem de Itaúba - pressões neutras previstas e medidas (Cruz e Signer, 1973)

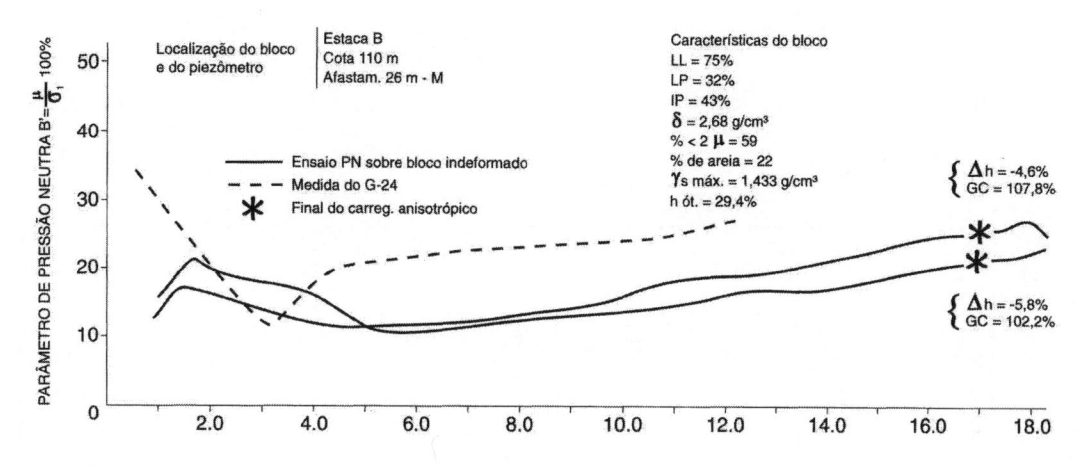

Capítulo 12

c) Piezômetro G-24

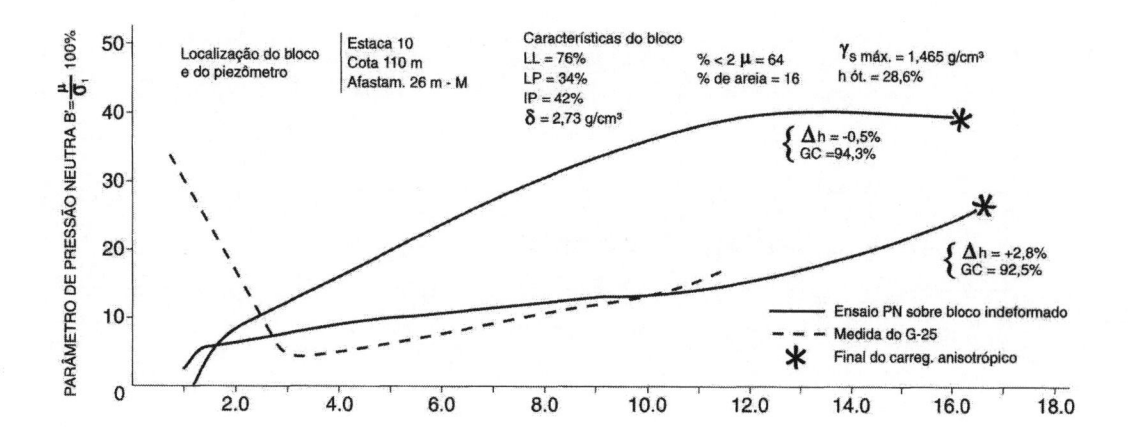

d) Piezômetro G-25

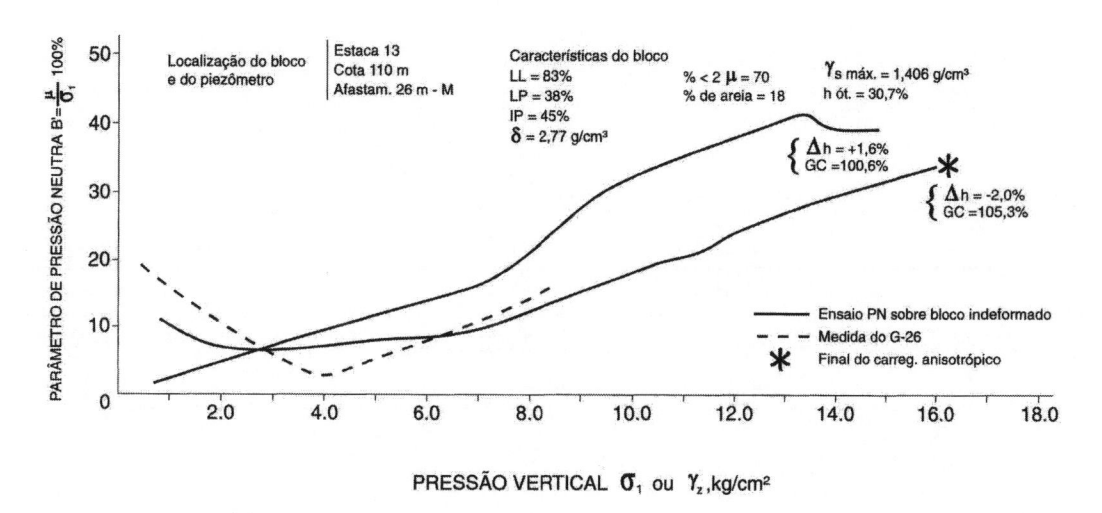

e) Piezômetro G-26

Figura 12.27c,d,e - Barragem de Itaúba - pressões neutras previstas e medidas (Cruz e Signer, 1973)

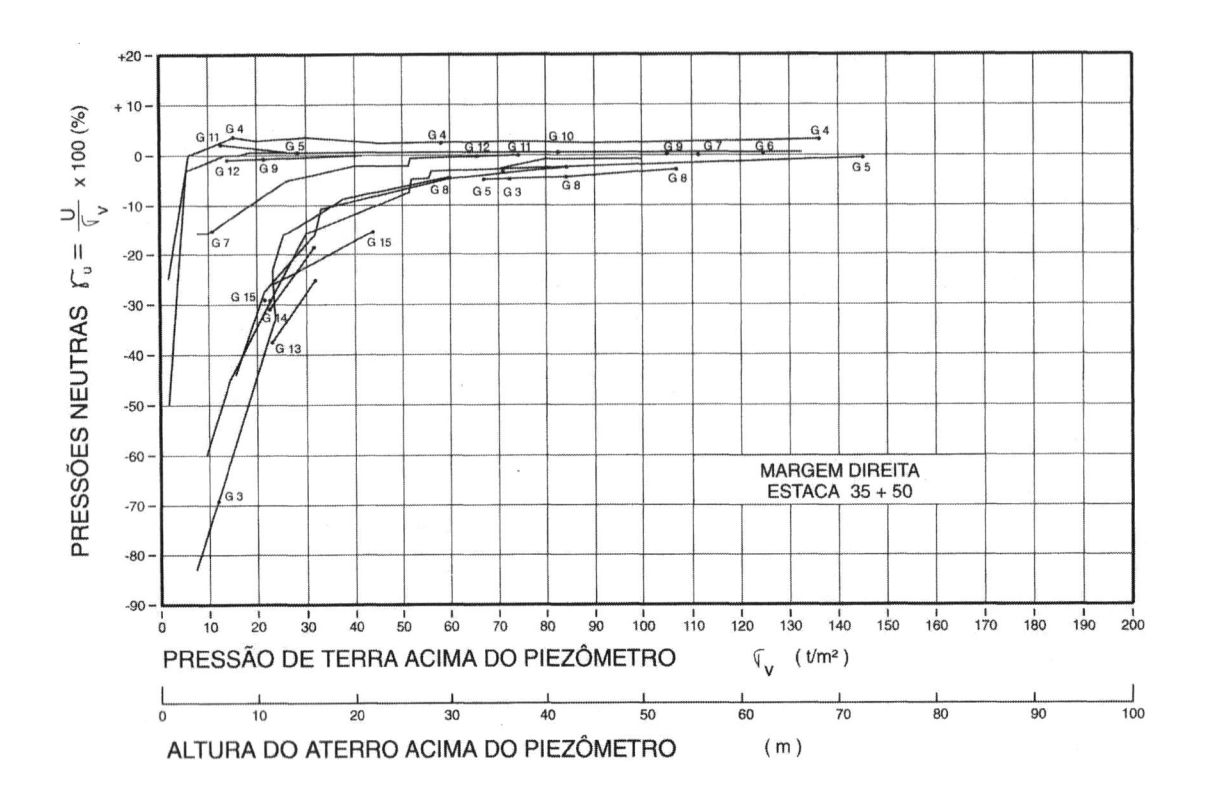

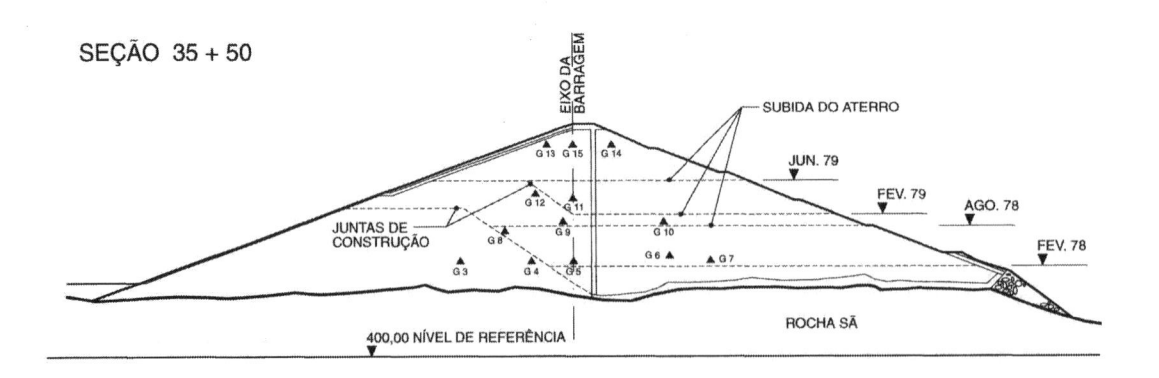

Figura 12.28 - Barragem de Itumbiara - dados de piezometria (CIGB/ICOLD/CBGB, 1982)

Tabela 12.11 - Parâmetro r_u em função do tipo de solo (modificado de Silveira, 1983)

TIPO DE SOLO	LL %	IP %	GC(médio) %	Δh(médio) %	r_u% (B´)
Coluvionar de arenito	27 23	12 15	99 ± 2,1 100,2 ± 2,1	-0,6 ± 0,4 -0,8 ± 0,5	15 4
Coluvionar de arenito e basalto	31	14	100,7 ± 3,0	-1,4 ± 1,2	5 - 6
Coluvionar de basalto	43 30 a 58	13 13 a 22	- 101,8 ± 1,0	- -0,7 ± 1,0	1 2 - 6
TM	42	19	-	-	15 -20
Residual de arenito	20	2	102,3	- 1,1	7
Residual de basalto	54 58 67	22 27 21	102,0 - 96 a 98	0,0 - + 0,4	0 - 28 2 - 3 12
Residual de gnaisse argiloso	72 55 65 - 73 53 - 87	38 26 30 -35 23 - 42	100 ± 2 99 99,2	-0,13 ± 0,8 -0,9 ± 0,7 -0,5 ± 1,1	14 - 26 1 - 16 2 - 10 2 - 8
siltoso	44 - 51 34 - 48	NP - 23 NP - 19	99 98,7	-1,1 ± 0,7 -1,0 ± 0,8	1 -2 1 - 2
Residual de micaxisto	26 - 72	5 -30	101,5 ± 2,0	-0,4 ± 0,5	3 - 17
Saprolito de basalto	56 - 64	20	96 a 102	+ 0,9 ± 2,6	8

Pelos dados da tabela é possível observar que as pressões neutras medidas são sempre baixas.

Os valores de r_u da tabela são os máximos, e quando há mais de um valor, o segundo refere-se a um nível de pressão mais elevado.

É também interessante notar que a maioria das barragens foi compactada próximo a 100% do grau de compactação, referido ao ensaio de Proctor. Nota-se também que, na maioria dos casos, o desvio de umidade média foi negativo.

Costa Filho *et al.* (1982) discutem a validade dos ensaios PN para a previsão de pressão neutra em solos compactados. Análises numéricas procedidas para uma barragem hipotética de enrocamento com núcleo de argila mostram que até aproximadamente metade da altura do núcleo os valores σ_3/σ_1 se mantêm entre 0,50 e 0,60. Já no terço superior a relação se aproxima de 0,30.

Em ensaios PN procedidos com $\sigma_3/\sigma_1 = 0,50$ a $0,60$ não ocorre a ruptura, mas se σ_3/σ_1 chega a 0,30 a amostra pode romper e os ensaios perdem a validade.

A Tabela 12.12 procura resumir valores prováveis do parâmetro de pressão neutra $r_u = u_w/\sigma_v$ para diferentes condições de compactação.

Tabela 12.12 - Valores de r_u para diferentes condições de compactação

TIPO DE COMPACTAÇÃO	DESVIO DA UMIDADE	r_u (%)
Equipamentos pesados rolos tipo tamping	próxima a h_{ot}, com média do lado seco	- 20 a + 15
Equipamentos pesados rolos pé de carneiro, ou tamping	umidade acima da ótima, +3% a +4%.	30 - 40
Equipamentos leves Trator de esteira D-4 , etc. "puddle cores"	umidade próxima ao LP >> h_{ot}.	100

12.3.3 - Pressões Neutras de Materiais de Fundação

Numa revisão de dados de observação de 38 grandes barragens brasileiras, não há nenhum caso em que as pressões neutras de fundação de período construtivo mereçam qualquer registro.

A razão é simples: no leito do rio a maioria das barragens está fundada em rocha e os aluviões, na área de baixada, têm sido escavados.

Nas ombreiras, onde ocorrem os solos porosos coluvionais e os solos residuais, o lençol freático se encontra suficientemente baixo, de forma que os solos se apresentam não-saturados.

Um único caso de barragem, não incluído nas 38 acima mencionadas e que envolveu pressões neutras construtivas, é o da Barragem de Juturnaíba, discutido por Cruz (1983) e Coutinho *et al.* (1994). Por se tratar de uma barragem de terra apoiada em argila mole, as pressões neutras construtivas foram objeto de registro sistemático, não tendo sido necessário, porém, interromper a construção da obra, embora alguns valores tenham sido significativos.

12.3.4 - Subpressões e Pressões Piezométricas de Regime Permanente de Operação

Este assunto está discutido nos Capítulos 10 e 14, relativos aos sistemas de drenagem e cálculos de estabilidade de barragens.

Subpressões em maciços rochosos são discutidas no Capítulo 15, referente a tratamentos de fundação em maciços rochosos.

Para fins de registro, reproduzem-se nas Figuras 12.29 a 12.35 valores de pressões piezométricas medidas em maciços e em fundação de barragens, para várias condições de N.A. do reservatório. É interessante observar que em vários casos, as subpressões na fundação são superiores à elevação do dreno horizontal.

Na Figura 12.29 registrou-se um fato interessante, que é também discutido no Capítulo 10: a relação entre a permeabilidade horizontal e a vertical cresce da base do núcleo até o topo, o que é inferido das redes de fluxo traçadas.

A Figura 12.34 mostra a efetividade dos drenos executados a jusante da Barragem de Ibitinga, no controle das subpressões que ocorriam no plano de falha da fundação.

A Figura 12.35 apresenta a piezometria registrada na Barragem de Xavantes. A tentativa de traçar uma rede de fluxo compatível com essas medidas tem desafiado os melhores especialistas no assunto, incluindo-se aí o Prof. A. Casagrande, que, com o Prof. Milton Vargas, foi o projetista da barragem.

Capítulo 12

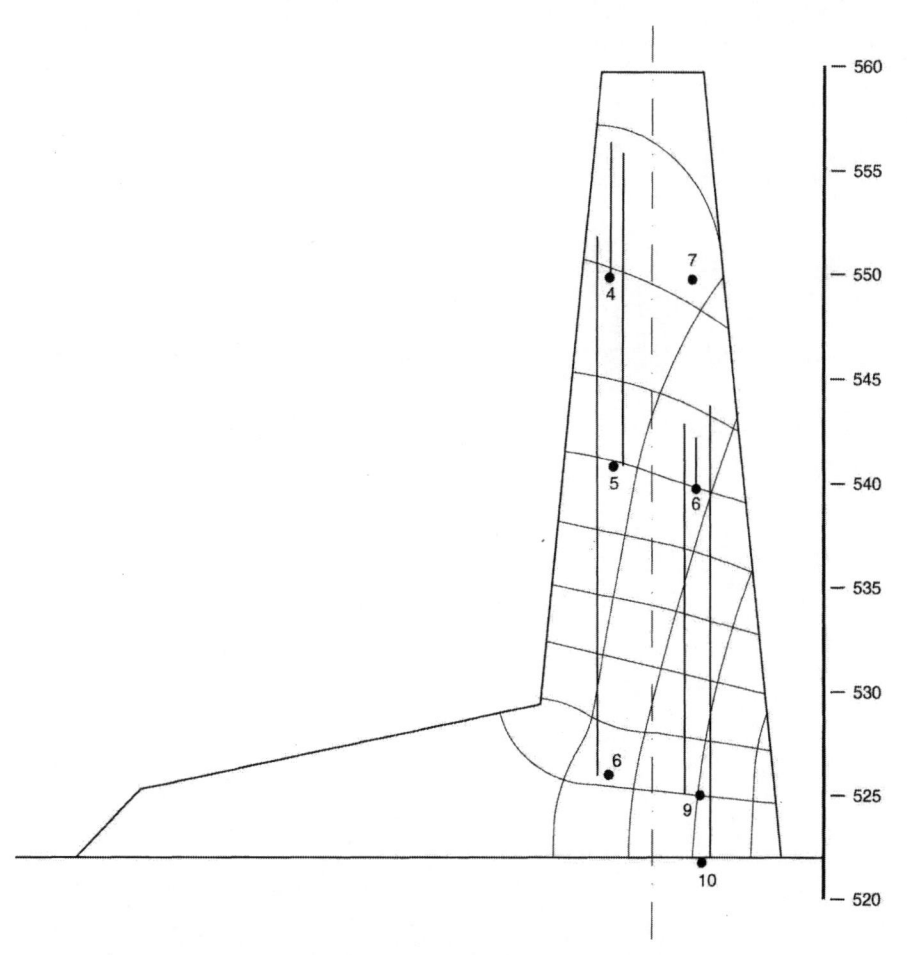

Comparações das Colunas Piezométricas (m)							
Piez.	Coluna Piez. Lida	Coluna p/ $K_h/K_v=9$	Diferença	Coluna p/ $K_h/K_v=4$	Diferença	Coluna p/ $K_h/K_v=1$	Diferença
4	6,5	7,1	-0,6	7,2	-0,7	6,8	-0,3
7	0,0	2,5	-2,5	2,8	-2,8	1,9	-1,9
5	15,0	12,9	2,1	13,7	1,3	13,1	1,9
8	2,5	5,5	-3,0	6,0	-3,5	4,8	-2,3
6	26,0	12,8	13,2	15,4	10,6	19,7	6,3
9	18,0	6,4	11,6	8,5	9,5	10,9	7,1
0	22,0	7,2	14,8	10,4	11,6	13,4	8,6

Figura 12.29 - Barragem de Jaguara - rede de fluxo e cargas nos piezômetros - seção típica (ABMS/ABGE, 1983)

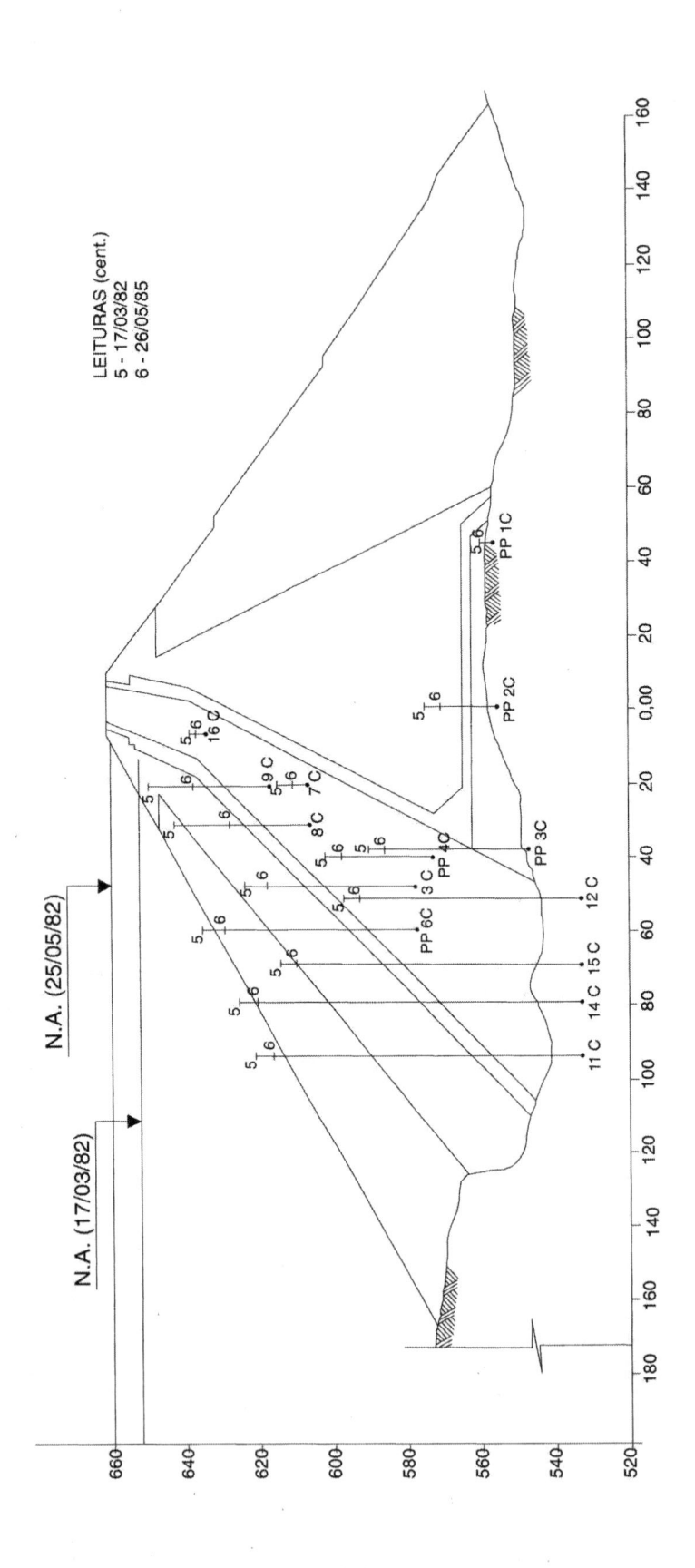

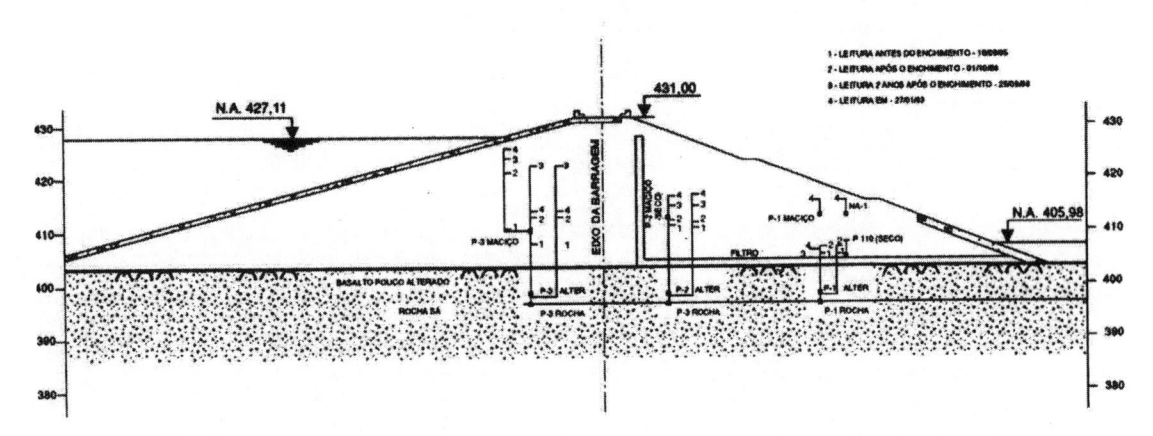

Figura 12.31 - Barragem de Bariri - Seção III - níveis piezométricos (ABMS/ABGE, 1983)

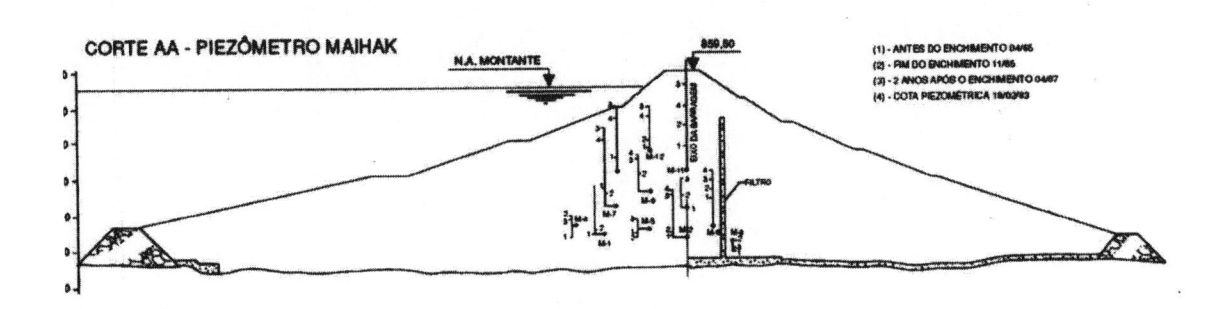

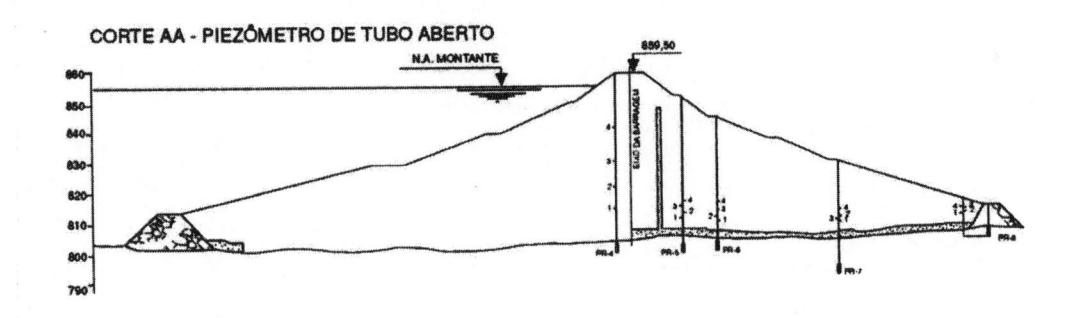

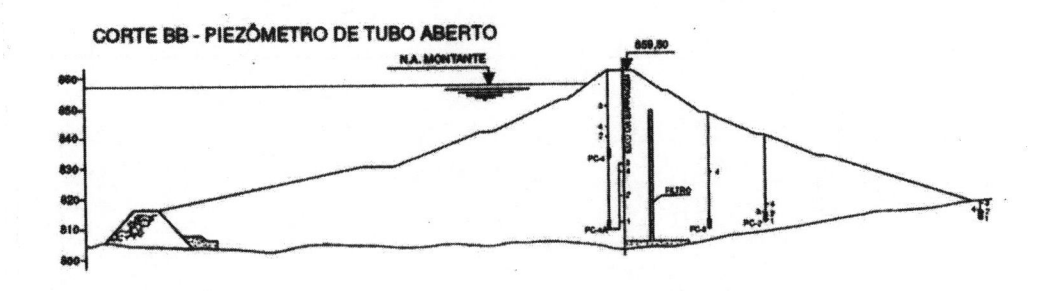

Figura 12.32 - Barragem de terra de Caconde - piezômetros instalados (ABMS/ABGE, 1983)

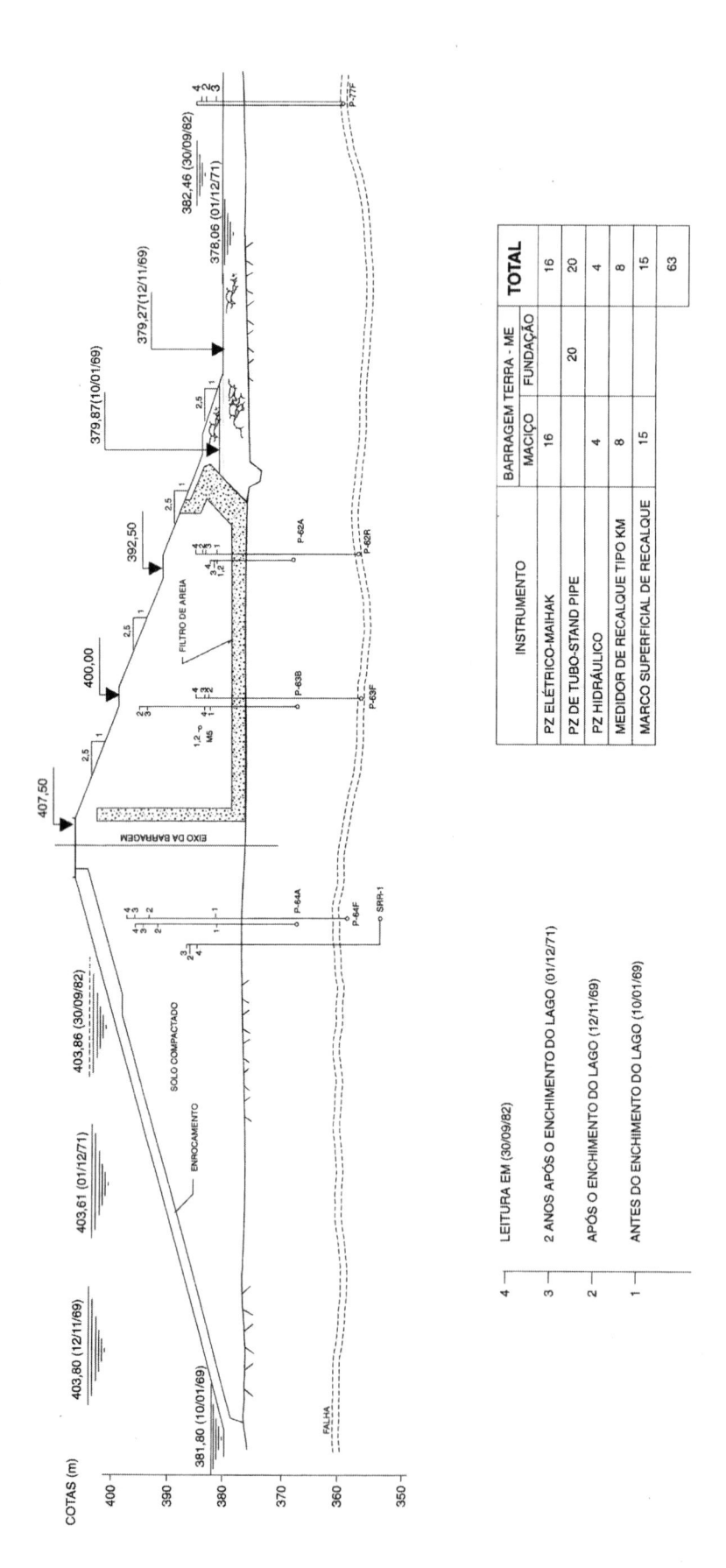

Figura 12.33 - Barragem de Ibitinga - níveis piezométricos na fundação (ABMS/ABGE, 1983)

INSTRUMENTO	BARRAGEM TERRA - ME		TOTAL
	MACIÇO	FUNDAÇÃO	
PZ ELÉTRICO-MAIHAK	16		16
PZ DE TUBO-STAND PIPE		20	20
PZ HIDRÁULICO	4		4
MEDIDOR DE RECALQUE TIPO KM	8		8
MARCO SUPERFICIAL DE RECALQUE	15		15
			63

Figura 12.34 - Barragem de Ibitinga - evolução das subpressões no plano de falha (ABMS/ABGE, 1983)

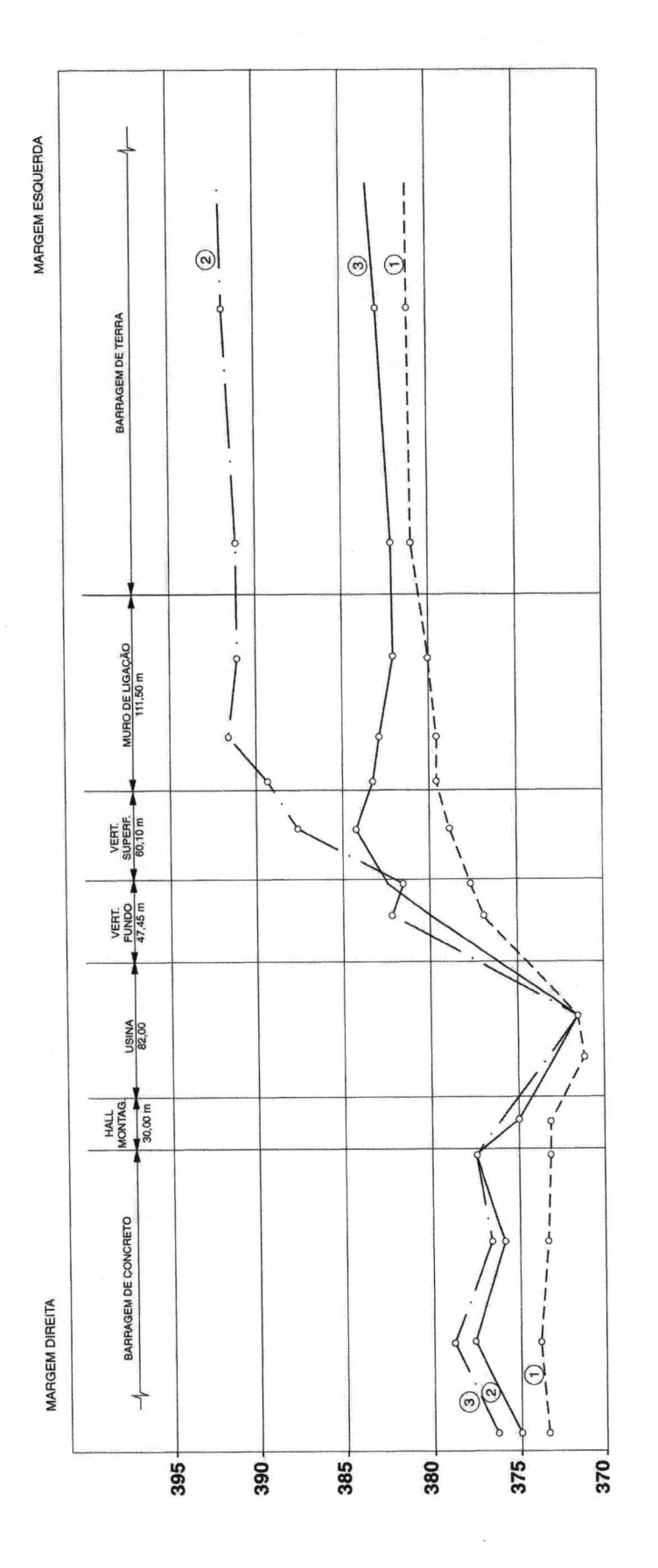

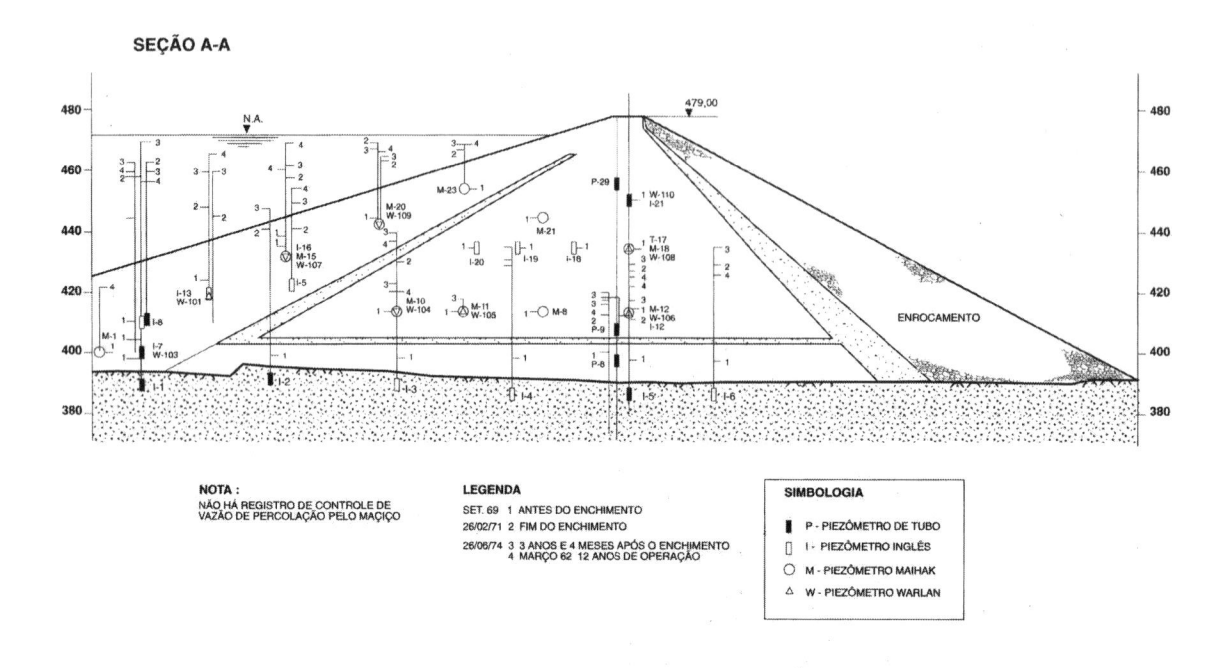

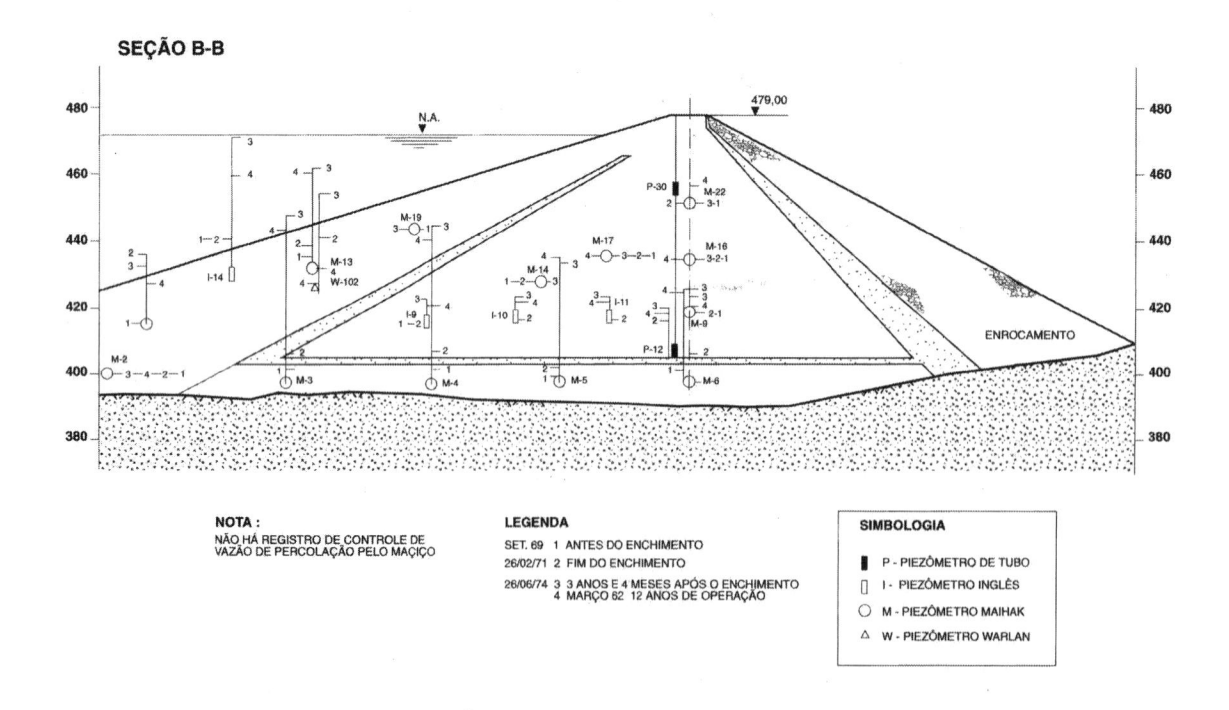

Figura 12.35 - Xavantes - seção da barragem de terra - piezometria (ABMS/ABGE, 1983)

12.4 - MÉTODOS NUMÉRICOS DE PREVISÃO DE TENSÕES E DEFORMAÇÕES

12.4.1 - O Cálculo Estrutural

O cálculo estrutural de barragens pode ser dividido em três grandes etapas. Inicialmente, até a década de 50 aproximadamente, o cálculo baseava-se em formulações empíricas desenvolvidas a partir de obras semelhantes e já construídas.

A segunda etapa utilizava métodos matemáticos que já incluíam algumas características mecânicas dos materiais e dos esforços atuantes. Por serem ainda bastante simplificados, eram de emprego restrito. Destes, destacam-se os métodos baseados na condição de Equilíbrio Limite.

A partir da década de 70, e principalmente na década de 80, o cálculo estrutural passou a ser feito em computadores, o que significou uma grande revolução e a possibilidade de introduzir aspectos ligados ao comportamento dos solos em ruptura progressiva, e a consideração de meios contínuos e descontínuos.

É importante, no entretanto, salientar que os métodos numéricos nada mais são do que ferramentas, por vezes muito refinadas, mas que a qualidade dos resultados depende fundamentalmente dos dados que caracterizam os materiais. Especialmente no cálculo de barragens, a caracterização dos materiais é um dos grandes problemas, pois o solo ou o enrocamento, além de heterogêneos, têm comportamento reológico muito diferente do aço, por exemplo, surgindo ainda a dificuldade de aproximar o seu comportamento por uma lei constitutiva adequada.

Em 1980 foi realizado um Workshop sobre plasticidade e modelagem na Universidade McGill no Canadá, com o intuito de discutir as diversas teorias e relações constitutivas que descrevem o comportamento do solo.

Antes do evento, foram distribuídos dados de ensaios sobre duas argilas naturais sensíveis, sobre caulinita reconstituída em laboratório e sobre areia de Otawa. Pediu-se aos convidados prever o comportamento desses materiais quando submetidos a outros ensaios que foram também realizados, mas não fornecidos.

No Quadro 12.1, reproduzem-se os modelos adotados por 11 pesquisadores para a previsão do comportamento dos solos.

Quadro 12.1 - Modelos adotados para previsão de comportamentos de solos.

PREVISÃO	MODELO
Duncan	Hiperbólico-elasticidade incremental não linear;
Kavazanjian/Mitchel	Fenomenológico - tensão-deformação em função do tempo para argilas moles normalmente adensadas;
Saleeb/Chen	Hiperelástico não linear (incorpora uma função de densidade de energia para considerar carga cíclica);
Bazant/Ansal	Endócrino-viscoplasticidade;
Mizuno/Chen	Plasticidade elastoplasticidade, *cap model* elíptico para argilas;
Wroth/Honisby	*Cam-Clay* modificada - elastoplasticidade, estado crítico;
Lade	Elastoplástico;
Baladi/Sandlen	*Cap model* - elastoplástico;
Defalias/Hermann	Superfície limite - plasticidade, estado crítico;
Prevost	Constitutivo - relações construtivas de elastoplasticidade;
Akai/Adachi	Constitutivo - elasto-visco-plasticidade.

Como se pode ver, os modelos variaram em conceito e complexibilidade e nem sempre conseguiram previsões satisfatórias.

É interessante reproduzir a opinião de Christian (1980), que analisou o resultado dos trabalhos :

"Previsões precisas foram feitas em modelos muito simples e em modelos muito complicados; previsões imprecisas também foram feitas com modelos igualmente simples e/ou complicados. A acuidade das previsões dependeu mais da experiência dos previsores com o comportamento de solos e menos da sofisticação de seus modelos".

Esta conclusão não surpreende, porque é extensível a outros problemas geotécnicos, e extensível a outros ramos do conhecimento. Para modelar a realidade, não basta a sofisticação matemática apenas; é necessário conhecê-la e tê-la experimentado.

Dez anos depois do Workshop do Canadá, foi realizado na PUC-RJ um outro Workshop relacionado ao mesmo problema, e que contou com a participação de pesquisadores de várias partes do mundo.

É interessante transcrever algumas observações de Naylor incluídas em seu trabalho de 1990 apresentado ao Workshop da PUC:

"A obtenção de parâmetros dos materiais deve ser pesquisada a partir de:

(1) precedentes - dados de observação de obras semelhantes;

(2) ensaios de laboratório;

(3) retroanálises de protótipos instrumentados (incluindo aterros experimentais); e

(4) retroanálises baseadas nos primeiros estágios da construção da obra, quando as análises são feitas concomitantemente com a construção".

Diz ainda:

"As opções (3) e (4) devem resultar nos parâmetros mais realistas. A opção (1) pode ficar prejudicada porque raramente duas barragens são iguais, ou executadas com os mesmos materiais, e por isso recorre-se à opção (2), ou seja, obter dados de ensaios em laboratório. Esta opção pode ser dispendiosa, se for necessário realizar ensaios de grandes dimensões, como é o caso de saprólitos e enrocamentos. A realização dos ensaios também deve ser discutida, para a obtenção dos parâmetros necessários à análise.

O primeiro requisito é que os ensaios reproduzam a trajetória de tensões de campo, ainda que de forma aproximada.

O segundo requisito é que o ensaio seja dirigido à obtenção de um parâmetro particular requerido.

O uso do ensaio oedométrico para a obtenção dos parâmetros de rigidez para as etapas de construção é adequado, porque a tensão radial que se desenvolve é semelhante à trajetória de campo". (Veja-se a Figura 12.36).

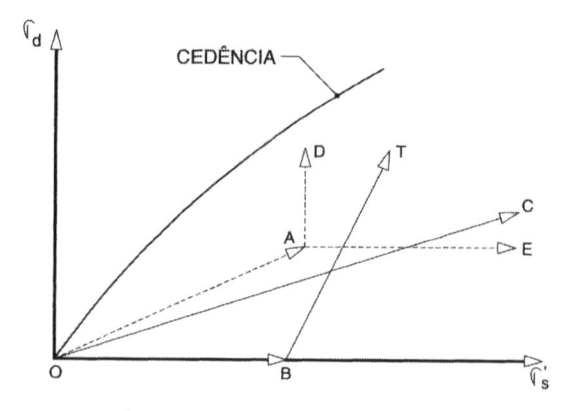

Ensaios Idealizados

OA - Trajetória de Tensões

AE - Ensaios para Determinação de K

AD - Ensaios para Determinação de G

Ensaios Realizados

OB - Consolidação Triaxial

BT - Ensaio Triaxial Drenado

OC - Oedométrico

Figura 12.36 - Trajetória de tensões para determinação de parâmetros de rigidez (Naylor, 1990).

Nos poucos casos em que análises tensão-deformação foram realizadas no Brasil, e que contaram com a minha participação, podem-se mencionar:

- Barragem de Itaúba (Figura 12.8) - foram utilizados dados de compressibilidade de enrocamentos de basalto obtidos de outras barragens (Capivara e Jupiá entre outras); foram realizados também ensaios de adensamento em laboratório sobre blocos de enrocamentos, brita, transições e areia num cilindro de adensamento com diâmetro de 100 cm;

- Barragem de Juturnaíba (Figura 12.19.a) - os dados da resistência da fundação foram obtidos em aterro experimental. No caso, o aterro chegou a ser totalmente escavado após a ruptura, fornecendo dados muitíssimo interessantes sobre os mecanismos de ruptura que se desenvolveram na argila mole. Além disso, a instrumentação da barragem permitiu medir as tendências de deslocamentos e estabelecer a intervenção com bermas de equilíbrio, onde se tornaram necessárias;

- Barragem de Porto Primavera - os dados de compressibilidade das areias de fundação foram obtidos a partir de aterro experimental instrumentado, associado a dados de ensaios especiais de laboratório.

Esses três casos ilustram a utilização das opções (1), (3) e (4) de Naylor como fontes de dados para as análises numéricas procedidas.

12.4.2 - Leis Constitutivas

Leis constitutivas são formulações matemáticas que buscam modelar o comportamento reológico dos materiais. O rigor com que determinada lei se assemelha ao comportamento do material depende do número de parâmetros que se introduz na sua equação constitutiva, buscando-se um equilíbrio entre o número de parâmetros e a precisão desejada. Naylor (1991) explicitou o que uma lei constitutiva de material de aterro deve incorporar:

"(1) aumento da rigidez volumétrica, com o aumento da tensão média (ou seja, a reprodução da forma côncava de compressão isotrópica, ou a curva de tensão-deformação de ensaio oedométrico)" (Figuras 12.37 e 12.38);

"(2) redução da rigidez no cisalhamento (*shear stiffness*) devido ao aumento de tensão desviatória (ou seja, a forma convexa da curva tensão-deformação nos ensaios triaxiais);

(3) adoção de um critério de ruptura tipo Mohr-Coulumb ou similar;

(4) adoção de uma maior rigidez no descarregamento;

(5) adoção de uma maior rigidez a baixos níveis de tensão (o efeito inicial) e de recarga, seguida da descarga;

(6) dilatância, ou seja, a tendência de um solo rígido, bem como um aterro compactado, aumentar o seu volume durante o cisalhamento. Deve analisar também o caso de uma argila mole reduzir o seu volume no cisalhamento.

(7) recalque por colapso, ou seja, a redução do volume de um material não-saturado, no processo de saturação".

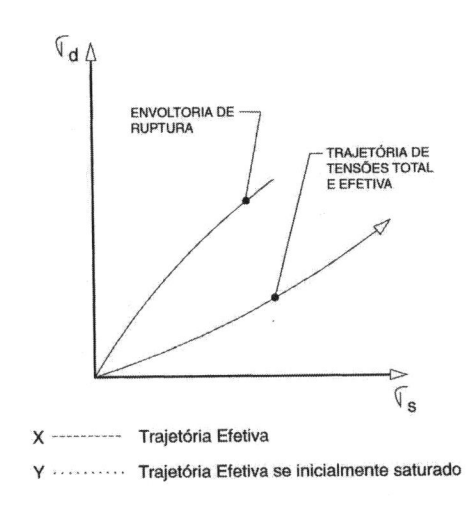

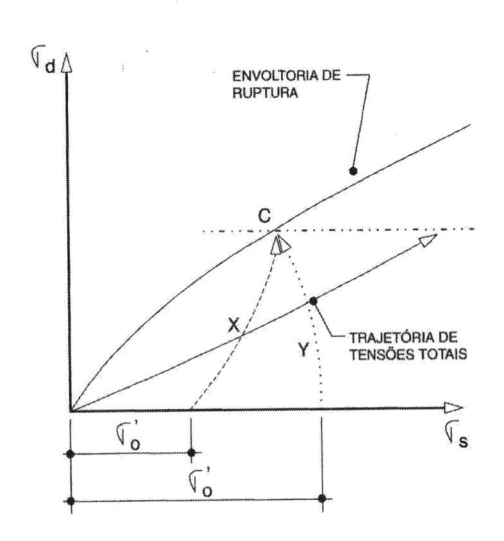

a) Enrocamento

b) Núcleo argiloso

Figura 12.37 - Trajetória de tensões durante a construção

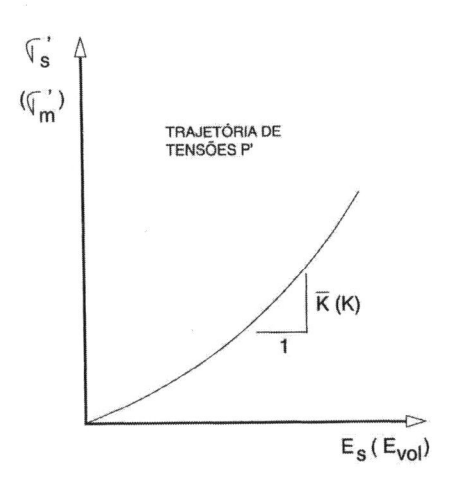

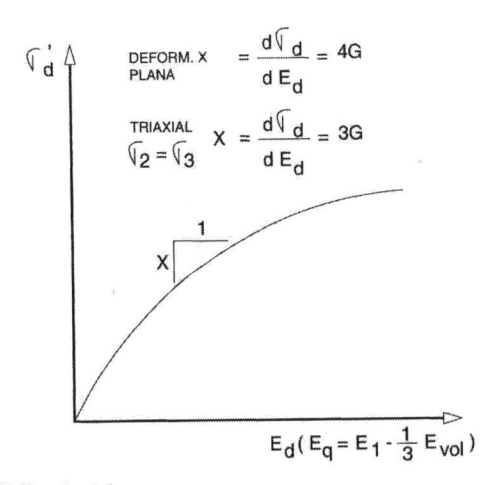

a) Esférica

b) Deviatória

Figura 12.38 - Tensões características: curvas de deformação de enrocamentos (Naylor, 1991).

Sempre que esses aspectos do comportamento dos materiais não sejam considerados, pode-se chegar a previsões irrealistas, como ocorreu numa análise tensão-deformação para a Barragem de Itaúba, na qual previu-se um levantamento do talude de montante e da crista da barragem devido à saturação do enrocamento do espaldar de montante. Este fato deveu-se a não terem sido considerados na análise o aumento da rigidez no descarregamento e o colapso.

Em princípio, há três métodos para a análise do problema de tensões e deformações em barragens :

- métodos que adotam o modelo de elasticidade linear;

- métodos que adotam o modelo de elasticidade variável;

- métodos que adotam modelos elastoplásticos.

Qualquer desses métodos conduz a resultados mais ou menos satisfatórios, no caso de tensões crescentes, mas perde em precisão quando as solicitações envolvem carregamentos e descarregamentos (ou alívio) de tensões. Além disso, problemas de colapso, expansão e liquefação requerem uma modelagem específica complementar para a simulação de fenômenos desta natureza.

A seguir são enumerados e descritos alguns modelos reológicos com aplicação na área de projeto de barragens.

Modelos Elásticos Lineares

Os modelos Elásticos Lineares são os mais simples e já foram amplamente divulgados, tendo grande aplicação no cálculo estrutural em geral. Dentre eles, os isotrópicos se destacam pela sua simplicidade : somente dois parâmetros elásticos (módulo de Young e coeficiente de Poisson) são suficientes para definir todo o comportamento do material.

Modelos anisotrópicos, isto é, que possuam módulo de Young e coeficiente de Poisson diferentes em diferentes direções, também não apresentam maiores problemas, a menos da determinação dos parâmetros.

Para o caso isotrópico, uma das formas de se obter o módulo de Young E é através de um ensaio de compressão unidimensional, de onde se obtém um módulo de compressibilidade E_v. Através do ângulo de atrito e da relação de Jaky (1948)

$$K_o = 1 - \text{sen}\varphi'$$

e do resultado conhecido da teoria da elasticidade

$$K_o = \frac{\upsilon}{1-\upsilon}$$

obtem-se $\upsilon = \frac{1-\text{sen}\varphi'}{2-\text{sen}\varphi'}$,

que é o coeficiente de Poisson. Com o módulo de compressibilidade e o coeficiente de Poisson, determina-se o módulo de Young :

$$E = E_v \left(1 - \frac{2\upsilon^2}{1-\upsilon}\right)$$

Segundo Veiga Pinto (1983), Covarrubias (1970) e Boughton (1970) foram os primeiros a apontar como desvantagem dos modelos elásticos lineares a obtenção de elevadas concentrações de tensões na simulação matemática de barragens de aterro, do que resultam zonas de tração. Estas já não se verificam quando se recorre a modelos de elasticidade variável. Deste modo, como se tenta evitar zonas de tração, pode-se considerar que os resultados obtidos com os modelos mais simples são conservadores, isto é, do lado da segurança.

Analisando as sete características que, segundo Naylor, uma lei constitutiva para solos deveria incorporar, vê-se que nenhuma delas se verifica no caso dos modelos elásticos lineares. Mesmo assim, pela sua simplicidade, esses modelos acabam sendo utilizados.

Modelos de Elasticidade Variável

Tais modelos representam uns dos mais usados, porque capazes de reproduzir de forma satisfatória o comportamento dos solos. Além disso, são bem mais simples do que os modelos elastoplásticos e, por isso, envolvem menos custos de computação.

Esses modelos estabelecem leis empíricas que devem simular as curvas tensão-deformação dos materiais, o mais aproximadamente possível.

Cabe aqui um esclarecimento : os modelos de elasticidade variável não são, como o nome sugere, elásticos, pois possuem módulos de carga e descarga diferentes, o que significa que incorporam uma parcela de deformações não recuperáveis (plásticas).

Em sequência, são abordados 3 modelos de elasticidade variável :

- Modelo Hiperbólico;

- Modelo EC-K_o; e

- Modelo K-G.

Modelo Hiperbólico

Este modelo é atribuido a Kondner (1963b), o qual propôs que a curva "tensão desviatória - deformação axial" deveria ser aproximada por uma hipérbole:

$$\sigma_1 - \sigma_3 = \frac{\varepsilon_1}{a + b\varepsilon_1}$$

sendo a e b geralmente variáveis com a tensão confinante σ_3.

Duncan e Chang (1970) desenvolveram, a partir desta formulação, uma lei constitutiva.

A Figura 12.39 mostra como o modelo simula o comportamento do material.

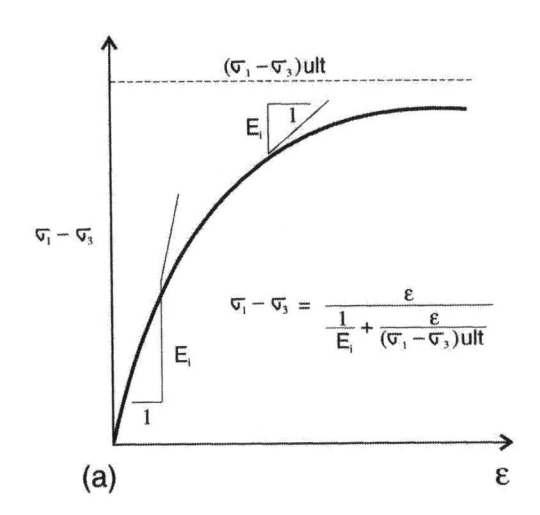

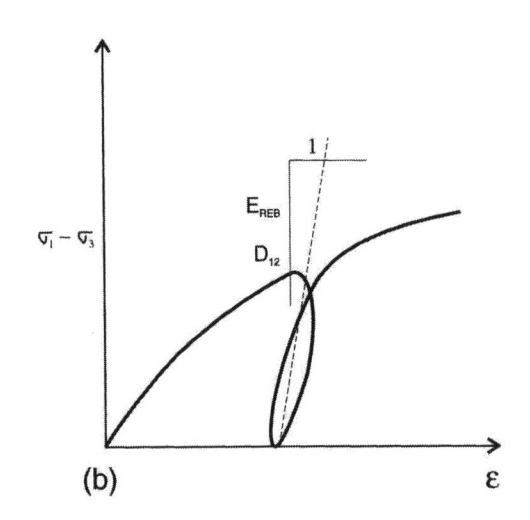

Figura 12.39 - Simulação do comportamento do material no Modelo Hiperbólico (Duncan e Chang, 1970).

São necessários nove parâmetros do solo para que se possa simular o seu comportamento. Esses parâmetros são obtidos de ensaios triaxiais adensados, drenados, ajustando-se as equações apropriadas às curvas tensão-deformação experimentais (Naylor, 1991).

Por exemplo, na Barragem de Beliche (Figura 12.40) foram utilizados os parâmetros indicados na Tabela 12.14.

Detalhes sobre o Modelo Hiperbólico podem ser obtidos de Duncan e Chang (1970).

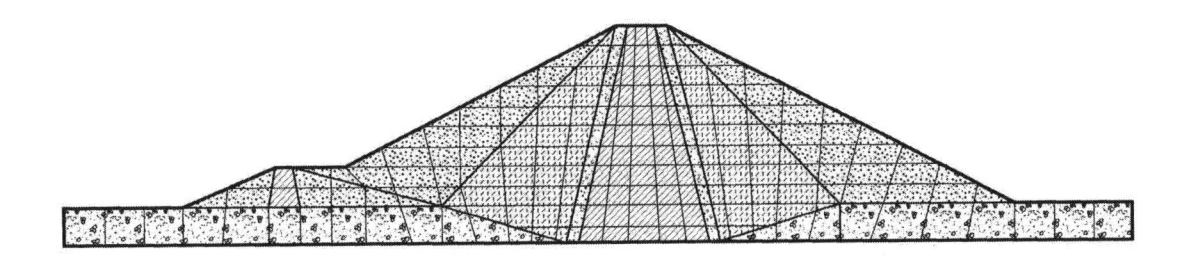

NÚCLEO CENTRAL (NC)
FILTRO (F)
MACIÇO ESTABILIZADOR INTERIOR (MEI)
MACIÇO ESTABILIZADOR EXTERIOR (MEE)
FUNDAÇÃO ALUVIONAR

Figura 12.40 - Malha de elememtos finitos do perfil transversal máximo da Barragem de Beliche (Veiga Pinto, 1985)

Tabela 12.14 - Parâmetros do Modelo Hiperbólico dos Materiais da Barragem de Beliche (Veiga Pinto, 1983)

Materiais		K	K_{DR}	n	c kN/m²	φ_o graus	$\Delta\varphi$ graus	R_f	G	F	d
Enrocamento alterado	Seco	900	5400	0,25	0	49,9	13,4	0,89	0,28	0,18	5,5
	Submerso $\sigma_3 \leq 350$ kN/m²	950	5700	0,74	0	39,6	13,8	0,94	0,27	0,34	10,8
	Submerso $\sigma_3 \leq 350$ KN/m²	4400	26400	-1,50	0	41,8	20,1	0,80	0,22	0,23	7,1
Enrocamento são	Seco	800	4800	0,49	0	57,0	14,0	0,74	0,34	0,37	9,7
	Submerso	980	5880	0,66	0	51,1	11,6	0,82	0,38	0,30	4,8
	Submerso $I_D=80\%$	170	1020	0,51	0	40,0	0	0,72	0,33	0,39	4,1
Filtro		1500	9000	0,15	0	47,0	12,5	0,87	0,35	0,41	10,6
Argila		180	1080	0,65	77	20,1	0	0,90	0,40	0,10	2,1
Tout-venant		120	720	0,84	44	23,0	0	0,81	0,42	0,07	2,2
Areia		420	2520	0,09	0	39,9	4,5	0,74	0,30	0,27	5,3

Modelo EC - K_o

O modelo EC - K_o foi desenvolvido pelo LNEC (Laboratório Nacional de Engenharia Civil de Lisboa) especialmente para a parte central de aterros onde há condições aproximadas de confinamento, isto é, situação K_o. EC é o nome do módulo confinado, de onde vem o nome EC - K_o.

A relação tensão-deformação definida para esse modelo é:

$$\sigma_1 = AE\, p_a\, \varepsilon_1^{BE},$$

sendo AE e BE parâmetros obtidos experimentalmente.

Para definir $K_o = \sigma_3/\sigma_1$, assumindo como sendo uma relação do tipo $K_o = A_o\, K_o + B_o\, K_o\, (\sigma_1/p_a)$, são necessários mais dois parâmetros A_o e B_o.(Ver discussão sobre K_o no Capítulo 7, itens 7.3 e 7.5)

Finalmente, para englobar situações de descarregamento, são necessários mais três parâmetros, totalizando sete.

Esses parâmetros podem ser obtidos, por exemplo, através de ensaios triaxiais do tipo K_o, onde se evitam deformações radiais e se mede a tensão confinante.

Na Tabela 12.15 apresentam-se exemplos numéricos para a Barragem de Beliche.

Tabela 12.15 - Parâmetros do Modelo EC - K_o, dos materiais da Barragem de Beliche (Veiga Pinto, 1983)

Materiais		AE	BE	CE	AK_o	BK_o	CK_o	DK_o
Enrocamento alterado	Seco	1.200	1	6.000	0,30	0,0067	1,1	-0,0313
	Submerso	146	0,79	1.900	0,37	0,0133	1,3	-0,0565
	Submerso e Fluência	93	0,68	1.900	0,37	0,0133	1,3	-0,0565
Enrocamento são	Seco	1.300	1	6.500	0,12	0,0108	1,0	-0,0300
	Submerso	1.300	1	6.500	0,23	0,0108	1,1	-0,0309
	Submerso $I_o=80\%$	322	0,88	1.840	0,30	0,0088	1,2	-0,0519
Filtro		1.380	1	6.900	0,28	0	1,1	-0,0450
Argila		6.805	2,17	2.200	0,62	-0,0092	1,0*	-0,0337*
Tout-venant		4.772	1,92	2.400	0,38	0	1,0*	-0,0337*
Areia		470	1	2.350	0,32	0,0033	1,0	-0,0337*

* Valores arbitrados iguais aos do material da fundação aluvionar (areia)

Mais detalhes sobre o modelo EC - K_o. podem ser encontrados adiante, no item 12.4.3.

Modelo K - G

Este modelo incorpora a premissa de que a rigidez volumétrica K aumenta com o estado de tensões e G, a rigidez ao cisalhamento, tende para zero, de onde vem a denominação K - G.

Ainda foi incorporado a este modelo um critério de ruptura.

Na formulação do modelo, K e G estão representados em função de invariantes de tensão:

$$\sigma_s = 1/2 \, (\sigma_x + \sigma_y)$$

$$\sigma^2_d = (\sigma_x - \sigma_y)^2 + 4\tau^2_{xy}$$

e:

$$K' = K'_1 + \sigma_K' \sigma_s$$

$$G = G_1 + \alpha_G \sigma_s + \beta_G \sigma_d$$

Através de alguns rearranjos e colocando $G = 0$, isto é, nas deformações plásticas, pode-se incorporar um critério de ruptura.

Os parâmetros K_1, α'_K, G_1, α_G e β_G são constantes do material e β_G é negativo. Para o descarregamento, Naylor (1991) sugere que simplesmente se multiplique os cinco parâmetros por um único fator (da ordem de quatro vezes).

As constantes do material podem ser obtidas de ensaios triaxiais convencionais e ensaios de adensamento isotrópico.

Naylor (1991) explica mais detalhadamente este modelo.

Na Tabela 12.16 apresentam-se os dados da Barragem de Beliche para este modelo.

Tabela 12.16 - Parâmetros *K-G* da Barragem de Beliche (Naylor *et al.*, 1983)

	K_1' (MPa)	G_1 (MPa)	α'_K	α_G	β_G	c (MPa)	φ'
Núcleo de Argila (P)	5,7	5,0	68	22	-34	78	19
Núcleo de Argila (W)*	2,5	4,5	56	19	-30	79	19
Espaldar Interno (P)	15.1	13.3	210	176	-138	63	40
Espaldar Interno (D)	16,0	2,2	56	41	-30	50	43
Espaldar Interno (W)	3,3	1,0	56	17	-15	40	35

P = Previsão de análise com material seco   D = Retroanálise com material seco   W = Retroanálise com material úmido
* Adotado nos cálculos

Os modelos de elasticidade variável podem incorporar os três primeiros parâmetros componentes de uma lei constitutiva descrita por Naylor; o quarto é uma escolha do usuário. Não é possível simular efeitos de dilatância e, só de forma restrita, a rigidez maior a níveis de tensão baixos.

Modelos Elastoplásticos

A principal diferença entre os Modelos de Elasticidade Variável e os Elastoplásticos é que nestes se sabe a cada instante de aplicação de cargas quais as deformações plásticas, ao contrário daqueles, onde as deformações não recuperáveis somente serão conhecidas quando do alívio de cargas. Além disso, os Modelos Elastoplásticos simulam bem aumentos de rigidez durante o descarregamento, reproduzem diferentes trajetórias de tensões, e absorvem as deformações plásticas a que o material foi submetido.

O incremento de deformação é obtido pela soma das deformações elásticas e plásticas :

$$\Delta|\varepsilon| = \Delta|\varepsilon|_e + \Delta|\varepsilon|_p$$

As deformações plásticas são calculadas por uma expressão do tipo :

$$\Delta|\varepsilon|p = \lambda \frac{\delta Q}{\delta |\sigma|}$$

sendo Q o potencial plástico e λ um fator de proporcionalidade relacionado ao trabalho produzido pelas deformações plásticas.

Trata-se de modelos complexos, com um grande número de parâmetros e cujo emprego requer já uma especialização. Embora adequados para análises de barragens, em qualquer fase do carregamento, têm sido de uso limitado e nem sempre têm resultado em previsões melhores do que as dos Modelos de Elasticidade Variável, quando os últimos incorporam fases separadas de carga e descarga, e análise do colapso.

Atualmente, dentre os Modelos Elastoplásticos, o que tem mostrado maior coerência com dados experimentais (Roscoe e Shofield, 1963, Roscoe e Burland, 1968), e conseqüentemente maior aplicação, é o chamado Modelo dos Estados Críticos (ou *Cam-clay*), desenvolvido na Universidade de Cambridge, para solos argilosos.

A obtenção de parâmetros para esse modelo pode envolver ensaios triaxiais drenados, ensaios edométricos ou retroanálise de estruturas em construção.

Não é escopo deste trabalho descrever o Modelo dos Estados Críticos; detalhes sobre o mesmo se encontram por exemplo em Shofield e Wroth (1968).

Devem ser mencionados ainda os Modelos Visco-Elastoplásticos, os quais, por sua aplicação ser muito reduzida, têm pequena importância. Piscu *et al.* (1978) desenvolveram um modelo deste tipo.

12.4.3 - Obtenção dos Parâmetros Necessários à Análise por Métodos Numéricos

Para ilustrar a problemática envolvida na obtenção dos parâmetros necessários à análise por Métodos Numéricos, e para tornar menos hermética esta discussão, reproduzem-se a seguir dados dos ensaios e a maneira de definir parâmetros segundo Veiga Pinto (1983) para a previsão do comportamento estrutural de barragens de enrocamento (no caso, Barragem de Beliche - Portugal).

Relação não linear do Módulo Oedométrico

O termo "módulo", de uso corrente em Portugal, equivale a um coeficiente de compressibilidade, e é empregado neste contexto para usar a nomenclatura adotada por Veiga Pinto (1983).

Para a maioria dos materiais, a relação σ_1 vs. ε_1, obtida no ensaio oedométrico, é mostrada na Figura 12.41.

Capítulo 12

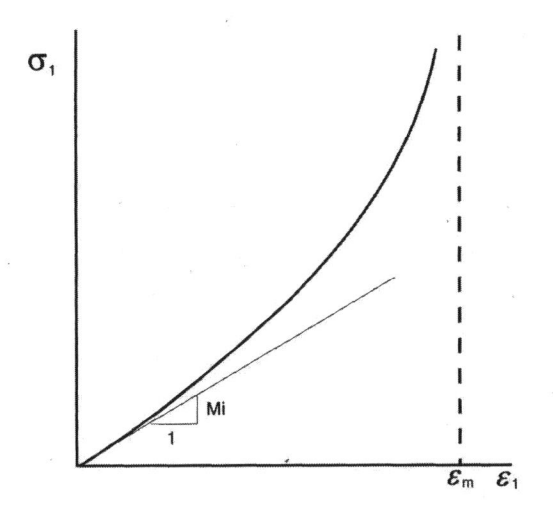

Figura 12.41 - Lei tensão-deformação hiperbólica do ensaio de compressão unidimensional (Drnevich, 1975, apud Veiga Pinto, 1983)

Drnevich (1975) propõe a equação hiperbólica

$$\sigma_1 = \frac{M_i \varepsilon_1}{1 - (\varepsilon_1/\varepsilon_m)}$$

para o cálculo de σ_1, em função de ε_1 e do Módulo Oedométrico inicial M_i.

No caso de enrocamentos alterados, a concavidade da curva pode se inverter (veja-se a Figura 12.42) e, neste caso, pode-se recorrer à equação genérica:

$$\sigma_1 = AE\ p_a\ \varepsilon_1^{BE} = \sigma_1(\varepsilon_1 = 1)\ p_a\ \varepsilon_1^{BE},$$

sendo $AE = \sigma_1$ para deformação unitária $\varepsilon_1(1,0)$ e p_a a pressão atmosférica.

Os resultados dos ensaios devem ser colocados em gráfico logarítmico para a determinação de AE e BE. Ver Figura 12.43.

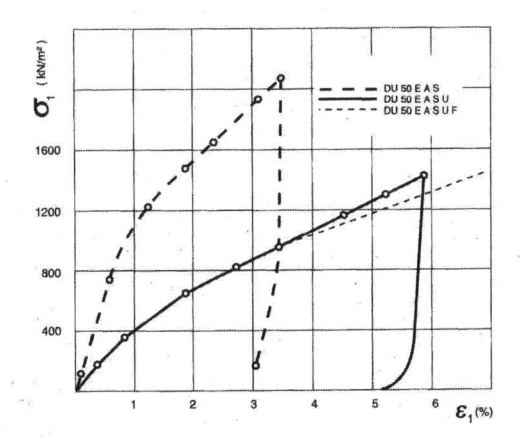

Figura 12.42 - Ensaios de compressão unidimensional DU50. Relação tensão-deformação. Enrocamento alterado (Veiga Pinto, 1983).

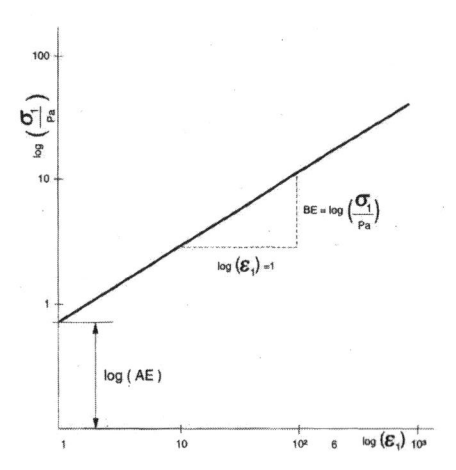

Figura 12.43 - Determinação gráfica dos parâmetros do módulo oedométrico do Modelo $EC\text{-}K_o$ (apud Veiga Pinto, 1983)

Por diferenciação da equação, obtém-se o módulo oedométrico tangente EC em função da tensão axial:

$$EC = \frac{d\sigma}{d\varepsilon} = AE\ BE\ p_a\ \varepsilon_1^{(BE-1)}$$

ou:

$$EC = AE\ BE\ p_a \left(\frac{\sigma_1}{p_a\ AE}\right)^{\frac{BE-1}{BE}}$$

Para o caso de descarregamento e recarregamento, foi admitido um módulo EC_{DR} igual a 5 vezes o valor máximo do módulo oedométrico. Este valor coincide com as recomendações de Naylor (1990), e é apoiado em observações experimentais:

$$EC_{DR} = CE \cdot p_a,$$

onde CE é o terceiro parâmetro da lei tensão-deformação.

Relação não linear do coeficiente de empuxo em repouso.

As Figuras 12.44 a 12.47 reproduzem resultados de ensaios unidimensionais em três materiais relacionados com a Barragem de Beliche.

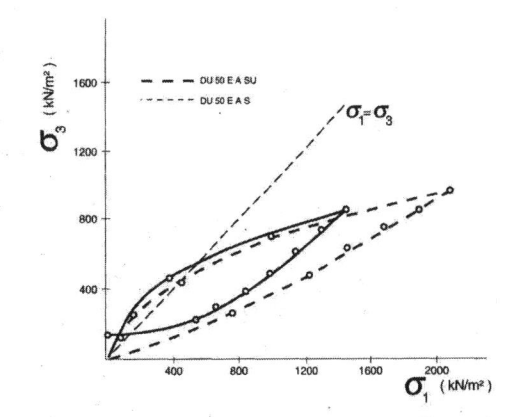

Figura 12.44 - Ensaios de compressão unidimensional DU50. Relação entre as tensões principais. Enrocamento alterado (Veiga Pinto, 1983).

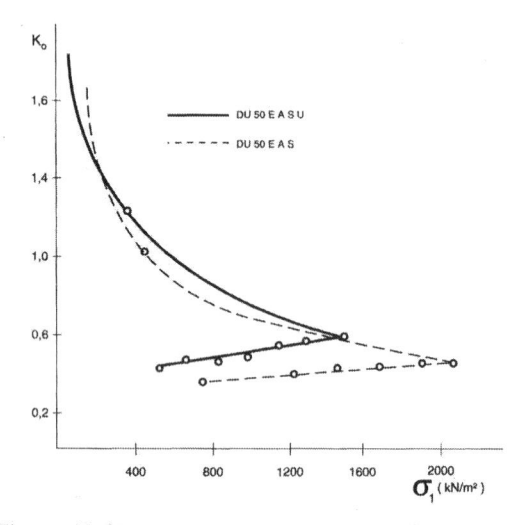

Figura 12.45 - Ensaios de compressão unidimensional DU50. Relação entre o coeficiente de empuxo em repouso e a tensão principal máxima. Enrocamento alterado (Veiga Pinto, 1983).

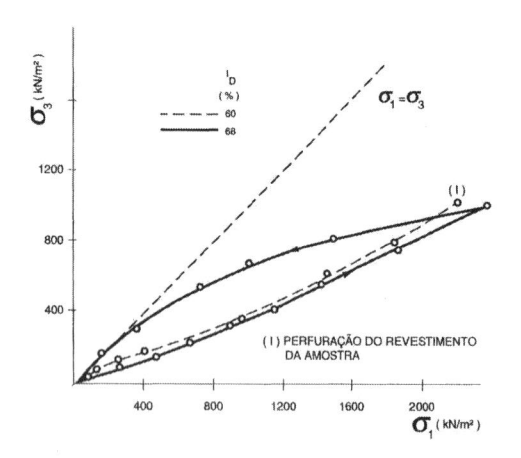

Figura 12.46 - Ensaios de compressão unidimensional. Relação entre as tensões principais. Material de fundação aluvionar (Veiga Pinto, 1983).

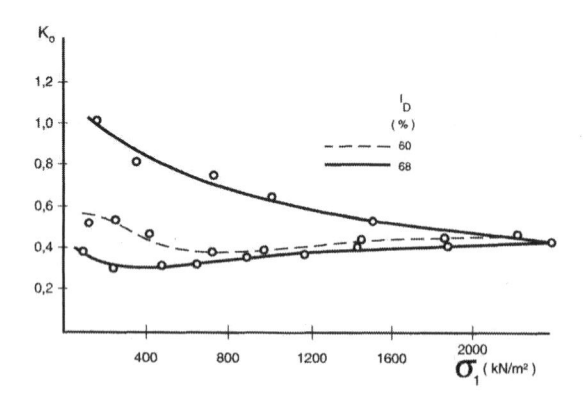

Figura 12.47 - Ensaios de compressão unidimensional DU50. Relação entre o coeficiente de empuxo em repouso e a tensão principal máxima. Material de fundação aluvionar (Veiga Pinto, 1983).

O valor de K_o varia com σ_l tanto na compressão como na descompressão.

Para fins de cálculo podem-se adotar as equações:

$$K_o = AK_o + BK_o \ (\sigma_1/p_a); \text{ e}$$

$$K_o = CK_o + DK_o \ (\sigma_1/p_a),$$

para as condições de carregamento e descarregamento respectivamente (Figura 12.48).

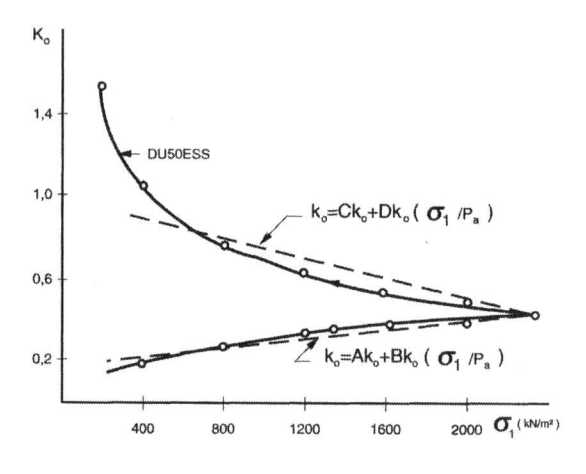

Figura 12.48 - Determinação gráfica dos parâmetros do coeficiente de empuxo em repouso do Modelo EC-K_o (Veiga Pinto, 1983)

A Tabela 12.15, já referida, mostra os valores dos parâmetros mencionados adotados nos cálculos por métodos numéricos para a Barragem de Beliche.

Como se vê, os parâmetros BK_o e DK_o são muito pequenos, e em conseqüência o valor de K_o fica quase constante na compressão e descompressão.

Relação não linear do Módulo de Elasticidade

Não linearidade

As Figuras 12.49 e 12.50 mostram resultados de ensaios triaxiais de um enrocamento e de um solo argiloso. A forma típica da curva tensão-deformação é mostrada na Figura 12.51.

Capítulo 12

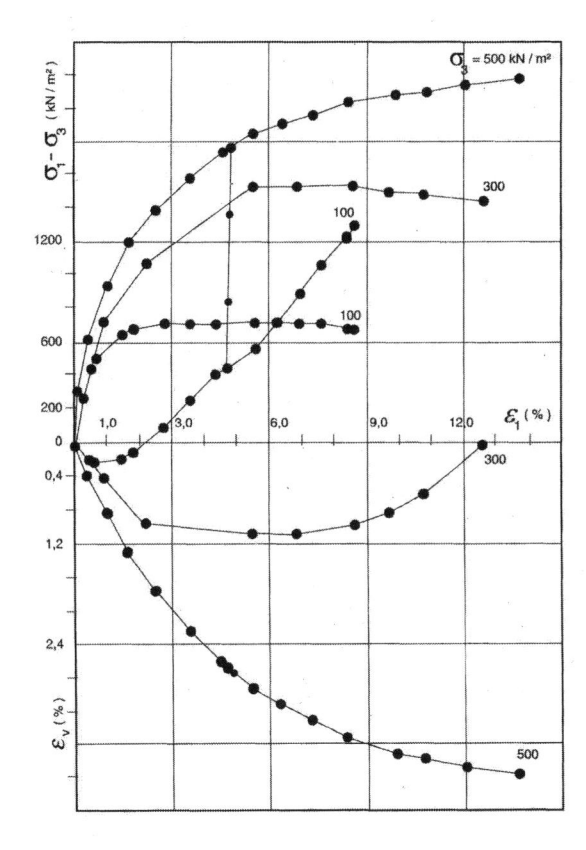

Figura 12.49 - Ensaios triaxiais. Relação tensão-deformação. Enrocamento são submerso (Veiga Pinto, 1983).

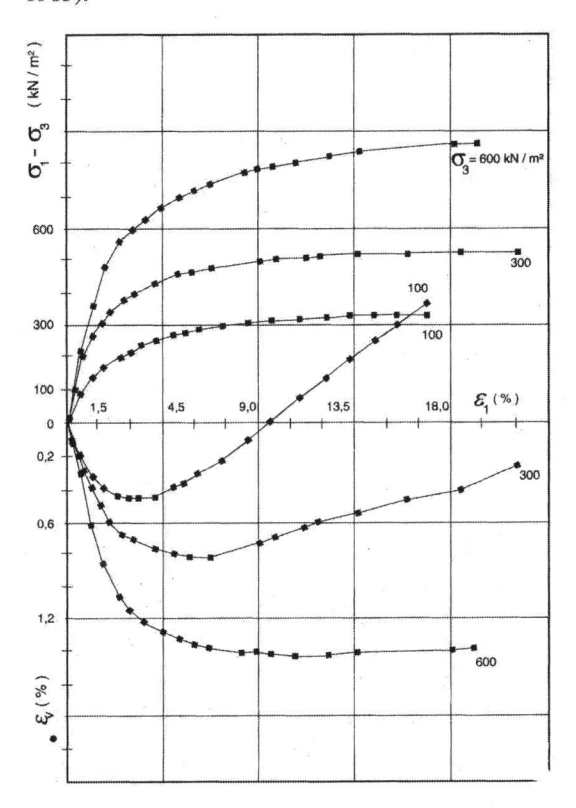

Figura 12.50 - Ensaios triaxiais. Relação tensão-deformação. Material do núcleo argiloso (Veiga Pinto, 1983).

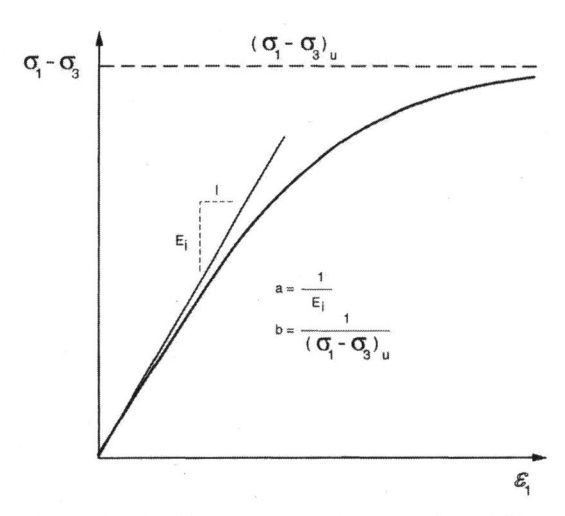

Figura 12.51 - Curva tensão-deformação hiperbólica de um ensaio de compressão triaxial (Veiga Pinto, 1983).

Kondner (1963), Kondner e Zelasko (1963) e Kondner e Horner (1963) mostram que essa curva pode ser ajustada a hipérboles cuja equação tipo é a seguinte:

$$\sigma_1 - \sigma_3 = \frac{\varepsilon_1}{a + b\varepsilon_1}$$

sendo: $a = \dfrac{1}{E_i}$; $b = \dfrac{1}{(\sigma_1 - \sigma_3)_u}$

A equação pode ser reescrita:

$$\frac{\varepsilon_1}{\sigma_1 - \sigma_3} = a + b\varepsilon_1$$

e para mais fácil obtenção dos valores de *a* e *b* deve-se recorrer à representação gráfica, como mostrado na Figura 12.52.

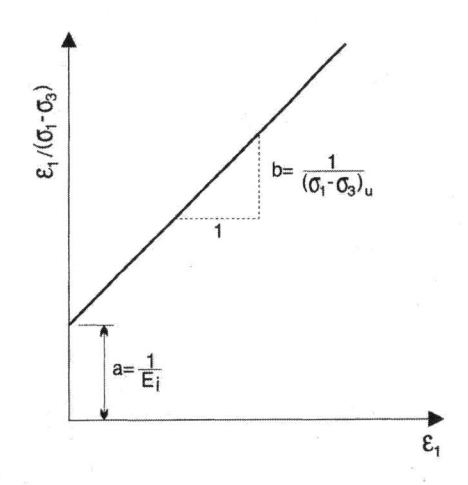

Figura 12.52 - Transformada da curva tensão-deformação do ensaio triaxial (Veiga Pinto, 1983).

Duncan e Chang (1970) sugerem o uso de apenas dois pontos para o traçado da reta da Figura 12.52. Esses pontos correspondem a 70% e 95% da resistência ao cisalhamento mobilizada.

Influência da tensão confinante

A maioria dos materiais apresenta uma influência da tensão confinante σ_3 no valor da rigidez inicial E_i e no valor da tensão desviatória ($\sigma_1 - \sigma_3$).

Existem expressões empíricas que procuram relacionar o valor de E_i e ($\sigma_1 - \sigma_3$) com a tensão confinante.

Jambu (1963) sugere a equação:

$$E_i = K \cdot p_a (\sigma_3/p_a)^n \quad \text{(eq. 12.1)}$$

A Figura 12.53 apresenta a variação do log E_i/p_a com o log σ_3/p_a, e mostra a forma de determinar K e n.

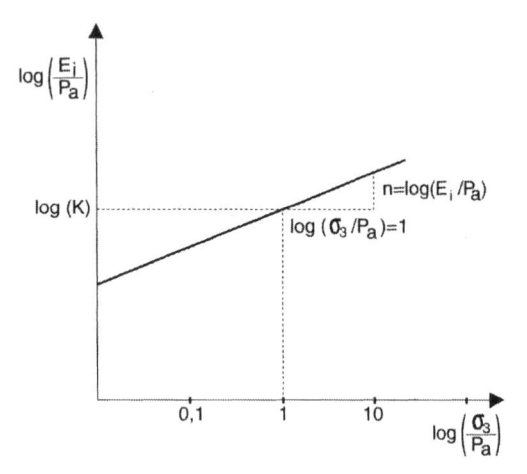

Figura 12.53 - Variação do Módulo de Elasticidade tangente inicial (E_i) com a tensão de confinamento (σ_3) (Veiga Pinto, 1983)

Já as variações de ($\sigma_1 - \sigma_3$) com σ_3 são consideradas a partir das relações entre a resistência ao cisalhamento na ruptura e ($\sigma_1 - \sigma_3$)$_u$ para cada σ_3. Define-se o coeficiente:

$$R_f = \frac{(\sigma_1 - \sigma_3)_R}{(\sigma_1 - \sigma_3)_u}$$

Na prática, tem sido comum adotar um valor único para R_f nos cálculos numéricos, mesmo sabendo que seu valor cresce ligeiramente com σ_3.

Quando $R_f = 1,0$, a curva tensão-deformação do material é hiperbólica. Para valores de R_f inferiores à unidade, a curva se afasta da hipérbole.

O valor de ($\sigma_1 - \sigma_3$)$_R$, quando se adota o critério de ruptura de Mohr-Coulomb e admitindo c e φ constantes, é dado pela equação:

$$(\sigma_1 - \sigma_3)_R = \frac{2c \cos\varphi + 2\sigma_3 \sin\varphi}{1 - \sin\varphi}$$

onde c e φ são a coesão e o ângulo de atrito interno do material.

No caso de enrocamentos, a envoltória de resistência é tipicamente curva e a adoção de um valor único para φ foge muito à realidade.

O valor de φ tende a decrescer com σ_3 e num gráfico log-log obtém-se uma reta, como se observa na Figura 12.54.

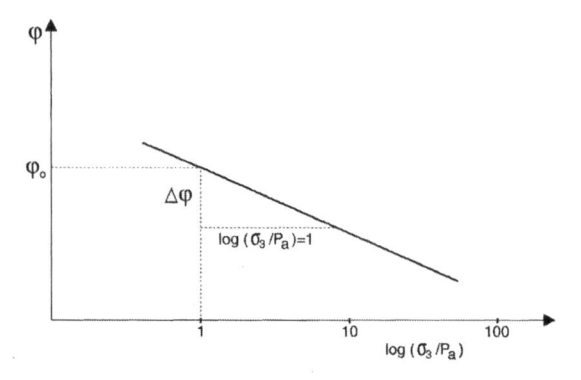

Figura 12.54 - Variação do ângulo interno com a tensão de confinamento (Veiga Pinto, 1983).

Pode ser adotada para essa correlação uma equação do tipo:

$$\varphi = \varphi_o - \Delta\varphi \log(\sigma_3/p_a)$$

Deformações Irreversíveis

Quando, no ensaio triaxial, procede-se a um descarregamento seguido de novo carregamento, observa-se uma recuperação muito pequena da deformação, ocorrendo uma deformação permanente, típica do comportamento plástico dos materiais. Veja-se a Figura 12.55.

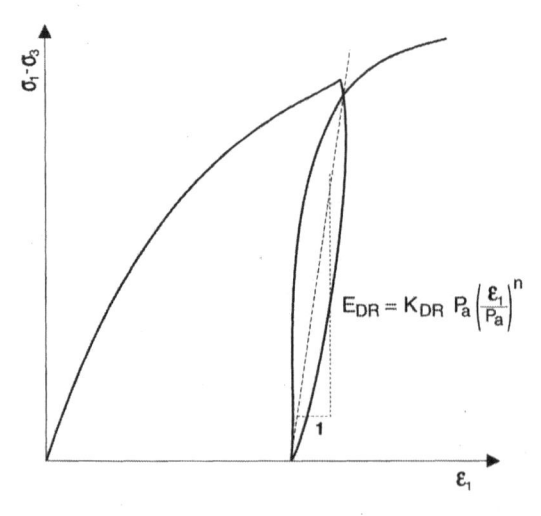

Figura 12.55 - Módulo de Elasticidade de descarga-recarga (Veiga Pinto, 1983)

Embora os Módulos de Elasticidade na descarga e na carga sejam diferentes, pode-se adotar, em primeira aproximação, um valor constante expresso pela equação :

$$E_{DR} = K_{DR}\ p_a\ (\sigma_3/p_a)^n$$

O valor de *n* pode ser tomado *a priori* igual ao valor considerado na equação 12.1 referente à variação de E_i com σ_3.

Variação do Módulo de Elasticidade com o estado de tensões

Nas análises que consideram a variação do Módulo de Elasticidade é necessário definir o valor de E_t para os vários pontos da curva. Para tanto, basta diferenciar a equação :

$$\frac{\sigma_1 - \sigma_3}{\varepsilon_1} = \frac{1}{a + b\varepsilon_1}$$

$$E_t = \frac{d(\sigma_1 - \sigma_3)}{d\varepsilon_1} = \frac{1/E_i}{(1/E_i + \varepsilon_1/(\sigma_1 - \sigma_3)\ u)^2}$$

Nos cálculos numéricos é preferível trabalhar apenas com as tensões principais, para que possam ser incorporadas ao cálculo as tensões iniciais. Fazendo as devidas substituições obtém-se :

$$E_t = \left[1 - \frac{R_f(1 - \operatorname{sen}\varphi)(\sigma_1 - \sigma_3)}{2c\cos\varphi + 2\sigma_3\operatorname{sen}\varphi}\right]^2 K\ p_a\ (\sigma_3/p_a)^n$$

(eq. 12.2)

Não linearidade do coeficiente de Poisson-relações

Não linearidade

As deformações radiais ε_3 podem ser medidas diretamente nos ensaios, ou indiretamente através da variação volumétrica medida pelo volume de água deslocado em ensaios de amostras saturadas. A variação volumétrica pode também ser medida através da variação do volume da câmara, embora nestes ensaios seja necessário considerar a variação volumétrica do equipamento, que pode ser significativa.

Na Figura 12.56 mostra-se a variação de ε_v com ε_1, e de ε_3 com ε_1.

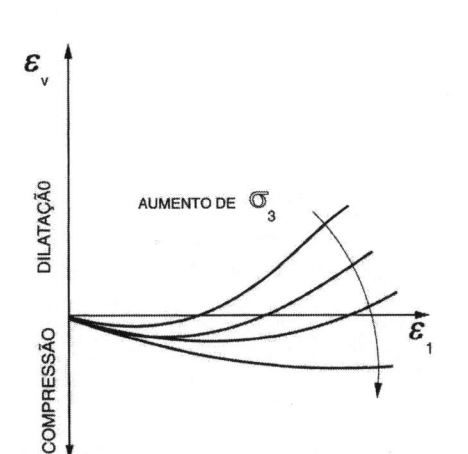

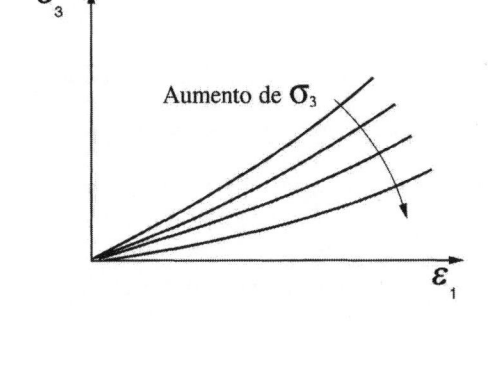

Figura 12.56 - Relações típicas das deformações dos solos submetidos a tensões tangenciais (Veiga Pinto, 1983)

O parâmetro ε_3 pode ser calculado a partir de ε_v pela equação:

$$\varepsilon_3 = 1/2\ (\varepsilon_v - \varepsilon_1)$$

porque $\varepsilon_v = \varepsilon_1 + 2\ \varepsilon_3$ no ensaio triaxial.

Kulhawy *et al.* (1969) sugerem uma lei empírica hiperbólica para a relação entre ε_1 e ε_3 do tipo :

$$\varepsilon_1 = \frac{\varepsilon_3}{f + d\varepsilon_3} \quad \text{ou} \quad \frac{\varepsilon_3}{\varepsilon_1} = f + d\varepsilon_3$$

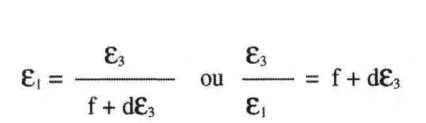

onde :

f é o valor do coeficiente de Poisson inicial ϑ_i para uma deformação ε_1 próxima de zero, e *d* refere-se à variação de ϑ com a deformação radial. Veja-se a Figura 12.57.

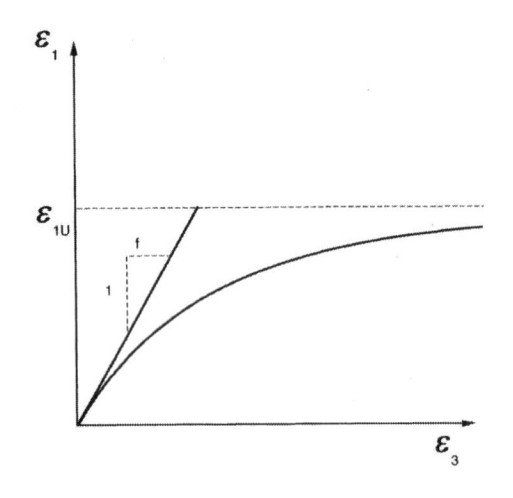

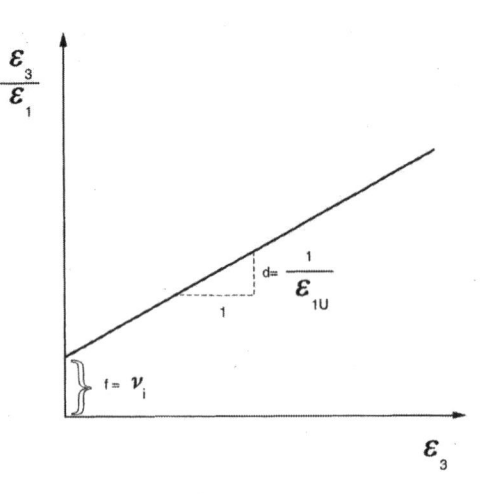

a) Curva experimental

b) Transformada da curva experimental

Figura 12.57 - Relação hiperbólica entre as deformações principais (Veiga Pinto, 1983)

Influência da tensão confinante

A deformação total $\Delta|\varepsilon|$ é obtida pela soma das deformações elásticas e plásticas :

$$\Delta|\varepsilon| = \Delta|\varepsilon|_e + \Delta|\varepsilon|_p$$

Kulhawy *et al.* (1969) mostram que, para uma grande variedade de solos, pode ser adotada a equação empírica:

$$\vartheta_i = G - F \log(\sigma_3/p_a),$$

sendo *G* o coeficiente de Poisson inicial para um tensão de confinamento igual à pressão atmosférica e *F* o decréscimo do coeficiente devido ao aumento de σ_3.

Relação entre o coeficiente de Poisson e o estado de tensões

A expressão $\varepsilon_1 = \dfrac{\varepsilon_3}{f + d\varepsilon_3}$ pode ser reescrita como segue:

$$\varepsilon_3 = \dfrac{f \varepsilon_1}{1 - d\varepsilon_1}. \text{ Sendo } f = \vartheta i,$$

$$\varepsilon_3 = \dfrac{\vartheta_i E_t}{1 - d\varepsilon_1}.$$

Diferenciando, vem :

$$\dfrac{d\varepsilon_3}{d\varepsilon_1} = \vartheta_t = \dfrac{\vartheta_i}{(1 - d\varepsilon_1)^2}$$

Como o valor de ε_1 é:

$$\varepsilon_1 = \dfrac{\upsilon_1}{(1 - d\varepsilon_1)^2},$$

substituindo-se o valor de E_t pela expressão 12.2, obtém-se:

$$\upsilon_t = \dfrac{G - F \log(\sigma_3/p_a)}{\left[1 - \dfrac{d(\sigma_1 - \sigma_3)}{K p_a (\sigma_3/p_a)^n \left[1 - \dfrac{R_f(\sigma_1 - \sigma_3)(1 - \operatorname{sen}\varphi)}{2c \cos\varphi + 2\sigma_3 \operatorname{sen}\varphi}\right]}\right]^2}$$

12.4.4 - Metodologia para Análise pelo Método dos Elementos Finitos

Neste item são descritos os procedimentos básicos para efetuar uma análise pelo MEF - Métodos dos Elementos Finitos. Informações mais detalhadas podem ser obtidas de Naylor (1991), por exemplo.

Esses procedimentos são, a princípio, válidos para todos os modelos, pois constituem ações independentes das leis constitutivas.

O primeiro passo a ser tomado é a idealização geométrica, quando será definido se haverá necessidade de uma análise tridimensional ou bidimensional, se a fundação será incorporada ao modelo, se as fases construtivas podem ser aproximadas como sendo camadas horizontais, etc.

Neste ponto cabe um comentário a respeito do número de camadas a serem modeladas. O ideal seria utilizar o mesmo número de camadas de elementos quantas fossem as camadas de compactação. Porém, isso se torna inviável, em face do número de elementos que resultaria desse processo. Daí decorre uma técnica na qual se utilizam muito menos camadas. Clough e Woodward (1967) verificaram, na análise de uma barragem homogênea, que os valores dos recalques obtidos com um modelo de 7 camadas eram muito parecidos com os de um modelo com 14. Em geral, utilizam-se de 5 a 10 camadas, para simular a construção.

Em seguida vem a definição das propriedades dos materiais, talvez a etapa mais complicada, pois depende de ensaios (às vezes não representativos devido à heterogeneidade do aterro), resultados de campo, etc.

A obtenção de parâmetros é, segundo Veiga Pinto(1983), o fator que mais influencia na qualidade de uma análise.

Deslocamentos - interpretação correta

Quando se modela uma barragem e se deseja obter os deslocamentos devidos à construção, é obvio que o ideal é simular perfeitamente a realidade. A medição de deslocamentos em um aterro é realizada instalando-se os medidores dentro do maciço à medida que se constrói o aterro.

Para simular essa situação é necessário um procedimento de cáculo incremental, no qual seguidamente são adicionadas novas camadas. Os deslocamentos são medidos a partir do momento em que a camada onde o medidor está instalado for construída.

Dessa forma, é possível obter recalques representativos, similares aos resultados de campo, onde os maiores deslocamentos ocorrem no centro da barragem. Na crista e na fundação são iguais a zero (no caso de fundação rochosa). É importante serem computados neste procedimento somente pontos nos topos das camadas. A Figura 12.58 ilustra bem o problema discutido.

Figura 12.58 - Procedimento de cálculo incremental

Para evitar que deslocamentos de pontos sejam somados repetidamente, adota-se a seguinte rotina (ver Figura 12.59):

m	CAMADA 1	CAMADA 2	CAMADA 3	TOTAL	CAMADA 1	CAMADA 2	CAMADA 3	TOTAL	CAMADA 1	CAMADA 2	CAMADA 3	TOTAL
6			0	0			0	0			20	20^x
5		10		10		0^x		0^x		19^x		19^x
4	0	16		16	0	16		16	12^x	16		28^x
3	6	12		18	0^x	12		12^x	11^x	12		23^x
2	0	8	8	16	0	8	8	16	4^x	8	8	20^x
1	2	4	4	10	0^x	4	4	8^x	3^x	4	4	11^x

(a) SOLUÇÃO ANALÍTICA (b) ELEMENTOS FINITOS EXCLUINDO A COLOCAÇÃO DE NOVAS CAMADAS (c) ELEMENTOS FINITOS INCLUINDO A COLOCAÇÃO DE NOVAS CAMADAS

— PERFIL CORRETO
o Valores nas interfaces - CORRETO
× Valores no meio das camadas - INCORRETO
– – PERFIL INCORRETO

RIGIDEZ VERTICAL D = 10 MPa
PESO ESPECÍFICO γ = 20 kN/m³

Figura 12.59 - Interpretação correta e incorreta de recalques num aterro extenso (Naylor e Mattar, 1988, *apud* Naylor, 1991)

- cada camada nova é processada como se somente ela tivesse peso próprio e o restante do aterro tivesse peso específico igual à zero;

- no final, quando todos os deslocamentos das diversas fases são somados, um ponto no meio da barragem terá recalcado somente devido à ação do peso próprio das camadas que foram construídas.

Redução da rigidez em camadas novas

Como já foi dito anteriormente, não se utiliza no modelo para simulação da construção por etapas o mesmo número de camadas construtivas. Isso, porém, gera alguns problemas, pois se for adicionada ao modelo uma camada espessa, com rigidez igual à do resto da barragem, esta camada passará a funcionar como uma "viga", com distribuição de tensões peculiar e longe da realidade. A forma que se utiliza para simular a construção das camadas de compactação é uma redução da rigidez das camadas novas, provocando uma melhor distribuição do peso da nova camada. Naylor (1991) recomenda um valor para o fator de redução f igual a 4. Este valor foi obtido fazendo-se uma análise comparativa entre a colocação de uma só camada e de várias camadas de espessura menor.

Compactação

Durante a compactação, nas passagens do rolo compressor, ocorre um aumento temporário de σ_v ao qual se associa um aumento em σ_h, – parte do que fica armazenado na camada –, isto é, ocorre uma espécie de sobreadensamento. Ingold (1979) estudou a compactação de aterros atrás de muros de arrimo e mostrou que, para profundidades maiores que 3 a 5 metros, a influência da compactação é desprezível.

Por esta razão, a compactação não é incorporada diretamente ao modelo. Os efeitos da compactação podem ser incorporados nos parâmetros dos solos. Solos bem compactados serão representados por parâmetros mais rígidos.

Primeiro enchimento e operação

Após a construção, existem três fases de interesse para o cálculo pelo MEF:

- o primeiro enchimento;

- a operação em fluxo contínuo;

- o rebaixamento rápido.

O primeiro enchimento é a fase mais importante, após a construção. Operação e rebaixamento foram muito pouco estudados, em elementos finitos.

Barragem com membrana na face de montante

Análise do primeiro enchimento:

É o caso mais simples. A carga hidrostática da água age diretamente na face de montante. Se a fundação for compressível, poderá ser incorporada sob uma das três formas (ver Figura 12.60):

- fundação impermeável;

- fundação permeável inicialmente seca, com uma cortina impermeável;

- fundação permeável inicialmente saturada e com cortina impermeável.

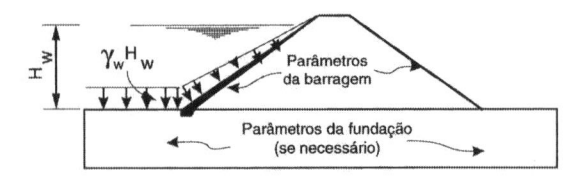

a) Fundação impermeável

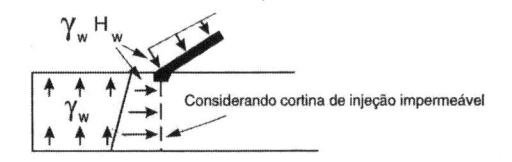

b) Fundação permeável inicialmente seca

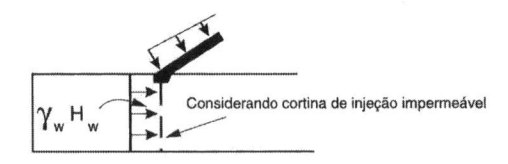

c) Fundação permeável, N.A. inicial na superfície

Figura 12.60 - Carga hidrostática em barragem com membrana na face de montante (Naylor, 1991)

Barragens com membrana interna

Atualmente, este tipo de barragem é pouco comum, porém é muito útil na introdução de dois métodos de carregamento : interno e externo. São alternativas que representam a mesma situação física.

a) Método de Carregamento Externo

Neste método somente o esqueleto sólido do solo é representado pelos elementos. A água exerce um esforço externo sobre o solo. Portanto, quando o material a montante da membrana é inundado, uma força para cima é aplicada ao material submerso. No final, as tensões obtidas são tensões efetivas.

Na parte seca, a jusante da membrana, não há diferença entre uma análise por tensões efetivas ou totais, pois o material está teoricamente seco e não há pressão neutra (ver Figura 12.61).

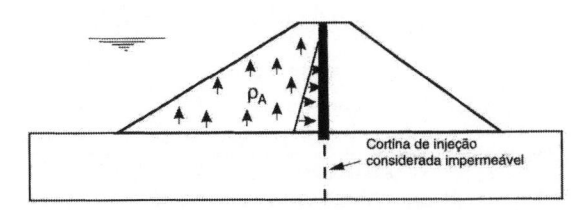

NB $\rho_A = \gamma_w(1-n)$ onde n_a = porosidade ao ar antes do enchimento

Figura 12.61 - Carga hidrostática em barragem com membrana interna - Método de Carregamento Externo (Naylor, 1991)

b) Método de Carregamento Interno

As Figuras 12.62 e 12.63 ilustram o carregamento a ser aplicado nos limites da malha. O carregamento interno é obtido impondo-se o campo de pressões neutras iniciais e finais. As forças correspondentes ao alívio devido ao Princípio de Arquimedes são calculadas pelo programa como sendo o gradiente da variação da pressão neutra.

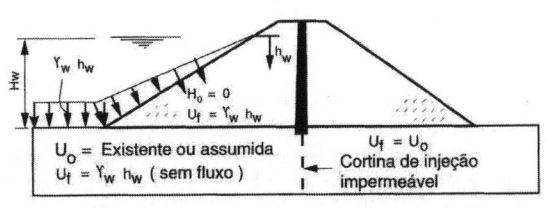

U_o = pressão neutra inicial (oriunda da análise de construção)

U_f = pressão neutra final

Figura 12.62 - Carga hidrostática em barragem com membrana interna - Método de Carregamento Interno (Naylor, 1991)

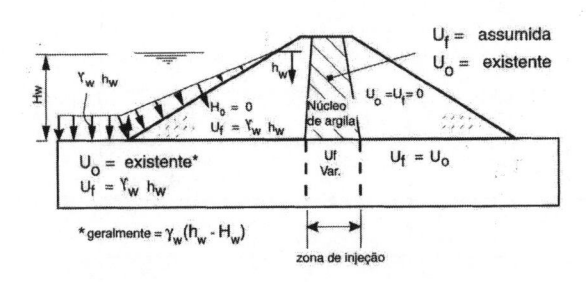

Figura 12.63 - Carga hidrostática em barragem com núcleo central - Método de Carregamento Interno - enchimento (Naylor, 1991)

Barragens zoneadas (enrocamento+argila)

Nestes casos duas situações devem ser consideradas:

(1) - enchimento rápido, onde praticamente não há penetração de água no núcleo; e

(2) - enchimento lento, onde o fluxo constante se estabelece na medida em que o reservatório enche.

A realidade está sempre entre esses dois extremos. A situação (2) ocorre, às vezes, após alguns anos depois do enchimento, e se o reservatório for mantido sempre cheio.

A condição (1) é claramente um caso como o da barragem com membrana interna.

Em (2) deve existir uma distribuição de pressões neutras no núcleo, podendo isto ser obtido de análises de redes de fluxo, instrumentação de campo, etc. Deve-se utilizar o método interno de carregamento.

Colapso por saturação

Caso este fenômeno não fosse incorporado numa barragem de enrocamento com núcleo, o material a montante sofreria um movimento para cima, devido ao alívio de tensão efetiva, fato este nunca observado.

As teorias de recalque por colapso se baseiam em dados experimentais, os quais indicam que, se forem feitos dois ensaios com o mesmo material, um saturado desde o início e outro saturado em determinado ponto do ensaio, ao final, tensões e deformações serão as mesmas (ver Figura 12.64).

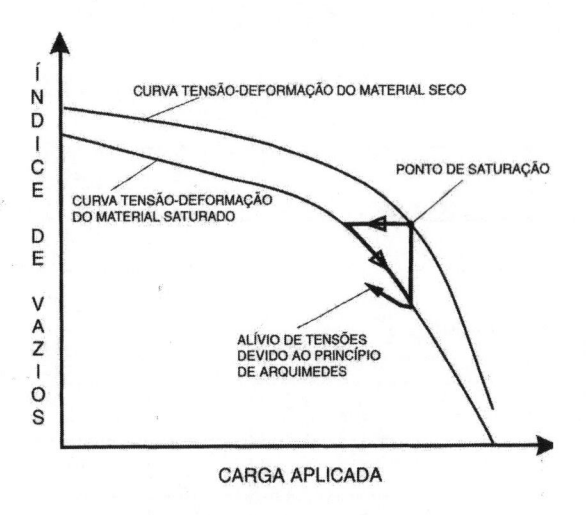

Figura 12.64 - Seqüência de carregamento para análise do colapso por Métodos Numéricos.

Esses fatos sugerem que se usem dois conjuntos de parâmetros do material, um seco e outro saturado.

No modelo, segue-se a curva tensão-deformação do material seco até o ponto de saturação, onde se muda para a curva do material saturado. Isso é feito em duas etapas: primeiramente, mudam-se as tensões sem variação das deformações e depois aliviam-se as tensões desbalanceadas resultantes, até o equilíbrio.

Portanto, a modelagem do enchimento do reservatório deve se realizar da seguinte forma :

1º - recalque por colapso:

(a) - determinação da tensão de saturação sem variação da deformação;

(b) - determinação das forças nodais para o re-equilíbrio;

2º - carregamento (ou alívio) devido ao enchimento do lago.

Nobari e Duncan (1972) e Naylor (1989) desenvolveram métodos diferentes para determinar o colapso.

12.4.5 - Previsões

Os Métodos Numéricos são, sem dúvida, o recurso mais moderno para a previsão de tensões e deslocamentos em barragens. A sua utilização, no entretanto, exige a obtenção de parâmetros de entrada (*inputs*) que requerem ensaios sofisticados de laboratório, experiência, e que, apesar dos esforços realizados, nem sempre conduzem a resultados satisfatórios.

Veiga Pinto (1983) apresenta 41 dados estatísticos de análises tensão-deformação de barragens de enrocamento com núcleo, procedidas entre 1970 e 1982, sendo 30 relativos à fase construtiva e 11 relativos à fase de primeiro enchimento.

As análises são divididas quanto à época do seu processamento nos clássicos três tipos de previsão de Lambe (1973), com duas subdivisões. Os critérios de Lambe são reproduzidos no Quadro 12.2 abaixo :

Quadro 12.2 - Critérios de Lambe (1973)

Tipo de Previsão	Momento da Previsão	Valores da Observação
A	antes do acontecimento	-
B	durante o acontecimento	não conhecidos
B1	durante o acontecimento	conhecidos
C	após o acontecimento	não conhecidos
C1	após o acontecimento	conhecidos

Veiga Pinto avalia o resultado das análises segundo três adjetivos:

B - Bom - aquele que em termos globais prevê deslocamentos que não diferem dos observados em mais de 50%;

R - Razoável - casos intermediários;

D - Deficiente - quando os valores calculados diferem em mais de 100% dos observados.

A análise é feita para os deslocamentos. Embora as tensões também tenham sido calculadas, elas são menos sensíveis às leis constitutivas e, sempre que houve um bom ajuste entre previsão e observação, o mesmo ocorreu quanto às tensões.

A partir dos dados de Veiga Pinto (1983), elaboraram-se as Tabelas 12.17 e 12.18:

Tabela 12.17 - Previsões efetuadas

TIPO DE PREVISÃO	FASE			
	CONSTRUTIVA		1º ENCHIMENTO	
	Nº	%	Nº	%
A	5	16,7	2	18,2
B	2	6,7	1	9,1
B1	1	3,3	0	0
C	0	0,0	0	0
C1	22	73,3	8	72,7

Por aí se vê que, na maioria dos casos, os dados de deslocamentos eram conhecidos *a priori*.

Tabela 12.18 - Avaliação das previsões

TIPO DE PREVISÃO	FASE			
	CONSTRUTIVA		1° ENCHIMENTO	
	N°	%	N°	%
B - Boa	17	56,6	0	0
R - Razoável	2	6,7	3	27,4
D - Deficiente	5	16,7	4	36,3
Não Avaliada	6	20,0	4	36,3

Pela Tabela 12.18 vê-se que as previsões feitas na fase de enchimento são muito menos satisfatórias do que na fase construtiva.

Fazendo-se um cruzamento das avaliações, é possível chegar à Tabela 12.19, que relaciona o tipo de previsão com os resultados obtidos. As previsões A e B foram agrupadas por se tratar de situações nas quais os resultados são desconhecidos.

Tabela 12.19 - Tipo de previsão vs. resultados obtidos

TIPO DE PREVISÃO	AVALIAÇÃO	FASE			
		CONSTRUTIVA		1° ENCHIMENTO	
		n°	%	n°	%
A + B	Boa + Razoável	0	0	0	0
A + B	Deficiente	2	6,7	0	0
A + B	Não Avaliada	5	16,7	3	27,3
B1 + C1	Boa	17	56,7	0	0
B1 + C1	Razoável	2	6,7	3	27,3
B1 + C1	Deficiente	3	10,0	4	36,3
B1 + C1	Não Avaliada	1	3,2	1	9,1

O elevado número de previsões tipo A e B não avaliadas prejudica a análise dos resultados. O que se pode constatar é que, para o período construtivo, as previsões tipo B1 + C1 prevalecem com bons resultados e que, no caso do primeiro enchimento, as avaliações deficientes prevalecem.

Como não se dispõe de dados estatísticos dos últimos dez anos, durante os quais tem havido uma evolução razoável nos métodos de cálculos, não se pode concluir muita coisa.

É importante mencionar o caso da Barragem de Monasavu (Figura 9.10), na qual houve boa concordância entre as previsões e os valores medidos, como se vê nas Figuras 12.65 e 12.66.

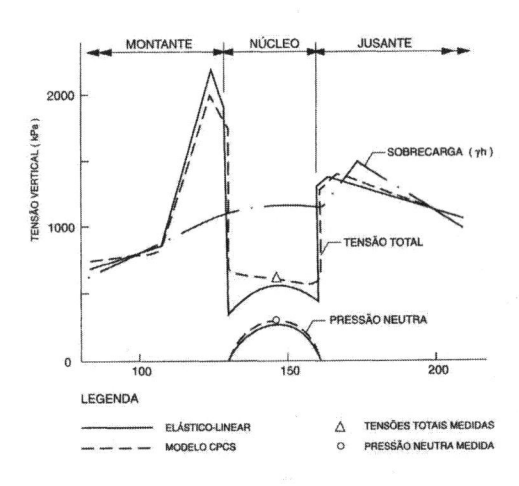

Figura 12.65 - Barragem de Monasavu - final de construção - tensões totais e pressões neutras na seção horizontal - el. 680 m (Naylor, 1991)

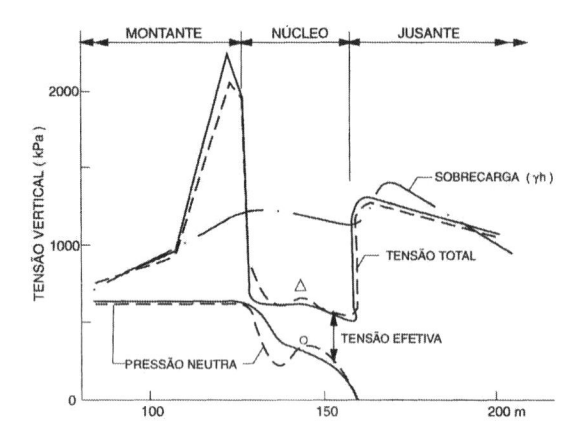

Figura 12.66 - Barragem de Monasavu - tensões totais devidas ao enchimento e pressões neutras na seção horizontal - el. 680 m (Naylor, 1991)

12.4.6 - Procedimento

Os métodos de cálculo foram apenas mencionados e ilustrados, uma vez que são hoje uma especialização e fogem ao escopo do presente trabalho.

Conforme referido na Introdução deste capítulo, centenas de barragens foram construídas em todo o mundo, sem as previsões de tensões e deslocamentos por Métodos Numéricos.

Isso não quer dizer que os problemas de tensões e deslocamentos não tenham merecido atenção por parte dos projetistas, e na grande maioria das barragens de maior responsabilidade há registro dessas grandezas obtidas por instrumentação.

Em qualquer projeto de barragem é fundamental que problemas decorrentes da distribuição das tensões e de deslocamentos relativos sejam identificados e considerados no projeto, como já ilustrado para algumas barragens brasileiras na Introdução deste capítulo.

A primeira tarefa do projetista é identificar tais problemas e fazer sua previsão de deslocamento e tensões, com base em dados de observação de obras semelhantes e em ensaios de laboratório.

Os dados contidos nos itens 12.2 e 12.3 permitem uma avaliação prévia, relativa a pressões neutras, deslocamentos e pressões totais, tanto dos materiais do maciço como da fundação.

Se erros de até 50% em previsões da grandeza medida em relação à prevista são considerados bons para os Métodos Numéricos, não há porque não considerá-los bons para previsões baseadas em experiências, dados observacionais e ensaios laboratoriais.

A seguinte seqüência de procedimentos pode ser adotada:

(I) - considerada uma determinada seção de barragem, procure identificar problemas relacionados com tensões totais, neutras, efetivas, e problemas relacionados com deslocamentos diferenciais. Estes, em geral, podem resultar em trincas no corpo da barragem, criando caminhos de fluxo preferencial;

(II) - procure introduzir no projeto linhas de defesa, para eliminar ou ao menos reduzir tais problemas;

(III) - faça uma previsão das tensões e deslocamentos que possam ocorrer, com base em dados disponíveis;

(IV) - no caso de persistirem dúvidas quanto aos problemas identificados, recorra a Métodos Numéricos, instrumentação, e observe a barragem e preveja todos os recursos de intervenção que possam ser necessários;

(V) - no caso de Métodos Numéricos realimentados com os dados iniciais do comportamento da obra confirmarem os problemas previstos, é necessário modificar o projeto de forma radical, para evitar um acidente.

É de todo o interesse que, mesmo em projetos considerados seguros, se recorra a Métodos Numéricos, para que esta ferramenta de grande utilidade seja testada mais e mais vezes.

Para ilustrar a questão de previsões e observações, ver as Figuras 10.32, 10.33 e 12.67, referentes à Barragem de Salto Santiago - Brasil.

A questão vital nessa barragem refere-se à possibilidade de ruptura hidráulica no núcleo argiloso, que poderia ocorrer se a pressão neutra u depois do enchimento superasse qualquer das pressões totais.

Pelos dados da Figura 10.33, observa-se que u medido ficou sempre abaixo de σ_h medida, mas se aproxima bastante de σ_h na região de montante do corte B (Tabela 12.20).

Tabela 12.20 - Pressões medidas na Barragem de Salto Santiago

Posição do Instrumento	σ_v t/m²	u t/m²	σ_h t/m²	σ'_h (σ_h-u) t/m²
M - 1-2	76	42	40	2
PE - 4	80	39	44	5
M - 3-4	82	34	44	10
PE - 5	84	32	42	10
M - 5-6	85	28	37	9
PE - 6	88	26	32	6

Observa-se também, pela Figura 10.33, que as pressões neutras após o primeiro enchimento são bem superiores à pressão da rede de fluxo.

Finalmente, na Figura 12.67, nota-se que os deslocamentos verticais previstos foram inferiores aos medidos nos cortes A e B, e se aproximavam bastante no corte C. Outra observação é que os deslocamentos verticais nos cortes A e B registram um aumento significativo na fase do 1º enchimento, alcançando cerca de 1,0 m no corte B.

Capítulo 12

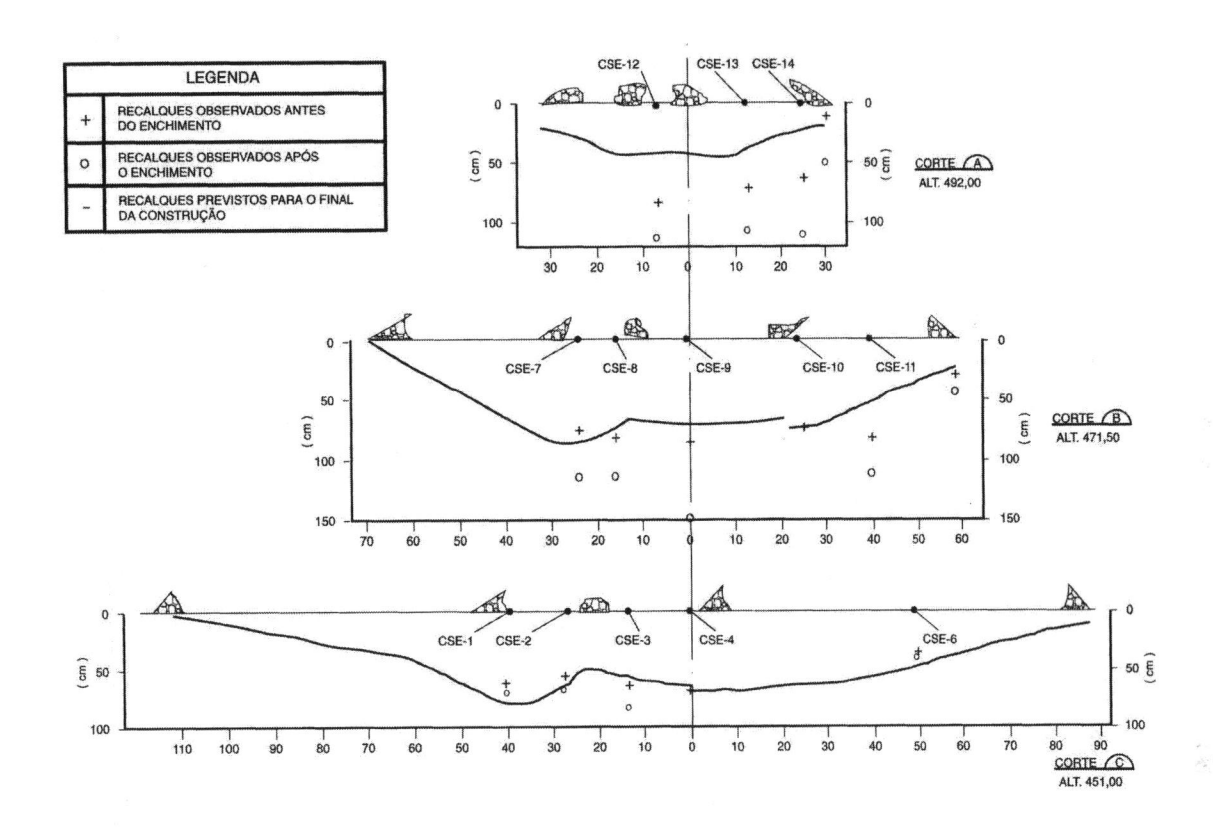

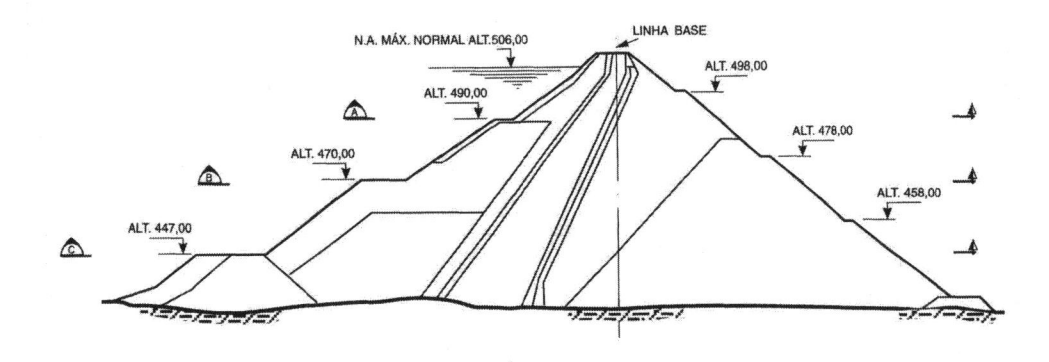

Figura 12.67 - Salto Santiago - recalques previstos e observados na barragem principal (CBGB/CIGB/ICOLD, 1982)

REFERÊNCIAS BIBLIOGRÁFICAS

ABMS/ABGE. 1983. Cadastro Geotécnico das Barragens da Bacia do Alto Paraná. *Simpósio sobre a Geotecnia da Bacia do Alto Paraná*, São Paulo.

AREAS, O. M. 1963. Piezômetros em Três Marias. *Anais do II Congr. Panam. de Mec. dos Solos e Eng. de Fundações*, Rio de Janeiro.

BEENE, R. R. W. 1967. Waco dam slide. *Journal of the Soil Mechanics and Foundation Division.* Proceedings of the American Society of Civil Engineers, n. SM 4.

BISHOP, A. W., GARGA, V. K. 1969. Drained tension tests on London Clay. *Géotechnique, v. 19, n. 2.*

BISHOP, A. W., 1976 - The influence of system compressibility on the observed pore-pressure response to an undrained change in stress in satuarated rock. Tech. note *Géotechnique*, v. 26, n. 6.

BISHOP, A.W., HIGTH, D.W. 1977. The value of Poisson's ratio in saturated soils and rocks stresses under undrained conditions. *Géotechnique*, v. 27, n. 3.

BOUGHTON, 1970. Elastic analysis for behavior of rock fill. *Proc. ASCE JSMFD.* n. SM-5.

BURLAND, J.B. 1990. On the compressibility and shear strenght of natural clays. *Géotechnique*, v. 40, n. 3.

CBGB/CIGB/ICOLD. 1982. *Main Brazilian Dams - Design, Construction and Performance.* São Paulo: BCOLD Publications Committee.

CHRISTIAN, J. T. 1980. Report on working group 1. *Workshop on Limit Equilibrium Plasticity, in the Generalized Stress-Strain in Geotechnical Engineering*, Montreal. ASCE.

CLOUGH, R., WOODWARD, R. 1967. Analysis of embankment stresses and deformations. *Journal of the Soil Mechanics and Foundation Division.* Proceedings of the American Society of Civil Engineers, n. SM 4.

COSTA Fº, L. M., ORGLER, B., CRUZ, P. T. da. 1982. Algumas considerações sobre a previsão de pressões neutras no final de construção de barragens por ensaios de laboratório. *Anais do VII Congresso Brasileiro de Mec.dos Solos e Engenharia de Fundações*, Recife. ABMS. v. 6.

COUTINHO, R. Q., ALMEIDA, M. S. S., BORGES, J. B. 1994. Analysis of the Juturnaíba embankment dam built on an organic soft clay. *Geotechnical Special Publication*, n. 40. ASCE.

COVARRUBIAS, S. W. 1969. *Cracking of earth and rock fill dams.* Ph.D Thesis. Harward University.

COVARRUBIAS, S. W. 1970. Análisis de agrietamiento mediante el método del elemento finito de la presa La Angostura. Instituto de Ingenieria, UNAM. *Informe Interno*, México, D.F.

CRUZ, P. T. da. 1967. *Propriedades de engenharia de solos residuais compactados da Região Centro-Sul do Brasil.* THEMAG/DLP/ EPUSP.

CRUZ, P.T. da. 1969. *Propriedades de engenharia de solos residuais compactados da Região Sul do Brasil.* THEMAG/DLP/ EPUSP.

CRUZ, P. T. da, SIGNER, S. 1973. Pressões neutras de campo e laboratório em barragens de terra. *Anais do IX Sem. Nac. de Grandes Barragens*, Rio de Janeiro.

CRUZ, P. T. da. 1981. *Desenvolvimento de pressões totais, neutras e efetivas, em solos, rochas e descontinuidades rochosas.* Conferência no Clube de Engenharia, Rio de Janeiro..

CRUZ, P. T. da. 1983. A Barragem de Juturnaíba - Breve história com ilustrações. *Relatório para o DNOS.*

CUNHA, E. P. V. da. 1989. *Análise das características de compressibilidade de dois solos colapsíveis.* Dissertação de Mestrado. EPUSP.

DRNEVICH, V. P. 1975. Constrained and hear moduli for finite elements. *Journal of Geotechnical Engineering Division.* Proc. ASCE, n. GT-5.

DUNCAN, J. M., CHANG, C. 1970. Nonlinear analysis of stress and strain in soils. *Journal of the Soil Mechanics and Foundation Division.* Proceedings of the American Society of Civil Engineers, n. SM 5.

FERREIRA, S. R. M. 1993. Variação de volume em solos não saturados, colapsíveis e expansíveis. *Anais do VII Congr. Brasil. de Geologia de Engenharia*, Poços de Caldas. ABGE.

INGOLD, T.S.1979. The effects of compaction on retaining walls. *Géotechnique, v. 29, n. 3.*

JAKY, J. 1948. Pressures in soils. *Proceedings of the 2nd Int. Conf. on Soil Mechanics and Foundation Engineering*, Rotterdam. v.1.

JANBU, N. 1963. Soil compressibility as determined by oedometer and triaxial test. *Proceedings of the 4th Int. Conf. on Soil Mechanics and Foundation Engineering*, Wiesbaden. v. 1.

JASPAR, J. L., PETERS, N. 1979. Foundation performance of Gardiner Dam. *Canadian Geotechnical Journal*, v. 16.

KONDNER, R. L. 1963. Hyperbolic stress-strain response cohesive soils. *Journal of the Soil Mechanics and Foundation Division*. Proceedings of the American Society of Civil Engineers, n. SM 1.

KONDNER, R. L., ZELASKO, J. 1963. A hiperbolic stress-strain formulation for sands. *Proc. of the 2nd Pan-American Conference on Soil Mech. and Found. Engineering*, Rio de Janeiro v. 1.

KONDNER, R. L., HORNER, J. 1965. Triaxial compression of a cohesive soil with effective octahedral stress control. *Canadian Geotechnical Journal*, v. 2, n.1.

KULHAWY, F., DUNCAN, J., SEED, B. 1969. Finite element analysis of stresses and movements in embankments during construction. *Report n° TE-69-4*. University of California, Department of Civil Engineering.

LAMBE, T. W., WHITMAN, R. V. 1969. *Soils Mechanics*. New York: John Wiley & Sons.

LAMBE, T. W. 1973. Predictions in soil engineering. *Geotéchnique*, v. 23, n. 2.

MATERON, B 1983. Compressibilidade e comportamento de enrrocamentos - Tema 1: Materiais de construção. *Simpósio sobre a Geotecnia da Bacia do Alto Paraná*. ABMS/ABGE/CBMR. v. 1A.

MACCARINI, M. 1987. *Laboratory studies of a weakly bonded artificial soil*. Ph D Thesis, University of London.

MELLO, V. F. B. de. 1973. Impervious elements and slope protection on earth and rock fill dams. *Proceedings of the 11th Int. Congr. on Large Dams*, Madrid. ICOLD. v. 5.

MELLO, V. F. B. de. 1977. Reflections on the Design Decisions of Practical Significance to Embankment Dams. *Géotechnique*, v. 27, n. 3.

MELLO, V. F. B. de. 1992. Segurança das barragens de terra, de terra-enrocamento com membranas estanques: fundações, também, a fortiori. *Revista Brasileira de Engenharia*. v. 4, n. 2.

MONTEIRO, L. B., PIRES, J. V. 1992. Análise das tensões e deformações obtidas dos instrumentos e modelos dos maciços da Barragem de Taquaruçu. *Anais do X Seminário Nacional de Grandes Barragens*, Curitiba. CBGB.

MOREIRA, J. E. 1985. Discussion Theme 4. *Proceedings of the 1st International Conference on Geomechanics in Tropical, Lateritic and Saprolitic Soils*, Brasília, ABMS. v. 4.

MOREIRA, J. E., HERKENHOFF, C. S., SANTOS, C. A. da S., SIQUEIRA, G. H., AVILA, J. P. de. 1990. Comportamento dos tratamentos de fundação das barragens de terra de Balbina. *Anais do VI Congr. Bras. de Geologia de Engenharia / IX Congr. Bras. de Mecânica dos Solos e Engenharia de Fundações*, Salvador. ABGE/ABMS. v. 1.

MOURARIA, D. N. T. 1989. *A compressibilidade das fundações de barragens em solos tropicais, lateríticos e saprolíticos*. Dissertação de Mestrado. EPUSP.

NAYLOR, D. J., MARANHA DAS NEVES, E., MATTAR Jr., D., VEIGA PINTO, A. A. 1986. Prediction of construction performance of Beliche Dam, *Géotechnique*, v. 36, n. 3.

NAYLOR, D. J., MATTAR Jr., D. 1988a. Layered analysis of embankment dams. Numerical Methods in Geomechanics. *ICONGMIG*, Innsbruck: Balkema, Vol. 2

NAYLOR, D. J., KING, D.J. , DUNG D. 1988b. Coupled consolidation analysis of the construction and subsequent performance of Monasavu Dam, *Computers and Geotechnics 6* (special issue on Embankment Dams).

NAYLOR, D. J., TONG, S.L., SHAHTIKARAMI, A. 1989. Numerical modelling of saturation shrinkage. *Numerical Models in Geomechanics - NUMOGIII*, Elsevier.

NAYLOR, D. J. 1990. *Constitutive laws for static analysis of embankment dams*. University of Wales, Swansea/UK.

NAYLOR, D. . 1991. Stress strain laws and parameters values. In: *Advances in Rockfill Structures*. Chapter 11. Edited by E. Maranha das Neves, NATO ASI Series E. Dordrecht: Kluwer Academic Publishers.

NOBARI, E.,DUNCAN, J. 1972. Effect on reservoir filling on stresses and movements in earth and rockfill dams. *Report n° TE-72-1*. University of California, Department of Civil Engineering.

PENMAN, A. D. M. 1982. *The design and construction of embankment dams.* Depto. de Eng. Civil - PUC/RJ

PENMAN, A. D. M. 1986. On the Embankment Dams. *Géotechnique*, v. 36, n. 3.

PISCU, R., IONESCU, S., STEMATIU, D. 1978. A new model for movement anlysis to rockfill dams. *L'Energia Elettrica*, n. 1.

ROSCOE, K., BURLAND, J. 1968. On the generalized stress-strain behaviour of wet clay. In: *Engineering Plasticity*, Cambridge University Press Publications.

ROSCOE, K., SHOFIELD, A.1963. Mechanical behaviour of an idealized wet-clay. *Proceedings of the 4th Int. Conf. on Soil Mechanics and Foundation Engineering*, Wiesbaden. v. 1.

RUIZ, M. D. 1962. Características tecnológicas de rochas do Estado de São Paulo. IPT

RUIZ, M. D., CAMARGO, F. P., ABREU, A. C. S., PINTO, C. S., MASSAD, F., TEIXEIRA, H. R. 1976. Estudos e correção dos vazamentos e infiltrações pelas ombreiras e fundações da Barragem de Saracuruna (RJ). *Anais do XI Seminário Nacional de Grandes Barragens*, Fortaleza. CBGB.

SANDRONI, S. S., SILVA, S. R. B. 1985. Estimativa de poropressões construtivas em aterros argilosos: os ensaios PN abertos. *Anais do XVI Semin. Nac. de Grandes Barragens*, Belo Horizonte. CBGB. v. 1.

SCHOFIELD, A.N., WROTH, C.P. 1968. *Critical State Soil Mechanics*. McGraw Hill.

SIGNER, S. 1981. Pressões neutras na Barragem de Itaúba, RS. *Anais do XIV Sem. Nac. de Grandes Barragens*, Recife. CBGB. v. 1.

SIGNER, S. 1982. Compressibilidades observadas na barragem de terra e enrocamento de Itaúba. *Anais do VII Congresso Brasileiro de Mecânica dos Solos e Engenharia de Fundações*, Olinda/Recife. CBGB. v. 1.

SILVEIRA, J. F. A., ÁVILA, J. P. de, MIYA, S., MACEDO, S. S. 1978. Influência da compressibilidade do solo de fundação da barragem de terra de Água Vermelha nas variações de permeabilidade da fundação. *Anais do XII Seminário Nacional de Grandes Barragens*, São Paulo. CBGB. v. 1.

SILVEIRA, J. F. A. 1983. Comportamento de barragens de terra e suas fundações: tentativa de síntese da experiência brasileira na Bacia do Paraná. *Anais do Simpósio Sobre a Geotecnia da Bacia do Alto Paraná*, São Paulo. ABGE/ABMS/CBMR. v. 1B.

SKEMPTON, A. W. 1960. Effective stress in soils, concrete and rocks. In: *Pore Pressure in Suction in Soils*. London: Butterworths.

VAUGHAN, P. R. 1979. *General report: engineering properties of clay fills*. Institution of Civil Engineers, London.

VAUGHAN, P. R. 1988. Keynote paper: characterising the mechanical properties of in-situ residual soil. *Proceedings of the 2nd International Conference on Geomechanics in Tropical Soils*, Singapore.

VEIGA PINTO, A. A. 1983. *Previsão do comportamento estrutural de barragens de enrocamento*. Tese de Geotecnia. Laboratório Nacional de Engenharia civil. LNEC / Lisboa

WALBANCKE, H. J. 1975. *Pore pressures in clay embankments and cuttings*. Ph D Thesis, University of London.

WILSON, S. D. 1973. Deformation of earth and rockfill dams. Embankment dam engineering. In: *Casagrande Volume*. New York: John Wiley & Sons.

UHE Água Vermelha *(Cortesia CAMARGO CORRÊA)*

3ª Parte

Capítulo 13
Interfaces Solo/Concreto e Enrocamento/Concreto

13 - INTERFACES - SOLO/CONCRETO E ENROCAMENTO/CONCRETO

13.1 - INTRODUÇÃO

Sempre que dois materiais diferentes são colocados em contato, cria-se uma interface. A interface caracteriza-se como uma descontinuidade, porque materiais diferentes se comportam de forma diversa e, no contato, ocorrerá uma descontinuidade de tensões e de deformações, além de se criar um contraste de permeabilidade e, por conseqüência, de fluxo.

O que ocorre na interface é uma transferência de tensões, causada pela diferença da deformabilidade e da resistência dos dois materiais justapostos. Em alguns casos podem ocorrer vazios, que acarretam fluxos concentrados e que podem pôr em risco a segurança da barragem.

Um grande número de acidentes e mesmo de rupturas de barragens foi causado por problemas de interfaces.

Vários dos problemas relativos a interfaces são considerados em outros capítulos.

Destacam-se:

- arqueamento em núcleos delgados em barragem de enrocamento (Capítulo 4);

- arqueamento em trincheira de vedação (Capítulo 12);

- contato plinto-fundação em barragens de enrocamento com face de concreto (Capítulo 16);

- contato solo-rocha de fundação (Capítulos 11 e 15);

- interfaces granulométricas e de permeabilidade (Capítulo 10);

- recalques diferenciais (Capítulo 12);

- juntas de construção e reconstrução de aterros (Capítulo 15);

- transições em *rip-rap* (Capítulo 15); e

- proteção de taludes com solo-cimento (Capítulo 15).

Os efeitos das interfaces podem ser amenizados, incluindo-se entre dois materiais muito diferentes um terceiro material de propriedades intermediárias - as chamadas transições. Em princípio, uma transição deveria atender a requisitos de permeabilidade, erodibilidade, deformabilidade e resistência. Estes quatro requisitos nem sempre são atendidos e muitas vezes as transições acabam por se tornar novas interfaces com os seus problemas específicos.

Um caso muito comum é o de transições granulométricas necessárias para atender a problemas de filtragem e controle de fluxo (areias, britas e cascalhos), que passam a constituir verdadeiras paredes rígidas, inseridas em solos compactados de núcleo e enrocamentos de espaldares, na maioria dos casos muito mais compressíveis que as areias, os cascalhos e as britas (veja-se Capítulo 7).

Neste capítulo serão abordados somente problemas de interfaces com estruturas de concreto.

13.2 - INTERFACES SOLO-CONCRETO E ENROCAMENTO-CONCRETO

Os contatos entre as estruturas de concreto e os trechos das barragens em terra e enrocamento representam um dos problemas mais críticos do projeto de barragens. Devido às diferenças de compressibilidade entre o concreto e o solo, as pressões de contato podem ficar reduzidas, e se as pressões piezométricas que se estabelecem com o enchimento do reservatório forem superiores às pressões de contato, ocorrerá um "descolamento" do solo da estrutura de concreto, criando-se assim um caminho de fluxo preferencial. Este poderá acarretar a ruptura da barragem, se dispositivos adequados de controle de fluxo não forem incorporados ao projeto.

O problema é reconhecido desde as conhecidas rupturas das barragens da Índia, tratadas por Bligh e Lane, até casos recentes de ruptura de barragens por *piping* ao longo de galerias de desvio e, no entretanto, as providências necessárias ao controle do fluxo não têm sido corretamente implantadas. No caso das barragens da Índia, o fenômeno de *piping* torna-se o caso particular conhecido por *roofing*, ou "perda de teto".

Duas situações específicas serão consideradas:

- contatos barragens - muros de ligação; e

- contatos de solos com estruturas enterradas.

13.2.1 - Muros de Ligação

Quando o arranjo geral de uma barragem inclui estruturas de concreto (vertedores, eclusas, tomadas d'água e casas de força) e o fechamento do rio é feito com barragens de terra, ou terra-enrocamento, sempre ocorrerá o "encontro" de um tipo de estrutura com outro.

Esses arranjos são os mais comuns em barragens em rios de vales abertos e ombreiras suaves, quase sempre em solo. Vejam-se, por exemplo, Ilha Solteira, Água Vermelha e Porto Primavera.

Somente em arranjos em vales fechados, onde o vertedor se localiza em ombreiras, e a tomada d'água e a casa de força estão desincorporadas da barragem do leito do rio, é que os "encontros" são evitados (Itaúba, Salto Santiago, Foz do Areia).

O "encontro" entre a barragem e a estrutura de concreto pode ser do tipo frontal, quando a barragem "encosta" no muro do vertedor ou da tomada d'água (Figura 13.1), ou de "abraço", quando a barragem envolve um muro especialmente construído para o encontro da barragem com as estruturas de concreto que, neste caso, ficam isoladas da barragem (Figura 13.2).

Capítulo 13

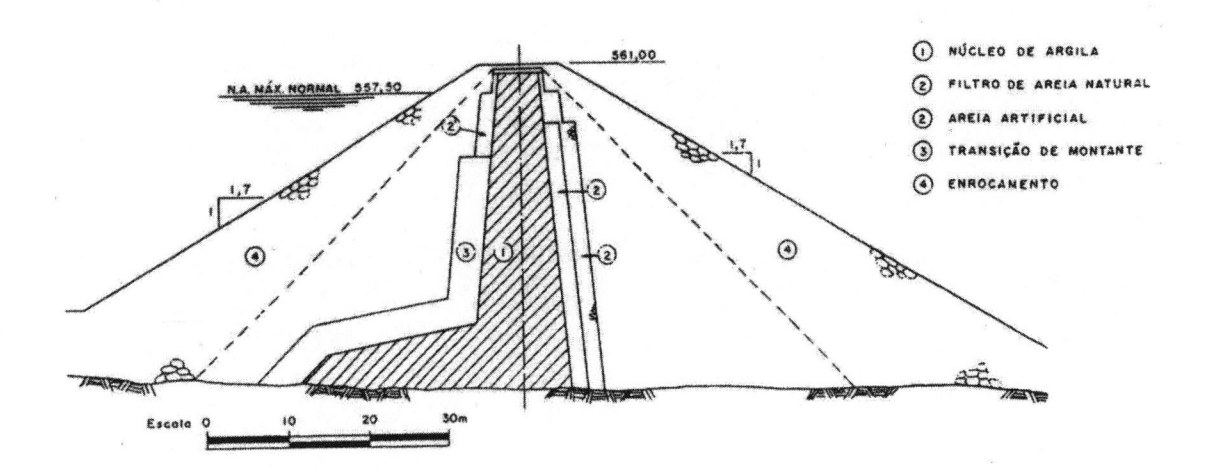

a) - Seção típica (Viotti, 1980)

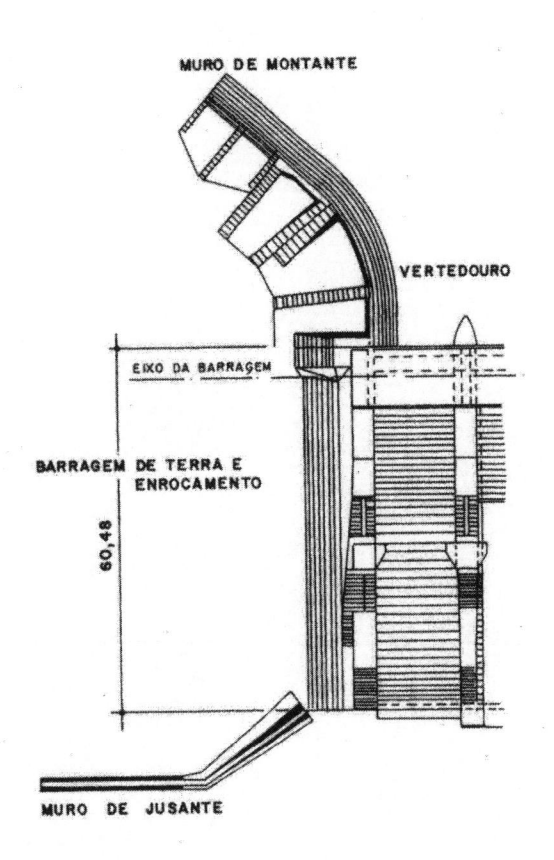

b) - Planta da estrutura de contato entre as barragens de terra e enrocamento e de concreto (Viotti, 1979)

Figura 13.1 - Barragem de Jaguara

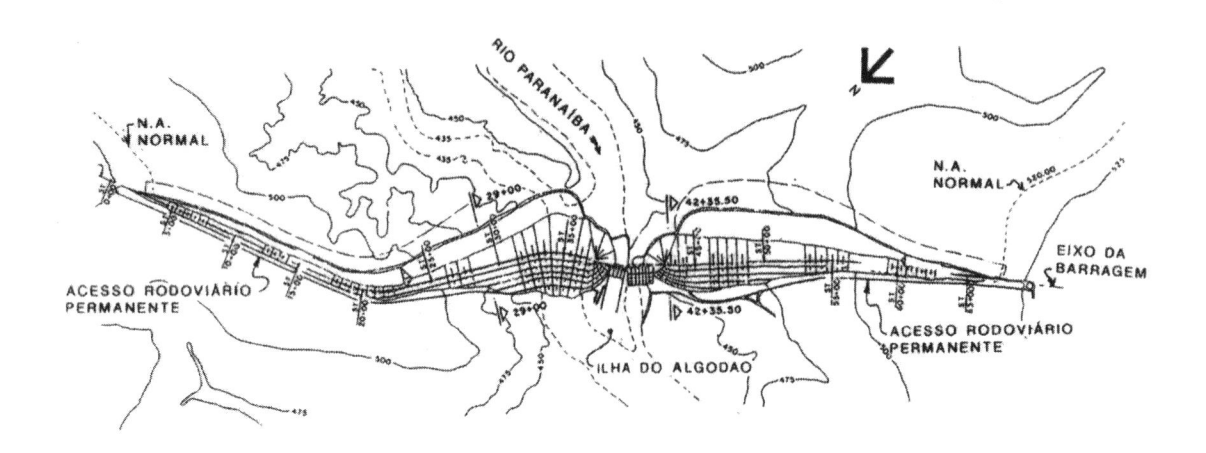

a) Itumbiara

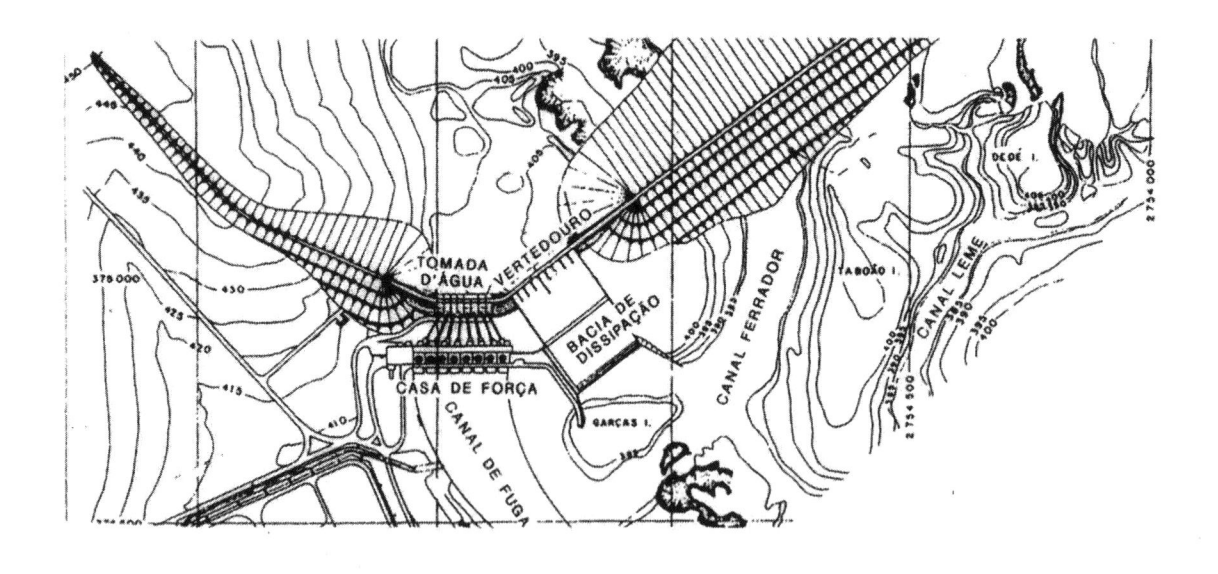

b) Marimbondo

Figura 13.2 - Barragens de Itumbiara (ABMS/ABGE, 1983) e Marimbondo (CBGB/CIGB/ICOLD, 1982)

Soluções mistas têm sido empregadas, visando à economia de concreto, que é sempre o item de maior custo (Figura 13.3).

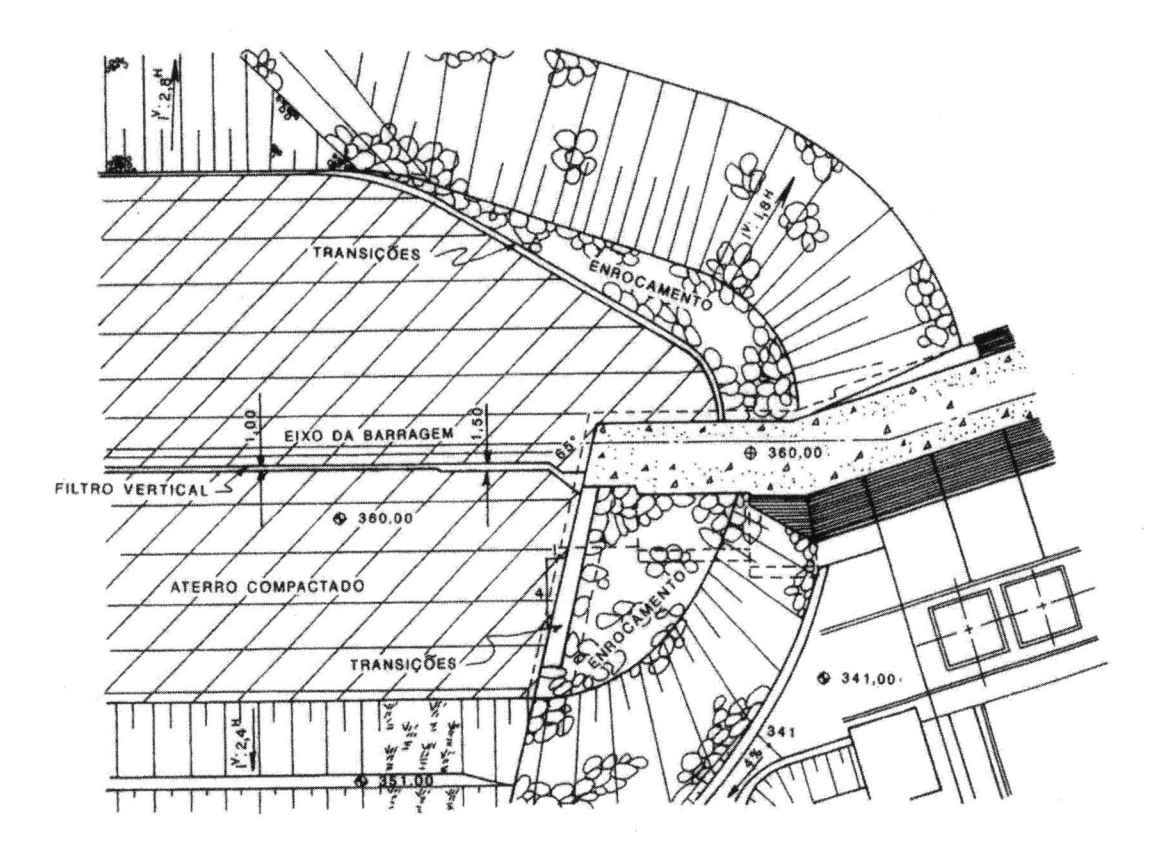

Figura 13.3 - Barragem de Água Vermelha - planta da estrutura de contato entre as barragens de terra e enrocamento e de concreto (Mello e Amarante, 1979).

A opção por uma ou outra solução depende da altura da barragem, ou seja, das pressões de contato (empuxos) que atuarão nas estruturas de ligação. Ávila (1980) menciona que, para barragens com altura de até cerca de 20 m, os muros frontais são mais econômicos. Para maiores alturas, os empuxos atuantes tornam as estruturas de concreto muito pesadas e antieconômicas, porque é freqüente a situação de se ter os empuxos atuando num só lado da estrutura, devido ao rebaixamento do reservatório na área de montante, ou do esvaziamento do canal de fuga ou da bacia de dissipação do vertedor por problemas de manutenção. Já os muros de "abraço" recebem empuxos de ambos os lados. É necessário, no entretanto, considerar que a incorporação do empuxo de jusante no cálculo do muro de abraço em concreto depende de algumas hipóteses de deformação não bem definidas e, em alguns casos, consideradas de forma inadequada.

O dimensionamento dessas estruturas de contato deve atender aos seguintes itens:

(I) - estimativa dos empuxos devido ao solo e/ou ao enrocamento e à água;

(II) - controle do fluxo, que envolve tanto a vedação como a drenagem;

(III) - estimativa dos possíveis deslocamentos da estrutura e a conseqüência destes deslocamentos nos valores dos empuxos e no controle do fluxo.

Empuxos

Os empuxos são resultado das pressões atuantes na interface e dependem dos seguintes fatores:

- inclinação da interface;

- transferência de tensões na interface devido às diferenças de deformabilidade entre o concreto e o solo e/ou o enrocamento;

- pressões piezométricas resultantes do fluxo da água na interface.

A inclinação da interface depende do tipo de muro. No caso dos muros "frontais", o trecho superior do muro (primeiros dois metros em geral) é vertical, passando a inclinado no restante do muro. Como a base da estrutura tem geralmente uma largura entre 0,6 e 0,7 da altura, e a outra face é subvertical, o talude na área de contato resulta entre 0,6 e 0,7 (V) para 1

(H), ou 55° a 60° com a horizontal. Já nos muros de "abraço", a face de montante tende a ser subvertical [7 a 9 (H) : 1 (V)] e a face de jusante inclinada (dos mesmos 55° a 60°).

Essas diferenças de inclinação na interface resultam em diferentes formas de transmissão de esforços, devido às forças de "adesão" e de "atrito" que se desenvolvem entre o solo e/ou o enrocamento e o concreto.

O que ocorre de fato é um alívio das tensões verticais na interface e nas proximidades do muro, e as pressões de contato acabam por ser influenciadas diretamente por esse alívio de tensões.

Idealmente, o que se deseja é que o solo possa se deformar sem a interferência do muro, ou seja, sem o alívio das tensões, para que as pressões de contato sejam sempre superiores às pressões piezométricas u resultantes do fluxo de água. Se $u = \gamma_o z_o$ for major do que σ_h (total), a pressão efetiva de contato σ'_h será negativa (ou nula) e a água irá progressivamente deslocando o solo do muro, abrindo uma "cunha de água" que avança para jusante, podendo resultar num *piping*.

A prática antiga de "picotar" a superfície da interface para aumentar a "aderência" e o "atrito" entre o solo e o concreto já foi há muito abandonada, por ser totalmente prejudicial à transferência de tensões. O que ocorre é que, embora o solo pudesse ficar "aderido" ao muro na interface, toda a área próxima ficaria necessariamente aliviada, e a eficácia do conjunto no controle do fluxo totalmente prejudicada.

Hoje em dia o ideal é dispor de superfícies lisas e compactar o solo em umidades elevadas, para propositadamente reduzir a sua resistência ao cisalhamento, reduzindo ao máximo a transferência de esforços e, conseqüentemente, o alívio de tensões.

A estimativa das pressões atuantes no muro é um dos grandes desafios da Mecânica dos Solos, porque, mesmo dispondo de recursos numéricos sofisticados de cálculo (M.E.F. e outros), os parâmetros de entrada (*inputs*) são de difícil avaliação. Por esta razão, é de todo recomendável que, em barragens de responsabilidade, além das previsões dessas pressões, sejam instalados instrumentos para a medida de tensões totais e das pressões piezométricas em diferentes seções dos muros de ligação.

Na Figura 13.4 mostra-se o detalhe de instalação de tais instrumentos. É um fato lamentável que em muitas barragens brasileiras só tenham sido instaladas as células de pressão, sem se dispor de células de medida de pressões piezométricas, porque embora se meçam as pressões totais, de interesse para a estabilidade do muro, as pressões efetivas de contato, que interessam ao controle do fluxo, ficam indeterminadas.

No Capítulo 15, referente a Critérios de Projeto, são dadas expressões para o cálculo das pressões atuantes, que envolvem o coeficiente K_o, as pressões piezométricas e o efeito de compactação. Como o coeficiente K_o refere-se às pressões efetivas σ'_v e σ'_h, e como σ'_v é calculada em função do peso de terra sem considerar o alívio das tensões, as pressões de cálculo podem não corresponder à realidade, resultando maiores do que as reais, pela desconsideração do alívio das tensões; por outro lado, podem ser menores do que as reais, em função das hipóteses sobre as pressões piezométricas atuantes.

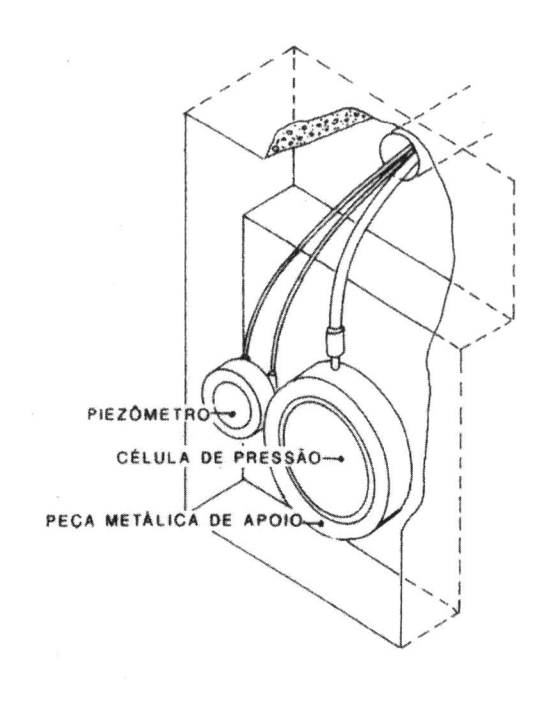

Figura 13.4 - Instalação de piezômetro e de célula de pressão total (Vaughan, 1972)

Para exemplificar o problema considere-se um muro de 18m de altura. O valor de K_o estimado é de 0,48. A densidade do aterro é de 2,0 t/m³. Pelas considerações de fluxo, a pressão piezométrica no trecho de muro em análise seria calculada para uma linha freática 9 m abaixo do topo do muro.

As pressões previstas seriam:

- aos 9 metros: $\sigma'_v = 9 \times 2 = 18$ t/m²

$\sigma'_h = 0{,}48 \times 18 = 8{,}64$ t/m²

- na base do muro: $\sigma'_v = 9 \times 2 + 9 \times 1 = 27$ t/m²

$\sigma'_h = 27 \times 0{,}48 = 12{,}96$ t/m²

$u = 9 \times 1 = 9$ t/m²

$\sigma_h = 21{,}96$ t/m²

Se, por problemas de transferência de tensões, a pressão vertical resultasse aliviada, σ_v por hipótese seria de $0{,}85\ \gamma\ h$. Daí vem :

- aos 9 m: $\sigma'_v = 0{,}85 \times 18 = 15{,}30$ t/m²

$\sigma'_h = 0{,}48 \times 15{,}30 = 7{,}42$ t/m²

$u = 13 \times 1 = 13$ t/m²

$\sigma_h = 22{,}30$ t/m²

- e aos 18 m: $\sigma'_v = 27 \times 0{,}85 = 23{,}0$ t/m²

$\sigma'_h = 23 \times 0{,}48 = 10{,}5$ t/m²

$u = 9$ t/m²

$\sigma_h = 19{,}5$ t/m²

Por este exemplo, vê-se a importância de se medir as pressões para que se possa avaliar o que de fato está ocorrendo.

Ainda no mesmo exemplo, para que a condição crítica de pressão efetiva nula ocorresse, seria necessário um alívio significativo nas tensões verticais, e ainda que a linha freática se elevasse a ponto de anular σ'_h.

O alívio de tensões poderia resultar num aumento de permeabilidade, e a linha freática se elevar, por exemplo, para 13 m a contar da base do muro. Daí vem:

Para que isso ocorresse, a linha freática teria de coincidir com o topo do muro, e o alívio de tensões teria de chegar a 50%.

- aos 9 m: $\sigma'_v = 0{,}85 \times (5 \times 2 + 4 \times 1) = 11{,}90$ t/m²

$\sigma'_h = 11{,}90 \times 0{,}48 = 5{,}70$ t/m²

$u = 4 \times 1 = 4$ t/m²

$\sigma_h = 9{,}70$ t/m²

$\sigma'_v = 18 \times 2 \times 0{,}50 - 18 \times 1 = 0$

$\sigma'_h = 0$

Embora o conceito de K_o (coeficiente de empuxo em repouso) seja definido como a relação das pressões efetivas horizontal e vertical, em várias publicações as pressões de contato são referidas à pressão de peso de terra γz. A Tabela 13.1 reproduz dados de medidas das pressões de contato da Barragem de CowGreen.

- e aos 18 m: $\sigma'_v = 0{,}85(5 \times 2 + 13 \times 1) = 19{,}50$ t/m²

$\sigma'_h = 19{,}50 \times 0{,}48 = 9{,}30$ t/m²

Tabela 13.1 - Medidas das pressões de contato da Barragem de Cowgreen (modificado de Vaughan e Kennard, 1972)

Célula	γz kPa	Pressão média de contato - p_c	Pressão Piezométrica - u	$p_c/\gamma z$	$\dfrac{Pc - u}{\gamma z - u}$
1	470	338	276	0,72	0,32
2	364	244	198	0,67	0,27
3	259	179	119	0,69	0,43
4	159	108	71	0,68	0,42
5	369	119	78	0,32	0,14

No contato solo-concreto a barragem tem cerca de 25 m de altura. Este contato ocorre numa condição mista, ou seja, frontal e de abraço. As células de números 1 a 4 foram instaladas no trecho frontal, enquanto a célula n° 5 foi colocada na mesma elevação da célula n° 2, mas no trecho de montante. As duas faces do muro de concreto em contato com o solo são subverticais [9(V) : 1(H)].

A tabela sugere dois dados interessantes:

- embora a relação $p_c/\gamma z$ seja aproximadamente constante para as quatro células na face frontal, a relação das "tensões efetivas" varia bastante;

- a célula de montante, no trecho do abraço, apresenta uma pressão de contato muito inferior às demais.

Várias barragens brasileiras foram extensivamente instrumentadas, com a falha de, em algumas delas, não se dispor das medidas de pressões piezométricas junto às células de medida de pressão total.

Mellios e Lindquist (1990) apresentam dados de medidas de pressões totais nas Barragens de Três Irmãos e Água Vermelha. As características dos instrumentos utilizados constam da Tabela 13.2.

Tabela 13.2 - Principais características dos instrumentos (Mellios e Lindquist, 1990)

Características	Gloetzl	Maihak	CESP	CESP
Modelo	-	MDS-78	retangular	circular
Funcionamento	hidráulico	elétrico	pneumático	pneumático
Capacidade (kPa)	2.000	400/1.000	1.000	1.000
Dimensões do Sensor (mm)	Ø39x27	Ø54x114	Ø50x44	Ø50x44
Dimensões da Almofada (mm)	300x200x7	300x200x4	300x200x7	Ø275x7
Distância ao Sensor (mm)	0,0*	225	250	210

* Montagem do sensor numa das faces da almofada
As leituras referem-se tanto a pressões do maciço, como a pressões de contato com estruturas de concreto.

Pressões de maciço

Células instaladas numa roseta, no plano horizontal e em duas direções verticais, numa trincheira da fundação da Barragem de Três Irmãos, mostraram os seguintes resultados (Tabela 13.3).

Tabela 13.3-Pressões totais medidas na Barragem de Três Irmãos (*)

Célula	Posição	AGO-1982		OUT-1987		$p_c / \gamma z$	σ_h / σ_v
		γz	Pressão p_c	γz	Pressão p_c		
TS-01	Hor.	620	460	700	710	1,01	-
TS-02	Hor.	620	570	700	750	1,07	-
TS-03	⊥ Eixo	620	310	700	440	0,62	0,60
TS-04	// Eixo	620	200	700	280	0,40	0,38

(*) Pressões em kPa - dados de período construtivo

Os autores mencionam que a construção da barragem ficou interrompida por 62 meses. Ao final do primeiro período, as células horizontais registraram cerca de 80% da pressão vertical γz. Na retomada da obra em 1987, esta relação tinha chegado a 100%.

A célula vertical paralela ao eixo registrou pressões horizontais sempre inferiores às da célula vertical transversal ao eixo. Comportamento semelhante foi observado em mais duas seções instrumentadas da Barragem de Três Irmãos e em uma seção da Barragem de Água Vermelha.

O valor de K_o medido em ensaios tipo K_o, em amostra retirada próximo ao local da instrumentação da Barragem de Três Irmãos, foi de 0,51. Resultados de outros 14 ensaios realizados em blocos indeformados acusaram valores de K_o entre 0,30 e 0,54, com média de 0,41. (Ver no item 4 do Capítulo 7 discussão sobre este ensaio).

Pressões de contato

Os muros de ligação nas duas barragens em análise são do tipo misto. Células de pressão foram colocadas nas estruturas de concreto na face de montante (quatro seções), na face frontal (quatro seções em muros de ligação e duas na eclusa de Três Irmãos), e na face de jusante (quatro seções). Nas faces de montante e frontal, o contato se dá entre solo compactado e concreto; nas faces de jusante, entre enrocamento e concreto.

Os dados reproduzidos na Tabela 13.4 correspondem a uma seção típica, mas são representativos das demais seções semelhantes das duas barragens.

Tabela 13.4 - Pressões de contato medidas no muro lateral esquerdo da Barragem de Três Irmãos : fase de construção

Células de face montante		Pressões (kPa) jul/1989				
Célula	Posição	γz	Pressão Lida p_c	$p_c/\gamma z$	σ_h/σ_v	Média de outras seções ($p_c/\gamma z$)
TS-501	Contato	900	80	0,09	-	0,10 a 0,20
TS-502	Contato	600	300*	0,50*	1,0-0,7	~ 0,35
TS-503	Horiz.	600	300	0,50	-	0,50 (A.V.)
TS-504	Inclin.	600	50*	-	-	-
TS-505	Contato	300	130	0,43	-	-

* = comportamento anômalo

Na Tabela 13.5 são reproduzidos dados de células colocadas na face frontal do muro lateral esquerdo da Barragem de Água Vermelha, de comportamento análogo às seções semelhantes das barragens.

Tabela 13.5 - Pressões de contato medidas no muro lateral esquerdo da Barragem de Água Vermelha : fase de construção

Células de face frontal		Pressoões (kPa) set/1978				
Célula	Posição	γz	Pressão Lida p_c	$p_c/\gamma z$	σ_h/σ_v	Média de outras seções ($p_c/\gamma z$)
TS-22	Contato	1.000	220	0,22	-	0,12 - 0,20
TS-27	Contato	600	100*	0,17	0,40	0,10 - 0,20
TS-28	Horiz.	600	250	0,42	-	-
TS-29	Inclin.	600	60*	0,10	-	-
TS-42	Contato	300	100	0,33	-	-

* = comportamento anômalo

Na Tabela 13.6 são apresentados dados de pressões de contato lidas em paredes da eclusa da Barragem de Três Irmãos.

Tabela 13.6 - Barragem de Três Irmãos: pressões lidas em paredes da eclusa - fase de construção

Células de face eclusa		Pressões (kPa) set/1989				
Célula	Posição	γz	Pressão Lida p_c	$p_c/\gamma z$	σ_h/σ_v	Média de outras seções ($p_c/\gamma z$)
TS-104	Hor. a 8 m	800	340	0,42	-	
TS-103	Hor. base	800	180	0,22	-	
TS-106	Contato	540	120	0,22	-	semelhantes
TS-108	Contato	440	90	0,20	-	
TS-110	Contato	300	90	0,30	-	

Mellios e Sverzut (1975) publicaram dados relativos a pressões de contato solo-concreto e enrocamento-concreto medidas nos muros de ligação da Barragem de Ilha Solteira. Embora o trabalho contenha dados de células tipo Carlsan-Kyowa e Glötzil, nas Tabelas 13.7 e 13.8 reproduzem-se apenas as medidas feitas em células Glötzil, por serem, segundo os autores, mais confiáveis e também em maior número - 21 células.

As células foram colocadas somente nas faces montante e jusante do muro de "abraço". A face de montante é subvertical [9(V) : 1(H)], enquanto a face de jusante tem inclinação de 65° com a horizontal.

A Tabela 13.7 resume algumas das medidas efetuadas.

Tabela 13.7 - Pressões(*) totais medidas na Barragem de Ilha Solteira - MLD e MLE

Cél.	Estrutura	Pos.	Período de Construção			N.A. Máximo			Mat.
			γz	Pressão Lida p_c	$p_c/\gamma z$	γz	Pressão Lida p_c	$p_c/\gamma z$	
G-1	MLD	M	580	280	0,48	930	600	0,64	Solo
G-3	MLD	M	640	280	0,44	920	580	0,63	Solo
GM-5	MLE	M	-	-	-	670	220	0,33	Solo
GM-4	MLE	M	-	-	-	890	600	0,67	Solo
GM-3	MLE	M	-	-	-	670	380	0,56	Solo
G-2	MLD	J	320	200	0,62	1080	290	0,26	Solo
G-4	MLD	J	220	220	1,00	910	480	0,52	Solo
GJ-4	MLE	J	-	-	-	1070	550	0,51	Enroc.
GJ-5	MLE	J	-	-	-	730	350	0,47	Enroc.

(*) Pressões em kPa.

Finalmente, a Tabela 13.8 resume dados de pressões medidas em enrocamentos em contato com o muro lateral direito da Barragem de Água Vermelha.

É importante salientar que a inclinação do muro na face de jusante era de 60° com a horizontal.

Tabela 13.8 - Pressões totais medidas em enrocamentos em contato com o muro lateral direito da Barragem de Água Vermelha - fase de construção

Células a jusante		Pressões (kPa) set/1978				
Célula	Posição	γz	Pressão Lida p_c	$p_c/\gamma z$	σ_h/σ_v	Média de outras seções ($p_c/\gamma z$)
TS-33	Contato	700	460	0,65	-	semelhante
TS-31	Horiz.	500	250	0,50	-	-
TS-32	Contato.	500	130	0,26	0,52	-
TS-30	Inclin.	500	170	0,34	-	-
TS-33	Contato	300	130	0,43	-	semelhante
TS-43	Contato	300	170	0,56	-	semelhante

A análise conjunta dos dados das medidas de pressão total contidos nas Tabelas 13.1 a 13.6 mostra alguns aspectos interessantes:

(a) - as pressões de contato exercidas pelo solo ou pelo enrocamento sobre as estruturas de concreto têm um tempo de estabilização, ou seja, quando ocorre uma parada na construção, ou quando se alcança a cota máxima, as pressões de contato continuam subindo até se estabilizarem;

(b) - as pressões de contato exercidas nos solos compactados da Barragem de Ilha Solteira (Tabela 13.7), durante o período da construção, são bastante superiores às observadas nas Barragens de Três Irmãos e Água Vermelha (Tabelas 13.4 a 13.6): valores de pressão p_c dividida por γz da ordem de 0,45 a 0,60 em Ilha Solteira, contra valores de 0,10 a 0,30 em Três Irmãos e Água Vermelha. Como não há dados de leituras piezométricas, não se sabe se houve ou não influência das pressões neutras nos resultados, mas as pressões lidas em inúmeros piezômetros instalados nas três barragens referidas indicaram sempre valores muito baixos, que não poderiam explicar as diferenças registradas.

As pressões verticais, lidas em células horizontais nas Barragens de Três Irmãos e Água Vermelha, instaladas a meia altura das barragens, são da ordem de 50% das pressões de peso de terra, sugerindo uma transferência significativa das tensões para as estruturas de concreto. Este dado é preocupante porque, com o enchimento do reservatório, as pressões piezométricas que se estabelecem podem superar as pressões de contato, reduzindo ou mesmo anulando a <u>vedação</u> necessária ao controle do fluxo. Ávila (1980) confirma esses dados ao analisar as pressões piezométricas registradas em Água Vermelha. (Ver discussão sobre o controle do fluxo na interface, adiante).

As pressões lidas em células de contato em elevações próximas à base dos muros e da eclusa de Três Irmãos são proporcionalmente mais baixas que as registradas nas elevações intermediárias, confirmando a hipótese da ocorrência de transferência de tensões às estruturas de concreto. Este fato não fica tão claro em Ilha Solteira, mas as relações entre pressões de contato e γz tendem a ser menores nas células mais próximas à base.

As células colocadas no nível mais elevado indicam sempre tensões de contato proporcionalmente maiores. Isso pode decorrer dos efeitos de compactação, como se observa, por exemplo, na evolução das pressões de contato versus γz para a célula TS-108 (Tabela 13.9).

Tabela 13.9 - Pressões lidas na célula TS-108 da Barragem de Água Vermelha

Pressão Lida p_c (kPa)	γz (kPa)	$p_c/\gamma z$
15	50	0,30
40	70	0,57
50	130	0,38
70	260	0,26
80	400	0,20

Os autores citados registraram valores de $p_c/\gamma z$ superiores à unidade para baixas pressões de peso de terra de forma generalizada, o que justificaria as formulações propostas para levar em conta este efeito nas estimativas de pressões de contato. A distribuição de tensões em estruturas de concreto pode ser estimada segundo a Figura 13.5.

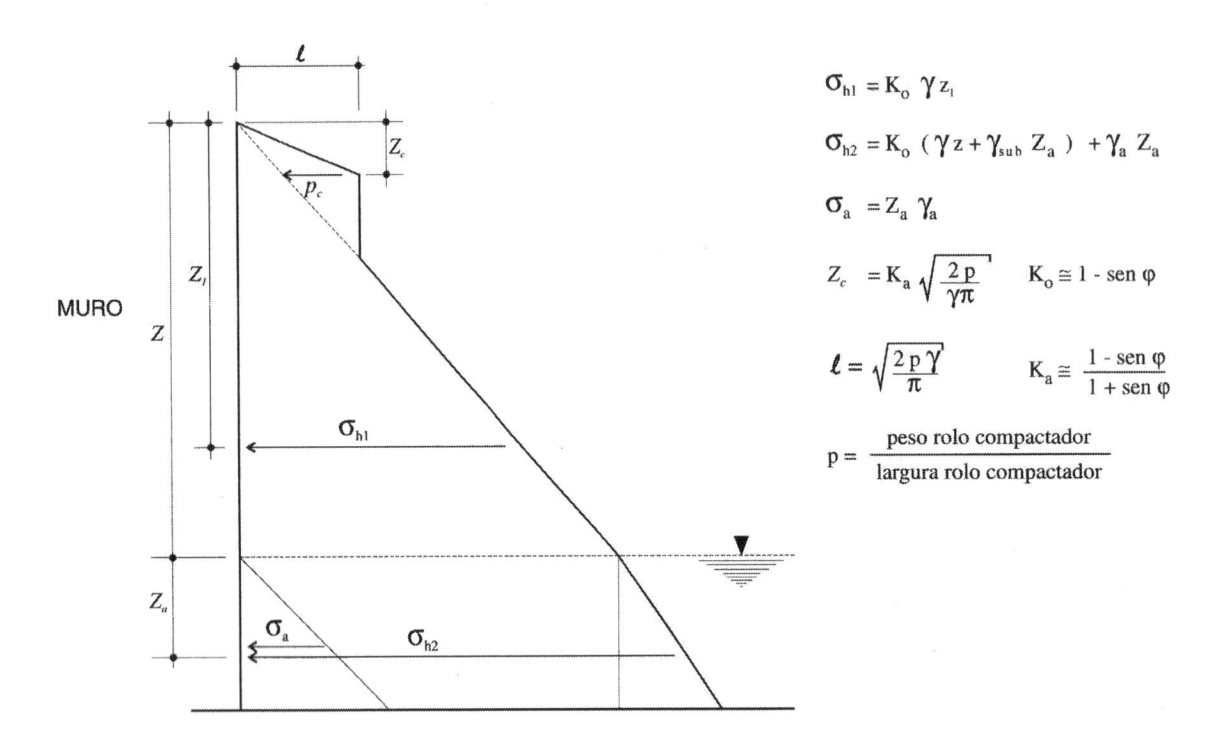

$$\sigma_{h1} = K_o\,\gamma z_1$$

$$\sigma_{h2} = K_o\,(\gamma z + \gamma_{sub}\,Z_a) + \gamma_a\,Z_a$$

$$\sigma_a = Z_a\,\gamma_a$$

$$Z_c = K_a\sqrt{\frac{2p}{\gamma\pi}} \qquad K_o \cong 1 - \text{sen}\,\varphi$$

$$\ell = \sqrt{\frac{2p\,\gamma}{\pi}} \qquad K_a \cong \frac{1 - \text{sen}\,\varphi}{1 + \text{sen}\,\varphi}$$

$$p = \frac{\text{peso rolo compactador}}{\text{largura rolo compactador}}$$

Figura 13.5 - Pressões atuantes num muro de ligação

No caso de pressões de contato devidas aos enrocamentos (Tabela 13.7 e 13.8) as relações entre pressões e γz são sistematicamente maiores (na faixa de 0,40 a 0,60). Isso se deve em parte à inclinação dos muros. Se os valores de 0,40 a 0,60 forem multiplicados pelo cosseno de 30°, numa aproximação grosseira para cálculo da pressão de contato horizontal, a faixa seria reduzida para 0,35 a 0,51. Estes valores ainda são elevados, tendo em vista que os enrocamentos são materiais de ângulos de atrito em muito superiores aos dos solos compactados, principalmente no caso de baixas tensões confinantes.

A influência das pressões piezométricas devidas à rede de fluxo ficou evidente nas leituras procedidas em Água Vermelha na face de montante dos muros de ligação. Este fato é previsível porque os valores de σ_h crescem com o aumento da pressão piezométrica, enquanto o valor de γz se altera pouco, uma vez que o γ_{sat} do solo é próximo do γ_{nat}. O fato dos valores de $p_c/\gamma z$ para N.A. máximo serem bem superiores a γz do período construtivo, conforme indicado na Tabela 13.7, decorre de se ter iniciado o enchimento do reservatório de Ilha Solteira antes do término da barragem.

Como conclusão, pode-se verificar que as pressões de contato medidas nas barragens citadas são inferiores às propostas para cálculo pela expressão:

$$\sigma_h = K_o\sigma'_v + u,$$

sendo $\sigma'_v = \gamma z - u$ e $u =$ pressão piezométrica.

O valor de K_o, quando medido em ensaios triaxiais de laboratório do tipo K_o na condição estabilizada, tende a ser muito próximo do valor obtido pela expressão de Jacky: $K_o = 1 - \text{sen}\,\varphi'$. Como φ' varia de 25° a 35° para a maioria dos solos compactados, K_o varia na faixa de 0,57 a 0,42.

Admitindo que u fosse zero durante a construção, no caso das Barragens de Ilha Solteira, Três Irmãos e Água Vermelha, e considerando apenas as leituras de células colocadas entre a meia altura da barragem e o terço inferior, pode-se compor a Tabela 13.10:

Capítulo 13

Tabela 13.10 - Pressões lidas entre a meia altura e o terço inferior de muros de ligação

Célula	Barragem	γz (kPa)	Pressão lida P_{c1} (kPa)	Pressão de cálculo P_{c2} c/K_o=0,50	P_{c1}/P_{c2}
G-1	Ilha Solteira	580	280	290	0,96
G-2	Ilha Solteira	320	200	160	1,25
TS-108	Três Irmãos	440	90	220	0,41
TS-27	Água Vermalha	600	100	300	0,33
TS-106	Três Irmãos	600	210	300	0,70
2	Cow Green*	166	46	83	0,55
3	Cow Green*	140	60	70	0,85

* = Calculados para σ'_v e σ'_h

A Tabela 13.10 comprova a afirmação de que as pressões de cálculo são maiores do que as medidas, mas também mostra que esta diferença varia muito de um caso para outro.

Nas Tabelas 13.11.a e 13.11.b procura-se resumir alguns dados de medidas procedidas no final da construção e um ano após o enchimento do reservatório, para a Barragem de Tucuruí.

Os dados reproduzidos referem-se a medidas de σ_v e σ_h em células de pressão total, instaladas nos contatos solo/concreto do MTD -2 (muro de transição direito 2) e o BG-2 (bloco de gravidade 2) da barragem.

Tabela 13.11 - Pressões totais lidas na Barragem de Tucuruí (Herkenhoff e Dib, 1986)

a) Final de construção

Muro (m)	Nível	Face	σ_v (kg/cm²)	σ_h (kg/cm²)	u (kg/cm²)	σ_h/σ_v	$\dfrac{\sigma_h-u}{\sigma_v-u}$	z (m)	γz (kg/cm²)
MTD-2	15,00	Mont.	6,33	4,56	0,66	0,72	0,68	63	12,6
	44,70	Mont.	-	1,09	0,49	-	-	33,3	6,66
	62,30	Mont.	1,85	1,85	0,22	1,00	1,00	15,7	3,14
	15,00	Frontal	6,87	6,60	0,51	-	-	63	12,6
	44,70	Frontal	-	3,71	0,82	-	-	33,3	6,66
	62,30	Frontal	2,01	2,21	0,05	1,10	-	15,7	3,14
BG-2	15,00	Frontal	6,29	5,97	0,26	0,83	0,81	63	12,6
	44,70	Frontal	-	3,90	0,74	-	-	33,3	6,66
	62,30	Frontal	1,43	4,27	0,00	2,54	-	15,7	3,14

b) - Um ano após enchimento do reservatório

Muro	Nível (m)	Face	σ_v (kg/cm²)	σ_h (kg/cm²)	u (kg/cm²)	σ_h / σ_v	$\dfrac{\sigma_h - u}{\sigma_v - u}$	z (m)	γz (kg/cm²)
MTD-2	15,00	Mont.	9,35	8,12	4,87	0,87	0,73	63	12,6
	44,70	Mont.	-	3,49	2,69	-	-	33,3	6,66
	62,30	Mont.	2,53	2,14	0,93	0,84	0,75	15,7	3,14
	15,00	Frontal	-	7,97	2,21	-	-	63	12,6
	44,70	Frontal	-	5,18	1,41	-	-	33,3	6,66
	62,30	Frontal	2,39	2,69	0,10	1,12	-	15,7	3,14
BG-2	15,00	Frontal	8,19	7,07	2,89	0,77	0,66	63	12,6
	44,70	Frontal	-	4,55	1,36	-	-	33,3	6,66
	62,30	Frontal	1,84	4,25	0,68	2,32	3,05	15,7	3,14

A análise dos dados da tabela e a avaliação dos autores citados levam a algumas conclusões de interesse:

(I) - os piezômetros instalados em elevações inferiores foram os primeiros a registrar a percolação da água;

(II) - o contato de abraço (Muro MTD-2) mostrou-se menos efetivo do que os contatos frontais, no controle do fluxo, fato também constatado em outras barragens. Mesmo assim as pressões de contato foram efetivas (> 0);

(III) - piezômetros colocados a 5,8 m de distância da interface tiveram comportamento em tudo semelhante aos da interface. As pressões verticais medidas em células posicionadas a 0,60 m do bloco BG-2, no entretanto, foram 25% menores do que as medidas em células afastadas 5,8 m do bloco nas mesmas elevações, indicando transferência de tensões;

(IV) - as relações entre σ_h/σ_v e σ'_h/σ'_v mostraram-se sempre superiores a 0,50 (valor estimado aproximado de K_o; φ' dos solos variável de 26° até 35°) e nos níveis mais elevados foram sempre maiores que 1,0 no final da construção, decrescendo pouco com o enchimento do reservatório;

(V) - os valores de σ_v medidos ficaram sempre abaixo de γz (0,50 a 0,80). Mesmo aplicando-se a correção I aos valores de σ_v (por cálculos elásticos simplificados), $I\sigma_v$ ainda é superior aos valores medidos. A relação entre σ_h e γz no final da construção em geral era inferior a 0,50, crescendo para 0,75 a mais de 1,0 com o enchimento do reservatório;

(VI) - a relação σ'_h/σ'_v (K_o) mostrou-se decrescente com a subida do aterro, como poderia ser previsto considerando o efeito da compactação. É interessante notar que essa relação foi sempre menor no caso da interface de abraço;

(VII) - as linhas freáticas mostraram queda acentuada ao longo das interfaces frontais, contrariando o que tem sido observado em núcleos de solo compactado, em barragens de enrocamento com núcleo. Em cerca de dois anos houve uma tendência de estabilização, o que confirma a relativamente rápida estabilização do fluxo. Num cálculo simplificado chega-se a valores de $K_{médio}$ na casa de 10^{-5} a 10^{-6} cm/s;

(VIII) - pêndulos diretos instalados nos muros indicaram deslocamentos para jusante de 8,1 mm no MTD-2 e de 5,2 mm no BG-2. Já o solo nas proximidades do muro registrou deslocamentos horizontais de 77 mm (MTD-22) e 31 mm no BG-2, também no sentido de jusante. Os deslocamentos verticais alcançaram 134 mm no MTD-2. Já nos níveis inferiores, os deslocamentos verticais foram de 153 mm no MTD-2 e 249 mm no BG-2. Apesar dos movimentos relativos acentuados (muro-aterro), as pressões efetivas sempre foram positivas, indicando que não houve descolamento do solo em relação ao muro.

Controle do fluxo na interface

O controle do fluxo na interface envolve vedação e drenagem, discutidas a seguir.

Vedação

A interface solo/concreto pode tornar-se um caminho preferencial de fluxo pelas razões já discutidas, e por isso é necessário garantir pelo menos num trecho da área de contato uma condição de vedação efetiva. A Figura 13.6 mostra de forma esquemática o que ocorre no contato solo/concreto. No trecho inicial do "abraço" de montante, as pressões efetivas de contato podem ser nulas, porque as pressões piezométricas podem superar a pressão de contato. A partir de um determinado ponto essa condição se inverte, ou seja, a pressão piezométrica passa a ser menor do que a pressão de contato, o mesmo ocorrendo de forma ainda mais efetiva na região frontal.

Uma pequena inclinação (5° a 10°) na face frontal do muro torna-se benéfica, porque devido à tendência da água de "empurrar" a barragem contra o muro, há um aumento na pressão de contato. Este pequeno detalhe em muitos casos não é considerado no projeto do muro, perdendo-se um benefício a favor da segurança e a custo zero.

A questão que se propõe é de como fixar o comprimento do contato efetivo, para o controle de fluxo.

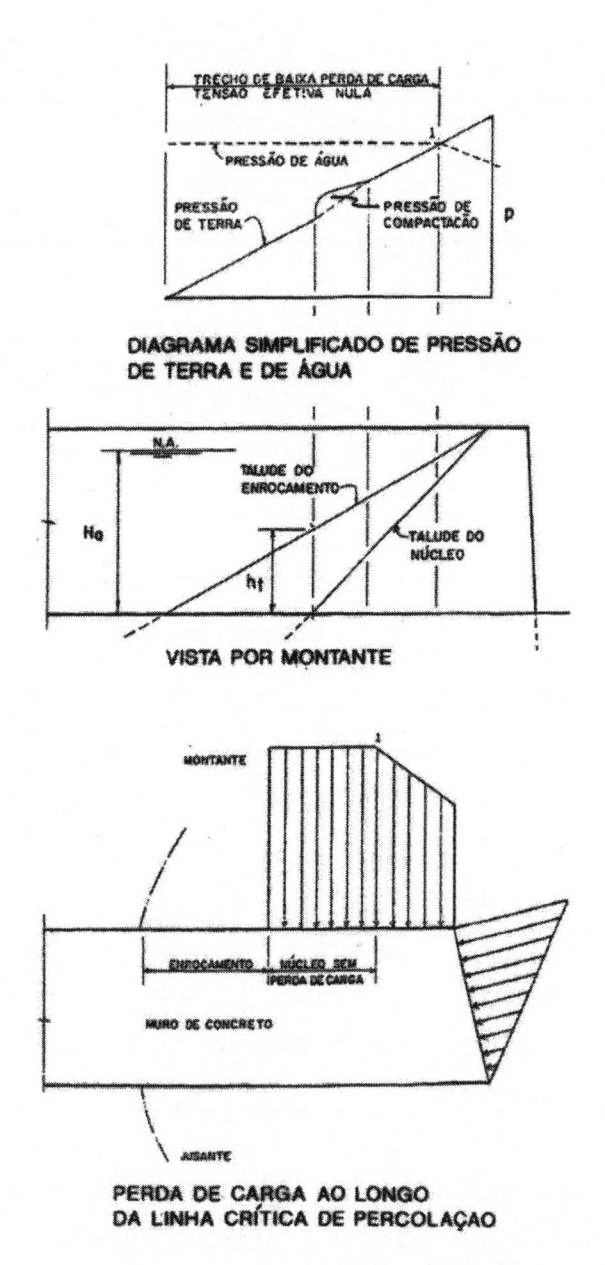

Figura 13.6 - Interface solo-concreto: linha crítica de percolação (Ávila, 1980)

A previsão da área efetiva de contato pode ser feita por métodos numéricos, em modelos tridimensionais. Como para esses cálculos são necessários parâmetros que dependem de inúmeros fatores, nem sempre de fácil determinação, os resultados dessas análises devem ser considerados apenas como previsões, a serem verificadas por instrumentação.

Por outro lado, é necessário projetar a obra antes de se dispor das medidas dos instrumentos e, para tanto, alguns critérios empíricos podem ser adotados:

- por analogia à barragem de enrocamento com núcleo de solo, poder-se-ia fixar o comprimento mínimo como 0,25 a 0,50 da altura da barragem. Essa analogia, no entretanto, é precária, porque os mecanismos de tranferência de tensões são muito diferentes;

- as analogias a critérios geométricos baseadas em *creep ratio* (Lane, 1935) não são aplicáveis, porque os fenômenos de *piping* envolvidos são completamente diferentes. Por este critério, o comprimento mínimo de contato efetivo para solos compactados deveria ser de 2 a 3 vezes a altura da barragem, ou seja, 4 a 6 vezes maior do que o fixado pela analogia a núcleos de solo em barragens de enrocamento.

A Tabela 13.12 indica as relações entre o comprimento do contato solo-muro para 11 barragens brasileiras, algumas das quais já mencionadas no tocante a dados de instrumentação.

Tabela 13.12 - Relações aproximadas entre o comprimento de contato solo-muro

Barragem	Altura (m)	LM (m) Contato Montante	LF (m) Contato Frontal	$\dfrac{LM}{H}$	$\dfrac{LF}{H}$	$\dfrac{LM + LF}{H}$
Volta Grande	40	30	10	0,75	0,33	1,08
Agua Vermelha ML	54	20	60	0,37	1,11	1,48
Ilha Solteira ML	52	103	10	0,19	1,99	2,18
Tucurui ML	79	39	65	0,49	0,82	1,31
Rosana	29	-	45	-	1,55	1,55
Salto Osório	56	-	22	-	0,39	0,39
Jaguara	30*	-	10,6	-	0,35	0,35*
Porto ** Primavera	36	-	100	-	2,77	2,77
São Simão	70	30	46	0,42	0,65	1,07
Itaipu	50	-	30	-	0,60	0,60

* a 2/3 da altura.

** Est. 510 - junto ao vertedor.

Como se vê, os comprimentos dos contatos solo-muro variam de 0,35 a 2,77, em termos totais, e de 0,35 a 2,77 no contato frontal. Na realidade o que interessa é analisar a relação entre o contato e a diferença de carga ΔH entre montante e jusante. Como ΔH é em geral < H essas relações crescem muito. Os dois casos extremos - Jaguara e Porto Primavera - são exceções à regra, e esses contatos curtos e largos são decorrentes da seção das barragens. Vejam-se as Figuras 13.1 e 13.7.

Algumas recomendações de ordem prática podem ser seguidas:

- o trecho frontal do muro tem-se mostrado mais eficiente como contato efetivo. A inclinação deste contato é benéfica;

- o aumento do contato a montante obtido com muros de ligação mais longos, além de se tornar antieconômico, não torna o contato necessariamente mais efetivo, devido às elevadas pressões piezométricas resultantes do enchimento do reservatório;

- todas as providências na direção de reduzir a resistência ao cisalhamento solo-muro são benéficas, porque reduzindo-se a transferência de tensões na interface, as pressões de contato aumentam. Superfícies lisas no concreto e a compactação do solo em umidade mais elevada devem ser consideradas;

- a redução de declividade do paramento do muro na face de contato tende a aumentar a pressão de contato e facilita a compactação. Tem a desvantagem de aumentar também a tranferência de tensões, mas o somatório dos prós e contras parece favorável. As declividades usualmente adotadas são de 0,1(H) : 1,0(V) [84°] até 0,6(H) : 1,0(V)[60°].

Drenagem

O controle do fluxo pela interface deve ser completado por um dreno colocado junto à aresta de jusante do muro de ligação, no caso de muros de abraço, e no prolongamento do dreno vertical ou inclinado de seção adjacente da barragem, no caso de contato frontal. Não há justificativa para se colocar solo compactado a jusante do muro de ligação. Os drenos devem ser construídos até a altura do N.A. máximo do reservatório.

A primeira camada do dreno deve ser de areia, seguida de camadas granulométricas crescentes até se chegar ao enrocamento. No caso de barragem de seção homogênea, é recomendável dobrar a espessura do dreno de areia ou executar um dreno-sanduíche.

Critérios de filtragem (ver Capítulo 10) devem ser rigorosamente obedecidos. Os solos da interface devem ser verificados quanto a características dispersivas. De preferência, os solos dispersivos devem ser evitados nos contatos.

A condição dos drenos a jusante dos contatos é crítica, porque, no caso de descolamento do solo na interface, ocorrerá um fluxo concentrado que deverá ser absorvido pelo dreno, até que o problema seja contornado. O fluxo concentrado implicará a remoção de partículas ou grãos dos solos compactados, os quais devem ser retidos pelo dreno, para se evitar o início de um *piping* que pode pôr em risco a barragem.

Por essa razão, é recomendável um reforço de drenagem a jusante dos contatos.

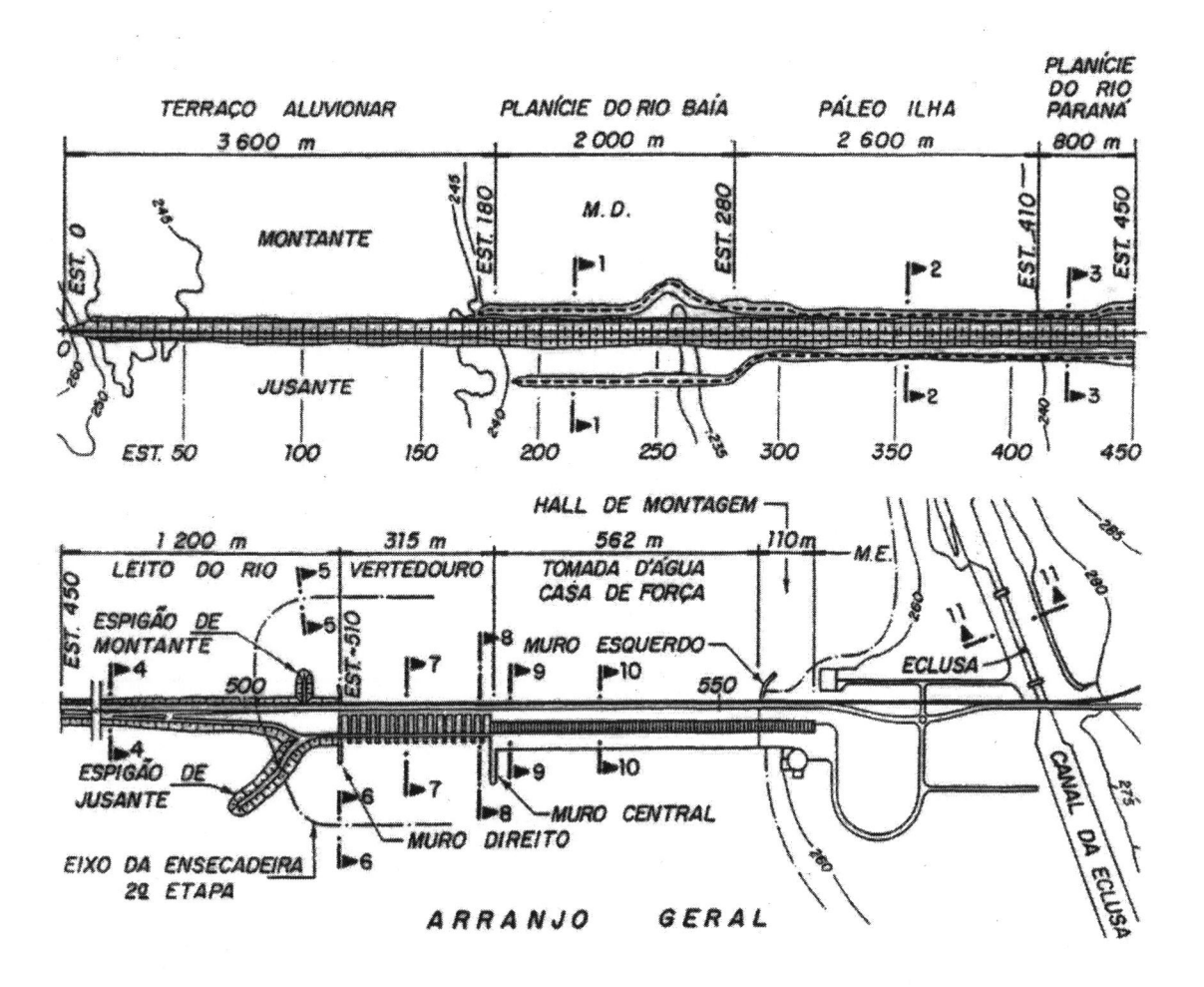

Figura 13.7 - Barragem de Porto Primavera - arranjo geral (cortesia THEMAG Engenharia, 1994)

Estimativa de possíveis deslocamentos da estrutura

Medidas de deslocamentos em barragens de concreto gravidade, efetuadas durante o enchimento de reservatórios, têm mostrado que há uma tendência da barragem a se deslocar para montante, na fase de níveis d'água ainda baixos, retornando para a posição vertical e deslocando-se para jusante com o restante do enchimento.

Esses deslocamentos, embora pequenos (ordem de milímetros), trazem um complicador na consideração das pressões de contato. O movimento da estrutura para montante tende a comprimir o solo. Se a estrutura voltar à posição original, ou se deslocar para jusante, pode ocorrer um vazio entre ela e o solo, facilitado pelas elevadas pressões da água do reservatório, que aí se estabelecem. Viotti e Ávila (1980), e Viotti (1980) observaram que esses movimentos às vezes ocorriam em conjunto com a queda até zero da pressão efetiva no contato do núcleo a montante dos muros de ligação da Barragem de São Simão.

Deve-se salientar que, no caso de São Simão, a interface solo-enrocamento no abraço tinha inclinação de 0,4(H):1,0(V), enquanto em Água Vermelha e Itumbiara as inclinações foram de 1,5(H):1,0(V) e 2,2(H):1,0(V), respectivamente. Nestas últimas, as pressões efetivas de contato foram sempre positivas, embora reduzidas no caso de Água Vermelha.

A previsão dos deslocamentos das estruturas de concreto também pode ser feita por Métodos Numéricos, desde que se disponha de dados confiáveis da deformabilidade dos materiais da fundação dos muros, além das características de deformabilidade dos solos compactados, para tensões crescentes e decrescentes que, como se viu no Capítulo 12, são de difícil obtenção e simulação em cálculos numéricos.

Esta questão vem favorecer os encontros frontais em relação aos encontros de montante, como discutido por Vaughan e Kennard (1972), Mello (1977) e Speedia (1979).

A questão é controversa, porque outros autores (Silveira *et al.*, 1980, e Eakin e McMillen, 1979) têm mencionado o comportamento aparentemente satisfatório de estruturas de contato incluindo o núcleo a montante.

13.2.2 - Estruturas Enterradas

Um grande número de pequenas barragens, ou mesmo barragens de médio porte, em rios de pequena vazão, incluem no seu arranjo uma galeria enterrada, que serve na fase de construção para o desvio do rio, e na fase de operação para a descarga de fundo, escoamento das vazões de irrigação, e outros objetivos.

Essas estruturas devem ser estudadas com os seguintes propósitos:

(I) - determinação das tensões atuantes;

(II) - determinação dos deslocamentos verticais e horizontais; e

(III) - controle do fluxo nas interfaces. Pelas mesmas razões já discutidas quanto às pressões de contato com as estruturas de concreto, pode ocorrer um deslocamento do solo em relação à estrutura, resultando num caminho de fluxo preferencial e exatamente na direção montante-jusante. A Barragem de Mulungu (comunicação verbal de Lacerda e Coutinho, 1994) rompeu durante o primeiro enchimento, pela ocorrência de um *piping* ao longo de uma estrutura de concreto enterrada.

Determinação das tensões na estrutura enterrada

As tensões atuantes em estruturas enterradas dependem da deformabilidade do material de fundação da estrutura, do material do aterro, e do material da estrutura. Dependem ainda da forma geométrica da estrutura.

A inclusão de uma estrutura rígida, como por exemplo uma galeria de concreto, num maciço compressível (solo compactado), tem como resultado uma concentração das tensões no topo da galeria e um alívio das tensões nas suas laterais. Por esta razão e, sempre que possível, recomenda-se que as galerias de concreto sejam encaixadas em trincheiras escavadas parcial ou totalmente em rocha, para que se reduza ao máximo a concentração de tensões no seu topo, promovendo conseqüente alívio das tensões nas laterais.

Quando isso não é possível, pode-se recomendar uma compactação diferenciada do solo nas laterais à galeria (maior grau de compactação) em relação ao topo (menor grau de compactação), para provocar um efeito de arco e distribuir melhor as pressões.

As fotos da Figura 13.8 mostram os danos causados a uma estrutura pré-fabricada, sob um aterro compactado, por problemas de recalques da fundação e concentração de tensões no topo da mesma.

No caso, foi necessário remover o aterro, a estrutura, e relocá-la em posição mais favorável, além de substituí-la por uma galeria em concreto com juntas flexíveis.

Medidas efetuadas por vários autores mostram que as pressões verticais no topo da galeria ficam entre 1,40 e 2,00 vezes o peso de terra, para a condição de final da construção, como se vê na Tabela 13.13.

Capítulo 13

a) - Foto A

b) - Foto B

Figura 13.8 - Estrutura pré-fabricada sob aterro compactado

Tabela 13.13 - Pressões medidas em galerias enterradas (apud Ávila, 1980)

Autores	Altura do Aterro (m)	Pressão Vertical Medida (t/m²)	γz (t/m²)	$\dfrac{\sigma_v}{\gamma z}$	Referência
Marston (1919)	6,0	-	-	1,92	Penman et al (1975)
Binger (1948)	15,0	41,5	23,0	1,80	Penman et al (1975)
Trollope * (1963)	21,0	80,0	46,0	1,74	Trollope et al (1963)
Trollope ** (1963)	21,0	140,0	46,0	3,00	Trollope et al (1963)
Breth (1964)	49,0	135,0	95,0	1,40	Beier et al (1979)
Blinde (1972)	Variável	-	-	1,5	Blinde et al (1972)
Penman et al (1975)	53,0	170,0	96,5	1,76	Penman et al (1975)
Seemele Paré (1979) ***	78,0	-	-	0,60	Seemel e Paré (1979)

* Final de construção

** Após o enchimento do reservatório

*** Utilizando colchão de bentonita acima da galeria

As pressões verticais ao lado das estruturas ficam aliviadas, e as pressões de contato podem ser inferiores à pressão piezométrica devida ao fluxo.

A Figura 13.9 mostra dados de deslocamento e tensões medidos e previstos por Penman et al (1975) para a Barragem de Winscar.

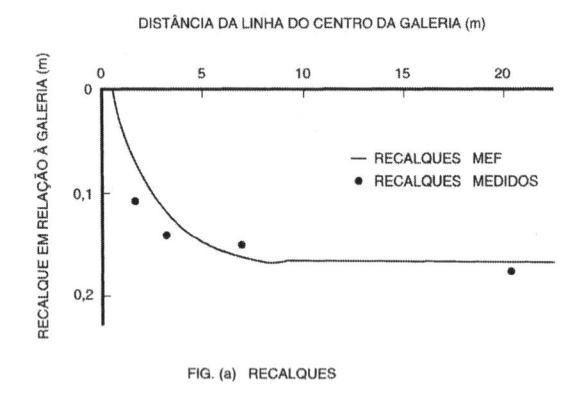

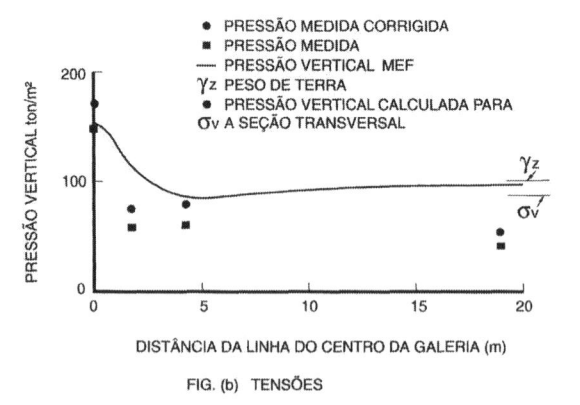

Figura 13.9 - Comparação entre valores calculados e medidos em galeria enterrada - Barragem de Winscar (Penman et al., 1975)

Nas Barragens de Jacareí e Jaguari, foram construídas galerias de desvio assentes em materiais compressíveis: solo saprolítico no caso de Jacareí e solo compactado no caso de Jaguari. Ver Figuras 13.10 e 13.11.

Nas mesmas figuras estão indicados os recalques observados e as pressões piezométricas atuantes.

Células de pressões totais colocadas no topo e nas laterais das galerias indicaram as pressões mostradas na Figura 13.12 e condensadas na Tabela 13.14.

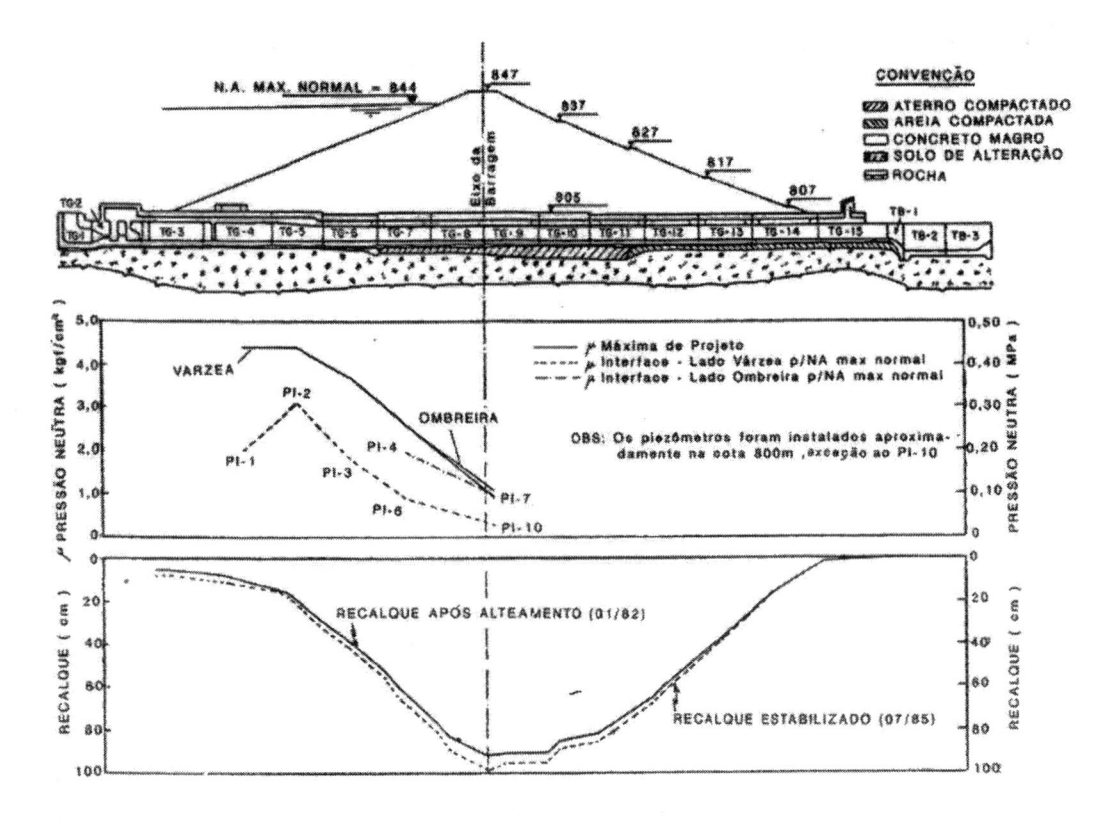

Figura 13.10 - Barragem do Jacareí - pressões neutras na interface e recalques da galeria (Yassuda e Rocha, 1986)

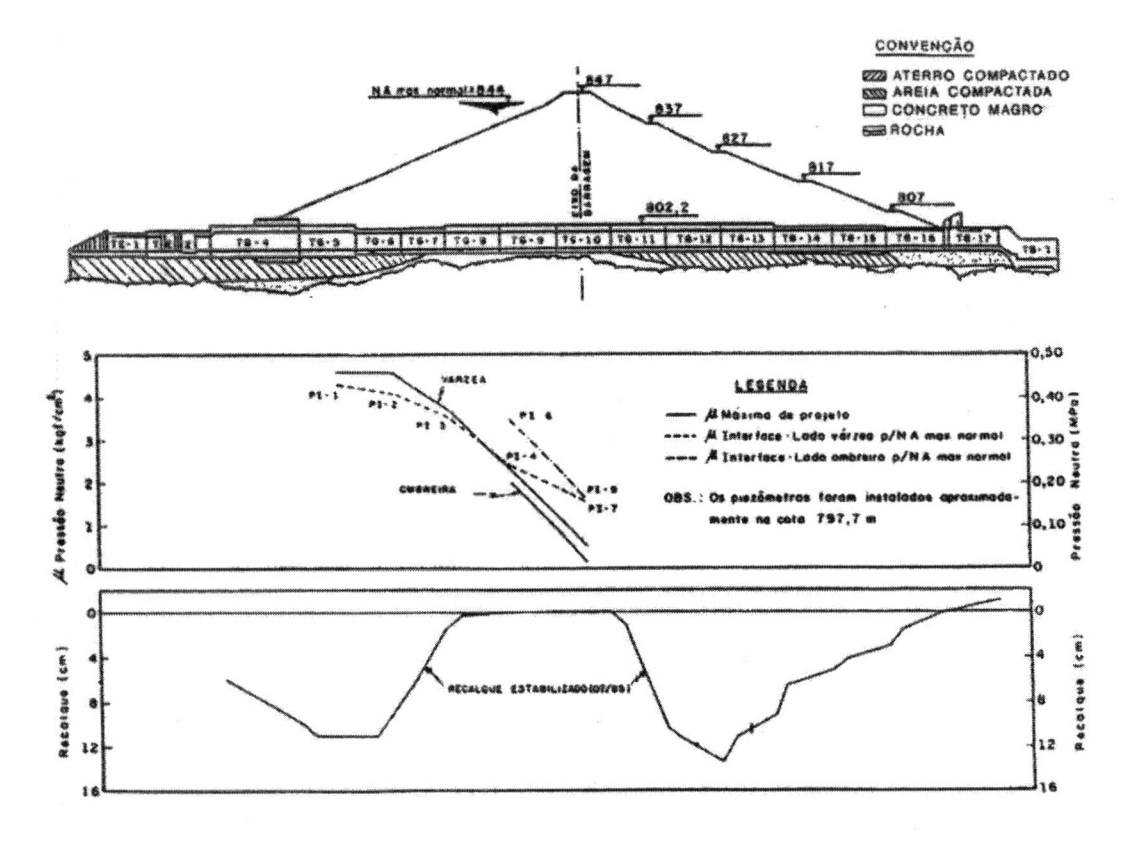

Figura 13.11 - Barragem do Jaguari - pressões neutras na interface e recalques da galeria (Yassuda e Rocha, 1986)

100 Barragens Brasileiras

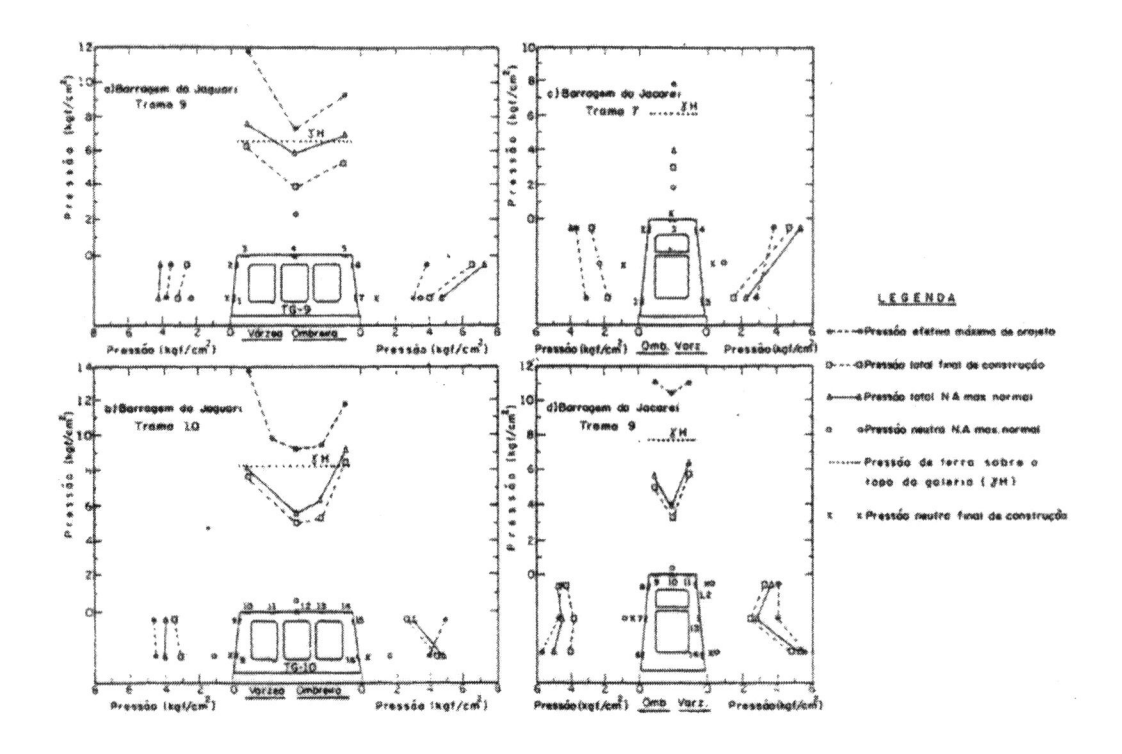

Figura 13.12 - Diagrama de pressões totais e neutras nas galerias de desvio - Barragens de Jacareí e Jaguari
(Yassuda e Rocha, 1986)

Tabela 13.14 - Pressões totais (*) medidas no topo e nas laterais de galeiras

Barragem	Célula n°	Piez.	Posição	γz	u	Final de Construção Pressão de Contato	N.A. máx Pressão de Contato	u
Jaguari	3	-	Hor.	6,3	-	6,2	7,5	-
	4	4	Hor.	6,3	0	3,8	5,7	2,1
	5	-	Hor.	6,3	-	5,0	6,8	-
Tramo9	1	1	Lat.	-	0	3,1	4,2	2,2
	2	-	Lat.	-	-	2,5	4,0	-
	6	-	Lat	-	-	6,6	7,3	-
	7	7	Lat.	-	1,0	4,0	4,6	3,7
Jacareí	9	-	Hor.	7,9	-	4,7	5,2	-
	10	10	Hor.	7,9	0	3,2	3,9	0,2
	11	-	Hor.	7,9	-	5,5	6,1	-
Tramo9	6	-	Lat	-	-	4,0	5,0	-
	7	7	Lat.	-	0,3	3,9	4,3	0,9
	8	-	Lat.	-	-	4,2	4,9	-
	12	12	Lat.	-	0	3,2	3,7	0,2
	13	-	Lat.	-	-	2,4	2,8	-
	14	14	Lat.	-	0,2	4,8	5,5	0,6

(*) - Pressões em kg/cm^2. Obs.: pressões tiradas do gráfico, sujeitas a pequenos erros de interpretação.

Os valores gráficos e tabelados mostram que, nos dois casos, as pressões verticais são em geral inferiores à pressão de peso de terra γz e que as pressões horizontais são muito variáveis de um lado para outro da galeira, e também não guardam uma relação estável com a pressão vertical. Como as pressões piezométricas são sempre muito inferiores às pressões totais, as pressões de contato são positivas.

Os tramos nº 9 das duas barragens encontram-se próximo ao eixo.

As baixas pressões de topo foram explicadas por problemas de arqueamento, o que também explicaria as elevadas pressões laterais; mas é necessário considerar também a influência dos recalques da fundação.

Determinação dos deslocamentos

Os deslocamentos longitudinais e transversais decorrentes da compressibilidade dos materiais das fundações e das tensões atuantes no topo e nas paredes laterais das galerias devem ser verificados quanto aos requisitos de tolerância estrutural. Recalques diferenciais excessivos podem resultar em abertura de juntas e até na ruptura do concreto, como se observa na foto da Figura 13.13.

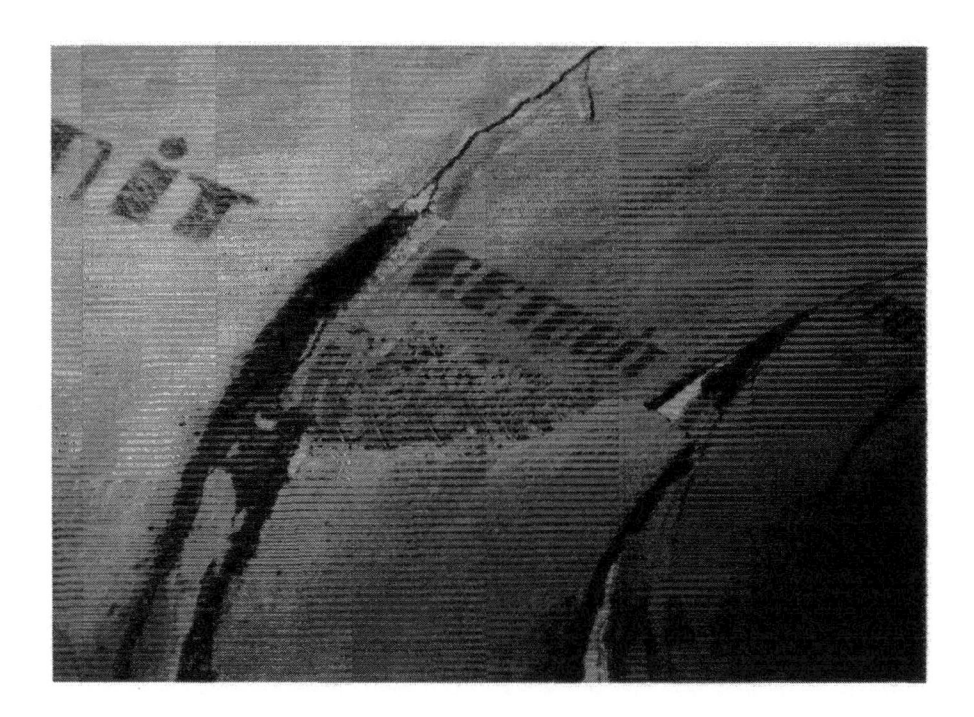

Figura 13.13 - Detalhe da abertura de juntas em estrutura pré-fabricada sob aterro

Segundo Rutledge e Gould (1973), os fatores que influenciam os deslocamentos são: a tensão vertical máxima; o módulo de deformabilidade do solo de fundação; a espessura da camada de fundação; a relação base-altura da barragem; e o módulo de Poisson do solo. Os mesmos autores tentaram estabelecer relações entre os deslocamentos verticais e horizontais de modo a simplificar a análise.

As estimativas dos deslocamentos podem ser feitas por Métodos Numéricos, mas como nos demais casos, há sempre dificuldade na obtenção dos parâmetros necessários aos cálculos e, por esta razão, medidas de deslocamentos são sempre necessárias e recomendáveis.

Os dados dos deslocamentos verticais observados nas galerias das Barragens de Jaguari e Jacareí permitem algumas observações interessantes a respeito dos recalques totais e diferenciais. Veja-se a Tabela 13.15.

Tabela 13.15 - Recalques diferenciais observados em galerias enterradas

Barragem	Tramo	Recalque (mm)	Recalque Diferencial (mm/mm)	Observação
Jacareí	TG-4	10		
			- 0,0008 = 1/1.250	Fundação em solo saprolítico
	TG-6	42		
			- 0,0008 = 1/1.250	Fundação em solo saprolítico
	TG-8	90		
			- 0,0003 = 1/3.230	Rec. máximo - Linha de centro
	TG-9	92		
	TG-11	80		
			- 0,0011 = 1/909	Fundação em solo saprolítico
	TG-13	38		
			-0,0008 = 1/1.250	Pé da galeria
	TG-15	0		
Jaguari	T-4	60		
			0,002 = 1/476	Fundação em aterro compactado
	T-5=T-6	115		
			0,0035 = 1/285	Fundação em rocha e concreto
	T-8	0		
	T-10	0		
			0,0042 = 1/236	Fundação em rocha e concreto
	T-12	120		
	T-13	115		
			0,0014 = 1/707	Fundação em aterro compactado
	T-16	10		

Os recalques diferenciais ao longo da galeria da Barragem de Jacareí são bastante uniformes e ficam na casa de 1/1.200 em média. Já no caso da Barragem de Jaguari, os tramos centrais da galeria ficaram apoiados em concreto de regularização resultando em recalque nulo. A montante e a jusante a galeria foi apoiada em aterro compactado e os recalques diferenciais chegaram a 1/250 a 1/300.

Segundo Yassuda e Rocha (1986), as duas galerias não apresentaram qualquer problema operacional.

Controle do fluxo nas interfaces

Além do controle das deformações da galeria, por questões estruturais, é necessário garantir num trecho da mesma o contato efetivo entre o solo compactado e o concreto, para evitar que, por "deslocamentos" progressivos, a água encontre um caminho de fluxo preferencial e inicie um processo de *piping*, como ocorreu na Barragem de Mulungu (PE).

O controle de fluxo deve ser feito por vedação e por drenagem.

Os estudos de tensões e deformações, devidamente acoplados a estudos de percolação, devem antecipar em que trechos da galeria as pressões efetivas de contato têm maiores riscos de serem anuladas pelas pressões piezométricas resultantes do fluxo montante-jusante.

Nos casos normais, o trecho mais sujeito a riscos de descolamento é o trecho de montante. Por esta razão, é preferível definir um trecho central da ordem de 1/3 da base no qual devem ser concentrados os esforços para garantir as pressões efetivas de contato. Em barragens de terra, a base da barragem tem em geral um comprimento de 4 a 7 vezes a sua altura e, portanto,

1/3 da base corresponde a 1,3 a 2,7 alturas, o que é suficiente.

Já no caso de barragens de enrocamento com núcleo, a base deste pode ser de 0,35 a 0,60 H, o que torna a questão muito mais crítica. Por outro lado, barragens de enrocamento requerem fundações mais resistentes e, neste caso, é de todo recomendável encaixar a galeria em uma trincheira escavada na fundação, para reduzir os problemas de concentração de tensões, alívio de tensões laterais e riscos de *piping* ao longo da galeria.

É recomendável que as paredes laterais da galeria sejam inclinadas para melhorar o contato. A prática salutar de colocar o solo em umidade mais elevada nos contatos laterais à galeria pode ser discutível, porque os problemas de concentração de tensões no topo da mesma ficam agravados. Torna-se necessário analisar os problemas de concentração de tensões como um todo, ou seja, nas laterais e no topo da galeria, para que as transferências de esforços sejam minimizadas.

Se houver motivos para escavar e recompactar solos de fundação para controle de deslocamentos, é necessário estender as escavações e a recompactação do solo da fundação lateralmente à galeria, para evitar que as diferenças de compressibilidade da fundação agravem ainda mais o problema da concentração de tensões no topo e o conseqüente alívio das tensões nas laterais.

No terço final de jusante, ou mesmo a partir da posição do dreno vertical ou inclinado do sistema de drenagem interna da barragem, deve-se promover a drenagem ao longo da galeria.

Toda a galeria deve ser envolta em areia que atenda a critérios de filtragem. Em casos particulares, pode-se recorrer a drenos-sanduíche.

Essa providência é fundamental, porque se houver qualquer descolamento do solo e a ocorrência de fluxos concentrados, o dreno ao longo da galeria deve ser capaz de dar escoamento à vazão percolada, e ao mesmo tempo reter quaisquer partículas de solos que sejam arrastadas pelo fluxo de água.

Deve-se também prover caixas de coleta na saída da galeria para controle do fluxo da água que percole ao longo da mesma.

Essas medidas devem ser feitas separadamente das medidas de vazão do restante da barragem.

Mais dois itens devem ser considerados em relação a galerias enterradas:

- sempre que possível, o controle da vazão pela galeria deve ser feito a montante, para evitar que ela permaneça em carga sob a barragem. Esta alternativa pressupõe a construção de uma torre de controle a montante;

- as antigas chicanas (colares de concreto espaçados de tantos em tantos metros) não são hoje recomendáveis, porque embora os caminhos de percolação no contato com a galeria resultem maiores, as dificuldades de compactação com equipamentos e a redistribuição de tensões causadas pelos colares acabam sendo prejudiciais à vedação.

REFERÊNCIAS BIBLIOGRÁFICAS

ABMS/ABGE. 1983. Cadastro Geotécnico das Barragens da Bacia do Alto Paraná. *Simpósio sobre a Geotecnia da Bacia do Alto Paraná*, São Paulo.

AVILA, J. P. de. 1980. Relato Geral do Tema IV : Interfaces em Barragens. *Anais do XIII Seminário Nacional Grandes Barragens*, Rio de Janeiro. CBGB.

CBGB/CIGB/ICOLD. 1982. *Main Brazilian Dams - Design, Construction and Performance*. São Paulo: BCOLD Publications Committee.

EAKIN, J. H., MCMILLEN, D. G. 1979. American Falls Replacement Dam. *Proceedings of the 13th Congress Large Dams*, New Delhi.

HERKENHOFF, C. S., DIB, P. S. 1986. UHE Tucuruí: Percolação d'água nas interfaces aterros / muros de concreto. *Anais do VIII Congresso Brasileiro de Mecânica dos Solos e Engenharia de Fundações*, Porto Alegre. ABMS. v. 4.

HUMES, C., FROTA, R. G. Q. 1986. O comportamento da barragem Pedra do Cavalo durante o período construtivo. *Anais do VIII Congresso Brasileiro de Mecânica dos Solos e Engenharia de Fundações*, Porto Alegre. ABMS. v. 3.

LACERDA, W., COUTINHO, R. Q. 1994. Ruptura da Barragem de Mulungu. *Anais do X Congresso Brasileiro de Mecânica dos Solos e Engenharia de Fundações*, Foz do Iguaçu.

LANE, E. W. 1935. Security from Underseepage - Masonry Dams on Earth Foundations. *Transactions American Society of Civil Engineers*, v. 100.

MELLIOS, G. A., LINDQUIST, L. N. 1990. Análise de medições de tensão total em barragens de terra. *Simpósio sobre Instrumentação Geotécnica de Campo*, SINGEO/90, Rio de Janeiro.

MELLIOS, G. A., SVERZUT Jr., H. 1975. Observações de empuxos de terra sobre os muros de ligação; considerações sobre o parâmetro Ko; Ilha Solteira. *Anais do X Seminário Nacional de Grandes Barragens*, Curitiba. CBGB. v. 2, Tema 3.

MELLO, V. F. B. de. 1977. Reflections on Design Decisions of Practical Significance to Embankment Dams. 17th Rankine Lecture. *Géotechnique*, v. 27, n. 3.

PENMAN, A. D. M. *et al.* 1975. Performance of Culvert Under Winscar Dam, *Géotechnique*, v. 25, n. 4.

RUTLEDGE, P. C., GOULD, J. P. 1973. Movements of articulated conduits under earth dams on compressible foundations. In: *Embankment Dam Engineering - Casagrande Volume*. New York: John Wiley & Sons.

SPEEDIA, 1979. Relato Geral - Questão 48. *Proceedings of the 13th Congress on Large Dams*, New Delhi.

SILVEIRA, J. F. A, MIYA, S., MARTINS, C. R. S. 1980. Análise das tensões medidas nas interfaces solo-concreto dos muros de ligação da Barragem de Água Vermelha. *Anais do XIII Seminário Nacional de Grandes Barragens*, Rio de Janeiro. CBGB. v. 2.

VAUGHAN, P. R., KENNARD, M. F. 1972. Earth pressures at a junction between in embankment dam and a concrete dam. *Proceedings of the 5th European Conference on Soil Mechanics and Foundation Engineering*, Madrid.

VIOTTI, C. B., AVILA, J. P. 1979. Some conceptual aspects of interfaces between embankment and concrete dams and experimental data from São Simão Dam. *Proceedings of the 13th Congress on Large Dams*, New Delhi. ICOLD. v. 1.

VIOTTI, C. B. 1980. Estudo das Interfaces barragem de terra - estruturas de concreto - Jaguara, Volta Grande e São Simão. *Anais do XIII Seminário Nacional de Grandes Barragens*, Rio de Janeiro. CBGB.

YASSUDA, A. J., ROCHA, R. 1986. Análise do comportamento das galerias de desvio das barragens do Jacareí e do Jaguari nas fases de construção e operação. *Anais do VIII Congresso Brasileiro de Mecânica dos Solos e Engenharia de Fundações*, Porto Alegre. ABMS. v. 3.

Ruptura de Talude em Solo Expansivo - Rod. Carvalho Pinto   (*Cortesia MARCIA MORA*)

3ª Parte

Capítulo 14
Cálculos de Estabilidade

14 - CÁLCULOS DE ESTABILIDADE

14.1 - INTRODUÇÃO

Muitos são os obstáculos que um engenheiro encontra quando procura analisar a estabilidade de um talude natural ou compactado. Três das principais dificuldades referem-se a:

- selecionar os parâmetros de cálculo;

- prever as condições do fluxo de água e as pressões piezométricas resultantes;

- antecipar as formas mais prováveis de ruptura, as superfícies potenciais a elas associadas e os mecanismos de ruptura envolvidos.

Os parâmetros de cálculo estão discutidos nos Capítulos 7 e 15.

As condições de fluxo foram discutidas nos Capítulos 8 e 10.

Mecanismos de ruptura são discutidos também nos Capítulos 2, 6, 9 e 15.

Neste capítulo, será analisado o problema dos equilíbrios de massas de solos (item 14.2) e serão abordados os métodos de cálculo e suas aplicações (itens 14.3 e 14.4).

Para vários métodos, incluíram-se ábacos para cálculos expeditos de estabilidade que devem ser usados nas fases preliminares do projeto, e que são adequados para o chamado cálculo de estabilidade externa, ou seja, o cálculo da estabilidade dos taludes externos da barragem. Para o cálculo da estabilidade interna, que envolve as diferentes zonas da barragem e a sua fundação, é necessário recorrer a cálculos diretos ou a programas de computador, que permitam considerar as condições particulares dos vários materiais envolvidos.

O que é da maior importância é que as superfícies de ruptura envolvidas sejam devidamente conhecidas e desenhadas, para que se possa ter uma idéia correta das áreas da barragem envolvidas num processo de ruptura.

Os assim chamados estudos paramétricos de estabilidade só têm sentido quando as variáveis consideradas estão associadas às mudanças nos mecanismos de ruptura nas zonas da barragem envolvidas nesses mecanismos.

Assim, por exemplo:

- a redução no valor da coesão do solo do núcleo de uma barragem de enrocamento (com núcleo) ou a posição da linha freática considerada chegam a modificar o mecanismo de ruptura, que resulta no menor coeficiente de segurança ?

- a variação no valor de S_u (resistência não drenada) adotado no cálculo de estabilidade de uma barragem sobre argila mole faz com que a superfície crítica de ruptura passe de plana para circular ?

- a consideração de uma envoltória exponencial de resistência, ao contrário de uma envoltória retilínea, chega a alterar significativamente a posição da superfície crítica de ruptura de um talude de enrocamento ?

Esses exemplos são mencionados porque não adianta sofisticar os programas de cálculos de estabilidade e nem fazer análises paramétricas, se os mecanismos de estabilidade não forem corretamente analisados. Um caso particular, mas de interesse prático, é discutido no item 14.5, relativo às envoltórias de resistência e à superposição de pressões neutras de rede de fluxo e daquelas resultantes do processo de cisalhamento, associadas ao rebaixamento da água em um reservatório.

14.2 - CONSIDERAÇÕES GERAIS SOBRE O EQUILÍBRIO DE MASSAS DE SOLOS

A Figura 14.1 mostra um talude e uma cunha de solo limitada por uma superfície cilíndrica de escorregamento. Formula-se, portanto, já, a primeira hipótese de cálculo:

I. A superfície de escorregamento é cilíndrica e a análise é feita no plano bidimensional.

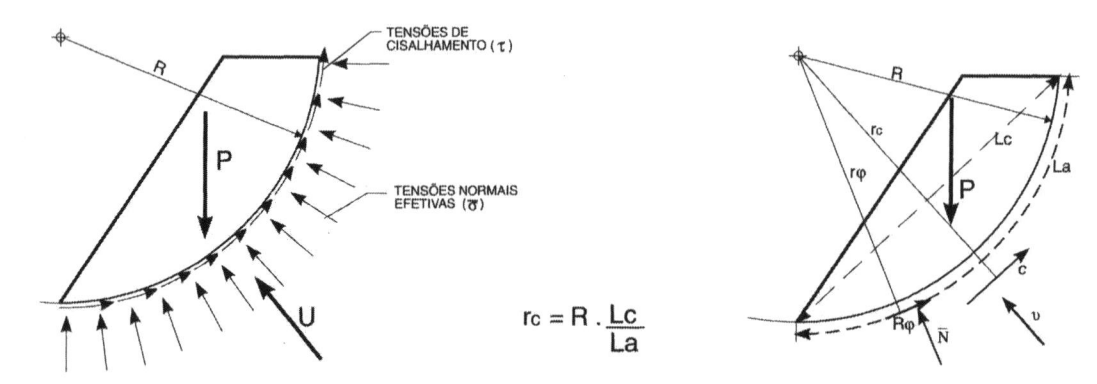

$$r_c = R \cdot \frac{L_c}{L_a}$$

Figura 14.1 - Forças atuantes numa superfície cilíndrica (Whitman, 1963)

As forças e pressões atuantes nessa cunha de solo são:

- peso próprio da cunha P (ação da gravidade);

- pressões neutras distribuídas ao longo da superfície de escorregamento, desenvolvidas durante o próprio processo construtivo (aterros compactados) e/ou resultantes de um regime de percolação de água qualquer. A resultante dessas forças é U;

- uma pressão normal efetiva σ' distribuída ao longo da superfície de escorregamento;

- tensões de cisalhamento distribuídas também ao longo da superfície de escorregamento.

Relativamente à resistência ao cisalhamento, formulam-se mais duas hipóteses:

II. A resistência ao cisalhamento pode ser expressa pela equação:

$$s = c + \sigma' \operatorname{tg} \varphi.$$

III. Em cada ponto da superfície de escorregamento, a resistência ao cisalhamento mobilizada é:

$$s_{mob} = \frac{c}{F} + \sigma' \frac{\operatorname{tg}\varphi}{F}$$

sendo F conhecido como coeficiente de segurança.

A partir dessas últimas hipóteses, as tensões distribuídas ao longo da superfície de escorregamento podem ser substituídas pelas três resultantes:

a) Resultante da coesão c. A linha de ação de c é conhecida e independe do valor de F;

b) Resultante das pressões normais efetivas N'. Tanto a grandeza como a linha de ação de N' são desconhecidas, embora N' tenha de ser, por definição, normal à superfície de escorregamento;

c) Resultante do atrito R_φ, que deve ser normal a N', e $R_\varphi = N'\operatorname{tg}\varphi/F$. No entanto, R_φ é desconhecida.

Portanto, vê-se que há quatro incógnitas: F, a grandeza de N', a direção de N' e R_φ. Logo, como só existem três equações de equilíbrio estático, o problema é indeterminado.

Os métodos de análise de estabilidade recorrem a uma hipótese adicional relativa à distribuição de σ', a fim de resolver o problema.

Acresce ainda à dificuldade de análise o fato de em alguns casos se verificar que parte da superfície de escorregamento fica sujeita a *over-stressing* (excesso de tensão). Bishop (1952) demonstrou, através de análise pelo processo da relaxação que, para o caso típico de uma barragem de terra, e assumindo propriedades elásticas para o solo, sobretensões localizadas iriam ocorrer se o coeficiente de segurança F (obtido pelo método do círculo de escorregamento) fosse inferior a aproximadamente 1,8.

Quando, no procedimento de cálculo, a superfície é dividida em lamelas, tem-se a condição da Figura 14.2, que mostra as forças atuantes numa lamela. Se o número de lamelas for igual a n, as incógnitas serão em número de $6n - 2$, assim distribuídas:

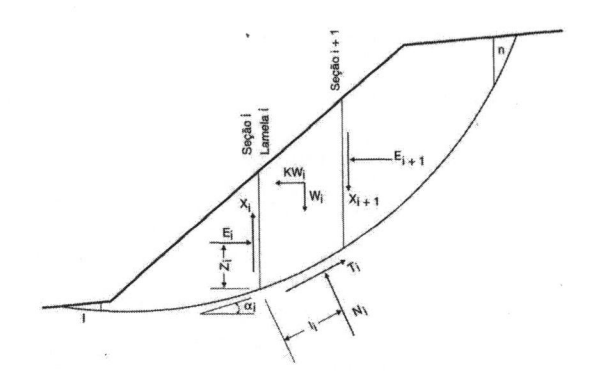

Figura 14.2 - Forças atuantes numa lamela vertical (Sarma, 1979)

- n número de forças normais efetivas N' (ou de forças normais totais N);

- n número de forças de cisalhamento T;

- $(n - 1)$ número de forças entre lamelas (*body forces*) expressas em pressões efetivas E' (ou pressões totais E);

- $(n - 1)$ número de forças entre lamelas (*body forces*);

- $(n - 1)$ número de pontos de aplicação da força E' (ou E) dado por Z;

- n número de pontos de aplicação da força N' (ou N) dado por l;

- 1 número do coeficiente de segurança $F.S.$, ou fator de aceleração crítica Kc.

Assim, tem-se:

$6n - 3 + 1 = 6n - 2$ incógnitas.

Para que haja equilíbrio, cada lamela deve satisfazer às três equações:

- momentos = 0;

- forças verticais = 0;

- forças horizontais = 0.

O critério de Mohr-Coulomb fornece para cada lamela o valor de $T = f(N')$.

Dispõe-se, portanto, de $4n$ equações. Comparando com o número de incógnitas, conclui-se que é necessário formular $2n - 1$ hipóteses independentes para resolver o problema.

Nos vários métodos disponíveis algumas hipóteses independentes foram feitas para levantar as indeterminações mencionadas.

Método de Fellenius
Pressupõe conhecidos os pontos de aplicação das forças N: n hipóteses.
Pressupõe conhecidos os valores de X ($\Sigma X = 0$):n-1 hipóteses.
Desconsidera os valores de E.

Método Simplificado de Bishop
Pressupõe conhecido os pontos de aplicação das forças N: n hipóteses.
Pressupõe conhecidos os valores de X ($\Sigma X = 0$) : (n-1) hipóteses.
Total : $2n - 1$ (uma hipótese a mais do que o necessário).
Para superfícies circulares o erro resultante é pequeno.

Método Rigoroso de Bishop
São feitas as mesmas hipóteses do Método Simplificado, mas por iterações sucessivas define-se a grandeza de $\Sigma X(= 0)$.

Método Generalizado de Lamelas de Jambu
Pressupõe conhecidos os pontos de aplicação das forças N (n hipóteses) e os pontos de aplicação das forças E (n-1 hipóteses). Total : $2n - 1$ (uma a mais do que o necessário).
Esta hipótese só afeta a posição da linha de aplicação do empuxo E da última lamela, mas não afeta o valor de F.S.

Método de Kenney
Assume as mesmas hipóteses de Jambu.

Método de Morgenstern e Price
Pressupõe conhecido o número dos pontos de aplicação das forças N, e faz n-1 hipóteses sobre a relação entre as forças X e E: ($2n$-1) hipóteses - uma a mais do que o necessário. No caso, o número de lamelas n é muito grande, porque são consideradas lamelas infinitesimais. O método satisfaz rigorosamente às condições de equilíbrio.

Método de Spencer
Contém as mesmas hipóteses de Morgenstern e Price, mas só considera o caso de ruptura circular.

Método de Sarma de 1973
Pressupõe conhecidos os pontos de aplicação das forças N (n hipóteses) e faz n-1 hipóteses sobre os valores das forças X. Introduz, no entretanto, uma nova incógnita para resolver o problema.

O Quadro 14.1 resume as hipóteses assumidas em cada caso:

Quadro 14.1 - Hipóteses assumidas nos vários métodos de cálculo

Método	Incógnitas								Equações	Hipóteses em excesso	Superf. análise
Qualquer	$N(N')$	T	$E(E')$	X	X-$E(E')$	Z	l	F.S.	-	-	qualq.
	n	n	n-1	n-1	n-1	n	n-1	1	4	-	
Hipóteses Assumidas											
Fellenius	-	-	n-1	n-1	-	n	n-1	-	4	2n+1	circ.
Bishop Simplificado	-	-	-	n-1	-	n	-	-	4	1	circ.
Bishop	-	-	-	n-1	-	n	-	-	4	1	circ.
Jambu	-	-	-	-	-	n	n-1	-	4	1	qualq.
Kenney	-	-	-	-	-	n	n-1	-	4	1	
Morgenstern e Price	-	-	-	-	n-1	n	-	-	4	1	qualq.
Spencer	-	-	-	-	n-1	n	-	-	4	1	circ.
Sarma(73)	-	-	-	n-1	-	n	-	-	4	0*	
Sarma(79)	-	-	-	-	n-1	n-1	n-1	(Kc)	4	0*	ñ circ.

*Sarma assume 1 incógnita a mais para a sua solução.

14.3 - MÉTODOS DE CÁLCULO - ÁBACOS

São inúmeros os Métodos de Cálculo disponíveis para o cálculo de estabilidade de taludes em geral. Para taludes naturais e de escavação, os ábacos propostos por Hoek e Bray (1973) podem ser adotados em cálculos expeditos, para diferentes considerações sobre as condições de fluxo.

No caso de taludes de barragens, objeto da presente análise, são discutidos a seguir apenas os métodos de Taylor, Bishop e Spencer, para superfícies circulares, e o de Sarma para superfícies quaisquer. Em princípio, são equivalentes numericamente aos de Jambu (1973), Morgenstern e Price (1965) e Wright (1969).

Discute-se também a análise de estabilidade por blocos deslizantes no item 14.3.6, que, como se verá, tem interesse em alguns casos particulares de barragens e suas fundações.

Como já discutido na Introdução, os ábacos apresentados são adequados, em geral, somente ao cálculo da estabilidade "externa", ou seja, dos taludes dos espaldares.

14.3.1 - Método do Círculo de Atrito

Este método foi proposto por Taylor (1937-1948).

Na Figura 14.3.a formula-se a hipótese de que a resultante do atrito $R\varphi$ representa o somatório de seis resultantes parciais $R_{1\varphi}, R_{2\varphi}$ até $R_{6\varphi}$, distribuídas ao longo da superfície de escorregamento. Essas resultantes parciais formam sempre um ângulo φ_d com as componentes normais nos pontos de aplicação e, portanto, têm sempre direções tangentes a um círculo de raio senφ_d, de centro em O. O ângulo φ_d é dado pela equação:

$$tg\varphi_d = \frac{tg\varphi}{F}$$

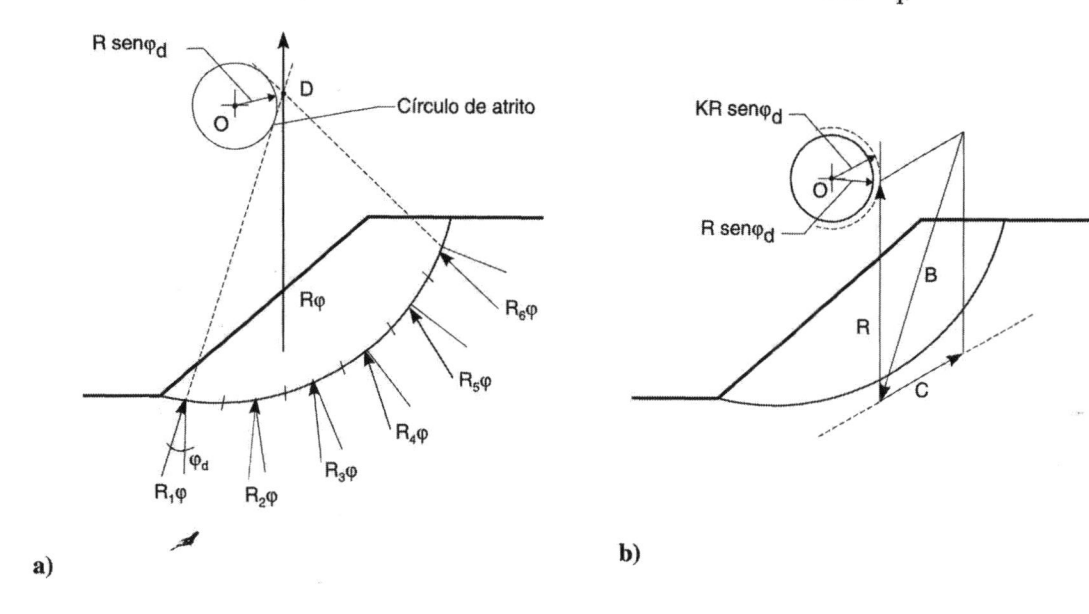

Figura 14.3 - Determinação do círculo de atrito (apud Taylor, 1948)

Se forem compostas duas dessas resultantes parciais, $R_{1\varphi}$ e $R_{6\varphi}$ por exemplo, ver-se-á que o somatório passa pelo ponto D e não é tangente ao círculo de atrito. A resultante R_φ de todas as componentes também não será tangente ao círculo de atrito, mas passará bastante próximo do mesmo. Seja esta distância representada pelo valor KR senφ. O parâmetro K é estaticamente indeterminado, e qualquer suposição relativa ao seu valor depende de uma hipótese sobre a distribuição das pressões normais atuantes ao longo da superfície de escorregamento.

Uma hipótese possível, embora um pouco ridícula, é que todas as pressões normais se concentrassem num único ponto ao longo da superfície de escorregamento. Neste caso, R_φ seria tangente ao círculo de atrito e K seria igual a 1. Esta hipótese simplificadora levaria ao menor valor de F. Taylor (1937) calculou os valores de K, para os casos de distribuição uniforme de pressões normais ao longo da superfície de escorregamento, e de uma distribuição sinusoidal ao longo da superfície. Esta última distribuição, obtida de uma maneira intuitiva, conduz ao valor mais provável (menor valor) do coeficiente de segurança F. Taylor mostrou também que o valor de K depende do valor do ângulo central. Na Figura 14.4 apresentam-se os valores de K em função do ângulo central, de acordo com Taylor.

É fácil demonstrar que, mantidas constantes as condições do talude, o valor de F varia linearmente com o valor de K. Se a análise for feita admitindo a hipótese simplificadora de $K=1$, e o valor obtido for F_1, pode-se, por meio dos dados da Figura 14.4, determinar o valor de F mais provável, pela relação:

$$F_{mais\ prov.} = F_1 \cdot K$$

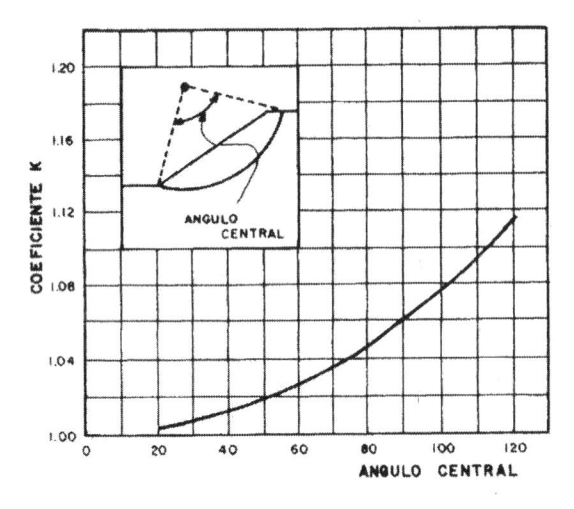

Figura 14.4 - Valores de K para diversos ângulos centrais (Taylor, 1948)

Ábacos para o caso de taludes homogêneos, sem percolação de água e para a hipótese de ruptura em superfícies cilíndricas.

Uma solução geral, baseada no método do círculo de atrito, usando um processo matemático de tentativas, foi apresentada por Taylor em 1937. O coeficiente de segurança F pode ser calculado através de ábacos, que têm por coordenadas (Figura 14.5a):

- o ângulo de inclinação do talude i;

- um parâmetro denominado - "Número de Estabilidade": $n = c_d/\gamma H$.

Este número n é dado pela expressão particular:

$$n = \frac{1 - \cos(i - \varphi_d)}{4 \sen i \cos \varphi_d} = \frac{c_d}{\gamma H}$$

sendo $c_d = c/F$, válido apenas para ruptura plana.

O ábaco apresenta também contornos com os valores de φ_d.

No ábaco, apresentam-se ainda dois esquemas, correspondentes aos casos A e B. No caso A, o círculo crítico de ruptura (escorregamento) passa pelo pé do talude, e este ponto é também o ponto mais baixo do círculo de escorregamento. Uma linha tracejada separa no ábaco os casos A e B. No caso B, podem ser encontradas três condições distintas:

I) caso B-1 : o círculo de escorregamento passa pelo pé do talude, mas há um trecho do círculo que se localiza em cota inferior à do talude. Este caso é representado por linhas cheias no ábaco;

II) caso B-2 : o círculo de escorregamento passa abaixo do pé do talude. Este caso é representado por linhas tracejadas (traços longos) no ábaco. Quando as linhas tracejadas não aparecem, este caso se confunde com o caso anterior;

III) caso B-3 : o círculo de escorregamento intercepta o talude e o seu ponto mais baixo está na cota do pé do talude. Este caso corresponde à condição em que a fundação é nitidamente mais resistente que o material do aterro, e é representado por linhas tracejadas (traços curtos) no ábaco.

Há duas condições em que o Método de Taylor pode ser usado com vantagem, e nas quais o coeficiente de segurança obtido é satisfatório:

I) escavações em solo saturados, tão impermeáveis que o teor de umidade permanece inalterado durante a escavação. Neste caso, o valor da resistência ao cisalhamento do solo pode ser determinado considerando-se as pressões efetivas atuantes antes da escavação;

II) caso em que a resistência ao cisalhamento do solo é aproximadamente constante ao longo de toda a superfície de escorregamento, e seu valor é passível de determinação.

No segundo caso o ábaco a ser utilizado é o da Figura 14.5b, que apresenta os números de estabilidade para a condição de $\varphi = 0$. É necessário esclarecer que não se trata de um solo que não possui atrito, mas apenas que a resistência ao cisalhamento é aproximadamente constante ao longo de toda a superfície de escorregamento, podendo seu valor ser representado por uma equação do tipo:

$$S_m = S_u = \text{constante.}$$

No ábaco da Figura 14.5.b aparece um Fator de Profundidade D, que expressa a relação entre a altura do solo onde pode ocorrer o escorregamento (e que é limitada por uma superfície de maior resistência), e a altura do talude H. Distinguem-se também os casos A e B, indicados pelos dois esquemas no ábaco. Para o caso A, devem ser utilizadas as linhas cheias do ábaco, e para o caso B as linhas tracejadas (traços longos). As linhas tracejadas, de traços curtos, indicam o valor de η, que dá o ponto de intersecção da superfície de escorregamento com a superfície na cota do pé do talude.

Exemplos de Aplicação

Ex. I - Calcular o coeficiente de segurança do talude indicado na Figura 14.6, utilizando os "números de Taylor".

Como o solo contém uma componente de coesão e uma componente de atrito, o cálculo é feito por tentativas:

Admite-se, a priori, que o coeficiente de segurança é $F_1 = 1,70$.

a) Caso geral

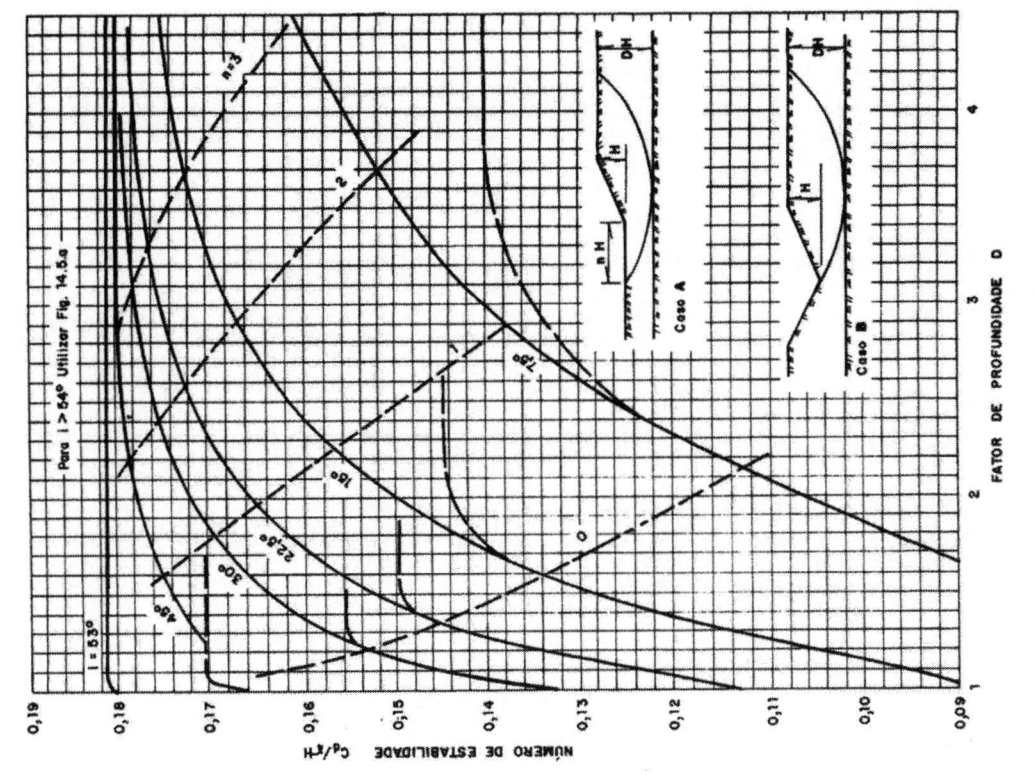

b) Caso para $\phi = 0$ e profundidade limitada

Figura 14.5 - Números de estabilidade (Taylor, 1948)

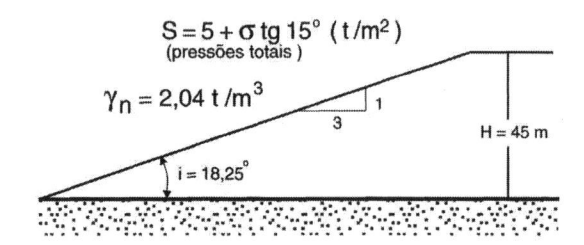

Figura 14.6 - Método do círculo de atrito - Exemplo I (apud Cruz, 1967)

Pode-se, então, calcular o valor do ângulo φ_d:

$\text{tg}\varphi_d = \text{tg}\varphi/F = 0{,}268/1{,}7 = 0{,}158$

e daí $\varphi_d = 9°$. Com o valor de φ_d e a inclinação dos taludes i, obtém-se nos ábacos o valor de n correspondente.

Sabendo que $n = c_d / \gamma H$, pode-se calcular c_d:

$c_d = 0{,}042 \cdot 2{,}04 \cdot 45 = 3{.}82 \text{ t/m}^2$

O valor de c (coesão do solo) é 5, e portanto o coeficiente de segurança em relação à coesão seria:

$F_1 = c/c_d = 5{,}0/3{,}82 = 1{,}30$

Este valor é muito diferente do valor admitido inicialmente. Deve-se, então, fazer uma segunda tentativa.

Admitindo $F_2 = 1{,}55$, vem:

$\varphi_d = 9{,}8°;$ $n = 0{,}035$ e $c_d = 3{,}22 \text{ t/m}^2$

$F_2 = 5{,}0/3{,}22 = 1{,}55$

Uma vez que este valor coincide com o admitido, ele é o coeficiente de segurança do talude.

Ex. II - Calcular o coeficiente de segurança do talude indicado na Figura 14.7.

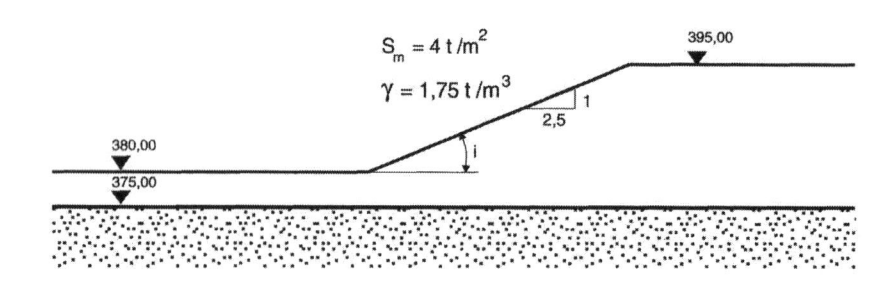

Figura 14.7 - Método do círculo de atrito - Exemplo II (Cruz, 1967)

Neste caso, a resistência ao cisalhamento do solo S_u é aproximadamente constante e igual a 4 t/m². Recorre-se ao ábaco de números de estabilidade da Figura 14.5b.

Calcula-se primeiramente o Fator de Profundidade D:

$$D = \frac{395 - 375}{395 - 380} = 1{,}33$$

Com este valor e o ângulo de inclinação do talude i obtém-se o valor de n:

$n = 0{,}142$

e, portanto:

$c_d = 0{,}142 \cdot 1{,}75 \cdot 15 = 3{,}73 \text{ t/m}^2$.

O coeficiente de segurança será:

$F = 4{,}0/3{,}73 = 1{,}07$.

O ábaco fornece ainda o fator $\varphi = 0$ e, portanto, conclui-se que o círculo crítico de escorregamento passa pelo pé do talude.

14.3.2 - Método de Bishop para Envoltórias Lineares - Ábacos

O Método de Bishop, proposto em 1952, está amplamente discutido no vol. 5, n° 1, de "Géotechnique" de março de 1955.

O método proposto por Bishop faz a análise de estabilidade de uma cunha de escorregamento, utilizando a divisão desta cunha em lamelas. A divisão da cunha de escorregamento em lamelas já havia sido apresentada por Fellenius (1927 - 1936). A diferença entre os dois métodos está ilustrada adiante (ver Figura 14.8).

A primeira hipótese de cálculo de Bishop considera a resistência ao cisalhamento mobilizada ao longo da superfície de escorregamento como sendo:

Capítulo 14

$$s_{mob} = 1/F \ [c' + (\sigma - u) \, tg\varphi],$$

onde:

- c' representa o intercepto de coesão efetiva;

- φ' representa o ângulo de atrito efetivo;

- σ representa a tensão normal atuante ao longo da superfície de escorregamento;

- u representa a pressão neutra, também distribuída ao longo da superfície de escorregamento; e

- $\sigma' = \sigma - u$, onde σ' = pressão efetiva.

A divisão da cunha em lamelas é feita para obtenção dos pesos de cada lamela. Estes pesos são usados com duas finalidades:

i) cálculo do momento atuante;

ii) cálculo da pessão efetiva σ', em cada lamela.

Na Figura 14.8 mostram-se as forças atuantes numa lamela qualquer.

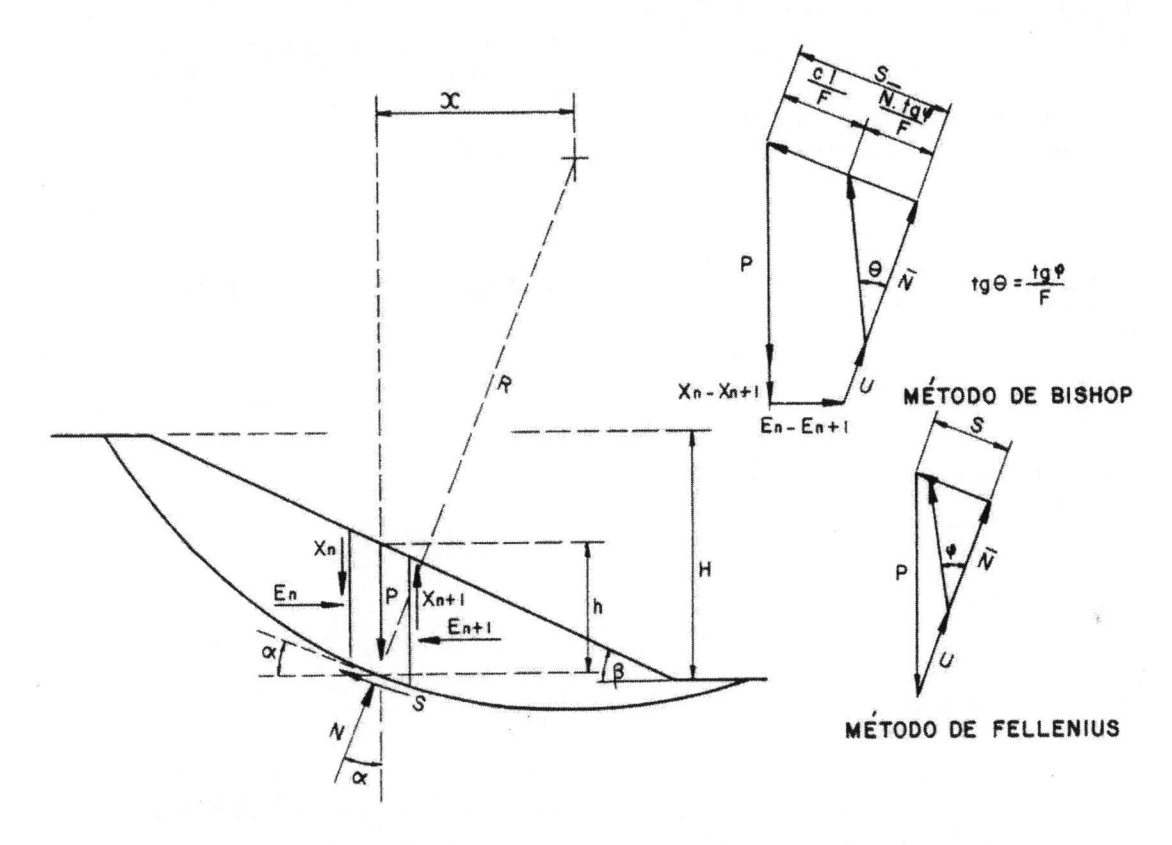

Figura 14.8 - Polígonos das forças atuantes numa lamela (Cruz, 1967)

Essas forças têm o seguinte significado:

E_n, E_{n+1} - resultante das forças horizontais totais atuantes nas secções n e $n+1$ respectivamente;

X_n, X_{n+1} - forças de cisalhamento vertical;

P - peso total da lamela;

N - força normal total atuante na base;

S - resultante das tensões de cisalhamento atuantes na base.

Os outros elementos são:

h - altura da lamela;

b - largura da lamela;

l - comprimento do arco na base;

α - ângulo de N com a vertical;

x - distância horizontal do centro da lamela ao centro de rotação;

R - raio.

O cálculo da pressão normal atuante na base de cada lamela depende de uma hipótese adicional de cálculo:"a pressão total normal $\sigma = N/\ell$ ".

Para se obter N, pode-se proceder de duas formas diferentes:

i) fazer o somatório das forças atuantes na direção normal ao talude:

$N = (P + X_n - X_{n+1}) \cos\alpha - (E_n - E_{n+1}) \sin\alpha$

ii) fazer o somatório das forças na direção vertical:

$N = (P + X_n - X_{n+1} - S \sin\alpha) \cdot 1/\cos\alpha$ ou

$N = (P + X_n - X_{n+1}) \sec\alpha - S \tan\alpha$

O coeficiente de segurança é definido pela relação entre o Momento Resistente M_R e o Momento Atuante M_A:

$F = M_R/M_A$

O Momento Atuante é igual ao somatório de $P.x$, uma vez que não há forças externas atuantes na face do talude. Isto implica que:

$\Sigma(X_n - X_{n+1}) = 0$

$\Sigma(E_n - E_{n+1}) = 0$

O Momento Resistente mobilizado é igual à somatória de $s_{mob} \ell R$.

Igualando, vem:

$\Sigma P.x = \Sigma s_{mob} \ell R$,

substituindo N (tirado da primeira equação de N) e s_{mob}, vem:

$F = \dfrac{R}{\Sigma Px} \Sigma\{[(c'\ell + \tan\varphi'(P\cos\alpha - u\ell)] + \tan\varphi'[(X_n - X_{n+1})\cos\varphi - (E_n - E_{n+1})\sin\alpha]\}$ (Eq. 14.1)

A não ser nos casos em que φ' seja constante ao longo da superfície de escorregamento, e ainda α seja constante (caso de superfície de escorregamento plana), o termo da equação contendo as forças X_n e E_n não desaparece.

Uma solução simplificada apresentada por Krey (1926) e Terzaghi (1929) e ainda por May (1936) admite que o segundo termo da equação de F possa ser desprezado, sem grande perda de precisão no cômputo de F.

Uma outra expressão para F pode ser obtida se considerado o somatório das forças na direção vertical. Duas outras substituições são necessárias:

$\ell = b \sec\alpha$ e $x = R \sin\alpha$

Por outro lado, a pressão neutra u pode ser expressa em função da pressão vertical γh:

$u = B'\gamma h$ ou $u = B'(P/b)$

A nova expressão para F é:

$F = \dfrac{1}{\Sigma P \sin\alpha} [c'b + \tan\varphi'\{P(1-B') + (X_n - X_{n+1})\}] \cdot \dfrac{1}{M_\alpha}$

sendo:

$M_\alpha = \left(1 + \dfrac{\tan\alpha \tan\varphi'}{F}\right) \cos\alpha$

O valor de M pode ser obtido através do ábaco da Figura 14.9.

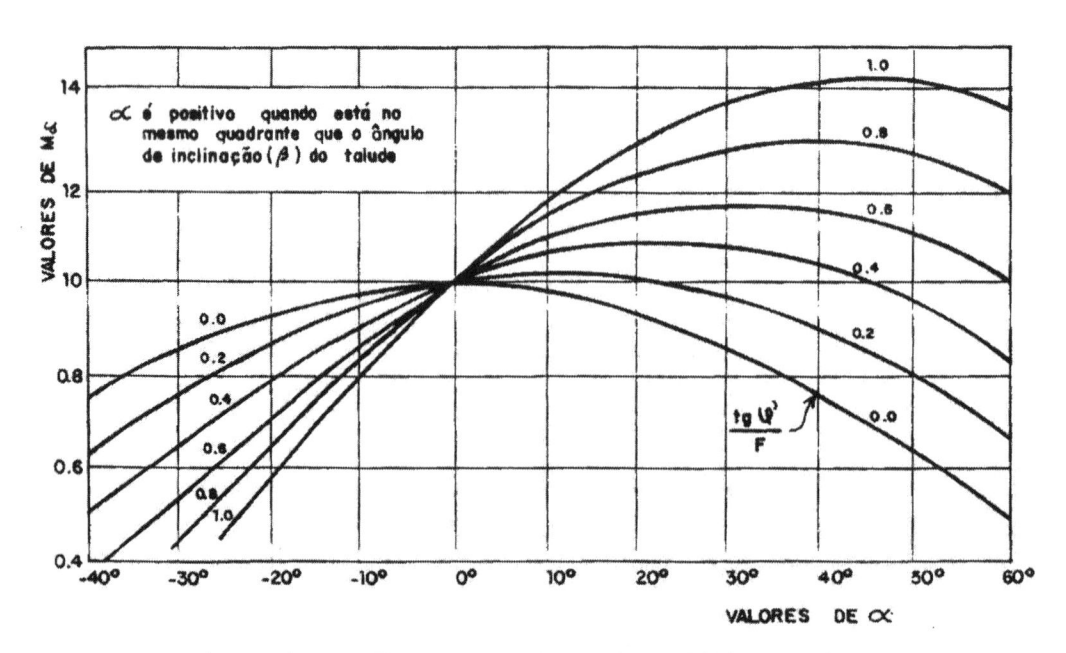

Figura 14.9 - Gráfico para determinação de M_α (Whitman, 1963)

Os valores de $(X_n - X_{n+1})$ usados na equação 14.2 são obtidos por sucessivas aproximações, e devem satisfazer à condição já mencionada de terem somatório nulo.

Para resolver a expressão de $\Sigma(E_n - E_{n+1})$, pode-se fazer a soma das forças na direção tangente à superfície de escorregamento:

$$S = (P + X_n - X_{n+1}) \operatorname{sen}\alpha + (E_n - E_{n+1}) \cos\alpha$$

A análise da estabilidade deve ser feita através de sucessivas aproximações, que no final possam satisfazer às várias equações de somatório de forças e momentos. Na prática, o cálculo é feito admitindo inicialmente que $(X_n - X_{n+1})$ é sempre zero para qualquer lamela. A partir daí são atribuídos valores a $(X_n - X_{n+1})$ até que as condições de equilíbrio sejam tiotalmente satisfeitas em cada lamela.

É importante, no entanto, salientar que, embora existam várias distribuições dos valores de $(X_n - X_{n+1})$ que satisfazem à condição de equilíbrio, a hipótese de $(X_n - X_{n+1})$ ser sempre zero conduz a erros no cômputo de F, inferiores a 1% nos casos normais.

Se introduzida a simplificação de admitir $(X_n - X_{n+1}) = 0$ na equação 14.2, chegar-se-á à expressão de F, do método conhecido como **Método de Bishop Simplificado**.

Bishop e Morgenstern (1960) apresentam uma série de ábacos que permitem um cálculo rápido do coeficiente de segurança de taludes, desde que sejam satisfeitos os seguintes requisitos:

i) a resistência ao cisalhamento do talude possa ser representada em pressões efetivas por uma equação do tipo :

$$s = c' + \sigma' \operatorname{tg}\varphi' \; ;$$

II) o parâmetro B' (também denominado $\overline{B}$ e, mais corretamente, r_u), que expressa a relação entre a pressão neutra u (num ponto da superfície de escorregamento) e a pressão vertical de peso de terra γz, seja aproximadamente constante ao longo de toda a supefície de escorregamento;

III) os taludes sejam simples, ou seja, não tenham bermas no seu pé, e nem sobrecargas no topo;

IV) quando o talude não estiver assente sobre material nitidamente resistente, o material de fundação possua uma resistência ao cisalhamento, que possa ser expressa pela mesma equação de resistência usada para o talude, e o parâmetro B' seja aproximadamente o mesmo para o talude e para a fundação.

A definição dos termos empregados está mostrada na Figura 14.10.

A hipótese de que B' seja uma constante ao longo da superfície de escorregamento representa uma das primeiras limitações ao emprego dos ábacos, uma vez que o seu valor na prática pode variar com a pressão vertical. Cruz e Massad (1966) apresentaram uma série de dados sobre o desenvolvimento do parâmetro B' com a pressão principal maior, verificando que, de uma maneira geral, ocorrem valores constantes somente para determinados tipos de solos, em determinadas umidades de compactação e para intervalos de pressões aproximadamente entre 4 e 10 a 15 kg/cm².

As principais variações do parâmetro B' com a pressão axial ocorrem para baixas pressões (até 4 ou 5 kg/cm²).

Em cada caso específico, será preciso estimar o intervalo de pressões verticais atuantes ao longo de uma superfície potencial de escorregamento e avaliar um valor médio para B'.

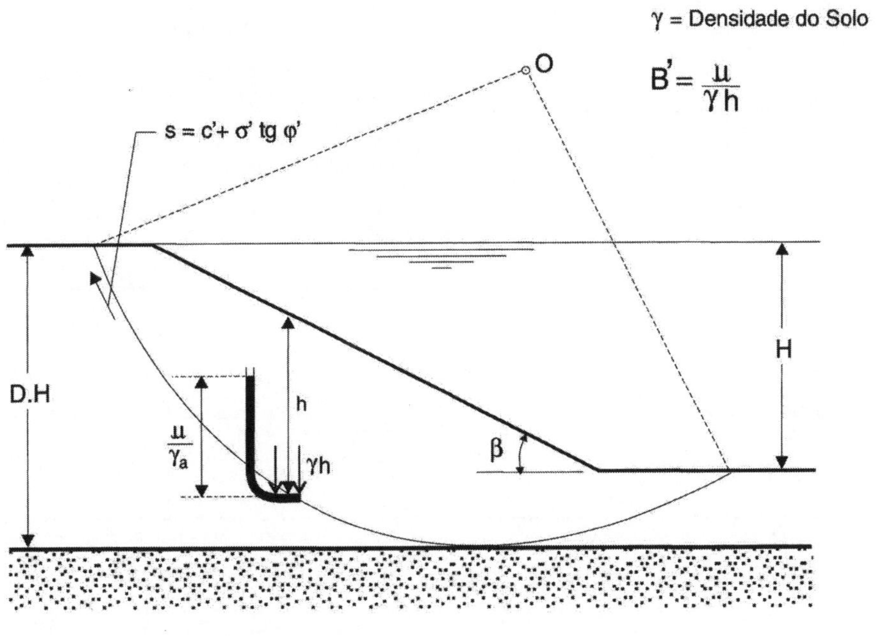

Figura 14.10 - Determinação do parâmetro B' (Cruz, 1967)

A hipótese de que a resistência ao cisalhamento pode ser expressa por uma mesma equação ao longo de toda a superfície de escorregamento também apresenta suas limitações, uma vez que já se tem demonstrado que a envoltória de ruptura de solos, quando expressa em pressões efetivas, apresenta-se curva. Os parâmetros c' e φ' devem ser tomados para o intervalo de pressões efetivas previstas ao longo de uma superfície potencial de escorregamento, adotando-se uma envoltória retilínea média neste trecho. Esta aproximação é bastante satisfatória.

Segundo Bishop e Morgenstern (1960), e observando-se as hipóteses de cálculo já discutidas, o coeficiente de segurança pode ser expresso pela equação:

$$F = m - B'n,$$

sendo m e n os <u>coeficientes de estabilidade</u> obtidos em função dos parâmetros γ, c', φ', H, D e β (ver Figura 14.10).

Dessa equação, conclui-se que F varia linearmente com B'. Isto foi comprovado por Bishop (1952-1955).

Os valores de m e n foram obtidos utilizando-se o Método Simplificado de Bishop que, como referido, conduz a diferenças no valor de F, da ordem de 1%. Os cálculos foram feitos utilizando-se computadores eletrônicos.

A fórmula do coeficiente de segurança empregada é a fórmula de Bishop, modificada quanto a seus termos, com o fim de reduzir o termo de coesão a um adimensional, como fez Taylor (1937) para cálculo de seus números de estabilidade.

As substituições são as seguintes:

$$F = \frac{1}{\sum P \operatorname{sen}\alpha} \sum [c'b + P(1-B')\operatorname{tg}\varphi'] M_\alpha$$

sendo:

$$M_\alpha = \left(1 + \frac{\operatorname{tg}\alpha \operatorname{tg}\varphi'}{F}\right)\cos\alpha$$

O peso P de cada lamela é expresso por $b\gamma h$ e as dimensões lineares são expressas em função da altura total H:

$$F = \frac{1}{\sum \frac{b}{h}\frac{h}{H} \operatorname{sen}\alpha} \left[\frac{c'}{\gamma H}\frac{b}{H} + \frac{b}{H}\frac{h}{H}(1-B')\operatorname{tg}\varphi'\right] M_\alpha$$

Dessa forma, sendo conhecidos os valores dos parâmetros $c'/\gamma H$, φ' e B', o coeficiente de segurança F dependerá somente da geometria da cunha de escorregamento e do ângulo de inclinação do talude. Essas simplificações tornaram mais fácil a computação dos parâmetros m e n.

Na caso particular de c' ser nula, a superfície de escorregamento se torna paralela à superfície do talude e α torna-se constante e igual a β, como demonstrado por Haefeli(1948). A equação de F se reduz a:

$$F = \frac{(1-B')\operatorname{tg}\varphi' \sec\beta}{\operatorname{sen}\beta + \frac{\operatorname{tg}\varphi}{F}\operatorname{tg}\beta.\operatorname{sen}\beta}$$

e daí:

$$F = \frac{\operatorname{tg}\varphi'}{\operatorname{tg}\beta}(1 - B'\sec^2\beta) \quad (14.3)$$

Esta expressão dá um valor único para F e, portanto, não há necessidade de recorrer a números de estabilidade.

Da equação 14.3 pode-se tirar, entre outras, as seguintes conclusões:

I) para que F seja maior do que zero, B' tem de ser menor que $\cos^2\beta$;

II) se $\beta = \varphi'$, para que F seja maior do que 1, B' tem de ser positivo e menor do que $\cos^2\beta$;

III) se $B' = 1/2$, para que F seja pelo menos igual à unidade, φ' deve ser igual a 2β.

<u>Exemplos de aplicação</u>

Os ábacos que dão os valores de m e n são apresentados nas Figuras 14.12.a a 14.12.f.

Ex. III - Calcular o coeficiente de segurança do talude indicado na Figura 14.11.

$\gamma_n = 2{,}00\ t/m^3$

$s = 1{,}5 + \sigma'\operatorname{tg} 30°\ (t/m^2)$

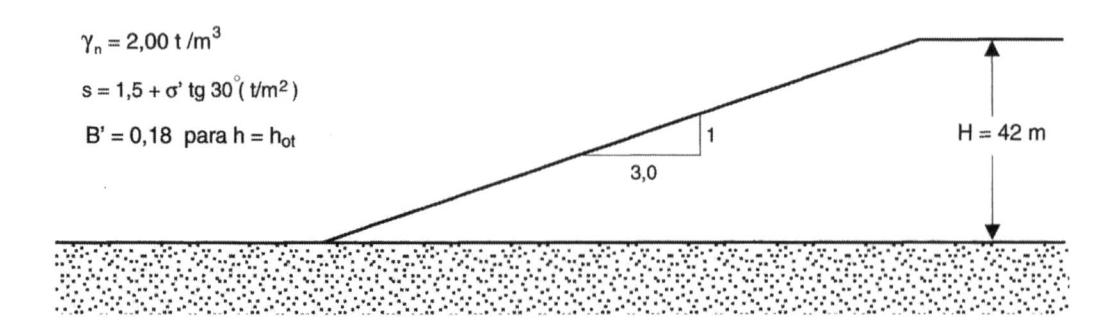

$B' = 0{,}18$ para $h = h_{ot}$

$H = 42\ m$

Figura 14.11 - Método de Bishop - Exemplo III (Cruz, 1967)

Calcula-se primeiramente o adimensional:

c'/γH = 1,5/2,42 = 0,0178

Como a fundação é em rocha, o fator $D = 1$.

Deve-se, agora, determinar os coeficientes de estabilidade nos ábacos. Como não se dispõe de ábacos para $D = 1$ e $c'/\gamma H = 0,0178$, deve-se interpolar os valores de m e n. Dos ábacos vêm:

I) para $c'/\gamma H = 0$; $\varphi = 30°$ e talude de 3 : 1

$m_o = 1,72$ $n_o = 1,91$

II) para $c'/\gamma H = 0,025$; $\varphi = 30°$ e talude de 3 : 1

$m_{25} = 2,25$ $n_{25} = 2,07$

III) interpolando para $c'/\gamma H = 0,018$, vem:

$m_{18} = m_o + 18/25 \, (m_{25} - m_o) = 2,10$

$n_{18} = n_o + 18/25 \, (n_{25} - n_o) = 2,02$

Passa-se a calcular F.

$F = m_{18} - B'n_{18} = 2,10 - 0,18 \cdot 2,02 = 1,74$

$$F = 1,74$$

Calcula-se o adimensional:

$$\frac{c'}{\gamma H} = \frac{2,0}{1,95 \cdot 52} = 0,0197$$

Calcula-se a seguir o fator D:

$$D = \frac{65}{52} = 1,25$$

Para se obter os coeficientes de estabilidade m e n, é necessário interpolar valores, entre dados de dois ábacos:

I) $c'/\gamma H = 0$; $\varphi = 27°$; talude de 3,5:1,0 (este ábaco independe do valor de D).

$m_o = 1,78$ $n_o = 1,91$

II) $c'/\gamma H = 0,025$; $\varphi = 27°$; talude de 3,5:1,0, $D = 1,25$

$m_{25} = 2,36$ $n_{25} = 2,22$

III) interpolando, vem:

$m_{19 \, p/D=1,25} = 1,78 + \dfrac{19}{25} (2,36 - 1,78) = 2,22$

$n_{19 \, p/D=1,25} = 1,91 + \dfrac{19}{25} (2,22 - 1,91) = 2,15$

Calcula-se agora F:

$F = 2,22 - 0,35 \cdot 2,15 = 1,47$

$$F = 1,47$$

Ex. IV - Calcular o coeficiente de segurança do talude indicado na Figura 14.13.

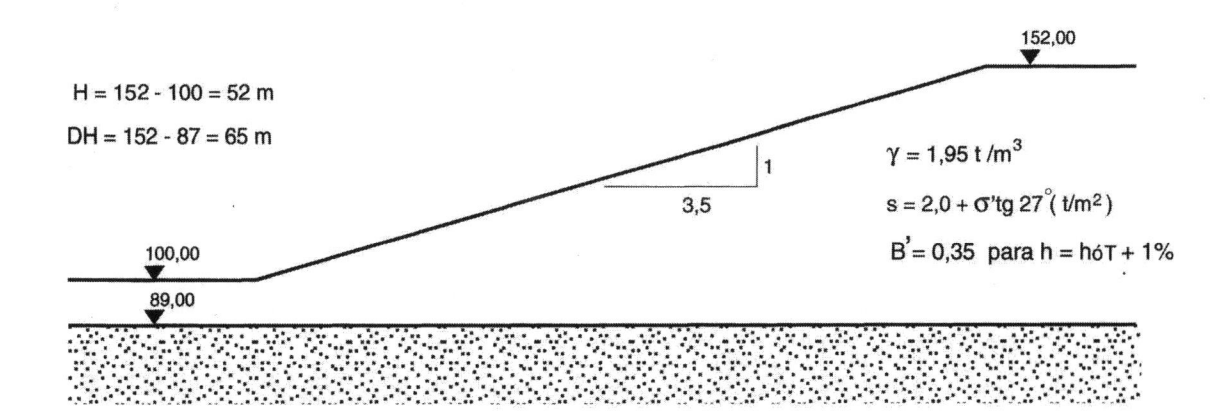

H = 152 - 100 = 52 m
DH = 152 - 87 = 65 m

$\gamma = 1,95 \, t/m^3$
$s = 2,0 + \sigma' tg \, 27°(t/m^2)$
B' = 0,35 para h = hóT + 1%

Figura 14.13 - Método de Bishop - Exemplo IV (Cruz, 1967)

a)

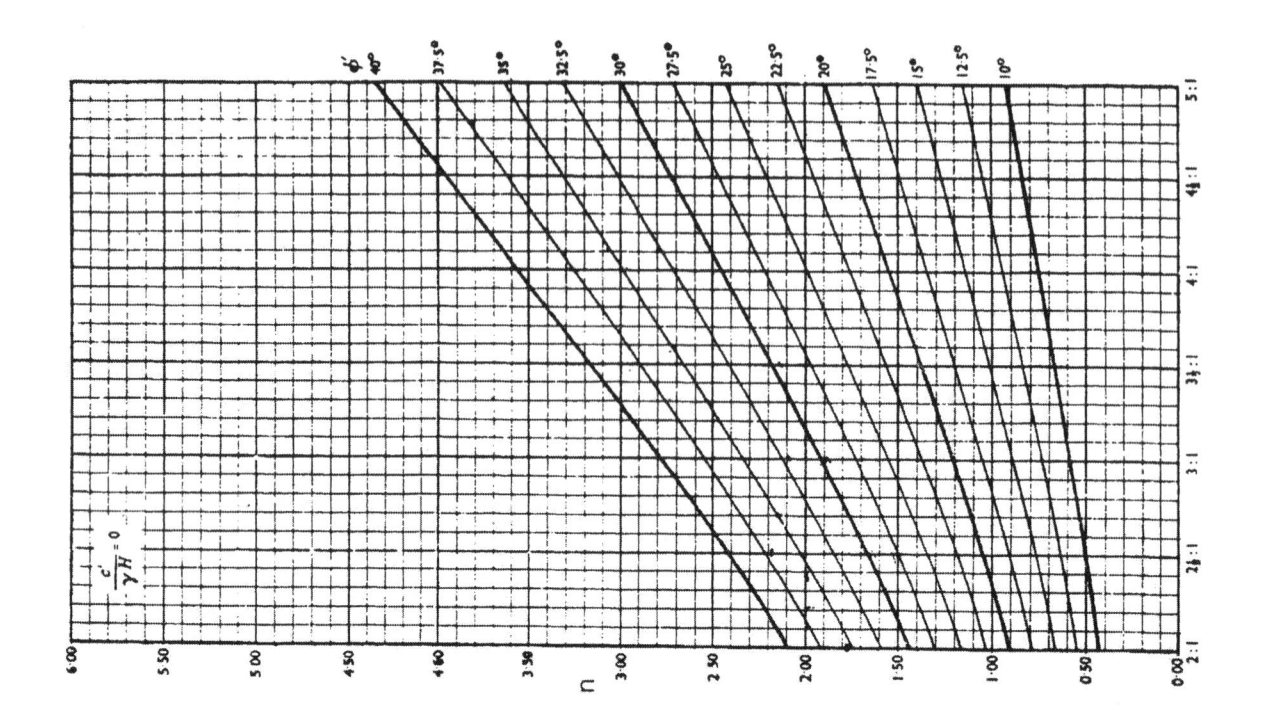

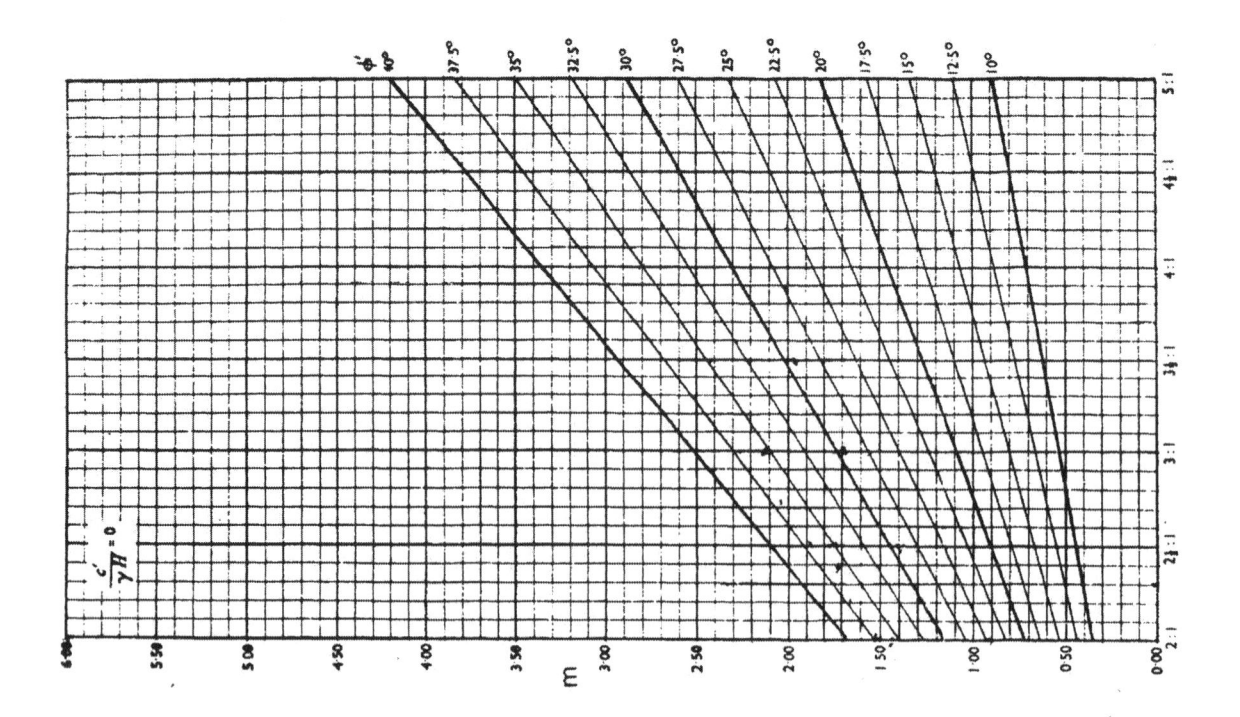

Figura 14.12 - Coeficientes de estabilidade m e n para $c'/\gamma H=0$ (Bishop e Morgenstern, 1960)

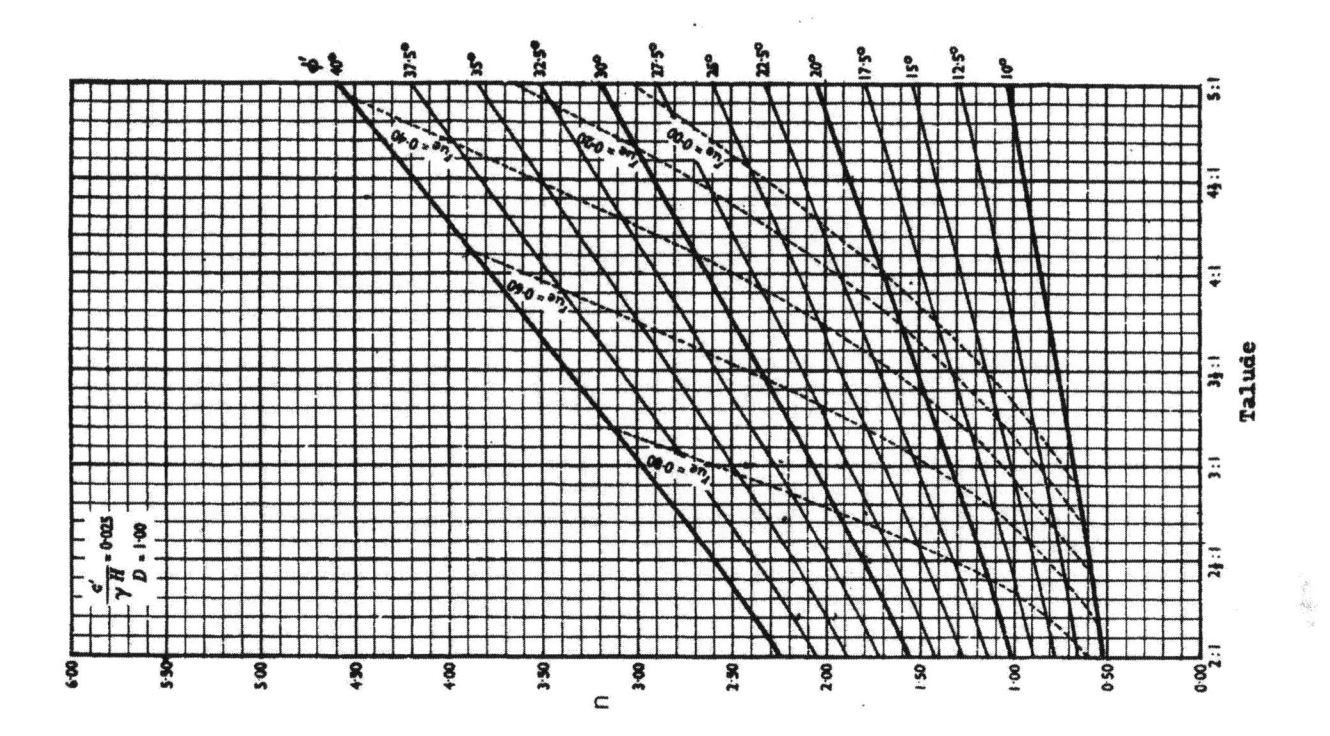

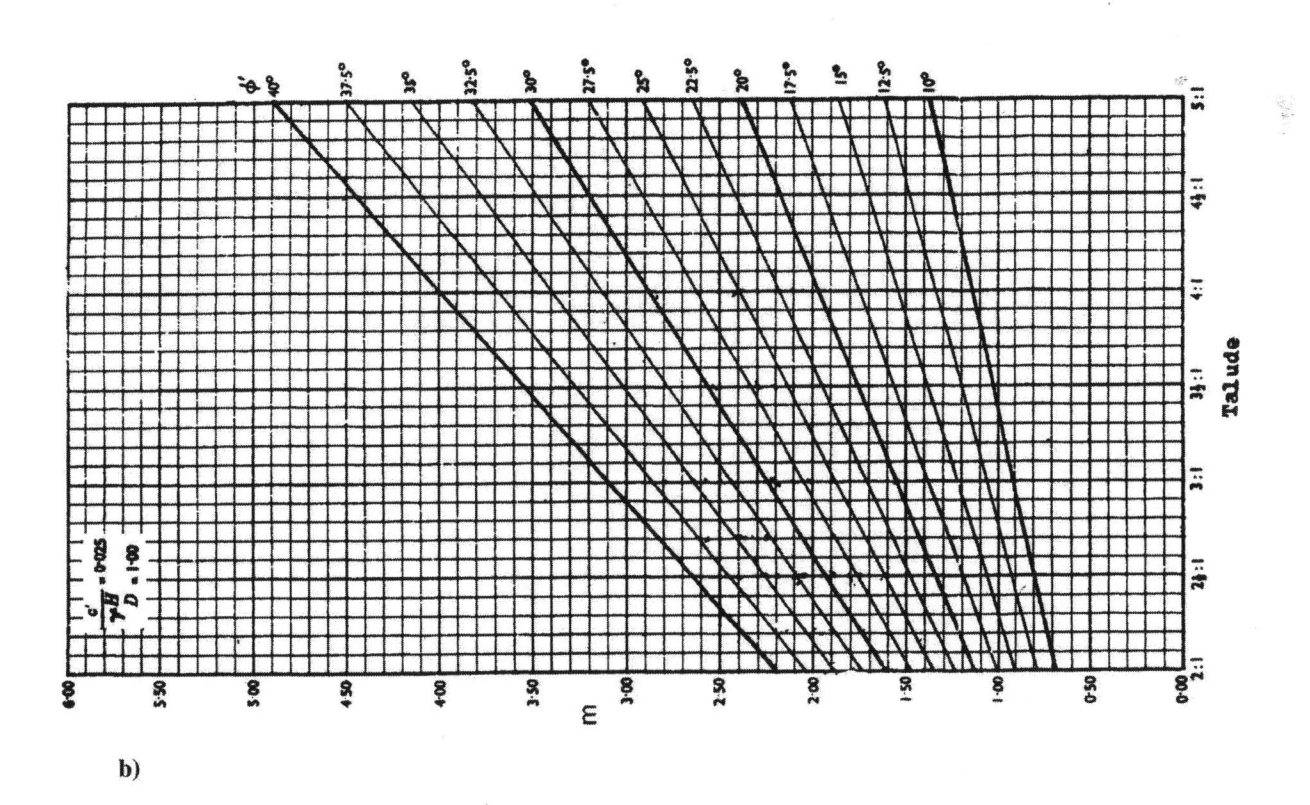

b)

b) **Figura 14.12** - Coeficientes de estabilidade m e n para $c'/\gamma H = 0{,}025$ e $D = 1{,}00$ (Bishop e Morgenstern, 1960)

c)

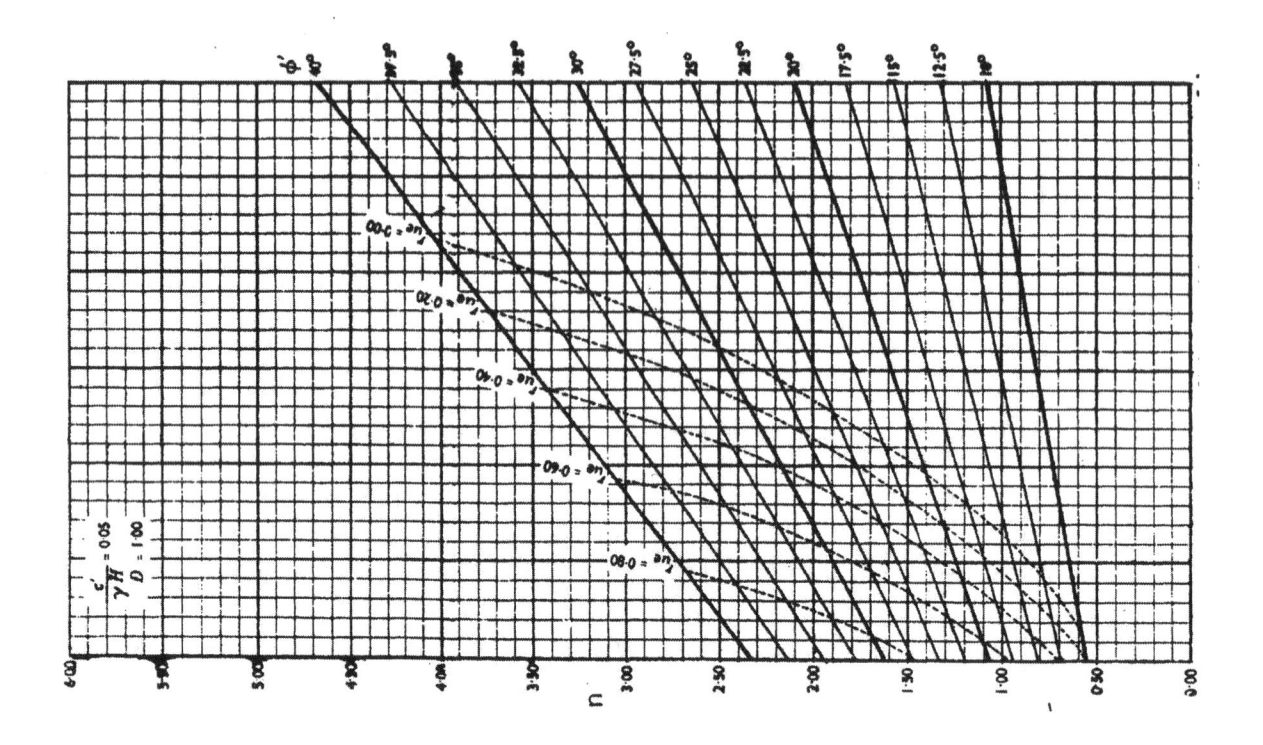

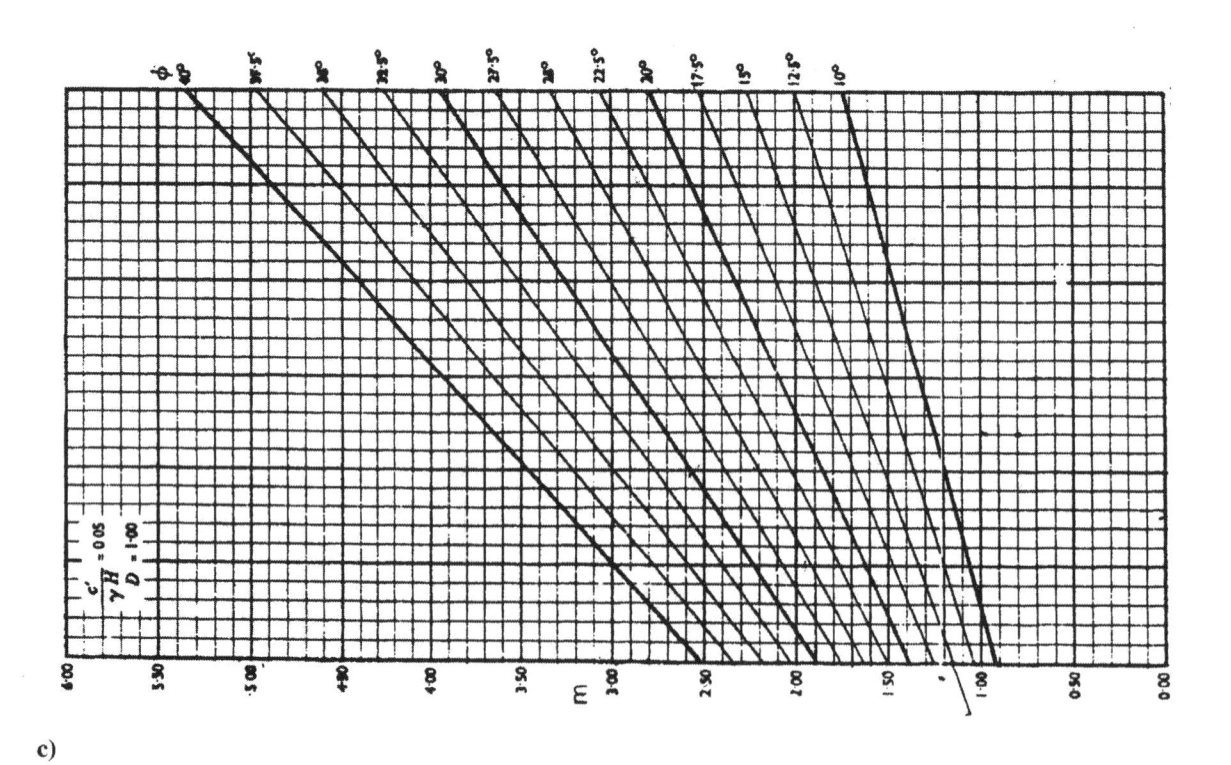

Figura 14.12 - Coeficientes de estabilidade m e n para $c'/\gamma H = 0{,}05$ e $D = 1{,}00$ (Bishop e Morgenstern, 1960)

d)

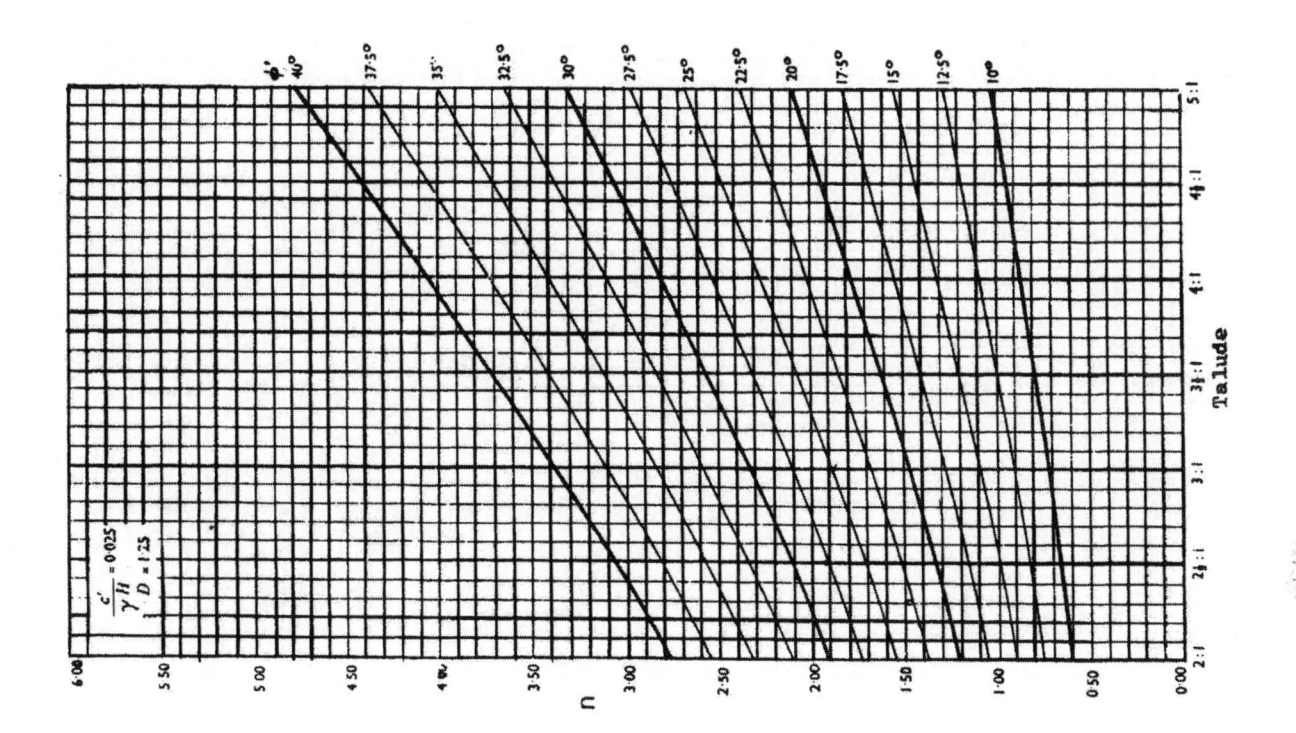

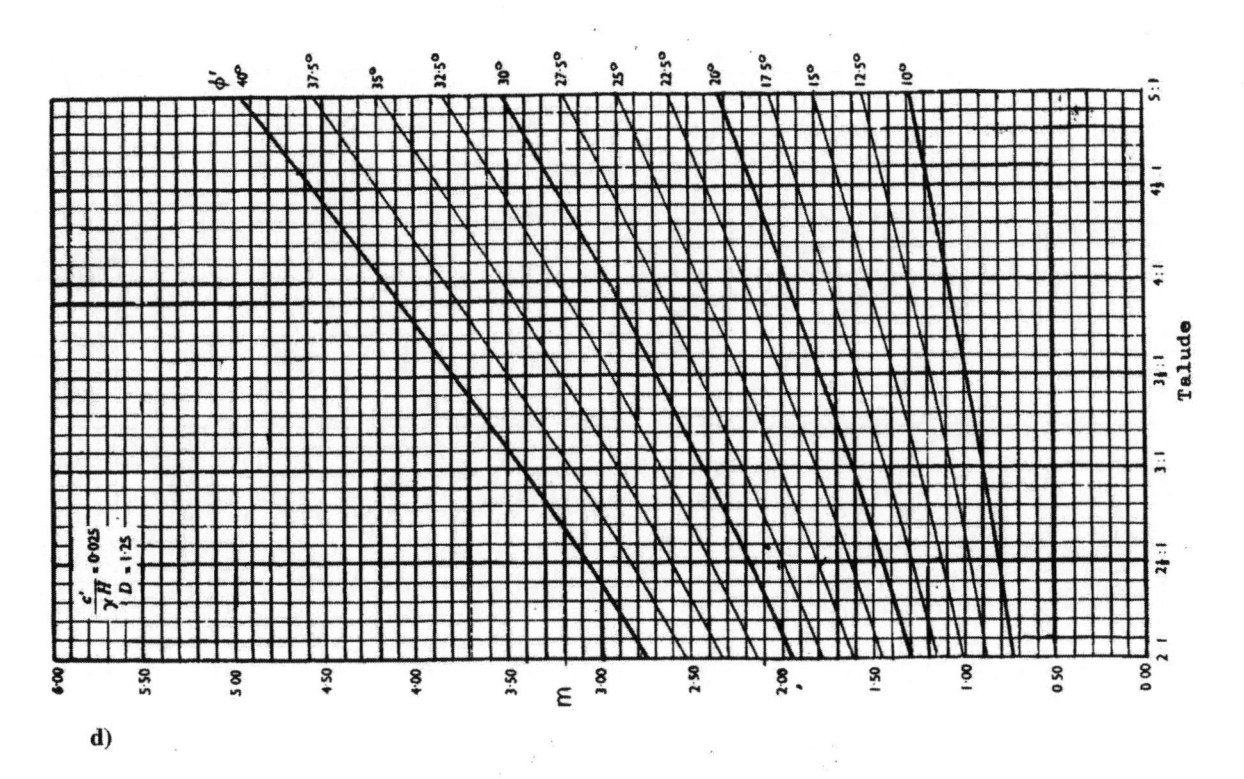

Figura 14.12 - Coeficientes de estabilidade m e n para $c'/\gamma H = 0,025$ e $D = 1,25$ (Bishop e Morgenstern, 1960)

e)

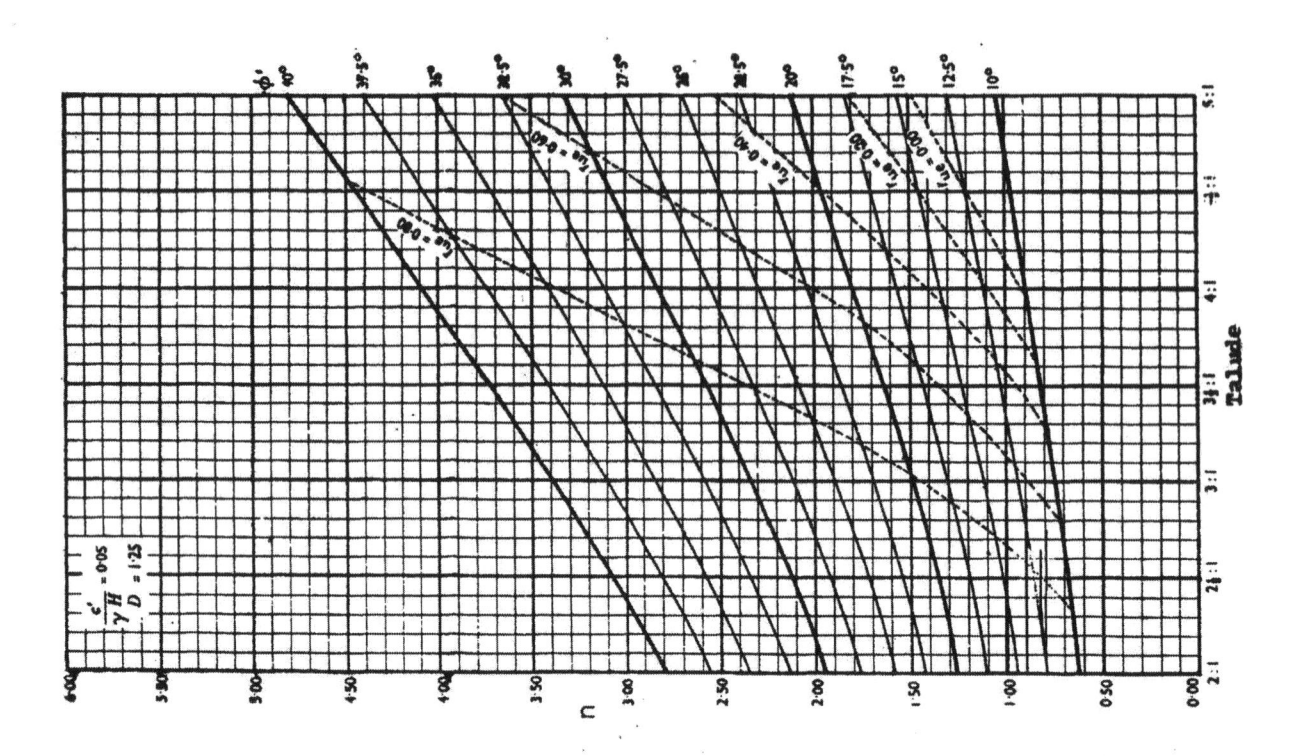

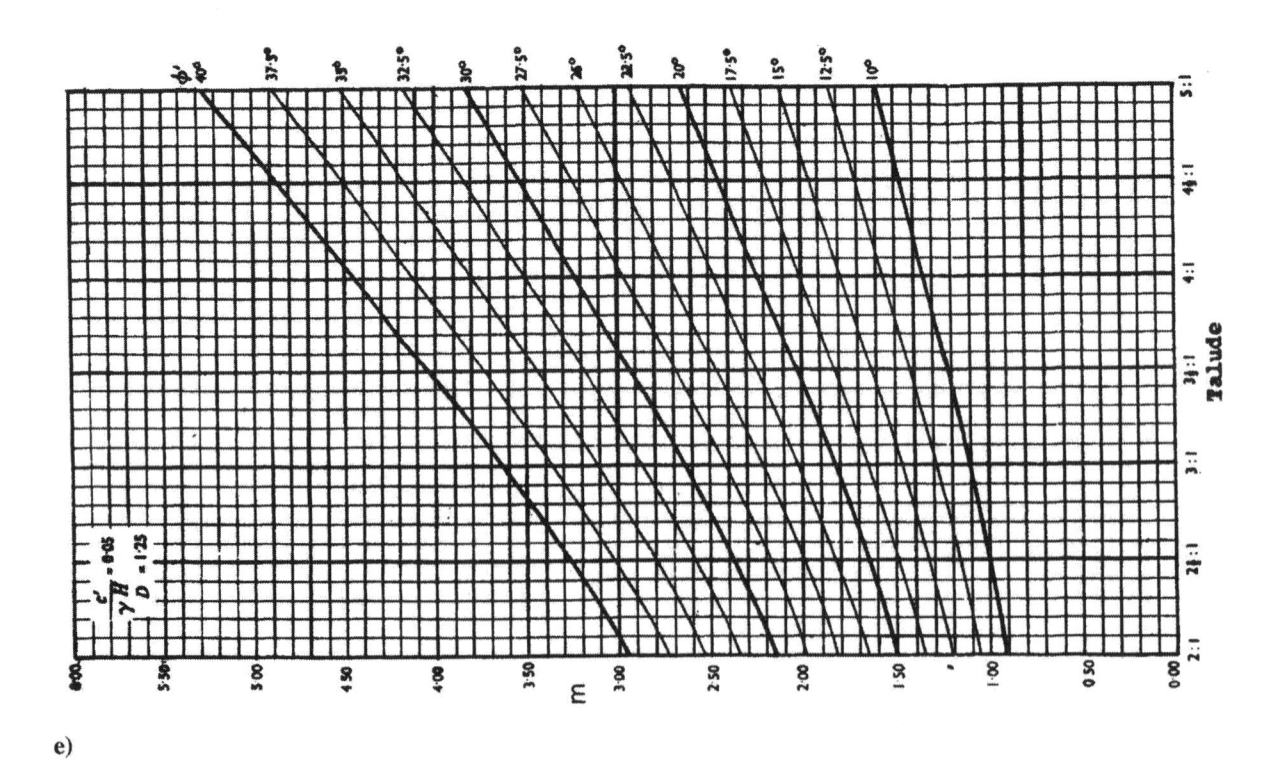

Figura 14.12 - Coeficientes de estabilidade m e n para $c'/\gamma H = 0{,}05$ e $D = 1{,}25$ (Bishop e Morgenstern, 1960)

f)

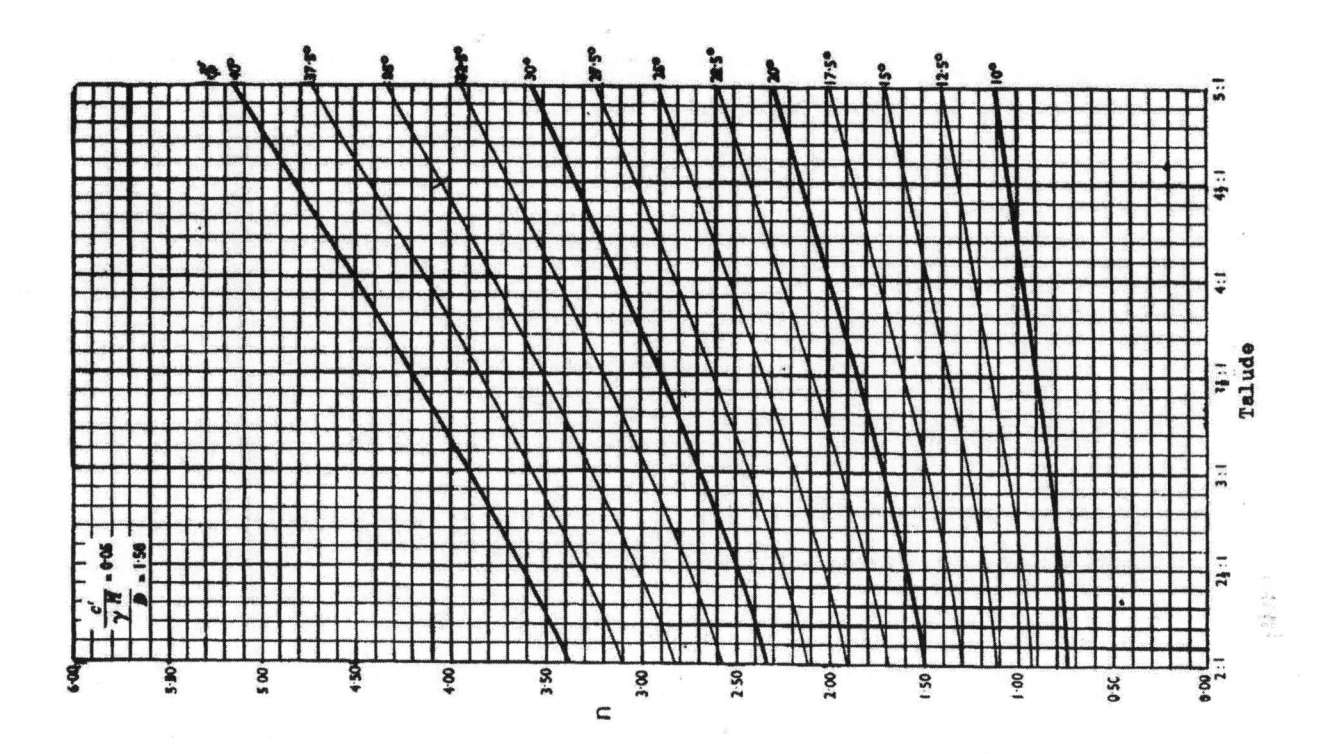

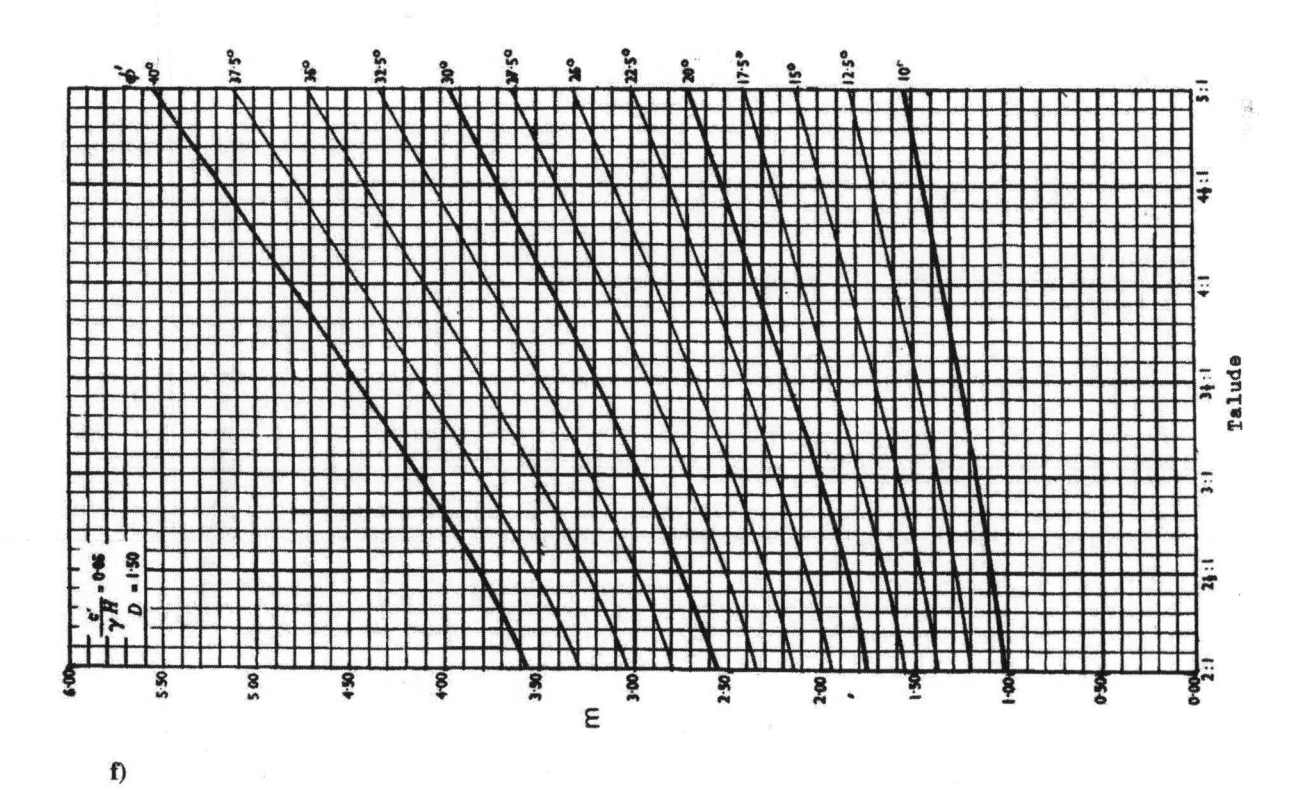

Figura 14.12 - Coeficientes de estabilidade m e n para $c'/\gamma H = 0{,}05$ e $D = 1{,}50$ (Bishop e Morgenstern, 1960)

14.3.3 - Método de Spencer - Ábacos

Spencer (1967) considera a ação das forças interlamelares paralelas para superfícies circulares de ruptura. Considera ainda a existência de uma eventual fenda de tração, como se vê na Figura 14.14

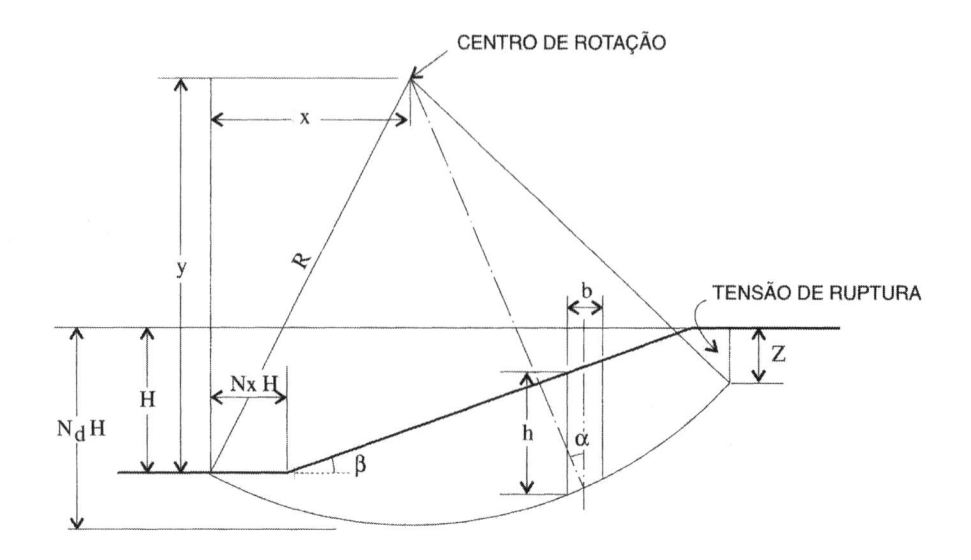

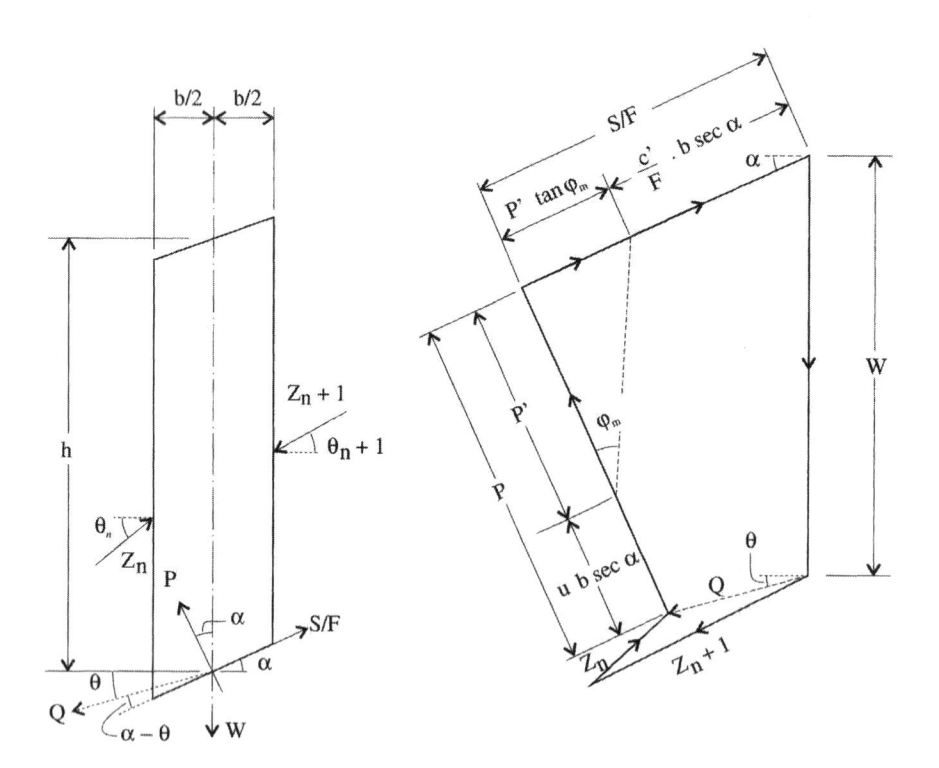

Figura 14.14 - Dimensões de superfície de escorregamento e forças atuantes numa lamela (Spencer, 1967).

A partir dos gráficos da Figura 14.15, é possível determinar o ângulo do talude para um determinado coeficiente de segurança F, conhecendo-se os parâmetros de resistência ao cisalhamento do solo c' e φ', e o parâmetro de pressão neutra r_u (ou B').

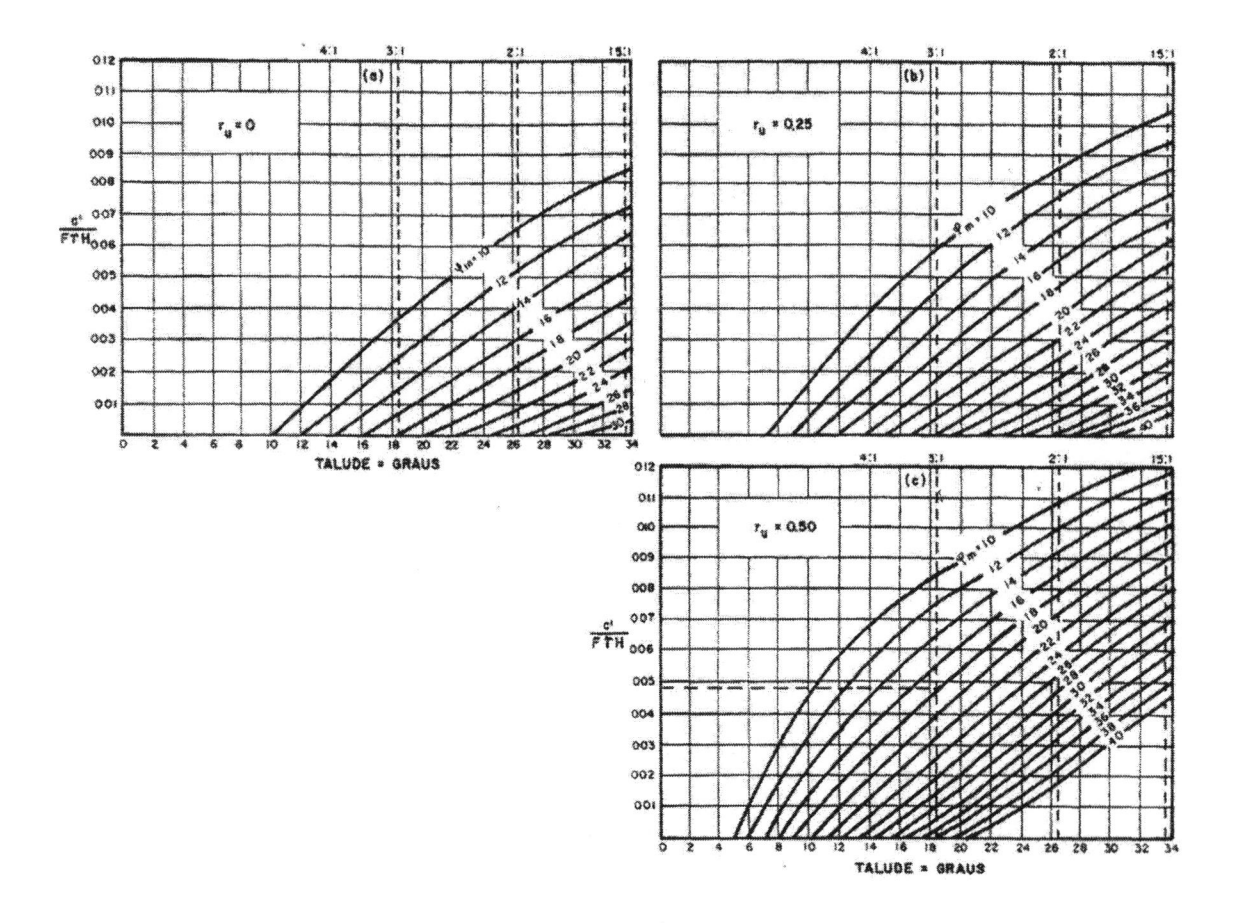

Figura 14.15 - Ábacos de estabilidade (Spencer, 1967)

Esses ábacos somente são aplicáveis para o parâmetro D (de Bishop) unitário, ou seja, de uma barragem apoiada em rocha, ou solo de resistência em muito superior à da barragem. Como no caso dos gráficos de Bishop e Morgenstern, aplicam-se apenas a aterros homogêneos ou de envoltória de resistência linear. A vantagem desses ábacos é que eles permitem determinar diretamente o talude da barragem.

Para exemplificar o uso dos ábacos, consideremos os mesmos exemplos de aplicação já mencionados anteriormente, no Método de Bishop :

Barragem com altura $H = 42$ m e $\gamma = 2,0$ t/m³.

$\tau = 1,5 + \sigma \text{tg } 30°$ (t/m²)

$r_u = (B') = 0,18$.

Com o F.S. encontrado, de 1,74, pode-se determinar qual o ângulo do talude necessário.

Calcula-se primeiramente o valor de :

$$\frac{c'}{\gamma HF} = \frac{1,5}{2.42.1,74} = 0,0102$$

A seguir calcula-se $\varphi_m = \text{arctg } \varphi'/F.S. = 18,35$

Como não se dispõe de ábacos para $r_u = 0,18$, é necessário interpolar :

i para $r_u = 0$ (ábaco a) $= 22,50°$

i para $r_u = 0,25$ (ábaco b) $= 16,0°$

i para $r_u = 0,50$ (ábaco c) $= 11,0°$.

Graficamente, obtém-se (Figura 14.16):

100 Barragens Brasileiras

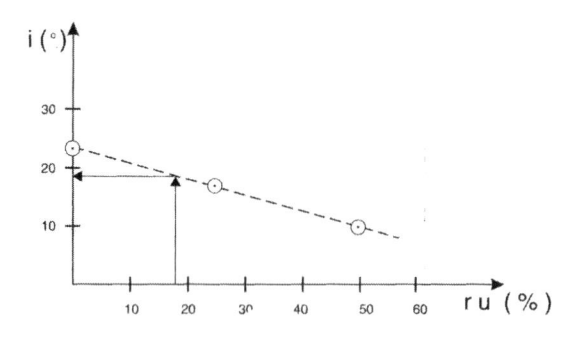

Figura 14.16 - Variação i com r_u

Resulta $i = 18°$ [1(V):3,07(H)], que é o talude do Exemplo III.

Reconsiderando o problema, e partindo da hipótese de que um valor de *F.S.* = 1,50 seria satisfatório, pode-se definir o novo i para este *F.S.*

$c'/\gamma HF = 0,0119$ e $\varphi_m = \text{arctg } 30°/1,5 = 21,05°$.

i para $r_u = 0$ (ábaco a) $= 26,5°$

i para $r_u = 0,25$ (ábaco b) $= 19,5°$

i para $r_u = 0,50$ (ábaco c) $= 13°$.

Interpolando para $r_u = 0,18$, vem $i = 21,5°$ ou 1(V):2,54(H).

Como se vê, embora as hipóteses de cálculo sejam um pouco diferentes, os valores de *F.S.* são equivalentes e, para dimensionamentos preliminares de estabilidade, satisfatórios.

14.3.4 - Método de Bishop para Envoltórias Exponenciais - Ábaco

Charles e Soares (1984.a) apresentam uma solução do Método de Bishop (1955) para incorporar uma envoltória de resistência ao cisalhamento do tipo:

$\tau = A (\sigma')^b$.

Esta envoltória já foi discutida no Capítulo 7, item 4, relativo a enrocamentos.

No caso de alguns solos, e para uma gama de pressões muito extensa, a equação de resistência pode assumir a forma:

$\tau = c' + A (\sigma')^b$.

Os mesmos autores apresentam também uma solução para este caso. Como esta condição só ocorre em barragens de grande altura, e é improvável que elas sejam construídas com um único material, deixa-se de apresentar tal solução.

Barragens de enrocamento, no entretanto, podem atingir alturas superiores a 100 m, sendo construídas com o mesmo enrocamento, e daí o interesse na solução de Charles e Soares.

A hipótese básica é de que a superfície potencial de escorregamento seja circular, como se vê na Figura 14.17.

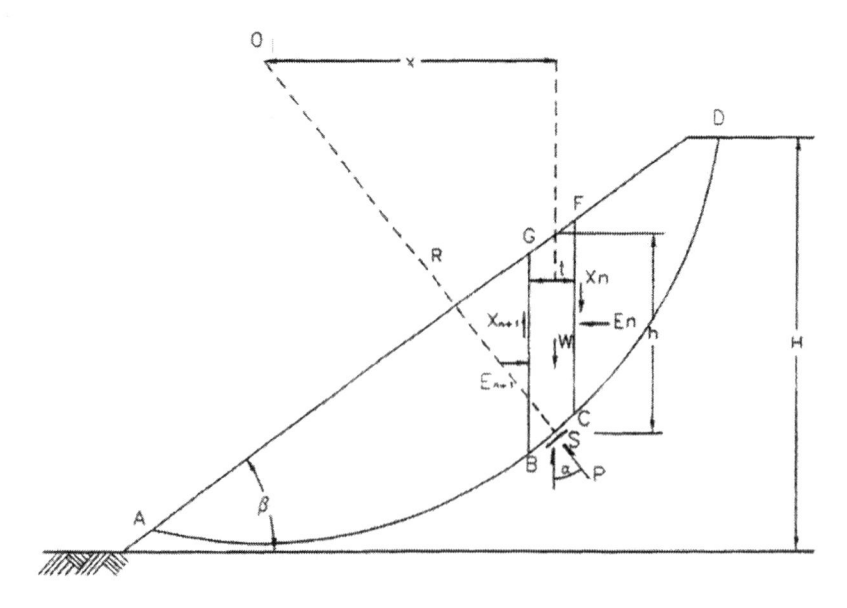

Figura 14.17 - Forças atuantes numa superfície cilíndrica de escorregamento em taludes de enrocamento (Charles e Soares, 1984a).

As hipóteses de cálculo são reproduzidas abaixo :

(I) $\tau_m = \dfrac{\tau_f}{F} = \dfrac{A}{F}(\sigma')^b$ (resistência mobilizada)

(II) $\Sigma Wx = \Sigma \tau_m \ell R$ (momento atuante)

$$= \Sigma \dfrac{A}{F}(\sigma')^b \ell R$$

Como $x = R\, \text{sen}\alpha$, vem

$$F = \dfrac{\Sigma A(\sigma')^b \ell}{W \text{sen}\alpha}$$

(III) $\sigma' = \dfrac{P}{\ell} - u$ (força normal efetiva na base da lamela)

e $P = (W + X_n - X_{n+1})\cos\alpha - (E_n - E_{n+1})\text{sen}\alpha$

Repetindo a hipótese de Bishop (1955) de que as forças E têm direção horizontal, e considerando o equilíbrio de forças entre lamelas, vem :

$P\cos\alpha + S\text{sen}\alpha = W$.

Daí:

$(\sigma' + u)\ell\cos\alpha + \tau_m \ell\, \text{sen}\alpha = W$,

$\sigma' = \dfrac{W}{\ell \cos\alpha} - u - \dfrac{A}{F}(\sigma')^b \text{tg}\alpha$,

do que resulta :

$$F = \dfrac{1}{\Sigma W \text{sen}\alpha} \Sigma \left\{ A\ell \left[\dfrac{W}{\ell \text{sen}\alpha} - u - \dfrac{A\, \text{tg}\alpha}{F}(\sigma')^b \right]^b \right\}$$

Ábacos

Dos vários ábacos apresentados por Charles e Soares (1984), são reproduzidos a seguir aqueles de interesse para barragens de enrocamento apoiadas em rocha, ou seja, barragens com $D=H$.

O coeficiente de segurança F (ou $F.S.$) pode ser obtido pela expressão :

$$\Gamma = F \dfrac{(\gamma H)^{(1-b)}}{A} \quad \text{ou} \quad F = \dfrac{\Gamma A}{(\gamma H)^{(1-b)}}$$

Na Figura 14.18, reproduzem-se os ábacos de estabilidade para o caso de $D = H$. A Figura 14.19 apresenta a localização dos centros dos círculos críticos.

Como exemplo de aplicação, considere-se uma barragem de enrocamento, de 120 m de altura, com $\gamma = 2{,}1$ t/m³ e cuja envoltória de resistência é dada pela Figura 14.20.

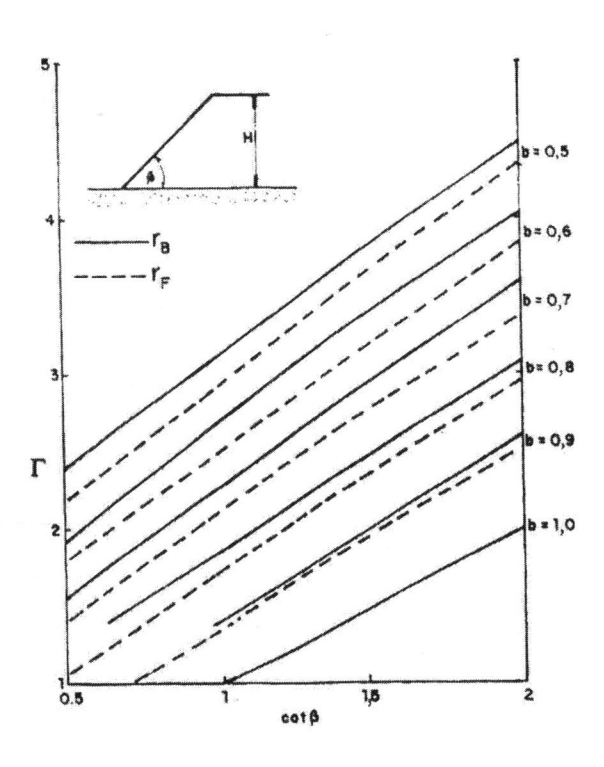

Figura 14.18 - Números de estabilidade para superfície circular (Charles e Soares, 1984a)

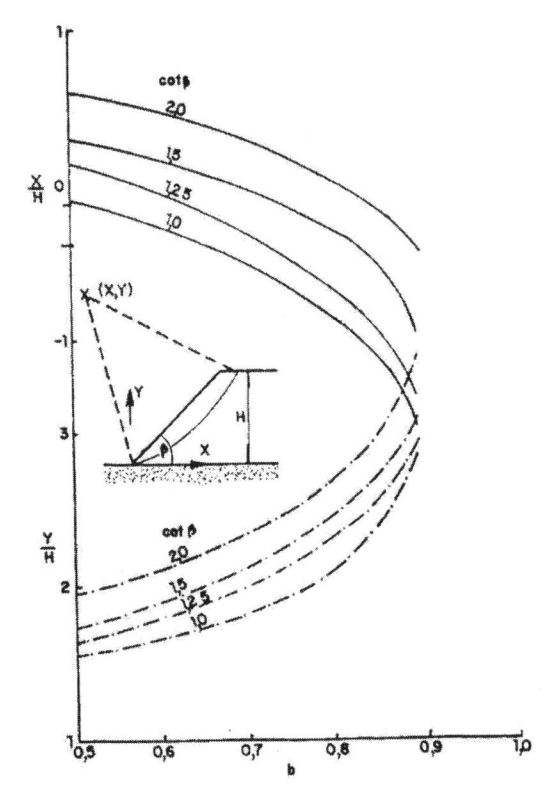

Figura 14.19 - Localização dos centros dos círculos críticos - Método de Bishop (Charles e Soares, 1984a)

100 Barragens Brasileiras

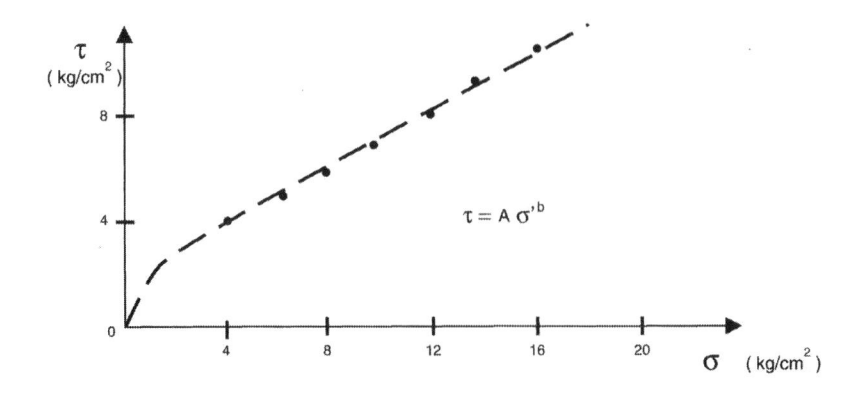

Figura 14.20 - Exemplo de Envoltória Exponencial

A tabela 14.1 reproduz valores de τ e σ'.

Tabela 14.1 - Valores de τ e σ' - Envoltória Exponencial

Dados de Ensaio		Valores calculados
σ kg/cm²	τ kg/cm²	τ kg/cm²
2	3	2,58
4	4	3,97
6	5	5,10
8	6	6,09
10	7	7,21
12	8	7,84
14	9	8,62
16	10	9,37
18	10,5	10,08
20	11,5	10,76

Como $\tau = A(\sigma')^b$, $\log \tau = b \log \sigma' + \log A$. Replotando a envoltória em gráfico log-log, o valor de b seria a inclinação da reta e o valor de A obtido para $\sigma' = 0$, seria $\log A = \log \tau$.

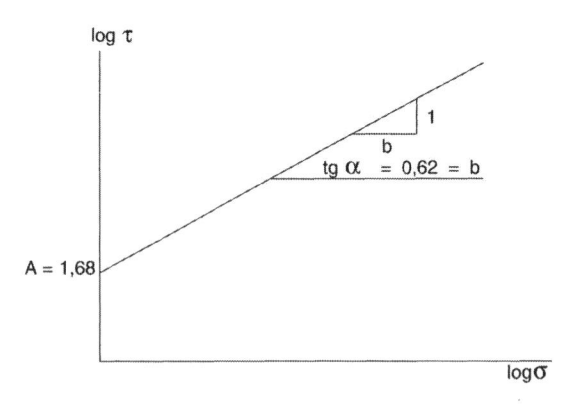

Veja-se a Figura 14.21:

Figura 14.21 - Envoltória em gráfico log-log

O valor de b é = 0,62 e o de A = 1,68.

A envoltória $\tau = 1{,}68\,(\sigma')^{0{,}62}$ conduz a valores de τ_{env} bem próximos dos valores de τ, com desvios nas pressões baixas e altas.

O expoente b (0,62) independe das unidades, mas o coeficiente A varia com as unidades. O valor 1,68 é válido para kg/cm². Como γ e H são dados em toneladas e metros, é conveniente recalcular A para t/m².

Repetindo-se o gráfico log-log, obtém-se A = 4,10. Se o talude proposto para a barragem for de 1,2(h) : 1,0(v), β = 39,80° e $\cot g\beta$ = 1,20.

Entrando no ábaco da Figura 14.18, com cotgβ = 1,20, obtém-se Γ = 2,90 para b = 0,62. Como:

$$2,90 = \frac{F(\gamma H)^{(1-b)}}{A},$$

$$F = \frac{2,90 \cdot 4,10}{(2 \cdot 120)^{(1-0,62)}} = 1,48 \ .$$

Se A fosse dado em unidades de kg/cm², seria necessário entrar com $\gamma = 2 \times 10^{-3}$ kg/cm³ e $H = 120 \times 10^2$ cm, e:

$$F = \frac{2,90 \cdot 1,68}{(2 \cdot 10^{-3} \cdot 120 \cdot 10^2)^{0,38}} = 1,46$$

A pequena diferença deve-se às alterações no valor de A resultantes do gráfico log-log.

Charles e Soares fornecem na mesma Figura 14.18 os números de estabilidade obtidos pelo Método de Fellenius, comparado com o cálculo pelo Método de Bishop simplificado. Na Figura 14.19, são indicadas as coordenadas do centro dos círculos críticos.

No caso do exercício mencionado, b = 0,62 e cotgβ = 1,20. Para estes valores :

X/H = - 0,10   e   Y/H = 1,80

X = - 12 m e Y = 216 m

Charles e Soares (1984.b) apresentam também ábacos para cálculos de estabilidade de barragens construídas com materiais com envoltória exponencial, e que possam estar sujeitas ao desenvolvimento de pressões neutras.

Neste caso o parâmetro adimensional Γ se compõe de duas parcelas : μ e $\nu\, r_u$.

$$\Gamma = \mu - \nu\, r_u ,$$

sendo r_u a relação u/σ_v

Os ábacos das Figuras 14.22 a 14.25 fornecem valores de μ e ν para quatro condições de D/H e . Pelos ábacos inferiores pode-se encontrar o círculo crítico, para r_u = 0,20.

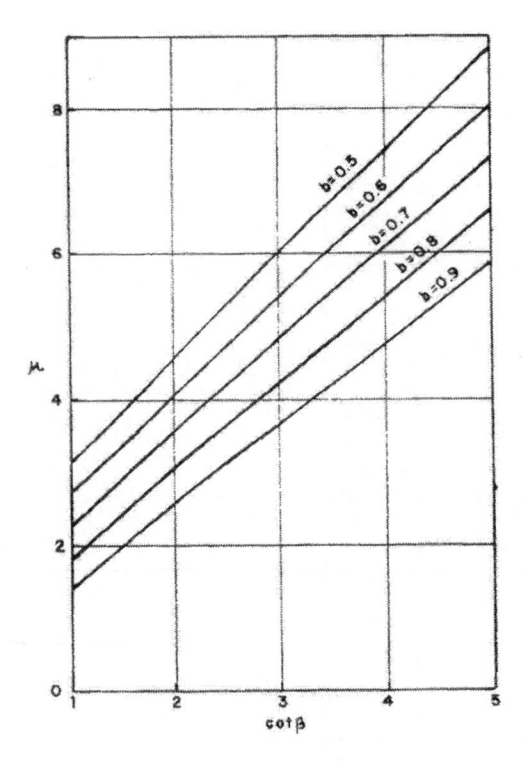

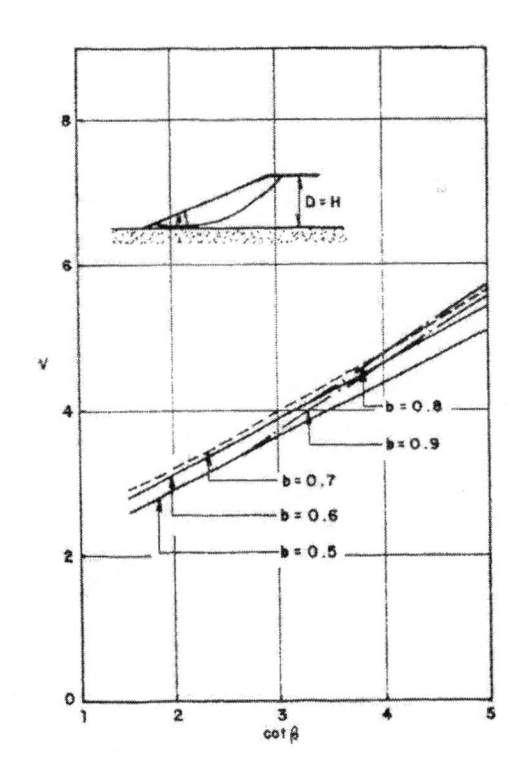

a) Números de estabilidade

Figura 14.22 - Ábacos para condição D/H = 1 (Charles e Soares, 1984a)

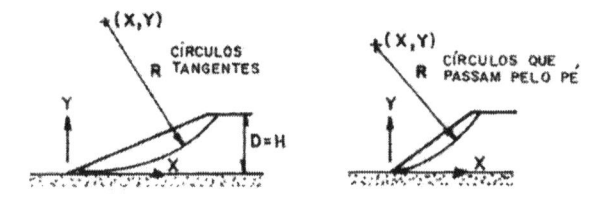

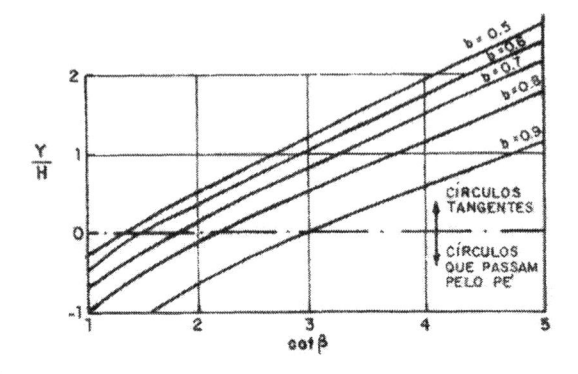

b) Localização dos centros dos círculos críticos - $r_u = 0,2$

Figura 14.22 - Ábacos para condição $D/H = 1$ (Charles e Soares, 1984.a)

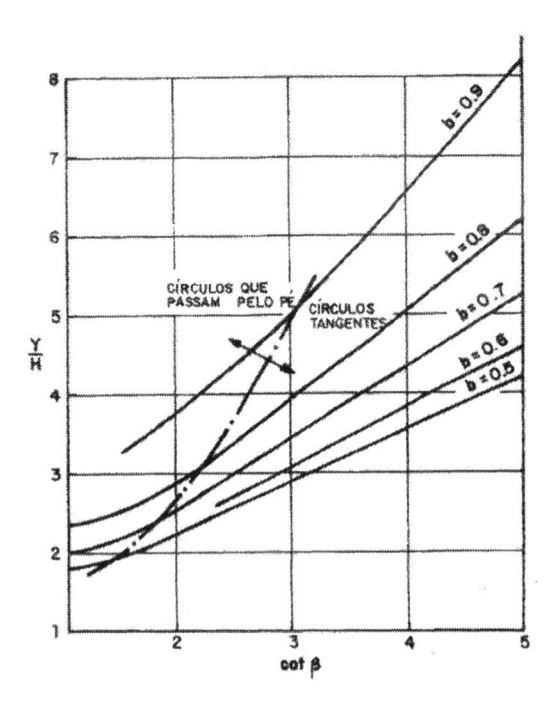

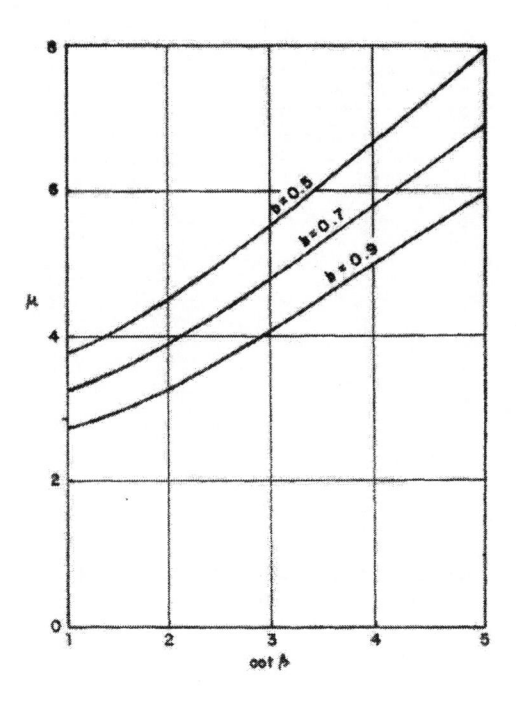

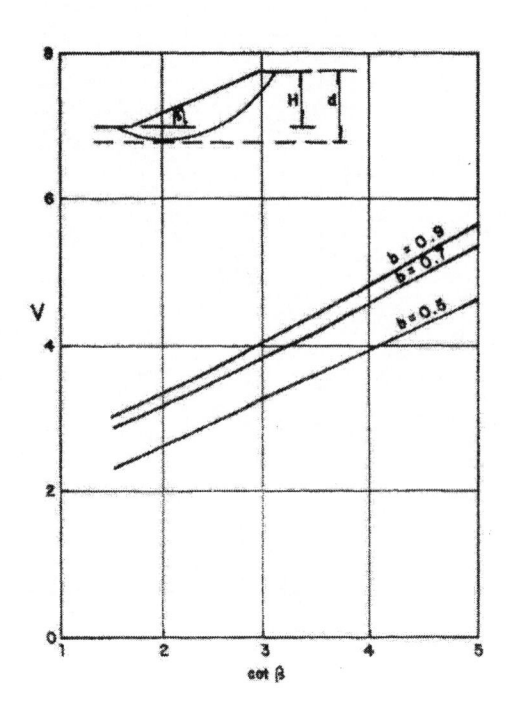

a) Ábaco de estabilidade para superfícies circulares mais críticas tangentes à linha horizontal à profundidade d.

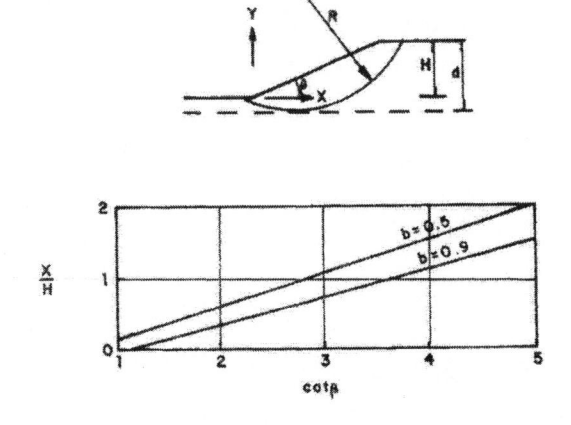

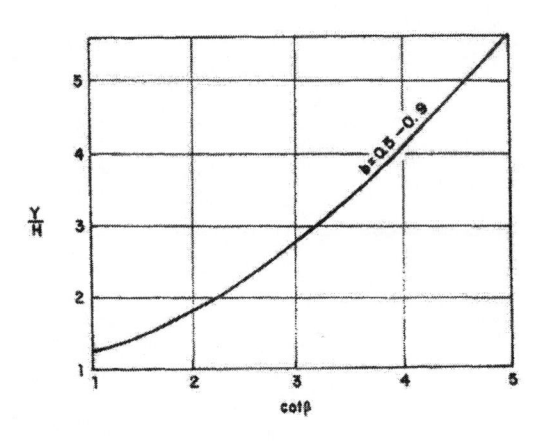

b) Localização da superfície circular crítica de escorregamento - $r_u = 0{,}2$

Figura 14.23 - Ábacos para condição $d/H = 1{,}25$ (Charles e Soares, 1984.b)

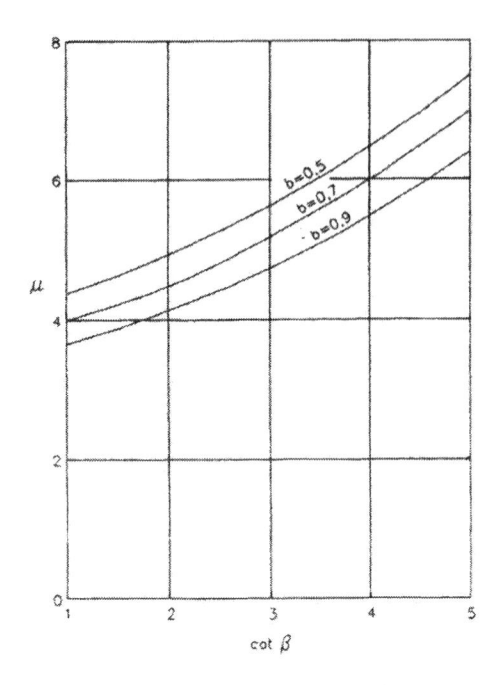

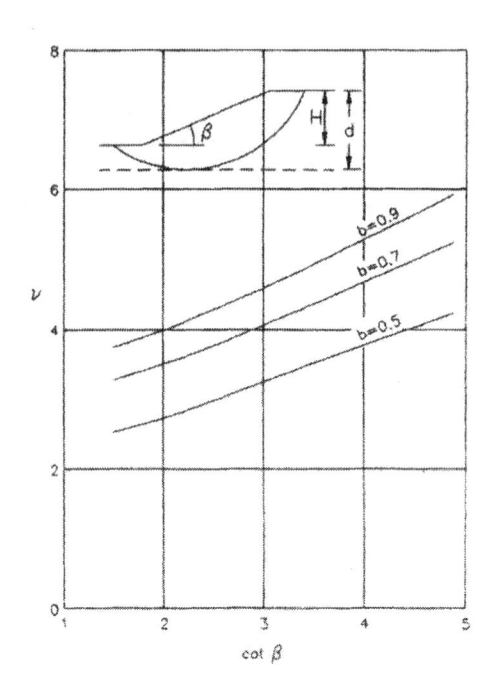

a) Ábaco de estabilidade para superfícies circulares mais críticas tangentes à linha horizontal à profundidade d.

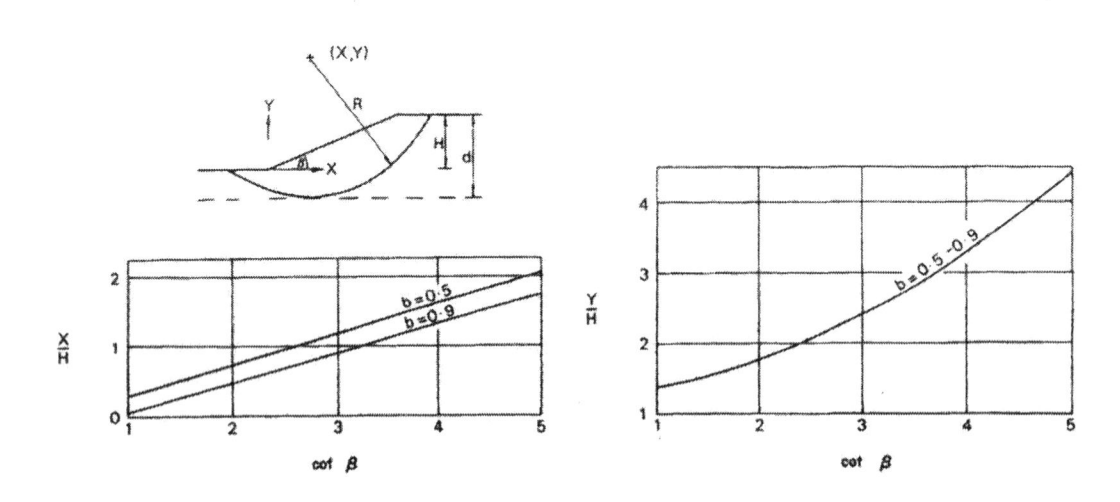

b) Localização da superfície circular crítica de escorregamento - $r_u = 0{,}20$.

Figura 14.24 - Ábacos para condição $d/H = 1{,}50$ (Charles e Soares, 1984)

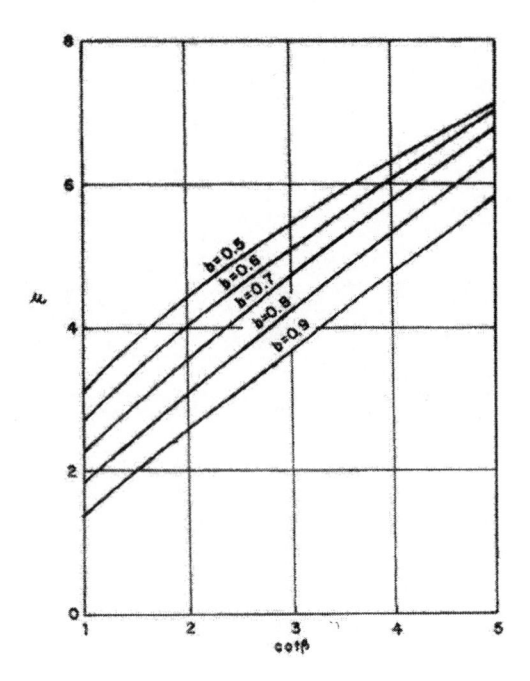

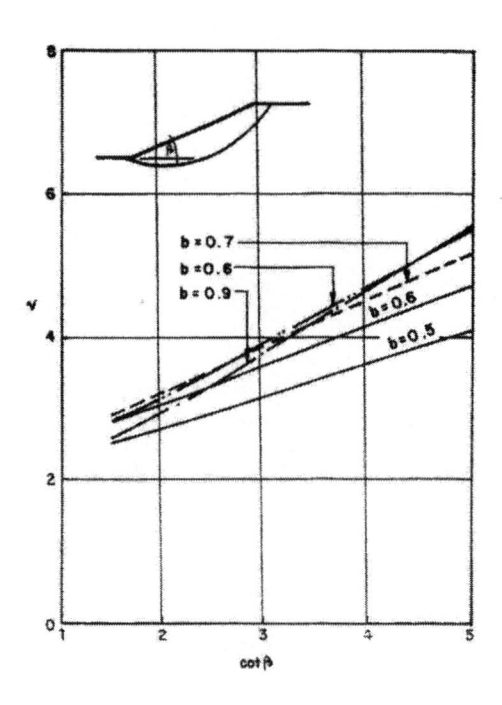

Capítulo 14

a) Ábaco de estabilidade

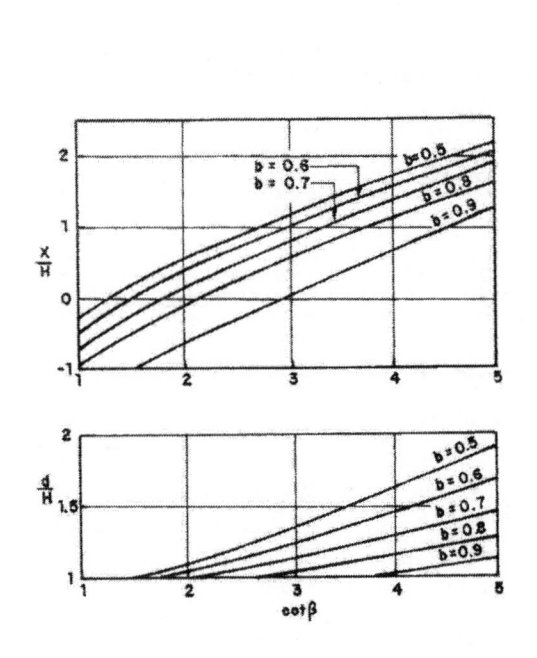

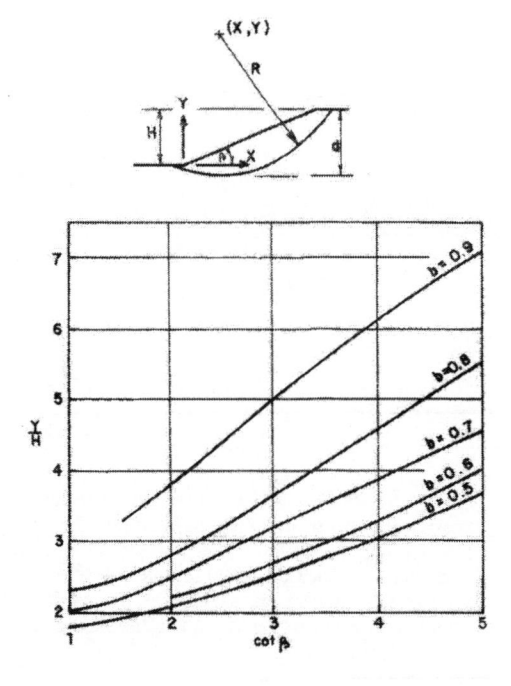

b) Localização da superfície circular crítica de escorregamento - $r_u = 0{,}2$

Figura 14.25 - Ábacos para condição $d/H = \infty$ (Charles e Soares, 1984)

14.3.5 - Método de Sarma

O método proposto por Sarma em 1979 é dos mais gerais e dos mais elegantes, porque considera superfícies quaisquer, e a divisão em lamelas com interfaces com qualquer inclinação. É conveniente para análises de interfaces entre materiais, e é preciso, mesmo quando se adotam poucas lamelas de grandes dimensões. Veja-se a Figura 14.26:

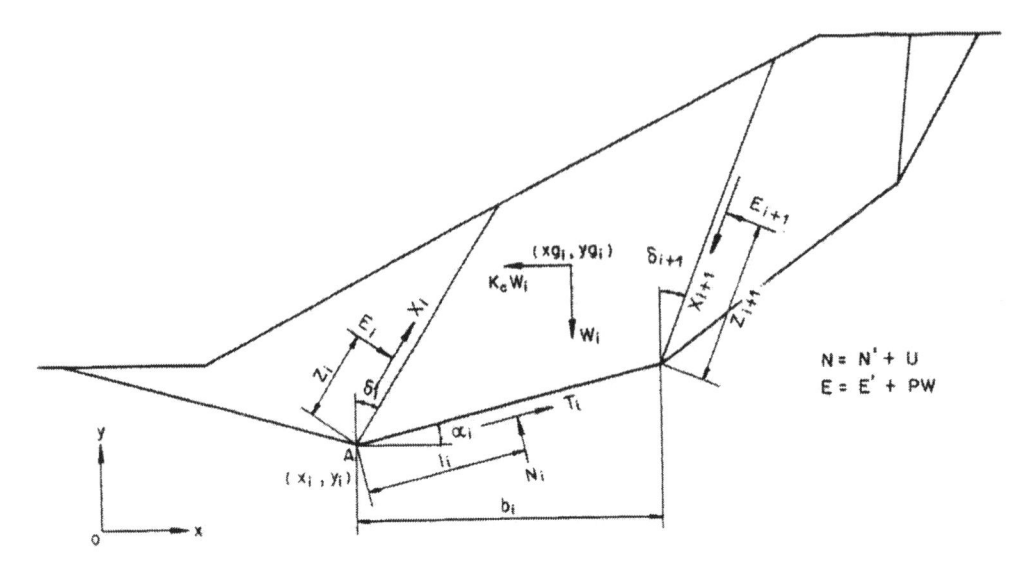

Figura 14.26 - Forças atuantes numa lamela inclinada (Sarma, 1979)

A divisão em lamelas deve ser feita de forma a englobar os vários materiais da barragem e sua fundação, mas de forma que um mecanismo cinemático de movimento seja possível, ou seja, devem ser evitados ângulos agudos entre os planos da superfície de escorregamento.

Para equilíbrio vertical e horizontal das lamelas, as seguintes equações devem ser satisfeitas :

$$N_i\cos\alpha_i + T_i\sin\alpha_i = W_i + X_{i+1}\cos\delta_{i+1} - X_i\cos\delta_i \ E_{i+1}\sin\delta_{i+1} - + E_i\sin\delta_i \quad (14.4)$$

$$T_i\cos\alpha_i + N_i\sin\alpha_i = K_c W_i + X_{i+1}\sin\delta_{i+1} - X_i\sin\delta_i - E_{i+1}\cos\delta_{i+1} + E_i\cos\delta_i \quad (14.5)$$

O critério de ruptura de Mohr permite calcular:

$$T_i = (N_i - U_i)\tan\varphi'_i + c'_i b_i \sec\alpha_i \quad (14.6)$$

Embora a massa contida numa superfície de escorregamento se encontre num estado de equilíbrio limite, a mesma não poderá se mover, a menos que se formem superfícies de cisalhamento internas ao corpo da lamela. Pode-se assumir que as forças X e E das superfícies de contorno estejam também na condição de equilíbrio limite, ou seja, tenham um fator de segurança igual a 1. Daí vem :

$$X_i = (E_i - PW_i)\tan\varphi'_i + c'_i d_i \quad (14.7.a)$$

$$X_{i+1} = (E_{i+1} - PW_{i+1})\tan\varphi'_{i+1} + c_{i+1}d_{i+1} \quad (14.7.b)$$

Os parâmetros φ' e c' são respectivamente o ângulo de atrito médio e a coesão média em pressões efetivas; d é o comprimento da lamela, e PW a força devido às pressões piezométricas atuantes nos planos. Substituindo X_i, X_{i+1}, e eliminando T_i e depois N_i nas equações acima vem :

$$E_{i+1} = a_i - p_i K_c + E_i e_i \quad (14.8.a)$$

A Eq. 14.8.a é uma função periódica da qual pode-se obter:

$$E_{n+1} = a_n - p_n K_c + E_n e_n$$

$$E_{n+1} = (a_n + a_{n-1}e_n) - (p_n + p_{n-1}e_n)K_c + E_{n-1}e_n e_{n-1} \quad (14.8.b)$$

e procedendo-se adicionalmente,

$$E_{n+1} = (a_n + a_{n-1}e_n + a_{n-2}e_n e_{n-1} + \ldots \text{ para } n \text{ termos}) -$$

- $K_c(p_n + p_{n-1}e_n + p_{n-2}e_n e_{n-1} + \ldots$ para n termos) +

$+ E_i e_n e_{n-1} e_{n-2}$ (14.9)

Na ausência de todas as forças externas, $E_{n+1} = E_1 = 0$. Daí :

$$Kc = \frac{a_n + a_{n-1}e_n + a_{n-2}e_n e_{n-1} + \ldots + a_1 e_n e_{n-1} \ldots e_3 e_2}{p_n + p_{n-1}e_n + a_{n-2}e_n e_{n-1} + \ldots + p_1 e_n e_{n-1} \ldots e_3 e_2}$$

(14.10)

na qual

$$a_i = \frac{W_i \sen(\varphi_i' - a_i) + R_i \cos\varphi_i' + S_{i-1} \sen(\varphi_i' - a_i - \delta_{i+1}) - S \sen(\varphi_i' - a_i - \delta)}{\cos(\varphi_i' - \alpha_i + \varphi_{i+1}' - \delta_{i+1}) \sec\varphi_{i+1}'}$$

(14.11)

$$p_i = \frac{W_i \cos(\varphi_i' - \alpha_i)}{\cos(\varphi_i' - \alpha_i + \varphi_{i+1}' - \delta_{i+1}) \sec\varphi_{i+1}'}$$ (14.12)

$$e_i = \frac{\cos(\varphi_i' - \alpha_i + \varphi_i' - \delta_i) \sec\varphi_i'}{\cos(\varphi_i' - \alpha_i + \varphi_{i+1}' - \delta_{i+1}) \sec\varphi_{i+1}}$$ (14.13)

$R_i = c_i' b_i \sec\alpha_i - U_i \tan\varphi_i'$ (14.14)

$S_i = c_i' d_i - Pw_i \tan\varphi_i'$ (14.15)

também $\varphi_i' = \delta_i = \varphi_{n+1}' = \delta_{n+1} = 0$ (14.16)

Se o valor de K_c for determinado, pode-se começar pelo valor conhecido de $E_i = 0$, de forma que a equação 14.8.a fornecerá todos os valores de E_i. A equação 14.7 fornecerá então os valores de X_i. Com as equações 14.4 e 14.6 pode-se determinar os valores das forças normais N_i.

$N_i = (W_i + X_{i+1} \cos\delta_{i+1} - X_i \cos\delta_i - E_{i+1} \sen\delta_{i+1} + E_i \sen\delta_i) \cos\varphi_i' \sec(\varphi_i' - \alpha_i)$ (14.17)

E conhecendo-se N_i, pode-se determinar T_i pela equação 14.6.

O fator K_c é denominado fator de aceleração crítica, ou seja, o valor do porcentual de g, que multiplicado pelo peso W_i, resulta na força horizontal, que, se atuante, resultaria numa condição de equilíbrio limite, ou seja, de $F.S. = 1,0$.

Nesta análise, foram feitas *(n-1)* hipóteses sobre as relações entre as forças X e E. Para se determinar os pontos de aplicação de E (Z_i), é necessário formular hipóteses sobre os pontos de aplicação de todas as forças N, menos uma. Ou alternativamente pode-se admitir os pontos de aplicação das forças E (Z) e determinar os pontos de aplicação das forças N_i.

Em qualquer dos casos, o número de hipóteses necessário é *n-1*.

O terceiro requisito de estabilidade refere-se a $\Sigma M = 0$. Calculando-se o Momento das Forças em relação a um ponto de canto (A na Figura 14.26), vem:

$N_i l_i - X_{i+1} b_i \sec\alpha_i \cos(\alpha_i + \delta_{i+1}) + E_{i+1} [Z_{i+1} + b_i \sec(\alpha_i + \delta_{i+1})] - E_i Z_i - W_i(xg_i - x_i) + K_c W_i(yg_i - y_i) = 0$ (14.18)

onde xg, e yg são as coordenadas do centro de gravidade da lamela. Iniciando os cálculos pela primeira lamela, onde $Z_i = 0$, e assumindo l, pode-se determinar Z_{i+1}, ou vice-versa, assumindo Z_{i+1}, determina-se l_1.

Na última lamela, l_n pode ser determinado porque $Z_{n+1} = 0$. Como em todos os métodos de cálculo por lamelas, a solução obtida deve satisfazer ao critério de aceitabilidade, de forma que todos os valores de N_i e T_i sejam positivos. Tendo em vista que tanto Z_i como l_i devem se situar dentro da lamela e de preferência no terço médio, deve ser sempre possível determinar uma linha de ação do empuxo, mas isto pode requerer um grande número de tentativas.

Considerando que a determinação de K_c independe do equilíbrio de momentos (necessário, no entanto, para uma solução completa), as lamelas podem ser grandes, e em número apenas suficiente para representar a superfície de escorregamento em análise.

A solução de K_c depende da inclinação das lamelas i, ou seja, da localização das superfícies de escorregamento internas à massa deslizante.

Os valores assumidos de τ_i podem não conduzir ao valor crítico de K_c e por isso torna-se necessário um conjunto de iterações para se definir K_{cmin}, fazendo variar τ_i. Pode-se por exemplo, fazer variar τ no *iésimo* ponto, mantendo os seus demais valores constantes, até se obter o K_c mínimo, e a partir daí fazer variar os demais valores de τ.

Como o número de iterações é muito grande até se alcançar o K_c mínimo, o método não é recomendado para situações em que o número de lamelas seja elevado. Neste caso, uma solução aproximada seria a de adotar $\tau_i = 0$ para todas as lamelas e introduzir um coeficiente de redução para c' e $\varphi,'$ de tal forma que $c'_r = c'/FR$ e $tg\varphi'_r = tg\varphi'/FR$, podendo FR ser tomado igual a 1,1 (para $\tau_i = 0$).

O método de Sarma não define diretamente o valor do coeficiente de segurança, mas sim o valor do percentual de g (aceleração da gravidade) que, se multiplicado pelo peso das lamelas W, resultaria na condição de equilíbrio limite ($F.S. = 1,0$).

No caso do equilíbrio estático, $K_c = 0$.

Entrando com $K_c = 0$ nas equações anteriores, verifica-se que a condição de equilíbrio é obtida para os valores de c' e φ' menores do que c' e φ' de ruptura (como assumido para $K_c \neq 0$). Por tentativa e erros, assume-se um valor de F_L, de tal forma que $tg\varphi'_L = tg\varphi'/F_L$ e $c'_L = c'/F_L$, até que o valor assumido conduza ao equilíbrio, para $K_c = 0$.

Este valor será o coeficiente de segurança.

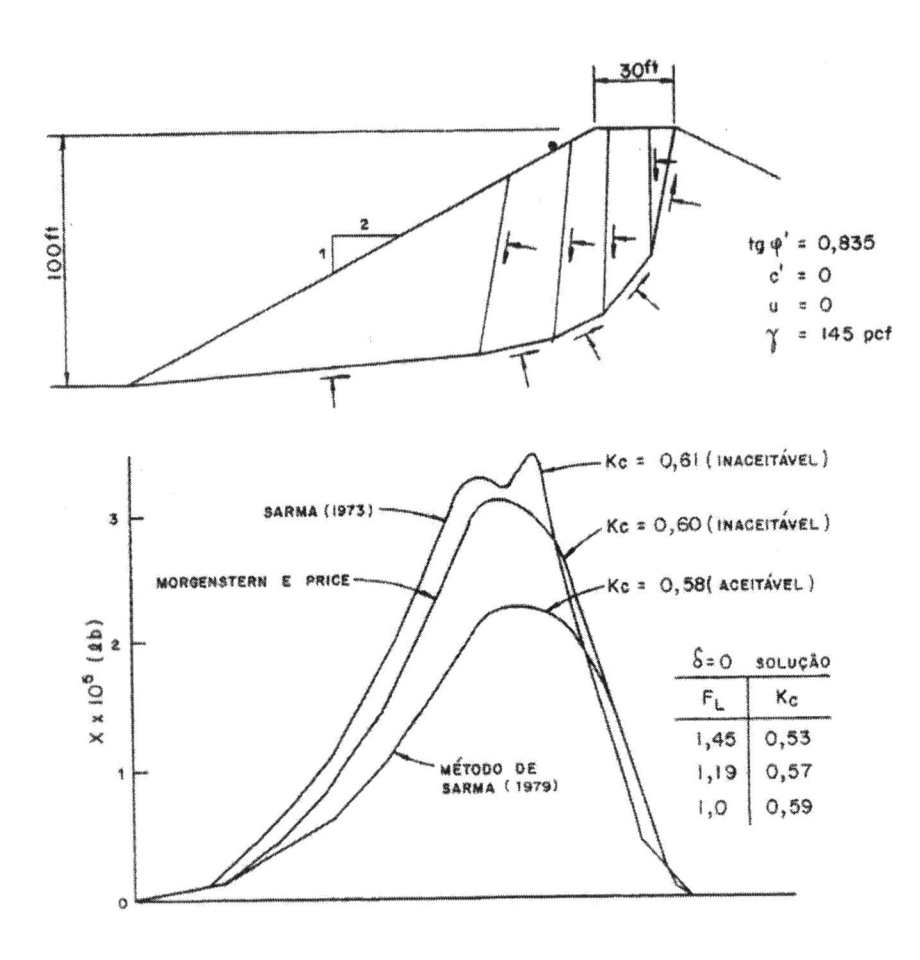

Figura 14.27 - Comparação de soluções por diferentes métodos (Sarma, 1979)

Exemplos:

Na Figura 14.27, mostra-se o caso de uma barragem com uma superfície de ruptura arbitrária. Se este problema for resolvido utilizando-se os métodos de Morgenstern e Price (1965) e o método de Sarma de 1973, não se consegue uma solução exata, como mostrado no gráfico inferior. O método de Sarma (1979), no entanto, é capaz de definir rapidamente o valor de *F.S.* mínimo. Segundo Sarma (1979) se os outros métodos mencionados forem iterados exaustivamente, é provável que cheguem ao mesmo resultado.

A utilização deste método, como ocorre com a maioria, só se torna prática com emprego de um programa de computador.

14.3.6 - Análise de Estabilidade de Blocos Deslizantes

No caso de uma barragem zoneada com núcleo delgado e inclinado para montante, a condição de ruptura circular (cilindríca) pode não representar a condição crítica, e torna-se necessária uma reavaliação da estabilidade considerando o mecanismo de escorregamento por cunhas deslizantes.

Seja o caso da Figura 14.28:

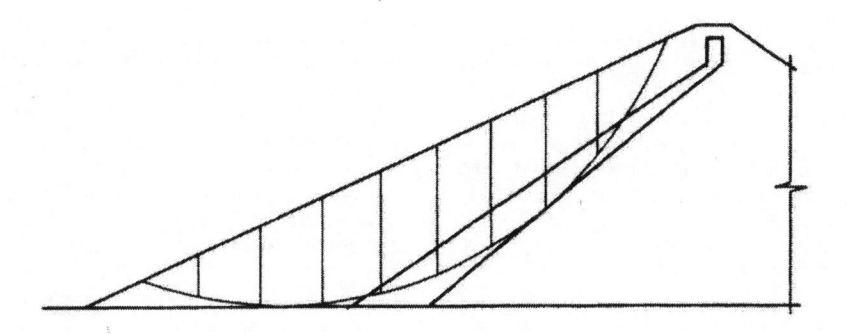

a) Superfície circular de escorregamento

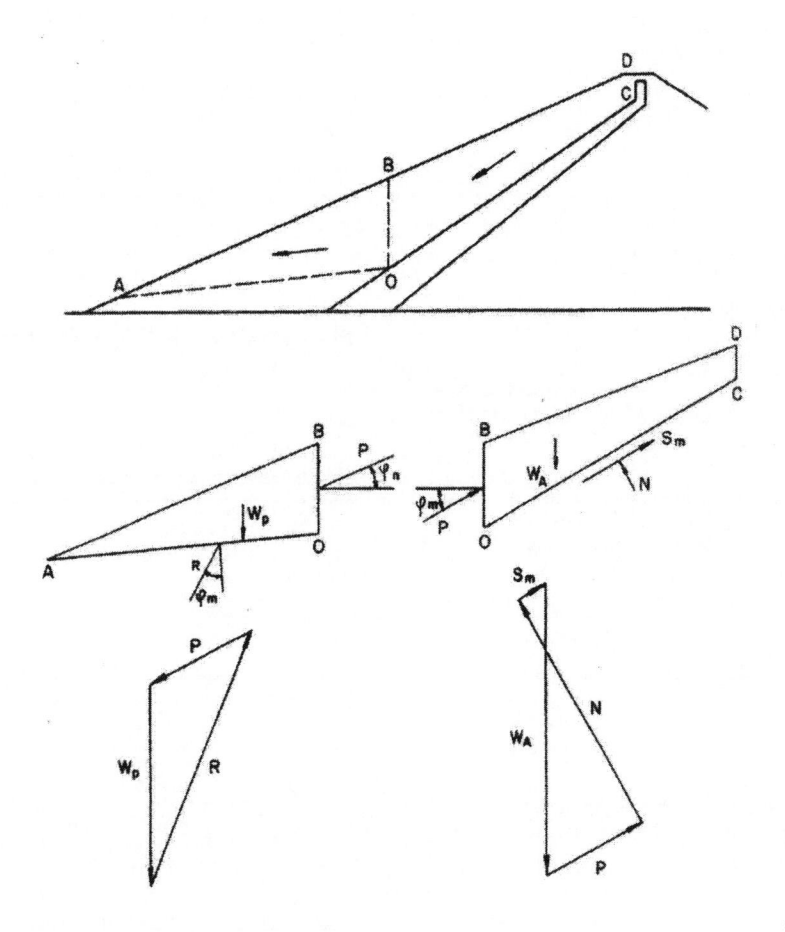

b) Forças atuantes nos blocos ABO e BDCO

Figura 14.28 - Análise de estabilidade considerando blocos deslizantes (Sultan e Seed, 1967)

Os blocos ABO e BDCO devem satisfazer a uma condição de equilíbrio, que é expressa por um coeficiente de segurança :

$$FS = \frac{\text{resistência disponível}}{\text{resistência mobilizada}}$$

O bloco inferior, no caso, está contido no enrocamento, e por isso a componente de resistência da coesão não aparece. No bloco superior, os dois componentes de resistência são atuantes. Se a resistência do segundo bloco for tomada como S_u (resistência total) a componente N atuará normalmente ao lado OC. No caso de se adotar tensões efetivas, será necessário tomar a componente de pressão neutra u, e calcular $N - u = N'$. Esta força N' terá a inclinação de φ do núcleo argiloso, em relação à normal a OC.

Uma hipótese necessária ao cálculo de estabilidade refere-se à escolha prévia de um fator de segurança $F.S.$, de forma que os parâmetros de resistência do enrocamento (φ_e) e os parâmetros do núcleo argiloso (S_u, ou c'_n e φ'_n) sejam recalculados para a determinação da força P que atua na interface.

$$\text{tg}\varphi_{m,e} = \frac{\text{tg}\varphi_e}{F.S.}$$

$$c'_m = \frac{c'}{F.S.} \quad \text{e} \quad \text{tg}\,\varphi'_{m,n} = \frac{\text{tg}\varphi'_n}{F.S.}$$

$$S_{um} = \frac{S_u}{F.S.}$$

Dessa forma, podem ser definidas as direções de R e P.

O ponto O é escolhido arbitrariamente, numa posição próxima à base.

Conhecido W_P - peso da cunha de enrocamento - e conhecidas as direções de P e R, define-se o valor de P (força atuante entre os blocos).

Conhecendo-se o valor de W_A - peso do enrocamento acima da cunha de argila - e as direções de S_m e N, e entrando com o valor de P, pode-se determinar S_m.

Com:

$$S_m = \frac{S_u \ell}{F.S.} \quad (\ell = OC),$$

verifica-se se o valor de $F.S.$ coincide com o valor admitido anteriormente. No caso de se considerar tensões efetivas :

$$S_m = \frac{c'\ell}{F.S.} + (N - U)\frac{\text{tg}\varphi'}{F.S.}$$

referentes ao núcleo.

Havendo coincidência, o valor de $F.S.$ admitido é correto. Caso contrário, é necessário repetir o procedimento até que haja coincidência.

Evidentemente, o valor de $F.S.$ determinado é válido apenas para a divisão dos blocos escolhidos.

Novas divisões em blocos são necessárias, o que se obtém variando a posição do ponto O para cima e para baixo. O processo de cálculo deve ser repetido até a definição do valor mínimo de $F.S.$, que representará o $F.S.$ da barragem.

Por outro lado, não há razão para que a interface dos dois blocos seja vertical, e é necessário repetir os cálculos considerando uma interface inclinada.

Ensaios em módulo reduzido realizados por Sultam e Seed (1967) mostraram que a condição crítica de ruptura ocorre para uma interface inclinada para jusante, com um ângulo intermediário entre $0°$ e $i°$, sendo $i°$ a inclinação do talude de montante.

Sultam e Seed indicam, ainda, que a ruptura do modelo ocorreu quando $F.S. = 1,0$, considerando o ângulo de atrito do enrocamento (no caso do modelo, areia) igual ao ângulo de atrito obtido em ensaios de ruptura plana (φ'_{RP} é em geral um pouco superior ao φ' obtido em ensaios triaxiais).

Nas condições do modelo, φ_{RP} da areia era de $38,5°$, enquanto $\varphi_{tr}=35°$.

Procedimento semelhante pode ser adotado no caso de barragens fundadas em solos de menor resistência, e que possam condicionar sua estabilidade, como por exemplo a Barragem de Açu (ver Capítulos 2 e 3).

14.4 - REGIME PERMANENTE DE OPERAÇÃO

Quando um talude é sujeito a uma carga de água, com o tempo, estabelece-se uma rede de percolação que obedece às Equações de La Place e é determinada pelas condições aos limites. As pressões neutras podem ser facilmente obtidas, como se vê na Figura 14.29, que ilustra o caso de uma barragem de terra, com filtro vertical.

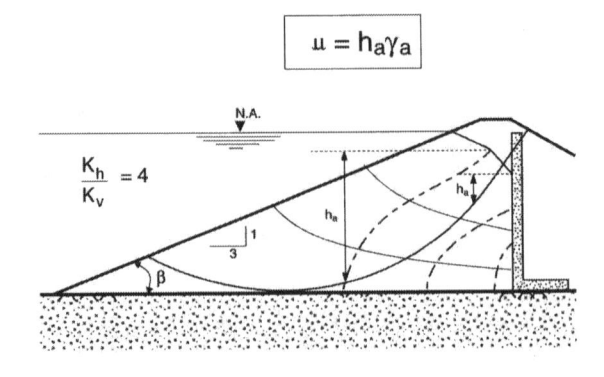

Figura 14.29 - Determinação de pressões neutras em regime permanente de operação (Cruz, 1973).

Capítulo 14

O estudo da estabilidade desse talude pode ser procedido por qualquer dos métodos já descritos. O método mais usado é o das lamelas, ou seja, a subdivisão da cunha de escorregamento em fatias, a partir das quais se estuda o equilíbrio entre o Momento Resistente e o Momento Atuante. Já foi visto que:

$F = M_R/M_A$

Este cálulo, no entanto, poderia ser feito também utilizando-se os ábacos já referidos, introduzindo-se algumas hipóteses adicionais.

Para demonstrar a validade do método proposto, estudou-se o caso de cinco taludes, utilizando-se relações diferentes para os coeficientes de permeabilidade horizontal e vertical, e ainda adotando-se três equações de resistência para cada talude. O cálculo foi feito de duas formas: subdividindo-se a cunha de escorregamento em lamelas e utilizando-se os ábacos. Na Figura 14.30 mostram-se os taludes estudados:

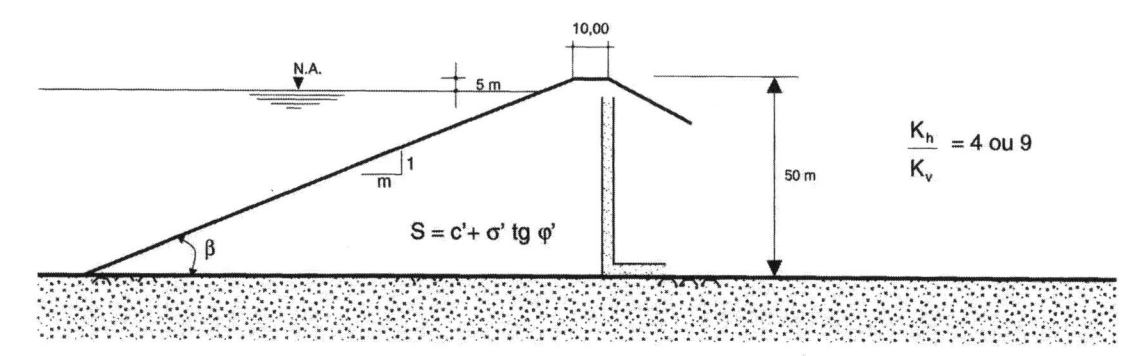

Figura 14.30 - Taludes estudados (apud Cruz, 1973)

Os dados estudados estão resumidos na Tabela 14.2.

Tabela 14.2 - Coeficientes de segurança obtidos pelos métodos de Bishop e Rede + Lamelas.

TALUDES			PARÂMETROS DE RESISTÊNCIA	COEFICIENTES DE SEGURANÇA F	
CASO	1:m	Kh/Kv	$s = c' + \sigma'tg\varphi'$ (t/m²)	Rede + Lamelas	Bishop $F=m; \gamma= \gamma_{sub}$
1	1:2	4	$s = 0 + \sigma'tg35°$	1,48	1,40
			$s = 1,25 + \sigma'tg27°$	1,40	1,43
			$s = 2,5 + \sigma'tg23°$	1,49	1,53
2	1:2,5	4	$s = 0 + \sigma'tg35°$	1,81	1,75
			$s = 2,5 + \sigma'tg23°$	1,75	1,80
3	1:2,5	9	$s = 0 + \sigma'tg35°$	1,85	1,75
			$s = 2,5 + \sigma'tg23°$	1,79	1,80
4	1:3	4	$s = 0 + \sigma'tg35°$	2,20	2,10
			$s = 1,25 + \sigma'tg27°$	1,99	2,00
			$s = 2,5 + \sigma'tg23°$	1,96	2,05
5	1:3,5	4	$s = 0 + \sigma'tg35°$	2,57	2,42
			$s = 2,5 + \sigma'tg23°$	2,30	2,34
6	1:3,5	9	$s = 0 + \sigma'tg35°$	2,61	2,42
			$s = 2,5 + \sigma'tg23°$	2,35	2,34
7	1:4	4	$s = 0 + \sigma'tg35°$	2,95	2,80
			$s = 1,25 + \sigma'tg27°$	2,57	2,57
			$s = 2,5 + \sigma'tg23°$	2,55	2,60

Utilização dos coeficientes de estabilidade de Bishop

Taylor (1948), discutindo o caso especial de "talude submerso", propõe uma simplificação para o cáculo da estabilidade deste caso.

Seja a condição apresentada na Figura 14.31.

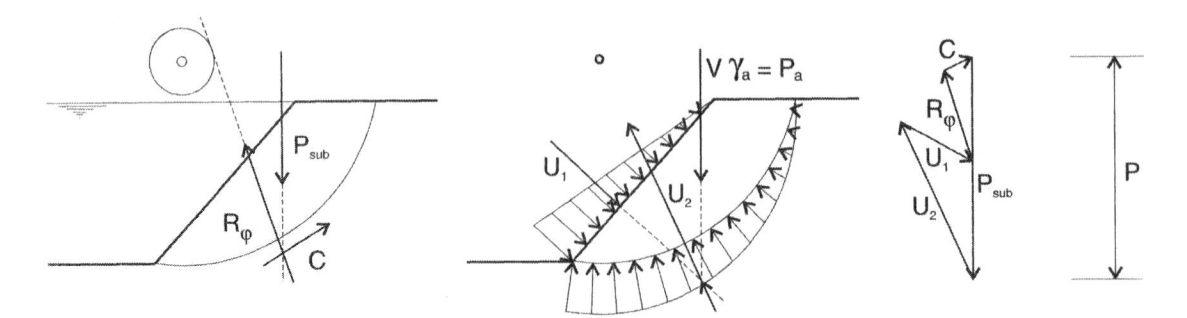

Figura 14.31 - Distribuição de tensões - método de Taylor (apud Taylor, 1948)

O polígono de forças à direita mostra que, no caso submerso, a parcela da força "peso" realmente atuante corresponde ao "peso submerso", uma vez que o restante do peso é contrabalançado pelas forças resultantes das pressões neutras U_1 e U_2. O caso pode ser reduzido à condição de um talude simples, onde o peso atuante seria o peso submerso.

Nessas circunstâncias, o valor da densidade do maciço a ser usado nos cálculos de estabilidade deve ser a densidade submersa γ_{sub}. Dos índices físicos, sabe-se que:

$$\gamma_{sub} = \frac{\delta - 1}{1 + e} = (\gamma_{nat} - \gamma_{água})$$

No caso de solos compactados o valor de γ_{nat} se aproxima bastante de 2 t/m³ e, portanto, o valor de γ_{sub} é bastante próximo da unidade.

Se for calculado o adimensional da coesão, para o peso submerso, ter-se-á um novo adimensional:

$$n' = \frac{c}{\gamma_{sub} H},$$

que poderá ser usado nos cálculos de estabilidade. Se a coesão for tomada no seu valor total, pode-se recorrer aos números de estabilidade de Taylor.

Para se utilizar os coeficientes de estabilidade de Bishop, a coesão deve ser tomada no seu valor efetivo. É necessário, ainda, formular uma hipótese adicional: o parâmetro B' tem o valor aparente <u>zero</u>, uma vez que se admite que as forças U_1 e U_2 resultantes das pressões neutras se contrabalançam, e o momento resultante destas forças e da parcela do peso igual a M ($\gamma_{água}$) é nulo (M = massa envolvida na cunha de escorregamento).

O coeficiente de segurança é dado pela expressão:

$$F = m'$$

sendo m' obtido a partir dos ábacos de coeficientes de estabilidade para o adimensional de coesão $c'/\gamma_{sub}H$, o ângulo de atrito de solo φ', e o talude β.

Os valores de F obtidos por este procedimento estão indicados na Tabela 14.2.

Talude de jusante de uma barragem de terra com reservatório cheio, considerando o regime permanente de operação

Na Figura 14.32, são reproduzidas as linhas freáticas para uma mesma barragem, com três taludes diferentes a montante.

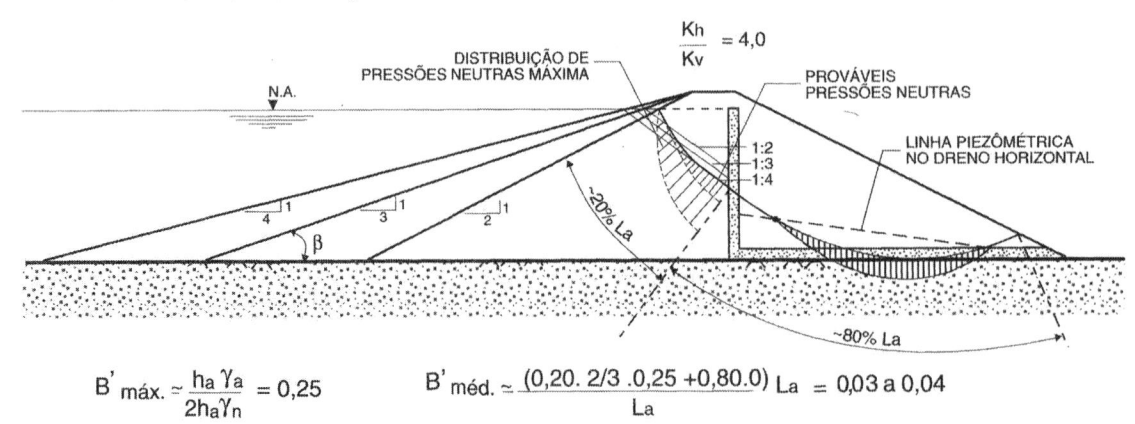

$$B'_{máx.} \simeq \frac{h_a \gamma_a}{2 h_a \gamma_n} = 0{,}25 \qquad B'_{méd.} \simeq \frac{(0{,}20 \cdot 2/3 \cdot 0{,}25 + 0{,}80 \cdot 0)\, L_a}{L_a} = 0{,}03 \text{ a } 0{,}04$$

Figura 14.32 - Posição das linhas freáticas (Cruz, 1973)

Observa-se que a incidência da linha freática no filtro vertical varia muito pouco com a inclinação do talude. Se for admitido que a superfície de ruptura é a indicada na figura, verificar-se-á que praticamente não haverá pressões neutras (resultantes da rede de percolação) em nenhum ponto da superfície de escorregamento. Se as pressões neutras decorrentes do processo construtivo já se houverem dissipado, o parâmetro B' será zero, e portanto, utilizando o método de Bishop, vem:

$$F = m$$

Se, por segurança, admitir-se que a linha freática é horizontal, então no trecho superior da superfície de escorregamento surgirão pressões neutras. A distribuição dessas pressões poderia ser uma das indicadas na Figura 14.32. O valor de B' máximo seria da ordem de 0,25. O valor médio de B', ao longo de toda a superfície de escorregamento, no entanto, deverá estar entre 3% e 4%. O valor de F seria, portanto:

$$F = m - 0,03n$$

Como já discutido no Capítulo 10, para vários casos de barragens, o dreno horizontal pode estar em carga. Se isso ocorrer, deve-se considerar também os valores de r_u (B') devidos às pressões piezométricas ao longo de um trecho da superfície potencial de ruptura.

Gradientes de 10% e 15% podem ser admitidos no dreno horizontal. Neste caso $\mu_m = 0,125\ L\ \gamma_o$, sendo μ_m = valor médio, e L a distância do pé do talude.

Para um talude de 2(H) : 1 (V), o valor de r_u máximo pode ser calculado aproximadamente por:

$$r_u = \frac{0,125 \cdot L \cdot \gamma_o}{\gamma \cdot h} = \frac{0,125 \cdot 2 \cdot h \cdot \gamma_o}{\gamma \cdot h} = 0,125$$

considerando $\gamma = 2\gamma_o$.

Deve-se, portanto, em cálculos preliminares e em caso de drenos em carga e freática horizontal, considerar nos cálculos um valor de r_u médio de 10% e 15%.

$$F = m - 0,10n.$$

Quanto ao talude de jusante, a "condição crítica" corresponde ao final da construção.

Os valores de F da Tabela 14.2 podem ser considerados algo conservadores, levando-se em conta unicamente a solicitação referente à estabilidade da obra no tocante à resistência ao cisalhamento do maciço. No projeto de uma barragem, no entanto, muitos outros fatores devem ser considerados, que resultam em taludes mais brandos do que aqueles necessários ao equilíbrio entre as resistências ao cisalhamento dos materiais do maciço e as tensões de cisalhamento atuantes em superfícies potenciais de escorregamento.

Localização do círculo de menor coeficiente de segurança

Durante os cálculos para a determinação do coeficiente de segurança, pelo processo de "lamelas" e para a condição de nível d'água máximo (regime permanente de operação), verifica-se que dentro da família de círculos tangentes à base resistente e que passa pelo topo do talude, existe uma certa relação entre a posição do círculo de menor coeficiente de segurança e o ângulo de inclinação do talude.

O lugar geométrico da família de círculos referida é uma parábola que tem por foco o ponto do topo do talude e por diretriz a horizontal que passa no nível da base resistente.

Pesquisando ao longo dessa parábola a posição do círculo de menor coeficiente de segurança, pode-se determinar para vários taludes e para diferentes envoltórias de resistência o parâmetro λ.

A Figura 14.33.a ilustra o significado do referido parâmetro λ; e a Figura 14.33.b mostra os valores de λ obtidos nos cálculos de estabilidade procedidos, para as envoltórias de resistência consideradas.

É necessário enfatizar que esses dados são incluídos apenas como resultado de observação, e que em nenhuma hipótese devem ser tomados como definitivos, e nem mesmo serem utilizados em outras condições de solicitação do talude.

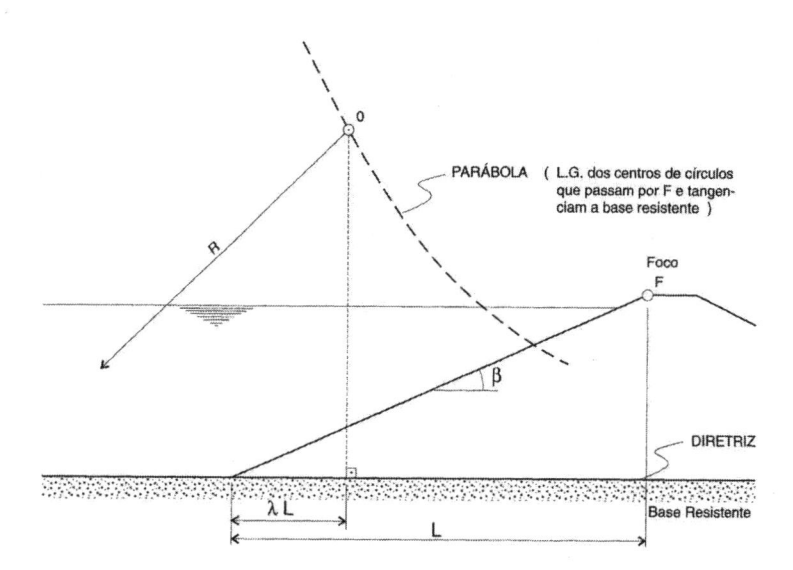

a) Parâmetro λ

Figura 14.33 - Localização do círculo de menor coeficiente de segurança (Cruz, 1973)

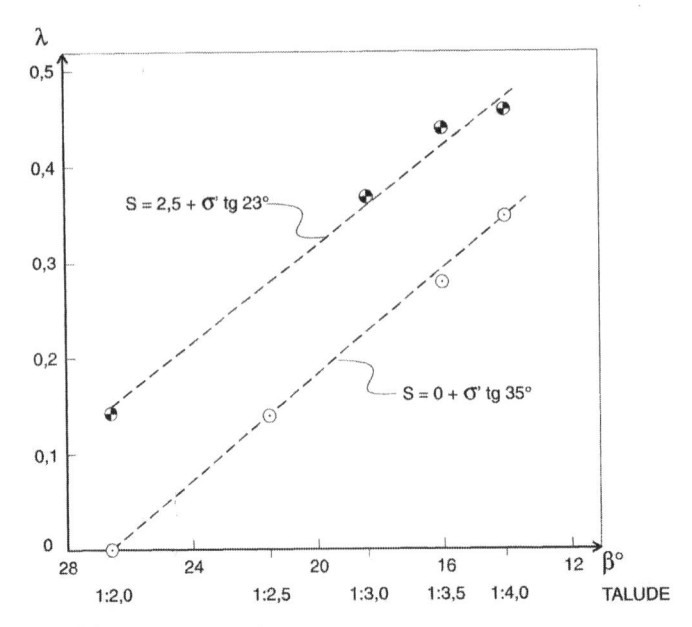

b) λ calculado para duas envoltórias de resistência

Figura 14.33 - Localização do círculo de menor coeficiente de segurança (Cruz, 1973)

A intenção, ao incluir este gráfico com valores de λ e β, é dar uma indicação da provável região do centro do círculo de menor coeficiente de segurança.

14.5 - PRESSÕES NEUTRAS DE REBAIXAMENTO EM TALUDES DE BARRAGENS DE TERRA

14.5.1 - Conceituação do Problema

A condição conhecida como "rebaixamento instantâneo" é muitas vezes prioritária no estabelecimento dos taludes de montante de uma barragem de terra, porque é a solicitação que empresta ao maciço condições desfavoráveis à estabilidade do talude.

Os ensaios usualmente utilizados para fornecer as envoltórias de resistência ao cisalhamento que permitem o cálculo da estabilidade nessas condições nem sempre são satisfatórios, e hipóteses diferentes de cálculo podem resultar em coeficientes de segurança bastante variáveis, o que leva muitas vezes o projetista a abater o talude, exigindo a condição de coeficiente de segurança unitário para as hipóteses de cálculo mais desvaforáveis.

O problema principal prende-se não propriamente à definição da envoltória de resistência ao cisalhamento, mas à questão da ordem de grandeza das pressões neutras que seriam atuantes em pontos distribuídos ao longo de uma superfície potencial de ruptura. Existem dúvidas, por exemplo, relativas a valores de novas pressões neutras que poderiam resultar de esforços cisalhantes a que são submetidas as zonas envolvidas pelo rebaixamento.

Essas novas pressões neutras poderiam modificar para mais, ou menos, os níveis piezométricos estimados através de uma rede de fluxo de "rebaixamento".

14.5.2 - Estudos das Tensões

Considere-se que, para efeito de cálculo, se desejasse estudar a situação exposta na Figura 14.34.a, a qual apresenta uma barragem com talude de montante de 3(H) : 1 (V), altura de 60 m e filtro vertical, mostrando-se um círculo potencial de ruptura, no qual foram consideradas cinco lamelas. Tomando em particular a lamela 3, podem ser identificadas as forças atuantes:

W = peso total da lamela = $V\gamma$

W_o = peso da água acumulada no topo da lamela = $V_a\gamma_o$

$E_E ; E_D$ = forças laterais devidas ao empuxo, com direções intermediárias entre a tangente à base do círculo potencial de ruptura e a direção do talude, estimadas em : $1/2\gamma H_L^2 K_o$, sendo H_L = altura da lamela em cada lado, K_o = 1 - senφ e γ = peso específico do solo natural ou submerso, dependendo do talude estar ou não submerso.

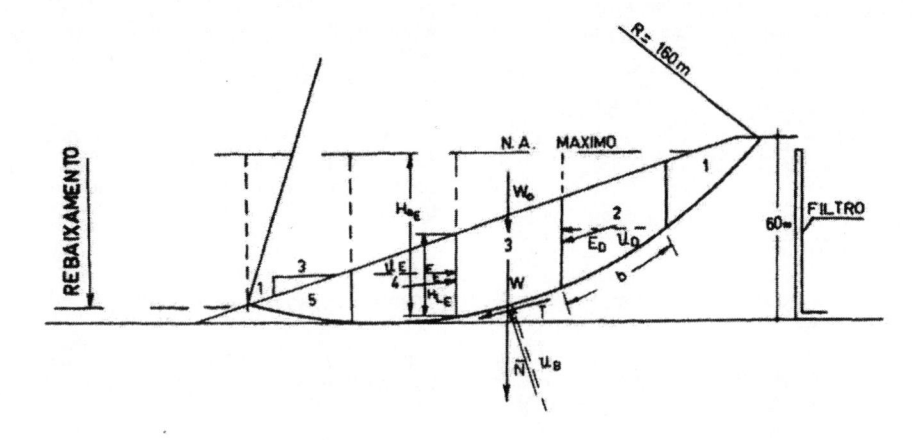

a) Geometria do problema - forças atuantes na lamela 3.

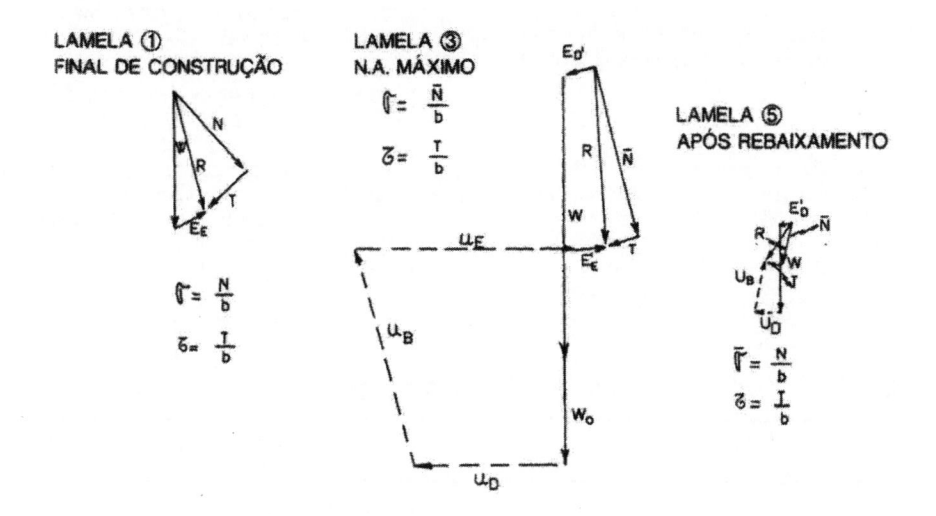

b) Cálculo das tensões - polígonos de forças (exemplos)

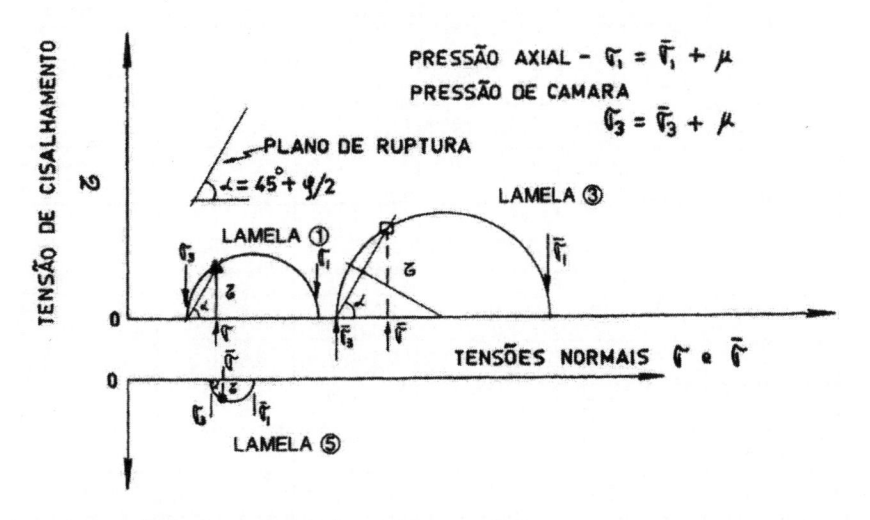

c) Cálculos das tensões principais - círculos de Mohr (exemplos)

Figura 14.34 - Determinação aproximada das tensões τ e σ (Cruz, 1973)

U_E; U_D = forças laterias devidas à água, estimadas em: $1/2\ \gamma_o H^2$, sendo γ_o o peso específico da água e H_a a altura de água em cada lado da lamela.

U_B = força resultante das pressões neutras atuantes na base da lamela = $u_b b$, sendo b o comprimento da lamela na base.

N' = componente normal efetiva atuante na base da lamela = $\sigma' b$

T = componente tangencial atuante na base da lamela = τb

A resistência ao cisalhamento S_o mobilizada na base da lamela seria igual a T desde que houvesse equilíbrio, e seria composta de uma parcela devida à coesão do solo e de uma parcela devida ao ângulo de atrito.

A composição das forças mostradas na Figura 14.34.b, para três casos, permitirá a determinação da força normal N' e da tangencial T, atuantes na base da lamela. Dividindo-se essas forças pela área correspondente, ou seja, bl, pode-se determinar a tensão normal efetiva e a tensão de cisalhamento.

Mostra-se ainda, na Figura 14.34.c, como se podem determinar as tensões principais σ'_1 e σ'_3, a partir da hipótese de que o plano de ruptura seria aproximadamente constante durante as várias condições de solicitação, e estaria inclinado de 45° + $\varphi/2$ com a horizontal. O valor de φ pode ser previamente definido a partir de outros ensaios.

Para a obtenção das pressões totais, deve-se somar às pressões efetivas o valor da pressão neutra. Esta pressão neutra pode ser estimada através do parâmetro B' para o final da construção e através de redes de fluxo para os demais casos.

A composição das forças indicadas na Figura 14.34.b foi proposta em linhas gerais por Lowe III (1967) e adaptada às condições específicas do problema em questão.

14.5.3 - Trajetória de Pressões

A condição de "rebaixamento" numa barragem só pode ocorrer depois de completadas duas outras condições, conhecidas como final de construção e regime permanente de operação ou N.A. máximo.

A fim de reproduzir da maneira mais aproximada possível as condições de solicitação de campo, calcularam-se os valores das tensões normais e tangenciais e respectivas tensões principais para as três condições de solicitação.

Os valores dessas tensões são reproduzidos na Tabela 14.3. Os valores das pressões neutras foram estimados a partir de redes de fluxo traçadas para o caso de regime permanente e de rebaixamento, e admitidas iguais a $B' \sigma_1$ para a condição de final de construção. O valor de B' pode ser obtido através de ensaios especiais descritos pelo autor (Cruz, 1967-1969) e, no caso da tabela, foi admitido igual a 0,12.

Tabela 14.3 - Pressões calculadas e pressões de ensaios para as várias lamelas (Cruz, 1973)

FINAL DE CONSTRUÇÃO					NÍVEL D'ÁGUA MÁXIMO					REBAIXAMENTO				
(a) - Pressões Calculadas (kg/cm²)														
Lamela	σ	τ	σ_3	σ_1	*u = $0,12\sigma_1$	σ	τ	σ_3	σ	u_{rede}	σ	τ	σ_3	σ_1	u_{rede}
1	1,5	0,86	1,0	3,0	0,36	1,6	0,58	2,0	3,4	0,7	1,0	0,70	1,4	3,1	0,7
2	4,0	1,55	3,2	6,8	0,81	2,8	0,87	5,2	7,4	2,8	1,5	1,40	3,4	6,8	2,6
3	5,4	1,50	4,6	8,0	0,96	3,4	0,80	7,1	9,0	4,2	2,5	1,70	4,4	8,3	2,8
4	4,6	0,65	4,3	5,9	0,70	2,8	0,20	7,7	8,2	5,0	2,3	1,00	4,1	6,5	2,3
5	1,9	0,30	1,6	2,6	0,30	1,0	0,40	5,9	6,8	5,1	0,9	0,42	1,7	2,8	0,9
(b) - Pressões de Ensaio (kg/cm²)														
1			1,0	3,0	0,36			2,0	3,0	0,5			1,5	3,0	0,5
2			3,0	7,0	0,84			5,5	7,5	3,0			3,5	7,0	2,5
3			4,5	8,0	0,96			7,0	9,0	4,0			4,5	8,5	3,0
4			4,5	6,0	0,72			7,5	8,5	5,0			4,5	6,5	2,5
5			1,0	2,0	0,24			5,5	6,5	5,0			2,0	3,0	1,0

* pressão neutra estimada a partir de ensaios para o solo IS - Ilha Solteira

Com o objetivo de obter melhor precisão na aplicação das tensões nos ensaios, os valores da Tabela 14.3.a foram ligeiramente modificados para os indicados na Tabela 14.3.b, mas acredita-se que as conclusões a que se possa chegar, relativas às condições impostas nesta última tabela, seriam válidas para as condições calculadas.

Para uma visualização do estado de tensões atuantes nos pontos médios das lamelas 1 a 5 da Figura 14.34.a, nas três condições de solicitação citadas, preparou-se a Figura 14.35. Nesta figura estão mostradas as trajetórias de pressões totais e efetivas.

Considerando as trajetórias de pressões totais, vê-se que na condição de final de construção e de "rebaixamento", os níveis de tensões de cisalhamento são bastante próximos, sendo que na condição de nível d'agua máximo, os pontos se deslocam para a direita e para baixo, com exceção da lamela 5. Considerando,

no entanto, as pressões neutras, fica evidente que a condição de "rebaixamento" é a mais desfavorável para a estabilidade do talude.

Nesta figura foram também traçadas envoltórias de Mohr para o solo IS. Como estas envoltórias representam o limite da resistência do solo, poder-se-ia verificar se as tensões impostas às lamelas se situam acima ou abaixo das envoltórias. Se todos os pontos estiverem abaixo da envoltória, a condição é de estabilidade. Se alguns pontos se situarem acima da envoltória, a estabilidade deve ser verificada para o conjunto das lamelas. Se todos os pontos se situarem acima das envoltórias, a condição é de instabilidade.

No item 14.5.7 serão novamente tecidas considerações quanto ao cálculo da estabilidade. O objetivo dessa figura é, como mencionado, o de ilustrar as condições teóricas de solicitação.

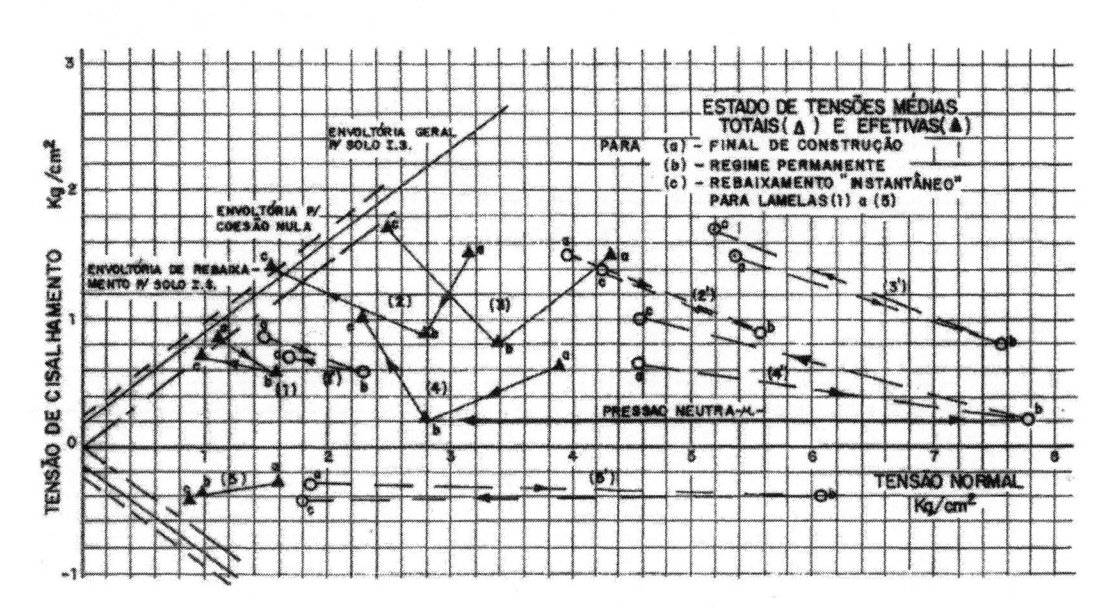

Figura 14.35 - Trajetória simplificada de tensões (Cruz, 1973)

14.5.4 - Técnica de Ensaio

A técnica de ensaio utilizada visou a submeter as amostras de solo às condições de solicitação mostradas na Tabela 14.3.

Amostras de solos em umidades próximas à ótima de Proctor foram compactadas por pisoteamento em molde de 90cm³, aplicando-se 25 golpes de uma mola de 18 kg, em 5 camadas. Essas amostras foram colocadas em câmaras triaxiais tipo GEONOR e submetidas aos estágios de pressões correspondentes às condições de final de construção e N.A. máximo, sendo as pressões neutras controladas por tradutores.

A análise das tensões envolvidas na condição de "rebaixamento instantâneo" mostra que os níveis das tensões axiais totais sofrem uma variação resultante da redução da pressão neutra. A condição de ruptura, no entanto, é causada pela redução marcante da tensão confinante.

Nos ensaios, as amostras foram submetidas, portanto, a uma condição intermediária, que correspondeu ao ajuste da tensão axial, mantida constante no processo de ruptura. Neste ajuste de tensão axial, am alguns casos, as amostras passaram por uma condição de confinamento hidrostático. Nessa etapa intermediária, tornava-se também necessário o ajuste da pressão neutra.

Foram consideradas três hipóteses de ruptura:

A - A pressão neutra inicial de ruptura foi ajustada ao valor correspondente ao da "rede de rebaixamento" juntamente com o reajuste da tensão axial. A ruptura foi provocada pela redução da tensão confinante e a pressão neutra foi registrada em cada etapa.

B - A pressão neutra inicial de ruptura era aquela resultante do reajuste da pressão axial e que se estabelecia livremente a partir do valor preexistente relativo ao estágio anterior, ou seja, do N.A. máximo. Os ensaios mostraram que esta hipótese resultou nos maiores níveis de pressão neutra no início do processo de ruptura. Durante a ruptura, a pressão de câmara foi reduzida vagarosamente e a pressão neutra foi registrada em todas as etapas.

C - A pressão neutra inicial de ruptura foi ajustada ao valor correspondente ao da "rede de rebaixamento", juntamente com o reajuste da tensão axial. A ruptura foi provocada pela redução da pressão confinante, mas a pressão neutra foi mantida constante durante todo o processo.

Essas três hipóteses corresponderiam a diferentes condições de drenagem do maciço compactado e permitiriam também verificar de que maneira as tensões de cisalhamento introduzidas no processo de ruptura poderiam afetar as pressões neutras.

Em todos os ensaios, as umidades das amostras foram medidas antes a após a ruptura e pôde-se verificar que as amostras absorveram água, possivelmente pelas condiçãoes impostas no estágio correspondente ao N.A. máximo, quando as pressões neutras foram impostas por contrapressão e mantidas até a estabilização.

14.5.5 - Solos Ensaiados

Os solos ensaiados são típicos de áreas de empréstimo de barragens construídas nas Regiões Sudeste e Sul do Brasil, e resultam da decomposição de arenito, basalto e gnaisse.

As características de classificação e identificação são mostradas na Figura 14.36 e na Tabela 14.4. A análise dos três gráficos da Figura 14.36 mostra que três dos solos têm aproximadamente a mesma curva granulométrica, embora se diferenciem bastante em termos de plasticidade e compactação. O solo JG apresenta um peso específico aparente seco máximo relativamente baixo, considerada a sua umidade ótima, o que evidencia um comportamento anômalo dentro dos solos da família dos gnaisses (ver Cruz, 1973).

Tabela 14.4 - Características de classificação e identificação dos solos (Cruz, 1973)

SOLOS	IS	CP	JG	IT
ROCHAS DE ORIGEM	ARENITO	BASALTO	GNAISS	BASALTO
CLASSIFICAÇÃO	AREIA ARGILOSA	ARGILA ARENOSA	SILTE ARGILOSO	ARGILA SILTOSA
LIMITES ATTERBERG				
LL (%)	36,00	51,00	72,00	72,00
LP (%)	24,00	31,00	44,00	45,00
IP (%)	12,00	20,00	28,00	27,00
GRANULOMETRIA				
% areia	46,00	40,00	30,00	14,00
% argila	29,00	22,00	18,00	62,00
D_{60} (MICRA)	80,00	57,00	37,00	2,00
AC=IP% arg.	0,41	0,91	1,55	0,43
d(g/cm^3)	2,76	2,92	2,79	2,76
CLASSIF. DE CASAGRANDE	CL	MH	MH	MH
COMPACTAÇÃO	(PROCTOR NORMAL)			
h_{ot} (%)	17,10	23,20	24,60	30,80
γ_{smax}(g/cm^3)	1,737	1,611	1,461	1,444
PARÂMETRO $e_{ot}\sqrt{\overline{S_{ot}}}$	0,526	0,740	0,790	0,880
PARÂMETROS DE RESISTÊNCIA AO CISALHAMENTO				
ENVOLTÓRIA GERAL { c'	0,17	0,28	-	0,44
{ φ'	35,0°	27,5°	-	24,0°
ENVOLTÓRIA "REBAIXAMENTO" { c'	0,22	0,50	0,18	0,55
{ φ'	36,0°	30,0°	35,0°	24,5°

IS = Ilha Solteira; CP = Capivara; JG = Jaguari; IT = Itaúba

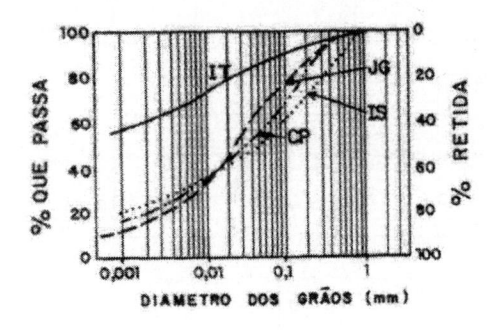

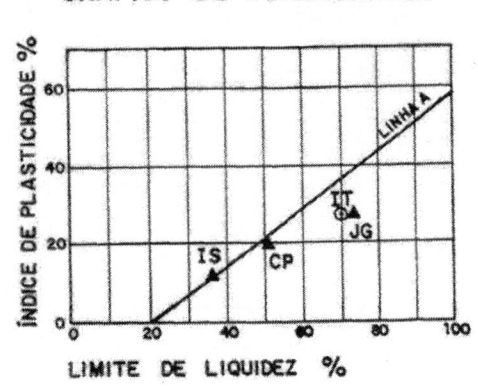

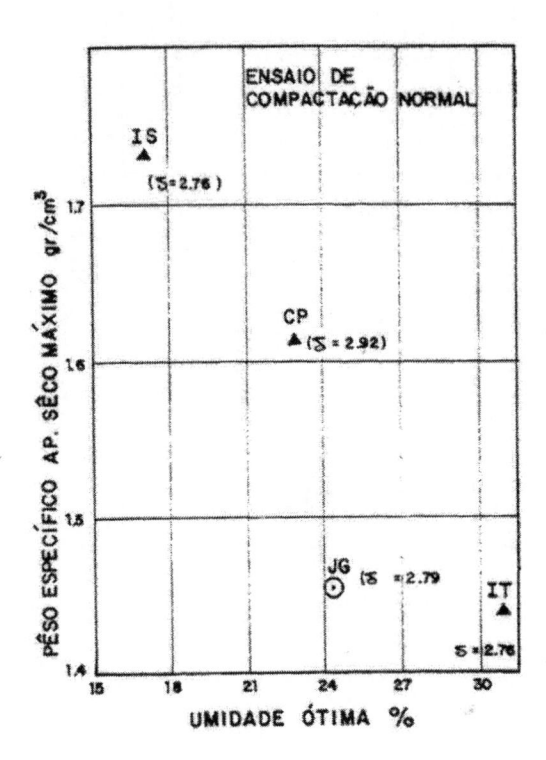

Figura 14.36 - Características de classificação e identificação dos solos ensaiados (Cruz, 1973)

Na Figura 14.37, mostram-se as envoltórias de pressões efetivas para os quatro solos ensaiados. Nesta figura são mostradas duas envoltórias identificadas como envoltória geral e envoltória de "rebaixamento". A primeira envoltória foi obtida a partir de outros ensaios nos quais a ruptura foi sempre provocada por incremento da pressão axial. Já nos ensaios de "rebaixamento", como já mencionado, a ruptura foi alcançada por redução da pressão confinante.

Pôde-se constatar que as duas envoltórias têm aproximadamente o mesmo ângulo de atrito, mas que o intercepto de coesão é um pouco maior na segunda envoltória. A falta de dados de ensaios para baixas tensões normais e processadas com a técnica usual não permite uma conclusão geral quanto à mudança no valor da coesão, resultante de uma modificação no processo de ruptura.

Nos estudos de estabilidade descritos no item 14.5.7 foram consideradas as duas envoltórias.

14.5.6 - Pressões Neutras Registradas nos Ensaios e Pressões Neutras de "Redes de Fluxo"

O objetivo básico desta investigação era a estimativa adequada das pressões neutras que se desenvolveriam na condição de "rebaixamento".

A Figura 14.38.a ilustra as alternativas de ruptura descritas na técnica de ensaio e as Figuras 14.38.b e 14.39 apresentam os resultados obtidos nos ensaios. A Tabela 14.5 reúne os resultados numéricos das pressões neutras medidas na ruptura.

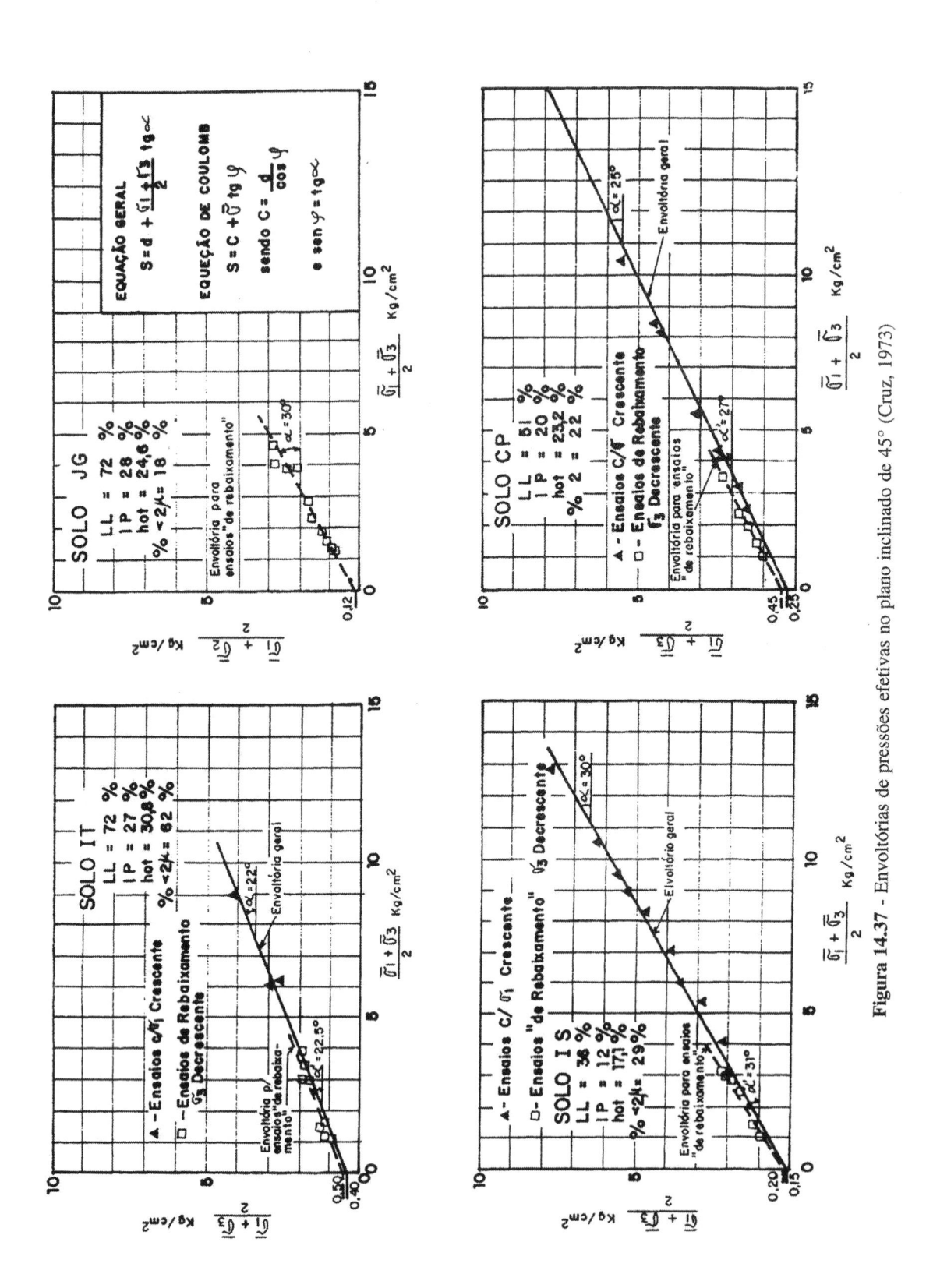

Figura 14.37 - Envoltórias de pressões efetivas no plano inclinado de 45° (Cruz, 1973)

Capítulo 14

Tabela 14.5 - Pressões neutras de ruptura (apud Cruz, 1973)

LAMELA	PR. NEUTRA DE "REDE"	IS			JG		CP	IT	
		A	B	C	A	B	C	A	B
1	0,5	0,36	0,47	0,50	0,14	0,18	0,45	0,38	0,42
2	2,5	1,62	2,34	2,50	0,68	1,32	2,45	0,40	1,92
3	3,0	2,38	2,86	3,10	1,62	1,59	2,95	2,54	2,34
4	2,5	2,38	2,24	2,51	1,98	2,48	2,25	1,98	1,30
5	1,0	0,72	0,45	1,00	0,99	0,36	0,97	0,55	0,60

A partir desses dados, é possível chegar às seguintes conclusões:

I) - as pressões neutras de ruptura obtidas nas alternativas A e B são inferiores às pressões previstas para uma rede de fluxo de "rebaixamento", o que é uma indicação de que as variações das pressões neutras que resultam do processo de ruptura são negativas.

II) - mesmo nos ensaios da série C, nos quais a pressão neutra de ruptura era mantida constante graças a um sistema de contrapressão que provocava o fluxo de água para a amostra, observou-se uma tendência à sua redução.

III) - as pressões neutras de ruptura comparadas com as pressões neutras de "rede de fluxo" variaram de solo para solo e de ensaio para ensaio. O valor médio das pressões neutras registradas nos ensaios A e B foi de 83% das pressões de rede para o solo IS, de 59% para o solo JG e de 71% para o solo IT. No caso do solo CP, no qual só foi empregada a técnica C, esta relação foi a 95%.

IV) - comparando-se as pressões neutras obtidas nas alternativas A e B, observa-se que em todos os ensaios para as condições de solicitação das lamelas 1 e 2, as pressões neutras em A eram inferiores às em B. Já para as condições 3, 4 e 5, em um terço dos casos, os ensaios A indicaram pressões neutras inferiores às de B, observando-se o reverso nos demais dois terços dos ensaios. As diferenças, no entanto, são bastante pequenas e as duas técnicas seriam recomendáveis.

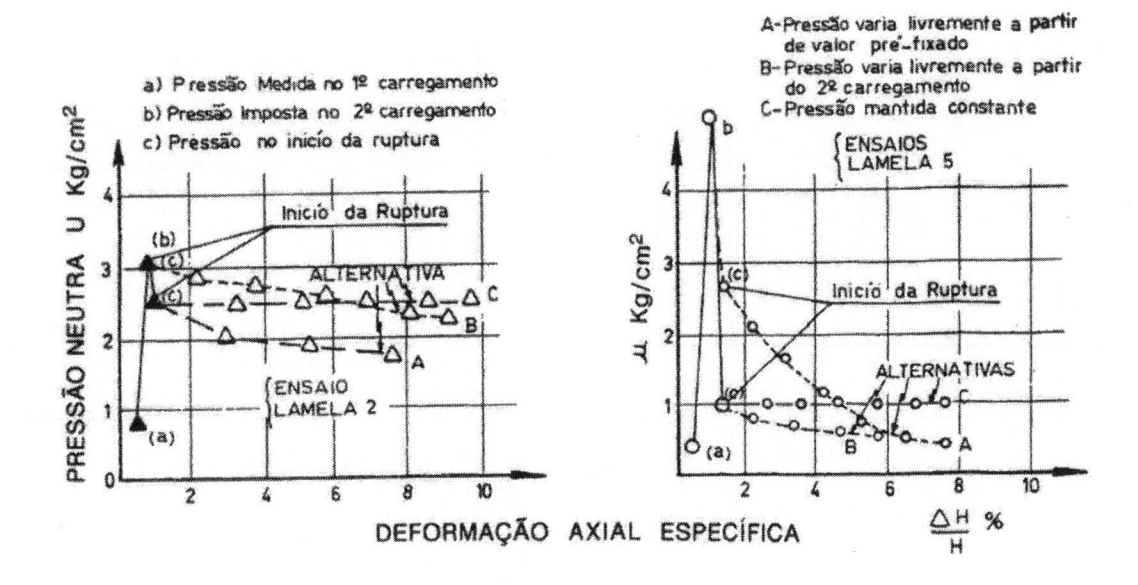

a) Condições de ruptura para duas lamelas - ilustração das três alternativas

Figura 14.38 - Desenvolvimento da pressão neutra nos ensaios (Cruz, 1973)

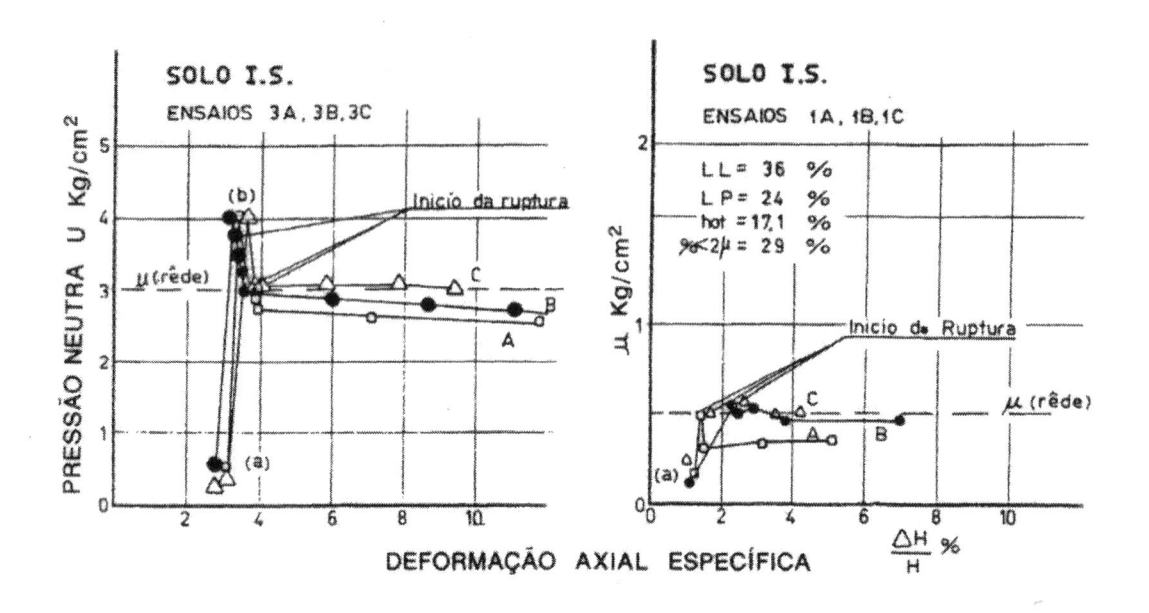

b) Resultados para solos IS.

Figura 14.38 - Desenvolvimento da pressão neutra nos ensaios (Cruz, 1973)

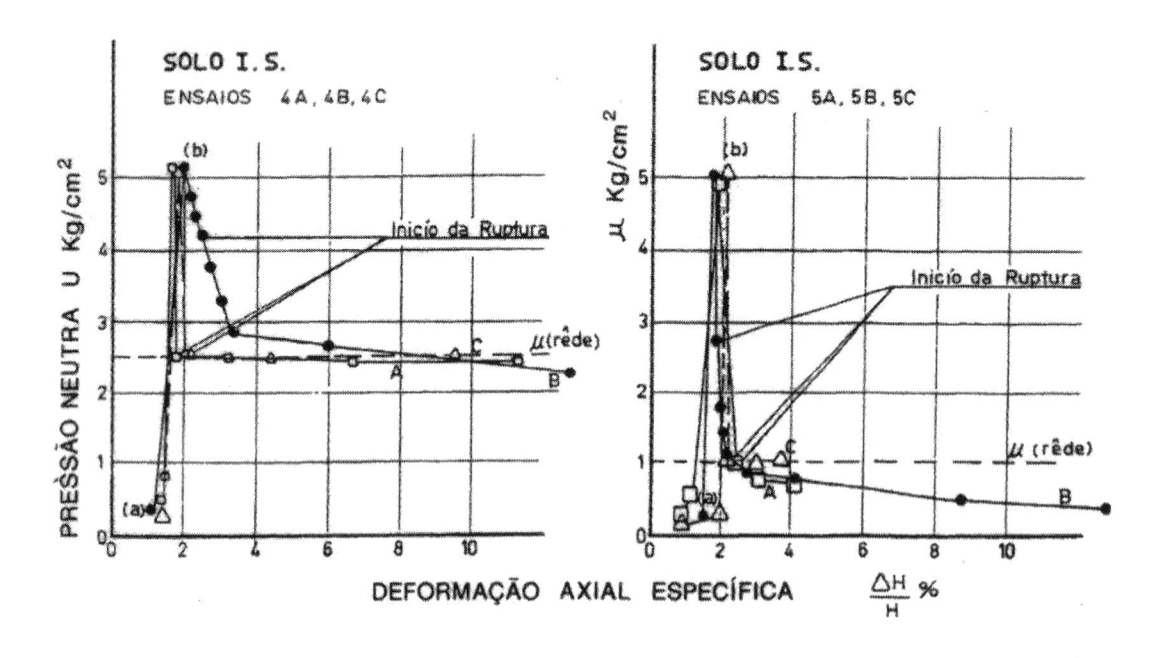

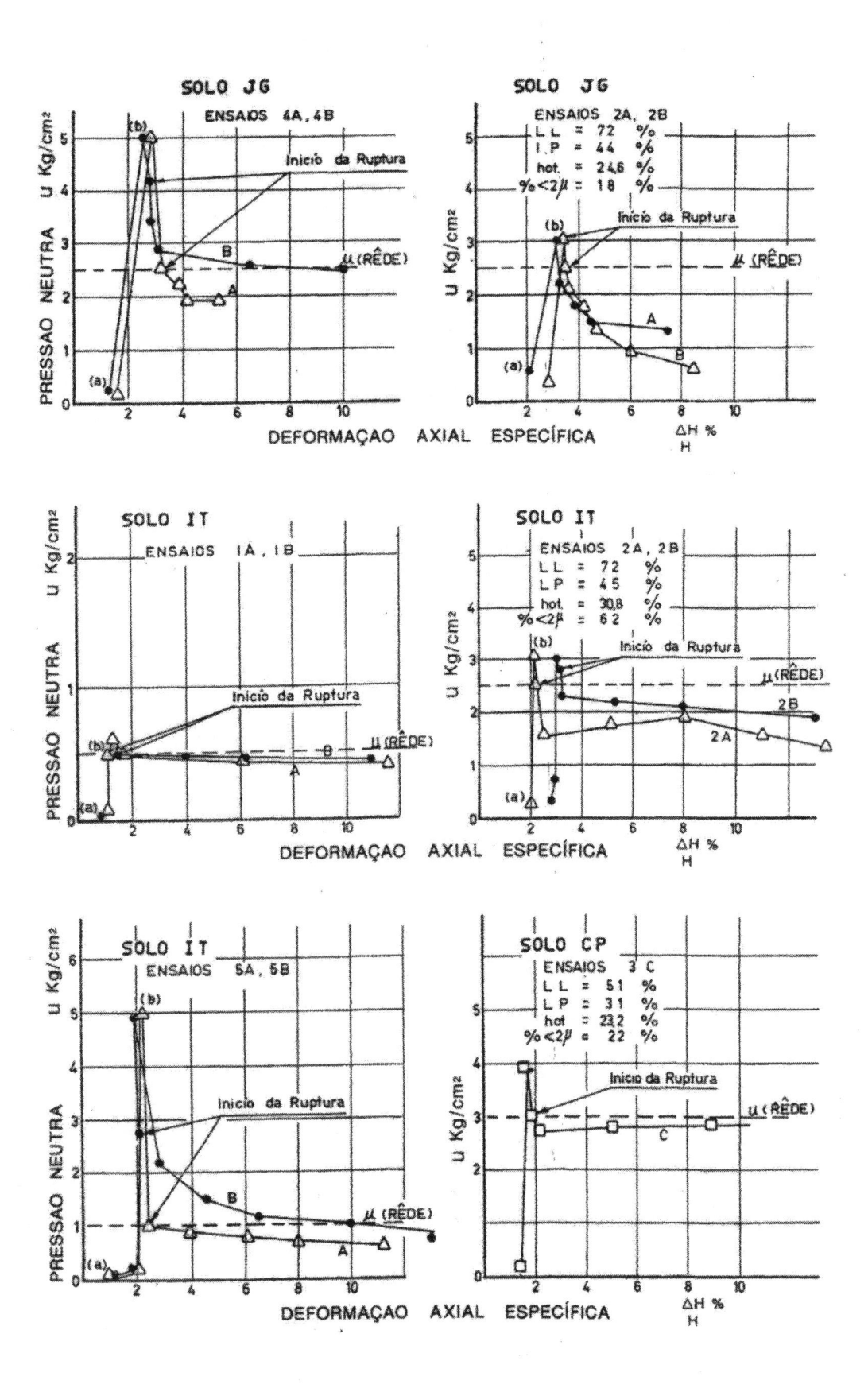

Figura 14.39 - Desenvolvimento da pressão neutra nos ensaios - Solos JG, IT e CP (Cruz, 1973)

14.5.7 - Estimativa dos Coeficientes de Segurança para Condição de Rebaixamento

Considerada a barragem da Figura 14.34.a e a superfície de escorregamento indicada, pode-se calcular o Momento Atuante, fazendo-se o somatório das tensões de cisalhamento, multiplicadas pelos comprimentos da base das lamelas e pelo raio do círculo R:

$$M_A = \Sigma \tau b R$$

O Momento Resistente é calculado multiplicando-se as resistências ao cisalhamento obtidas nos vários ensaios, pelos comprimentos respectivos das lamelas e pelo raio do círculo:

$$M_R = \Sigma S_u b R$$

O coeficiente de segurança é expresso pela relação:

$$F = M_R / M_A$$

Na Tabela 14.6, mostram-se os valores dos coeficientes de segurança calculados para os quatro solos ensaiados. Evidentemente, o coeficiente de segurança do talude seria obtido repetindo-se o cálculo várias vezes, para diferentes superfícies de ruptura, até se alcançar o valor mínimo.

Tabela 14.6 - Estimativa dos coeficientes de segurança

Solo	Coef. de Segurança	
	F médio ensaios	u ens./ u rede
I.S.	1,29	83%
C.P.	1,23	95% *
J.G.	1,40	59%
I.T.	1,38	71%

* Ensaios tipo C (demais solos só ensaios A e B)

Dos ensaios procedidos, é possível chegar às seguintes conclusões gerais:

i) O estudo das tensões atuantes numa lamela, exemplificado na Figura 14.35, permite a estimativa do valor das tensões normais e de cisalhamento atuantes em diversos pontos ao longo de uma superfície potencial de ruptura, para várias condições de solicitação.

ii) A Figura 14.35 evidencia também que a solicitação conhecida como "rebaixamento instantâneo" é a mais desfavorável à estabilidade do talude.

iii) Os dados das Tabelas 14.5 e 14.6 mostram que as pressões neutras de ruptura registradas para a condição de "rebaixamento" são sempre inferiores às pressões neutras previstas em redes de fluxo. Os valores dessas pressões variam de acordo com o tipo de solo e com a seqüência de carregamento dos ensaios.

REFERÊNCIAS BIBLIOGRÁFICAS

BISHOP, A. W. 1952. *The stability of earth dams*. Ph. D.Thesis. Univ.of London.

BISHOP, A. W. 1954. The use of pore pressure coeficients in practice. *Géotechnique*, v. 4, n. 4.

BISHOP, A. W. 1955. The use of slip circule in the stability analysis of slopes. *Géotechnique*, v. 5, n. 1.

BISHOP, A. W., HENKEL, D.J. 1957 *The measurements of soil properties in the triaxial test*. London: Edward Arnold.

BISHOP, A. W., MORGENSTERN, N. 1960. Stability coeficients for earth slopes. *Géotechnique*, v. 10, n. 4.

CHARLES, J. A., SOARES, M. M. 1984a. Stability of compacted rockfill slopes. *Géotechnique*, v. 34, n.1.

CHARLES, J. A., SOARES, M. M. 1984b. The stability of slopes in soils with nonlinear failure envelopes. *Canadian Geotechnical Journal* v. 21, n. 3.

CRUZ, P. T. da. 1964. Deformações e pressões neutras em barragens de argila compactada. *Jornal de Solos*, v. 2, n. 2.

CRUZ, P. T. da, MASSAD, F. 1966. O parâmetro B' em solos compactados. *Anais do IV Congr. Bras. Mec. Solos e Eng. de Fundações*. ABMS. v. 1.

CRUZ, P. T. da. 1967. *Propriedades de engenharia de solos residuais compactados da Região Centro - Sul do Brasil*. THEMAG/DLP/ EPUSP.

CRUZ, P. T. da. 1969. *Propriedades de engenharia de solos residuais compactados da Região Sul do Brasil*. THEMAG/DLP/EPUSP, v. 2.

CRUZ, P. T. da. 1973. *Estabilidade de Taludes*. DLP/ EPUSP. Edição Revisada.

FELLENIUS, W. 1927. *Edstatische Berechnungen mit Reibung und Kohaesion*. Berlim: Ernst.

FELLENIUS, W. 1936. Calculation of the stability of earth dams. *Transactions of the 2nd Congress on Large Dams*. v. 4.

FRASER, A. M. 1957. *The influence of stress ratio on compressibility and pore-pressure coefficients in compacted soils*. Ph.D. Thesis. Univ. London.

HAEFELI, R. 1948. The stability of slopes acted upon by paralel seepage. *Proc. of the 2nd Int. Conf. on Soil Mechanics*, Rotterdam. v. 1 : 57.

HOEK, E., BRAY, J. 1973. *Rock Slope Engineering*. London: The Institution of Minig and Metallurgy.

INSTITUTO DE PESQUISAS TECNOLÓGICAS-IPT/SP. 1970. Ensaio de Compressão Triaxial Representativo da Condição de Rebaixamento Rápido - Solo Capivara. *Certificado Oficial*. 313 249.

KREY, H. 1926. *Erddruck, Erdwiderstand und Tragfaehigkeit des Baugrundes*. Berlim: Ernst.

LOWE III, J. 1967. Stability Analysis of Embankments *Journal ASCE*. v. 93, S-M 4.

MAY, D. R., BRAHTZ, J. H. 1936. Proposed method of calculating the stability of earth dams. *Transactions of the. 2nd Congress on Large Dams*. v. 4.

SARMA, S. K. 1979. Stability analysis of embankments and slopes. *Journal Geotec. Eng. Div. ASCE*. GT - 12.

SPENCER, E. 1967. A method of analysis of the stability of embankments assuming parallel interslice forces. *Géotechnique*. v. 17, n. 1.

SULTAM, H. A., SEED, H. B. 1967. Stability of sloping core earth dam. *Journal Soil Mech. Found. Div. ASCE*. v. 93, S-M 4.

TAYLOR, D. W. 1937. Stability of earth slopes. *Journal Boston Soc. of Civil Eng*. July, 1937.

TAYLOR, D. W. 1948. *Fundamentals of Soil Mechanics*. New York: Jonh Wiley & Sons.

TERZAGHI, K. 1929. *The Mechanics of Shear Failures on Clay Slopes and Creep of Retaining Walls*. Pub. Rds. 10:177.

WHITMAN, R. V., MOORE, P. J. 1963. Thoughts concerning the mechanics of slope stability analysis. *Anais do II Congresso Panamericano de Mecânica dos Solos e Engenharia de Fundações*, São Paulo, Rio de Janeiro, Belo Horizonte. v. 1.

3ª Parte

Capítulo 15
Critérios de Projeto

15 - CRITÉRIOS DE PROJETO

Paulo T. da Cruz
Decio M. Bezerra

15.1 - INTRODUÇÃO

Critérios de Projeto podem ser "perigosos" porque, por serem genéricos, são incapazes de prever situações peculiares que sempre ocorrem em todo o projeto de uma barragem.

Também podem variar de país para país, e mesmo de uma região para outra de um mesmo país, devido a condições climáticas, hidrológicas e geológicas de cada área.

Quando adotados, devem "passar pelo crivo" da experiência e do confronto com antecedentes de obras semelhantes.

Por outro lado, são necessários para estabelecer uma seqüência de trabalho, permitir a programação adequada das investigações e a obtenção dos "parâmetros de projeto". São também orientativos quanto à escolha da seção da barragem, fixação dos elementos de vedação e drenagem, análises de estabilidade, proteção de taludes e detalhes construtivos.

É de todo recomendável que, na aplicação de um determinado critério, seja feita uma consulta ao capítulo deste livro que trata especificamente do assunto. Assim, por exemplo, quando se fixar um dreno para uma barragem, confirme-se se a escolha deste ou daquele dreno tem antecedentes nos muitos sistemas de drenagem descritos no Capítulo 10. Quando se definir parâmetros de resistência ou de compressibilidade de um determinado solo compactado, consulte-se o Capítulo 7, subitens 7.3 e 7.5.

Os critérios que se seguem refletem a experiência brasileira adotada em diversos projetos descritos nos demais capítulos. Mesmo assim, uma nova situação pode surgir e, neste caso, será necessário encontrar uma solução específica para o problema.

Afinal, Engenharia é Bom Senso.

15.2 - CRITÉRIOS PARA ESCOLHA DE SEÇÕES TÍPICAS DE BARRAGENS

15.2.1 - Aspectos Gerais

Os critérios para escolha preliminar do tipo de barragem mais adequado para um determinado local já foram discutidos nos Capítulos 3 e 9.

Um fator determinante, no entretanto, é a disponibilidade de materiais de construção nas proximidades do local de implantação da barragem.

Deve-se dar especial atenção àqueles provenientes de escavações obrigatórias necessárias à construção das obras de desvio, vertedouros, canais de adução, tomadas d'água e casas de força.

Em princípio, nenhum material natural de construção deve ser descartado para a composição da seção da barragem. Mesmo materiais cujo volume disponível nas imediações da obra seja relativamente pequeno podem ser utilizados em zonas específicas da seção, ou então, compor um trecho da estrutura com seção essencialmente diversa de um outro trecho. Materiais provenientes de estruturas provisórias, por exemplo, ensecadeiras, podem também ser reutilizados na seção da barragem, quando aproveitados no devido tempo.

Algumas vezes, materiais de menor resistência, que podem exigir taludes mais suaves, podem ser preferíveis a materiais de maior resistência, por questões de custo.

Volumes maiores podem resultar em custos finais menores da estrutura, devido a simplificação dos processos de obtenção, transporte, tratamento e compactação.

A concepção inicial ligada às características do local, clima, topografia, condições geológicas, cronograma previsto, disponibilidade de equipamentos, desvio do rio, etapas construtivas, etc. deve ser confirmada e detalhada em função dos materiais de construção encontrados e das características da fundação.

15.2.2 - Tipos de Barragens

Os materiais componentes da barragem podem ser os mais diversos possíveis. Na escolha do tipo de barragem deve-se sempre atentar para dois elementos fundamentais : a parte vedante e a parte que confere estabilidade. A seguir, enumeram-se alguns exemplos de tipos de barragens:

- barragem homogênea, na qual o material componente deve apresentar as duas características, isto é, vedação e resistência;

- barragem com núcleo interno e espaldares com maior permeabilidade e mais resistentes;

- barragem com a zona de montante em material impermeabilizante e a zona de jusante em material granular ou enrocamento;

- barragens de enrocamento com face de concreto.

Ver Capítulo 9.

15.3 - CONDICIONANTES DA FUNDAÇÃO

15.3.1 - Generalidades

A fundação condiciona de maneira marcante a escolha da seção típica da barragem.

A fundação de uma barragem em solo envolve, em geral, uma seqüência de camadas que devem ser consideradas uma a uma nas suas peculiaridades.

Para uma discussão preliminar das interferências que vários tipos de fundação podem ter na definição da seção típica da barragem, relacionam-se, a seguir, alguns critérios de restrições para materiais de fundação mais encontrados em nosso meio. Tais restrições são tratadas aqui em termos qualitativos e soluções para adequar as fundações à barragem são tratadas especificamente nos itens 15.5 e 15.6.

15.3.2 - Fundações em Rocha

Quase a maioria dos maciços rochosos, mesmo as rochas brandas (C.S. de 20 kg/cm² a 200 kg/cm²), não têm influência na estabilidade global da barragem e nem em suas deformações. Somente folhelhos e/ou rochas que possam conter feições descontínuas de baixa resistência, e/ou que sejam expansivas, podem condicionar a estabilidade e as deformações das barragens, por problemas de permeabilidade.

A dificuldade consiste em definir as permeabilidades aceitáveis para esse tipo de fundação. Maciços rochosos com "permeabilidade média" inferior a 5×10^{-4} cm/s não necessitam de tratamentos para redução de permeabilidade. Permeabilidades superiores ao valor acima devem ser reduzidas, o que geralmente se faz através de cortinas de injeção de calda ou argamassa de cimento.

15.3.3 - Fundações em Areia Pura (sem finos)

Areias puras são materiais que necessitam cuidados especiais quanto a estabilidade e estanqueidade, quando compõem a fundação de uma barragem. Se constituídas por areias finas uniformes com compacidade tal que o índice de vazios seja superior ao índice de vazios crítico, podem estar sujeitas ao fenômeno da liquefação, quando saturadas (ver Capítulo 7). Esses materiais podem ser densificados por choques e/ou vibrações, mas é necessário garantir a eficácia do método utilizado, sendo preferível, em muito casos, removê-los até encontrar-se material mais competente.

Areias grossas e pedregulho não são empecilho no que diz respeito a estabilidade e deformação, porque, mesmo pouco consolidados, se consolidam rapidamente assim que carregados. Em contrapartida, o problema de estanqueidade é crítico em face da permeabilidade de tais materiais.

Para se lidar com essas areias, vários métodos básicos de ataque podem ser adotados:

- reduzir a vazão pela fundação a um valor desprezível, pela construção de uma barreira vertical até um material subjacente impermeável (cortina);

- reduzir a vazão pela fundação com um *cut-off* impermeável;

- construir um tapete impermeável a montante, providenciando o controle efetivo da água que ainda percolará pela fundação;

- não construir obstáculos à percolação e providenciar seu controle, por meio de drenagem.

A escolha do tipo de providência a tomar depende da quantidade de água que pode passar pela fundação (finalidade da barragem), da profundidade da camada de areia grossa ou cascalho, e dos materiais naturais de construção existentes no local de implantação da obra. De qualquer forma, mesmo que a vazão de percolação pela fundação não seja o condicionante principal, a execução de um *cut-off* integral é a melhor solução, se o custo não for excessivo. Isso se justifica porque barragens com pequenas vazões de percolação requerem menor inspeção e manutenção durante sua vida útil.

A estabilidade da barragem deve ser verificada levando-se em conta as redes de fluxo que se estabeleçam na fundação.

Ver nos Capítulos 2 e 12 exemplos de projetos de barragens fundadas em areias.

15.3.4 - Fundações em Aluviões

Aluviões areno-argilosos e/ou silto-arenosos não devem, em princípio, ter S.P.T. menor que 7 e devem ser homogêneos, isto é, não possuir lentes de areia quase pura ou de argilas moles. Se economicamente viável, devem ser retirados. Caso permaneçam como fundação, cuidados especiais de projeto devem ser tomados no controle dos gradientes de saída no pé da barragem, cujo fator de segurança deve situar-se entre 3 e 5. Estes mesmos valores devem ser utilizados para a verificação do levantamento do terreno a jusante.

Deve-se atentar também para o tipo de curva granulométrica do material. Caso esta curva apresente descontinuidades tais que seus materiais constituintes não sejam filtros uns dos outros (ver critérios de filtro - Capítulo 10), deve ser providenciado um *cut-off*.

Quanto à análise da estabilidade global da barragem, ela deve ser feita estudando-se superfícies que passam pelo aluvião. No campo dos deslocamentos, pode-se esperar valores na vertical da ordem de 2% da altura da camada aluvionar, sendo que a maior parte ocorre durante o período construtivo.

15.3.5 - Fundações em Solo Coluvionar

Os problemas relacionados a este tipo de material como fundação referem-se à resistência ao cisalhamento, aos deslocamentos verticais e à permeabilidade. Caso esses materiais tenham que permanecer como fundação por motivos econômicos, os seguintes cuidados devem ser tomados:

- verificar a colapsividade do material a diversas tensões verticais de carregamento. Nas faixas de tensões em que o coeficiente de colapso estrutural $\Delta e/(1 + e_i)$ for superior a 0,02 (solos colapsíveis), devem ser procedidas as escavações mínimas necessárias de forma a atender aos requisitos básicos de recalques diferenciais descritos no item 9.2 do Capítulo 9. O parâmetro Δe é a variação do índice de vazios por saturação a uma dada tensão vertical, sendo e_i o índice de vazios antes da saturação;

- determinar a permeabilidade do colúvio a diversos níveis de tensões.

Em geral, os coluviões são porosos e apresentam permeabilidade elevada quando as tensões verticais são baixas (caso de ombreiras). Ver Capítulo 7, item 7.2.

As vazões devem ser avaliadas e, em alguns casos, é recomendável a execução de um *cut-off*, que pode ser executado com o próprio colúvio, se compactado.

Independentemente da trincheira de vedação, é de todo recomendável a execução de uma trincheira drenante de pé sempre que o N.A. de jusante não atinja, em condições normais de vazão, o pé da barragem. Esse dreno tem a vantagem de permitir o controle não só da vazão pela fundação, como também da vazão tridimensional que ocorrerá pela ombreira.

15.3.6 - Fundações em Solos Residuais

Solos residuais com S.P.T. maior que 7, em princípio, são adequados como fundação. No que diz respeito a deslocamentos, estes se dão quase que inteiramente durante o período construtivo e não devem ultrapassar de 1% a 2% a altura da camada residual.

Quanto à permeabilidade, podem-se esperar valores da mesma ordem de grandeza daquela do material utilizado na construção da barragem. Apesar do aspecto positivo dos solos residuais como fundação, análises mais elaboradas quanto à estabilidade global do conjunto maciço-fundação devem ser efetuadas, e caso necessário, devem ser procedidos ajustes nos taludes da barragem. Da mesma forma, deve-se verificar mais detidamente os aspectos relativos a deslocamentos e percolação.

Solos residuais e/ou saprolíticos quando saturados podem apresentar elevada sensibilidade (perda de estrutura por amolgamento com conseqüente perda de resistência). Neste caso, deve-se evitar o tráfego de equipamentos no local, bem como o emprego de equipamentos de escavação que fiquem apoiados no fundo da cava (ver Capítulo 2 - Barragem de Passaúna).

Nos casos de fundações em colúvios e solos residuais, em obras de responsabilidade, é prática recomendável a escavação de uma trincheira exploratória ao longo de todo o eixo longitudinal da barragem (à exceção do trecho abaixo do N.A.), para uma inspeção *in loco* das condições da fundação. Essa trincheira servirá no futuro como um *cut-off* para controle de fluxo (ver Capítulo 2 - Tucuruí).

15.3.7 - Fundações em Solo Saprolítico

De uma maneira geral, as fundações neste tipo de material seguem as mesmas recomendações quanto às de solos residuais. Apesar disso, é importante a caracterização de horizontes reliquiares da rocha matriz que possam ter influência na resistência e na permeabilidade da fundação em solos saprolíticos. Constatada a presença de horizontes mais fracos, deve-se verificar a estabilidade através de superfícies de ruptura ao longo desses horizontes e adequar o conjunto maciço-fundação a essas características ou, se mais econômico, remover a camada que condiciona a estabilidade do conjunto. Deve-se ainda verificar o problema de percolação e prover a fundação do tratamento necessário (ver Capítulo 2 - estrutura vertente de Caconde).

15.3.8 - Fundações em Saprólitos

Estes materiais como fundação de barragens podem ser considerados semelhantes a solos saprolíticos, com a distinção de que as feições reliquiares da rocha matriz são mais pronunciadas. Dando-se maior relevância a essas feições durante as investigações, as mesmas recomendações feitas em 15.3.7 são válidas.

Essas formações podem ser mais permeáveis do que os solos residuais e/ou saprolíticos, e tratamentos por vedação e/ou drenagem são recomendados.

15.4 - CONSIDERAÇÕES SOBRE MATERIAIS DE CONSTRUÇÃO

15.4.1 - Condições Gerais

Para o conhecimento dos materiais naturais de construção, alguns princípios básicos devem ser seguidos. Casos muito particulares podem requerer algumas variantes.

a) Localização

As jazidas de solo devem situar-se a distâncias não superiores a 2 km do local de implantação da barragem, e preferencialmente devem estar localizadas dentro da área de inundação, em regiões de topografia suave. Devem ser evitadas jazidas com distâncias ao pé da barragem menores que $2\Delta H$ a $3\Delta H$, sendo ΔH o desnível montante-jusante.

As jazidas de materiais granulares devem ser localizadas preferencialmente junto às margens do rio.

Deve-se procurar, sempre que possível, aproveitar os materiais rochosos (pétreos), provenientes de escavações obrigatórias para a implantação das estruturas de concreto ou de túneis em rocha. Caso tais materiais não sejam assim obtidos, ou o sejam, mas em volume insuficiente, devem ser exploradas as jazidas que se localizarem às menores distâncias do local da obra.

Sherard costumava dizer que o melhor material de empréstimo é o que "está mais próximo" (comunicação verbal para a obra de Tucuruí).

b) Volumes

Os volumes de solos nas jazidas devem ter no mínimo o dobro do volume estimado para o corpo da barragem.

Para materiais granulares e rochosos as jazidas devem ter, no mínimo, 1,5 vezes o volume estimado para as necessidades da obra.

15.4.2 - Identificação dos Materiais

Os locais das jazidas devem ser pesquisados preliminarmente, através de mapas geológicos da região, de fotos aéreas, de sobrevôo do local e de mapeamento superficial dos locais pré-selecionados. Feito este trabalho, deve-se passar às investigações de campo através de prospecções mecânicas por meio de trados, poços, trincheiras e sondagens rotativas (para pedreiras). Recomenda-se que as sondagens rotativas preliminares sejam de pequeno diâmetro, perfeitamente adequadas para o conhecimento inicial do maciço rochoso.

Essas investigações de campo devem proporcionar elementos para a cubagem de cada material julgado homogêneo. A homogeneidade dos materiais é definida através de inspeção tátil-visual, identificando-se sua origem e características específicas de cada material, tais como: granulometria, plasticidade e umidade, para solos; granulometria, forma dos grãos e grau de impurezas, para materiais granulares; sanidade e alterabilidade, para rochas.

O número de investigações necessárias a essa fase de reconhecimento deve se restringir ao mínimo indispensável, isto é, proporcionar a cubagem de cada material julgado homogêneo em quantidades, no mínimo, iguais às recomendadas no item anterior.

15.4.3 - Escolha dos Materiais Aproveitáveis

Após a identificação dos vários materiais julgados homogêneos tátil-visualmente, e de seus volumes, deve-se reanalisar sua utilização no corpo da barragem, descartando-se aqueles julgados com propriedades inadequadas evidentes (turfas, argilas plásticas, areias com alta porcentagem de mica, rochas desagregáveis, etc.), ou com volumes insignificantes em relação às necessidades da obra. Aqueles com volumes suficientes e com características adequadas devem ser ensaiados em laboratório para o conhecimento de suas propriedades básicas.

15.4.4 - Investigações Convencionais de Laboratório

a) Solos

Para uma identificação mais precisa dos solos, amostras "típicas" de cada camada "homogênea" identificada devem ser selecionadas para a realização de ensaios de limites de Atterberg, granulometria com sedimentação (com defloculante e sem defloculante), massa específica dos grãos, umidade natural, ensaio de compactação (Proctor Normal) sem secagem prévia e sem reuso de material.

b) Materiais granulares

Para os materiais granulares, em amostras típicas de cada jazida e de cada horizonte identificado dentro da jazida, devem ser procedidos ensaios de granulometria por peneiramento, determinação de massas específicas aparentes mínimas e máximas, características de formas dos grãos e mineralogia.

c) Rochas

Nos materiais rochosos, devem ser procedidos ensaios de massa específica aparente seca, absorção e ciclagem acelerada.

A quantidade de ensaios é função do volume de material a ser utilizado no corpo da barragem e da dispersão natural (intrínseca) do tipo de ensaio.

15.4.5 - Classificação dos Materiais

Com os resultados dos ensaios convencionais de laboratório pode-se proceder à classificação dos materiais existentes. Para esta classificação, recomendam-se os seguintes procedimentos:

a) Solos

Plotar os resultados dos ensaios de limites de Atterberg na forma *LLxIP* (limite de plasticidade x índice de plasticidade), juntamente com os resultados de atividade coloidal versus índice de plasticidade (*IP*/% x *IP*). Ver Figura 15.1.

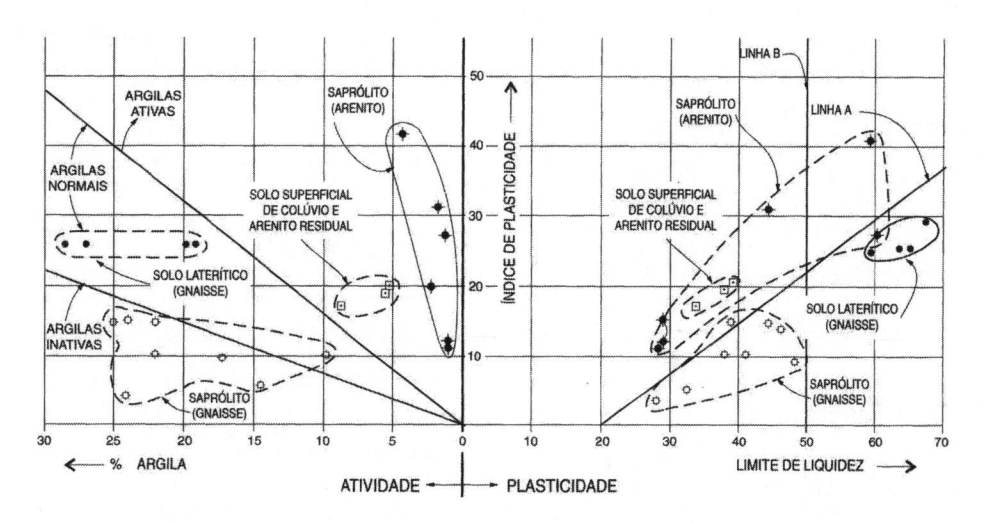

Figura 15.1 - Gráfico de plasticidade associado a gráfico de atividade (Vargas, 1982)

Plotar as curvas de compactação, assinalando-se o seu ponto máximo, e definir o coeficiente de forma (*CF*) das curvas de compactação dado pela relação $\Delta h_{seco}/\Delta h_{úmido}$, onde Δh_{seco} é o desvio de umidade para um dado grau de compactação em relação à umidade ótima do ensaio, e $\Delta h_{úmido}$ o desvio de umidade para o lado úmido para o mesmo grau de compactação anteriormente definido (ver Figura 15.2).

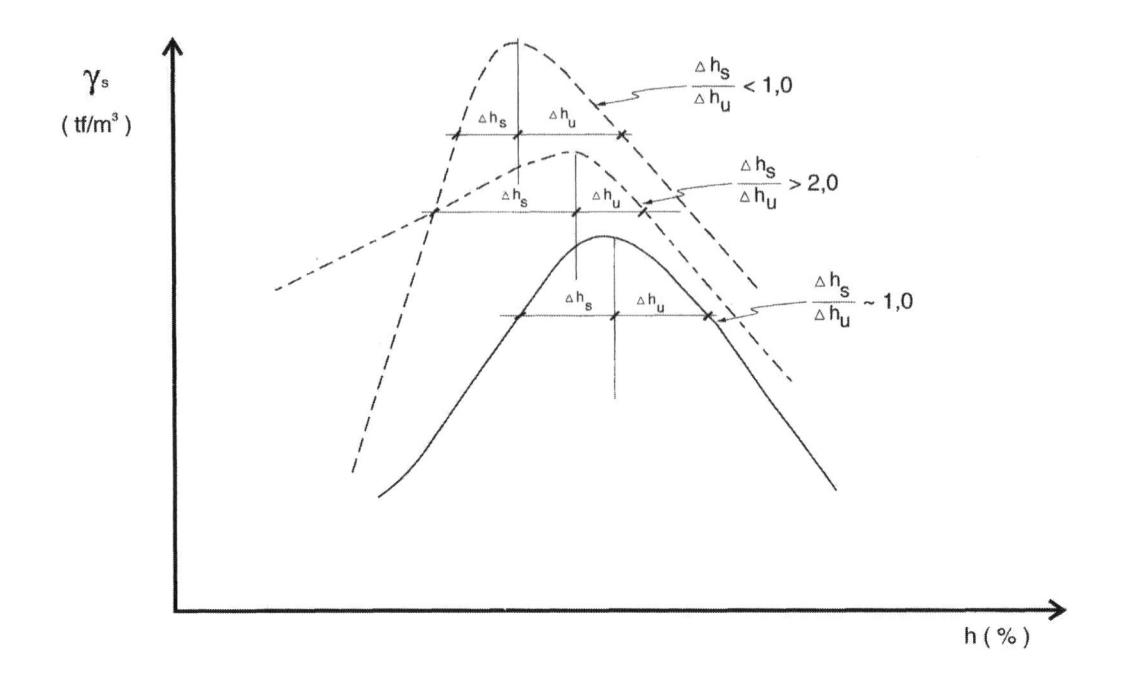

Figura 15.2 - Curvas de compactação e cálculo do coeficiente de forma

$CF = \dfrac{\Delta h_s}{\Delta h_u} < 1{,}0$ - solos laterizados

$CF = \dfrac{\Delta h_s}{\Delta h_u} = 1{,}0$ - solos pouco laterizados e/ou solos sedimentares.

$CF = \dfrac{\Delta h_s}{\Delta h_u} > 2{,}0$ - solos siltosos e/ou solos micáceos.

De acordo com as posições dos pontos na Figura 15.1 pode-se classificar os materiais ensaiados através do Sistema de Classificação Unificada de Solos (Casagrande). A classificação de Casagrande pode perder significado no caso de solos laterizados e solos saprolíticos. Neste caso, é preferível caracterizá-los como tais. A análise das curvas granulométricas com e sem defloculante deve ser incorporada à classificação dos solos. Veja-se o Capítulo 10.

b) Materiais granulares

Traçar as curvas granulométricas dos materiais, separadamente por jazidas e por horizontes dentro de cada jazida. Junto aos gráficos de granulometria identificar a forma dos grãos e o coeficiente de não uniformidade D_{60}/D_{10}.

c) Rochas

Apresentar perfil de cada sondagem rotativa, indicando as diversas litologias, a sanidade, o estado de alteração e os resultados de ensaios de absorção, ciclagem e as respectivas massas específicas aparentes secas. No caso de fundações, indicar os dados dos ensaios de perda d'água.

15.5 - DEFINIÇÃO DA SEÇÃO TÍPICA

15.5.1 - Critérios Gerais

Conhecendo-se as condições de fundação e os materiais naturais de construção disponíveis no local da obra, a seção típica da barragem pode ser então definida, devendo ser respeitados alguns critérios básicos, tais como os relacionados a seguir:

- o comportamento do conjunto maciço-fundação deve atender aos requisitos aceitáveis de segurança no que diz respeito a resistência, deformabilidade, permeabilidade, erodibilidade e colapsividade;

- as escavações abaixo do N.A. devem ter seus custos e volumes minimizados;

- sempre que a fundação se tornar dominante na estabilidade global da barragem, estudos alternativos de remoção parcial ou integral de camadas de menor resistência devem ser considerados, visando aos menores volumes globais e aos menores custos resultantes;

- no caso de ocorrência de materiais colapsíveis, deverão ser definidas as faixas de pressão onde este fenômeno é mais pronunciado e procedidas as escavações mínimas necessárias, de forma a atender aos requisitos básicos de recalques diferenciais descritos no item 15.9.2;

- no caso de ocorrência de materiais com resistência residual, a superestrutura (barragem) deverá atender aos requisitos de estabilidade referidos no Capítulo 7, item 7.5.

15.5.2 - Critérios Geométricos

Além dos critérios gerais, algumas definições geométricas devem ser respeitadas, embora possam sofrer modificações, desde que subsidiadas pelo melhor conhecimento dos fatores que interferem na definição de uma dada geometria. Assim, são fixados os seguintes elementos :

a) Largura da crista

A largura mínima da crista não deve ser inferior a 6m, devendo ser de 10 m sempre que esteja previsto tráfego.

b) Bermas no talude de jusante

Taludes de jusante com espaldar em solo devem ser intercalados por bermas de, no mínimo, 3,0 a 4,0 m de largura, espaçadas a cada 10,0 m ou 15,0 m de altura. Essas bermas servem para "quebrar" fluxos de águas de chuva, para manutenção, para instrumentação, e para ajustar a base necessária de contato entre a parte de jusante da barragem e a fundação, adequando-a às necessidade de estabilidade.

c) Inclinação de taludes para proteções

Mesmo que análises de estabilidade em barragens de pequena altura, com fundação competente, indiquem taludes com inclinação mais íngreme que 1,5(H) : 1,0(V), esta redução da inclinação não é aceitável, devido à dificuldade de execução das proteções (*rip-rap*, cobertura vegetal, solo-cimento ou material granular).

15.5.3 - Taludes Preliminares

Quanto aos taludes da barragem e aqueles de escavações de ombreiras, de fundações para a execução de trincheiras ou retirada de materiais de baixa resistência ou colapsíveis, algumas recomendações para uma primeira tentativa na concepção do projeto são dadas a seguir:

a) Taludes da barragem

a.1) Barragens sobre fundações mais resistentes que seus materiais componentes.

Neste caso, a estabilidade dos taludes independe da fundação, mas pode depender da altura da barragem.

Na Tabela 15.1 indicam-se alguns taludes preliminares, a serem confirmados por análises de estabilidade.

Tabela 15.1 - Taludes preliminares para diversos tipos de solos

Tipo de material	Montante *	Jusante
Solos Compactados	2,5(H):1,0(V) 3,0(H):1,0(V)	2,0(H):1,0(V)
Solos Compactados Argilosos	2,0(H):1,0(V) 3,0(H):1,0(V)	2,0(H):1,0(V) 2,5(H):1,0(V)
Solos Compactados Siltosos	3,5(H):1,0(V)	3,0(H):1,0(V)
Enrocamentos **	1,3(H):1,0(V) 1,6(H):1,0(V)	1,3(H):1,0(V) 1,6(H):1,0(V)

* - No caso de barragens com pequena oscilação do N.A., os taludes de montante podem ser os mesmos de jusante.

** - Os taludes mais íngremes referem-se a rochas sãs, e desde que a largura de base do enrocamento seja no mínimo igual à altura da barragem.

a.2) Barragens sobre fundações menos resistentes que seus materiais componentes.

Neste caso, pode-se partir de taludes pouco mais abatidos do que os anteriores, a serem confirmados por análises de estabilidade preliminares, fixando-se as superfícies de ruptura mais evidentes.

b) Talude de escavação em fundações

Nos solos colapsíveis, geralmente não saturados, os taludes de corte até ~6,0 m de altura podem ser de 1,5(H):1,0(V).

Nos aluviões argilo-arenosos ou siltosos e em areias submersas, após rebaixamento do lençol freático por meios adequados, os taludes de corte até ~8,0 m de altura podem ser de 2,0(H):1,0(V) até 3,0(H):1,0(V).

c) Taludes de escavação em ombreiras em solo

Os taludes de corte nas ombreiras não deverão ter inclinação superior a 40° ou 45° em relação à horizontal, evitando recalques diferenciais indesejáveis. Em casos de fundação rochosa íngreme, a barragem deve prever recursos de controle dos recalques diferenciais.

d) Taludes construtivos

Em barragens construídas em estágios, os taludes de cada estágio, se em solo, devem ser de 3,0(H):1,0(V) a 4,0(H):1,0(V), para permitir a junção do novo trecho em taludes de 2,0(H):1,0(V) a 2,5(H):1,0(V).

15.5.4 - Condições do N.A. de Montante e Jusante

As condições de ocorrência dos níveis d'água de montante decorrem da operação do reservatório e são definidas por tal operação.

Os níveis d'água de jusante, entretanto, dependem das oscilações de nível, das condições naturais de drenagem pelas fundações, da presença de fluxos d'água locais e ainda das condições de drenagem interna.

A barragem deve ter essas condições devidamente avaliadas, para se verificar a interferência do N.A. de jusante na estabilidade dos taludes de jusante. O objetivo principal é verificar a possibilidade real de saturação do espaldar de jusante, e as conseqüentes variações de resistência dos materiais de construção.

15.6 - DEFINIÇÃO DO SISTEMA DE VEDAÇÃO

15.6.1 - Generalidades

A conjugação dos sistemas de vedação e drenagem constitui a principal defesa das estruturas de terra a processos de erosão interna regressiva (*piping*), responsáveis pela grande maioria dos acidentes nessas estruturas (ver Capítulo 11).

Dentre os requisitos básicos de uma barragem, o de estanqueidade é fundamental. Nenhuma barragem pode ser considerada com comportamento satisfatório sem que seja suficientemente vedante. A vedação da barragem e de sua fundação deve, portanto, ser a primeira preocupação na elaboração do projeto.

Evidentemente, deve-se iniciar com a imposição da vedação da própria barragem em si. A maioria dos solos é adequada para compor a parte vedante da barragem, com exceção de pedregulhos e areias sem presença de finos. Para barragens homogêneas e núcleos de barragens, os seguintes solos são aceitáveis: colúvios, solos residuais e/ou solos lateríticos, solos saprolíticos, e cascalhos arenosos com pelo menos 25% de finos (< # 200).

Quanto à vedação das fundações, as características dos tipos de materiais são aquelas definidas no item 15.3.

A avaliação da quantidade de água de percolação que pode ser admitida pelo conjunto maciço-fundação é feita com base na finalidade da barragem. Assim, como dados básicos, barragens para controle de cheias ou para hidroelétricas não devem ter vazão superior a 5,0 l/min por metro de barragem, e barragens para abastecimento de água e irrigação não devem ter vazão superior a 0,1% da média das vazões naturais.

15.6.2 - Critérios Geométricos

São dadas a seguir algumas recomendações para elaboração do projeto de sistemas de vedação.

a) Núcleos de barragens

A largura do núcleo de barragens de terra-enrocamento deve respeitar as seguintes dimensões mínimas, em metros, para controlar erosões e propiciar boa compactação:

- $b = 6 + 0,2\ \Delta h$ (solos argilosos);

- $b = 6 + 0,3\ \Delta h$ (solos siltosos),

sendo:

b - largura do núcleo em qualquer elevação;

Δh - diferença de carga dos pontos a montante e jusante do plano considerado.

O termo "núcleo" se refere ao núcleo propriamente dito de barragens de terra-enrocamento. No caso de barragens homogêneas, pode-se definir um pseudo-núcleo, delimitado pelo dreno vertical ou inclinado e por uma linha a 45° traçada da crista da barragem para montante. Esse pseudo-núcleo pode ser diferenciado do restante do talude em termos de material terroso e de requisitos de compactação.

b) Injeções de calda ou argamassa de cimento

Para tratamento de fundações em rocha (ver item 15.3.2), o espaçamento dos furos de injeção deve ser de 3,0 m no máximo, quando a linha de injeção for única. Neste caso, a linha de injeção pode ser considerada uma barreira com 1,5 m de largura e permeabilidade de 10^{-5} a 10^{-6} cm/s.

No caso de linha tripla de injeções com mesmo espaçamento entre furos, ela pode ser considerada uma barreira com 3,0 m de largura e permeabilidade semelhante à anterior.

Com os valores acima e aqueles das permeabilidades do maciço e da fundação, é possível traçar uma rede de fluxo e verificar a adequabilidade do tratamento por injeções simples ou triplas.

Caso o maciço rochoso de fundação seja extremamente fraturado, de tal forma que não seja possível traçar com credibilidade uma rede de fluxo, a cortina de injeção pode empiricamente ser definida como segue :

- para permeabilidade média da fundação entre 5×10^{-4} cm/seg e 10^{-3} cm/s, utilizar linha única de injeção;

- para permeabilidade média da fundação superior a 10^{-3} cm/s, utilizar linha tripla com profundidade igual a 0,4 Δh, sendo Δh a diferença de carga entre o nível máximo do reservatório e o nível mínimo de jusante;

- a profundidade da cortina deve atender sempre a critérios geológicos; o valor 0,4 Δh é apenas indicativo.

c) *Cut-off*

Para tratamento de fundações em areias, aluviões areno-argilosos com granulometria descontínua, colúvios com permeabilidade mais elevada que o elemento vedante da barragem, e em descontinuidades permeáveis em solos residuais e saprolíticos e saprólitos, um dos tratamentos da fundação é a execução de um *cut-off*.

A posição ideal do *cut-off* é a central, ou pouco a montante do eixo da barragem. Pode haver exceções, em função de detalhes da própria barragem, como núcleo inclinado para montante, onde o *cut-off* deve ficar abaixo deste, ou por dificuldades construtivas, onde o núcleo deve ser construído a montante da barragem interligado ao seu elemento vedante através de tapete impermeável. A largura da base do *cut-off* deverá ser de 0,25 da diferença de carga entre montante e jusante, com o mínimo de 4,0 m e o máximo de 20 m. De preferência, o *cut-off* deve ser integral e *cut-offs* parciais só devem ser utilizados concomitantemente com sistemas adicionais de vedação ou drenagem.

d) Diafragmas plásticos

Deverão ser utilizados no tratamento das fundações em areias e aluviões areno-argilosos ou siltosos, que se encontrem submersos, quando o custo de rebaixamento d'água para execução de *cut-off* seja excesssivo.

Os diafragmas plásticos devem ser posicionados no eixo da barragem ou um pouco a montante deste, na região sob a crista da barragem. A condição de embutimento do diafragma na camada subjacente, de baixa permeabilidade, é requisito fundamental para a aceitação deste tratamento. Se o "embutimento" não puder ser efetivo, deve-se buscar uma solução alternativa.

e) Tapetes

No caso da utilização de tapetes como elemento complementar à vedação da fundação, deverão ser atendidos os seguintes requisitos :

- a permeabilidade do material para construção do tapete não deve ser superior a 10^{-5} cm/s;

- o comprimento do tapete deverá ser de 5 a 7 vezes o desnível montante-jusante, contado do ínicio do núcleo ou do dreno horizontal;

- no caso de barragens homogêneas com altura superior a 30 m, pode-se deslocar a posição do sistema interno de drenagem (ver Figura 15.3) e considerar a eficiência do tapete sob a barragem como de 2 a 3 vezes superior à do tapete externo;

- a espessura mínima do tapete externo deve ser de 1m de material compactado, o qual deve ser recoberto por, no mínimo, 0,8 m do mesmo solo com compactação devida somente aos equipamentos de transporte e espalhamento sem controle.

Sempre que possível, os tapetes devem ser mantidos inundados, para reduzir o efeito de ressecamento pela ação do sol (ver Capítulo 11).

f) Vedações não convencionais

Vedações de fundações menos convencionais, tais como injeções por clacagem, C.C.P., ROTOCRET, etc., só devem ser utilizadas em casos especiais, quando se mostrarem econômicas. O projeto desses tipos de vedação deve ser orientado pelas firmas detentoras da patente dos métodos utilizados, e a sua execução deve contar com controle rigoroso.

15.7 - DEFINIÇÃO DO SISTEMA INTERNO DE DRENAGEM

15.7.1 - Generalidades

Os sistemas de drenagem constituem a principal defesa contra fluxos concentrados e preferenciais. Nas barragens homogêneas, além do controle do fluxo, eles são importantes para a estabilidade do espaldar de jusante, já que abatendo a linha freática, anulam-se os efeitos das pressões neutras de percolação em praticamente toda a região a jusante do eixo da barragem. Além deste benefício, a drenagem regulariza a saída do fluxo, tanto da própria barragem como da fundação, atenuando as pressões e disciplinando seu escoamento para jusante da barragem. Nas fundações muito permeáveis ou com feições preferenciais de fluxo, a drenagem é o elemento que propicia o controle efetivo das pressões de saída d'água (ver Capítulo 10).

Os sistemas de drenagem são compostos, basicamente, pelos seguites elementos:

- dreno vertical ou inclinado na barragem;

- dreno horizontal na barragem;

- dreno de saída ou de pé (coletor dos dois primeiros) na barragem;

- trincheira drenante na fundação de ombreiras; e

- furos de drenagem na fundação.

Os materiais constituintes da drenagem devem ser granulares e isentos de materiais finos. Aceita-se no máximo 5% em peso de material granular passando na peneira 200 (A.S.T.M.).

Furos de drenagem abertos em rocha sã não devem ser preenchidos com qualquer material, mas deixados livres.

Lt = 5 a 7 h, para barragens até 20 m

Lt = Ltc + (2 a 3) Ltj = 5 a 7 h, para barragens com h > 30 m

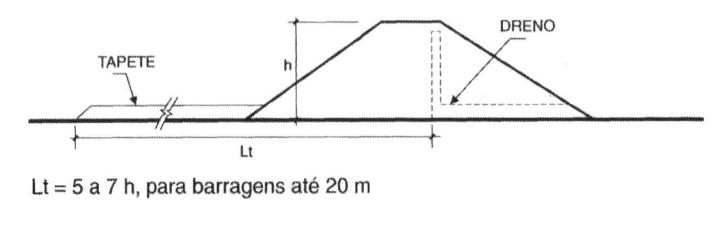

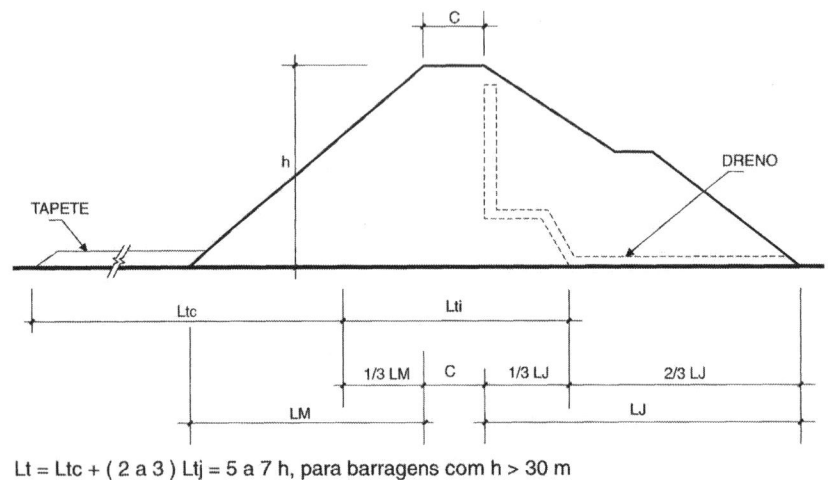

Figura 15.3 - Comprimento de tapetes impermeabilizantes

Sistemas de drenagem interna são utilizados em barragens homogêneas. Barragens onde o espaldar de jusante é constituído por material drenante (cascalho ou enrocamento, por exemplo) não necessitam do sistema interno de drenagem, já que o próprio espaldar de jusante cumpre esta função. Neste caso, a preocupação volta-se para a transição entre o material vedante e a granulometria do material do espaldar, problema que é tratado no item 15.8.

Sempre que as análises de percolação pelo conjunto barragem-fundação, superpostas ao fluxo pelas ombreiras, indiquem fluxo ascendente a jusante do pé da barragem, deve ser prevista uma trincheira drenante na fundação, junto ao pé. Se o fluxo para jusante ocorrer em camadas preferenciais profundas, deve-se recorrer a furos de drenagem interligados à base da trincheira drenante (ver Capítulo 10).

15.7.2 - Critérios Geométricos

Relacionam-se a seguir as recomendações mais importantes a serem obedecidas no projeto de sistemas de drenagem:

- o dreno vertical (ou inclinado) deve se estender por toda a extensão longitudinal da barragem e até a elevação do nível d'água máximo normal de operação do reservatório. O dreno vertical só é recomendável para barragens até 20 m (máximo de 30 m), por questões de concentração de tensões no mesmo. Para barragens maiores, deve-se adotar o dreno inclinado;

- a espessura do dreno vertical (ou inclinado) é função do método construtivo e dos equipamentos de construção. De qualquer forma, não deve ser inferior a 0,8 m, para prevenir qualquer falha devido à contaminação do solo adjacente;

- o dreno horizontal não deve ter espessura superior a 2,0 m, por motivos econômicos. Em caso de maiores vazões, deve-se recorrer ao "dreno-sanduíche";

- o dreno de saída ou de pé deve ter altura, no mínimo, igual a duas vezes a espessura do dreno horizontal, e largura de crista mínima de 4,0 m. Ver Figura 15.4;

- trincheiras drenantes na fundação de ombreiras devem ter largura mínima de 0,8 m e profundidade máxima de 3,0 m;

- furos de drenagem devem ser executados em uma só linha e com espaçamento médio de 3,0 m até a profundidade ditada pelas condições de fundação.

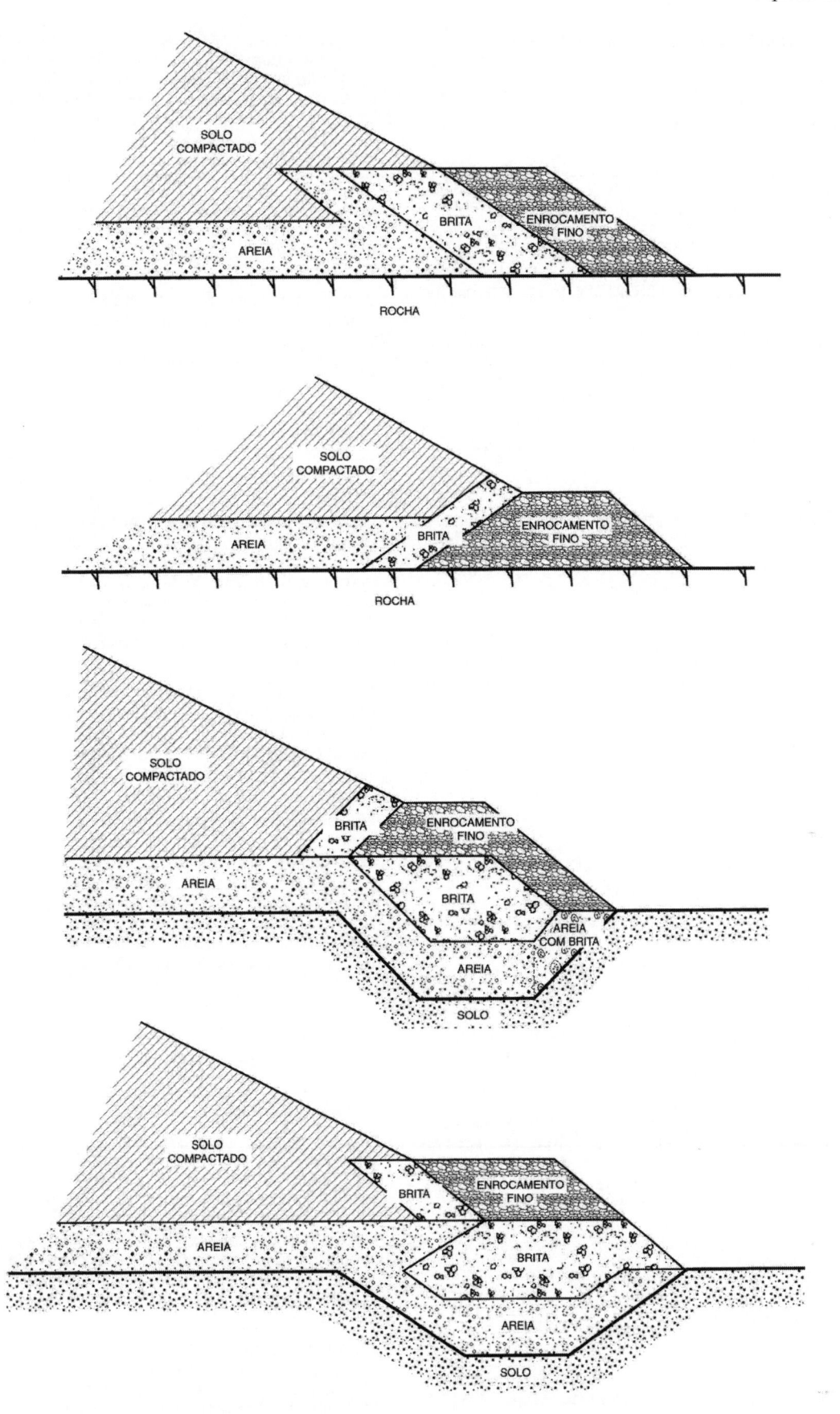

Figura 15.4 - Drenos de pé para pequenas barragens

15.8 - DEFINIÇÃO DAS TRANSIÇÕES

15.8.1 - Generalidades

Assim como os elementos de drenagem, os de transição são fundamentais no projeto de barragens. Sempre que seja necessário passar de um material para outro, há necessidade de verificar se o material a jusante da direção do fluxo é filtro daquele a montante. Caso verifique-se que não é, uma ou mais transições devem ser incorporadas para prevenir a ocorrência de *piping*.

Essa verificação é de ordem geral, isto é, quaisquer interfaces no projeto, tais como fundação - barragem, fundação - dreno horizontal, dreno horizontal - sanduíche, dreno horizontal - dreno de saída, núcleo impermeável - espaldar granular e quaisquer outras existentes devem ser criteriosamente analisadas.

15.8.2 - Critérios Geométricos

Para o projeto de transições, são dadas a seguir algumas recomendações de ordem geral:

- a espessura mínima de um elemento de transição deverá ser de 0,3 m, à exceção de transições de barragens de enrocamento com núcleo interno em solo;

- a espessura mínima das transições para barragens de enrocamento com núcleo interno em solo deve ser de 2,0 m.

15.9 - PARÂMETROS GEOMECÂNICOS

15.9.1 - Generalidades

Para a verificação da estabilidade, da vazão de percolação e dos deslocamentos do conjunto barragem - fundação, há necessidade de ensaiar os materiais constituintes para definição dos parâmetros de cálculo relevantes ao projeto.

Assim, neste item, são abordadas recomendações para a escolha de amostras típicas, tipos de ensaios especiais a serem procedidos com as amostras e suas características e, finalmente, interpretações dos ensaios incluindo critérios de ruptura.

15.9.2 - Escolha das Amostras Típicas

a) Materiais para a barragem

Após os ensaios para determinação dos índices físicos, de granulometria e de compactação dos materiais naturais de construção, e suas classificações, conforme descrito no item 15.4, devem-se escolher amostras típicas para a realização de ensaios especiais.

Dessa forma, recomenda-se que os solos finos disponíveis para a construção da barragem, após agrupados conforme suas classificações (item 15.4.5), sejam reamostrados nas áreas de empréstimo, escolhendo-se, para isto, camadas que possuam valores médios e extremos de densidade seca máxima (compactação) e de índice de plasticidade.

Para cascalhos e areias, deve-se selecionar a camada que possua curva granulométrica média de cada grupo anteriormente selecionado.

Para rochas, devem-se selecionar, visualmente, amostras das sondagens efetuadas durante as investigações desses materiais, que representem cada tipo de rocha anteriormente classificada.

b) Materiais de fundação

Para as fundações compostas por colúvios, solos residuais e saprolíticos, e saprólitos, que devam permanecer como materiais constituintes da fundação, devem-se coletar amostras indeformadas de cada horizonte considerado homogêneo, quando das investigações iniciais. A homogeneidade nesse caso é determinada através dos perfis geológicos e dos resultados de ensaios de penetração S.P.T. Cada camada julgada singular deverá ser amostrada e ensaiada.

Para as fundações em rocha, não são necessários ensaios especiais de laboratório, já que a resistência e a deformabilidade não condicionam o projeto, e a condutividade hidráulica é determinada em ensaios de campo (ensaios de perda d'água sob pressão).

No caso de fundações em aluviões e areias, deve-se definir a compacidade desses solos através da determinação da densidade e umidade *in situ*, e ensaios de laboratório do $e_{máx}$ e $e_{mín}$. Se o solo for relativamente denso (C.R. acima de 55% a 60%), o problema da liquefação potencial fica descartado. No caso de solos fofos a pouco compactados, é necessária a realização de ensaios especiais de liquefação. Veja-se o Capítulo 7, item 7.3.

15.9.3 - Tipos de Ensaios Especiais

a) Generalidades

Os ensaios especiais, além de fornecerem os parâmetros de cálculo para o projeto, definem a tipologia de comportamento dos solos quando submetidos a solicitações de compressão e de cisalhamento. Essa tipologia é evidenciada através de gráficos tensão-deformação (em geral $\sigma_1 - \sigma_3$ vs. ε), pressão neutra vs. deformação específica e de trajetória de tensões efetivas (em geral p' vs. q'). Ver capítulo 7, item 7.6.

Gráficos indicando a variação do índice de vazios pelo carregamento uniaxial e também por saturação em determinada tensão de carregamento ajudam a determinar a tipologia, principalmente em materiais da fundação.

b) Ensaios em solos compactados

Os seguintes ensaios em solos compactados devem ser executados:

- ensaios triaxiais não drenados do tipo *CIU* ou *R'*;

- ensaios triaxiais não drenados em amostras saturadas, tipo CIU_{sat} ou R'_{sat};

- ensaios triaxiais drenados *CD* ou *S*.

Essa série de ensaios deve ser procedida em amostras compactadas preferencialmente por pisoteamento, na umidade ótima e com grau de compactação de 98%. Em casos especiais, outros níveis de compactação devem ser investigados.

Complementarmente, devem ser realizados ensaios tipo *PN*, em amostra compactada por pisoteamento, com energia de Proctor Normal, em cinco teores de umidade, mantida a mesma energia de compactação, para se avaliar o desenvolvimento da pressão neutra em diferentes teores de umidade e graus de compactação. (Ver Capítulo 7, item 7.6).

Devem ainda ser executados ensaios convencionais de permeabilidade. Ensaios convencionais de adensamento só serão recomendados em solos com tendência a colapso por saturação.

c) Ensaios em solos da fundação

Nos solos da fundação, devem ser realizados:

- ensaios triaxiais não drenados do tipo *CIU* ou *R'*;

- ensaios triaxiais não drenados em amostras saturadas, tipo CIU_{sat} ou R'_{sat};

- ensaios triaxiais drenados *CD* ou *S*.

A avaliação dos resultados desses ensaios deve permitir a análise da tipologia de comportamento dos solos.

Em função do comportamento observado, devem ser programados ensaios complementares pelo menos para dois tipos de solos: solos com tendência a colapso e solos com indicação de resistência residual.

Para os solos colapsíveis, em primeira aproximação, devem ser realizados ensaios de adensamento convencional, saturando-se o solo em diferentes níveis de tensões, e determinando-se a permeabilidade por medida indireta no ensaio de adensamento (ver Capítulo 7, item 7.3). Esses ensaios deverão definir bem a faixa de tensões de colapso e a variação da permeabilidade com o nível de tensões. Ensaios de colapso triaxiais são recomendados apenas em casos especiais.

Para os solos com tendência a mobilização de resistência residual, deverão ser realizados ensaios de cisalhamento direto, em vários níveis de tensões normais, levando-os até deformações que permitam identificar claramente a resistência residual. Em casos especiais, deve-se recorrer ao ensaio de cisalhamento rotacional (*ring shear*).

Para os solos colapsíveis, pode-se recorrer a ensaios de permeabilidade convencionais, visando a complementar os dados de ensaios de infiltração de campo.

No caso particular de fundação em argilas moles, é necessário determinar a resistência não drenada da argila S_u através de ensaios de palheta (vane) de campo, e através de correlações entre S_u e pressão de "pré-adensamento" p_a.

Como esses solos são em geral muito sensíveis, recomenda-se especial atenção, tanto na programação como na execução dos ensaios, porque um erro de 50% na determinação de S_u pode resultar em taludes mais brandos do que os realmente necessários (ver Capítulo 7, item 7.2).

d) Ensaios em areias para drenos e transições

Recomendam-se os seguintes:

- ensaio de compacidade máxima e mínima;

- ensaio de permeabilidade a carga variável, associado à granulometria.

e) Ensaios em cascalhos e britas para drenos e transições.

Deve ser realizado o ensaio de permeabilidade em permeâmetros de grande porte, associado a granulometria.

f) Ensaios em rocha para enrocamentos e proteção de taludes (*rip-rap*)

Nestes materiais, devem ser efetuados:

- ensaios de compressão simples;

- ensaio de abrasão Los Angeles;

- ensaios de desagregabilidade.

15.9.4 - Interpretação dos Ensaios e Critérios de Ruptura

a) Ensaios de permeabilidade

Os resultados dos ensaios de permeabilidade devem, para todos os materiais, ser apresentados juntamente com dados relativos ao estado do material.

Para solos, o coeficiente de permeabilidade k tem sido relacionado com o índice de vazios e/ou com potências de e, associadas ao grau de saturação inicial.

Para os solos colapsíveis, há todo o interesse em relacionar a permeabilidade com o estado de tensão, em função, seja do índice de vazios, seja da pressão vertical atuante.

Para materiais granulares finos (areias), o coeficiente de permeabilidade deve ser referenciado à compacidade relativa. Para materiais granulares grossos, o coeficiente de permeabilidade deve variar pouco com o estado de tensões, mas é influenciado pela presença de finos. Portanto, a permeabilidade deve ser associada à porcentagem de finos e ao coeficiente de não uniformidade do material *CNU*.

b) Ensaios de deformabilidade

A deformabilidade, tanto de solo como dos materiais granulares, depende fundamentalmente do estado inicial do material e dos incrementos de tensões aplicadas.

Para materiais compactados, interessa conhecer a relação entre as deformabilidades em barragens de enrocamento com núcleo interno. A melhor forma de conhecer essa relação é através da comparação com dados obtidos de obras semelhantes, onde os deslocamentos tenham sido medidos (ver Capítulo 7 e Figura 15.5).

No caso de fundações em solos residuais, e principalmente em solos colapsíveis, os resultados dos ensaios devem ser apresentados na forma "logaritmo das tensões aplicadas vs. índice de vazios" ($log\ \sigma_v$ vs. e), ou σ_v vs. $\Delta h/h\%$.

Nos solos colapsíveis, a variação do índice de vazios por saturação deve ser sempre analisada. Neste tipo de gráfico, deve-se sempre assinalar o valor *in situ* da tensão vertical no ponto de coleta da amostra, dado pelo produto entre a densidade natural do solo e a altura existente de solo.

c) Resistência ao cisalhamento

Analisada a tipologia de comportamento dos materiais, é fundamental identificar aqueles com tendência à expansão na ruptura.

Igualmente, devem ser identificados os materiais que rompem a baixos níveis de deformação e os que mobilizam resistência com grandes deformações, devendo também ser considerada a forma de desenvolvimento das pressões neutras.

Para um determinado material, deve-se plotar todos os resultados de ensaios num único gráfico p' x q', com indicação da trajetória das deformações específicas que ocorreram.

Quando se considera a condição de ruptura para a relação máxima de tensões principais efetivas (critério de máxima obliqüidade), é comum que os pontos se alinhem ao longo de uma reta, definida como <u>envoltória básica</u>, para todas as amostras saturadas ou compactadas acima da umidade ótima, e ainda para qualquer amostra submetida à ruptura em níveis elevados de tensões.

Para amostras não saturadas, e em níveis de tensões baixos e médios, os pontos de ruptura em geral situam-se acima dessa envoltória (ver Figura 15.6).

Considerando-se diferentes graus de compactação e/ou diferentes desvios de umidade (para o lado seco), é possível definir novas envoltórias de ruptura.

Para fins de estudos de estabilidade, a resistência ao cisalhamento pode ser obtida pelas expressões:

$$\tau = c_b + \sigma' tg\varphi_b \quad \text{(envoltória básica)}$$

e $\quad \tau = c_b + \sigma' tg\varphi_b + \Delta q$,

sendo Δq o ganho de resistência para amostras compactadas com elevados graus de compactação, ou do lado seco. Este só deve ser considerado em determinadas faixas de tensão, e havendo garantias de que o material não ficará "saturado" ou submerso nas diferentes condições de carregamento.

No caso particular de solos que rompem com tendências marcantes de compressão, como é o caso de solos porosos e alguns solos compactados, a condição de ruptura ocorre para $\sigma_{dmáx}$, ou seja, a máxima diferença de tensões. A condição de máxima obliqüidade só é alcançada para grandes deformações e pressões neutras elevadas (Figura 15.7.b).

Neste caso, as envoltórias de resistência obtidas pelos dois critérios de ruptura podem ser muito diferentes. As duas envoltórias devem ser traçadas, sendo a de $\sigma_{dmáx}$ recomendada para cálculos de estabilidade. Como a segunda envoltória (máxima obliqüidade) representa uma condição "pós-ruptura", a estabilidade deve ser reavaliada para essa condição, adotando-se coeficientes de segurança apropriados.

A estimativa de pressões neutras, no entanto, deve ser feita a partir de ensaios *PN* ou outros que reproduzam trajetórias de tensões semelhantes às solicitações de campo. Veja-se a Figura 15.7.a, ou as Figuras 7.53 e 7.54

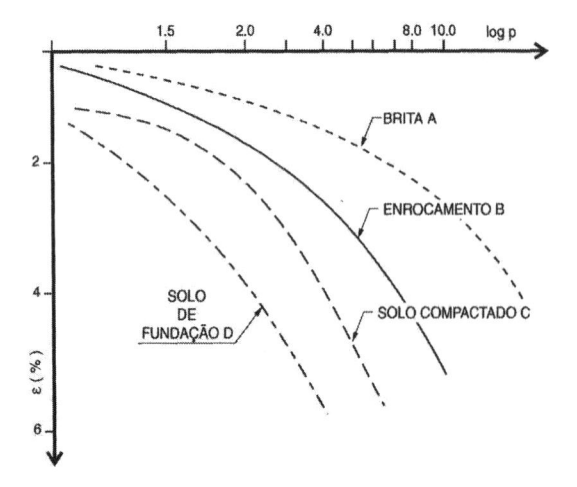

Figura 15.5 - Curvas de deformabilidade de solos e materiais granulares

Capítulo 15

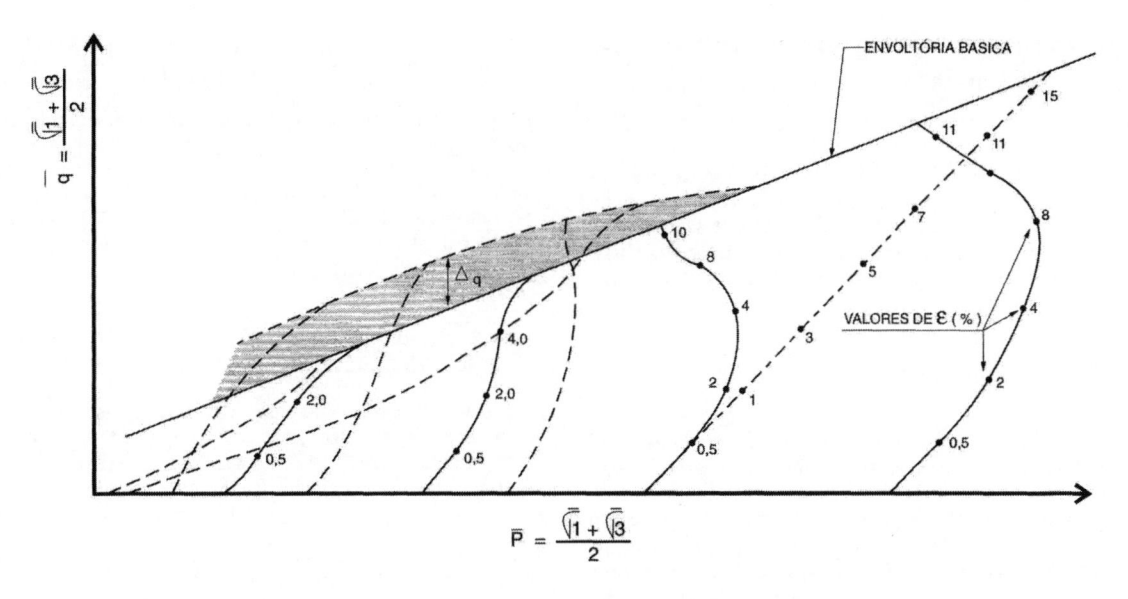

Figura 15.6 - Análise de envoltórias de resistência ao cisalhamento

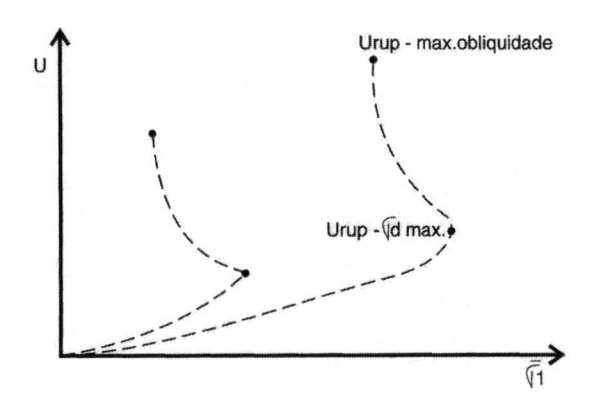

a) Variação da pressão neutra com a tensão maior

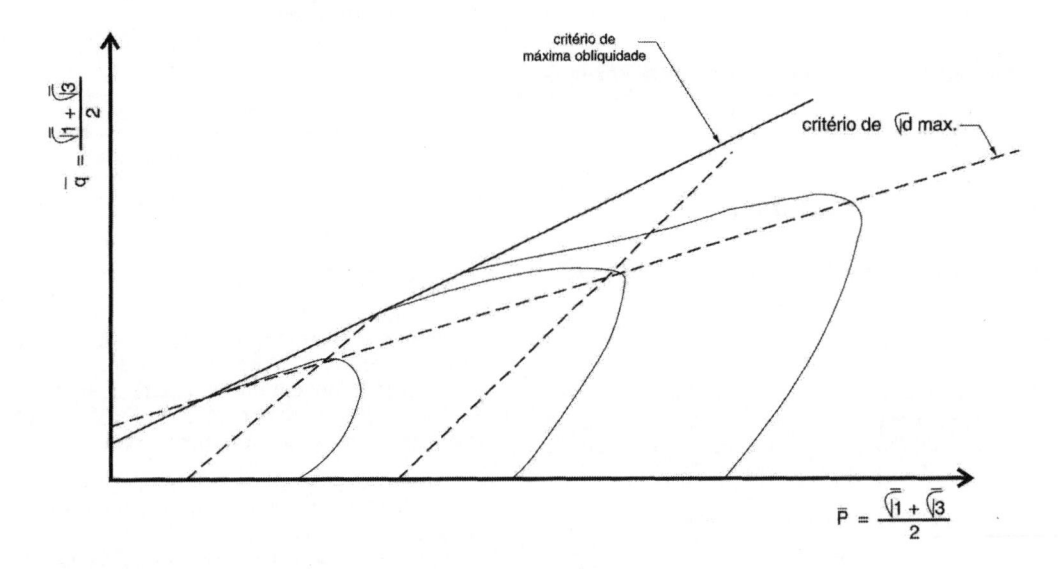

b) Envoltória de resistência

Figura 15.7 - Envoltória de resistência para solos com tendência marcante de compressão

15.10 - DIMENSIONAMENTO E VERIFICAÇÃO DE PROJETO

A estabilidade global da barragem deve atender a três requisitos básicos de segurança: a verificação da estabilidade dos taludes; a análise das deformações do conjunto barragem-fundação; e o controle do fluxo d'água pelo maciço, suas fundações e ombreiras.

15.10.1 - Estabilidade de Taludes

A estabilidade das obras de terra e enrocamento deverá ser verificada para três condições de solicitação - final de construção, regime permanente de operação, e rebaixamento do reservatório. A solicitação dominante deverá ser a do regime permanente de operação, para a qual os níveis de segurança requeridos devem ser compatíveis com o empreendimento (ver Capítulo 14).

a) Processo de cálculo

Previamente às análises de estabilidade, os mecanismos potenciais de ruptura devem ser adequadamente definidos, em função da geometria da barragem, das propriedades geotécnicas dos materiais compactados e das camadas de fundação, e das prováveis condições de fluxo que se estabeleçam nas diversas condições de solicitação.

Uma vez estabelecidos os mecanismos potenciais de ruptura, a estabilidade do conjunto barragem-fundação deve ser verificada, em princípio, pelo método do equilíbrio limite, através dos métodos de Bishop Simplificado, Morgenstern-Price, Jambu, Seed e Sultan ou outro equivalente e compatível com o mecanismo de ruptura previsto. As análises devem considerar tensões efetivas.

Os parâmetros de resistência efetiva devem ser obtidos segundo os critérios estabelecidos no item 15.9 (veja-se também o Capítulo 7).

b) Pressões neutras para cálculo

Para determinação do valor da pressão neutra u, deve ser adotada a seguinte metodologia:

b.1) Final de construção

Para a condição de "final de construção", as pressões neutras no material do maciço compactado devem ser estimadas preferencialmente através de ensaios que retratem a trajetória de tensões (ensaios *PN*).

Em áreas de enrocamento e nos sistemas de drenagem, a pressão neutra deve ser considerada igual a zero.

Nas fundações, as pressões neutras devem ser determinadas em função dos níveis d'água que prevalecerão durante a construção e em função das tensões resultantes da construção da barragem.

b.2) Regime permanente de operação e rebaixamento do reservatório

Para a condição de regime permanente de operação e de rebaixamento do reservatório, as pressões neutras, tanto do maciço como das fundações, devem ser definidas pelo maior valor entre as duas condições abaixo:

- pressões neutras obtidas por redes de fluxo, definidas no item 15.10.3;

- provenientes da variação do estado de tensões, utilizando-se preferencialmente ensaios que reproduzam trajetórias de tensões, ou ensaios R_{sat} convencionais e ensaios R_{sat} de extensão lateral.

c) Condições de solicitação

c.1) Final de construção

Admite-se a barragem concluída sem carga hidráulica do reservatório. As pressões neutras e as deformações do conjunto barragem-fundação resultarão do estado de tensões e da velocidade da construção.

c.2) Regime permanente de operação

Esta hipótese corresponde à condição normal de funcionamento. Admite-se que as deformações do maciço e fundação estejam estabilizadas, e a rede de fluxo também estabilizada para o N.A. máximo normal a montante.

c.3) Rebaixamento do reservatório

Admite-se o rebaixamento rápido do reservatório entre o N.A. máximo normal e o N.A. mínimo operacional.

Como hipótese adicional para verificação da estabilidade, deve-se analisar a condição de descida do N.A. do reservatório até a cota da soleira do vertedouro.

d) Níveis de segurança

Os níveis de segurança referem-se não somente aos coeficientes de segurança obtidos nas análises de estabilidade por equilíbrio limite, mas também a deslocamentos diferenciais, compatibilidade de deformações do conjunto maciço-fundação (item 15.9.4.b), e a requisitos de controle do fluxo pelos sistemas de vedação e drenagem (itens 15.6 e 15.7).

Quanto aos coeficientes de segurança resultantes de análises de estabilidade por equilíbrio limite, os valores mínimos a serem garantidos são os apresentados na Tabela 15.2.

Capítulo 15

Tabela 15.2 - Coeficientes de segurança mínimos para diferentes condições de solicitação

Condição de solicitação	Talude	C.S. mínimos	
		Seção homogênea	Seção terra-enrocamento
Final de construção	Montante	1,3	1,2
	Jusante	1,3	1,2
Regime permanente de operação	Montante	1,5	1,3
	Jusante	1,5	1,3
Rebaixamento de reservatório			
NA máx — NA mín	Montante	1,1	1,0
NA máx — Sol. vertedouro	Montante	1,0	1,0
Qualquer condição para verificação da estabilidade para resistência residual	Montante	1,2	-
	Jusante	1,2	-

15.10.2 - Análise de Deformações

Previamente às avaliações do estado de tensões-deformações é necessário estabelecer o mecanismo das deformações, distinguindo-se as deformações por adensamento das deformações por colapso do solo.

Paralelamente, deverão ser consideradas as condições de solicitação nas quais as deformações se processam.

Os parâmetros geomecânicos a serem adotados nas análises de deformação estão definidos no item 15.9.4.b, relativos a investigações *in situ* ou de laboratório. Esses parâmetros, no entretanto, devem ser confrontados com dados de bibliografia (ver Capítulo 12).

a) Processo de cálculo

As avaliações das deformações do maciço e das fundações por processo de adensamento podem ser feitas em primeira aproximação através da aplicação de fórmulas derivadas da Teoria da Elasticidade, para a condição de final de construção.

As estimativas de deslocamentos resultantes do colapso de solos porosos da fundação deverão ser feitas para diversas etapas do enchimento, através da aplicação de fórmulas derivadas da Teoria da Elasticidade, e serão consideradas "instantâneas".

Somente em casos particulares, e dependendo das informações geotécnicas disponíveis e da responsabilidade da estrutura, dever-se-á recorrer a Métodos Numéricos adequados de análise (ver Capítulo 12).

b) Deformações diferenciais específicas

Para os processos de avaliação simplificados (derivados da Teoria da Estabilidade) e maciços em solo, as deformações diferenciais específicas são limitadas aos valores:

$$\frac{(\Delta h)}{L} \text{ máx} = \frac{1}{100} \quad \text{para deformações por "adensamento" e}$$

$$\frac{(\Delta h)}{L} \text{ máx} = \frac{1}{50} \quad \text{para deformações "temporárias" por colapso,}$$

sendo:

Δh = deformação vertical entre dois pontos considerados;

L = distância entre esses dois pontos.

Nos casos particulares de análises por Métodos Numéricos, as deformações deverão ser compatíveis com a tolerância da superestrutura (núcleo e interfaces) e de acordo com experiência e literatura, quando disponíveis.

15.10.3 - Estudos de Percolação, Vazões e Pressões Piezométricas

Os estudos de percolação pelo maciço e pela fundação da barragem visam a antecipar vazões e pressões piezométricas que venham a se estabelecer no enchimento do reservatório. Ao mesmo tempo, fornecem os dados para dimensionamento dos sistemas de vedação e de drenagem interna descritos nos itens 15.6 e 15.7.

Estabelecida a geometria da estrutura e os sistemas de vedação e drenagem que forem julgados adequados, devem ser feitas estimativas de vazão pelo maciço e pela fundação, em conjunto ou separadamente, por meio de redes de fluxo.

Essas estimativas prelimiares permitem verificar se os sistemas de vedação adotados são suficientes para o controle das vazões a níveis considerados satisfatórios. Servem também ao propósito de verificar o dimensionamento dos sistemas de drenagem e de definir os gradientes de saída pelas fundações a jusante.

Nessas análises, os seguintes parâmetros devem ser considerados:

- no maciço compactado: anisotropia de permeabilidade na relação de $k_h/k_v = 9$, para maciços com altura até 20 m;

- para maciços compactados com maiores alturas, subdividir o maciço em três ou quatro faixas com anisotropia de permeabilidade de k_h/k_v de 5, 10 e 20 para três faixas e 5, 10, 20 e 50 para quatro faixas, sendo os valores maiores aqueles das faixas mais elevadas e:

$k_v = k_v$ de laboratório;

- na fundação: valores de k obtidos em ensaios *in situ* com os seguintes valores de majoração:

. $kproj$ = 5 a 10 k ensaio infiltração, quando os ensaios de campo forem executados acima do lençol freático; e

. $kproj$ = 2 a 5 k ensaio infiltração, quando os ensaios de campo forem executados abaixo do lençol freático;

- valores de k corrigidos para os níveis de tensão atuantes, obtidos a partir de ensaios especiais de laboratório, conforme item 15.9.4.a.

Estudos de percolação por Métodos Numéricos são recomendados em casos de fundações permeáveis, como é o caso de fundações em areias, e em casos de fundações em solos com camadas de permeabilidade muito diferenciada.

15.10.4 - Dimensionamento do Sistema Interno de Drenagem

Recomendações quanto à geometria do sistema interno de drenagem foram referidas no item 15.7.2. A seguir, apresentam-se critérios básicos para o seu dimensionamento.

a) Dreno vertical ou inclinado

O dreno tem a função precípua de cortar qualquer fluxo preferencial devido a "falhas" na construção do maciço ou de eventuais trincas que venham a ocorrer. Sua posição deve ser abaixo da crista da barragem, a jusante do eixo. O gradiente dentro do dreno é admitido igual a 1,0 ou igual à inclinação do dreno. Em face dos valores pequenos de vazão que escoam pelo dreno, sua espessura é ditada por razões construtivas.

b) Dreno horizontal

O dreno horizontal é dimensionado para absorver as máximas vazões a ele afluentes, considerados os fatores de majoração indicados no item 15.10.3.

Pode ser dimensionado para trabalhar em carga compatível com os níveis de segurança exigidos para o conjunto maciço-fundação.

Gradientes médios de 10% a 15% são normalmente aceitáveis, podendo-se em condições locais admitir-se um máximo de 20%.

Caso se obtenham espessuras exageradas (> 2 m) para os drenos de areia, opta-se por "drenos-sanduíche" ou mesmo drenos franceses. No caso de drenos franceses, a carga média resultante nos mesmos deverá ter um gradiente médio de montante (início do dreno francês) para jusante (saída dos drenos) de 10% a 15%.

c) Drenos de saída ou de pé (ver Figura 15.4)

Os drenos de saída ou drenos de pé contínuos, além da função de drenagem do sistema como um todo, têm a função de contenção dos materiais granulares do dreno horizontal e devem ser dimensionados para tal.

O dreno de saída ou de pé deve ser dimensionado para a vazão obtida através de redes de fluxo, considerando todos os elementos de vedação e drenagem da fundação. Constitui o elemento final do sistema de drenagem da barragem e sua fundação, devendo interceptar e conduzir toda a água que por aí flui. Sempre que necessário, deve estar associado a poços drenantes verticais.

Em geral, nas ombreiras, o fluxo irá ocorrer ao longo do pé da barragem e, portanto, no sentido longitudinal. O dreno deve ser dimensionado pela lei de Darcy : $Q = k\, i\, A$, sendo Q a vazão acumulada, k a permeabilidade e A a área de cada material componente do dreno. O gradiente, em geral, coincide com a declividade da ombreira.

Na área central, ou do leito do rio, o fluxo se dará no sentido transversal, ou seja, dando vazão da água percolada para jusante. Neste caso, o dreno deve ser dimensionado para a função de retenção dos materiais granulares dos drenos adjacentes, e deve ser suficientemente permeável para não reter o fluxo, seja da barragem e sua fundação, seja da ombreira.

15.10.5 - Dimensionamento de Transições Internas

Deverá ser considerado como material de transição qualquer material cuja função estrutural seja a de evitar o carreamento de grãos do material vizinho, que está sendo retido através de contenção estereométrica. Para atender a tais requisitos será necessário obedecer somente a critérios de granulometria.

Sempre que as transições façam parte dos sistemas de drenagem, superpõe-se ao requisito de contenção do material vizinho o requisito de permeabilidade.

a) Transições para o sistema de drenagem interna

Os seguintes critérios específicos deverão ser observados na seleção dos materiais para transições, para os sistemas de drenagem interna:

- D_n = diâmetro n do "grão" do dreno ou transição;

- d_n = diâmetro n do material de base;

- n = porcentagem em peso de partículas menores do que o diâmetro respectivo (D ou d).

b) Interface material coesivo - material granular

$$\frac{D_{15}}{d_{85}} \leq 5 \text{ e } D_{15} \leq 1{,}00 \text{ mm (critério de contenção)}$$

$$\frac{D_{15}}{d_{15}} \geq 5 \text{ e } D_5 > 0{,}074 \text{ mm (critério de permeabilidade)}$$

Os valores de d_{15} e d_{85} do material base, ou seja, do material coesivo, devem ser obtidos por ensaio de sedimentação sem o uso de defloculante, e sem agitação mecânica.

O coeficiente de não uniformidade D_{60}/D_{15} deverá ser inferior a 20, para reduzir segregação do material, e convém que seja superior a 3.

A permeabilidade do material granular deve ser igual ou superior a 10^{-2} cm/s, para atender ao critério de permeabilidade.

No caso específico do material base ser do tipo dispersivo, será necessário recorrer a ensaios de laboratório para atender a requisitos de "filtro efetivo".

c) Interface material granular fino - material granular

Na interface de materiais granulares finos (areias) com a camada de transição granular (cascalho ou brita), deve-se obedecer aos seguintes requisitos:

$$\frac{D_{15}}{d_{85}} \leq 5 \text{ (critério de contenção)}$$

$$\frac{D_{15}}{d_{15}} \geq 5 \text{ e } D_5 > 0{,}074 \text{ mm (critério de permeabilidade)}$$

O coeficiente de não uniformidade D_{60}/D_{10} do material granular deverá ser inferior a 10, para prevenir segregação do material. Caso o CNU seja superior a 10, deve-se reconsiderar a espessura do dreno, para efeito de contenção.

d) Interface material granular - material granular

Na interface de materiais granulares grosseiros (cascalhos, britas, enrocamentos finos), deve-se obedecer aos seguintes requisitos:

$$\frac{D_{15}}{d_{85}} \leq 9 \text{ (critério de contenção)}$$

$$\frac{D_{15}}{d_{15}} \geq 5 \text{ (critério de permeabilidade)}$$

e) Interface materiais granulares - tubulações de drenagem

Para prevenir carreamento do dreno através dos furos de um tubo-dreno, deve ser atendido o seguinte:

$$\frac{D_{85} \text{ dreno}}{\text{diâmetro máximo do furo}} \geq 2$$

15.10.6 - Dimensionamento da Proteção de Taludes de Jusante com Material Granular

Na proteção de taludes de jusante com material granular, deve ser usado material resistente à percolação de águas de chuva, com granulometria de cascalho ou brita, em camada única executada diretamente sobre o talude compactado.

O solo compactado do talude deve ser verificado quanto a características de dispersividade e erodibilidade.

Solos dispersivos devem ser sistematicamente rejeitados na face de jusante dos taludes.

Solos erodíveis poderão exigir a intercalação de uma camada de transição fina (areia) interposta entre o solo compactado e a camada granular de proteção do talude, obedecendo aos seguintes critérios:

$$\frac{D_{15}}{d_{85}} \leq 9 \text{ para a interface solo/areia ou pedrisco}$$

$$\frac{D_{15}}{d_{85}} \leq 5 \text{ para a interface entre areia ou pedrisco e a camada externa de proteção.}$$

Em casos especiais, ou seja, quando os critérios acima não possam ser cumpridos com os materiais disponíveis na área de construção da barragem, deve-se recorrer a ensaios de filtração, conforme discutido no Capítulo 10.

15.10.7 - Dimensionamento do *rip-rap*

Previamente à escolha do tipo de proteção de montante, seja enrocamento, seja solo-cimento, deve-se definir a altura de onda provável e suas características para a barragem.

A altura de onda H_s depende da direção e velocidade dos ventos dominantes, do *fetch* efetivo, da freqüência e do período da onda. A estimativa desse valor pertence à área da hidrologia e deve ser fornecida como dado de entrada do projeto.

Para estudos preliminares, pode-se estimar a altura da onda pela fórmula seguinte :

$H_s = 16 \times 10^{-4} (F. V_{10}^2 / g)^{1/2}$ (em metros)

$f_m = (2,8 . g^{0,7} / V_{10}^{0,4} . F^{0,3})$ (hz)

$T = 0,85/f_m$ (segundos)

sendo :

F = *fetch* (m)

V_{10} = velocidade do vento a 10 m de altura sobre a água (m/s)

g = aceleração da gravidade (m/s^2)

f_m = frequência da onda (hz)

T = período da onda (s)

Segundo Saville (1963), a velocidade V_{10} sobre a água é 30% maior do que a velocidade do vento sobre a terra. Para o cálculo de H_s adota-se o fator de 0,44, correspondente à velocidade da água geradora da onda.

Na fórmula anterior, introduzindo-se o fator de correção V_{10} e o valor de g, obtém-se :

$H_s = 2,25 . 10^{-4} . V_{10} . F^{1/2}$ (m)

Sherard (1963) recomenda que, na falta de maiores dados, adote-se a velocidade máxima do vento registrada na região, mas nunca inferior a 80 km/h. Do ponto de vista prático, as alturas de onda máxima não devem exceder 2 a 3 m.

Para uma velocidade do vento em terra de 80 km/h e *fetch* efetivos de 5 km e 10 km obtêm-se :

$V_{10} = 1,3 V_{terra} = 1,3 \times 80 = 102$ km/h = 29 m/s

$H_s = 2,25 \times 10^{-4} \times 29 . F^{1/2}$

$H_s = 0,46$ m para F = 5.000 m

$H_s = 0,65$ m para F = 10.000 m

Uma onda de 2,00 m , para um $F = 10$ km, requereria um vento de 89 m/s, ou 324 km/h, altamente improvável.

Alternativamente, para um vento em terra de 80 km/h, o *fetch* efetivo necessário para geração de uma onda de 2,0 m seria de 94 km, também de ocorrência limitada.

Esses dados ratificam a afirmativa de Sherard (1963).

O passo seguinte é o de definir o D_{50} do bloco médio do *rip-rap*. Entre as várias fontes, pode-se citar a seguinte expressão:

$$W_{50} = \frac{0,063 \gamma_r}{(\gamma_r / \gamma_o - 1)^3} [H_o / sen(\alpha_{crit} - \alpha)]^3 = 4/3 \pi R^3 \gamma_r$$

sendo:

$W_{50} = 4/3\pi R^3 \gamma_r$ = peso do bloco médio;

γ_r = peso específico da rocha;

γ_o = peso específico da água;

H_o = altura da onda;

α_{crit} = ângulo necessário do talude para que a força peso de um bloco de rocha seja vertical;

α = ângulo do talude.

Marsal (1975) sugere o valor de $\alpha_{crit} = 65°$ para enrocamento lançado, e menciona que α_{crit} tende a 90° para enrocamentos arrumados manualmente.

Taylor (1973) sugere que se adote a formulação de Bertran (1968):

$$0,388 \, W_{50}^{3/8} (b \, cotg\alpha)^{3/5} = \frac{H}{(tgh \frac{2\pi d}{L})^a}$$

sendo :

W_{50} = peso do bloco de rocha média;

α = inclinação do talude;

$H = 1,3 H_s$ (sendo H_s a altura de onda calculada);

d = profundidade do reservatório (pés);

L = comprimento da onda (pés).

e ainda :

cotg α	a	b
2	1/5	3/4
3	1/5	3/4
5	1/3	1,0
7	1/3	1,0
10	1/3	1,0

As expressões anteriores resultam em valores semelhantes para ondas de menor porte (até ~ 1,00 m), sendo que para ondas maiores o critério de Taylor é mais conservador.

Definido o W_{50}, calcula-se D_{50}. A seguir define-se $D_{máx}$.

Taylor (1973) propõe que $W_{máx} = 4 W_{50}$, o que equivale a $D_{máx} \sim 1,50 D_{50}$. Carmany (1963) sugere que $D_{máx}$ deva ser de 1,50 a 2,00 D_{50}.

A espessura t mínima da camada (medida na perpendicular ao talude) deve ser igual ao $D_{máx}$, para permitir a acomodação desses blocos de maior diâmetro:

$$t_{min} \geq D_{máx}$$

No tocante ao $D_{mín}$, é necessário separar os enrocamentos sem finos, dos enrocamentos com finos.

No caso de enrocamentos sem finos, deve-se fixar um $D_{mín}$. Bertram (1951) propõe que $D_{mín} = 0,40 D_{máx}$, mas outros autores são menos rigorosos. Sherard (1963) sugere que $D_{mín} \geq 0,025$ m, independente de $D_{máx}$ e D_{50}.

Em se tratando de enrocamento sem finos, é necessário executar uma camada de transição granular.

O seguinte critério pode ser adotado :

H_s (metros)	Esp. mínima da transição
0 - 1,2	15 cm
1,2 - 2,4	25 cm
2,4 - 3,0	30 cm

No caso de enrocamento com finos, a camada de transição pode ser dispensada, mas a espessura do *rip-rap* segregado deve ser igual a :

$$t_{min} = t_{min(rip-rap)} + t_{min(transição)}$$

Seja o caso de uma altura de onda de 1,0 m . Daí resulta que :

$D_{máx} = 50$ a 60 cm

$t_{min} = 60$ cm e $t_{tr} \geq 15$ cm

Para camada única, deve-se adotar $t \geq 75$ cm.

No tocante a requisitos de interface, podem-se adotar os seguintes critérios:

a) Material granular (enrocamento) de granulometria ampla

Sempre que se dispuser de material rochoso de granulometria ampla e contínua, o *rip-rap* deve ser construído em camada única segregada diretamente sobre o talude compactado.

Neste caso, os critérios de contenção ficam naturalmente atendidos.

b) Material granular (enrocamento) de granulometria uniforme

Neste caso, o *rip-rap* deve ser constituído de blocos de rocha, e apoiado numa camada de transição que obedeça ao critério de contenção:

$$\frac{D_{15}}{d_{85}} \leq 9$$

A camada de transição deve ser executada diretamente sobre o talude compactado.

15.11 - PROTEÇÃO DE TALUDES SEM UTILIZAÇÃO DE MATERIAIS GRANULARES

15.11.1 - Talude de Montante com Solo-Cimento

Para maiores detalhes, ver Toledo (1987).

A alternativa de proteção do talude com solo-cimento tem se mostrado atraente sempre que o custo do enrocamento for excessivo (falta de rocha economicamente explorável na região), e quando a área a ser protegida justifique a implantação de uma usina para preparo de solo-cimento. A mistura *in loco*, por equipamento do tipo PULLVIMIX, resulta num acréscimo no volume de cimento e só é justificável em estruturas de pequeno porte, e em região onde praticamente não exista rocha para enrocamento.

É necessário também considerar que a borda livre para proteção com solo-cimento é maior do que a necessária para enrocamentos (ver item 15.12).

Como requisitos básicos de critério de projeto, os seguintes itens devem ser considerados :

- espessura da camada (medida na perpendicular ao talude): a mínima recomendada é de 30 cm, a qual, consideradas eventuais condições particulares de estabilidade e durabilidade, passaria no máximo a 60 cm;

- em vista do processo construtivo, há a tendência ao emprego de 45 cm como espessura para a proteção de taludes de estruturas de terra de pequeno e médio porte e com inclinação máxima de 1,5 (H) : 1,0 (V).

Execução

Em taludes íngremes, tais como 1,5 (H) : 1,0 (V) ou 2 (H) : 1 (V), a proteção só pode ser construída em camadas, mas a largura destas poderá ser reduzida em relação às que usualmente se empregam (2 m). Daí resultam larguras de camadas de 1,20 m e 1,50 m respectivamente para os taludes citados, mantendo-se a mesma espessura média que se obtém com 2 m de largura em talude de 3 (H) : 1 (V).

Detalhes da compactação da borda da camada podem ser visualizados na Figura 15.8.

Para taludes mais suaves, a partir de 3 (H) : 1 (V), a construção pode ser feita diretamente sobre o talude, em espessuras compatíveis com os equipamentos utilizados, com o mínimo de 30 cm. Espessuras maiores devem ser previstas em obras de solicitações mais freqüentes e ondas muito intensas.

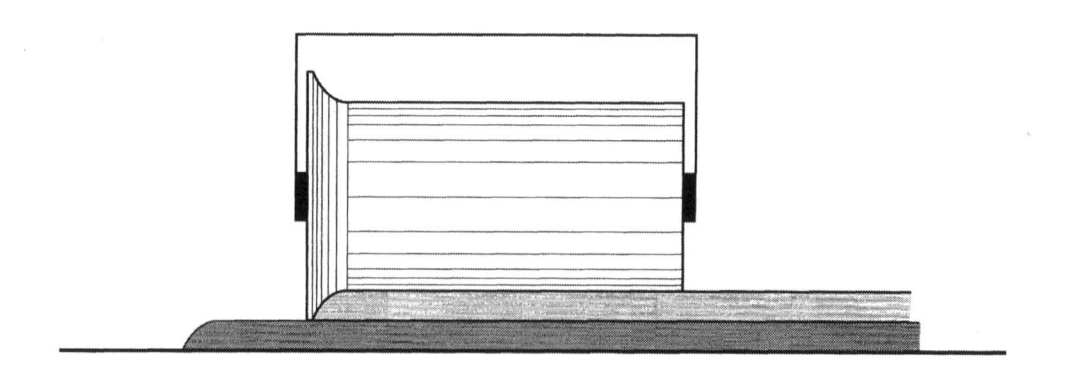

a) Rolo liso com aba toroidal

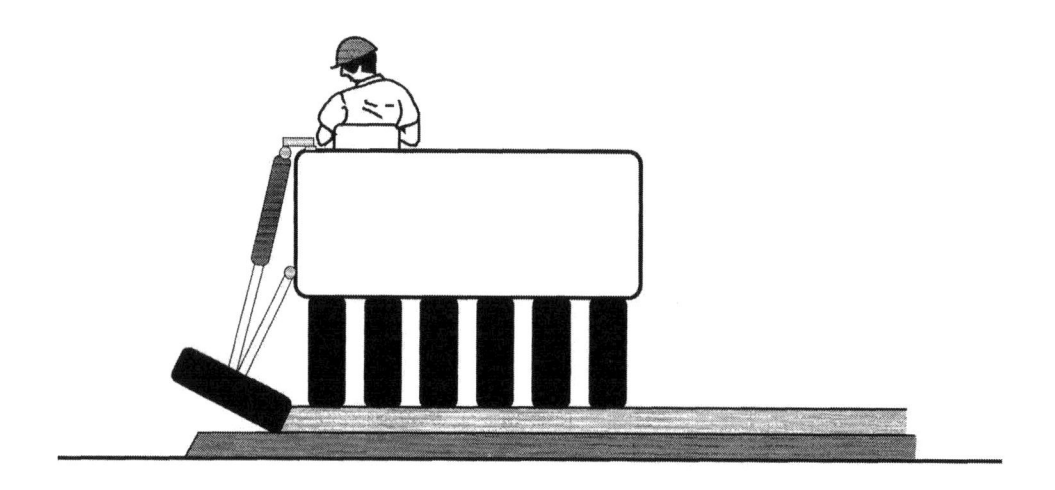

b) Rolo de pneus com roda lateral inclinada

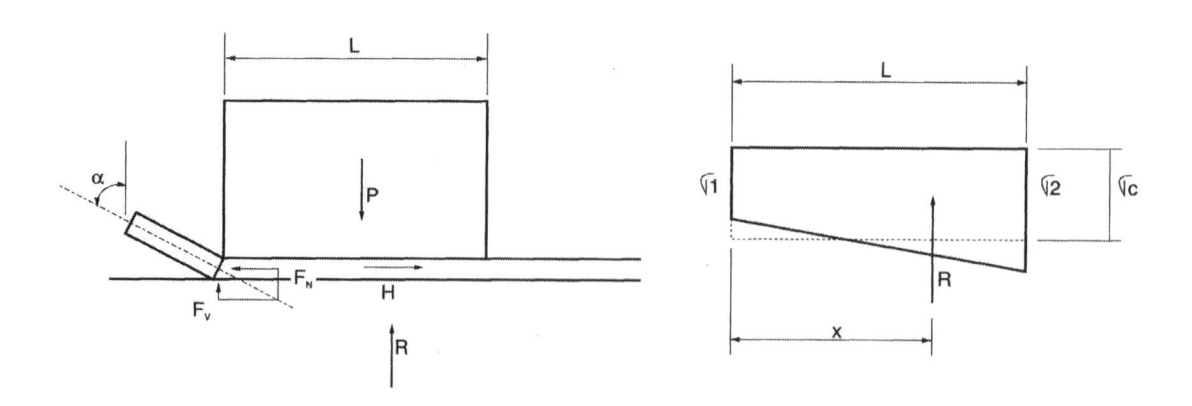

c) Esforços no rolo compactador

Figura 15.8 - Compactação da borda da camada em solo-cimento (Toledo, 1987)

Dosagem

A dosagem do solo-cimento depende do tipo de solo disponível. O cimento a ser empregado deve ser do tipo comum, uma vez que o cimento pozolânico resulta em produto final de pior qualidade e maior consumo de cimento.

Os solos devem ser, em princípio, arenosos, com pequena fração de finos, reduzindo o consumo de cimento e facilitando o preparo da mistura.

Dois ensaios basicos são necessários: resistência e durabilidade.

Como valor mínimo de teor de cimento, deve-se prever 6% para misturas preparadas em usina e 8% para misturas locais. Se os resultados dos ensaios exigirem teores de cimento superiores a 8% ou 10%, deve-se pesquisar outros solos na região da obra e, na falta desses, reavaliar os custos comparativos a outras soluções de proteção.

15.11.2 - Talude de Jusante com Grama

A proteção do talude de jusante deve ser feita com gramíneas adaptadas ao clima local, de trama de raízes horizontais e que requeiram o mínimo de manutenção.

Deve ser evitado o plantio de árvores ou arbustos, porque as suas raízes tenderão a se dirigir para os sistemas de drenagem interna (em busca de água) e poderão comprometer a sua função. Podem ainda favorecer a ocorrência de *piping* se a árvore morrer e a raiz vier a apodrecer.

15.12 - BORDA LIVRE

A borda livre BL sobre o N.A. máximo de montante deve ser estabelecida em função da elevação relativa da onda H_o, de uma altura de segurança H_s e das deformações previstas para o período pós-construtivo H_d.

$$BL = H_o + H_e + H_d$$

Para o cálculo de H_o, consideram-se os valores da elevação relativa da onda R/H_s, conforme Tabela 15.3, onde:

- R = elevação da onda sobre o N.A. estabilizado; e

- H_s = altura da onda.

Tabela 15.3 - Valores de R/H_s em função do tipo de proteção

Tipo de Proteção	R/H_s	
	Talude 2 : 1	Talude 3 : 1
Concreto liso	2,1	1,5
Solo-cimento arredondado	1,8	1,3
Solo-cimento anguloso	1,4	1,0
Enrocamento permeável	0,7	0,6

Daí resulta que:

$H_o = R - H_s/2$, sendo ainda:

H_e = altura de segurança (função do volume de espera e amortecimento da enchente);

H_d = altura necessária para compensar deformações pós-construtivas provenientes de processos de adensamento do maciço compactado, e de deformações residuais de fundação.

As deformações do maciço compactado devem ser obtidas através de módulos de deformabilidade medidos durante a construção das barragens e, na maioria dos casos, estão limitadas a 10% ou 15% das deformações que ocorrem no período construtivo.

As deformações da fundação devem ser estimadas caso a caso, em função das condições particulares de cada barragem. Atenção especial deve ser dada à deformação por colapso.

A borda livre será fixada a partir do N.A. máximo normal de operação do reservatório.

15.13 - INSTRUMENTAÇÃO

Como critério geral, a instrumentação visa a avaliar o comportamento das estruturas nas fases de construção, de enchimento do reservatório e de operação ao longo de sua vida útil. Através da análise do comportamento da obra, as condições de segurança devem ser reavaliadas. Os vários tipos de instrumentos podem ser classificados, de acordo com os seus objetivos, nas classes a seguir:

- Classe 1

Na fase de construção, realimentar o projeto com os valores observados, visando à adequação do mesmo.

- Classe 2

Comparar os dados obtidos nas medições com os antecipados por cálculos relativos a níveis piezométricos e vazões, deformações totais e diferenciais, e estado de tensões.

- Classe 3

Ampliar o acervo tecnológico.

Como critérios de projeto básico, devem ser previstos os seguintes instrumentos :

(I) piezômetros no maciço compactado, instalados em níveis baixos para verificação de pressões neutras construtivas, e em níveis elevados para controle da linha freática após o enchimento;

(II) piezômetros no sistema de drenagem interna, para avaliação de gradientes que se estabelecerão nos períodos de enchimento e operação;

(III) piezômetros de fundação em solos porosos e em formações permeáveis, para avaliação de perdas de carga resultantes dos sistemas de vedação e drenagem, bem como da variação do estado de tensões provocada pela implantação da barragem;

(IV) medidores de recalques da fundação no caso de fundação em solos porosos e de eventuais camadas aluvionares compressíveis, para avaliação de deformações totais e diferenciais;

(V) medidores de recalques do maciço compactado, em vários níveis, os quais visam a determinar a compressibilidade do maciço compactado em função dos carregamentos;

(VI) inclinômetros, no caso particular de barragens apoiadas em folhelhos, e/ou materiais com tendências a deslocamentos horizontais pronunciados;

(VII) medidores de vazão nos drenos de saída, ou a jusante da barragem.

De modo geral, deve ser fixada a periodicidade de leitura de cada tipo de instrumento e, no final do período de enchimento, estabelecidos quais instrumentos podem ser desativados e quais aqueles que devem continuar a ser observados. Devem ser previstos, ainda, instrumentos complementares.

Adicionalmente, em função da topografia e/ou geometria de ombreiras delgadas adjacentes à barragem, deverão ser previstos piezômetros e medidores de N.A., e até medidores de deslocamentos, com a finalidade de tomar decisões sobre obras complementares de estabilização de encostas naturais, submetidas a novas condições de fluxo impostas pelo enchimento do reservatório.

Ver também Capítulo 19.

REFERÊNCIAS BIBLIOGRÁFICAS

BERTRAM, G. E. 1951. Slope protection for earth dams. *Transactions of the 13th International Congress on Large Dams*, New Delhi. Paris: ICOLD, v. 1.

CARMANY, R. M. 1963. Formulas to determine stone size for highway embankment protection. *Highway Research Record*, n. 30, p. 41.

MARSAL, R. J., NUNEZ, R. D. 1975. *Presas de Tierra Y Enrocamento*. Mexico: Editorial LIMUSA.

SAVILLE, T., Mc CLENDON, E. W., COCHRAN, A. L. 1963. Freeboard allowances for waves in inland reservoirs. ASCE, v.128, parte IV.

SHERARD L. J., WOODWARD J. R; GIZIENSKI F. S.; CLEVENGER, A. W. 1963. - *Earth-Rock Dams, Engineering Problems of Design and Construction*. New York: John Wiley & Sons.

TAYLOR K. V. 1973. Slope Protection on Earth and Rock-fill Dams. *Proc. of the 11th Congress on Large Dams*, Madrid.

TOLEDO, P. E. C. 1987. *Contribuição ao projeto de proteção de talude de barragens de terra com solo-cimento*. Dissertação de Mestrado. EPUSP.

VARGAS. M. 1982. O uso dos Limites de Atterberg na classificação dos solos tropicais. *Anais do VII Congresso Brasileiro de Mecânica dos Solos e Engenharia de Fundações*, Olinda/Recife. ABMS, v. 5.

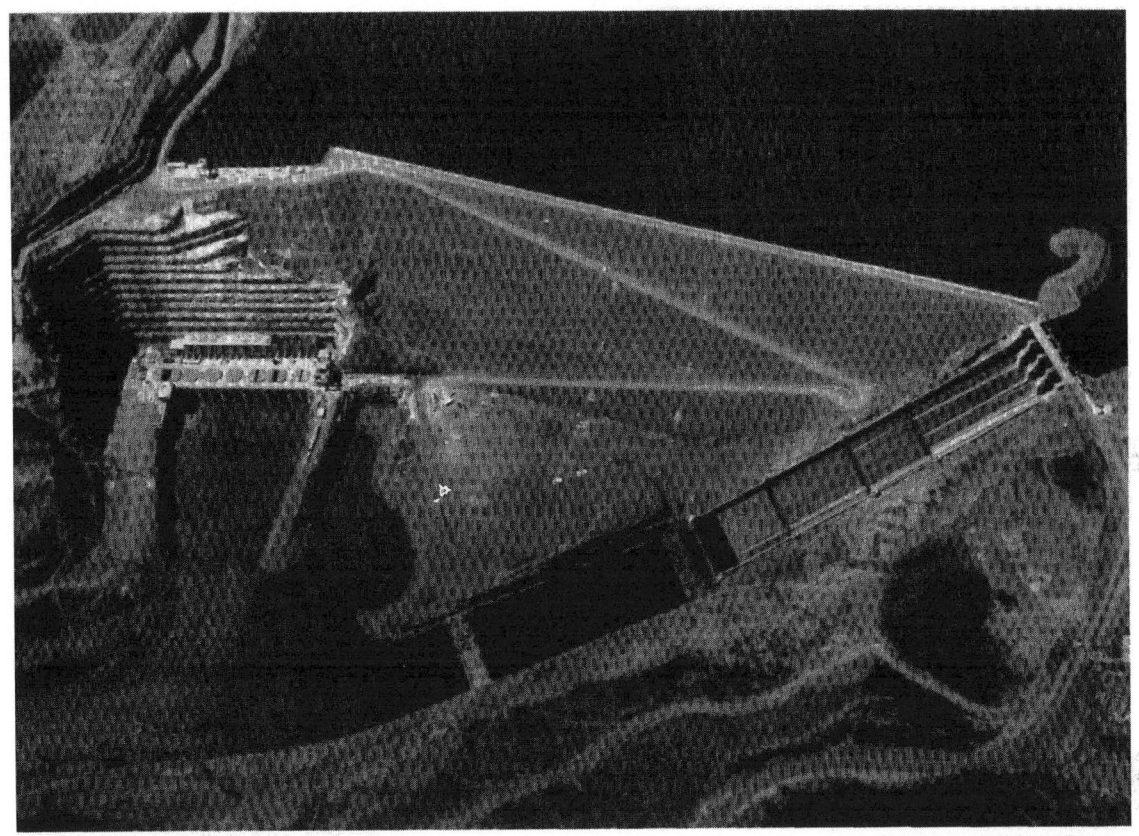

Barragem de Foz de Areia (*Cortesia INTERTECNE*)

3ª Parte
Capítulo 16
Barragens de Enrocamento com Face de Concreto

16 - BARRAGENS DE ENROCAMENTO COM FACE DE CONCRETO

16.1 - INTRODUÇÃO

A idéia de facear uma barragem de terra ou enrocamento com uma "capa" impermeável é muito antiga, e encontra exemplos numa velha barragem de terra com uma face de concreto super armado, construída na Cantareira/SP. Esta barragem nunca operou e numa visita de inspeção verificou-se que havia um grande vazio (uma verdadeira caverna) que se formou entre o concreto e o aterro, provavelmente por carreamento do solo.

Em 1966, o Instituto Geotécnico da Noruega estava fazendo uma extensa pesquisa sobre materiais flexíveis e impermeáveis que pudessem ser colocados sobre barragens de enrocamento, visando ao controle de fluxo na face de montante e dispensando o núcleo interno de solo.

O emprego de geomembranas a montante de barragens de terra tem ganho aceitação em barragens de mineração e em reservatórios de água para consumo, nos últimos 15 a 20 anos.

A solução que hoje se apresenta como a mais promissora e que já foi empregada em várias barragens no Brasil e no exterior é a de enrocamento compactado, com uma face "delgada" de placas de concreto armado, com juntas somente no sentido longitudinal (as juntas horizontais quando existem são apenas de caráter construtivo), apoiadas sobre uma face compactada de material granular fino, por vezes tratado com emulsão asfáltica.

As placas de concreto na sua base são interligadas ao plinto, por juntas especiais que permitem a "rotação" das placas.

O plinto se apoia em rocha, que recebe um tratamento igual ao usado para as fundações de estruturas de concreto. A rocha de fundação também precisa ser tratada para o controle do fluxo.

O plinto se desenvolve em toda a borda inferior da face de concreto. A junta perimetral envolve uma seqüência de "linhas de defesa" contra a infiltração. Veja-se a Figura 16.1, que mostra detalhes da face de concreto da Barragem de Foz do Areia / PR.

Em 1989, Marques F° et al. apresentaram ao XVIII Seminário Nacional de Grandes Barragens, em Foz do Iguaçu, um importante trabalho sobre este tipo de barragem, relacionando treze obras já construídas, com altura entre ~30 m e 160 m. Destas, Foz do Areia era a de maior altura - 160 m -, a única construída no Brasil até então. No mesmo trabalho, os autores relacionam três obras em início de construção e mais sete em fase de projeto, todas no Brasil.

Dessas obras, podem-se destacar a Barragem de Segredo/PR (145 m) já terminada (Figura 16.2), e Xingó (150 m), no rio São Francisco/AL e SE, (Figura 16.3).

Destacam-se ainda os projetos das Barragens de Ita (125 m) no rio Uruguai, e Campos Novos (185 m) no rio Canoas.

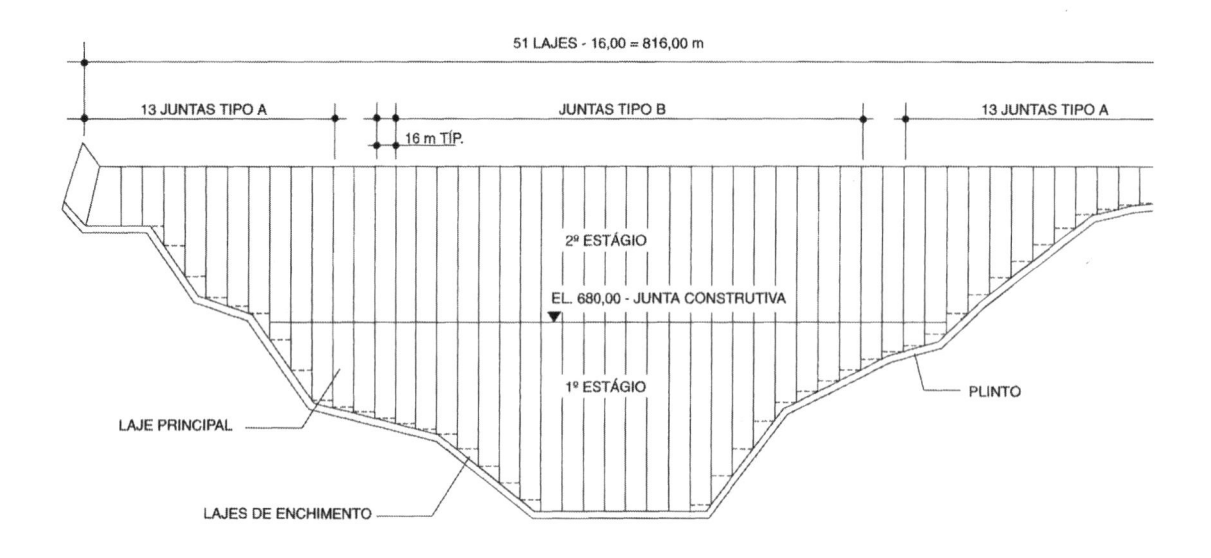

Figura 16.1 - Barragem de Foz do Areia - vista geral da face de concreto (CBGB/CIGB/ICOLD, 1982).

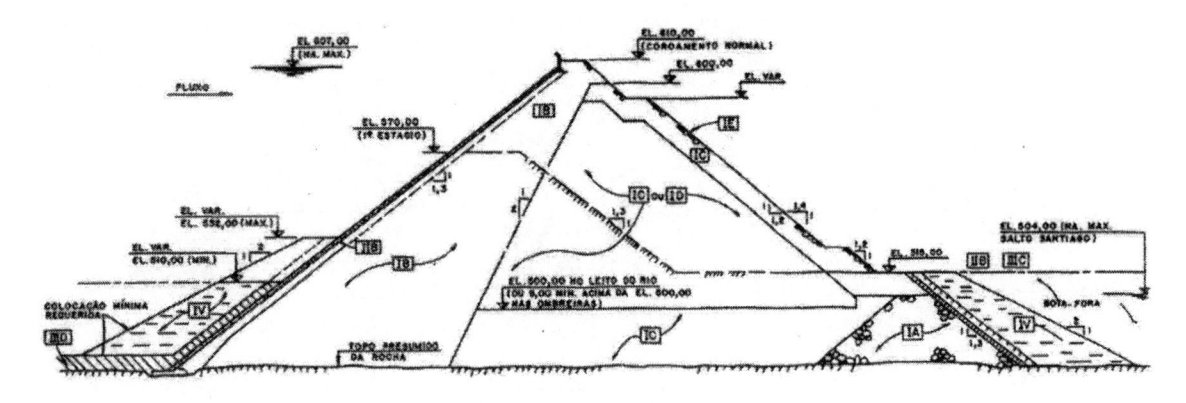

CLASSIFICAÇÃO	TIPO	CARACTERÍSTICAS	COLOCAÇÃO	DADOS DE COMPACTAÇÃO
I ENROCAMENTO	I A	Basalto maciço com até 25% de brecha basáltica	Lançado	-
	I B	Basalto maciço com até 25% de brecha basáltica	Compactado	Cam. 0,80m - 6 pass. rolo vibratório - 25% de água.
	I C	Basalto maciço com até 40% de brecha basáltica	Compactado	Cam. 1,60m - 4 pass. rolo vibratório.
	I D	Basalto maciço c/ mais de 40% de brecha basáltica	Compactado	Cam. 0,80m - 4 pass. rolo vibratório.
	I E	Bloco de basalto maciço ou brecha basáltica	Arrumado	-
II TRANSIÇÕES	II B	Brita graduada $\varnothing \leq 100$ mm	Compactado	Cam. 0,40m - 4 pass. rolo vibratório, 6 pass. rolo vibr. ou placa vibr. (face)
	II BB	Brita graduada $\varnothing \leq 30$ mm	Compactado	Cam. 0,40m - 4 pass. rolo vibr. ou 0,20 m placa vibr.
	II D	Filtro composto	Compactado	Cam. 0,40 m - 4 pass. rolo vibr. ou equip. manual de compact.
III ATERROS IMPERMEÁVEIS	III C	Argila siltosa c/ fragmentos de rocha ≤ 19 mm	Compactado	Cam. 0,25 m - rolo pé de carneiro.
	III D	Silte argilo-arenoso c/ fragmentos de rocha ≤ 19 mm	Compactado	Cam. 0,40 m - pass. equipamento de construção.
IV ATERRO COMUM	IV	Material comum	Compactado	Cam. 0,60 m - pass. equipamento de construção.

Figura 16.2 - Barragem de Segredo - seção típica da barragem e detalhe do plinto (Marques Fº *et al.*, 1989)

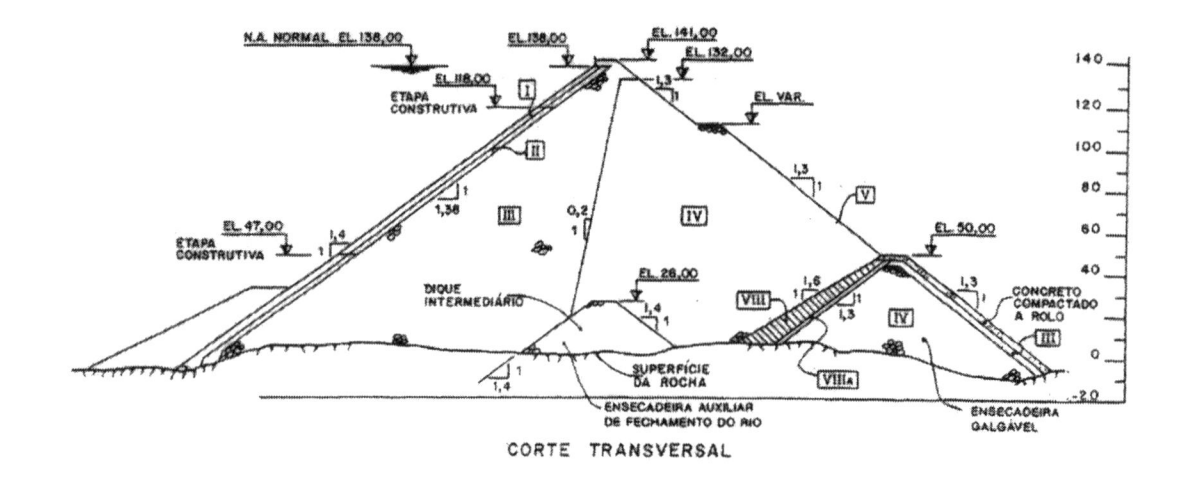

LEGENDA

I - II. **CAMADAS DE 40 cm**   VIII. **SOLO IMPERMEÁVEL**
II. **CAMADAS DE 1,00 m**   VIIIa. **TRANSIÇÃO**
IV. **CAMADAS DE 2,00m**

Figura 16.3 - Barragem de Xingó (cortesia Promon, 1991)

16.2 - PRINCIPAIS ASPECTOS A SEREM CONSIDERADOS

16.2.1 - O Enrocamento

O emprego de rolos vibratórios pesados e a execução de camadas de lançamento mais delgadas são recomendados para a área de montante da barragem, com o objetivo de reduzir as deformações do enrocamento na fase construtiva e principalmente na fase de enchimento do reservatório.

Além disso, pode-se proceder a um zoneamento interno da barragem, procurando utilizar ao máximo as escavações de caráter obrigatório, sem prejuízo dos requisitos necessários ao controle das deformações e à garantia de uma elevada resistência ao cisalhamento.

Na área de jusante, as camadas de lançamento podem ser ampliadas, mantendo-se, no entanto, o mesmo número de passadas do rolo vibratório. O emprego de água é recomendado para acelerar os recalques. Nas Figuras 16.2 e 16.4 estão indicados os procedimentos adotados nas Barragens de Segredo e Foz do Areia.

A deformabilidade dos enrocamentos varia com o nível de tensões aplicadas, mas também com o tipo de rocha, sua distribuição granulométrica e a forma dos blocos rochosos, como discutido nos Capítulos 6 e 7.

A estabilidade externa da barragem, no tocante ao enrocamento, é praticamente garantida, porque mesmo em taludes íngremes (1,2 a 1,4 (H) : 1,0 (V)) o ângulo médio dos mesmos é inferior a 40°, e são poucos os enrocamentos compactados que não tenham φ_o superior a 40°.

Já a estabilidade interna, considerando superfícies profundas, deve ser verificada para as envoltórias curvas de resistência, discutidas nos Capítulos 7 (item 4) e 14.

Esses enrocamentos, no entanto, nos taludes usualmente praticados, não são estáveis ao fluxo de água e, se durante a construção da obra acontecer o galgamento, poderão ocorrer problemas de estabilidade.

Próximo à face de concreto, é necessário executar uma transição detalhada para apoio das lajes. Como exemplo, transcreve-se abaixo o procedimento adotado em Foz do Areia [4] (veja-se também Figura 16.4):

a) nivelamento manual do enrocamento, com remoção de blocos grandes e preenchimento dos vazios;

b) compactação na face com duas passadas do rolo vibratório de 10 t, sem vibração, mas com adição de água. Observou-se que quando a vibração era aplicada na direção ascendente, o material da transição apresentava-se fofo, devido à inexistência de coesão;

c) aplicação de cura com emulsão asfáltica, à base de 4 l/m². Logo a seguir, foi aplicada areia natural, com utilização de uma máquina de concreto projetado para melhor acabamento da face. A areia facilita a fragmentação da emulsão. Dependendo do dia, a cura variava de 4 a 12 horas;

d) a seguir, a face foi compactada com 4 passadas do rolo de 10 t, com vibração máxima.

Os procedimentos a serem adotados variam de caso a caso, e devem ser ajustados ao tipo de enrocamento disponível.

---

(4) - Traduzido de "Main Brazilian Dams", 1982 - p.134

Capítulo 16

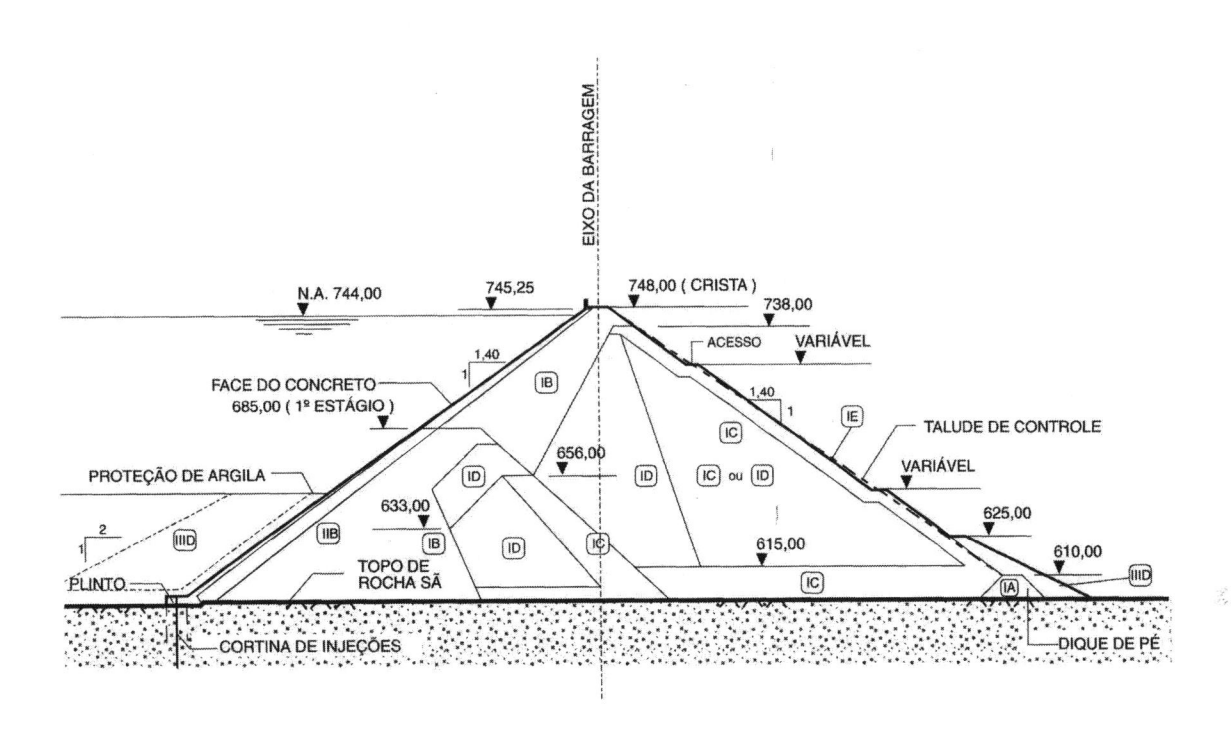

TABELA DE MATERIAIS				
MATERIAL	CLASSIFICAÇÃO	ZONA	MÉTODO EXECUTIVO	COMPACTAÇÃO
Enrocamento I	Basalto Maciço (com até 25% de brecha basáltica)	I A	Lançado	-
		I B	Compactado em camadas de 0,80 m	4 passadas de rolo vibratório(10 ton.) umidade 25% de água
	Basalto maciço intercalado com brecha basáltica	I C	Compactado em camadas de 1,60 m	4 passadas de rolo vibratório(10 ton.) umidade 25% de água
		I D	Compactado em camadas de 0,80 m	4 passadas de rolo vibratório (10 ton.) umidade 25% de água
	Rocha Selecionada - min. 0,80	I E	Rocha lançada (face de jusante)	-
Transição II	Brita de Basalto são	II B	Bem graduada - tam. máx. 6" Compactada em camadas de 0,40 m	camadas: 4 passadas de rolo vibratório; face: 6 passadas de rolo vibratório.
Aterro imperm. III	Solo impermeável	III D	Tamanho máximo 3/4", compactado em camadas de 0,30 m	rolo pneumático ou equipamento de construção.

Figura 16.4 - Seção transversal típica da Barragem de Foz do Areia (CBGB/CIGB/ICOLD, 1982)

16.2.2 - O Plinto e a Junta Perimetral

São estruturas destinadas a permitir o movimento das lajes de concreto (que ocorre nas juntas), provocado pelas deformações dos enrocamentos. A tendência dos movimentos na face de montante é de compressão na região central, e de extensão no trecho superior e ao longo do perímetro. Na Figura 16.5, mostram-se os deslocamentos medidos na Barragem de Foz do Areia.

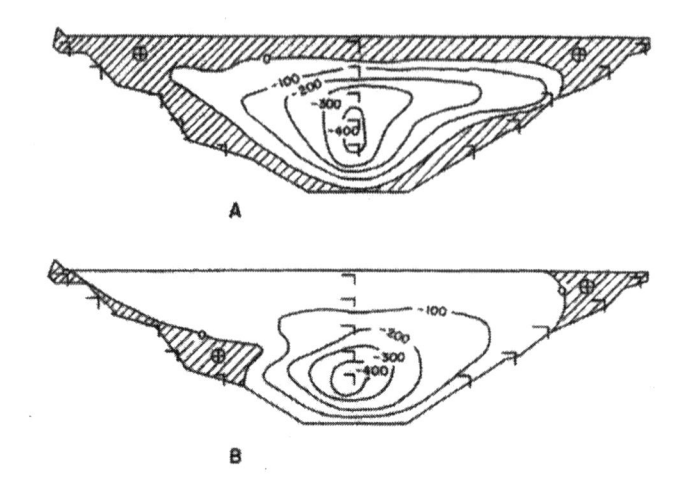

A - Na direção da rampa

B - Na horizontal

Figura 16.5 - Curvas de igual deformação específica na face de concreto da barragem de Foz do Areia ($\times 10^{-6}$), segundo Marques F° *et alii* (1985).

Esses deslocamentos, segundo Cooke (1982), variam com o quadrado da altura da barragem, e inversamente com o módulo de compressibilidade do enrocamento.

As Figuras 16.6 e 16.7 mostram deflexões máximas da face de montante e movimento da junta perimetral, para diversas barragens, em função das suas alturas.

Na região central (compressão), as juntas verticais da laje tendem a se manter fechadas, mas na região da borda, algumas juntas podem abrir.

Há três tipos possíveis de deslocamentos: recalque normal à face, abertura normal à junta e deslocamento tangencial paralelo à junta. Na tabela 16.1, mostram-se valores desses deslocamentos.

Tabela 16.1 - Movimento de juntas perimetrais (Pinto e Mori, 1989)

Barragem	Movimento (mm)			
	recalque	abertura	tangencial	observações
Foz do Areia $H = 160$ m $E = 37$ a 55 MPa	55	23	25	Valor tangencial estimado.
Cethana $H=110$ m $E = 112$ a 185 MPa	-	11	7	
Alto Anchicaya $H = 140$ m $E = 98$ a 167 MPa	106	125	15	Ao redor de zona fraca no encontro direito.
Shiroro $H=125$ m $E = 76$ MPa	50	30	21	

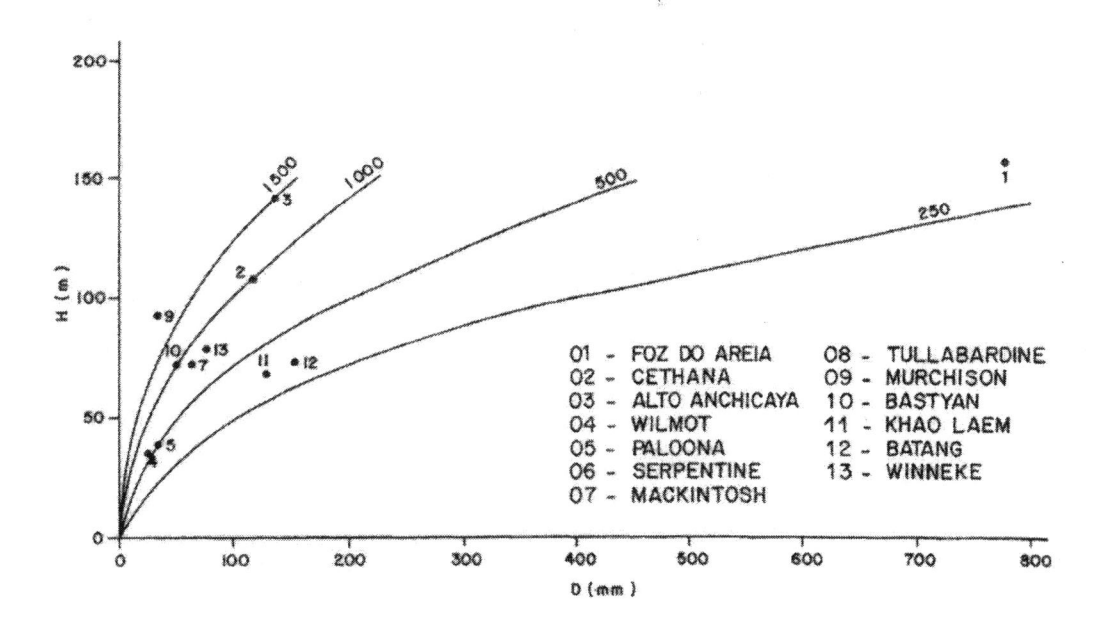

Figura 16.6 - Gráfico "altura da Barragem (H) x deflexão máxima da face de concreto (D)". As curvas representam a relação $D = H^2/E_v$, para os valores de E_v - módulo vertical construtivo - assinalados nas mesmas (Marques F° *et al.*, 1989).

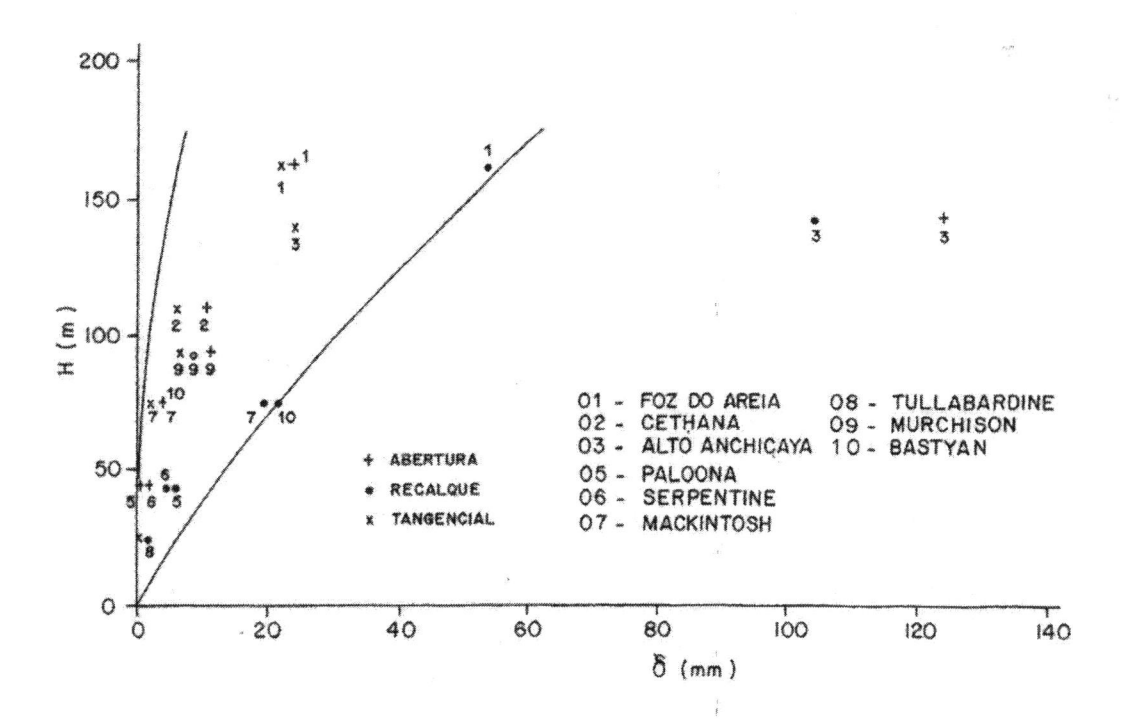

Figura 16.7 - Movimentos da junta perimetral (δ) em função da altura da barragem (Marques F° *et al.*, 1989).

A junta perimetral, que se desenvolve acoplada ao plinto, requer um detalhamento especial, com vários componentes da vedação.

A Figura 16.8 mostra detalhes da junta perimetral da Barragem de Foz do Areia, e a Figura 16.9, um novo tipo de junta proposto por Pinto e Mori (1989).

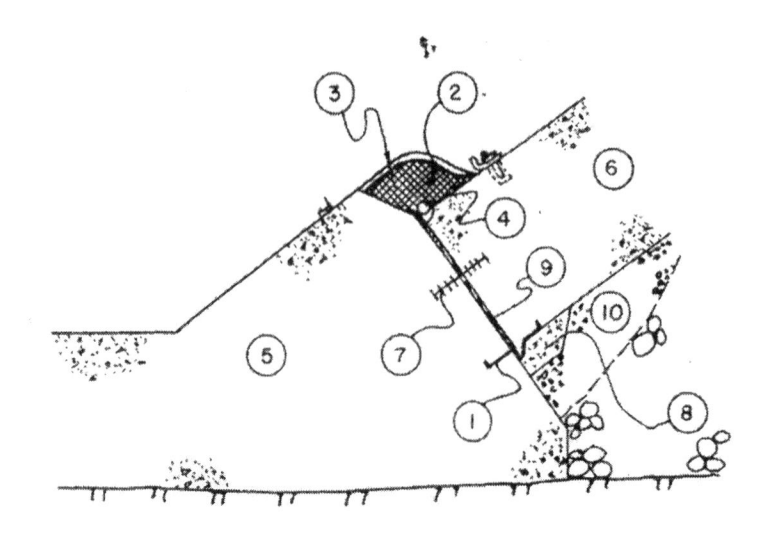

1 - Vedajunta de cobre
2 - Mastique
3 - Membrana de PVC
4 - Cilindro de neoprene
5 - Plinto
6 - Face de concreto
7 - Vedajunta de PVC
8 - Berço de areia-asfalto
9 - Espaçador de madeira
10 - Zona de granulometria especial

Figura 16.8 - Junta perimetral da Barragem de Foz do Areia (Pinto e Mori, 1989).

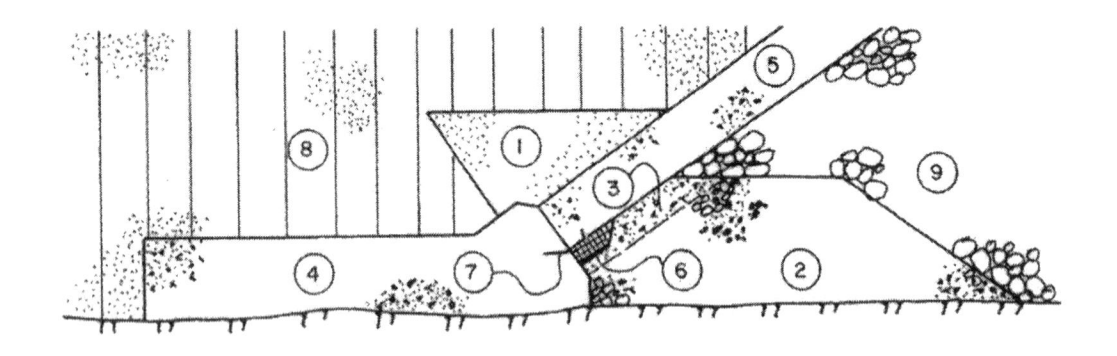

1 - Areia siltosa
2 - Filtro - Material II B
3 - Filtro com 5% de cimento
4 - Plinto
5 - Laje de concreto
6 - Berço de areia-asfalto
7 - Vedajunta de cobre
8 - Aterro siltoso
9 - Enrocamento de transição normal

Figura 16.9 - Alternativa de junta proposta por Pinto e Mori (1989)

Um detalhe interessante é o emprego de areia siltosa a montante da junta, que seria carreada por um eventual fluxo que viesse a ocorrer na junta, ajudando a colmatá-la e reduzindo a infiltração na mesma. A jusante da junta, é necessário colocar um material granular que seja filtro da areia siltosa.

16.2.3 - A Laje de Concreto

Há interesse em se executar a laje de concreto somente depois da barragem ter alcançado uma certa altura, para que os deslocamentos que ocorram nos enrocamentos não tenham que ser absorvidos pela laje e pelas juntas.

Obviamente, esse "atraso" depende das condições de desvio do rio, e da utilização da barragem parcialmente construída para o controle das cheias, uma vez que a ensecadeira de montante tem a sua altura calculada para cheias até uma determinada cota.

A espessura da laje pode ser fixada pela expressão:

$$T = 0{,}30 + 0{,}00357\ H\ (m),$$

sendo H medido a partir do topo da barragem.

As lajes devem ser construídas apenas com juntas verticais de contração. As juntas horizontais adotadas em algumas barragens tornaram-se fonte de vazamentos. Somente juntas horizontais decorrentes de etapas construtivas são recomendadas.

Detalhes das juntas verticais adotadas em Foz do Areia são mostrados na Figura 16.10.

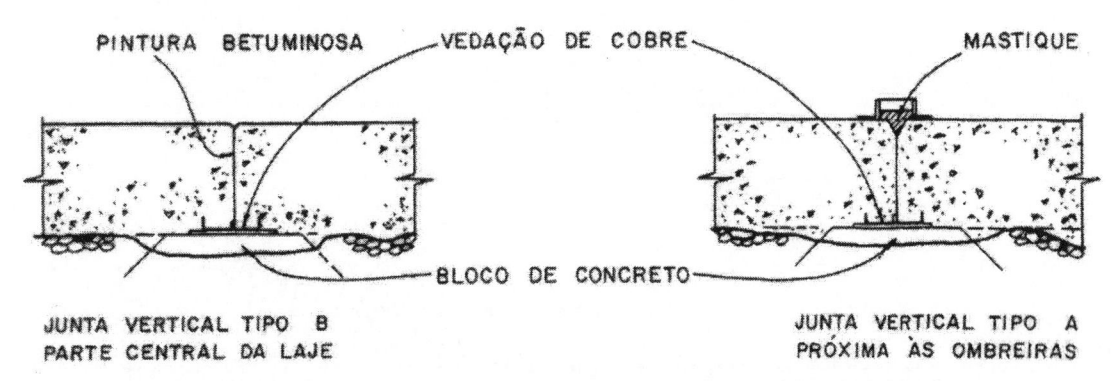

Figura 16.10 - Juntas verticais da Barragem de Foz do Areia (CBGB/CIGB/ICOLD, 1982)

A armadura (horizontal e paralela ao talude), em vários projetos, foi de 0,5% da seção de concreto. Em Foz do Areia, foi reduzida para 0,4% e, segundo Marques Fº et alii, foi reduzida para 0,3% na ferragem horizontal, no projeto da Barragem de Segredo. Esse valor representa um limite prático, porque a armadura é necessária para o controle das fissuras de retração do concreto.

Na Barragem de Foz do Areia, as placas de concreto tinham 16 m de largura.

Um dado interessante destacado por Marques Fº et al. (1989) refere-se à diferença dos Módulos de Deformação do enrocamento da fase construtiva (E_v) e da fase de enchimento (E_t). A Figura 16.11 mostra valores desses dois módulos para onze barragens.

O módulo de deformação construtiva refere-se às medidas efetuadas durante a construção. Já o módulo de deformação transversal refere-se às deformações medidas na laje de concreto durante o enchimento.

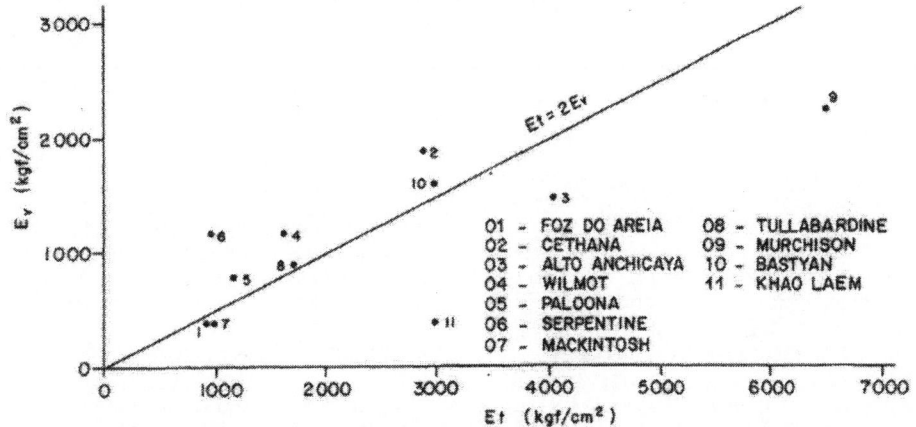

Figura 16.11 - Relação entre Módulos Construtivos (E_v) e Módulos Transversais (E_t) (Marques Fº et al., 1989)

16.2.4 - Tratamento das Fundações na Área do Plinto

O plinto é uma estrutura de concreto que, em princípio, tem de se apoiar em rocha, submetida a um tratamento de detalhe semelhante ao adotado para outras estruturas de concreto.

Injeções na rocha de fundação devem ser previstas, sempre que a rocha apresentar feições permeáveis.

A Figura 16.12 mostra o tratamento adotado na Barragem de Foz do Areia.

Como se pode observar, as escavações na ombreira foram expressivas e o tratamento foi intenso, compreendendo concreto dental, que se estendeu por vários metros dentro de feições de basalto alterado e brechas.

É necessário considerar que todo o fluxo pela fundação fica concentrado na curta distância do plinto, com gradientes significativos.

A jusante do plinto e até o eixo da barragem, foram executados drenos invertidos de areia e brita em todas as feições desfavoráveis, visando a um controle dos finos eventualmente carreados pelo fluxo da água.

Na área a jusante do eixo, o enrocamento deve ser colocado em fundação rochosa (em princípio), de forma que a estabilidade da barragem não seja condicionada por problemas de fundação.

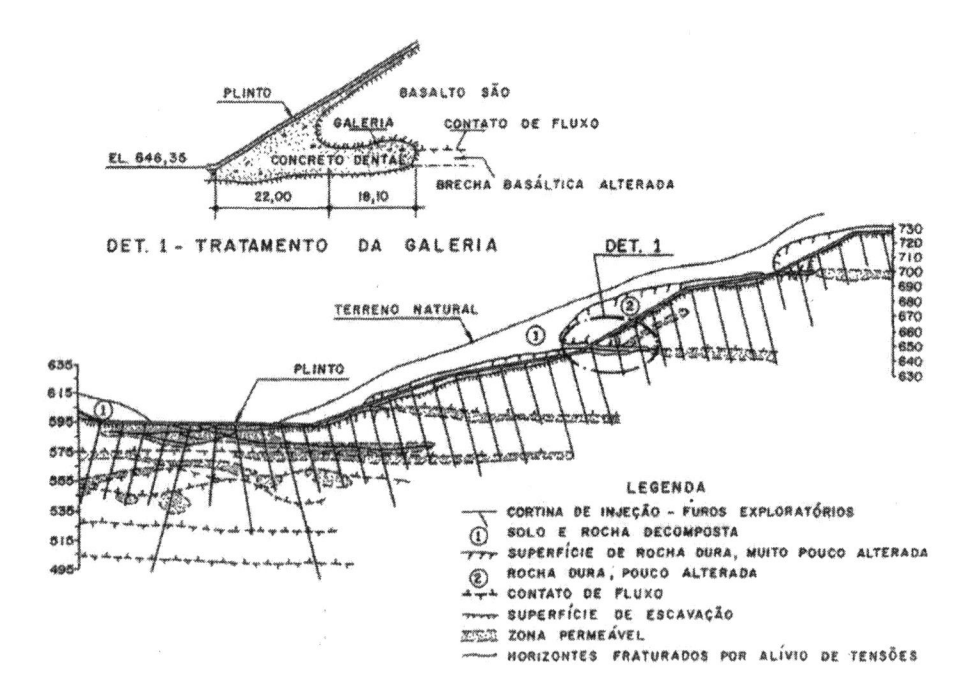

Figura 16.12 - Seção geológica ao longo do plinto no leito do rio e ombreira esquerda da Barragem de Foz do Areia (CBGB/CIGB/ICOLD, 1982).

16.3 - ASPECTOS COMPLEMENTARES DO PROJETO

16.3.1 - "Tapete" a Montante do Plinto

Barragens de enrocamento com face de concreto são, em geral, recomendáveis em vales fechados, nos quais o desvio do rio é feito em túneis, liberando a área para a implantação da barragem em seção integral.

Daí decorre a necessidade da construção de uma ensecadeira a montante, que não é incorporada à barragem.

Existe, portanto, um espaço entre a barragem e a ensecadeira. Como as ombreiras requerem escavações em solo, no balanço final, há uma sobra de solo não aproveitado para aterros, acessos, etc, que pode e deve ser colocado a montante, lançado em camadas e compactado com o equipamento de transporte.

Esta área irá constituir um tapete espesso a montante do plinto, e que servirá para um maior controle do fluxo pelas fundações, na área de maior carga.

16.3.2 - Instrumentação

Toda a informação disponível sobre o desempenho de barragens de enrocamento com face de concreto se deve à instrumentação instalada, tanto na laje, como no corpo de enrocamento.

Medidores de vazão a jusante são de grande importância, para monitoramento da evolução da vazão com o enchimento do reservatório e com o tempo.

A instrumentação não só é desejável para a avaliação do comportamento da obra, como necessária à segurança da mesma.

Em várias obras, onde foram constatadas vazões excessivas, foram necessários reparos que obrigaram a um rebaixamento do reservatório. Se a instrumentação tivesse sido instalada a um tempo adequado, essas vazões teriam sido localizadas e os reparos facilitados.

16.3.3 - Vantagens e Desvantagens

Uma das grandes vantagens das barragens de enrocamaento com face de concreto em relação a barragens com núcleo de argila compactada é a flexibilidade construtiva, e a possibilidade de trabalhar mesmo com chuva. Em regiões de clima frio e chuvoso, sem estações chuvosas definidas, como ocorre na Região Sul do Brasil, os trabalhos de compactação ficam bastante dificultados, e há períodos de muito baixa produtividade.

Uma das desvantagens é a necessidade de se apoiar pelo menos o plinto em rocha sã, o que pode envolver grandes volumes de escavações. No caso de vales em rocha, mas com manto espesso de solo nas ombreiras, uma barragem de enrocamento com núcleo de argila pode passar gradualmente para uma barragem de terra, com pequenas escavações nas ombreiras.

Uma segunda desvantagem refere-se à impossibilidade de incorporar na barragem a ensecadeira de montante. Em alguns casos, essas ensecadeiras podem ter alturas superiores a um terço da altura da barragem.

Para maiores detalhes, consultar a bibliografia mencionada.

REFERÊNCIAS BIBLIOGRÁFICAS

CBGB/CIGB/ICOLD. 1982. *Main Brazilian Dams - Design, Construction and Performance*. São Paulo: BCOLD Publications Committee.

COOKE, J.B. 1982. Progress in rockfill dams. The eighteenth Terzaghi Lecture. *A.S.C.E. Annual Convention*, Oct.

KJAERNSLI, B., MOUM, J., TORBLAA, I. 1966. Laboratory tests on asphaltic concrete for an impervious membrane on the Veneno rockfill dam. *Nowergian Geotechnical Institut, Publ. n. 69*, Oslo.

MARQUES FILHO, P.L., MAURER, E. N., TONIATTI, B. 1985. Deformation characteristics of Foz do Areia concrete face rockfill dams, as revealed by a simple instrumentation system. *Transactions of the 15th Intern. Congress on Large Dams*, Lausanne. Paris: ICOLD. v. 1.

MARQUES FILHO, P. L., MACHADO, B. P., TONIATTI, N. B., KAMEL, K. F. 1989. Alguns conceitos recentes de projeto e suas aplicações em barragens de enrocamento com face de concreto. *Anais do XVIII Sem. Nac. de Grandes Barragens*, Foz do Iguaçu. CBGB, v. 2.

PINTO, N. L. de S., MORI, R. T. 1989. Barragens de enrocamento com face de concreto. Um novo conceito de junta perimetral. *Anais do XVIII Sem. Nac. de Grandes Barragens*, Foz do Iguaçu. CBGB, v. 2.

3ª Parte

Capítulo 17

Aterros Hidráulicos e sua Aplicação na Construção de Barragens

17 - ATERROS HIDRÁULICOS E SUA APLICAÇÃO NA CONSTRUÇÃO DE BARRAGENS

Maria Regina Moretti
Paulo Teixeira da Cruz

17.1 - INTRODUÇÃO

A técnica da hidromecanização representou o recurso utilizado na construção das primeiras barragens construídas no Brasil, no início deste século, muitas das quais ainda estão em operação. Passados quase 70 anos, a CESP fez construir um aterro experimental em Porto Primavera (projeto da THEMAG Engenharia), que forneceu os dados básicos para o projeto da barragem, recorrendo então a experiência e consultoria russas.

O presente capítulo procura resumir a experiência adquirida e divulgar os preceitos atuais que servem de base para projetos de aterros hidráulicos.

Hidromecanização é o conjunto de processos que envolve a exploração, transporte e deposição de um solo em uma área predeterminada, com o auxílio de água.

Essa técnica tem sido utilizada para aterrar grandes áreas, como por exemplo: aeroportos, estradas, zonas residenciais e industriais, avanços de áreas costeiras no mar, etc. A hidromecanização vem sendo aplicada também na construção de barragens e diques.

Os aterros construídos por meio de hidromecanização são chamados aterros hidráulicos. A mistura solo-água que é transportada e depositada nos aterros hidráulicos é conhecida como polpa ou hidromistura.

Neste capítulo, será dada especial ênfase à hidromecanização aplicada à construção de barragens, que é o principal objetivo deste livro.

17.2 - EVOLUÇÃO DA TÉCNICA DE HIDROMECANIZAÇÃO PARA CONSTRUÇÃO DE BARRAGENS

Há registro do emprego de hidromecanização na História da Civilização, desde os antigos egípcios.

Em épocas mais recentes, podem-se citar barragens construídas na Califórnia no século XIX, associadas a mineração. Da mineração, esta técnica foi estendida a outros campos de aplicação.

Inúmeras barragens foram construídas nos Estados Unidos entre meados do século XIX e a década de 1930. Essas obras foram construídas com os mais diversos materiais, em geral com *CNU* elevado, da ordem de 30. Desse modo, a maioria das barragens resultava com núcleo. O projeto e a construção eram desenvolvidos por princípios intuitivos, e ocorreram inúmeros insucessos.

O fim das barragens construídas com a técnica de hidromecanização nos Estados Unidos foi decretado quando da ruptura da Barragem de Fort Peck, no final da década de 30. Associado a esse fato, o desenvolvimento pela indústria pesada de equipamentos de transporte e compactação levou os americanos a preferir o aterro compactado como solução para a construção de barragens. Esses aterros passaram a ser projetados à luz da Mecânica dos Solos.

No Brasil, há vários exemplos de barragens construídas pelo processo de hidromecanização, todas datadas da primeira metade deste século. A Tabela 17.1 apresenta as principais barragens brasileiras construídas em aterro hidráulico. Destacam-se, pela importância, as Barragem do Rio Grande (Figura 17.1) e Guarapiranga (Figuras 17.2 e 17.18).

Ressalta-se que a experiência brasileira em aterros hidráulicos seguiu, basicamente, o modelo norte-americano.

Capítulo 17

Tabela 17.1 - Aterros hidráulicos no Brasil (construídos pela Light & Power Co.) (Negro Jr. *et al.*, 1979)

n°	Nome	Data da Construção		Altura máxima (m)	Comprimento da crista (m)	Volume de terra (m³)	Rip-Rap (m²)	Elevação da crista (m)	Inclinação dos taludes		Largura da crista (m)
		início	término						Montante	Jusante	
1	Rio Grande	1926	1937	30	1.380	2.500.000	126.500	750	1 : 5	1 : 2	10
2	Summit Control	1926	1936	22	250	213.000	17.000	750	1 : 4	1 : 1,75	2
3	Pequeno	1934	1937	13	160	105.500	6.400	750	1 : 2,5	1 : 2,5	13
4	Corrego Preto	1936	1937	7	470	116.500	2.500	750	1 : 3,5	1 : 3,5	8
5	Marcolino	1930	1934	19	400	403.000	12.300	750	1 : 3,5	1 : 2,5	10
6	Passareuva	1934	1937	10	470	391.000	10.200	750	1 : 3,5	1 : 2,5	10
7	Cubatão de Cima	1933	1935	12	300	200.000	5.000	750	1 : 3,5	1 : 2,5	10
8	Cascata	1926	1928	25	90	47.700	1.700	734-737	1 : 1,5 - 3,5	1 : 1,5 - 3	6 - 10
9	Cascata (Dique)	1926	1928	18	70	19.300	1.300	738	1 : 1,5 - 3	1 : 1,5 - 3	8
10	Dique n° 1	1936	1936	3	220	10.500	-	750	1 : 3	1 : 2	10
11	Dique n° 2	1936	1936	5	400	41.000	-	750	1 : 3	1 : 2	10
12	Dique n° 3	1936	1936	4	180	14.500	-	750	1 : 3	1 : 2	10
13	Rio Pequeno	1929	1933	14	700	214.200	-	749	1 : 2,25	1 : 2,25	17
14	Guarapiranga	1906	1909	14	1.640	490.000	19.200	738	1 : 3	1 : 2	5 - 15
15	Cacaria n° 1	1941	1944	23	73	84.000	-	435	1 : 3,34	1 : 2,25	10
16	Cacaria n° 2	1941	1944	23	124	171.000	-	435	1 : 3,34	1 : 2,25	10

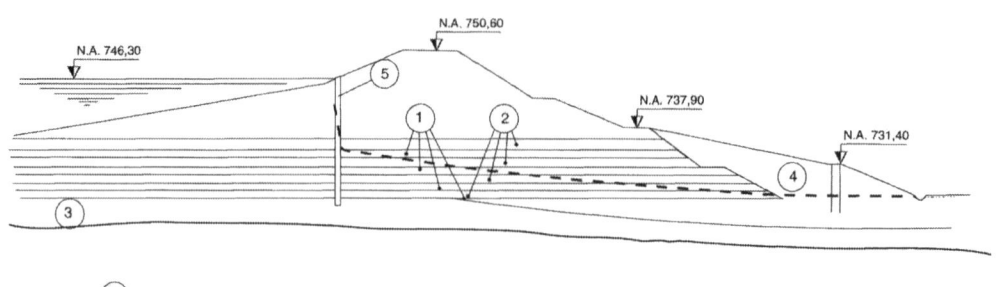

① AREIAS C/ SILTES
② ARGILAS C/ SILTES
③ SOLOS DA FUNDAÇÃO
④ BERMA DE ESTABILIZAÇÃO
⑤ PAREDE DE CONCRETO
--- LINHA FREÁTICA

RESUMO DOS ENSAIOS DE LABORATÓRIO							Material	
Descrição	γ_{nat} (t/m³)	γ_{sat} (t/m³)	R'_{sat} (kgf/cm²)		S (kgf/cm²)			
			C	φ	C'	φ'		
Areia fina muito argilosa	1,58	1,71	0,09	17,4	0,00	31,2	Areia	
Silte arenoso, micáceo, verm. pálido	1,60	1,63	0,00	20,5	0,00	29,3	Siltes	Aterro
Argila aren. algo micácea, verm. pál.	1,25	1,56	0,00	19,9	0,00	27,1		
Silte arg. micáceo c/ camadas de areia fina cinza e amarelo	1,46	1,57	0,09	18,4	0,00	30,8		
"Varved Clay" argila, silte e areia estratificados, cinza escura	1,58	1,58	0,13	15,1	0,00	26,6	Argilas	
Argila muito plástica, estratificada, cinza escura	1,61	1,61	0,13	13,9	0,00	28,6		
Silte orgânico cor preta	1,43	1,47	0,31	12,7	0,00	26,1	Solos da fundação	
Silte orgânico arg., cor preta	1,60	1,60	1,30	10,6	0,00	29,2		
Argila inorgânica cinza clara	1,64	1,64	0,17	10,3	0,00	23,4		
Silte arg. aren. marrom e cinza	1,61	1,68	0,27	13,5	0,00	28,1		

PARÂMETROS ADOTADOS NAS ANÁLISES					
Material	Coesão (t/m²)	Ângulo de atrito (°)	γ_{sat} (t/m³)	γ_{nat} (t/m³)	Ensaios
Areias c/ silte do aterro	0,00	29	1,60	1,75	S
Argilas c/silte do Aterro	1,30	14	1,60	1,60	R'_{sat}
Solos da fundação	3,0	11,8	1,40	1,40	R'_{sat}
Berma de estabilização	0,00	0,00	1,80	-	-

Figura 17.1 - Barragem do Rio Grande-modelo para cálculo do fator de segurança (Guerra e França, 1981)

Capítulo 17

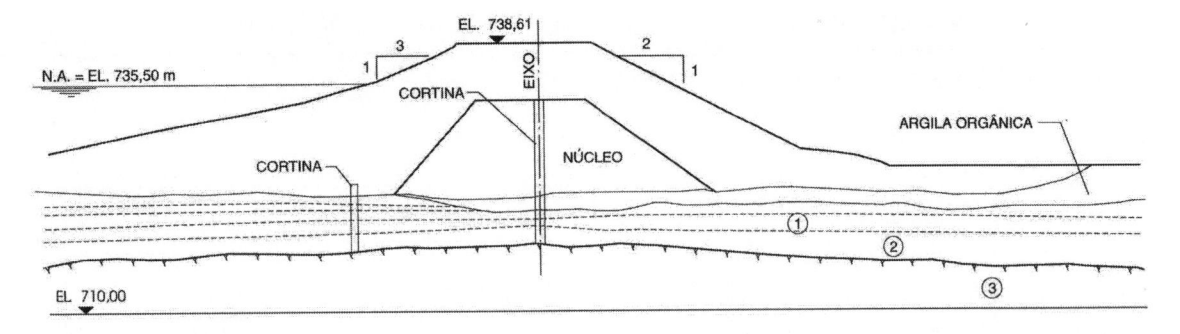

a) Barragem antiga

① ALUVIÃO
② SOLO DE ALTERAÇÃO
③ MACIÇO ROCHOSO

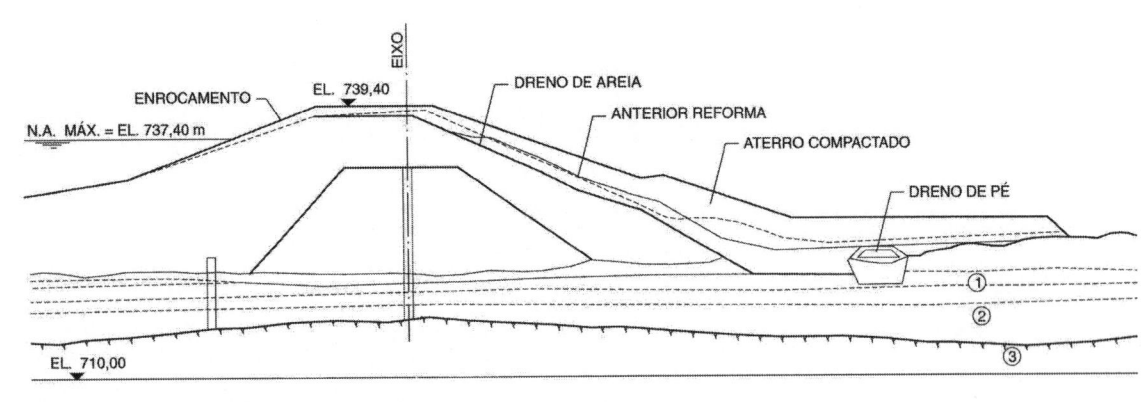

b) Barragem recuperada

Figura 17.2 - Barragem do Guarapiranga - Seção típica (Guerra e França, 1986)

Nos países da ex-União Soviética, o grande desenvolvimento dos processos de hidromecanização ocorreu a partir de 1936 e, em 1973, já haviam sido construídos nada menos do que 800 milhões de metros cúbicos de aterros hidráulicos em barragens.

A grande maioria dessas barragens foi construída com areia e tem apresentado bom desempenho.

Esses aspectos fizeram da antiga União Soviética o país mais experiente e evoluído nessa técnica de construção de barragens.

17.3 - ASPECTOS DE PROJETO

17.3.1 - Principais Tipo de Seção Transversal

Há dois tipos principais de barragens: as chamadas homogêneas, construídas com materiais com $CNU < 2$ e as do tipo heterogêneo, entre as quais distinguem-se as com núcleo, construídas com materiais com $CNU > 3$, e as com zona central, construídas com materiais com $2 < CNU < 3$. Exemplos de barragens homogêneas são mostrados nas Figuras 17.7 a 17.16. Barragens com núcleo e zona central são mostradas nas Figuras 17.17 a 17.20.

17.3.2 - Áreas de Empréstimo

Adequação de um solo de empréstimo

Existem aterros hidráulicos construídos com os mais diversos materiais, porém alguns materiais são mais problemáticos. Os solos argilosos e silto-argilosos exigem baixas velocidades de alteamento e/ou obras auxiliares, tais como diques laterais de pedregulho, de modo a garantir a estabilidade e o tráfego durante a construção.

Também, sempre que possível, devem ser evitados solos com pedregulhos graúdos, porque são muito permeáveis e provocam desgaste das tubulações de dragagem.

Pode-se afirmar que o principal indicador da adequação de um solo de empréstimo é a sua composição granulométrica.

Na Figura 17.3, são mostradas as curvas granulométricas dos materiais empregados em barragens construídas na CEI. Pode-se notar uma grande gama de materiais utilizados, mas uma concentração significativa de areias finas e médias.

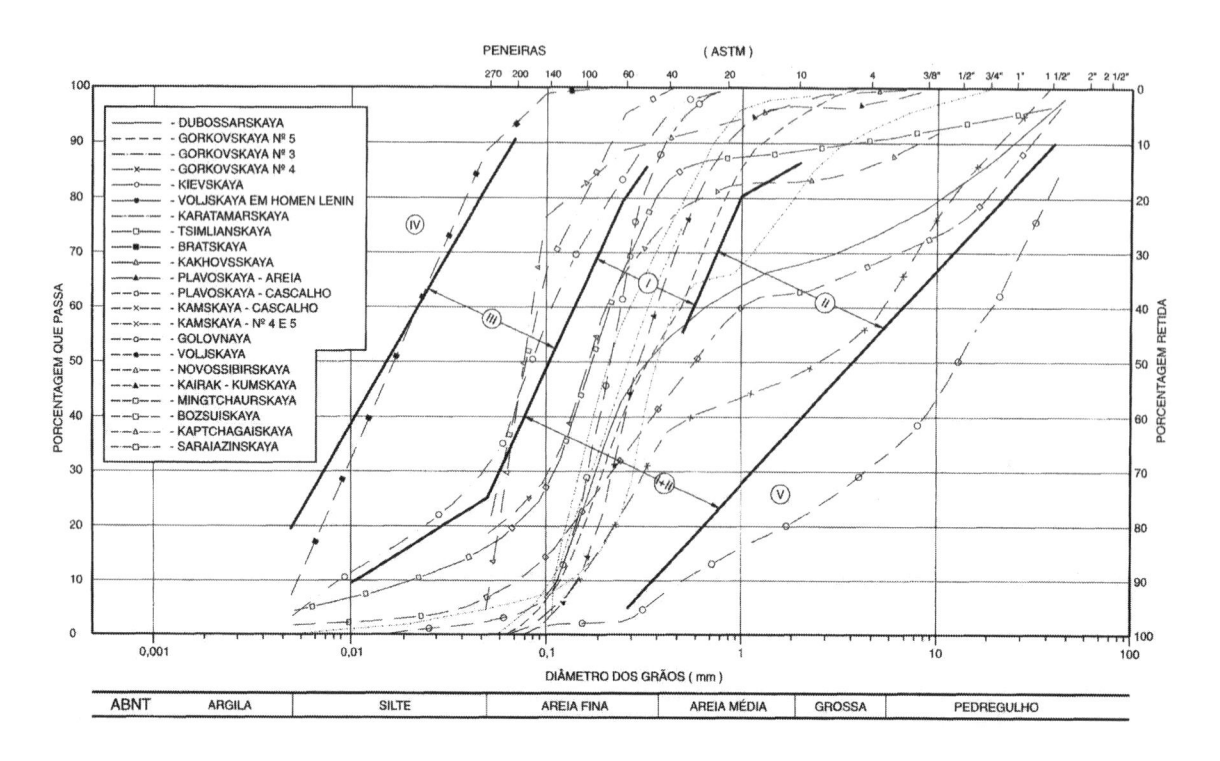

Figura 17.3 - Solos de empréstimo de algumas barragens soviéticas (Melentiev, 1973)

Na Figura 17.4, estão apresentados os grupos de solos segundo a norma russa SNIP-II-53-73. Esta norma recomenda que sejam preferencialmente utilizados os solos dos grupos I e II. Os solos do grupo I resultam em aterros homogêneos, e os do grupo II em aterros heterogêneos.

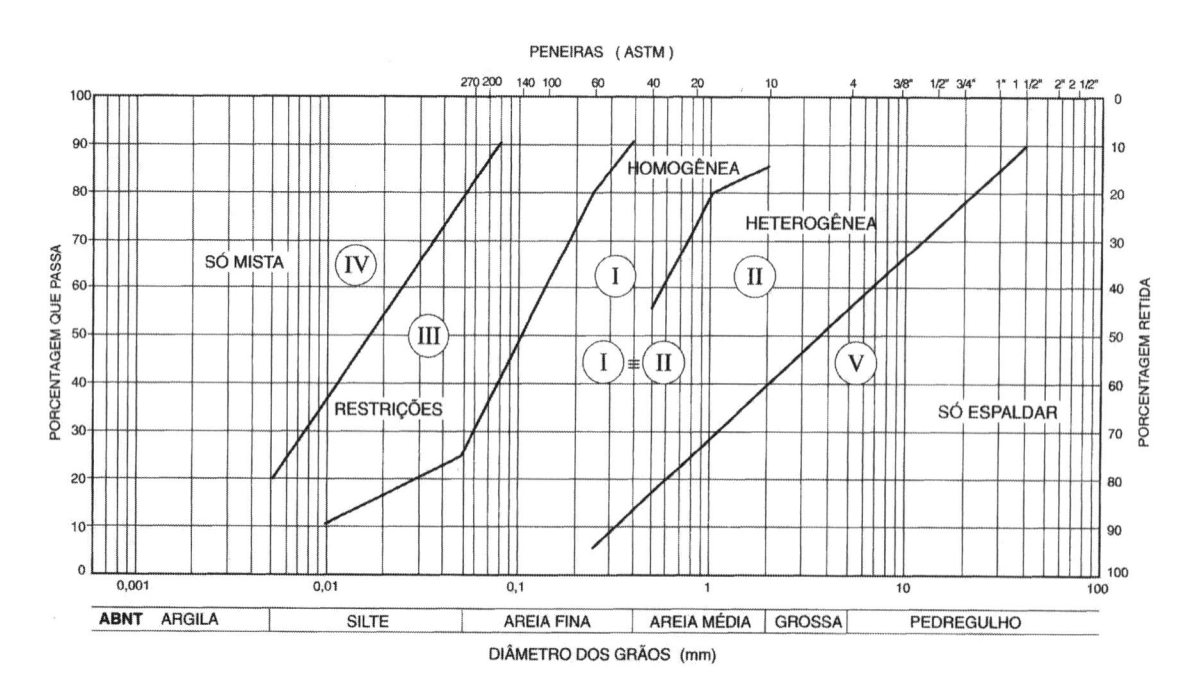

Figura 17.4 - Grupos de materiais de empréstimo segundo a SNIP-II-53-73 (Gosstroi, 1974)

Materiais do grupo V somente devem ser utilizados para a execução de espaldares, enquanto que os do grupo IV para a construção de núcleo. Assim, os solos desses grupos não são utilizados isoladamente, o que normalmente dificulta e encarece a obra. Os materiais enquadrados no grupo III devem ser usados com restrições, de vez que normalmente exigem limitações na velocidade de alteamento.

Outros aspectos a serem considerados na escolha de um material de empréstimo são a quantidade de matéria orgânica e de sais solúveis e a composição petrográfica e mineralógica.

Exploração e investigação de áreas de empréstimo

A hidromecanização só se torna viável quando se dispõe de água em grande quantidade para exploração do solo de empréstimo.

Uma das questões fundamentais para definição do tipo de equipamento a ser utilizado na exploração do solo de empréstimo é a topografia da área. Empréstimos localizados em encostas requerem o emprego de hidromonitores (Figura 17.5). Já os empréstimos em planícies são explorados com dragas de sucção (Figura 17.6).

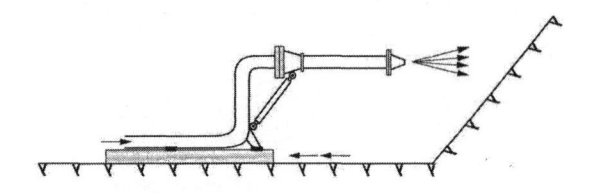

Figura 17.5 - Hidromonitor - empréstimos localizados em encostas

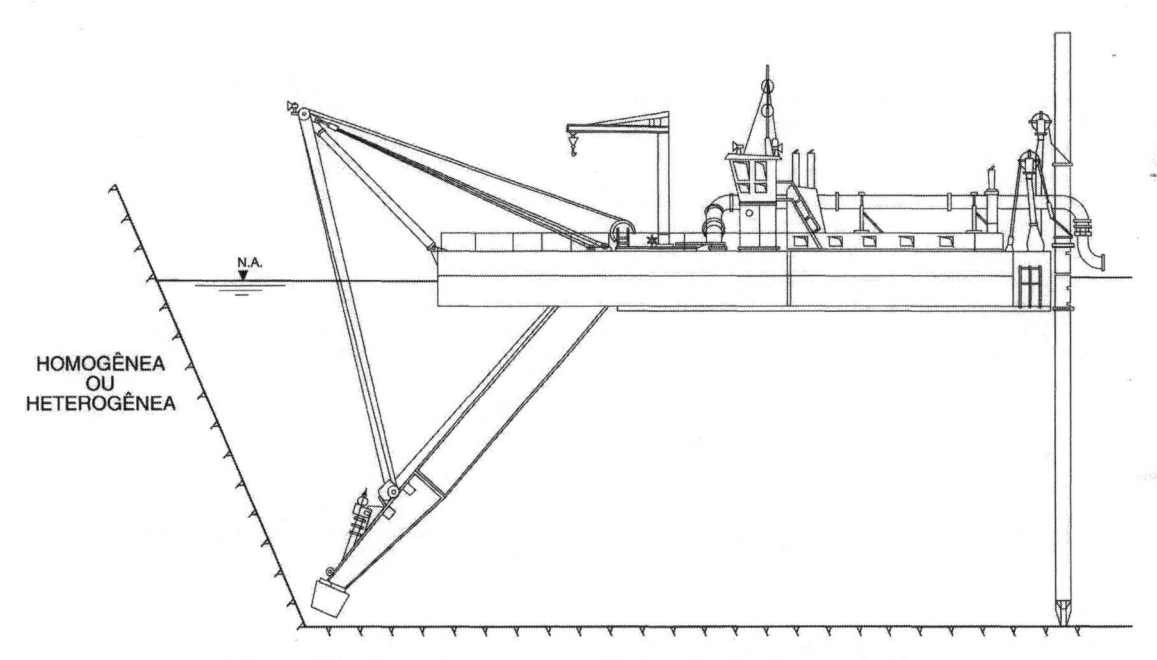

Figura 17.6 - Draga de sucção - empréstimos localizados em planícies

As investigações a serem executadas nas áreas de empréstimo devem determinar os materiais ocorrentes e suas variações granulométricas em planta e profundidade. É necessário também que se identifiquem os materiais não aproveitáveis e suas espessuras.

A caracterização de áreas de empréstimo é feita a partir de uma malha de sondagens cujo espaçamento é função da complexidade e variabilidade da área. A partir das sondagens são coletadas amostras para os seguintes ensaios :

- granulometria completa;

- densidade dos grãos;

- forma dos grãos; e

- limites de Atterberg.

17.3.3 - Aspectos a serem Considerados na Escolha da Seção Transversal e Tratamento de Fundação

Há basicamente dois tipos de obras construídas pelo processo de hidromecanização: as barragens de rejeito e as barragens para aproveitamento de recursos hídricos.

As barragens de rejeito são construídas com materiais descartados do processo de mineração. Essas obras, em geral, são executadas em prazos muito longos. Alguns casos de barragens deste tipo são mencionados nos Capítulos 2 e 9.

O presente capítulo trata exclusivamente de barragens para aproveitamento de recursos hídricos (hidrelétricas, abastecimento, irrigação e controle de cheias).

Como já discutido anteriormente, a granulometria do solo de empréstimo é determinante na escolha do tipo de obra. Outros condicionantes são as características da fundação e os prazos construtivos.

Barragens de areia

Em rios de planície, em geral ocorrem aluviões arenosos. Esses materiais propiciam a execução das chamadas barragens de areia. Um caso típico é o da Barragem Tsimlianskaya (Figura 17.16).

Outro exemplo desse tipo de obra é a Barragem Kievskaya (Figura 17.9). Na região do leito do rio, a barragem foi construída sobre aluvião arenoso, como acontece com a maioria das barragens de areia. Porém, na planície de inundação, a obra foi construída sobre argila mole, o que demonstra a flexibilidade que esse tipo de obra dispõe, em termos de fundação.

Barragens de areia têm sido construídas com altura de até 30 m, sem qualquer sistema de vedação.

A permeabilidade dos aterros homogêneos varia de 6×10^{-3} a 3×10^{-2} cm/s. A permeabilidade da fundação depende dos materiais presentes. Filimonov (1974) faz menção a permeabilidades de fundação de até 10^{-1} cm/s, o que sugere que este aspecto não tem sido limitante à construção desse tipo de barragem.

Vazões medidas na Barragem Tsimlianskaya (Figura 17.16) chegam a 9,4 l/min x m. Na Barragem Krementchuskaya a vazão é da ordem de 2,4 l/min x m para permeabilidade da fundação estimada em ~ 2 a 3×10^{-2} cm/s.

O sistema de drenagem, em geral, resume-se a um dreno de pé, como nos casos das Barragens Kakhovskaya (Figura 17.10), Bratskaya (Figura 17.11), Voljskaya (em homenagem à XXII Reunião do Partido Comunista - Figura 17.8) e Golovnaya (Figura 17.15).

A principal preocupação de projeto é o controle da linha freática, de forma que esta fique contida dentro do aterro, o que é obtido, basicamente, com a geometria da seção e o dreno de pé. As Figuras 17.10 e 17.15 mostram a freática medida em duas barragens.

Filimonov (1979) afirma que, para barragens em areia fina, o gradiente médio crítico corresponde a 0,29. Os gradientes máximos registrados em barragens da CEI são da ordem de 0,14.

Uma tendência que vem se consolidando na prática de projetos e construções de barragens de areia em aterro hidráulico na CEI corresponde à adoção de perfis abatidos. Barragens em areia, cuja altura não supera a ordem de 15m, têm sido construídas com seções abatidas. Nessa solução, a hidromistura é lançada livremente para montante e/ou jusante, resultando em taludes de 1(V): 20 a 50 (H).

Nas barragens de perfil abatido há economia na construção, de vez que não são necessários diques laterais de contenção, o que resulta, também, em menor prazo construtivo. Grande redução de custos é proporcionada, ainda, pela eliminação de escavações e tratamentos de fundação e, principalmente, por dispensar a execução de proteção do talude de montante, já que de tão abatido, o talude funciona como praia para as ondas do reservatório.

Esses aspectos, em muitos casos, tornam as barragens de perfil abatido uma alternativa economicamente vantajosa, apesar do maior volume de aterro envolvido em relação às barragens usuais em areia, que apresentam taludes relativamente mais íngremes.

Em barragens com zona central, recomendadas para alturas entre 30 m e 50 m, obtém-se uma depressão da linha freática, o que melhora o controle de sua posição no espaldar de jusante. Nesse tipo de obra, a permeabilidade da zona central fica na faixa de $1,2 \times 10^{-3}$ a 6×10^{-3} cm/s.

Yufin (1974) e a Hidroprojeckt (1973) propõem relações entre a largura da zona central (B) e dos espaldares (A) :

$$\frac{B}{2A + B} = 20 \text{ a } 25 \text{ \% (Yufin)}$$

$$\frac{B}{2A + B} = 30 \text{ \% (Hidroprojekct)}$$

Em resumo: é recomendável que a zona central ocupe de 20% a 30% da largura total da barragem. Entretanto, nota-se na Barragem Dubossarskaya (Figura 17.20), que o núcleo ocupa cerca de 10% da largura total da seção. Há que se esclarecer que a dimensão da zona central é função da granulometria do material de empréstimo.

As mesmas fontes bibliográficas fornecem a faixa granulométrica recomendada para a zona central, como mostrado na Tabela 17.2.

Tabela 17.2 - Faixas granulométricas recomendadas para a zona central

Fração (%)	Diâmetro (mm)
0	< 0,005
10 a 15	entre 0,005 a 0,01
20 a 30	entre 0,01 e 0,10
55 a 75	entre 0,10 e 0,25

Barragens com núcleo

São recomendadas para alturas superiores a 50 m ou quando se deseja minimizar a perda de água, como no caso de regiões áridas.

Fundações pouco permeáveis e resistentes favorecem a seleção de barragens com núcleo. Nos casos de fundação com pequena espessura de material permeável, o núcleo estende-se pela fundação em uma trincheira de vedação.

Exemplos dessas barragens são mostrados nas Figuras 17.17 - Mingtchaurskaye - e 17.19 - Karatamarskaya. Nos dois casos, além da trincheira de vedação, foi executada uma cortina "impermeável".

O núcleo deve conter uma fração de partículas menores do que 5 micra inferior a 15%. A largura do núcleo deve situar-se entre 10% e 20% da largura total da barragem. Nas duas barragens mencionadas e a meia altura, os núcleos apresentam de 10% a 12% da largura total.

Nota-se que o conceito das barragens soviéticas com núcleo é diferente do conceito ocidental do início do século. As barragens atuais apresentam núcleos mais estreitos e com pequena fração argila, o que propicia melhores condições de estabilidade.

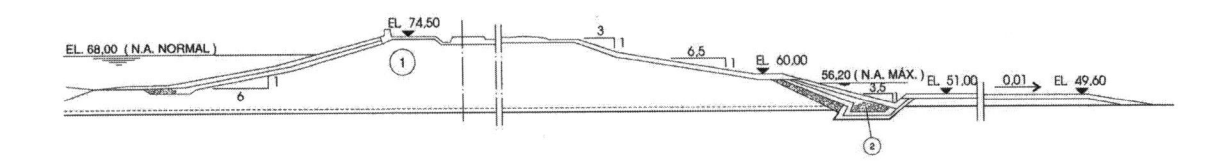

a) Seção transversal da barragem de planície

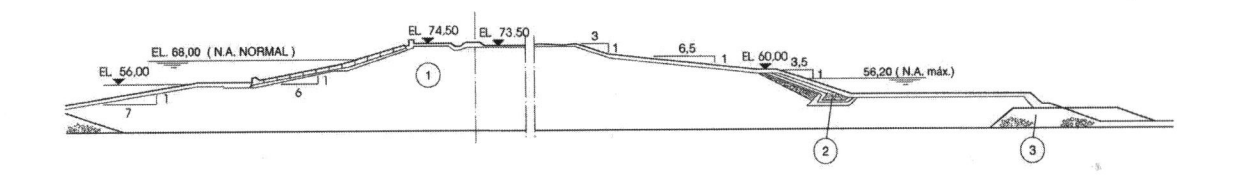

① SOLO LANÇADO
② SISTEMA DE DRENAGEM (DRENOS + FILTRO INVERTIDO)
③ ENSECADEIRA

Dados Gerais

. Rio .... VOLGA

. Final da construção 1957

. Altura máxima .... 50 m

. Volume da barragem ..... Leito do rio = 22.800.000 m³
Total = 109.100.000 m³

b) Seção transversal da barragem do leito do rio

Figura 17.7 - Barragem Voljskaya (em homenagem a Lenin) - homogênea (compilado por Moretti, 1988).

100 Barragens Brasileiras

$K \sim 10^{-8}$ cm/s

Dados Gerais
. Rio .... VOLGA
. Final da construção 1959
. Altura máxima .... 47 m
. Volume da barragem ..... Leito do rio = 21.700.000 m³
                                 Total = 122.600.000 m³

(1) SOLO LANÇADO SUBMERSO
(2) FILTRO INVERTIDO
(3) ENSECADEIRA DE FECHAMENTO
(4) SOLO LANÇADO - SOBREAQUÁTICO

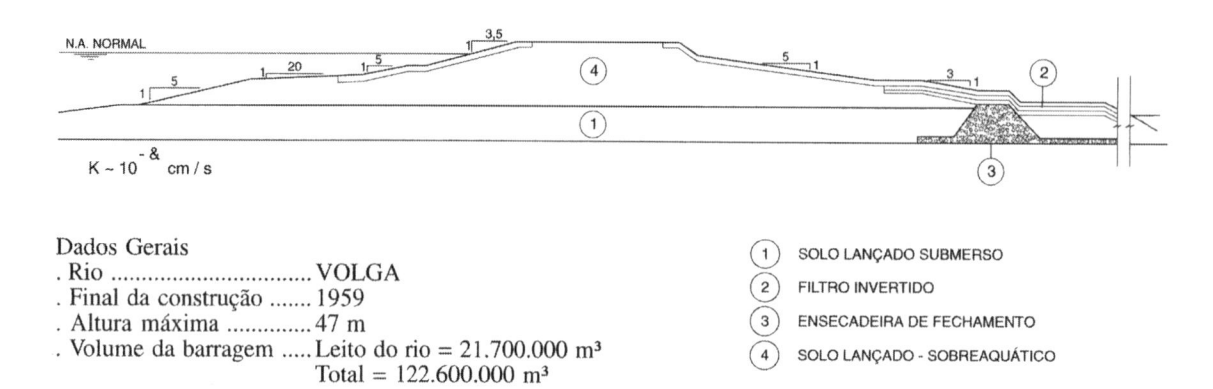

Figura 17.8 - Barragem Voljskaya (em homenagem a XXII Reunião do Partido Comunista-homogênea) (compilado por Moretti, 1988)

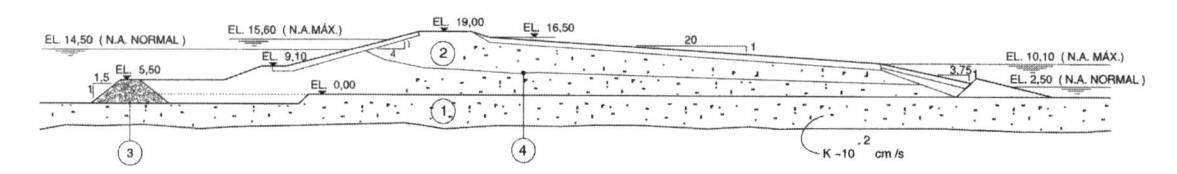

a) Seção transversal do leito do rio

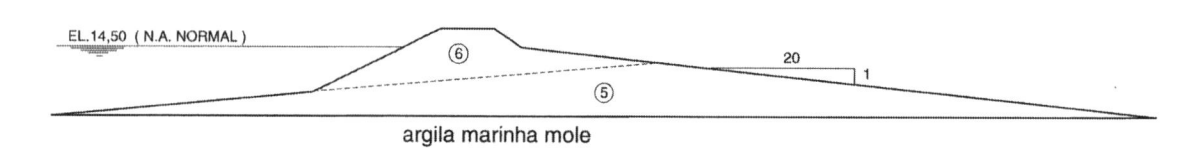

argila marinha mole

(1) ALUVIÃO ARENOSO (FUNDAÇÃO)
(2) AREIA LANÇADA
(3) BERMA DE PEDRAS
(4) LINHA FREÁTICA REAL
(5) LANÇAMENTO UNILATERAL
(6) LANÇAMENTO BILATERAL

Dados Gerais
. Rio .... DNEPR
. Periodo de construção ..... 1961 a 1965
. Comprimento da crista.... (Leito + margem esquerda) = 50 km
. Altura máxima .... Leito do rio = 19 m
                             Planícies de inundação: margens direita e esquerda = 12 m
                             Terraço margem esquerda = 6 m
. Volume .... Leito = 28.300.000 m³
                             Total = 71.000.000 m³

b) Seção transversal da planície

Figura 17.9 - Barragem Kievskaya - homogênea (compilado por Moretti, 1988).

Dados Gerais
. Rio .... DNEPR
. Final da construcao 1956
. Volume da barragem .... Leito = 7.800.000 m³
                              Total = 26.000.000 m³
. Altura maxima .... 30 m

(1) LODO MARINHO
(2) ALUVIÃO ARENOSO
(3) AREIA LANÇADA
(4) DRENAGEM
(5) ENSECADEIRA DE FECHAMENTO
(6) LINHA FREÁTICA REAL

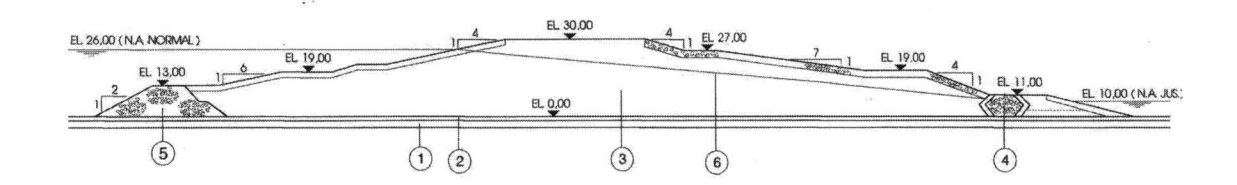

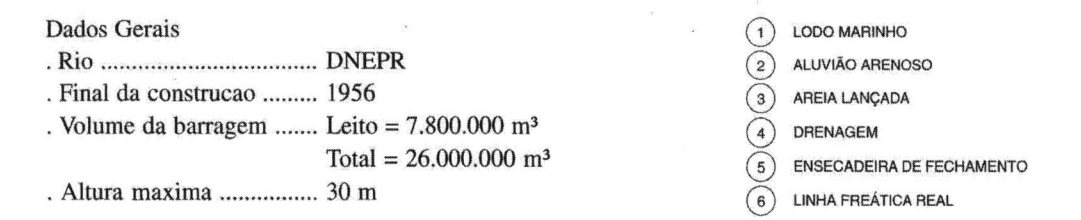

Figura 17.10 - Barragem Kakhovskaya - homogênea (compilado por Moretti, 1988).

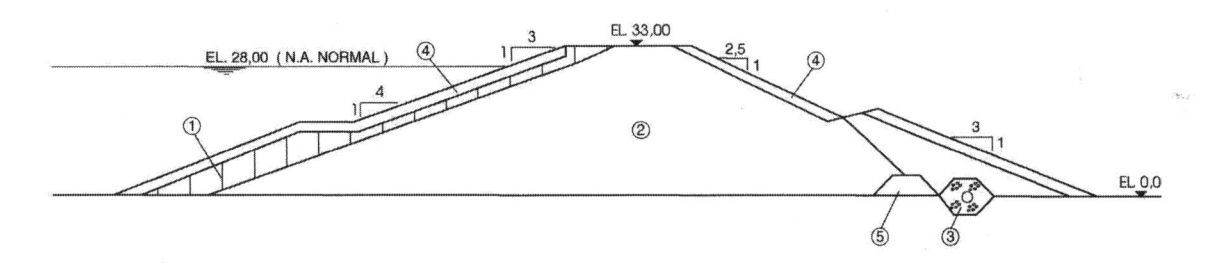

(1) FACE VEDANTE
(2) AREIA LANÇADA
(3) SISTEMA DE DRENAGEM
(4) PROTEÇÃO DE TALUDE
(5) SISTEMA DE DRENAGEM DE 1ª FASE DE CONSTRUÇÃO

Dados Gerais
. Rio .... ANGARA
. Final da construção 1963
. Altura máxima .... na planície - 37 m
. Volume............................. na planície - 4.200.000 m³
                                  Total - 16.500.000 m³

Figura 17.11 - Barragem Bratskaya - homogênea (compilado por Moretti, 1988).

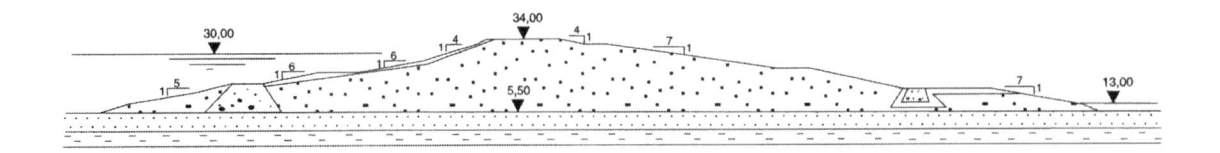

Figura 17.12 - Barragem Karrovskaya - homogênea (compilado por Moretti, 1988)

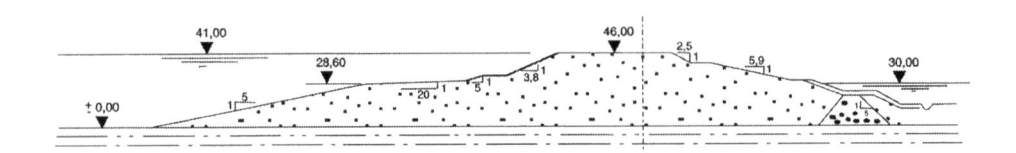

Figura 17.13 - Barragem Volgogradskaya - homogênea (compilado por Moretti, 1988).

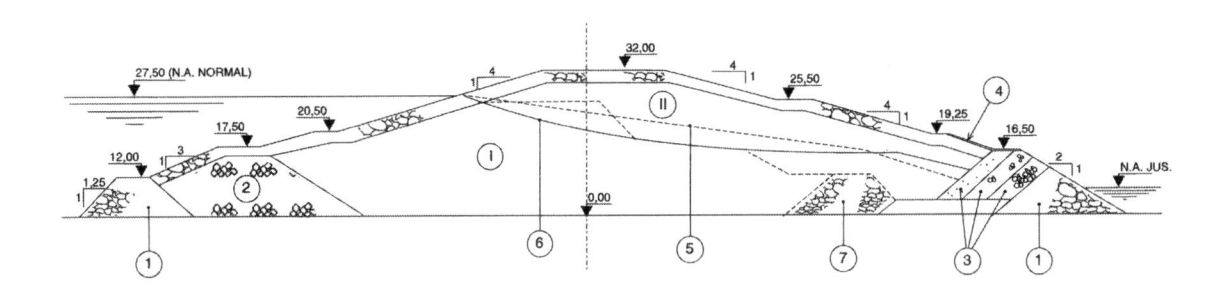

Dados Gerais
. Rio .... SIRDARIA
. Período de construção 1954-1955
. Comprimento .... 1200 m
. Altura máxima .... 32 m
. Volume total .... 3.100.000 m³
. Rendimento médio .... 3.700 m³/dia

(I) 1ª ETAPA DE CONSTRUÇÃO DA BARRAGEM
(II) 2ª ETAPA DE CONSTRUÇÃO DA BARRAGEM
(1) BERMA DE PEDRAS
(2) BERMA DE CASCALHO
(3) FILTRO INVERTIDO
(4) PAVIMENTAÇÃO
(5) LINHA FREÁTICA DE CÁLCULO
(6) LINHA FREÁTICA REAL
(7) DRENAGEM PROVISÓRIA DA 1ª ETAPA DE CONSTRUÇÃO

Figura 17.14 - Barragem Kairak - Kumskaya - homogênea com bermas (compilado por Moretti, 1988)

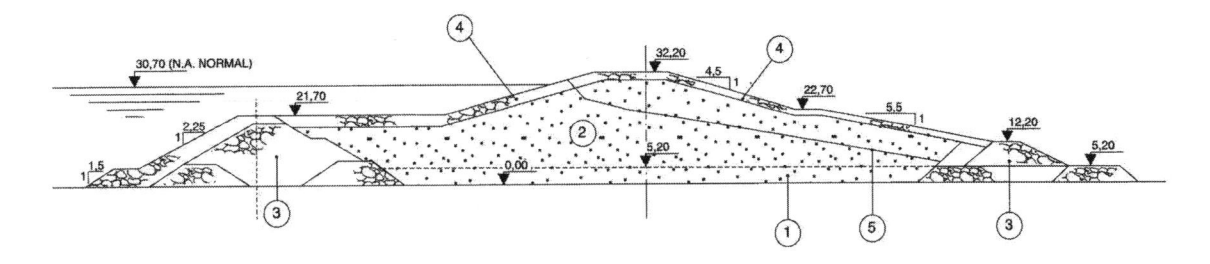

Dados Gerais
. Rio .... VAKHSHA
. Período de construção .... 1960 a 1963
. Altura máxima .... Leito do rio - 32 m
                               Margem direita - 15 m
. Volume .... 1.300.000 m³

① SOLO LANÇADO SUBMERSO
② SOLO LANÇADO SOBREAQUÁTICO
③ BERMAS - MONTANTE CONFINAMENTO - JUSANTE DRENAGEM
④ REFORÇO DE CASCALHO
⑤ LINHA FREÁTICA REAL

Figura 17.15 - Barragem Golovnaya - homogênea com bermas (compilado por Moretti, 1988).

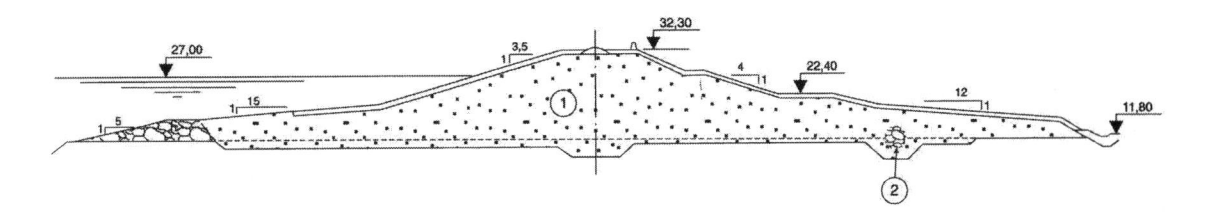

a) Seção transversal na planície e terraços

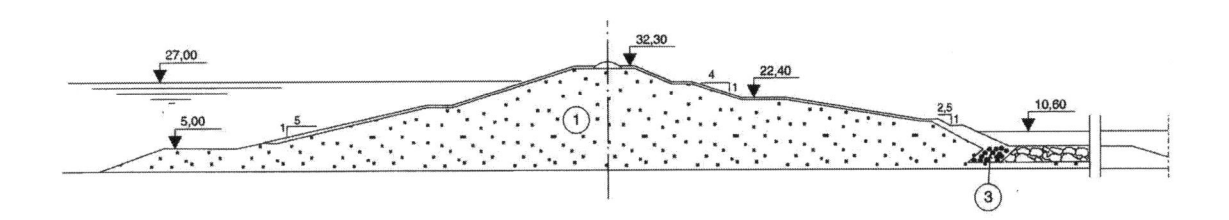

b) Seção transversal do leito do rio

Dados Gerais
. Rio .... DON
. Periodo de construção ..... 1949 a 1952
. Altura máxima .... 30 m
. Volume .... Leito - 28.000.000 m³
                               Total - 40.600.000 m³
. Comprimento da crista .... 12,8 km
. Rendimento médio .... 75.000 m³/dia

① AREIA LANÇADA
② SISTEMA DE DRENAGEM
③ DRENO E FILTRO INVERTIDO

Figura 17.16 - Barragem Tsimlianskaya - homogênea (compilado por Moretti, 1988)

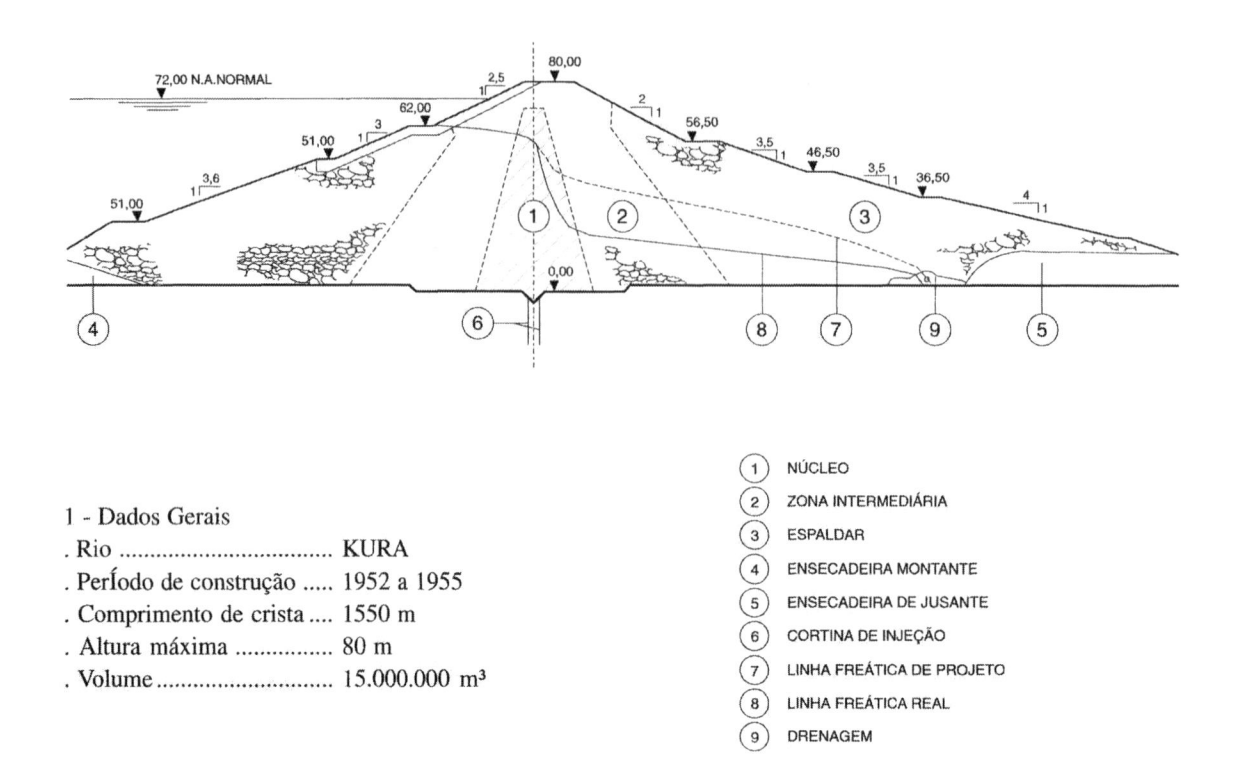

1 - Dados Gerais
. Rio .... KURA
. Período de construção ..... 1952 a 1955
. Comprimento de crista .... 1550 m
. Altura máxima .... 80 m
. Volume .... 15.000.000 m³

(1) NÚCLEO
(2) ZONA INTERMEDIÁRIA
(3) ESPALDAR
(4) ENSECADEIRA MONTANTE
(5) ENSECADEIRA DE JUSANTE
(6) CORTINA DE INJEÇÃO
(7) LINHA FREÁTICA DE PROJETO
(8) LINHA FREÁTICA REAL
(9) DRENAGEM

Figura 17.17 - Barragem Mingtchaurskaya - heterogênea com núcleo (compilado por Moretti, 1988).

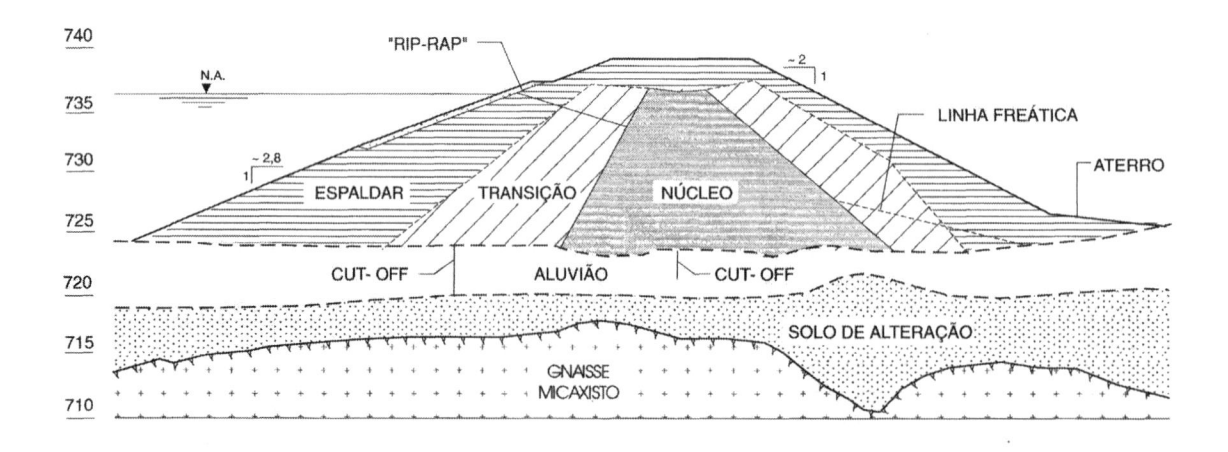

Figura 17.18 - Barragem de Guarapiranga - heterogênea com núcleo (compilado por Moretti, 1988).

Dados Gerais
. Rio .... TOBOR
. Final da construção 1965
. Altura máxima .... 22 m
. Volume total .... 1.700.000 m³

1. NÚCLEO
2. ZONA INTERMEDIÁRIA
3. ESPALDARES
4. SISTEMA DE DRENAGEM
5. LANÇAMENTO SUBMERSO
6. "CUT-OFF"
7. CORTINA DE ESTACAS-PRANCHA

Figura 17.19 - Karatamarskaya - heterogênea com núcleo (compilado por Moretti, 1988)

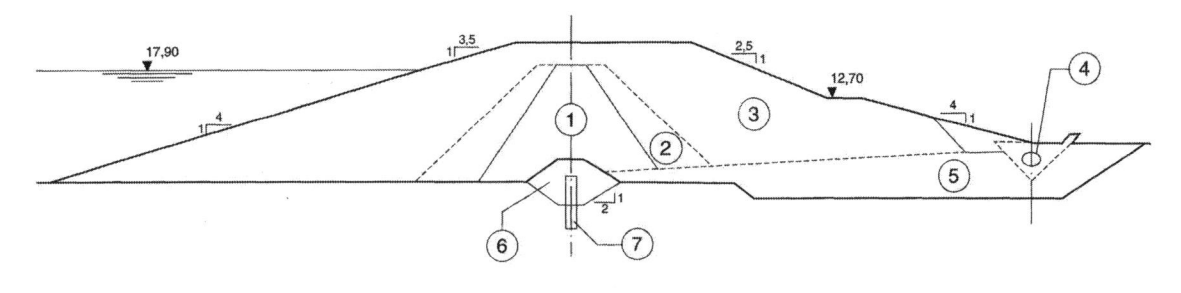

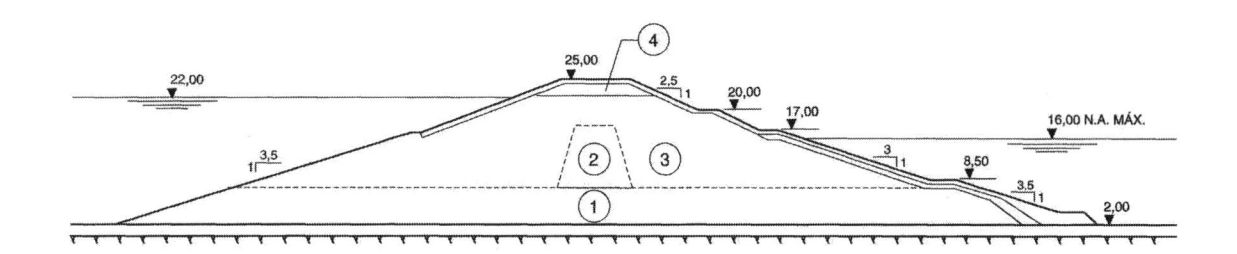

Dados Gerais
. Rio .... DNESTR
. Final da construcao 1955
. Altura Maxima .... 22 m
. Volume .... Leito - 100.000 m³
. Volume .... 1.000.000 m³

1. SOLO LANÇADO SUBMERSO
2. ZONA CENTRAL DE AREIA FINA
3. ESPALDARES DE AREIA E CASCALHO
4. SOLO COLOCADO MECANICAMENTE

Figura 17.20 - Barragem Dubossarskaya - heterogênea com zona central (compilado por Moretti, 1988).

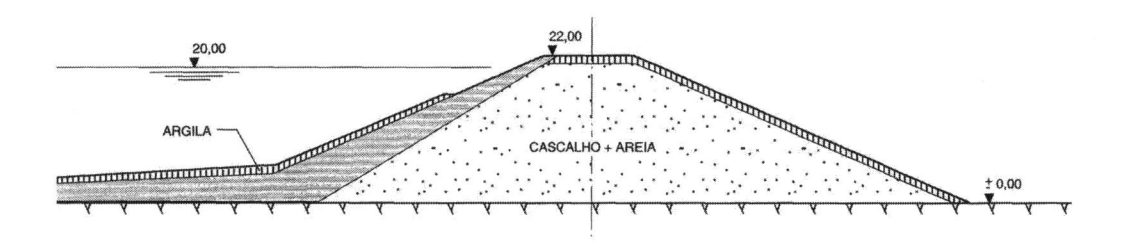

Figura 17.21 - Barragem Verkhneouralsk - heterogênea (compilado por Moretti, 1988)

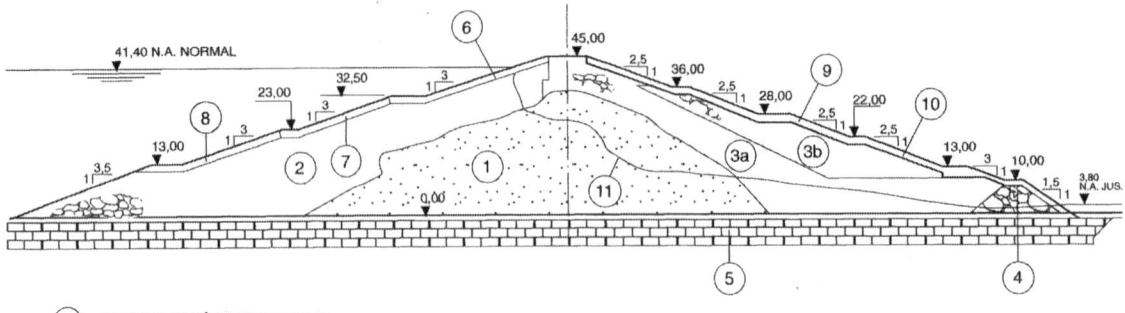

100 Barragens Brasileiras

Legenda:
1. ATERRO HIDRÁULICO EM AREIA
2. ATERRO HIDRÁULICO EM CASCALHO
3a. ATERRO CONSTRUÍDO MECANICAMENTE DE CASCALHO
3b. ATERRO CONSTRUÍDO MECANICAMENTE DE CASCALHO E SEIXOS
4. DRENO DE PÉ
5. FUNDAÇÃO EM DOLOMITA
6. PLACAS DE CONCRETO
7. PROTEÇÃO COM PEDRA
8. PROTEÇÃO COM CASCALHO
9. PROTEÇÃO COM TERRA VEGETAL
10. FILTRO INVERTIDO
11. LINHA FREÁTICA REAL

1 - Dados Gerais
. Rio .... DAUGAVA
. Final de construção 1965
. Altura máxima .... 45 m
. Comprimento .... 440 m
. Volume de solo lançado .... 1.530.000 m³
. Volume de solo compactado .... 635.000 m³

Figura 17.22 - Barragem Pliavinskaya (leito do rio) - heterogênea - (compilado por Moretti, 1988).

17.3.4 - Cálculos Básicos de Barragem de Aterro Hidráulico

Fracionamento hidráulico

A utilização de solos com $CNU > 3$ propicia a execução de barragens heterogêneas. A hidromistura contendo um solo bem graduado tende a depositar as frações mais grosseiras próximo ao ponto de lançamento nos espaldares, e as frações mais finas, no núcleo.

A segregação granulométrica é inerente ao processo usualmente utilizado na execução de aterros hidráulicos, pois a hidromistura, ao escoar ao longo da praia de deposição, perde velocidade e conseqüentemente sua capacidade de arraste vai se limitando a partículas cada vez menores de solo.

Autores russos como Maslov, Konstantinaya e Melentiev, citados por Yufin (1974), apresentam métodos para o cálculo do fracionamento do solo nos lançamentos hidráulicos.

O método mais bem elaborado é o de Melentiev, segundo o consultor Filimonov. Esse método foi apresentado com detalhes, em língua portuguesa, por Santos e Meyer (1980).

Nos casos em que o adequado conhecimento da segregação granulométrica é fundamental para o projeto, os russos utilizam aterros experimentais que podem ser de campo ou laboratório, dependendo do grau de precisão exigido.

Estabilidade durante a construção e no regime de operação

Os cálculos de estabilidade de barragens em aterro hidráulico são procedidos de forma semelhante aos das barragens de aterro compactado, utilizando-se os mesmos princípios da Mecânica dos Solos.

Em geral, a condição construtiva é mais desfavorável à estabilidade dos espaldares, em vista das redes de fluxo que se estabelecem nesse período e, no caso de barragens de núcleo ou zona central, da condição menos consolidada dos materiais que os compõem.

Assim, a velocidade de alteamento por vezes é limitada, para garantir adequadas condições de estabilidade durante a construção.

Victor de Mello, em diversas oportunidades, afirmou que as barragens em aterro hidráulico são pré-testadas, o que lhes garante segurança na operação.

Os parâmetros de projeto utilizados nas análises de estabilidade, em geral, são obtidos de experiências anteriores com materiais similares.

No caso da utilização de materiais pouco convencionais ou de barragens altas (H > 50 m), os parâmetros são obtidos a partir de ensaios em amostras extraídas de aterros experimentais de campo ou de laboratório, confome será discutido em detalhes no próximo item.

Cálculos de recalque

A prática soviética para o cálculo de recalques é similar à ocidental. São utilizadas as curvas de compressão dos materiais do aterro e fundação e o cálculo é incremental.

As preocupações são, basicamente, limitadas às barragens com núcleo, caso em que os recalques ao longo do tempo são estimados e aferidos por instrumentação.

17.3.5 - Parâmetros Geotécnicos de Solos Lançados Hidraulicamente

Para projeto de barragens em aterro hidráulico, as normas soviéticas recomendam o uso de parâmetros obtidos em obras anteriores executadas com solos similares, desde que os solos de empréstimo estejam enquadrados nos grupo I e II da norma SNIP - II - 53 - 73. A norma apresenta, ainda, tabelas com os principais parâmetros a serem adotados no projeto, função da granulometria e formato dos grãos. Os parâmetros previstos são sempre aferidos nas primeiras camadas lançadas na barragem.

As barragens construídas na ex-União Soviética, em sua grande maioria, são menores que 30 m e foram executadas basicamente com areias (grupos I e II). Sendo assim, na maioria dos casos, foi dispensada a execução de aterros experimentais.

Cabe lembrar, porém, que para solos de empréstimo não enquadrados nos grupos I e II e/ou barragens acima de 50 m de altura, exige-se a execução de aterros experimentais de laboratório e/ou de campo.

Os aterros experimentais de laboratório são menos representativos, uma vez não ser possível reduzir, na mesma escala, as partículas de solo e comportamento associado e as características do fluxo de água. Esse fato não elimina, porém, a importância que um aterro de laboratório apresenta na compreensão do processo e das propriedades dos materiais após o lançamento hidráulico.

Nos aterros experimentais de laboratório são medidos, ao longo da seção transversal, os seguintes parâmetros:

- granulometria;

- peso específico aparente seco e umidade;

- densidades máximas e mínimas;

- permeabilidade horizontal e vertical;

- ângulo de atrito (apenas no caso de barragens que apresentarão altura superior a 50 m); e

- consistência e deformabilidade do núcleo (se existir).

Os aterros experimentais de campo objetivam, principalmente, o ajuste do processo de hidromecanização para o caso em questão e correspondem à melhor fonte possível de dados sobre os parâmetros de lançamento e propriedades dos materiais.

Nesses aterros são empregados os mesmos equipamentos que serão utilizados na barragem para uma mais fiel simulação da construção. Normalmente, os aterros experimentais de campo podem ser incorporados à barragem.

Os aterros de campo devem ser instrumentados principalmente para fornecer dados sobre o padrão do fluxo de água no corpo do aterro durante a construção. Outros aspectos, tais como recalques e movimentações laterais, podem ser auscultados quando de interesse.

Para conhecimento da distribuição e das propriedades dos solos ao longo da seção dos aterros experimentais de campo, procedem-se aos mesmos ensaios mencionados para aterros de laboratório.

A seguir, são discutidos os principais parâmetros geotécnicos dos solos lançados hidraulicamente.

Granulometria

Como anteriormente descrito, a Figura 17.4 apresenta as faixas granulométricas relacionadas aos solos de empréstimo e tipos de barragens associados.

Nas Figuras 17.23 a 17.25, são mostradas as granulometrias dos materiais empregados na Barragem Dubossarskaya (em areia com zona central); Voljskaya (homogênea em areia) e Mingtchaurskaya (com núcleo). Pode-se observar que, quando a barragem apresenta núcleo, a granulometria deste é bem diferenciada das zonas intermediárias e laterais, o que não ocorre tão marcantemente na barragem com zona central.

Dois parâmetros são usados como indicadores da granulometria :

$CNU = d_{60}/d_{10}$; e

$\pi = d_{90}/d_{10} \times d_{50}$.

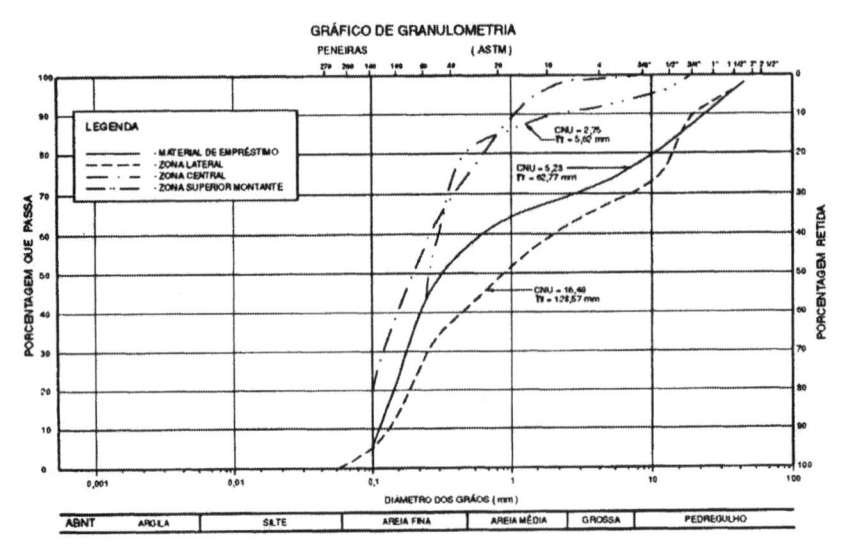

Figura 17.23 - Barragem Dubossarskaya - (compilado por Moretti, 1988)

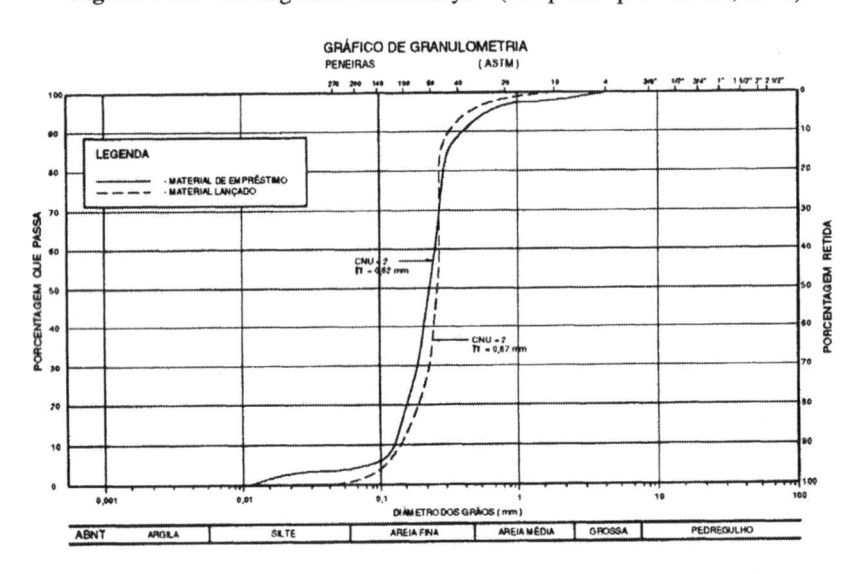

Figura 17.24 - Barragem Voljskaya (em homenagem a XXII Reuniao do KTTCC) - (compilado por Moretti, 1988).

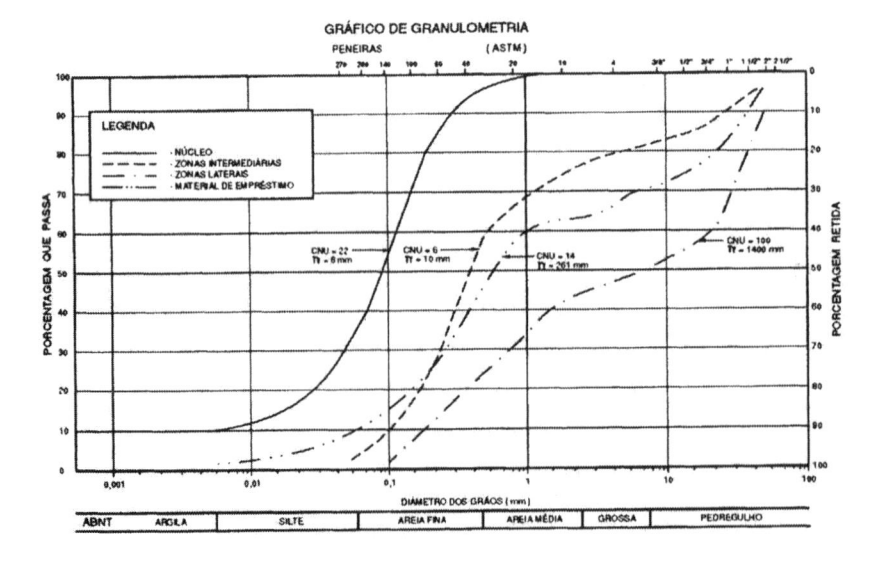

Figura 17.25 - Barragem Mingtchaurskaya (compilado por Moretti, 1988).

Capítulo 17

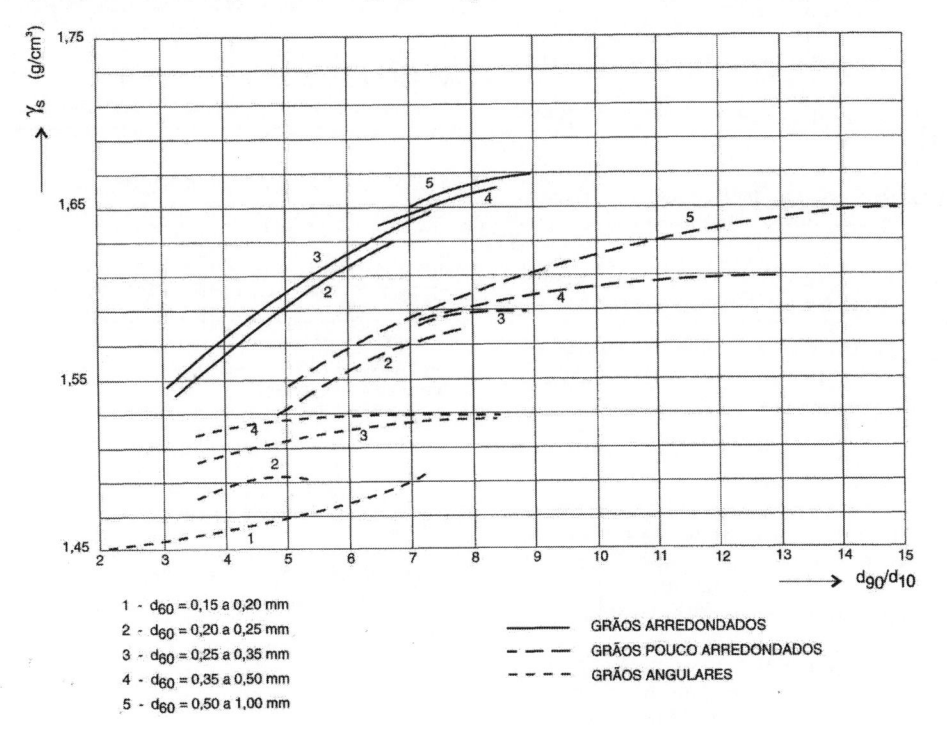

Melentiev (1973) mostra correlações entre o d_{90}/d_{10} e o γ_s (Figura 17.26) e entre o parâmetro π e γ_s (Figura 17.27).

1 - d_{60} = 0,15 a 0,20 mm
2 - d_{60} = 0,20 a 0,25 mm
3 - d_{60} = 0,25 a 0,35 mm
4 - d_{60} = 0,35 a 0,50 mm
5 - d_{60} = 0,50 a 1,00 mm

——— GRÃOS ARREDONDADOS
– – – GRÃOS POUCO ARREDONDADOS
- - - - GRÃOS ANGULARES

Figura 17.26 - γ_s vs. d_{90}/d_{10} (Melentiev, 73).

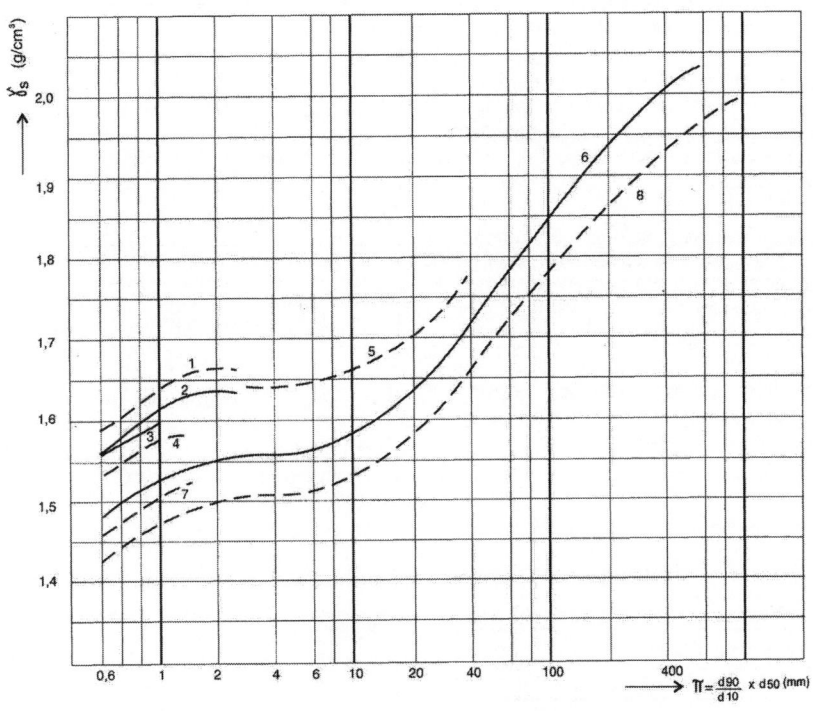

1 - Gorkovskaya (Barragem no. 4)
2 - Gorkovskaya (Barragem no. 5)
3 - Kakhovskaya
4 - Voljskaya em hom. a XXII reunião do Partido
5 - Yujno - Uralskaya
6 - Mingtchaurskaya
7 - Kairak - Kumskaya
8 - Dubossarskaya

Figura 17.27 - γ_s vs. o parâmetro π (Melentiev, 1973).

Massa específica aparente seca γ_s

A massa específica aparente seca - γ_s - é o principal parâmetro de controle da qualidade dos aterros hidráulicos.

Quando o solo é lançado abaixo do nível d'água, tem-se observado basicamente três fatores de influência:

- profundidade do nível d'água - os valores de γ_s são decrescentes com a profundidade;

- granulometria do material - materiais mais grosseiros tendem a apresentar valores de γ_s maiores;

- método de lançamento - solos lançados hidraulicamente dentro d'água pelo método do aterro piloto de ponta tendem a apresentar valores de γ_s maiores que quando lançados por outras formas. Os métodos de lançamento serão discutidos posteriormente em item específico.

No caso dos solos lançados acima do nível dágua, os seguintes fatores principais afetam γ_s:

- composição granulométrica - solos mais grosseiros tendem a apresentar valores maiores de γ_s para um mesmo *CNU*. Além disso, quanto maior a presença de silte e argila, menor o valor de γ_s associado;

- uniformidade granulométrica, dimensão e formato dos grãos - solos granulares apresentam maiores valores de γ_s. Se os grãos são arredondados, o tamanho médio dos grãos não afeta o valor de γ_s para o mesmo valor da relação d_{90}/d_{10}, porém para grãos angulares, quanto maior o valor de d_{60}, maior será o valor de γ_s associado. Ressalta-se ainda que os materiais com grãos angulares tendem a apresentar menores valores de γ_s;

- fatores construtivos - certos aspectos construtivos, tais como vazão específica de sólidos lançados (q_s), vazão específica de água lançada (q_o) e intensidade de lançamento (i), afetam γ_s. Esses aspectos serão discutidos no item 17.4; e

- fator tempo - para as areias, o valor de γ_s aumenta rapidamente após o lançamento. Cerca de uma hora após esse evento, o valor de γ_s já se apresenta estável. A longo prazo (alguns anos), as areias lançadas hidraulicamente tendem a mostrar um ligeiro aumento de γ_s.

A Tabela 17.3, extraída da norma soviética, permite uma primeira estimativa de γ_s, em função do tipo de solo e forma dos grãos.

Tabela 17.3 - Estimativa de γ_s vs. tipo de solo e forma dos grãos

MATERIAL	Massa específica aparente seca - γ_s - (g/cm³)	
	grãos angulares	grãos arredondados
argila siltosa	1,40	1,50
areia fina e média	1,45	1,60
areia grossa	1,55	1,65
areia com cascalho	1,60	1,75

Permeabilidade

Não serão aqui discutidos os aspectos conhecidos da Mecânica dos Solos que influem na permeabilidade, tais como composição granulométrica, índice de vazios, grau de saturação, etc. Claro está que esses fatores afetam a permeabilidade dos solos lançados hidraulicamente, como de resto afetam qualquer tipo de solo. Entretanto, cabe descrever fatores peculiares à permeabilidade dos solos lançados hidraulicamente.

O processo de lançamento hidráulico propicia a formação de dois tipos básicos de estruturas:

- macroestratificada - camadas ou lentes de dimensões centimétricas, diferenciadas das demais pela composição granulométrica. Reflete diferenças de materiais explorados no empréstimo ou outras peculiaridades construtivas que eventualmente venham a ocorrer;

- microestratificada - o fluxo da hidromistura no talude de lançamento é turbulento e propicia a formação de microcamadas de espessura inferior a 1mm.

A existência dessas micro e macrocamadas gera anisotropia de alguns parâmetros geotécnicos, dentre eles, a permeabilidade.

Melentiev (1973) apresenta os valores de permeabilidade medidos em quatro barragens soviéticas, os quais são reproduzidos na Tabela 17.4.

Tabela 17.4: Permeabilidades medidas

BARRAGEM	MATERIAL	$A = k_H/k_V$	$k_{médio}$(cm/s)
Kakhovskaya	areia fina	1,4	10^{-2}
Kairak-Kaumskaya	areia média	1,7	$1,4 \times 10^{-2}$
Novossibirskaya	areia fina e c/ cascalho	2,2	$8,6 \times 10^{-3}$
Golovnaya	areia siltosa	-	$5,8 \times 10^{-4}$

Nota-se que o grau de anisotropia de permeabilidades (k_h/k_v) é, em geral, baixo nos aterros hidráulicos de areia.

As normas soviéticas fornecem valores de permeabilidade a serem adotados para projeto de aterros hidráulicos como primeira estimativa, a partir da granulometria do material, como mostrado na Tabela 17.5.

Tabela 17.5: Estimativa de valores de permeabilidade

MATERIAL	k (cm/s)
areia siltosa	6×10^{-4} a 6×10^{-3}
areia fina e média	6×10^{-3} a $3,5 \times 10^{-2}$
areia grossa	2×10^{-2} a 4×10^{-2}
areia com cascalho	2×10^{-2} a 6×10^{-2}
cascalho	$> 6 \times 10^{-2}$

Resistência ao cisalhamento

A resistência ao cisalhamento das areias lançadas hidraulicamente, expressa em termos do ângulo de atrito (φ), é da mesma ordem de grandeza daquela obtida em areias compactadas por equipamentos de terraplenagem usuais.

A resistência das areias lançadas hidraulicamente é função de vários fatores:

- granulometria - a composição granulométrica do material é a principal condicionante da resistência. Por exemplo, solos com mais de 25% de argila apresentam baixos valores de φ, entre 15° e 20°, conforme descrito por Melentiev (1973).

A Figura 17.28 mostra a influência da composição granulométrica de solos granulares no valor de φ;

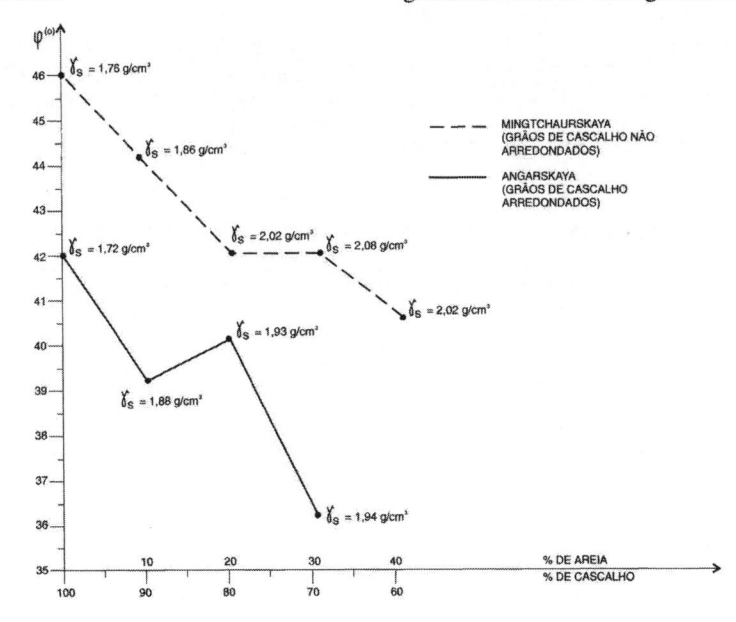

Figura 17.28 - Composição granulométrica vs. ângulo de atrito (Melentiev, 1973)

- massa específica aparente seca e forma dos grãos - a Figura 17.29 mostra a relação entre φ e γ_s de areias finas e médias de algumas barragens soviéticas. Estão incluídos dados de materiais com grãos arredondados e angulares. Para uma areia com mesma forma dos grãos, φ é maior para maiores valores de γ_s. Os solos de grãos angulares apresentam valores de φ maiores que aqueles obtidos nos solos de grãos arredondados. A sua densidade, porém, tende a ser inferior à dos solos de grãos arredondados, o que compensa em parte a diferença de resistência;

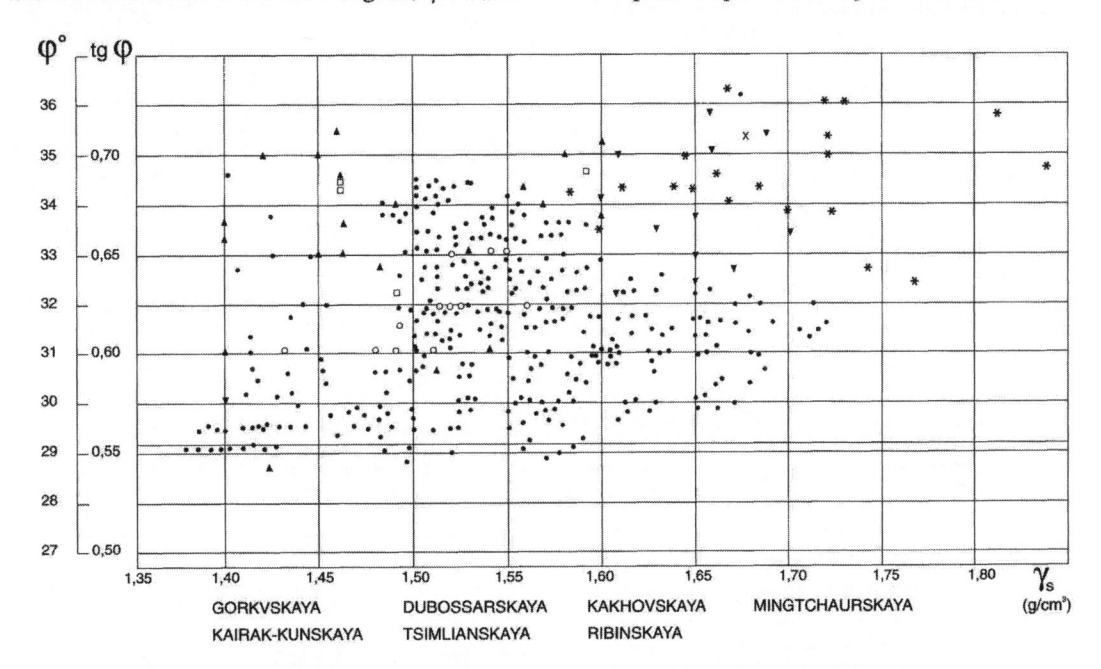

Figura 17.29 - Ângulo de atrito efetivo vs. γ_s de algumas barragens russas em areia (Melentiev, 1973).

- estrutura do solo - a estrutura microestratificada das areias lançadas hidraulicamente gera anisotropia de resistência. Melentiev (1973) e Filimonov (1975) atentam para a diferença do ângulo de atrito medido em ensaios de cisalhamento direto procedidos na direção normal à microestratificação em relação ao ângulo de atrito medido na direção paralela à mesma. A relação observada ($\varphi_{ver}/\varphi_{hor}$) é da ordem de 1,15 a 1,20. O processo construtivo acaba também por gerar uma estrutura na areia que é responsável por um ganho de resistência em relação a outros processos de aterramento. Os autores supracitados indicam que o valor de φ_{hor}, correspondente ao valor mais baixo nos aterros hidráulicos, é da ordem de 10 % maior que o valor obtido em amostra compactada em laboratório na mesma massa específica aparente seca:

$\varphi_{hor}/\varphi_{lab} = 1,10$ p/ o mesmo valor de γ_s

Cabe ainda salientar, a partir da Figura 17.29, que todos os valores de φ observados nas barragens ficam entre 28° e 36°, sempre abaixo dos indicados na Figura 17.28, cujos dados foram obtidos em aterros experimentais de laboratório. Nota-se, também, que os valores de γ_s concentram-se na faixa de 1,45 a 1,65 g/cm³.

A norma soviética indica valores de φ a serem preliminarmente adotados em função da granulometria do material e do formato dos grãos, como mostra a Tabela 17.6.

Tabela 17.6: Valores de φ em função da granulometria e do formato dos grãos

GRANULOMETRIA	φ (°) grãos arredondados	φ (°) grãos angulares
Areia fina e média	29	34
Areia grossa	30	34
Areia com cascalho	32	35
Cascalho	35	40
Areia siltosa	24	28

Liquefação associada a areias lançadas hidraulicamente.

A liquefação das areias lançadas hidraulicamente foi a causa de inúmeras rupturas de barragens de pequeno porte construídas em zonas sísmicas no Ocidente, no início deste século.

A ruptura da Barragem de Fort-Peck, em 1938, foi atribuída à liquefação do espaldar de montante envolvendo uma massa de 8.000.000 m³. Não foi notificada a ocorrência de nenhum evento sísmico associado.

O problema foi inicialmente estudado por A. Casagrande (Reimpressão - 1976) e décadas depois por Castro (1969). Esses autores demostraram a potencialidade de liquefação de areias mesmo em condições estáticas.

Os ensaios para determinar o potencial de liquefação exigem equipamentos triaxiais especiais com os seguintes requisitos:

- possibilidade de aplicação de carga controlada;

- capacidade de registrar em fita magnética as tensões e deformações que ocorrem durante e após a ruptura. Estes equipamentos devem registrar também o desenvolvimento da pressão neutra em todas as fases do ensaio, medidas no topo e na base das amostras.

Os ensaios são do tipo R'_{sat} conduzidos à carga controlada, para simular rupturas que ocorrem em tempos na casa dos segundos, a volume constante e sem alívio do carregamento. Os resultados desses ensaios são plotados em gráficos que relacionam o índice de vazios de ruptura (após o adensamento) com a tensão efetiva de confinamento σ'_c correspondente ao início do carregamento e com σ'_{3f}, tensão efetiva principal menor, após a estabilização do processo de liquefação. As Figuras 17.30 e 17.31 mostram os resultados típicos desses ensaios.

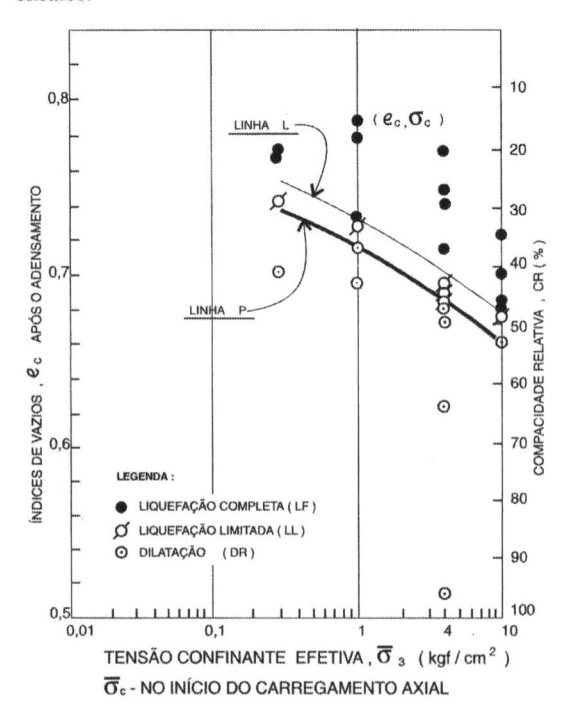

Figura 17.30 - Tipos de comportamento observados nos ensaios R'_{sat} a carga controlada - areia B (Castro, 1969).

Capítulo 17

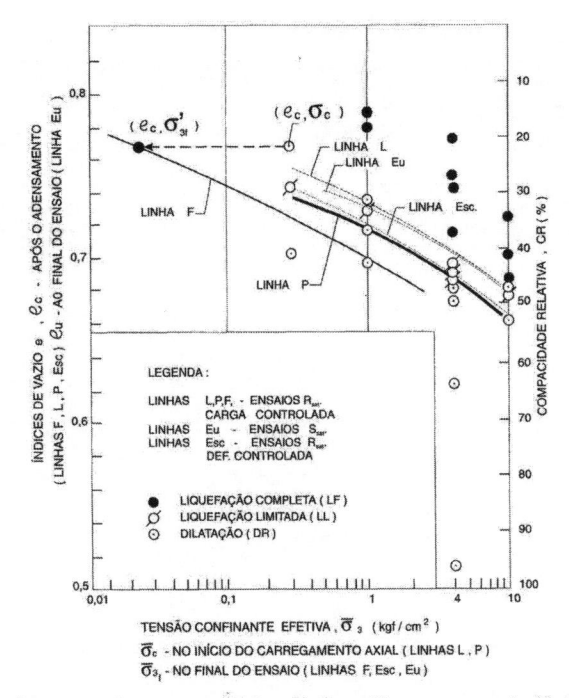

Figura 17.31 - Comparação entre as linhas F, Eu e Esc para a areia B (Castro, 1969).

Como as amostras são moldadas a diferentes níveis de índice de vazios, é possível relacioná-los com os seguintes tipos de comportamentos :

- liquefação completa - LT;

- liquefação parcial - LP;

- dilatação - DR.

Podem ser estabelecidas linhas divisórias de universos de condições iniciais de corpos de prova que apresentarão cada um desses tipos de comportamento, linha L e linha P da Figura 17.30.

Sempre que os pontos (e_c, σ_c) localizarem-se acima da linha L, a liquefação completa irá ocorrer. Se os pontos ficarem abaixo da linha P, ocorrerá dilatação, ou seja, as amostras tenderão a expandir na ruptura, gerando pressões neutras negativas.

A liquefação parcial irá ocorrer quando os pontos (e_c, σ_c) localizarem-se entre as duas linhas.

Casagrande preferia afirmar que a linha F (Figura 17.31), correspondente às condições finais de ensaio, separa as situações passíveis ou não de liquefação.

A questão da liquefação das areias é discutida em maiores detalhes no Capítulo 7, item 2, deste livro, em Castro (1969) e em Casagrande (1976).

Em outro contexto, Seed (1966) e seus seguidores estudaram, profundamente, fenômenos de liquefação associados a solicitações dinâmicas.

Com relação à prática russa, não são executadas barragens de areia em zonas sísmicas. Nessas regiões são utilizadas barragens de núcleo, como Mingtchaurskaya (Figura 17.17) ou barragens de areia apoiadas em "bermas de cascalho", com altura muito próxima da própria crista da barragem. Em regiões assísmicas, os russos não demonstram qualquer temor referente à liquefação de aterros hidráulicos em areia.

17.4 - ASPECTOS CONSTRUTIVOS DE BARRAGENS CONSTRUÍDAS HIDRAULICAMENTE

O sucesso de um aterro construído pelo processo de hidromecanização depende não só da adequação dos materiais de construção, mas também, fortemente, do processo construtivo.

Vários dos acidentes que ocorreram com aterros hidráulicos, no Ocidente, foram motivados por processos construtivos inadequados.

As técnicas descritas a seguir referem-se à experiência e à prática adotadas na CEI nas últimas décadas e que são descritas por Volnin (1965), Filimonov (1979) e Yufin (1974).

17.4.1 - Elementos de Construção de um Aterro Hidráulico.

Os elementos de construção de um aterro hidráulico estão mostrados em detalhe na Figura 17.32. Estão indicados a área de exploração (empréstimo) e o sistema de transporte e deposição da hidromistura.

A barragem é construída em módulos de extensão de 100 a 500 m, delimitados por diques transversais e longitudinais (ver detalhe inferior da Figura 17.32). Os diques são construídos com o mesmo material do aterro, e têm a função de conter a hidromistura, no módulo construtivo.

ESQUEMA DE LANÇAMENTO POR MEIO DA HIDROMECANIZAÇÃO EM UM MÓDULO

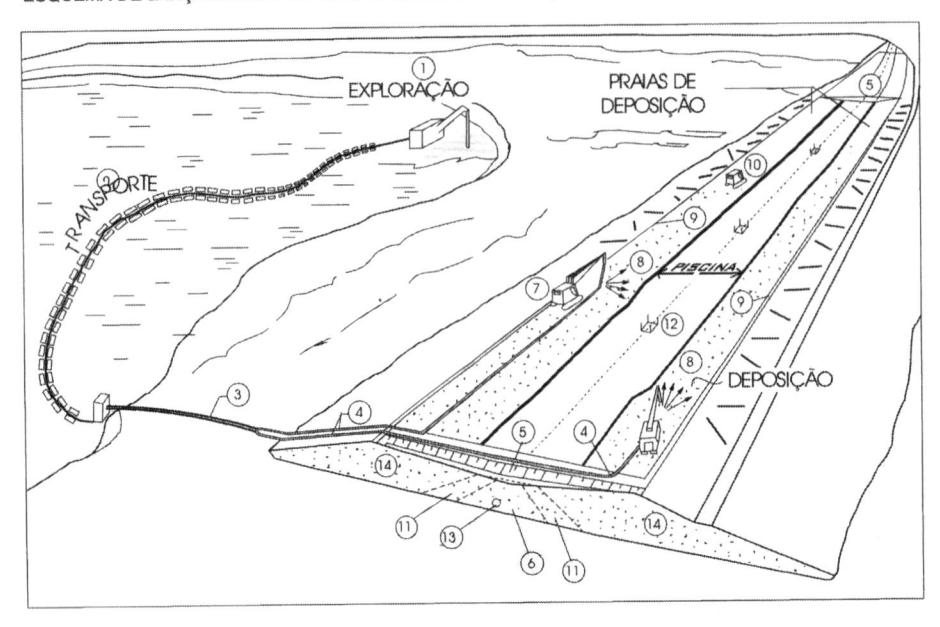

SEÇÃO TRANSVERSAL

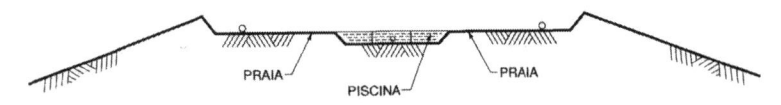

① DRAGA DE SUCÇÃO
② TUBULAÇÃO FLUTUANTE DE TRANSPORTE DA HIDROMISTURA
③ TUBULAÇÃO FIXA DE TRANSPORTE DA HIDROMISTURA
④ TUBULAÇÕES DE DISTRIBUIÇÃO
⑤ DIQUES TRANSVERSAIS
⑥ NÚCLEO
⑦ GUINDASTE SOBRE ESTEIRA
⑧ PRAIA DE DEPOSIÇÃO
⑨ DIQUES SIMULTÂNEOS LONGITUDINAIS
⑩ TRATOR DE LÂMINA PARA CONSTRUÇÃO DOS DIQUES SIMULTÂNEOS
⑪ ZONA INTERMEDIÁRIA
⑫ POÇOS DE ESGOTAMENTO
⑬ TUBO COLETOR
⑭ ESPALDAR

Figura 17.32 - Esquema de lançamento por meio de hidromecanização em um módulo (Volnin, 1965).

A hidromistura é sempre lançada longitudinalmente nas praias de deposição que formam os espaldares da barragem. A zona central e/ou núcleo forma-se na piscina central, pela sedimentação de partículas finas. A largura da piscina de sedimentação é determinante da granulometria do material que se deseja manter no núcleo e da fração que se pretende descartar.

O excesso de água e a fração descartada de solo são escoados pelos poços de esgotamento conectados na base a um tubo coletor longitudinal que, por sua vez, está ligado a um tubo transversal de esgotamento que direciona as águas para fora da área de aterramento.

17.4.2 - Preparo da Fundação e Diques de Construção

O preparo da fundação de barragens construídas hidraulicamente resume-se à remoção da vegetação e à escavação de camadas de solo mole, quando prevista em projeto. No leito do rio, no caso de fundação em areias, praticamente não é necessária qualquer preparação da fundação.

Inicialmente são construídos os diques longitudinais, que fazem parte do sistema permanente de drenagem nas primeiras camadas da porção de jusante, e podem incluir enrocamentos e transições. Vejam-se, por exemplo, as Figuras 17.10 - Kakhovskaya -, 17.14 - Kairak-Kaumskaya - e 17.15 - Golovnaya. Esses diques delimitam a base da barragem, sempre que a construção é feita por lançamento bilateral simultâneo.

Quando o lançamento é feito sem diques laterais, a delimitação da base da barragem decorre da extensão da praia de sedimentação em talude suave - Figura 17.33 e Figura 17.9.

Capítulo 17

LEGENDA :

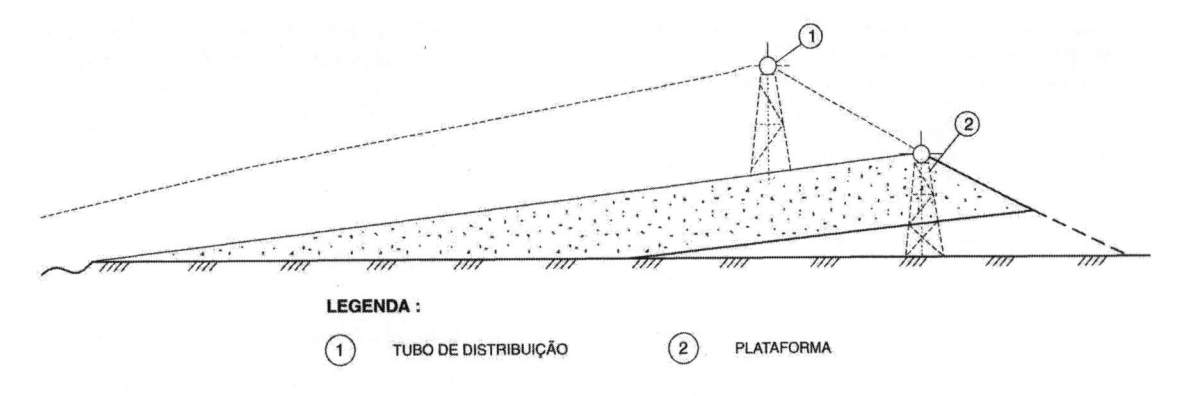

① TUBO DE DISTRIBUIÇÃO ② PLATAFORMA

Figura 17.33 - Esquema de lançamento unilateral pelo método com plataformas (Ogurtsov, 1974).

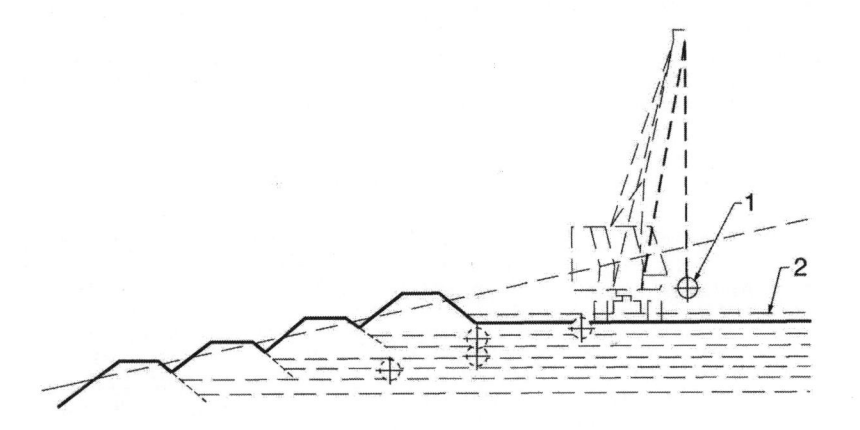

a) Seção

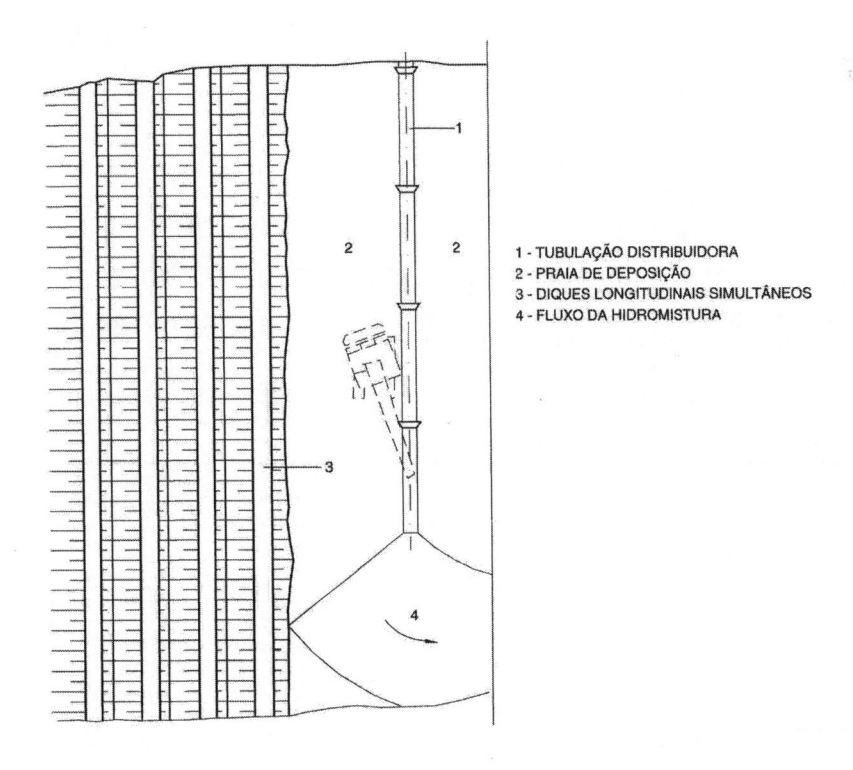

1 - TUBULAÇÃO DISTRIBUIDORA
2 - PRAIA DE DEPOSIÇÃO
3 - DIQUES LONGITUDINAIS SIMULTÂNEOS
4 - FLUXO DA HIDROMISTURA

b) Planta

Figura 17.34 - Lançamento sem apoios - acima do nível d'água (Ogurtsov, 1974).

À proporção que o aterro sobe, é necessário construírem-se novos diques transversais e longitudinais, para a delimitação dos módulos. Esses diques são construídos com altura pouco superior à da camada que irão conter, o que é váriavel em função do método de lançamento empregado.

17.4.3 - Sistema de Drenagem

Sistema definitivo

O sistema definitivo de drenagem consiste, na maioria dos casos, de um dreno de pé a jusante (Figuras 17.7, 17.13, 17.22). Em geral, é constituído por enrocamento com transições para a areia do aterro.

Quando um pé de enrocamento é construído a montante, ele apresenta a função de drenagem da fase construtiva, permitindo alteamento mais rápido do aterro. Secundariamente, o enrocamento funciona como contenção (delimitação) do espaldar de montante.

Sistema provisório

Tão ou mais importante do que o sistema definitivo, é o sistema de drenagem para a fase de construção. Esse sistema é formado pela piscina de sedimentação, poços de esgotamento, tubo coletor e tubo de esgotamento.

Da mesma forma que se deseja evitar a saída da linha freática no espaldar de jusante durante a operação, é necessário controlar o fluxo de água que se estabelece sob as praias de deposição no período construtivo (ver detalhe inferior da Figura 17.32).

A largura da piscina é controlada pela elevação dos poços de esgotamento e pela vazão da hidromistura.

Em cada módulo são construídos de dois a cinco poços de esgotamento, função das vazões lançadas e comprimento do módulo. Em geral, os poços são construídos a cada 100 a 200 m e apresentam seção quadrada com aresta entre 1 e 1,5 m.

Os tubos coletores longitudinais e os tubos de esgotamento são, usualmente, metálicos e unidos por solda. Esses tubos, normalmente, são dimensionados para funcionarem afogados. Os diâmetros mais comuns situam-se entre 0,50 e 0,90 m.

A cada módulo corresponde, em geral, apenas uma tubulação de esgotamento que deságua a montante.

17.4.4 - Métodos de Lançamento

Em plataforma

A Figura 17.33 ilustra o lançamento com o emprego de plataforma, onde a tubulação de descarga é apoiada. A hidromistura é lançada por orifícios na tubulação.

A altura da plataforma é função do tipo de equipamento empregado para a montagem da tubulação de descarga e dos taludes que se deseja impor à obra. Em geral, as plataformas apresentam cerca de 5 m de altura, são executadas em madeira e ficam perdidas no aterro.

Esse método está praticamente abondonado em face das desvantagens que apresenta:

- segregação granulométrica indesejável na direção longitudinal;

- grande consumo de madeira;

- dificuldades de montagem, desmontagem e deslocamento da tubulação;

- dificuldades de execução dos diques laterais de contenção junto às plataformas;

- dificuldades impostas ao controle de construção do aterro.

Assim, o método de lançamento por plataformas está restrito hoje a construções de pequena extensão e grande altura.

Lançamento sem apoio

Constitui o método mais mecanizado e econômico de lançamento. A Figura 17.34 ilustra esse método de lançamento.

A tubulação é disposta na longitudinal diretamente apoiada na praia de deposição. Um guindaste vai conectando, de tempos em tempos, segmentos de tubulação de 6 a 8 m de comprimento. A hidromistura é liberada pela extremidade da tubulação. Na "ida", forma-se uma subcamada de 0,6 a 0,7 m de subida do aterro. Na "volta", a tubulação é desconectada pelo guindaste também em segmentos. A subcamada correspondente à volta é da ordem de 0,3 a 0,4 m de espessura, o que perfaz camadas em torno de 1 m de espessura.

As principais vantagens desse método são :

- não utiliza madeira;

- facilita a execução dos diques laterais de contenção;

- resulta em aterros mais homogêneos na direção longitudinal;

- possibilita um controle mais sistemático do aterro à medida que as camadas são menos espessas.

Para solos arenosos, que drenam rapidamente e permitem o tráfego do guincho, esse método é o mais adequado e econômico.

Lançamento com apoios baixos

A tubulação de distribuição é apoiada sobre cavaletes de baixa altura e a descarga da hidromistura pode ser feita de modo concentrado ou disperso, como mostrado na Figura 17.35.

Os apoios da tubulação correspondem a duas estacas e a uma barra vertical, que podem ser de madeira ou de metal. A altura desses apoios é da ordem de 1,5 m e a camada lançada apresenta espessura de 1,0 a 1,2 m.

Capítulo 17

Esse método é recomendado para o lançamento de solos mais finos, que demoram mais para apresentar condições de tráfego para o guincho.

O método de lançamento com apoios baixos é bastante mecanizado e o consumo de madeira é pequeno quando comparado ao método em plataforma.

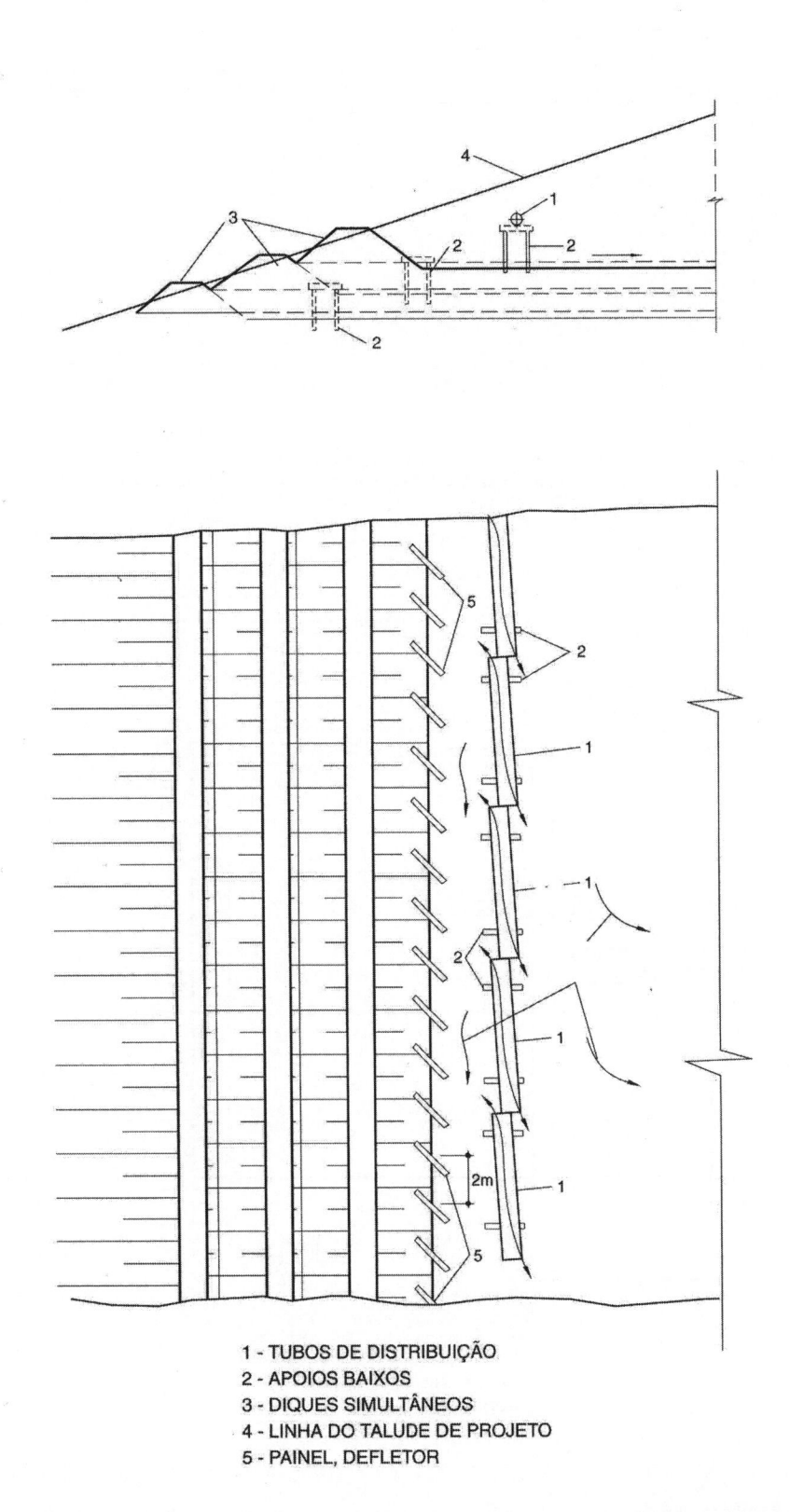

1 - TUBOS DE DISTRIBUIÇÃO
2 - APOIOS BAIXOS
3 - DIQUES SIMULTÂNEOS
4 - LINHA DO TALUDE DE PROJETO
5 - PAINEL, DEFLETOR

Figura 17.35 - Método de lançamento com apoios baixos e tubos desencontrados (Ogurtsov, 1974)

17.4.5 - Esquemas de Lançamento

Referem-se à disposição da tubulação no lançamento.

Esquema bilateral

A Figura 17.36 mostra o esquema de lançamento bilateral simultâneo.

Neste esquema, a hidromistura é lançada por montante e por jusante. Pode-se proceder ao lançamento de forma simultânea ou alternada, ora por montante, ora por jusante.

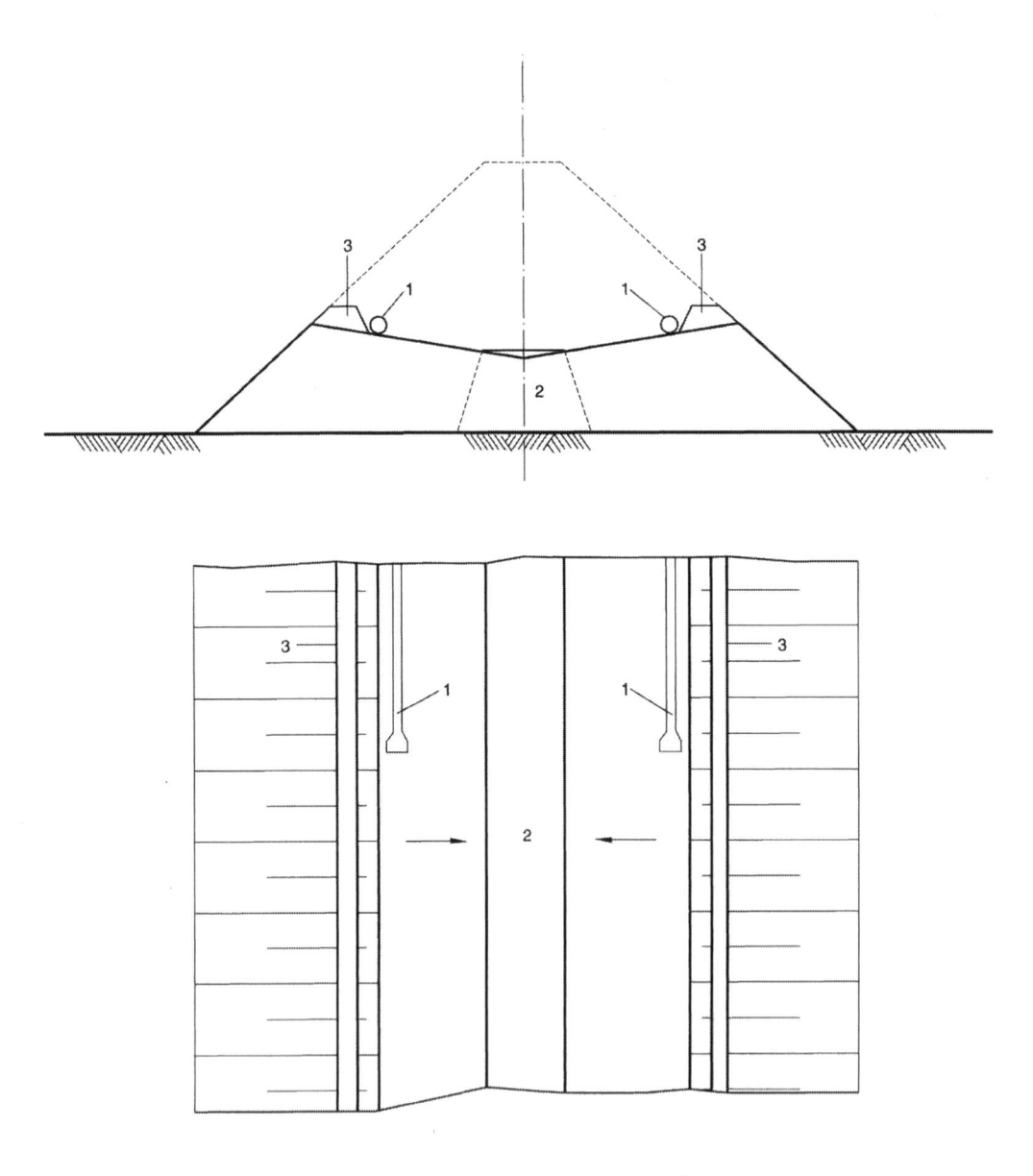

1 - TUBULAÇÃO DE DISTRIBUIÇÃO
2 - PISCINA DE SEDIMENTAÇÃO
3 - DIQUE

Figura 17.36 - Esquema de lançamento bilateral simultâneo (Ogurtsov, 1974)

Capítulo 17

Esquema unilateral

No esquema unilateral, a hidromistura é lançada apenas por um dos lados do aterro, como mostrado na Figura 17.37.

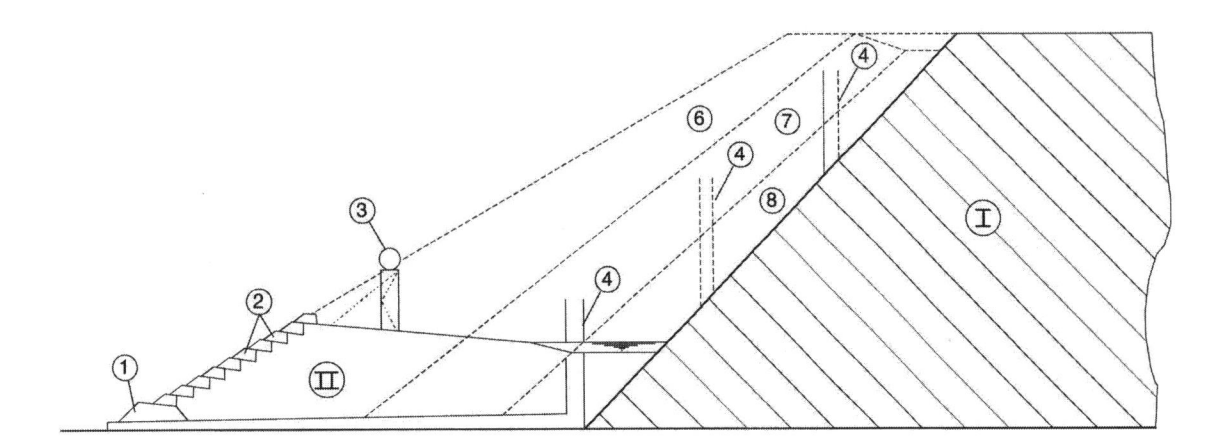

① DIQUE PRELIMINAR
② DIQUES SIMULTÂNEOS
③ TUBULAÇÃO DISTRIBUIDORA
④ POÇOS DE ESGOTAMENTO
⑤ PISCINA DE SEDIMENTAÇÃO
⑥ ESPALDAR
⑦ ZONA INTERMEDIÁRIA
⑧ NÚCLEO
Ⓘ MARGEM
Ⓘ Ⓘ OBRA DE REFORÇO

Figura 17.37 - Esquema de lançamento unilateral com piscina de sedimentação (Ogurstov, 1974).

A Figura 17.9, referente à Barragem de Kievskaya, mostra a seção construída com esse esquema na planície marginal sobre argila mole. O talude resultante foi da ordem de 20 (V): 1 (H).

Aliás, esse processo é o mais utilizado para a construção de barragens de perfis abatidos. Sua maior vantagem é não necessitar, obrigatoriamente, de sistemas de drenagem provisórios. O esquema unilateral tem sido muito empregado também para regularização de fundações e reforços de obras preexistentes.

Mosaico

Consiste em distribuir os cones de solo como mostrado na Figura 17.38.

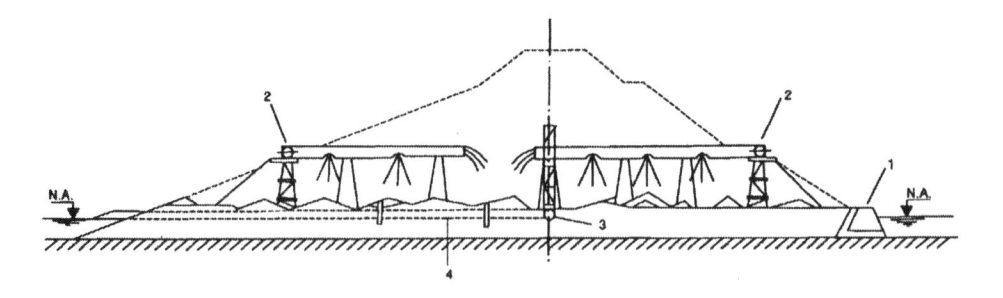

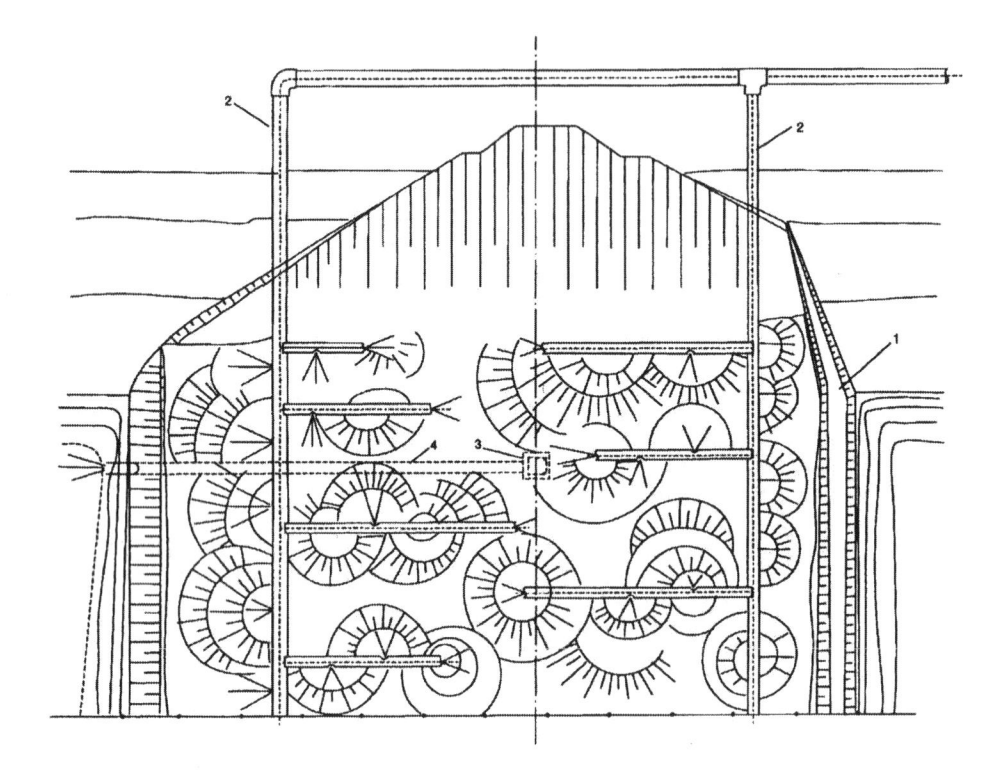

1 - PRÉ ENSECADEIRA DE ENROCAMENTO
2 - TUBULAÇÃO DE DISTRIBUIÇÃO
3 - POÇO DE ESGOTAMENTO
4 - TUBO DE ESGOTAMENTO

Figura 17.38 - Esquema de lançamento em mosaico por plataformas (Ogurstov, 1974)

Esse esquema é utilizado principalmente quando se deseja construir aterros homogêneos a partir de solos de empréstimo heterogêneos. O objetivo dessa técnica é impedir ao máximo a segregação, por isso o lançamento é feito em toda a área da barragem simultaneamente.

Aterro piloto de ponta

A Figura 17.39 mostra este esquema.

O aterro piloto de ponta é utilizado no lançamento submerso, como no caso de leitos de rios e planícies alagadas.

Consiste na descarga centralizada da hidromistura, propiciando a formação de um cone de solo sob a ponta da tubulação. Quando esse cone de solo aflora, é acrescentado um novo segmento de tubo e assim sucessivamente, formando-se linhas de cones de solo justapostos, as quais são denominadas prismas pilotos.

Esse esquema propicia melhores propriedades geotécnicas para os solos lançados hidraulicamente submersos, quando comparados a aterros resultantes de outros esquemas de lançamento submerso.

Capítulo 17

1 - PRÉ ENSECADEIRA DE ENROCAMENTO
2 - TRANSIÇÕES
3 - CHICANAS
4 - PRISMAS - PILOTOS
5 - PISCINA DE SEDIMENTAÇÃO
6 - NÚCLEO
7 - ESPALDAR
8 - POÇO DE ESGOTAMENTO
9 - TUBO DE ESGOTAMENTO
10 - TUBULAÇÃO DISTRIBUIDORA

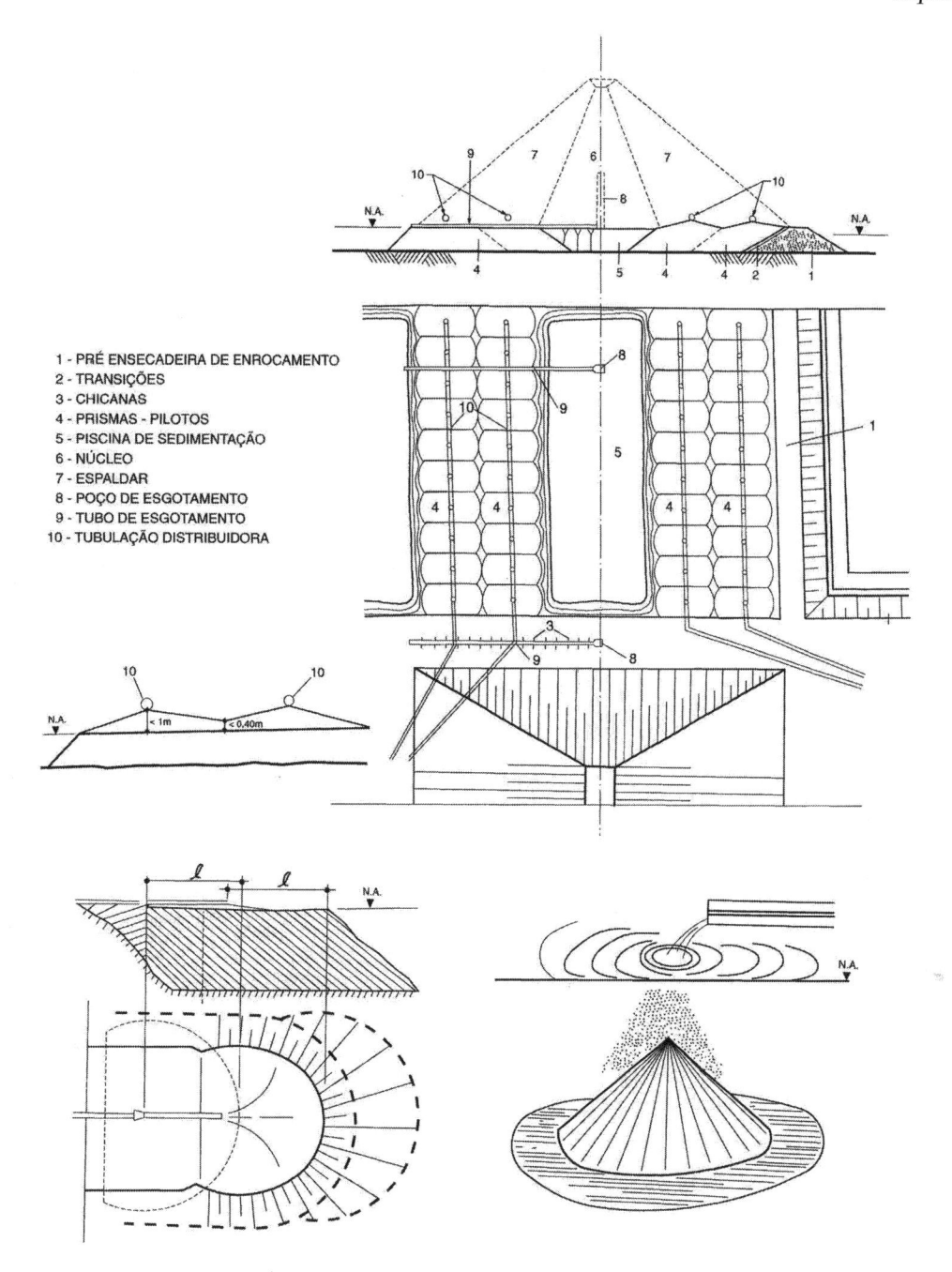

Figura 17.39 - Esquema de aterramento da parte submersa de uma barragem de núcleo por aterro piloto de ponta (Ogurstov, 1974).

17.5 - CONTROLE DE QUALIDADE

Controle de exploração do empréstimo

Este controle tem por objetivo garantir o correto caminhamento da draga e sua operação, conforme especificado em projeto.

Áreas não aproveitáveis do empréstimo devem ser delimitadas previamente e não se permite o acesso da draga a essas áreas.

Controle dos métodos e esquemas de lançamento

Os métodos e esquemas de lançamento são previamente determinados no projeto, em função do tipo de seção prevista para a barragem e dos parâmetros geotécnicos estimados.

A qualidade de um aterro lançado hidraulicamente depende em grande parte do correto lançamento da hidromistura no corpo do aterro. Se os processos executivos forem inadequadamente utilizados, o aterro resultante poderá apresentar propriedades abaixo das estimadas.

Controle das dimensões da piscina de sedimentação

A piscina de sedimentação corresponderá ao núcleo ou zona central da barragem.

As dimensões da piscina são definidas em função da granulometria do material de empréstimo e de modo a garantir a estabilidade da obra. O controle da largura da piscina é feito através de marcos que a delimitam e pela correta operação dos *stop-logs* dos poços de descarga.

Controle de consistência da hidromistura

A consistência da hidromistura, em porcentagem, é definida pela relação (em volume):

$$CA = \frac{\text{VOLUMES DE SOLOS E SEUS VAZIOS}}{\text{VOLUME DE LÍQUIDO SOBREJACENTE}} = \frac{h1}{h2}$$

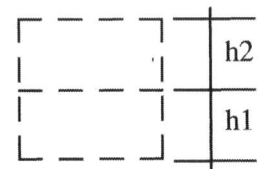

O controle da consistência deve ser procedido a cada metro da camada lançada.

A massa específica aparente seca que se obtém nos materiais lançados hidraulicamente depende da consistência da hidromistura. Quanto menor a consistência maior a densidade obtida. Entretanto, se a consistência for muito baixa, a subida do aterro tornar-se-á muito lenta.

Autores como Filimonov (1979) recomendam que o valor de *CA* deve apresentar média em torno de 10%. Variações de *CA* entre 8% e 10% garantem a obtenção de parâmetros geotécnicos adequados e sem variações significativas.

Controle da intensidade de lançamento

Valores usuais de intensidade real de lançamento são da ordem de 0,1 a 0,5 m / hora. Este parâmetro mede a subida do aterro no módulo durante o lançamento da hidromistura. O valor médio de subida do aterro é significativamente menor, pois existem as interrupções obrigatórias para coleta de amostras para controle de qualidade, execução dos diques de contenção lateral e, eventualmente, para aguardar a depleção da freática no interior do aterro em níveis que garantam a sua estabilidade.

Controle da mistura água - sólidos descartada pelos tubos de descarga

Um dos controles exercidos refere-se à mistura água-sólidos descartada pelos tubos de descarga.

Normalmente, medem-se a vazão e a concentração de sólidos desse material e determina-se a granulometria do material sólido. A concentração é medida pela relação entre o peso seco e o volume da hidromistura. Seu controle é feito a cada metro de subida do aterro.

Os valores da concentração da mistura esgotada referem-se à perda de material lançado e possibilitam o julgamento sobre a adequação das dimensões da piscina de sedimentação. Por exemplo, elevando-se a cota de boca do poço de esgotamento, pode-se reduzir a concentração de sólidos da mistura esgotada à custa de um aumento da piscina de sedimentação.

Granulometria, massa específica e umidade

As normas soviéticas recomendam que sejam procedidos ensaios de granulometria, massa específica e umidade a cada 2.000 a 5.000 m³ de aterro lançado.

É interessante ressaltar que a massa específica natural das areias é determinada a partir de um cilindro padrão de paredes finas, com volume de 750 cm³.

Ensaios de permeabilidade e $\gamma_{smáx}$ e γ_{smin}

Ensaios de permeabilidade nas direções vertical e horizontal e de $\gamma_{smáx}$ e γ_{smin} são requeridos a cada 20.000 a 50.000 m³ de aterro.

Nota-se que a prática soviética é muito mais embasada no controle da densidade γ_s da areia, em contraste com a experiência ocidental, apoiada no julgamento do estado de uma areia a partir do valor da compacidade relativa.

Ensaios especiais

A prática soviética tem dispensado a determinação do ângulo de atrito das areias para barragens com altura inferior a 50 m. Barragens deste porte apresentam, em sua grande maioria, seção em areia, e a qualidade do aterro é controlada basicamente pelos itens supracitados, os quais são verificados a cada 2.000 a 5.000 m³ de aterro.

A densidade, medida em cilindro padrão, está diretamente relacionada a resistência, compressibilidade e permeabilidade do aterro, como já discutido anteriormente.

Obviamente, esse procedimento está associado à vasta experiência com obras deste tipo, cujos desempenhos observados têm sido satisfatórios.

Para obras que apresentam alturas entre 50 e 60 m, os russos recomendam o uso de ensaios de cisalhamento direto e, acima de 60 m, a realização de ensaios triaxiais. Esses ensaios são realizados com freqüência de um a cada 20.000 a 50.000 m³ de aterro.

A retirada das amostras para esses ensaios é efetuada através de cilindros amostradores especiais que apresentam as dimensões dos equipamentos de ensaio. Os ensaios são conduzidos nas direções vertical e horizontal, tendo em vista a anisotropia da resistência.

No caso de barragens com núcleo, são executados, ainda, ensaios de adensamento para controle de seu estado de consolidação. A freqüência desses ensaios é a mesma dos demais ensaios especiais.

17.6 - DA APLICABILIDADE DA HIDROMECANIZAÇÃO NA CONSTRUÇÃO DE BARRAGENS NO BRASIL

Conforme já citado, aterros hidráulicos têm sido executados para diversas finalidades, destacando-se os aterros de rejeitos em barragens de mineração e os aterros hidráulicos para aproveitamento de recursos hídricos. Os primeiros fogem ao escopo deste livro, e são mencionados no Capítulo 2, apenas como uma referência; os últimos foram utilizados de forma pioneira em barragens para aproveitamento de recursos hídricos, na primeira metade do século, como resumido na Tabela 17.1.

A experiência brasileira de maior porte e mais recente, na qual foi incorporada a tecnologia moderna da construção de aterros hidráulicos, foi a construção do Aterro Experimental de Porto Primavera, descrito em detalhes por Moretti (1988). Segue-se um resumo dos principais aspectos desse aterro.

Na década de 1970, a CESP, na qualidade de proprietária e a THEMAG, como projetista, aventaram a construção da futura Barragem de Porto Primavera, no rio Paraná, por meio de hidromecanização.

Dentro desse enfoque, foi projetado e construído um aterro experimental de campo, embasado na experiência soviética. Para tanto, contou-se com o apoio bibliográfico e de consultores russos. O aterro foi construído em um terraço aluvionar com espessura da ordem de 10 m, constituído basicamente de três horizontes, como mostra o esquema a seguir:

areia pouco argilosa	1 a 2 m
areia lavada	6 a 7 m
cascalho arenoso basal	0 a 1 m

A área de empréstimo utilizada localizava-se ao lado do aterro e foi explorada por dragagem. Assim, o material de empréstimo correspondeu à média granulométrica ponderada dos materiais mostrados no esquema acima.

A Figura 17.40 mostra a granulometria do material de empréstimo do aterro experimental em relação à norma soviética e em comparação com os solos de empréstimo de algumas barragens soviéticas.

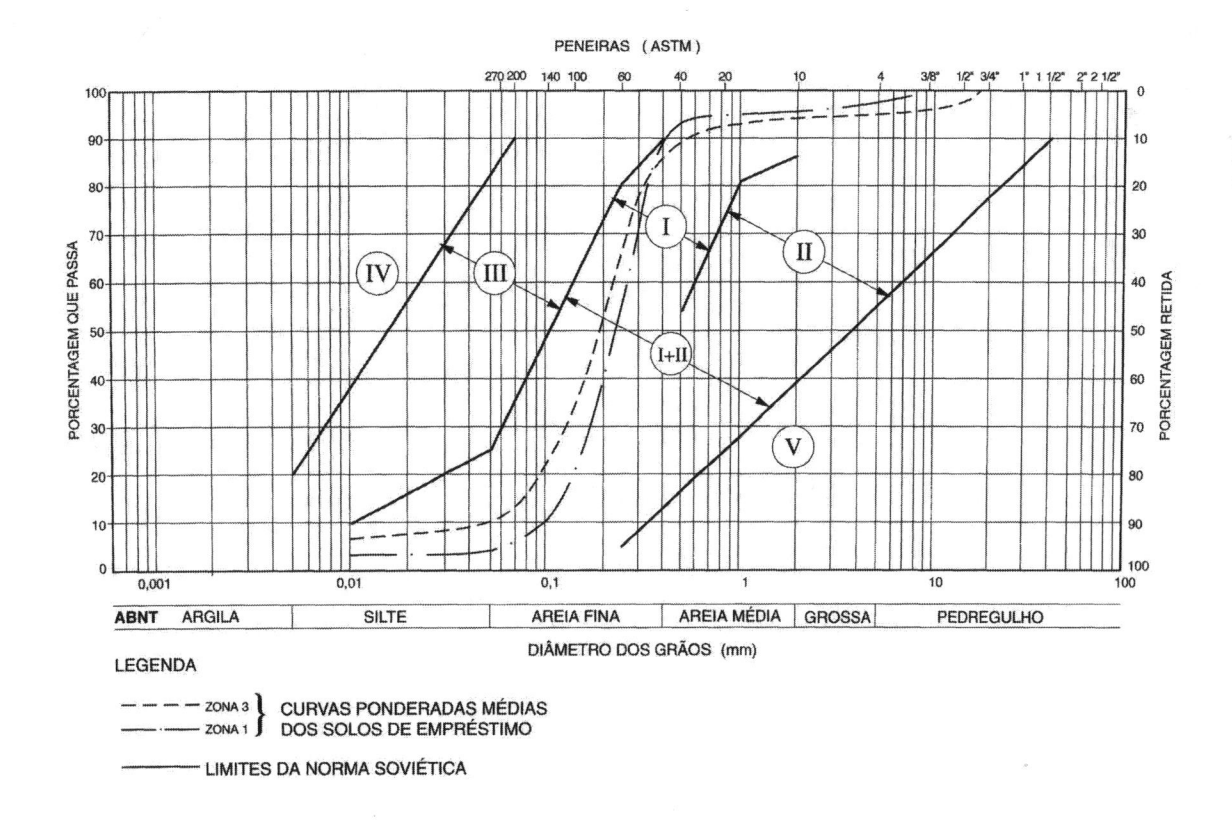

Figura 17.40 - Curvas granulométricas ponderadas das zonas 1 e 3 do empréstimo de Porto Primavera (Melentiev, 1973, *apud* Moretti, 1988)

O aterro foi construído em 10 camadas, cada qual com 1m de espesssura, sendo a primeira em condições submersas e as demais, acima do nível d'água. Para execução da camada submersa, foi construída uma piscina artificial e o material foi lançado em aterro piloto de ponta (Figura 17.41). As camadas emersas foram construídas com lançamento pelo método sem apoios, com esquema bilateral simultâneo na 2ª, 3ª e 4ª camadas e alternado nas demais.

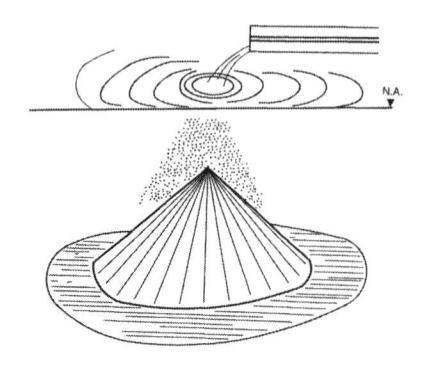

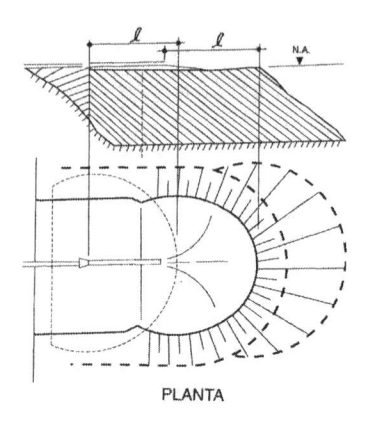

a) Lançamento submerso (Yufin, 1974, *apud* Moretti, 1988)

b) Formação de uma linha de lançamento submerso (Yufin, 1974, *apud* Moretti, 1988)

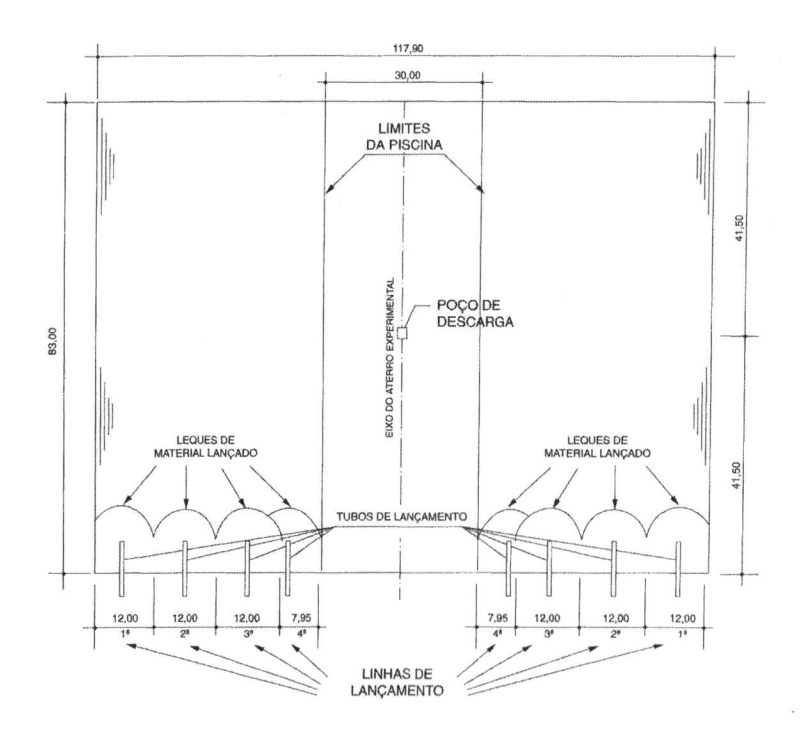

c) Planta esquemática do lançamento da 1ª camada do aterro experimental (CESP 1982)

Figura 17.41 - Execução da camada submersa (Moretti, 1988)

Na 2ª, 3ª e 4ª camadas foi utilizada uma piscina permanente, na tentativa de se obter uma zona central mais fina. A tentativa, porém, foi frustrada, pois a quantidade de finos era insuficiente para este tipo de procedimento. Assim, a partir da 3ª camada, a piscina passou a ser do tipo transitória, oscilando entre 0% e 15% da largura da seção. Na piscina transitória, a capacidade de retenção de finos é bem menor que na piscina permanente.

As diferenças de granulometria entre espaldares e zona central foi pequena, com a zona central contendo um pouco mais de finos, como ilustra a Figura 17.42. Ressalta-se que pela própria característica do lançamento submerso, a primeira camada não apresenta diferenças entre zona central e espaldares.

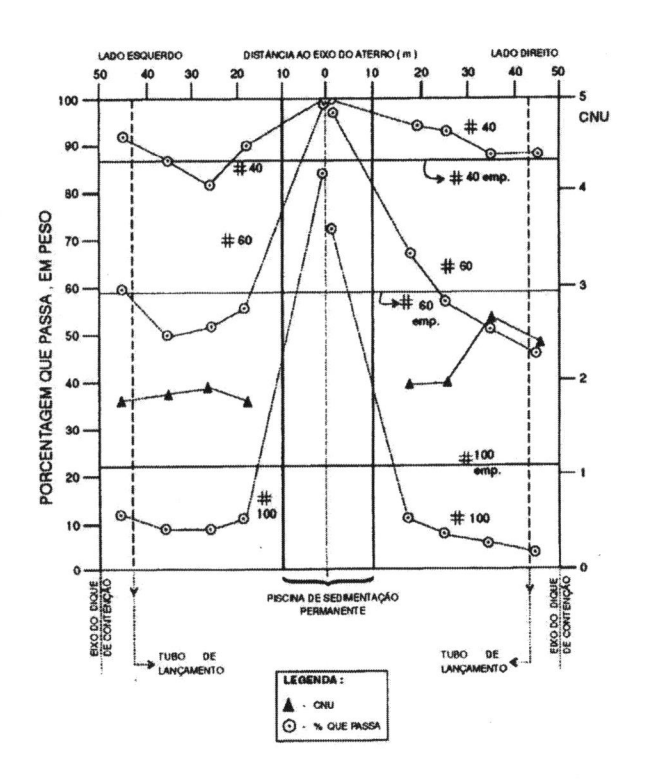

a) Porcentagem que passa nas peneiras 40, 60 e 100, ao longo da seção transversal - 3ª. camada.

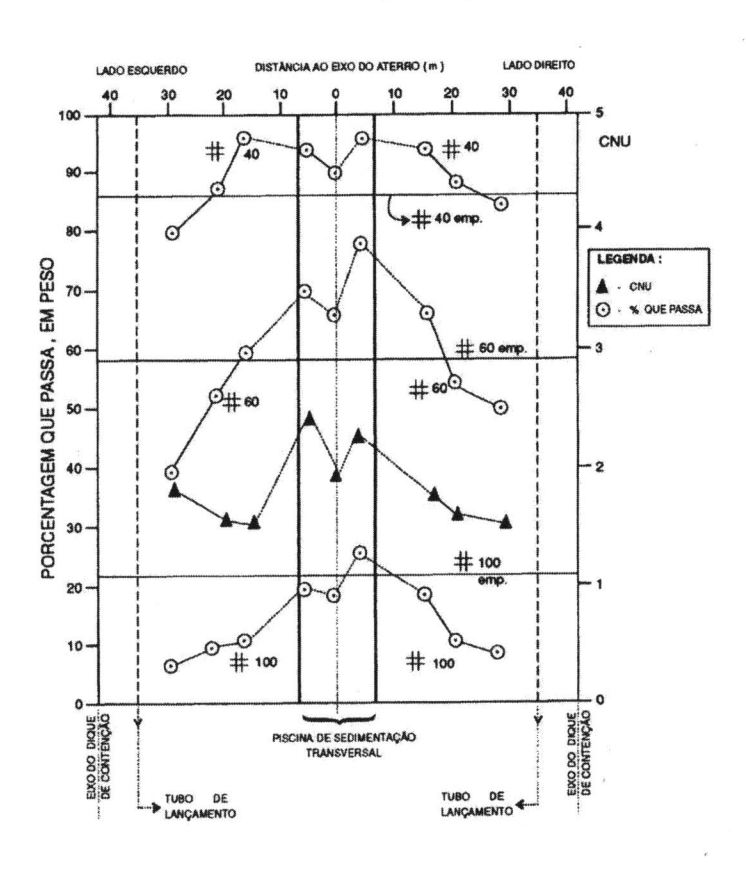

b) Porcentagem que passa nas peneiras 40, 60 e 100, ao longo da seção transversal - 5ª. camada.

Figura 17.42 - Diferenças de granulometria entre espaldares e zona central (Moretti, 1988).

Os valores de massa específica aparente seca obtidos no aterro experimental estão resumidos na Tabela 17.7.

Tabela 17.7 - Valores médios de γ_s obtidos no aterro experimental

camada	γ_s (g/cm³)		
	espaldar esquerdo	zona central	espaldar esquerdo
1_a	1,763	-	1,767
2_a	1,719	-	1,719
3_a	1,664	-	1,652
4_a	1,650	1,633	1,659
5_a	1,661	1,647	1,664
6_a	1,666	1,654	1,669
7_a	1,646	1,656	1,640
8_a	1,657	1,664	1,659
9_a	1,662	1,637	1,667
10_a	-	-	1,659

Nota-se que a primeira camada, apesar de ter sido lançada submersa, apresenta os maiores valores de γ_s. Cabe lembrar que a altura da lâmina d'água era pequena e que os resultados referem-se ao topo da camada.

A segunda camada apresentou valores elevados de γ_s, provavelmente devido à baixa consistência da hidromistura. A partir da terceira camada, acredita-se que o processo construtivo tenha sido mais sistemático e dentro de padrões usuais, e os valores médios de γ_s tornaram-se praticamente constantes, entre 1,63 g/cm³ e 1,67 g/cm³. A diferença entre a zona central e os espaldares é muito pequena.

Os valores médios de γ_s obtidos foram maiores que os previstos pelos consultores russos Filimonov e Korshunov (1,57 e 1,59 g/cm³) e que o previsto pela norma russa para areias finas de grãos arredondados (1,60 /cm³).

Também os valores de ângulo de atrito obtidos no material do aterro experimental foram superiores às expectativas. Enquanto as previsões dos consultores e aquelas feitas a partir de bibliografia indicavam valores da ordem de 300, foram obtidos, em ensaios de cisalhamento direto, os seguintes valores, para as camadas a partir da terceira:

- vertical = 37° a 39°;
- horizontal = 35° a 37°;
- amostra moldada = 31° a 34°.

Esses valores, ainda que muito acima das expectativas, confirmam a anisotropia de resistência nos aterros hidráulicos, e o fato de que amostras moldadas na mesma densidade apresentam valores de resistência mais baixos.

Quanto às permeabilidades do aterro experimental, pôde-se verificar valores na horizontal maiores que na vertical porém a anisotropia não supera, em média, a casa de 1,5. Os valores médios de k foram da ordem de 10^{-2} cm s, dentro das expectativas para o material em questão.

Em resumo, a experiência de Porto Primavera permitiu toda uma reavaliação dos conceitos referentes ao projeto e construção de barragens em aterro hidráulico.

Com o domínio das técnicas modernas de hidromecanização, a execução de barragens em aterro hidráulico é uma alternativa a ser considerada. Essa solução pode ser bastante atraente em função das condições do local de implantação da obra.

As técnicas atuais de hidromecanização mostram-se mais eficientes para a construção de barragens homogêneas em areia ou com zona central de areia fina.

Assim, especialmente em rios com extensas planícies aluvionares arenosas, a solução em aterro hidráulico será extremamente competitiva, de vez que há areia como material de empréstimo em abundância e à pequena distância de transporte. Além disso, esses rios normalmente são caudalosos, e a perda de água que ocorrerá pelo conjunto maciço - fundação será irrisória perante a vazão mínima do rio.

REFERÊNCIAS BIBLIOGRÁFICAS

CASAGRANDE, A. 1976. Liquefaction and deformation of sands, a critical review. *Harvard Soil Mechanics Series*, n. 88.

CASTRO, G. 1969. Liquefaction of sands. *Harvard Soil Mechanics Series*, n. 81.

FILIMONOV, V. A. 1974,1975,1979. Consultoria do Eng. Valery A. Filimonov sobre o Aterro Hidraúlico da Usina de Porto Primavera. *Relatórios emitidos pela Themag Engenharia para a CESP*.

GOSSTROI / URSS. 1974. Snip II-53-73; *Normas e Especificações para a Construção*. Capítulo II - Normas de Projeto, Item 53. Barragens em solo. Materiais. Moscou: Stroizdat. (em russo).

GUERRA, M de O., FRANÇA, P. C. T. 1986. *Hidromecanização*: experiência brasileira nas barragens do Rio Grande e Guarapiranga. SãoPaulo: ABMS/ELETROPAULO.

KORSHUNOV, M.G. 1977. Construção da Barragem de Terra da Usina e Eclusa Porto Primavera por meio da Hidromecanização. *Relatório da Consultoria de M.G. Korshunov emitido pela Themag Engenharia para a CESP*.

MELENTIEV, V. A., KOLPASCHENIKOV, N. P., VOLNIN, B. A. 1973. *Obras Lançadas Hidraulicamente* (Princípios de Cálculos em Projetos). Moscou: Energia. (em russo).

MORETTI, M. R. 1988. *Aterros Hidráulicos - A Experiência de Porto Primavera*. Disertação de Mestrado. EPUSP.

NEGRO Jr., A., SANTOS Fº, M. G. e GUERRA, M. O. 1979. Características geotécnicas de solos de aterros hidraúlicos e a experiência na Barragem de Guarapiranga. *Revista Solos e Rochas*, v. 1, n. 3.

OGURTSOV, A. I. 1974. *Estrutura de Solo Lançado*. Moscou: Stroizdat. 3ª edição (em russo).

SANTOS, N. B., MEYER, P. 1980. A previsão da segregação granulométrica em aterros hidraúlicos. *Anais do XIII Seminário Nacional de Grandes Barragens*, Rio de Janeiro. CBGB, v. 1.

SEED, H. B. e LEE, K. L. 1966. Liquefaction of saturated sands during cyclic loading. *Journal of the Soil Mechanics and Foundation Division*, ASCE, v. 92, n. SM6.

VOLNIN, B. A. 1965. *Tecnologia da Hidromecanização nas Construções Hidráulicas*. Moscou: Energia. (em russo).

YUFIN, A. P. 1974. *Hidromecanização*. Moscou: Stroizdat. (em russo).

UHE Ilha Solteira - Ensecadeira Provisória (*Cortesia CAMARGO CORRÊA*)

3ª Parte
Capítulo 18
Ensecadeiras

18 - ENSECADEIRAS

18.1 - INTRODUÇÃO

A intenção de introduzir um capítulo referente a ensecadeiras prende-se a um conjunto de fatores que em alguns projetos são de importância vital para o sucesso do empreendimento. Em geral, ensecadeiras são estruturas complexas e que envolvem duas áreas da Engenharia: a Geotecnia e a Hidráulica. Entre os muitos fatores envolvidos podem-se listar os seguintes:

(I) - são obras que em muitos casos exigem intervenções rápidas de campo, e que podem mesmo romper, com prejuízos materiais e de cronogramas de execução. A ruptura de uma das ensecadeiras de Tucuruí retardou o cronograma da obra em 1 ano.

(II) - são obras em geral provisórias, e que são projetadas para uma vazão do rio correspondente a um período de recorrência limitado - 10, 20, 50 anos no máximo. Em várias obras, têm ocorrido vazões superiores à de projeto, com conseqüências variadas. No caso da ensecadeira de Jupiá, os danos causados por uma cheia foram surpreendentemente pequenos.

(III) - se não forem bem planejadas, podem consumir os melhores materiais de construção disponíveis no local, com sérios prejuízos para a obra definitiva. No caso da Barragem de Passaúna / PR, os melhores solos de empréstimo foram utilizados na ensecadeira de primeira fase, criando sérios problemas para a obtenção de solos argilosos destinados ao "pseudo-núcleo" da barragem. O mesmo pode ocorrer com os enrocamentos. Na chamada seção de fechamento, em geral são necessários blocos rochosos de grandes dimensões, que às vezes são os únicos disponíveis na obra para a execução do *rip-rap*. No caso da Barragem de Rosana, foi necessário recorrer ao emprego de solo-cimento para a construção do *rip-rap*, porque as ensecadeiras consumiram os poucos blocos de basalto não desagregável que havia no local. Blocos de basalto potencialmente desagregáveis e de arenitos têm sido usados em ensecadeiras, sem problemas. Já o emprego desses materiais em enrocamentos e proteção de taludes de barragens pode ser discutível. É de grande importância no projeto de uma barragem que os materiais de empréstimo destinados às ensecadeiras estejam bem identificados. A "vedação" externa de uma ensecadeira provisória pode ser feita praticamente com qualquer solo. Uma alternativa é o reaproveitamento dos materiais utilizados nas ensecadeiras, chamada de "canibalização" no caso de Tucuruí.

(IV) - muitos dos acidentes que ocorrem com ensecadeiras devem-se à inexperiência das equipes de fiscalização, aos métodos construtivos utilizados, e à falta de investigações adequadas sobre a natureza dos materiais empregados, principalmente nas zonas de transição. Isso decorre do fato de que ensecadeiras são estruturas construídas no início das obras, numa época em que as equipes de fiscalização, o empreiteiro e as investigações de campo não estão ainda bem definidos e operacionais.

(V) - as condições de fundação das ensecadeiras nem sempre podem ser bem conhecidas, especialmente na área do leito do rio. A ocorrência de bolsões ou camadas de areia fina e fofa, e a presença de depressões da rocha preenchidas por areias, blocos de rocha, ou mesmo argila mole, associada a dificuldades de dragagem, variações bruscas do gradiente de percolação, e vibrações causadas pelos equipamentos podem criar condições favoráveis à liquefação das areias, e/ou à ocorrência de *piping*, mesmo para gradientes muito reduzidos.

(VI) - quando os materiais são lançados dentro d'água, os taludes que se formam representam uma condição de equilíbrio limite, que vai se modificando com o lançamento sucessivo de novas camadas, ou ainda de outros materiais. Os enrocamentos tendem a se estabilizar em taludes de 1,0 (H) : 1,0 (V) até 1,5 (H) : 1,0 (V), em função do tamanho e da forma dos blocos; as transições (areias e britas, ou cascalhos) estabilizam-se em taludes que vão de 1,5 (H) : 1,0 (V) até 2,5 (H) : 1,0 (V). Já os solos tendem a se estabilizar em taludes de inclinação decrescente com a profundidade. Na parte superior, são estáveis em taludes de 2,0 (H) : 1,0 (V) a 2,2 (H) : 1,0 (V), passando para 3,0 (H) : 1,0 (V) a 5,0 (H) : 1,0 (V) e, na base, podem alcançar 6,0 (H) : 1,0 (V) a 8,0 (H) : 1,0 (V). Se, pelo processo de lançamento ou devido à grande lâmina d'água, se formar uma "frente de lama", o talude médio poderá alcançar 20 (H) : 1,0 (V). Devido a essas diferenças de inclinação, a superposição de camadas pode tornar-se muito problemática. Considere-se, por exemplo, a dificuldade de proteger um talude de solo lançado com enrocamento, antecedido de camadas de transição. Some-se a essa dificuldade o problema de segregação de materiais de granulometria ampla. Esses materiais, que podem ser ideais para as transições em condições emersas, podem ser "desastrosos" se lançados abaixo d'água.

(VII) - a Figura 18.1 mostra, de forma esquemática, as várias ensecadeiras que foram necessárias à construção da Barragem de Tucuruí. Sempre que as ensecadeiras de uma fase cruzam ou se encontram com as ensecadeiras de outra fase, surge um problema complexo de vedação. Se não for prevista uma seção de "espera", esses encontros tornam-se problemas de difícil solução e que podem exigir grandes volumes de material para a sua execução.

(VIII) - muitas ensecadeiras têm de ser removidas, como é o caso das ensecadeiras de 1ª fase de Tucuruí, já referidas (Figura 18.1). Quando as ensecadeiras são de solo, a remoção é relativamente simples, e o próprio rio pode se encarregar de removê-las a partir do momento em que as mesmas são galgadas. Mas se a ensecadeira é em parte em enrocamento, o custo e os recursos de remoção devem ser considerados.

Capítulo 18

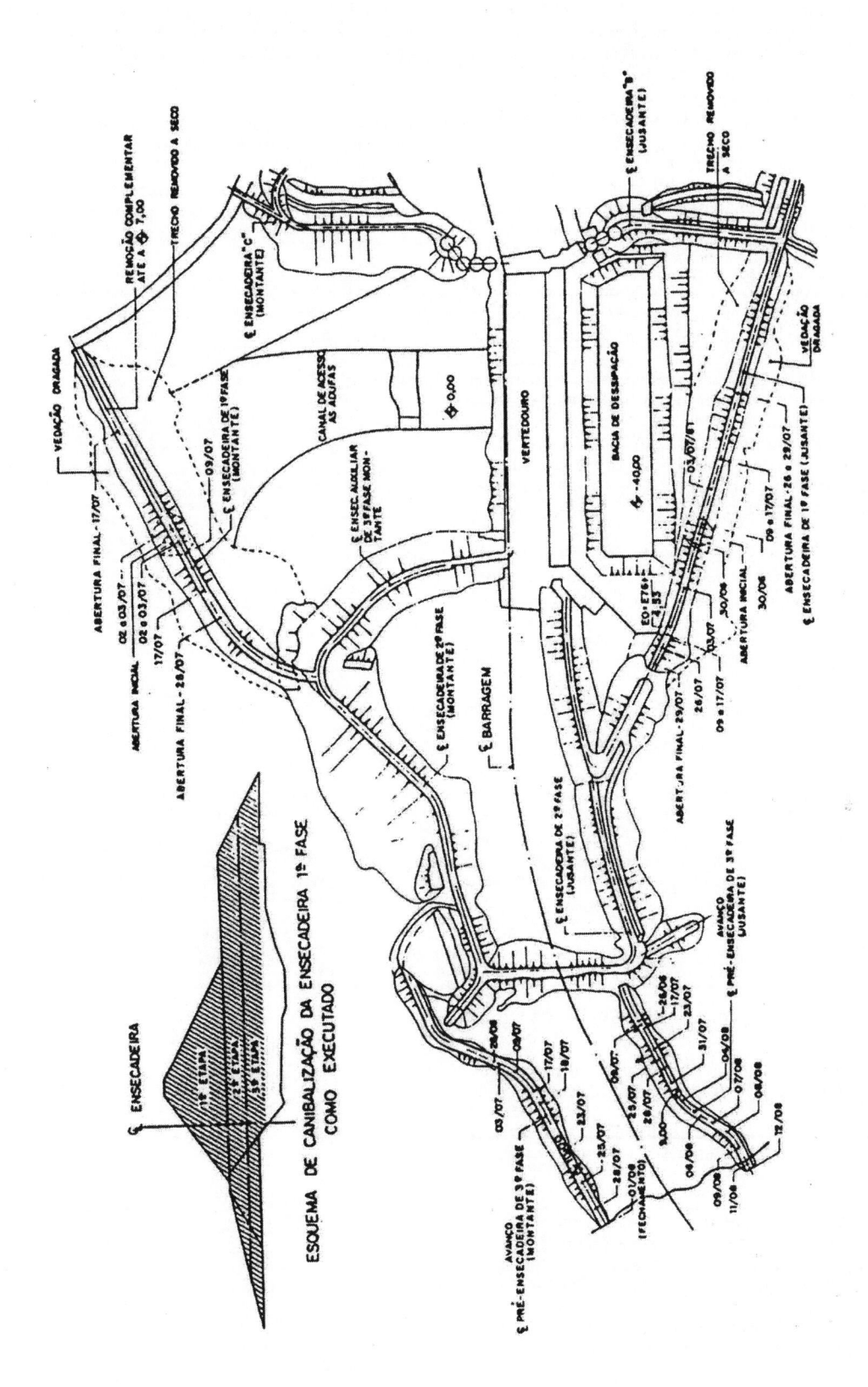

Figura 18.1 - Ensecadeiras da Barragem de Tucuruí (ENGEVIX-THEMAG, 1987)

100 Barragens Brasileiras

(ix) - a incorporação das ensecadeiras à barragem é uma opção muitas vezes econômica e recomendável. Neste caso é necessário que os mesmos requisitos de segurança da barragem sejam obedecidos, e por se tratar de obras construídas em parte imersas e em tempos reduzidos, o controle de qualidade torna-se mais difícil. Incorporações parciais em muitos casos representam a melhor opção.

(x) - em projetos de responsabilidade, ou seja, de rios com vazões significativas, é sempre necessária a simulação do desvio do rio em modelos hidráulicos em laboratório. Conquanto esses modelos tenham evoluído muito, ainda há dificuldades de transposição de escala e de uma representação correta dos materiais aluvionares que ocorrem no leito do rio. Por outro lado, nem sempre se dispõe na obra, por exemplo, dos blocos de rocha nas dimensões recomendadas pelos estudos hidráulicos em modelo, e aí podem surgir conflitos. A solução pode envolver a confecção de blocos especiais de concreto, como os tetrapodos, ou o emprego de "rosários", ou seja, a associação de blocos rochosos através de um cabo de aço, que passa por furos abertos nesses blocos.

(xi) - ensecadeiras são obras que exigem criatividade não só no projeto, mas, em grande parte, durante sua execução. É uma área da geotecnia de barragens, onde há muito espaço para a engenhosidade, porque não há praticamente critérios nem normas rígidas de projeto. Por outro lado, são obras de risco, porque dimensionadas para vazões estimadas para tempos relativamente curtos de recorrência.

(xii) - finalmente, é importante salientar que ensecadeiras têm sido construídas com os mais diversos materiais, como estacas de aço, madeira, sacos de areia e cimento, bolsa-creto, enrocamento injetado com argamassa, campânula de ar comprimido (caixão flutuante), e até mesmo vagões, já em desuso, de trens. No contexto que se segue, serão discutidas ensecadeiras de solo e solo-enrocamento.

18.2 - TIPOS DE ENSECADEIRAS

As ensecadeiras, na maioria dos casos, envolvem um trecho construído na margem dos rios e um trecho no leito do rio. No primeiro trecho a ensecadeira é construída sobre os aluviões, que podem conter bolsões de areia, de solos silto-arenosos, silto-argilosos e de solos moles.

O projeto da ensecadeira tem de levar em conta a ocorrência dessas formações, e deve incluir trincheiras vedantes em formações permeáveis, e mesmo a remoção de camadas moles que venham a condicionar a sua estabilidade. Como o N.A. em geral é elevado, quaisquer escavações procedidas nessas áreas envolvem escavações submersas, e a reposição de materiais sob água.

No leito do rio, tanto pode ocorrer rocha como depósitos aluvionares, tais como areias, cascalhos, e argilas moles. No caso de rocha, as soluções são mais simples. Já no caso de areias e cascalhos, a inclusão de um dispositivo de vedação pode se tornar um problema sério.

Alguns exemplos de ensecadeiras projetadas e/ou construídas em barragens são incluídos no item 18.3.

Os desenhos que se seguem representam ensecadeiras-tipo que têm sido empregadas em barragens brasileiras.

18.2.1 - Ensecadeiras Fundadas em Rocha

Toda ensecadeira de leito de rio é construída em duas etapas, que compreendem a pré-ensecadeira, e o seu alteamento.

A pré-ensecadeira é executada com material lançado (solo ou rocha) quando o rio se encontra com vazão baixa. O alteamento pode ser executado totalmente a seco, ou parte submerso e parte a seco.

As figuras seguintes apresentam várias soluções que podem ser adotadas.

A Figura 18.2 mostra uma pré-ensecadeira em rocha, com vedação externa em solo lançado.

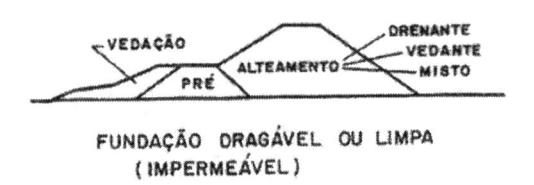

Figura 18.2 - Pré-ensecadeira em rocha, com vedação externa em solo lançado

O alteamento em geral é feito a seco, em solo compactado, ou em solo e enrocamento, como mostrado na Figura 18.3.

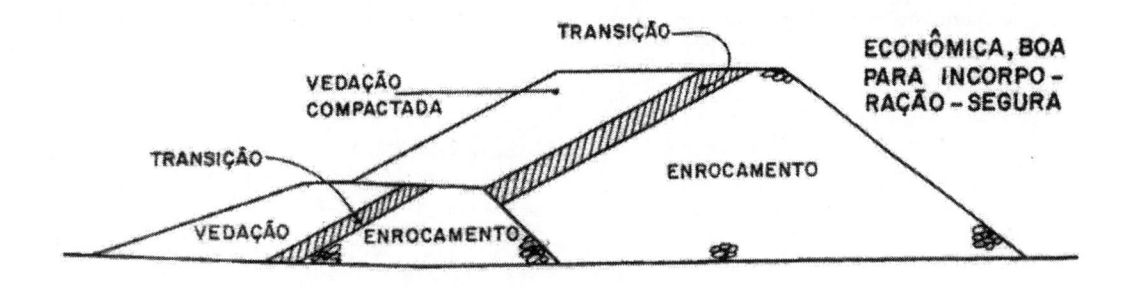

Figura 18.3 - Esquema do alteamento

A vedação externa funciona bem quando o rio é fechado em etapa única e o desvio é feito por túnel.

A Figura 18.4 é uma solução adequada para ensecadeiras em "U" (por exemplo, segunda fase de Tucuruí - Figura 18.1), porque delimita bem a extensão dos pés da ensecadeira. O problema básico deste tipo de ensecadeira é que ela requer um conhecimento adequado do topo rochoso, porque se nele ocorrer uma depressão desconhecida, as pré-ensecadeiras de enrocamento podem se aproximar ao ponto de reduzir, ou mesmo anular, a base da vedação em solo.

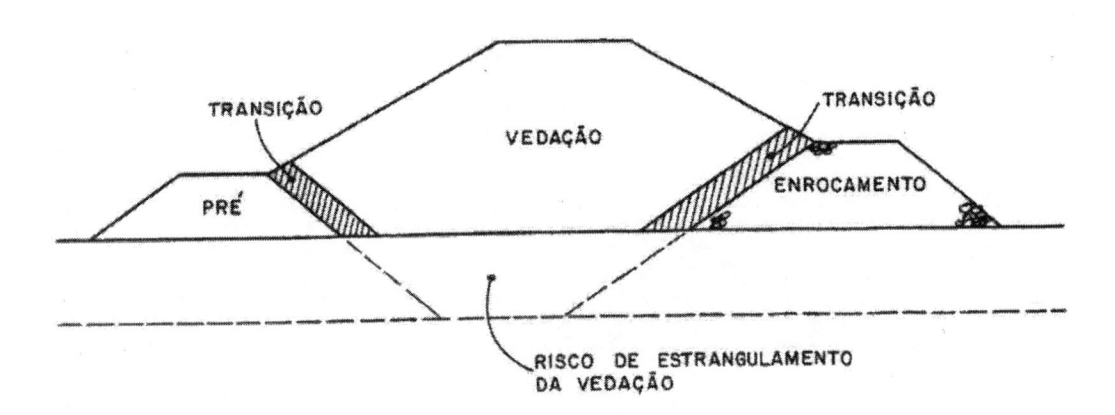

Figura 18.4 - Ensecadeira com dois pés de enrocamento e núcleo central

A Figura 18.5 é uma variante da Figura 18.3, na qual a vedação externa é apenas provisória. Neste caso, como no da Figura 18.3, é fundamental que entre a vedação e o enrocamento seja colocada uma transição granulométrica efetiva (ver Capítulos 10 e 15, para os requisitos de transição). Uma falha de transição pode levar à ocorrência de um *piping*, como ocorreu em uma das ensecadeiras de Tucuruí (ver Figuras 18.6 e 18.7).

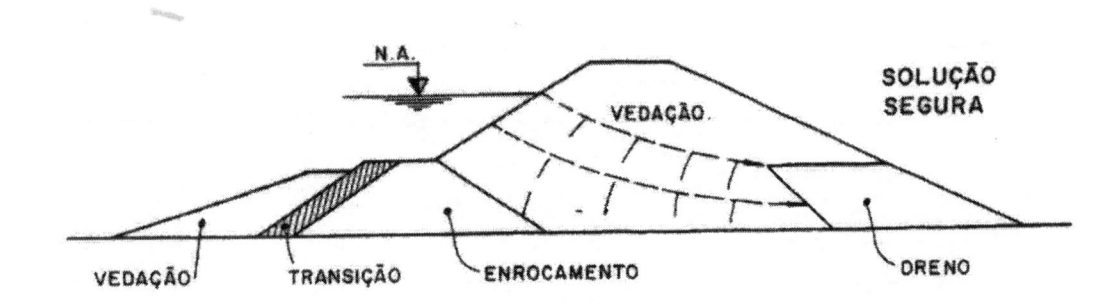

Figura 18.5 - Ensecadeira com vedação externa provisória

A Figura 18.5 mostra ainda outra variante da Figura 18.2, porque incorpora um dreno de pé. É uma solução recomendada sempre que o período de desvio seja longo e o N.A. de montante mantenha-se elevado, dando origem ao desenvolvimento de uma linha freática que, se não for interceptada, poderá comprometer a estabilidade do talude de jusante.

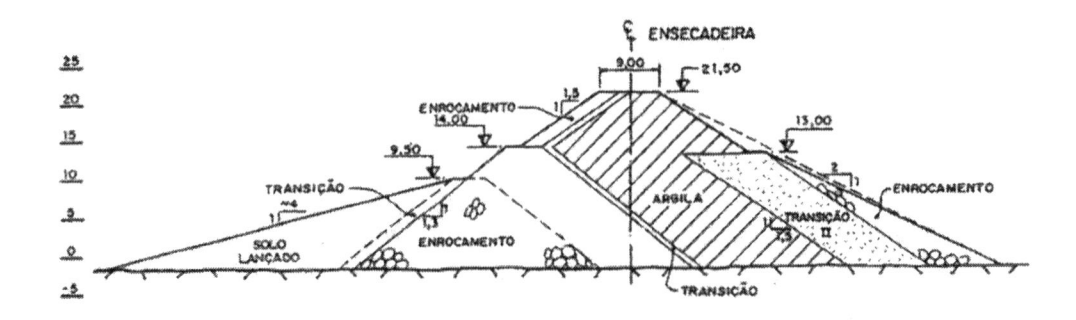

Figura 18.6 - Ensecadeira da 1ª Fase - trecho rompido - U.H. Tucuruí (ENGEVIX-THEMAG, 1987)

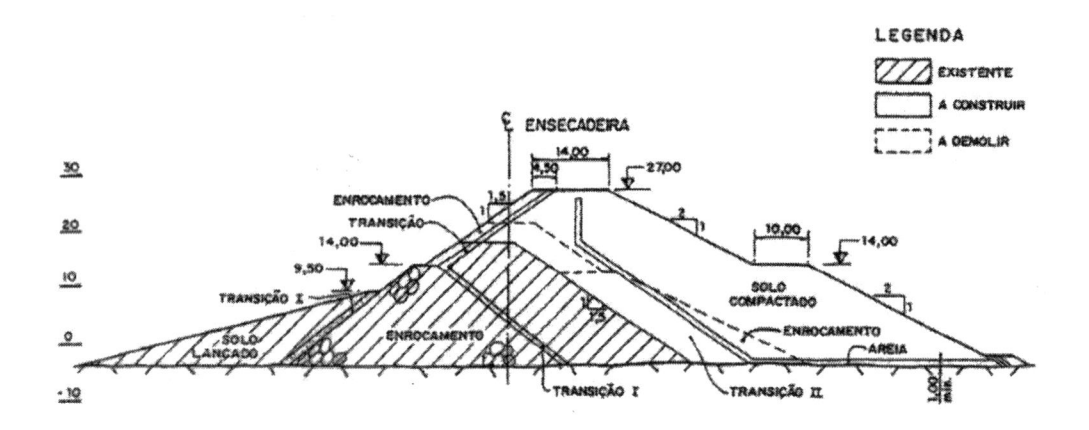

Figura 18.7 - Ensecadeira de 1ª Fase - reforço e alteamento - U.H. Tucuruí (ENGEVIX-THEMAG, 1987)

Uma outra alternativa de ensecadeira com dois enrocamentos e vedação central é mostrada na Figura 18.8.

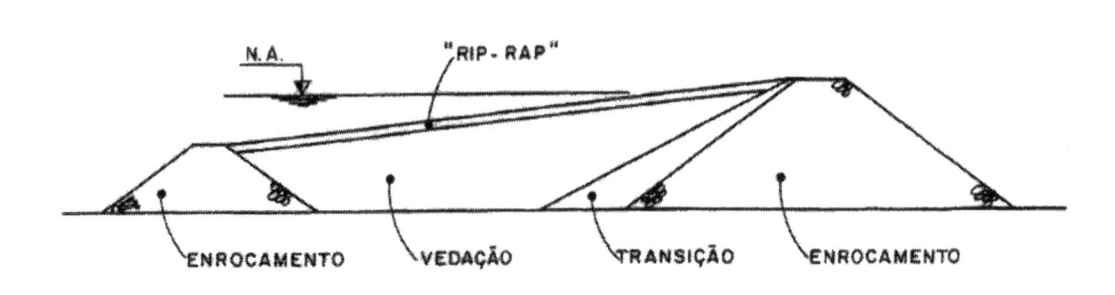

Figura 18.8 - Ensecadeira com dois enrocamentos e vedação central

A Figura 18.9 mostra uma ensecadeira construída em quatro etapas: primeiro foi lançada a pré-ensecadeira de enrocamento, a seguir a vedação externa; posteriormente a área interna foi dragada, permitindo a limpeza do leito do rio; seguiu-se o primeiro alteamento (3ª etapa) e, finalmente, o segundo alteamento (4ª etapa). Note-se que a figura é esquemática, e os taludes externos não estão em escala. Trata-se de um caso especial. Ensecadeiras como esta na realidade já são barragens e só se justificam em casos muito particulares.

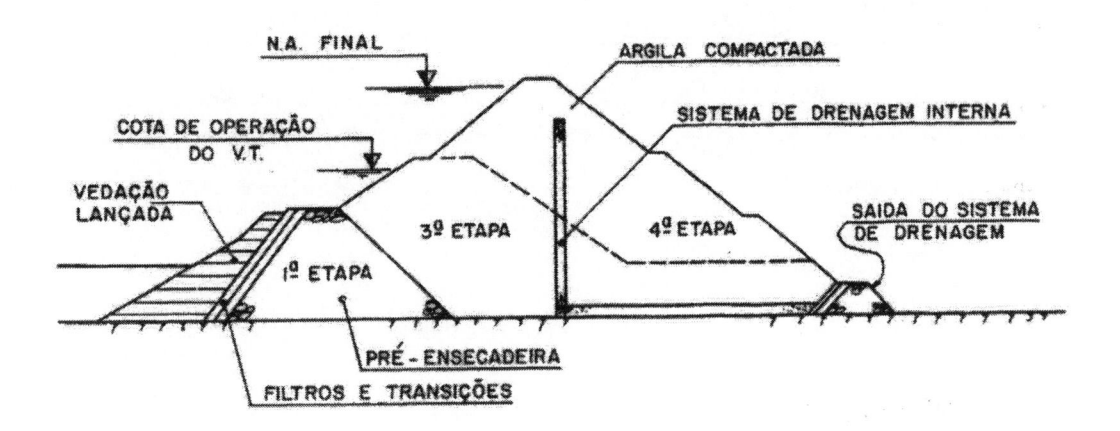

Figura 18.9 - Ensecadeira construída em etapas (Ussami, 1981)

18.2.2 - Ensecadeiras com Fundação em Aluviões

São situações particulares e que exigem soluções caso a caso. A Figura 18.10 mostra uma solução simples, recomendada só para pequenos projetos, que apresenta um certo risco de estabilidade e um risco potencial de *piping* pelo aluvião.

Figura 18.10 - Ensecadeira com fundação em aluvião

A Figura 18.11 é uma variante da Figura 18.4 na qual foi incluída uma trincheira de vedação sob a vedação lançada.

Em casos de ensecadeiras construídas em margens de rios, a seco, a solução da Figura 18.2 pode ser adotada.

A vedação externa, bem como a pré-ensecadeira de enrocamento, podem ser dispensáveis. É recomendável, no entanto, incluir uma trincheira de vedação central, ou pouco a montante do eixo, para controle de fluxo pelos aluviões.

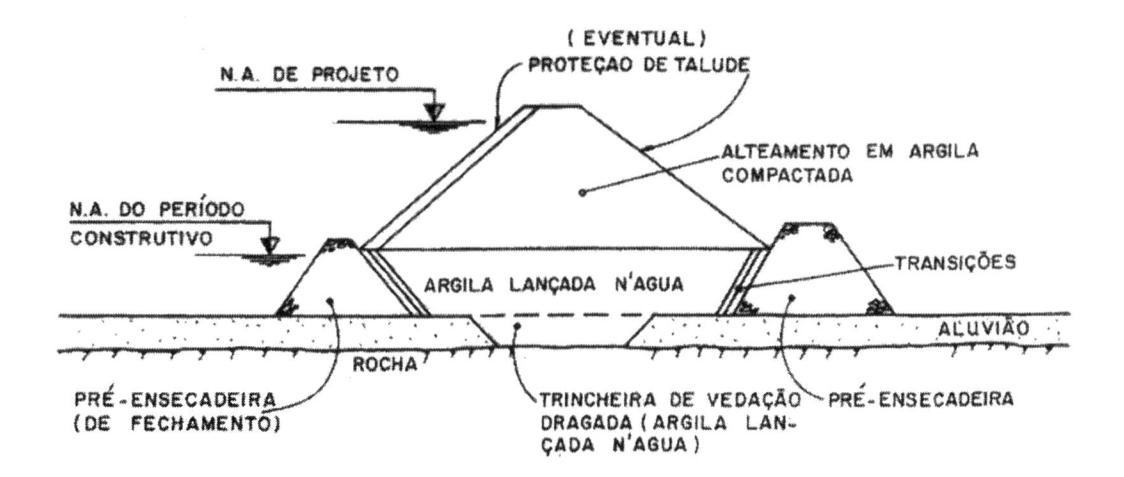

Figura 18.11 - Duas pré-ensecadeiras e vedação interna (Ussami, 1981)

18.3 - ALGUMAS ENSECADEIRAS ESPECIAIS

Das maiores ensecadeiras jamais construídas no mundo, são as ensecadeiras de Itaipu. A Figura 18.12 mostra a seção transversal da ensecadeira principal de montante. Os dois enrocamentos lançados tinham alturas de ~ 35 e 50 m.

As transições também lançadas foram objeto de vários lançamentos experimentais para controle de segregação dos materiais.

Inspeções subaquáticas por mergulhadores foram procedidas, para verificação das condições da base da vedação lançada.

O alteamento apenas central em solo compactado foi projeto do Prof. A. Casagrande, e requereu inúmeros estudos de estabilidade transversal e longitudinal.

A Figura 18.13 mostra a seção proposta para a ensecadeira da Barragem de D.Francisca/RS. Como se vê, trata-se de uma ensecadeira apoiada sobre cascalho submerso, muito permeável, e requer um sistema de vedação efetivo.

A Figura 18.14 (a a f) mostra os estudos procedidos para a execução da ensecadeira da Barragem de Serra da Mesa. Por se tratar de um vale estreito, a ensecadeira teria de ter uma altura substancial para fazer frente às cheias de desvio (por túneis). Como a ensecadeira tinha de ser incorporada, ela exigia requisitos construtivos compatíveis com os requeridos para a barragem.

Essas dificuldades levaram o cliente a optar por uma ensecadeira de concreto compactado a rolo, de menor altura, e galgável.

A Figura 18.15 mostra uma solução em Ensecadeira Celular. É uma solução recomendada para casos em que não há espaço para ensecadeiras em solo e enrocamento.

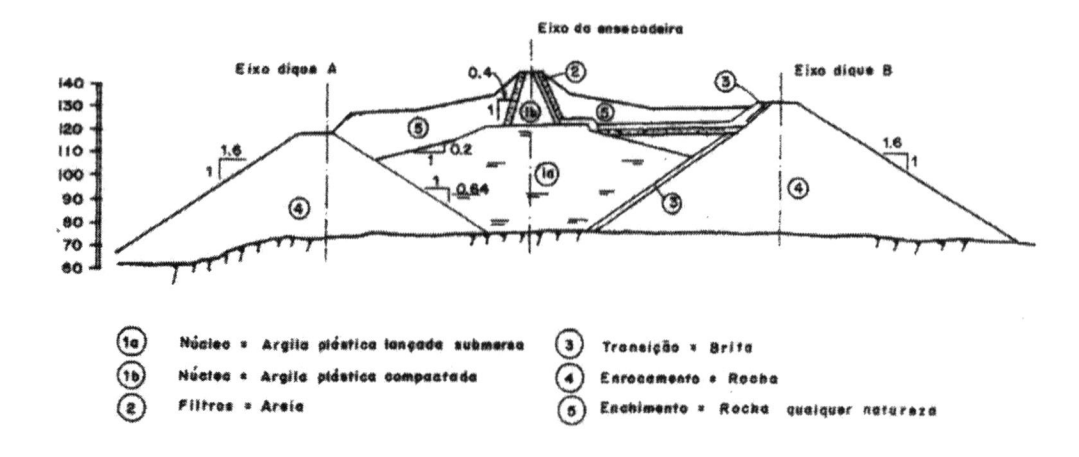

Figura 18.12 - Ensecadeira principal de montante da Barragem de Itaipu (Barbi, 1980)

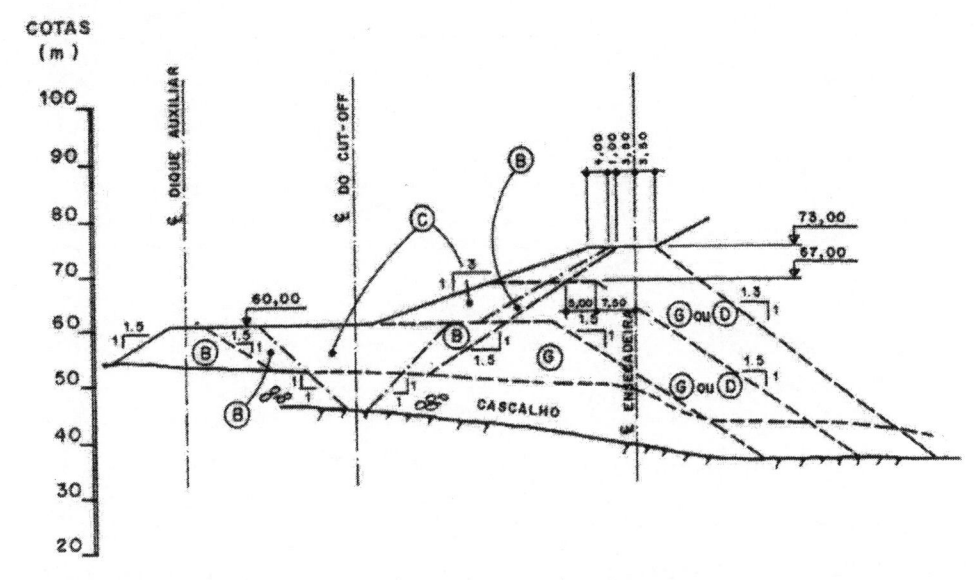

Figura 18.13 - Ensecadeira da Barragem de D. Francisca (cortesia Magna Engenharia, 1992)

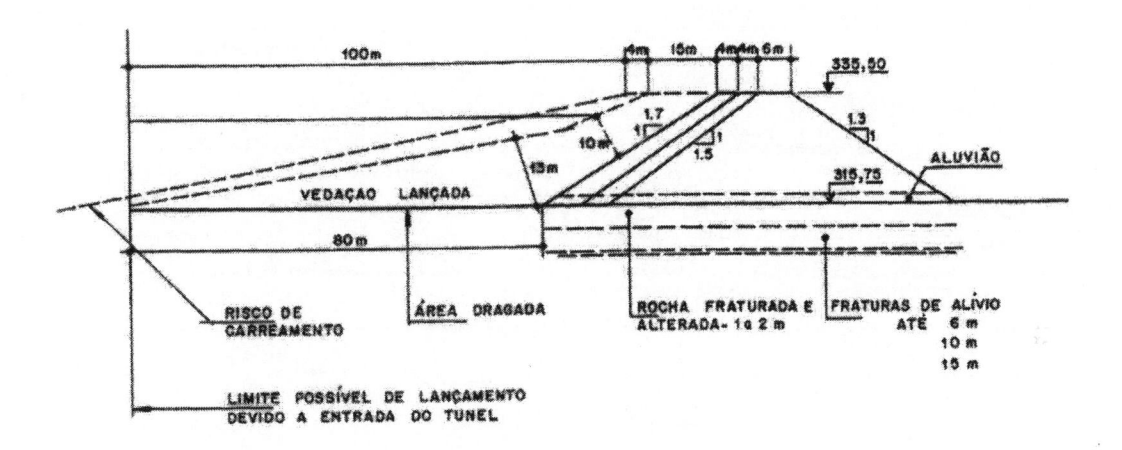

Figura 18.14a - Barragem de Serra da Mesa pre-ensecadeira de montante (cortesia C.C.C.C., 1987)

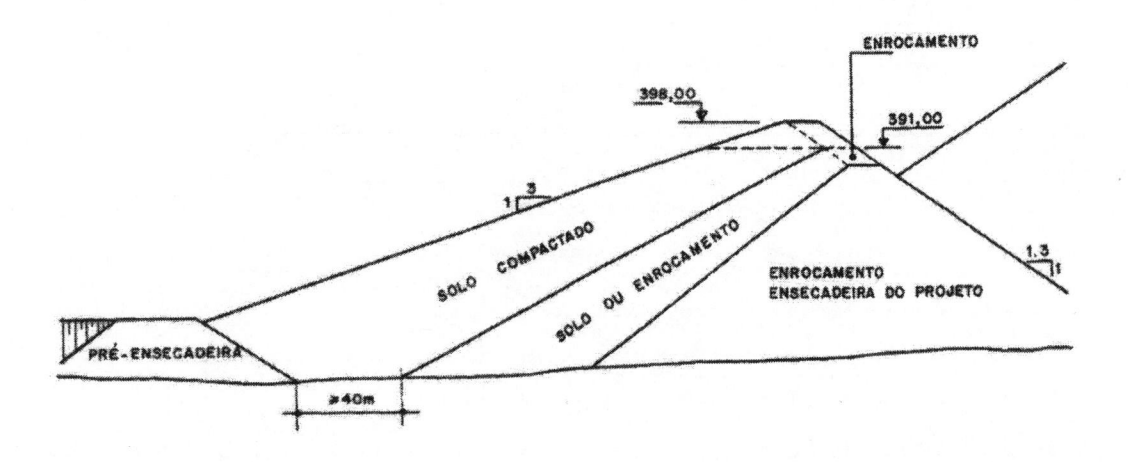

Figura 18.14b - Barragem de Serra da Mesa - ensecadeira de montante - Alternativa 1 (cortesia C.C.C.C., 1987)

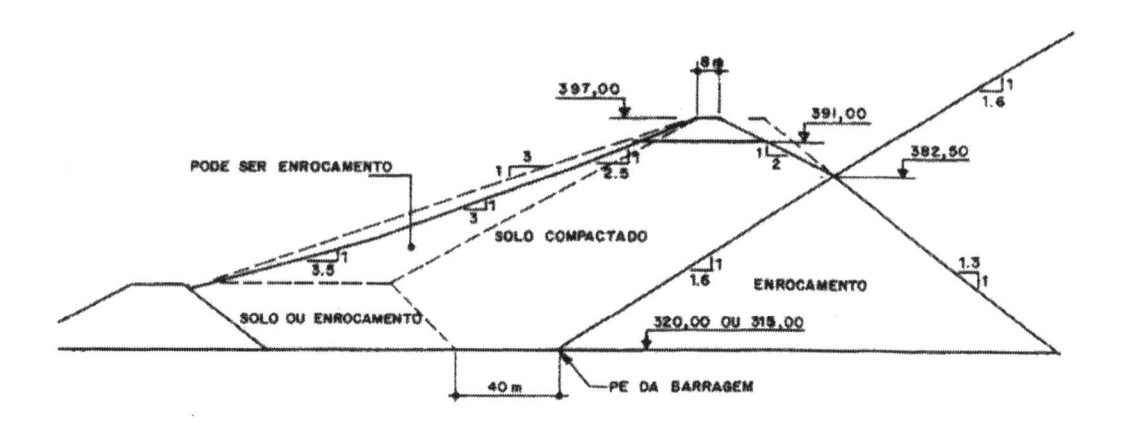

Figura 18.14c - Barragem de Serra da Mesa - ensecadeira de montante - Alternativa 2 (cortesia C.C.C.C., 1987)

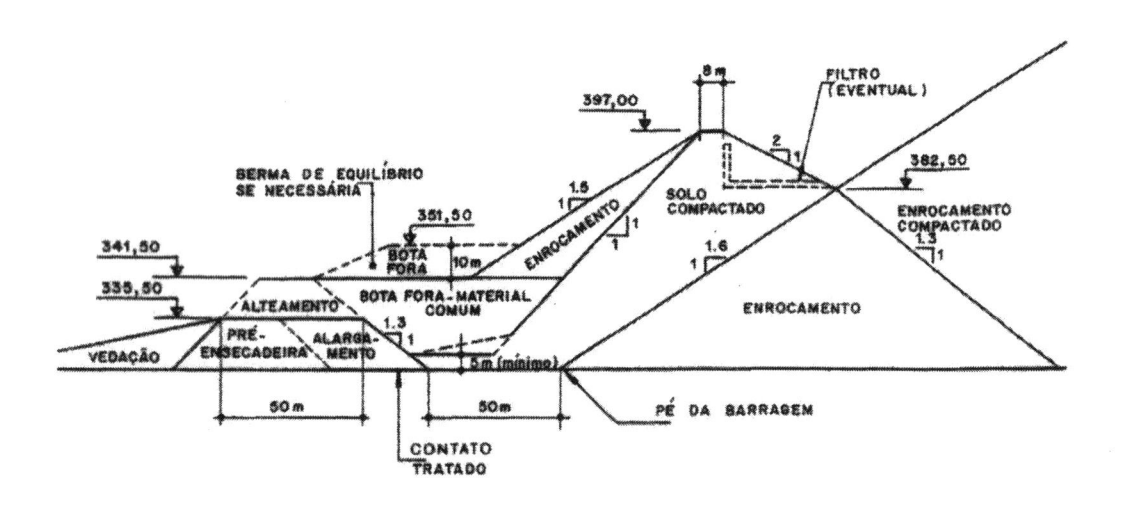

Figura 18.14d - Barragem de Serra da Mesa - ensecadeira de montante - Alternativa 3 (cortesia C.C.C.C., 1987)

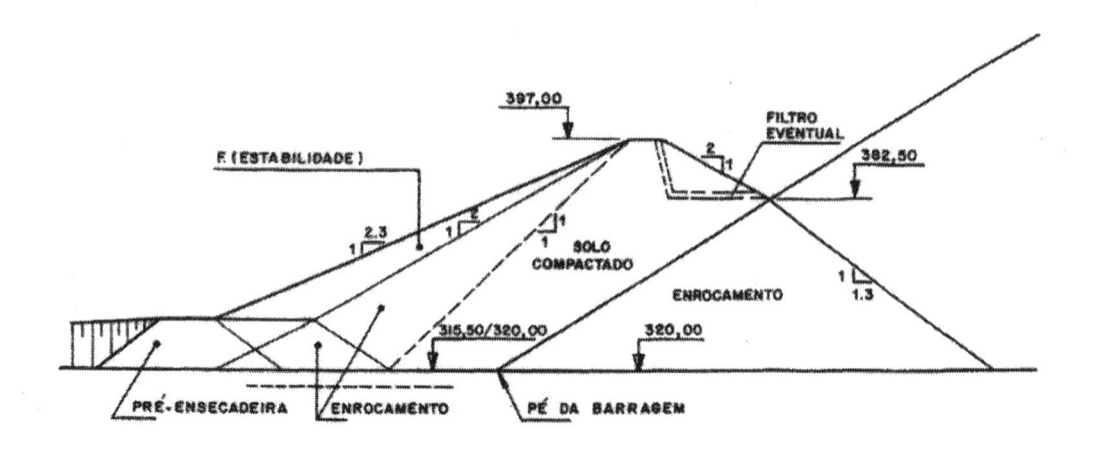

Figura 18.14e - Barragem de Serra da Mesa - ensecadeira de montante - Alternativa 4 (cortesia C.C.C.C., 1987)

Capítulo 18

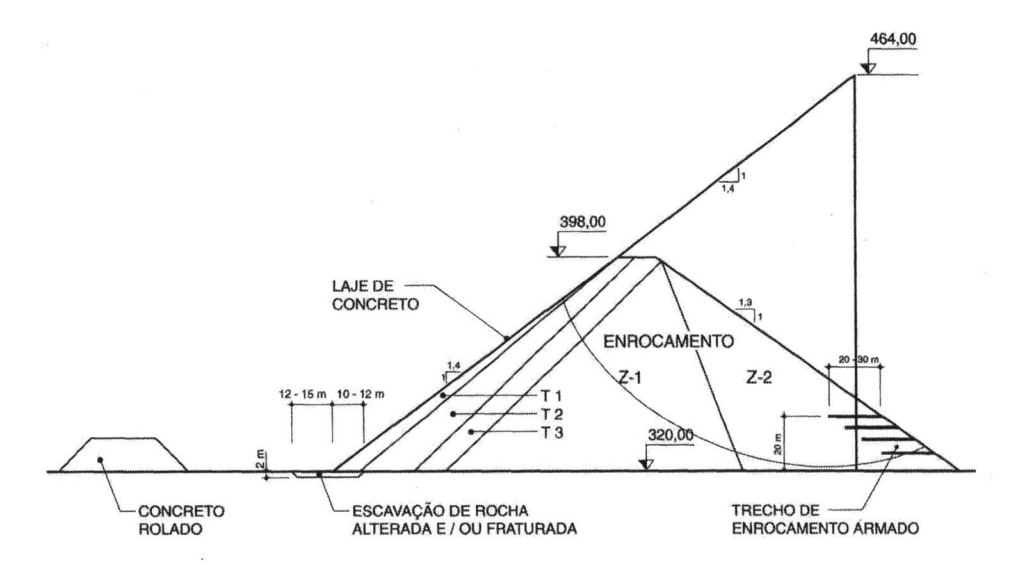

Figura 18.14f - Barragem de Serra da Mesa - ensecadeira de montante - Alternativa 6 (cortesia C.C.C.C., 1987)

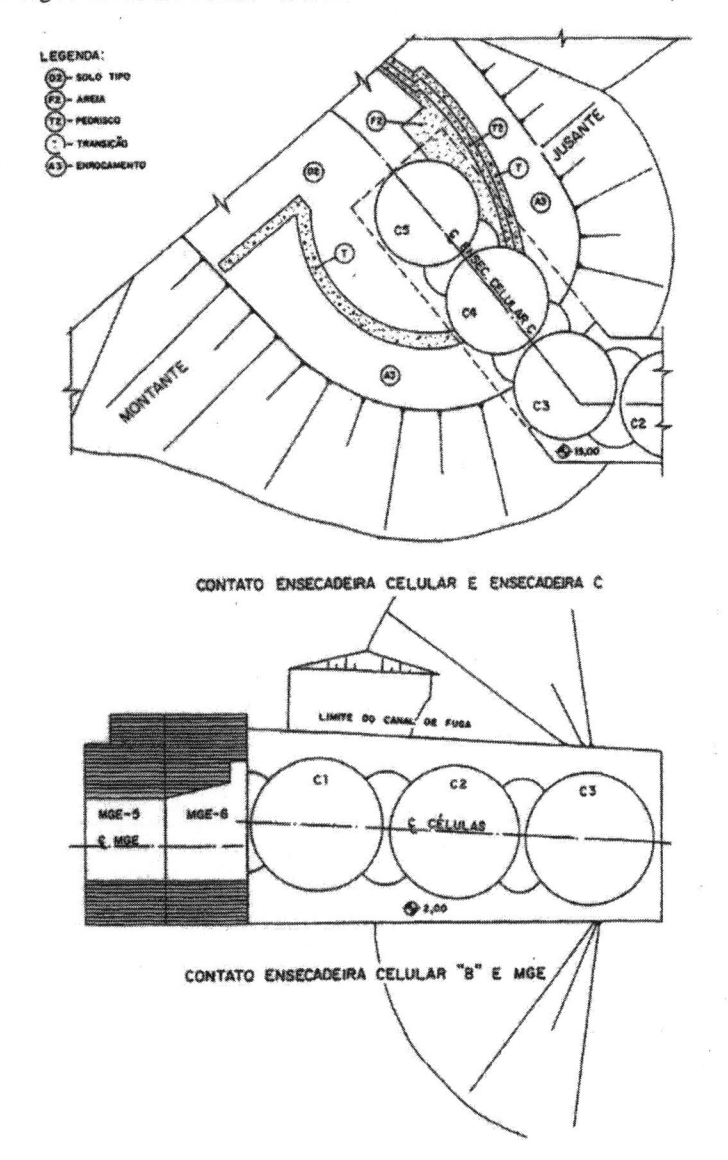

Figura 18.15 - Contato ensecadeira celular e ensecadeira "C" - contato ensecadeira celular "B" e MGE - U.H.E. Tucuruí (ENGEVIX-THEMAG, 1987)

REFERÊNCIAS BIBLIOGRÁFICAS

BARBI, A. L. 1980. Aproveitamento hidrelétrico de Itaipu, instrumentação das ensecadeiras principais. *Anais do XIII Sem. Nac. de Grandes Barragens,* Rio de Janeiro. CBGB, v. 1.

CONSTRUÇÕES E COMÉRCIO CAMARGO CORREIA S.A. - CCCC. 1987. *Estudos de Alternativas para a Ensecadeira da Barragem de Serra da Mesa / Goiás.*

ENGEVIX ENGENHARIA S.A. / THEMAG ENGENHARIA LTDA. 1987. *UHE Tucuruí - ELETRONORTE - Projeto de Engenharia das Obras Civis - Consolidação da Experiência.* São Paulo.

MAGNA ENGENHARIA LTDA. 1992. Projeto Executivo da Barragem de D. Francisca. *Relatório emitido para a CEEE.* Porto Alegre.

USSAMI, A. 1981. Desvio do rio e ensecadeiras. *Curso de Extensão Universitária sobre Barragens de Terra e Enrocamento.* UnB / ABMS / THEMAG Engenharia. Brasília.

Capítulo 19

Painel de Leitura - Instrumentos Pneumáticos (*Cortesia da CESP*)

3ª Parte
Capítulo 19
Instrumentação

INSTRUMENTAÇÃO

Lélio Naor Lindquist

Paulo Teixeira da Cruz

19.1 - INTRODUÇÃO

Nas últimas décadas, tem havido nos meios técnicos nacional e internacional uma valorização crescente dos sistemas de inspeção e observação de obras de Engenharia Civil, em especial de barragens, em face dos custos e riscos relativos aos grandes empreendimentos e à inexorável alteração dos fatores ambientais e degradação dos materiais, com o conseqüente agravamento, em geral, das condições de segurança ao longo do tempo.

Os principais meios de que o engenheiro dispõe para avaliar a segurança de um empreendimento ao longo de sua "vida útil" são: inspeções visuais (inclusive subaquáticas, quando for o caso), auscultação geodésica de deslocametos verticais e/ou horizontais, levantamentos batimétricos, e instrumentação de auscultação.

Ao ser elaborado o programa de observação de uma obra, todos os sistemas devem ser analisados criteriosamente de modo a otimizar os resultados, considerando os recursos humanos, técnicos e financeiros disponíveis. Assim sendo, não é conveniente a "importação" de um programa de observação sem um cuidadoso estudo de sua validade.

Ante as limitações dos sentidos humanos e a restrição de acesso a amplas regiões dos maciços e estruturas, têm sido desenvolvidos centenas de tipos e modelos de instrumentos de auscultação que permitem medir, talvez, a totalidade das grandezas físicas de interesse em Engenharia Civil.

Apesar de a instrumentação não constituir a solução para todos os problemas, é inegável sua utilidade quando convenientemente projetada, instalada e interpretada, não só para a avaliação das condições de segurança de um empreendimento, em todas as suas fases, mas também para verificação das hipóteses adotadas em projeto, com o objetivo principal de tornar as obras mais econômicas, dentro das necessárias condições de segurança.

O valor da instrumentação não está associado apenas a obras que apresentam comportamentos não previstos, indicando a necessidade de medidas reparadoras ou acerto das hipóteses de projetos, mas também à indicação da ocorrência de condições seguras, mesmo em face das solicitações extremas atuantes ou da discordância das hipóteses de cálculo com a realidade.

No presente capítulo são tecidas considerações sobre a importância e as limitações relativas à instrumentação geotécnica, de maneira geral, com ênfase à auscultação de empreendimentos hidroelétricos.

Os tipos de instrumentos de uso mais difundido em nosso meio técnico têm suas principais características relacionadas e comentadas, em especial aquelas relativas à confiabilidade e à durabilidade, de modo a fornecer uma visão sobre o desempenho dos mesmos.

No final, incluem-se dados tabulados a respeito de instrumentos instalados em diversas barragens brasileiras - Quadro 19.3 - e uma proposta de padronização de nomes, símbolos e siglas de instrumentos para uniformização da linguagem de apresentação de projetos e resultados - Quadro 19.4.

19.2 - OBJETIVOS DA INSTRUMENTAÇÃO

Os três principais objetivos da instrumentação de barragens são:

a) Verificar as hipóteses, os critérios e os parâmetros adotados em projeto, de modo a permitir o aprimoramento do projeto da própria obra em estudo, ou de futuras barragens, visando a condições mais econômicas e/ou mais seguras.

Exemplo:

Determinação de módulos de deformabilidade da rocha de fundação através das medidas de deslocamentos durante o período construtivo, por extensômetros de hastes verticais (Figura 19.1).

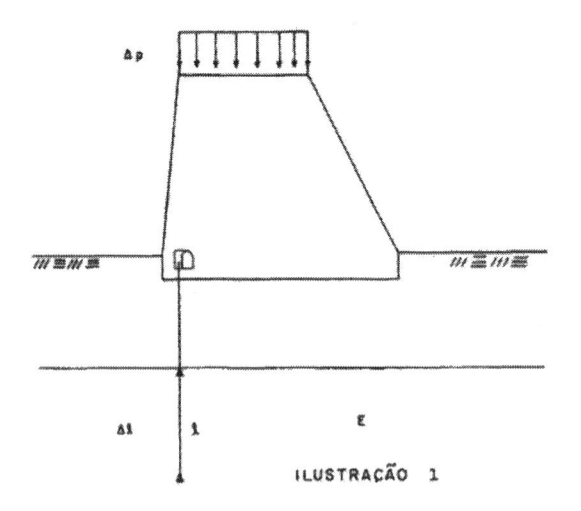

Figura 19.1 - Verificação de elementos de projeto

b) Verificar a adequação de métodos construtivos.

Exemplo:

Esforços em tirantes de cimbramento da laje de casa de força, medidos através de células de carga, revelaram a impropriedade de eliminar tais tirantes, conforme reivindicação da construtora (Figura 19.2).

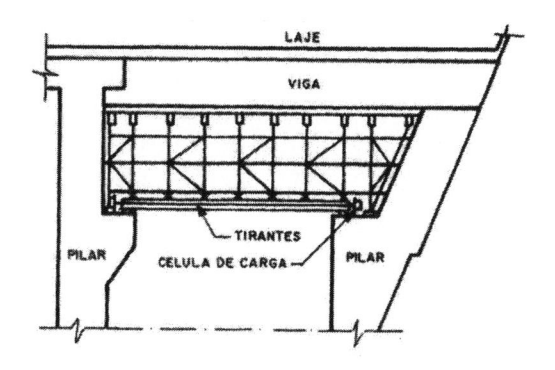

Figura 19.2 - Verificação de métodos construtivos

c) Verificar as condições de segurança das obras, de modo a serem adotadas medidas corretivas em tempo hábil, se necessárias.

Exemplos:

c.1) Pressões neutras elevadas em período de funcionamento, na fundação de dique auxiliar, levaram à execução de poços de bombeamento e posteriores reforços no sistema de drenagem e na berma de jusante (Figura 19.3).

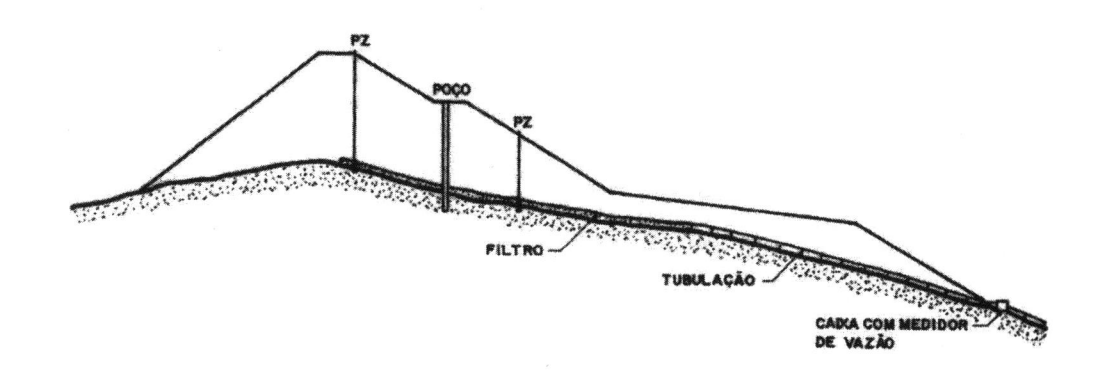

Figura 19.3 - Verificação da segurança e medidas adotadas - bombeamento e drenagem

c.2) Deslocamentos cisalhantes observados por inclinômetros em barragem de terra, quando a construção se encontrava a aproximadamente 70% da altura, levaram à paralisação do lançamento, à realização de análises de estabilidade mais detalhadas, e ao reforço da berma de jusante (Figura 19.4).

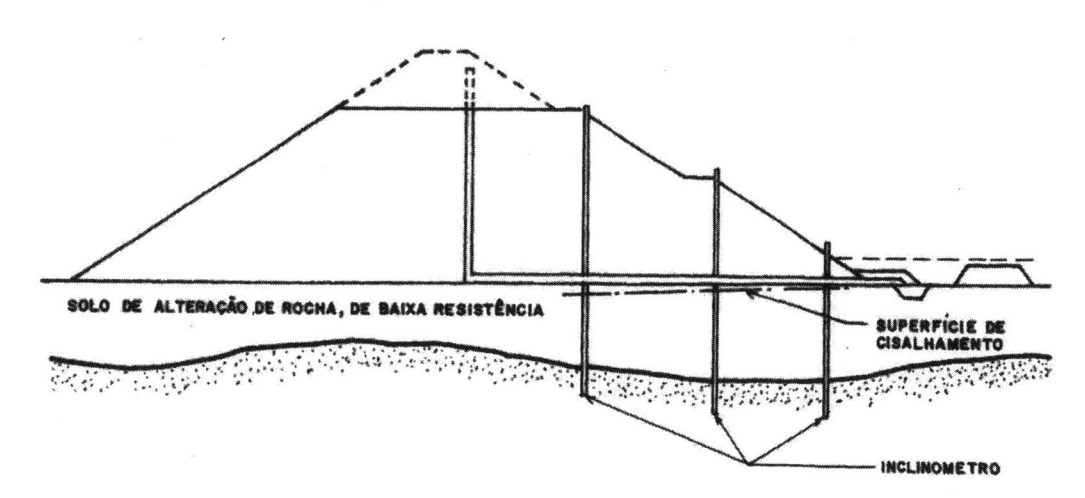

Figura 19.4 - Verificação da segurança e medidas adotadas - reforço da berma de jusante

19.3 - LIMITAÇÕES DA INSTRUMENTAÇÃO

Apesar do inegável valor da instrumentação em obras de Engenharia Civil, ela está sujeita a diversas limitações:

a) em várias situações, mas especialmente na medição de tensões, a instalação do instrumento pode ser conduzida de tal modo que altere significativamente as condições prevalecentes no local, obtendo-se portanto um valor falso;

b) os instrumentos indicam um comportamento médio dos maciços/estruturas na maioria dos casos e não os extremos de comportamento, os quais constituem dados de grande importância;

c) após a instalação, vários tipos de medidores não permitem uma verificação cabal quanto ao funcionamento dos mesmos;

d) quando um instrumento apresenta comportamento não esperado, corre-se o risco de assumi-lo erradamente como defeituoso e de descartar as informações por ele fornecidas, com eventuais conseqüências negativas. Por outro lado, existe o risco de assumir erradamente o comportamento adequado do maciço/estrutura, e na realidade o instrumento estar apresentando uma falsa indicação de situação normal quanto a segurança, pelo fato de estar danificado ou não ser adequado à finalidade pretendida;

e) determinados tipos de instrumentos (por exemplo, piezômetros de tubo, medidores de recalques, inclinômetros, etc) são suscetíveis a danos irreparáveis se atravessam uma zona submetida a deslocamentos concentrados, ou seja, deslocamentos relativos de certa magnitude ao longo de uma superfície ou de uma camada de espessura relativamente pequena, causando o cisalhamento dos mesmos;

f) um plano de instrumentação sem a correspondente análise periódica e interpretação sistemática dos resultados é inútil, ou mesmo nocivo, na medida em que pode causar uma falsa sensação de segurança em relação ao empreendimento;

g) um plano de instrumentação para a avaliação das condições de segurança pressupõe a existência de medidas reparadoras estudadas e viáveis técnica e economicamente, e que possam ser aplicadas com a devida presteza para sanar as eventuais deficiências detectadas que ponham em risco a integridade do empreendimento;

h) um programa de auscultação pressupõe a determinação de valores previstos para as grandezas de interesse, com base nos critérios de cálculo adotados em projeto (portanto, pressupõe a existência de modelos mentais e a quantificação dos fenômenos envolvidos) e, sempre que possível, deve estar associado a valores (ou níveis) de projeto e/ou críticos, para confrontação com os observados;

i) considerando que acidentes de barragens de terra estão associados a erosões externas (normalmente não auscultadas por instrumentos), ou a erosões internas, ou a instabilidades, e que a maioria das obras não dispõe de dispositivos para medição das vazões de percolação, e que os instrumentos estão associados a "volumes de influência" limitados, que muitas vezes não contêm os locais mais críticos para a segurança, fica um tanto reduzida a probabilidade de detectar através da instrumentação, de forma incipiente, a ocorrência de condições adversas à segurança;

j) usualmente nas análises e interpretações de resultados considera-se apenas a tendência de crescimento das grandezas de interesse, ao passo que em determinadas situações a redução dos valores pode ser indicativa igualmente de comportamento anormal. Por exemplo, a redução de pressões neutras em piezômetros situados nas fundações ou no corpo de barragens de terra e/ou enrocamento pode estar associada à ocorrência de trincas ou de erosão interna;

l) o projeto da instrumentação (definição das grandezas a serem medidas, *lay-out* e tipo dos instrumentos, freqüência de leituras, determinação dos níveis de projeto, níveis críticos, e níveis de referência) deve ser sempre efetuado pela equipe de projeto da obra. A existência de um profissional especializado em instrumentação é muito útil, mas este deve trabalhar em estreito relacionamento com a equipe de projeto, cabendo ao mesmo a escolha do tipo do medidor, marca, modelo, faixa de medida, o detalhamento relativo aos recessos, tubos ou cabos, instrumento de medida, cabine de leituras, etc.

Em face das limitações acima expostas, a instrumentação deve ser acompanhada de um plano eficiente de inspeções visuais e outros sistemas de observação.

19.4 - CONCEITOS IMPORTANTES RELATIVOS À INSTRUMENTAÇÃO

Segurança da obra

A segurança de uma barragem depende fundamentalmente do projeto e da construção. A instrumentação constitui um método de observação muito importante, mas não aumenta intrinsecamente a segurança da obra.

A adoção de alternativas de projeto menos seguras, tendo em vista o emprego de um programa de observação, só é válida se existirem soluções técnicas e recursos materiais e humanos disponíveis a tempo para serem tomadas as providências cabíveis de modo a restaurar a segurança da obra.

Não pode ser subestimada a importância da presteza na análise dos resultados dos instrumentos e na tomada de decisões e providências restauradoras. Deve ser enfatizada a importância de formar e manter equipe qualificada. Entretanto, são notórias as dificuldades para a consecução deste objetivo, ante a falta de maior conscientização de dirigentes e de legislação específica.

É importante que o corpo técnico envolvido com a segurança de barragens procure visualizar antecipadamente todas as situações críticas mais prováveis, de modo a prover as soluções técnicas, os recursos correspondentes, e estabelecer procedimentos administrativos claros, especialmente em situações de emergência.

Questões fundamentais

O engenheiro que elaborará o programa de instrumentação de um determinado empreendimento deve estar perfeitamente consciente das respostas a essas perguntas fundamentais:

- por que instrumentar?
- o que instrumentar?
- onde instrumentar?
- como instrumentar?
- quais os níveis previstos em projeto, bem como os críticos?
- que providências adotar se os níveis estabelecidos forem ultrapassados?

O instrumento ideal

O instrumento ideal deveria ter as seguintes características:

- confiabilidade;
- alta durabilidade;
- não provocar, durante ou após a instalação alterações no valor da grandeza que pretende medir
- robustez;
- alta precisão;
- alta sensibilidade;
- não ser influenciável por outras grandezas, que não a de interesse;
- instalação simples;
- não causar interferência na praça de trabalho;
- baixo custo.

Das características acima, normalmente as mais importantes referem-se à confiabilidade e à durabilidade.

19.5 - CAUSAS DE COMPORTAMENTO INSATISFATÓRIO E SISTEMAS USUAIS DE OBSERVAÇÃO

O Quadro 19.1 resume as principais causas de comportamento insatisfatório apresentado por barragens de terra e enrocamento e indica os sistemas usuais de observação, entre os quais se inclui o emprego da instrumentação.

Quadro 19.1
Principais causas de comportamento insatisfatório de barragens e sistemas usuais de observação

Comportamento		Causa	Sistema de Observação
Erosão Interna	Taludes e áreas de jusante	Chuva intensa	Inspeção visual
		Galgamento de ondas de montante	
		Transbordamento	Inspeção visual
		Batimento de ondas de jusante	
		Velocidade tangencial da água de jusante	Batimetria
	Talude de Montante	Batimento de ondas	
Erosão Interna		Trincas/canalículos	Inspeção visual
		Deficiência de compactação/ interfaces	Instrumentação
Cisalhamento		Deterioração da fundação ou do maciço	Instrumentação
		Sismos	Topografia
		Pressões neutras	Inspeção visual
		Recalques diferenciais	
Trincas		Ressecamento	Inspeção visual
		Ruptura hidráulica	Inspeção visual
			Instrumentação

19.6 - CLASSIFICAÇÃO DOS INSTRUMENTOS

Podem ser elaboradas distintas classificações dos instrumentos, em função do critério adotado. As mais comuns são:

a) Conforme o material onde se encontra instalado o medidor:

- instrumentação de solos;

- instrumentação de concreto;

- instrumentação de maciço rochosos;

b) Conforme o princípio de funcionamento do transdutor:

- mecânicos;

- óticos;

- elétricos baseados no efeito piezoelétrico;

- elétricos de corda vibrante;

- elétricos capacitivos;

- elétricos de resistência de fio;

- elétricos de resistência tipo *strain gage*;

- elétricos indutivos;

- pneumáticos;

- hidráulicos;

c) Conforme a principal grandeza medida:

- nível d'água;

- pressão neutra;

- tensão total;

- deslocamentos absolutos;

- deslocamentos relativos;

- vazão;

- aceleração.

A apresentação dos vários tipos de instrumentos, feita a seguir, obedecerá à seqüência conforme item "c" acima, com ênfase aos instrumentos utilizados para avaliação de barragens de terra e enrocamento.

19.7 - DESCRIÇÃO DOS INSTRUMENTOS MAIS UTILIZADOS

19.7.1 - Medidor de Nível d'Água

Objetiva a determinação da posição da linha freática em maciços de terra ou rocha. Trata-se provavelmente do instrumento mais simples já idealizado. Em princípio, basta a execução de um furo de sondagem (a trado, por exemplo) ou poço, com a correspondente determinação da cota do nível d'água através de qualquer procedimento.

Para que não ocorra o colapso das paredes do furo e a conseqüente perda do instrumento, a boa técnica, para o uso permanente, considera a utilização de um tubo de PVC perfurado e envolto por um material filtrante (por exemplo, duas a três camadas de manta geotêxtil) e outro drenante (areia), este último com a finalidade de impedir o fechamento do furo. Para completar o instrumento é utilizado um "selo" para vedar o espaço entre o furo e o tubo, na superfície do terreno, e um sistema de proteção contra curiosos e eventual vandalismo (Figura 19.5).

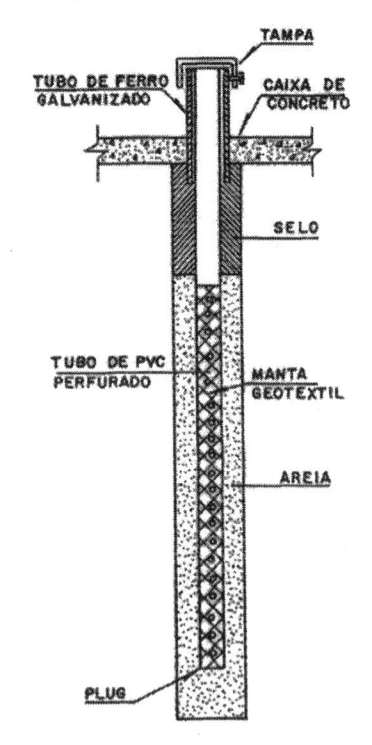

Figura 19.5 - Medidor de nível d'água

A leitura é efetuada através de um cabo elétrico com dois condutores, graduado de metro em metro, em cuja extremidade há um sensor constituído por dois eletrodos dispostos concentricamente, isolados eletricamente entre si. O sensor é introduzido no tubo do instrumento e ao atingir o nível d'água, a água fecha o circuito elétrico formado pelo conjunto sensor/cabo/galvanômetro/bateria. A condição de leitura é percebida pelo deslocamento do ponteiro do galvanômetro (este medidor pode ser substituído com vantagens por um circuito eletrônico com sinal sonoro). A leitura é referida à extremidade superior do tubo de PVC, e é obtida através de trena ou metro de madeira (decímetro e centímetro) e da inclinação junto à graduação (metro e dezena de metros).

O nível d'água, em metros de coluna d'água sobre o nível do mar, é obtido pela expressão:

nível d'água = cota da boca - leitura.

Em barragens de terra, é aplicado freqüentemente dentro de tapetes horizontais e filtros verticais (para verificar eventual colmatação do sistema de drenagem, para detectar carga hidráulica no mesmo, para avaliação das condições de segurança, etc.) e nas áreas de jusante.

Constitui um dos instrumentos mais confiáveis. Seu desempenho pode ser verificado através de ensaio de recuperação do nível d'água (por retirada ou adição deste líquido em seu tubo).

Em princípio, podem ser visualizadas três causas principais para este tipo de medidor tornar-se inoperante:

- obstrução do tubo por queda de objetos em seu interior (certamente a mais provável);

- obstrução do tubo por cisalhamento no interior do maciço;

- colmatação dos orifícios do tubo ou do material drenante, com conseqüente aumento do tempo de resposta.

Nos dois primeiros casos acima, o instrumento ficará inoperante se a obstrução estiver situada acima ou na faixa de oscilação do nível d'água.

Para a verificação da durabilidade dos medidores, veja-se o Quadro 19.3.

19.7.2 - Piezômetros

Sua instalação objetiva determinar pressões neutras em maciços de terra ou rocha, ou subpressões em contatos com estruturas de concreto.

Em face da importância desses instrumentos no contexto da segurança dos empreendimentos e dos vários tipos de piezômetros disponíveis no mercado, cada qual com suas virtudes e limitações, as discussões técnicas mais acaloradas, em termos de instrumentação geotécnica, referem-se normalmente a esses medidores.

Serão abordados a seguir alguns dos tipos de piezômetros mais utilizados em nosso meio.

a) Piezômetro de tubo aberto

Utilizado com grande freqüência para a auscultação de maciços rochosos ou de terra, associados a fundações e filtros de barragens ou a escavações. Também tem sido instalado no próprio corpo de barragens de terra.

Difere do medidor de nível d'água, em termos construtivos, no comprimento do trecho perfurado e na extensão do trecho do furo preenchido com material drenante, limitados usualmente a poucos metros (valores típicos de 1,0 m e 1,5 m respectivamente). Em função do diâmetro do furo de sondagem, podem ser instalados dois ou mais instrumentos no mesmo furo (Figura 19.6).

O procedimento adotado na leitura é o mesmo descrito para o medidor de nível d'água.

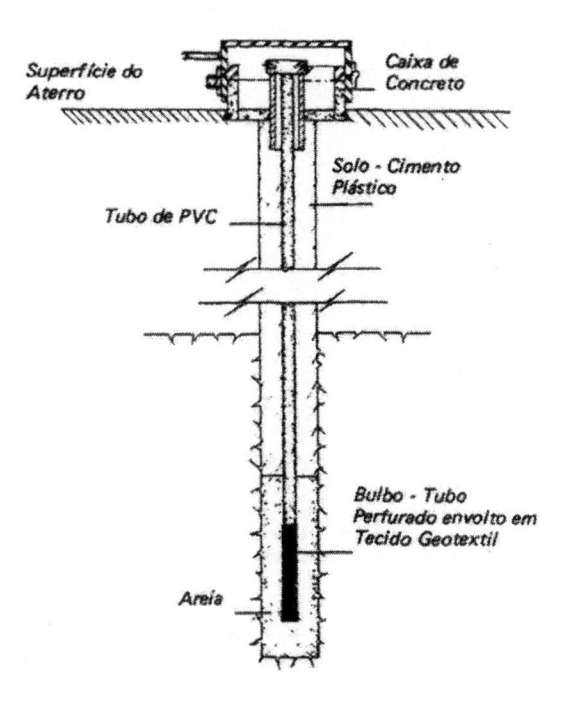

Figura 19.6 - Piezômetro de tubo aberto

Como principais vantagens podem ser mencionadas a confiabilidade, durabilidade, sensibilidade, possibilidade de verificação de seu funcionamento através de ensaio de recuperação do nível d'água, permitir a estimativa do coeficiente de permeabilidade do solo no entorno do instrumento, e baixo custo.

Entretanto, apresenta algumas limitações: interferência na praça de construção; não ser adequado para determinação de pressões neutras de período construtivo; restrição quanto à localização a montante da linha d'água, em barragens (que pode ser contornada, de certo modo, conforme a Figura 19.7); maior dificuldade de acesso aos terminais para leitura em relação a outros tipos de instrumentos; e alto tempo de resposta quando associado a materiais de baixa permeabilidade.

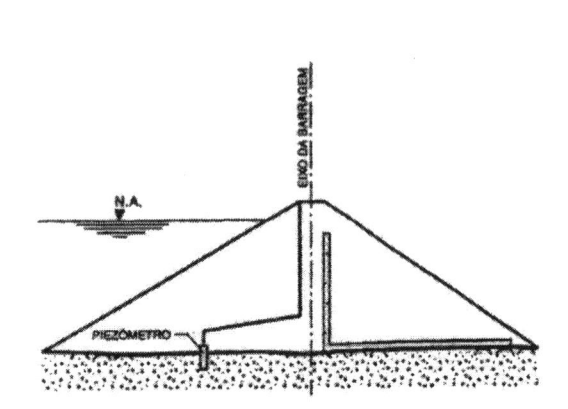

Figura 19.7 - Instalação de piezômetro de tubo aberto

Desde que instalado em condições válidas, constitui, sem dúvida, o piezômetro mais confiável.

Os poucos medidores deste tipo que deixaram de fornecer leituras confiáveis apresentaram causas já relacionadas no item 19.5, ou deficiência dos materiais empregados: perfuração do tubo de aço por oxidação; ruptura do tubo plástico; "flambagem" de mangueira flexível dentro do tubo rígido de proteção, com conseqüente dificuldade para introdução ou retirada do "pio" de leitura; etc.

Diversos piezômetros de tubo indicaram aumento do tempo básico de resposta durante o período construtivo da obra, o que tem sido associado ao adensamento do solo devido ao carregamento aplicado (Silveira *et alii*, 1978).

A grande maioria dos piezômetros instalados em fundação rochosa (basalto ou granito-gnaisse) ou em solos porosos apresenta tempo básico de resposta (*basic time lag*) baixo, desde recuperação imediata (< 1 minuto) até 30 minutos.

Devido à grande facilidade construtiva, há cerca de quinze anos a CESP tem utilizado bulbos construídos com tubo de PVC rígido perfurado envolto por manta geotêxtil, em substituição ao de duplo tubo perfurado, com o espaço entre os mesmos preenchido com areia passante na peneira # 4 e retida na peneira # 10. Até o presente momento não têm sido constatados problemas com o tipo atualmente em uso.

b) Piezômetro pneumático

Um dos tipos mais freqüentemente utilizados é descrito a seguir (Figura 19.8).

Seu funcionamento baseia-se no equilíbrio de pressões atuantes em um diafragma flexível; de um lado atua a água cuja pressão se deseja medir, e do outro atua um gás cuja pressão é variável e conhacida (através de um manômetro situado no painel de leituras). A conexão pneumática entre o piezômetro e o painel é feita através de dois tubos flexíveis, denominados "de alimentação" e "de retorno", que se comunicam com o diafragma (do lado oposto ao da água) através de dois orifícios. Quando a pressão da água supera a do gás, o diafragma veda os dois orifícios e não há fluxo (e retorno) do gás. Quando a pressão do gás supera a da água, a membrana flete ligeiramente, permitindo a passagem (e o retorno) do mesmo.

O procedimento de leitura, de forma simplificada, resume-se em abrir gradualmente a válvula do recipiente que contém o gás comprimido, observar a indicação de retorno do mesmo ao painel, fechar a válvula e aguardar a estabilização da pressão lida no manômetro. Nessas condições tem-se :

pressão neutra = leitura

cota piezométrica (m.c.a.) = cota de instalação + leitura

(kgf/cm^2) x 10 $(m.c.a/kgf/cm^2)$.

É conveniente salientar que a pressão neutra é transmitida à água contida na cavidade do instrumento, que está em contato com o diafragma, através de uma pedra porosa cerâmica ou de bronze sinterizado.

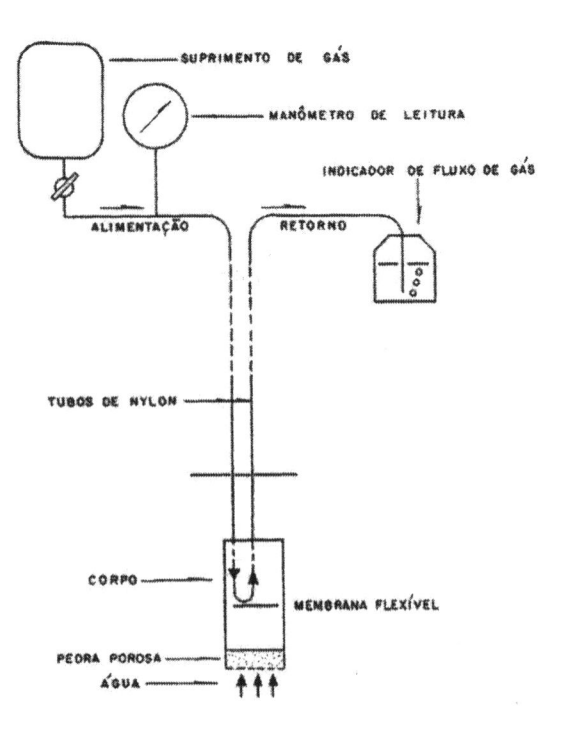

Figura 19.8 - Piezômetro pneumático

O manômetro de leitura do painel deve ser reaferido periodicamente, para verificar se os desvios observados se encontram dentro da tolerância especificada. É freqüente a introdução de uma correção sobre a leitura, da forma:

leitura corrigida = $a_o + a_1$. leitura,

onde : a_o é o intercepto e a_1 é o coeficiente angular da reta que melhor ajusta os dados de calibração do manômetro, obtidos pelo método dos mínimos quadrados, considerando-se como variável independente a leitura do manômetro em questão e como variável dependente a pressão padrão aplicada.

Sendo adotado o procedimento acima descrito, basta substituir a leitura pela leitura corrigida nas expressões para o cálculo da pressão neutra e da cota piezométrica.

O piezômetro pneumático apresenta, como principais vantagens: leitura centralizada; menor interferência na praça de construção (exceto durante a fase de abertura das trincheiras); não interferência dos recalques sofridos pelos instrumentos sobre as medidas; inexistência de limitações quanto à localização do instrumento; leitura simples e rápida; não necessidade de circulação de água deaerada pelas tubulações; impossibilidade de fornecer água ao maciço; insensibilidade a descargas atmosféricas; tempo de resposta relativamente pequeno; tecnologia para fabricação não muito complexa, etc.

Como limitações, podem-se mencionar a inadequação ou menor confiabilidade para medida de pressões neutras negativas, menor sensibilidade que os de corda vibrante (exceto se usado manômetro especial, com mais de uma volta completa do ponteiro), necessidade de recarregamento periódico das ampolas de gás comprimido (normalmente nitrogênio), e leitura relativamente demorada (alguns tipos).

Alguns modelos de piezômetros pneumáticos, devido a deficiências de projeto e fabricação, apresentaram alta porcentagem de perda, até mesmo antes da instalação. Os instrumentos de fabricação recente, no entanto, têm apresentado durabilidade e confiabilidade satisfatórias.

c) Piezômetro hidráulico

Teve, durante décadas, uso muito difundido na instrumentação de maciços de terra. É considerado por vários engenheiros como sendo o mais indicado para medidas de pressões neutras, tanto na fase construtiva quanto na de enchimento e de operação do reservatório.

Consiste de um corpo metálico ou de material plástico ao qual está solidária uma pedra porosa semelhante à referida no item anterior, conectado ao painel de leitura também através de dois tubos flexíveis (ver Figura 19.9). As diferenças principais em relação ao piezômetro pneumático quanto ao funcionamento são : como fluido para leitura é utilizada a água e não um gás; não possui diafragma e, conseqüentemente, a água contida nos poros do solo ou nas fraturas da rocha fica em contato direto com a água contida no instrumento, tubos e painel.

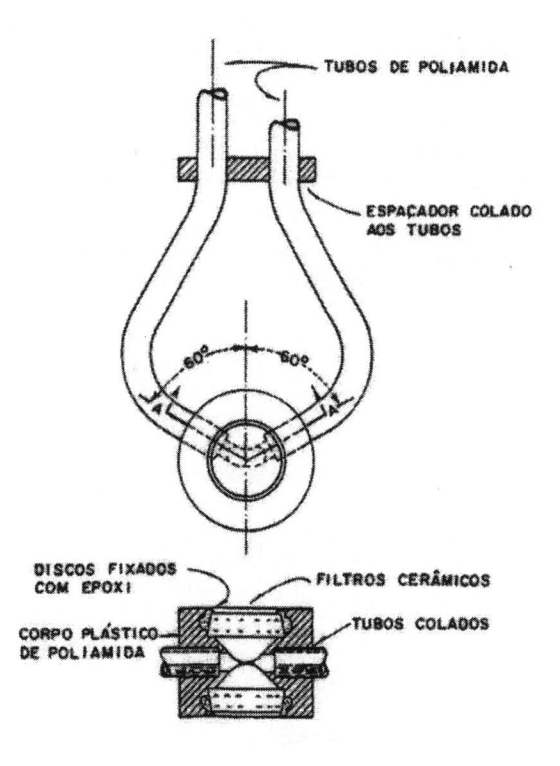

Figura 19.9 - Piezômetro hidráulico

Estando saturados com água o painel e os tubos, a leitura é efetuada abrindo, um por vez, os registros que conectam cada um dos dois tubos provenientes do piezômetro no manômetro de leitura, e aguardando a estabilização do ponteiro.

A saturação das tubulações é obtida através da circulação de água destilada e deaerada, por meio de equipamento específico.

Na realidade, o piezômetro hidráulico envolve técnica de construção relativamente simples, permite a avaliação de pressões neutras negativas, o elemento sensor é acessível, permite a avaliação do coeficiente de permeabilidade do material envolvente, etc., mas também apresenta limitações apreciáveis: não é indicado para locais onde a leitura envolve pressão subatmosférica (através de vacuômetro) com valor maior (em módulo) que aproximadamente 70 kPa (0,7 kgf/cm²); não é indicado para cotas de instalação muito maiores (~12 m, em função da pressão de borbulhamento da pedra porosa) que a do terminal de leituras, pois pode perder a saturação em operação incorreta dos vários registros de que é dotado o painel de leituras; possibilidade (que não se restringe meramente às conjeturas, mas tem ocorrido na prática) de fornecer água ao maciço durante as operações de deaeração das tubulações, situação particularmente danosa quando a altura do aterro sobre o instrumento é pequena, indicando, com a subida do aterro, pressões neutras irreais (Mello, 1981); necessidade de operações demoradas e relativamente complexas para deaeração das tubulações e manutenção do sistema, implicando o envolvimento direto de um engenheiro ou técnico com alta qualificação técnica e consciência profissional; tempo de leitura relativamente grande para solos pouco permeáveis; recalques ocorridos com os instrumentos afetam os resultados.

As limitações acima apontadas são mais restritivas enquanto o solo envolvente ao instrumento for "não saturado" e apresentar baixa pressão neutra. Após o estabelecimento da rede de fluxo, a freqüência de circulação de água deaerada pode ser reduzida, e conseqüentemente a operação do sistema se torna menos demorada.

A durabilidade destes instrumentos é alta, conforme se observa no Quadro 19.3.

d) Piezômetro elétrico de resistência

Os piezômetros elétricos, de modo geral, apresentam os mais baixos tempos básicos de resposta, devido ao pequeno volume de água que o maciço precisa fornecer para fletir o diafragma do transdutor. Outra vantagem consiste na possibilidade de efetuar medidas dinâmicas de pressão neutra com registro contínuo, recurso este particularmente interessante para auscultação de barragens em regiões que apresentam sismicidade significativa. A facilidade para automação de leituras, mesmo estáticas, e a medida de pressões neutras negativas constituem outros recursos apresentados pelos piezômetros elétricos.

Dois piezômetros elétricos de resistência (de fio) instalados em Ilha Solteira, a título de experiência, sem qualquer medida especial de proteção contra descargas atmosféricas, têm apresentado desempenho satisfatório após cerca de 12 anos de instalação.

Instrumentos semelhantes, mas de *strain-gages* colados, instalados em número de dez em um aterro experimental, acusaram um desempenho satisfatório após três anos de funcionamento. Em Taquaruçu, entretanto, um dos dois piezômetros deste tipo apresentou avaria relacionada com centelhamento, indicando a necessidade de medidas de proteção, mesmo não sendo, provavelmente, tão sensíveis à sobretensão quanto os medidores de corda vibrante isentos deste tratamento.

e) Piezômetro elétrico de corda vibrante

Os medidores deste tipo instalados até cerca de quinze anos apresentaram durabilidade deficiente, com relativamente alta porcentagem de perda devido a descargas atmosféricas. Mesmo quando não apresentavam interrupção da bobina, ocorria com freqüência uma alteração repentina de suas constantes de calibração, com conseqüentes "saltos" das pressões neutras, ou mesmo interrupção do funcionamento por meses ou anos, voltando depois, misteriosamente, a fornecer leituras.

Outra deficiência dos instrumentos instalados com cabos isentos de blindagem diz respeito à interferência causada pelos campos eletromagnéticos provocados pelas linhas de alta tensão, subestações, unidades geradoras da usina, etc., a tal ponto de reduzir a níveis baixos a confiabilidade desses medidores.

Nos aproveitamentos mais recentes, entretanto, a durabilidade dos transdutores é mais alta, e menores as influências de campos magnéticos após adoção de cabos blindados.

Entretanto, todo o cuidado é pouco. Na Usina Nova Avanhandava, durante a urbanização de uma área nas proximidades da sala de comando e de uma seção instrumentada da barragem de terra, em fim-de-semana, o cabo utilizado para aterramento das células ficou exposto temporariamente, e nesta ocasião um trabalhador, desavisadamente, aproveitou o referido cabo para aterrar um equipamento elétrico alimentado com 440 V. Devido a procedimentos incorretos e a falha de materiais, ocorreu uma descarga elétrica ao cabo terra, de duração desconhecida, que causou a queima de 10 instrumentos de corda vibrante situados junto à fundação e próximo à face de montante do núcleo "impermeável" (seção em terra e enrocamento), ou seja, onde a saturação era mais alta.

Cabem, a respeito deste tipo de instrumento, algumas questões relacionadas à Engenharia Elétrica: é preferível utilizar a malha terra da própria usina, mesmo que esta esteja afastada da seção de interesse, ou construir uma malha específica para esta finalidade? É conveniente construir um pára-raio nas proximidades da cabine que contém os terminais dos instrumentos? Em caso afirmativo, deve ser ligado à mesma malha terra? A blindagem do cabo elétrico de leitura deve ser conectada à carcaça do instrumento? Há vantagem em conduzir um cabo terra paralelamente aos cabos de leitura, na mesma trincheira, até a proximidade dos instrumentos? Que tipos de centelhadores são mais indicados para a proteção dos transdutores? Enfim, qual o sistema ideal, em detalhes, para evitar danos por sobretensão?

f) Comparação entre piezômetros : considerações adicionais

Há uma série de condições a considerar na escolha do(s) tipo(s) de piezômetro(s) a adotar em determinada obra geotécnica: medidas estáticas ou dinâmicas; interferência na praça; localização do instrumento em relação ao terminal de leitura; necessidade de medida de pressões neutras negativas; necessidade de confiabilidade a longo prazo; dificuldades com importação; etc.

Assim sendo, não é possível estabelecer um tipo ideal de piezômetro. Em cada caso há a necessidade de determinar o mais adequado.

Devem ser também lembrados outros aspectos relativos à medida de pressões neutras desenvolvidas em aterros construídos com solos finos, especialmente as de período construtivo: necessidade de medir a pressão da água e não a do ar; pressão de borbulhamento mínima a adotar para as pedras porosas; importância de determinar as pressões neutras negativas; instalar os instrumentos com o elemento poroso em contato com o solo ou envolvê-lo com areia molhada.

Para fins práticos de engenharia civil (ou seja, não estão sendo consideradas as medidas para fins acadêmicos), as diferenças entre as pressões do ar e da água são relativamente pequenas quando elas atingem valores significativos (ver Capítulo 5), e por isto podem ser desconsideradas; por outro lado, pressões neutras negativas normalmente não têm sido consideradas em projeto (será que no futuro o serão?), motivo pelo qual se conclui que piezômetros pneumáticos (que não permitem normalmente a determinação de pressões negativas) com pedras porosas de granulação fina são adequados para a maioria das situações, mesmo que as pedras eventualmente percam a saturação.

19.7.3 - Célula de Tensão Total

Tem sido utilizada especialmente para a determinação dos esforços que os maciços de terra (ou mesmo enrocamento) exercem sobre as estruturas de concreto, ou em *cut-offs*, para a avaliação das tensões efetivas.

É constituída de uma "almofada" metálica de formato retangular ou circular, saturada com óleo, conectada a um piezômetro pneumático que permite a medida da pressão do óleo. A tensão aplicada pelo solo à almofada é transmitida de forma quase integral ao óleo de preenchimento da célula, e sentida pelo piezômetro, conforme a Figura 19.10.

O procedimento para leitura é idêntico ao exposto para o piezômetro pneumático.

Para melhor funcionamento da célula, a montagem da mesma é feita de modo que o óleo permaneça sob pressão de 50 kPa (~0,50 kgf/cm²), para a condição de ausência de carga externa aplicada. À medida que ela é submetida a cargas distribuídas, a leitura passa a superar este valor inicial.

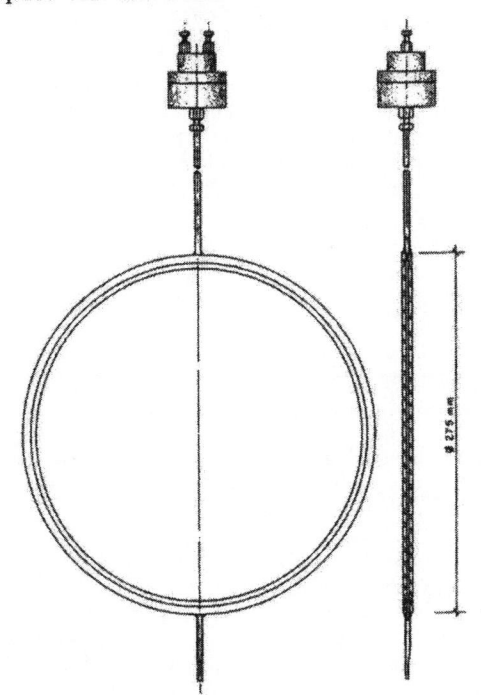

Figura 19.10 - Célula de tensão total

Pelo fato da resposta da célula de tensão total ser dependente da saturação da mesma com óleo, bem como da rigidez relativa entre ela e o solo circundante, tem sido recomendada a aferição em condições próximas às de trabalho (solo compactado com condições similares às do campo) ou, quando muito, areia úmida compactada, simulando o solo. Não tem sido considerada adequada a aferição em condições hidrostáticas, por não reproduzir, nem de longe, a rigidez do solo circundante à célula.

Nessas condições, a tensão total é dada por:

tensão total = $a_0 + a_1$. leitura,

sendo a_0 e a_1 os parâmetros da regressão linear. Se utilizada uma regressão não linear, deve ser empregada a expressão correspondente.

Quanto às limitações ao emprego da célula de tensão total, além daquelas relacionadas com a deformabilidade diferencial do instrumento em relação ao material circundante, e com as dimensões quando associadas a enrocamentos e transições, deve ser considerada a alteração no estado de tensões que fatalmente ocorrerá no local de instalação durante a abertura da trincheira ou poço (com conseqüente desconfinamento), e preenchimento em condições distintas das originais (umidade e energia de compactação, com reflexos sobre a deformabilidade do material).

Quanto ao desempenho dos medidores, nas primeiras obras da CESP onde foram instalados - Ilha Solteira, Capivara, e mesmo Água Vermelha - os resultados deixaram muito a desejar, tanto os de princípio de funcionamento elétrico quanto hidráulico; aqueles devido a causas não bem determinadas - apresentam grande dispersão de resultados, tornando difícil a adoção de valores médios representativos - e estes por entupimento gradual do filtro junto ao transdutor pela "borra" formada no fluido utilizado para leitura (Mellios e Sverzut Jr., 1975; Silveira *et alii*, 1980).

Quanto à avaliação de tensões nas interfaces maciços/ estruturas, podem ser levantados alguns aspectos importantes: medição apenas na direção perpendicular ao paramento de concreto ou através de rosetas; dimensão mínima da "almofada" para instalação associada com enrocamento; transições (granulometrias e espessuras) relacionadas ao tópico anterior.

19.7.4 - Medidores de Deslocamentos

Dentro desta classe ocorre um grande número de instrumentos.

Serão considerados nesta categoria os seguintes instrumentos: medidores de recalques; inclinômetros; e extensômetros de hastes e de fios.

Deve ser apresentada a seguinte ressalva: estes medidores, para indicarem deslocamentos absolutos, devem ter suas referências chumbadas em locais que possam ser considerados como sendo indeslocáveis do ponto de vista de engenharia.

a) Medidores de recalques

Objetivam a medição de deslocamentos verticais (recalques) absolutos, quer da fundação, quer do maciço compactado.

A instalação dos medidores de recalque pode ser feita tomando como referência um furo de sondagem; as placas podem ser instaladas na superfície do terreno natural ou compactado, à medida que o aterro sobe; "aranhas" do medidor tipo magnético podem ser instaladas em furos de sondagem.

De tubos telescópios

Originalmente foi o mais utilizado no país. Consiste de um tubo galvanizado de diâmetro 25 mm chumbado em rocha sã (considerada como incompressível, em termos práticos, em face das cargas atuantes), e de uma ou mais placas solidárias a tubos também galvanizados de diâmetros variados dispostos de tal modo que os tubos de diâmetros crescentes são associados a placas situadas em cotas crescentes, conforme a Figura 19.11.

A leitura é realizada da seguinte maneira: na extremidade superior de cada tubo é feito um puncionamento; a leitura de cada placa, numa determinada data, é obtida ajustando um compasso metálico com pontas secas nas punções do tubo de referência (Ø 25 mm) e do tubo correspondente à placa em questão, e medindo a distância entre as pontas do referido compasso numa escala milimetrada.

O recalque da placa considerada naquela data é obtido através da expressão :

recalque placa$_i$ = leitura placa$_i$ - leitura inicial placa$_i$ + constante placa$_i$,

onde i = 1,..., n ;

n = número de placas;

constante placa$_i$ = recalque anterior da placa$_i$ quando obtida a sua leitura inicial (no término da instalação do medidor).

Deve-se lembrar que durante a construção do aterro são acrescentados vários conjuntos de tubos concêntricos, à medida que sobe a barragem, procedendo-se em cada conjunto da forma acima indicada.

Para os recalques das camadas tem-se:

- recalque camada $_{0/1}$ = recalque placa$_1$;

- recalque camada$_{1/2}$ = recalque placa$_2$ - ; recalque placa$_1$+recalque placa$_1$ quando a placa$_2$ foi instalada;

- recalque camada $_{i-1/i}$ = recalque placa$_i$ - recalque placa$_{i-1}$ + recalque placa$_{i-1}$ quando a placa$_i$ foi instalada.

Apresenta como principais vantagens a simplicidade construtiva e de leitura, a durabilidade e a confiabilidade (nas condições em que é aplicável). As maiores limitações são quanto ao número de placas (quatro), diferença de cotas entre placas consecutivas, em função do atrito lateral e conseqüentes tensões de compressão no tubo externo, interferência na praça, manuseio difícil das placas devido ao peso, dificuldade de reparos de danos causados por acidentes, dispersão de leituras da ordem de milímetros, e custo.

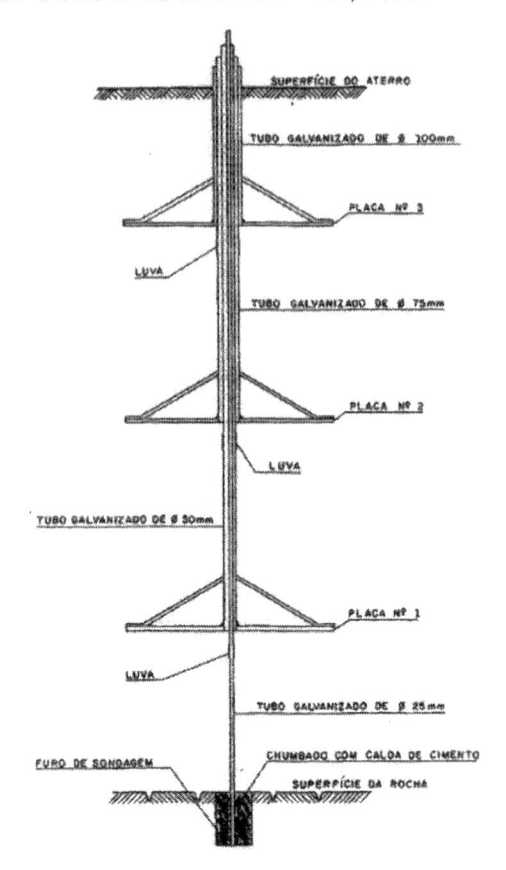

Figura 19.11 - Medidor de recalques de tubos telescópicos

Os esforços axiais de compressão nos tubos externos deste medidor podem ser minimizados através do envolvimento dos mesmos por graxa e fita de material plástico, e da colocação de anel de material deformável (por exemplo, isopor) sobre as luvas de emenda dos vários segmentos.

Tipo USBR

As principais vantagens deste medidor são o número ilimitado de pontos de medida, e a simplicidade construtiva e de reparos a danos causados por acidentes. As limitações são : interferência na praça; leitura relativamente demorada; e dispersão de leituras da ordem de poucos milímetros (em função da profundidade do ponto de medida).

Os medidores deste tipo instalados em Ilha Solteira e em Xavantes apresentaram perda do torpedo de leitura por dificuldade de travamento das aletas em seu interior, no fundo do instrumento, causada pela formação de camada de lama naquele local. Este problema pode ser sanado através da proteção adequada das juntas telescópicas dos tubos com manta geotêxtil, o que confere ao instrumento características de confiabilidade e durabilidade satisfatórias.

Inclinômetro

A medição de recalques utilizando os inclinômetros é possível, e obtida de maneira simples. Basta a fixação de flanges especialmente construídos aos segmentos de tubos nas cotas onde se deseja obter os recalques, de modo a impedir o deslizamento entre os segmentos de tubo e o solo circundante, e a utilização de equipamento de leitura análogo ao usado em relação ao medidor tipo USBR.

Tal equipamento (também denominado "torpedo") possui duas aletas que se abrem inteiramente a cada passagem pelas luvas das emendas telescópicas. Nestas posições a trava que sustenta o torpedo é tracionada pelo leiturista, de uma maneira padronizada (através do uso de um paquímetro) e a leitura é obtida: corresponde à posição da trava referente à extremidade superior do tubo do inclinômetro.

Neste tipo de instrumento é importante o envolvimento de todas as emendas com manta geotêxtil, o que constitui maneira eficiente de impedir (ou evitar) a entrada de solo arrastado pela água de percolação, que poderia impedir o travamento das aletas do torpedo ao atingir a extremidade inferior do tubo, de modo a poder ser removido do interior do instrumento.

Os cálculos são análogos aos do medidor magnético.

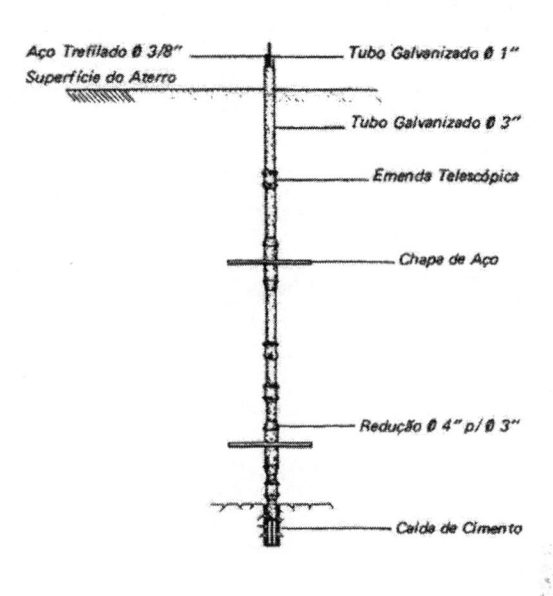

Figura 19.12 - Medidor de recalques - KM

Tipo KM

É construído e instalado de tal modo que a cada placa fica solidária uma haste de diâmetro ~10 mm, composta por vários segmentos adicionados à medida que o aterro sobe. A referência consiste de um tubo galvanizado de 25 mm de diâmetro, chumbado na rocha. As hastes correspondentes a cada placa, dispostas em torno do tubo de referência, são mantidas na posição vertical por meio de discos perfurados que funcionam como espaçadores, e são mantidas livres do contato com o solo através de um conjunto de segmentos de tubos galvanizados emendados por juntas telescópicas, e que as envolve totalmente, conforme a Figura 19.12.

As leituras são efetuadas através de um paquímetro adaptado, cujo corpo se encaixa adequadamente no tubo de referência, e cujo bico móvel é apoiado na extremidade superior de cada haste.

Os cálculos dos recalques das placas e das camadas são efetuados de modo análogo aos do medidor de tubos telescópicos, anteriormente descrito.

Alguns medidores instalados em Ilha Solteira, Mário Lopes Leão, Capivara e Paraibuna apresentaram deficiências causadas pelo esmagamento do tubo externo solidário à rocha de fundação, e que servia de referência, devido ao atrito lateral do solo de envolvimento. Após as modificações efetuadas (tubo de referência diâmetro nominal 25 mm, central, e tubo de proteção com emendas telescópicas), esses medidores passaram a ter desempenho satisfatório.

Como principais vantagens devem ser mencionados a dispersão de leituras da ordem de décimos de milímetros, a facilidade de leitura, e o número de placas da ordem de uma dezena. A durabildade está em grande medida associada à proteção contra oxidação, aplicada às hastes e aos espaçadores; quanto à confiabildade, regular, têm sido constatados deslocamentos repentinos (de média magnitude) e mesmo expansões, de difícil interpretação.

Outras limitações são a complexidade construtiva, de instalação e de reparos a danos causados por acidentes, e o custo.

Tipo magnético

É constituído por um conjunto de placas dotadas de orifício na posição central e um ímã permanente tipo ferrite, dispostas ao longo de um tubo de PVC vertical com emendas telescópicas, conforme a Figura 19.13. O sensor utilizado para realizar as leituras desce ao longo do tubo anteriormente referido, suspenso por uma trena metálica milimetrada. Ao atingir uma posição bem definida em relação aos ímãs das placas, o campo magnético aciona um contato existente dentro do sensor, e esta condição é percebida pelo leiturista através do deslocamento do ponteiro de um galvanômetro, ou de sinal sonoro emitido por um circuito apropriado.

Cada placa com ímã permite pelo menos dois pontos de leitura, um acima e outro abaixo da placa, podendo-se optar pelo uso do ponto superior, ou pelo do inferior, ou por ambos, adotando-se a média das leituras (sempre referidas à extremidade superior do tubo de PVC).

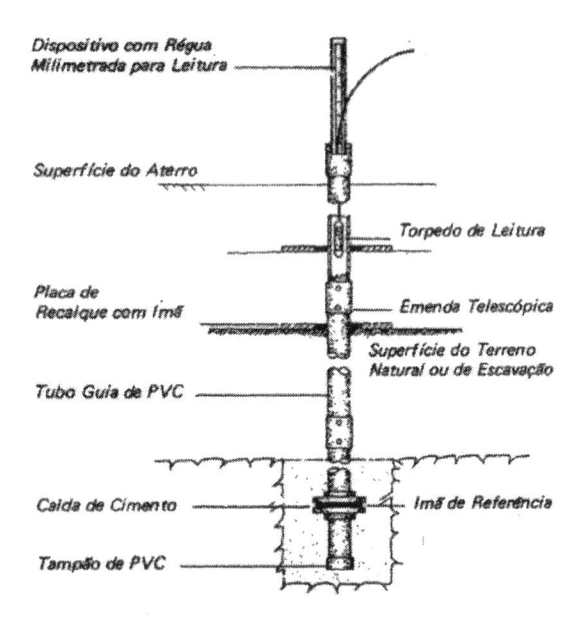

Figura 19.13 - Medidor magnético de recalques

Os recalques são calculados como segue:

L_i = leitura atual da placa$_i$ (subindo, descendo ou média);

LI_i = leitura inicial da placa$_i$ (idem);

n = número de placas;

i = 0,..., n (0 para a referência, *n* para a placa de cota mais alta)

$RC_{i/i+1}$ = recalque atual da camada delimitada pelas placas *i* e *i+1*;

RP_i = recalque atual da placa$_i$;

$E_{i/i+1}$ = espessura atual da camada delimitada pelas placas *i* e *i+1*

$E_{i/i+1}$ = espessura inicial da camada delimitada pelas placas *i* e *i+1*

$E_{i/i+1} = L_i - L_{i+1}$

$EI_{i/i+1} = LI_i - LI_{i+1}$

$RC_{i/i+1} = EI_{i/i+1} - E_{i/i+1} = LI_i - LI_{i+1} - (L_i - L_{i+1})$

$RP_i = LI_0 - LI_i - (L_0 - L_i)$

As principais vantagens deste medidor são: a facilidade construtiva, de instalação e de reparos a danos ocorridos; baixo custo; sensor acessível a qualquer instante para eventuais reparos; durabilidade; não limitação do número de placas e possibilidade da instalação de placas dentro da fundação, sendo neste caso normalmente denominadas "aranhas". Como limitações podem-se citar a dispersão de leituras, da ordem de poucos milímetros, em função da profundidade da placa, e a leitura relativamente demorada.

Tipo caixa sueca

No Brasil, a experiência da CESP na utilização de caixas suecas não foi das mais satisfatórias. Na usina Euclides da Cunha, única obra onde foram utilizadas (7 unidades), foram adotados tubos de pequeno diâmetro interno (~3 mm para os tubos de leitura e aeração, e 6,5 mm para o de drenagem), seguindo experiência alienígena, tornando demorado e impreciso o processo de leitura, especialmente dos dois medidores mais distantes do terminal, motivando alta dispersão de resultados (decímetros). Mesmo a circulação de ar através dos tubos de aeração e drenagem, e de água deaerada pelo de leitura, não causam grande melhoria nos resultados.

Duas providências necessárias à melhoria do desempenho do instrumento são a utilização de tubos com maior diâmetro interno (~ 10 mm no mínimo), e de contatos, fios e dispositivos elétricos para determinar se a água atinge realmente o topo do tubo de leitura no interior da caixa.

Testes expeditos de campo realizados posteriormente com caixa sueca situada em cota mais alta que o terminal de leituras, sendo estas realizadas através de piezômetro de corda vibrante, indicaram boa correlação entre diferenças de cotas impostas e calculadas; o máximo desvio constatado foi de 2 cm. Os valores absolutos foram afetados pela variação da densidade da água ao longo do dia, pelo fato de os testes terem sido realizados ao ar livre. Esta variante parece ser promissora, merecendo estudos mais aprimorados.

A caixa sueca convencional apresenta as seguintes características: interferência na praça de construção apenas durante a instalação; terminal de leituras aproximadamente à mesma cota que a "caixa", para a determinação dos recalques absolutos; necessidade de associação com referência profunda de nível (*benchmark*) ou outro sistema.

A utilização de caixas suecas para medidas de recalques na barragem de Itaúba foi satisfatória.

b) Medidores de deslocamento horizontais - inclinômetro

Utilizado com o objetivo de determinar deslocamentos horizontais, superficiais e em subsuperfície, consiste de um conjunto de segmentos de tubos de plástico ou de alumínio, confeccionados especialmente para esta finalidade, montados através de luvas telescópicas em posição subvertical. Tais tubos possuem quatro ranhuras, duas a duas diametralmente opostas, com os dois diâmetros assim formados perpendiculares entre si, dispostos na barragem nas direções montante/

jusante e ombreira esquerda/ombreira direita, e pelas quais passam as rodas do sensor introduzido para efetuar as leituras, conforme a Figura 19.14.

Sua instalação pode ser feita em furo de sondagem, na fundação, e em furo de sondagem ou à medida que o aterro sobe, em maciço compactado.

Quando instalados em furo de sondagem, o espaço entre o furo e os tubos deve ser preenchido com mistura de solo, cimento e bentonita, e não com areia, pois esta última alternativa causa maior dispersão de resultados.

No país, os equipamentos de leitura mais utilizados são da marca SINCO (Slope Indicator Company), existentes em dois modelos - série 200-B e Digitilt.

O modelo 200-B, mais antigo, funciona com base no princípio da ponte de Wheatstone: no sensor há um pêndulo que divide uma resistência elétrica em duas partes iguais, e portanto de mesmo valor de resistência ôhmica, quando o tubo e conseqüentemente o sensor se encontram na posição vertical; e em duas partes desiguais, e portanto de valores de resistência ôhmica diferentes, quando o tubo e o sensor se encontram inclinados. O pêndulo só toca a resistência, atraído por um eletroímã, no instante das leituras, ao ser acionada uma chave elétrica existente no painel do aparelho. Nos circuitos do indicador a ponte de Wheatstone é completada com dois resistores de precisão, um fixo e o outro variável, e neste último está acoplada a escala de leitura, conforme a Figura 19.14.

Usualmente são efetuadas quatro séries de leituras, com as rodas fixas do sensor voltadas para montante, jusante, ombreira esquerda e ombreira direita. Em cada série são obtidas três leituras por segmento de tubo, de modo a se dispor, em cada data, do perfil (afastamento da vertical) completo do tubo instalado na barragem ou da curva que representa os deslocamentos horizontais ao longo da profundidade, ocorridos entre uma data escolhida como inicial e a data de interesse.

Os cálculos, apesar de simples, são repetitivos, o que indica o uso de calculadora programável, microcomputador, ou mesmo *mainframe*, em função da disponibilidade.

Sejam:

n = número de segmentos de tubo

DC_i = diferença de cotas entre pontos de leitura i e $i + 1$ (expressa em m)

LD_i = Leitura direta (rodas fixas voltadas para montante ou para a ombreira direita) atual na posição i

LI_i = leitura inversa (rodas fixas voltadas para jusante ou para a ombreira esquerda) atual na posição i

LDI_i = leitura direta inicial na posição i

LII_i = leitura inversa inicial na posição i

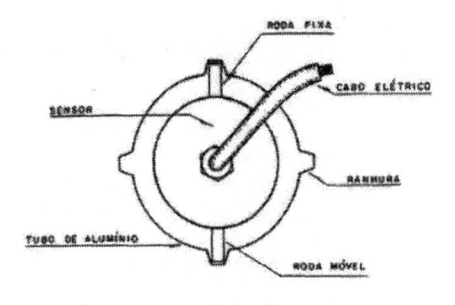

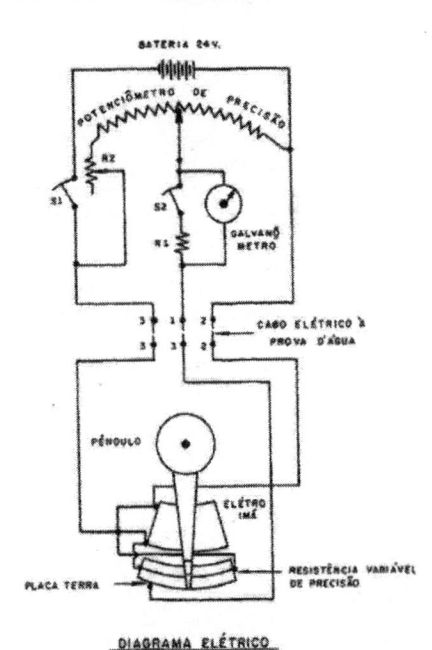

Figura 19.14 - Inclinômetro série 200-B

DD_i = "delta dial relativo" na posição i (montante/jusante ou ombreira direita/ombreira esquerda)

D_i = deslocamento na posição i (nas duas direções)

DA_i = deslocamento acumulado na posição i (nas duas direções)

M = média das somas das leituras diretas e inversas (nas duas direções); característica do aparelho

σ = desvio padrão das somas das leituras diretas e inversas (nas duas direções), característica do aparelho

Para cada posição de leitura ($i = 1,..., 3n$) calcula-se, para as direções montante/jusante e ombreira direita/ombreira esquerda:

$S_i = LD_i + LI_i$

Se $S_i < M - 3\sigma$ ou $S_i > M + 3\sigma$ as leituras correspondentes precisam ser refeitas. Se persistirem as condições acima pode estar ocorrendo:

- bateria descarregada ou defeito no equipamento de medida, se a condição se referir a muitas posições de leitura;

- defeito ou sujeira no tubo de alumínio ou deformação do mesmo por tensões cisalhantes, se a condição ocorrer em muito poucas posições de leitura.

$$DD_i = (LD_i - LI_i) - (LDI_i - LII_i)$$

$$D_i = \frac{DC_i \cdot DD_i}{4} \quad (mm)$$

$$DA_i = \sum_{j=i}^{i} D_j$$

Os equipamentos modelo Digitilt têm dois transdutores operando em direções ortogonais, que funcionam com base no princípio do servo-acelerômetro, e permitem a leitura nas duas direções de interesse, com as rodas do sensor posicionadas em um único par de ranhuras diametralmente opostas.

Entretanto, as diferenças mais significativas em relação ao modelo 200-B são a resolução, dez vezes maior, e a precisão, cerca de cinco vezes melhor.

Os cálculos são efetuados de maneira análoga, com a seguinte alteração:

$$D_i = \frac{DC_i \cdot DD_i}{40} \quad (mm)$$

Os inclinômetros apresentam como principais características: a possibilidade da determinação dos componentes dos deslocamentos horizontais em duas direções ortogonais, ao longo do comprimento do instrumento; leitura e cálculo (manual) relativamente demorados; interferência na praça de trabalho; instalação em furo de sondagem ou acompanhando a subida do aterro, na vertical ou em posição inclinada. Em furos de sondagem não tem sido possível, até o momento, determinar com precisão a orientação das ranhuras que definem a direção do sensor.

c) Outros medidores de deslocamento

Extensômetro de hastes

Objetiva a determinação da deformabilidade de maciços rochosose e/ou os deslocamentos de blocos de estruturas de concreto.

Apresenta as seguintes características principais: mede deslocamentos na direção do furo de sondagem onde se encontram chumbadas as hastes, em número não superior a cinco; deslocamentos relativos cisalhantes de certa magnitude ao longo de descontinuidades no maciço rochoso, que interceptam o extensômetro e podem danificá-lo; pode ser instalado sem dificuldades em furos sub-horizontais até verticais; permite avaliar a deformabilidade de partes isoladas do maciço rochoso; leitura e cálculos rápidos e simples; confiabilidade e durabilidade satisfatórias; baixa dispersão de leituras; leitura efetuada com relógio comparador com sensibilidade de centésimo de milímetro ou melhor; dificuldade de instalação em furos inclinados para cima ou que apresentam elevada vazão devida a artesianismo.

É possível a instalação deste tipo de instrumento também em solo; por exemplo, na medida de deslocamentos horizontais na fundação ou no corpo de barragens de terra, perpendicularmente ao eixo; ou na crista, paralelamente à mesma, para verificação de deformações de tração associadas a recalques diferenciais.

Extensômetro de fios

Apesar de diversas características deste instrumento serem semelhantes às do extensômetro de hastes, a durabilidade e a confiabilidade do mesmo não têm sido satisfatórias: os fios, de ínvar (para redução da variação do comprimento associada à variação da temperatura), têm oxidado e rompido; estão sujeitos à fluência e à queda de blocos de rocha dentro do furo de sondagem, após a instalação; há necessidade de calibração das molas de tracionamento dos fios e de equipamento especial para leitura de alguns deles; é pesado e de uso incômodo; etc.

Pelos motivos expostos a utilização deste medidor não tem sido difundida no país. A reformulação do projeto deste instrumento, entretanto, talvez permita a obtenção da desejada confiabilidade e de durabilidade.

Medidor de deslocamento em interface

A medida de deslocamento relativo em interface solo/concreto, em abraço maciço/estrutura, pode ser obtida através de instrumento que utiliza concepção semelhante ao do extensômetro de hastes (mesmo terminal de leituras, mesmo sistema de segmentos de hastes, niples e mangueira de proteção). A(s) haste(s) é (são) montada(s) no interior de tubo embutido na estrutura, paralelo e bastante próximo da interface. O chumbador é substituído por placa de aço solidária e perpendicular à extremidade inferior da(s) haste(s), sendo que esta união se desloca ao longo de uma ranhura executada no concreto e na extremidade inferior do tubo de envolvimento do medidor.

A ranhura deve ser preenchida com material muito deformável (por exemplo isopor), ou com pasta de bentonita em estado plástico, de modo a não oferecer praticamente resistência ao movimento das hastes e placas em relação às cavidades das ranhuras.

d) Composição de deslocamentos horizontais e verticais

Durante a análise dos resultados da instrumentação, as medições dos deslocamentos horizontais e verticais devem ser consideradas simultaneamente, mesmo que obtidas por instrumentos distintos ou por meios diferentes (por exemplo, instrumentos e topografia).

Isso se deve ao fato de deslocamentos horizontais significativos não representarem necessariamente risco de instabilidade do maciço, se simultaneamente os deslocamentos verticais forem elevados e, em decorrência, o vetor-soma estiver voltado "para dentro" do maciço.

19.7.5 - Medidores de Vazão

Objetivam determinar vazões individuais de drenos ou somatórios ao longo de trechos ou da totalidade da estrutura, e determinar vazões de percolação por maciço de terra ou rocha.

Sua instalação pode ser feita em drenos de fundação, em canaletas de galerias de drenagem, e em barramentos construídos para esta finalidade.

São dois os tipos de medidores de vazão mais utilizados, conforme descrito a seguir.

a) Vertedores triangulares e retangulares

Confiáveis, de durabilidade razoável a boa (em função do tratamento anti-corrosivo aplicado). Podem ser lidos de forma simples e precisa através de dispositivo constituído por parafuso micrométrico introduzido dentro do tubo tranqüilizador, sendo o indicador elétrico utilizado para estabelecer o instante da leitura idêntico ao de leitura de piezômetros de tubo aberto; a medida é feita através de paquímetro.

b) Vertedores Parshall

Apresentam alta durabilidade e confiabilidade. Possuem sobre os triangulares e retangulares a vantagem de requererem menor desnível entre montante e jusante.

Além dos dois tipos de instrumentos acima, são também efetuadas medidas de vazão pelo sistema de vasilha e cronômetro nos terminais dos drenos de fundação e poços de alívio, além de surgências, etc. Apresentam precisão satisfatória, desde que sejam utilizados vasilhames com volume adequado para que possam ser cheios em um intervalo de tempo não inferior a cerca de 30 segundos.

19.7.6 - Instrumentos para Auscultação Sismológica

Pelo fato do Brasil ter sido considerado um país assísmico até há cerca de duas décadas, a utilização de instrumentação para auscultação sismológica teve início somente na década de 70.

Por tratar-se de assunto muito específico, será feita menção muito rápida a esses equipamentos.

Predomina no país o uso de sismógrafos, instrumentos que visam à determinação dos parâmetros sismológicos dos eventos e os respectivos mecanismos focais. Os acelerógrafos e acelerômetros têm tido até o momento uso muito restrito, ou mesmo inexistente.

Presentemente, a maioria dos sismógrafos instalada por instituições nacionais registra os eventos através de tecnologia analógica (rolos com papel enfumaçado). É o caso dos registradores MEQ-800 da Sprengnether e sensores SS-1 da Kinemetrics ou S-13 da Teledyne Geotech, em uso pela CESP.

A telemetria é um recurso útil em regiões de difícil acesso e para minimizar a mão-de-obra especializada.

A tendência atual é a de valorizar equipamentos de registro digital, como os utilizados no projeto BLSP - Brazilian Lithosphere Seismic Project -, em desenvolvimento com a participação da CESP, de fabricação da Refraction Technology (E.U.A.) e Streckeisen (Suiça). Trata-se de equipamentos mais complexos e caros que os de tecnologia analógica, porém que apresentam uma série de recursos e vantagens que os justificam.

19.8 - INFORMAÇÕES ADICIONAIS E RECOMENDAÇÕES

Apresentam-se neste item algumas informações adicionais e recomendações úteis, a maioria das quais não estão disponíveis em bibliografia.

19.8.1 - Projetos de Instrumentação

Os projetos de instrumentação devem constar de:

a) desenhos contendo a locação aproximada dos instrumentos;

b) tabela com indicação dos critérios para a locação exata dos instrumentos. Por exemplo: na junta entre derrames A e B; 1,0 m acima do topo da brecha calcária; no trecho mais permeável entre cotas 350 e 355 m, etc.;

c) justificativa para a utilização dos instrumentos, com a indicação clara dos objetivos genérico e específico pretendidos, fatos geradores da demanda, eventuais benefícios quantificáveis, métodos de análise a serem utilizados, e outras questões relevantes;

d) antes do enchimento do reservatório a Projetista deve fornecer à Proprietária da obra os seguintes elementos relativos aos instrumentos instalados:

- nível de projeto e nível crítico, ou nível de referência (vide definições no item 19.8.2);

- freqüências de leituras para as várias fases da obra;

- indicação dos instrumentos mais úteis para a avaliação das condições de segurança da obra;

- demais informações relevantes;

e) ao final do contrato a Projetista deve fornecer à Prorietária:

- síntese das conclusões relativas à instrumentação instalada para a verificação dos critérios de projeto e da adequação de métodos construtivos;

- síntese das condições de segurança da obra em questão;

- metodologias a serem utilizadas pela Proprietária para o prosseguimento das análises relativas à instrumentação instalada para a verificação dos critérios de projeto;

- metodologias a serem utilizadas pela Proprietária para o prosseguimento das análises relativas à instrumentação instalada para a avaliação das condições de segurança.

19.8.2 - Níveis dos Instrumentos

Sugere-se a adoção dos seguintes níveis para os instrumentos:

- valor ou nível de projeto: valor teórico calculado a partir das hipóteses de projeto. Pode ser encarado como um valor de alerta;

- valor ou nível crítico: valor a partir do qual se torna obrigatória alguma providência reparadora ou estudo e avaliação das hipóteses originais de projeto. No caso geral deve estar associado a um valor inaceitável do coeficiente de segurança;

- valor ou nível de referência: a estabelecer, sem contudo ser obrigatório, dependendo de situações especiais de projeto. É caso típico de instrumentação sem valor de projeto definido. Exemplo: marcos superficiais para medida de deslocamentos.

É conveniente a padronização dos elementos referidos, para facilitar o entendimento e a comunicação entre as pessoas envolvidas no assunto.

19.8.3 - Escolha dos Tipos de Instrumentos

Em função da grande diversidade de princípios de funcionamento, marcas e modelos, a escolha dos tipos de instrumentos a utilizar em determinada obra não é tarefa das mais fáceis. Há também a necessidade de conciliar duas tendências opostas - a inovadora e a conservadora. Não é conveniente especificar todos os instrumentos desconhecidos para a equipe envolvida, mesmo que as informações de catálogo e a experiência estrangeira os recomendem, numa situação extrema; nem descartar totalmente a possibilidade de utilizar um modelo novo, no contexto da obra, restringindo-se apenas àqueles de desempenho conhecido, mesmo que sujeitos a limitações indesejáveis, noutra situação extrema.

A solução ideal, provavelmente, seja a de adotar cerca de 20% de tipos novos de instrumentos, ao lado dos de eficiência conhecida, desde que aqueles apresentem vantagens evidentes em relação a estes.

19.8.4 - Eficiência da Qualidade e Quantidade

É necessário ter em mente que a auscultação de uma obra de engenharia não é uma atividade-fim. Portanto, raras vezes, ou mesmo nunca, é possível otimizá-la isoladamente. O importante é otimizar o todo (e aí é fundamental boa dose de bom senso). Assim sendo, o programa de instrumentação deve levar em conta os aspectos prazo e custo da obra, além dos condicionantes geotécnicos, é lógico.

Para cada grandeza física escolhida para ser auscultada, é importante prever certa superabundância de instrumentos, de modo que a eventual perda de alguns deles não comprometa a consecução dos objetivos pretendidos.

Por outro lado, a qualidade deve ser a maior possível, respeitada a realidade reinante. Havendo a necessidade de sacrificar a qualidade ou a quantidade, é preferível reduzir a última, sendo mantidos ao menos os instrumentos mais importantes para a avaliação das condições de segurança.

Outrossim, não há quantidade de instrumentos que compense deficiência significativa na qualidade dos mesmos, pois nestas condições a confiabilidade dos resultados passa a ficar comprometida.

Dentro da realidade incontestável de que os instrumentos estão sujeitos a danos durante a vida útil prevista para o empreendimento, motivados por causas diversas, considera-se que cada tipo de instrumento apresenta durabilidade aceitável, em linhas gerais, se ocorre, durante o período de interesse, perda não superior a 25%.

Felizmente, vários tipos de instrumentos considerados neste capítulo podem ser submetidos a manutenção após a instalação; outros são passíveis de instalação mesmo após o término da construção, em substituição a medidor semelhante danificado.

19.8.5 - Realização de Leituras

A seguir, são abordadas algumas informações quanto à realização das leituras dos instrumentos, as quais são úteis para o dimensionamento da equipe de leituristas e o controle das atividades de instrumentação.

a) Equipe de leituristas

Para efeito de dimensionamento da equipe de leituristas associada a barragens de grande porte, sugere-se a adoção dos seguintes tempos médios para leitura, já considerando o tempo para o deslocamento entre os locais instrumentados (Tabela 19.1):

Capítulo 19

Tabela 19.1 - Dimensionamento da equipe de leituristas

INSTRUMENTO	TEMPO PARA LEITURA (minutos)	EQUIPE MÍNIMA
Medidor de nível d'água	5	1
Medidor de vazão-vasilha	3	1
Medidor de vazão-vertedouro	5	1
Medidor de vazão Parshall	5	1
Piezômetro de tubo aberto	5	1
Piezômetro pneumático	4	1
Piezômetro hidráulico	10	1
Piezômetro elétrico	3	1
Medidor de recalques telescópico	8	1
Medidor de recalques KM	10	1
Medidor de recalques magnético	40	2*
Inclinômetros	2/m	2*
Célula de tensão total	4	1
Extensômetro de hastes	5	1

* Dos dois empregados assinalados, basta um com boa qualificação; o outro atua como ajudante, precisando, entretanto, saber ler e escrever.

b) Freqüência das leituras

As opiniões a respeito deste item costumam divergir bastante. Logicamente aqui não cabe uma padronização. Apenas para efeito de ilustração são apresentadas a seguir, no Quadro 19.2, frequências usualmente utilizadas em condições de normalidade:

Quadro 19.2 - Freqüências usuais de leituras

Instrumento	Construção	Enchimento +3 meses	4° ao 6° mês	7° ao 12° mês	13° ao 36° mês	37° mês em diante
Medidor de nível d'água	semanal	2/semana	2/semana	semanal	semanal	quinzenal
Medidores de vazão (1)	semanal	3/semana	3/semana	2/semana	semanal	quinzenal
Piezômetros de fundação	semanal	2/semana	2/semana	semanal	semanal	quinzenal
Piezômetros de maciço	semanal	1/semana	semanal	semanal	quinzenal	quinzenal
Medidores de recalques	semanal	2/semana	semanal	quinzenal	mensal	bimestral
Inclinômetros (2)	quinzenal	semanal	quinzenal	quinzenal	mensal	trimestral
Célula de tensão total	semanal	2/semana	semanal	semanal	quinzenal	quinzenal
Extensômetro de hastes	semanal	3/semana	3/semana	semanal	quinzenal	quinzenal

(1) vazões de drenagem ou de surgências em maciços de terra.
(2) na direção montante-jusante.

19.8.6 - Reinstrumentação de Barragens Antigas

Algumas barragens antigas apresentam porcentagem relativamente alta de instrumentos inoperantes ou, em função dos resultados obtidos, é julgada necessária a instalação de alguns instrumentos adicionais. Nessas condições, é muito útil a existência de equipe e equipamentos de sondagem por parte da Proprietária da obra, ou ao menos a manutenção de um contrato em aberto com firma de prestação de tais serviços, de modo a minimizar o prazo entre a decisão e a execução.

19.8.7- Assuntos para Pesquisa de Campo Através de Instrumentação

São relacionados abaixo vários tópicos para ponderação e posicionamento por parte dos engenheiros geotécnicos:

a) eficiência de cortinas de injeção, sistemas de drenagem e tapetes impermeáveis;

b) vazões de percolação pela fundação, em função da geologia e dos tratamentos aplicados;

c) deformabilidade de maciços rochosos;

d) pressões neutras de período construtivo;

e) pressões neutras negativas;

f) pressões neutras de percolação; eficiência de *cut-offs*, cortinas de injeção, tapetes impermeáveis e sistemas de drenagem de barragens de terra ou terra-enrocamento;

g) tensões em interfaces de maciços zoneados e maciços/ estruturas;

h) tensões em *cut-offs*;

i) tensões horizontais oriundas da compactação;

j) deformabilidade de enrocamentos e transições;

l) recalques diferenciais específicos ao longo de seções transversais; deformações horizontais decorrentes dos mesmos;

m) recalques diferenciais específicos em seções longitudinais; deformações horizontais resultantes;

n) medidas *in situ* do coeficiente de Poisson;

o) colmatação de filtros;

p) outros.

19.9 - CONCLUSÕES E RECOMENDAÇÕES

A auscultação de obras geotécnicas não deve ser prevista apenas para atender a aspectos contratuais ou legais, mas sim de modo a prover ferramenta útil para a avaliação das condições de segurança do empreendimento e, também, quando julgado oportuno, para a verificação das hipóteses de projeto.

Inspeções visuais e outros sistemas de observação de obras devem merecer a devida importância.

A escolha dos tipos e modelos de instrumentos a utilizar em um determinado empreendimento, além de outros aspectos, deve ser feita com o máximo de critério, de modo a otimizar os resultados dos recursos dispendidos.

Para cada instrumento instalado com o objetivo de avaliar a segurança, devem estar claramente estabelecidos os níveis limites, e explícitos os critérios de cálculo correspondentes.

A massa de dados resultante da instrumentação deveria merecer análise e divulgação mais intensas e constantes. Esta providência resultaria no retorno do investimento efetuado com a aquisição, a instalação e a leitura dos instrumentos, especialmente daqueles adotados para a verificação das hipóteses de projeto.

É necessária uma conscientização de quais são os aspectos relativos a projetos geotécnicos que ainda merecem pesquisa, através de instrumentação de campo.

Quadro 19.3

Quantidades de instrumentos instalados (I) e em funcionamento (F), bem como porcentagem de instrumentos danificados (D), em diversas barragens brasileiras.

INSTRUMENTO	TOTAL			Obs.
	I	F	D (%)	
Medidor de nível d'água	150	146	03	
Piezômetro de tubo aberto	1024	979	04	
Piezômetro hidráulico	88	82	07	
Piezômetro elétrico	340	189	44	(1)
Piezômetro pneumático	212	110	48	(2)
Célula de tensão total	106	54	49	(3)
Medidor de recalque de tubos telescópicos	47	46	02	
Medidor de recalque USBR	08	00	100	(4)
Medidor de recalque KM	36	34	06	
Medidor de recalque cx. sueca	07	05	29	(5)
Medidor de recalque magnético	04	04	00	
Inclinômetro	33	30	09	
Extensômetro de hastes	79	79	00	
Medidor de vazão	59	52	12	
Sismógrafo	06	05	17	

(1) De corda vibrante; danos causados por descargas atmosféricas.

(2) Instrumentos importados até 1970, de má qualidade.

(3) Medidores importados; formação de resíduo pelo contato do fluido utilizado para as leituras com as tubulações.

(4) Danos causados pelo arraste de material sólido, pela água, através das emendas desprotegidas.

(5) Diâmetro da tubulação de leitura muito reduzido em face do seu comprimento.

Quadro 19.4a

Simbologia e nomenclatura para os instrumentos de auscultação

NOME DO INSTRUMENTO	SIGLA	SÍMBOLO EM PLANTA	SÍMBOLO EM SEÇÃO	OBSERVAÇÕES
CAIXA SUECA	CS			
CÉLULA DE CARGA	CC			
CÉLULA DE TENSÃO TOTAL	TS			SÓ PARA SOLOS
DRENO	DR			DE FUNDAÇÃO OU CONTATO CONCRETO - ROCHA *
EXTENSÔMETRO DE HASTES	EH			*
INCLINÔMETRO	IN			*
MARCO SUPERFICIAL	MS			PARA CONTROLE DE RECALQUES E/OU DESLOCAMENTO HORIZONTAL
MARCO BÁSICO	MB			PARA CONTROLE DE DESLOCAMENTO HORIZONTAL
MEDIDOR DE NÍVEL D'ÁGUA	NA			*
MEDIDOR DE RECALQUES	KM MM MR BR			TIPO KM TIPO MAGNÉTICO TIPO TUBOS TELESCÓPICOS TIPO BUREAU OF RECLAMATION

Observações :

* - Quando o instrumento não for vertical, deverá ser representado, em planta, pelo símbolo utilizado em seção.

* - A dimensão dos símbolos deve ser adaptada ao desenho: entretanto, não devem ser utilizadas dimensões menores que a metade das apresentadas neste desenho.

Quadro 19.4b

NOME DO INSTRUMENTO	SIGLA	SÍMBOLO EM PLANTA	SÍMBOLO EM SEÇAO	OBSERVACOES
MEDIDOR DE VAZÀO	MV	■	■	VERTEDOURO TRIANGULAR, RETANGULAR, PARSHALL, TUBO, ETC.
PAINEL PARA LEITURA	PL	↗	↗	
	PZ	●	▮	PARA BARRAGEM DE TERRA OU DE CONCRETO *
PIEZÔMETRO ELÉTRICO	PE	○	○	
PIEZÔMETRO HIDRÁULICO	PH	□	□	
PIEZÔMETRO PNEUMÁTICO	PN	△	△	
POÇO DE ALÍVIO	PA	◐	✝	*
REFERÊNCIA DE NÍVEL	RN	⊠	⊠	
REFERÊNCIA PROFUNDA DE NÍVEL	RP	⊗	┃	"BENCH - MARK"

Observações :

* - Quando o instrumento não for vertical, deverá ser representado, em planta, pelo símbolo utilizado em seção.

* - A dimensão dos símbolos deve ser adaptada ao desenho: entretanto, não devem ser utilizadas dimensões menores que a metade das apresentadas neste desenho.

REFERÊNCIAS BIBLIOGRÁFICAS

AMARAL, E. do, MORIMOTO, S., MASSONI, F. 1976. O comportamento das células Warlam e Geonor instaladas na rocha de fundação da barragem de terra da Usina de Capivara. *Anais do XI Seminário Nacional de Grandes Barragens*, Fortaleza. CBGB. v. 2.

BRITSH GEOTECHNICAL SOCIETY. 1973. *Symposium on Field Instrumentation in Geotechnical Engineering.* Edited by A. D. M. Penman. London: Butterworths.

CARLSON INSTRUMENTS. *Catálogo de Instrumentos.* Campbell, Califórnia.

COMPANHIA ENERGÉTICA DE SÃO PAULO - CESP. LABORATÓRIO CENTRAL DE ENGENHARIA CIVIL. 1988. *Instrumentação para Engenharia Civil.* São Paulo.

DUNNICLIFF, J. 1988. *Geotechnical Instrumentation for Monitoring Field Performance.* New York: John Wiley & Sons.

FRANKLIN, J. A. 1979. *A Auscultação de Estruturas em Rocha.* Tradução n. 7, ABGE, São Paulo. (traduzido por Antonio Cury Jr.)

ICOLD. 1969. General considerations applicable to instrumentation for earth and rock-fill dams. *Bulletin*, n. 21. Paris.

LINDQUIST, L. N. 1983. Instrumentação geotécnica: tipos, desempenho, confiabilidade; eficiência da qualidade e quantidade. *Anais do Simpósio sobre a Geotecnia da Bacia do Alto Paraná*, São Paulo. ABMS, v. 1B.

LINDQUIST, L. N., YASSUDA, A. J., SILVEIRA, J. F. A., SILVA, R. F. 1988. Técnicas modernas de instrumentação de campo. *Anais do Simpósio sobre Novos Conceitos em Ensaios de Campo e Laboratório em Geotecnia*, Rio de Janeiro. COPPE/UFRJ. v. 2.

MELLIOS, G. A., MACEDO, S. S. 1973. Instrumentação da barragem de terra de Ilha Solteira. Observações sobre o comportamento. Recomendações. *Anais do IX Seminário Nacional de Grandes Barragens*, Rio de janeiro. CBGB, v. 2, Tema 2.

MELLIOS, G.A., SVERZUT Jr., H. 1975. Observações de empuxos de terra sobre os muros de ligação; considerações sobre o parâmetro Ko - Ilha Solteira. *Anais do X Seminário Nacional de Grandes Barragens*, Curitiba. CBGB. v. 2, Tema 3.

MELLO, V. F. B. de. 1982. Comportamento de materiais compactados à luz da experiência em grandes barragens. *Geotecnia*, Lisboa, mar/1982.

OLIVEIRA, H. G., MORI, R. 1975. Fundação de barragens de terra e enrocamento: dispositivos de observação e controle. *Relatório para a Comissão de Fundações do CBGB*, IPT/SP.

SHERARD, J. L. 1981. Piezometers in earth dam impervious section. *Proceedings of the Recent Developments in Geotechnical Engineering for Hydro Projects:* embankment dam instrumentation performance, engineering geology aspects, rock mechanics studies, New York. American Society of Civil Engineers.

SILVEIRA, J. F. A., ÁVILA, J. P. de, MIYA, S., MACEDO, S. S. 1978. Influência da compressibilidade do solo de fundação da barragem de terra de Água Vermelha nas variações de permeabilidade da fundação. *Anais do XII Seminário Nacional de Grandes Barragens*, São Paulo. CBGB. v. 1.

SILVEIRA, J. F. A., MACEDO, S. S., MIYA, S. 1978. Observação de deslocamentos e deformações na fundação da barragem de terra de Água Vermalha. *Anais do XII Seminário Nacional de Grandes Barragens*, São Paulo. CBGB. v. 1.

SILVEIRA, J. F. A. 1980. *Glossário de Instrumentação.* ABGE, São Paulo. (revisto por C. M. Wolle, J. L. Ferraz e S. C. Kuperman).

SILVEIRA, J. F. A, MIYA, S., MARTINS, C. R. S. 1980. Análise das tensões medidas nas interfaces solo-concreto dos muros de ligação da Barragem de Água Vermelha. *Anais do XIII Seminário Nacional de Grandes Barragens*, Rio de Janeiro. CBGB. v. 2.

U. S. DEPARTMENT OF THE INTERIOR - BUREAU OF RECLAMATION. 1987. *Embankment Dam Instrumentation Manual.* Stock n. AZ 1480. Denver.

VEIGA PINTO, A. 1990. Monitoring and Safety Evaluation of Rockfill Dams. In: *Advances in Rockfill Structures.* Chapter 16. Edited by E. Maranha das Neves, NATO ASI Series E. Dordrecht: Kluwer Academic Publishers.

Bibliografia Geral

ABMS/ABGE. 1983. Cadastro Geotécnico das Barragens da Bacia do Alto Paraná. *Simpósio sobre a Geotecnia da Bacia do Alto Paraná*, São Paulo.

ABRAMENTO, M., SOUZA PINTO, C. 1993. Resistência ao Cisalhamento de Solo Coluvionar não Saturado da Serra do Mar. *Solos e Rochas*, v.16, n. 3.

ALONSO, E.E., GENS, A., JOSA, A. 1990. A constitutive model for partially saturated soils. *Géotechnique*, v. 40, n. 3.

AMARAL, E. do, MORIMOTO, S., MASSONI, F. 1976. O comportamento das células Warlam e Geonor instaladas na rocha de fundação da barragem de terra da Usina de Capivara. *Anais do XI Seminário Nacional de Grandes Barragens*, Fortaleza. CBGB. v. 2.

AREAS, O. M. 1963. Piezômetros em Três Marias. *Proc. of the 2nd Panamerican Conference on Soil Mechanics and Foundation Engineering*, São Paulo. ABMS, v. 1.

ARENILLAS, M., MARTINS, J., CORTES, R., DIAS-GUERRA, C. 1994. Proserpina dam (Merida, Spain). An enduring example of Roman Engineering. *Proc. of the 7th. Int. Congress I.A.E.G.*, Lisboa. v. V.

AVILA, J. P. de. 1980. Relato Geral do Tema IV: Interfaces em Barragens. *Anais do XIII Seminário Nacional Grandes Barragens*, Rio de Janeiro. CBGB.

AZEVEDO, A. A. 1993. *Análise do fluxo e das injeções nas fundações da Barragem de Taquaruçu - Rio Paranapanema - SP*. Dissertação de Mestrado. Escola de Engenharia de São Carlos/SP.

BARBI, A.L. 1980. Aproveitamento hidrelétrico de Itaipu, instrumentação das ensecadeiras principais. *Anais do XIII Sem. Nac. de Grandes Barragens*, Rio de Janeiro. CBGB, v. 1.

BARBI, A. L., GOMBOSSY, Z. M., SIQUEIRA, G. H. 1981. Controle de qualidade de calda de cimento para injeção: utilização do traço variável. *Anais do XIV Seminário Nacional de Grandes Barragens*, Recife. CBGB, v. 1.

BEENE, R. R. W. 1967. Waco dam slide. *Journal of the Soil Mechanics and Foundation Division*. Proceedings of the American Society of Civil Engineers, n. SM 4.

BERTRAM, G. E. 1940. An experimental investigation of protective filters. *Harvard Graduate School of Engineering, Public. 267*.

BERTRAM, G. E. 1951. Slope protection for earth dams. *Transactions of the 13th International Congress on Large Dams*, New Delhi. Paris: ICOLD, v. 1.

BISHOP, A. W. 1952. *The stability of earth dams*. Ph. D.Thesis. Univ.of London

BISHOP, A. W. 1954. The use of pore pressure coeficients in practice. *Géotechnique*, v. 4, n. 4.

BISHOP, A. W. 1955. The use of slip circule in the stability analysis of slopes. *Géotechnique*, v. 5, n. 1.

BISHOP, A. W., HENKEL, D.J. 1957. *The measurements of soil properties in the triaxial test*. London: Edward Arnold.

BISHOP, A.W., ALPAN, S., BLIGHT, T. E., DONALD, T. B. 1960. Factors controlling the strength of partly saturated cohesive soils. *Proceedings of the A.S.C.E.Conference on Shear Strength of Cohesive Soils*, Boulder/ Colorado.

BISHOP, A. W., MORGENSTERN, N. 1960. Stability coeficients for earth slopes. *Géotechnique*, v. 10, n. 4.

BISHOP, A. W. - GARGA V. K. - 1969. Drained tension tests on London Clay. *Géotechnique*, v. 19, n. 2.

BISHOP, A. W. 1971. Shear strength parameters for undisturbed and remoulded soil specimens. *Proc. of the Roscoe Memorial Symposium*, Cambridge, v. 3.

BISHOP, A.W. 1973. The influence of an undrained change in stress on pore pressure in porous media of low compressibility. *Géotechinique*, v. 23, n. 3.

BISHOP, A.W. 1976. The influence of system compressibility on the observed pore pressure response to an undrained change in stress in saturated rock. *Géotechnique*, v. 26, n. 2.

BISHOP, A.W., HIGTH, D.W. 1977. The value of Poisson's ratio in saturated soils and rocks stressed under undrained conditions. *Géotechnique*, v. 26, n. 3.

BJERRUM, L. 1972. Embankment on soft ground. *Proc. of ASCE Conf. on Performance of Earth and Earth Supported Structures*, v. 2.

BJERRUM, L. 1973. Problems of soil mechanics and construction on soft clay. *Proc. of the 8th Int. Conf. on Soil Mechanics and Found. Engin.*, Moscow, v.3.

BOUGHTON, N. O.1970. Elastic analysis for behavior of rockfill. *Proc.of Am. Soc. of Civil Eng. J.S.M.F. Division*, v. 96, n. S-M 5.

BOURDEAUX, G. H. R. M., NAKAO, H., IMAIZUMI, H. 1975. Technological and design studies for Sobradinho earth dam concerning the dispersive characteristics of the clayey soils. *Proc. of the 5th Panamerican Conference on Soil Mechanics and Foundation Engineering*, Buenos Aires. ISSMFE, v. 2.

BOYCE, J. R. 1985. Some observations on the residual strength of tropical soils. *Proceedings of the 1st International Conference on Geomechanics in Tropical, Lateritic and Saprolitic Soils*, Brasília - ABMS. v. 1.

BRITSH GEOTECHNICAL SOCIETY. 1973. *Symposium on Field Instrumentation in Geotechnical Engineering*. Edited by A. D. M. Penman. London: Butterworths.

BURLAND, J. B. 1990. On the compressibility and shear strenght of natural clays. *Géotechnique*, v. 40, n. 3.

CADMAN, J. D, BUOSI, M. A. 1985. Tubular cavities in the residual lateritic soil foundations of the Tucuruí, Balbina and Samuel hydroelectric dams in the Brazilian Amazon Region. *Proceedings of the 1st International Conference on Geomechanics in Tropical, Lateritic and Saprolitic Soils*, Brasília. ABMS, v. 2.

CANAMBRA ENGINEERING CONSULTANTS LIMITED, NASSAU B. 1966. United States of Brazil, Part B. São Paulo Group. *Power Study of Central-Brazil*.

CANAMBRA ENGINEERING CONSULTANTS LIMITED, NASSAU B. 1968. Paraná Group. *Power Study of South Brazil*.

CARLSON INSTRUMENTS. *Catálogo de Instrumentos*. Campbell, Califórnia.

CARMANY, R. M. 1963. Formulas to determine stone size for highway embankment protection. *Highway Research Record*, n. 30, p. 41.

CARVALHO, E., SHIMABUKURO, M., CAPRONI Jr, N., MARTINS, M. A. 1994. Serra da Mesa earth and rockfill dam, overtoping stage. *Proceedings of the 18th International Congress on Large Dams*, Durban.

CARVALHO, C. S. 1989. *Estudo da infiltração em encostas de solos insaturados na Serra do Mar*. Dissertação de Mestrado. EPUSP.

CARVALHO, L. H. de, GUEDES, J. A., PAULA, J. R. de. 1981. Açu: uma cortina impermeabilizante. *Anais do XIV Seminário Nacional de Grandes Barragens*, Recife. CBGB, v. 1.

CARVALHO, L. H. de, ARAUJO, M. Z. T., 1982. Fundações aluvionares de barragens de terra do Nordeste brasileiro. *Anais do VII Congresso Brasileiro de Mecânica dos Solos e Engenharia de Fundaçoes*, Olinda/Recife. ABMS, v. 6.

CARVALHO, L. H. de, PAULA, J. R. de, SOUSA, L. N. de, 1989. Laterita como elemento predominante no projeto de uma barragem-de-terra. *Anais do XVII Seminário Nacional de Grandes Barragens*, Foz do Iguaçu. CBGB, v. 3.

CARVALHO, R. M., KAJI, N., MATOS, W. D. de, 1981. Estudos geológicos e geotécnicos para o Complexo Hidrelétrico de Altamira, rio Xingu. *Anais do III Congresso Brasileiro de Geologia de Engenharia*, Itapema. ABGE, v. 1.

CARVALHO, R. M., REZENDE, M. de A., PAYOLLA, B. L. 1987. Compartimentação geomecânica das fundações das estruturas-de-concreto da UHE de Babaquara, rio Xingu. *Anais do V Congresso Brasileiro de Geologia de Engenharia*, São Paulo. ABGE, v. 1.

CASAGRANDE, A. 1932. The structure of clay and its importance in foundantion engineering. *Contribution to Soil Mechanics*. Boston Society of Civil Enginears, 1925-1940.

CASAGRANDE, A. 1936. Characteristics of Cohesionless soils affecting the stability of earth fills - *Journal Boston Society of Civil Engineers*. jan. 1936.

CASAGRANDE, A. 1937. Seepage trough dams - contributions to Soil Mechanics, BSCE, 1925-1940 (paper first published in J. New England Water Works Assoc., June 1937).

CASAGRANDE, A. 1973. The determination of the preconsolidation load and its practical significance. *Proc. of the 1st Int. Conf. on Soil Mech. and Found. Engin.*, Cambridge.

CASAGRANDE, A. 1975. Liquefaction and cyclic deformation of sands - A critical review -*Proc. of the 5th Pan American Conf. Soil .Mech. and Found.Eng.*, Buenos Aires. ISSMFE.

CASAGRANDE, A. 1976. Liquefaction and deformation of sands, a critical review. *Harvard Soil Mechanics Series*, n. 88.

CASTRO, G. 1969. Liquefaction of sands. Ph D Tehesis. Univ. Harvard. *Soil Mechanics Series*, n. 81, Massachussets, E.U.A.

CBGB/CIGB/ICOLD. 1982. *Main Brazilian Dams - Design, Construction and Performance*. São Paulo: BCOLD Publications Committee.

CEDERGREEN, H. R. 1967. *Seepage, Drainage, and Flow Nets*. New York: John Wiley & Sons.

CENTRAIS ELÉTRICAS DE SÃO PAULO/CESP. 1974. Topics for Consultation on Capivara Dam. *Relatório de Visita do Prof. A. Casagrande ao Setor de Obras de Terra*. São Paulo.

CENTRAIS ELÉTRICAS DE SÃO PAULO/CESP. 1975. *Poços de alívio - Usina Xavantes*. Setor de Obras de Terra e Rocha - Usina Capivara.

CHARLES, J. A., SOARES, M. M. 1984.a. Stability of compacted rockfill slopes. *Géotechnique*, v. 34, n.1.

CHARLES, J. A., SOARES, M. M. 1984.b. The stability of slopes in soils with nonlinear failure envelopes. *Canadian Geotechnical Journal* v. 21, n. 3.

CHRISTIAN, J. T. 1980. Report on working group 1. *Workshop on Limit Equilibrium Plasticity, in the Generalized Stress-Strain in Geotechnical Engineering*, Montreal. ASCE.

CIGB/ICOLD/ CBGB. 1982. *Barragens no Brasil*. Rio de Janeiro: Comitê Brasileiro de Grandes Barragens.

CIGB/ ICOLD. 1988. New Construction Methods - State of the Art. *Bulletin*, n. 63. Paris.

CLOUGH, R., WOODWARD, R. 1967. Analysis of embankment stresses and deformations. *Journal of the Soil Mechanics and Foundation Division*. Proceedings of the American Society of Civil Engineers, n. SM 4.

COMPANHIA ENERGÉTICA DE SÃO PAULO - CESP. LABORATÓRIO CENTRAL DE ENGENHARIA CIVIL. 1988. *Instrumentação para Engenharia Civil*. São Paulo.

COMPANHIA ENERGÉTICA DE SÃO PAULO - CESP. 1992. Canoas I - Ensecadeira de desvio 1ª fase - avaliação das condições de filtro dos materiais de transição. *Rel. LEC G43/92*.

COMPANHIA ENERGÉTICA DE SÃO PAULO - CESP. LABORATÓRIO DE ENGENHARIA CIVIL. 1992. *Relatório interno sobre estudos em solo colapsível de Pereira Barreto*. Ilha Solteira.

COMPANHIA ENERGÉTICA DE SÃO PAULO - CESP. 1993. Canoas I - Ensecadeira de desvio - 1ª fase - avaliação da capacidade de filtro dos materiais de transição. *Complemento do Rel. LEC G43/92 - LEC G 21/93*.

CONSÓRCIO NACIONAL DE ENGENHEIROS CONSULTORES - CNEC/ELETRONORTE. (sem data). *The Altamira Hydroelectric Complex*.

CONSTRUÇÕES E COMÉRCIO CAMARGO CORRÊA S.A. 1987. *Estudos de Alternativas para a Ensecadeira da Barragem de Serra da Mesa / Goiás*. Relatório Interno - Cruz P. T./Brasil.

COOKE, J.B. 1982. Progress in rockfill dams. The eighteenth Terzaghi Lecture. *A.S.C.E. Annual Convention*, Oct.

COPPEDÊ Jr, A. 1988. *Formas de relevo e perfis de intemperismo no Leste Paulista*: aplicações no planejamento de obras civis. Dissertação de Mestrado. EPUSP.

.CORREA FILHO, D. 1985. *O ensaio de perda d'água sob pressão*. Dissertação de Mestrado. Esc. de Eng São Carlos - USP.

COSTA FIILHO, L. M. , ORGLER, B., CRUZ, P. T. da. 1982. Algumas considerações sobre a previsão de pressões neutras no final de construção de barragens por ensaios de laboratório. *Anais do VII Congresso Brasileiro de Mec.dos Solos e Engenharia de Fundações*, Recife. ABMS. v. 6.

COSTA FILHO, L. M. 1987. Estudos de solos com concreções lateríticas compactadas. *Anais do Seminário de Geotecnia de Solos Tropicais*, Brasilia. CNPq/ SENAI/UNB/THEMAG.

COTRIN, J. R., MEDAGLIA, L., SARKARIA, G. S. 1979. Design and construction techniques for Itaipu cofferdams. *Transactions of the 13th International Congress on Large Dams*, New Delhi. Paris: ICOLD, v. 4.

COUTINHO, R. Q. 1986. *Aterro experimental instrumentado levado à ruptura sobre solos orgânicos*-argilas moles da Barragem de Juturnaíba. Tese de Doutoramento. COPPE/UFRJ.

COUTINHO, R. Q., ALMEIDA, M. S. S., BORGES, J. B. 1994. Analysis of the Juturnaíba embankmentdam built on an organic soft clay. *Geotechnical Special Publication*, n.40. ASCE.

COVARRUBIAS, S. W. 1970. Análisis de agrietamiento mediante el método del elemento finito de la presa La Angostura. Instituto de Ingenieria, UNAM. *Informe Interno*, México, D.F.

COYNE & BELLIER - BUREAU D'INGÉNIEURS CONSEILS. 1971. *Aménagements Hidrauliques*. Paris.

CRUZ, P. T. da. 1963. *Linhas dos máximos de mesma densidade dos grãos*. IPT. São Paulo.

CRUZ, P. T. da. 1964. Deformações e pressões neutras em barragens de argila compactada. *Jornal de Solos*, v. 2, n. 2.

CRUZ, P. T. da, MASSAD, F. 1966. O parâmetro B' em solos compactados. *Anais do IV Congr. Bras. Mec. Solos e Eng. de Fundações*. ABMS. v. 1.

CRUZ, P. T. da. 1967. *Propriedades de engenharia de solos residuais compactados da Região Centro-Sul do Brasil*. THEMAG/DLP/ EPUSP.

CRUZ, P.T. da. 1969. *Propriedades de engenharia de solos residuais compactados da Região Sul do Brasil*. THEMAG/DLP/ EPUSP.

CRUZ, P.T. da. 1969. *Barragem de Xavantes. Breve Análise do Comportamento*. São Paulo: CESP.

CRUZ, P. T. da, NIEBLE, C. M. 1970. Engineering properties of residual soils and granular rocks originated from basalts - Capivara dam - Brazil. *Publicação IPT, 913*. São Paulo.

CRUZ, P. T. da, MELLIOS, G. A. 1972. Notas sobre a resistência à tração de alguns solos compactados. *Anais do VIII Seminário Nacional de Grandes Barragens*, São Paulo. CBGB.

CRUZ, P. T. da. 1973. *Estabilidade de Taludes*. DLP/ EPUSP. Edição Revisada.

CRUZ, P. T. da, SIGNER, S. 1973. Pressões neutras de campo e laboratório em barragens de terra. *Anais do IX Sem. Nac. de Grandes Barragens*, Rio de Janeiro.

CRUZ, P. T. da. 1974. Barragens de construção controlada. *Anais do V Congresso Brasileiro de Mecânica dos Solos e Engenharia de Fundações*, São Paulo. ABMS.

CRUZ, P. T. da. 1974. Estabilidade de aterros não compactados. *Anais do V Congresso Brasileiro de Mecânica dos Solos e Engenharia de Fundações*, São Paulo. ABMS, v. IV.

CRUZ, P. T. da, CAMARGO, F. P. de, BARROS, F. P. de. 1975. Uso de modelos geomecânicos na análise de fundações de estruturas de concreto. *Proc. of the 5th Panamerican Conference on Soil Mechanics and Foundation Engineering*, Buenos Aires. ISSMFE.

CRUZ, P.T. 1976. A busca de um método mais realista para a análise de maciços rochosos como fundação de barragens de concreto. *Anais do XI Seminário Nacional de Grandes Barragens*, Fortaleza. CBGB.

CRUZ, P. T. da, SILVA, R. F. 1978. Uplift pressure at the base and in the rock basaltic foundation of gravity concrete dams. *Proceedings of the International Symposium on Rock Mechanics Related to Dam Foundations*, Rio de Janeiro. ISRM/ABMS. v. 1.

CRUZ, P. T. da. 1979. *Contribuição ao estudo de fluxo em meios contínuos e descontínuos*. São Paulo, IPT. (pre-print).

CRUZ, P.T. da 1979. Fluxo de água em enrocamento - contribuição ao estudo do fluxo em meios contínuos e descontínuos. *Rel. IPT - DMGA*. Cap. IX. São Paulo.

CRUZ, P. T. da. 1981. *Desenvolvimento de pressões totais, neutras e efetivas, em solos, rochas e descontinuidades rochosas*. Conferência no Clube de Engenharia, Rio de Janeiro.

CRUZ, P.T. da. 1983. A Barragem de Juturnaíba - breve história com ilustrações. *Relatório para o DNOS*. Rio de Janeiro.

CRUZ, P. T. da, MAIOLINO, A. L. G. 1983. Materiais de construção. *Anais do Simpósio sobre a Geotecnia da Bacia do Alto Paraná*, São Paulo. ABMS/ABGE/CBMR.

CRUZ, P. T. da, QUADROS, E. F. 1983. Analysis of water losses in basaltic rock joints. *Proceedings of the 5th International Congress on Rock Mechanics*, Melbourne. Rotterdam: A. A. Balkema, v.1, Tema B.

CRUZ, P. T. da. 1985. Solos residuais: algumas hipóteses de formulações teóricas de comportamento. *Anais do Seminário de Geotecnia de Solos Tropicais*, Brasilia. ABMS.

CRUZ, P. T. da, MAIOLINO, A. L. G. 1985. Peculiarities of geotechnical behaviour of tropical lateritic and saprolitic soils. In: Peculiarities of Geotechnical Behaviour of Tropical, Lateritic and Saprolitic Soils. *Progress Report (1982-1985)*. ABMS. Committee on Tropical Soils of the ISSMFE. Brasília.

CRUZ, P. T. da. 1987. Solos Residuais: algumas hipóteses de formulações teóricas de comportamento. *Anais do Seminário de Geotecnia de Solos Tropicais.* Brasilia. CNPq/ SENAI/UNB/ THEMAG.

CRUZ, P. T. da. 1989. Hipóteses de comportamento de folhelhos. *Anais do II Colóquio de Solos Tropicais e Subtropicais e Suas Aplicações em Engenharia Civil*, Porto Alegre. ABMS/UFRGS.

CRUZ, P. T. da. 1989. Raciocínios de Mecânica das Rochas aplicados a saprólitos e solos saprolíticos. *Anais do II Colóquio de Solos Tropicais e Subtropicais e Suas Aplicações em Engenharia Civil*, Porto Alegre. UFRGS.

CRUZ, P. T. da. 1990. Estudos de alternativas para a Barragem de Zabumbão no trecho do "canalão". *Relatório para a Construtora Queiroz Galvão.* São Paulo.

CRUZ, P. T. da, BEZERRA, D. M., GUIMARÃES, M. C. de A. B. 1990. O emprego de laterita na Barragem de Pitinga. *Anais do VI Congresso Brasileiro de Geologia de Engenharia / IX Congresso Brasileiro de Mecânica dos Solos e Engenharia de Fundações*, Salvador. ABGE/ ABMS, v. 1.

CRUZ, P. T. da. 1991. Análise das fundações da Barragem de Pedra Redonda. *Relatório para a SIRAC Engenharia*, Fortaleza.

CRUZ, P. T. da, FERREIRA, R. C., PERES, J. E. E. 1992-a. Análise de alguns fatores que afetam a colapsividade dos solos porosos. *Anais do X Congresso Brasileiro de Mecânica dos Solos e Engenharia de Fundações.* Foz do Iguaçu. ABMS, v. 4.

CRUZ, P. T., OJIMA, M., ROCHA, D. J. C. 1992-b. Stability of out natural slopes -N4E Mine - Carajás - *Proceedings US/Brazil Geotechnical Workshop - Applicatibility of Classical Soil Mechanics Principles to Structured Soils*, Belo Horizonte. NSF/ UFV/ FAPJMIG/CEMIG/CNPq.

CRUZ, P. T. da, FERREIRA, R. C. 1993. Aterros Compactados. In: *Solos do Interior de São Paulo - Mesa Redonda.* ABMS/Esc. de Eng. de São Carlos.

CUNHA, E. P. V. da. 1989. *Análise das características de compressibilidade de dois solos colapsíveis.* Dissertação de Mestrado. EPUSP.

DAVIDENKOFF, R. 1955. De la composition des filtres des barrages en terre. *Proc. of the 5th Int. Congress on Large Dams*, Paris. ICOLD.

DIAS, R. D, GETHING, M. Y. Y. 1983. *Considerações sobre solos porosos tropicais.* Porto Alegre, Escola de Engenharia da UFRGS. (CT-A-54).

DIB, P. S. 1985. Compressibility characteristics of tropical soils making up the foundation of the Tucuruí dam. *Proceedings of the 1st International Conference on Geomechanics in Tropical, Lateritic and Saprolitic Soils*, Brasília. ABMS, v. 2.

DEPARTAMENTO NACIONAL DE OBRAS CONTRA AS SECAS - DNOCS. 1982. *Barragens no Nordeste do Brasil.* Fortaleza: Novo Grupo.

DRNEVICH,V. P. - 1975. Constrained and shear moduli for finite elements. *Proc. of ASCE JGED* n. GT5.

DUARTE FILHO, J. (sem data). Aspectos do tratamento de fundação na Barragem de Passo Fundo. *Revista Engenharia do Rio Grande do Sul*, v. II, n. 14. Porto Alegre.

DUARTE, J. M. G. 1986. *Um estudo geotécnico sobre o solo da Formação Guabirotuba, com ênfase na determinação de resistência residual.* Dissertação de Mestrado. EPUSP.

DUNCAN, J. M., CHANG, C. 1970. Nonlinear analysis of stress and strain in soils. *Journal of the Soil Mechanics and Foundation Division.* Proceedings of the American Society of Civil Engineers, n. SM 5.

DUNNICLIFF, J. 1988. *Geotechnical Instrumentation for Monitoring Field Performance.* New York: John Wiley & Sons.

EAKIN, J. H., MCMILLEN, D. G. 1979. American Falls Replacement Dam. *Proceedings of the 13th Congress Large Dams*, New Delhi.

ENGEVIX ENGENHARIA S.A. / THEMAG ENGENHARIA LTDA. 1987. UHE Tucuruí - Projeto de engenharia das obras civis - consolidação da experiência. *Relatório emitido para a ELETRONORTE.* São Paulo

ESCARIO, V. 1980. Suction controlled penetration and shear tests. *Proceedings of the 4th International Conference on Expansive Soils*, Denver, v. 2.

ESCARIO, V., SÁEZ, J. 1986. The shear strength of partly saturated soils. *Géotechnique*, v. 36, n. 3.

ESCARIO, V., JUCÁ, J. F. T. 1989. Strength and deformation of partly saturated soils. *Proceedings 12th International Conference on Soil Mechanics and Foundations Engineering*, Rio de Janeiro. v. 1.

FEIJÓ, R. L. 1991. *Relação entre a compressão secundária, razão de sobreadensamento e coeficiente de empuxo no repouso*. Dissertação de Mestrado. COPPE/ UFRJ, Rio de Janeiro.

FELLENIUS, W. 1927. *Edstatische Berechnungen mit Reibung und Kohaesion*. Berlim: Ernst.

FELLENIUS, W. 1936. Calculation of the stability of earth dams. *Transactions of the 2nd Congress on Large Dams*. v. 4.

FERRARI, I., 1973. Considerações sobre o projeto e construção da barragem de terra de Curua-Una. *Anais do IX Seminario Nacional de Grandes Barragens*, Rio de Janeiro. CBGB, v. 2.

FERREIRA, R. C., MONTEIRO, L. B. 1985. Identification and evaluation of collapsibility of colluvial soils that occur in the São Paulo State. *Proceedings of the 1st International Conference on Geomechanics in Tropical Lateritic and Saprolitic Soils*, Brasília. ABMS. v. 1.

FERREIRA, H. N., FONSECA, A. V. 1988. Engineering properties of a saprolitic soil from granite. *Proceedings of the 2nd International Conference on Geomechanics in Tropical Soils*, Singapore. v. 1.

FERREIRA, R. C., MONTEIRO, L. B., PERES, J. E. E, BENVENUTO, C. 1989. Some aspects of the behaviour of brazilian collapsibile soils. *Proceedings of the 12th International Conference on Soil Mechanics and Foundation Engineering*, Rio de Janeiro.

FERREIRA, R. C., MONTEIRO, L. B., PERES, J. E. E, BENVENUTO, C. 1990. Uma análise de modelos geotécnicos para a previsão de recalques em solos colapsíveis. *Anais do VI Congresso Brasileiro de Geologia de Engenharia*, Salvador. ABGE/ABMS.

FERREIRA, R. C., PERES, J. E. E, CELERI, A. 1992. Solo colapsível e impacto ambiental -uma proposta de metodologia para sua investigação. *Anais do XX Seminário Nacional de Grandes Barragens*, Curitiba - CBGB.

FERREIRA, S. R. M. 1993. Variação de volume em solos não saturados, colapsíveis e expansíveis. *Anais do VII Congr. Brasil. de Geologia de Engenharia*, Poços de Caldas. ABGE.

FILIMONOV, V. A. 1974,1975,1979. Consultoria do Eng. Valery A. Filimonov sobre o Aterro Hidraúlico da Usina de Porto Primavera. *Relatórios emitidos pela Themag Engenharia para a CESP.*

FOLQUE, J. 1977. Erosão interna em solos coesivos. *Revista Portuguesa de Geotecnia.* junho/julho, n. 20.

FRANCIS, F.O. 1985. *Soil and Rock Hydraulics*. Ed. Balkema.

FRANKLIN, J. A. 1979. *A Auscultação de Estruturas em Rocha*. Tradução n. 7, ABGE, São Paulo. (traduzido por Antonio Cury Jr.)

FRASER, A. M. 1957. *The influence of stress ratio on compressibility and pore-pressure coefficients in compacted soils*. Ph.D. Thesis. Univ. London.

FRAZÃO, E. B., FERRAZ, J. L., MINICUCCI, L. A., CRUZ, P. T. da. 1993. Alterabilidade de basaltos da UHE de Três Irmãos, São Paulo: critérios de avaliação a partir de ensaios de laboratório e de observações de campo. *Anais do VII Congresso de Geologia de Engenharia*, Poços de Caldas. ABGE.

FREDLUND, D. G., MORGENSTERN, N. R. 1977. Stress state variables for unsaturated soils. *Geotechnical Engineering Division, ASCE.* 103GT5.

FREDLUND, D. G., MORGENSTERN, N. R., WIDER, R. A. 1978. The shear strenght of unsaturated soils. *Canadian Geotechnical Journal*, n. 15, v. 3.

FREDLUND, D. G. 1979. Second Canadian Geotechnical Colloquium: Appropriate concepts and technology for unsaturated soils. *Canadian Geotechnical Journal*, v. 16, n. 1.

FREDLUND, D. G., RAHARDJO, H. 1986. Theoretical context for understanding residual soil behaviour. *Proceedings of the 1st Internationsl Conference on Geomechanics in Tropical, Lateritc and Saprolitic Soils*. Brasília. ABMS, v. 1.

FREDLUND, D. G., RAHARDJO, H., GAN, J. K. M. 1987. Non-linearity of strenght envelope for unsaturated soils. *Proceedings of the 6th International Conference on Expansive Soils*, New Delhi, v. 1.

FURNAS CENTRAIS ELÉTRICAS. 1993. *Resultados de ensaios triaxiais executados no Laboratório de Solos*. (Fornecidos pelo Engenheiro Nelson Caproni Junior).

GENS, A. 1993. Unsaturated Soils: recent developments and applications. Shear Strenght, *Civil Engineering European Courses*. Programme of Continuing Educations. 1993. Barcelona.

GOMBOSSY, Z. M., BARBI, A. L., SIQUEIRA, G.H. 1981. Injeções de cimento na fundação da barragem principal de Itaipu. *Anais do XIV Seminário Nacional de Grandes Barragens*, Recife. CBGB, v. 1.

GOSSTROI / URSS. 1974. Snip II-53-73; *Normas e Especificações para a Construção*. Capítulo II - Normas de Projeto, Item 53. Barragens em solo. Materiais. Moscou: Stroizdat. (em russo).

GRIFFITH, A. A. 1921. The phenomena of rupture and flow in solids, *Phil. Trans., Roy. Soc. London*, Series A. v. 221.

GUERRA, M de O., FRANÇA, P. C. T. 1986. *Hidromecanização*: experiência brasileira nas barragens do Rio Grande e Guarapiranga. São Paulo: ABMS/ELETROPAULO.

GUIDICINI, G., CRUZ, P.T. da, ANDRADE, R. M. de, 1979. Hydrogeotechnical control system on a hydro-electric power plant with a basaltic foundation (Southern Brazil). *Proc. of the Symposium on Engineering Geological Problems in Hydrotechnical Construction*. Tbilisi, Georgia. IAEG. Tema 7.

GUIDICINI, G., MARTINS, S., GOUVEIA, F. 1994. *Bibliografia Brasileira sobre Fundações de Barragens e Temas Correlatos*. Rio de Janeiro: ENGEVIX ENGENHARIA S.A./ C.B.G.B.

HAAR, E. 1962. *Groundwater and Seepage*. New York: McGraw-Hill.

HAEFELI, R. 1948. The stability of slopes acted upon by paralel seepage. *Proc. of the 2nd Int. Conf. on Soil Mechanics*, Rotterdam. v. 1 : 57.

HERKENHOFF, C. S., DIB, P. S. 1986. UHE Tucuruí: Percolação d'água nas interfaces aterros / muros de concreto. *Anais do VIII Congresso Brasileiro de Mecânica dos Solos e Engenharia de Fundações*, Porto Alegre. ABMS. v. 4.

HOEK, E., BRAY, J. 1973. *Rock Slope Engineering*. London: The Institution of Minig and Metallurgy.

HORNE, M. R. 1965. The Behaviour of an Assembly of Rotund, Rigid, Cohesion-less, Particles. *Proceedings of the Royal Society*, London. Part I, v. 286, Part III, v. 310.

HSIEC, P., NEUMAN, S., STILES, G., SIMPSON, E. 1985. Field determination of the three - dimensional hydraulic - conductivity tensor of anisotropic media - 1. Theory 2. Methodology and application to fractured rocks. *Water Resourcers Research*, 21 (11).

HSU, S. J. G. 1981. Aspects of piping resistence to seepage in clayey soils. *Proc. of the 10th Intern. Congress on Soil Mechanics and Foundation Engineering*, Estocolmo. (Republicado pela ABMS em 1982).

HUMES, C. 1980. *Critérios de Projeto de Filtros de Proteção*. Seminário apresentado à EPUSP.

HUMES, C. 1985. *Porosimetria de filtros de proteção*: uma análise de critérios de filtros para materiais granulares. Dissertação de Mestrado. EPUSP.

HUMES, C., FROTA, R. G. Q. 1986. O comportamento da barragem Pedra do Cavalo durante o período construtivo. *Anais do VIII Congresso Brasileiro de Mecânica dos Solos e Engenharia de Fundações*, Porto Alegre. ABMS. v. 3.

HVORSLEV, M. J. 1937. Uber die Festigheit Eigenschaffen Gestorter Bindiger Boden. *Ingerniorvidenshabeliege Skriften*, n. 45, Danmarks Naturviden-shabelige samfund, Kobenhaven.

ICOLD. 1969. General considerations applicable to instrumentation for earth and rock-fill dams. *Bulletin*, n. 21. Paris.

INGOLD, T. S. 1979. The effect of compaction on retaining walls. *Géotechnique*, v. 24, n.3. Sept.

INSTITUTO DE PESQUISAS TECNOLÓGICAS- IPT/SP. 1970. Ensaio de Compressão Triaxial Representativo da Condição de Rebaixamento Rápido - Solo Capivara. *Certificado Oficial*. 313 249.

JAKY, J. 1948. Pressures in soils. *Proceedings of the 2nd Int. Conf. on Soil Mechanics and Foundation Engineering*, Rotterdam. v.1.

JAMIOLKOWSKI, M., LADD, C. C, GERMAINE, J. T., LANCELLOTTA, R. 1985. New developments in field and laboratory testing of soils. *Proc. of the 9th Int. Conf. on Soil Mech. and Found. Eng.*, San Francisco. v. 1.

JANBU, N. 1963. Soil compressibility as determined by oedometer and triaxial test. *Proceedings of the 4th Int. Conf. on Soil Mechanics and Foundation Engineering*, Wiesbaden. v. 1.

JASPAR, J. L., PETERS, N. 1979. Foundation performance of Gardiner Dam. *Canadian Geotechnical Journal*, v. 16.

JAPANESE NATIONAL COMMITTEE ON LARGE DAMS - JANCOLD. 1982. *Dams in Japan*, n. 9. Tokio.

JOISEL, A. 1962. La rupture des corps fragiles au cours de leur fragmentation. *Publication Technique n.127*, Centre d'Études et Recherches de l'Industrie des Liants Hydrauliques, Paris.

KARPOFF, K. P. 1955. The use of laboratory tests for design criteria for protective filters. Proc. ASTM, v. 55.

KASSIF, G. et al. 1965. Analysis of filter requirements for compacted clays. *Proc. of the 6th Int. Conf. on Soil Mech. and Found. Engin.*, Montreal.

KAWAMURA, N., CARVALHO, R. M. 1987. Características geológico-geotécnicas dos folhelhos das fundações da Barragem de Babaquara, rio Xingu. *Anais do V Congresso Brasileiro de Geologia de Engenharia*, São Paulo. ABGE, v. 1.

KENNEY, T. C. 1991. Residual strength of mineral mixtures. *Proc. of the 9th Int. Conf. on Soil Mech. and Found. Eng.*, San Francisco. v. 1.

KJAERNSLI, B., MOUM, J., TORBLAA, I. 1966. Laboratory tests on asphaltic concrete for an impervious membrane on the Veneno rockfill dam. *Nowergian Geotechnical Institut, Publ. n. 69*, Oslo.

KOLBUSZEMSKI, J. 1963. A contribution towards a universal specification of the limiting porosities of a granular mass. *Proc. of the European Conf. on Soil Mech. and Found. Eng.*, Wiesbaden.

KOLBUSZEMSKI, J., FREDERIC, M. R. 1963. The significance of particle shape and size on the mechanical behaviour of granular materials. *Proc. of the European Conf. on Soil Mech. and Found. Eng.*, Wiesbaden.

KONDNER, R. L. 1963a. Hyperbolic stress-strain response cohesive soils. *Journal of the Soil Mechanics and Foundation Division*. Proceedings of the American Society of Civil Engineers, n. SM 1.

KONDNER, R. L., ZELASKO, J. 1963b. A hiperbolic stress-strain formulation for sands. *Proc. of the 2nd Pan-American Conference on Soil Mech. and Found. Engineering*, Rio de Janeiro v. 1.

KONDNER, R. L., HORNER, J. 1965. Triaxial compression of a cohesive soil with effective octahedral stress control. *Canadian Geotechnical Journal*, v. 2, n.1.

KORSHUNOV, M.G. 1977. Construção da Barragem de Terra da Usina e Eclusa Porto Primavera por meio da Hidromecanização. *Relatório da Consultoria de M.G. Korshunov emitido pela Themag Engenharia para a CESP.*

KRAMER, S. L., SEED, H. B. 1987. Initiation of soil under static loading conditions *Journal of Geotechnical Eng. Division*. ASCE, v.III, n. 6, June.

KREY, H. 1926. *Erddruck, Erdwiderstand und Tragfaehigkeit des Baugrundes*. Berlim: Ernst.

KULHAWY, F., DUNCAN, J., SEED, B. 1969. Finite element analysis of stresses and movements in embankments during construction. *Report n° TE-69-4*. University of California, Department of Civil Engineering.

LABORATÓRIO NACIONAL DE ENGENHARIA CIVIL - LNEC. 1985. A Problemática do Dimensionamento de Filtros para Barragens de Aterro. *Rel. n. 228/85*. Lisboa.

LACERDA, W. A., SANDRONI, S. S., COLLINS, K., DIAS, R. D., PRUSZA, Z. 1985. Compressibility properties of lateritic and saprolitic soils. In: Peculiarities of Geotechnical Behaviour of Tropical, Lateritic and Saprolitic Soils. *Progress Report (1982-1985)*. ABMS. Committee on Tropical Soils of the ISSMFE. Brasília.

LACERDA, W., COUTINHO, R. Q. 1994. Ruptura da Barragem de Mulungu. *Anais do X Congresso Brasileiro de Mecânica dos Solos e Engenharia de Fundações*, Foz do Iguaçu.

LADD, C. C., FOOTT, R. 1974. New design procedure for stability of soft clays. *Journal of Geotechnical Eng. Division*. ASCE, v.100, n. 7.

LAMBE, T.W. 1960. A mechanistic picture of shear strength in clay. *Proceedings of the A.S.C.E.Conference on Shear Strength of Cohesive Soils*, Boulder/ Colorado.

LAMBE, T.W., WHITMAN, R.V. 1969. *Soil Mechanics*. New York: John Wiley & Sons. Chap. 26.

LAMBE, T. W. 1973. Predictions in soil engineering. *Geotéchnique*, v. 23, n. 2.

LANE, E. W. 1935. Security from underseepage - masonry dams on earth foundations. *Transactions of American Society of Civil Engineers*, v. 100.

LARSSON, R. 1980. Undrained shear strength in stability calculation of embankment and foundations on soft clays. *Canadian Geotechnical Journal*, v. 17.

LEC/CESP. 1991. *Relatório sobre ensaios de liquefação de areias da fundação da Barragem de Pedra Redonda*, Ilha Solteira.

LEME, C. R. de M. 1981. Sobre saprolitos de basalto. *Anais do XIV Congresso Brasileiro de Mecânica dos Solos e Engenharia de Fundações,* Recife. CBGB, v.1.

LEME, C. R. de M. 1985. Dam foundations. In: Peculliarities of "in situ" behaviour of tropical lateritic and saprolitic soils in their natural conditions. *Progress Report* (1982-1985). ABMS. Committee on Tropical Soils of the ISSMFE. Brasília.

LEROUEIL, S., VAUGHAN, P. R. 1990. The general and congruent effects of structure in natural soils and weak rocks. *Géotechnique,* v. 40, n. 3.

LINDQUIST, L. N., BONSEGNO, M. C. 1981. Análise de sistemas drenantes de nove barragens de terra da CESP, através da instrumentação instalada. *Anais do XIV Sem. Nac. Grandes Baragens.* Recife, v. 1.

LINDQUIST, L. N. 1983. Instrumentação geotécnica: tipos, desempenho, confiabilidade; eficiência da qualidade e quantidade. *Anais do Simpósio sobre a Geotecnia da Bacia do Alto Paraná,* São Paulo. ABMS, v. 1B.

LINDQUIST, L. N., YASSUDA, A. J., SILVEIRA, J. F. A., SILVA, R. F. 1988. Técnicas modernas de instrumentação de campo. *Anais do Simpósio sobre Novos Conceitos em Ensaios de Campo e Laboratório em Geotecnia,* Rio de Janeiro. COPPE/UFRJ. v. 2.

LLORET, A., ALONSO, E. E. 1980. Consolidation of unsaturated soils including swelling and collapse behaviour. *Géotechnique* v. 30, n. 4.

LLORET, A., ALONSO, E. E. 1985. State surfaces for partially saturated soils. *Proceedings of the 11th International Conference on soil Mechanics and Foundation Engineering,* San Francisco. (também traduzido em Ingeniería Civil, 63 - Centro de Estudios y Experimentación de Obras Públicas/MOPU/España).

LOUIS, C. 1969. Étude des écoulements de l'eau dans le roche fissuré et leur influences sur la stabilité des massifs rochers. *Bulletin de la Direction des Études et Recherche,* Sene A. (Thèse presenté a l'Université de Kalsruhe).

LOWE III, J. 1967. Stability Analysis of Embankments *Journal ASCE.* v. 93, S-M 4.

LUPINI, J. F., SKINNER, A. E., VAUGHAN, P. R. 1981. The drained residual strength of cohesive soils. *Geotéchnique,* v. 31, n. 2.

MACCARINI, M. 1987. *Laboratory studies of a weakly bonded artificial soil.* Ph D Thesis. Imperial College, University of London.

MacDONALD, D. H., McCAIG, I. W. 1965. Rockfill cofferdam problems. *Tech. Conf. Regina .* The Eng. Inst. of Canada. Regina.

MACHADO, A.B. 1982. The contribution of termites to the formation of laterites. *Proc. of the 2nd International Seminar on Laterization Processes,* São Paulo.

MAGNA ENGENHARIA LTDA. 1985. Projeto Executivo da Barragem do Leão. *Relatório para a SUDESUL.* Porto Alegre.

MAGNA ENGENHARIA LTDA. 1989. Projeto Básico da Barragem de D. Francisca. *Relatório para a CEEE.* Porto Alegre.

MAGNA ENGENHARIA LTDA. 1992. Projeto Executivo da Barragem de D. Francisca. *Relatório para a CEEE.* Porto Alegre.

MAINI, Y. N. T., NOORISHAD, J., SHAARP, J. 1972. Theorical and field considerations on the determination of in situ hydraulic parameters in fractured rock. *Proceedinds of the Symposium on Percolation Through Fissured Rock,* Stuttgard. IAEG/ISRM, Deustsche Gesellschaft.

MAIOLINO, A. L. G. 1985. *Resistência ao cisalhamento de solos compactados*: uma proposta de tipificação. Dissertação de Mestrado. COPPE/UFRJ.

MARANHA DAS NEVES, E. 1987. Barragens de Aterro - Experiência Portuguesa. *Conferência Ibero-Americana,* Lisboa.

MARÁNHA DAS NEVES, E. 1991. Static behaviour of earth rockfill dams. In: *Advances in Rockfill Structures.* NATO ASI Series E. Dordrecht: Kluwer Academic Publishers.

MARQUES FILHO, P.L., MAURER, E. N., TONIATTI, B. 1985. Deformation characteristics of Foz do Areia concrete face rockfill dams, as revealed by a simple instrumentation system. *Transactions of the 15th Intern. Congress on Large Dams,* Lausanne. Paris: ICOLD. v. 1.

MARQUES FILHO, P. L., MACHADO, B. P., TONIATTI, N. B., KAMEL, K. F. 1989. Alguns conceitos recentes de projeto e suas aplicações em barragens de enrocamento com face de concreto. *Anais do XVIII Sem. Nac. de Grandes Barragens,* Foz do Iguaçu. CBGB, v. 2.

MARSAL, R. 1973. Mechanical properties of rockfill. Embankment dam engineering. *Casagrande Volume*. New York: John Wiley & Sons.

MARSAL, R. J., NUNEZ, R. D. 1975. *Presas de Tierra Y Enrocamento*. Mexico: Editorial LIMUSA.

MARSAL, R. J. 1982. Influência de grumos y granos porosos en las propriedades de suelos cohesivos. *Relatório Interno da UNAM*, México.

MARTINS, I. S. M., LACERDA, W. A. 1989. Discussion C_α/C_c concept and K_0 during secondary compression. *Journal of Geotechinical Eng. Division*. ASCE, v. 115, n. 2.

MASSAD, F., TEIXEIRA, H. R. 1978. Comportamento da Barragem do Saracuruna decorridos cinco anos após as correções de vazamento pelas ombreiras. *Anais do VI Congresso Brasileiro de Mecânica dos Solos e Engenharia de Fundações*, Rio de Janeiro. ABMS, v. 1.

MASSAD, F. 1981. Resultados de investigação laboratorial sobre a deformabilidade de alguns solos terciários da cidade de São Paulo. *Anais do Simpósio Brasileiro de Solos Tropicais em Engenharia*, Rio de Janeiro. COPPE/UFRJ/ABMS/CNPq.

MASSAD, F. 1985. *As argilas quaternárias da Baixada Santista*: características e propriedades geotécnicas. Tese de Livre Docência. Escola Politécnica da USP, São Paulo.

MASSAD, F. 1988. História geológica e propriedades dos solos das Baixadas - comparação entre diversos locais da Costa Brasileira. *Anais do Simpósio sobre Depósitos Quaternários das Baixadas Litorâneas Brasileiras*, Rio de Janeiro.

MATERON, B. 1983. Compressibilidade e comportamento de enrocamentos. *Anais do Simp. sobre a Geotecnia da Bacia do Alto Paraná*. São Paulo: ABMS/ABGE/CBMR, v. 1.

MATYAS E. L., RADHAKRISHNA, H. S. 1968. Volume change characteristics at partially saturated soils. *Géotechnique*, v.18, n. 4.

MAY, D. R., BRAHTZ, J. H. 1936. Proposed method of calculating the stability of earth dams. *Transactions of the 2nd Congress on Large Dams*. v. 4.

MELENTIEV, V. A., KOLPASCHENIKOV, N. P., VOLNIN, B. A. 1973. *Obras Lançadas Hidraulicamente* (Princípios de Cálculos em Projetos). Moscou: Energia. (em russo).

MELLIOS, G. A., MACEDO, S. S. 1973. Instrumentação da barragem de terra de Ilha Solteira. Observações sobre o comportamento. Recomendações. *Anais do IX Seminário Nacional de Grandes Barragens*, Rio de janeiro. CBGB, v. 2, Tema 2.

MELLIOS, G. A., FERREIRA, R. G. 1975. Parâmetros de resistência e deformabilidade dos solos de alteração de basalto que ocorrem na Bacia do Alto Paraná. *Anais do X Sem. Nac. de Grandes Barragens*, Curitiba. Tema 1. CBGB.

MELLIOS, G.A., SVERZUT Jr., H. 1975. Observações de empuxos de terra sobre os muros de ligação; considerações sobre o parâmetro Ko - Ilha Solteira. *Anais do X Seminário Nacional de Grandes Barragens*, Curitiba. CBGB. v. 2, Tema 3.

MELLIOS, G. A., LINDQUIST, L. N. 1990. Análise de medições de tensão total em barragens de terra. *Simpósio sobre Instrumentação Geotécnica de Campo*, SINGEO/90, Rio de Janeiro.

MELLO, V. F. B. de. 1972. Thoughts on soil engineering applicable to residual soils. *Proc. of the 3rd Southeast Asian Conference on Soil Engineering*.

MELLO, V. F. B. de. 1973. Apreciações sobre a Engenharia de Solos aplicável a solos residuais. *Proc. of the 3rd Southeast Asian Conference on Soil Engineering*. Tradução n. 9 da ABGE.

MELLO, V. F. B. de. 1973. Impervious elements and slope protection on earth and rock fill dams. *Proceedings of the 11th Int. Congr. on Large Dams*, Madrid. ICOLD. v. 5.

MELLO, V. F. B. de. 1975. Some lessons from unsuspected, real and fictitious problems in earth dam engineering in Brazil. *Proccedings of the 6th Reg. Conf. for Africa on Soil Mechanics & Foundation Engineering*, Durban, South Africa. SMFE, v. II.

MELLO, V. F. B. de. 1975. Obras de terra: anotações de apoio às aulas. *Publicação da EPUSP*.

MELLO, V. F. B. de. 1976. Algumas experiências brasileiras e contribuições à Engenharia de Barragens. *Revista Latinoamericana de Geotecnia*, Caracas. v. 3, n. 2.

MELLO, V. F. B. de. 1977. Reflections on Design Decisions of Practical Significance to Embankment Dams. 17th Rankine Lecture. *Géotechnique*, v. 27, n. 3.

MELLO, V. F. B. de. 1982. A case history of a major construction period dam failure. In: *De Beer Volume*. Brussels:Comité d'Hommage au Professeur E. de Beer.

MELLO, V. F. B. de. 1982. Comportamento de materiais compactados à luz da experiência em grandes barragens. *Revista Portuguesa de Geotecnia*, Lisboa, mar/1982.

MELLO, V. F. B. de. 1992. Revisiting conventional geotechnique after 70 years. *Proc. of the US/Brazil Geotechnical Workshop on Applicability of Classical Soil Machanics Principles to Structured Soils*, Belo Horizonte.

MELLO, V. F. B. de. 1992. Segurança das barragens de terra, de terra-enrocamento com membranas estanques: fundações, também, a fortiori. *Revista Brasileira de Engenharia*. v. 4, n. 2.

MENDONÇA, M. B. 1990. *Comportamnto de solos colapsíveis da região de Bom Jesus da Lapa - Bahia*. Dissertação de Mestrado. Universidade Federal do Rio de Janeiro.

MESRI, G. 1975. Discussion on new design for stability of soft clays. *Journal of Geoyechnical Eng. Division*. ASCE, v. 101, n. 4.

MESRI, G., CEPEDA DIAS, A. F. 1986. Residual shear strength of clays and shales. *Geotéchnique*, v. 36, n. 2.

MIDEA, N. F. 1973. Ensaios de Cisalhamento Direto (em laboratório) sobre Enrocamento de Gnaisse - Obra de Paraibuna. LEC/CESP. *Relatório G - 07/ 73*.

MITCHEL, J. K. 1977. *Soil Behavior*. New York: John Wiley and Sons.

MITCHELL, J. K., SOLYMAR, Z. V. 1984. - Time-dependent strenght gain in freshly deposited or densified sand. ASCE *Journal of Geotechnical Engineering Division*. ASCE. v. 110, n. 11.

MONTEIRO, L. B., PIRES, J. V. 1992. Análise das tensões e deformações obtidas dos instrumentos e modelos dos maciços da Barragem de Taquaruçu. *Anais do X Seminário Nacional de Grandes Barragens*, Curitiba. CBGB.

MORAES, J. de, VILLALBA, J. R., BARBI, A. L., PIASENTIN, C. 1982. Subsurface treatment of seams and fractures in foundation of Itaipu Dam. *Proc. of the 14th International Congress on Large Dams*, Rio de Janeiro. ICOLD, v. 2.

MOREIRA, J. E. 1985. Discussion Theme 4. *Proceedings of the 1st International Conference on Geomechanics in Tropical, Lateritic and Saprolitic Soils*, Brasília. ABMS, v. 4.

MOREIRA, J. E., HERKENHOFF, C. S., SANTOS, C. A. da S., SIQUEIRA, G. H., AVILA, J. P. de. 1990. Comportamento dos tratamentos de fundação das barragens de terra de Balbina. *Anais do VI Congr. Bras. de Geologia de Engenharia / IX Congr. Bras. de Mecânica dos Solos e Engenharia de Fundações*, Salvador. ABGE/ABMS. v. 1.

MORETTI, M. R. 1988. *Aterros Hidráulicos - A experiência de Porto Primavera*. Dissertação de Mestrado. EPUSP/SP.

MORI, R. T., LEME, C. R. de M., ABREU, F. L. R. de, PAN, Y. F. 1978. Saprólitos de basalto - um estudo de seu comportamento geotécnico em maciços compactados. *Anais do VI Congresso Brasileiro de Mecânica dos Solos e Engenharia de Fundações*, Rio de Janeiro. ABMS, v. 1.

MORI, R. T. 1979. Engineering properties of compacted basalt saprolites. *Proceedings of the 6th Panamerican Conference on Soil Mechanics and Foundation Engineering*, Lima. v. II.

MORI, R. T. 1982. Comportamento de barragens fundadas em basalto, gnaisse e filito. In: *Comportamento de Barragens. Ciclo de Conferências UnB*. ABMS/DF/ CNEC.

MORI, R. T. 1983. Propriedades de Engenharia de Solos Saprolíticos. *Anais do Simpósio sobre a Geotecnia da Bacia do Alto Paraná*, São Paulo. ABMS/ABGE/CBMR, v. 1A.

MORIMOTO, S. 1972. Investigações sobre o grau de compactação dos solos granulares na Barragem de Terra da Usina Capivara. *Anais do VIII Seminário Nacional de Grandes Barragens*, São Paulo. CBGB.

MORIMOTO, S., MONTEIRO, H.J.A. 1973. A utilização de foto-gravi-granulometria na seleção de rochas destinadas a enrocamentos e rip-raps de barragens. *Anais do IX Seminário Nacional de Grandes Barragens*. Rio de Janeiro. CBGB, v. 2.

MOURARIA, D. N. T. 1989. *A compressibilidade das fundações de barragens em solos tropicais, lateríticos e saprolíticos*. Dissertação de Mestrado. EPUSP.

NAYLOR, D. J., PONDE, F. N., SIMPSON, B., TABB, R. 1983. Finite elements in geotechnical engineering. *Pineridge Press*, Swamsea.

NAYLOR, D.J., TONG, S. L., SHAHKARAMI, A. A. 1989. Numerical modelling of saturation shrinkage. *Numeral Models in Geomechanics III* (NUMOG III).Elsevier.

NAYLOR, D.J.; MARANHA DAS NEVES, E.; MATTAR, N. D. 1986. Predictions of construction performance of Beliche Dam. *Géotechnique* v. 36, n. 3.

NAYLOR, D. J. 1990. *Constitutive laws for static analysis of embankment dams*. University of Wales, Swansea/UK - Rio-PUC Symposium.

NAYLOR, D. . 1991. Stress strain laws and parameters values. In:*Advances in Rockfill Structures*. Chapter 11. Edited by E. Maranha das Neves, NATO ASI Series E. Dordrecht: Kluwer Academic Publishers.

NEGRO Jr., A., SANTOS F°, M. G. e GUERRA, M. O. 1979. Características geotécnicas de solos de aterros hidraúlicos e a experiência na Barragem de Guarapiranga. *Revista Solos e Rochas*, v. 1, n. 3.

NOBARI, E.,DUNCAN, J. 1972. Effect on reservoir filling on stresses and movements in earth and rockfill dams. *Report n° TE-72-1*. University of California, Department of Civil Engineering.

NORWEGIAN GEOTECHNICAL INSTITUTE. 1968. Papers on Earth and Rockfill Dams in Norway. *Procedings of the 36th Executive Meeting of ICOLD* , Oslo.

ODA, M., KONISHI, J. 1974. Microscopic deformation mechanics in granular materials in simple shear. *Soils and Foundation*, v. 14, n. 4.

OGURTSOV, A. I. 1974. *Estrutura de Solo Lançado*. Moscou: Stroizdat. 3ª edição (em russo).

OLIVEIRA, H. G. de, BORDEAUX, G. H. R. M., MORI, R. T., BERTOLUCCI, J.C.F. 1975. Paraibuna dam: performance of foundation, instrumentation and drainage system. *Proc. of the 5th Panamerican Conference on Soil Mechanics and Foundation Engineering*, Buenos Aires. ISSMFE, v. 2.

OLIVEIRA, H. G., MORI, R. 1975. Fundação de barragens de terra e enrocamento: dispositivos de observação e controle. *Relatório para a Comissão de Fundações do CBGB*, IPT/SP.

OLIVEIRA, H. G., BORDEAUX, G. H. R. M., CELERI, R. de O., PACHECO, I. B. 1976. Comportamento geotécnico das barragens e diques de Jaguari, Paraibuna e Paraitinga. *Anais do XI Seminário Nacional de Grandes Barragens*, Fortaleza. CBGB, v. 2.

OLIVEIRA, A. M. S.; SILVA, R. F.; GUIDICINI, G. 1976. Comportamento hidrogeotécnico dos basaltos em fundações de barragens. *Congresso Brasileiro Geologia de Engenharia 1*, Rio de Janeiro, v. 2.

OLIVEIRA, A. M. S. 1981. *Estudo da percolação d'água em maciços rochosos para o projeto de grandes barragens*. Dissertação de Mestrado. Inst. de Geociências/USP.

ORTIGÃO, J. A. R. 1980. *Aterro experimental levado à ruptura sobre argila cinza do Rio de Janeiro*. Tese de Doutoramento. COPPE/UFRJ.

PACHECO SILVA, F. 1970. Uma nova construção gráfica para a determinação da pressão de pré-adensamento de uma amostra de solo. *Anais do IV Congresso Brasileiro de Mecânica dos Solos e Engenharia de Fundações*. ABMS, v.1.

PACHECO, I. B., MORITA, L., MEISMITH, C. J., SILVA, S. A. 1981. Utilização de dreno tipo francês no sistema de drenagem interna de barragens de terra. *Anais do XIV Seminário Nacional de Grandes Barragens*, Recife. CBGB, v. 1.

PASTORE, E. L. 1992. *Maciços de solos saprolíticos em fundação de barragens de concreto-gravidade*. Tese de Doutoramento. Escola de Engenharia de São Carlos/SP.

PASTORE, E. L., CRUZ, P. T. da., CAMPOS, J. O. 1994. Géologie de l'ingénieur des massifs de soils saprolitiques au climat tropical. *Proc. of the 7th. Int. Congress I.A.E.G.*, Lisboa. v. 1.

PAULA, J. R. de.1983. Métodos de controle de construção aplicados a materiais granulares coesivos. *Anais do XV Seminário Nacional de Grandes Barragens*, Rio de Janeiro. CBGB.

PECK, R. B. 1973. Influence of non technical factors on the quality of embankment dams. *Casagrande Volume*. New York: John Wiley & Sons.

PECK, R. B. 1973. Influência de fatores não técnicos na qualidade de barragens. *Anais do IX Seminário Nacional de Grandes Barragens*, Rio de Janeiro. CBGB, v. 2. Trad. por CRUZ, P.T. da.

PENMAN, A. D. M.; CHARLES, J. A. 1973. Effect of the position of the core on the behaviour of two rockfill dams. In: *Lectures on the Design and Construction of Embankment Dams*, Rio de Janeiro. PUC/RJ.

PENMAN, A. D. M. et al. 1975. Performance of Culvert Under Winscar Dam, *Géotechnique*, v. 25, n. 4.

PENMAN, A. D. M. 1982. Materials and construction methods for embankment dams and cofferdams. *Proc. of the 14th Int. Congress on Large Dams*, Rio de Janeiro.

PENMAN A. D. M. 1982. The design and construction of embankment dams. Depto. de Eng. Civil - PUC/RJ

PENMAN, A. D. M. 1986. On the embankment dam. Rankine Lecture. *Géotechnique*, v. 36, n. 3.

PETTENA, J. L, BARROS A. L. de M. M. de, MATOS, W. D. de, RIBEIRO A. C. O., CARVALHO, R. M. 1980. Estudos de inventário hidrelétrico na Amazônia: Bacia do rio Xingu. *Anais do Simpósio sobre as Características Geológico-Geotécnicas da Região Amazônica*, Brasília. ABGE/THEMAG.

PINTO, N. L. de S., MORI, R. T. 1989. Barragens de enrocamento com face de concreto. Um novo conceito de junta perimetral. *Anais do XVIII Sem. Nac. de Grandes Barragens*, Foz do Iguaçu. CBGB, v. 2.

PISCU, R., IONESCU, S., STEMATIU, D. 1978. A new model for movement anlysis to rockfill dams. *L'Energia Elettrica*, n. 1.

POULOS, S. J. 1981. The steady state of deformation. *Journal of the Geotechnical Eng. Division.* ASCE, v. 107. Mq GT 5, May.

POULOS, S. J., CASTRO, G., FRANCE, W. 1985. Liquefactions evaluation procedure. *Journal of Geotechnical Eng. Division,* ASCE. v. III, n. 6.

POULOS, S. J.1988. Strength for static and dynamic stability analysis. *Hidraulic Fills Structures Conference*. Geotechnical Eng. Division - ASCE. Colorado State Univ. Aug.

QUADROS, E. F de. 1982. *Determinação das características do fluxo d'água em fraturas de rochas*. Dissertação de Mestrado. EPUSP.

QUADROS, E. F. de. 1992. *A condutividade hidráulica direcional dos maciços rochosos*. Tese de Doutoramento. EPUSP.

QUEIROZ, L. de A., OLIVEIRA, H. G. de, NAZÁRIO, F. de A. S. 1967. Foundation treatment of Rio Casca III Dam. *Transactions of the 9th Int. Congress on Large Dams*, Istambul. Paris: ICOLD. v. 1.

RANZINE, S. 1988. SPTF - Technical Note. *Rev. Solos e Rochas*, v. 11 n. único.

REMI, J. P. P., AVILA, J. P., LOPES, A. da S., HERKENHOFF, C. S. 1985. Choice of the foundation treatment of the Balbina earth dams. *Transactions of the 15th International Congress on Large Dams*, Lausanne. ICOLD, v. 3.

RICHARDS L.A. 1965. Physical conditions of water in soil. Methods of soil analysis. *American Society of Agronomy, Monograph 9*.

RIDLEY, A.M., BURLAND, J.B. 1992. *A new instrument for measuring soil moisture suction*. Technical Note (Cedida por V.B.F. de Mello).

RITTER, E 1988. *Influência do teor de pedregulhos lateríticos na resistência de misturas compactadas da U.H.E. Porteira*. Dissertação de Mestrado. PUC, Rio de Janeiro.

ROCHA SANTOS, C. F., DOMINGUES, N. R. 1991. Estudos e projeto de recuperação da barragem de Santa Branca. *Anais do XIX Seminário Nac. de Grandes Barragens*, Aracajú. CBGB

ROSCOE, K., SHOFIELD, A.1963. Mechanical behaviour of an idealized wet-clay. *Proceedings of the 4th Int. Conf. on Soil Mechanics and Foundation Engineering*, Wiesbaden. v. 1.

ROSCOE, K. H., BASSETT, R. H., COLE, E. R. L.1967. Principal axes observed during simple shear of sand. *Proceedings of Geotechinical Conference*, Oslo. v. 1.

ROSCOE, K., BURLAND, J. 1968. On the generalized stress-strain behaviour of wet clay. In: *Engineering Plasticity*, Cambridge University Press Publications.

RUIZ, M. D. 1962. *Características tecnológicas de rochas do Estado de São Paulo*. Publ. IPT

RUIZ, M. D., CAMARGO, F. P., ABREU, A. C. S., PINTO, C. S., MASSAD, F., TEIXEIRA, H. R. 1976. Estudos e correção dos vazamentos e infiltrações pelas ombreiras e fundações da Barragem de Saracuruna (RJ). *Anais do XI Seminário Nacional de Grandes Barragens*, Fortaleza. CBGB.

RUIZ, M. D., CAMARGO, F. P. de, SOARES, L., ABREU, A. C. S. de, PINTO, C. de S., MASSAD, F., TEIXEIRA, H. R., 1976. Studies and correlation of seepage through the abutments and foundation of Saracuruna Dam (Rio de Janeiro Brasil). *Transactions of the 12th International Congress on Large Dams*, Mexico. ICOLD, v. 2. (Publicação IPT, 1065).

RUTLEDGE, P. C., GOULD, J. P. 1973. Movements of articulated conduits under earth dams on compressible foundations. In: *Embankment Dam Engineering - Casagrande Volume*. New York: John Wiley & Sons.

SANDRONI, S. S. 1981. Solos residuais, pesquisas realizadas na PUC-RJ. *Proc. of the Brazilian Symposium on Engineering of Tropical Soils*, Rio de Janeiro. v. 2.

SANDRONI, S. S., SILVA, S. R. B. 1985. Estimativa de poropressões construtivas em aterros argilosos: Os ensaios PN abertos. *Anais do XVI Semin. Nac. de Grandes Barragens*, Belo Horizonte. CBGB. v. 1.

SANGREY, D. A. 1972. Naturally cemented sensitive soils. *Géotechnique*, v. 22, n. 1.

SANTOS, N. B., MEYER, P. 1980. A previsão da segregação granulométrica em aterros hidraúlicos. *Anais do XIII Seminário Nacional de Grandes Barragens*, Rio de Janeiro. CBGB, v. 1.

SANTOS, O. G. dos, SATHLER, G., HERKENHOFF, C. S., MOREIRA, J. C. 1985. Experimental grouting of residual soils of the Balbina earth dam foundation - Amazon, Brazil. *Proc of the 1st International Conference on Geomechanics in Tropical, Lateritic and Saprolitic Soils*, Brasília. ABMS, v. 2.

SARDINHA, A. E. *et al.* 1981. Utilização de saprolitos de basalto em aterros compactados na U.H. Salto Santiago. *Anais do III Congresso Brasileiro de Geologia de Engenharia*, Itapema. ABGE, v. 2.

SARMA, S. K. 1979. Stability analysis of embankments and slopes. *Journal Geotec. Eng. Div. ASCE*. GT - 12.

SATHLER, G., PIRES DE CAMARGO, F. 1985. Tubular cavities, "canalicules", in the residual soil of the Balbina earth dam foundation. *Transactions of the 15th International Congress on Large Dams*, Lausanne. ICOLD, v. 3.

SAVILLE, T., Mc CLENDON, E. W., COCHRAN, A. L. 1963. Freeboard allowances for waves in inland reservoirs. *Journal of ASCE*, v. 128, parte IV.

SCHMERTMANN, J. H., MORGENSTERN, M N. R. 1977. Discussion of the state of the art. Report stress-deformation and strength characteristics, by C.C. Ladd et al. *Proc. of the Int. Conf. on Soil Mech. and Found. Eng.*, Tokio. v.3.

SCHMERTMANN, J. H. 1983. A simple question about consolidation. *Journal of Geotechnical Engineering Division*. ASCE, v. 109, n. 1.

SCHOFIELD, P.R. 1935. The pF of water in soil - *Transactions of the 3rd International Conference on Soil Science*, Oxford.

SCHOFIELD, A.N., WROTH C.P., .1968. *Critical state soil mechanics*. London: McGraw Hill.

SCHREIMER, H.D. 1988. *Volume change of compacted highly plastic african clay*. Ph D Thesis. Imperial College, University of London.

SCHUYLER, J.D. 1908. *Reservois for Irrigation, Water Power and Domestic Water-Supply. With an account of various types at dams and methods, and cost of their construction*. New York: John Wiley & Sons.

SEED, H. B. e LEE, K. L. 1966. Liquefaction of saturated sands during cyclic loading. *Journal of the Soil Mechanics and Foundation Division*, ASCE, v. 92, n. SM6.

SEED, H. B. 1979. Rankine Lecture. Considerations in the earthquake - resistant design of earth and rock-fill dams. *Géotechnique*, v. 29, n. 3.

SEED, H. B., TOKIMATSU, K., HARDER, L. F., CHUNG, R. M. 1985. Influence of SPT procedures in soil liquefaction resistance evaluations. *Journal of Geotechnical Eng. Div.* ASCE, v. 3, n. 12, December.

SHARP, J. C. 1970. *Fluid flow through fissured media*. Ph D Thesis, Imperial College, Univ. of London.

SHERARD L. J., WOODWARD J. R; GIZIENSKI F. S.; CLEVENGER, W. A. 1963. -*Earth-Rock Dams, Engineering Problems of Design and Construction*. New York: John Wiley & Sons.

SHERARD, J. L., DECKER, R. S., RYKER, N. L. (1972a). Piping in earth dams of dispersive clay - *Proc. Special Conference on performance of earth and earth-suported structures*, ASCE - Purdue Univ.

SHERARD, J. L. *et al.* 1972 b. Hydraulic fracturing in low dams of dispersive clay .*Proc. Special Conference on performance of earth and earth suported structures*, ASCE. Purdue Univ.

SHERARD, J. L. 1973. Embankment dam cracking, embankment dam engineering. *Casagrande Volume*. New York: John Willey and Sons.

SHERARD, J. L. 1981. Piezometers in earth dam impervious section. *Proceedings of the Recent Developments in Geotechnical Engineering for Hydro Projects:* embankment dam instrumentation performance, engineering geology aspects, rock mechanics studies, New York. American Society of Civil Engineers.

SHERARD, J. L. 1984 a. Basic properties of sands and gravel filters. *Journal of Geotechnical Engin. Division.* ASCE, v. 110.

SHERARD, J. L. 1984 b. Filters for silts and clays. *Journal of Geotechnical Engin. Division.* ASCE, v. 110.

SIGNER, S. 1973. *Estudo experimental da resistência ao cisalhamento dos basaltos desagregados e desagregáveis de Capivara.* Dissertação de Mestrado. EPUSP.

SIGNER, S. 1976. Observações de compressibilidade de enrocamentos basálticos compactados em barragens. *Anais do XI Seminário Nacional de Grandes Barragens*, Fortaleza. CBGB.

SIGNER, S. 1981. Pressões neutras na Barragem de Itaúba, RS. *Anais do XIV Sem. Nac. de Grandes Barragens*, Recife. CBGB. v. 1.

SIGNER, S. 1982. Compressibilidades observadas na barragem de terra e enrocamento de Itaúba. *Anais do VII Congresso Brasileiro de Mecânica dos Solos e Engenharia de Fundações*, Olinda/Recife. CBGB. v. 1.

SILVA, F. P. 1966. Considerações sobre filtros de proteção. *Anais do III Congresso Brasileiro de Mecânica dos Solos*, Belo Horizonte. ABMS.

SILVA, R. F. da. 1987. Ensaios com a sonda hidráulica multiteste na Barragem Juruá da Usina Hidrelétrica de Kararaô. *Anais do V Congresso Brasileiro de Geologia de Engenharia*, São Paulo. ABGE, v. 1.

SILVEIRA, A. 1964. *Algumas considerações sobre filtros de proteção*: uma análise de carreamento. Tese de Doutoramento. EPUSP.

SILVEIRA, A. 1965. New considerations on protective filters. *Publ. Univ. São Carlos da USP.*

SILVEIRA, A. 1966. Considerações sobre a distribuição de vazios em solos granulares. *Anais do III Congresso Brasileiro de Mecânica dos Solos*, Belo Horizonte. ABMS.

SILVEIRA, A. et al. 1975. On void distributions of granular soils. *Proc. of the 5th Panamerican Conference on Soil Mechanics and Foundation Engineering*, Buenos Aires. ISSMFE.

SILVEIRA, A., PEIXOTO JR., T. L. 1975. On permeability of granular soils. *Proc. of the 5th Panamerican Conference on Soil Mechanics and Foundation Engineering*, Buenos Aires. ISSMFE.

SILVEIRA, J. F. A., ÁVILA, J. P. de, MIYA, S., MACEDO, S. S. 1978. Influência da compressibilidade do solo de fundação da barragem de terra de Água Vermelha nas variações de permeabilidade da fundação. *Anais do XII Seminário Nacional de Grandes Barragens*, São Paulo. CBGB. v. 1.

SILVEIRA, J. F. A. 1980. *Glossário de Instrumentação*. ABGE, São Paulo. (revisto por C. M. Wolle, J. L. Ferraz e S. C. Kuperman).

SILVEIRA, J. F. A., MACEDO, S. S., MIYA, S. 1978. Observação de deslocamentos e deformações na fundação da barragem de terra de Água Vermalha. *Anais do XII Seminário Nacional de Grandes Barragens*, São Paulo. CBGB. v. 1.

SILVEIRA, J. F. A., ALVES FILHO, A., GAIOTO, N., PINCA, R. L. 1980. Controle de subpressões e vazões na ombreira esquerda da Barragem de Água Vermelha: análise tridimensional. *Anais do XIII Seminário Nacional de Grandes Barragens*, Rio de Janeiro. CBGB, v. 2.

SILVEIRA, J. F. A, MIYA, S., MARTINS, C. R. S. 1980. Análise das tensões medidas nas interfaces solo-concreto dos muros de ligação da Barragem de Água Vermelha. *Anais do XIII Seminário Nacional de Grandes Barragens*, Rio de Janeiro. CBGB. v. 2.

SILVEIRA, J. F. A. 1981. Desempenho dos dispositivos de impermeabilização e drenagem da fundação da barragem de terra de Água Vermelha. *Anais do XIV Seminário Nacional de Grandes Barragens*, Recife. CBGB, v. 1.

SILVEIRA, J. F. A. 1983. Comportamento de barragens de terra e suas fundações: tentativa de síntese da experiência brasileira na Bacia do Paraná. *Anais do Simpósio Sobre a Geotecnia da Bacia do Alto Paraná*, São Paulo. ABGE/ABMS/CBMR. v. 1B.

SIQUEIRA, G. H., BARBI, A. L., GOMBOSSY, Z. M. 1981. Injeções profundas da Usina de Itaipu: equipamentos e produção. *Anais do XIV Seminário Nacional de Grandes Barragens*, Recife. CBGB, v. 1.

SIQUEIRA, G. H., BABA, L. J. N., SIQUEIRA, J. M. de.1986. Foundation treatment of the earth dam of the Balbina Hydroelectric Power Plant Grouting with hydraulic facturing in residual soil. *Proc. of the 5th International Congress of the International Association of Engineering Geology*, Buenos Aires. A. A. Balkema, v. 2.

SKEMPTON, A. W. 1957. Discussion of the planing and design of the new Hong Kong Airport, by H. Grace e J. K. M. Henry. In: *Institution of Civil Engineers*, v.7.

SKEMPTON, A.W. 1960.a. Effective stress in soils, concrete and rocks. *Proceedings of the Conference on Pore Pressure and Suction in Soils*. London: Butterworths.

SKEMPTON, A.W. 1960.b. Significance of Terzaghi's concept of effective stress. In: *From Theory to Practice in Soil Mechanics*. New York: John Wiley & Sons.

SKEMPTON, A. W. 1954. The pore-pressure coefficients A and B. *Géotechnique*, v.4 n.4.

SKEMPTON, A. W. 1985. Residual strength of clays in landslides, folded strata and the laboratory. *Géotechnique*, v. 24, n. 4.

SKINNER, A. E. 1969. A note on the influence of interparticle friction on the shearing stress of randon assembly of spherical particles. Technical Note. *Géothecnique*, v. 17. n. 1.

SOUZA PINTO, C., MASSAD, F. 1978. Coeficientes de adensamento em solos da Baixada Santista. *Anais do VI Congr. Bras. de Mecânica dos Solos*. ABMS, v. IV.

SOUZA PINTO, C. 1992. Tópicos da contribuição de Pacheco Silva e considerações sobre a resistência não drenada das argilas. *Revista Solos e Rochas*, v. 15, n. 2.

SOUZA PINTO, C., NADER, J. J. 1993. Ensaios de laboratório em solos residuais. *Anais do II Seminário de Engenharia de Fundações Especiais*, São Paulo. ABEF/ABMS. v. 2.

SPEEDIA, 1979. Relato Geral - Questão 48. *Proceedings of the 13th Congress on Large Dams*, New Delhi.

SPENCER, E. 1967. A method of analysis of the stability of embankments assuming parallel interslice forces. *Géotechnique*. v. 17 n. 1.

SULTAM, H. A., SEED, H. B. 1967. Stability of sloping core earth dam. *Journal Soil Mech. Found. Div. ASCE*. v. 93, S-M 4.

TAYLOR, D. W. 1937. Stability of earth slopes. *Journal Boston Soc. of Civil Eng*. July, 1937.

TAYLOR, D. W. 1948. *Fundamentals of Soil Mechanics*. New York: Jonh Wiley & Sons.

TAYLOR K. V. 1973. Slope Protection on Earth and Rock-fill Dams. *Proc. of the 11th Congress on Large Dams*, Madrid.

TERZAGHI, K. 1929. *The Mechanics of Shear Failures on Clay Slopes and Creep of Retaining Walls*. Pub. Rds. 10:177.

TERZAGHI, K. 1936. The shearing resistance of saturated soils. *Proceedings of the 1st International Conference on Soil Mechanics*, Cambridge. v. 1.

TERZAGHI, K. 1943. *Theoretical Soil Mechanics*. New York: John Wiley and Sons.

TERZAGHI, K. 1945. Stress conditions for the failure of saturated concrete and rock. *Proc. Amer. Soc. Testing Materials*. v. 45.

THANIKACHALAM, V., SAKTHIVADIVEL, R. 1974. Grain size criteria for protective filter, an enquiry. *Soils and Foundations*, v. 14, n. 4.

THEMAG ENGENHARIA. 1987. *Projeto de Engenharia das Obras Civis - Consolidação da Experiência*. ENGEVIX/THEMAG/ELETRONORTE - UHE Tucuruí. São Paulo.

TOLEDO, P. E. C. 1987. *Contribuição ao projeto de proteção de talude de barragens de terra com solo-cimento*. Dissertação de Mestrado. EPUSP/SP.

TOWNSED, D. L., SANGREY, D. A., WALKER, L. K. 1969. The brittle behaviour of naturally cemented soils. *Proc. of the 7th Int. Conf. on Soil Mech. and Found. Engin.*, Mexico City. v. 2.

TRESSOLDI, M. 1991. *Uma contribuição à caracterização de maciços rochosos fraturados visando a proposição de modelos para fins hidrogeológicos e hidrogeotécnicos*. Dissertação de Mestrado. Instituto de Geociências da USP.

TRESSOLDI, M. 1993. Tensores de condutividade hidráulica em aluvião e em arenito Cauá. *Anais do VII Congresso Brasileiro de Geologia de Engenharia*, Poços de Caldas. ABGE.

U.S. CORPS OF ENGINEERS, WES. 1941. Investigations of filters requiriments for underdrains. *Tech. Memo*. n. 183.

U.S. DEPARTMENT OF THE INTERIOR - BUREAU OF RECLAMATION. 1987. *Embankment Dam Instrumentation Manual*. Stock n. AZ 1480. Denver.

USSAMI, A. 1981. Desvio do rio e ensecadeiras. *Curso de Extensão Universitária sobre Barragens de Terra e Enrocamento*. UnB / ABMS / THEMAG Engenharia. Brasília.

VARGAS, M. 1953. Some engineering properties of residual clay soils occuring in southerm Brasil. *Proceedings of the 3rd International Conference on Soil Mechanics and Foundations Engineering*, Zurich. v. 1.

VARGAS, M., HSU, S. J. C. 1970. The use of vertical core drains im brazilian earth dams. *Trans. of the 10th Int. Cong. on Large Dams*, Montreal. Paris: ICOLD, v. 1.

VARGAS, M. 1972. Fundações de barragens de terra sobre solos porosos. *Anais do VIII Seminário Nacional de Grandes Barragens*, São Paulo. CBGB, v. 1.

VARGAS, M. 1977. *Introdução à Mecânica dos Solos*. São Paulo: Editora da USP.

VARGAS. M. 1982. O uso dos Limites de Atterberg na classificação dos solos tropicais. *Anais do VII Congresso Brasileiro de Mecânica dos Solos e Engenharia de Fundações*, Olinda/Recife. ABMS, v. 5.

VAUGHAN, P. R. et al. 1970. Cracking and erosion of the rolled clay core of Balderhead dam an the remedial works adopted for its repair. *Trans. of the 10th Int. Cong. on Large Dams*, Montreal. Paris: ICOLD.

VAUGHAN, P. R., KENNARD, M. F. 1972. Earth pressures at a junction between in embankment dam and a concrete dam. *Proceedings of the 5th European Conference on Soil Mechanics and Foundation Engineering*, Madrid.

VAUGHAN, P.R. 1973. The measurement of pore pressure with piezometers. *Proceedings of the Field Instrumentation Conference*. London: Butterworfhs. v. 1.

VAUGHAN, P. R. 1978. Design of filters for the protection of cracked dams cores against internal erosion. *Preprinted 3420 - ASCE*.

VAUGHAN, P. R. 1979. *General report: engineering properties of clay fills*. Institution of Civil Engineers, London.

VAUGHAN, P. R., SOARES, H. F. 1982. Design of filters for clay cores. *Journal Geotech. Eng. Div., ASCE*, v. 108.

VAUGHAN, P. R., KWAN, C. W. 1984. Weathering, structure and in situ stress in residual soil. *Géotechnique*, v. 34, n. 1.

VAUGHAN, P. R. 1985. Mechanical and hidraulic properties of tropical lateritic and saprolitic soils, particularly as related to their structure and mineral components. General Report Session 2. *Proceedings of the 1st International Conference in Tropical, lateritic and saprolitic soils*, Brasilía. ABMS.

VAUGHAN, P. R., MACCARINI, M., MORKHTAR, S. M. 1988. Indexing the engineering properties of residual soil. *Quaterly Journal of Engineering Geology*. v. 21.

VAUGHAN, P. R. 1988. Keynote paper: characterising the mechanical properties of in-situ residual soil. *Proceedings of the 2nd International Conference on Geomechanics in Tropical Soils*, Singapore.

VAUGHAN, P. R. 1989. Carsington embankment failure improves our understanding of landslides. *British Association - Science 89*, Sheffield.

VAUGHAN, P. R. 1989. Non-linearity in seepage problems - theory and field observation. In: *De Mello Volume*. São Paulo: Edgard Blücher Ltda

VAUGHAN, P. R., DOUNIAS, G. T., POTTS, D. M. 1989. Advances in analytical techniques and the influence of core geometry on behaviour. Paper 4. *Clays Barriers for Embankment Dams*. London: Thomas Teldord.

VAUGHAN, P.R. 1990. *Piezometers*. Notas de Aula. Imperial College, University of London.

VAUGHAN, P. R. 1991. Stability analysis of deep slides in brittle soil - lessons from Carsington. *Proceedings International Conference Slope Stability Engineering*. Institut of Civil Engineering, London.

VEIGA PINTO, A. A. 1983. *Previsão do comportamento estrutural de barragens de enrocamento*. LNEC - Min. do Equipamento Social, Lisboa.

VEIGA PINTO, A. 1990. Monitoring and Safety Evaluation of Rockfill Dams. In: *Advances in Rockfill Structures*. Chapter 16. Edited by E. Maranha das Neves, NATO ASI Series E. Dordrecht: Kluwer Academic Publishers.

VIDAL, D. 1991. Projeto: Ensaio de Filtração de Longa Duração. *Relatório Interno de Pesquisas do Convênio ITA/RHODIA RH-1 (89/90)*

VIOTTI, C. B., AVILA, J. P. 1979. Some conceptual aspects of interfaces between embankment and concrete dams and experimental data from São Simão Dam. *Proceedings of the 13th Congress on Large Dams*, New Delhi. ICOLD. v. 1.

VIOTTI, C. B. 1980. Estudo das Interfaces barragem de terra - estruturas de concreto - Jaguara, Volta Grande e São Simão. *Anais do XIII Seminário Nacional de Grandes Barragens*, Rio de Janeiro. CBGB.

VIOTTI, C. B. 1989. Emborcação dam: a Rankine Lecture design - a successful performance. In: *De Mello Volume*. São Paulo: Edgard Blücher Ltda.

VOLNIN, B. A. 1965. *Tecnologia da Hidromecanização nas Construções Hidráulicas*. Moscou: Energia. (em russo).

WALBANCKE, H. J. 1975. *Pore pressures in clay embankments and cuttings*. Ph D Thesis, University of London.

WILSON, S. D. 1973. Deformation of earth and rockfill dams. Embankment dam engineering. In: *Casagrande Volume*. New York: John Wiley & Sons.

WITTMAN, L. 1979. The process of soil filtration its Physis and the approach in engineering practice. Design parameters in geotechnical engineer. British Geothecnical Society. *Bristol Conference*.

WHITMAN, R. V., MOORE, P. J. 1963. Thoughts concerning the mechanics of slope stability analysis. *Anais do II Congresso Panamericano de Mecânica dos Solos e Engenharia de Fundáções*, São Paulo, Rio de Janeiro, Belo Horizonte. v. 1.

WOLLE, C. M. 1975. *Resistência de Contatos Solo-Rocha*. Seminário da Escola Politécnica, USP. São Paulo.

WOLSKY, W. et al 1970. Protection Against Piping of Dams Cores of Flysh Origin Cohesive Soils. *Trans. of the 10th Int. Cong. on Large Dams*, Montreal: ICOLD v. 1.

WROTH, C. P. 1984. The interpretation of in situ soils tests. *Géotechnique*, v. 34, n. 4.

YASSUDA, A. J., ROCHA, R. 1986. Análise do comportamento das galerias de desvio das barragens do Jacareí e do Jaguari nas fases de construção e operação. *Anais do VIII Congresso Brasileiro de Mecânica dos Solos E Engenharia de Fundações*, Porto Alegre. ABMS. v. 3.

YUFIN, A. P. 1974. *Hidromecanização*. Moscou: Stroizdat. (em russo).

ZASLAVSKY, D., KASSIF, G. 1965. Theoretical formulation of piping mechanics in cohesive soils. *Géotechnique*, v. 15, n. 3.

ZWECK, H., DAVIDENKOFF, R. 1957. Étude experimentale des filters de granulometrie uniforme. *Proc. of the 4th Int. Conf. on Soil Mech. and Found. Engin.*, Londres.